第三十届全国水动力学研讨会暨
第十五届全国水动力学学术会议文集

Proceedings of the 30th National Conference on Hydrodynamics & 15th National Congress on Hydrodynamics

（下册）

吴有生　邵雪明　王　军　主编

EDITORS-IN-CHIEF：Yousheng Wu，Xueming Shao，Jun Wang

主办单位
《水动力学研究与进展》编委会
中国力学学会
中国造船工程学会
合肥工业大学
中国科技技术大学

Sponsors
Editorial Board of Journal of Hydrodynamics
Chinese Society of Theoretical and applied Mechanics
Chinese Society of Naval Architecture and Marine Engineering
Hefei University of Technology
University of Science of Technology of China

海洋出版社

China Ocean Press

2019 年 · 北京

第三十届全国水动力学研讨会暨
第十五届全国水动力学学术会议文集

承办单位

合肥工业大学 土木工程学院

合肥工业大学 资源与环境工程学院

合肥工业大学 机械工程学院

中国科学技术大学 近代力学系

《水动力学研究与进展》编辑部

中国力学学会流体力学专业委员会水动力学专业组

中国造船工程学会船舶力学委员会

中国船舶科学研究中心水动力学重点实验室

上海市船舶与海洋工程学会船舶流体力学专业委员

第三十届全国水动力学研讨会暨
第十五届全国水动力学学术会议文集

编辑委员会

目 录

大会报告

分会场主题报告

水动力学基础

水动力学试验与测试技术

计算流体力学

工业流体力学

船舶与海洋工程水动力学

海岸环境与水利水电和河流动力学

竖壁外含不凝气蒸汽凝结过程的数值模拟

王效嘉，田茂诚，魏民，衣秋杰，李亚鹏，贾文华

（山东大学 能动学院热科学研究所，济南，250061，Email: Wangxj95@mail.sdu.edu.cn）

摘要：该数值模拟建立了二维模型，研究了竖壁外含不凝气的蒸汽的凝结过程。计算结合改进的壁面冷凝模型和 VOF 模型对凝结过程中不凝气层的变化规律及液膜的演变形态进行瞬态计算。通过 UDF 将气相和液相的源项添加在控制方程中，同时将计算结果和实验结果进行对比证明了数值模拟结果的可靠性。计算结果表明，在凝结过程的初期会产生高浓度不凝气层，随着凝结过程的深入，不凝气扩散回主流气体；凝结液膜会出现波动，滑动及脱落等动态现象；凝结换热量占比可达 90%以上，液膜热阻占总热阻的 20%~26%。

关键词：凝结换热；不凝气层；传热传质；液膜形态

1 物理模型

本研究对含不凝气体的蒸汽在竖壁外的冷凝过程进行了数值模拟，其中不凝气为空气。冷凝过程包括：壁面附近混合气体中的水蒸气遇到过冷壁面发生凝结产生凝结水；凝结水汇聚成液膜；不凝气体不发生冷凝在液膜表面积聚形成高浓度不凝气层；随着凝结的深入不凝气层逐渐扩散回主流[1]。本研究使用 Fluent 进行数值计算，结合壁面冷凝模型[2-3]，VOF 模型以及组分输运模型对含不凝气蒸汽的凝结过程进行瞬态计算，物理模型如图 1 所示。

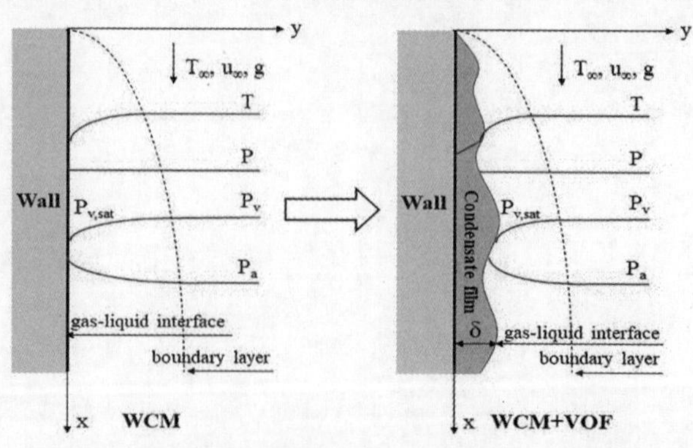

图 1 传统 WCM 模型及改进 WCM+VOF 物理模型

竖直平板的高度为 100 mm，计算域的宽度为 30 mm。上部为混合气体的速度入口边界条件，下部为混合气体压力出口边界条件，壁面设置为恒温，右侧为对称边界条件。网格绘制采用精度高适应性好的四边形网格，对近壁面处网格进行加密处理。共绘制了三组网格进行网格无关性验证，最后选择的网格数量为 60000 的网格进行数值计算。

2 模型及验证

由于该数值模拟涉及水蒸气的相变以及空气和水蒸气之间的组分输运过程，Fluent 需要求解连续性方程，动量方程，能量方程及组分输运方程[4]，各个控制方程的公式如下：

连续性方程

$$\frac{\partial}{\partial t}(\alpha_q\rho_q)+\nabla\cdot(\alpha_q\rho_q\vec{v}_q)=S_m+\sum_{p=1}^{n}(\dot{m}_{pq}-\dot{m}_{qp}) \tag{1}$$

动量方程

$$\frac{\partial}{\partial t}(\alpha_q\rho_q\vec{v}_q)+\nabla\cdot(\alpha_q\rho_q\vec{v}_q\vec{v}_q)=-\alpha_q\nabla p+\nabla\cdot\bar{\bar{\tau}}_q+\alpha_q\rho_q\vec{g}+\vec{F}_q \tag{2}$$

能量方程

$$\frac{\partial}{\partial t}(\rho E)+\nabla\cdot\left(\vec{v}(\rho E+p)\right)=\nabla(k_{eff}\nabla T-\sum_i h_i\vec{J}_i)+S_h \tag{3}$$

组分方程

$$\frac{\partial}{\partial t}(\rho W_i)+\nabla\left(\rho\vec{v}W_i\right)=-\nabla J_i+R_i+S_i \tag{4}$$

为了证明数值计算结果的可靠性，将冷凝过程中竖直平板的平均换热系数与 Yi 等[5]的实验中所得的壁面平均换热系数进行了对比，对比结果如图 2 所示。由图 2 可知数值计算结果和实验结果的整体趋势相同，平均误差在 25%以内，证明模拟结果是可靠的。

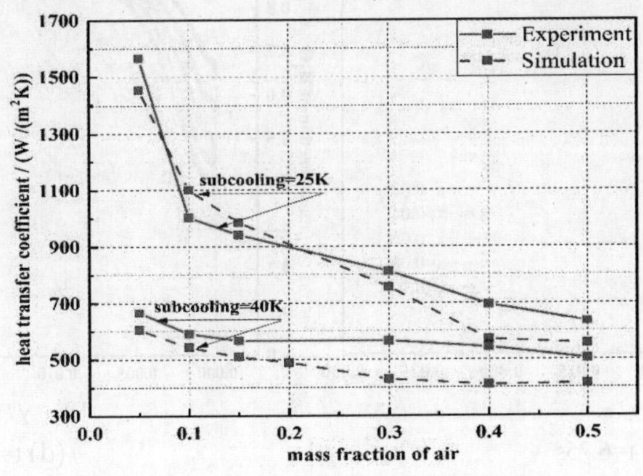

图 2　1m/s 时竖直平板的平均换热系数

3 结果与讨论

低不凝气含量的水蒸气在壁面的冷凝过程为一个非稳态过程。冷凝初期，刚接触壁面的水蒸气分压力对应的饱和温度高于壁面温度，水蒸气发生冷凝，壁面开始产生液膜，由于不凝气体未发生冷凝，故而积聚在液膜表面，形成高浓度的不凝气层，浓度高达0.998。同时可以发现竖直壁面从上到下不凝气层厚度逐渐增加。随着冷凝传热和对流传热的进行，由于液膜表面的不凝气浓度远高于主流气体的不凝气浓度，在浓度差和温差的作用下，不凝气逐渐扩散回主流，如图3所示，液膜表面的不凝气浓度开始降低，液膜逐渐增厚，水蒸气浓度不断升高，最终接近主流区域水蒸气浓度，此时传质速率趋于稳定。

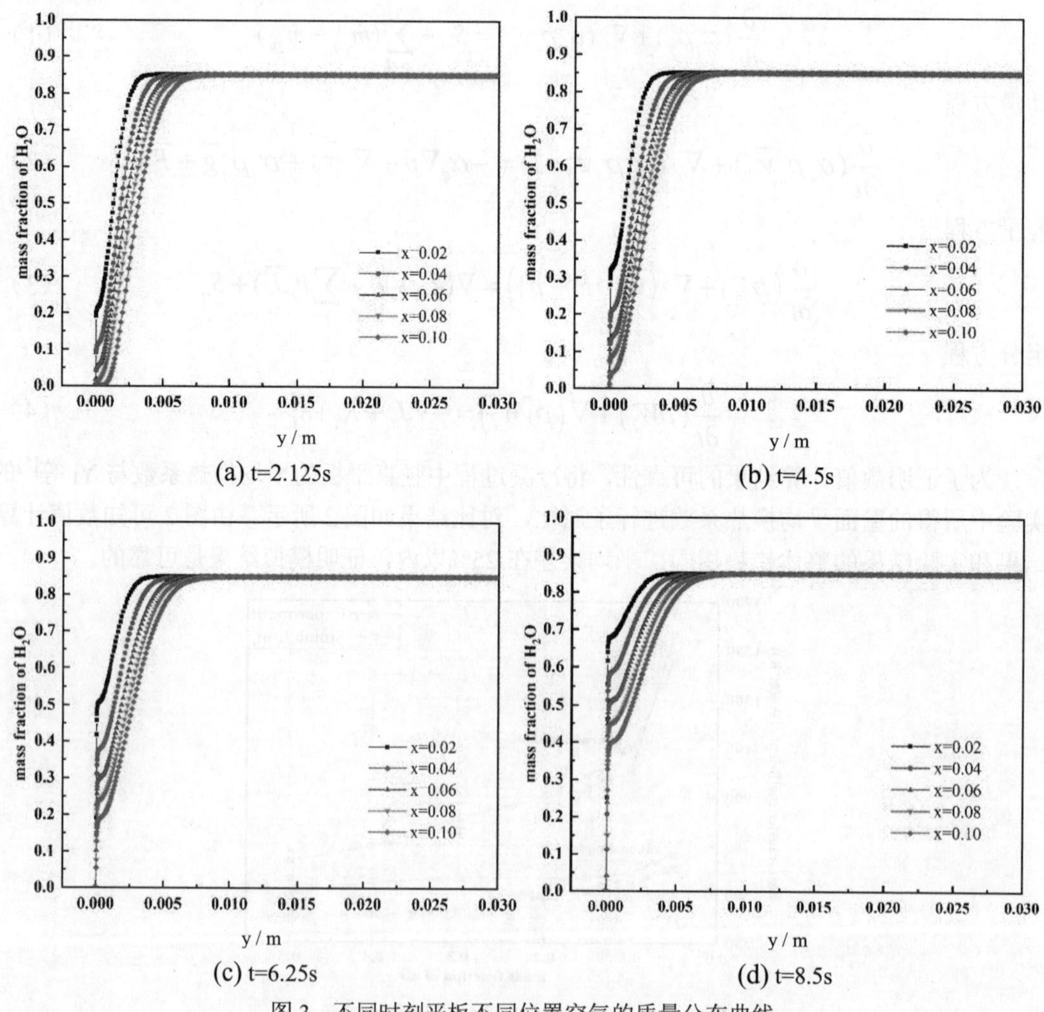

图3 不同时刻平板不同位置空气的质量分布曲线

伴随着混合气体凝结过程的进行，冷凝液在避免汇聚形成液膜或液滴，在重力、表面张力以及混合气体剪切力的综合作用下，液膜不能在壁面上稳定地存在，会出现波动，下滑及脱落等形态。本文提取液相质量分数为 0.5 的等值线为气－液交界面，得到的过冷度为 40K，不凝气质量分数为 0.3 时不同时刻的液膜形态如图 4 所示。由图 4 可知，初始时刻形成了较为平滑的液膜，液膜厚度整体较小，不足 0.05mm。随着凝结过程的进行，凝结液逐渐增多，液膜增厚，在液膜的顶部聚集成了较大的类似液滴的波动，顺着壁面下滑并铺展，并在液膜的中下游产生了较大的波动。随着凝结液的持续产生汇聚成新的液膜及液膜不断地向下流动，液膜达到了一种较为稳定的状态，此时液膜厚度约为 0.1mm 左右。

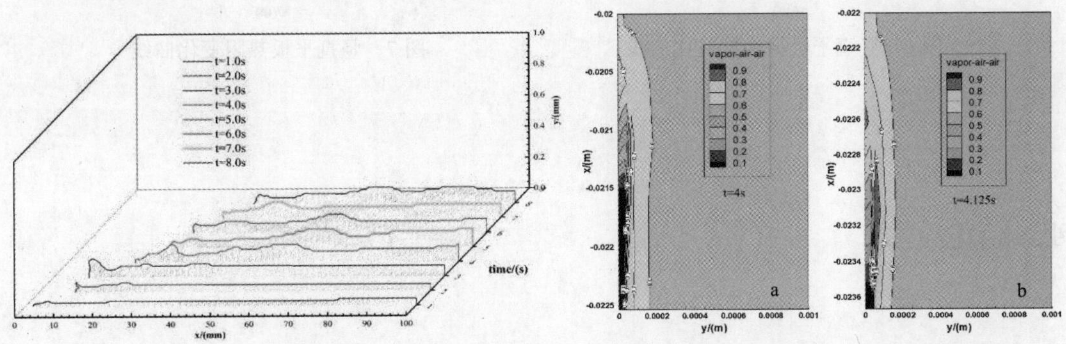

图 4　液膜形态变化　　图 5　液膜脱落过程中空气质量分数变化

由于液膜的形态随着时间变化，气－液界面则类似于动态粗糙表面，而液膜被周围的不凝气层包围。在液膜波动或者液滴脱落的过程中，冷凝液冲刷过冷壁面并与下方液膜合并，同时作用于气液界面及混合气体扩散层，改变气液界面的粗糙度，导致混合气体扩散层的浓度发生变化。图 5 为空气的质量分数为 0.3 时液膜表面空气的质量分布云图，由图 5(b)可知当冷凝进行至 4.125s 时液膜发生了下滑现象，同时扩散层内产生了一个局部的不凝气质量分数较高的区域，可知伴随着液膜下滑与波动的过程，对不凝气层进行了扰动，从而促进了凝结过程的进行，对传热过程起到了一定的强化作用。

图 6 为过冷度 40K，不凝气质量分数 0.15，2.5s 时竖直平板的冷凝换热量，总换热量及冷凝换热量所占百分比在 x 方向上的变化曲线。由图 6 可知，在竖直方向上的凝结换热量的变化较小，总换热量在 x 方向上减小幅度较大，对流换热量同样逐渐减小，同时凝结换热量的百分比占总换热量的百分比逐渐增加，在竖直平板的底部达到最大值 0.975。结合之前所得不凝气层厚度在 x 方向上逐渐增厚，使得蒸汽穿过不凝气层进行凝结换热更加困难，从而凝结换热量减小；其次，气体扩散层内温度边界层和速度边界层的存在致使对流换热量的减小。分析图 7 可知液膜热阻及不凝气层的热阻随着不凝气层的增厚逐渐增大，液膜热阻占总热阻的 20%~26%，其中液膜厚度对液膜热阻所占总热阻的百分比影响较大，在 x=0.04m 处由于液膜厚度较大，液膜热阻百分比曲线上出现了一个较小的峰值。

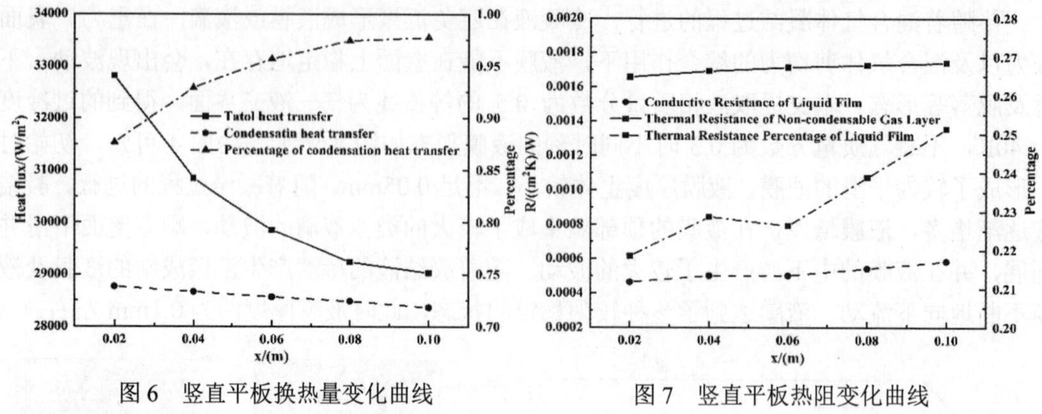

图 6　竖直平板换热量变化曲线　　　　图 7　竖直平板热阻变化曲线

4　结论

本研究考虑了液膜热阻，对竖壁外含不凝气蒸汽的凝结过程进行了数值计算，研究了不凝气层及液膜的变化规律并进行了传热分析，主要结论如下。

（1）凝结初期形成的高浓度不凝气层会随着凝结过程的进行逐渐减薄减淡，最后趋于稳定。

（2）初始时刻凝结液膜较薄，且较为平滑，随着凝结液的不断积聚，液膜会出现波动、下滑、脱落等多种形态，且液膜的这种动态表现会对不凝气层产生一定的扰动，改变气体扩散层的浓度分布，在一定程度上利于传质过程的进行。

（3）凝结过程中的潜热换热量占总换热量的百分比在混合气体流动方向上逐渐增加，最高比值可达 0.975；液膜的导热热阻所占总热阻的百分比约在 20%~26%，且该值受液膜导热热阻即液膜厚度影响较大。

参 考 文 献

1　崔永章. 内置折边扭带管内混合气体对流凝结换热与阻力性能研究．山东大学, 2011.

2　Punetha M, Khandekar S. A CFD based modelling approach for predicting steam condensation in the presence of non-condensable gases . Nucl. Eng. Des., 2017, 324: 280-296.

3　Zschaeck G, Frank T, Burns A D. CFD modelling and validation of wall condensation in the presence of non-condensable gases . Nucl. Eng. Des., 2014, 279: 137-146.

4 Liao Y, Vierow K, Dehbi A, et al. Transition from natural to mixed convection for steam–gas flow condensing along a vertical plate . Int. J. Heat Mass Transfer., 2009, 52: 366-375.

5 Yi Qiujie, Tian Maocheng, Yan Weijie, et al. Visualization study of the influence of non-condensable gas on steam condensation heat transfer . Appl. Therm. Eng., 2016, 106: 13-21.

Numerical study of film condensation process of steam with non-condensation gas on vertical plate

WANG Xiao-jia, TIAN Mao-cheng, WEI Min, YI Qiu-jie, LI Ya-peng, JIA Wen-hua

(Thermal Sciences Institute in School of Energy and Power Engineering, Shandong University, Jinan, 250061. Email: Wangxj95@mail.sdu.edu.cn)

Abstract: This study established a two-dimensional CFD model and numerically studied the condensation process of steam with non-condensation gas. The improved Wall Condensation Model (WCM) and Volume of Fluid (VOF) were combined to investigate the change law of non-condensation gas layer and liquid film. The source terms of steam and liquid film were added to the convergence equations through the UDF, and the reliability of this numerical simulation results was proved by comparing the calculated results with the experimental results. The calculation results showed that a high concentration non-condensable gas layer will be formed in the early stage of the condensation process, with the deepening of condensation process, the non-condensable gas gradually diffuses back to the mainstream. Meanwhile, the dynamic phenomena such as fluctuation, sliding and shedding of liquid film will occur. The condensation heat transfer accounts for more than 90%, and thermal resistance of liquid film accounts for 20%—26% in the total thermal resistance.

Key words: Condensation heat transfer, Non-condensation gas layer, Heat and mass transfer, Condensation mode.

旋流场与破乳剂共同作用下油水分离特性

顾成曦[1,2]，侯林彤[1,2]，刘硕[1,2]，张健[1,2]，许晶禹[1,2]

（1．中国科学院大学 工程科学学院，100049，北京；

2.中国科学院 力学研究所，100190，北京，Email：xujingyu@imech.ac.cn）

摘要：原油开采中，油水分离是必不可少的工艺环节，且为了提升分离效率，往往采用物理化学复合方法对油水乳状液进行分离。本文通过数值模拟研究破乳剂和旋流场共同作用对油水分离效果的影响。数值模拟中，采用Eulerian多相流模型和群体平衡模型（PBM）对旋流场内油水两相流动的压力分布等情况，以及分散相粒径的迁移、聚并和破碎规律等进行研究。研究结果表明，旋流场对油水有较好的分离效果；在不改变表面张力系数时，随着入口速度的增加，油滴聚并率先增加后下降；当固定入口速度，改变表面张力系数时，旋流场中油滴聚并率随着表面张力系数的降低而增加

关键词：数值模拟；旋流场；破乳剂；油水分离

1 引言

油井的采油通常都要经历3个阶段。在一、二阶段后的3次采油阶段，地表下层压力的下降导致地下的原油运动性能弱化，这时会采取一些方法来维持油田的生产并提升原油的采取率。这些方法使产出液中含有很高的水分，并且包含复杂的化学药剂，采出液中的化学药剂将使油和水的乳化现象更为严重、更加复杂，最终会导致形成稳定的油水乳状液[1]。在对油水乳状液进行油水分离时，物理法主要有重力沉降法和离心分离法，其中离心分离法主要是通过液液分离旋流器进行。在对旋流器的研究中，Bennett等[2]测试了改变入口流量，旋流器分离效率的变化规律，他们发现随着流量的增加，旋流器分离效率呈现出先增加后达到一个稳定阶段最后下降的趋势。Kharoua等[3]认为旋流器入口流速越高，旋流强度则越大，分离效率会迅速提高。另一方面，他认为超出最高分离效率的流速后，旋流场中的剪切效应会对分离产生很大影响，导致分离效率下降。使用化学法进行油水分离，主要是通过向油水乳状液添加化学破乳剂达到破乳的目的。乔建江等[4]通过固定破乳剂的类型，以破乳剂含量为变量实验发现，随着破乳剂含量的增加，油水界面张力会先下降再上升，破乳效果出现先上升后下降的趋势。Menon 等[5]在工作中研究加了破乳剂的乳状液在不同搅拌速度下破乳效果的变化，他们研究发现随着搅拌速度的增加，液滴聚并率先增加后下降，说明破乳剂和离心力的共同作用并不一定会起到积极作用。

单一的分离方法已经不能满足需求，为了提升分离效率，往往采用物理化学复合方法

对油水乳状液进行分离。因此，研究了油水乳状液在不同工况下经过旋流场后，液滴的破碎聚并规律，从而研究旋流场与破乳剂共同作用下油水分离的特性。

2 数值模拟方法

2.1 模型理论

本研究采用 Eulerian 多相流模型、RNG k-ε 湍流模型和群体平衡模型（PBM）进行数值模拟。

欧拉模型中离散相连续性方程和动量平衡方程表达式如下：

$$\frac{\partial}{\partial t}(\alpha_i\rho_i)+\nabla\cdot(\alpha_i\rho_i v_i)=\sum_{i=1}^{n}(\dot{m}_{ij}-\dot{m}_{ji}) \tag{1}$$

$$\frac{\partial}{\partial t}(\alpha_j\rho_j v_j)+\nabla\cdot(\alpha_i\rho_i v_i v_i)=-\alpha_j\nabla p+\nabla\cdot\overline{\overline{\chi}}_j+\alpha_j\rho_j g+\sum_{i=1}^{n}(R_{ij}+\dot{m}_{ij}v_{ij}-\dot{m}_{ji}v_{ji})+(F_j+F_{l,j}+F_{vm,j}) \tag{2}$$

式中，$\overline{\overline{\chi}}_j$ 代表第 j 相的应力应变张量：

$$\overline{\overline{\chi}}_j=\alpha_j\mu_j(\nabla v_j+\nabla v_j^T)+\alpha_j(\lambda_j-\frac{2}{3}\mu_j)\nabla\cdot v_j\overline{\overline{I}} \tag{3}$$

式中，$\dot{m}_{ij}$ 为第 i 相到第 j 相的质量传递；μ_j 为第 j 相剪切黏度；λ_j 为第 j 相体积黏度；F_j 为外部体积力；$F_{l,j}$ 为升力；$F_{vm,j}$ 为虚拟质量力；R_{ij} 为相与相之间作用力。

PBM 模型中，破碎核模型采用 luo 模型，当尺寸为 λ 的涡流和直径为 d 的液滴碰撞时，设一个无量纲尺寸 ξ，$\xi=\lambda/d$，破碎率可以写成如下形式：

$$\Omega_{\mathrm{br}}(V,V')=K\int_{\xi_{\min}}^{1}\frac{(1+\xi)^2}{\xi^n}e^{-b\xi^m}d\xi \tag{4}$$

聚并核模型同样采用 luo 模型，液滴聚并率表达式如下：

$$\Omega_{ag}(V_p,V_q)=\omega_{ag}(V_p,V_q)P_{ag}(V_p,V_q) \tag{5}$$

式中，$\omega_{ag}(V_p,V_q)$ 代表液滴碰撞频率，$P_{ag}(V_p,V_q)$ 代表液滴聚并效率。

$$\omega_{ag}(V_p,V_q)=\frac{\pi}{4}(d_p+d_q)^2 n_p n_q u_{pq} \tag{6}$$

$$P_{ag}(V_p,V_q)=\exp\left\{-c_1\frac{[0.75(1+x_{pq}^2)(1+x_{pq}^3)]^{\frac{1}{2}}}{(\frac{\rho_2}{\rho_1}+0.5)^{\frac{1}{2}}(1+x_{pq})^3}We_{pq}^{\frac{1}{2}}\right\} \tag{7}$$

式中，u_{pq} 表示液滴碰撞时的特征速度；$x_{pq}=d_p/d_q$；ρ_1 是连续相密度；ρ_2 是离散相密度。

2.2 物理模型及网格

根据实验中所用的管道式旋流器建立模型，模型使用 ANSYS Workbench 19.0 中的 DM 模块建立。模型总长 1820 mm，管道直径为 100 mm（图 1 和图 2）。模型网格划分使用 ICEM CFD，采用非结构网格，模型一共存在 1880682 个网格数。导流片区域网格划分情况如图 3 所示。

图 1 模型整体

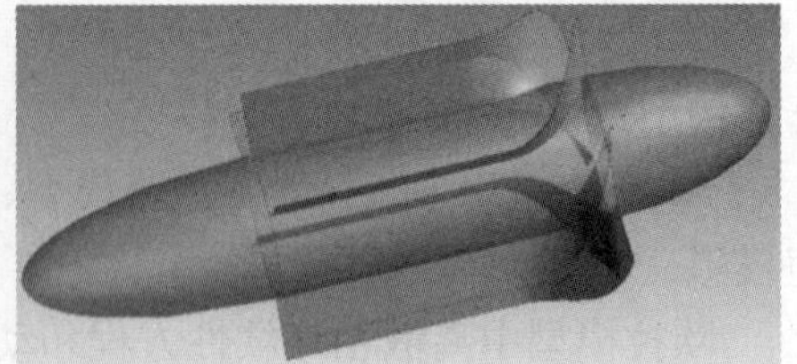

图 2 导流片

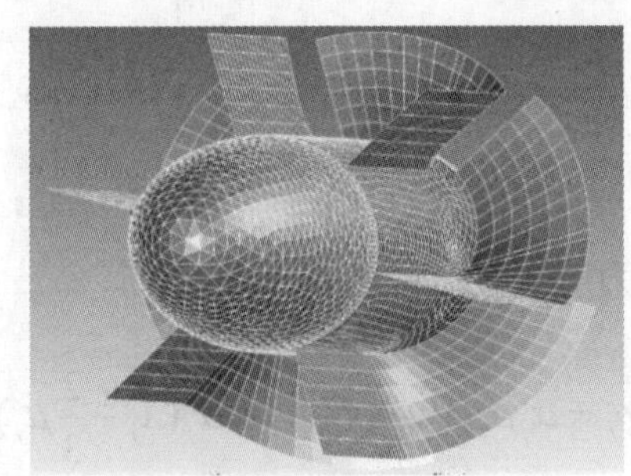

图 3 导流片区域网格

2.3 边界条件及计算方法

在设置边界条件前，需先对 PBM 模型进行设置：使用离散模型，创建 9 组油滴尺寸，破碎及聚并核都使用 Luo 模型。

模型的边界条件如下：①速度入口：导流片前 200mm，设置静压为 0，湍流强度为 5%；设置连续相速度大小及方向；设置离散相速度大小和方向；设置离散相相含率以及各组油滴所占的体积分数，入口油滴尺寸分布如图 4 所示。②压力出口：导流片后 1620mm，设置静压为 0，回流湍流强度为 5%。③壁面：管道壁面及导流片，设置为无滑移壁面。

计算方法采用非定常、压力基，压力-速度耦合使用 SIMPLE 法，动量方程、动量方程使用一阶迎风格式，瞬态项采用一阶隐形格式。

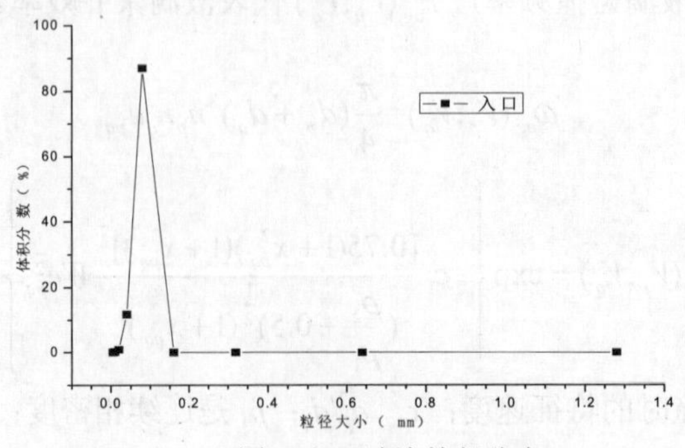

图 4 入口油滴粒径分布

3 计算结果及分析

3.1 流场特征

研究中，为后续分析分散相液滴的运动规律和油水两相的分离特性，首先对导流片形成的旋流场特征进行分析。图 5 为不同入口速度下旋流场轴向截面的压力分布，红色代表最大值，蓝色代表最小值。从图 5 中可以看出，导流片之前的压力远高于导流片之后的压力值，在导流片处会出现突变，即流动中的压降主要集中在导流片处。

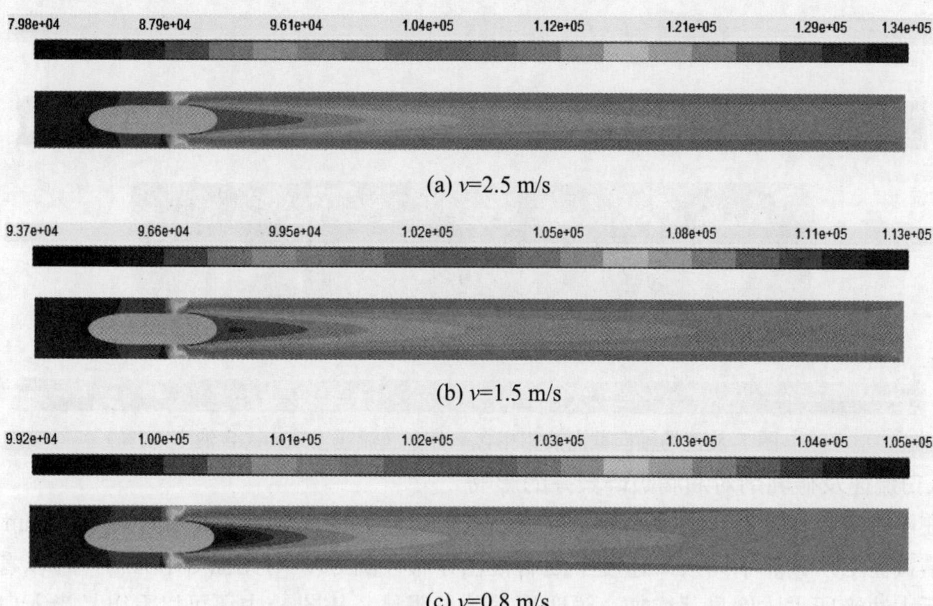

(a) v=2.5 m/s

(b) v=1.5 m/s

(c) v=0.8 m/s

图 5 不同入口流速下旋流场轴向截面压力分布

图 6 给出了 3 种不同混合流速情况下，导流片形成的旋流场轴向的压力变化规律。从图 6 中可以看出，随着速度的增加，导流片之前的压力明显增大，且流经导流片的压降逐渐增加。同时，可以明显看出，在导流片前后的位置，压力出现突变，与上述给出的压力分布图相同，混合液入口流速为 0.8 m/s、1.5 m/s、2.5 m/s 时，导流片前后的压降分别为 3092 Pa、10803 Pa、19425 Pa。

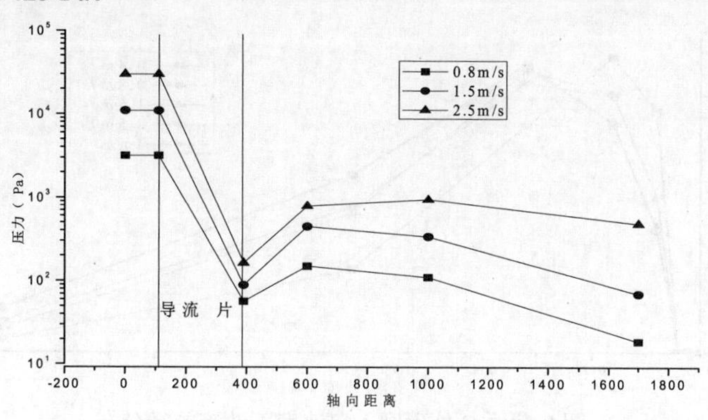

图 6 不同入口流速下压力沿轴向分布情况

为进一步分析旋流场的特征，对油水两相的相分布规律进行了分析，选取入口油相相含率为 0.1%，分别在距离入口 400 mm、600 mm、1000 mm、1400 mm 处取 4 个截面，给出油水两相的分布情况（图 7）。从图 7 中可以看出，经过导流片之后，由于旋流场形成离心力的作用，分散相油滴逐渐向管道中心处聚集。同时，随着轴向距离的增加，中心处的含油率呈现为先增大后减小的规律，在距离入口为 700 mm 时，管道核心处的含油率达到峰值。也就是说在给出的入口流速和含油率条件下，油水两相的分离效果在 700 mm 处达到最佳，后续流动中，由于形成的旋流场减弱，轴心处聚集的油核消散，得出的研究结果，为后续油水旋流分离器的结构设计提供可靠的理论和数据基础。

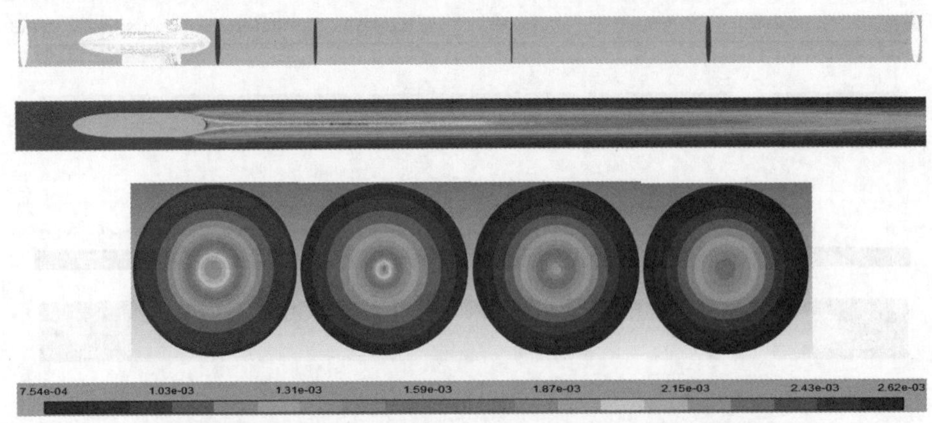

图 7 旋流场轴向截面油相相含率分布（流速 1.5m/s；含油率 0.1%）

3.2 入口流速及破乳剂对油滴破碎聚并的影响

在不改变其他变量，只改变油水乳状液入口速度的情况下，在导流片后 1000mm 处取一个横截面 *C*，计算不同入口速度下油滴粒径分布（图 8）。对比图 8 和图 4，可以看出导流片后大油滴所占比例显著增加，说明聚并效果明显。从图 8 中还可以看出，当入口速度由 0.4m/s 增加到 0.8m/s 后，大油滴体积分数增加；入口速度从 0.8m/s 增加到 1.5m/s，大油滴体积分数基本不变，达到一个稳定阶段；入口速度由 1.5m/s 继续增加后，大油滴体积分数出现下降，说明速度增大带来的剪切效应会导致油滴破碎，在一定程度上减少了大油滴的体积分数。

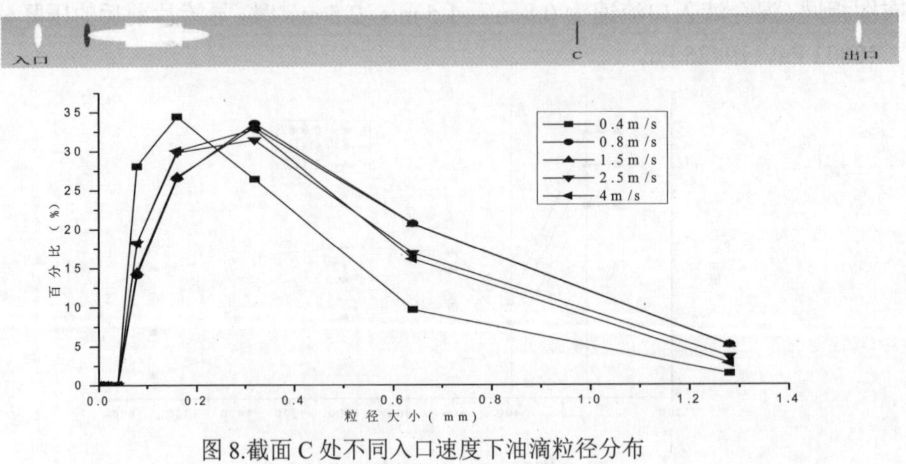

图 8.截面 C 处不同入口速度下油滴粒径分布

固定油水乳状液入口速度为1.5m/s，改变表面张力系数σ，计算导流片后1000 mm处截面C的油滴分布（图9）。从图9中可以看出，表面张力系数减小，大液滴所占体积分数增加，说明表面张力系数越小，油滴聚并效果越好。

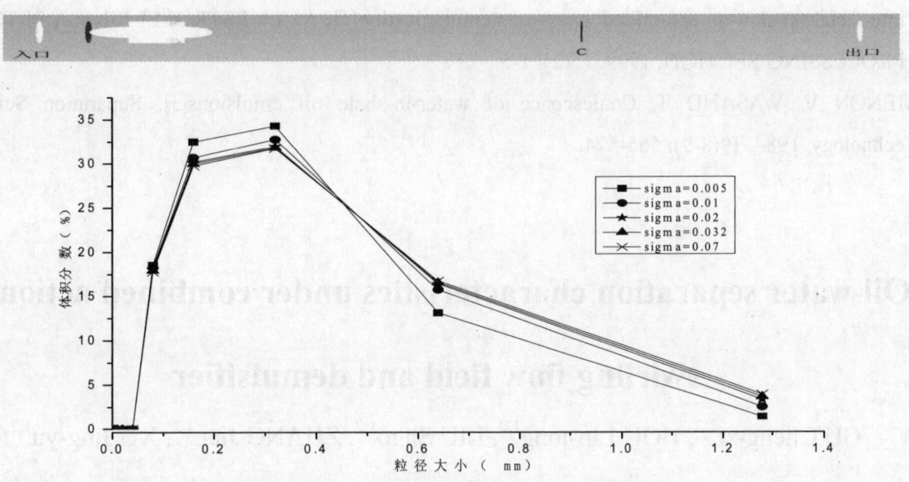

图9 截面C处不同表面张力系数下油滴粒径分布

4 结论

通过对管道式旋流器的数值模拟，可以看出，在导流片前后会有明显的压降且入口流速越大，导流片前后的压降就越大。油水混合液在经过导流片后，离散相油滴有明显的聚集现象，同时，随着远离导流片，中心处的含油率呈现为先增大后减小的规律。改变油水乳状液流量（即入口流速），在一定范围内，流量增加可以达到提升油滴聚并率，提高大油滴比例的作用，但超出一定范围后，再增加流量，反而会使油滴破碎率提高，降低油水分离效果。在油水乳状液中加入破乳剂能够降低油水表面张力，表面张力越小，大油滴体积分数越高，油滴聚并效果越好。因此，为了得到较好的油水分离效果，应该先在油水乳状液中加入破乳剂，通过控制破乳剂的剂量，使乳状液表面张力达到极小值。当加入破乳剂的油水乳状液进入旋流场后，还需要控制入口流量，使流量维持在油滴聚并率最高的范围内。

参考文献

1 吴应湘，许晶禹．油水分离技术[J]. 力学进展, 2015, 45: 201506.

Wu Y X, Xu J Y. Oil and water separation technology. *Advances in Mechanics*, 2015, 45: 201506.

2 BENNETT M, Williams R. Monitoring the operation of an oil/water separator using impedance tomography[J]. Minerals Engineering, 2004, 17(5): 605-614.

3 KHAROUA N, KHEZZAR L, NEMOUCHI Z. Hydrocyclones for de-oiling applications-A review[J]. Petroleum Science and Technology, 2010, 28(7): 738-755.

4 乔建江,詹敏,张一安,.乳化原油的破乳机理研究 Ⅰ.油水界面张力对破乳效果的影响[J].石油学报(石油加工), 1999, 15(2): 1-5.

Qiao J, Zhan M, Zhang Y, et al. Study on the mechanism of petroleum emulsion's breaking I. Effect of interfacial tension on the effectiveness of demulsification[J]. ACTA PETROLEI SINICA PETROLEUM PROCESSING SECTION, 1999, 15(2): 1-5.

5 MENON V, WASAND T. Coalescence of water-in-shale oil emulsions[J]. Separation Science and Technology, 1984, 19(8-9): 555-574.

Oil-water separation characteristics under combined action of swirling flow field and demulsifier

GU Cheng-xi[1,2], HOU Lin-tong[1,2], LIU Shuo[1,2], ZHANG Jian[1,2], XU Jing-yu[1,2]

[1]School of Engineering Sciences, University of Chinese Academy of Sciences, Beijing, 100049, China

[2] Institute of Mechanics, Chinese Academy of Sciences, Beijing 100190, China

Abstract: Oil-water separation is an indispensable process in crude oil exploitation. And physical-chemical composite algorithm is most frequently used in oil-water emulsion to improve separation efficiency. In this paper, the effect of demulsifier and swirling flow field on separation is studied by numerical simulation. In the numerical simulation, the Eulerian multiphase model and population balance model (PBM) are adopted to research the pressure distribution of oil-water flow in swirling flow field as well as the law of migration, coalescence and breakup of dispersed phase size. The results show that the swirling flow field has positive effect on oil-water separation. Without changing the surface tension coefficient, the coalescence rate of oil droplets increases first and then decreases with the increase of the inlet velocity. When keep a constant inlet velocity and change the surface tension coefficient, the coalescence rate of oil droplets increases with the decrease of the surface tension coefficient in the swirling flow field.

Key words: numerical simulation; swirling flow; demulsifier; oil-water separation

U 型振荡水柱式波能装置数值模拟研究

郭宝明，宁德志

(大连理工大学海岸和近海国家重点实验室，大连，116024，Email: GuoBM@mail.dlut.edu.cn)

摘要：本研究采用域内源造波技术，基于时域高阶边界元方法(HOBEM)，发展建立了完全非线性自由液面的二维波浪水槽，采用线性气动模型模拟气室内自由液面的气体压强，研究了固定U型振荡水柱式(U-OWC)波能装置的水动力特性。通过与已发表的U-OWC实验结果相对比，验证本模型的准确性与可延伸性，在此基础上模拟研究了U-OWC波能转换装置水下挡板长度和挡板与前墙距离对气室内气体压强，波面位移以及水动力效率的影响。研究表明，水动力效率随着水下挡板长度、挡板与前墙的距离的增加而增加；水下挡板长度和挡板与前墙距离的改变基本不影响共振频率区间。

关键词：非线性；高阶边界元；U-OWC；水动力性能

1 引言

由于全球能源过度开发和环境问题，大力发展新型可再生能源已成为全人类迫切的需求，目前，海洋能表现出的切实可行的可替换性，引起了许多学者的关注。其中，波浪能作为海洋能的一部分，虽然相比于潮汐能，风能等经济性优势较小，但是海波出色的波能密度仍使许多学者投入了大量精力进行研究。振荡水柱式（OWCs）是目前各国研究最多，投资最大也最为成熟的波能装置型式，其工作原理是波浪在气室内形成水柱，通过水柱作用，产生往复气流，带动涡轮机同向转动产生电能。相比于传统的OWC装置，U-OWC波能转换装置继承了OWC结构简单和易于安装维护的特点，同时具有更大的特征周期和气室压强，表现出了更加优异的水动力性能，另一方面，在物理特性上这样的结构设计减少了进入气室的淤泥量，增强了结构稳定性，目前已有学者对其进行了相关研究。Spanos, Pol D[1]等发展了一种频域方法，采用线性统计学，对U-OWC的非线性动力响应进行了研究；Thomas Vyzikas 等[2]建立物理模型，实验研究了不同类型的OWC，发现U-OWC的水动力性能优于传统OWC波能转换装置。Paolo Boccotti 等[3]对比了传统OWC与U-OWC装置的优劣，利用实验与数值模拟相结合的方式分析了极端波况下U-OWC波能装置的捕能效率及其稳定性。本研究应用时域高阶边界元方法，采用线性压强模型，建立了 U-OWC 波能转换装置的二维波浪数值水槽，研究了入射波频率、水下挡板的长度、挡板前底座长度、前墙吃水、气孔宽度以及挡板与前墙的距离对气室内水动力特性的影响。

2 数学模型与数值方法

本研究采用 Ning 等[4]基于势流理论和时域高阶边界元方法建立的二维完全非线性波浪水槽，模拟了 U-OWC 装置的水动力特性，并与 Vyzikas 等[2]物理实验结果进行对比。研究的 U 型振荡水柱式波能转换装置如图 1 所示。

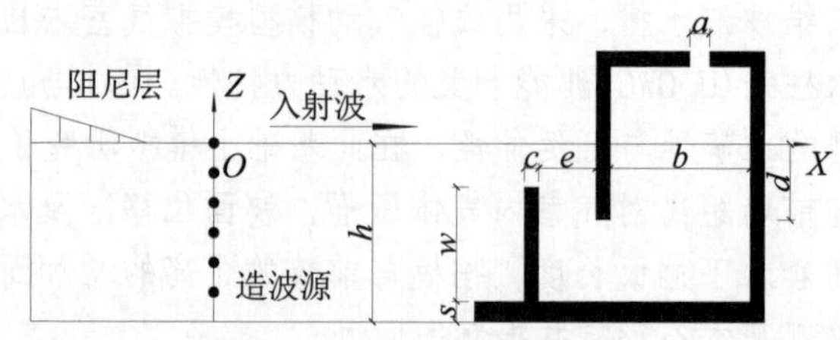

图 1 U 型振荡水柱式波能转换装置示意图

其中，h 代表静水深，a、b、c、d、e、l、w、s 分别代表气孔宽度、气室宽度、墙体厚度、前墙入水深度、挡板与前墙的距离、挡板前底座宽度、挡板长度（从顶端到底座）、底座厚度。建立笛卡尔坐标系，O 点位于造波源与静水面的交点处，OX 代表波浪传播方向，OZ 竖直向上。这里假设流体是理想流体，无黏无旋且不可压缩，因此流场可用速度势 ϕ 表示，通常满足拉普拉斯方程，然而在本研究中采用了域内源造波技术，控制方程变为泊松方程：

$$\nabla^2\phi = q^* = 2\nu\delta(x_s - x) \tag{1}$$

式中，ν 代表流体质点水平速度，本研究中采用二阶斯托克斯波解析解，造波源位于 x_s 处。本模拟在自由水面上满足完全非线性动力学和运动学边界条件，由于在 U-OWC 的气室内部自由水面动力学边界条件加入了人工阻尼系数，同时采用了混合欧拉-拉格朗日方法更新自由液面的网格，在造波点上游设置了人工阻尼层消除反射，因此边界条件变为：

$$\begin{aligned}\frac{\mathrm{d}X(x,z)}{\mathrm{d}t} &= \nabla\phi - \mu_1(x)(x - x_0)\\ \frac{\mathrm{d}\phi}{\mathrm{d}t} &= -g\eta - \frac{P}{\rho} + \frac{1}{2}\left|\nabla\phi\right|^2 - \mu_1(x)\phi - \mu_2(x)\frac{\partial\phi}{\partial n}\end{aligned} \tag{2}$$

式中，物质导数 $\mathrm{d}/\mathrm{d}t = \partial/\partial t + \nu\cdot\nabla$，$x_0$ 代表流体质点初始位置，$\mu_1(x)$指人工阻尼层系数，g 表示重力常数，η 指波面位移，P 是波面压强，气室外部压强为零，内部由压强耦合模型得到，ρ 指流体密度，$\mu_2(x)$代表气室内人工黏性系数，$\mu_2(x)$通过与实验结果对比确定。$\mu_1(x)$由以下方法确定：

$$\mu_1(x)=\begin{cases}\omega\left(\dfrac{x-x_1}{L}\right)^2, x_1-L<x<x_1\\ 0, \quad\quad\quad\quad\quad\quad x\geq x_1\end{cases} \tag{3}$$

式中，ω 指入射波圆频率，L 指人工阻尼层长度。

在波浪水槽底部、侧壁以及 U-OWC 装置结构表面流体法向速度为零：

$$\frac{\partial\phi}{\partial n}=0 \tag{4}$$

时域模型初值条件设为：$\phi|_{t=0}=\eta|_{t=0}=0$ （5）

假定空气不可压缩，数值模型中 U-OWC 的能量捕获功率为：

$$\begin{aligned}P_{owc}&=\frac{1}{T}\int_t^{T+t}Q(t)P(t)\mathrm{d}t=\frac{1}{T}\int_t^{T+t}b\bar{\eta}(t)P(t)\mathrm{d}t\\&=\frac{1}{T}\int_t^{T+t}aU_d(t)c_{dm}U_d(t)\mathrm{d}t\end{aligned} \tag{6}$$

式中，T 代表波周期，流量 $Q(t)=b\bar{\eta}(t)=aU_d(t)$，$\bar{\eta}(t)$ 指气室内自由表面垂直速度的时均值。

能量转化效率为 $C_w=P_{owc}/P_{inc}$

对流域内速度势函数运用格林第二积分公式，得到边界积分方程：

$$\begin{aligned}\alpha(p_s)\phi(p_s)=&\int_\Gamma\phi(p_s)\frac{\partial G(p_s,p_f)}{\partial n}\mathrm{d}\Gamma-\int_\Gamma G(p_s,p_f)\frac{\partial\phi(p_s)}{\partial n}\mathrm{d}\Gamma\\&+\int_\Omega q^*G(p_s,p_f)\mathrm{d}\Omega\end{aligned} \tag{7}$$

式中，Γ 指整个流体计算域边界，Ω 表示整个流体域，p_s 指源点，p_f 指场点，$\alpha(p_s)$指固角系数，$G(p_s,p_f)$代表满足水底条件的二维简单格林函数。文中采用三节点二次单元，将整个边界离散成曲线单元，对于每个单元可通过数学变换成参数坐标下的等参元。在等参元内部引入形状函数，则每点的物理量及坐标均可插值得到。

已知物面上的法向速度和自由水面上的速度势，根据离散后的积分方程，求得当前时刻物面上的速度势和自由水面上的法向速度后，应用四阶龙格库塔法，由自由水面非线性边界条件计算下一时刻的水面位置以及自由水面上的速度势，再对自由水面和物体表面重新划分网格，重新应用积分方程计算下一时刻的物理量，这样周而复始，直到结束。

3 U-OWC 数值模型验证

为验证数值模型的准确性，文中采用 Vyzikas 等[2]实验中 U-OWC 的装置参数，利用建立的数值模型模拟其实验。设置与实验相同的入射波高和波频率，波浪水槽总长为 5.0λ，在其左端设置 1.5λ 的人工阻尼层。经过网格及时间收敛性验证，水平方向网格步长为λ/30，时间步长为 T/60。经过与实验结果对比，线性气动阻尼系数取为 19，人工黏性系数取为 0。

图 2 给出了 Vyzikas 等[2]的实验与本研究中数值模型 U-OWC 波能转换装置的波面位移和水动力波能转换效率的对比。物理实验中将水槽等分为三块，分别建立 3 个 U-OWC 装置并进行测试。可以看出本文数值结果与实验结果整体上吻合良好。

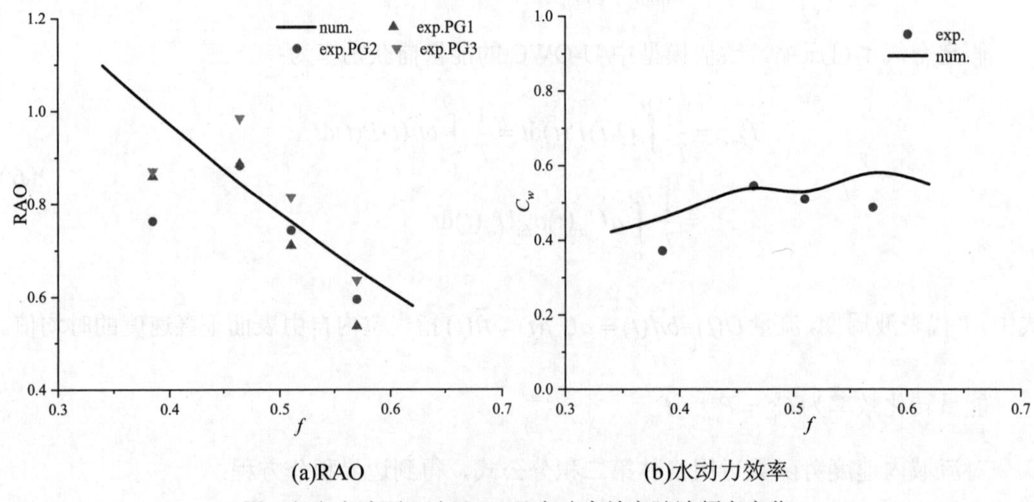

(a)RAO　　(b)水动力效率

图 2 气室内波面运动 RAO 及水动力效率随波频率变化

4 装置参数对水动力性能的影响

保持水深 0.75m、波浪频率 0.51 和入射波幅 A0.04m 不变，分别分析水下挡板长度和挡板与前墙的距离对 U-OWC 装置水动力性能的影响。文中 $\eta_{\max}$ 表示采用入射波幅 A 作无量纲化的气室内部波面位移幅值，$P_{\max}$ 表示采用 ρgAb 作无量纲化的气室内部气体压强幅值。图 3 给出了 3 种水下挡板长度的 U-OWC 波能转换装置的水动力效率随波频率的变化，可以看出，水下挡板长度改变能量转化效率的大小，挡板长度越大，水动力效率越高；不改变水动力效率的共振区间，3 组模拟结果共振频率都处于 0.45 附近；另一方面，在低频区，水下挡板长度对 C_w 影响不明显，随着向高频区移动，C_w 的差值逐渐增大。图 4 给出了 3 种挡板与前墙距离的 U-OWC 装置的水动力效率随波频率的变化。同样地，挡板与前墙距离不改变共振频率区间，其大致处于 0.45 附近，也是存在高频时能量转化效率的差值更大一些的现象，另外发现，对于 e=0.143 m 该组结果低频时靠近 e=0.001 m 的结果，而在高频时接近 e=0.5 m 的水动力效率。

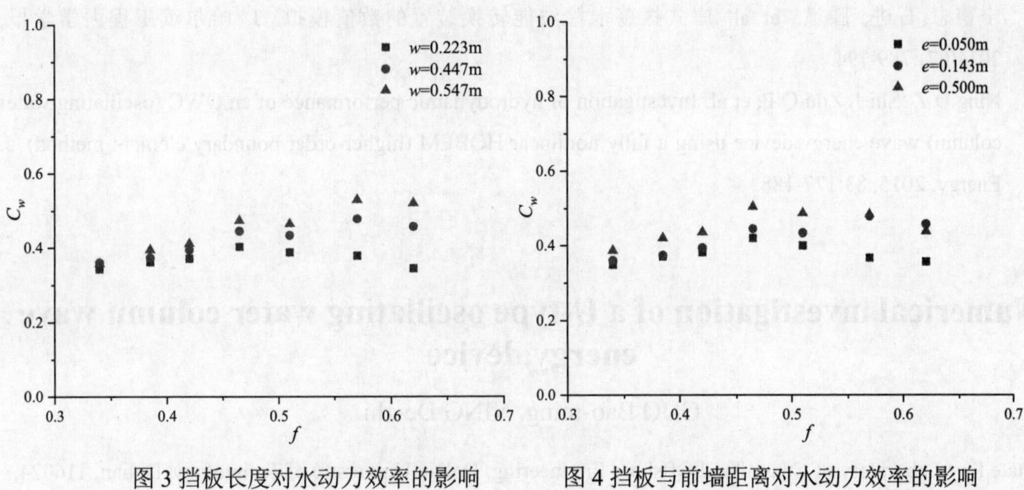

图 3 挡板长度对水动力效率的影响　　图 4 挡板与前墙距离对水动力效率的影响

5 结论

本研究基于高阶边界元方法和域内源造波技术建立了 U-OWC 波能转换装置的非线性水动力数学模型，通过与已发表实验结果对比进行了验证。并进一步开展数值实验，研究了装置前挡板长度对装置水动力性能影响的研究，为结构优化设计提供一定参考。从研究中可以发现，适当增加挡板长度或者挡板与前墙的距离都可以提高 U-OWC 装置的水动力效率。

参 考 文 献

1　Spanos, Pol D, Strati, Federica M, Malara, Giovanni, et al. Nonlinear Stochastic Dynamics of an Oscillating Water Column (U-OWC) Harvester: A Frequency Domain Approach. Meccanica dei Materiali e delle Strutture, VI, no. 1 (2016) 203-210.

2　Vyzikas T, Deshoulières, Samy, Barton M, et al. Experimental investigation of different geometries of fixed oscillating water column devices. J. Renewable Energy, 2017, 104:248-258.

3　Boccotti P. Comparison between a U-OWC and a conventional OWC. J. Ocean Engineering, 2007, 34(5-6):799-805.

4 Ning D Z, Wang R Q, Zou Q P, et al. An experimental investigation of hydrodynamics of a fixed OWC Wave Energy Converter. J. Applied Energy, 2016, 168:636-648.

5 Ning D Z, Wang R Q, Gou Y, et al. Numerical and experimental investigation of wave dynamics on a land-fixed OWC device. J. Energy, 2016, 115:326-337.

6 宁德志,石进，滕斌，et al. 岸式振荡水柱波能转换装置的数值模拟. J. 哈尔滨工程大学学报，2014(07):789-794.

7 Ning D Z, Shi J, Zou Q P, et al. Investigation of hydrodynamic performance of an OWC (oscillating water column) wave energy device using a fully nonlinear HOBEM (higher-order boundary element method). J. Energy, 2015, 83:177-188.

Numerical investigation of a U-type oscillating water column wave energy device

GUO Bao-ming, NING De-zhi

(State Key Laboratory of Coastal and Offshore Engineering, Dalian University of Technology, Dalian, 116024, Email: GuoBM@mail.dlut.edu.cn)

Abstract: In this paper, based on the time-domain higher-order boundary element method (HOBEM), a fully nonlinear numerical model is developed to simulate the hydrodynamic performance of a U-type OWC device. In the model, the inner-domain sources is adopted to generate incident wave and avoid the re-reflection on the inlet boundary. Meantime, alinear pneumatic model is used to determine the air pressure which is imposed on the free surface inside the chamber. the numerical model is validated by comparing with the published experimental data of U-OWC physical model. It is found that the numerical model captures well the main hydrodynamic behaviors of the U-OWC device. Then, the present model is used to study the effects of chamber geometries (including the underwater battle length and the distance between battle and front wall)on hydrodynamic performance. Numerical results indicate that the two parameters clearly change hydrodynamic performance of U-OWC device. Hydrodynamic efficiency increases with increase of the underwater battle length or distance between battle and front wall; the two parameters have no effect on resonant frequency.

Key words: Nonlinear; HOBEM; U-OWC; Hydrodynamic efficiency.

不同攻角条件下绕平头回转体初生空化的形成及发展特性研究

杨龙，胡常莉*，罗倩

(南京理工大学能源与动力工程学院，南京 210094，Email:18751966052@163.com)

摘要：为了探讨不同来流条件对附着型空化初生特性的影响规律，本研究采用大涡模拟(LES)方法开展了不同攻角条件下，绕平头回转体初生空化形态及发展特性。研究表明：不同攻角条件下，初生空穴均发生在绕平头回转体的肩部分离涡区域，其形态呈不规则团状游离态且存在明显的周向运动；攻角对绕平头回转体初生空穴的分布产生明显的影响，随着攻角的增大，初生空穴的分布区域逐渐缩小并移向回转体背流面，而回转体的迎流面及两侧区域的初生空穴形成几率减小。另外，随着攻角的增大，周向绕流回转体的运动加强，改变了绕回转体的漩涡结构，促使初生空穴的周向运动由随机性向规律性发展。

关键词：初生空化；平头回转体；攻角；周向运动

1 引言

水下航行体在水中高速运动时，航行体附近会产生局部低压区，当压力降低到水的饱和蒸汽压，则会产生空穴，该现象称为空化。空化现象直接影响航行体在水下运动的稳定性和受力特性[1]。空化一直是水动力学研究的重点、热点课题之一[2]，而初生空化的研究涉及到空化初生机理、生成条件以及抑制空化等，一直是空化现象研究的关键问题[3]。近年来，国内外众多学者对初生空化进行了研究，Tsuru[4]通过实验研究了二维缩放喷管内部片空化的初生特性，发现气核的大小及密度对片空化的初生特性具有重要的影响。Liu[5]通过实验研究了相同头体在不同气核密度水洞中的初生空化特性，发现气核密度越大，越容易产生初生空化。Arndt[6]认为旋涡空化产生在剪切层内漩涡的涡心低压区域内。刘桦等[7]通过水洞实验对五个典型头体的初生空化进行研究，建立了平头系列回转体在不同攻角条件下初生空化数的工程计算公式。Hu[8]通过实验的方法研究了绕不同头型回转体的初生空化

*基金项目：国家青年科学基金（No. 51606097）

特性，研究发现绕平头回转体和锥头回转体初生空化均发生在回转体肩部分离涡区域内。数值研究方面，黄彪[9]采用基于空间尺度修正的滤波器模型(FBM)对绕回转体初生空化进行研究，发现该模型计算得到的初生空穴的形态回转体表面的压力系数均与实验一致。薛梅新[10]采用大涡模拟方法(LES)对高压喷嘴内的空化初生进行数值计算，计算得到的时均空泡形态及位置与实验结果吻合较好。季斌[2]详细地介绍了 Schnerr[11]，singhal[12]，Zwart[13]等基于 R-P 方程的空化模型，通过基于质量输运方程构建不同的空化模型的源项，这类模型在目前空化流动的数值模拟中应用较为广泛。

基于前人研究，本文采用大涡模拟(LES)方法研究了绕平头回转体在不同来流攻角条件下的空化初生特性，对比分析了不同攻角条件下初生空化的形态、分布及流场结构的差异。

2 数值方法

采用均质两相流模型，假设气相和液相的速度和压力一致。控制方程如下：

$$\frac{\partial \rho}{\partial t}+\frac{\partial(\rho u_j)}{\partial x_j}=0 \tag{1}$$

$$\frac{\partial(\rho u_i)}{\partial t}+\frac{\partial(\rho u_i u_j)}{\partial x_j}=-\frac{\partial p}{\partial x_i}+\frac{\partial}{\partial x_j}\left(\mu\frac{\partial u_i}{\partial x_j}\right) \tag{2}$$

式中 u_i 表示流体速度在 i 方向的分量(i 与 j 表示坐标方向)，p 为混合流体的压力。其中流体黏度 μ 和混合流体密度 ρ 定义如下：

$$\mu=\alpha_v\mu_v+(1-\alpha_v)\mu_l \tag{3}$$

$$\rho=\alpha_v\rho_v+(1-\alpha_v)\rho_l \tag{4}$$

式中，α_v 为液相体积分数，μ_v 与 μ_l 分别为流体的动力黏度和湍流黏度，ρ_v 与 ρ_l 分别为混合流体气相密度与液相密度。

湍流模型采用大涡模拟（LES），文献[14]通过大涡模拟(LES)方法对绕方柱体的初生空化流动进行数值模拟，发现采用 LES 方法模拟得到的结果与实验数据十分吻合，LES 湍流模型将湍流流场中的大尺寸漩涡和小尺寸漩涡分开处理，其中大尺寸漩涡通过 N-S 方程直接求解，小尺寸漩涡通过亚格子模型建立与大尺寸漩涡的关系进行模拟。空化模型采用 Zwart[13]空化模型，空化模型是在假设气液两相混合的空化流为均质流的基础上建立的，空化过程通过气液两相间的质量输运方程模型完成模拟。

数值计算采用与实验[3]几何尺寸相同的模型，计算采用的空化数和雷诺数均与实验一致。计算区域及边界条件设置如图 1 所示，边界条件设置为速度入口，压力出口，回转体表面采用绝热无滑移固壁条件，流动区域的上下及左右边界均设置为自由滑移壁面条件。

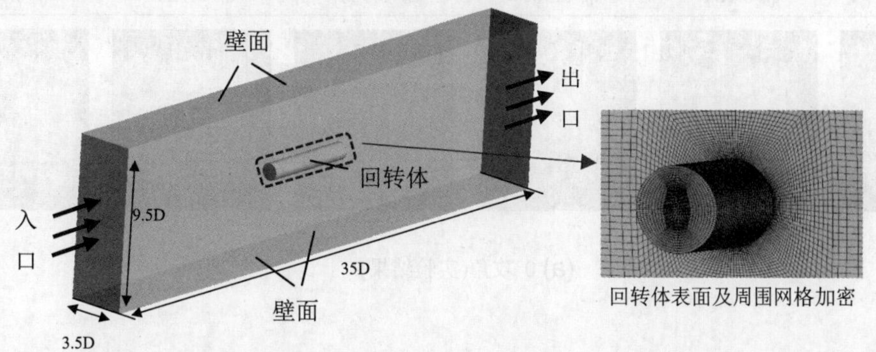

图 1 计算域、边界条件设置及近壁面网格加密示意图

3 结果讨论与分析

图 2 分别展示了不同攻角条件下绕平头回转体初生空化的形态及其随时间的演变过程。其中，图 2(a)和图 2(b)分别是 0°攻角条件下，实验观测[3]与数值计算得到的空穴形态随时间的发展过程。与实验结果对比，发现 LES 方法可以较好地模拟绕平头回转体初生空穴随时间的演变过程，t_0 时刻初生空穴呈团状游离态分布在回转体肩部区域；在 t_0 至 t_0+0.36T 时间段内，空穴融合长大；在 t_0+0.36T 至 t_0+0.54T 时间段内，初生空穴逐渐断裂收缩；t_0+0.54T 至 t_0+0.9T 时间段，空穴逐渐溃灭。初生空穴在随时间演变的同时，不仅会随着主流向下游运动，而且会绕回转体做周向运动。图 2(c)和图 2(d)分别是数值计算得到的 5°攻角和 10°攻角条件下，绕平头回转体初生空穴形态随时间的发展过程。从图中可以看出，5°攻角和 10°攻角条件下空穴的形态及其随时间的演变过程与 0°攻角条件下基本相似，均呈团状游离态分布在回转体肩部，随着时间的发展，均经历了空穴长大—收缩—溃灭的过程，同时可以观察到空穴在演变的过程中存在明显的周向运动。

图 3 为 0.03s 时间内，不同攻角条件下绕平头回转体初生空穴的形成位置及溃灭位置在周向上的分布统计，其中同一组空穴的标志分为空心标志和实心标志，空心标志代表该组空穴的形成位置，实心标志代表该组空穴的溃灭位置。从图中可以看出，0°攻角时，初生空穴较均匀地分布在回转体周围，空穴从形成到溃灭的过程中绕回转体做周向运动，且周向运动的方向和位移大小具有随机性；随着攻角增大到 5°时，初生空穴主要发生在回转体的两侧及背流区域，空穴从形成到溃灭存在向背流面作周向运动的趋势；当攻角增大到 10°时，初生空穴的分布范围进一步向背流面收缩，在回转体两侧区域及迎流区域产生空穴的几率减小，空穴从形成到溃灭存在明显的向回转体背流面发展的周向运动趋势，如图中箭头所示。

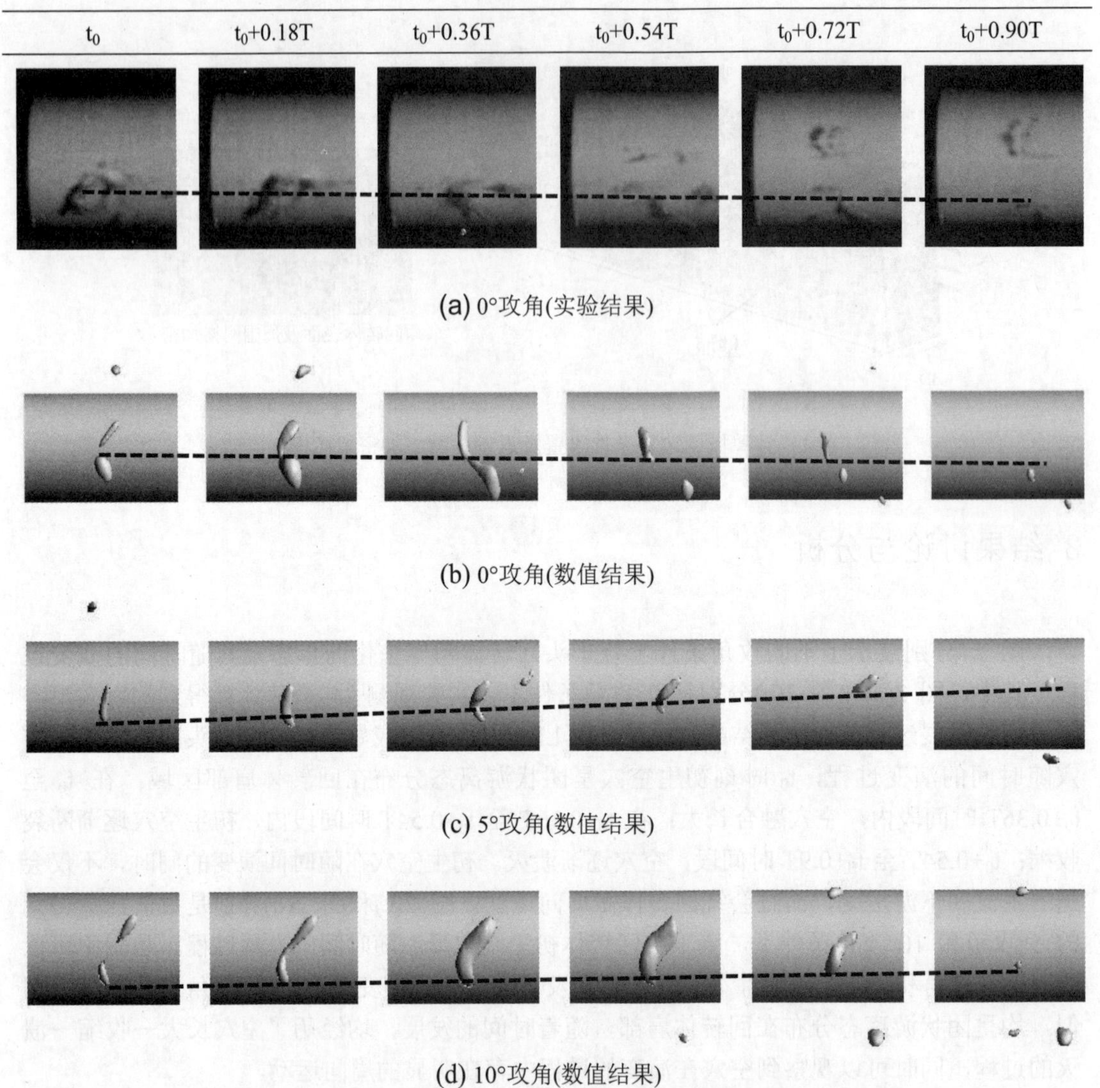

(a) 0°攻角(实验结果)

(b) 0°攻角(数值结果)

(c) 5°攻角(数值结果)

(d) 10°攻角(数值结果)

图 2　不同攻角条件下绕平头回转体初生空化形态随时间的演变过程

图 4 分别给出了 0°攻角、5°攻角及 10°攻角条件下，平头回转体表面、纵截面及空化区域横截面上的时均压力云图。从图中可以看出，不同攻角条件下，在回转体的肩部区域均存在低压区域，而空化较易发生在该区域。随着攻角的增大，回转体肩部区域上的压力分布出现明显的不对称性，迎流面的低压区域逐渐减小且向回转体头部及壁面靠近，背流面

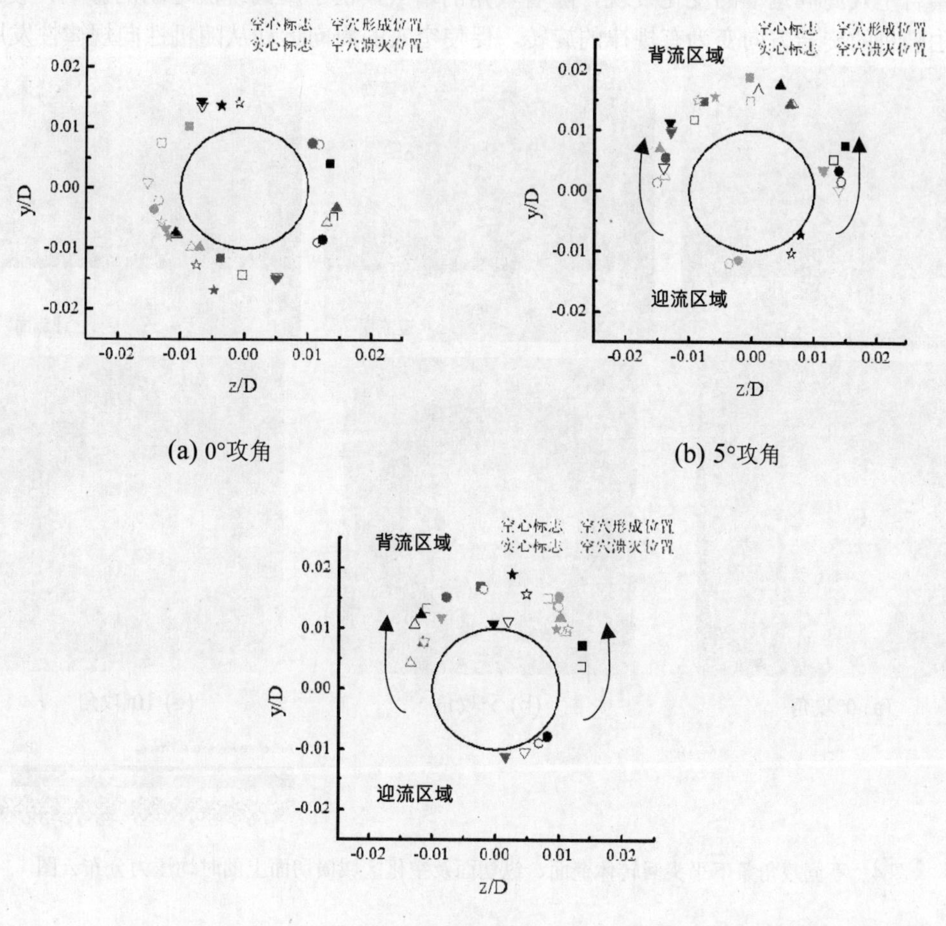

图3　不同攻角条件下绕平头回转体初生空穴在周向上的位置分布统计

的低压区域逐渐增大且远离回转体壁面。另外，从空化区域横截面上的时均压力云图可以看出，0°攻角时，低压区域较均匀地绕回转体周向分布；随着攻角的增大，低压区域逐渐向背流区域发生偏离；当攻角增大到 10°时，低压区域主要集中分布在回转体的背流区域及靠近背流面的两侧区域。低压区域的变化，促使空化区域随着攻角的增大逐渐向回转体背流面移动，回转体迎流面及两侧区域产生空化的几率逐渐减小。

图 5 分别展示了 0°攻角、5°攻角及 10°攻角条件下，平头回转体在空化区域横截面上的时均漩涡结构。从图 5(a)中可以看出，0°攻角时，存在较多的漩涡结构随机地分布在回转体周围，其旋转方向不一；随着攻角增大到 5°时，由于来流攻角的影响，产生了明显的周向绕流运动，此时受绕流运动影响，漩涡结构明显减少，回转体两侧漩涡结构的旋转方向也产生变化；当攻角增大到 10°时，周向绕流运动加强，此时，漩涡结构进一步减少，只存在两个尺度较大且旋转方向相反的漩涡结构分别分布在回转体靠近背流面的两侧区

域。结合空穴周向运动的变化发现，随着攻角的增大，由于周向绕流运动的影响，使漩涡结构由随机的旋转方向变为有规律的旋转，促使空穴的周向运动从随机性向规律性发展。

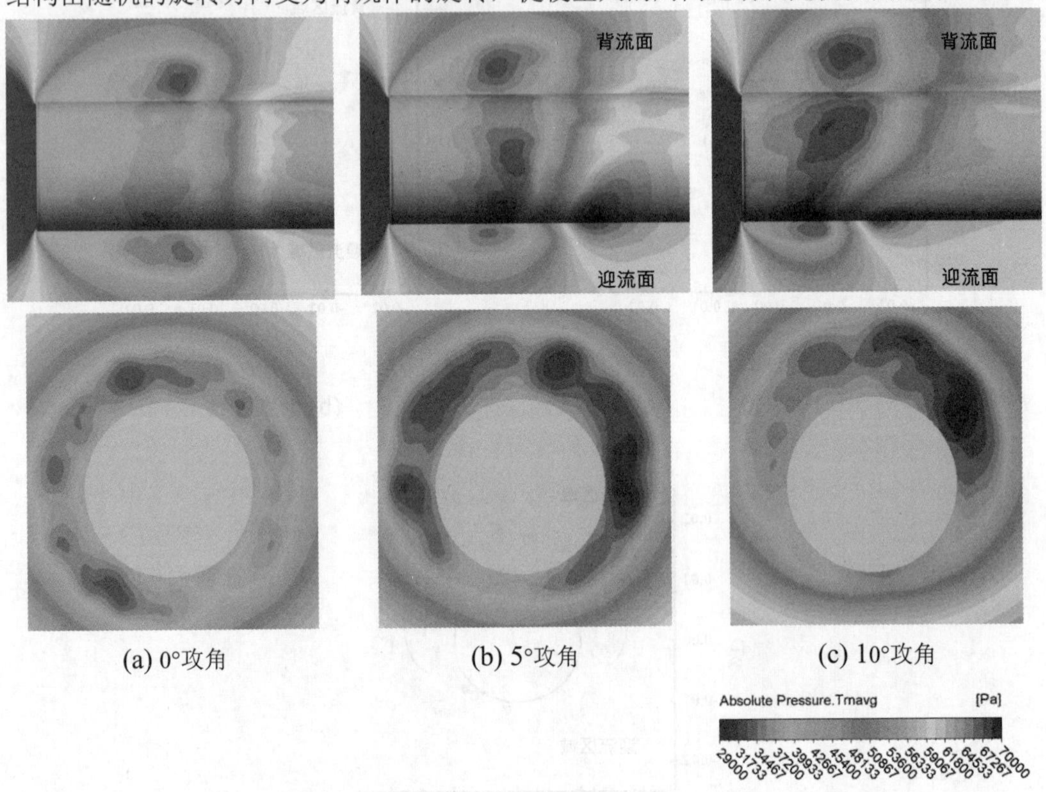

(a) 0°攻角　(b) 5°攻角　(c) 10°攻角

图 4　不同攻角条下平头回转体壁面、纵切面及空化区域横切面上的时均压力分布云图

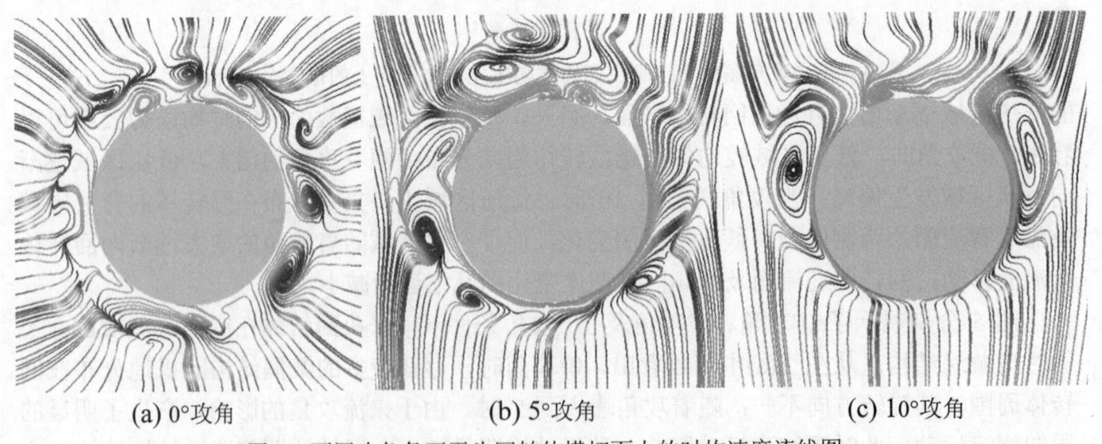

(a) 0°攻角　(b) 5°攻角　(c) 10°攻角

图 5　不同攻角条下平头回转体横切面上的时均速度流线图

4 结论

本研究采用 LES 方法对不同攻角条件下绕平头回转体的初生空化流动进行数值计算，研究了不同攻角条件下绕平头回转体初生空化的形态、分布及演变特性，得到以下几点结论如下：

(1) 不同攻角条件下，初生空穴均呈不规则团状游离态分布在回转体的肩部分离涡区域，随着时间的发展，均逐渐长大—收缩—溃灭。另外，空穴在随着主流向下游运动同时会产生周向运动。

(2) 攻角的改变对绕平头回转体初生空穴的周向分布产生明显的影响。随着攻角的增大，初生空穴的分布区域逐渐缩小并且向回转体背流面推移，而回转体两侧区域及迎流区域产生空穴的几率逐渐减小。

(3) 攻角的改变对绕平头回转体的周向流动结构产生明显的影响。随着攻角的增大，绕回转体的漩涡结构由丰富的小尺度漩涡结构逐渐变为较少的大尺度漩涡结构。另外，随着攻角的增大，漩涡结构由随机的旋转方向变为有规律的旋转，促使初生空穴的周向运动由随机性向规律性发展。

参考文献

1 权晓波,李岩,魏海鹏,等.大攻角下轴对称航行体空化流动特性试验研究[J].水动力学研究与进展 A辑,2008(06):662-667.

2 季斌，程怀玉，黄彪. 空化水动力学非定常特性研究进展及展望[J]. 力学进展, 2019, 49(1).

3 胡常莉,王国玉,陈广豪,等.绕平头回转体初生空化的实验与数值研究[J].船舶力学,2014,18(Z1):19-27.

4 Tsuru W, Konishi T, Watanabe S, et al. Observation of inception of sheet cavitation from free nuclei[J]. Journal of Thermal Science, 2017, 26(3):223-228.

5 Liu Z. Cavitation nuclei population and event rates[J]. J. fluids Eng. asme, 1998, 120(4):728-737.

6 胡常莉，王国玉，黄彪. 绕平头回转体初生空化形态及流场特性研究[C]// 第二十五届全国水动力学研讨会暨第十二届全国水动力学学术会议. 2013:8.

7 刘桦，朱世权，何友声，等. 系列头体的空泡试验研究：初生空泡与发展空泡形态[J]. 中国造船, 1995(1):1-10.

8 Hu C , Wang G , Wang X , et al. Experimental investigation of inception cavitating flows around axisymmetric bodies with different headforms[J]. Journal of Mechanical Science and Technology, 2016, 30(7):3193-3201

9 黄彪，王国玉，胡常莉，等. 绕回转体初生空化流场特性的实验及数值研究[J]. 工程力学,2012,29(06):320-325.

10 薛梅新，朴英.高压喷嘴空化初生的大涡模拟[J].工程力学,2013,30(04):417-422.

11 Schnerr G H, Sauer J. 2001. Physical and numerical modeling of unsteady cavitation dynamics//Proceedings of 4th international Conference on Multi-Phase Flow, New Orleans.

12 Singhal A K, Athavale M M, Li H, Jiang Y. 2002. Mathematical basis and validation of the full cavitation model. *Journal of Fluids Engineering*, 124: 617.

13 Zwart P J, Gerber A G, Belamri T. 2004. A two-phase °ow model for predicting cavitation dynamics//Proceedings of the 5th International Conference on Multiphase Flow, Yokohama, Japan.

14 Wienken W, Stiller J, Keller A. A method to predict cavitation inception using Large-Eddy simulation and its application to the flow past a square cylinder[J]. Journal of Fluids Engineering, 2006, 128:316-325.

Study of inception cavitating flows around an axisymmetric blunt body with different angles of attack

YANG Long, HU Chang-li, LUO Qian

(School of Energy and Power Engineering, Nanjing University of Science and Technology, Nanjing, 210094.Email:18751966052@163.com)

Abstract: In order to investigate the influence of different inflow conditions on the inception characteristics of the attached cavitation, inception cavitating flow around axisymmetric blunt body with different angles of attack was studied by the LES method. The result show that the incipient cavities exhibit a traveling bubbles forming around the shoulder of the blunt body under different angles of attack. During the evolution process, the incipient cavities move downstream, with some circumferential motion. The angle of attack has an effect on the distribution of incipient cavities around axisymmetric blunt body. As the angle of attack increases, the distribution area of incipient cavities gradually shrinks and moves toward the backflow surface of the blunt body, while the probability of the formation of incipient cavities on the upstream and both sides of the blunt body is decrease. In addition, as the angle of attack increases, the circumferential vortex structure around blunt body was changed while the motion of the circumferentially around blunt body is strengthened, and promoting the circumferential motion of the incipient cavities from random to regular.

Key words: inception cavitation; blunt body; angle of attack; circumferential motion

含不凝气蒸汽气泡凝结过程的数值模拟

王效嘉，田茂诚，唐亮亮，张冠敏

（山东大学能动学院热科学研究所，济南，250061，Email: Wangxj95@mail.sdu.edu.cn）

摘要：该数值模拟通过建立二维旋转轴对称模型研究了含不凝气的蒸汽气泡的凝结过程。使用 PID 算法对传统 Lee 相变模型中的相变系数进行调节，拟合得到相变系数的取值公式，并通过 UDF 在计算过程中加入自编相变换热模型，同时记录冷凝过程各项参数，对气泡的相变换热过程进行研究，并与实验数据的对比验证了该模型的可靠性。模拟结果表明：气泡内部的蒸汽浓度分布是不均匀的，不凝气体在气泡冷凝过程中聚集在气-液界面处，影响蒸汽的冷凝换热。

关键词：数值模拟；气泡；凝结换热；混合气体；UDF

1 引言

Lee 模型[1]是个基于物理基础的相变模型，在 Lee 模型中，液体-气体传质（蒸发冷凝）过程由气体传输方程控制：

$$\frac{\partial}{\partial t}(\alpha_v \rho_v) + \nabla \cdot (\alpha_v \rho_v \vec{V_v}) = \dot{m}_{lv} - \dot{m}_{vl} \tag{1}$$

正如方程（1）所示，Fluent 将正向传质定义为液体到蒸汽的蒸发-冷凝问题，基于不同的温度状态，蒸发和冷凝状态的传质模型分别可描述如下：

$$\dot{m}_{lv} = \text{coeff} \times \alpha_l \rho_l \frac{(T_l - T_{sat})}{T_{sat}} \tag{2}$$

$$\dot{m}_{vl} = \text{coeff} \times \alpha_v \rho_v \frac{(T_{sat} - T_v)}{T_{sat}} \tag{3}$$

式中传质系数 coeff 可定义为：

$$\text{coeff} = \frac{6}{d_b} \beta \sqrt{\frac{M}{2\pi R T_{\text{sat}}}} L\left(\frac{\alpha_v \rho_v}{\rho_l - \rho_v}\right) \tag{4}$$

由式（4）可以看出，Lee 模型[1]的运算过程不仅需要得到网格单元的温度、物性和相体积分数外，还需要定义系数 coeff。由于式中 d_b 为索特平均直径（Sauter mean diameter）难以确定，从而 coeff 难以确定，在实际的使用过程中，其值常作为经验常数（指定为 0.1×10^6~5×10^6）。需要针对具体工程选取不同值。

2 模型改进与验证

PID 算法是一种控制调节方法，具有算法简单、可靠性高和鲁棒性好等优点，在很多领域可以用来对参数进行整定和控制过程量。PID 可以根据设定值 $r(t)$与实际的输出值 $c(t)$之间的差值：

$$e(t)=r(t)-c(t) \tag{5}$$

并将 $e(t)$的比例、积分和微分进行组合构成控制方程，对被控对象进行控制。其公式为：

$$u(t)=K_p\left[e(t)+\frac{1}{T_i}\int_0^t e(t)\mathrm{d}t+T_d\frac{\mathrm{d}e(t)}{\mathrm{d}t}\right] \tag{6}$$

PID 算法调节分为比例控制、微分调节及节分调节三个部分，为方便计算机编程，需要将公式（6）进行离散[2]后简化为位置式 PID，进一步转化为增量式 PID 控制算法后进行合并得到可用于 Fluent 的 UDF 编程代码的公式如下：

$$\Delta u(t)=A\cdot e(k)-B\cdot e(k-1)+C\cdot e(k-2) \tag{7}$$

已有大量学者对于蒸汽气泡冷凝换热进行了实验研究，并通过高速摄像和图像处理得到气泡冷凝换热系数，总结了 Nusselt 数实验关联式。根据 Kim[3]对几种 Nusselt 数关联式的对比，考虑到精确性、适用性和是否存在实验数据，本研究选取 Kim 的公式对 coeff 进行训练：

$$Nu_c=0.2575Re_b^{0.7}Pr^{-0.4564}Ja^{0.2043} \tag{8}$$

具体操作步骤如图 1 所示。计算的过程中，气泡的直径和平均速度通过下式定义：

$$D_b=\sqrt[3]{\frac{6V_b}{\pi}} \tag{9}$$

$$v_b=\frac{\sum_i v_{g,i}\rho_{g,i}\alpha_{g,i}V_i}{\sum_i \rho_{g,i}\alpha_{g,i}V_i} \tag{10}$$

为计算实际换热系数，需将质量变化率 ΔM 带入下式：

$$h=\frac{\Delta M(h_s-h_w)}{A_b(T_b-T_w)} \tag{11}$$

图 2 显示了采用 PID 调节相变系数 coeff 的数值模拟中，气泡冷凝过程的 Nusselt 数和采用 Kim 关联式[3]计算的 Nusselt 数的对比。可以看出采用 PID 调节相变系数可以使气泡冷凝过程与关联式计算的过程保持一致。假设 coeff 与气泡当前直径、气泡速度相关，认为存在 coeff=f(D_b,v_b)。因此选取计算工况中随机时间点的 coeff、D_b、v_b 数据，在 MATLAB 中进

行关联式拟合，得到以下 coeff 关联式：

$$coeff = -2266 + 7626 v_b^{0.4528} D_b^{-0.366} \tag{12}$$

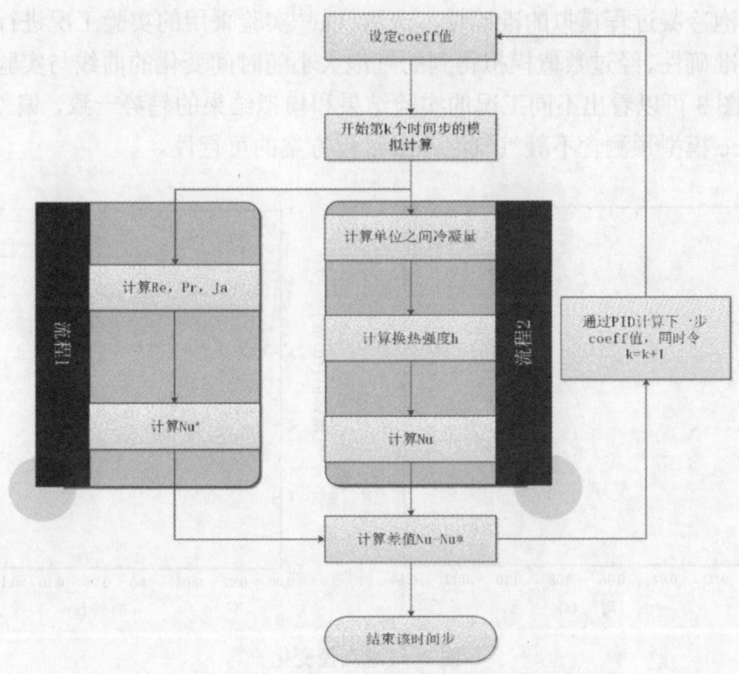

图 1　coeff 值调整流程

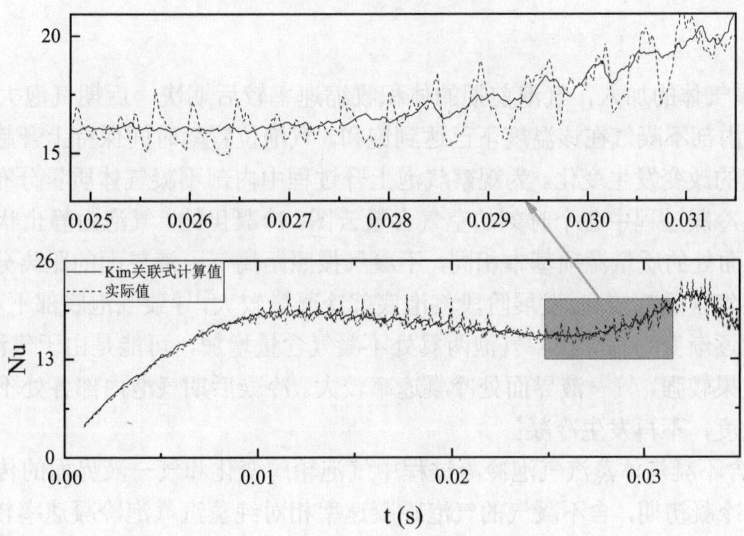

图 2　Nusselt 数实际值与计算值

假设气泡的上升过程为二维轴对称过程，将三维模型简化为二维旋转轴对称模型。采用结构化网格对计算域进行划分，计算域的大小为 $D_0 \times 6D_0$，其中 D_0 为气泡初始尺寸。采用了 6 种网格尺寸进行无关性验证。在初始化后，气泡分别包含了 337、629、987、1416、1922 和 2513 个网格单元，最终选取的气泡网格数为 1416。为验证判断采用改进的 Lee 模型对含不凝气气泡冷凝过程模拟的准确性，选取 Qu[4]实验采用的实验工况进行数值模拟，分析选用模型的准确性。经过数值模拟得到的气泡大小随时间变化的曲线与实验结果的对比如图 3 所示。由图 3 可以看出不同工况的实验结果和模拟结果的趋势一致，偏差不大，验证了使用改进型 Lee 模型预测含不凝气气泡冷凝过程方案的可行性。

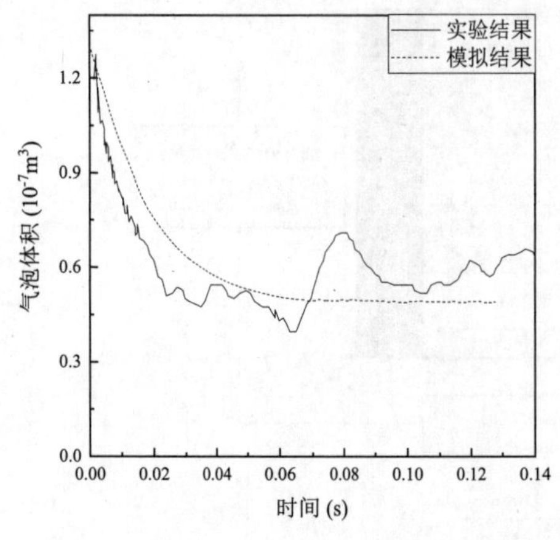

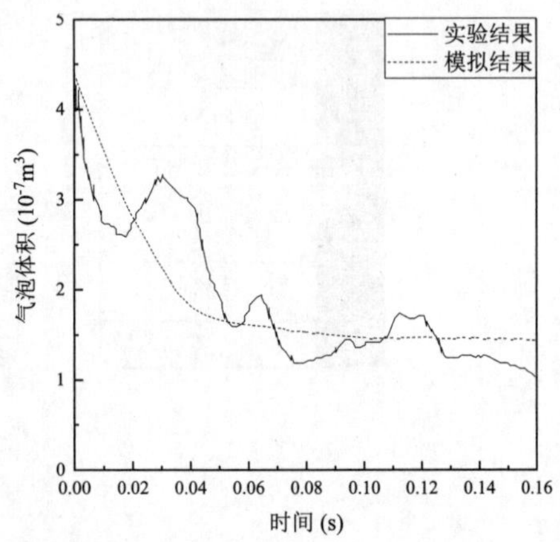

图 3 气泡直径变化

3 结论

由于不凝气体的加入，气泡前期的体积收缩速率较后期快，后期气泡大小已无明显变化，说明气泡内部不凝气在该温度下已达到饱和。气泡位置随时间保持上升趋势，气泡速度也会由于形状的改变发生变化。为观察气泡上升过程中内部不凝气体质量分布的情况，采用图 4 表示气泡冷凝过程中各个时刻的空气含量云图。冷凝伊始，气泡由静止状态开始向上运动，气一液界面处的质量源项基本相同，不凝气按照距离气一液界面的距离分布，气一液界面附近处不凝气含量都较高。发展阶段气泡底部冷凝量较大，导致气泡底部不凝气含量增加，随着气泡形状逐渐变为扁球状，气泡两翼处不凝气含量增加，可能是由于气泡呈扁球状时，两翼微循环效果较强，气一液界面处冷凝速率较大。冷凝后期气泡内部各处不凝气均达到该温度下饱和浓度，不再发生冷凝。

图 5 为含不凝气体蒸汽气泡冷凝过程中气泡轮廓变化和气一液界面的传质速率极坐标图。可以看出冷凝初期，含不凝气的气泡冷凝速率相对纯蒸汽气泡冷凝速率较小，但差别不大。随着冷凝过程的进行，气泡内不凝气体含量提高，同时由图 4 可看出，不凝气主要聚集在气一液界面附近，这也使浓度较高的蒸汽需通过扩散作用接近液体侧并与之发生传热传

质，以上原因致使气液交界处传质速率逐渐降低，直至 60 ms 后基本不发生冷凝，气泡内部不凝气质量分数达到该温度下饱和浓度。进一步体现了不凝气对蒸汽气泡冷凝的阻碍效果。

图 4　气泡内空气质量分数云图

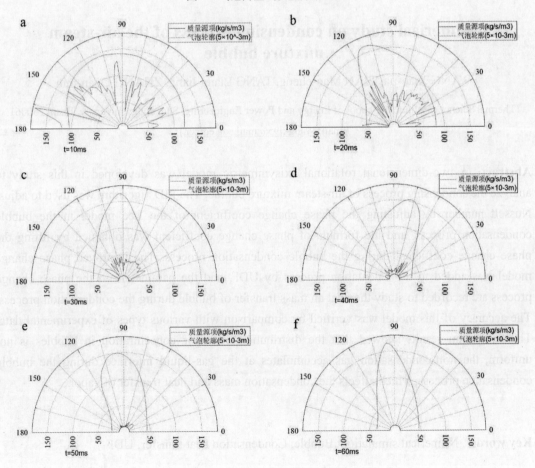

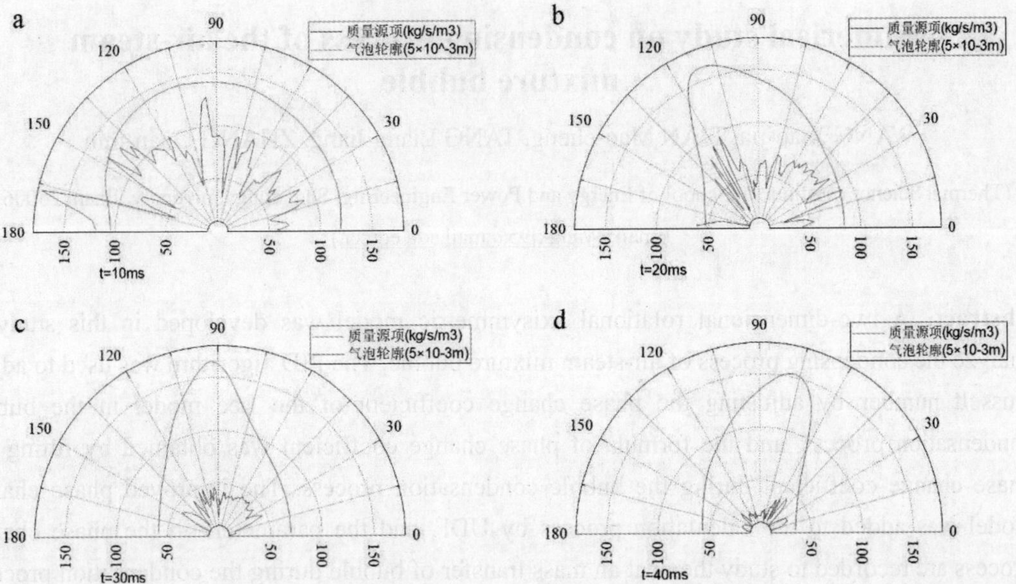

图 5　气一液界面传质速率极坐标

参考文献

1 Wen H L. A Pressure Iteration Scheme for Two-Phase Flow Modeling. 1980b, 61-82.

2 陶永华. 新型PID控制及其应用.北京：机械工业出版社，2002：59-61.

3 Kemei S, Hirata M. Study on condensation of a single vapor bubble into subcooled water-Part 2; Experimental analysis. Studio Vista. 1990, 1-10.

4 Qu X, Tian M, Zhang G, Leng X. Experimental and numerical investigations on the air–steam mixture bubble condensation characteristics in stagnant cool water . Nucl. Eng. Des., 2015, 285: 188-196

5 Kim S J, Park G C. Interfacial heat transfer of condensing bubble in subcooled boiling flow at low pressure . Int. J. Heat Mass Transfer., 2011, 54(13–14): 2962-2974

Numerical study on condensing process of the air-steam mixture bubble

WANG Xiao-jia, TIAN Mao-cheng, TANG Liang-liang, ZHANG Guan-min

(Thermal Sciences Institute in School of Energy and Power Engineering, Shandong University, Jinan, 250061. Email: Wangxj95@mail.sdu.edu.cn)

Abstract: A two-dimensional rotational axisymmetric model was developed in this study to analyze the condensing process of air-steam mixture bubble. The PID algorithm was used to adjust Nusselt number by adjusting the phase change coefficient of the Lee model in the bubble condensation process, and the formula of phase change coefficient was obtained by fitting the phase change coefficient during the bubble condensation process. The improved phase change model was added to the calculation process by UDF, and the parameters in the phase change process are recorded to study the heat an mass transfer of bubble during the condensation process. The accuracy of this model was verified by comparison with various types of experimental data. The simulation results showed that the distribution of vapor concentration in bubbles is not uniform, the non-condensation gas accumulates at the gas-liquid interface during the bubble condensation process, which affects the condensation mass and heat transfer of vapor.,

Key words: Numerical simulation; Bubble; Condensation heat transfer; UDF

不同截面形状的矩形微通道流动传热特性及综合性能研究

范凌灏，田茂诚，张冠敏，张明建

（山东大学能源与动力工程学院，济南，250061，Email：384779057@qq.com）

摘要：基于连续介质假设，针对去离子水在不同截面形状的硅基矩形微通道中流动传热问题，采用变物性参数设置和数值模拟方法，研究在通道当量直径不变和通道底面宽度不变两种情况下，随着截面高宽比改变，微通道压降、表观平均 Nu 等参数的变化趋势，分析不同截面的矩形微通道流动传热特性，同时通过热沉底面平均温度和评价因子 j/f 两个参数共同考量其综合性能。结果表明，在通道当量直径不变的情况下，增大截面高宽比，微通道流动恶化，对流传热强度提升，评价因子 j/f 下降，热沉底面平均温度下降但趋势渐缓；当通道底面宽度不变时，增大截面高宽比，通道传热特性和热沉底面平均温度与上述情况变化趋势相同，但流动情况好转，评价因子 j/f 出现阶跃性增长后基本稳定不变。

关键词：矩形微通道；高宽比；流动传热；温度；评价因子 j/f

1 引言

1959 年，Feynman[1]在美国物理学会年会上发表了题为“There is plenty of room at the bottom ”的报告，报告中指出微电子机械系统(Micro-electromechanical System，MEMS)及微加工技术将会成为未来制造技术的重要发展趋势。由于温度及其分布严重影响着电子产品的性能，高热流密度微型器件的散热量接近 $10^7 W/m^2$ 量级，因此研究微通道的流动传热特性，改进微通道结构，提高传热效率，提升微通道热沉的综合性能有十分重要的意义。

2 模型描述

在图 1 中， 图 a 为矩形微通道热沉整体结构图，总的散热面积为 W×L，单个流道的横截面积为 $W_c \times H_c$，两个通道的间距为 W_w，热流密度 q 均匀加在微通道基底上，基底厚度为 H_b图 b 为微通道数值计算区域三维示意图，数值模拟中选取最小的流动单元进行计算，计算区域中间位置为充满去离子水的微通道，两侧为硅基固体肋壁，假设顶部绝热。

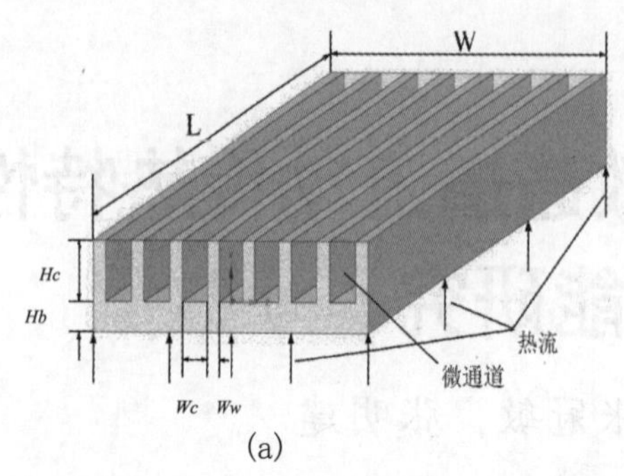

(a)

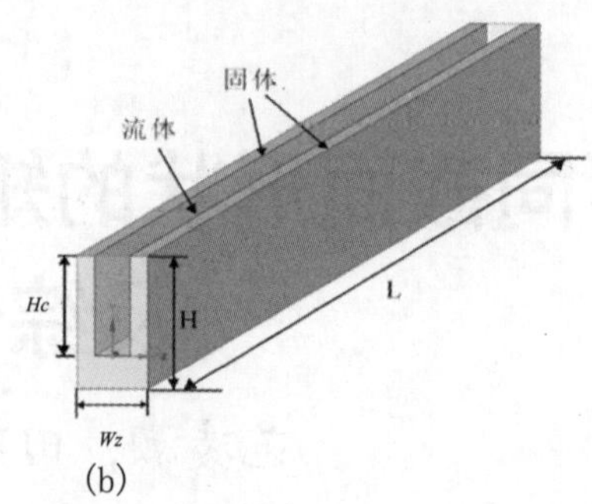

(b)

图 1 矩形微通道热沉整体结构及计算单元示意图

Kandlikar 和 Grande[2]提出将 $D_h \geq 3mm$ 作为常规通道的划分标准，$D_h \leq 200\mu m$ 作为微通道的划分标准，本文所研究的微通道水力直径 D_h 均小于 0.2mm。

在微通道中，流体温度沿流动方向变化大，温度对流体热物性参数的影响不可忽略，数值计算中设置去离子水的导热系数和动力粘度随温度变化，其经验关系式如式(1)所示。去离子水的其他物性参数及固体硅的物性参数均为常数，如表（1）所示。

$$\Lambda = -0.51402 + 0.00532T - 3.35719 \times 10^{-6}T^2 - 6.23349 \times 10^{-9}T^3 \tag{1a}$$

$$\mu = 0.11157 - 9.51523 \times 10^{-4}T + 2.7249 \times 10^{-6}T^2 - 2.61107 \times 10^{-9}T^3 \tag{1b}$$

表 1 去离子水和硅的恒定物性参数

物性参数	水	硅
$c_p(J/\text{kg}\cdot\text{K})$	4183	712
$\rho(\text{kg/m}^3)$	998.2	2329
$\lambda(W/(\text{m}\cdot\text{K}))$	-	148

综上所述，为了简化运算，对微通道内流体流动传热过程作以下假设：①数值模拟选取的 Re 较小（185～827），微通道内流体属于稳态、不可压缩、层流流动；②微通道内去离子水为牛顿流体；③流体的导热系数和动力粘度随温度变化，流体的其他物性参数及固体的物性参数为常数；④忽略重力及其他体积力、热辐射的影响。

矩形微通道中单相流体流动传热问题的连续性方程、动量方程、能量方程如下：

$$\nabla \cdot \vec{U} = 0 \tag{2}$$

$$\rho_f\left(\vec{U}\cdot\nabla\vec{U}\right) = -\nabla P + \nabla\left(\mu_f \nabla\vec{U}\right) \tag{3}$$

$$\rho_f c_{p,f}\left(\vec{U}\cdot\nabla T_f\right) = \nabla\left(\lambda_f \nabla T_f\right) + \Phi \tag{4}$$

式中$\rho_f, c_{p,f}, \lambda_f, \mu_f$分别为流体密度，流体比热容，流体导热系数，流体动力黏度。Φ是耗散函数，即因粘性作用，由机械能转换为热能的部分。

本文采用 FLUENT 软件进行三维数值模拟计算。矩形微通道入口为速度入口边界条件，模拟中选取入口流速 u_{in}=1、2、3、4、5m/s，入口处流体温度 T_{in}=293K；微通道出口为压力出口边界条件，即 $p_{out}=0$；计算域底面为恒热流边界条件 $q=100W/cm^2$，其他表面为绝热边界条件；流体和壁面的交界面无速度滑移，并设置为流固耦合边界。

为验证本文模拟结果的可靠性，将矩形微通道的数值模拟结果与理论值进行对比。对于矩形微通道内的层流流动，Shah[3]等提出的表观平均摩擦系数表达式为：

$$f\,\mathrm{Re}=\sqrt{\left(\frac{3.2}{\mathrm{L/ReD}_h}\right)^2+Po^2} \tag{5}$$

图 2 给出了不同 Re 数下高宽比为 4、特征长度为 0.16mm、长度 10mm 的矩形微通道表观平均摩擦系数数值模拟结果与理论计算值对比。从图中得出，在设定的 Re 范围内，模拟结果与理论结果一致性较好，最大相对误差分别为 6.24%，在工程应用允许的范围内。

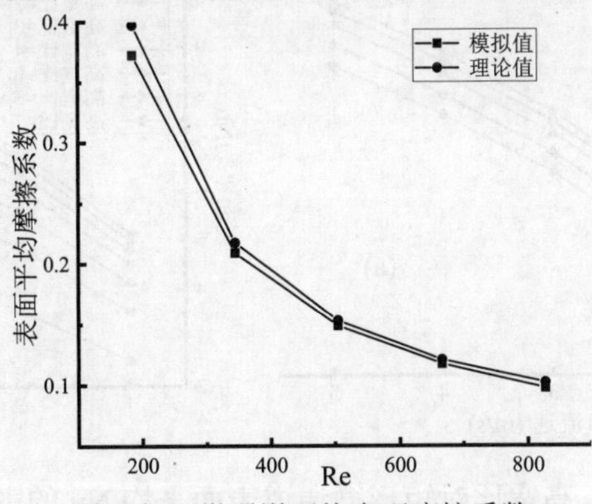

图 2 矩形微通道平均表观摩擦系数

3 结果与讨论

3.1 高宽比对微通道流动特性影响

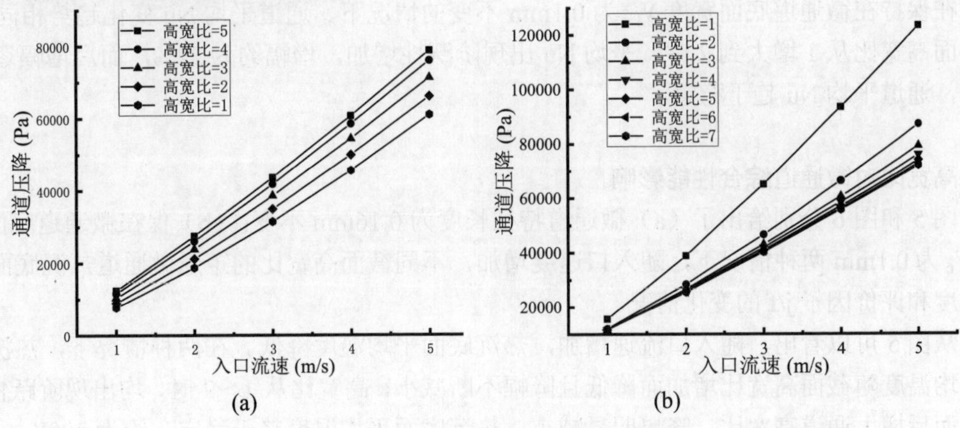

图 3 高宽比对矩形微通道压降的影响

图 3 给出了（a）微通道特征长度为 0.16mm 不变；（b）在微通道底面宽度 W_c 为 0.1mm 不变两种情况下，随入口速度增加，不同截面高宽比矩形微通道压降变化情况。

压降用以表征流体流动时所受到阻力的大小，反映流体流动性能的优劣。从图 3 可以看出，入口流速增加，通道压降升高。图 3（a）指出，在微通道特征长度不变时，通道压降随高宽比增加而升高且增幅减小。图 3（b）指出，在保持在微通道底面宽度 W_c 为 0.1mm 不变时，通道压降随高宽比增加而降低且降幅减小，高宽比从 1 到 2 时，通道压降出现阶跃性降低，降幅约为 28%，而后增大通道高宽比，压降降幅明显减小，通道压降趋于稳定。

3.2 高宽比对微通道传热特性影响

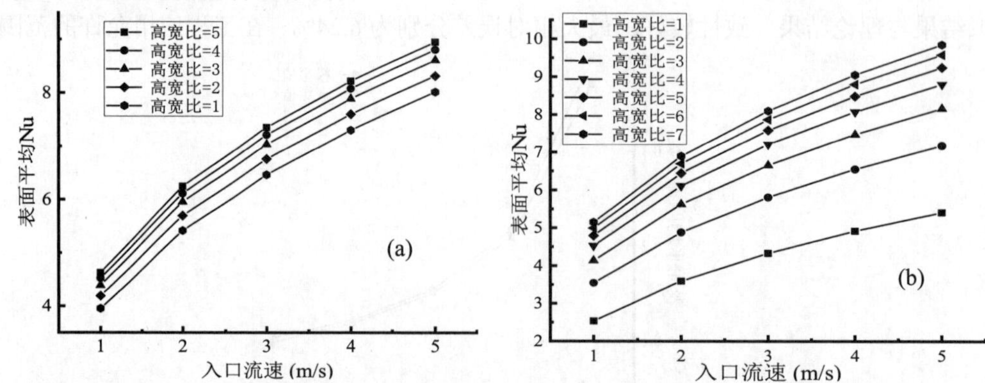

图 4 高宽比对矩形微通道表面平均 Nu 的影响

图 4 给出了（a）微通道特征长度为 0.16mm 不变；（b）微通道底面宽度 W_c 为 0.1mm 不变两种情况下，随入口速度增加，不同截面高宽比的矩形微通道平均 Nu 变化情况。

努赛尔数是层流底层的导热系数与对流传热系数的比值，表征对流换热强烈程度。从图 4 得出，随入口流速增加，通道平均 Nu 升高。图 4（a）指出，在保持微通道特征长度不变的情况下，通道平均 Nu 随截面高宽比的增加而升高，且增幅不断减小。图 4（b）指出，在保持在微通道底面宽度 W_c 为 0.1mm 不变的情况下，通道平均 Nu 变化趋势相同，当截面高宽比从 1 增大到 2 时，平均 Nu 出现阶跃性增加，增幅约为 32%，而后增幅逐渐减小，通道平均 Nu 趋于稳定。

3.3 高宽比对微通道综合性能影响

图 5 和图 6 分别给出了（a）微通道特征长度为 0.16mm 不变；（b）保在微通道底面宽度 W_c 为 0.1mm 两种情况下，随入口速度增加，不同截面高宽比的矩形微通道热沉底面平均温度和评价因子 j/f 的变化情况。

从图 5 可以看出，随入口流速增加，热沉底面平均温度降低。在两种情况下，热沉底面平均温度随截面高宽比增加而降低且降幅不断减小，高宽比从 1～2 时，均出现阶跃性降低，而后增大通道高宽比，降幅明显减小，热沉底面平均温度趋于稳定，约为 300K。

Kays 和 London[4]提出用 j/f 因子来表征换热器性能的优劣，评价因子越大，则表示换热器综合性能越好。从图 6 中可以看出，随着通道入口流速增加，评价因子升高，通道综合性能提升。图 6（a）指出，在保持微通道特征长度不变时，评价因子随截面高宽比的增加而降低且增幅不断减小，通道综合性能降低。图 6（b）指出，在保持在微通道底面宽度 W_c 为 0.1mm 不变时，当高宽比从 1 增大到 2 时，评价因子出现阶跃性增加，增幅约为 10%，而后增大高宽比，评价因子大小基本不变，通道综合性能稳定。

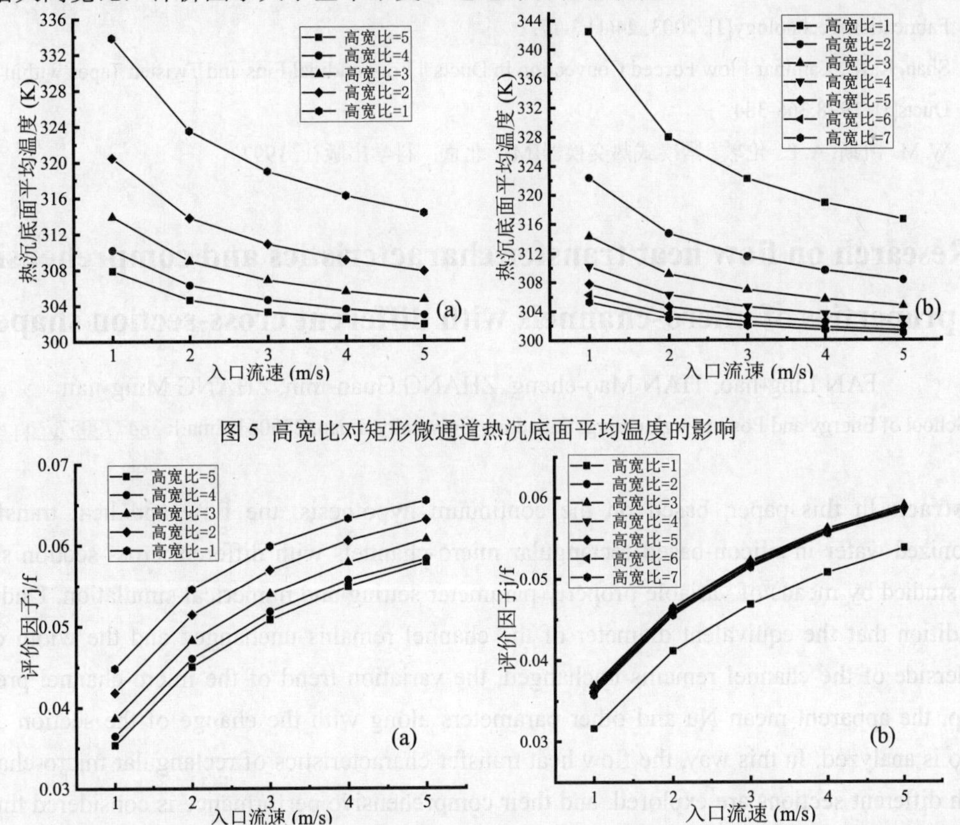

图 5 高宽比对矩形微通道热沉底面平均温度的影响

图 6 高宽比对矩形微通道评价因子 j/f 的影响

4 结论

（1）在矩形微通道当量直径不变的情况下，增大截面高宽比，微通道压降升高，流动恶化，通道表面平均 Nu 升高，传热性能提升，评价因子下降，微通道换热器综合性能降低，热沉底面平均温度下降且趋势渐缓。

（2）在矩形微通道底面宽度不变的情况下，增大截面高宽比，微通道压降降低，流动情况好转，通道表面平均 Nu 升高，传热特性提升，评价因子出现阶跃性增长后基本稳定不变，微通道换热器综合性能变化与评价因子一致，热沉底面平均温度下降且趋势渐缓；

参 考 文 献

1. Feynman R P . There's plenty of room at the bottom [data storage][J]. Journal of Microelectromechanical Systems, 1992, 1(1):60-66.
2. Kandlikar S G , Grande W J . Evolution of Microchannel Flow Passages--Thermohydraulic Performance and Fabrication Technology[J]. 2003, 24(1):3-17.
3. Shah, R. K . Laminar Flow Forced Convection in Ducts || Longitudinal Fins and Twisted Tapes within Ducts[J]. 1978:366-384.
4. W. M. 凯斯, A. L. 伦敦. 紧凑式热交换器[M]. 北京：科学出版社, 1997.

Research on flow heat transfer characteristics and comprehensive properties of micro-channels with different cross-section shapes

FAN Ling-hao, TIAN Mao-cheng, ZHANG Guan-min, ZHANG Ming-jian

(School of Energy and Power Engineering, Shandong University, Jinan, 250061 Email: 384779057@qq.com)

Abstract: In this paper, based on the continuum hypothesis, the flow and heat transfer of deionized water in silicon-based rectangular micro-channels with different cross-section shapes are studied by means of variable property parameter setting and numerical simulation. Under the condition that the equivalent diameter of the channel remains unchanged and the width of the underside of the channel remains unchanged, the variation trend of the micro-channel pressure drop, the apparent mean Nu and other parameters along with the change of the section aspect ratio is analyzed. In this way, the flow heat transfer characteristics of rectangular micro-channels with different sections are explored, and their comprehensive performance is considered through the average temperature of the hot bottom surface and the evaluation factor j/f. The results show that when the equivalent diameter of the channel remains unchanged, the section aspect ratio increases, the micro-channel flow deteriorates, the convective heat transfer intensity increases, the evaluation factor j/f decreases, and the average temperature of the thermal bottom surface decreases but the trend slows down. When the width of the bottom surface of the channel remains unchanged, the aspect ratio of the section increases. The heat transfer characteristics and the average temperature of the hot bottom surface of the channel have the same change trend as above, but the flow condition improves, the evaluation factor j/f is stable and unchanged after the step growth.

Key words: Rectangular microchannel; Aspect ratio; Flow heat transfer; Temperature; Evaluation factor j/f

叶环电驱桨导管形状对水动力性能的影响研究

赵鑫，周军伟*，余平

（哈尔滨工业大学（威海）船舶与海洋工程学院，威海，264209，Email：18712727590@163.com）

摘要： 叶环电驱桨是永磁无刷直流电机与导管螺旋桨相结合的新型集成电机推进器，由于电机定子和叶环转子需安装在导管中，使导管径向尺寸变大，为了保证叶环电驱桨的整体性能，本文将对不同导管形状进行研究。该叶环电驱桨使用 Ka4-50 螺旋桨，对 4 种不同导管情况下进行水动力数值模拟。使用软件 ANSYS-CFX 进行螺旋桨周围黏性流场的定常计算。计算得出了不同导管形状下电驱桨性能曲线。结果表明，19A 导管下的叶环电驱桨敞水效率最高；case1 型导管下的叶环电驱桨推力特性最好。对性能分组对比发现，导管前缘形状对桨叶推力特性影响较大，尾缘形状对导管推力特性影响较大。导管尾缘形状是叶环电驱桨水动力性能的主要影响因素，尾缘上部曲线下垂线型能提升叶环电驱桨水动力性能。

关键词： 叶环电驱桨；导管形状；水动力性能

1 引言

叶环电驱桨是一种将电机定子线圈集成在导管内的导管螺旋桨[1]，其永磁体辐射状安装在桨叶叶环上，构成电动转子。

美国通用动力电船公司早在 20 世纪 90 年代开发了一系列电驱桨，试验结果表明其敞水效率比同功率的吊舱推进器高 5%~10%[2]。HsiehMF 等[3]为 ROV 设计了一种小型的无轮轴叶环电驱桨。汪勇等[4]设计用于潜艇应急推进的叶环电驱桨，通过敞水实验和模拟仿真验证了设计的可行性。Ø. Krøvel 等[5]研制了功率为 100kW 的叶环电驱桨，通过实船实验表明，该桨较导管桨有更好的水动力性能。

在电驱桨水动力性能方面，也有许多研究。宋保维[6]采用 CFD 方法对叶环电驱桨有无轮轴进行性能研究。DubasAJ[7]开发了一种 CFD 方案研究叶片的螺距角对电驱桨的性能影响。曹庆明[8]利用 RANS 求解器分析电驱桨间隙流动的影响因素。本课题组对导管桨的水动力性能进行了大量的研究[9-11]，这些工作对探讨电驱桨的水动力性能起到了促进作用。

作者简介：赵鑫（1995—），男，硕士研究生。研究方向：船舶推进

通讯作者：周军伟（1981—），男，副教授。研究方向：船舶推进

考虑到叶环电驱桨的电机定子和叶环转子需安装在导管中，使导管径向尺寸变大，进而影响其水动力性能，本研究将探讨导管形状对电驱桨水动力性能的影响。

2 电驱桨模型

2.1 叶环电驱桨参数

本研究中计算模型根据一种针对小型水下航程器设计制造的实桨模型进行建模，螺旋桨采用荷兰 MARINE 实验室的 Ka4-50 螺旋桨，该桨设计参数见表 1 所示。

表 1 螺旋桨参数

叶数	直径/m	螺距比	盘面比	毂径比	转速/rpm
4	0.18	1	0.5	0.167	500

2.2 导管形状

选取 4 种不同导管形状来探讨导管对叶环电驱桨的水动力性能的影响，其剖面如图 1 所示，内凹部分为定子和叶环安装区域。其中，图 1(a)采用 19A 导管外形；图 1(b)是前后两侧对称的 sym 型；图 1(c)和图 1(d)分别为 sym 型的改型，其外壁面做了不同程度的倾斜和过渡，分别命名为 case1 型和 case2 型。限于篇幅，不详细介绍四个导管的线型数据。四种导管内凹区尺寸大小、位置均保持一致。

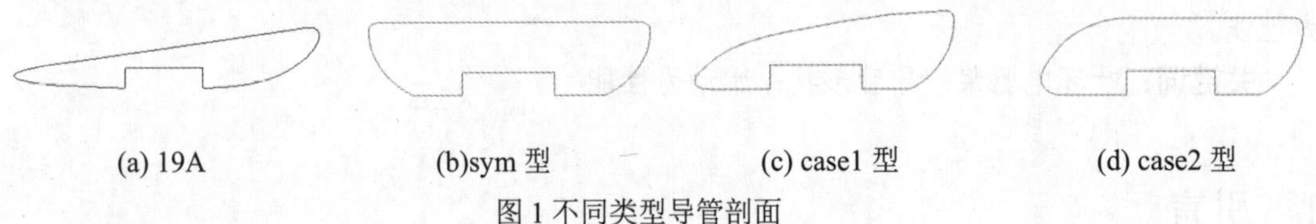

(a) 19A　(b)sym 型　(c) case1 型　(d) case2 型

图 1 不同类型导管剖面

3 数值模拟方法

在来流均匀的情况下，叶环电驱桨的工作接近定常状态，因而采用定常模拟方法。

3.1 计算域及网格的划分

图 2 为计算域示意图，划分为旋转域 I 和静止域 II 两部分。保证计算精度的前提下，为节省计算成本和时间，计算域采用周向 1/4 流场。静止域 II 中螺旋桨前方、后方、径向长度分别为 10 倍、30 倍、10 倍桨叶直径，以保证边界处流场均匀。叶环附近转静交界面的选取如图 3 所示。

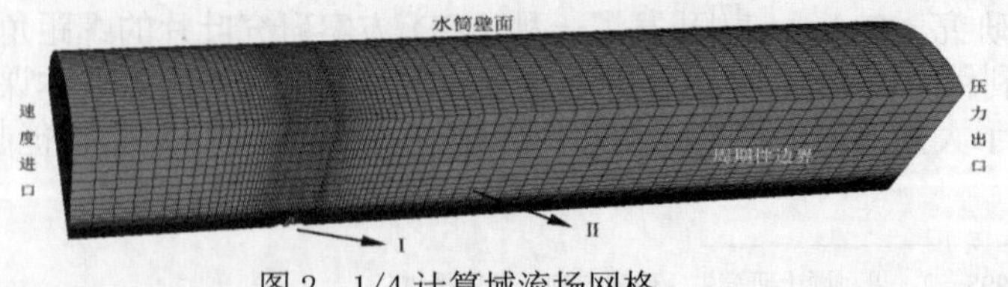

图 2　1/4 计算域流场网格

图 4 为旋转域网格，采用全结构化网格划分。为保证计算到黏性底层对网格进行加密处理，对靠近导管及桨毂处的网格部分进行适当的加密处理。本研究所有黏性壁面保证 y+值在 1.0 附近。

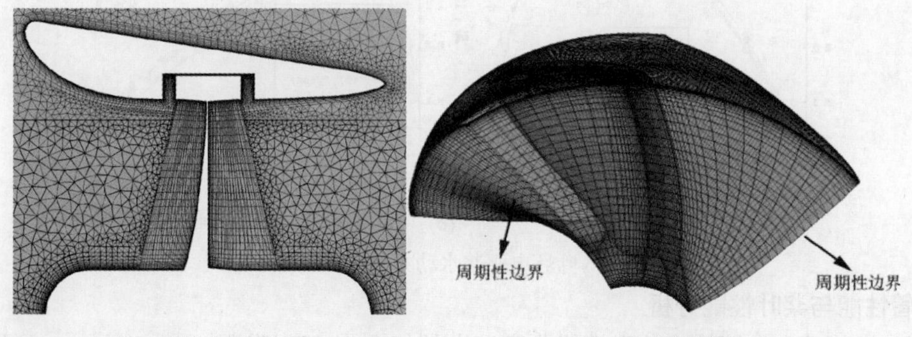

图 3 转静交界面　　　　图 4 旋转域网格

3.2 边界条件

进口边界给定轴向速度，出口边界给定平均压强。水筒壁面对流动影响较小，采用滑移壁面。导管、桨叶、桨毂物面都设定为无滑移固壁条件。在 1/4 周期性交界面上采用周期性边界条件。

4　计算结果与分析

4.1 计算参数

采用黏流方法模拟了叶环电驱桨的定常流动，使用商用软件 Ansys-CFX 作为求解器求解不可压 RANS 方程。

电驱桨的进速系数 J，总推力系数 K_T，扭矩系数 K_Q 和敞水效率 η 分别按下式计算：

$$J=\frac{V_A}{nD}\quad K_Q=\frac{Q}{\rho n^2 D^5}\quad \eta=\frac{K_T}{K_Q}\cdot\frac{J}{2\pi}$$

式中，V_A为进口速度，T_R为叶环推力，T_P为桨叶推力，T_N导管推力，Q为电驱桨扭矩，n为螺旋桨转速，D为螺旋桨直径，ρ为水的密度。

4.2 整体敞水性能对比

图 5(a)为不同导管下电驱桨的敞水效率，可以看出 19A 导管下电驱桨敞水效率最高，sym 型导管相对于其他型导管的电驱桨敞水效率最小。

图 5 (b) 是加装不同导管时叶环电驱桨的总推力、扭矩系数计算结果；可以看出 case1 型导管下电驱桨的推力系数最大，sym 型导管下推力系数最小，其他两型导管下电驱桨的推力系数较为接近，19A 导管下电驱桨的扭矩系数最小；但 case1 型导管下电驱桨推力系数在 J=0.5 后下降较快，解释了图 5 (a) 中该型电驱桨的敞水效率的较大幅度减小。

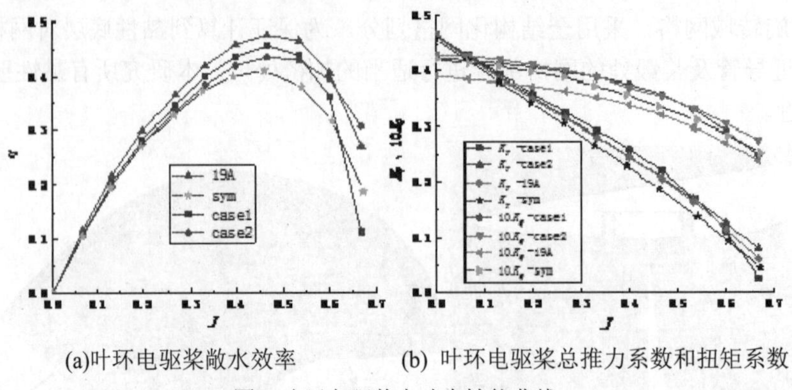

(a)叶环电驱桨敞水效率　(b) 叶环电驱桨总推力系数和扭矩系数

图 5 叶环电驱桨水动力性能曲线

4.3 导管性能与桨叶性能分析

图 6 为桨叶和导管的水动力性能曲线，从图 6 (a) 中可以发现，case1、case2 型导管下的桨叶的推力、扭矩系数均是最大，19A 导管下的桨叶的推力系数最小；从图 6(b)中可看出 19A 导管的推力系数最大；图 6 (a) 和图 6 (b) 对比发现，与桨叶的推力系数相比，导管的推力系数对整体推力系数影响更大。

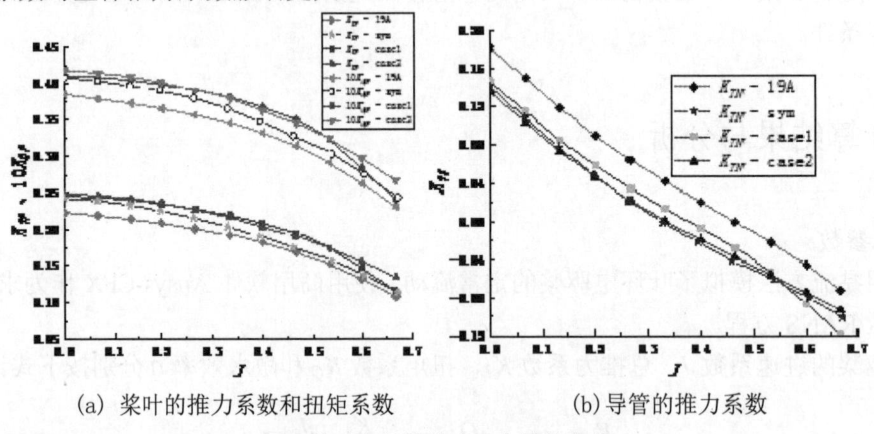

(a) 桨叶的推力系数和扭矩系数　(b) 导管的推力系数

图 6 桨叶和导管的水动力性能曲线

4.4 流场分析

4.4.1 前缘形状对比

图 7 为最高效率工况不同导管下的导管周围的流线图和压力云图，除了 19A 导管，其他三型前缘形状相同的导管在靠近导管前缘内壁处均出现了压力最低点，与桨叶叶背压力低处一同提升了桨叶的推力，与上文 19A 导管下桨叶推力系数最小相吻合。

4.4.2 尾缘形状对比

图 7 可以看出流线基本上与导管边线平行，除了 19A 导管外，在尾缘均出现了如图 7 (b) 所示的脱落涡，脱落涡的产生主要由后缘形状决定，会降低导管推力，与上文 19A 导管下的导管自身推力系数最大相吻合；尾缘上部曲线下垂线型的导管 19A、case1、case2 型产生较大的导管推力，其中从前缘就开始下垂线型设计的 19A、case1 型导管产生推力更大。

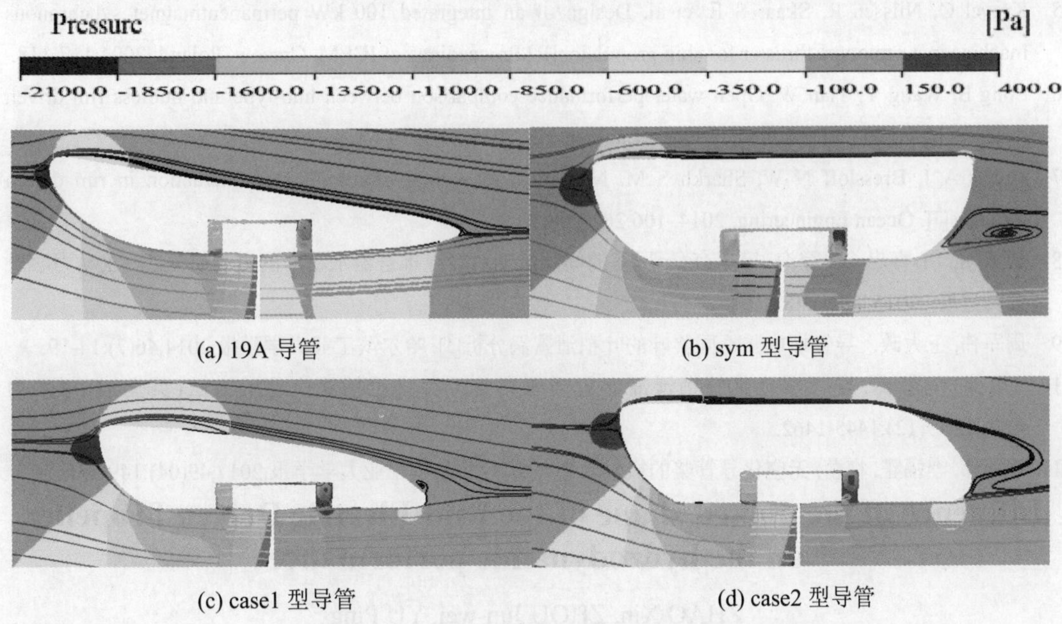

(a) 19A 导管　　(b) sym 型导管

(c) case1 型导管　　(d) case2 型导管

图 7 最高效率工况下不同导管周围流场及压力分布

5　结论

(1)在 4 种导管形状中，case1 型导管下的叶环电驱桨推力特性最好，19A 导管下叶环电驱桨敞水效率最高。

(2)对比桨叶和导管的推力系数发现，导管的推力系数决定了电驱桨的推力系数。对比流场和压力云图发现，导管前缘形状对桨叶推力特性影响较大，尾缘形状对导管推力特性影响较大。导管尾缘上部曲线下垂形式，如 19A 和 case1 型导管能提升叶环电驱桨性能。

本研究针对导管形状对叶环电驱桨的影响进行了相应研究，但是由于叶环大小、位置以及叶环间隙的不同会影响电驱桨的性能，而对该问题没有进行相应的研究，因此论只针对相同叶环下不同导管形状对叶环电驱桨性能的影响。

参考文献

1　Yan X, Liang X, Ouyang W, et al. A review of progress and applications of ship shaft-less rim-driven thrusters[J]. Ocean Engineering, 2017, 144:142-156.3

2　Van Dinc P. Manufacture of a Prototype Advanced Permanent Magnet Motor Pod[J]. Journal of Ship Production, 2003, 19(2):91-97.

3　Hsieh M F, Chen J H, Yeh Y H, et al. Integrated Design and Realization of aHubless Rim-driven Thruster[J]. 2007:3033-3038.

4　汪勇，李庆. 新型集成电机推进器设计研究[J]. 中国舰船研究，2011, 06(1):82-85.

5 Krøvel Ø, Nilssen R, Skaar S E, et al. Design of an integrated 100 kW permanentmagnet synchronous machine in a prototype thruster for ship propulsion[R].Proceedings of ICEM. Cracow, Poland, 2004:117-118.

6 Song B, Wang Y, Tian W. Open water performance comparison between hub-type and hubless rim driven thrusters based on CFD method[J]. OceanEngineering, 2015, 103: 55-63.

7 Dubas A J, Bressloff N W, Sharkh S M. Numerical modelling of rotor–stator interaction in rim driven thrusters[J]. Ocean Engineering, 2014, 106:281-288.

8 曹庆明，韦喜忠，唐登海，等. 有/无压差的间隙流动对轮缘推进器水动力的影响研究[J]. 水动力学研究与进展，2015, 30(5):485-494.

9 周军伟, 王大政. 导管螺旋桨不同桨叶的叶梢泄露涡分析[J]. 哈尔滨工业大学学报,2014,46(7):14-19.

10 周军伟，倪豪良. 导管螺旋桨叶梢泄漏涡机理研究及一种推迟梢涡空化的方法(英文)[J].船舶力学,2015,19(12):1445-1462.

11 周军伟, 李福正, 梅蕾. 无空化导管桨的极限效率分析[J].哈尔滨工业大学学报,2017,49(04):149-155.

Influence of the ducted shape of the Rim-Electric Driven Propeller on the hydrodynamic performance

ZHAO Xin, ZHOU Jun-wei, YU Ping

(School of Naval Architecture and Ocean Engineering, Harbin Institute of Technology in Weihai, Weihai 264209, China,Email:18712727590@163.com)

Abstract: The Rim-Electric Driven Propeller is a new integrated motor propeller that combines a permanent magnet brushless DC motor with a duct propeller. Since the motor stator and the leaf ring rotor need to be installed in the duct, the radial dimension of the duct becomes larger, in order to ensure the overall performance of the propeller, the different ducted shapes will be studied in this paper. The Rim-Electric Driven Propeller was hydrodynamically simulated using Ka4-50 propeller for four different ducts. The software ANSYS-CFX was used to perform a constant calculation of the viscous flow field around the propeller. The performance curve of the electric drive propeller under different duct shapes is calculated. The results show that the open loop water efficiency of the Rim-Electric Driven Propeller under the 19A duct is the highest; the propeller with the case1 type duct has the best thrust characteristics. Comparing the performance groups, it is found that the shape of the leading edge of the duct has a great influence on the thrust characteristics of the blade, and the shape of the trailing edge has a great influence on the thrust characteristics of the duct. The shape of the trailing edge of the duct is the main influencing factor of the hydrodynamic performance of the propeller. The vertical curve of the trailing edge upper curve can improve the hydrodynamic performance of the Rim-Electric Driven Propeller.

Key words: The Rim-Electric Driven Propeller; Ducted shape; Hydrodynamic performance.

水轮机式液力透平蜗壳改型数值分析

庞烨，孙帅辉，朱景源，郭鹏程*

(西安理工大学西北旱区生态水利国家重点实验室，西安，710048, Email: guoyicheng@126.com)

摘要：为抑制液力透平在气一液两相工况中工作时蜗壳内气液两相工质的分离现象，改善透平叶轮内部的流动状况，提高透平性能，本文对一水轮机式液力透平的蜗壳结构进行了改型设计，提出三种改型方案，并对改型后的透平进行全流道数值模拟，其中湍流模型采用 SST k-ω 模型,多项模型为欧拉-欧拉粒子模型。研究了蜗壳改型后透平在不同含气率和不同流量工况时的外特性及内部流动特征。研究结果表明，在蜗壳中增加隔板结构之后能有效的提高透平在两相工况下的效率和输出功率，蜗壳和叶轮内部的气液相分布得到改善，叶轮内的叶片吸力面的漩涡变小，叶片表面压力曲线中做有用功的面积变大。本研究对于提高透平的能量回收效率，促进工业流程中的节能减排具有重要意义。

关键词：水轮机式液力透平；欧拉-欧拉粒子模型；气液两相；蜗壳改型；数值模拟

1 引言

液力透平作为能量回收装置广泛地应用在工业过程中[1]，在某些工业过程中的工质会含有溶解的或者未溶解的气体。例如在液化天然气(LNG)减压节流的过程及合成氨过程中的液力透平都存在气液相并存的现象[2-4]。

Suh[5]利用 CFD 软件建立了一个多相流泵的欧拉-欧拉两相流数值模型，对影响气泡的各种相间力进行了分析并给出设定参数的推荐值。Kim[6]在计算中采取欧拉-欧拉粒子模型，指出预测粒子间阻力的 Grace 模型更精确。Gulich[7]对一台三级泵在气液两相工况下反转做液力透平进行了实验，提出了一种等温模型来预测泵在两相流工况下反转做液力透平时的性能；模型指出当透平进口 GVF 小于 80%，温度的变化可以忽略不计。杨军虎[8]利用 Fluent 中的混合多相模型研究了单级和一台五级离心泵做透平时气液两相流工况下的性能，指出叶轮内部存在气相体积分布不均的现象。史凤霞[9]对不同含气率条件单级离心式透平进行了数值模拟，结果发现气相在叶轮出口聚集，随着含气率的增大聚集现象变得明显。孙帅

基金项目：国家自然科学基金(51839010)，陕西省重点研发计划(2017ZDXM-GY-081)、陕西省教育厅服务地方专项计划(17JF019)和陕西省自然科学基础研究计划（2018JM5147）

通讯作者：郭鹏程，E-mail: guoyicheng@126.com

辉[10]采用欧拉-欧拉粒子模型对水轮机式液力透平在气液两相工况下的内部流场特性进行了研究，发现在蜗壳内已经发生气液分离现象。

因此，液力透平在气液两相工况下的外特性和稳定性都会变差，但目前关于改善透平在气液两相工况下性能的研究还较少报道。本文为提高液力透平在两相工况下的运行性能，对一水轮机式液力透平蜗壳结构进行了改型设计，提出了三种改型方案，并对其进行了数值模拟分析。

2 几何模型及数值方法

2.1 改型方案及网格划分

针对两相工质在蜗壳内发生气液分离现象的问题，对一水轮机式透平的蜗壳进行了几何改型。图 1 左边是蜗壳三种改型方案的示意图，三种方案均在蜗壳中增加隔板结构，但隔板的形状和终止位置不同。右边是方案 1 的网格示意图，蜗壳采取非结构化网格，在隔板和蜗壳出口边进行网格加密，其余部分均采用结构化网格，叶片表面建立 8 层边界层网格，计算时采用的网格总数约为 728 万。

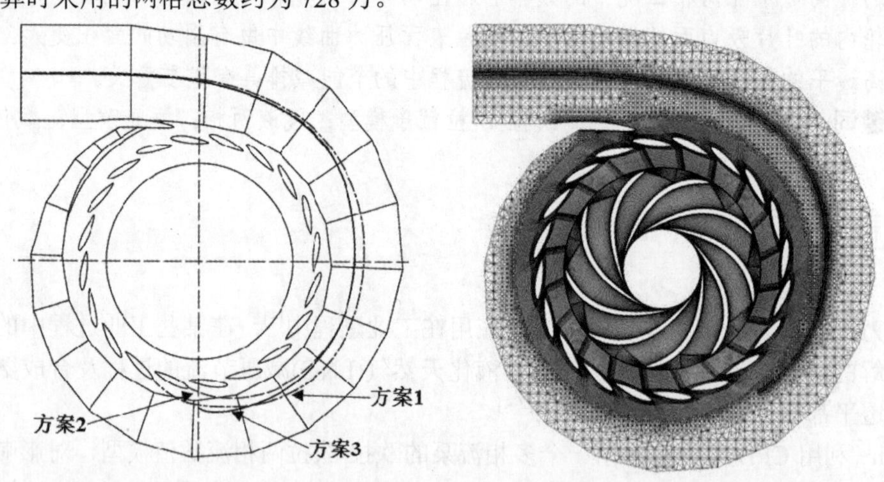

图1　蜗壳改型方案及方案 1 的网格示意图

2.2 边界条件设置及湍流模型

模型入口采用质量流量入口，出口为静压出口。叶轮采用旋转坐标系，导叶蜗壳采用静止坐标系[11]。壁面采用光滑无滑移边界条件。两相流模型采取欧拉-欧拉粒子模型，给定阻力系数和气泡的直径，湍流模型使用更合适气液两相计算的 SST k-ω 模型。

3 蜗壳改型性能及流场分析

3.1 外特性能分析

液力透平在进口工质气相体积分数较大时，透平的效率和输出功率会有大幅度的下降。因此，对蜗壳改型前后液力透平在三种流量工况下，进口气相体积分数为 20%时性能和流场进行了模拟。模拟的工况点如见表 1。

表 1 改型模型模拟工况点

名称	工况 1	工况 2	工况 3
单位流量（L/s）	413	349	272
含气率（%）	20	20	20

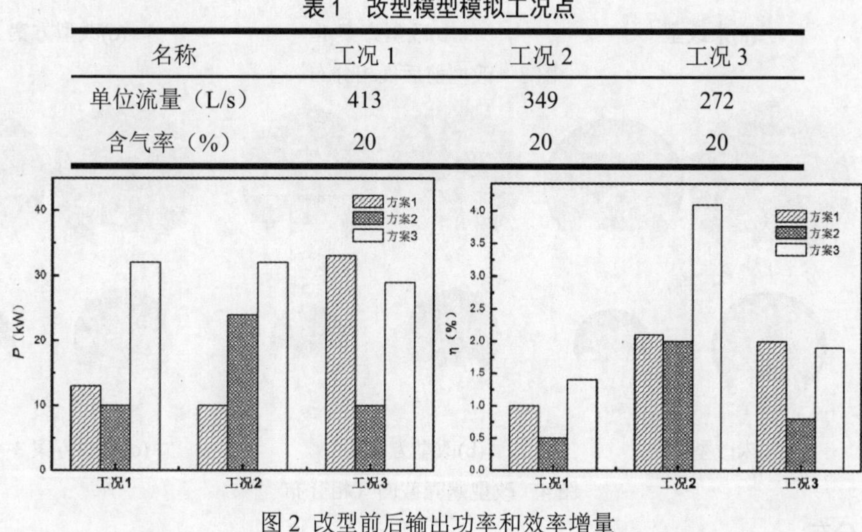

图 2 改型前后输出功率和效率增量

图 2 是改型蜗壳的 3 个方案对透平功率和输出功率的增量柱状图，左边是输出功率的增量图，右边是透平效率的增量图。由图看出，方案 1 和方案 3 对透平的输出功率和效率的改善明显好于方案 2。在工况 2 处含气率为 20%时，方案 3 使透平效率提高 4.1%，输出功率增加 30kW。

3.2 气相分布

图 3 是蜗壳改型前后，透平在工况 3 条件下，含气率为 20%时的气相体积分布图，图 4 时蜗壳截面上的气体体积分布图。从图中可以看出，工质在蜗壳内发生了气液分离现象，这是由于气相工质的密度远小于液相工质的密度，液相工质沿隔板的内表面和蜗壳壁面运动，气相工质进入叶轮或者沿隔板的外侧运动。隔板尾部含气率较高的工质继续向前运动，导致蜗壳后四分之一管段的蜗壳内相对原始模型含气率分布更为均匀, 如图 4 中当 N 为 10 和 13 的截面。在未改型的蜗壳中可以看到叶轮出口边出现气相工质聚集现象，在蜗壳中增加隔板结构之后，气相聚集现象得到改善，如图 3(b)与图 3(c)中圈内所示。

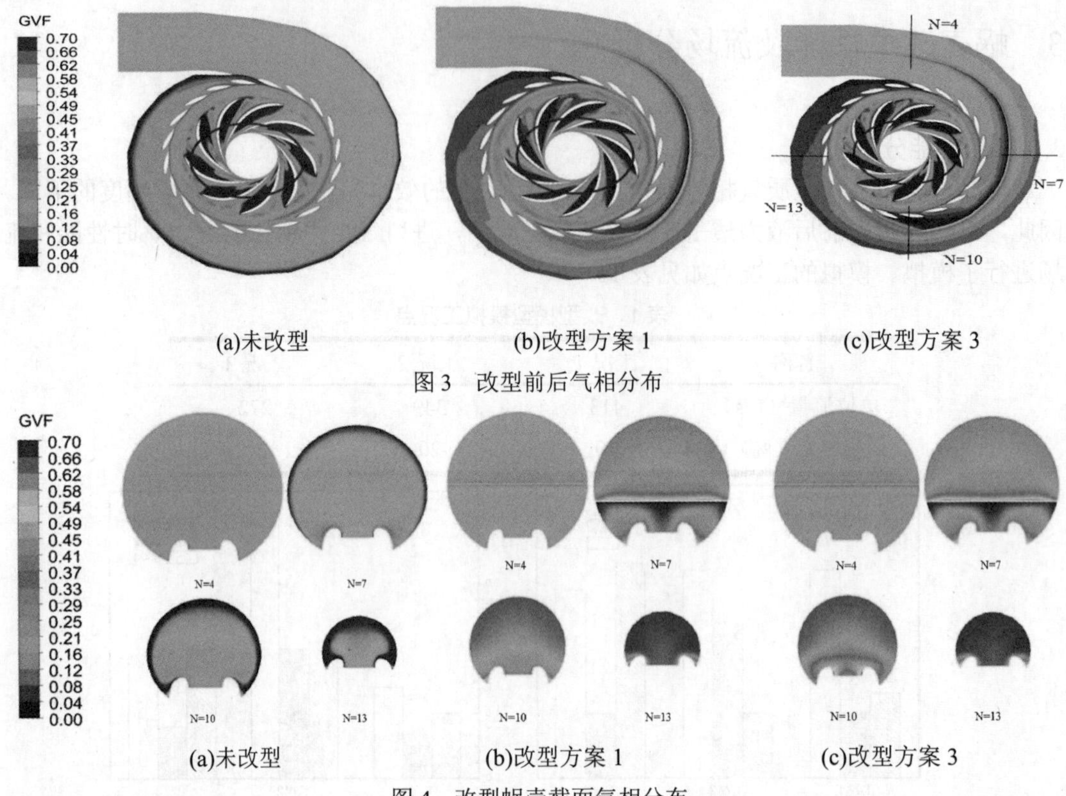

(a)未改型　　(b)改型方案 1　　(c)改型方案 3

图 3　改型前后气相分布

(a)未改型　　(b)改型方案 1　　(c)改型方案 3

图 4　改型蜗壳截面气相分布

3.3 流线分布

图 5 是工况 3 条件下，蜗壳改型前后叶轮内部的流线图，从图中可以看出每个叶片的吸力面存在着漩涡，漩涡占据了流道内的空间，混合工质流经漩涡时速度会变大。如图 5（b）红色圈中所示，在叶轮的进口边出现回流现象，是由沿着叶片吸力面向外运动的工质会在流道入口处和准备进入流道的工质发生碰撞形成。在蜗壳中增加隔板结构后，叶片吸力面的漩涡变小，方案 1 的漩涡小于方案 3，这也是该工况下方案 1 的改型效果好于方案 3 的原因。

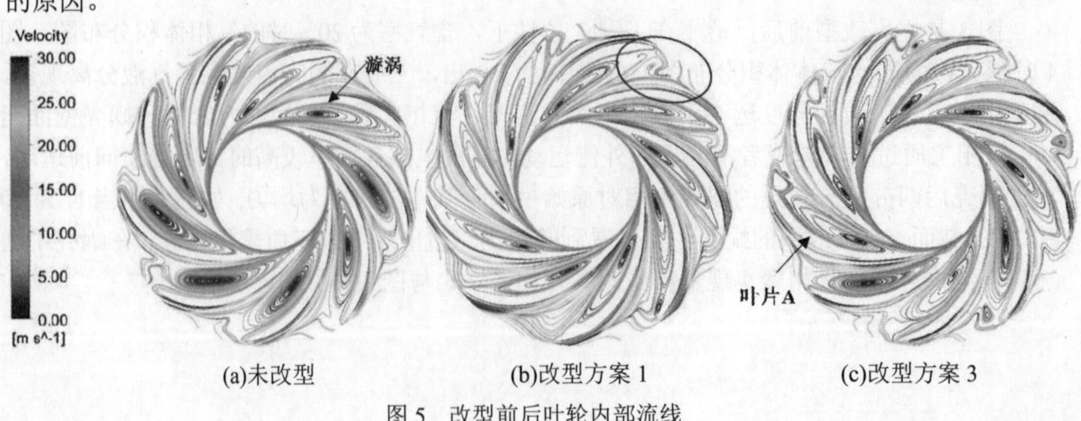

(a)未改型　　(b)改型方案 1　　(c)改型方案 3

图 5　改型前后叶轮内部流线

3.4 静压力曲线

图 6 给出工况 3 条件下蜗壳改型前后叶片 A 表面的静压力曲线图，改型前叶片相对位置 0.2 以前和 0.5-1 表面的吸力面压力大于工作面压力，这个区域做负功。在蜗壳中增加隔板之后，叶片吸力面和压力面的最大压力均有提高，做负功的面积减小，做正功的面积增加，因此改型之后透平输出功率增加。在该工况下，方案 1 增加的叶片有用功的面积大于方案 3。

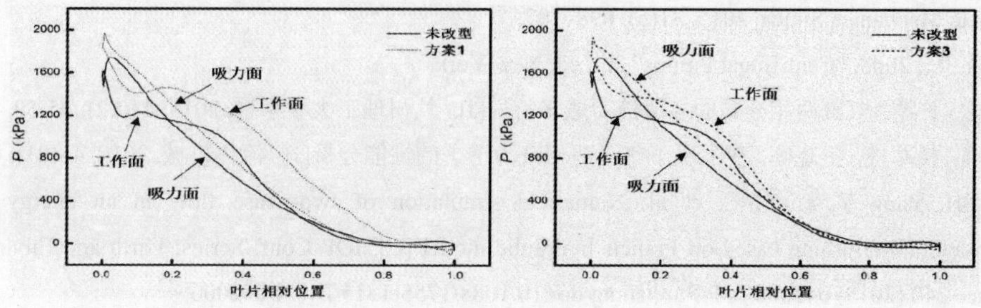

图 6 改型前后叶片 A 的静压力曲线图

4 结论

本文对一水轮机式液力透平的蜗壳进行了改型，并对其在两相下的性能和流场进行了数值计算，对改型效果进行了比较，并对工况 3 下，不同改型透平内的流场进行了分析，得到以下结论。

（1）蜗壳改型可以有效提高透平的输出功率和效率，最高可提高透平的效率 4.1%，输出功率可提高 30kW。

（2）在蜗壳中增加隔板结构之后，工质在蜗壳内分成两个部分发生气液分离现象，蜗壳内部的气相分布情况得到改善，和未改型的蜗壳相比，蜗壳后 1/4 管段中混合工质的气相分布更为均匀，叶轮出口边的气相聚集现象得到抑制。

（3）蜗壳改型后，每个叶轮流道中叶片吸力面的漩涡变小，漩涡耗散的能量也会减少，同时叶轮表面做有用功面积变大，透平效率和输出功率提高。

参 考 文 献

1 陈铁军,郭鹏程,骆翼,等.基于反转双吸泵的液力透平全特性的数值预测[J]. 排灌机械工程学报，2013, 31(03): 195-199.

2 万学丽,刘少伟,陈琪,等.LNG液化厂用低温潜液液力透平国产化应用分析[J]. 通用机械，2015(02): 32-34.

3 柳奉谦.液力透平在合成氨工艺中的应用[J]. 天然气化工(C1化学与化工) ,2017, 42(04): 66-68.

4 Stefanizzi M, Torresi M, and Fomarelli F. Performance perdicition model of multistage centrifugal Pumps used as Turbines with Two-Phase Flow. 2018, 73rd Conference of the Italian Thermal Machines Engineering Association, Italy.

5 Suh, WJ, Kim, JW and Choi, SY. Development of numerical Eulerian-Eulerian models for simulating multiphase pumps [J]. Journal of Petroleum Science and Engineering, 2018, 62: 588-601.

6 Kim JH, Jung UH and Kim S, Uncertainty analysis of flow rate measurement for multiphase flow using CFD [J]. Acta Mechanica Sinica, 2015, 31(5): 698–707.

7 Gulich, JF., 2008, “Centrifugal Pumps” 2nd ed, New York.

8 杨军虎, 许亭. 气液两相介质的多级液力透平特性[J]. 兰州理工大学学报, 2015, 41(02): 45-50.

9 史凤霞, 杨军虎, 王晓晖. 变工况下气液两相液力透平的性能分析[J]. 流体机械, 2018, 46(01): 40-45.

10 Sun SH, Pang Y, Guo PC, et al. Numerical simulation of two-phase flow in an energy recovery micro-hydraulic turbine based on Francis hydraulic model [C]. IOP Conf. Series: Earth and Environmental Science 240 (2019) 042006 IOP Publishing doi:10.1088/1755-1315/240/4/042006.

11 郭鹏程,罗兴锜,周鹏,等.不同断面型式蜗壳对离心泵性能影响的数值模拟[J].排灌机械工程学报,2010,28(04):300-304.

Numerical analysis of the volute modification in a hydraulic turbine

PANG Ye, SUN Shuai-hui, ZHU Jing-yuan, GUO Peng-cheng*

(State Key Laboratory of Eco-hydraulics in Northwest Arid Region, Xi'an University of Technology, Xi’an, 710048. Email: guoyicheng@126.com)

Abstract: In order to reduce the gas-liquid separation in the volute and improve the performance of the hydraulic turbine when it works in the gas-liquid two-phase condition, the volute structure of a micro-hydraulic turbine is modified and three modification schemes are proposed in this paper. The SST k-ω turbulence model and Eulerian-Eulerian particle model were used to simulate the flow field in the modified turbine. The performance and internal flow characteristics of the turbine under different gas volume fractions and flow rate conditions are studied. The results show that the efficiency and output power of the turbine can be effectively improved by adding baffle structure in the volute. The gas phase distribution inside the volute and impeller is improved, the vortex on the blade suction surface inside the impeller becomes smaller, and the area of useful work in the blade surface pressure curve becomes larger.This study is beneficial to improving energy recovery efficiency of turbines and reducing emission in industrial processes.

Key words: Micro-hydraulic turbine; Eulerian-Eulerian particle model; Two-phase flow; Volute modification; Numerical simulation

三级离心混输泵级间相互作用对首级性能的影响研究

郑小波，张开辉，郭鹏程*，孙帅辉，汪昭鹏

（西安理工大学西北旱区生态水利国家重点实验室，陕西 西安，710048，Email: guoyicheng@126.com）

摘要：为了探究气液条件下的混输泵在运行过程中的内部流动特性，本研究以额定转速为 3500r/min 的新型离心混输泵作为研究对象，考虑表面张力等因素，采用 Eulerian-Eulerian 模型作为两相流模型，液相采用 SST k-ω 湍流模型，气相采用分散相零方程模型对不同进口含气率时的单级混输泵和三级混输泵进行数值计算。结果表明：混输泵三级运行时，首级泵对比单级泵做功能力有所提高；三级泵运行过程中第二、三级泵对首级泵做功，相反首级泵对二、三级泵做负功；含气率越大做功越大。

关键词：气液两相流；含气率；压力分布；级间变化

1 引言

泵是输送流体的最常用的动力设备，离心泵是最常用的泵形式之一，离心泵也是众多学者的研究对象，使用数值模拟的方法对离心泵进行内部流场分析和几何部件的改型是主要的研究方向[1]。随着油气开采的发展，离心泵在气液两相流的运用日益广泛，因此通过数值模拟对离心泵在两相流条件下的分析和改型也成为研究的重点。Poullikkas 等[2]考虑了几何形状、密度变化、气体的可压缩性提出一种改进模型来预测泵在气液两相条件下的性能变化。Barrios 等[3]对电潜泵进行两相流数值计算，并与试验结果对比验证，得出了气泡尺寸的大小和气相阻力系数对电潜泵在两相流条件下流动的影响，并建立了阻力系数随转速变化的关系式。Kim 等[4]采用 CFX 软件基于 Eulerian-Eulerian 非均相流模型，液相分析选择 SST k-ω湍流模型，气相分析选择零方程模型对液、气相进行计算，对两相流泵几何结构通过试验设计进行了设计，并提出了更高效率的设计方案。Zhu 等[5]运用 ANSYS CFX 16.0 使用 Eulerian-Eulerian 方法对电潜泵进行气液两相的数值计算，并将数值计算结果和试

基金项目：国家自然科学基金(51839010)，陕西省重点研发计划(2017ZDXM-GY-081)，陕西省教育厅服务地方专项计划(17JF019)

通讯作者：郭鹏程，E-mail: guoyicheng@126.com.

验结果对比，对气泡分析模型的验证和改进提供了参考依据。

本研究以离心混输泵模型为研究对象，在气液两相流下对三级运行和单级运行时进行数值模拟，分析不同进口含气率下其外特性、内部流动特性、气液两相流的分布和变化。

2 几何模型和网格划分

对泵在三级运行和单级运行时进行数值计算，表 1 为基本设计参数，其中转轮叶片数为 7，扩压器叶片数为 10，转轮出口直径为 131.8mm，进口直径为 62.2mm。混输泵过流部件为进口直管段、叶轮、导流腔、扩压器以及出口直管段 5 个部分(图 1)。

表 1 混输泵设计参数

流量 Q（m^3/h）	转速 n（r/min）	单级扬程（m）	效率η（%）
26	3500	26	75

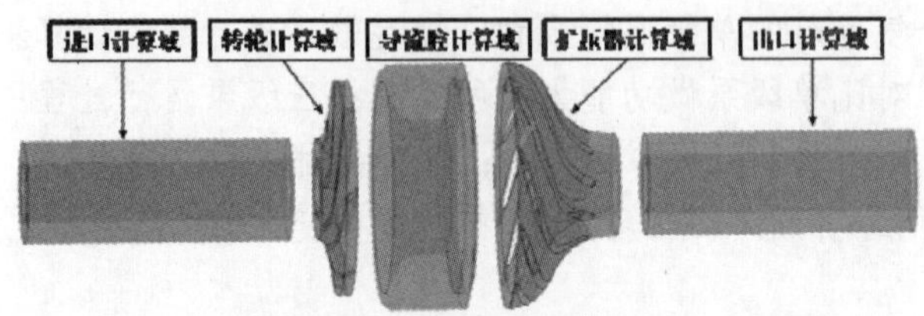

图 1 模型泵计算域三维造型

采用网格划分工具 ICEM 对转轮、扩压器、导流腔等进行结构化网格划分，并对转轮和扩压器网格进行边界层网格加密，图 2 为主要过流部件的网格及局部加密示意图。

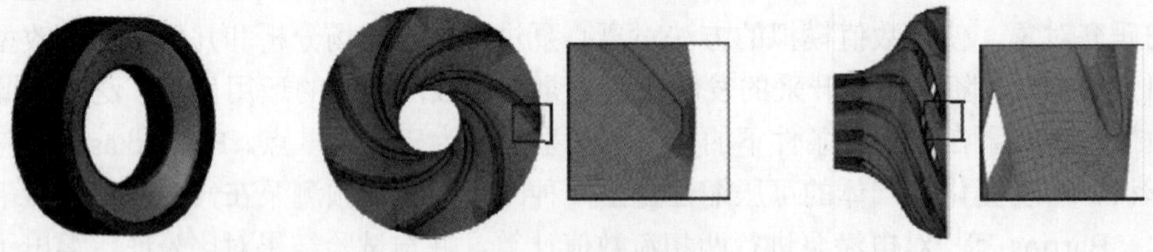

图 2 各过流部件的网格划分示意图

3 边界条件和计算方法

根据计算目的进行边界条件设置。首先，第一相设置为水（water），第二相设置为空气（Air at 25°C）。两相间相互作用选用 Fluid Dependent，壁面滑移条件选用 No Slip Wall，设置计算温度为 25°C，水的密度为 997kg/m^3，设定表面张力为 0.0073N/m，设置总压进口为 1 atm，沿 Z 轴方向的重力加速度为 9.81m/s^2。

本次选用欧拉非均相流模型，对液相采用 SST k-ω 湍流模型，气相则采用分散相零方程模型。进口边界条件为总压条件，并给定含气率，出口边界条件为质量流量，数值计算时采用转轮与其他部件交界面为动静交界面，设置为 Frozen Roter 模式。

4 计算结果分析

4.1 混输泵外特性分析

4.1.1 混输泵在不同含气率下的外特性分析

本节对混输泵的单级运行和三级运行时的不同含气率下的外特性进行分析。图 4 含气率工况下的外特性曲线，从图 4（a）中可以看出，扬程和效率都随着含气率的增大而减小，其主要原因时由于气体的存在，流动紊乱、集体聚集阻塞流道导致扬程下降、效率降低。当含气率大于 5%时，扬程和效率下降呈现急剧下降趋势。图 4（b）中扬程和效率随着进口含气率的增大而降低，且当含气率大于 5%时外特性曲线随着含气率增大下降趋势增大，此现象和单级泵中 5%到 10%含气率的外特性变化趋势一致。

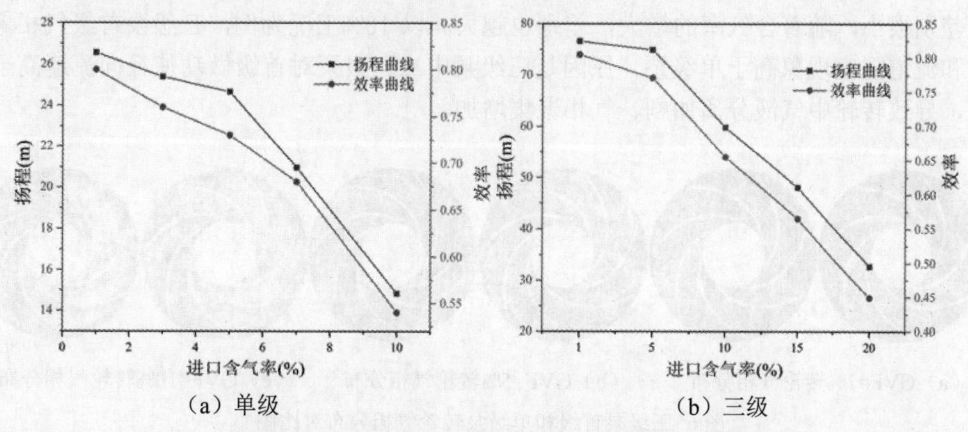

（a）单级　　（b）三级

图 4 混输泵在单级运行和三级运行时的外特性曲线

4.1.2 混输泵级间外特性的相互影响分析

本节对同一模型的单级泵和三级泵中的首级进行外特性分析，通过分析第二、三级对第一级的影响来进一步分析级间相互影响。本节对单级泵和三级泵在流量为 Q=26m^3/h 时、进口含气率为 1%、5%和 10%时的 3 个工况进行分析。

如图 4 所示，不同含气率下三级泵首级扬程高于单级泵扬程，且含气率越大扬程差越大，进口含气率为 10%时，扬程差ΔH_1=0.97m。不同含气率时三级泵首级效率均高于单级泵效率，且含气率越大效率差越大，当含气率为 10%时效率差$\Delta\eta_1$=1.94%。

产生上述现象的原因：三级泵中首级所做的功除了本级转轮做功，还受到二、三级对它做功，做功越多转化的势能越大。

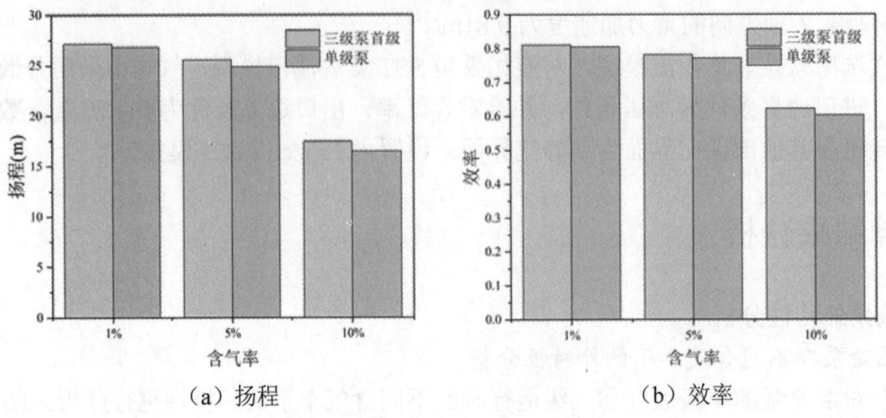

（a）扬程 （b）效率

图 5 三级泵首级和单级泵外特性对比图

4.2 混输泵转轮中的气相分布

4. 2. 1 混输泵级间相互作用对转轮气相分布的影响

本节对三级泵首级转轮和单级泵转轮在设计流量下，进口含气率为 1%、5%和 10%三个工况进行分析。图 6 中，三级泵首级和单级泵的气相分布不同，当含气率低时转轮气相分布差别很小，随着含气率的增大，差别也越大。以 10%工况为例，三级泵首级气相聚集程度和流道阻塞现象高于单级泵，原因是三级泵中二三级泵对首级做功使径向流速高于单级泵，导致转轮中气液分离加剧、气相聚集增加。

（a）GVF=1%转轮气相分布 （b）GVF=5%转轮气相分布 （c）GVF=10%转轮气相分布

图 6 三级泵首级和单级泵转轮气相分布对比图

4. 3 混输泵级间相互作用对转轮叶片载荷的影响

本节对相同边界条件下的三级泵和单级泵首级进行叶片载荷分析。流量为 Q=26m^3/h 时，对进口含气率为 1%、5%和 10%三个工况进行分析。

如图 7 中所示，1%和 5%时，三级泵首级和单级泵转轮叶片载荷基本相同，进口含气率为 10%时三级泵首级转轮叶片载荷低于单级泵转轮叶片载荷，即三级泵首级转轮的静压低于单级泵转轮静压，即含气率越大第二、三级对首级转轮叶片载荷影响越大。

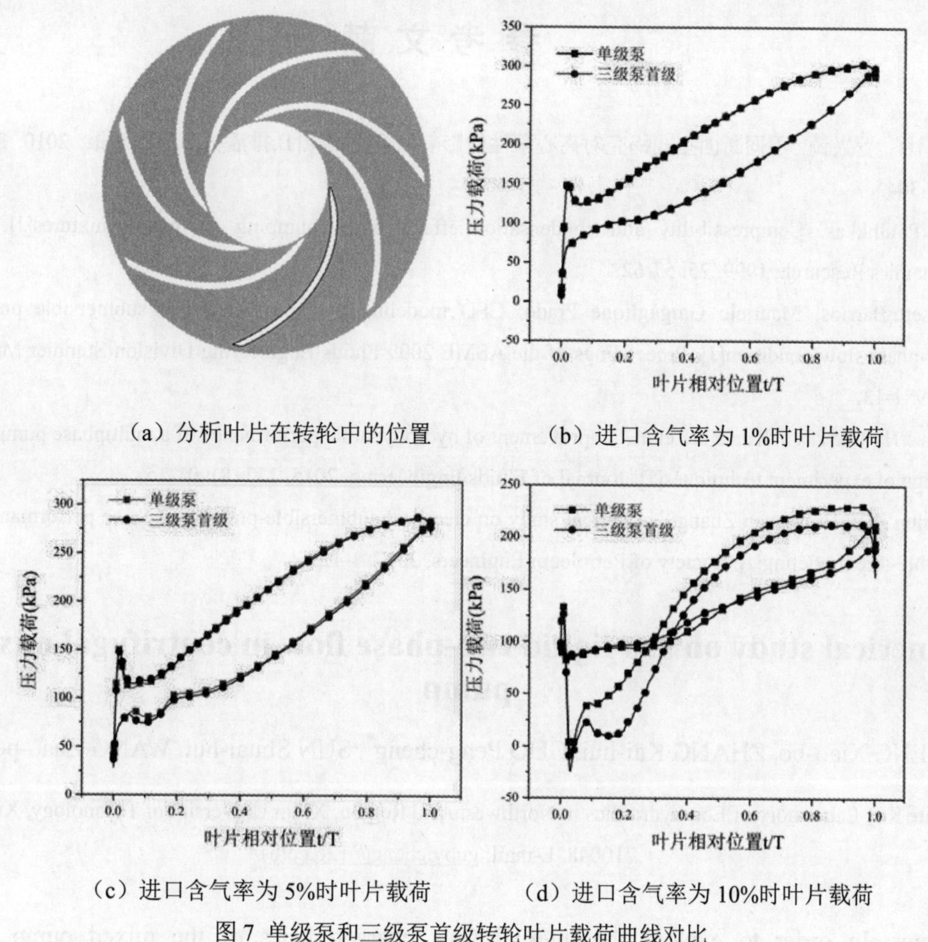

（a）分析叶片在转轮中的位置　（b）进口含气率为1%时叶片载荷

（c）进口含气率为5%时叶片载荷　（d）进口含气率为10%时叶片载荷

图7 单级泵和三级泵首级转轮叶片载荷曲线对比

5 结论

本研究对三级泵和单级泵进行定常数值计算，分析三级泵首级和单级泵外特性、内部含气率和叶片载荷对比分析，得出混输泵级间相互作用对泵的影响。

（1）不同含气率下三级泵首级的扬程和效率高于单级泵的扬程和效率，含气率越大差距越大，即三级泵运行时第二、三级对首级做功，使得首级扬程和效率高于单级泵运行时的扬程和效率。

（2）三级泵首级转轮气相聚集高于单级泵转轮。这是由于三级泵运行时首级泵受二、三级做功，使得流速增加，使得湍流强度更明显，流道中气液分离更明显。

（3）含气率逐渐增大时，三级泵首级转轮叶片载荷和单级泵转轮叶片载荷差值越大。

参 考 文 献

1 郭鹏程，罗兴锜. 不同断面型式蜗壳对离心泵性能影响的数值模拟[J].排灌机械工程学报，2010，28 (4): 300-304.

2 A. Poullikkas. Compressibility and condensation effects when pumping gas-liquid mixtures[J]. Fluid Dynamics Research, 1999, 25: 57-62.

3 Lissett Barrios, Mauricio Gargaglione Prado. CFD modeling inside an electrical submersible pump in two-phase flow condition[J]. Proceedings of the ASME 2009 Fluids Engineering Division Summer Meeting, 2009: 1-13.

4 Kim J H，Lee H C，Kim J H，et al. Improvement of hydrodynamic performance of a multiphase pump using design of experiment techniques[J]. Journal of Fluids Engineering, 2015, 137 (8): 01-15.

5 Jianjun Zhu, Hongquan Zhang. Numerical study on electrical-submersible-pump two-phase performance and bubble-size modeling[J]. Society of Petroleum Engineers, 2017: 1-12.

Numerical study on gas-liquid two-phase flow in centrifugal mixing pump

ZHENG Xiao-bo, ZHANG Kai-hui, GUO Peng-cheng*, SUN Shuai-hui, WANG Zhao-peng

(State Key Laboratory of Eco-hydraulics in Northwest Arid Region, Xi'an University of Technology, Xi'an 710048, E-mail: guoyicheng@126.com)

Abstract: In order to explore the internal flow characteristics of the mixed pump under gas-liquid conditions during operation, a new centrifugal mixing pump with a rated speed of 3500r/min was used as the research object. Considering the surface tension and other factors, the Eulerian-Eulerian model was used as two. In the phase flow model, the liquid phase adopts the SST k-ω turbulence model, and the gas phase uses the dispersive phase zero equation model to numerically calculate the single-stage mixed pump and the three-stage mixed pump at different inlet gas contents. The results show that the performance of the first-stage pump is improved compared with the single-stage pump when the mixed-stage pump is operated in three stages. The second- and third-stage pumps work on the first-stage pump during the operation of the third-stage pump, and the first-stage pump is opposite. The tertiary pump performs negative work; the greater the gas content, the greater the work.

Key words: Gas-liquid two-phase flow; Gas content; Pressure distribution; Interstage change.

混流式水轮机部分负荷工况典型涡流特征研究

孙龙刚，郭鹏程*

(西安理工大学西北旱区生态水利国家重点实验室，陕西 西安，710048, Email: guoyicheng@126.com)

摘要：水轮机在部分负荷工况运行时，其内部流动状态十分复杂。尾水管涡带与叶道涡是混流式水轮机运行在部分负荷工况下出现的两种典型的涡流现象，然而其外在表现及动力学特性各不相同。本研究以某一低水头混流式模型水轮机为研究对象，进行了部分负荷工况下尾水管涡带及叶道涡流动特征的数值研究。研究结果发现，在额定负荷70%工况，螺旋形尾水管涡带出现且涡带进动频率约为转频的0.3倍；当负荷减小至45%时，相邻两叶片之间出现连续的空腔涡管，叶道涡充分发展，尾水管内回流严重。进一步分析比较了尾水管内轴向及圆周方向的速度分布以及两种典型涡流结构对水轮机水力性能的影响。

关键词：混流式水轮机；尾水管涡带；叶道涡；部分负荷；数值研究；水力性能

1 引言

随着风能、太阳能等间歇性能源在电网中比例的增加，担任调峰调频任务的水轮机将更多地运行在变负荷工况及偏工况下以平衡电网参数[1]。偏工况下运行的水轮机，转轮进出口速度三角形发生根本变化，其流动状态更为复杂[2]。混流式水轮机负荷增加时，转轮出口具有与转轮旋转方向相反的圆周速度分量，在尾水管中形成纺锤型涡带；当负荷小于最优工况，转轮出口圆周速度为正值，形成部分负荷下的尾水管涡带；当负荷进一步减小，模型试验中由透明尾水管锥管中可以观察到比较稳定的叶道涡[3]。尾水管涡带与叶道涡是混流式水轮机运行在部分负荷工况下的固有水力现象，然而这两种典型涡流现象的外在表现及其动力学特性各不相同。

尾水管涡带为典型的低频脉动，易引起管道共振及机组疲劳破坏等，因此获得持续广泛的研究，如欧洲研究与发展合作组织（EUREKA）于 2000 年发起的 FLINDT（Flow Investigation in Draft Tube）研究项目，旨在建立较大运行范围的试验数据库进行 CFD 计算

基金项目：国家自然科学基金(51839010)，陕西省重点研发计划(2017ZDXM-GY-081)，陕西省教育厅服务地方专项计划(17JF019)

通讯作者：郭鹏程，E-mail: guoyicheng@126.com.

的比较和确认，并更深入理解尾水管内部流动特征及流动机理[4-6]。然而，针对叶道涡的研究相对较少，且不同水头段机组叶道涡的形成以及发展各不相同[7-8]。Magnoli[9]通过数值方法获得了一中比转速混流式水轮机叶道涡的基本形态。叶道涡在模型综合特性曲线上的初生及发展位置，是水轮机模型试验验收的一项重要考察指标，因此有必要开展叶道涡动力学特性的研究，并澄清部分负荷运行工况下尾水管涡带及叶道涡的涡流特性及其对水力性能的不同影响。

本研究基于数值方法，对一低水头混流式水轮机进行了部分负荷工况下的尾水管涡带及叶道涡流动特性的研究，并通过模型试验验证数值方法的可靠性，对比分析了两种涡流现象的典型流动特征及其对水力性能的影响。

2　计算方法及模型

本文以一个转轮直径为0.35m的模型水轮机为研究对象，该模型转轮叶片数为13，活动导叶与固定导叶叶片数均为24。对应的原型水轮机在额定水头46.0m下出力为121.6MW。图1所示为该模型水轮机结构及模型试验台，该模型试验台测试的水轮机水力效率的随机误差与系统误差分别为±1%和±0.214%，满足试验台测试标准。试验与数值模拟分别在额定出力的70%以及45%进行，导叶开度分别为26°和18°。

（a）混流式水轮机

（b）模型试验台

图1　模型试验台及水轮机结构示意图

数值计算采用适用于旋转机械的 k-ω SST 湍流模型[10]，进口给定质量流量，出口指定静压。计算域蜗壳、固定导叶、活动导叶、转轮以及尾水管均采用全六面体结构化网格进行离散，且在网格数分别为663.8万、881.9万、1079.4万、1320.1万和1499.9万的计算条件下进行网格无关性测试，测试结果表明当网格数大于1079.4万时，水轮机水头不再不变，故采用网格数为1079.4万进行数值计算，该密度网格下转轮叶片最大 y^+ 值最大为10.9，满足湍流模型的要求。

3 结果与分析

图 2 与图 3 分别为数值计算获得的转轮叶片间叶道涡、尾水管锥管中螺旋形涡带与模型试验结果的对比。

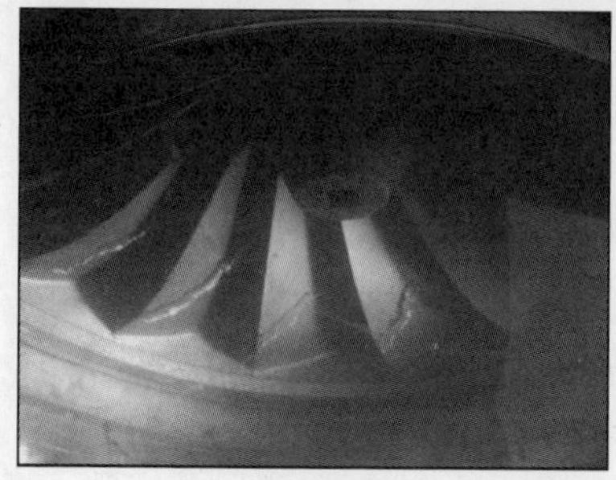

（a）试验结果

（b）数值结果 Q=260000 s^-2

图 2　试验与数值结果叶道涡形态对比示意图

图 2 与图 3 中数值结果利用 Q 等值面对涡结构进行可视化，表示流场中涡的旋转大于变形的部分[11]，其中 Q 取值分别为 260000 s^-2 和 55000 s^-2。45%额定负荷工况下，叶道涡由转轮上冠处发展，在主流以及离心力的作用下，由叶片出口靠近下环处流出，且数值可视化结果叶道涡形态及其位置与模型试验比较吻合，验证了本文计算方法的可靠性。

增加负荷至 70%，转轮叶片间叶道涡消失，在尾水管进口处与转轮旋转方向相同的绝对速度圆周速度与轴向速度的综合作用下，形成了螺旋形尾水管涡带，涡带涡头偏心地处于泄水锥表面，涡带整体呈锥形。

（a）试验结果

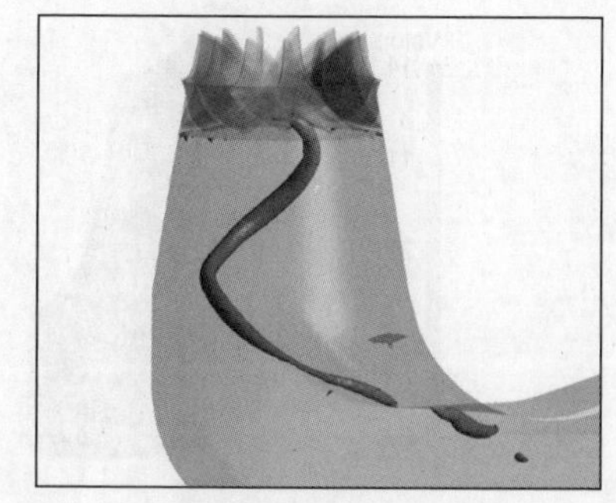

（b）数值结果 Q=55000 s^-2

图 3　试验与数值结果尾水管涡带形态示意图

叶道涡与尾水管涡带为混流式水轮机两种典型的涡流现象，其相同的流动特征为叶片进口出现与转轮旋转方向相同的圆周速度分量，且负荷越小，圆周分量越大，形成了转轮内不同的流场特性。图 4 为转轮叶片等展向面 S=0.2 的压力云图及相对速度矢量分布。

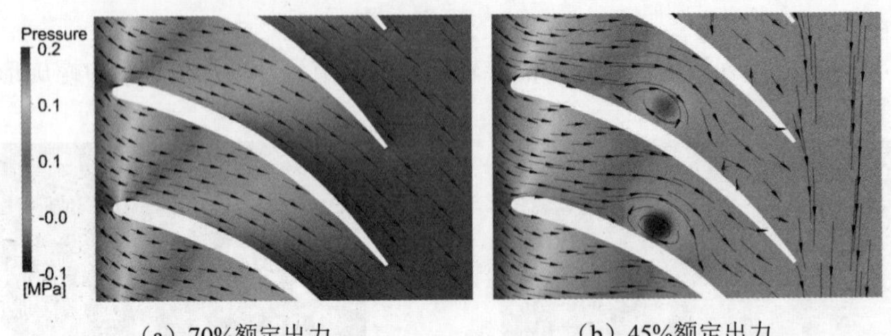

（a）70%额定出力　　（b）45%额定出力

图 4　不同出力工况叶片等展向面压力云图及速度矢量分布

部分负荷工况区，水轮机进口冲角发生变化，且负荷越小，负冲角越大，转轮叶片对来流的不适应性越强。当水轮机运行在额定出力 70%时，由转轮进口至出口，压力变化均匀，且流道内流线顺畅，表明做功良好；当负荷减小至 45%额定出力时，流量减小，水流在较大的负冲角作用下由叶片背面流向正面，由于混流式转轮叶片数较多，两叶片之间有限的空间限制了主水流的运动，造成较大区域流动分离，在靠近叶片背面处形成了叶道涡。叶道涡的出现，对转轮流道内的压力及速度分布有直接严重的影响，越靠近叶道涡中心，压力值越低，且转轮出口处的相对速度方向几乎沿叶片展向，与叶片进口以及 70%负荷工况有较大差异。

图 5 所示为本研究两个计算工况尾水管锥管中心面速度云图及速度矢量分布，图 5（b）中同时给出了涡带结构。图 6 为尾水管进口沿两点 DT01DT02 连成的直线上的轴向及周向速度分布，线 DT01DT02 位于转轮出口下游 0.3D_2（D_2 为转轮出口直径）。

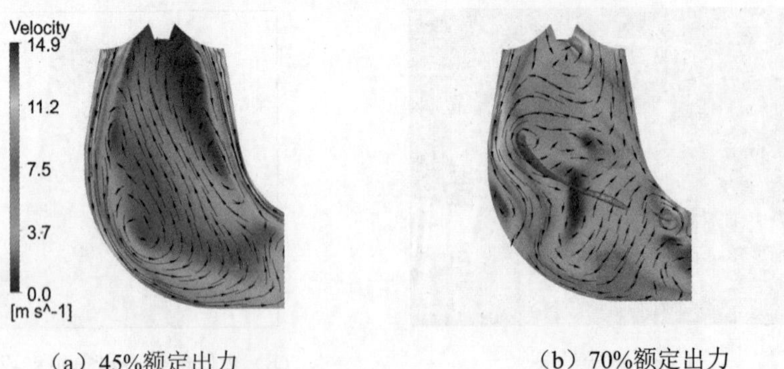

（a）45%额定出力　　（b）70%额定出力

图 5　不同出力工况尾水管中心截面速度云图及速度矢量分布

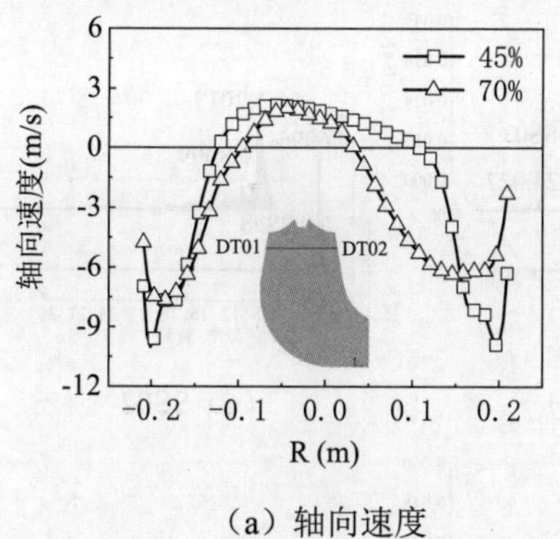

（a）轴向速度

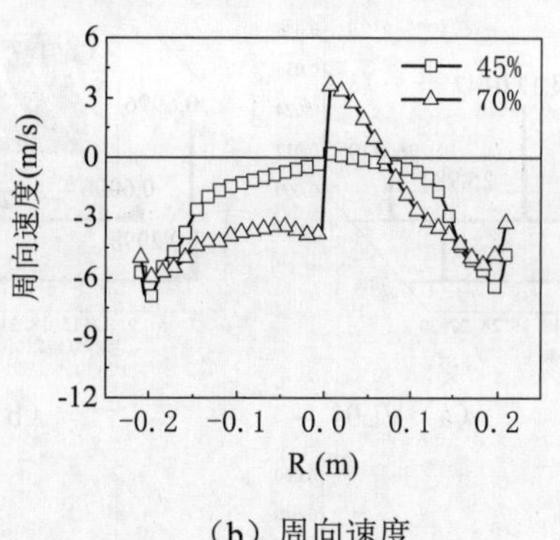

（b）周向速度

图 6　不同出力工况尾水管进口轴向与周向速度分布

由尾水管内的速度分布可知，叶道涡工况区，锥管段中心出现较大范围的回流，仅仅在壁面处流动方向与主流一致。由于叶道涡表面附近速度较高且由叶片出水边靠近下环处流出，造成尾水管壁面附近处速度值较高，回流与主流之间的剪切形成了范围较大的涡旋区且会进一步加速壁面附近的流动。尾水管涡带工况区，速度矢量分布较紊乱，其主要特征为速度矢量围绕着涡带形成涡旋区域，涡带外侧区域出现部分高速区。

尾水管内轴向及周向速度的定量分析表明，45%负荷工况下锥管段内的回流范围大于70%负荷工况，且壁面附近轴向速度值更大。由于螺旋状涡带在锥管段内呈锥形分布且同一时刻涡带在竖直高度上的分布位置不同，造成了圆周速度在转轴中心线附近出现速度值的突变。而叶道涡工况区，圆周速度保持与转轮旋转方向相同，尾水管内水流做类似于刚体的运动，圆周速度随半径的增加而增加。

为进一步分析叶道涡及尾水管涡带对水轮机水力性能的影响，图 8 显示了活动导叶与转轮之间无叶区测点 VL01，转轮叶片背面测点 SS01、SS02、SS03，以及尾水管测点 DT01 和 DT02 压力脉动频谱特性，图 7（b）给出了无叶区及转轮叶片背面测点位置，尾水管测点位置如图 6（a）所示，其中压力系数为测点压力与最优工况下比能 E 的比值。

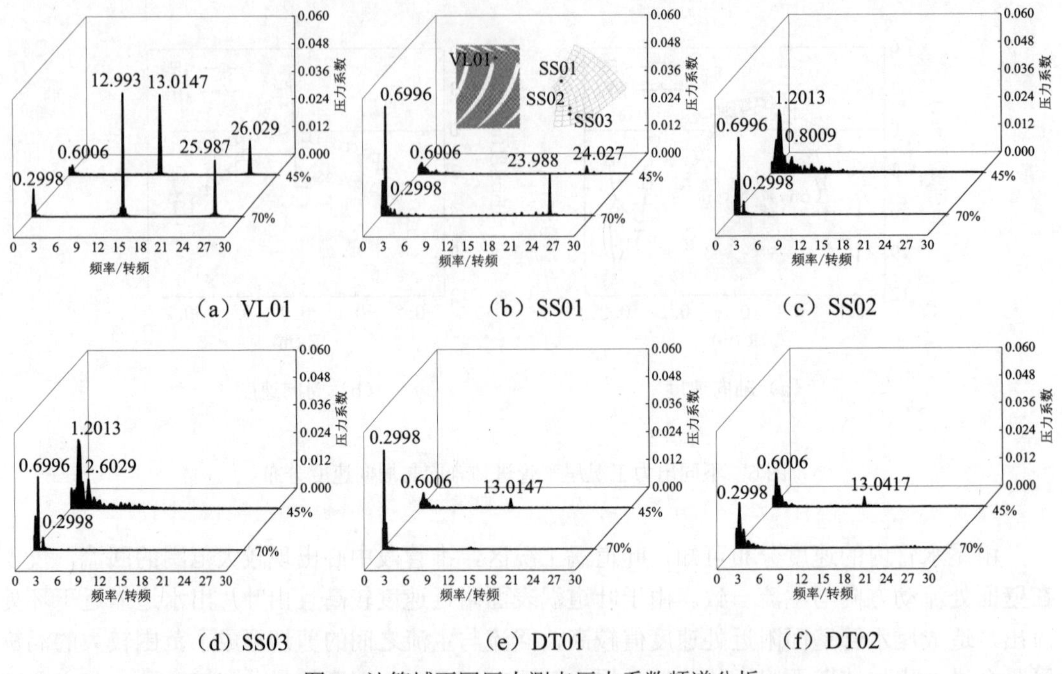

（a）VL01 （b）SS01 （c）SS02

（d）SS03 （e）DT01 （f）DT02

图7 计算域不同压力测点压力系数频谱分析

混流式水轮机偏工况运行激发的压力脉动的最大特征为转子与定子之间的动静干涉作用以及尾水管内的低频压力脉动。如图 7 所示，两个计算工况静止域测点 VL01 与旋转域测点 SS01 分别捕捉到压力脉动幅值较高的叶片通过频率 13 *fn* 及导叶通过频率 24 *fn* 及其谐波频率；70%负荷工况下尾水管锥管段测点 DT01 与 DT02，其主频均为 0.2998 *fn*，为典型的尾水管涡带频率，且与试验结果 0.3*fn* 很接。此外，70%负荷工况，6 个测点位置处均捕捉到涡带频率 0.2998*fn*，而叶片上 3 个测点一阶频率为 0.6996*fn*，约为涡带频率的 2.33 倍，可以认为仍是由于涡带作用向上游传播的影响而激发。负荷减小至 45%时，6 个测点均捕捉到 0.6*fn* 及其谐波频率，且压力脉动频谱呈现出宽频特性，因此可以断定本文计算 45%负荷工况下，叶道涡频率约为 0.6*fn*。对比分析 2 个计算工况可知，70%负荷工况，测点 VL01 以及叶片进口测点 SS01 动静干涉作用均强于 45%负荷，而靠近叶片出水边测点 SS02 及 SS03，由于 45%负荷工况下叶道涡发生及发展于此处，压力脉动幅值升高，与 70%负荷工况接近。

4 结论

本研究进行了混流式模型水轮机 70%负荷及 45%负荷工况的水轮机内部典型涡流特征的数值及试验研究。研究结果发现，额定负荷 70%工况下，尾水管内出现螺旋形尾水管涡带出现且涡带进动频率为转频的 0.2998 倍；转轮流道内内流线顺畅，做功良好，而尾水管内速度矢量分布紊乱。当负荷减小至 45%时，相邻两叶片之间出现连续的空腔涡管，叶道涡充分发展，其频率约为 0.6 倍转频，尾水管内回流严重，受转轮出口叶道涡的影响尾水管锥管壁面附近速度较高。频谱分析表明，尾水管涡带对水轮机水力性能的影响较大，无叶区、转轮叶片以及尾水管内均出现幅值较高的压力脉动，而叶道涡对转轮叶片背面压力幅值的影响较大。

参 考 文 献

1 Goyal R, Gandhi BK. Review of hydrodynamics instabilities in Francis turbine during off-design and transient operations[J]. Renewable Energy, 2018, 116 (Part A): 697-709.

2 Trivedi C, Gandhi B, Michel CJ. Effect of transients on Francis turbine runner life: a review[J]. Journal of Hydraulic Research, 2013, 51 (2): 121-132.

3 李启章. 混流式水轮机水力稳定性研究[M].北京：中国水利水电出版社, 2014.

4 Susan-Resiga R, Muntean S, Hasmatuchi V, et al. Analysis and Prevention of Vortex Breakdown in the Simplified Discharge Cone of a Francis Turbine[J]. Journal of Fluids Engineering-Transactions of the Asme, 2010, 132 (5).

5 Ciocan GD, Iliescu MS, Vu TC, et al. Experimental Study and Numerical Simulation of the FLINDT Draft Tube Rotating Vortex[J]. Journal of Fluids Engineering, 2006, 129 (2): 146-158.

6 Avellan F. Flow Investigation in a Francis Draft Tube : the Flindt Project. 2000.

7 Guo P, Wang Z, Sun L, et al. Characteristic analysis of the efficiency hill chart of Francis turbine for different water heads[J]. Advances in Mechanical Engineering, 2017, 9 (2): 1-8.

8 Guo PC, Wang ZN, Luo XQ, et al. Flow characteristics on the blade channel vortex in the Francis turbine[J]. IOP Conference Series: Materials Science and Engineering, 2016, 129: 012038.

9 Magnoli MV, Anciger D, Maiwald M. Numerical and experimental investigation of the runner channel vortex in Francis turbines regarding its dynamic flow characteristics and its influence on pressure oscillations[J]. IOP Conference Series: Earth and Environmental Science, 2019, 240: 022044.

10 孙龙刚，郭鹏程，麻全，等 基于 TBR 模型的高水头混流式水轮机水力性能预测[J]. 农业工程学报, 2019, 35 (7): 62-69.

11 Hunt JCR, Wray AA, Moin P. Eddies, streams, and convergence zones in turbulent flows[C], 1988: 193-208.

Vortex flow characteristics investigation into Francis turbine operating at part load conditions

SUN Long-gang, GUO Peng-cheng*

(State Key Laboratory of Eco-hydraulics in Northwest Arid Region, Xi'an University of Technology, Xi'an 710048, E-mail: guoyicheng@126.com)

Abstract: The internal flow pattern of the hydraulic turbine at off-design operating conditions is very complex. The vortex rope in its draft tube and the inter-blade vortex are two typical flow phenomena when the turbine is working under part load conditions, however, the vortex patterns and corresponding dynamic characteristics are different. In the presented paper, the numerical solution is carried out to investigate the vortex rope in draft tube and inter-blade vortex towards a Francis turbine with low water head. The results show that the vortex rope in draft tube is fully developed and the precessing frequency is about 30% of the rotating frequency at 70% of the rated output condition. It can observe a continuous inter-blade vortex at 45% output, accompanying with serious recirculating flow in draft tube. Furthermore, this paper present the compared analysis of the axial and circumferential velocity profiles in the draft tube and the influence of two typical vortexes on the hydraulic performance of the turbine.

Key words: Francis turbine; Vortex rope in draft tube; Inter-blade vortex; Part load; Numerical simulation; Hydraulic performance

导管长度对泵喷推进器水动力性能的影响研究

孙瑜[1]，苏玉民[2]

(1.上海海事大学海洋科学与工程学院，上海，201306, Email: sunyu@shmtu.edu.cn；2.哈尔滨工程大学船舶工程学院，哈尔滨，150001)

摘要：与常规螺旋桨相比，泵喷推进器有着优秀的推进效率，世界各个海军强国逐渐增加对泵喷推进器研究的重视。本文对泵喷推进器的水动力性能进行研究，根据推进器结构特点，采用旋转周期对称网格和分块结构化网格相结合的网格划分方式，建立适用于大涡模拟方法的计算模型，结合滑移网格计算推进器的非定常水动力性能。通过与参考文献结果的对比，验证本文计算方法的可靠性。基于以上研究工作，计算了泵喷推进器不同部分对水动力性能的贡献程度，观察推进器尾涡强度变化和转子导管间的梢隙流动，对不同导管参数下推进器的受力、压力脉动和流场分布进行分析。研究结果显示，泵喷推进器工作时产生了复杂的涡量场，其中叶梢梢涡附着在导管内壁，形成了较强的导管尾涡。结合推进器不同部分的受力分析可知，导管对推进器水动力性能影响要大于定子。另外，随着导管长度的增加，导管对推进器内部流场的影响增强，使推进器效率下降，因此在设计允许的范围内，减少导管长度有利于提高推进性能。

关键词：泵喷推进器；水动力性能；大涡模拟方法；导管长度

1 引言

20 世纪末，英国在特拉法尔加级潜艇上装备了泵喷推进器。这种推进方式可以有效降低潜艇的辐射噪声，因而备受世界各海军强国的关注。采用泵喷推进最大的优点是可以大幅度降低潜艇推进器噪声、提高潜艇低噪声航速。

关于泵喷推进器的设计和性能，国内外学者做出了很多研究工作。Furuya[1]采用轴流透平机械理论提出泵喷推进器设计方法。Kinnas[2]和 Hughes 等[3]研究了带有定子的导管桨，同时给出了试验模型和试验数据。Park 等[4]采用 CFD 法计算推进器的性能和流场。彭云龙等[5]对安装前置和后置定子的泵喷推进器水动力性能进行研究，对比了两种不同推进器布置方式下的受力、脉动压力和流场分布等。鹿麟[6]对不同叶梢间隙的推进器水动力性能进行研究，结果显示，减小叶梢间隙可以提高推进器效率。谷浪等[7-8]基于面元法理论建立了泵喷组件间的干扰数值模型和梢部泄露涡模型，分析导管拱度和叶梢梢涡对推进器水动力性能的影响。王小二[9]通过优化推进器内部流动，提出新的推进器设计方式并采用 CFD 方法验证其可靠性。张凯等[10]根据泵喷推进器的结构特点，采用分块高质量结构化网格建立计算模型，提高了计算效率和精度。

上述研究结果显示，推进器结构参数对流场分布影响较大。作为推进器重要的组成部分，导管对其水动力性能的贡献不可忽视。本研究采用大涡模拟方法研究导管参数对推进器性能的影响，观察推进器内部流场和水动力系数变化情况，分析导管长度改变后推进器水动力性能的变化情况，为泵喷推进器的设计与优化提供一定的理论基础与技术支持。

2 数值计算方法

2.1 大涡模拟方法理论基础

按照大涡模拟方法的基本思想，首先需要在求解过程中利用滤波函数把流场中的物理量分类，其中包括能够直接计算的大尺度物理量以及进行模型化的小尺度量。因此，连续性方程和不可压缩 Navier-Stokes 方程能够改写为

$$\frac{\partial \overline{u_i}}{\partial x_i}=0 \tag{1}$$

$$\frac{\partial \overline{u_i}}{\partial t}+\frac{\partial}{\partial x_j}(\overline{u_i u_j})=-\frac{1}{\rho}\frac{\partial \overline{p}}{\partial x_i}+\nu\frac{\partial^2 \overline{u_i}}{\partial x_j^2}-\frac{\partial}{\partial x_j}\tau_{ij}^S \tag{2}$$

式中：i，j=1，2，3，代表分量在空间坐标中的方向；u_i 代表在 x_i 轴方向上的速度分量，$\overline{u}$ 为滤波操作后的平均速度分量；ρ 为空间内介质的密度；ν 为该介质的运动黏性系数；$\tau_{ii}^S=\overline{u_i u_i}-\overline{u_i}\,\overline{u_i}$ 是亚格子尺度雷诺应力（SGS Reynolds stress）[11-13]。

2.2 水动力特性的无因次化

经过 CFD 方法的计算，得到了泵喷推进器各部分在不同进速系数下的受力情况，根据式（3）将推进器的推力和转矩转化为水动力系数。

$$\begin{aligned}
&\text{进速系数：} J=V/nD\\
&\text{转子推力系数：} K_T=T/\rho n^2 D^4\\
&\text{转子扭矩系数：} K_Q=Q/\rho n^2 D^5\\
&\text{定子推力系数：} K_S=T_S/\rho n^2 D^4\\
&\text{导管推力系数：} K_D=T_D/\rho n^2 D^4\\
&\text{系统推力系数：} K_a=K_T+K_S+K_D\\
&\text{系统推进效率：} \eta_a=\frac{J}{2\pi}\cdot\frac{K_a}{K_Q}
\end{aligned} \tag{3}$$

式中：J 为螺旋桨的进速系数；ρ 为流体密度；V 代表流场的进流速度（m/s）；n 为螺旋桨转速（1/s）；D 为螺旋桨直径（m）；T、Q 是推进器转子的推力（N）和转矩（N·m）；T_S、T_D 是定子和导管的推力（N）。

3 计算模型的建立

3.1 推进器几何模型

本文采用刘业宝[14]为 suboff 潜艇设计的泵喷推进器模型作为研究对象，推进器几何模型及其主要参数如图 1 和表 1 所示。推进器设计航速 U_0 为 3.051 m/s，设计进速系数为 0.724。

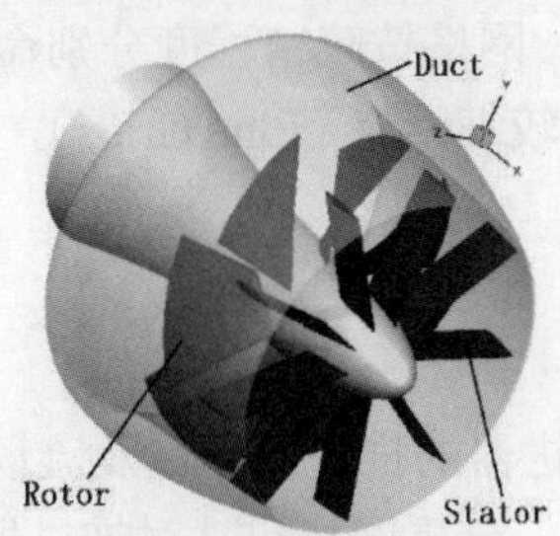

图 1 泵喷推进器模型

表 1 泵喷推进器主要参数

转子		定子		导管	
型号	Ka 桨	型号	NACA0012	型号	No. 33
直径 (mm) D	200	直径	D	导管长	0.8D
叶数	7	数量	9	叶梢间隙	0.01D
桨毂直径	0.3D	弦长	0.15D	/	/

2.2 计算域网格划分

根据泵喷推进器结构特点建立计算域，计算域直径为 10D（螺旋桨直径），长为 20D。来流方向上，速度入口与桨盘面的距离为 5D，压力出口与桨盘面的距离为 15D。推进器附近流场单独划分一个控制域，控制域内部分成 3 个子域，分别包含了推进器转子周围的流场、桨毂后方流场以及其余流场，按顺序编号为域-1、域-2 和域-3，相邻控制域之间设置为 Interface 面。其余的边界条件设为无滑移壁面。整个计算域采用六面体结构网格进行划分，通过控制模型表面网格高度使网格适用于大涡模拟方法计算，模型表面第一层网格的高度为 10^{-5}m，并以 1.2 的增长比例逐渐增加网格厚度。计算域的建立和网格的划分情况如图 2 所示。计算过程中采用多重旋转坐标系（MRF）模型计算定常水动力性能，计算结果收敛后，采用滑移网格计算推进器的非定常水动力性能，每次迭代的时间步长为旋转周期的 1/360，当推进器各部分受力不再变化时，停止计算。

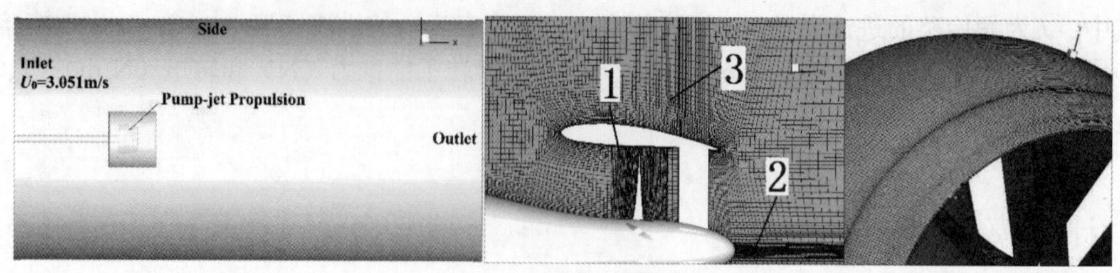

a. 控制域的建立　　b.流场内的网格划分　　c. 模型表面网格

图 2 推进器的计算域和网格

为了排除网格因素对泵喷推进器水动力系数对比以及周围流场观察的干扰，采用不同密度的三套网格进行计算，其中，网格按疏密程度分别命名为较粗网格（Coarse Grids）、中等密度网格（Medium Grids）和较细网格（Fine Grids），三套网格总数分别为 291 万、469 万和 766 万。

3.3 网格独立性验证

采用三种计算网格对泵喷推进器的推进效率以及流场分布进行预报。J=0.5、0.724 和 0.9 时泵喷推进器效率如表 2 所示，分析网格尺寸对推进器水动力计算结果的影响。

表 2 三套网格的推进效率结果

进速系数 J	推进效率 η		
	Coarse	Medium	Fine
0.5	0.512	0.511	0.509
0.724	0.545	0.544	0.543
0.9	0.406	0.405	0.405

对无关性验证时采用定常计算结果进行比较，艇后泵喷推进器的效率结果对比如表 2 所示。对比结果表明，三套网格所得到的推进效率结果之间的差别均在 0.5%以内，继续缩小网格尺寸只会增加计算量，对计算精度的提高没有明显帮助，因此可以认为中等密度网格能够满足本文对水动力系数计算精度的要求。

3.4 可靠性验证

为了验证计算方法的可靠性，采用相同网格划分方式计算 Suboff 潜艇后推进器水动力性能[14]。获得泵喷推进器的转子、定子和导管的受力情况，根据公式（3）得出推力系数、扭矩系数和推进效率。以进速系数 J 为横坐标、水动力系数为纵坐标绘制出泵喷推进器的水动力性能曲线。

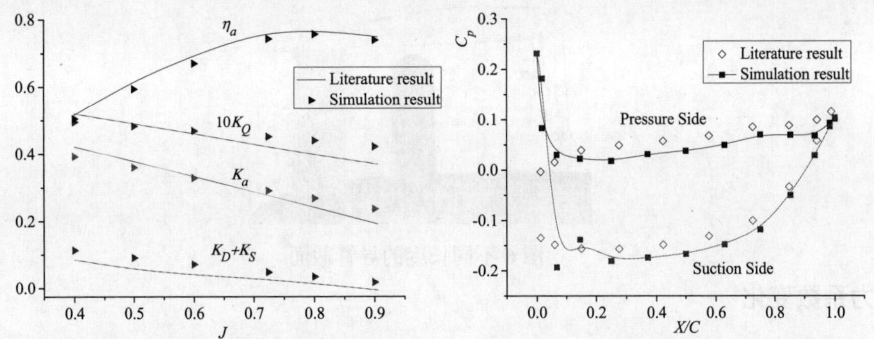

图 3 艇后泵喷推进器水动力性能曲线　　　　图 4 转子不同截面处压力系数分布（r=0.7R）

图 3 和图 4 分别为艇后泵喷推进器水动力性能曲线和 0.7R 半径截面处的压力分布曲线。计算结果与文献结果吻合情况良好，效率误差在可以接受的范围内，因此认为本文计算方法是可靠的。

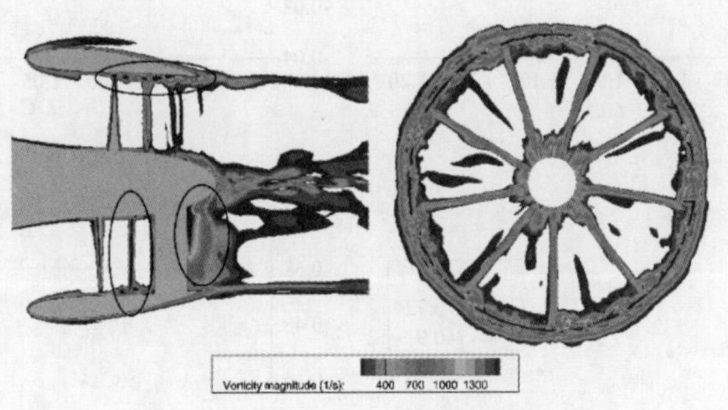

图 5 推进器涡强分布

图 5 给出艇后推进器涡强分布。推进器工作时产生了复杂的涡量场，其中主要包括三部分：叶片产生的尾涡，叶梢梢涡与导管附着涡融合形成的导管尾涡，以及小部分毂涡和定子尾涡。从涡强可以看出，除了转子产生的尾涡外，导管尾涡的涡强要大于定子尾涡和毂涡，因此导管对推进器流场的影响也大于定子对流场的影响。

4　计算结果分析

本节对导管长度为 0.9C、1.0C、1.1C 和 1.2C 的泵喷推进器水动力性能进行计算，导管截面如图 6 所示。观察进速系数为 J=0.5、0.724 和 0.9 时推进器的受力和流场变化，计算结果如图 7 至图 9 所示。

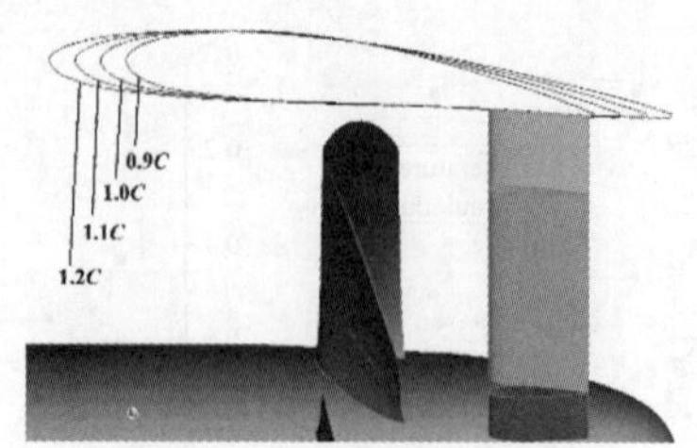

图 6 不同长度的导管截面

4.1 水动力系数变化

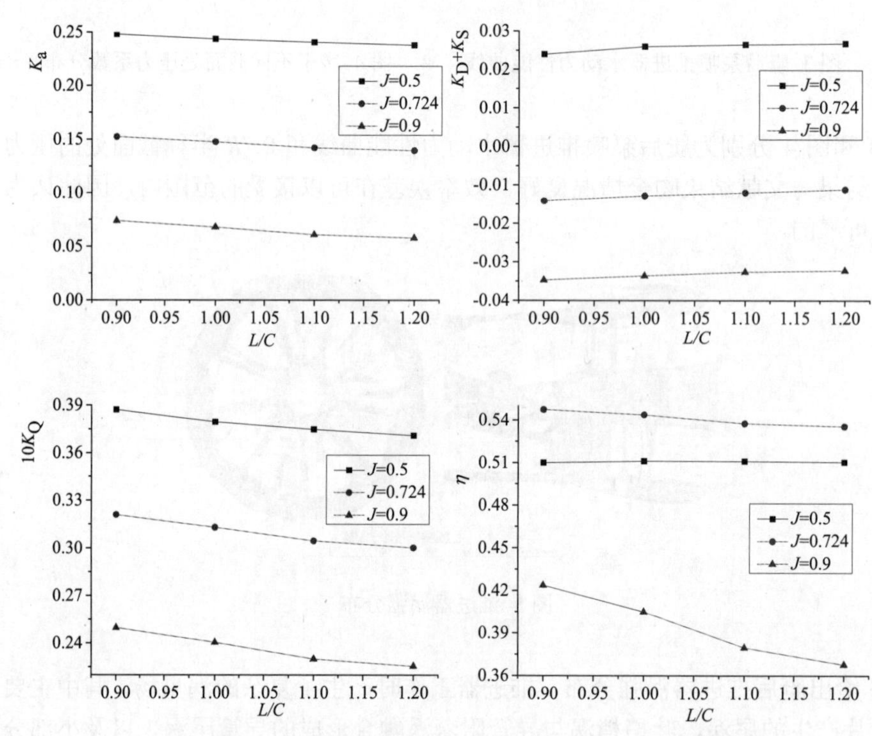

图 7 水动力系数变化

对比 J=0.5、0.724 和 0.9 时的水动力系数，对比结果如表 2 所示。

对比不同进速系数下的水动力系数发现，随着导管长度的增加，推进器总体推力是逐渐减小的，而导管与定子等静止部分的推力逐渐增加，但增加幅度较小，对整体推力影响很小。同样，泵喷推进器的转矩系数也逐渐减小，且下降速度比推力系数快。推力系数和转矩系数的这种变化导致推进器效率随着导管长度的增加而下降。

4.2 推力脉动变化

观察泵喷推进器转子、导管和定子的推力系数随时间变化曲线发现，设计进速系数下，推进器转子和定子产生正推力，导管产生负推力，其中转子推力绝对值最大，导管次之，定子最小。随着导管长度的增加，三者推力大小逐渐减小。另外，三者的推力脉动幅值依次递减。结合前文中推进器涡量场分布情况可以看出，静止部分的导管对水动力性能的影响超过了定子。

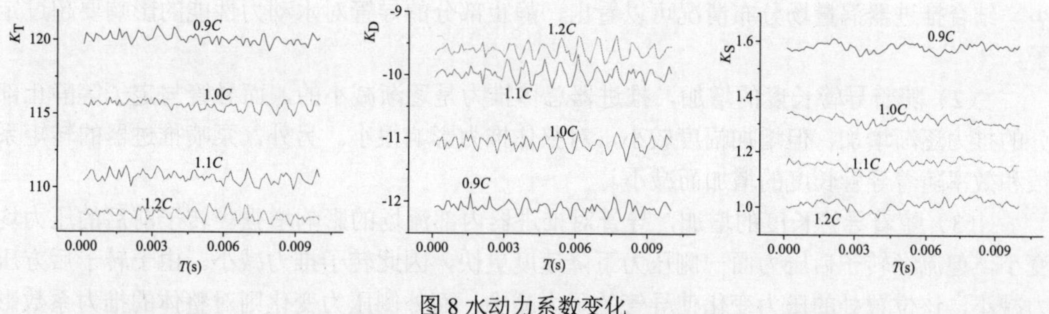

图 8 水动力系数变化

4.3 流场压力分布

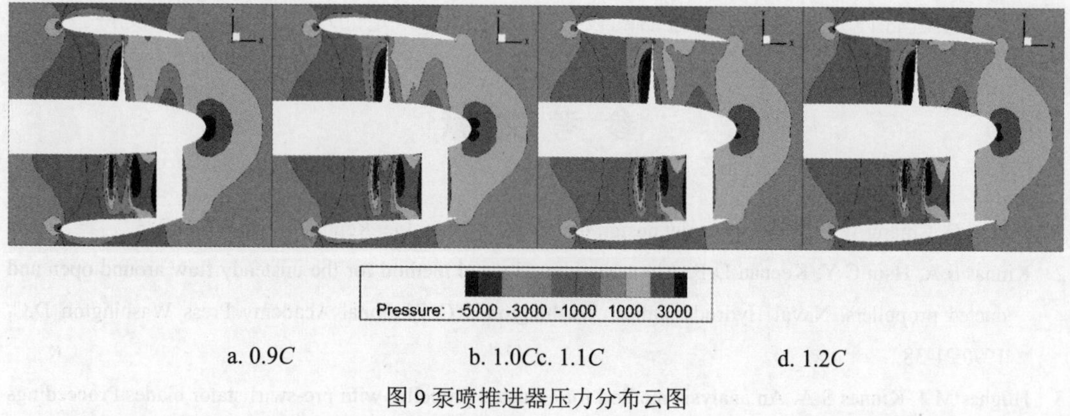

a. 0.9C　b. 1.0C　c. 1.1C　d. 1.2C

图 9 泵喷推进器压力分布云图

通过分析泵喷推进器的压力变化结果可知，随着导管长度的增加，导管对推进器内部流场的影响增强。流场由 X 轴负向流向正向，转子前后的压力均变小，但流经转子后压力面一侧压力下降速度更快，因此转子推力减小。导管部分压力变化较大的位置为后半部分内侧和前半部分的外侧，由于转子后方压力减小，导管内侧在该位置压力同样变小，该位置处的压力变化使导管在 X 轴上的阻力减小，而外侧压力变化则对整体的推力系数影响不大。另外，定子附近流场变化较小，对整体性能影响不大。

5 结论

本研究采用大涡模拟方法对不同长度导管的泵喷推进器水动力性能进行计算，观察了推进器内部的流场结构以及改变导管长度对推进器性能的影响。通过计算，得到以下结论。

（1）推进器工作时产生了复杂的涡量场，其中主要包括三部分：叶片产生的尾涡，叶梢梢涡与导管附着涡融合形成的导管尾涡，以及小部分毂涡和定子尾涡。另外，推进器转子和定子产生正推力，导管产生负推力，其中转子推力绝对值最大，导管次之，定子最小。结合推进器涡量场分布情况可以看出，静止部分的导管对水动力性能的影响要超过定子。

（2）随着导管长度的增加，推进器总体推力是逐渐减小的，而导管与定子等静止部分的推力逐渐增加，但增加幅度较小，对整体推力影响很小。另外，泵喷推进器的转矩系数和效率随着导管长度的增加而减小。

（3）随着导管长度的增加，导管对推进器内部流场的影响增强，转子前后的压力均变小，但流经转子后压力面一侧压力下降速度更快，因此转子推力减小。由于转子后方压力减小，该位置处的压力变化使导管的阻力减小，而外侧压力变化则对整体的推力系数影响不大。另外，定子附近流场变化较小，对整体性能影响不大。

由于篇幅和时间所限，只计算了导管长度对推进器性能的影响。后续工作会对导管其他参数继续进行计算，为泵喷推进器的设计与优化提供一定的理论基础与技术支持。

参考文献

1 Furuya O, Chiang W L. A new pumpjet design theory.Tetra Tech. Inc. Report NO. tc-3037,1986.

2 Kinnas S A, Hsin C Y, Keenan D P. A potential based panel method for the unsteady flow around open and ducted propellers. Naval Hydrodynamics. Washington D.C: National Academy Press Washington D.C, 1990:21-38.

3 Hughes M J, Kinnas S A. An analysis method for a ducted propeller with pre-swirl stator blades.Proceedings of Propellers & Shafting'91 Symposium. Virginia Beach: SNAME, 1991:15-1~15-8.

4 ParkWG, Jang JH. Numerical Simulation of Flow filed of Ducted Marine Propeller with Guide Vane, The 4th International Conference on Pumps and Fans,Beijing, China, 2002:307-314.

5 彭云龙，王永生，刘承江，等. 前置与后置定子泵喷推进器的水动力性能对比. 哈尔滨工程大学学报，2019, 40(01):132-140.

6 鹿麟，李强，高跃飞. 不同叶顶间隙对泵喷推进器性能的影响. 华中科技大学学报(自然科学版)，2017, 45(8):110-114.

7 谷浪，王超，胡健,等. 采用带梢隙涡模型的面元法预报泵喷水动力性能. 中国造船，2017(4):14-23.

8 谷浪，王超，胡健. 泵喷水动力性能预报及导管拱度的影响分析. 哈尔滨工程大学学报，2018, 39(11):24-31.

9 王小二，张振山，张萌. 水下航行体泵喷推进器设计与性能分析. 海军工程大学学报，2018, 201(04):66-70+112.

10 张凯,叶金铭,于安斌.基于分块结构网格的泵喷推进器敞水性能模拟.船舶工程,2018, 40(11): 49-54.

11 SAGAUT P. Large eddy simulation for incompressible flows. Springer press, 2002.

12 Smagorinsky J. GENERAL CIRCULATION EXPERIMENTS WITH THE PRIMITIVE EQUATIONS. Monthly Weather Review, 1963, 91(3): 99-164.

13 Clark R A. Evaluation of subgrid-scale models using an accurately simulated turbulent flow. Journal of Fluid Mechanics, 1979, 91(3): 1-16.

14 刘业宝. 水下航行器泵喷推进器设计方法研究. 哈尔滨: 哈尔滨工程大学,2013.

Research about influence of duct length on hydrodynamic performance of pump-jet propulsion

SUN Yu [1], SU Yu-min [2]

(1. College of Ocean Science and Engineering, Shanghai Maritime University, Shanghai, 201306. Email:sunyu@shmtu.edu.cn; 2. College of Shipbuilding Engineering, Harbin Engineering University, Harbin, 150001)

Abstract: Compared with the conventional propeller, the pump-jet propulsion has a better propulsion efficiency. All naval powers pay more attention to the study of the pump-jet propulsion. In this paper, the hydrodynamic performance of the pump-jet propulsion is investigated. According to the structural characteristics, a computational model suitable for large eddy simulation is established by combining rotating periodic symmetrical mesh with structured mesh, and the unsteady hydrodynamic performance is calculated by the sliding mesh technology.By comparing with the reference results, the reliability of the calculation method is verified. Based on the above work, the contribution of different propulsion parts to the hydrodynamic performance is predicted, the wake vortex variations and the tip clearance flow between the duct and the rotor are observed, and the force, pressure fluctuation and flow field distributions under different duct parameters are analyzed. The results indicate that the complex vorticity field is generated when the propulsion works, in which the tip vortices are attached to the inner wall of the duct, and a strong duct wake is formed. According to the force analysis of different parts, the influence of the duct on the hydrodynamic performance is greater than that of the stator. In addition, with the increase of duct length, the effect of duct on the internal flow field of is enhanced, and the efficiency of propeller is decreased. Therefore, within the allowable design range, reducing duct length is beneficial to improve the propulsion performance.

Key words: Pump-jet propulsion; Hydrodynamic performance; Large eddy simulation; Duct length.

动态入流下带控制系统风力机的气动特性模拟

魏德志，黄扬，万德成*

(上海交通大学 船舶海洋与建筑工程学院 海洋工程国家重点实验室 高新船舶与深海开发装备协同创新中心，上海 200240，*通讯作者 Email: dcwan@sjtu.edu.cn)

摘要：采用基于OpenFOAM开源类库开发的ALMwindFarmFoam求解器，结合致动线模型与大涡模拟方法对动态入流下NREL 5MW风机的气动特性进行数值模拟，研究在改进的转矩控制和PI变桨控制作用下，风力机的转速、转矩、输出功率及叶片气动载荷对动态变化入流风速的响应特性，并通过与未施加控制风力机输出结果的对比，探究控制系统对风力机运行的影响。数值模拟结果表明：控制系统作用下，风轮转速、气动转矩和输出功率均能较好地达到设定的运转水平，但在风速增加至额定风速的过程中，上述参数的响应存在一定的迟滞；此外，风轮叶片所受气动载荷也由于控制系统的调节明显降低。

关键词：动态入流；大涡模拟；致动线模型；转矩控制；桨距控制

1 引言

长期以来，由于人类对煤和石油等常规能源的的过度开采与使用，环境污染问题变得越来越严峻。随着能源危机不断的加剧和人们对环保的重视，风能等清洁能源逐渐受到越来越多的关注。作为当前最具开发前景的可再生能源，如何高效地利用风能成为世界能源领域关注的焦点。

风力机是实现风能商业化利用的主要装置，目前关于其研究大多是在均匀恒定入流条件下进行的。而在实际的风电场中，不断变化的气象环境和风力机之间的相互影响使风轮经受的入流风速无时无刻不在发生着改变。此外，真实的大气边界层流动中，恒定不变的风是不存在的，风场实际上可以看做是长周期平均风和短周期脉动风的叠加[1]；地表摩擦阻力的存在也使平均风剖面在垂直方向呈剪切状分布，由此造成相对叶片的空气流速在风轮旋转过程中的周期性变化；塔架对气流的阻碍作用，上游风力机的尾流扩散等因素也都会对风机的入流条件产生干扰，进而影响其气动性能及使用寿命。为此，探究风力机在动态入流下的运行特性，对于优化风机的功率输出和载荷分布意义重大。

关于风力机在动态入流下运行特性的研究方法主要有 3 种，分别是实验方法、模型计算和数值模拟。丹麦的 Tjareborg 项目[2]曾对多个不同的风力机原型机进行过风场测试，但由于入流风速中包含湍流脉动、风剪切以及阵风等因素的耦合影响，因此虽然得到了较为详尽的气动响应数据，但实际应用中还是受到了不少限制。此外，有部分学者采用入流模型对风力机进行动力学分析，国外如 F. González-Longatt 等[3]提出过一种简化的显式模型，考虑了风向变化以及风速延迟等因素的影响；Suzuki 等[4]提出了 GDW 模型，相对简化的显式模型，涵盖了更多的流动状态，但在叶片发生较大变形时会出现失效；国内如陈严等[5]也曾针对柔性叶片翼型提出过新的入流模型，并通过与前人结果的对比，验证了模型的适用性。近些年来，计算机性能的提高为利用 CFD 方法进行数值模拟创造了条件，Troldborg[6]基于风谱生成湍流入流，采用致动线方法探究了风力机在该入流条件下的气动性能和尾流场内的速度损失；Sørensen[7]采用 RANS 方法探究剪切入流下的风力机性能，结果表明在风机的不同截面处，其翼型的升阻力随高度不断发生变化，风轮整体的输出功率也呈现明显的周期性波动。

由于入流风速的不稳定性，为了最大限度地吸收风能和延长风机的使用寿命，现在的大型风机基本都配置有控制系统，以达到优化运行的目的。因此，为了更真实地模拟风力机的运行状态，在基于致动线模型开发的风场求解器 ALMwindFarmFoam 中，引入改进的风力机控制策略，包含 6 区域转矩控制和 PI 变桨控制，并采用自定义边界条件生成动态入流速度模拟大气边界层流动，同时结合大涡模拟方法，实现风力机运行参数随动态变化入流风速的自动响应。在本文中首先介绍了数值方法原理，给出了计算模型的相关参数及计算域条件；然后将计算结果与参考值对比，验证了数值模拟的可靠性；最后详细分析了控制系统作用下风力机运行参数在动态入流中的响应特性并通过与未施加控制风力机输出结果的对比，探究了控制系统的影响。

2 数值方法

2.1 控制方程

为了更好地捕捉流场中存在的多尺度非稳态各向异性湍流的流动细节，提高对风电场流动特性的模拟精度，采用大涡模拟（LES）方法求解瞬态 N-S 方程，其滤波后的控制方程为：

$$\frac{\partial \overline{u_i}}{\partial x_i} = 0 \tag{1}$$

$$\frac{\partial \overline{u_i}}{\partial t} + \frac{\partial \overline{u_i u_j}}{\partial x_j} = -\frac{1}{\rho}\frac{\partial \overline{p}}{\partial x_i} + \upsilon \frac{\partial^2 \overline{u_i}}{\partial x_i \partial x_j} \tag{2}$$

令 $\overline{u_i u_j}=\overline{u}_i\overline{u}_j+(\overline{u_i u_j}-\overline{u}_i\overline{u}_j)$，则公式（2）变形为：

$$\frac{\partial \overline{u_i}}{\partial t}+\frac{\partial \overline{u_i}\,\overline{u_j}}{\partial x_j}=-\frac{1}{\rho}\frac{\partial \overline{p}}{\partial x_i}+\upsilon\frac{\partial^2 \overline{u_i}}{\partial x_i \partial x_j}-\frac{\partial\ (\overline{u_i u_j}-\overline{u}_i\overline{u}_j)}{\partial x_j} \tag{3}$$

由于式（3）中存在不封闭项 $\tau_{ij}=(\overline{u_i u_j}-\overline{u}_i\overline{u}_j)$，因此，引入 Smargorinsky 涡黏性模型使大涡模拟方法（LES）的控制方程封闭：

$$\overline{\tau_{ij}}=2\upsilon_t\overline{S_{ij}}+\frac{1}{3}\overline{\tau_{kk}}\delta_{ij} \tag{4}$$

式中，$\overline{S_{ij}}$ 是可解尺度的湍流变形率张量，亚格子涡黏系数 $\upsilon_t=(C_S\Delta)^2(\overline{S_{ij}S_{ij}})^{1/2}$，$\Delta$ 是滤波尺寸，Smargorinsky 常数 C_S 取 0.16。

2.2 致动线模型

致动线模型由 Sørensen 和 Shen[8]提出，其基本思想是将旋转的叶片用虚拟的、承受体积力的线来代替，因此在流场中不存在真实的风轮模型，也不需要求解固壁边界层，所需网格数量大大降低。此外，在表征叶片翼型的每个致动点处，体积力均由叶素动量理论计算得到，表达式为：

$$\vec{f}=(L,D)=\frac{1}{2}\rho U_{rel}^2 c dr(C_l\vec{e}_L+C_d\vec{e}_D) \tag{5}$$

式中，U_{rel} 为相对于叶片的空气流速，c 为叶片局部弦长，dr 为叶素宽度，C_l 和 C_d 分别为升力系数和阻力系数。其中，相对叶片的空气流速可根据图 1 中风机叶片截面处的速度矢量三角形求得：

$$U_{rel}=\sqrt{U_z^2+(\Omega r-U_\theta)^2} \tag{6}$$

式中，U_z 和 U_θ 分别为轴向速度和切向速度，Ω 是风轮叶片的旋转速度。

在求得每个致动点处的体积力后，为了避免产生错误的数值振荡，必须进行光顺处理，即不能以离散的集中力形式直接作用于流场，在本文中，采用高斯权函数进行体积力光顺并将其反作用到计算域中。

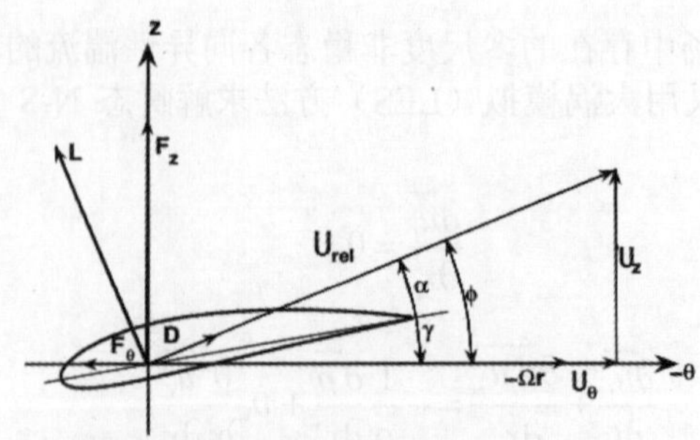

图 1　风机叶片截面处的速度矢量三角形

2.3 变桨控制

当入流风速超过额定风速时，通常采用变桨控制调节风力机叶片的桨距角，使其输出功率限定在额定功率，电机转速保持为额定转速。控制过程中，桨距角围绕轴线的转动还会造成入流攻角的变化，由此改变施加在风轮转子上的空气动力载荷，其中，变桨控制的整体过程如图 2 所示。

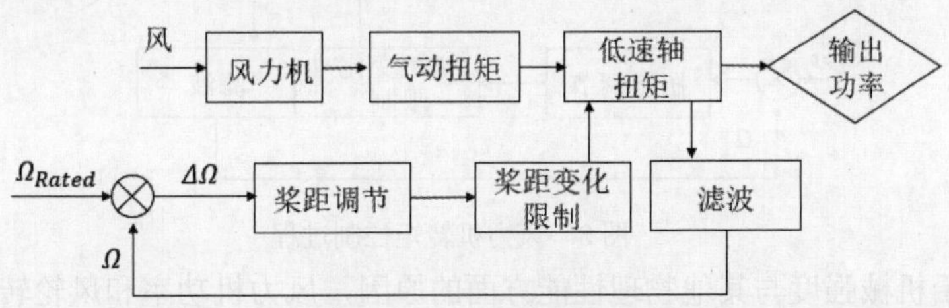

图 2　风力机桨距控制过程

在工程中，常使用 PID 算法实现风力机的变桨控制，然而 Jonkman 等[11]人的研究表明，微分项的存在并没有提高变桨控制的响应特性。因此，在本文中也忽略微分项的影响，仅采用比例（proportion）、积分（integral）控制调节叶片桨距角。控制过程中，以电机的额定转速为参考，发电机转速与额定转速的差值作为输入，差值的比例增量和积分增量的叠加作为输出，故桨距角的变化为：

$$\Delta\theta = K_P N_{\text{Gear}} \Delta\Omega + K_I \int_0^t N_{\text{Gear}} \Delta\Omega \mathrm{d}t \tag{7}$$

式中：K_P 为比例增益，K_I 为积分增益，$\Delta\Omega$ 为转速差量，N_{Gear} 为齿轮转速比。其中，比例增益，积分增益的计算式为：

$$K_P = \frac{2I_{\text{Drivetrain}}\Omega_0 \zeta_\varphi \omega_{\varphi n}}{N_{\text{Gear}}\left(-\dfrac{\partial P}{\partial \theta}(\theta=0)\right)} GK(\theta) \tag{8}$$

$$K_I = \frac{I_{\text{Drivetrain}}\Omega_0 \omega^2_{\ \varphi n}}{N_{\text{Gear}}\left(-\dfrac{\partial P}{\partial \theta}(\theta=0)\right)} GK(\theta) \tag{9}$$

式中：$I_{\text{Drivetrain}}$ 为传动系统转动惯量，取 $4.0467\times10^7\,\mathrm{kg\cdot m^2}$；$\Omega_0$ 为风轮额定转速，取 12.1rad/min；$\omega_{\varphi n}$ 为二阶系统自然频率，ζ_φ 为阻尼系数，根据文献[10]的推荐，$\omega_{\varphi n}$ 取 0.6rad/s，ζ_φ 取 0.7，$\dfrac{\partial P}{\partial \theta}(\theta=0)$ 为额定风速下桨距角为 0 时的灵敏度，$GK(\theta)$ 为修正系数。

2.4 转矩控制

根据风力机的能量转化特性，在风速确定时，风轮的输出功率取决于风能利用系数 C_P，该系数是叶尖速比 λ 和桨距角 θ 的函数。且在低于额定风速的风况下，为了最大限度地吸收风能，桨距角 θ 始终保持为 0，因此只要保证叶尖速比恒为最佳叶尖速比，即 $\lambda = \lambda_{opt}$，即可使风力机始终在最大能量转换效率下运行。

然而，由于风速测量的不可靠性，很难直接建立起转速与风速之间的对应关系。因此在实际控制过程中，并不是根据风速调节转速，而是通过控制发电机转矩，实现风力机的变速运行，其中，转矩控制的整体过程如图 3 所示。

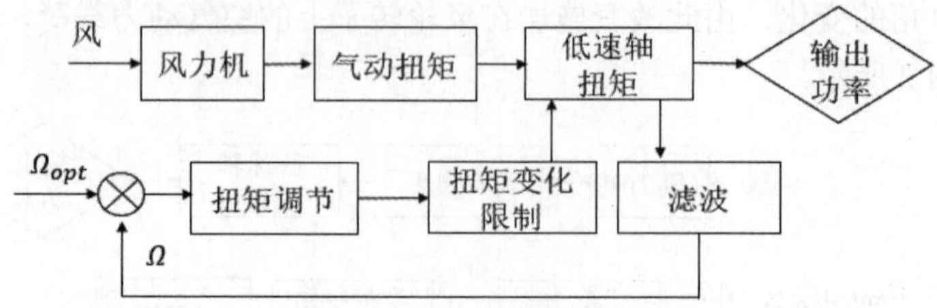

图 3　风力机转矩控制过程

此外，由于机械强度与其他物理性能方面的原因，风力机功率和风轮转速还会受到相应限制。因此，在实施转矩控制时，通常根据转速大小将整个控制过程划分为 5 个区域[11]，即：1 区、2 区、3 区、4 区和 5 区。其中：1 区对应低于切入风速的风况，该区域内，发电机转矩保持为 0，风力机不吸收风能；3 区为优化功率捕获区，该区域中发电机转矩与电机转速的平方成正比，风力机始终保持最佳叶尖速比运行；5 区内发电机功率恒定为额定功率，电机转速与发电机转矩成反比；此外，2 区为 1 区与 3 区的线型过渡，电机转速的下限即由 2 区确定，4 区为 3 区和 5 区的线性过渡，达到额定功率时的电机转速在 4 区内限定。

为了同时兼顾变桨控制的作用效果，本文还对 5 区域转矩控制中的“区域 4”进行修改，将其分割为两个更小的区域“A”和“B”，由此形成 6 区域转矩控制(图 4)。

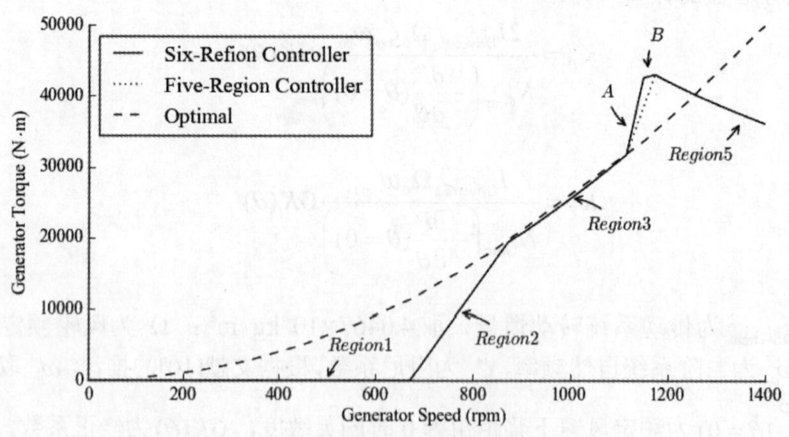

图 4　发电机转矩随转速的变化曲线

3 计算设置

3.1 风力机模型

数值模拟采用 NREL-5MW 风机[11]，其叶片翼型由 cylinder 系列，DU 系列以及 NACA64 系列组成，风力机的主要参数见表 1。

表 1 NREL-5MW 风机主要参数

名称	参数
额定功率	5MW
转子朝向	上风型
叶片数	3
叶片直径	126m
额定风速	11.4m/s
额定转速	12.1r/min

3.2 计算域及网格划分

计算域布置和网格划分情况分别如图 5 和图 6 所示，其中使用了风轮直径对长度尺度进行无量纲化处理。整个计算域中均为均匀划分的结构化网格，区域Ⅰ内网格长度为 8m，区域Ⅱ内网格长度为 4m，区域Ⅲ内网格长度为 2m。根据 Troldborg[12]的研究，上述网格分辨率足以保证计算的精度。

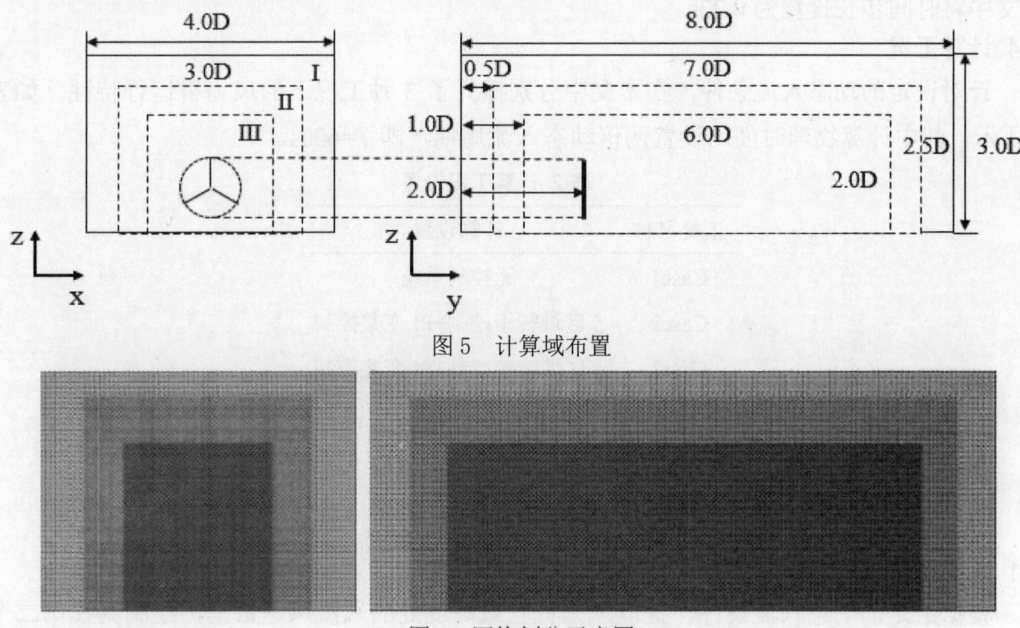

图 5 计算域布置

图 6 网格划分示意图

3.3 边界条件

计算域边界条件设置为：左侧为速度入口；右侧为压力出口；顶部采用滑移边界条件；底部应用固壁边界条件以模拟地面对气流的阻滞；计算域两侧均采用对称边界条件。

为使风轮经受的入流风速更接近真实的大气边界层流动，在速度入口处采用自定义边界条件生成动态入流速度。其中，通过大气指数风廓线模型定义风速沿垂直方向的风切变特性；同时考虑大气湍流的影响，应用 KS（kinematic simulation）谱合成方法[9]生成入口脉动速度；此外还引入与时间相关的正弦函数模拟风速的动态波动：

$$u(x,z,\mathrm{t}) = U_{ref}(\frac{z}{H_{ref}})^m[1 + A\sin(\frac{2\pi t}{T})] + u^{'}(x,t) \tag{10}$$

式中：U_{ref} 为参考速度，取风力机额定风速 11.4m/s；H_{ref} 为参考高度，取风力机轮毂高度 87.6m；m 为风剪切系数，是表面粗糙度和雷诺数的函数，取 0.2；A 为动态波动常数，其数值代表入口速度的动态波动幅度，本文中取 0.2；$u^{'}(x,t)$ 为应用 KS（kinematic simulation）谱合成方法生成的入口脉动速度。

此外，时间步长根据 CFL 条件确定：

$$\max\left\{\left|\frac{V_\infty \Delta t}{\Delta x}\right|, \left|\frac{V_\infty \Delta t}{\Delta x}\right|\right\} < 1 \tag{11}$$

由于风轮旋转速度远大于入流风速，故根据公式（11）可知 $\Delta t < \dfrac{\Delta x}{V_t} = 0.025s$，因此在本文中将时间步长设置为 0.02s。

3.4 计算工况

针对设定的动态入流条件，在本文中分别探究了 3 种工况下的风力机运行特性，如表 2 所示，其中计算物理时间均设置两倍动态入流周期，即 T=600s。

表 2 计算工况设置

工况名称	计算设置
Case1	无控制系统
Case2	5 区域转矩控制+PI 变桨控制
Case3	6 区域转矩控制+PI 变桨控制

4 结果分析

4.1 求解器验证

根据给定的动态入流条件，提取风力机轮毂高度处的入流风速数据，绘制其在第二个入流周期内的时历变化曲线，如图 7 所示。从图中可以看出，当 300s<T<450s 时，风速由

额定风速逐渐增大，而后又对称减小至额定风速；在 450s<T<600s 内，风速始终小于额定风速，并与上一时间段呈现完全相反的变化趋势，先由额定风速减小至极小值而后又逐渐恢复到额定风速。

为了检验本文所用计算工具 ALMwindFarmFoam 求解器及控制策略程序编写的准确性，提取计算结果稳定后，Case3 中在风速提升阶段风力机的输出功率及风轮转速数据，并同文献[11]中给定的参考值对比，结果如图 8 所示。

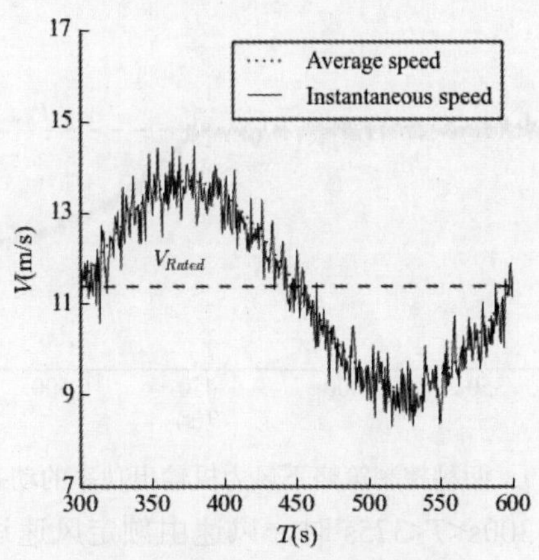

图 7　轮毂高度处入流风速变化

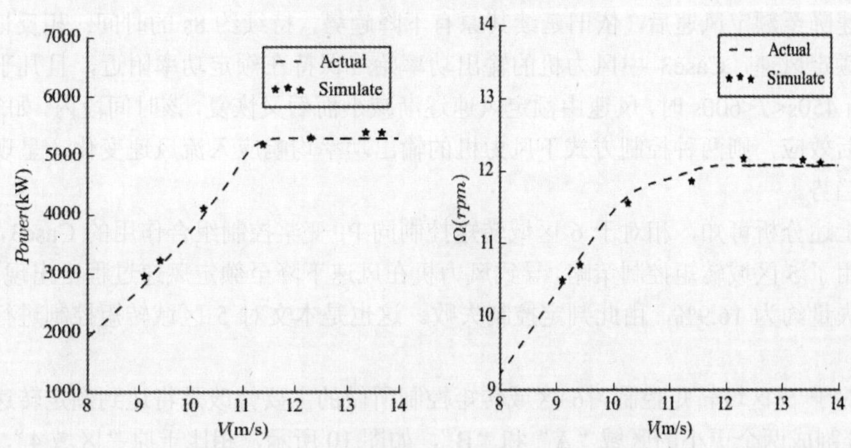

图 8　功率、转速模拟结果同文献参考值的对比

从图 8 中可以看出，在入流风速的动态变化范围内，风力机的输出功率及风轮转速均能较好地同文献中给定的参考值相吻合，由此说明采用基于致动线模型开发的 ALMwindFarmFoam 求解器结合大涡模拟方法能够较精准地捕捉控制系统作用下风力机的运行特性。

此外，为了进一步探究在给定入流条件下，控制系统对风力机运行的影响。本文还对风力机的输出功率、转速、桨距角、风轮和发电机转矩以及叶片气动载荷的动态响应特性进行了分析。

4.2. 输出功率响应特性

在给定的动态入流条件下，Case2 和 Case3 中风力机的输出功率响应如图 9 所示。

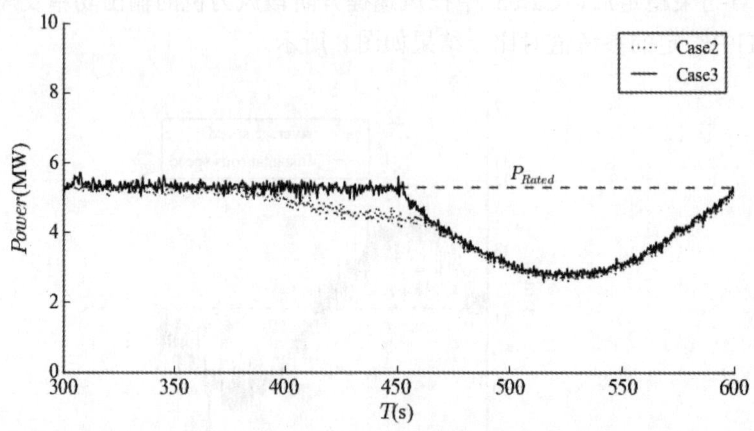

图 9 两种控制策略下风力机输出功率的动态响应

从图 9 可以看出，当 300s<T<375s 时，风速由额定风速逐渐增大，该过程中，转矩控制同 PI 变桨控制的共同作用使 Case2 和 Case3 中风力机的输出功率均较好地维持在额定功率附近；当 T>375s 时，风速由极大值开始下降，Case2 中风力机的输出功率也随之下降，并当风速降至额定风速后，依旧延续其原有下降趋势，持续约 8s 的时间；相反地，直至风速降至额定风速，Case3 中风力机的输出功率始终保持在额定功率附近，且几乎没有滞后现象；当 450s<T<600s 时，风速由额定风速逐渐减小而后又恢复，该时间段内，如忽略 Case2 中的滞后效应，则两种控制方式下风力机的输出功率均响应入流风速变化，呈现“先减后增”的趋势。

由上述分析可知，相对于 6 区域转矩控制同 PI 变桨控制组合作用的 Case3，Case2 中由于应用了 5 区域转矩控制策略，导致风力机在风速下降至额定风速过程中出现功率损失，最大损失量约为 16.9%，由此判定控制失败。这也是本文对 5 区域转矩控制进行修正的主要原因。

相对于 5 区域转矩控制，6 区域转矩控制所做的主要修改是将达到额定转速前的“区域 4”分割成两个更小的区域“A”和“B”，如图 10 所示，相比于原“区域 4”，在同一转速下，“A”、“B”区域对应的发电机转矩更高。

由控制系统原理知，PI 变桨控制依据风轮转速同额定转速差值的比例信号和积分信号调节桨距角，进而控制输出功率并维持额定转速；转矩控制则根据转速的大小确定与之对应的发电机转矩。因此，在风速降至额定风速的过程中，电机转速在 PI 变桨控制的作用下维持在额定转速附近，即运行于原“区域 4”范围内；转矩控制则根据上述转速确定对应的发电机转矩，并由此为 PI 变桨控制提供追踪所需的目标功率。又由图 10 可见，在原“区域 4”内，转速的微小改变就会导致发电机转矩出现巨大变化，由此为 PI 变桨控制提供一个偏差较大的目标，这就是 Case2 出现严重功率损失的原因。通过将“区域 4”划分为两个更小的区域“A”和“B”，且在更靠近额定转速的“B”段，降低发电机转矩随转速变化的敏感性，就使控制失效问题得到了较好地解决。

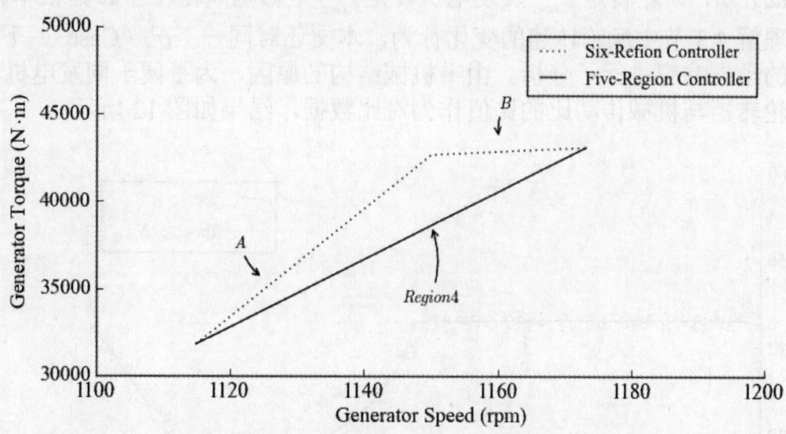

图 10　5 区域转矩控制与 6 区域转矩控制的区别

4.3 转速及桨距角响应特性

风轮转速及桨距角的变化在风力机运行过程中占据着重要地位，为了检验转矩控制同 PI 变桨控制的作用效果，本文对 Case3 中风轮转速及叶片桨距角在动态入流下的响应特性进行了分析，结果如图 11 所示：

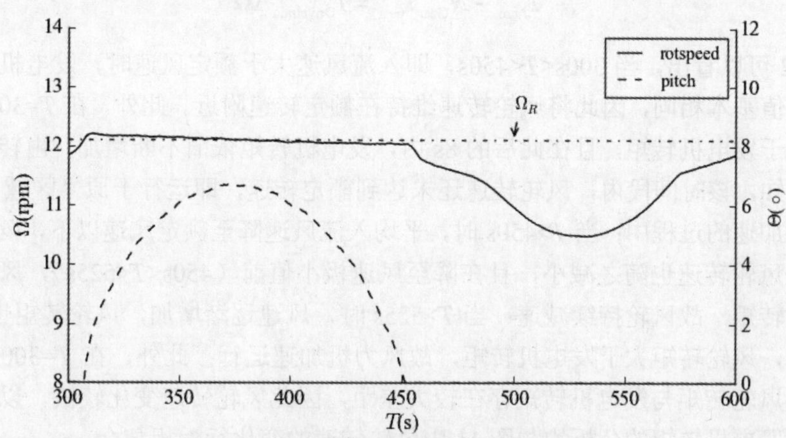

图 11　风力机轮转速及桨距角的动态响应

从图 11 中可以看出，相对于达到额定风速的时间 T=300s，风轮转速约在 T=308s 才达到额定值，即存在约 8s 的滞后。此后随着入流风速的增大，变桨控制开始发挥作用，使风轮转速在稍稍超过额定值后即随桨距角的增加逐渐回落，且在风速达到极大值时降至额定转速，此时桨距角增至最大；当 T>375s 时，风速持续下降，桨距角也随之减小，在降至额定风速时，桨距角减小为 0，该过程中，变桨控制和转矩控制的共同作用使风轮转速不断减小，但又始终维持在额定值附近。当 450s<T<600s 时，平均入流风速低于额定风速，该时间段内，桨距角始终保持为 0，风轮转速则响应入流风速的变化，先减小后增加。

4.4 转矩响应特性

由式（12）知，风轮转矩 T_{Aero} 及发电机转矩 T_{Gen} 是影响风轮转速 Ω 的根本因素。因此，为了更好地理解 4.3 节中风轮转速的变化行为，本文还对同一工况（Case3）下风轮转矩和发电机转矩的动态响应进行了分析。由于机械结构的原因，为了便于同发电机转矩进行比较，采用风轮转矩与机械传动比的比值作为对比数据，结果如图 12 所示：

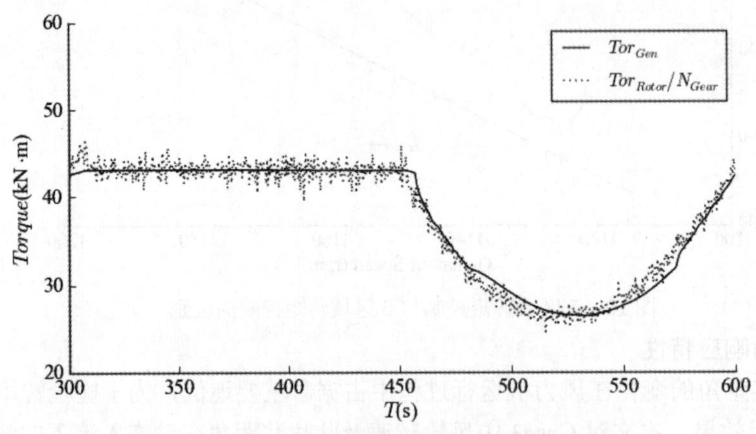

图 12　风轮转矩及发电机转矩的动态响应

$$T_{\text{Aero}} - N_{\text{Gear}} T_{\text{Gen}} = I_{\text{Drivetrain}} \Delta\dot{\Omega} \tag{12}$$

从图 12 可以看出，当 300s<T<450s，即入流风速大于额定风速时，发电机转矩和风轮转矩的时均值基本相同，因此将风轮转速维持在额定转速附近。此外，在 T=300s 时，风轮转矩明显大于发电机转矩，且在此后的 8s 内，发电机转矩依旧不断增加，由转矩控制原理和式（12）知，该时间段内，风轮转速还未达到额定转速，即运行于原“区域 4”范围内，并处在不断加速的过程中；当 T>450s 时，平均入流风速降至额定风速以下，风轮气动转矩迅速减小，风轮转速也随之减小，且在降至风速极小值前（450s<T<525s），风轮转矩始终小于发电机转矩，故风轮持续减速；当 T>525s 时，风速逐渐增加，风轮转矩也随之增大，该时间段内，风轮转矩大于发电机转矩，故风力机加速运行；此外，在 T=300s 和 T=450s 附近，由于风轮转矩与发电机转矩存在较大差距，因此风轮转速变化较快。以上所有关于风轮转矩和发电机转矩的分析均与图 11 中风轮转速的变化行为相契合。

由上述分析可知，在 Case2 中，滞后效应主要出现在桨距角恢复阶段，而在 Case3 中，滞后效应则出现在由风速极小值增加至额定风速的过程中。造成以上不同的原因在于改进后的“A”和“B”区域相对原“区域 4”在同一转速下对应更高的发电机转矩。因此，当风力机运行在桨距角恢复阶段时，由于风轮转矩小于发电机转矩，故 6 区域转矩控制的应用使风力机具备更高的转速变化速率，由此缩短了调节时间；同理，在风速增加至额定风速的过程中，风轮转矩始终大于发电机转矩，因此 5 区域转矩控制的应用使风力机转速变化更快，滞后效应得到改善。

4.5 控制系统对转矩及功率的影响

了解了风力机在给定动态入流条件下的运行特性后，本文还对控制系统作用下风力机的气动转矩和输出功率进行了分析，并通过与未施加控制风力机输出结果的对比，进一步探究了控制系统对风力机的影响。

图 13 所示为风力机气动转矩及输出功率的时历响应曲线。由图 13 可知，Case1 中的风力机由于未施加控制，因此其气动转矩和输出功率均响应入流风速的变化，出现较大波动；而在 Case3 中，当入流风速大于额定风速时，控制系统将风轮转矩和功率限定在额定值附近，当入流风速小于额定风速时，气动转矩也因转矩控制而有所增加，但由于追踪最佳叶尖速比导致转速发生了变化，因此该时间段内，风力机输出功率的改观不明显。

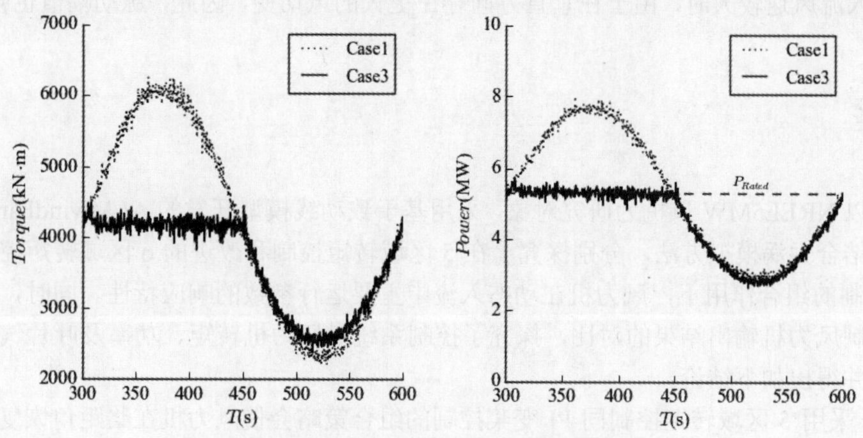

图 13 风力机气动转矩及输出功率时历曲线

4.6 控制系统对叶片气动载荷的影响

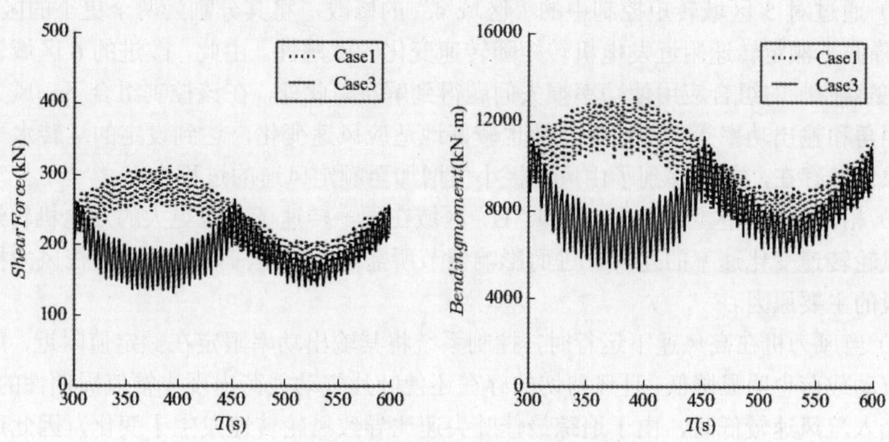

图 14 叶根处气动剪力与弯矩时历曲线

图 14 所示为风轮叶根处气动剪力与弯矩的时历响应曲线，由图可知，相对于 Case1 中未施加控制的风力机，Case3 中的风力机在控制系统作用下，其叶根处的气动剪力与弯矩均有所降低。尤其是当 300s<T<450s 时，该时间段内，变桨控制根据风速变化调整叶片桨距角以限制输出功率，由此导致叶片迎风面积发生改变，且当风速增至极大值（T=375s）时，桨距角调整至最大，迎风面积降至最低，所受载荷最小；当 T>450s 时，风速降至额定风速以下，转矩控制发挥主要作用，相对于始终保持额定转速运行的未施加控制的风力机，转矩控制对转速的调节会造成相对叶片空气流速的降低以及入流攻角的增大，对于未失速的风机叶片，前者会使其气动载荷减小，后者则起相反的作用，因此在该阶段，控制系统虽然对叶根气动载荷的减小起到一定积极作用，但影响却并不明显。

此外，从图 14 中还可发现，叶根处的气动载荷除随风速变化产生波动外，还经历小幅值周期性的脉动，且脉动周期同风轮旋转周期相同。出现上述现象的原因在于风剪切的影响，且当入流风速较大时，由于在垂直方向存在更大的风切变，因此，脉动幅值也会更大。

5 结论

本文以 NREL5MW 风机为研究对象，采用基于致动线模型开发的 ALMwindFarmFoam 求解器，结合大涡模拟方法，分别探究了在 5 区域转矩控制和改进的 6 区域转矩控制，同 PI 变桨控制的组合作用下，风力机在动态入流中主要运行参数的响应特性。同时，通过与未施加控制风力机输出结果的对比，探究了控制系统对风力机转矩、功率及叶片气动载荷的影响，并得出如下结论。

（1）采用 5 区域转矩控制同 PI 变桨控制的组合策略会使风力机在桨距角恢复阶段出现较大的功率损失，最大损失量约为 16.9%，此外，功率响应在上述阶段还出现明显的滞后现象。

（2）通过对 5 区域转矩控制中的“区域 4”的修改，将其分割为两个更小的区域”A”和”B”，降低了额定转速附近发电机转矩随转速变化的敏感性。由此，改进的 6 区域转矩控制与 PI 变桨控制的组合应用使功率损失问题得到解决。此外，在该控制组合下，风力机转速、桨距角和输出功率等主要运行参数也较好地适应风速变化，达到设定的运转水平，但滞后现象依然存在，并转移到了由风速极小值增加至额定风速的过程中。

（3）相对于原“区域 4”，“A”和“B”区域在同一转速下对应更大的发电机转矩，由此造成风轮转速变化速率的差异，进而影响调节所需时间，是滞后现象出现在风力机不同运行阶段的主要原因。

（4）当风力机在高风速下运行时，控制系统将其输出功率限定在额定值附近，风轮叶片上的气动载荷也明显降低，且风剪切的存在还使叶片气动载荷出现小幅值周期性的脉动；此外，当入流风速较低时，由于追踪最佳叶尖速比导致风轮转速发生了变化，因此风力机输出功率改观较小。

致谢

本文得到国家自然科学基金（51879159，51490675，11432009，51579145）、长江学者奖励计划(T2014099)、上海高校特聘教授(东方学者)岗位跟踪计划(2013022)、上海市优秀学术带头人计划(17XD1402300)、工信部数值水池创新专项课题(2016-23/09)资助项目。在此一并表示感谢。

参考文献

1 刘磊．风力机叶片非定常气动特性的研究[D]．北京：中国科学院研究生院工程热物理研究所，2012：2－3.

2 ELSAMPROJECT A. The Tjareborg Wind Turbine-Final Report[R]. Denmark: Technical Report EP92/334 XII contract EN3W. 0048.DK,Fredericia,1992.

3 F. González-Longatt, P. Wall, V. Terzija. Wake effect in wind farm performance: Steady-state and dynamic behavior[J]. Renewable Energy, 39 (2012) 329-338

4 Suzuki A. Application of dynamic inflow theory to wind turbine rotors[D]. Salt Lake City : University of Utah,2000.

5 陈严，沈世，马新稳，等．柔性风轮的动态入流效应研究[J]．空气动力学学报, 2013, 31(3): 401－406.

6 Troldborg N, Sørensen J N, Mikkelsen R. Actuator Line Simulation of Wake of Wind Turbine Operating in Turbulent Inflow[C]// Journal of Physics Conference Series. 2007:012063.

7 Sørensen N N. Johansen J. UPWIND, aerodynamics and aero-elasticity Rotor aerodynamics in atmospheric shear flow[C]// In European Wind Energy Conference and Exhibition, Milan, 2007.

8 Sorensen J N, Shen W Z. Numerical Modeling of Wind Turbine Wakes[J]. Journal of Fluids Engineering, 2002, 124(2):393.

9 潘涛．基于 OpenFOAM 大气边界层风场模拟．重庆：重庆大学, 2015.

10 Hansen, M. H., Hansen, A., Larsen, T. J., Φye, S., Sørensen, and Fuglsang, P., Control, Design for a Pitch-Regulated, Variable-Speed Wind Turbine, Risø-R-1500(EN), Roskilde, Denmark: Risø National Laboratory, January 2005.

11 Jonkman J, Butterfield S, Musial W, et al. Definition of a 5-MW Reference Wind Turbine for Offshore System Development[J]. Office of Scientific & Technical Information Technical Reports, 2009.

12 Troldborg, N, Sørensen, J N, Mikkelsen R F. Actuator Line Modeling of Wind Turbine Wakes[D]. Technical University of Denmark, 2009.

Aerodynamic simulation of wind turbine under dynamic inflow condition with control system

WEI De-zhi, HUANG Yang, WAN De-cheng

(State Key Laboratory of Ocean Engineering, School of Naval Architecture, Ocean and Civil Engineering, Shanghai Jiao Tong University, Shanghai 200240. Email: dcwan@sjtu.edu.cn)

Abstract: Adopted with the ALMwindFarmFoam solver based on the large eddy simulation with actuator line method, the aerodynamic response characteristics of a NREL5MW wind turbine with control system were analyzed under dynamic inflow condition. Numerical results showed that under the effects of pitch control and improved 6 regions torque control, the main operating parameters including rotor speed, torque and power of NREL5MW wind turbine can adapt well to the change of the inflow wind speed. However, in the process of increasing the wind speed from the minimum to the rated value, the response of the above parameters had a lag. What's more, the aerodynamic bending moment and shear force of the rotor blades were also significantly reduced due to the positive influence of control system.

Key words: Dynamic inflow; Large eddy simulation; Actuator line model; Torque control; Pitch control.

考虑注采强度的黏弹性聚合物驱压力恢复分析

袁鸿飞，尹洪军，徐国涵，刘岢鑫，邢翠巧

(1.东北石油大学石油工程学院，黑龙江大庆 163318；

2.东北石油大学提高油气采收率教育部重点实验室，黑龙江大庆 163318，Email: 385453331@qq.com)

摘要：聚合物驱是一种重要的三次采油技术，目前已取得了较好的技术经济效益。在大多数聚合物驱压力动态分析中，通常假设圆形封闭或无限大地层中心仅有一口注入井，忽略了注采强度的影响。而在实际生产过程中，常存在多井干扰和注采不平衡的情况，因此，本文建立了考虑注采强度的均质油藏的黏弹性聚合物溶液不稳定渗流数学模型。采用有限差分法对模型进行求解，绘制了相应地层压力的动态曲线并进行了敏感性分析。研究表明：稠度系数、幂律指数、松弛时间等参数都会影响曲线形态，稠度系数越大，径向流段的压力和压力导数值越大，幂律指数和松弛时间越小，压力导数曲线上翘越严重，聚合物溶液的黏弹性越突出。因此在聚合物驱压力动态分析中，有必要考虑非牛顿流体的粘弹性。该研究可为多井系统黏弹性聚合物驱压力动态分析提供理论依据。

关键词：聚合物溶液；黏弹性；压力动态；敏感性分析；注采强度

1 引言

为了满足全球能源需求的持续增长，提高采收率技术逐渐得到发展，其中聚合物驱是应用最广泛、最成功的化学方法[1-3]，即在水驱中加入聚合物以增加其黏度，使被驱替流体（油）与驱替流体（聚合物溶液）流度比降低，提高波及效率，从而获得更高的采收率。为了取得更好的开采效果，人们对非牛顿流体的不稳定流动及压力动态分析进行了大量的研究[4-8]，目前还未考虑过注采强度对压力动态的影响。

关于非牛顿流体流动的研究常采用数值方法[9-12]，本文利用有限差分法，将非牛顿流

基金项目：国家科技重大专项项目(2017ZX05071005)、黑龙江省自然科学基金项目(E2016015).

作者简介：袁鸿飞(1995-)，男，黑龙江鹤岗人，硕士研究生.

通讯作者：袁鸿飞, Email: 385453331@qq.com

体模型与均质油藏模型相结合，并且考虑了注采强度[13]，建立了更加完善的粘弹性聚合物溶液不稳定渗流数学模型，进行了求解，考虑到实际油田通常采用压力恢复测试方法，因此绘制了关井后的压力动态曲线并进行了敏感性分析，与以往压力降落动态分析相比，更具实用性。

2 物理模型

径向流流动系统如图 1 所示，基本假设条件为：① 油藏是等厚、等温、均质和各相同性；② 流体在地层中是一维径向流动；③ 地层岩石和流体的压缩系数很小且为常数；④ 运动方程类似于达西方程形式；⑤ 忽略重力效应；⑥ 非牛顿幂律流体的剪切黏度服从幂指数模式，弹性黏度用松弛时间描述；⑦ 不考虑聚合物溶液在地层中的稀释及吸附。

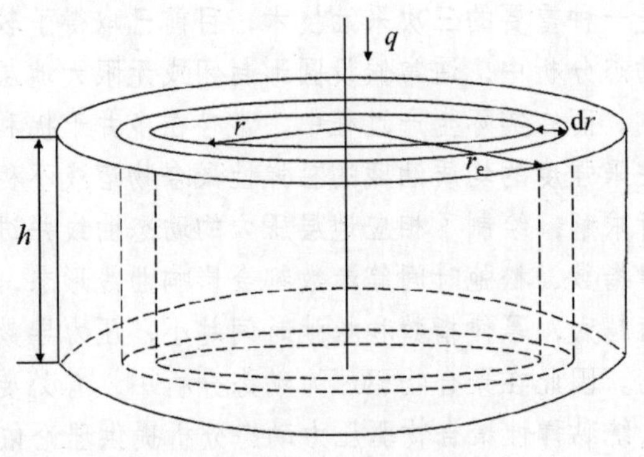

图 1 径向流流动系统

3 数学模型的建立与求解

定义无因次变量：

$$p_{\mathrm{D}}=\frac{Kh}{1.842\times10^{-3}qB\mu^{*}}(p-p_{\mathrm{i}}),\quad t_{\mathrm{D}}=\frac{3.6Kt}{\phi\mu^{*}C_{\mathrm{t}}r_{\mathrm{w}}^{2}},\quad r_{\mathrm{D}}=\frac{r}{r_{\mathrm{w}}}$$

视黏度定义为

$$\mu_{\mathrm{a}}=\mu_{\mathrm{v}}+\mu_{\mathrm{e}}=Er^{1-n}+Fr^{-n}$$

其中

$$E = HF_{\mathrm{s}}^{n-1}, \quad F = 2\theta_{\mathrm{f}} F_{\mathrm{s}} E, \quad F_{\mathrm{s}} = \frac{3n+1}{2n+1} \frac{1}{\sqrt{2c'K\phi}} \frac{1.842q}{h}$$

式中：B 为体积系数；C_{t} 为综合压缩系数，1/MPa；h 为储层有效厚度，m；K 为渗透率，$\mu\mathrm{m}^2$；p 为半径为 r 处的地层压力，MPa；p_{i} 为原始地层压力，MPa；q 为体积流量值，m^3/d。；r_{w} 为井径，m；R_{IP} 为注采强度；t 为时间，h；ϕ 为孔隙度；μ^* 为特征黏度，即井底处聚合物溶液的表观黏度，mPa·s；μ_{v} 为剪切黏度，mPa·s；μ_{e} 为弹性黏度，mPa·s；n 为非牛顿流体幂律指数，无因次；H 为非牛顿流体稠度系数，$\mathrm{mPa \cdot s^n}$；θ_{f} 为松弛时间，s；c' 为与毛细管迂曲度有关的系数。

将运动方程、状态方程代入连续性方程，通过上述无因次变量的定义进行无因次化可得到数学模型为

$$\frac{1}{r_{\mathrm{D}}} \frac{\partial}{\partial r_{\mathrm{D}}} \left(\frac{\mu^*}{\mu_{\mathrm{a}}} r_{\mathrm{D}} \frac{\partial p_{\mathrm{D}}}{\partial r_{\mathrm{D}}} \right) = \frac{\partial p_{\mathrm{D}}}{\partial t_{\mathrm{D}}} \tag{1}$$

$$p_{\mathrm{D}} \Big|_{t_{\mathrm{D}}=0} = 0 \tag{2}$$

$$\frac{\mu^*}{\mu_{\mathrm{a}}} \frac{\partial p_{\mathrm{D}}}{\partial r_{\mathrm{D}}} \bigg|_{r_{\mathrm{D}}=1} = -1 \tag{3}$$

$$r_{\mathrm{eD}} \frac{\mu^*}{\mu_{\mathrm{a}}} \frac{\partial p_{\mathrm{D}}}{\partial r_{\mathrm{D}}} \bigg|_{r_{\mathrm{D}}=r_{\mathrm{eD}}} = -\frac{1}{R_{\mathrm{IP}}} \tag{4}$$

采用不均匀网格，令

$$r_{\mathrm{D}} = \mathrm{e}^x \tag{5}$$

应用隐式差分方法，利用 p（x，t_{D}）关于 t_{D} 的一阶向前差商和 p（x，t_{D}）关于 x 的一阶中心差商和二阶差商，可以写出点（i，j）处的有限差分模型：

$$a_i p_{\mathrm{D}i-1}^{j+1} + b_i p_{\mathrm{D}i}^{j+1} + c_i p_{\mathrm{D}i+1}^{j+1} = d_i, \quad (i = 1,2,3,\ldots,N-1) \tag{6}$$

$$p_{\mathrm{D}i}^{0} = 0, \quad (i = 1,2,3,\ldots,N-1) \tag{7}$$

$$-p_{\mathrm{D}i}^{j+1} + p_{\mathrm{D}i+1}^{j+1} = d_0, \quad (i = 0) \tag{8}$$

$$-p_{\mathrm{D}i-1}^{j+1} + p_{\mathrm{D}i}^{j+1} = d_N, \quad (i = N) \tag{9}$$

其中

$$a_i = 1 - e_i, \ b_i = -\left(2 + f_i\right), \ c_i = 1 + e_i, \ d_i = -f_i p_{Di}^j$$

$$e_i = \frac{(n-1)Er + nF}{Er + F}\frac{\Delta x}{2}, \ f_i = \frac{\Delta x^2 r_D^2 \left(Er^{1-n} + Fr^{-n}\right)}{\mu^* \Delta t_D}$$

$$d_0 = -\Delta x, \ d_N = -\frac{1}{R_{IP}}\Delta x \frac{Er_e^{1-n} + Fr_e^{-n}}{Er_w^{1-n} + Fr_w^{-n}}$$

式中 Δx 为空间步长，$\Delta x = \frac{\ln\left(r_e / r_w\right)}{N}$；$N$ 为地层剖分份数；i 为节点标号。

用追赶法迭代求解代数方程组。求解过程为：选定步长，将前一时刻的解代入，求得新时刻的解，循环迭代，得到不同时刻的井底压力。

4 压力恢复分析

考虑注采强度的黏弹性聚合物驱压力恢复分析典型曲线如图 2 所示。在纯井筒储集阶段压力和压力导数曲线为斜率为 1 的直线，在径向流阶段曲线出现上翘，说明黏弹性流体在地层中渗流所受到的阻力较牛顿流体大，渗流所需能量也较高，当受到外边界影响时，压力导数曲线出现明显下掉。

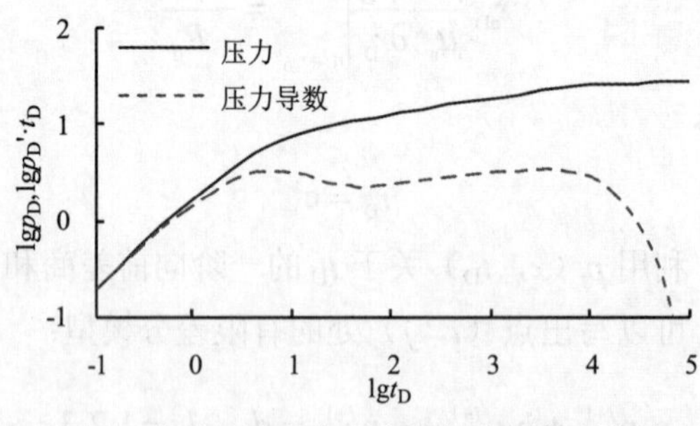

图 2　黏弹性聚合物压力恢复分析典型曲线

松弛时间对压力恢复典型曲线的影响如图 3 所示。随着松弛时间的降低，过渡段的压力和压力导数曲线逐渐下降，径向流阶段的导数曲线上翘现象变得更加明显，聚合物黏弹性更突出。

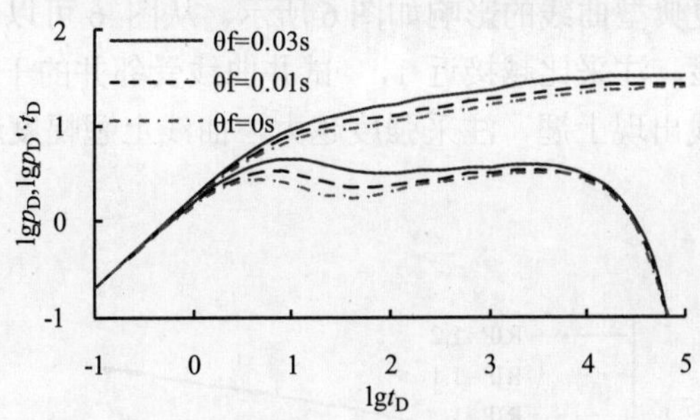

图 3　松弛时间对压力恢复典型曲线的影响

稠度系数对压力恢复典型曲线的影响如图 4 所示。在纯井筒储集阶段之后，稠度系数越小，压力和压力导数曲线越靠下，边界反应阶段出现的越早。

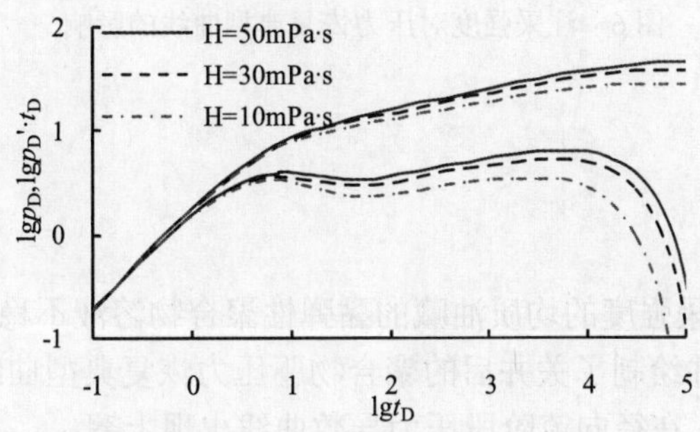

图 4　稠度系数对压力恢复典型曲线的影响

幂律指数对压力恢复典型曲线的影响如图 5 所示。幂律指数越小，流体的非牛顿性越严重，因此径向流段压力导数曲线上翘现象越明显。随着幂律指数的减小，流体剪切变稀的能力变强，近井高剪切速率地带流体黏度变小，流体在地层中渗流所受的阻力就越小，从而，需要的注入井井底压力就越低，压力与压力导数曲线越靠下。

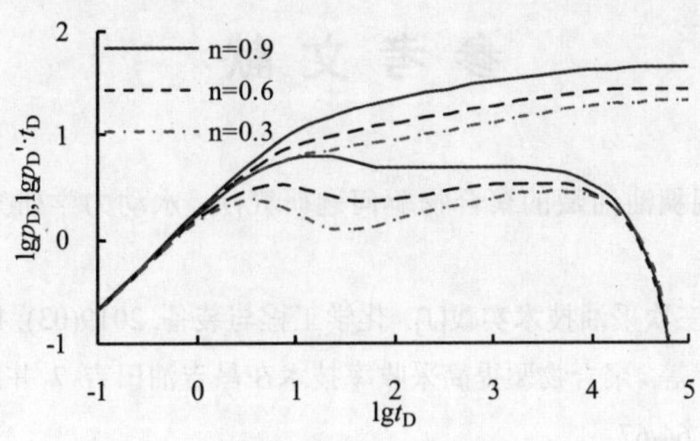

图 5　幂律指数对压力恢复典型曲线的影响

注采强度对压力恢复典型曲线的影响如图 6 所示。从图 6 可以看出，注采强度对试井曲线的后期影响较为明显。注采比越接近 1， 试井曲线受邻井的干扰越小。注采比大于 1 时，在径向流结束后曲线出现上翘，注采强度越大，曲线上翘幅度越大，受外边界影响越明显。

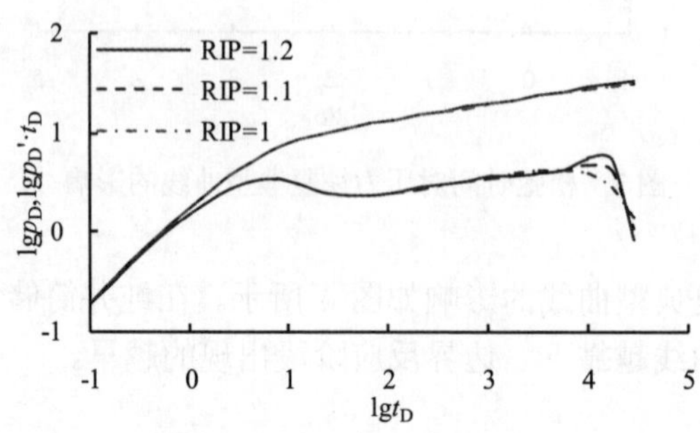

图 6　注采强度对压力恢复典型曲线的影响

5　结论

（1）建立了考虑注采强度的均质油藏的黏弹性聚合物溶液不稳定渗流数学模型，利用有限差分法进行了求解并绘制了关井后的聚合物驱压力恢复典型曲线，由于黏弹性聚合物溶液黏性和弹性的影响，在径向流阶段压力导数曲线出现上翘；

（2）对压力恢复典型曲线进行了敏感性分析：松弛时间和幂律指数越小，径向流阶段压力导数曲线上翘越明显；稠度系数越小，压力和压力导数曲线越靠下；

（3）注采强度主要影响边界流动阶段，注采比越大，曲线在径向流之后的上翘幅度越大，说明受外边界影响越明显，受到井间干扰越严重。因此在聚合物驱压力动态分析中考虑注采强度影响十分必要。

参 考 文 献

1　蒋明，许震芳. 辽河常规稠油油藏的聚合物驱问题研究[J]. 水动力学研究与进展(A 辑)，1999(02): 240-246.

2　侯佳. 以聚合物为载体的三次采油技术实践[J]. 化学工程与装备, 2019(03): 176-177.

3　武建明, 王洪忠, 陈依伟, 等. 聚合物驱提高采收率技术在昌吉油田吉 7 井区的研究与应用[J]. 石油与天然气化工, 2018, 47(06): 64-67.

4　尹洪军，吕彦平，于开春，等. 黏弹性聚合物溶液不稳定渗流模型[J]. 大庆石油学院学报，2004(02):

28-30+42-128.

5 Garcia-Pastrana, J. R., Valdes-Perez, A. R., Blasingame, T. A. Flow of Non-Newtonian Fluids within a Double Porosity Reservoir under Pseudosteady State Interporosity Transfer Conditions[C]. SPE Latin America and Caribbean Petroleum Engineering Conference, Buenos Aires, Argentina, SPE 185479, 2017.

6 De Simoni, M., Boccuni, F., Sambiase, M., et al. Polymer Injectivity Analysis and Subsurface Polymer Behavior Evaluation[C]. SPE EOR Conference at Oil and Gas West Asia, Muscat, Oman, SPE 190383, 2018.

7 Raghavan, R., Chen, C. Fractured-Injection-Well Performance Under Non-Newtonian, Power-Law Fluids[J]. Society of Petroleum Engineers, SPE 187955, 2018, 21(02): 1-12.

8 徐有杰，刘启国，王庆，等. 聚合物驱有限导流压裂井压力动态特征分析[J]. 油气井测试，2019，28(01): 7-13.

9 牛小静，余锡平. 复杂黏弹性流体运动的数值计算方法[J]. 水动力学研究与进展,A 辑，2008(03): 331-337.

10 杨树人，吴楠，刘丽丽，等. 黏弹性流体在油藏孔隙中的流动特性[J]. 特种油气藏，2007(05): 70-72+87+109.

11 崔桂香，柴天峰. 粘弹性流体平面收缩流动的数值模拟[J]. 水动力学研究与进展，A 辑，1995，10(5): 510-515.

12 高双华，常晓平，赵春旭，等. 普通稠油油藏聚合物驱可行性研究[J]. 中国石油和化工标准与质量，2014, 34(11): 76.

13 王庆霞，黄金凤，尹洪军. 考虑启动压力梯度和注采比的不稳定压力动态特征[J]. 石油钻采工艺，2003(06): 57-59+87.

Build-up analysis on pressure of viscoelastic polymer flooding considering injection production intensity

YUAN Hong-fei, YIN Hong-jun, XU Guo-han, LIU Ke-xin, XING Cui-qiao

(1. Department of Petroleum Engineering, Northeast Petroleum University, Daqing China 163318;

2. Key Laboratory of Enhanced Oil Recovery(Northeast Petroleum University), Ministry of Education, Daqing China 163318.

Email: 385453331@qq.com)

Abstract: Polymer flooding is an important technology of tertiary oil recovery. which has achieved good technical and economic benefits. In most transient analysis of polymer flooding pressure, it is usually assumed that there is only one injection well in the center of a circular closed or infinite formation, ignoring the influence of injection production intensity. In actual production process, there are often multi-well interference and imbalance of injection and production. In this paper, a mathematical model of unstable percolation of viscoelastic polymer solution in homogeneous reservoirs with injection production intensity considered is established. The finite difference method was used to solve the model, and the corresponding dynamic curve of formation pressure was drawn and the sensitivity analysis was carried out. The study shows that the parameters such as consistency coefficient, power law index and relaxation time will affect the shape of the curve. The larger the consistency coefficient is, the greater the pressure and pressure derivative value of the radial flow section will be, the smaller the power law index and relaxation time will be, the more serious the upturning of the pressure derivative curve will be, and the more prominent the viscoelasticity of the polymer solution will be. Therefore, it is necessary to consider the viscoelasticity of non-newtonian fluid in the dynamic analysis of polymer flooding pressure. This study can provide theoretical basis for dynamic analysis of viscoelastic polymer flooding pressure in multi-well system.

Key words: polymer solution; viscoelasticity; transient pressure; sensitivity analysis; injection production intensity.

基于水质特征因子和物理优化模型的污水管网地下水入渗解析与定位研究

赵志超，尹海龙[1*]，郭龙天

同济大学 污染控制与资源化研究国家重点实验室，上海 200092；E-mail:zhao-zchao@outlook.com

摘 要：在高地下水位地区，由于城市污水管网破损造成的地下水入渗不仅增加了污水处理厂、泵站的运行费用，而且造成污水处理效率下降。此外，增加的水力负荷会占据管道蓄容量，严重影响系统的排洪防涝能力。然而地下水入渗点位分布广泛，现有入渗诊断技术难以达到较好的识别精度，开展大规模的管道修复工作势必造成人力和资金的浪费。因此，建立一套科学的污水管网地下水入渗解析与定位方法具有重要意义。

本研究提出一种基于水质特征因子和物理优化模型的污水管网地下水入渗解析与定位研究方法，探究污水管网地下水入渗的时空分布特征。首先，采用基于化学质量平衡的水质特征因子法对污水管网系统进行总体的地下水入渗量解析，识别出入渗严重区域；其次，对入渗严重区域建立基于 SWMM 的排水管网数学模型，通过耦合微生物遗传算法，搭建具有自反馈机制的动态寻优模型，反演得到污水管网地下水入渗的时空分布，并进行实地调研与验证。

关键词：污水管网；地下水入渗；解析与定位；动态寻优；时空分布

1 引言

污水管道的地下水入渗已经成为城市水环境管理的重要问题。在高地下水位地区，管道连接处和裂缝是地下水入渗的主要通道。根据已有研究表明，污水管网中入渗的地下水量能够达到污水处理厂污水收集总量的 30~72%[1-2]。显著增加的水力负荷，不但提高了污水的输送成本，而且降低了污水处理效率，具有潜在的水环境污染风险。因此，研究和提出一套科学有效的污水管网地下水入渗解析与定位技术，对降低管网修复成本和提高修复效果具有重要意义。

目前，污水管网地下水入渗解析与定位技术主要包含两类，分别是基于物理成像系统的管道闭路电视和基于质量平衡的数学模型法。然而，由于管道闭路电视不能在高水位工况下运行，很难实现对整个系统入渗状况的评估。基于质量平衡的数学模型法则是通过构建系统中各组分间的物理、化学关系对未知变量进行求解。如最初采用的体积平衡法，即通过测量管段上、下游的进出流量和旁侧入流量来求解地下水入渗量。然而，通过流量体积法对污水管道的地下水入渗进行解析和定位，需要布设密集的监测点位。此外，该方法还受限于流量计的精度和采购成本，难以大规模应用。

基金项目：国家水体污染控制与治理科技重大专项课题(2017ZX07206-001)

*通讯作者：尹海龙（1976—），男，教授，工学博士，主要研究方向为城市面源污染控制. E-mail：yinhailong@tongji.edu.cn

近年来，基于水质特征因子的化学质量平衡模型开始应用于排水管网地下水入渗解析研究中。例如，通过测定管道污水中硼酸盐[3]、化学需氧量[4]、总氮[2,5]以及总磷等组分的浓度变化来解析地下水入渗量。此外，稳定同位素技术也开始用于揭示污水管道中的水文变化过程，以确定地下水入渗量和入渗来源[1,6]。与流量体积法相比，化学质量平衡模型可以基于更少的监测数据实现对管道破损区域的判别。例如，当管段上、下游进出流量和水质数据已知时，无需测定旁侧入流量即可求得地下水入渗量。虽然化学质量平衡模型成本更低，但是为了进一步提高解析和定位精度，仍然需要布设较多的监测点位，大大增加了人力物力成本。因此，如何在提供可靠空间入渗分布信息的同时，尽可能减少监测次数，是当前亟待解决的问题。

基于水动力和污染物归趋机制的建模方法，可以通过合理布设监测点位实现对管网入流点位空间分布的解析。在配水管网中，利用稀疏传感器网格建立的污染源位置识别方法通常只能考虑单个污染源位置。然而，在城市污水管网中，浅层地下水的入渗往往是由多处管道破损或裂缝导致的，随着入渗点数量增加，地下水入渗解析和定位的复杂性也随之增加。从理论上讲，这类问题可以通过模型试错的方式来解决，但是其调试次数会随着入渗点位的增加呈指数型增长，人工操作的方式显然无法实现。因此，本研究在基于水质特征因子的地下水入渗量解析基础上，提出对破损严重区域搭建具有自反馈机制的寻优模型，从而在计算机的帮助下进行全局动态寻优。

2 基于水质特征因子的污水管网地下水入渗量解析

图 1 给出了污水管网地下水入渗解析和定位模型的示意图，包含基于水质特征因子的化学质量平衡模型和基于汇流过程的径流分割模型。

基于水质特征因子的化学质量平衡模型可用于全局水平的地下水入渗量解析。对于排水系统出口处满足如下关系式：

$$Q_t = Q_s + Q_g \tag{1}$$

$$Q_t C_t = Q_s C_s + Q_g C_g \tag{2}$$

由式（1）和式（2）得：

$$Q_g = \frac{Q_t (C_s - C_t)}{C_s - C_g} \tag{3}$$

式中：Q_t、C_t 分别为污水管网排口的总出水量和水质指标浓度；Q_s、C_s 分别为污水管网接纳的生活污水量和水质指标浓度；Q_g、C_g 为污水管网入渗的地下水量和水质指标浓度。

任一污水管网均可划分为若干子区域，以管道（j）和管道（$j+k$）间的子区域为例，其生活污水接纳量和地下水入渗量满足以下质量平衡关系：

$$Q_{(j)} = Q_{s,(j)} + Q_{g,(j)} \tag{4}$$

$$Q_{(j)} C_{(j)} = Q_{s,(j)} C_{s,(j)} + Q_{g,(j)} C_{g,(j)} \tag{5}$$

$$Q_{(j+k)} = Q_{s,(j+k)} + Q_{g,(j+k)} \tag{6}$$

$$Q_{(j+k)} C_{(j+k)} = Q_{s,(j+k)} C_{s,(j+k)} + Q_{g,(j+k)} C_{g,(j+k)} \tag{7}$$

式中：$C_{(j)}$、$C_{(j+k)}$ 分别为管道(j)、管道(j+k)排放污水的水质特征因子浓度；C_s、C_g 分别为生活污水、地下水水质特征因子浓度，$C_{g(j)} = C_{g(j+k)} = C_g$，$C_{s(j)} = C_{s(j+k)} = C_s$；$Q_{(j)}$、$Q_{(j+k)}$ 分别为管道(*j*)、管道(*j+k*)排放污水的流量；$Q_{s,(j)}$、$Q_{g,(j)}$ 分别为管道(j)上游的生活污水总排放量和地下水总入渗量；$Q_{s,(j+k)}$，$Q_{g,(j+k)}$ 分别为管道(*j+k*)上游的生活污水总排放量和地下水总入渗量。

根据式（4）至式（7）可得管道（*j*）~管道（*j+k*）区域的地下水入渗总量 $\Delta Q_g(y)$：

$$\Delta Q_g(y) = Q_{s(j+k)} \times \frac{C_s - C_{(j+k)}}{C_{(j+k)} - C_g} - Q_{s(j)} \times \frac{C_s - C_{(j)}}{C_{(j)} - C_g} \tag{8}$$

其中，$Q_g = \sum_{y=1}^{n} \Delta Q_g(y)$。

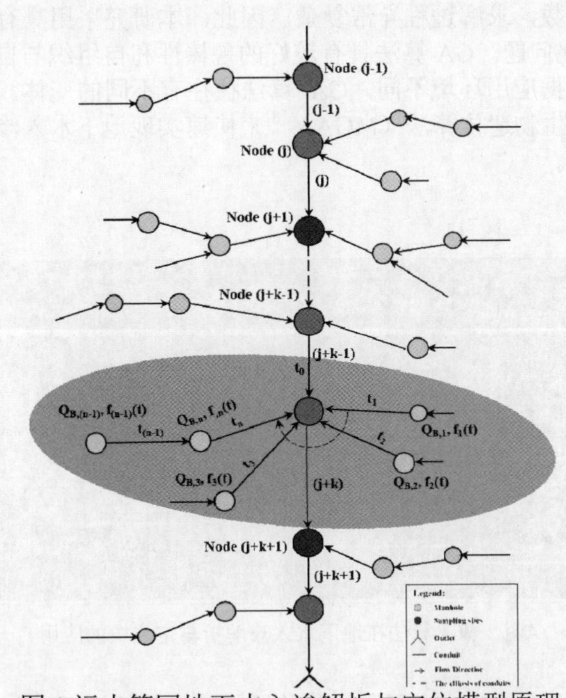

图 1 污水管网地下水入渗解析与定位模型原理

3 基于优化模型的污水管网地下水入渗解析与定位

3.1 入流与汇流模型

本研究采用 SWMM 构建排水系统模型。在 SWMM 中，污水管网的外部入流需要通过节点入流进行定义[7]:

$$Q(t) = Q_B \times f(t) \tag{9}$$

式中，$Q(t)$为 t 时刻的节点入流量；Q_B 为基流量；$f(t)$为时变化系数。

节点是不同来源水体的汇集场所，并且因管网属性、排放特点和地形等差异导致汇流波形具有唯一性。该性质可用于反向解析入流水量的大小和点位。以管道（j）~管道（$j+k$）区域的地下水入渗为例，该区域的地下水入渗总量为$\Delta Q_g(y)$。基于水量平衡可将$\Delta Q_g(y)$随机分配到区域内的各个节点上，以汇流节点（j+k）为例（如图 1 所示），满足以下关系式：

$$Q_{B(j+k)} \times f_{(j+k)}(t)= \\ Q_{B,(j+k-1)} \times f_{(j+k-1)}(t-t_0)+Q_{B,(1)} \times f_{(1)}(t-t_1)+\ldots+Q_{B,(n)} \times f_{(n)}(t-t_n) \tag{10}$$

式中，t_n为水流从节点 n 传播到指定节点所需时间；t 为当前的模拟时间，当$t<t_n$时，$f_{(n)}(t-t_n)=0$；T 为模型完整模拟一次所需时间；$Q_{B,(n)}$、$f_{(n)}(t)$分别为节点 n 的基流量和时变化系数。

3.2 优化求解算法

基于以上内容可知，理论上根据给定的目标函数可以实现对叠加波形的分割。然而，实际过程涉及大量参数，求解过程异常复杂。因此，本研究采用具有进化机制的遗传算法（GA）来解决最优化问题。GA 算法具有较好的鲁棒性和自组织与自适应能力，已被广泛应用于各个领域。根据应用环境不同，GA 算法往往有不同的变体。在本研究中，主要采用基于精英策略的微生物遗传算法（MGA）[8]来快速实现地下水入渗量的解析与定位，其基本原理如图 2 所示。

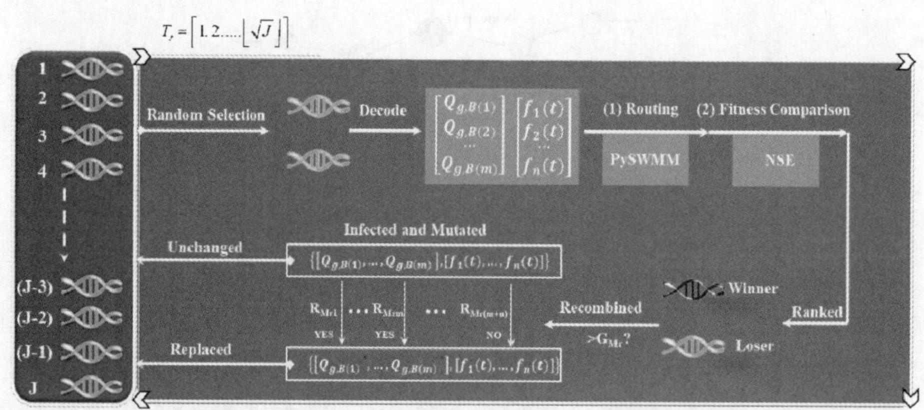

图 2 MGA 算法在地下水入渗解析与定位中的应用

每代种群均由 J 个个体组成，每个个体的遗传信息包括地下水入渗的基流量$Q_{g,B}$和时变化系数$f(t)$。由于研究区域不大，为了降低模型复杂度，本研究认为所有个体的地下水入渗的时变化系数相同。对任意种群满足以下关系（图 2）。

$$Q_{Tg}=\sum_{j=1}^{N_p} Q_{g,B(j)} \tag{11}$$

$$\underbrace{f(t)=f_i, t\in(24/n_t\times(i-1), 24/n_t\times i)}_{i=(1,2,\ldots,n_t)} \tag{12}$$

$$1=\int_{0}^{T} f(t)\mathrm{d}t \tag{13}$$

式中，Q_{Tg} 为研究区域地下水入渗总量；$Q_{g,B(j)}$ 为管段 j 的地下水入渗基流量；N_p 为管段数量；n_t 为时间离散数；f_i 为第 i 个时间段对应的入渗系数；T 为模型模拟时间。

本研究采用纳什效率系数（NSE）作为适应度评价指标。与传统的 GA 算法相比，MGA 算法引入了精英策略，通过随机抽取两个个体参加锦标赛，然后将适应度低的作为后代进行变异，将适应度高的保留在种群中。该竞争过程（图 2）可通过以下公式来表示：

$$\underbrace{\max\left\{\left[NSE\right]_{\text{indiv1,indiv2}}\right\}_{T_t}}_{T_t=[1,2,\ldots,\lfloor\sqrt{J}\rfloor]}=\underbrace{\max\left\{\left[1-\frac{\sum_{t=1}^{T}(Q_o(t)-Q_p(t))^2}{\sum_{t=1}^{T}(Q_o(t)-\sum_{t=1}^{T}Q_o(t)/T)^2}\right]_{\text{indiv1,indiv2}}\right\}_{T_t}}_{T_t=[1,2,\ldots,\lfloor\sqrt{J}\rfloor]} \tag{14}$$

式中，T_t 为锦标赛进行的次数；$\lfloor\sqrt{J}\rfloor$ 为每代锦标赛的总次数；$\lfloor\ \rfloor$ 为向下取整符号；$Q_o(t)$ 为 t 时刻污水处理厂进水流量观测值；$Q_p(t)$ 为 t 时刻污水处理厂进水流量模拟值；T 为模拟时间。

为了增加种群的多样性以及尽可能保留优胜个体的遗传信息，每次锦标赛后失败者能够部分继承优胜者的遗传信息，即随机产生的变异系数 R_{Mr} 大于给定的变异系数 G_{Mr} 时，继承当前信息；反之，则不继承。变异系数对保持种群多样性和防止提前收敛具有重要作用。因此，应综合考虑不同分布函数（高斯分布、柯西分布、均匀分布等）的特点，在避免局部最优解的同时，提高算法的全局搜索能力。

4 地下水入渗的解析与定位模型的搭建

本研究中的污水管网地下水入渗解析与定位模型是基于 PySWMM[9]来实现的，PySWMM 能够在 Python 开发环境下对 SWMM 中的模拟模块，节点模块、连接模块、汇水区模块和系统模块等进行调用，实现与 SWMM 运行文件的无缝交互。因此，本研究采用 SWMM 与 MGA 耦合的方式在模拟过程中植入自反馈调节机制，以实现模拟结果的动态寻优。该耦合模型能够自动设计各节点的入流方案，并在水量平衡和目标函数的约束下不断进行自反馈运算，最终得到最佳适应度下的最优解。基于以上分析可知，基于水质特征因子和物理优化模型的污水管网地下水入渗解析与定位研究方法在理论上具有较强的可行性。

参 考 文 献

1 Houhou J , Lartiges B S , France-Lanord C , et al. Isotopic tracing of clear water sources in an urban sewer: A combined water and dissolved sulfate stable isotope approach[J]. Water Research, 2010, 44(1):0-266.

2 徐祖信，汪玲玲，尹海龙，et al. 基于特征因子的排水管网地下水入渗分析方法[J]. 同济大学学报

（自然科学版）, 2016, 44(4).
3 Verbanck M A , Ashley R M , André Bachoc. International workshop on origin, occurrence and behaviour of sediments in sewer systems: Summary of conclusions[J]. Water Research, 1994, 28(1):0-194.
4 Kracht O , Gujer W . Quantification of infiltration into sewers based on time series of pollutant loads.[J]. Water Science & Technology A Journal of the International Association on Water Pollution Research, 2005, 52(3):209-18.
5 Shelton J M , Kim L , Fang J , et al. Assessing the Severity of Rainfall-Derived Infiltration and Inflow and Sewer Deterioration Based on the Flux Stability of Sewage Markers[J]. Environmental Science & Technology, 2011, 45(20):8683-8690.
6 Kracht O , Gresch M , Gujer W . A Stable Isotope Approach for the Quantification of Sewer Infiltration[J]. Environmental Science & Technology, 2007, 41(16):5839-5845.
7 Rossman L A. Storm Water Management Model User's Manual[J]. 2009.
8 Harvey I . The microbial genetic algorithm.[J]. 2009.
9 Bryant E. McDonnell, Gonzalo Peña-Castellanos, Katherine Ratliff.2016. Pyswmm[OL]. https://pypi.org/project/pyswmm/0.3/.

Pin-pointing groundwater infiltration into sewer network using chemical marker in conjunction with physical based optimization model

ZHAO Zhi-chao, YIN Hai-long, GUO Long-tian

(State Key Laboratory of Pollution Control and Resource Reuse, College of Environmental Science and Engineering, Tongji University, Shanghai, China, 200092.
Email: zhao-zchao@outlook.com)

Abstract: In areas with high water table, the groundwater infiltration caused by the breakage of urban sewage pipe network will not only increase the operating costs of wastewater treatment plants and pumping stations, but also reduce the treatment efficiency. In addition, the increased hydraulic load will occupy the pipeline storage capacity, seriously affecting the flood discharge and waterlogging control capacity of the system. However, groundwater infiltration locations are widely distributed, and the existing infiltration diagnosis technologies are difficult to achieve better recognition accuracy. Large-scale pipeline repair work will inevitably result in waste of manpower and funds. Therefore, it is of great significance to establish a scientific analytical and pin-pointing method of groundwater infiltration in sewage network.

In this study, an analytical and pin-pointing method based on chemical marker and physical optimization model is proposed to explore the temporal and spatial distribution characteristics of groundwater infiltration into sewage pipe network. Firstly, the chemical marker is used to analyze the groundwater infiltration at the global and local level respectively to identify the areas with serious infiltration problem. And then, a mathematical model of sewage pipe network based on SWMM is established for the areas. By coupling microbial genetic algorithm, a dynamic optimization model with self-feedback mechanism is built to retrieve the temporal and spatial distribution characteristics of groundwater infiltration.Finally, the feasibility of this method is determined by field investigation.

Key words: sewage pipe network; groundwater infiltration; analysis and pin-pointing; dynamic optimization; spatial and temporal distribution.

油滴在柱形旋流器中聚并性能研究

史仕荧，郑之初，梁楚楚

(中国科学院力学研究所，北京，100190，Email: shishiying@imech.ac.cn)

摘要：柱形旋流器中分散相油滴粒径的大小直接影响其分离效率，而考虑其中油滴间的相互作用等变化研究较少且比较难以观测。本研究分别采用实验和数值计算研究了柱形旋流器中的油滴聚并规律，得到了油滴聚并的规律及其对分离器分离性能的影响规律，研究结果为柱形旋流器的工业应用提供了指导。

关键词：柱形旋流器；油滴；聚并；分离效率；实验

1 引言

随着我国油田普遍进入了石油开采的中后期，原油含水率逐年增加，含油污水的处理问题已经成为了制约油田发展的关键因素[1]。柱型旋流器因其体积小、无运动部件、能耗小等优点，在含油污水处理领域具有良好的应用前景。由柱型旋流器的工作原理可知，分散相液滴粒径的大小直接影响着其分离效率的高低[2]。而前人涉及液滴聚并和破碎现象的研究，多数情况下是为了解决搅拌罐、转盘塔等这类工业萃取设备中分散体系的相间传质及液滴粒径演化问题。只有少量的实验和数值模拟研究在研究水力旋流器的性能时，会考虑液滴间的相互作用及液滴粒径的变化，而关于柱型旋流器在这方面研究更是少之又少[3-4]。因此本研究基于柱型旋流器里的两相流场理论和群体平衡模型，采用实验和数值模拟相结合的方法，研究柱型旋流器内的油滴粒径分布规律及其对分离性能的影响，为柱型旋流器的设计和工业应用提供指导。

2 柱形旋流器中油滴聚并的实验研究

2.1 实验装置和流程

本实验装置中所用的柱型旋流器结构由透明有机玻璃制成，便于观察实验过程中油水两相的分布。图 1 为柱型旋流器的结构示意图，它主要由水平入口管、柱体部分、上部的溢流管、下部的底流管等四部分组成；柱型旋流器的主要几何尺寸如下：D=50.0mm，D_i=50.0mm，D_o=30.0mm, D_u=40.0mm, D_b=180.0mm, L=938.0mm, L_1=1300mm, H_o=3.5mm, H=80mm, H_1=202.0mm,H_2=40.0mm,H_3=57.5mm。在这里，水平入口管与柱体部分垂直相交，它们的连接部分采用楔形收缩入口（收缩比为 0.25，即收缩段末端的截面流通面积为收缩段开始前的管路截面面积的 25%）。此设计的目的在于引导流体以较高速度沿切向进入旋流器的柱体部分，从而产生高速的离心旋转流动。

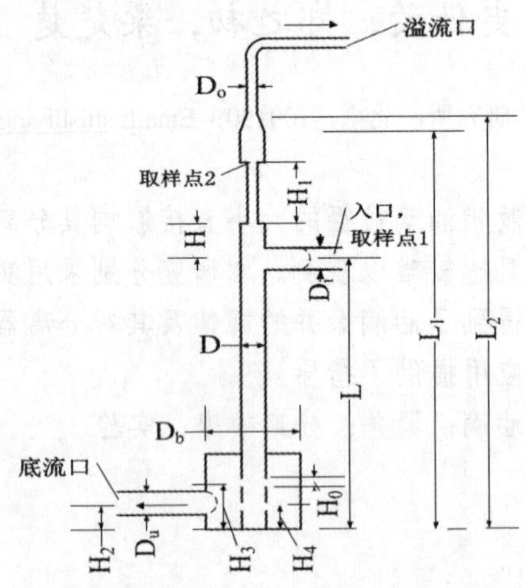

图 1 柱型旋流器结构示意图

本文的实验在中国科学院力学研究所的多相流实验平台上进行，图 2 为本实验的流程图。水相从水箱出发，经泵进入水平实验管路，在旋流器切向入口前约 0.8m 处，和经过注油口流入的少量油相混合后，随即进入前方的掺混器，充分剪切混合转变成分散流，最后经切向入口流进柱型旋流器。经离心分离后，从柱型旋流器溢流管流出的轻相混合物（富含油），经过一中转有机玻璃筒之后和底流管中的重相混合物（富含水），在实验管路的末段共同进入油水循环分离器进行重力沉降分离。静置一段时间后，油水混合物分层，然后经各自的循环系统分别返回至油箱和水箱，实现油水的持续循环利用。

2.2 实验方法

实验所用介质为水和白油。其中，水使用的是自来水；白油为由石油所得精炼液态烃的混合物。在温度为 20℃、压力为 0.1MPa 时，两者的物性参数见下表 1 所示。

表 1 油水两相的物性参数

介质	密度（kg/m^3）	动力学黏度（Pa·s）	表面张力（N/m）
水	998.2	0.001	0.0712
油	863.0	0.059	0.0236

油滴粒径采用英国进口的马尔文在线粒度分析系统 Insitec 进行采集测量，先利用通过 Insitec 光学头基于激光衍射原理得到混合物中油滴粒径的原始粒径，然后经 RTSizer 分析应用软件对数据进行分析处理，最终得到油滴粒径的体积份额分布和索特平均粒径。实验在柱型旋流器的切向入口、溢流管处（图 1）等两个部位布置了在线取样口，用于分散相油滴的取样测量；每个取样口的粒径测量时间一般不少于 30 s，以便进行后期实验数据的时间平均化处理。为了定量地描述柱型旋流器里两相混合液的流动分离现象，还需要测量不同实验工况下的分流比 f（溢流口处的液相混合液的体积流量和入口体积流量的比值）。实验中，用一取样桶在溢流口处快速接取液相混合物，并记录相应的取样时间，然后将混合物倒入量筒读取混合物体积；最后结合流量计读取的入口流量，计算得到溢流口处的混合物流量和分流比 f。

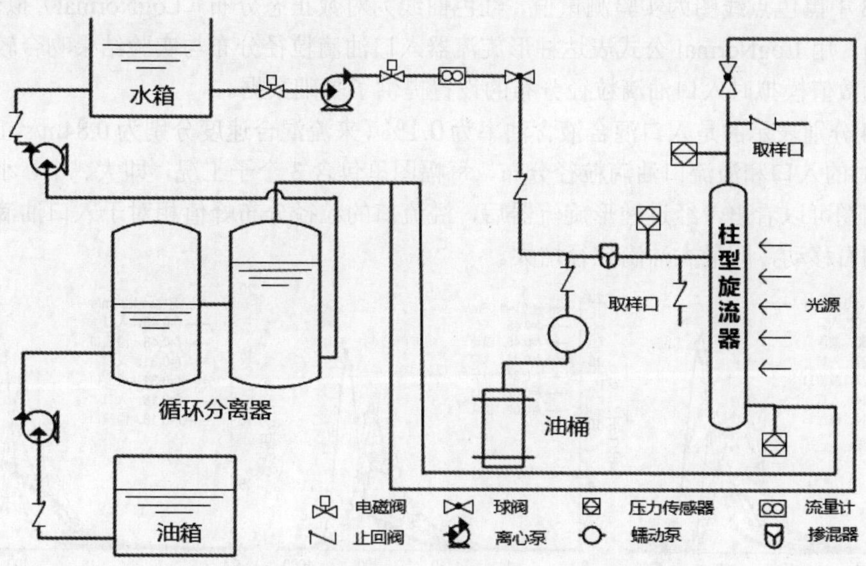

图 2　实验流程

2.3 实验结果

实验测量了入口混合流速分别为 0.84m/s、1.06m/s、1.24m/s3 组工况下的入口油滴粒径分布，每组通过调节溢流口处的球阀开启角度来改变分流比，分别获得大、中、小 3 个分流比。每组子工况下待实验管路中的流动稳定后，打开入口处的取样阀门，通过马尔文在线粒度分析系统 Insitec 来采集入口处的油滴粒径分布数据。通过分析采集到的数据，可以看到入口的油滴粒径均呈现“单峰”分布；经过进一步的非线性拟合处理，发现其和对数正态分布（LogNormal）曲线吻合得较好，这和 Lehr 等[5]关于小流体颗粒粒径分布的假定一致。下面选取了 3 组工况下比较有代表性的入口油滴粒径分布，并给出了相应 LogNormal（对数正态分布）拟合曲线的数学表达式。

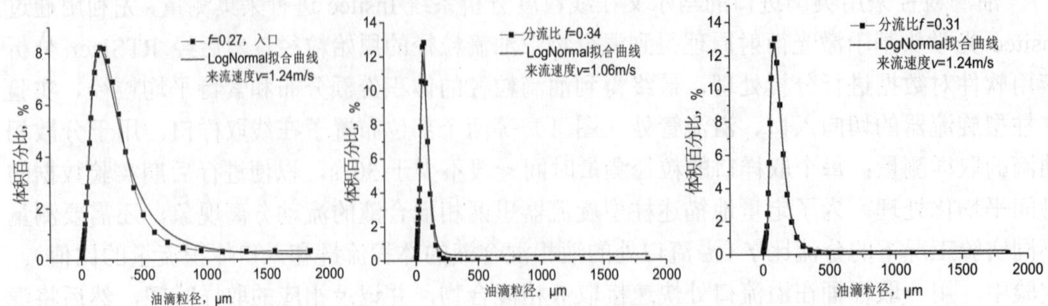

图 3　入口油滴粒径分布

图 3 中黑色点线图为实验测量值，红色曲线为对数正态分布（LogNormal）拟合曲线，可以看出，用 LogNormal 公式表达柱形旋流器入口油滴粒径分布与实验结果吻合较好，实验结果为数值模拟时入口油滴粒径分布的设置提供了基础数据。

图 4 分别表示的是入口混合液含油率为 0.1%，来流混合速度分别为 0.84m/s、1.06m/s、1.24m/s 时的入口和溢流口油滴粒径分布，每幅图里包含 3 个子工况，即大、中、小三个分流比。由图可以看出，经过柱形旋流器后，溢流口的粒径分布峰值相对于入口油滴粒径分布普遍向右移动，即最大油滴粒径增大。

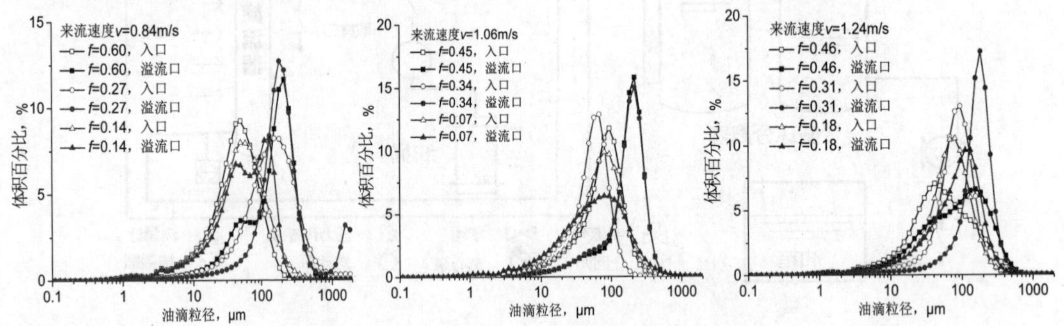

图 4　不同分流比下的入口、溢流口油滴粒径分布

图 5 表示平均粒径变化量$\triangle d_{32}$随分流比、来流速度的变化规律。从图 5 中可以看出，在来流速度一定的前提下，$\triangle d_{32}$随着分流比的增大，整体呈现“先增后减”的趋势，即随着分流比的增大，溢流口处的油滴平均粒径先增大后减小，Δd_{32}的变化对应着一个最佳分流比。这是因为在小分流比时，油水混合液进入柱型旋流器后，大部分油滴会停留在旋流器中的油核中，表现为跟随流体的循环往复转动，只有很少一部分的混合液从溢流管排出，含油率比较低，油滴较难发生碰撞聚并。随着分流比的进一步增大，携带较多油滴的混合液从旋流器的油核处离开经溢流管流出，在流动过程中，油滴充分碰撞、聚并成粒径较大的油滴，表现为平均粒径变化量比较大。因此在实际的应用中，入口流速一定时，要保证在出口处获得较大的油滴粒径，需要寻找到最优的分流比。

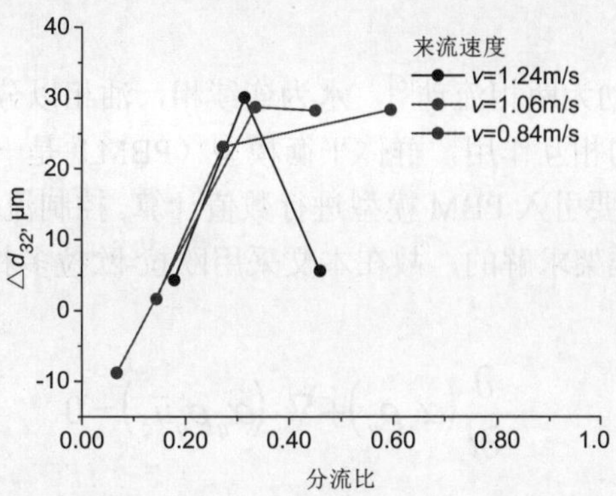

图 5 不同来流混合速度下的油滴索特平均粒径随分流比的变化

3 柱形旋流器中油滴聚并的数值模拟研究

3.1 模型建立

3.1.1 物理模型

本文利用 AutoCAD 中建立三维几何模型，并导入 ICEM CFD 中划分网格。结合柱型旋流器自身的结构特点，采用混合网格的形式，即结构网格和非结构网格相结合。由于旋流器的切向入口与柱体连接处的流场结构变化比较剧烈，以及底部结构比较复杂，在这两处采用致密的非结构网格。为了尽可能压缩计算时间，旋流器其他部位，主要包括入口管、旋流器柱体部位、溢流管以及装置二的底流出口均采用结构化网格，具体的划分细节如图 6 所示。

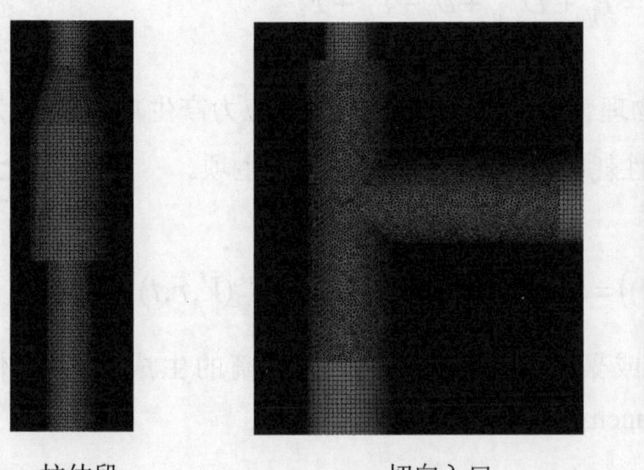

柱体段　　切向入口　　底流出口

图 6 柱形旋流器网格划分

3.1.2 数学模型

旋流分离器中的流动为两相流动[6]，水为连续相，油相以分散油滴的形式存在，为了研究考虑离散相油滴间的相互作用，群体平衡模型（PBM）是一个有效的用于模拟液滴粒径分布的方法，因此有必要引入 PBM 模型进行数值计算。控制流体颗粒数密度函数的 PBM 模型是基于欧拉—欧拉框架求解的，故在本文采用欧拉-欧拉多相流模型。

连续性方程

$$\frac{\partial}{\partial t}\left(\alpha_q\rho_q\right)+\nabla\cdot\left(\alpha_q\rho_q\vec{u}_q\right)=0 \tag{1}$$

式中，$\vec{u}_q$ 为第 q 相的速度；ρ_q 为第 q 相的密度； α_q 为第 q 相的体积含率。

动量方程

$$\frac{\partial}{\partial t}\left(\alpha_q\rho_q\vec{u}_q\right)+\nabla\cdot\left(\alpha_q\rho_q\vec{u}_q\vec{u}_q\right)=-\alpha_q\nabla p+\nabla\cdot\overset{=}{\tau}_q+\alpha_q\rho_q\vec{g}+\sum_{p=1}^{n}K_{pq}\left(\vec{u}_p-\vec{u}_q\right)$$
$$+\alpha_q\rho_q\left(\vec{F}_q+\vec{F}_{lift,q}+\vec{F}_{vm,q}\right) \tag{2}$$

这里 $\overset{=}{\tau}_q$ 为第 q 相的应力张量，K_{pq} 为相间动量交换系数，$\vec{F}_q$、$\vec{F}_{lift,q}$ 和 $\vec{F}_{vm,q}$ 分别为外部体积力、升力以及附加质量力。

湍流模型

雷诺应力模型（Reynolds stress model，简称 RSM 模型）可以比较准确、有效地模拟旋流器里的速度场分布[7-9]，所以在这里选择雷诺应力模型作为湍流模型。

$$\frac{\partial}{\partial t}\left(\rho\overline{u_i'u_j'}\right)+\frac{\partial}{\partial x_k}\left(\rho u_k'\overline{u_i'u_j'}\right)=P_{ij}+D_{T,ij}+\phi_{ij}-\varepsilon_{ij}+F_{ij} \tag{3}$$

方程右边五项每一项的具体物理含义分别为：P_{ij} 为湍流应力产生项，$D_{T,ij}$ 为湍流扩散项，ϕ_{ij} 为压力应变项；ε_{ij} 为粘性耗散项；F_{ij} 为系统旋转产生项。

PBM 模型

$$\frac{\partial f_1(V,\vec{r},t)}{\partial t}+\nabla_{\mathbf{r}}\cdot\left(\vec{v}_{\mathbf{r}}(V,\vec{r},t)f_1(V,\vec{r},t)\right)=S_B^+(V,\vec{r},t)-S_B^-(V,\vec{r},t)+S_C^+(V,\vec{r},t)-S_C^-(V,\vec{r},t) \tag{4}$$

其中，$S_B^+ + S_C^+$ 为液滴破碎或聚并生成体积为 V 的液滴的生成项，在本文选取 Luo-Svendsen 破碎模型. Prince -Blanch 模型聚并模型。

边界条件和求解

柱型旋流器的入口处采用速度入口条件，需要给定油水两相的速度、分散相的体积分数以及分散相每个粒径区间所占的体积百分数；溢流口和底流口处的边界条件设置为充分发展的管流；旋流器壁面处采用无滑移边界条件，即边壁处的流体速度为零。求解时，采用一阶迎风格式，对压力-速度耦合使用 PC-SIMPLE（Phase Coupled SIMPLE）算法。

PC-SIMPLE 算法是 SIMPLE 算法在多相流中的扩展，速度的求解被相耦合，压力修正方程的建立基于总的体积连续而不是质量连续。计算残差控制在 1.0×10^{-4} 之内，并且控制旋流器的入口和出口的质量流量相对误差在 0.1% 以内。

3.2 结果分析

图 8 显示的分别是 4 种不同入口油滴粒径分布（如图 7）对应的柱型旋流器轴向截面上的油滴索特平均粒径分布云图。可以看到，随着入口处油滴索特平均粒径的增大，柱型旋流器内的油滴逐渐从“两头黄中间蓝”的粒径分布规律向仅“一头黄”的分布规律转变。说明随着入口油滴粒径的增大，底流管中的油滴平均粒径相对于溢流管中的油滴粒径变小了。这是因为随着入口粒径的增大，油滴的跟随性变差，而且更多的油滴通过碰撞、聚并能较快达到分离粒度从溢流口排出，在两种因素的共同作用下，底流管中的油滴浓度大大减少，油滴间的碰撞、聚并机会也相应变小了。

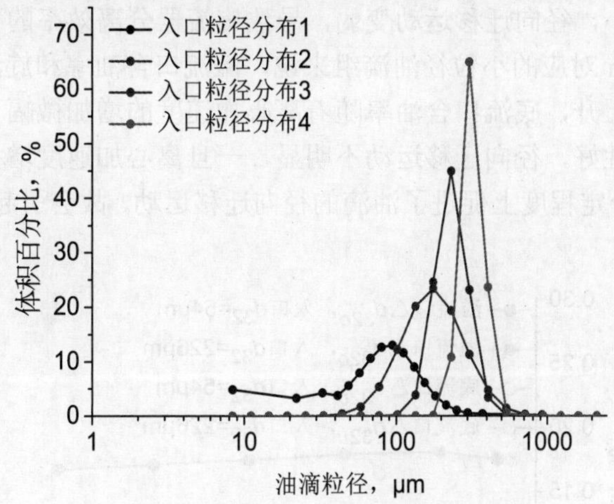

图 7　四种入口油滴粒径分布曲线

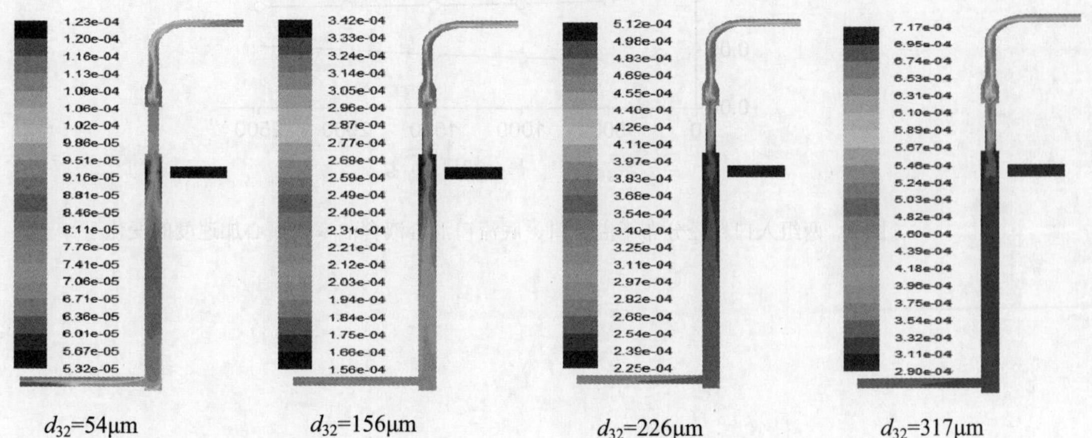

图 8　四种入口油滴粒径分布下的油滴索特平均粒径分布

图 9 和图 10 分别表示的是两组不同的入口油滴粒径分布下，溢流口、底流口含油率以及除油率随离心加速度的变化规律。两组油滴对应的溢流口、底流口的含油率随着离心加速度的增加，曲线变化幅度不大。其中，入口索特平均粒径 d_{32}=226μm 对应的大粒径油滴组在溢流口的含油率随着离心加速度的增加先增大后减小，并且值始终大于入口索特平均粒径为 d_{32}=54μm 的油滴组；其对应的底流口的含油率随着离心加速度的增加先减小后增大，并且值始终小于入口索特平均粒径为 d_{32}=54μm 的油滴组。这说明除油型柱型旋流器用来分离大粒径油滴时，存在一个最佳的离心加速度（该工况下为 500g），这在图 4.21 中给出的入口索特平均粒径为 d_{32}=226μm 的大粒径油滴组的除油率随离心加速度变化规律也可以看出。出现这种现象主要是因为当离心加速度适当增加时，旋流器内仍然以聚并效应占主导，旋流器里的油滴粒径较大，径向迁移运动也比较剧烈，故旋流器的分离效率也会微幅增大；当离心加速度大于某一临界值时（1500g），旋流器内以油滴的破碎现象为主，液滴粒径相应变小，径向迁移运动变弱，导致旋流器分离效率的下降。而对于入口索特平均粒径 d_{32}=54μm 对应的小粒径油滴组来说，溢流口含油率和旋流器的除油率随着离心加速度的增加微幅上升，底流口含油率随着离心加速度的增加微幅下降。这是因为小油滴由于粒径小，跟随性好，径向迁移运动不明显，一旦离心加速度增大，油滴所受到的向心加速度会增大，在一定程度上促进了油滴的径向迁移运动，故会引起除油率的相应增加。

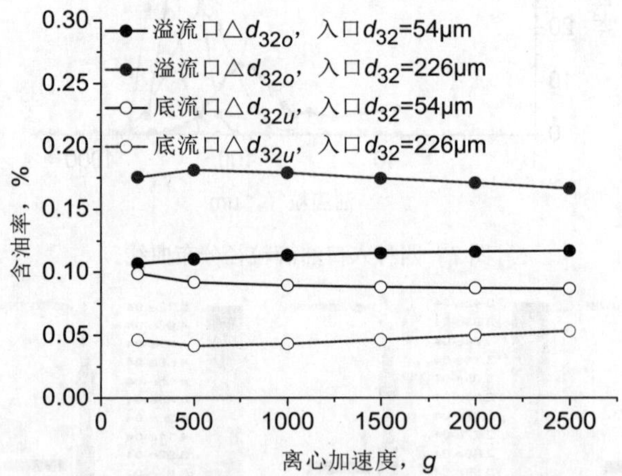

图 9　两组入口粒径分布下溢流口、底流口混合液含油率随离心加速度的变化

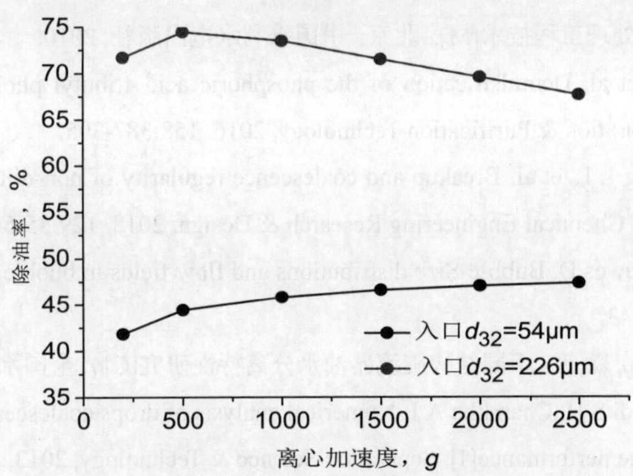

图 10　两组入口粒径分布下除油率随离心加速度的变化

4　结论

（1）通过实验得到柱形旋流器入口、溢流口的粒径分布，发现经过柱形旋流器后，溢流口的粒径分布峰值普遍向右移动，即油滴粒径普遍增大。

（2）当来流速度一定，Δd32 随着分流比的增大，整体呈现“先增后减”的趋势，即随着分流比的增大，溢流口处的油滴平均粒径先增大后减小，Δd32 的变化对应着一个最佳分流比。在小分流比时，大部分油滴会停留在旋流器中的油核中，表现为跟随流体的循环往复转动，油滴较难发生碰撞聚并。随着分流比的进一步增大，携带较多油滴的混合液从旋流器的油核处离开经溢流管流出，在流动过程中，油滴充分碰撞、聚并成粒径较大的油滴，平均粒径增大。

（3）随着入口处油滴索特平均粒径的增大，柱型旋流器内入口油滴粒径的增大，底流管中的油滴平均粒径相对于溢流管中的油滴粒径变小。随着入口粒径的增大，油滴的跟随性变差，而且更多的油滴通过碰撞、聚并能较快达到分离粒度从溢流口排出，在两种因素的共同作用下，底流管中的油滴浓度大大减少，油滴间的碰撞、聚并机会也相应变小了。

（4）油滴在除油型柱型旋流器中运动时存在一个最佳的离心加速度，当离心加速度适当增加时，旋流器内以聚并效应占主导，旋流器里的油滴粒径较大，径向迁移运动也比较剧烈，故旋流器的分离效率也会微幅增大；当离心加速度大于某一临界值时，旋流器内以油滴的破碎现象为主，液滴粒径相应变小，径向迁移运动变弱，导致旋流器分离效率的下降。

参考文献

1　刘朝全, 姜学峰. 2017年国内外油气行业发展报告[M]. 北京: 石油工业出版社, 2018:59-62.

2 张思梅, 张漂清. 水处理工程技术[M]. 北京: 中国水利水电出版社, 2010.

3 Cao Y, Jin Y, Li J, et al. Demulsification of the phosphoric acid–tributyl phosphate (W/O) emulsion by hydrocyclone[J]. Separation & Purification Technology, 2016, 158:387-395.

4 Liu S, Zhang D, Yang L L, et al. Breakup and coalescence regularity of non-dilute oil drops in a vane-type swirling flow field[J]. Chemical Engineering Research & Design, 2018, 129:35-54.

5 Lehr F, Millies M, Mewes D. Bubble-Size distributions and flow fields in bubble columns[J]. Aiche Journal, 2002, 48(11):2426-2443.

6 陆忠韩, 魏丛达, 吴奇霖,等. 不同结构旋流器油水分离特性研究[C]// 全国水动力学研讨会. 2014.

7 Schütz S, Hashemabadi S H, Chamkha A J. Numerical analysis of drops coalescence and breakage effects on de-oiling hydrocyclone performance[J]. Separation Science & Technology, 2013, 48(7):991-1002.

8 刘海飞. 柱型旋流器油水分离特性研究[D]. 北京: 中国科学院力学研究所, 2012.

9 梁楚楚.油滴在油水两相强旋流场中的聚并性能研究[D].北京：中国科学院大学，2018.

Study on coalescence performance of oil droplets in cylindrical cyclone

SHI Shi-ying, ZHENG Zhi-chu, LIANG Chu-chu

(Institute of Mechanics, Chinese Academy of Sciences, Beijing, 100190.
Email: shishishiying@imech.ac.cn)

Abstract: The size of oil droplets in the dispersed phase of a cylindrical hydrocyclone directly affects its separation efficiency. However, there are few studies considering the interaction between oil droplets and this phenomenon is difficult to observe. In this study, the law of oil droplet coalescence in cylindrical cyclone was studied by experiment and numerical calculation. The law of oil droplet coalescence and its influence on separator performance were obtained. The research results provide guidance for the industrial application of cylindrical cyclone.

Key words: Cylindrical cyclone; Oil droplets; Coalescence; Separation efficiency; Experiments.

超临界二氧化碳钻井时井底压力研究

丁璐，倪红坚*，王瑞和，杜玉昆，王勇

（中国石油大学（华东）石油工程学院，山东青岛，266580，Email: nihj@upc.edu.cn）

摘要：利用超临界二氧化碳开发油气藏资源极具潜力，不过许多基础问题仍有待研究，井底波动压力变化问题则是其中之一。基于超临界二氧化碳的物性，建立了物性控制方程、流动控制方程、瞬态控制方程，最终获得井底的热流固耦合瞬态波动压力模型。在关泵条件下，起下钻速度越大，井底波动压力越大。当起下钻速度为 0.1～2.0m/s 时，最大激动压力从 0.13 MPa 升到 3.86 MPa，产生的最大抽汲压力从 0.13 MPa 升到 1.83 MPa。与清水钻井对比发现，超临界二氧化碳钻井产生的波动压力偏低，有利于现场作业，可以适当加快起下钻速度，提高工作效率。

关键词：超临界二氧化碳；起下钻；波动压力；瞬态；井底压力

1 引言

探索新技术用油气资源开发是学者们一直研究的方向，使用超临界二氧化碳钻完井的潜力巨大[1-3]，已经逐渐成为共识。目前的研究主要集中在超临界二氧化碳钻井的井筒流动规律、携岩规律以及井壁稳定性[4-8]，而在实际工况中，经常会碰到意外情况，需要关泵，并且进行起下钻作业，所以相应的瞬态井底波动压力规律急需研究，以保证在安全的情况下，快速起下钻，避免钻井事故的发生。Gjerstad, Tang, He 等[9-13]研究了不同流体在起下钻过程中引发的波动压力。Togun 等[14]额外考虑了传热与湍流两个因素，结果更加接近实际流动情况。本研究在此基础上，建立瞬态分析法，模拟起下钻的运动过程，揭示井底压力随时间变化的规律。

通过上述调研与研究，本研究基于二氧化碳物性建立了井底可压缩流体物性控制方程组、流动控制方程、瞬态控制方程。在考虑了流体与井壁围岩、钻柱传热的条件下，确定了超临界二氧化碳钻井起下钻时的瞬态热流固耦合波动压力模型，并试图分析在关泵条件下的井底压力规律，对以后的现场作业具有指导意义。

基金项目：中央高校基本科研业务费专项资金资助(18CX02072A)；中国石油大学（华东）自主创新科研计划项目（理工科）18CX06032A

2 模型的建立

2.1 几何模型

由于研究对象是井底压力，为简便计算，进行局部模拟，模型设置在井底 10 m 处，钻柱停在井底，X 轴为井眼轴线，具体剖面示意图见图 1(单位：mm)。

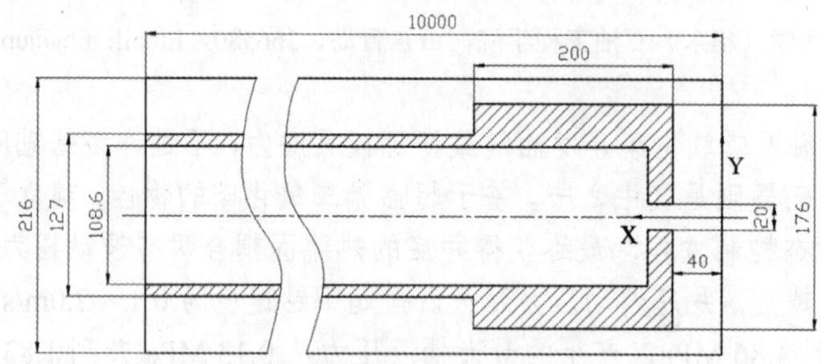

图 1 模型剖面示意图

2.2 控制方程组

2.2.1 物性控制方程

采用美国国家标准与技术研究所(NIST)建议的方程来描述流体的物性变化。这些方程已被证明可以精确地描述二氧化碳的物性变化。

密度与温度、压力关系的隐式方程如下所示：

$$P(\delta,\tau)=\rho RT\left(1+\delta\phi_{\delta}^{r}\right) \tag{1}$$

式中：δ 为密度与临界密度的比值，无量纲；τ 为临界温度与温度的比值，无量纲；R 为气体常数，无量纲；ϕ_{δ}^{r} 为亥姆霍兹自由能 $\phi(\delta,\tau)$的偏导数，无量纲。

2.2.2 流动控制方程

连续性方程：

$$\frac{\partial\rho}{\partial t}+\frac{\partial(\rho u_1)}{\partial x_1}+\frac{\partial(\rho u_2)}{\partial x_2}+\frac{\partial(\rho u_3)}{\partial x_3}=S_m \tag{2}$$

式中：ρ 为流体的密度，kg/m^3；t 为流动时间，s；x_1，x_2，x_3 为三坐标系 3 个方向的坐标距离，m；u_1，u_2，u_3 为沿三坐标系三个方向的速度，m/s；S_m 为由离散相引起的连续相质量的增加，kg/(m^3·s)。

动量方程：

$$\frac{\partial}{\partial t}(\rho u_i)+\frac{\partial}{\partial x_j}\cdot(\rho u_i u_j)=-\frac{\partial p}{\partial x_i}+\frac{\partial \tau_{ij}}{\partial x_j}+\rho g_i+F_i \tag{3}$$

$$\tau_{ij}=\mu\left[(\frac{\partial u_i}{\partial x_j}+\frac{\partial u_j}{\partial x_i})-\frac{2}{3}\frac{\partial u_l}{\partial x_l}\delta_{ij}\right] \tag{4}$$

$$\delta_{ij}=\begin{cases}0\ (i=j)\\1\ (i\neq j)\end{cases}$$

式中：P 为流体的压力，MPa；τ_{ij} 为应力张量，MPa；ρg_i 为重力引起的体积力，kg/(m^2·s^3)；μ 为分子黏度，Pa·s；δ_{ij} 为克罗内克符号。

2.2.3 瞬态控制方程

设定时间步长为 0.001s，运动时间为 1s。每当钻柱上升或者下降的运动距离达到一空间步长 0.001m 时，钻柱会增加或减少一个节点，控制方程为：

$$floor\left(\frac{\sum_{j=1}^{m}\Delta t u(\mathrm{t})}{\Delta x}\right)=n(t) \tag{5}$$

式中：Δt 为时间步长，s；Δx 为空间步长，m；$u(t)$为钻柱速度，m/s；$n(t)$为钻头处空间节点数，无量纲。

3 算例分析

3.1 边界条件

结合工程实际与文献研究，模拟一口 1500 m 深的直井，使用连续管进行超临界二氧化碳钻井。将连续管入口边界属性设置为质量流量入口，并赋值 25 kg/s，给定地面入口处二氧化碳的温度为 253 K；将地面环空出口边界属性设置为压力出口，并赋值 9 MPa。流体与钻柱壁面设为热耦合边界，流体与井壁设为热对流边界。地温梯度 0.028 K/m，岩石密度 2500 kg/m^3，岩石热容，906 J/(kg·K)，岩石热导率 3.283 W/(m·K)，井壁围岩对流换热系数 500 W/(m^2·K)，连续管对流换热系数 500 W/(m^2·K)，连续管热导率 202.4 W/(m·K)。

3.2 瞬态波动压力分析

在关泵条件下，初始井筒流体流速为零。钻柱的运动过程分为以下几步：

（1）钻柱停在井底，设置井筒流体流速为零。

（2）钻柱分别以 0.1m/s、0.4m/s、0.7m/s、1.0m/s、2.0m/s 的恒定速度上升 1s，时间步长为 0.001s，共 1000 步。

（3）钻柱停止后，设置井筒流体流速为零。

（4）钻柱分别以 0.1m/s、0.4m/s、0.7m/s、1.0m/s、2.0m/s 的恒定速度下降 1s，时间步长为 0.001s，共 1000 步，此刻回到井底。

计算得到钻柱上升时，不同速度条件下的井底压力变化如图 2（a）所示。井底压力因为钻柱的上升而逐渐下降。

当钻柱上升时，井底产生抽汲压力，压力迅速降低。由于超临界具有压缩性，在上升初期可明显观察到井底压力的波动。从整体上看，上升速度越快，降低越明显。当起钻速度在 0.1～2.0m/s 时，最大抽汲压力从 0.13MPa 升到 1.83MPa。

计算得到钻柱下降时，不同速度条件下的井底压力变化如图 2（b）所示。井底压力因为钻柱的下降而逐渐上升。

当钻柱下降时，井底产生激动压力，压力迅速升高。由于超临界具有压缩性，在钻柱下降初期可明显观察到井底压力的波动。从整体上看，下降速度越快，压力上升的越明显。当下钻速度在 0.1～2.0m/s 时，最大激动压力从 0.13MPa 升到 3.86MPa。

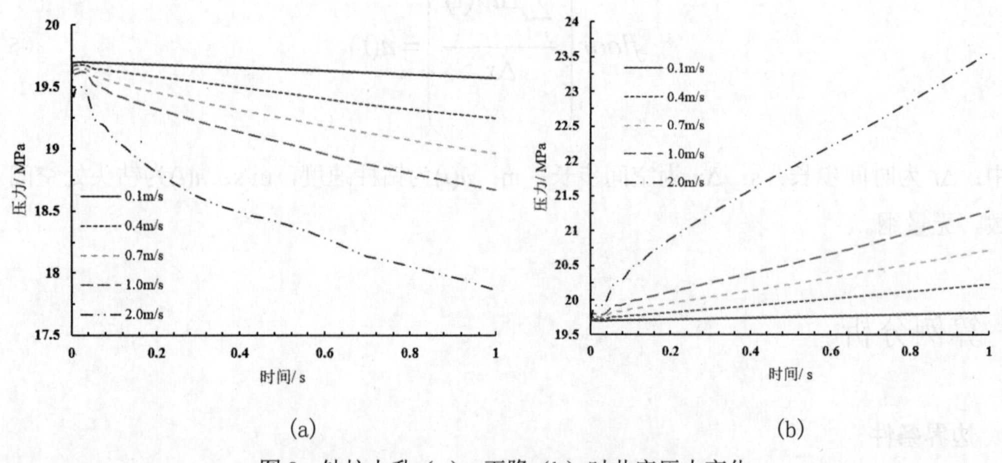

图 2　钻柱上升（a）、下降（b）时井底压力变化

3.3　与清水钻井的对比分析

通过与清水钻井时波动压力剖面对比，分析超临界二氧化碳钻井时波动压力的特征。在相同条件下，起下钻速度设置为 1.0m/s，超临界二氧化碳和清水钻井时的井底压力剖面如图 3 所示。

清水钻井时，钻柱的上升引起井底压力下降；钻柱的下降引起井底压力上升，波动压力规律与超临界二氧化碳相似。不同的是，井底附近的超临界二氧化碳密度约为 800kg/m^3，小于清水密度，流向井底时，其井底压力值偏低。从图 3 中可以看出，超临界二氧化碳钻井时的井底压力值一直低于清水时的井底压力值。

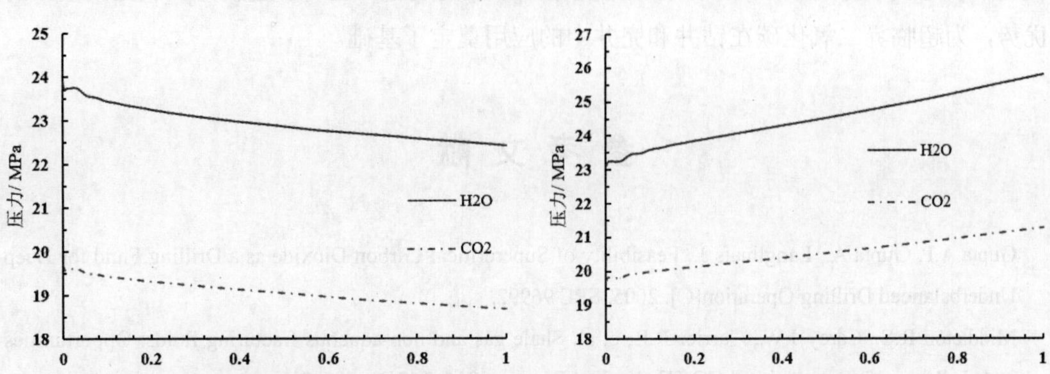

图3 钻柱上升（左）、下降（右）时井底压力变化对比

相比于清水，超临界二氧化碳密度较低，所产生的压力波动偏低。而且超临界二氧化碳是可压缩流体，对波动压力的传递效果较低，导致压力波动偏低。通过表 1 对比分析证明，超临界二氧化碳钻井时产生的最大激动压力与最大抽汲压力低于清水，有利于加快起下钻速度，提高工作效率，有效避免钻井事故的发生。此结论与文献结论[15]一致：钻井液密度越高，井底波动压力越大。

表 1 波动压力数据对比

钻井液	超临界二氧化碳	清水
最大激动压力	1.58 MPa	2.71MPa
最大抽汲压力	1.03 MPa	1.48 MPa

4 结论

利用瞬态热流固耦合波动压力模型分析了 1500m 直井的稳态流场，获得了井底 10m 处超临界二氧化碳的流动规律。

（1）当钻柱上升时，会产生抽汲压力。上升速度越大，产生的抽汲压力越大，速度在 0.1 ~ 2.0 m/s 范围内时，最大抽汲压力从 0.13MPa 升高到 1.83MPa。当钻柱下降时，会产生激动压力。下降速度越大，产生的激动压力越大，速度在 0.1 ~ 2.0 m/s 范围内时，最大激动压力从 0.13MPa 升高到 3.86MPa。

（2）与清水钻井对比发现，超临界二氧化碳钻井产生的波动压力偏低，可以适当加快起下钻速度，提高工作效率，有效避免钻井事故的发生，证明了超临界二氧化碳钻井的优势，为超临界二氧化碳在钻井和完井中的应用奠定了基础。

参考文献

1 Gupta A.P, Gupta A., Langlinais J.. Feasibility of Supercritical Carbon Dioxide as a Drilling Fluid for Deep Underbalanced Drilling Operation[C]. 2005, SPE 96992.

2 Middleton R.S., Carey J.W., Currier R.P., et al. Shale gas and non-aqueous fracturing fluids: Opportunities and challenges for supercritical CO_2[J]. Applied Energy, 2015, 147(3): 500-509.

3 王瑞和, 倪红坚, 宋维强, 等. 超临界二氧化碳钻井基础研究进展[J]. 石油钻探技术, 2018, 46(02): 1-9

4 王瑞和, 倪红坚. 二氧化碳连续管井筒流动传热规律研究[J]. 中国石油大学学报(自然科学版), 2013, 37(5): 65-70.

5 宋维强, 王瑞和, 倪红坚, 等. 水平井油气水侵对超临界 CO_2 携岩的影响[A]. 中国力学学会、《水动力学研究与进展》编委会、中国造船工程学会、中国石油大学（华东）. 第十三届全国水动力学学术会议暨第二十六届全国水动力学研讨会论文集--E 工业流体力学[C]. 中国力学学会、《水动力学研究与进展》编委会、中国造船工程学会、中国石油大学（华东）: 上海《水动力学研究与进展》杂志社, 2014: 7.

6 Song W.Q., Ni H.J., Wang R.H., et al. Wellbore flow field of coiled tubing drilling with supercritical carbon dioxide[J]. Greenhouse Gases Science & Technology. 2017, 7(4): 1-11.

7 Span R., Wagner W.. A new equation of state for carbon dioxide covering the fluid region from the triple - point temperature to 1100 K at pressures up to 800 MPa[J]. Journal of Physical and Chemical Reference Data, 1996, 25(6): 1509-1596.

8 Ding L., Ni H., Li M., et al. Wellbore collapse pressure analysis under supercritical carbon dioxide drilling condition [J]. Journal of Petroleum Science & Engineering, 2018, 161: 458-467.

9 Gjerstad K., Time R.W., Bjørkevoll K.S.. Simplified explicit flow equations for Bingham plastics in Couette–Poiseuille Flow-For dynamic surge and swab modeling[J]. Journal of Non-Newtonian Fluid Mechanics, 2012, 175: 55-63.

10 Gjerstad K., Time R.W.. Simplified explicit flow equations for Herschel-Bulkley fluids in Couette-Poiseuille Flow-For real-time surge and swab modeling in drilling[C]. 2015, SPE 170246.

11 Tang M., Xiong J.Y., He S.M.. A new model for computing surge/swab pressure in horizontal wells and analysis of influencing factors[J]. Journal of Petroleum Science and Engineering, 2014, 19: 337-343.

12 He S.M., Tang M., Wang W., et al. Numerical model for predicting the surge and swab pressures for yield-power-law fluids in an eccentric annulus[J]. Journal of Natural Gas Science and Engineering, 2015, 26: 28-34.

13 He S.M., Srivastav R., Tang M., et al. A new simplified surge and swab pressure model for

yield-power-law drilling fluids[J]. Journal of Natural Gas Science and Engineering, 2016, 28: 184-192.
14 Togun H., Shkarah A.J., Kazi S., et al. CFD simulation of heat transfer and turbulent fluid flow over a double forward-facing step[J]. Mathematical Problems in Engineering, 2013, 1-10.
15 吴鹏程, 徐朝阳, 孟英峰, 等. 窄安全密度窗口地层钻井起下钻井底压力瞬态波动规律[J]. 钻采工艺, 2016, 39(4): 22-25.

Bottom hole pressure analysis of supercritical carbon dioxide drilling

DING Lu, NI Hong-jian*, WANG Rui-he, DU Yu-kun, WANG Yong

(School of Petroleum Engineering, China University of Petroleum (East China), Qingdao 266580, P. R. China
Email: nihj@upc.edu.cn)

Abstract: There is great potential to develop oil and gas reservoirs by using supercritical carbon dioxide drilling. But many basic theoretical problems remain to be studied, such as the transient bottom hole pressure under supercritical carbon dioxide drilling condition. Based on the physical property of supercritical carbon dioxide, the physical property control equation, wellbore flow control equation and transient control equation have been established, then the heat-fluid-solid coupling transient surge and swab pressure model in bottom hole has been established. Under stopping the pump condition, the larger the trip speed, the greater the fluctuation range. When the trip speed is 0.1 ~ 2.0m/s, the maximum surge pressure increases from 0.13 MPa to 3.86MPa, and the maximum swab pressure increases from 0.13 MPa to 1.83 MPa. Compared with water drilling, it is found that surge and swab pressure of supercritical carbon dioxide drilling is low, which is conducive to the field operation, and can appropriately accelerate the drilling speed and improve the work efficiency.

Key words: supercritical carbon dioxide; trip in and out; surge and swab pressure; transient; bottom hole pressure

旋转冲击钻井破岩理论与技术研究

王勇，倪红坚*，王瑞和，刘书斌，张恒，王鹏

(中国石油大学（华东）石油工程学院，山东青岛，266580，Email: nihj@upc.edu.cn)

摘要：近些年，新型旋冲钻井工具不断涌现，破岩效率进一步提高，旋冲钻井技术已得到广泛应用。本研究综述了国内外旋冲钻井破岩数值模拟的数学模型和破岩技术方法，总结了各数学模型之间的异同及各技术方法的贡献与不足。现有理论及技术已较好地指导了旋冲钻井技术的发展，但也存在一些问题，本研究并从工具设计和现场工况的角度对旋冲钻井破岩理论发展提出了展望。

关键词：旋转冲击；钻井；破岩；效率

1 引言

旋转冲击钻井技术在实际生产中的应用越来越广泛，主要在旋转冲击钻井工具设计、钻头设计、钻进参数优选等方面。但旋转冲击破岩的内在机理未能被准确揭示，导致旋转冲击破岩机理发展落后于其实际应用。因此深入研究旋转冲击破岩理论并充分发挥旋转冲击破岩的特点和优势对于旋转冲击破岩技术的发展和应用具有重要的实际意义。

2 旋转冲击钻井破岩理论

岩石结构的复杂性是岩石在动、静载荷下体现出的不同性质的根本原因。现在有很多数值工具帮助我们理解岩石在不同载荷下破碎机理。

岩石的行为和破坏准则目前已经有了大量研究成果。Han 等[1]将冲击钻井过程定义为四步。后来 Hustrulid 等[2]进一步发展了冲击钻井理论，利用应力波传播理论解释了冲击钻井。Hustrulid[2]和 Chiang 等[3]认为应力波由冲锤活塞和钻头产生，并传播到了钻头-岩石界面上。应力波携带的能量主要用于岩石破碎，少部分能量被岩石所反射。Hustrulid 等[2]还提到传播到岩石的能量只是从最初的两个入射波得来。在前人的基础上， Maurer[4]将冲击钻井中岩石在冲击载荷的作用下破碎过程定义成五部分：表面不规则挤压；弹性变形；钻头下岩石破裂区形成；沿裂缝形成岩屑；力或能量消耗完重复该过程。

Han 等[5-7]对旋转钻井与旋转冲击钻井的研究成果进行了分析。旋转钻井岩石破碎是由钻压钻头旋转共同引起的。钻头在钻压作用下压入岩石，钻头旋转产生螺旋状切削。旋冲钻井中冲击工具在钻头运行方向上产生瞬间高幅值冲击力。当冲击力达到岩石的抗压强度，岩石就会破坏，沿切齿边界形成一个楔形破碎区。

2.1 旋转冲击破岩理论研究

旋转冲击破岩数值研究方法主要有有限元法、离散元法和有限差分法。

2.1.1 有限元法

有限元法的求解有显示方法与隐式方法之分，其中显示求解方法更适合破岩这一类的非线性、大变形问题。

Chiang 等[8]基于 C++语言建立了有限元旋冲破岩模型，并利用该方法指导了旋冲钻井工具设计。该模型以二维线弹性损伤单元[9]模拟花岗岩,利用 gap 单元[3]作为接触单元，Mohr 准则为失效准则。但由于模型过于简单，该模型还不能精确模拟旋冲钻井。Saksala.T[10]利用黏塑性损伤单元模拟岩石，Drucker-Prager 准则作为岩石失效准则建立了三维有限元模型，模拟了 Multiple Button 钻头旋冲破岩。该模型以数值解的形式解释了岩石侧向破裂发生于卸载过程中。Sazidy MS [11]以黏弹塑性模型模拟岩石模拟了旋冲钻进过程，并利用已发表的实验结果[1]验证模拟的正确性。祝效华等[12]利用 LS-DYNA 建立空气冲旋钻井活塞－钻头－岩石相互作用系统模型，仿真模型中岩石采用 H-J-C 动态本构。其利用该模型研究了空气旋冲钻井，临界冲击功及临界钻压与井深和岩性密切相关，随着井深和岩石硬度增加，临界冲击功和临界钻压都有逐渐减小。祝效华等[13]采用 Drucker-Prager 准则作为岩石的本构关系，塑性应变作为岩石破碎的失效判据建立了模型，并利用该模型研究了旋冲破岩过程。研究发现高频扭转冲击钻进硬地层时拉应力与压应力区域交叉出现且以拉应力为主，较以压应力为主的常规钻进可大幅提高钻头的机械钻速。朱海燕等[14]将岩石看做理想弹塑性材料，在静态本构模型的基础上，考虑应变率强化效应和损伤软化效应对其进行修正，从而建立了岩石的动态本构模型。研究表明：拉应力破碎是岩石破碎的主要形式，剪切应力、压应力破碎次之; 岩石的破碎主要发生在岩石的拉应力失效阶段和卸载后的静压-旋转剪切破岩阶段。

切削齿与岩石的相互作用是依靠两者之间的接触模型实现的，因此接触模型是否准确是求解结果是否准确的关键问题，而离散元法在接触模型方面有优势。因此离散元法是旋冲破岩数值模拟的一个重要发展方向。

2.1.2 离散元法

离散单元法将材料定义为离散介质，无需像有限元法一样建立复杂的本构关系模拟介质（例如岩石）内部的非连续特性。离散元法可以更好的接触本构定律模拟大部分的岩石行为。切齿切削岩石这样的外部接触，离散元法可以将其处理为如内部粒子之间一样的内部接触，无需建立新的模型模拟切齿与岩石的接触

Akbari[15-16]等利用离散元软件 PFC，利用实验测试的参数建立了符合岩石微观属性的离散元模型。研究表明，振动载荷可以显著提高钻速，但是随着井底压力的升高提速效果

减弱。如不考虑振动载荷，钻速随井底压力的增加线型降低。

2.1.3 有限差分方法

Han，Bruno[1, 5-6, 17-18]等利用有限差分软件模拟了冲击钻井。其利用 Mohr-Coulomb 应变软化本构模型模拟岩石，利用 Rayleigh 阻尼特性消除振荡能，利用损伤/失效算法模拟岩石循环载荷下的强度变化。

目前 FLAC 是较常用的有限差分软件。FLAC 最大的优势在于利用其内植与软件内部的编程语言功能通过输入变量和方程控制模型，并且用户可以获得和任何模型数据和更改模型节点。

2.2 旋转冲击破岩实验研究

国内外很多学者对旋转冲击破岩实验方面进行了大量的尝试，取得了一些有益的结论。

赵伏军等[19]通过中南大学研制的一台动静耦合破岩实验机进行了动静态耦合破岩实验，该实验中冲击力垂直于切削方向。研究发现冲击载荷可以显著降低切削力，增加切削深度，且冲击载荷更适用于硬岩。合理选取动静载荷的比值，可使破岩比能达到最小，从而使岩石破碎效果最佳。

赵金昌等[20-22]研究了高温高压下冲击钻孔破岩实验。实验表明坚硬的花岗岩类岩石在不超过 150℃左右的低温下，旋转冲击破碎方式能有效的破碎岩石，在高温时旋转冲击方式效率较低。在高围压状态下，随着温度升高，花岗岩的强度逐渐降低，冲击旋转钻进速度随之增大，破岩比能降低，而且钻压和冲击功存在最优比例关系。但该实验冲击频率较低，对于冲击频率相对较高的情况并不适合。

闫铁等[23]进行了高频谐波振动冲击破岩试验分析。实验发现岩石刚度、阻尼、临界力与机械钻速呈反比，动态激振力与机械钻速呈正比，激励频率与岩石固有频率越接近，机械钻速越大; 机械钻速随着钻压、转速的增加而增加。但该实验通过岩石共振降低岩石破碎强度从而达到破岩提速效果，与旋转冲击破岩提速有本质区别。

Li Heng 等[24-25]利用“振动辅助旋转破岩系统”研究了钻压振动频率、幅值对破岩效率的影响。研究表明：振动幅值的增加能显著提高钻速，且比转速对钻速的影响更为显著；在钻压与转速一定的情况下振幅存在一个最优值，当振幅大于该值后钻速降低。但该实验没有考虑水力因素的影响。

Yusuf 等[26]进一步进一步研究发现，低钻压时的冲击力最优频率为 65Hz，高钻压时最优频率为 55Hz。但该试验台的振动是通过岩心实现的，而且岩心非常笨重。当振动频率过高时，相同的激振力使岩心的产生的振动幅值就会非常微弱，这将直接影响实验结果。

现有实验对旋冲钻进过程进行了很大简化，没有考虑到钻柱对钻压和扭矩的影响，忽略了井底岩石应力状态对钻进的影响。在进一步的实验中，这些因素需要着重考虑。

3 旋转冲击钻井技术研究

石油旋转冲击钻井是在常规旋转钻井的基础上施加轴向或者切向冲击力的钻井方法，其核心是液动或机械冲击工具。国内许多石油钻井科研院所、高校及公司对液动冲击器进行了研究，研制了多种石油钻井用液动冲击器，并入井进行了试验，试验结果显示出良好的经济效益。但是到目前为止，除了国外几家公司的旋冲钻井工具得到较为广泛的应用外，国内有关旋转冲击钻井技术在石油钻井中应用尚处于原理研究与试验阶段，还没有大规模推广应用的相关工具。下面介绍国内外主要的几种旋转冲击钻井工具。

沈建中等研制了 YSC-178 液动式射流冲击器，其工作原理为：利用流体流经射流原件的喷嘴时的附壁效应推动活塞与冲锤上行积蓄能量，下行释放能量撞击砧子完成一次冲击，如此往复实现对钻头的冲击[27]。

中国石油大学（华东）倪红坚教授研制了自激振荡式旋转冲击钻井工具。钻井液流经自激振荡腔产生压力脉动，一方面压力脉动通过钻头连接短节对钻头施加波动钻压；另一方面造成井底压力波动，增加井底水功率，利于岩屑清理。该工具合理利用井底水力能量增强钻头冲击力，优化井底流场，改善岩石受力状况，达到提高机械钻速的目标。该工具在胜利油田、新疆油田等进行了大量实验，效果显著[28-30]。

TorkBuster 扭力冲击器是美国阿特拉公司自主研发的专利产品，是一种纯机械动力工具。它巧妙地将钻井液的流体能量转换成扭向的、高频的(每分钟 750~1500 次)、均匀稳定的机械冲击能量，并直接传递给 PDC 钻头，这就使钻头不需要等待积蓄足够的扭力能量就可以切削地层。TorkBuster 提供的扭向冲击力很大程度上抑制了钻头的黏滑振动，显著提高了机械钻速。

旋冲钻井工具冲击力可分为刚性冲击和柔性冲击。由于刚性冲击载荷峰值很高，常规钻头很难与其配合使用，而产生柔性冲击载荷的工具则可以与常规钻头配合使用。

4 结论与展望

由于岩石的复杂性和地层条件的不可预测性，在理论分析和实验研究方面揭示旋冲钻进的机理存在较大困难。现有旋冲钻井破岩理论研究对破岩过程进行很大的简化，如忽略钻头黏滑、钻压波动、地层压力等，无法体现旋冲钻井的实际状况，因而研究结果无法准确预测实际钻速。在旋冲钻井破岩理论进一步研究过程中，需要注意以下几个方面：①切齿与岩石接触模型的精度；②钻柱近钻头部分对钻头运动状态的影响；③井底压力、岩性、岩石应力状态等对旋冲破岩的影响；④实验与数值模拟相结合。

近 10 年来，地质工程、岩土工程在岩石力学数值分析方法、岩石非线性理论、岩石断裂与损伤、裂纹扩展机制、岩石动力响应等方面成为研究的重点和热点，也取得了众多研究成果[31]。这些研究成果和研究方法可以用来指导旋冲钻井破岩理论的发展。随着旋冲钻井破岩过程和机理被逐渐揭示，旋冲钻井技术必将得到进一步发展，石油钻井成本将会进一步降低。

参 考 文 献

1 HAN G, BRUNO M S. Percussion drilling: From lab tests to dynamic modeling [M]. International Oil & Gas Conference and Exhibition in China. Society of Petroleum Engineers. 2006: ARMA 13-440.

2 HUSTRULID W A, FAIRHURST C. A theoretical and experimental study of the percussive drilling of rock part I—theory of percussive drilling [J]. International Journal of Rock Mechanics and Mining Sciences & Geomechanics Abstracts, 1971, 8(4): 311-33.

3 CHIANG L, ELıAS D. Modeling impact in down-the-hole rock drilling [J]. International Journal of Rock Mechanics and Mining Sciences, 2000, 37(4): 599-613.

4 MAURER W. The state of rock mechanics knowledge in drilling [M]. The 8th US Symposium on Rock Mechanics (USRMS). American Rock Mechanics Association. 1966: ARMA 66-0355.

5 HAN G, BRUNO M, LAO K. Percussion drilling in oil industry: review and rock failure modelling [M]. The AADE national technical conference and exhibition, April. 2005: AADE-05-NTCE-59.

6 HAN G, BRUNO M, DUSSEAULT M B. Dynamically modelling rock failure in percussion drilling [M]. Alaska Rocks 2005, The 40th US Symposium on Rock Mechanics (USRMS). American Rock Mechanics Association. 2005: ARMA/USRMS 05-819.

7 BRUNO M S. Fundamental Research on Percussion Drilling: Improved rock mechanics analysis, advanced simulation technology, and full-scale laboratory investigations [M]. Terralog Technologies Inc. 2005: DE-FC26-03NT41999.

8 CHIANG L E, ELIAS D A. A 3D FEM methodology for simulating the impact in rock-drilling hammers [J]. International Journal of Rock Mechanics and Mining Sciences, 2008, 45(5): 701-11.

9 WANG J-K, LEHNHOFF T. Bit penetration into rock—a finite element study [M]. International Journal of Rock Mechanics and Mining Sciences & Geomechanics Abstracts. Elsevier. 1976: 11-6.

10 SAKSALA T. 3D Numerical Simulation of Rock Fracture Due to Multiple Button Bit In Percussive Drilling [M]. ISRM International Symposium-EUROCK 2012. International Society for Rock Mechanics. 2012.

11 SAZIDY M S. Modeling and Validation of Percussive Drilling Performance in a Simulated Visco-Elasto-Plastic Rock Medium [D], 2011.

12 ZHU X, LUO H, JIA Y. Numerical analysis of air hammer bit drilling based on rock fatigue model [J]. Chinese Journal of Rock Mechanics and Engineering, 2012, 31(4): 3337-41.

13 ZHU X-H, TANG L-P, TONG H. Rock breaking mechanism of a high frequency torsional impact drilling [J]. Journal of Vibration and Shock, 2012, 31(20): 75-8,109.

14 ZHU H, LIU Q, DENG J, et al. Rock-breaking mechanism of rotary-percussive drilling [J]. Journal of Basic Science and Engineering, 2012, 20(4): 622-31.
15 AKBARI B, BUTT S, MUNASWAMY K, et al. Dynamic Single PDC Cutter Rock Drilling Modeling and Simulations Focusing on Rate of Penetration Using Distinct Element Method [M]. 45th US Rock Mechanics/Geomechanics Symposium. American Rock Mechanics Association. 2011: ARMA 11-379.
16 AKBARI B. Polycrystalline Diamond Compact Bit-Rock Interaction [D]; Japan Association for Earthquake Engineering, 2011.
17 BRUNO M, HAN G, HONEGER C. Advanced simulation technology for combined percussion and rotary drilling and cuttings transport [J]. Gas Tips (Winter 2005), 2005, 5-8.
18 HAN G, BRUNO M, GRANT T. Lab investigations of percussion drilling: from single impact to full scale fluid hammer [M]. Golden Rocks 2006, The 41st US Symposium on Rock Mechanics (USRMS). American Rock Mechanics Association. 2006: ARMA/USRMS 06-962.
19 ZHAO F. Theoreticaland experimental research on rock fragmentation under coupling dynamic and static loads [D]; Changsha: Central South University, 2004.
20 ZHAO J, YI L, ZHAO Y. Study on impact grinding law of granite under the conditions of high temperature and high pressure [J]. Journal of China Coal Society, 2010, 35(6): 904-9.
21 ZHAO J, ZHAO Y, LI Y. Percussive rotary drilling law of granite under high temperature and high pressure [J]. Chinese Journal of Geotechnical Engineering, 2010, 32(6): 856-60.
22 ZHAO J, WAN Z, LI Y, et al. Research on granite cutting and breaking test under conditions of high temperature and high pressure [J]. Chinese Journal of Rock Mechanics and Engineering, 2009, 7(1432-8.
23 SIQI L, TIE Y, WEI L. Mechanism experimental study of rock breaking assisted with high frequency harmonic vi-bration and impaction [J]. Journal of China University of Petroleum (Edition of Natural Science), 2015, 39(4): 85-91.
24 LI H, BUTT S, MUNASWAMY K, et al. Experimental investigation of bit vibration on rotary drilling penetration rate [M]. 44th US Rock Mechanics Symposium and 5th US-Canada Rock Mechanics Symposium. American Rock Mechanics Association. 2010: ARMA 10-426
25 LI H. Experimental Investigation of the Rate of Penetration of Vibration Assisted Rotary Drilling [D]; Memorial University of Newfoundland, 2011.
26 YUSUF B O. The effects of varying vibration frequency and power on eficiency in vibration assisted rotary drilling [D]; Memorial University of Newfoundland, 2011.
27 SHEN J, HE Q, WEI Z. The application of Model YSC-178 hydraulic jet hammer in rotary percussion drilling [J]. 2011, 39(6): 52-4.
28 LEI P, NI H, WANG R. Performance analysis and optimization for hydraulic components of self-oscillating rotary impact drilling tool [J]. Journal of Vibration and Shock, 2014, 19(32): 175-80,98.
29 LEI P, NI H, WANG R. Research on the large eddy simulation of the hydraulic components in self-oscillating rotary percussion drilling tools [J]. Energy Education Science and Technology Part A:

Energy Science and Research, 2014, 32(3): 2095-16.

30 LEI P, WANG R, NI H. ROP increasing Principle and Application of Self-excited Oscillation Rotary Percussion Drilling tool [M]. The 4th IEEE Asia-Pacific Power and Energy Engineering Conference. Shanghai, China. 2012.

31 SHE S, DONG L. Statistics and analysis of academic publications for development of rock mechanics in china [J]. Chinese Journal of Rock Mechanics and Engineering, 2013, 32(3): 442-64.

Present situation and prospect of rotary percussion drilling technology

WANG Yong, NI Hong-jian, WANG Rui-he, LIU Shu-bin, ZHANG Heng ,WANG Peng

(School of Petroleum Engineering, China University of Petroleum (East China), Qingdao 266580, P. R. China, Email: nihj@upc.edu.cn)

Abstract: In recent years, with more and more new type of rotary percussion drilling tools, the rock breaking efficiency have increased a lot. Rotary percussion drilling technology has been one of the most widely used technologies. The mathematical model of numerical simulation and experiment methods of rotary percussion drilling is summarized in this paper. The similarities and differences between various mathematical models and experimental methods is analyzing. We find that the development of drilling technology well is guided well by the existing theoretical research. But the problems is also found in the numerical simulation and experiment. At last, in the view of tool design and field conditions, the theory development prospect of rock breaking theory of rotary percussion drilling is put forward.

Key words: rotary percussion; drilling; rock breaking; efficiency

原油在微米管束中的非线性流动特征分析[1]

高豪泽，许叶青，宋付权*

（浙江海洋大学 石化与能源工程学院，浙江 舟山 316000）

摘要： 近年来，在世界范围内越来越多致密油气藏投入开发，致密油藏的储层孔隙主要为微纳米级别，因此微纳米尺度下流体流动特征对致密油藏开发有着重要作用。本文利用直径为 0.25um 和 0.30um 的阳极氧化铝膜作为流通通道，进行单相液体流动实验，分析流动特征，为致密油藏中的非线性渗流提供理论基础。实验表明：黏度越大，微管半径越小，原油的流动速度越慢。当压力梯度小于启动压力梯度时，单相油不流动，单相油在微纳米管中表现出的黏度大于宏观尺度下的黏度；压力梯度大于启动压力梯度时，单相油流动速度随压力梯度增大而增大，但流动速度远远小于理论预测值。液体边界黏附层占比随着驱替压力梯度的增大而减小，微管半径越大，边界黏附层占比越小。

关键词： 微圆管；微流动；受限黏度

1 引言

致密油藏、页岩气等储集层多为微纳米级孔道为主，近年来致密油气藏和页岩油气藏等非常规油气田开发的越来越多[1-2]，流体在微纳米尺度下的流动规律受到越来越多的重视。在常规的多孔介质中，已经有了相对成熟的传统连续介质流体力学理论。但微纳米级别的尺度下，原来的流动规律不再适用。在传统的流体力学中，流体边界认为无滑移边界条件，即在固壁处流速为零，但微纳米尺度下比表面积增大，流体与固态边界之间存在着很强的相互作用力，导致流体流动特征区别于传统理论，即存在滑移边界[3,4]条件，或者黏附边界条件（边界附近存在一层不流动的液体）。为此，科研工作者对微纳米尺度下的流体流动做了大量的研究。

在实验研究方面，Acosta[5]，李战华等[6]的研究表明，在直径大于 20μm 的微管内，水的流量依旧同宏观尺度下的传统理论一致。徐绍良等[7]利用 5μm 和 2μm 直径微圆管观察到非线性流动特征，且管径越小，非线性流动特征越明显。随着近些年纳米制技术的增长，微圆管的直径也可制备的更加小。Kannam 等[8]的实验所用碳管直径可以达到 1nm，发现滑移长度分布在 1nm～10μm 的 5 个数量级范围内。

分子模拟同样是研究微纳米流动的一个有效方法。Barrat 等[9]证明了流体在疏水表面上

基金项目：国家自然基金（编号：11472246），国家重大专项（编号：2017zx05072005）

存在着明显的速度滑移，黄桥高[10]发现了滑移长度为避免润湿性的单一函数，曹炳阳[11]发现滑移和液体与固体表面势能作用有关，根据浸润性不同会表现出正、负滑移和无滑移。

微纳米流动的研究在这些年取得了巨大的进展，但研究采用的流体多为去离子水以及少部分采用乙醇等小分子物质，与实际开发有所不同。致密油藏的储层孔隙集中于100~500nm[12-15]，流体的组分更为复杂多样。为了研究原油在致密油藏微纳米级孔隙中的渗流行为及拟启动压力梯度的机理，本文以两种不同直径的阳极氧化铝膜中的孔道为流动通道，两种不同黏度的油作为流体介质进行实验。

2 实验装置与流程

本实验采用纳米级阳极氧化铝膜，通过扫描电镜测得其管径为0.25μm，0.3μm。流动介质为1.77MPa·s和15.30Mpa·s的高纯度白油。

实验装置分为供压单元和测量单元，如图1所示。压力由氮气瓶提供，高纯氮气经过气体过滤装置、气体缓冲罐到达储液罐，将储液罐中的油往装置的测量单元推进。油在氮气推动下，流经压力温度测量仪后，穿过氧化铝薄膜的亚微米级孔道，最后由末端的流量计测其流量。氧化铝薄膜整体为直径25mm，厚度为60μm，外围由铝片包裹。

实验主要测量不同压力条件下流过氧化铝膜孔隙的油流量，为控制变量，实验进行时实验室温度保持21℃。具体实验流程如下：①将高纯度白油装入储液罐中；②链接装置，接通电源；③利用含支撑砂岩的夹具和密封橡胶圈来固定阳极氧化铝膜外围的铝片；④以纯度为99.99%的高纯氮气作为驱动的动力源，对整个实验系统进行驱动，调节压力控制阀；⑤等到系统稳定后，记录不同压力下的白油流量，每个压力记录3组，若3个数据较为接近，取平均值，若数据有较大差别，则说明系统尚未稳定，继续记录；⑥若实验过程中出现阳极氧化铝膜出现破损，放弃所有在这张膜上取得的数据，更换阳极氧化铝膜，重新实验；⑦同种阳极氧化铝膜和黏度重复实验3次。

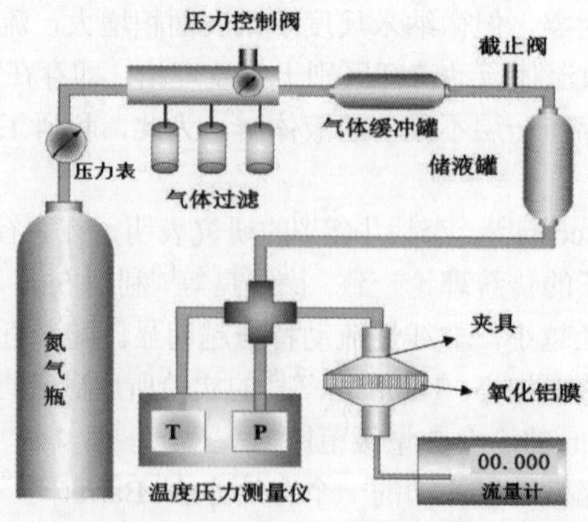

图1 原油在微米通道总流动实验装置示意图

3 实验结果与分析

实验中，选择分别选择黏度为 1.77 和 15mPa·s 的白油，在两种直径的微米管束中流动，最大压差为 1MPa。图 2 为不同黏度下原油在微管中的流动曲线。由图 2 可以发现：在流体和介质等条件不变的情况下，驱动力（压力梯度）越大，流体流动速度越大，且近似于待截距的直线，但流动速度与压力梯度并非成正比，经线性拟合，实验数据线与 x 轴交于一点，该点在石油工程中认为是拟启动压力梯度。根据图 3，相同驱替压力梯度下，微管的直径越大，流体流动速度越快，相同压力梯度下，流体黏度越大，流动速度越慢。

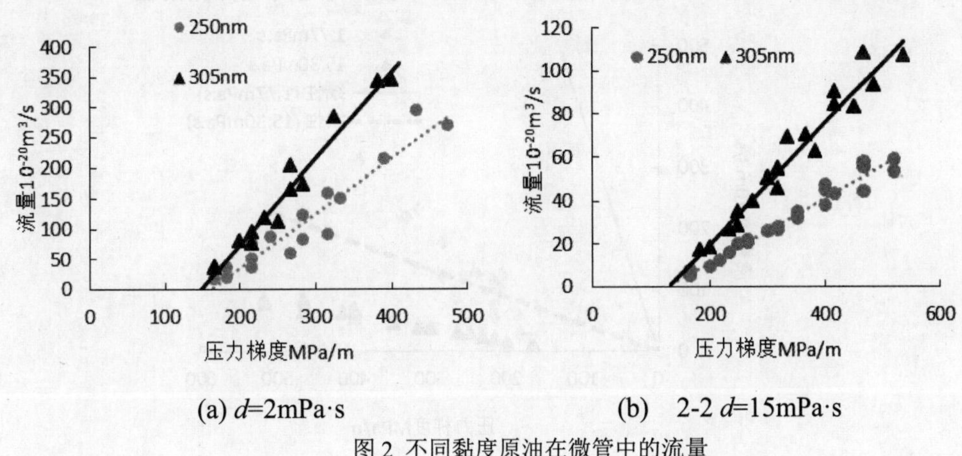

(a) d=2mPa·s (b) 2-2 d=15mPa·s

图 2 不同黏度原油在微管中的流量

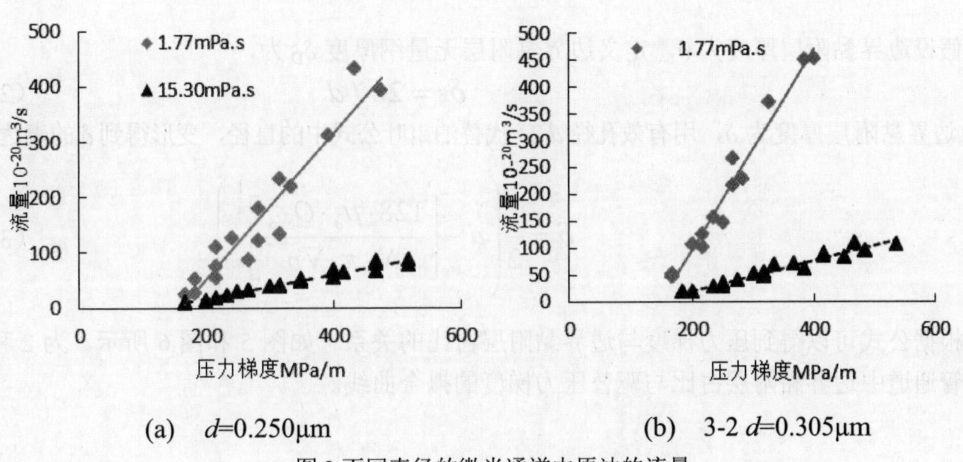

(a) d=0.250μm (b) 3-2 d=0.305μm

图 3 不同直径的微米通道中原油的流量

在传统流体力学理论中，流体在圆管中的流量理论上用泊肃叶方程来进行描述[16]，

$$q_{\mathrm{hp}}=\frac{\pi d^4}{128\mu_0}\frac{\Delta p}{l} \tag{1}$$

式中：q_{hp} 为硅油的理论体积流量，m^3/s；μ_0 为硅油的动态黏度，mPa·s；D 为微管的直径，m；Δp 为压差，MPa；l 为微管长度，m。

图 4 是直径为 0.25um 的微管中实验流量与理论流量的对比图，由图 4 可知：原油的实际流量是远小于理论流量，这是由于在微纳米尺度下，流体和固体边界存在的固液作用力造成的。物理学研究表明：流体在受限空间中会受到固壁边界的强烈作用，从而流体的性质发生改变。在固体壁面附近出现一层不流动的液体层，称之为边界黏附层。

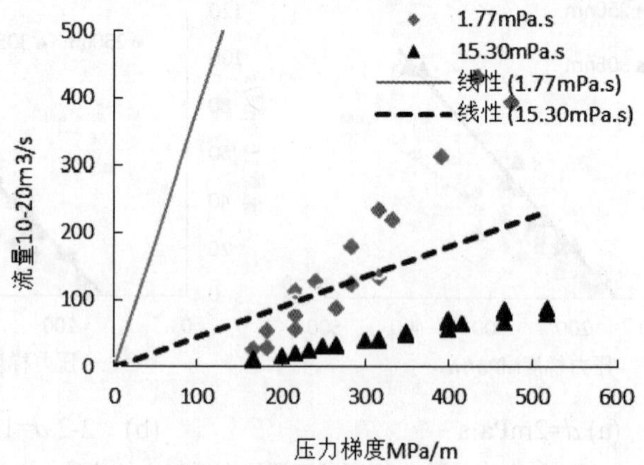

图 4 d=0.250μm 通道中理论流量与实验流量

假设边界黏附层厚度为 δ，定义边界黏附层无量纲厚度 δ_{D} 为，

$$\delta_{\mathrm{d}}=2\delta/d \tag{2}$$

式中,边界黏附层厚度为 δ，用有效孔径 d-2δ 代替泊肃叶公式中的直径，变形得到 δ 的表达式

$$\delta=\frac{1}{2}\left(d-\left[\frac{128\cdot\mu_o\cdot Q_{\exp}}{N\cdot\pi\cdot\nabla p}\right]^{\frac{1}{4}}\right) \tag{3}$$

根据公式可以得到压力梯度与边界黏附层占比的关系。如图 5 和图 6 所示，为 2 种直径微管通道中边界黏附层占比与驱替压力梯度的拟合曲线。

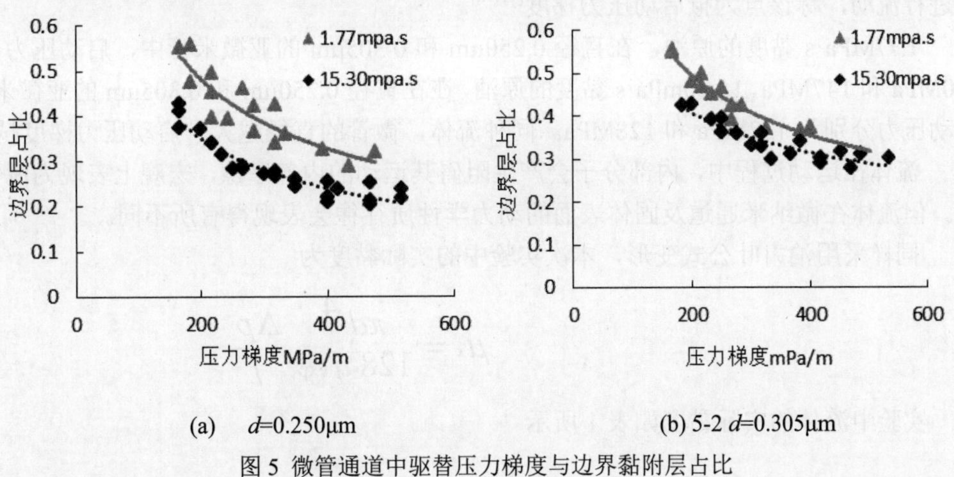

(a) d=0.250μm (b) 5-2 d=0.305μm

图 5 微管通道中驱替压力梯度与边界黏附层占比

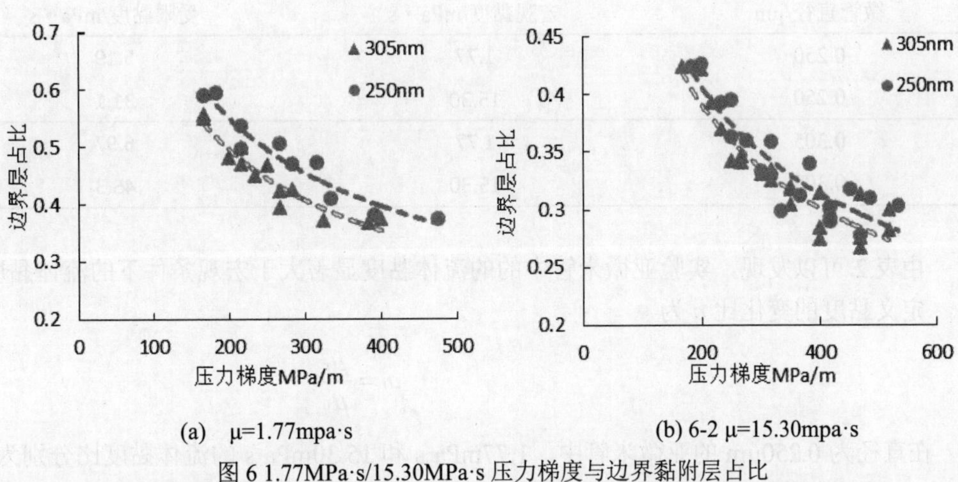

(a) μ=1.77mpa·s (b) 6-2 μ=15.30mpa·s

图 6 1.77MPa·s/15.30MPa·s 压力梯度与边界黏附层占比

根据图 5 和图 6 可以发现边界黏附层占比随压力梯度增大而减小。压力梯度越大，流动速度越快，通道内可流动的油就越多，边界黏附层的厚度就越小。相同压力梯度下，管径越大，边界黏附层占比越低，固液作用对流动的影响就越小。

通过上述分析，可以得到微米尺度下流量 q 的表达式

$$q=\frac{\pi(d\text{-}2\delta)^4}{128\mu_0}(\frac{\Delta p}{l}\text{-}G) \tag{4}$$

式中，δ 为边界黏附层厚度，G 为拟启动压力梯度，两者都是与流体和介质性质有关的变量。

将图 4 中的趋势线延长，与坐标轴并不交于原点，而是与 x 正半轴交于某一点。可以认为，当压力梯度小于该点时，微管中的原油不流动，当压力大于该点时，微管中的原油

才进行流动，称该点为拟启动压力梯度[17.18]。

1.77MPa·s 黏度的原油，在直径 0.250μm 和 0.305μm 的亚微米管中，启动压力分别为 160MPa 和 147MPa，15.30mPa·s 黏度的原油，在在直径 0.250μm 和 0.305μm 的亚微米管中，启动压力分别为 132MPa 和 128MPa。同种流体，微管的直径越大，启动压力梯度越小。

流体在运动过程中，内部分子会产生阻碍其运动的内部摩擦，宏观上表现为流体的黏度。但流体在微纳米通道及固体表面的动力学性质往往会表现得有所不同。

同样采用泊肃叶公式变形，本次实验中的实际黏度为

$$\mu_x = \frac{\pi d^4}{128\, q_{\exp}} \frac{\Delta p}{l} \tag{5}$$

实验中流体的实际黏度如表 1 所示

表 1 推导得出的实际流体黏度

微管直径/μm	宏观黏度/mPa • s	受限黏度/mPa • s
0.250	1.77	5.19
0.250	15.30	31.1
0.305	1.77	6.97
0.305	15.30	45.3

由表 2 可以发现，实验亚微米管中的的流体黏度显著大于宏观条件下的流体黏度。

定义黏度的变化比 a 为

$$a_r = \frac{\mu_r}{\mu_0} \tag{6}$$

在直径为 0.250μm 的亚微米管中，1.77mPa·s 和 15.30mPa·s 的流体黏度比分别为 2.93 和 2.03。在直径为 0.305μm 的亚微米管中，1.77mPa·s 和 15.30mPa·s 的流体黏度比分别为 3.93 和 2.9。通道直径不变时，流体的宏观黏度越小，黏度的变化越大。

微纳米管中流量可以用受限黏度的方式表述为

$$q = \frac{\pi d^4}{128 a_r \mu_0}\left(\frac{\Delta p}{l} - G\right) \tag{7}$$

式（4）和式（7）是原油在亚微米管道中流动的流量公式，分别从边界黏附层和受限黏度两个方面反应了亚微米管道中流量与传统管流的区别。

4 结论

根据原油在微米管道中流动的实验，对比不同压力梯度，流动管道半径及黏度的原油流量，分析结果，可以得到以下结论。

（1）实验压力梯度范围内，油的流速与压力梯度近似于待截距的直线，不成正比。流量增长趋势与泊肃叶理论相同，都是呈线性增大趋势，但实验流量明显小于理论流量。

（2）亚微米级管道中，原油流动存在拟启动压力梯度，且拟启动压力梯度大小跟管道直径和流体黏度有关。

（3）亚微米级管道中，流通通道存在着边界黏附层，边界黏附层占比随压力梯度增大而减小，且和孔隙的大小和流体的黏度有关。

（4）亚微米管道中，原油在受限条件下表现出比宏观条件下更大的黏度，黏度越小差异越明显。

参 考 文 献

1 邹才能，杨智，崔景伟，等．页岩油形成机制、地质特征及发展对策.石油勘探与开发，2013,40(01):14-26.

2 贾承造，郑民，张永峰．中国非常规油气资源与勘探开发前景，石油勘探与开发，2012,39(02):129-136.

3 宋付权，于玲．液体在润湿性微管中流动的边界负滑移特征，水动力学研究与进展 A 辑，2013,28(02):128-134.

4 吴承伟,马国军,周平.流体流动的边界滑移问题研究进展[J]，力学进展,2008(03):265-282.

5 Acosta R E, Muller R H, Tobias C W. Transport processes in narrow (capillary) channels. Aiche journal, 2004, 31(3): 473-482

6 李战华，郑旭．微纳米尺度流动实验研究的问题与进展．实验流体力学, 2014, 28 (3): 1-11

7 徐绍良，岳湘安，侯吉瑞．去离子水在微圆管中流动特性的实验研究．中国科学, 2007, 52(1): 120-124.

8 Kannam S, Todd B, Hansen J. How fast does water flow in carbon nanotubes. J Chem Phys, 2013, 138(9): 094-101.

9 Barrat J L,Bocquet L.Large slip effect at a nonwetting fluid solid interface. Physica Review letters, 1999, 82(23): 4671-4674.

10 黄桥高，潘光，宋保维．疏水表面滑移流动及减阻特性的格子 Boltzmann 方法模拟．物理学报，2014，63(5)：236-242.

11 曹炳阳，陈民，过增元．纳米通道内液体流动的滑移现象．物理学报，2006,55(10): 5305-5310

12 杨正明，赵新礼，熊生春，等. 致密油储层孔喉微观结构表征技术研究进展，科技导报,2019,37(05):89-98.

13 于俊波，郭殿军，王新强．基于恒速压汞技术的低渗透储层物性特征，大庆石油学院学报,2006(02):22-25+144.

14 白斌，朱如凯，吴松涛，等. 利用多尺度 CT 成像表征致密砂岩微观孔喉结构.，石油勘探与开发，2013,

40(3):329-333.

15 杨虎，王建民．延长气田山西组致密砂岩储层及微观孔喉特征研究，西安科技大学学报，2015, 35(6):755-762.

16 宋付权，田海燕，张世明，等.润湿性微纳米圆管中去离子水的流动特征[J].水动力学研究与进展(A辑),2016,31(05):615-620.

17 熊伟，雷群，刘先贵，等.低渗透油藏拟启动压力梯度．石油勘探与开发，2009,36(02): 232-236.

18 郭肖，伍勇．启动压力梯度和应力敏感效应对低渗透气藏水平井产能的影响．石油与天然气地质，2007(04): 539-543.

Analysis of nonlinear flow characteristics of crude oil in micron tube bundles

GAO Hao-ze, XU Ye-qing, SONG Fu-quan

(School of Petrochemical and Energetic Engineering,Zhejiang Ocean University,Zhoushan,Zhejiang 316022)

Abstract: In recent years, more and more tight oil and gas reservoirs have been developed worldwide, and the reservoir pores of tight oil reservoirs are mainly at the micro-nano level, so the fluid flow characteristics at the micro-nano scale play an important role in the development of tight oil reservoirs. In this paper, anodic alumina films with diameters of 0.25 micron and 0.30 micron were used as flow channels to conduct single-phase liquid flow experiments and analyze flow characteristics, so as to provide theoretical basis for nonlinear seepage in tight oil reservoirs. The results show that the higher the viscosity, the smaller the radius of micro-tube, and the slower the flow velocity of crude oil. When the pressure gradient is less than the starting pressure gradient, the single-phase oil does not flow, and the viscosity of the single-phase oil in the micro-nanotube is greater than that in the macro-scale. When the pressure gradient is larger than the starting pressure gradient, the flow velocity of single-phase oil increases with the increase of the pressure gradient, but the flow velocity is far less than the theoretical predicted value. The proportion of boundary adhesion layer decreases with the increase of displacement pressure gradient, and the larger the micro-tube radius is, the smaller the proportion of boundary adhesion layer is.

Key words: micro-round tube; micro-flow; limited viscosity

深水气井关井期间管柱内水合物生成沉积定量预测

童仕坤[1]，王志远[*,1,2]，张伟国[3]，张剑波[1]，潘少伟[1]，付玮琪[1]，孙宝江[1,2]

(1.中国石油大学（华东）石油工程学院海洋油气与水合物研究所，青岛 266580，*通讯作者：wangzy1209@126.com；2.非常规油气开发教育部重点实验室（中国石油大学（华东）），山东青岛 266580；3.中海石油深圳分公司深水工程技术中心，广东深圳 518067)

摘要： 我国南海深水海域夏季台风多发，会影响深水气井正常测试、生产作业，避台关井期间管柱内流体长时间处于静止状态，泥线附近的低温高压条件易导致水合物生成。针对关井后管柱内流体与周围地层的传热特征，分为径向温降和稳态传质两个阶段，基于水分子扩散传质和饱和水分子冷凝机理，研究了管柱内天然气水合物生成和沉积机理，分析了关井后水合物生成沉积速率影响因素，建立了深水气井关井期间管柱内水合物生成沉积定量预测模型。以南海琼东南盆地某深水气井为例，计算结果表明，深水气井关井期间管柱内水合物生成沉积主要受关井时间、关井前产量等因素影响，泥线以下 0～200 m 是发生水合物沉积最危险的区域，并得到了关井期间水合物生成沉积预测图版。本文建立的模型满足深水气井关井期间管柱内水合物生成沉积的定量预测要求，能有效完善现场关井后水合物风险防治方法。现场工作人员可以通过该作业图版判断关井期间管柱内水合物生成沉积厚度，指导现场关井期间水合物风险防治作业。

关键词： 深水气井；关井；水分子扩散；水合物生成沉积

1 引言

随着我国油气需求的快速增长，深水油气开发已经是必然趋势[1]，深水气井关井期间海底低温高压环境，管柱内极易发生水合物生成沉积，严重时会造成生产井筒堵塞[2-3]。水合物是天然气中某些组分和自由水在一定温度压力下形成的一种笼状结构化合物[4]，在关井后井内压力迅速增加和流体温度逐渐接近地层温度的共同作用下[5-6]，水合物生成区域逐渐增大。关井期间，井内天然气不流动，水合物晶体更易附着在管壁上，增大水合物生成堵塞风险，影响开井作业[7-8]。

目前，深水气井水合物研究大多数都集中在分别以油、水和气为主的水合物流动体系中，往往忽略了关井时管柱内流体不再流动条件下水合物的生成及沉积特征，特别是深水气井关井期间井内稳定状态时井内水合物的生成沉积特征[7-14]。国内外预防深水气井水合物生成风险通常采用在水合物生成最大区域以下 100m 处下入安全阀并在泥线至安全阀管柱段注入过量抑制剂[10-11]，改变管柱内水合物的生成速度、区域，在深水油气开发领域中得到了广泛运用[4,9]。对于深水气井关井工况，这种方法虽然有效地解决了水合物生成风险，但无法准确预防深水气井关井后水合物生成风险，深水气井关井期间水合物防治方法缺少针对性，作业成本高，环境污染大[12]。因此，为了预防深水气井关井条件下水合物带来的安全问题，有必要开展深水气井关井期间管柱内水合物生成沉积特征研究，预测关井期间水合物的生成区域及分析水合物沉积规律。

依据深水气井井筒温压场预测与水合物相平衡理论、水分子传质扩散等特征，着重于深水气井泥线关井工况，对深水气井关井后水合物生成沉积特征展开了研究。本文的研究结果可以用来预测深水气井关井条件下水合物的生成及沉积情况，分析深水气井关井后水合物生成风险，并得到了关井期间水合物生成沉积预测图版，对现场作业有一定的借鉴意义。

2 关井期间水合物生成区域预测

合理预测水合物生成区域是水合物生成沉积定量预测的前提，通过查阅我国南海深水油气井资料[3,11]，对深水气井关井期间水合物生成区域进行预测。

2.1 井筒温压场模型

结合深水气井关井期间管柱内流体温度压力分布计算方程和水合物相平衡预测方程，提出关井期间水合物生成区域判断的方法。

2.1.1 温度场方程

深水气井关井后井内流体与地层之间不断发生热传导，为了便于研究井筒的传热规律，我们做出如下假设：①关井后，井内流体处于静止状态；②地温梯度已知，岩石物性参数不随温度而变化，地层温度呈线性分布；③油管、套管同心，井内任意径向截面上，各点温度、气体物性等参数相同；④井内流体到地层传热为径向导热，轴向不存在热损失。

采用文献[15]给出的方法计算关井后的井筒温度分布：

$$T_f = (T_{f0} - T_{ei}) \cdot e^{-a' t} + T_{ei} \tag{1}$$

$$a' = \frac{L_R'}{m(1+C_T)} \tag{2}$$

式中，T_f井内流体温度，K；T_{f0}为初关井流体温度，K；T_{ei}—地层温度，K；t，为关井时间，s；L_R'为 Hasan 松弛距离；C_T为井筒储存效应，关井取 2。

气井生产的过程中，气体或者气体携带少量的水和凝析油从井底向井口高速流动，泥线以下管柱内的能量方程作为关井后井内流体温度的初始条件[16]：

$$\frac{2}{vr_{ti}^2}(\frac{r_{to}U_{to}k_e}{k_e+T_Dr_{to}U_{to}})(T_{ei}-T_{f0})-\frac{\partial}{\partial z}[\rho(H+gz\cos\theta+\frac{1}{2}v^2+\frac{fv^2}{2d})]=\frac{\partial}{\partial t}[\rho(C_fT_{f0}+gz\cos\theta+\frac{1}{2}v^2)] \tag{3}$$

$$\frac{1}{U_{to}}=\frac{r_{to}}{r_{ti}h_{to}}+\frac{r_{to}\ln(r_{to}/r_{ti})}{k_t}+\frac{1}{h_c+h_r}+\frac{r_{to}\ln(r_{co}/r_{ci})}{k_{cas}}+\frac{r_{to}\ln(r_{wb}/r_{co})}{k_{cem}} \tag{4}$$

式中，r_{ti} 管柱内半径，m；r_{to} 管柱外半径，m；U_{to} 管外表面为基准面的总传热系数，W/(m^2 · K)；K_e 地层导热系数，W/(m · K)；H—气体的焓，J；h_{to}—流体与油管的热对流系数，W/(m^2 · K)；k_t—油管的导热系数，W/(m · K)；h_c—环空对流传热系数，W/(m^2 · K)；h_r—环空辐射传热系数，W/(m^2 · K)；r_{co}—套管外半径，m；r_{ci}—套管内半径，m；k_{cas}—套管导热系数，W/(m · K)；r_{wb}—水泥环外径，m；k_{cem}—水泥环导热系数，W/(m · K)。

2.1.2 压力场方程

深水气井关井期间，生产管柱内压力为地层压力与流体静压力之差，采用平均温度计算法，已知地层压力，将井深 H 等分为 n 段，计算井筒压力分布[17]：

$$P_{ws}=P_{ts}\cdot e^{(\frac{0.03415\gamma_g H}{\overline{T}Z})} \tag{5}$$

$$n\times 0.03415\gamma_g H\cdot(\frac{H}{n})\approx\frac{1}{2}\sum_{i=1}^{n}(p_i-p_{i-1})(I_i-I_{i-1}) \tag{6}$$

$$I=\frac{(P/TZ)}{(P/TZ)^2+(1.324\times10^{-18}f\cdot q_{wc}{}^2/d^5)} \tag{7}$$

式中，P_{ws} 为关井时为地层压力，MPa；P_{ts} 井口压力，MPa；γ_g 气体相对密度；$\overline{T}$ 为井内气体平均温度，K；Z 为气体压缩因子，无因次；q_{wc} 为气体的地面标准流量，m^3/s；f 为 Moody 摩阻系数，无因次；d 为油管直径，m。

2.2 水合物相平衡预测方程

天然气水合物生成的相平衡条件是关井期间水合物生成区域预测的关键参数，系统温度越低时，水合物生成的临界压力也越低。在较高的压力状态下，水合物生成的临界温度也较高[18]：

$$e^{\left[\frac{P(v_B^0-v_W^0)-RT\ln\alpha_w}{\lambda_2 RT}\right]}=f_T^0\cdot e^{\left(\frac{\beta_P}{T}\right)}\cdot\alpha_w{}^{-1/\lambda_2} \tag{8}$$

$$f_T^0=A\cdot e^{\left(\frac{B}{T-C}\right)} \tag{9}$$

式中，$f_T{}^0$ 只是 T 的函数，β对于 I 型水合物，β=4.242×10^{-6}$K\cdot Pa^{-1}$；α_w 为不含抑制剂富水相中水的活度，α_w=1；由实验测定的甲烷水合物生成数据回归得到系数 A，B，C 的值，

A=1.5844×10^{-12}Pa，B=-6591.43K，C=27.04。

2.3 水合物生成区域预测

深水气井关井后井内流体的温压场和水合物生成的温度压力条件，是水合物生成区域预测的前提。将水合物相平衡点的压力值与井深值相对应，得到井筒内的温度-井深曲线（图1）。水合物相态曲线在井筒温度曲线右侧时，两曲线所包围的区域即为水合物的生成区域，该区域在纵向上长度越大，则水合物的生成区域越大。

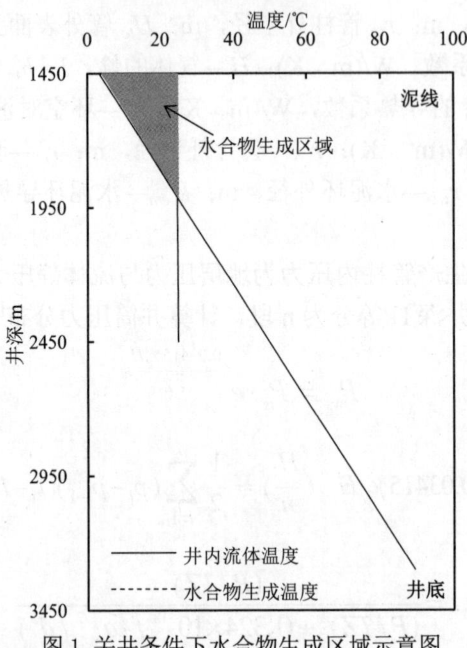

图1 关井条件下水合物生成区域示意图

3 关井期间管柱中自由水析出机理

深水气井关井后井内液滴迅速降落至井底[19]，井内流体温度降低，过饱和态水分子析出并在钢制管柱上膜状凝结形成一层液膜[20-21]。关井一段时间后，井内流体温度不再变化，但轴向井筒的天然气含水饱和度存在浓度差，分子扩散作用力迫使水分子由饱和态变为过饱和状态[22]。本章结合井内流体温度变化过程，将关井期间自由水析出分为径向温降析出和稳态传质析出两个阶段。

3.1 径向温降自由水析出速度

在井内流体温降作用下，关井后管柱内水蒸气逐渐在径向管壁上发生膜状凝结，诸林等人通过回归 Mcketta-Wehe 图中相关实验数据，拟合得到下列公式[23-24]：

$$W(P,\ T)=\frac{\sum_{i=0}^{7}a_iT^i}{9.869233P}+\sum_{i=0}^{7}b_iT^i \tag{10}$$

$$R_w=-\frac{\mathrm{d}W(P,\ T)/(\Delta L\cdot A_e)}{\mathrm{d}t} \tag{11}$$

$$A_e=\frac{\pi(D-\delta_h)^2}{4} \tag{12}$$

式中，系数 a_i、b_i 的值从文献[23]可知；R_w 为径向温降阶段自由水析出速度，g/s；P 为体系压力，Mpa；T 为天然气水露点温度，℃；W(P，T)为天然气含水饱和度，g/m^3；ΔL 为控制体长度，m；A_e 为有效过流面积，m^2；δ_h 为水合物厚度，m；D，管柱内径，m。

3.2 稳态传质自由水析出速度

关井一段时间后，井内流体径向温度保持稳定，由于轴向温度差等于地温梯度，水分子会发生从高浓度区向低浓度区扩散的现象，称为传质过程[22]。在这个过程中，井底积液自然蒸发不断提供水分子[22-24]，在水合物生成的诱导作用下，过饱和态水分子析出凝结为自由水。两种组分组成的混合物，在不考虑主体流动的情况下，浓度梯度引起的扩散通量的计算公式，其中水分子扩散系数[22]：

$$j_w=-D_{wH}\frac{\mathrm{d}W}{\mathrm{d}z} \tag{13}$$

$$R_{ws}=j_wA_e \tag{14}$$

式中，j_w 为水分子的扩散质量通量 g/(m^2·s)；dW/dz 为井内水分子的轴向质量浓度梯度，m^4/s；为井内水分子的扩散系数，m^2/s；R_{ws} 为稳态传质阶段自由水析出速率，g/s；D_{wH} 系数引用文献[25]。

4 关井期间水合物生成沉积特征

关井作业后，管壁始终处于润湿状态[19-21]，微机械力测量实验表明，水合物与管壁之间的黏附力包括范华德力、静电力、液桥力[26]，流动环路实验表明水合物受到较强的管柱内壁的黏附力作用，会直接附着到管壁上。随着关井时间增长，同位置处管柱的过冷度不断变大，水合物沉积层孔隙度减小至 5%不再变化，形成稳定的水合物层[27]。

4.1 关井期间水合物生成沉积机理

自由水充裕条件下，管柱内气液接触面积是水合物生成沉积过程中自由水消耗速度的主要因素，Vysniauskas 和 Bishoi[28]提出了以甲烷气体消耗得速率表示的水合物生成速率方程：

$$R_m = CA_f e^{(-\frac{\Delta E_a}{RT})} e^{(-\frac{a}{\Delta T^b})} \cdot p^{\gamma} \tag{15}$$

$$\Delta T = T_{eq} - T \tag{16}$$

关井后水合物生成沉积主要发生在管壁液膜处，稳定的水合物沉积层形成之后，析出的自由水在水合物沉积层表面形成新的液膜，开始生成新的水合物沉积层，管壁上液膜与气体接触的表面积即管柱内的气液接触面积：

$$A_f = \pi(D - \delta_h) \cdot \Delta L \tag{17}$$

式中，R_m 为甲烷消耗速率，cm^3/min；C 为综合预指数常数，$cm^3/cm^2 \cdot min \cdot bar^{\gamma}$，A=$4.554\times10^{-26}$；$\Delta E_a$为活化能 KJ/gmo1，106.204 KJ/mol；R 为气体常数，R=8.314；P 为压力，bar；ΔT 为过冷度，K，T_{eq} 为相平衡温度，K；a，b，γ均为实验常数，a=0.0778K^b，b=2.411，y =2.986，A_f为气液接触面积，m^2；ΔL 为计算微元体的长度，m。

深水气井生成的水合物大多是甲烷水合物，为I型水合物，自由水充裕条件下甲烷水合物生成过程中自由水消耗速率：

$$R_{wt} = \frac{CA_f e^{(-\frac{\Delta E_a}{RT})} e^{(-\frac{a}{\Delta T^b})} \cdot p^{\gamma}}{\theta} \cdot \rho_m(p,T) \tag{18}$$

$$\rho_m(p,T) = \frac{PT_s Z_s}{P_s TZ} \rho_s \tag{19}$$

式中，θ为 I 型水合物中甲烷与水质量比，6.46875；ρ_m（P，T）为管柱内甲烷密度，g/cm^3；T_s为标准状况下温度，273.15K；P_s为标准状况下压力，取 1atm；ρ_s为标准状况下密度，7.16 插 $10^{-4}g/cm^3$；Z_s为标况下压缩因子，取 1；Z 压缩因子，读取甲烷压缩因子图版，取 0.75；R_{wt}为自由水消耗速率，g/min。

取关井 2h、6h、12h、24h 为例，得到深水气井关井期间自由水析出速率，从图 2-A 可知深水气井关井后，自由水消耗速率均比关井初期自由水凝结速度大，从图 2-B 可知，随着关井时间增加，自由水析出凝结速度逐渐变小。因此，自由水析出速率作为深水气井关井期间水合物生成沉积速率的限制因素。

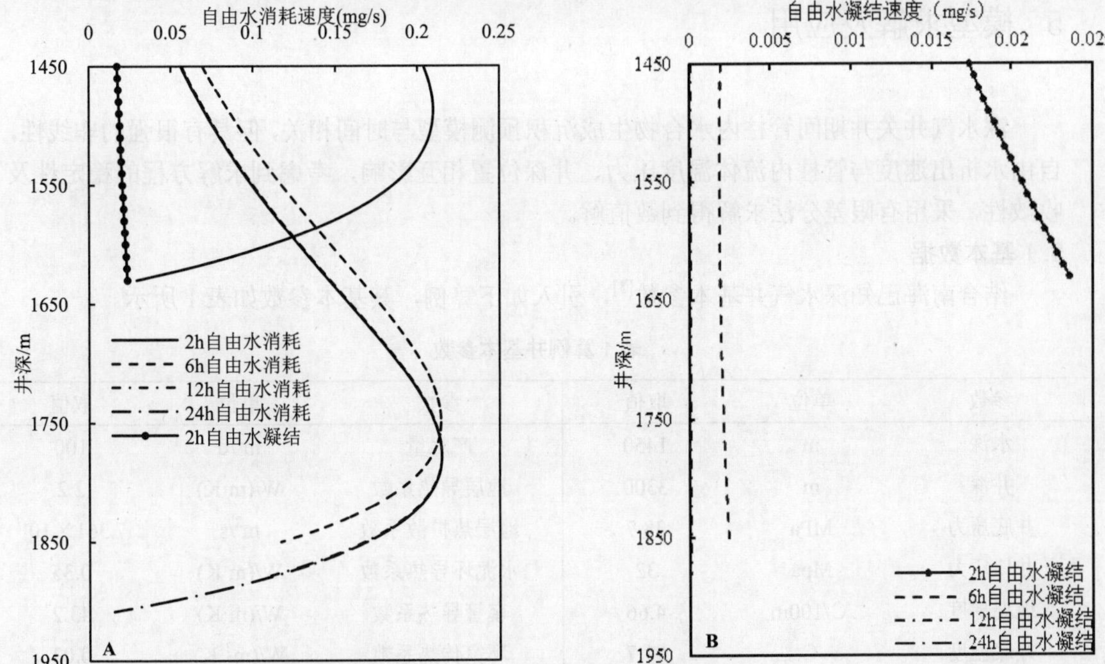

图 2 关井期间自由水消耗与凝结速度

4.2 关井期间水合物沉积层生长速度

关井期间忽略关井后管柱液膜滑脱损失和水合物成核诱导时间，认为管柱内析出的自由水全部生成水合物，并假设水合物在管柱的径向方向上均匀沉积，但由于过冷度等因素的不同，管柱轴向的水合物层厚度是非均匀分布的。

4.2.1 径向温降阶段

关井初期，管柱内流体温度降低造成过饱态水不断析出，径向温降阶段的自由水析出速率小于自由水理论消耗速率，水合物沉积层生成速度：

$$\delta_h = \int_0^t \frac{(\theta+1)\cdot R_w}{(1-\phi)\cdot\theta\cdot A_e\rho_h} dt \tag{20}$$

式中，ρ_h 为水合物密度，Kg/m^3；ϕ为水合物孔隙度，本文取 5%。

4.2.2 稳态传质阶段

关井一段时间后，在水合物生成的诱导作用下，井筒轴向过饱和态水分子在管柱上析出并凝结形成液膜，稳态传质阶段水合物沉积层生成速度：

$$\delta_h = \int_0^t \frac{(\theta+1)R_{ws}}{(1-\phi)\cdot\theta\cdot A_e\rho_h} \mathrm{d}t \tag{21}$$

5 模型求解及应用

深水气井关井期间管柱内水合物生成沉积预测模型与时间相关，但具有很强的非线性，自由水析出速度与管柱内流体温度压力、井深位置相互影响，考虑到求解方程的稳定性及收敛性，采用有限差分法求解得到数值解。

5.1 基本数据

结合南海已知深水气井基本参数[3]，引入如下算例，其基本参数如表 1 所示。

表 1 算例井基本参数

参数	单位	取值	参数	单位	取值
水深	m	1450	产水量	m^3/d	100
井深	m	3300	地层导热系数	W/(m·K)	2.2
井底压力	MPa	38.7	地层热扩散系数	m^2/s	7.361×10^{-7}
井口压力	Mpa	32	水泥环导热系数	W/(m·K)	0.35
地温梯度	℃/100m	4.66	套管导热系数	W/(m·K)	43.2
井底温度	℃	91.7	环空传热系数	$W/(m^2·K)$	0.03
井口温度	℃	82.4	油管导热系数	W/(m·K)	0.02
泥线温度	℃	3.14	油管外径	mm	114.3
气井产量	$10^4m^3/d$	100	油管内径	mm	82.6

5.1.1 深水气井关井期间水合物生成区域预测

采用本文模型预测南海某一口深水气井水合物生成区域，得到关井管柱内水合物生成区域的临界点，临界点至泥线井口区域内，即水合物生成区域。关井后井筒温度逐渐接近地层温度，水合物生成风险增加，水合物生成区域不断扩大。从图 3 可知，关井 16.5h 后，井筒温度等于地层环境温度，水合物生成区域不再发生改变，即泥线 467m 以下区域的管柱不能满足水合物生成条件，水合物生成风险消失。

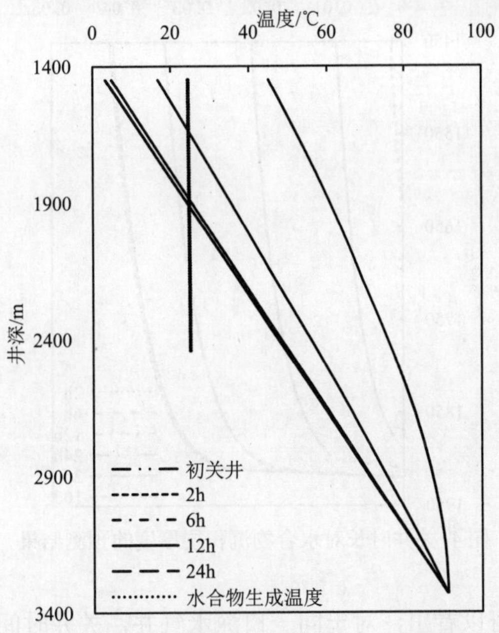

图 3 南海某深水气井关井期间水合物生成区域示意图

5.1.2 深水气井关井期间水合物生成沉积厚度预测

利用本文建立的水合物生成沉积预测模型，模拟分析深水气井关井期间管柱内水合物生成沉积的演化过程，对深水气井关井期间水合物沉积层进行定量预测，为水合物防治提供参考。并分析关井时长和关井前产量对水合物沉积层厚度的影响，为了更加直观的预测关井期间水合物沉积层厚度，引入无因次水合物沉积厚度δ_D[16]：

$$\delta_D = \frac{\delta_h}{D/2} \tag{22}$$

(1) 关井时长的影响。在水合物生成区域内，通过本文建立的深水气井关井期间水合物生成沉积速度预测模型计算水合物沉积速率，得到不同管柱处水合物层的沉积厚度，预测结果见图 4。从图 4 可知，深水气井关井期间不同位置处管柱内水合物沉积层的厚度随时间逐渐增加，有效过流面积随时间而减小；轴向管柱内水合物层沉积具有非均匀性，由于不同位置处流体温度和压力分布存在差异，过冷度不同，水合物生成和沉积速率不同，水合物层沉积层生长速率不同。相比于井筒稳态传质阶段，径向温降阶段水合物沉积层厚度迅速增加，井内流体温度压力稳定之后，水合物层沉积层厚度变化较小。随着关井时间增加，局部水合物层沉积厚度增加迅速，水合物沉积层最厚处从井口处逐渐下移，距泥线深度 0~200m 处水合物层沉积速率较快，形成水合物沉积的高风险区，而非管柱流体温度最低的泥线位置。

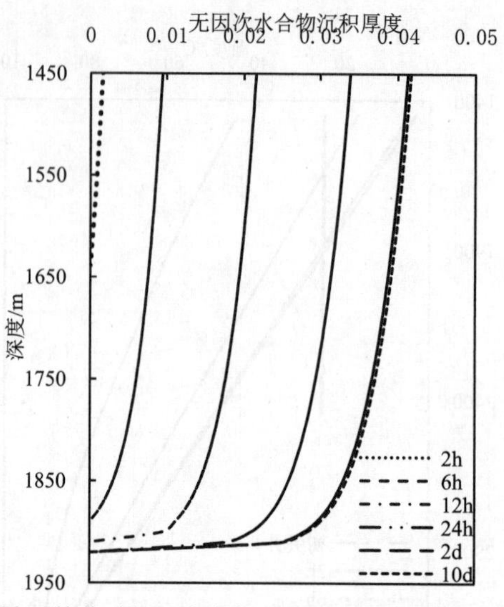

图 4 关井时长对水合物沉积层厚度的预测结果

通过模拟计算结果可以看出，对于同一口深水气井，关井时间变长会增大水合物生成风险区域，并使水合物沉积高风险区域向管柱更深位置移动，增大深水气井关井期间水合物防治难度。

(2) 关井前产量的影响。利用本文模型对关井前不同产量条件下的深水气井关井期间管柱内水合物沉积层厚度进行预测，得到管柱不同位置处水合物沉积层厚度。从图 5 可以看出，关井初期，气体流量的差异对于水合物生成区域影响较大，但对于井筒温压环境稳定后水合物生成区域影响不大。

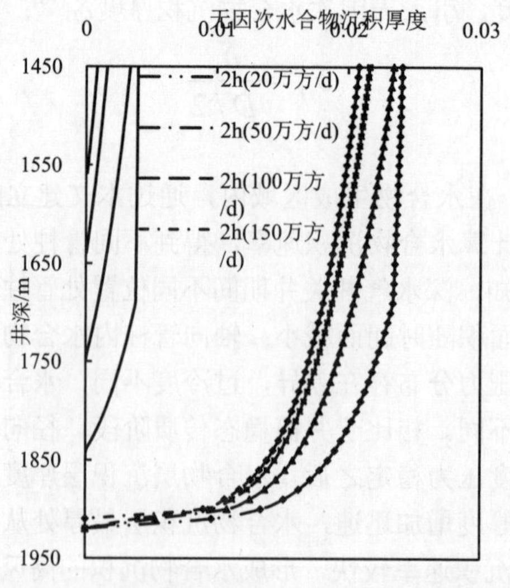

图 5 气井关井初期水合物生成区域的预测结果

从图 6 可以看出，深水气井关井期间井内流体自由水析出量低，从井底到井口，当关井前气体流量升高，管柱同一位置处天然气含水饱和度增加，微元体内有更多的水蒸气，气体流量对水合物生成区域影响不大，但对于同一位置处的水合物层沉积速率影响显著。随着关井期间管柱温度降低，在水合物平衡区域内自由水析出为水合物层在壁面生长提供更多液态水，相同关井时间内水合物层沉积厚度增加，水合物生成风险升高。

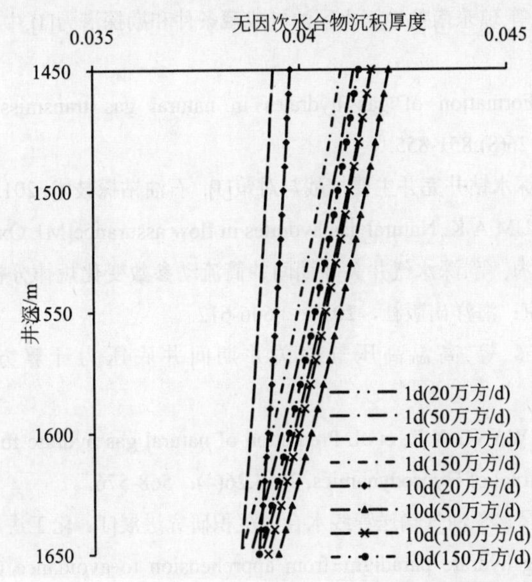

图 6 深水气井关井期间不同产量水合物沉积层厚度预测结果

6 结论

本文针对我国南海深水气井避台期间泥线关井特点，综合考虑了关井期间管柱内温度分布、压力分布、含水饱和度分布，对关井期间水合物生成区域和沉积层厚度进行预测，便于判断关井期间管柱内水合物生成沉积的可能性，得出以下结论：

（1）基于气、液两相接触关系传质传热特征，对深水气井关井期间管柱内流体温度压力变化过程进行描述，将深水气井关井期分为径向温降和稳态传质两个时期，建立了深水气井关井期间管柱内水合物生成沉积定量预测模型。

（2）结合水合物生成热力学自由水消耗速率和关井期间自由水析出机理，发现关井期间自由水凝结值远小于水合物生成需求值，得到自由水析出速度是深水气井关井期间水合物生成速度的限制条件。

（3）以南海琼东南盆地某深水气井为例，对关井期间管柱内天然气水合物沉积层厚度进行了预测分析。结果表明：深水气井关井初期管柱内水合物生成高风险区域多发生在最大过冷度处即泥线附近，随着关井时间增加，水合物生成高风险区不断下移，在泥线 0~200m 处达到稳定，变化幅度很小；关井前产量对于水合物生成高风险区位置影响不大，但对于同一位置处的水合物层生成速度影响显著，水合物生成风险增大。

参 考 文 献

1 王振峰,李绪深,孙志鹏,等.琼东南盆地深水区油气成藏条件和勘探潜力[J].中国海上油气,2011, 23(1)：7-13.

2 EG Hammerschmidt. Formation of gas hydrates in natural gas transmission lines[J]. Industrial & Engineering Chemistry, 26(8):851-855.

3 孙宝江, 张振楠. 南海深水钻井完井主要挑战与对策[J]. 石油钻探技术, 2015, 43(4): 1-7.

4 Sloan E D, KOH C A, SUM A K. Natural gas hydrates in flow assurance[M]. Oxford: Elsevier Inc, 2011

5 郭艳利, 孙宝江, 高永海, 等.深水气井关井期间井筒流动参数变化规律分析[C]. 第二十七届全国水动力学研讨会文集,北京：海洋出版社，2016： 606-612.

6 尹邦堂, 李相方,李骞,等.高温高压气井关井期间井底压力计算方法[J]. 石油钻探技术, 2012,40(3):87-91.

7 WANG Z Y, SUN B J, WANG X R, et al. Prediction of natural gas hydrate formation region in wellbore during deepwater[J]. Journal of Hydrodynamics, 2014,26(4)：568-576.

8 宋光春, 李玉星, 王武昌, 等.油气输送管线水合物沉积研究进展[J]. 化工进展,2017,36(9)：3164-3172.

9 Sloan, E D. A changing hydrate paradigm−from apprehension to avoidance to risk management. Fluid Phase Equilib. 2005, 228−229, 67−74.

10 李林涛, 万小勇, 李渭亮, 等.高压井下安全阀的研制及性能评价[J].重型机械， 2018（6）： 12-14.

11 张亮, 张崇, 黄海东, 等. 深水钻完井天然气水合物风险及预防措施——以南中国海琼东南盆地QDN-X 井为例[J]. 石油勘探与开发, 2014, 41(6): 755-762.

12 Zerpa, Sloan, Sum, Koh. Overview of CSMHyK: A transient hydrate formation model. J. Pet. Sci. Eng. 2012, 98−99, 122−129.

13 Turner, Miller, Sloan. Methane hydrate formation and an inward growing shell model in water-in-oil dispersions[J]. Chemical Engineering Science, 2009, 64(18):996-4004.

14 Zhiyuan Wang, Yang Zhao, Baojiang Sun, et al. Modeling of Hydrate Blockage in Gas-Dominated Systems[J]. Energy&Fuels, 2016, 30, 4653−4666.

15 Hasan A R, Kabir C S et al .Analytic Wellbore Tempertature Model for Transient Gas-Well Tesing[C].SPE 84288, 2003.

16 张振楠, 孙宝江, 王志远, 等. 深水气井测试天然气水合物生成区域预测及分析[J]. 水动力学研究与进展A 辑, 2015, 30(2)：167-172.

17 Ramey. Wellbore heat transmission[J].Journal Petroleum of Technology,I962,14 (04):427-435.

18 陈光进, 马庆兰, 郭天民.气体水合物生成机理和热力学模型的建立[J].化工学报, 2000, 51(5):626-671.

19 齐明明, 李相方, 邓淑然.考虑井筒相态变化的凝析气井关井静压计算[J].天然气工业,

2009,29(1):89-93.

20 王志远,赵阳,孙宝江,等. 井筒环雾流传热模型及其在深水气井水合物生成风险分析中的应用[J].水动力学研究与进展: A 辑, 2016, 31(1): 20-27.

21 [21] 张忍德，吕学伟，黄小波，等.铁矿粉接触角的测试及影响因素分析[J].钢铁研究学报,2012, 24(12):57-62.

22 陈涛，张国亮.化工传递过程基础[M]化学工业出版社, 2009.

23 宁英男，张海燕，周贵江.天然气含水量图数学模拟与程序[J].石油与天然气化工, 2000, 29 (2):75-77.

24 诸林，白剑，王治红.天然气含水量的公式化计算方法[J].天然气工业, 2003,23(3):118-192.

25 Green, Sawyer, David.Pressure and temperature dependence of self-diffusion in water[J].,Faraday Discussions of the Chemical Society，1978，199-208.

26 Review of Scientific Instruments, 2014, 85(9)：095120.

27 Rao, Koh, E. Sloan, et al. Gas Hydrate Deposition on a Cold Surface in Water-Saturated Gas Systems[J]. IndEngChem Res, 2013, 52, 6262−6269.

28 Vysniauskas A, Bishnoi P. A kinetic study of methane hydrate formation[J]. Chemical Engineering Science, 1983, 38(6): 1061-1072.

Quantitative prediction of hydrate formation and deposition in shut-in tubing for deepwater gas wells

TONG Shi-kun[1], WANG Zhi-yuan[*,1,2], ZHANG Wei-guo[3],ZHANG Jian-bo[1], PAN Shao-wei[1], FU Wei-qi[1],SUN Bao-jiang[1,2]

(1. Offshore Petroleum Engineering Research Center, School of Petroleum Engineering, China University of Petroleum (East China), Qingdao 266580,*corresponding author Email:wangzy1209@126.com；2.Key Laboratory of Unconventional Oil & Gas Development (China University of Petroleum (East China)), Ministry of Education, Qingdao 266580, P. R. China；3.Technical Center of Deepwater Engineering, Shenzhen Branch Comnpany, CNOOC,Shenzhen, Guangdong, 518067, China;)

Abstract: Typhoons frequently occur in the deepwater of South China Sea in summer, which will affect the normal testing and production operations. The fluid in the tubing is static for a long time after the shut-in during the period of typhoon avoidance, and the low temperature and high pressure near the mud line sharply increases the risk of hydrate formation and decomposition. According to the heat transfer characteristics of the fluid in the well after the shut-in, it is divided into two stages: radial unsteady state and radial steady state. Based on the water molecules diffusion and mass transfer theory and condensation mechanism, hydrate formation and deposition quantitative prediction model in tubing is established after shut-in, while considering the hydrate formation and deposition mechanism in tubing and analyzing the rate of hydrate formation and deposition when free water is abundant and shut-in. Taking the deepwater gas well in the Qingdongnan Basin of the South China Sea, the hydrate formation and deposition rate after shut-in are quantitatively predicted. The result suggest that the thickest part of the hydrate deposit in the deepwater gas well is located near 0~200m below the mud line and the main influencing factor is the shut-in time and the water content of the well, and obtains the prediction diagram of hydrate formation in shut-in operation. The model established in this paper can meet the quantitative prediction requirements of hydrate formation and deposition in the tubing of deep water gas well after shut-in, which effectively improve the hydrate prevention plan. The diagram can help field staff to judge the thickness of hydrate formation and deposition in the tubing during the shut-in period and guide the field work.

Key words：deepwater gas well；shut-in；water molecule diffusion；hydrate formation and deposition

参数化定义螺旋桨侧斜及其优化设计研究

周斌[1]，李亮[1]，薛强[2]

1. 中国船舶科学研究中心船舶振动噪声重点实验室，无锡，214082, Email:htrmax@163.com

2. 渤海船舶重工有限责任公司 ，葫芦岛市，125004

摘要：螺旋桨工作于船后非均匀伴流场中会引起螺旋桨桨叶载荷非定常变化，进而引发螺旋桨、轴系及船体的震动和噪声问题。螺旋桨设计时引入侧斜可以使桨叶不同半径的剖面在不同时刻进入流场的峰值，有助于减小桨叶的非定常力。本研究在分析螺旋桨侧斜分布特征的基础上，采用最大侧斜角、侧斜分配形式等 5 个参数对螺旋桨侧斜进行了参数化定义，结合 CSSRC 非定常升力面涡格法和粒子群优化算法，以最小轴向非定常力为优化目标，开展了螺旋桨侧斜优化设计研究。研究表明采用目前的侧斜参数化定义方法可以很好的反映螺旋桨侧斜分布特征，非定常升力面涡格法和粒子群优化算法的结合也有助于较快速和便捷的找到非定常力大幅减小的侧斜分布形式，可以为螺旋桨的侧斜优化提供参考和借鉴。

关键词：侧斜参数优化；非定常力；升力面；

1 引言

螺旋桨工作于船后非均匀伴流场中，在螺旋桨旋转一周内，桨叶各半径剖面的来流攻角随着当地伴流的不同而时刻变化，导致桨叶上承受周期性变化的力，这种螺旋桨叶上的非定常载荷会使螺旋桨产生激振力会引起螺旋桨桨叶载荷非定常变化，进而引发螺旋桨、轴系及船体的震动和噪声问题。螺旋桨设计时引入侧斜可以使桨叶不同半径的剖面在不同时刻进入流场的峰值，有助于减小桨叶的非定常力。如何选取、优化合理的螺旋桨侧斜分布，使得螺旋桨的非定常力能够得到有效控制是螺旋桨设计者一直关注的问题。

在螺旋桨水动力性能优化方面，国内相关学者开展了大量的研究工作，赵威[1-2]利用优化软件ISIGHT，以改善螺旋桨表面的压力分布，提升空化性能为目标，对螺旋桨的的螺距和拱度分布进行了优化设计，所采用的计算工具为面元法和RANS方法。周斌、黄树权等[3-4]分别采用粒子群优化算法PSO和遗传算数，从桨叶剖面优化着手，对螺旋桨的水动力效率进行优化。在螺旋桨侧斜等参数优化方面，任万龙等[5]对螺旋桨的侧斜和纵倾采用贝塞尔曲线来表达，然后采用面元法对螺旋桨进行水动力预报，以改善螺旋桨敞水效率为优化目标，采用粒子群PSO方法对螺旋桨的侧斜和纵倾进行了优化；蔡昊鹏等[6],采用B曲线对侧斜进行多个控制点的重新表达研究，然后采用非定常面元法对螺旋桨进行非定常水动力预报，以减小螺旋桨轴承力为优化目标，采用粒子群PSO方法对螺旋桨的侧斜进行了优化研究。从上述螺旋桨的水动力性能以及侧斜的优化设计的相关研究工作可以看出。目前在螺旋桨设计及性能设计方面，采用优化方法已成为螺旋桨性能提升的重要手段，其次对于螺旋桨侧斜的表达方面，目前多采用B样条或者贝塞尔曲线，设置一系列控制点来对侧斜进行重新表达，然后通过调整控制点的方式来优化侧斜。上述方法可以获得较为光顺的侧斜分布，但是在侧斜的表达上忽略了侧斜的物理意义特征量，因而容易引起寻优范围与优化效率之间成反比的矛盾。

本研究在分析螺旋桨侧斜分布特征基础上，采用最大侧斜角、侧斜分配形式等5个参数对螺旋桨侧斜进行了参数化定义，结合CSSRC非定常升力面涡格法和粒子群优化算法，以最小轴向非定常力为优化目标，开展了螺旋桨侧斜优化设计研究。

2　螺旋桨侧斜参数化定义方法

螺旋桨的侧斜主要目的是让螺旋桨叶片各剖面交错的出现在伴流峰值区域。从而减小螺旋桨由于伴流引起的攻角变化产生的轴承力。因此从物理角度，我们一般会以侧斜的某些分布特征来描述一种具体的侧斜分布形式。如反映侧斜最小值和最大值之间的角度差定义为最大侧斜角；侧斜一般有负角度和正角度，此时将侧斜分布与 0°角的交点定义为侧斜平衡点；此外在实际侧斜分布当中，侧斜极小与极大值的比例、侧斜极小值的位置等都是与流场的分布密切联系的量。据此，为了能更直观的定义侧斜分布，我们在引入了以下参数：S1，最大侧斜角; S2，平衡点位置; S3，侧斜在负轴和正轴的分配比例; S4，最小侧斜位置,平衡位置乘以系数; S5，外半径处的侧斜回调比例。

据上述 S1~S5 的参数定义可以换算 P1~P5 点。然后通过 P1~P5 点作为控制点拟合得到整个侧斜分布曲线，侧斜分布的控制点及拟合曲线见图 1。

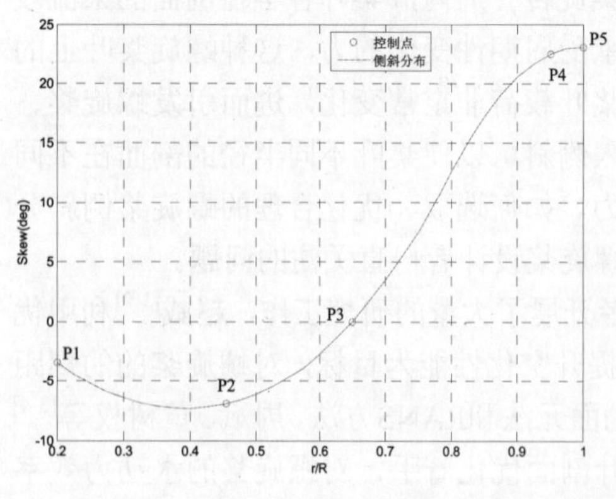

图 1　侧斜分布的控制点及拟合曲线

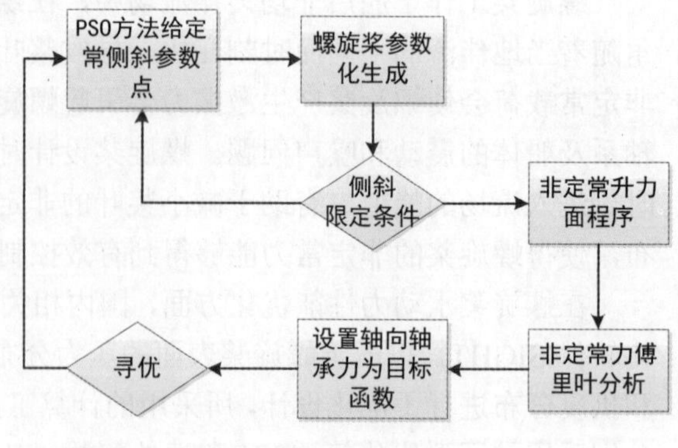

图 2　螺旋桨侧斜优化设计流程

3 螺旋桨侧斜优化设计方法

3.1 优化设计流程

根据上节中的螺旋桨侧斜参数化定义方法，结合非定常升力面涡格法程序，采用粒子群优化算法（以下简称 PSO）方法为优化框架，我们构建了螺旋桨侧斜优化设计自动化工作流程。首先采用 PSO 方法随机产生一系列 S1~S5 的设置参数，其中 S1~S5 可以设置限制范围，然后对侧斜进行初步的光顺性判断，合格的侧斜分布带入升力面程序计算非定常轴承力，然后设置某一方向、阶数的轴承力为目标函数，进行 S1~S5 参数的寻优设计工作。整个优化设计流程见图 2。

3.2 非定常升力面方法

由于螺旋桨的非定常力计算，需要提取螺旋桨在几个周期范围内稳定运行的轴承力，因此计算耗时较长，选择合适的求解工具对于优化算法的效率极为关键。考虑的计算量、计算资源，目前普遍采用求解器仍是势流求解器。本文选择了非定常升力面涡格法程序来预报螺旋桨非定常轴承力，参考其对于 DTRC4119 桨在 3 周期伴流中的计算结果[1]（见图 3 和图 4），可见目前采用非定常升力面涡格法预报一阶叶频的轴向非定常力在预报速度和预报精度方面能够达到较好的效果。

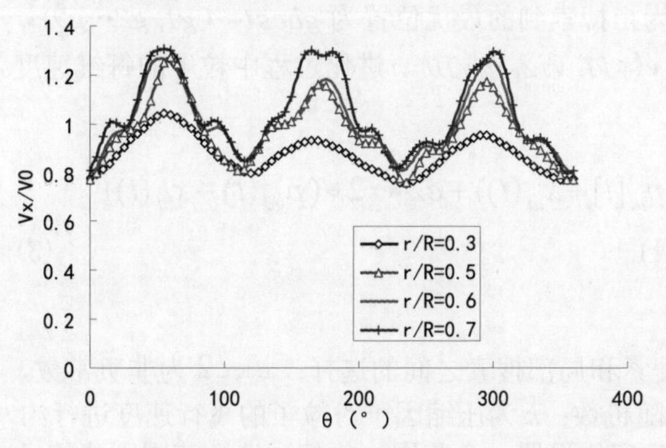

图 3 DTRC 3 周期伴流分布

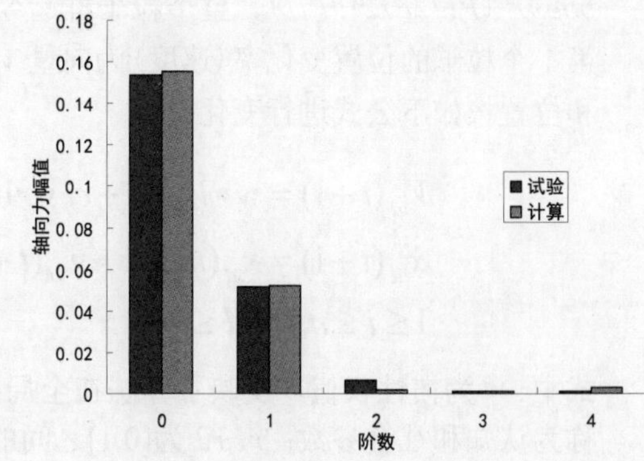

图 44119 桨在 3 周期伴流中非定常力计算结果

非定常升力面方法是基于如下假设：螺旋桨运动在一个无黏无旋不可压的无限流场中，则流场中螺旋桨引起的扰动速度势满足：

$$\nabla^2 \phi(p,t) = 0 \tag{1}$$

同时满足桨叶表面不可穿透条件、外边界辐射条件、Kutta 条件等。在上述条件下通过数值离散、格林公式等方法可求得桨叶面上的扰动速度势，然后利用运动坐标系下的柯西一拉格朗日积分公式，可获得桨叶上的涡强分布，根据求解的桨叶表面涡强，可以进一步求出桨叶面上的压力分布，再对整个桨叶表面作压力积分，即可求得作用在桨叶上的力和一周期内整个螺旋桨的轴承力。

轴承力的计算结果可以采用下式进行了无量纲化：

$$K_{Fx}=\frac{F}{\rho n^2 D^4} \tag{2}$$

其中 ρ,n,D 分别为介质密度、螺旋桨转速和直径。

3.2 粒子群优化设计方法（PSO 方法）

粒子群优化(Particle Swarm Optimization, PSO)，又称微粒群算法，是由 J. Kennedy 和 R. C. Eberhart 等于 1995 年开发的一种演化计算技术[7]，来源于对一个简化社会模型的模拟。其中“群(swarm)”来源于微粒群，PSO 算法简单，编程容易，收敛相对较快的特点。

粒子群优化算法数学描述为：设搜索空间为 D 维，总粒子数为 n，第 i 个粒子位置表示为向量 $xi=(xi1, xi2\cdots xiD)$，第 i 个粒子迄今为止搜索到的最优位置为 $pbesi=(Pi1, Pi2\cdots PiD)$，整个粒子群迄今为止搜索到的最优位置为 $gbest=(g1, g2\cdots gD)$，第 i 个粒子的位置变化率(速度)为向量 $v=v(vi1, vi2, \cdots viD)$。进化过程中粒子的每维速度和位置按如下公式进行变化。

$$\begin{aligned}
&V_{id}(t+1)=w\bullet V_{id}(t)+cl\bullet r1(p_{id}[i]+x_{id}(t))+c2\bullet r2\bullet(p_{gd}(t)-x_{id}(t))\\
&x_{id}(t+1)=x_{id}(k)+k\bullet v_{id}(t+1)\\
&1\le i\le n,1\le d\le n
\end{aligned} \tag{3}$$

式中：w 为惯性权值，反映了算法在全局搜索和局部搜索之间的选择；$c1,c2$ 为非负常数，称为认知和社会参数；$r1,r2$ 为[0,1]之间的随机数；k 为压缩因子对粒子的飞行速度进行约束；通常还需要对粒子中每维的位置和速度变化设置一个范围，如超过这个范围则将其设置为边界值。粒子群的初始位置和速度由随机产生。

在螺旋桨侧斜优化过程中，根据定义的螺旋桨参数 n，设置随机变量数组 C，根据种群的规模 n，便可以在初始侧斜的基础上得到 n 组的参数化侧斜分布。然后对每个侧斜分布进行非定常升力面的计算获取这一组 n 条侧斜分布的局部最小轴向非定常力时，侧斜参数化时的位置 p，并将 p 幅值给全局最佳位置数组 pgd（t），上述过程即为完成了一次进化(迭代)。重复上述过程就可以渐进式的获取每次进化过程中侧斜分布的最佳位置，并对参数进行调整，获取非定常力逐渐减小的侧斜分布方案。

4　螺旋桨侧斜优化设计应用

4.1 研究对象

为了验证整个优化设计流程的优化效果，我们选取了一高速集装箱船螺旋桨作为优化设计对象，原型螺旋桨的主要参数如表 1 所示。其三向流场分布见图 5。

表 1　螺旋桨主要参数

参数	数值
直径 D(m)	8.0
叶数 Z	6
毂径比 d/D	0.194
盘面比 Ae/Ao	0.9530

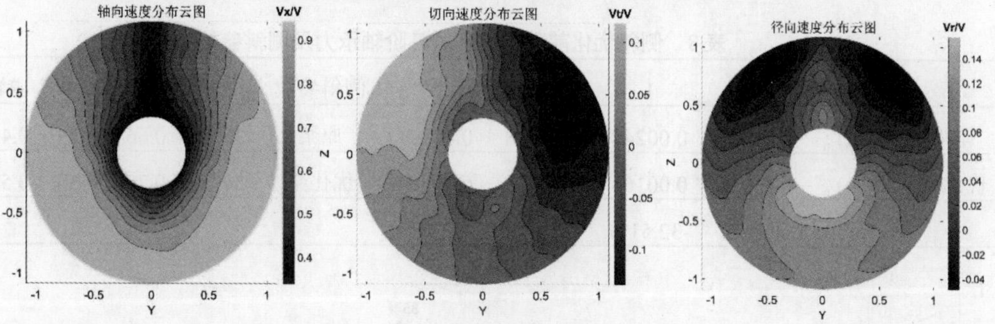

图 5　高速集装箱船的三向流场分布

对螺旋桨的轴向来流进行傅里叶分析结果见图 6，可以看出流场中 1~3 阶量较高，5~7 阶量幅值相当，量级均在 2%左右。原型螺旋桨的侧斜分布见图 7。原桨在设计状态的非定常力计算结果见表 2。

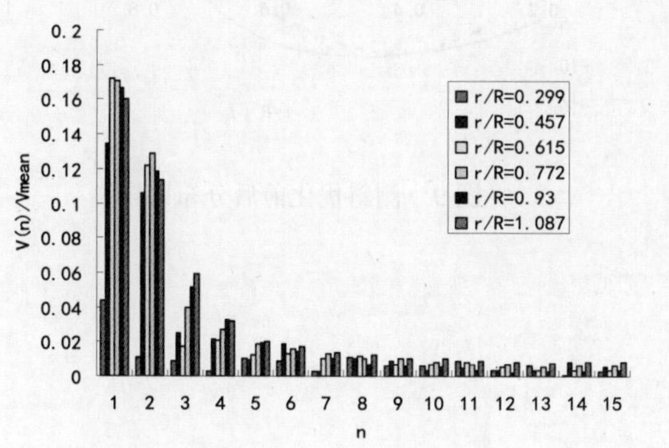

图 6　螺旋桨轴向来流傅里叶分析结果

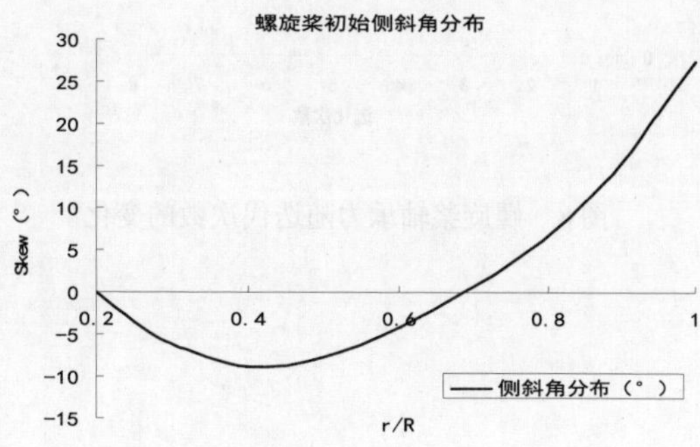

图 7　原桨初始侧斜角分布

表 2　原型桨在设计工况下各阶轴向非定常轴承力

阶数（叶频）	0	1	2	3
$(\boldsymbol{K}_{Fx})_n$	0.21822	0.00243	0.00028	0.00021

4.2 优化结果

采用 3.1 中的优化设计流程，对集装箱船螺旋桨侧斜进行了优化设计，PSO 算法中每次种群数设置为 20，侧斜最大角度限制在 40° 以内，迭代了 9 次，计算时间约 15 h。完成 9 次迭代 180 次计算后，得到的优化侧斜方案最终的轴承力计算结果见表 3。从中可以看出，优化螺旋桨的平均力与原螺旋桨的平均力差别为 0.8%。其水动力的差别可以忽略，其各阶叶频的轴向轴承力均有显著减小。侧斜优化后，螺旋桨轴向 1 阶非定常轴承力较原方案了下降了 32%左右。优化过程、优化侧斜与原侧斜的比较见图 8 和图 9。螺旋桨侧斜优化前后三维造型比较见图 10。

表 3　侧斜优化前后螺旋桨的各阶轴承力及侧斜参数

	阶数(n)	0	1	2	3	侧斜参数	S1	S2	S3	S4
原桨	$(\boldsymbol{K}_{Fx})_n$	0.21822	0.00243	0.00028	0.00021	原桨	36.29	0.66	0.29	0.40
优化桨	$(\boldsymbol{K}_{Fx})_n$	0.21656	0.00164	0.00006	0.00004	优化桨	39.86	0.75	0.30	0.50
Δ	-	-0.76%	-32.51%	-78.57%	-80.95%	-	-	-	-	-

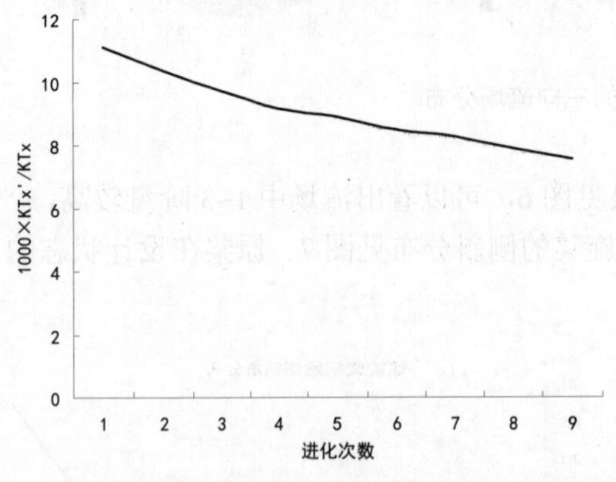

图 8　螺旋桨轴承力随迭代次数的变化

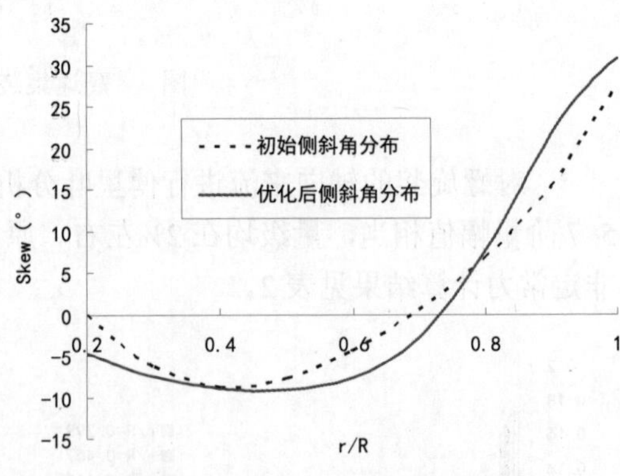

图 9　侧斜优化前后分布比较

a）优化前螺旋桨三维造型　　　　b）优化前螺旋桨三维造型

图 10　螺旋桨侧斜优化前后三维造型比较

5　结论展望

本研究通过对螺旋桨侧斜的定义及构成进行了分析，构建了以螺旋桨最大侧斜角、侧斜分配形式等 5 个参数的螺旋桨侧斜参数化构成方式，结合粒子群优化算法、非定常涡格升力面方法，以最小轴向 1 阶轴承力为优化目标，以高速集装箱船螺旋桨为应用对象开展了螺旋桨侧斜的优化设计研究工作。通过优化设计计算得到如下结论。

（1）采用文中的螺旋桨参数定义方式能够较好的实现侧斜定义及控制点之间的转化，便于扩大侧斜寻优的范围。

（2）构建了侧斜参数化+粒子群+非定常涡格升力面方法的螺旋桨侧斜优化流程，计算表明该优化设计方法可以在同一计算工具内较为快速的寻找到大幅减小螺旋桨非定常轴承力的侧斜优化方案。

减小高速船舶轴承力是螺旋桨及船体尾部设计的重要议题，本文所述方法构建了螺旋桨侧斜的优化设计流程，理论上适用于更高阶轴承力的优化设计问题，现阶段由于高精度求解器、来流条件的限制，更高阶轴承力的求解及优化仍缺乏有效的验证。后续随着高精度求解器的不断涌现，有望针对高阶轴承力为优化目标，开展螺旋桨侧斜更细致的优化设计工作。

参 考 文 献

1　赵威，杨晨俊．船舶螺旋桨螺距及拱度的优化设计研究．中国造船，2010，51(1)：1-8;

2 程成，须文波，冷文浩．基于ISIGHT平台DOE方法的螺旋桨敞水性能优化设计．计算机工程与设计，2007，28(6)：1455-1459．

3 周斌．四桨两舵大型船舶螺旋桨的面元法设计研究．哈尔滨：哈尔滨工程大学，2010：68-69．

4 黄树权．基于遗传算法的螺旋桨性能优化研究．大连：大连理工大学，2009：55-56．

5 任万龙，耗宗睿．基于纵倾与侧斜的螺旋桨优化设计．山东科学，2016，(4):8-11;

6 蔡昊鹏，马骋．确定螺旋桨侧斜分布的一种数值优化方法．船舶力学，2014，18：771-777;

7 KENNEDY J，EBERHART R C．Particle swarm optimizadon IEEE International Conference on Neural Networks．Perth Australla：IEEE ServiceCenter，1995：1942-1948．

Parameterization and optimization of propeller skew

ZHOU Bin, LI Liang, XUE Qiang

（China Ship Scientific Research Center national key laboratory on ship vibration & noise，Wuxi 214082, Email:htrmax@163.com）

Abstract：Apropeller operating in the non-uniform wake field which result in spatial and temporal fluctuations of blade angle of attack. These angle of attack fluctuations result in unsteady blade loadings and the generation of propeller noise. The purpose of introducing skew is to make propeller sections enter wake peak at different time, so as to reduce the unsteady force of propeller. The present work introduce a parameterized definition method of skew combining lift surface method and PSO optimization method, the propeller skew optimization process can be carry out. Calculation result shows the current optimization process is very efficient, which can provide a reference for the optimization of propeller skew.

Key words：Propeller；Propeller skew optimization；Unsteady force; Lift surface method;

波浪与多潜体相互作用的非线性数值模拟

张时斌，王博，张信翼，宁德志

(大连理工大学海岸和近海工程国家重点实验室，大连，116024, Email: 296378071@qq.com)

摘要：多潜体结构在海洋工程中广泛存在，波浪经过潜体结构会与其产生复杂的非线性相互作用，波浪的反射和透射（尤其是高阶分量的透射）的变化情况可能影响周边海域航行条件及诱发水体共振等问题。基于势流理论，本文采用域内源造波技术的时域高阶边界元方法建立了研究非线性波浪作用的二维数值波浪水槽模型。模型中运用两点法分离得到潜体前后各组成波浪的形态。通过数值试验，，研究得到波浪反射系数和透射系数随潜体空间位置的相应变化规律。研究发现：波浪反射系数和无量纲化的高阶谐波波幅随水平淹没圆柱间距以约 0.5 倍波长为重现距离作周期性振荡变化。

关键词：非线性数值模拟；势流理论；多潜体；高阶谐波；

1 引言

海洋工程中大量使用各种潜体结构。波浪在越过潜体时由于水深突然变浅，会因为非线性浅水效应产生与基频波同速的高阶锁相波，波浪通过潜体结构后，随着水深增加锁相波释放为自由波。波浪能量的重新分配可能对潜体下游的船舶航行条件、建筑物安全以及潜体自身造成影响，因此研究波浪与潜体的相互作用有着重要意义。

此前，已有许多学者已经对波浪与潜体相互作用开展了大量的研究。Grue[1]实验研究表明，入射波幅较小时，透射波中的 n 阶分量分别与入射波幅 n 次方成正比。随着入射波幅进一步增加，高阶谐波振幅会增大到饱和而后衰减。Cointe[2]采用满足完全非线性自由表明条件的势流模型对堤后高阶谐波进行数值模拟，发现堤后二阶谐波随入射波幅变化与 Grue 等[3]的实验吻合良好。陈丽芬[4]在弱非线性条件下，通过数值模拟发现潜堤后侧基频，二倍频和三倍频的高阶谐波幅值随入射波波幅增大分别呈一次，二次和三次函数关系增长，与 Grue[1]的结果一致。Beji 等[5]通过观察由不同的波谱，波频和波高组合成的 12 种入射波的波能谱随波浪在淹没潜堤地形上传播的空间变化，在潜堤上部观察到高阶分量的产生；Shen 等[6]将 IB-VOF 组合模型用于对行进在浅水区的非线性色散波的数值模拟，并将得到的自由水面高程与实验数据和其他研究者的数值结果进行比较，认为该模型能够很好地模拟出受强非线性效应影响的浅水波波形。Patarapanich[7]发现浸没的水平板前反射系数随板长和波长之比呈周期性变化。上述研究大都是基于单个潜体问题，而实际海洋工程中也经常出现多潜体并列作业情况，其诱发的高阶自由谐波和波浪反射不同于单潜体工况，相关研究还不多，本文将针对不同潜体间距布置情况进行数值模拟研究。

2　数学模型

考虑波浪与 n 个相同水平圆柱潜体相互作用问题（图 1），建立笛卡尔直角坐标系 *Oxz*，*z* 轴向上为正，*x* 轴正方向向右，与波浪传播方向同向。设置静水面作为 z=0 平面，图中 r 表示圆柱潜体的半径，h 表示静水深，h_i 为潜体 C_i 的淹没水深，d_i 表示潜体 C_i 与 C_{i+1} 的净间距（即相邻圆柱的最短距离），S_F 为自由水面，S_O 为出流边界，S_B 为底面边界和物面边界，S_I 为入射边界。为保证所得数据不受边界影响并且相对稳定，在潜体前后方一倍波长附近各设置 4 个测波点用于分析波浪组分，还在水槽两端分别布置阻尼层以消除边界引起的波浪反射。本文假设流体为无黏、不可压缩及流动无旋，则计算域内可用速度势来对流场进行描述。为了避免入射边界引起的波浪二次反射，在计算域内内嵌造波源产生入射波浪，这时速度势满足泊松方程：

$$\nabla^2\phi = q^*(x,z,t) \tag{1}$$

式中，$\nabla^2 = \dfrac{\partial^2}{\partial x^2} + \dfrac{\partial^2}{\partial y^2}$ 为二维拉普拉斯算子，$q^*(x,z,t) = 2v\delta x$ 为造波源强度，造波位置为入射边界（x=0），v 为流体质点速度，给定为二阶斯托克斯波解析解。

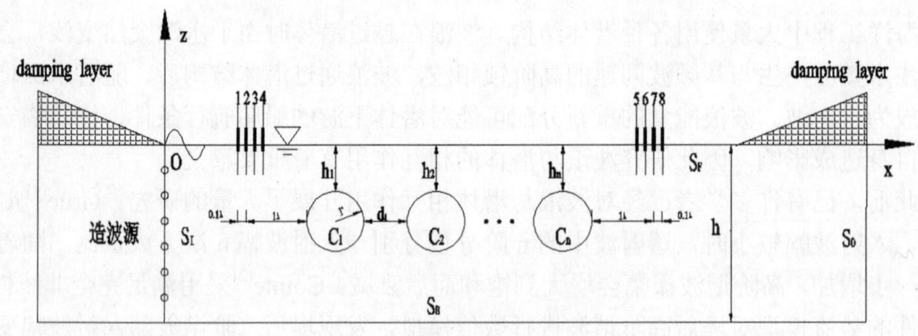

图 1　二维数值水槽示意图

自由水面边界条件满足完全非线性动力学和运动学边界条件，并采用欧拉-拉格朗日方法捕捉和更新自由表面，则自由表面条件可表示为：

$$\frac{dx}{dt} = \frac{\partial\phi}{\partial x} \text{ 在 } S_F \text{ 上} \tag{2}$$

$$\frac{d\eta}{dt}=\frac{\partial\phi}{\partial z}-\nu(x)\eta \text{ 在 } S_F \text{ 上} \tag{3}$$

$$\frac{d\phi}{dt}=-g\eta-\frac{1}{2}\left|\nabla\phi\right|^2-\nu(x)\phi \text{ 在 } S_F \text{ 上} \tag{4}$$

式中，η 表示自由水面；g 表示重力加速度；阻尼项 υ 表示如下：

$$\nu(x)=\begin{cases}\omega\left(\dfrac{x-x_{1,2}}{L_b}\right)^2 & x<x_1\text{或}x>x_2\\ 0 & \text{其他}\end{cases} \tag{5}$$

式中，L_b 为阻尼层宽度，取为 1.5 倍波长；$x_{1,2}$ 分别为左右阻尼层起始位置。

水槽底部和物面 S_B,满足不可穿透边界条件。

利用格林第二公式来求解域内速度势得到边界方程：

$$\alpha(p)\phi(p)=\int_S\left[\phi(q)\frac{\partial G(p,q)}{\partial n}-\partial G(p,q)\frac{\partial\phi(q)}{\partial n}\right]dS+\int_\Omega q^*G(p,q)d\Omega \tag{6}$$

式中，$p=(x_0, z_0)$为源点；$q=(x,z)$为场点；$\alpha(p)$为固角系数；S 为流域边界；G 为简单格林函数。为减少计算量，使用水底镜像的格林函数来消除掉水底边界积分。

对式（6）进行边界元离散，再将其转换成局部参数坐标（ξ）下的等参单元。为保证物理量连续，采用二次形状函数插值方法插值。之后对离散后的积分方程建立有关速度势和其导数的线性方程组进行求解。在每一时间步都要更新节点和网格，采用四阶 RK 法计算下一时刻的速度势和波面。

波浪传递到潜体后侧后的成分包括锁定波和高阶自由谐波，故可以假设潜体后侧波面为如下形式：

$$\eta(x,\ t)=\sum_{n=1}^{\infty}a_n^{(F)}\cos\left(k_nx-n\omega t+\varphi_n(x)\right)+\sum_{n=1}^{\infty}a_n^{(L)}\cos\left(n\left(kx-\omega t+\varphi_l(x)\right)\right) \tag{7}$$

式中，$a_n^{(F)}$，$a_n^{(F)}$ 分别为 n 阶自由波和锁定波波幅；$\varphi_l(x)$，$\varphi_n(x)$ 分别为基频波和 n（n≥2）阶自由波的初始相位角。波数 k，k_n 色散方程：

$$\begin{cases}\omega^2=gk\tanh kh\\(n\omega)^2=gk_n\tan k_nh,\ ,\ \ =2,3,4...\end{cases} \tag{8}$$

在堤后选取 x 和 x + Δx 两点，将其时间历程进行傅里叶变换结合三角函数正交性可求解得到堤后各波浪组分特征。

3 数值计算及讨论

数值水槽设置长为10λ（即10倍波长），静水深h=0.45m，水槽两端还各设有1.5λ长的阻尼区，用以消减反射波浪。潜体半径r=0.1m。经测试选择在圆柱表面设置40个网格，x、z方向的网格数分别为200（即每波长20个网格单元）和10。时间步长$\Delta t = T/60$。

图2显示波幅A=0.02m，周期T=0.95s的入射波进入布置有3个等间距圆柱潜体的水槽后，t=28T和t=30T两个时间点的沿水槽x方向的波面分布。潜体淹没水深h_i均为0.1m。左，右两图相邻圆柱潜体净距分别为1.297m和2.668m。图像底部竖直虚线代表3个圆柱潜体圆心位置。从图2中可以看出，潜体C_1上游波面规则，但是波浪越过C_1后，与潜体的强非线性作用使得波面的规则性和对称性被破坏。此外，水槽两端没有发生明显的波浪反射，说明消波阻尼层效果良好。同时我们可以发现t=28T和t=30T两个时间点的波面十分吻合，证明了数值模型的稳定性。

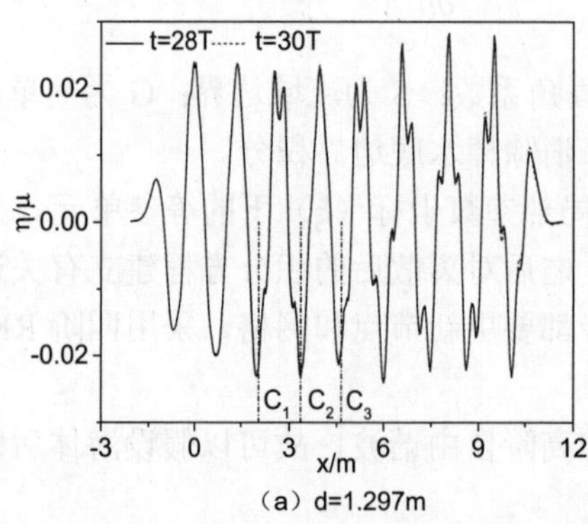

（a）d=1.297m

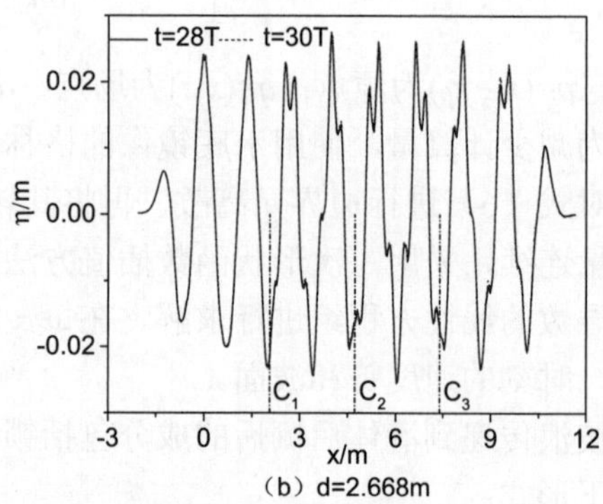

（b）d=2.668m

图2 波面在t=28T和t=30T沿水槽x方向的分布

图3给出n个圆柱间间距同步变化（n=2,3,4），潜体前反射率与潜体后无量纲化的二阶谐波波幅相应的变化情况。从图3可以发现反射系数和二阶谐波波幅均以约0.5倍波长为重现距离作周期性振荡，且二者的变化关系是反相位的，遵循能量守恒定律；图3a中反射系数峰值随着圆柱数量增加而增大，与自然规律相符。在图3b中n=3时我们可以发现在每个重现周期中，存在着一大一小两个峰值，相应的在图3a中本应是波谷的地方反射系数有所上涨。图4给出了四圆柱体系在下述工况中，潜体上游反射率随圆柱间距和下游二阶谐波波幅的变化关系。工况一为上游两相邻圆柱净间距d_1变化，其余净间距恒为0.4m；工况二为d_2变化，其余净间距恒为0.4m；工况三为d_3变化，其余净间距恒为0.4m；从图4中可以发现，三种工况下二阶谐波波幅和反射系数同样随间距均以约0.5倍波长为重现距离作周期性振荡变化，周期性规律并不因间距变化位置的改变而改变；工况一和工况三的图像相位和振幅基本一致，这是由于工况一和工况三的多圆柱体系互相对称，而工况二却

截然不同，其反射系数峰值明显高于前两者，二阶谐波变化规律则与前两者反相位。

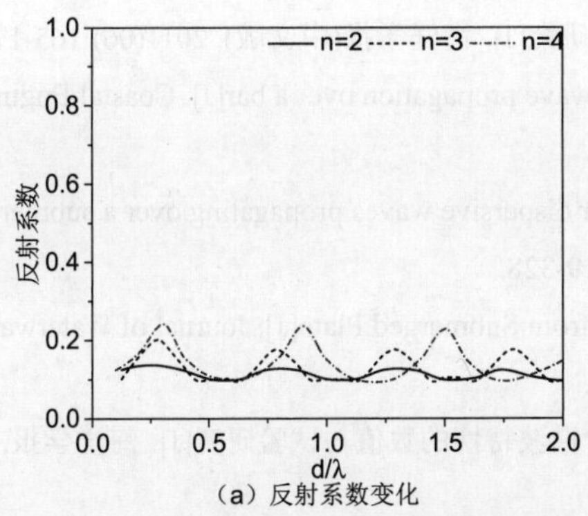

（a）反射系数变化

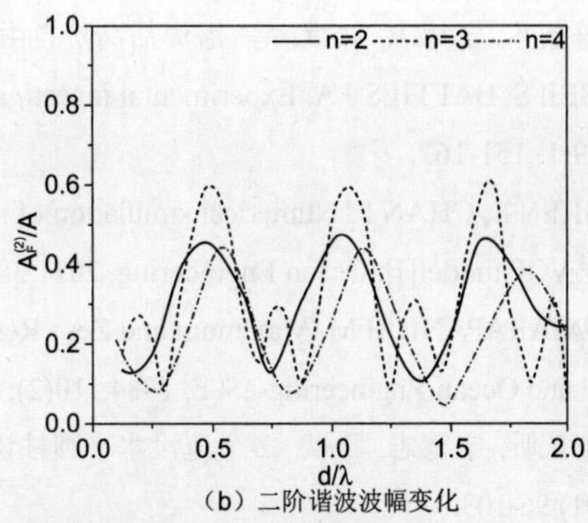

（b）二阶谐波波幅变化

图 3　多种工况下，反射系数及二阶谐波波幅随圆柱间距增加的变化

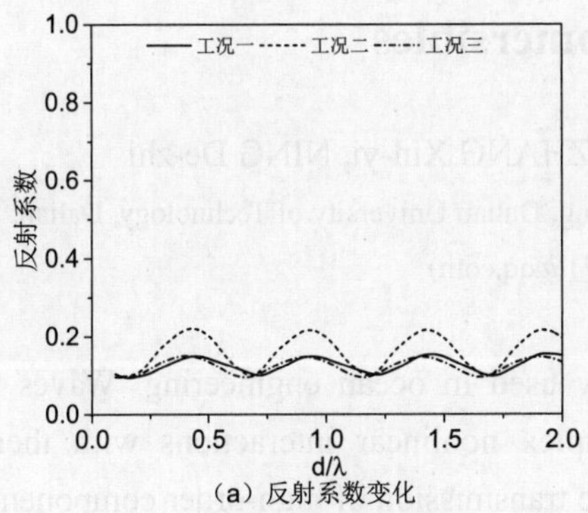

（a）反射系数变化

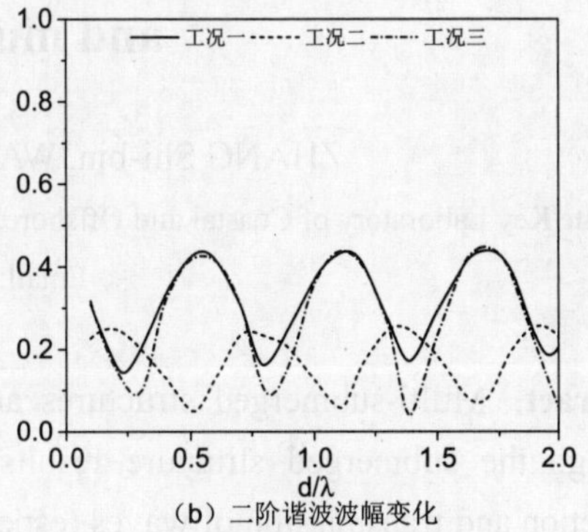

（b）二阶谐波波幅变化

图 4　四圆柱体系的多种工况下，反射系数及二阶波幅随圆柱间距增加的变化

4 结论

本文基于时域高阶边界元方法建立的二维水槽模型研究波浪与多圆柱潜体的非线性相互作用发现：潜体前反射率和二阶透射谐波波幅均随圆柱间距变化作周期性振荡，重现距离约为 0.5 倍波长；圆柱个数和间距变化的的位置不会改变反射系数和二阶谐波周期性变化的规律；圆柱潜体阵列反射效率较低，不适合作为防波建筑物。

参 考 文 献

1　GRUE J. Nonlinear water waves at a submerged obstacle or bottom topography[J]. Journal of Fluid Mechanics, 1992,244:455-476.

2　COINTE R. Nonlinear simulation of transient free surface flows: 5th Zntl Conj. on Numerical Ship Hydrodynamics, Hiroshima, September., Hiroshima, 1989[C].

3 GRUE J, GRANLUND K. Impact of nonlinearity upon waves travelling over a submerged cylinder[J]. Preprint series. Mechanics and Applied Mathematics http://urn. nb. no/URN: NBN: no-23418, 1987.

4 陈丽芬, 宁德志, 滕斌, 等. 潜堤后高阶自由谐波的研究[J]. 海洋学报(中文版), 2011(06):165-172.

5 BEJI S, BATTJES J A. Experimental investigation of wave propagation over a bar[J]. Coastal Engineering, 1993,19(1):151-162.

6 SHEN L, CHAN E. Numerical simulation of nonlinear dispersive waves propagating over a submerged bar by IB－VOF model[J]. Ocean Engineering, 2011,38(2-3):319-328.

7 PATARAPANICH M. Maximum and Zero Reflection from Submerged Plate[J]. Journal of Waterway Port Coastal and Ocean Engineering-ASCE, 1984,110(2):171-181.

8 李庆昕, 宁德志, 滕斌. 多个淹没水平圆柱诱发高阶谐波特性的数值与试验研究[J]. 海洋学报, 2017(01):96-103.

Nonlinear numerical simulation of interaction between waves and multi-submersibles

ZHANG Shi-bin, WANG Bo, ZHANG Xin-yi, NING De-zhi

(State Key Laboratory of Coastal and Offshore Engineering, Dalian University of Technology, Dalian, 116024. Email: 296378071@qq.com)

Abstract: Multi-submerged structures are widely used in ocean engineering. Waves passing through the submerged structure results in complex nonlinear interactions with them. The reflection and transmission of waves (especially the transmission of high-order components) may affect the navigation conditions in the surrounding seas and induces problems such as water resonance. Based on the potential flow theory, this paper establishes a two-dimensional numerical wave tank model for studying nonlinear wave action by using the time domain high-order boundary element method of the domain internal wave-making technique. In the model, the two-point method is used to separate the forms of the wave before and after the submerged body. Through numerical experiments, the corresponding variation law of wave reflection coefficient and the transmission coefficient with the spatial position of the submerged body is obtained. It is found that the wave reflection coefficient and the dimensionless high-order harmonic wave amplitude change periodically with the horizontal distance of the submerged cylinder spacing with a reproduction distance of about 0.5 times.

Key words: Nonlinear numerical simulation; Potential flow theory; Multi-submersible; Higher harmonics.

随机海浪中船舶波浪载荷与砰击载荷的时域水弹性响应分析

焦甲龙[1]，陈超核[1]，任慧龙[2]，李辉[2]

(1.华南理工大学 土木与交通学院，广州，510641；2.哈尔滨工程大学 船舶工程学院，哈尔滨，150001

Email: jiaojl@scut.edu.cn)

摘要：本文基于三维时域非线性水弹性理论研究航行于恶劣海况不规则波中艏外飘船舶的大幅运动、波浪载荷和砰击载荷。采用迁移矩阵法计算细长型船体梁的振动模态并基于模态叠加原理模拟船体结构振动响应与结构变形。在船舶时域水弹性微分方程中引入基于动量冲击理论的砰击载荷计算项，考虑瞬时物面变化的入射波力和静水恢复力的非线性，而辐射力和绕射力仍在静态平均湿表面上进行计算。基于频域自由面 Green 函数法求解弹性船体周围流场速度势及各阶波浪力，通过时域卷积积分法及延迟函数法扩展至不规则波中入射波力和绕射力的计算，并基于 Runge-Kutta 法求解时域非线性运动微分方程。最后，基于分段龙骨梁模型水池试验对上述不规则波中船舶水弹性响应分析方法进行了验证。

关键词：超大型船舶；耐波性；水弹性；砰击颤振；波激振动

1 引言

舰船在其整个服役寿命期间都是以不同速度、不同航向角和不同装载工况在海上运营或停泊作业的。海面上 70%以上时间都存在海浪，舰船大部分时间都是处于波浪的作用之中，研究船舶在波浪中的运动与载荷响应是必要的。此外，随着现代船舶的大型化、高速化、轻量化发展，船体结构的弹性变形与流体的耦合作用效果愈加显著。舰船在高海况下的瞬时湿表面会发生实时变化，使得波浪扰动力和静水恢复力具有明显的非线性特征。高速水面舰船具有艏部外飘明显、舷侧非直壁等特点，此类船舶在高海况下常常发生砰击现象，导致波浪载荷与高频砰击颤振载荷的相互叠加。因此，研究计及船体弹性效应、瞬时物面变化及砰击载荷的时域非线性水弹性预报方法具有重大意义。

船舶水弹性理论融合了结构力学和流体力学的共同思想，综合考虑了惯性力、流体力及弹性力的动态耦合效应，是解决大型船舶流固耦合问题的有效途径。迄今，基于二维切片法[1]及三维面元法[2]的频域及时域水弹性理论已取得了较大进展，能够较好地解决船舶在规则波中的运动、载荷及结构变形等问题。目前，虽有学者采用计算流体动力学（CFD）及光滑粒子法（SPH）等新型水动力计算方法解决水弹性问题[3-4]，但这些方法的计算效率和数值稳定性都有待提高，使得无法应用于实际工程当中。因此，势流理论体系下的水弹性理论仍具有重要研究价值。另一方面，实际海浪是随机不规则波，研究不规则波中船舶波浪载荷及水弹性响应是十分必要的。因此，本文提出一种能够计及船舶在高海况不规则波中大幅运动、瞬时物面变化、砰击载荷的 Froude–Krylov（弱）非线性水弹性理论。

2 不规则波中船舶水弹性理论

本文采用模态叠加原理求解船体梁水弹性振动，船体结构模态采用一维梁理论求解。船舶在波浪中运动的时域非线性水弹性微分方程可表达为：

$$[\mathbf{a}]\{\ddot{\mathbf{p}}(t)\}+[\mathbf{b}]\{\dot{\mathbf{p}}(t)\}+[\mathbf{c}]\{\mathbf{p}\}=\{\mathbf{F}_I(t)\}+\{\mathbf{F}_S(t)\}+\{\mathbf{F}_D(t)\}+\{\mathbf{F}_R(t)\}+\{\mathbf{F}_{SL}(t)\} \quad (1)$$

其中$[\mathbf{a}]$、$[\mathbf{b}]$、$[\mathbf{c}]$分别为结构广义质量、阻尼、刚度矩阵，$\{\mathbf{p}(t)\}$为主坐标列阵，$\{\mathbf{F}_I(t)\}$、$\{\mathbf{F}_S(t)\}$、$\{\mathbf{F}_D(t)\}$、$\{\mathbf{F}_R(t)\}$、$\{\mathbf{F}_{SL}(t)\}$分别为广义入射波力、静水恢复力、绕射力、辐射力、砰击力矩阵。

船体在波浪中的非线性静水恢复力可在各个时刻沿瞬时弹性船体湿网格积分得到：

$$F_S^r(t)=-\rho g\sum_{k=1}^{m}p_k(t)\iint_{S_B(t)}\mathbf{n}\cdot\mathbf{u}_r w_k\,\mathrm{d}s-\int_L F_g(x)w_r\,\mathrm{d}x \quad (r=1,2,\cdots,m) \quad (2)$$

式中，ρ为流体密度；p_k为k阶主坐标；w_k为垂向位移矢量，即$\mathbf{u}_k$中(u_k,v_k,w_k)的分量；L为船长；F_g为单位船长的重量。

船舶在不规则波中计及瞬时湿表面的非线性入射波力可表达为：

$$F_I^r(t)=-\rho\sum_{i=1}^{M}\zeta_{ai}\iint_{S_B(t)}\mathbf{n}\cdot\mathbf{u}_r\left(\mathrm{i}\omega_{ei}-U\frac{\partial}{\partial x}\right)\phi_{0i}\,\mathrm{d}s \quad (r=1,2,\cdots,m) \quad (3)$$

其中，ζ_{ai}、ω_{ei}、ϕ_{0i}分别为不同频率规则波子波成分的波幅、遭遇频率、入射波势。

船舶在不规则波中的线性绕射力仍在静态平均湿表面上采用卷积积分法计算，时域绕射力及脉冲响应函数可分别表达为：

$$F_D^r(t)=\int_0^t h_D^r(t-\tau)\zeta(\tau)\,\mathrm{d}\tau \quad (r=1,2,\cdots,m) \quad (4)$$

$$h_D^r(t)=\frac{1}{\pi}\int_0^\infty H_D^r(i\omega_e)e^{\mathrm{i}\omega_e t}\,\mathrm{d}\omega_e \quad (r=1,2,\cdots,m) \quad (5)$$

其中，$H_D{}^r(\mathrm{i}\omega_e)$为规则波中的绕射力频域响应函数。

由于船舶运动产生的辐射力可表达为：

$$\{\mathbf{F}_R(t)\} = -[\mathbf{A}^{\infty}]\{\ddot{\mathbf{p}}(t)\} - [\mathbf{B}^U]\{\dot{\mathbf{p}}(t)\} - [\mathbf{C}^U]\{\mathbf{p}(t)\} - \int_0^t \mathbf{K}(\tau)\dot{\mathbf{p}}(t-\tau)\,\mathrm{d}\tau \tag{6}$$

其中$[\mathbf{A}^{\infty}]$、$[\mathbf{B}^U]$、$[\mathbf{C}^U]$分别为考虑有航速效应所引起的无穷大频率附加质量、阻尼系数、恢复力矩阵[5]，$\mathbf{K}(\tau)$为计及波浪记忆效应的延迟函数矩阵，其元素$K_{rk}(\tau)$ $(r, k=1,2, \ldots, m)$可采用 Kramer–Kronig 关系求解[5]：

$$K_{rk}(\tau) = \frac{2}{\pi}\int_0^{\infty} [B_{rk}(\omega_e) - B_{rk}^U]\cos(\omega_e \tau)\,\mathrm{d}\,\omega_e \tag{7}$$

其中，$B_{rk}(\omega)$为频域阻尼系数。

剖面砰击力采用动量冲击理论（von Karman 模型）计算：

$$f_{SL}(x,t) = \frac{\mathrm{d}\,m_{\infty}(x)}{\mathrm{d}\,z} \cdot \frac{\mathrm{d}^2\, w_{rel}(x,t)}{\mathrm{d}t^2} \left(\frac{\mathrm{d}\,w_{rel}(x,t)}{\mathrm{d}t} < -V_{cr} \right) \tag{8}$$

式中，$m_{\infty}(x)$为剖面垂荡方向的无穷大频率附加质量，可采用保角变换得到；V_{cr}为临界速度可取 0；$w_{rel}(x,t)$为船体剖面与波面的垂向相对位移：

$$w_{rel}(x,t) = \sum_{r=1}^{m} w_r(x) p_r(t) - \zeta(x,t) \tag{9}$$

式中，$w_r(x)$为 r 阶垂向位移分量；$\zeta(x,t)$为入射波面高程。沿船长方向积分可以得到全船砰击力：

$$F_{SL}^r(t) = \int_L f_{SL}(x,t) w_r(x)\,\mathrm{d}\,x \tag{10}$$

采用四阶 Runge–Kutta 法对水弹性微分方程（1）进行时域步进求解，进而基于模态叠加原理可求得任意船体剖面的垂向位移、弯矩和剪力：

$$\begin{cases} w(x,t) = \sum_{r=1}^{m} p_r(t) w_r(x) \\ M(x,t) = \sum_{r=1}^{m} p_r(t) M_r(x) \\ V(x,t) = \sum_{r=1}^{m} p_r(t) V_r(x) \end{cases} \tag{11}$$

式中，$w_r(x)$、$M_r(x)$、$V_r(x)$分别为垂向位移、弯矩和剪力的第 r 阶模态振型分量。

3 分段模型水池试验建立

本文基于某外飘船型的水池模型试验数据对理论算法进行验证，实船总长 310 m，排水量 73 000 t，模型缩尺比为 1:50。船模外壳采用玻璃钢制作，并在中和轴位置布置龙骨梁。在 2、4、6、8、10 和 12 站处将模型切开分成七段，并测量 6 个剖面位置的载荷。在 1、3、5、7、9、11 和 13 站处设置固定装置将分段船壳刚性固定于龙骨梁上。在模型的 8～9 站和 13～14 站安装适航仪的测量杆，测量两杆连接船体处的升沉和纵摇，进而推算出模型重心处的升沉和纵摇。尾部一整段的较大空间用于布置自航模推进系统。为了获取更多时历样本以研究船舶在不规则波中的极值载荷，试验在中国特种飞行器研究所（605 所）高速水动力水池进行，该水池长宽深分别为 510m、6.5m、4m。本文选取的计算工况为：实船航速 18kn、有义波高 16m、平均周期 12.5s，采用 ISSC 谱模拟长峰不规则波。试验过程中模型的砰击及出水现象如图 1 所示。

图 1　水池模型试验系统建立

4　结果对比与分析

图 2 为理论计算与试验测量所得到的实船在 1000s 内的总载荷时历、波频载荷时历和高频砰击载荷时历，傅里叶滤波的截断频率选取 0.25 Hz。值得说明的是，由于理论计算中入射波是基于随机相位生成的，因此理论计算结果与试验结果的时历曲线是不同的。但整体而言，数值计算与试验结果的趋势和量级较为一致，证明了数值方法的正确性。

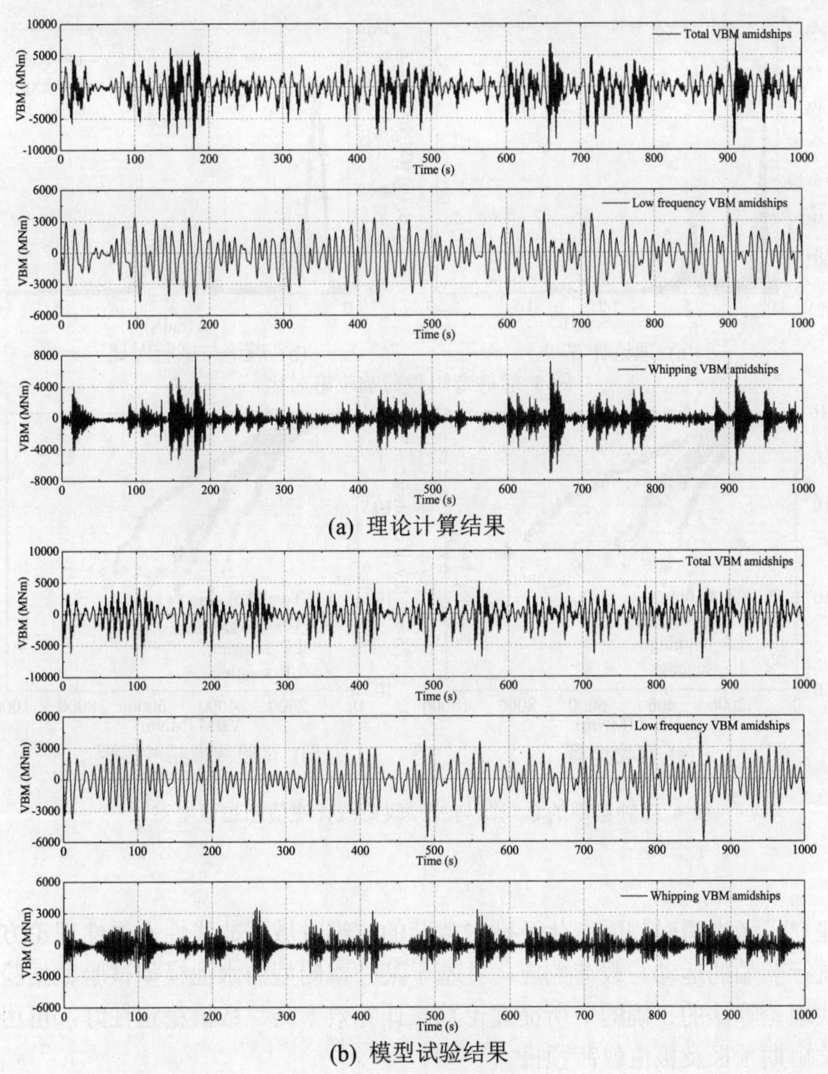

(a) 理论计算结果

(b) 模型试验结果

图 2 船舯弯矩时历曲线对比

图 3 中左右两图分别为基于傅里叶变换的理论计算船舯弯矩频谱密度函数和基于相关函数法并进行光顺处理后的理论与试验谱密度函数的对比。由于砰击颤振作用效果使得船舯弯矩谱包含低频和高频两种成分。图 4 为理论与试验所得的总载荷与波频载荷统计峰谷值超越概率对比。整体而言，数值计算结果与实验测量结果吻合良好，但理论计算高估了砰击极值载荷。

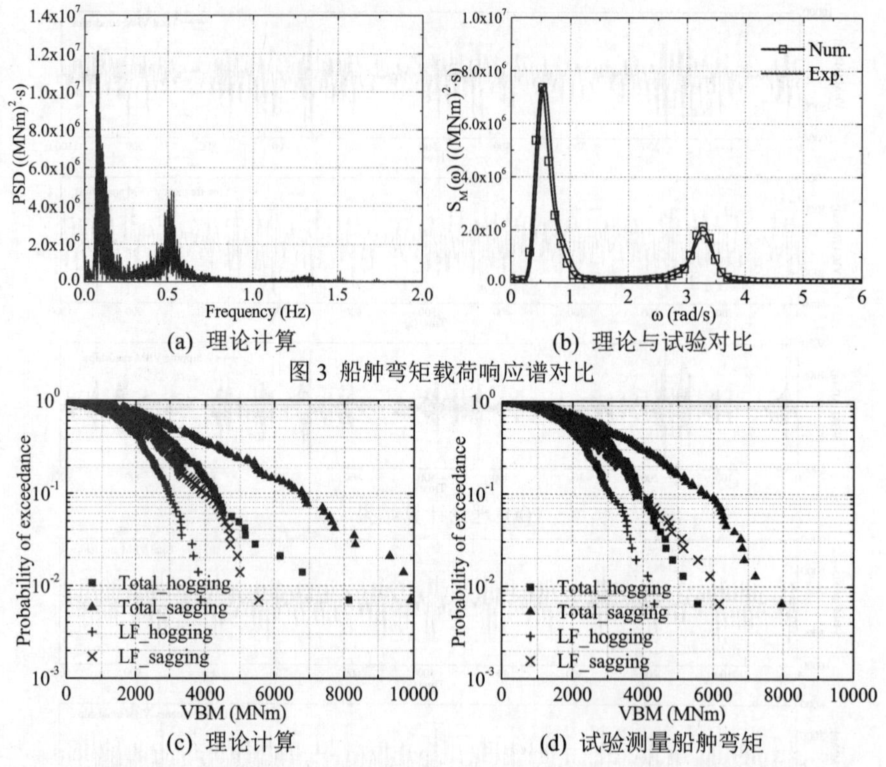

(a) 理论计算　　(b) 理论与试验对比

图 3 船舯弯矩载荷响应谱对比

(c) 理论计算　　(d) 试验测量船舯弯矩

图 4 船舯弯矩的总载荷与波频载荷统计峰值超越概率对比

5 结论

本文建立了考虑瞬时物面变化及砰击载荷的三维时域弱非线性水弹性理论方法预报不规则波中航行船舶的运动与载荷响应，并基于某外飘船型的水池模型试验数据验证了高海况下水弹性理论算法的正确的。所提理论算法计算效率高、数值稳定性好，可用于船舶运动与载荷长短期预报及极值载荷预报。

参考文献

1 Bishop RED, Price WG. The generalized anti-symmetric fluid forces applied to a ship in a seaway. International Shipbuilding Progress, 1977, 24: 3–14.

2 Wu YS. Hydroelasticity of Floating Bodies. Doctoral Thesis, Brunel University, London, UK, 1984.

3 Cheng YX, Okada T, Kobayakawa H, et al. Simulation of whipping response of a large container ship fitted with a linear generator on board in irregular head seas. Journal of Marine Science and Technology, 2018, 23: 706–717.

4 Sun Z, Zhang GY, Zong Z, et al. Numerical analysis of violent hydroelastic problems based on a mixed MPS-mode superposition method. Ocean Engineering, 2019, 179: 285–297.

5 戴遗山，段文洋. 船舶在波浪中运动的势流理论. 北京：国防工业出版社，2008.

Time-domain hydroelastic analysis of ship wave loads and slamming loads in random seaways

JIAO Jia-long[1], CHEN Chao-he[1], REN Hui-long[2], LI Hui[2]

(1. School of Civil Engineering and Transportation, South China University of Technology, Guangzhou, 510641;

2. College of Shipbuilding Engineering, Harbin Engineering University, Harbin 150001)

Abstract: A 3D time-domain nonlinear hydroelasticity theory for the prediction of large-amplitude motions, wave loads and slamming loads of bow-flare ship in harsh irregular waves is presented in this paper. Transfer matrix method is used to estimate vibrational mode of slender hull girder and modal superposition theory is used to estimate hull vibrations and structural deformations. The nonlinear Froude–Krylov force and hydrostatic restoring force are calculated on the instantaneous wetted hull surface while the linear diffraction force and radiation force are estimated on the static mean wetted surface. The slamming force is estimated by momentum impact theory. Frequency free-surface Green function is used to calculate velocity potentials and wave forces on elastic hull. The incident wave force and diffraction force in irregular waves are estimated by convolution integral method and retardation function method, respectively. The Runge–Kutta algorithm is used to solve time-domain nonlinear hydorelastic differential equation. The numerical results are well validated by the tank experimental data of a segmented model with backbone beam.

Key words: Ultra-large ships, Seakeeping, Hydroelasticity, Slamming and whipping, Springing.

限制水域内船舶阻力和兴波特性研究

杜鹏，胡海豹，黄潇

(西北工业大学航海学院，西安，710072，Email: dupeng@nwpu.edu.cn)

摘要：基于 CFD（Computational Fluid Dynamics）数值方法，模拟了船舶在内河航道内的水动力特性，通过改变航道宽度、水深、船舶吃水、航速等测试条件，研究了这些因素对船舶阻力和船行波的影响规律，并利用拖曳水池实验进行了验证。结果表明，河岸和河底的存在会增强船舶的限制效应，导致阻力的增大，且在航速越高和吃水越深的情况下，船舶受限制航道的影响就越大，此时，船舶会产生更大的能耗，操纵难度也会增大，可能导致与河岸的碰撞甚至搁浅。船舶运动会产生船行波，通过对模拟结果中船行波的捕捉发现，河岸的存在会造成船行波的反射，形成极为复杂的波形，且河道越窄，反射越频繁，所形成的波形也更加复杂，且航道限制越强，波幅变化越大。通过对船行波 Kelvin 角的理论分析发现，水深会对 Kelvin 角产生较大的影响，而河岸的限制仅能造成波浪的反射，不会改变波角的大小。另外，研究发现，与传统理论不同，船舶吃水会对波角产生影响，本研究通过对传统理论的修正计入了吃水的影响因素，并通过结果的分析验证了该理论的可行性。

关键词：限制水域；水动力；船行波；Kelvin 角；吃水

1 引言

船在受限航道内运动时会收到河底和河岸的限制作用，此时，船体阻力急剧增大，操纵也更为困难，在靠近河岸时，由于靠近壁面一侧水流加速，压强降低，产生一个指向壁面的吸力，即船舶的“岸吸效应”(bank suction)，同时，船体的特殊外形会产生一个力矩，使船艏远离壁面，船尾进一步靠近壁面（bank cushion）[1-3]，这些效应会造成船舶操纵性能的改变，严重时会撞击壁面，造成事故，同理，河底也会产生类似的现象，造成船舶纵倾和下沉量的增大，可能造成搁浅[4-7]。因此，对船舶限制效应的研究具有重要意义和工程价值。

在开放水域，船舶阻力随航速增加呈递增趋势；在浅水中（仅有底面的限制），阻力会在 Froude 数为 1 时出现临界值；而在限制水域中（底面和两个均受限），阻力会在亚临界和超临界范围之间急剧增大，两参数的公式如下[8-9]：

$$\text{Subcritical}\quad Fr_h^{\text{sub}} = \left[2\sin(\frac{\text{Arcsin}(1-m_b)}{3} \right]^{1.5} \tag{1}$$

$$\text{Supercritical}\quad Fr_h^{\text{super}} = \left[2\sin(\frac{\pi-\text{Arcsin}(1-m_b)}{3}) \right]^{1.5} \tag{2}$$

其中 $m_b=A_s/A_c$ 为阻塞率。

船体在水中运动时会产生波浪，船行波由横向波（transverse waves）和发散波（divergent waves）组成，两者的叠加会形成 Kelvin 波形，通过理论推导可得 Kelvin 波角的计算公式如下：

$$\sin\boldsymbol{\alpha}_k = \frac{1+2k_w h_w \sinh^{-1}(2k_w h_w)}{3-2k_w h_w \sinh^{-1}(2k_w h_w)} \tag{3}$$

其中 k_w 和 h_w 分别为波数和水深。该公式仅适用于 $Fr_h<1$ 的状态，在 $Fr_h>1$ 时，波角的公式遵循：

$$\boldsymbol{\alpha}_k = \arcsin(1/Fr_h) \tag{4}$$

本研究将对船舶在限制水域中的阻力和船行波特性进行深入研究。

2 数值模拟及实验方法

利用计算流体动力学（CFD）方法进行船舶限制效应的数值模拟[4-6]，船模的几何外形如图 1 所示，可见该船型为典型的内河运输船，由货船和推船两部分组成，货船无动力，仅负责装载货物，推进由推船负责，该船的几何参数可见表 1。对应的计算网格如图 1（c）所示，计算域的设计为上游 2 倍船长，下游 3 倍船长，以保证船舶水动力不受入口和出口边界条件的影响，航道截面为梯形，具体的航道尺寸、水深和船舶吃水的设置如表 2 所示，可见测试条件覆盖了多种航道状态，计算网格数见表 3。数值模拟对应的实验在比利时列日大学 ANAST 实验室开展，实验设置如图 1（a）所示。

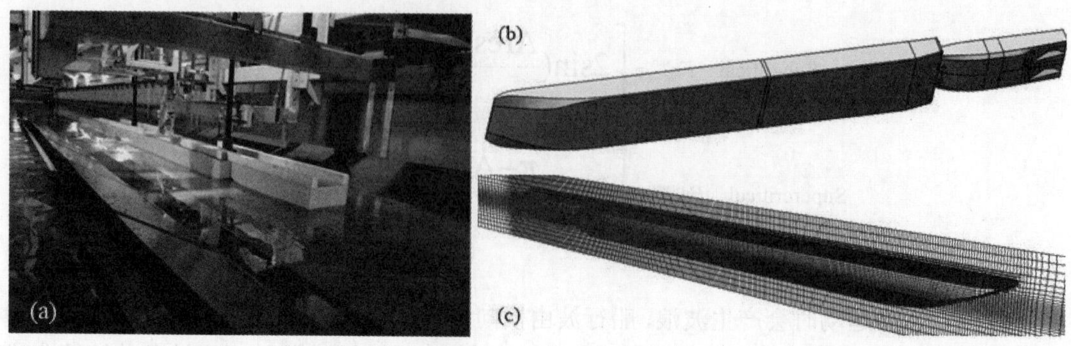

图 1 （a）拖曳水池实验照片；（b）船舶几何外形；（c）计算网格

表 1 船模的几何参数

	货船	推船	Convoy 1
缩比		1/25	
长度 [m]	3.06	0.87865	3.93865
宽度 [m]	0.456	0.32	0.456
吃水 [m]		1/2.5 （空载/满载）	
排水量 [m3]	0.103/0.265	0.055/0.144	0.158/0.409

表 2 测试参数设计

算例	W_b	T_d	h_w	V_{max}	Fr_{h-max}	h_w/T_d	A_c/A_s	B_c/B_s
A1			0.12	0.802	0.740	3	6.316	2.305
A2		0.04	0.18	0.802	0.604	4.5	10.658	2.368
A3	0.72		0.24	0.909	0.593	6	15.790	2.632
A4		0.1	0.18	0.572	0.431	1.8	4.263	2.368
A5			0.24	0.802	0.523	2.4	6.316	2.632
B1			0.12	0.802	0.740	3	11.053	3.684
B2		0.04	0.18	0.907	0.683	4.5	17.763	3.947
B3	1.44		0.24	0.91	0.593	6	25.263	4.211
B4		0.1	0.18	0.802	0.604	1.8	7.105	3.947
B5			0.24	0.908	0.592	2.4	10.105	4.211
C1			0.12	0.907	0.836	3	20.526	6.842
C2		0.04	0.18	0.907	0.683	4.5	31.974	7.105
C3	2.88		0.24	0.912	0.595	6	44.211	7.368
C4		0.1	0.18	0.908	0.684	1.8	12.790	7.105
C5			0.24	0.904	0.589	2.4	17.684	7.368

图 3　网格数

船型	算例	T_d /m	W_b /m	N_{mesh}
Convoy 1	A3	0.04 （空载）	0.72	1444048
	B3		1.44	1908974
	C3		2.88	2803175
	A5	0.1 （满载）	0.72	1538877
	B5		1.44	2003990
	C5		2.88	2890064

3　船舶阻力的受限规律

船模阻力如图 2 所示，可见实验与模拟结果吻合良好，随着航速、吃水的增加和航道宽度、水深的减小，即船舶所受限制越大，船体阻力越大，对应的能耗也更多，这是由于在限制条件下，船体周围的流速增大，回流增多，船体会受到更强的附加质量效应影响。在高速和负载时，限制条件的微小变化会带来较大的阻力改变，说明在速度和载重更大时，船舶更易收到航道限制的影响，此时船舶稳定性降低，因此在限制条件下应降低航速、减少载重，以保证航行安全。

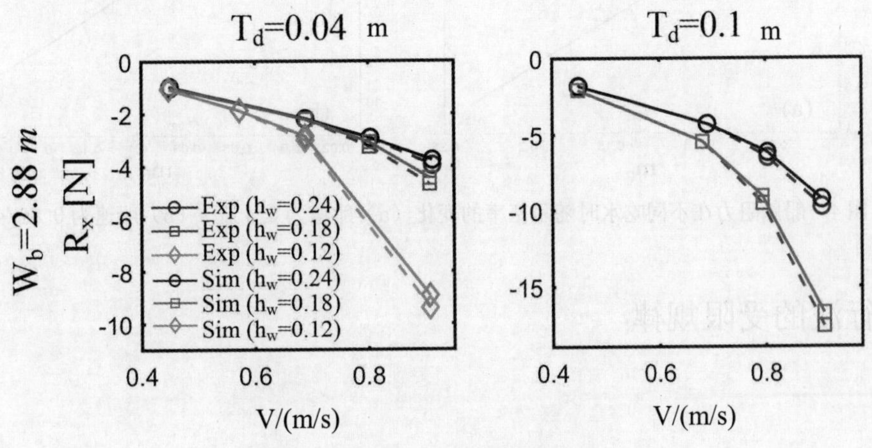

图 2　数值模拟和实验的阻力对比

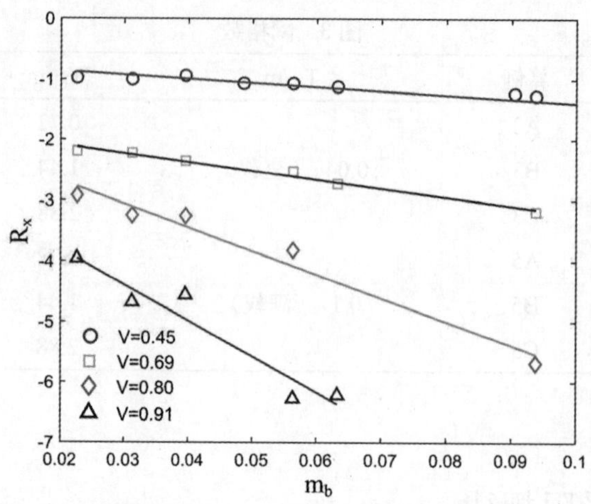

图 3　船舶阻力在不同速度时随阻塞率的变化

在限制航道内的重要参数为阻塞率，为进一步寻找船舶受限的定量规律，图 3 和图 4 给出了船舶阻力随阻塞率的变化可见两者基本呈现线形关系，且随着航速和吃水的增加，阻力曲线的斜率也逐渐增大，更进一步证明了上述观点，即速度和载重更大时，船舶更易受到航道限制的影响，船体稳定性降低，在此类环境中航行时需注意安全问题，防止碰壁或搁浅。

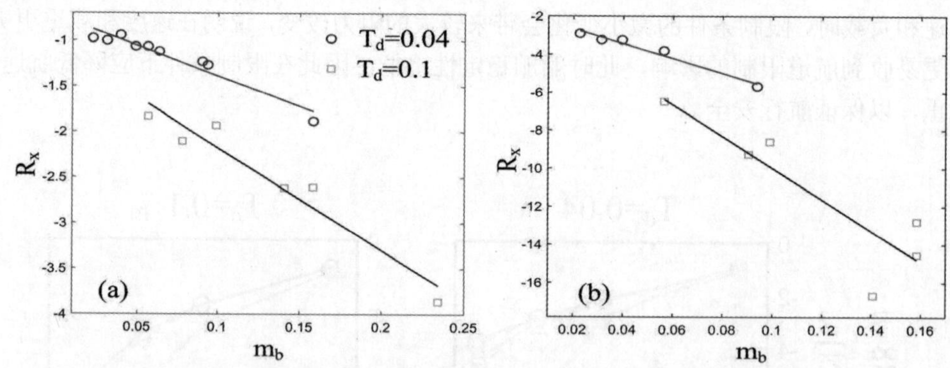

图 4　船舶阻力在不同吃水时随阻塞率的变化（a）船速为 0.45m/s（b）船速为 0.8m/s

4　船行波的受限规律

如图 5 所示，数值模拟成功复现了船行波的 Kelvin 波形，该结果中，船行波受到河岸的反射，并与原有波形叠加，形成了极为复杂的波形，这种反射波会对船体水动力造成进一步的影响，当航道变窄时，这种反射更加频繁，波形也更为复杂。另外，由图 5 中可以看出，船行波受吃水影响，下文将对该现象进行深入的定量分析。

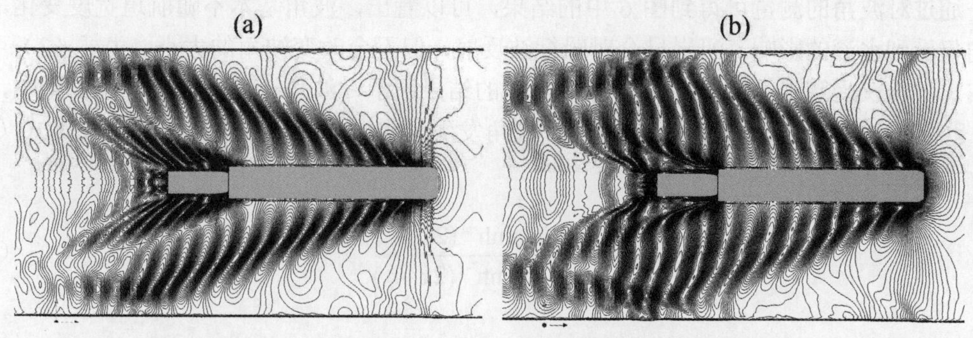

图 5　船行波的数值模拟结果（a）吃水为 0.04m；（b）吃水为 0.1m

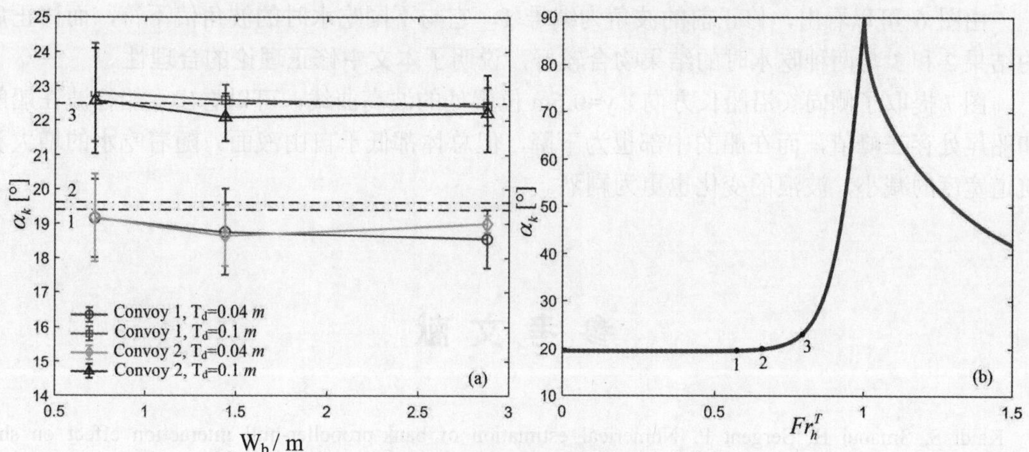

图 6　波角的变化规律

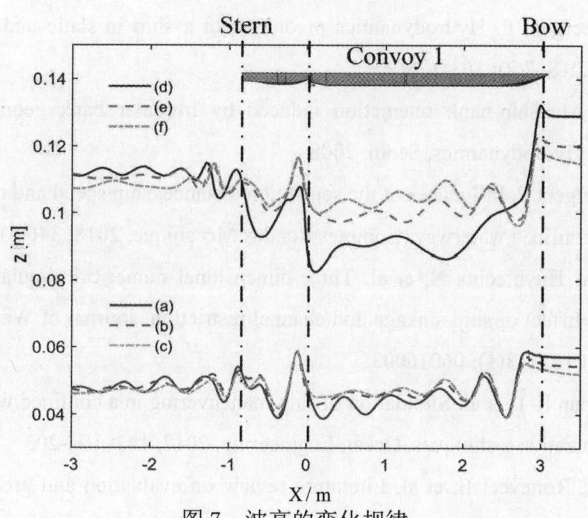

图 7　波高的变化规律

吃水（a）（b）（c）为 0.04m；（d）（e）（f）为 0.1m

航道宽度（a）（d）为 0.72m；（b）（e）为 1.44m；（c）（f）为 2.88m

通过对波角的测量可得到图 6 中的结果，可以看出，波角基本不随航道宽度变化，即波角仅受到水深的影响，河岸只会对船行波反射，但不会改变波角的大小。由式（3）可以看出，波角仅受到水深的影响，但如图 5 中的结果所示，波角还受到船舶吃水的影响，图 6 中也可以定量看出，随着吃水的变化，波角发生了明显的变化，因此，本研究对式（3）进行了修正：

$$\sin\boldsymbol{\alpha}_k=\frac{1+2k_w h_T\sinh^{-1}(2k_w h_T)}{3-2k_w h_T\sinh^{-1}(2k_w h_T)} \tag{5}$$

$$h_T=h_w-T_d \tag{6}$$

由图 6 可以看出，修正前的波角为编号 1，它与不同吃水时的波角值不符，而修正后的结果 2 和 3 与两种吃水时的结果吻合较好，说明了本文中修正理论的合理性。

图 7 提取了侧向（沿船长方向）y=0.6m 位置处的波高曲线，可以看出，船行波在船艏和船尾处存在峰值，而在船的中部也为下降，但总体都低于自由液面。随着吃水的增大和航道宽度的减小，波浪的变化也更为剧烈。

参 考 文 献

1 Kaidi S, Smaoui H, Sergent P. Numerical estimation of bank-propeller-hull interaction effect on ship manoeuvring using CFD method. Journal of Hydrodynamics, Ser. B, 2017, 29(1): 154-167.

2 Du P, Ouahsine A, Sergent P. Hydrodynamics prediction of a ship in static and dynamic states. Coupled Systems Mechanics, 2018, 7(2): 163-176.

3 Lataire E, Vantorre M. Ship-bank interaction induced by irregular bank geometries. Proceedings 27th Symposium on Naval Hydrodynamics, Seoul. 2008.

4 Du P, Ouahsine A, Sergent P. Influences of the separation distance, ship speed and channel dimension on ship maneuverability in a confined waterway. Comptes Rendus Mécanique, 2018, 346(5): 390-401.

5 Linde F, Ouahsine A, Huybrechts N, et al. Three-dimensional numerical simulation of ship resistance in restricted waterways: Effect of ship sinkage and channel restriction. Journal of Waterway, Port, Coastal, and Ocean Engineering, 2016, 143(1): 06016003.

6 Du P, Ouahsine A, Toan K T, et al. Simulation of ship maneuvering in a confined waterway using a nonlinear model based on optimization techniques. Ocean Engineering, 2017, 142: 194-203.

7 Liu J, Hekkenberg R, Rotteveel E, et al. Literature review on evaluation and prediction methods of inland vessel manoeuvrability. Ocean Engineering, 2015, 106: 458-471.

8 Pompée P J. About modelling inland vessels resistance and propulsion and interaction vessel-waterway key

parameters driving restricted/shallow water effects. Proceeding of Smart Rivers, 2015.

9 Zhou X, Sutulo S, Soares C G. Simulation of hydrodynamic interaction forces acting on a ship sailing across a submerged bank or an approach channel. Ocean Engineering, 2015, 103: 103-113.

Investigations on the advancing resistance and ship-generated waves of the confinement effect during the inland waterway transport

DU Peng, HU Hai-bao, HUANG Xiao

(School of Marine Science and Technology, Northwestern Polytechnical University, Xi'an, 710072.

Email: dupeng@nwpu.edu.cn)

Abstract: In this paper the hydrodynamics and ship-generated waves of the inland vessels in the fully-confined waterway are investigated using CFD (Computational Fluid Dynamics) approach, as functions of the channel width, water depth, ship draught and speed, etc. The simulation results are validated using towing tank tests. It is found that the bank and bottom of the waterway will induce strong confinement effect on the vessel. And this effect becomes increasingly important with the increase of ship speed and draught. Under this condition, the vessel will experience higher fuel consumption and harder maneuverability, which may lead to collision and even grounding. Ship motion will generate waves, which are successfully and accurately captured in our simulations. It is found that the bank will reflect the waves, which will superpose with the original ones, creating very complex waves patterns in the waterway. And the reflections are more frequent with a narrower channel with. Through the theoretical analysis of the Kelvin angle, the water depth is found to have important influence on the wave angle, while the bank only reflect the waves instead of changing the wave angle. Besides, different from the traditional theory, the draught is found to affect the wave angle. Therefore a corrected theory using the ship draught is proposed in this work and validated using the simulation results.

Key words: Confined water, Hydrodynamics, Ship-generated waves, Kelvin angle; Draught

船舶混合体网格开发及黏性绕流数值模拟

张筠喆，李廷秋，马麟

(武汉理工大学交通学院，武汉，430063，Email: zhangyunzhe@whut.edu.cn)

摘要：本文采用分区分段三次 Hermite 样条方法，引入切片理念，发展分区分段指示函数增长率重构的网格填充技术，在船舶面网格的基础上开发体网格生成器。为验证船体混合体网格生成技术的可行性与精确性，采用 STAR-CCM+建立合适的数值水池计算域，模拟多种船速下绕船模黏性流场，在合适的湍流模型下计算摩擦阻力系数并与 ITTC1957 公式比较。结果验证了自主开发的混合体网格生成器的计算精度，可用于船舶黏性绕流数值计算。

关键词：混合体网格生成器；阻力数值计算；黏性流场；摩擦阻力系数

1 引言

网格建模和网格生成方法是 CFD 仿真的前处理关键技术，直接影响数值模拟结果的稳定及计算精度。网格建模和网格生成是研究如何结构设计，以及将给定的计算域离散成简单合适的几何单元[1]。结构贴体网格、非结构网格和笛卡尔网格构成目前 CFD 三大网格建模及方法体系。其中，结构贴体网格拓扑数据结构形式简单，存储方便且内存小，易于识别及索引等，常用结构网格生成方法主要分为保角变换法、代数生成法和偏微分方程法；非结构网格的网格单元、节点无规律可循且空间完全随机，任何空间区域由四面体或三角形单元填充[2-3]，常用非结构网格生成方法主要有前沿推进法、Delaunay 方法和叉树法。在处理复杂边界黏性绕流计算时，基于结构网格和非结构网格的混合网格能更好描述边界层内流动现象，本文着重分析与讨论边界拟合法中贴体混合网格建模、生成方法及应用。

基金项目：国家自然科学基金(51720105011，51579196)、中央高校基本科研业务费资助(2016-YB-013)

2　混合体网格的生成

2.1 面网格生成器构建原理

针对复杂的现代船型，为提高船体体网格生成效率，沿船长、吃水方向对船中、艏艉部区域实施规则分区、非规则分区，通过分段三次 Hermite 样条插值与拟合，提出分区分段三次 Hermite 样条的船体面网格生成技术 [4]。以 KCS 集装箱船面网格生成为例，依据船体复杂曲面几何形状，船体划分为 4 个模块，包含船艏（Ⅳ）、船中（Ⅲ）、船艉Ⅰ、船艉Ⅱ等四部分（图 1）；其次，指定合适的网格分布规律、疏密范围，通过插值或拟合，以分段三次 Hermite 样条表征分区船体曲面形状，实现船体面网格重构；最后，对曲率突变的艏艉非规则区域，以三角形网格填充形成非结构网格，对平滑的船中规则区域，以四边形网格填充形成结构网格。

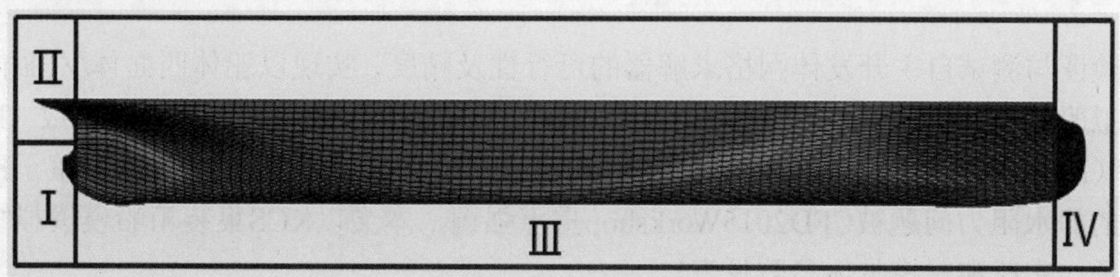

图 1　KCS 船体四分区类型示意图

分区分段三次 Hermite 样条面网格重构的主要步骤为：首先，给出船体曲面有限控制样本点，面网格控制参数，将复杂船型沿艏艉区域分区复杂船型；其次，以三次分段 Hermite 样条，分别沿水线、站线对各个分区域插值，生成网格单元节点（计算点）；构造结构面网格数据结构（单元编号、节点编号）；最后，输出船体面网格。

2.2 体网格生成器构建原理

（1）在构建混合面网格模块的基础上，对船体中线面在流场中的区域进行网格划分，该区域的面网格生成可分为船体附近区域和远离船体区域，船体附近区域因形状不规则以非结构网格填充，远离船体区域以结构网格填充[5]。

（2）在初始面网格生成的基础上，基于以船体横剖面（吃水、船宽）为元素的切片理论，以确定的推进步长，沿船体曲面法向方向，向外推进更新每站网格点坐标，所有网格点推进完成后，形成一层新的面网格。如此循环，形成多层面网格。

（3）将多层面网格依据拓扑关系生成混合体网格。为了确保物面近场网格足够密集、远场相对稀疏，阵面推进过程中，每一层网格推进步长遵循指数规律变化，第 j 层网格节点的推进步长表示为：

$$S_j = \Delta S_{\min}\left(1+\varepsilon\right)^{j-1} \tag{1}$$

式中，以$\Delta S_{\min}$为第一层网格到物面的距离，ε为增长率。图 2 为生成的混合体网格。

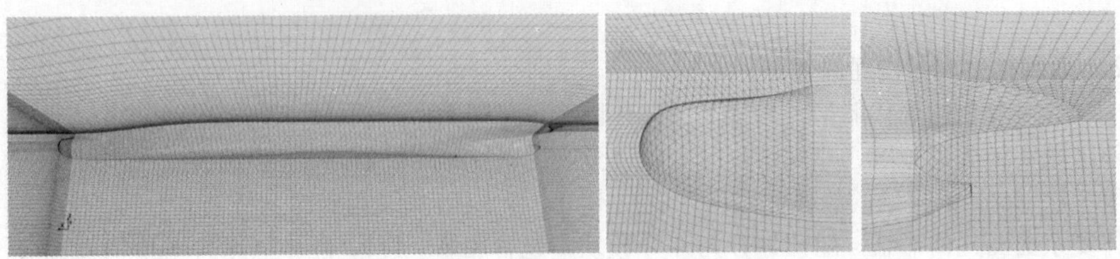

图 2 KCS 混合体网格

3 自主开发体网格生成器的验证

为验证与测试自主开发体网格求解器的可行性及精度，实现以船体四面体/六面体混合网格模拟船舶黏性流场，采用软件STAR CCM+流场求解器，在船模设计佛汝德数（Fr）和雷诺数（Re）下，数值模拟静水中计入自由液面、叠模的典型船模黏性绕流。鉴于KCS集装箱船的静水阻力问题被CFD2015Workshop重点强调，本文以KCS集装箱船模模拟绕船模黏性流场，实船和船模具体参数见表1。

表1 实船及船模主尺度

Item	Scale	LPP (m)	Breadth (m)	Height (m)	Draft (m)
Ship	1	230	32. 2	19	10. 8
Model	1/31. 60	7. 2786	1. 019	0. 6013	0. 3418

3.1 CFD数值模拟计算方法

从Navier-Stokes方程出发对绕船模黏性流场进行计算，采用RANS方程方法求解N-S方程，以时均化技术为核心元素的RANS方程求解器，通过引入时均、脉动变量，修正Navier-Stokes方程中的瞬时变量，结合现有多种湍流模型，对RANS方程实施封闭，在给出合适初始、边界条件下，实现方程唯一求解。在RANS方程求解器中，流体控制方程为三维非定常、不可压缩黏性流体RANS方程：

$$\frac{\partial u_i}{\partial x_i}=0 \tag{2}$$

$$\rho\frac{\partial u_i}{\partial t}+\rho u_j\frac{\partial u_i}{\partial x_j}=-\frac{\partial p}{\partial x_i}+\mu\frac{\partial}{\partial x_j}(\frac{\partial u_i}{\partial x_j}-\rho\overline{u_i'u_j'}) \tag{3}$$

式中，u_i 表示时均速度沿 i 坐标轴上的分量，p 表示压力，ρ 表示流体密度，μ 为动力黏性系数（事先给出物理参数），t 表示时间，$-\rho\overline{u_i'u_j'}$ 为雷诺应力张量。为验证体网格生成器对不同湍流模型的适应性，本文选用两种湍流模型以封闭湍流模型，分别为 SST K-Omega 湍流模型和可实现的 K-Epsilon 两层模型。

考虑到船模为直航且沿中纵剖面对称，为在不影响计算精度的条件下减小计算量，仅对半船进行数值模拟。入口设置在距离船首前 1 倍船长处，出口设置在距船离尾后 3 倍船长处。边界条件设置为：速度入口、底面及侧面为来流的速度；压力出口压力分布为指定静压；中对称面及顶面为对称边界条件；船体表面设置为不可滑移壁面。

3.2 数值计算结果分析

本文基于上述计算方案，在 6 个速度下，对 KCS 船模的摩擦阻力分别通过混合体网格和 STAR-CCM+生成的体网格进行数值模拟并与 ITTC1957 公式计算结果进行对比分析[6-7]，阻力计算结果见表 2。为验证网格在多种湍流模式下的准确性，分别以 SST K-Omega 湍流模型、标准 K-Omega 湍流模型和可实现的 K-Epsilon 两层模型进行模拟[8]，验证结果见表 3。

表2 混合体网格切割体网格计算结果对比（可实现的K-Epsilon两层模型）

速度 (m/s)	雷诺数 $(\times10^6)$	傅汝德数	ITTC57 Cf $(\times10^3)$	混合体网格（WUT） Cf $(\times10^3)$	相对误差 (%)	体网格（STAR CCM+） Cf $(\times10^3)$	相对误差 (%)
0.915	5.23	0.108	3.369	3.298	-2.097	3.230	-4.101
1.281	7.33	0.152	3.169	3.142	-0.837	3.018	-4.741
1.647	9.42	0.195	3.031	3.031	-0.018	2.883	-4.880
1.922	11.00	0.227	2.951	2.965	0.461	2.812	-4.721
2.196	12.60	0.26	2.883	2.909	0.887	2.755	-4.450
2.379	13.60	0.282	2.846	2.876	1.044	2.722	-4.339

表3 不同湍流计算结果对比（混合体网格）

佛汝德数	ITTC57 Cf $(\times10^3)$	K-epsilon Cf $(\times10^3)$	相对误差 (%)	SST K-omega Cf $(*10^3)$	相对误差 %	标准 K-omega Cf $(\times10^3)$	相对误差 (%)
0.108	3.369	3.298	-2.097	3.320	-1.439	3.463	2.809
0.152	3.169	3.142	-0.837	3.156	-0.403	3.287	3.734
0.195	3.031	3.031	-0.018	3.040	0.292	3.163	4.342
0.227	2.951	2.965	0.461	2.972	0.712	3.090	4.709
0.26	2.883	2.909	0.887	2.915	1.095	3.029	5.048
0.282	2.846	2.876	1.044	2.881	1.231	2.993	5.152

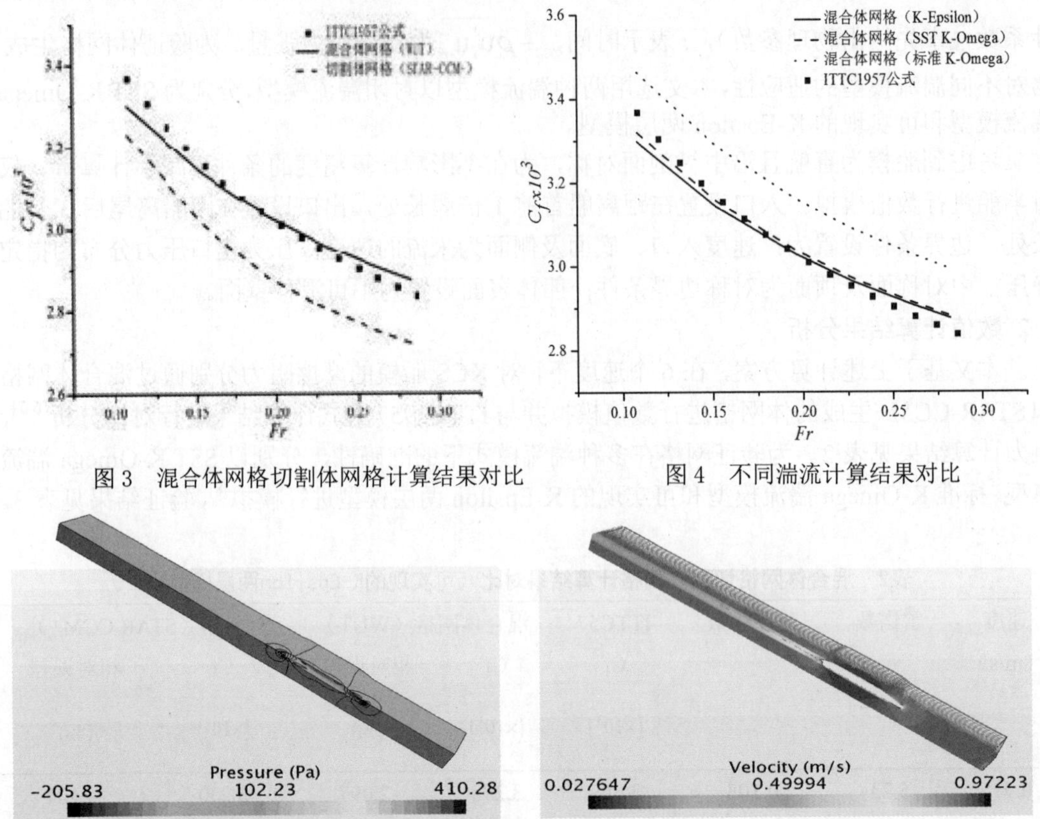

图 3　混合体网格切割体网格计算结果对比　　图 4　不同湍流计算结果对比

图 5　混合体网格压力场速度场

在可实现的 K-Epsilon 两层模型下，混合体网格计算得到的摩擦阻力系数与 ITTC57 摩擦阻力系数计算公式差别为 0.018%～2.097%，STAR-CCM+中自带的切割体网格生成器生成的网格计算结果与 ITTC1957 摩擦阻力系数计算公式差别为 4.101%～4.880%。经过对比自主混合体网格在用于黏性流场摩擦阻力计算时精度较好。

通过观察船模周围压力场和速度场（图 5），可以观察到压力和速度趋势与是实际情况基本一致，这些结果证明了混合体网格的有效性和准确性，并表明程序生成的网格可以用于捕获船体周围的黏性流现象。

参考文献

1　辛建建，李廷秋. 切割网格法现状及其在船舶海洋工程中发展[C]. 2015年船舶水动力学学术会议论文集. 中国黑龙江哈尔滨:中国造船工程学会,2015:7.

2　De Zeeuw, D, and Powell, KG (1993). An adaptively refined cartesian mesh solver for the euler equations.

Journal of Computational Physics. 104(1), 56–68.

3 Clarke D K, Hassan H A, Salas M D. Euler calculations for multielement airfoils using Cartesian grids [J]. AIAA Journal, 1986, 24(3):353-358.

4 周少山. 隐式曲面建模和体网格生成方法研究[D]. 武汉：武汉理工大学交通学院, 2018.

5 Aubry R, LoHner R. Generation of viscous grids at ridges and corners [J]. International Journal for Numerical Methods in Engineering, 2009, 77(9):1247-1289.

6 盛振邦，刘应中．船舶原理[M]．上海：上海交通大学出版社，2003.

7 KIM K J. Ship flow calculation and resistance minimization[D]. Chalmers Univ. of Technology Gothenburg，Sweden，1989.

8 HUA Zu—lin，XING Ling—hang，GU Li. Application of modified quick scheme to depth-averaged k-epsilon turbulence model based on unstructured grids[J]. Journal ofHydrodynamics，2008，20(4)：514—520.

Development of ship hybrid volume mesh and numerical simulation of viscous flow around ships

ZHANG Yun-zhe, LI Ting-qiu, MA Lin

(School of Transportation, Wuhan University of Technology, Wuhan, 430063.

Email: zhangyunzhe@whut.edu.cn)

Abstract: This work adopts the piecewise cubic Hermite spline method and the concept of the slicing theory to develop the hybrid volumetric mesh generator. The volumetric mesh is generated on the basis of the surface mesh, and the volumetric mesh filling technique is based on the partitioned indicator function, which can reconstruct the varying mesh size respect to the different mesh growth rate. The viscous flow around the ship models is simulated to verify the effectiveness and the correctness of the hybrid hull volumetric mesh generator, in which the STAR-CCM+ software is used to establish the appropriate numerical calculation domain. The frictional resistance coefficient is calculated under the suitable turbulence model, and compared with the ITTC 1957 formula. The accuracy of the self-developed hybrid volumetric mesh is validated by the results, which proves the mesh generator can be well applied to the numerical calculation of viscous flow around ships.

Key words: Hybrid volume mesh generator; Numerical calculation of resistance; Viscous flow; Frictional resistance coefficient.

基于 RANS 方程的高速滑行艇阻力计算

王慧，朱仁传，杨云涛

（上海交通大学船舶海洋与建筑工程学院海洋工程国家重点实验室，高新船舶与深海开发装备协同创新中心，上海 200240，Email:wanghui1994@sjtu.edu.cn）

摘要： 高速滑行艇处于滑行状态时的阻力性能一直是滑行艇水动力性能研究的重点和难点。考虑滑行艇在滑行时的非线性与黏性影响，通过求解 RANS 方程，采用 VOF 方法捕捉自由液面，重叠网格技术模拟滑行艇的大幅运动，释放滑行艇升沉与纵倾运动，结合 SST k-ω 两方程模型，对静水航行的高速滑行艇进行数值模拟。模拟结果与实验的升沉与纵倾值吻合较好，得到滑行艇阻力随航速变化规律。研究表明：基于黏性流动的 RANS 方法可以模拟复杂艇型的滑行艇静水直航运动，具有较高的准确性与适用性。

关键词： 高速滑行艇；阻力计算；航行姿态；RANS；重叠网格技术

1 引言

滑行艇可用做巡逻艇、垂钓艇、勤务艇、救护艇、娱乐艇及体育竞技艇[1]。随着航速的提高，船舶的航态会因流体动支持力的大小与作用位置不同而发生变化，因而船舶的吃水、水线长度及纵倾角也都随航速的变化而发生明显改变。当容积佛汝德数$F_{r\nabla} > 3.0$时，此时航速很高，船体吃水变化很大，而且整个船体被托起并在水面上“滑行”，仅有一小部分船体表面与水接触。滑行艇滑行时，静浮力很小，艇体几乎完全由流体动升力来支持。

Savitsky 根据大量实验结果提出了关于计算底部斜升角不变的棱柱形滑行艇水动升力的半理论半经验公式，即英美等较普遍应用的 Savitsky 法[2]。Lai 基于涡格法提出三维线性数值模型用于解决滑行艇稳定滑行问题，其模型计算的结果与 Savitsky 的结果以及实验结果吻合一致[3]。Zhao 基于势流理论的边界元方法，将 2.5D（2D+t）的方法用于分析静水中高航速滑行艇的模拟[4]。Faltinsen 在《Hydrodynamics of High Speed Marine Vehicles》一书中给出了关于滑行艇水动力相关的详细分析[1]。随着计算流体力学（CFD）不断发展，基于求解 RANS 方程的 CFD 方法可用于模拟滑行艇的运动。邹劲等利用商业软件 STAR-CCM+对三体滑行艇进行了数值模拟，通过与实验数据的比较，验证了计算结果的正确性，同时分析了直截面长度对三体滑行艇的水动力和气动性能的影响[5]。

由于滑行艇高速航行时的强非线性与黏性影响，本文通过求解 RANS 方程，结合 *SST k*

—ω 两方程模型，对静水航行的常规型滑行艇进行数值模拟。模拟结果与实验的升沉与纵倾结果吻合较好，说明 CFD 方法可用于高速滑行艇阻力与航行姿态的计算，具有较高的准确性。

2 数值方法

2.1 控制方程

本文采用基于有限体积法的商业软件 STAR-CCM+开展滑行艇的黏性流动模拟。在数值计算中，对流项使用二阶迎风插值格式，扩散项的离散采用中心差分格式，应用 SIMPLE 算法分离式求解；VOF 方法捕捉自由液面，考虑重力影响，使用多重网格方法迭代求解离散代数方程组。

连续性方程：

$$\frac{\partial \rho}{\partial t}+\frac{\partial(\rho \overline{u}_i)}{\partial x_i}=0 \tag{1}$$

动量方程：

$$\frac{\partial(\rho \overline{u}_i)}{\partial t}+\frac{\partial(\rho \overline{u}_i \overline{u}_j)}{\partial x_j}=\frac{\partial}{\partial x_j}\left[\mu \frac{\partial \overline{u}_i}{\partial x_j}-\rho \overline{u_i' u_j'}\right]-\frac{\partial \overline{p}}{\partial x_i}+\rho f_i \quad (i,j=1,2,3) \tag{2}$$

流体体积输运方程：

$$\frac{\partial a_q}{\partial t}+\frac{\partial(\overline{u}_i a_q)}{\partial x_i}=0 \quad (q=1,2;\quad i=1,2,3) \tag{3}$$

式中：为$\overline{u}_i$为流体为微团在方向上的速度，f_i为质量力，$\overline{p}$为流体压力，流体密度定义为$\rho=\sum_{q=1}^{2} a_q \rho_q$，式中的体积分数$a_q$表示单元内第$q$相流体体积占总体积的比例，并且有$\sum_{q=1}^{2} a_q=1$，$\mu$为相体积分数的平均动力黏性系数，与密度定义的形式一样。

采用湍流模式为 SST k—ω 两方程模型，其控制方程为：

$$\begin{cases}\dfrac{\partial}{\partial t}(\rho k)+\dfrac{\partial}{\partial x_i}(\rho k \overline{\mathbf{u}}_i)=\dfrac{\partial}{\partial x_j}\left(\mathbf{\Gamma}_{\mathbf{k}}\dfrac{\partial k}{\partial x_j}\right)+\mathbf{G}_{\mathbf{k}}-\mathbf{Y}_{\mathbf{k}} \\ \dfrac{\partial}{\partial t}(\rho \omega)+\dfrac{\partial}{\partial x_i}(\rho \omega \overline{\mathbf{u}}_i)=\dfrac{\partial}{\partial x_j}\left(\mathbf{\Gamma}_{\omega}\dfrac{\partial \omega}{\partial x_j}\right)+\mathbf{G}_{\omega}-\mathbf{Y}_{\omega}+S_{\omega}\end{cases} \quad (i=1,2,3) \tag{4}$$

式中：$\mathbf{\Gamma}_{\mathbf{k}}$、$\mathbf{\Gamma}_{\omega}$为湍动能 k 和比耗散率 ω 的有效扩散系数，$\mathbf{Y}_{\mathbf{k}}$、$\mathbf{Y}_{\omega}$为 k 和 ω 湍流耗散，$\mathbf{G}_{\mathbf{k}}$为平均速度梯度引起 k 的产生项，$\mathbf{G}_{\omega}$为 ω 的产生项，S_{ω}为交叉扩散项。

2.2 船体运动方程

船舶运动方程可以视为刚体一般运动理论的推广。本文数值模拟了滑行艇在迎浪航行时的姿态变化与阻力。纵荡运动较小且对其他运动以及阻力几乎没有影响，此处只考虑垂荡和纵摇两个自由度，根据质心运动定理和绕质心的动量矩定理，其运动方程为：

$$\begin{cases} m\dfrac{\partial v_0}{\partial t} = F_3 \\ I\dfrac{\partial \omega}{\partial t} = M_5 \end{cases} \tag{5}$$

式中: m 为船体的质量，v_0 为船体重心处的垂向速度，F_3 为船体受到的合力的垂向分量，I 为船体绕旋转轴(过重心平行于 y 轴)的转动惯量，ω 为纵摇角速度，M_5 为作用于船体绕旋转轴的合力矩。

2.3 计算域的选取与重叠网格技术

针对计算域的选取，本文所采用的虚拟拖曳水池尺寸分别为艇前 2 倍艇长，艇后 4 倍艇长，侧壁离中剖面 2 倍艇长，顶部和底部离艇体基平面 1.5 倍艇长。由于滑行艇航速较高，兴波和尾流范围大，在虚拟拖曳水池中艇体距离压力出口设置相对较大。

边界条件设置情况为：艇体表面设置为无滑移壁面，艇前方和虚拟拖曳水池上、下方设置为速度入口，流场流出边界设置为压力出口，由于流域只计算一半，侧壁边界与右侧边界设置为对称面。在计算时规定坐标系，艇尾部向前为 X 轴正方向，左舷为 Y 轴正方向，艇底部向上为 Z 轴正方向。

本文采用重叠网格技术，如图 1 所示，计算区域分为背景区域与重叠区域两部分。艇体周围网格尺寸较小，网格按照一定的比率逐渐变大，在边界处网格尺寸较大，自由面附近网格需要加密，捕捉自由液面。

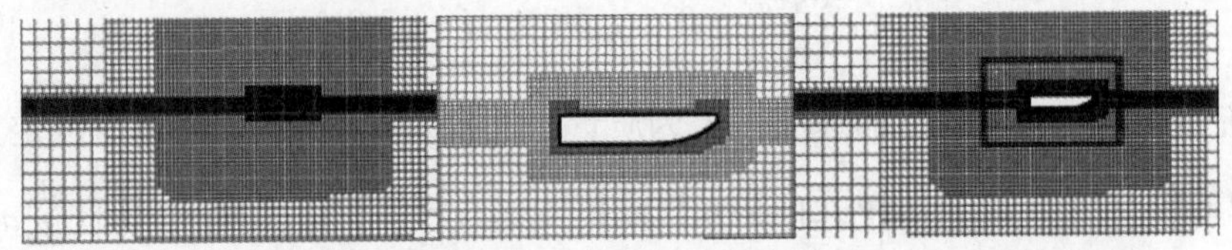

图 1 背景网格（左）、重叠网格（中）与耦合后的网格（右）

3 常规型滑行艇数值模拟与结果分析

选取大阪府立大学 Katayama2000 年开展的滑行艇迎浪运动模型试验进行计算[6]。滑行艇的主尺度如表 1 所示，滑行艇的横剖面图如图 2 所示。

3.1 网格无关性研究

如表 2 所示，在佛汝德数 Fr 为 4.0 时，选取三种不同尺度的网格进行网格无关性研究分析，可以看出当网格数量在 116 万时计算结果基本收敛，为了缩短计算时间，同时保证计算结果的收敛性，计算网格选取中网格，即第二种网格划分。

表 1 常规型滑行艇的主尺度

参数	单位	数值
艇长	m	0.625
艇宽	m	0.25
型深	m	0.106
吃水	m	0.059
底部斜升角	deg	22
艇重	kg	4.28
KG	m	0.111
LCG	m	0.285

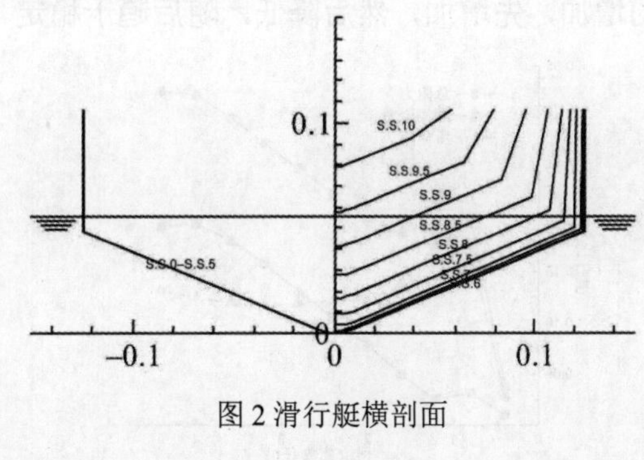

图 2 滑行艇横剖面

表 2 网格无关性研究

网格设置	网格总数	升沉(mm)	纵倾(°)	总阻力(N)
粗网格	590000	46.476	2.646804	14.122422
中网格	1160000	48.283	3.054134	13.51723173
细网格	1500000	48.059	3.061979	13.483304

3.2 数值结果与分析

滑行艇高速滑行时，随着航速的变化，滑行艇的姿态变化较大包括升沉与纵倾的变化。如图 3 所示，给出滑行艇姿态的计算结果与实验结果的比较。可以看出：整个航速范围内，基于 CFD 模拟计算得到的姿态变化与实验值吻合较好；在未滑行阶段 Fr<0.8 范围内数值模拟结果与实验值有较小的偏差，在滑行以后，两者吻合较好。基于 CFD 的计算结果在整个速度范围内与实验值吻合较好，尤其是升沉变化曲线与实验结果基本一致。

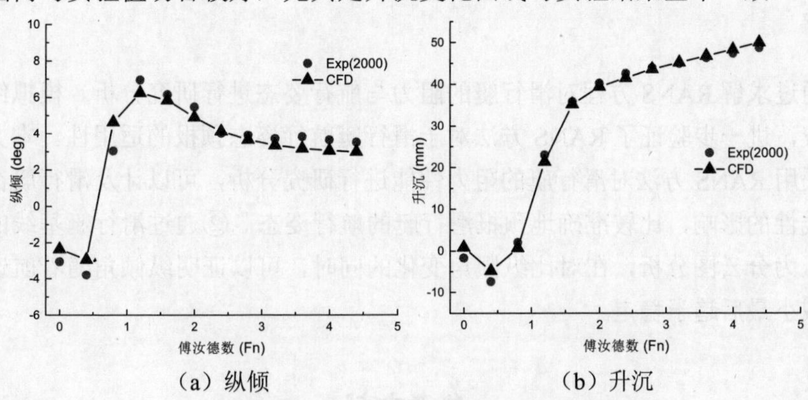

（a）纵倾　　（b）升沉

图 3 滑行艇姿态的计算结果与试验结果的比较

如图 4 所示，给出了基于 CFD 方法模拟的滑行艇阻力变化曲线。由于文献[6]中的实验结果未给出阻力结果，这里只给出 CFD 模拟的结果。从图 4 可以看出：滑行艇的摩擦阻力变化曲线跟常规排水型船舶的摩擦阻力变化有所不同，滑行艇的摩擦阻力随着航速的增加而不断增加，由于航速的增加，喷溅引起的摩擦阻力影响较大；滑行艇的压阻力随着航速的增加，先增加，然后降低，随后趋于稳定，随航速变化较小。

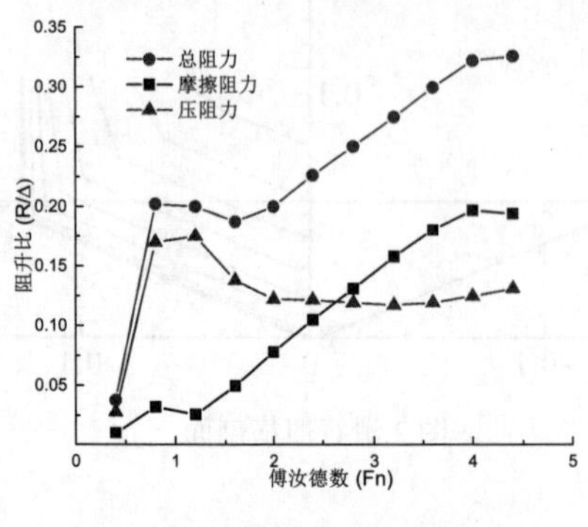

图 4 滑行艇阻力变化曲线

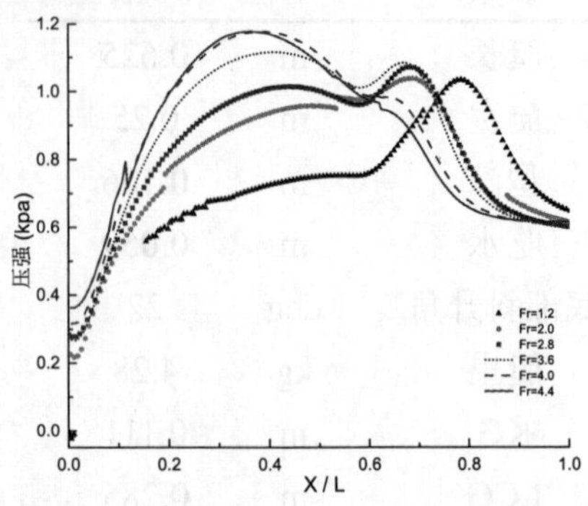

图 5 艇底基线位置压力沿船长分布

图 5 给出艇底基线位置压力沿船长分布，同时图 6 给出艇底压力分布云图。从图 5 可以看出：艇底压力的峰值随着航速的增大，逐渐往船后移动。从艇底压力云图可以很清楚地看出压力点的后移。根据滑行艇的纵倾变化，这也说明随着航速的不断增加，纵倾角度先增大，后减小趋于稳定。压力峰值的后移导致纵倾角的减小。

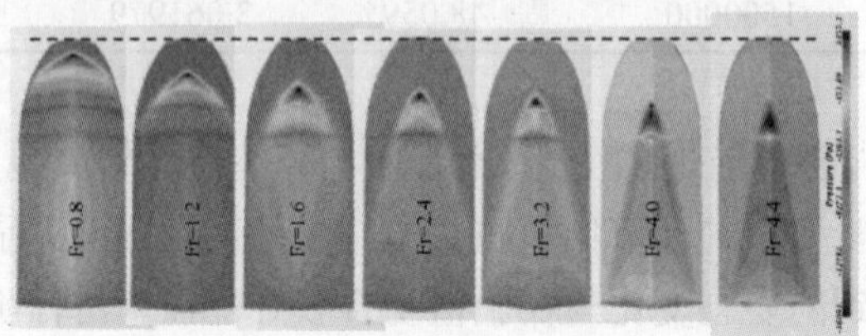

图 6 艇底压力分布云图

4 结论

本文通过求解 RANS 方程对滑行艇的阻力与航行姿态进行研究分析。模拟结果与实验结果的比较，进一步验证了 RANS 方法对于滑行艇航行姿态预报的适用性。本文主要结论如下：①采用 RANS 方法对滑行艇的阻力性能进行研究分析，可以计及滑行艇在高速航行时的强非线性的影响，比较准确地预报滑行艇的航行姿态。②通过滑行艇基线的压力分布与艇底的压力分云图分析，在对比纵倾角变化的同时，可以证明纵倾角随着航速的增加，先增加后减小最后趋于稳定。

参考文献

1 Faltinsen, O.M.. Hydrodynamics of High-Speed Marine Vehicles. Cambridge University Press, New York,2005.

2 Savitsky, D. Hydrodynamic analysis of planing hulls. Mar. Technol. 1964, 1 (1):71–95.

3 Lai C, Troesch A W. A VORTEX LATTICE METHOD FOR HIGH - SPEED PLANNING[J]. International Journal for Numerical Methods in Fluids, 1996, 22(6):495-513.

4 Zhao, R., Faltinsen, O.M., Haslum, H.A.. A simplified nonlinear analysis of a high-speed planing craft in calm water. In: Proceedings of the Fourth International Conference on Fast Sea Transportation, Australia, 1997.

5 Jiang Y , Sun H , Zou J , et al. Experimental and numerical investigations on hydrodynamic and aerodynamic characteristics of the tunnel of planing trimaran[J]. Applied Ocean Research, 2017, 63:1-10.

6 KatayamaT,HinamiT,Ikeda Y. Longitudinal motion of a super high-speed planing craft in regular head wave[C]//4th Osaka Colloquium on Seakeeping Performance of Ships,Osaka,Japan,2000:214-220.

The resistance calculation of the high-speed planing based on RANS equations

WANG Hui, ZHU Ren-chuan, YANG Yun-tao

(State Key Laboratory of Ocean Engineering, Collaborative Innovation Center for Advanced Ship and Deep-Sea Exploration, School of Naval Architecture, Ocean and Civil Engineering, Shanghai Jiao Tong University, Shanghai, 200240. Email: wanghui1994@sjtu.edu.cn)

Abstract: The resistance performance is always the key and difficult point in hydrodynamic performance research of high-speed planing. Considering nonlinear and viscous effects of planing, by solving RANS equations, capturing the free surface by VOF method, the overset grid technology to simulate the planing motion, combined with the *SST* $k-\omega$ two equation model, this paper carried out the numerical simulation on the high-speed planing sailing in calm water with two degrees of freedom including sinkage and trim. The simulation results are in good agreement with the experimental results for the sinkage and trim, and the relationships of resistance changing with the speed of the planing and the pressure on the bottom changing with the trim are obtained. The results show that the RANS method based on viscous flow can simulate the motion of the planing with complicate geometry, which is of high accuracy and applicability.

Key words: High-speed planing; Resistance calculation; Navigation attitude; RANS; Overset grid technology.

基于高阶谱方法的聚焦波下船舶的运动

肖倩，朱仁传

（上海交通大学 船舶海洋与建筑工程学院 海洋工程国家重点实验室，高新船舶与深海开发装备协同创新中心，上海 200240）

摘要：为了研究入射波浪的非线性对船舶运动的影响，本文提出了一种基于三维弱非线性间接时域法与高阶谱方法的新型耦合方法，采用了高阶谱方法来模拟非线性入射波场，基于弱非线性假设和脉冲响应函数法在瞬时湿表面上实时积分计算求得了非线性入射波浪力和非线性恢复力，通过频域结果的傅里叶逆变换得到了线性散射力，建立了船舶在非线性波浪中的时域运动方程，对 WigleyIII 在给定频带聚焦波下的运动响应进行了计算与分析。在线性规则波下，通过与实验结果进行 RAO 值的对比，验证了耦合模型的有效性；通过与聚焦波实验结果的对比，验证了波浪模型的正确性，并进一步分析了入射波浪间相互作用的高阶非线性对船舶受力和运动的影响。研究表明：非线性波浪的相互作用对聚焦结果有较大的影响，对船舶的入射力以及垂荡运动的影响最为显著。

关键词：高阶谱方法；弱非线性；间接时域法；非线性聚焦波；

1 引言

势流理论凭借其计算消耗小和时间成本低的优点，在船舶耐波性问题中得到了广泛的应用。考虑非线性 F-K 力以及非线性恢复力的弱非线性方法能在不较大牺牲计算效率的情况下抓住主要的非线性特征，提高问题求解的准确度，因此得到了越来越多学者的青睐[1-2]。在弱非线性方法中，对于无航速问题的线性散射力大多采用间接时域法得到，基于脉冲响应函数法考虑流场记忆效应[3-4]。

研究极限海况下的运动响应对船舶的设计以及船舶安全性能的校核具有重要的指导意义，其中聚焦波常常作为极值波的典型情况，在实验和数值模拟中得到了广泛关注[5-6,8]。Baldock[5]通过实验的方法模拟了聚焦波。高阶谱方法[6-7]基于小波陡假设，通过快速傅里叶变换解决非线性自由面波动问题，具有高效和快速收敛等特性。赵西增等[8]学者运用高阶谱方法对聚焦波进行了数值模拟。

本文采用高阶谱方法对非线性入射聚焦波场进行数值模拟，考虑了入射波浪间的非线性作用，并基于三维间接时域法，模拟计算了船舶在非线性迎浪波浪下的运动响应，探讨了聚焦波浪下波浪的非线性对船舶受力和运动的影响。研究表明，与线性聚焦波相比，非线性聚焦波浪的波峰值增大，聚焦点和聚焦时间存在滞后，聚焦处波峰更陡峭相邻波谷更平坦，船舶所受入射力和垂荡运动增大。

2 弱非线性间接时域法基本理论

假设流动无旋，流体无黏，不可压，坐标系 $oxyz$ 原点 o 位于静水面船中处，x 轴指向船首，z 轴竖直向上，零航速船舶在波浪中运动的时域方程可为：

$$\sum_{j=1}^{6}\left\{(M_{kj}+\mu_{kj})\ddot{\xi}_j(t)+\int_0^t K_{kj}(t-\tau)\dot{\xi}_j(\tau)d\tau\right\}+C_k(t)= \tag{1}$$

$$F_{k0}(t)+\int_{-\infty}^{\infty}K_{k7}(t-\tau)\zeta(\tau)\mathrm{d}\tau, k=1,2,\cdots,6$$

式中：M_{kj} 为质量矩阵，μ_{kj} 为无穷频率附加质量，K_{kj} 为时延函数。C_k 为非线性回复力，F_{k0} 为入射波浪力，K_{k7} 为绕射力脉冲响应函数，ζ 为船中处波面升高时历。

基于频域势流理论[9]，时域辐射力 $F_{kj}^R(t)$ 可通过时延函数 K_{kj} 求得[3]：

$$F_{kj}^R(t)=-\mu_{kj}\ddot{\xi}_j(t)-\int_0^t K_{kj}(t-\tau)\dot{\xi}_j(\tau)\mathrm{d}\tau \tag{2}$$

基于脉冲响应函数法的绕射力 $F_{k7}(t)$ 可通过绕射力脉冲响应函数 K_{k7} 求得[3]：

$$F_{k7}(t)=\int_{-\infty}^{\infty}K_{k7}(t-\tau)\zeta(\tau)\mathrm{d}\tau, k=1,2,\cdots,6 \tag{3}$$

基于弱非线性理论，非线性的入射力 F_{k0} 和回复力 C_k 均基于瞬时湿表面 S 进行计算：

$$F_{k0}(t)=\iint_S pn_k\mathrm{d}S=\iint_S\left(-\rho\frac{\partial\Phi_I}{\partial t}-\frac{1}{2}\rho\left|\nabla\Phi_I\right|^2\right)n_k\mathrm{d}S \tag{4}$$

$$C_k=-\iint_S\rho gz\cdot n_k\mathrm{d}S \tag{5}$$

式中 p 为动态压强，Φ_I 为入射波浪的入射势。

3 高阶谱方法基本理论

入射波浪模型选择了高阶谱方法，该方法基于势流理论，坐标系 $o_0x_0y_0z_0$ 的原点为 o_0，$o_0x_0y_0$ 与静水面重合，z 轴竖直向上，将非线性自由表面边界条件就自由表面升高 $\eta(x,y,t)$（单值）和自由表面速度势 $\phi^S(x,y,t)=\phi(x,y,\eta,t)$ 可表示为[10]：

$$\frac{\partial \phi^S}{\partial t} = -g\eta - \frac{1}{2}\left|\nabla \phi^S\right|^2 + \frac{1}{2}\left(1+\left|\nabla \eta\right|^2\right)\phi_z^2(x,y,\eta,t) \tag{6}$$

$$\frac{\partial \eta}{\partial t} = \left(1+\left|\nabla \eta\right|^2\right)\phi_z(x,y,\eta,t) - \nabla \phi^S \nabla \eta \tag{7}$$

从上两式可以看到：若已知某一时刻自由表面上垂直速度$\phi_z(x,y,\eta,t)$，对上两式进行时间积分即可求得下一时间步的自由表面速度势$\phi^S(x,y,t+\mathrm{d}t)$以及波面升高$\eta(x,y,t+\mathrm{d}t)$。在高阶谱方法中，基于小波陡假设对速度势进行摄动展开至M阶，可以得到一系列满足狄利克雷边界条件的边值问题，后采用伪谱方法进行求解,具体过程参见文献[6-7]。

在坐标系$o_0x_0y_0z_0$中对非线性波浪场进行模拟，将t时刻的入射波浪场自由表面升高，速度场以及压强场提取出来，并将其转换到坐标系$oxyz$中进行耦合计算（大地坐标系与参考坐标系的转换关系[9]）。将转换后的t时刻自由表面升高截切该瞬时的船体表面从而得到瞬时湿表面S; 将转换后t时刻的速度场和压强场带入式（6）中进行非线性入射力的计算。最后对船舶时域运动方程进行求解并对船舶的运动姿态进行调整，为$t+dt$时刻的计算做准备。

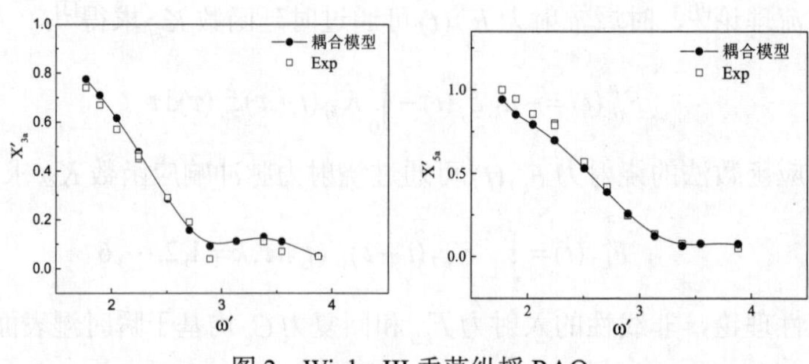

图 2　WigleyIII 垂荡纵摇 RAO

4　数值计算与结果分析

4.1 规则波下的验证

为了验证耦合模型的准确性，本文以 Wigley III 为对象，在迎浪工况下对船舶运动响应进行了数值计算。采用$M=1$的高阶谱方法模拟线性规则波，将该入射波场引入到时域运动模型中进行计算。图 2 给出了基于该波浪模型下的 Wigley III 的垂荡和纵摇运动 RAO 并与实验[11]中无航速的情况进行了比较。耦合模型的计算结果与实验结果对比良好，其准确性得到了验证。

4.2 聚焦波验证

实现理论聚焦的方式有很多种，为了简便起见此处选择等幅线性聚焦的方法来给定初始波浪[5]。此处选取实验[5]中 case D 进行数值模拟，高阶谱方法的相关参数设置为：L_x=20m, T_{total}=60s, x_b=8m, t_b=30s, M=3, N_f=27。图 3 给出了不同聚焦波幅下对应的数值模拟波峰值，并与线性解和实验结果进行了对比。从图 3 中可以看出，本文所使用的入射波模型能较为准确地模拟非线性聚焦波且能抓住聚焦事件的强非线性特性。

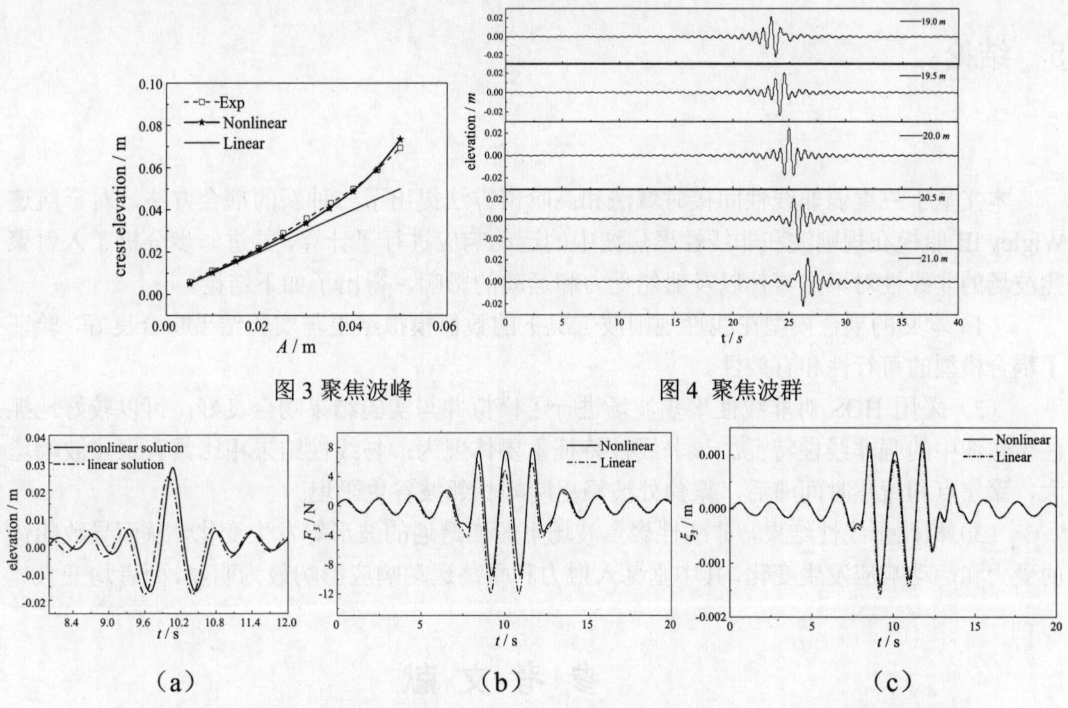

图 3 聚焦波峰　　图 4 聚焦波群

（a）　（b）　（c）

图 5（a）船中波面升高时历（b）垂荡入射力时历（c）垂荡运动时历

4.3 聚焦波下船舶的运动

固定聚焦波来波频带为 $f_n \in [0.51, 1.613]$，选取聚焦波幅 A=0.025m 进行数值计算，使得船中位于聚焦点处，对应时间为 $0\text{s} \le t' \le 20\text{s}$，线性聚焦时间为 $t' = 10\text{s}$。相应的高阶谱方法计算中的参数设置为：L_x=54m, T_{total}=40s, dt=0.01s, x_b=20m, t_b=25s。表 1 给出了线性理论聚焦时间、聚焦地点以及聚焦幅值与相对应的非线性模拟结果。图 4 给出了线性聚焦事件中，聚焦点以及其前后点的波高时历。图 5（a）给出了位于聚焦点处 $8\text{s} \le t' \le 12\text{s}$ 船中的波面升高时历，可以看出与线性波浪相比，非线性波浪的波峰较陡峭，两边相邻的波谷较平坦，与 Baldock 等[5]文献中分析的一致。图（b）和图（c）分别给出了垂荡入射力时历以及垂荡运动时历。可以看出非线性波浪场的引入增大了入射力和运动响应的正向幅值。

表 1 聚焦波特性

M	聚焦波幅	聚焦时间	聚焦点
1	0.025m	25.00s	20.0m
3	0.0281999m	25.07s	20.1445m

5 结论

本文基于三维弱非线性间接时域法和高阶谱方法提出了一种新的耦合方法，对零航速 Wigley III 船模在规则波和非线性聚焦波中的运动响应进行了计算，并进一步分析了入射聚焦波场的非线性对聚焦事件以及船舶受力和运动的影响，得出了如下结论。

（1）本文的耦合模型在线性规则波工况下的数值模拟结果与实验结果吻合良好，验证了耦合模型的可行性和有效性。

（2）采用 HOS 对非线性聚焦波场进行了模拟并与实验结果吻合良好，可以较好地抓住聚焦波中的强非线性特征。该非线性特征主要体现为：与线性结果相比具有聚焦波幅增大，聚焦点和聚焦时间滞后，聚焦处波峰更陡峭相邻波谷更平坦.

（3）相比于线性结果，非线性聚焦波场下船舶遭遇的波形等发生变化，从而导致船体的受力和运动响应发生变化，其中垂荡入射力和垂荡运动响应影响最为明显，两者均变大。

参 考 文 献

1 Chen X, Zhu R, Zhao J, et al. Study on weakly nonlinear motions of ship advancing in waves and influences of steady ship wave[J]. Ocean Engineering, 2018, 150: 243-257.

2 Ma S, Wang R, Zhang J, Duan WY, Ertekin, R.C. Consistent formulation of ship motions in time-domain simulations by use of the results of strip theory[J]. Ship Technology Research, 2016,63(3):146-158.

3 胡天宇，朱仁传，范菊. 海上浮式风机平台弱非线性耦合动力响应分析[J]. 哈尔滨工程大学学报，2018, 39(07):1132-1137.

4 唐恺,朱仁传,缪国平,等.时域分析波浪中浮体运动的时延函数计算[J]. 上海交通大学学报, 2013,47(2):300-306.

5 Baldock T E, Swan C, Taylor P H. A laboratory study of nonlinear surface waves on water[J]. Philosophical Transactions of the Royal Society of London. Series A: Mathematical, Physical and Engineering Sciences, 1996, 354(1707): 649-676.

6 Ducrozet G, Bonnefoy F, Le Touzé D, et al. 3-D HOS simulations of extreme waves in open seas[J]. Natural Hazards and Earth System Science, 2007, 7(1): 109-122.

7 Dommermuth D G, Yue D K P. A high-order spectral method for the study of nonlinear gravity waves[J].

Journal of Fluid Mechanics, 1987, 184: 267-288.

8 赵西增，孙昭晨，梁书秀. 模拟畸形波的聚焦波浪模型[J]. 力学学报, 2008, 40(4).

9 朱仁传，缪国平. 船舶在波浪上的运动理论[M]. 上海：上海交通大学出版社, 2019.

10 Zakharov V E. Stability of periodic waves of finite amplitude on the surface of a deep fluid[J]. Journal of Applied Mechanics and Technical Physics, 1968, 9(2): 190-194.

11 Journée, J. M. J. (1992). Experiments and Calculations on 4 Wigley Hull Forms in Head Waves. Delft University of Technology Report.

Numerical simulations of ship motion in focusing wave based on HOS method

XIAO Qian, ZHU Ren-chuan

(State Key Laboratory of Ocean Engineering, Collaborative Innovation Center for Advanced Ship and Deep-Sea Exploration, School of Naval Architecture, Ocean and Civil Engineering, Shanghai Jiao Tong University, Shanghai 200240, China)

Abstract: To analyze the influence of nonlinearities in incident wave field on ship motion response, a new hybrid method is proposed based on 3D weakly nonlinear indirect time-domain method and High-Order Spectral (HOS) method. In the proposed method, HOS method is employed to simulate the nonlinear incident wave field, nonlinear F-K (Froude-krylov) and restoring forces are evaluated over the instantaneous wetted surface while linear scattering forces are obtained through inverse Fourier transform based on the IRF (Impulse Response Function) method and weakly nonlinear assumption. The equations of time-domain ship motions in nonlinear waves are established and numerical simulations of motion responses of WigleyIII in focusing wave with pre-determined frequency band are conducted. The feasibility of the hybrid model are validated in regular linear waves through comparison of RAO (Response Amplitude Operator) between obtained results and experimental data. The incident wave model to catch the strong nonlinearity in focusing wave is validated through results comparisons with the related experiment and the effects of nonlinearity of wave-wave interaction in incident field on ship bearing forces and ship motions are further investigated. It is shown that nonlinear wave-wave interaction causes a significant impact on focusing event and subsequently a remarkable influence on F-K force and heave motion.

Key words: High-order spectral method; weakly nonlinear; indirect time-domain method; nonlinear focusing wave.

带水平开孔板浮箱式防波堤水动力特性的理论研究

何舒玥，刘勇

（中国海洋大学，海岸与海洋工程研究所，青岛 266100，Email：sue1992.2@163.com）

摘要：本研究提出一种带水平开孔板的浮箱式防波堤结构，可以有效地耗散波浪能量，降低结构的波浪力和透射系数。基于线性势流理论，利用匹配特征函数法建立波浪与带水平开孔板浮箱式防波堤相互作用的解析模型。在解析分析中，将问题分解为对称解和反对称解，通过匹配不同流场分区之间的速度和压力连续条件，确定速度势，计算反射系数、透射系数、能量耗散系数。将解析解与分区边界元数值解进行对比分析，其计算结果一致。通过算例分析，研究带水平开孔板浮箱式防波堤的反射系数、透射系数以及能量耗散系数的主要影响因素和变化规律。研究发现，设计合理的水平板开孔率以及宽度，可以有效提高浮箱式防波堤的掩护性能。本研究结果可为工程设计和进一步的物理模型试验研究提供重要参考。

关键词：浮箱式防波堤；水平开孔板；匹配特征函数展开法；反射系数；透射系数；能量耗散系数

1 引言

水平板防波堤是一种新概念的海上结构物，主要用作离岸式防波堤，它利用波浪能主要集中在水体表层的特点，可以有效地反射、耗散入射波能量，为后方水域提供良好的掩护作用。浮箱式防波堤作为代表性的浮式防波堤，具有结构简单、预制和安装方便的优点，且有着良好的反射波浪效果。目前，不少学者将水平板和浮箱两者组合成新型浮式防波堤，并对其水动力特性进行了深入的研究。

王永学等[1]提出一种在方箱下加两层水平板的垂直倒桩锚固浮式防波堤，通过物理模型试验对其消浪性能和升沉运动响应进行研究，探讨了相对宽度、水平板层数、水平板与方箱间距等几何参数对浮堤的影响，试验结果表明方箱—水平板式浮堤的消浪性能优于单方箱浮堤。高鑫等[2]提出了板—浮筒复合型防波堤，采用边界元法对其水动力特性进行了研究，分析了防波堤反射、透射系数与平板、浮筒间距及浮筒厚度之间的相互关系。杨彪等[3]提出了双浮箱—双水平板式的防波堤结构，利用物理模型试验对其水动力特性进行研究，并与双浮箱式防波堤的消浪性能进行了对比。杨朕[4]提出倒π型防波堤，同时利用了线性势流理论、边界元法和模型试验对其水动力性能进行了分析。Zhang 等[5]利用数值水槽对倒π型防波堤和浮箱式防波堤的水动力特性进行了对比，并进一步提出了优化的L型浮堤。Ikesue[6]提出带“鳍”双浮箱式防波堤结构，对结构的透射系数和反射系数进行数值和试验研究，发现朝迎浪面的外“鳍”对浮堤的透射系数起决定性作用。

基于以往的研究，本文提出一种新型的带水平开孔板浮箱式防波堤，提出这种新型防波堤的目的包括：①在浮箱式防波堤靠近自由水面位置设置水平开孔板可有效耗散波浪能量，降低反射系数和透射系数；②仅靠增加水平开孔板便可改善单浮箱式防波堤的掩护作用，具有一定的经济性。本文基于线性势流理论，将问题分解成对称解和反对称解[7]，确定速度势表达式，并通过匹配特征函数展开法，求出待定系数，得到了反射系数、透射系数和能量耗散系数。检验解析模型的级数收敛性，并利用分区边界元方法对其正确性进行验证。通过算例分析，对带水平开孔板浮箱式防波堤的反射系数、透射系数和能量耗散系数的主要影响因素和变化规律进行讨论。

2　控制方程和边界条件

图 1 给出波浪与带水平开孔板浮箱式防波堤相互作用的理想化示意图。防波堤所处水深为h，方箱的淹没深度为T，底部与海床之间的间距为S（$S=h-T$），宽度为$2B$。在方箱前后的自由水面处，各固接一块水平开孔板，开孔板宽度为W。采用二维笛卡尔直角坐标系建立理论模型，其坐标原点位于方箱中垂线与自由水面的交点处，x 轴正方向水平向右（与入射波传播方向一致），z轴垂直向上。在解析计算中，需要将$x\leq 0$的左半区域划分成为三个子区域：Ω_1表示水平开孔板前方（迎浪面）的区域，Ω_2表示水平开孔板与海床之间的区域，Ω_3表示方箱左半部分与海床之间的区域。考虑波浪与整个防波堤结构的相互作用时，由于水平开孔板的厚度相对于入射波长来说为一小值，在实际计算中忽略不计。

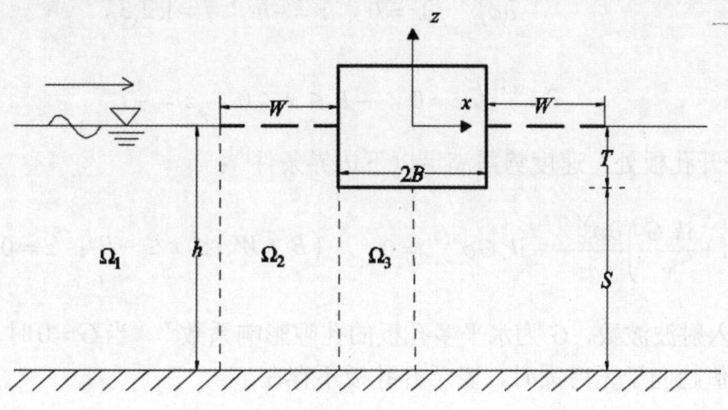

图 1 波浪与带水平开孔板浮箱式防波堤相互作用示意图

假定流体无黏、无旋及不可压缩，可用速度势函数$\Phi(x,z,t)$描述流体的运动。考虑入射频率为ω的小振幅规则波，可以分离出其时间因子$\mathrm{e}^{-\mathrm{i}\omega t}$：

$$\Phi(x,z,t)=\mathrm{Re}\left[\phi(x,z)\mathrm{e}^{-\mathrm{i}\omega t}\right] \tag{1}$$

其中，Re 表示对变量取实部，$\mathrm{i}=\sqrt{-1}$，ϕ为与时间无关的空间复速度势。在各子区域内，速度势ϕ_j均满足拉普拉斯方程：

$$\frac{\partial^2\phi_j(x,z)}{\partial x^2}+\frac{\partial^2\phi_j(x,z)}{\partial z^2}=0\text{，}\quad j=1,2,3\text{，} \tag{2}$$

式中，下标j代表Ω_j区域内的变量。

为了简化计算，可以将速度势ϕ分解为对称势ϕ^S和反对称势ϕ^A两部分[7]，

$$\phi(x,z)=\left[\phi^S(x,z)+\phi^A(x,z)\right]/2 \tag{3}$$

其中，$\phi^S(-x,z)=\phi^S(x,z)$，$\phi^A(-x,z)=-\phi^A(x,z)$，此时只需在$x\le 0$的左半区域内求解该问题。分解后的速度势需满足以下边界条件：

(1) 线性化的自由水面条件

$$\partial\phi_1^{S(A)}\big/\partial z=\nu\phi_1^{S(A)}\text{，}\quad z=0 \tag{4}$$

式中，$\nu=\omega^2/g$。

(2) 在海底以及方箱底部，速度势满足不可渗透边界条件：

$$\partial\phi_j^{S(A)}\big/\partial z=0\text{，}\quad z=-h\text{，}\quad j=1,2,3\text{，} \tag{5}$$

$$\partial\phi_3^{S(A)}\big/\partial z=0\text{，}\quad -B\le x\le 0\text{，}\quad z=-T \tag{6}$$

(3) 在水平开孔板处，速度势需满足以下边界条件[8]：

$$\left(1+\frac{\mathrm{i}k_0G}{\nu}\right)\frac{\partial\phi_2^{S(A)}}{\partial z}-\mathrm{i}k_0G\phi_2^{S(A)}=0\text{，}\quad -\left(B+W\right)\le x\le -B\text{，}\quad z=0 \tag{7}$$

其中，k_0表示入射波波数，G为水平多孔板的孔隙影响系数[9]。当$G=0$时，水平板为实体结构；当G的值趋向于无穷大时，表示开孔板不存在。

(4) 在左方远场，速度势满足 Sommerfeld 远场辐射条件：

$$\lim_{x\to-\infty}\left(\frac{\partial}{\partial x}+\mathrm{i}k_0\right)\left(\phi_1^{S(A)}-\phi_I\right)=0\,, \tag{8}$$

式中，ϕ_I 表示入射势。

(5) 对于对称势 ϕ^S 和反对称势 ϕ^A，在 $x=0$ 处需分别满足：

$$\partial\phi_3^S\left(0,z\right)/\partial x=0\,,\quad x=0\,, \tag{9}$$

$$\phi_3^A\left(0,z\right)=0\,,\quad x=0\,。 \tag{10}$$

(6) 在各子区域交界面上，流体运动还需满足箱体两侧的不可渗透边界条件，以及下方水域的速度势和速度连续条件：

$$\partial\phi_2^{S(A)}/\partial x=\begin{cases}0, & -T<z\le 0\\ \partial\phi_3^{S(A)}/\partial x, & -h\le z\le -T\end{cases}\,,\quad x=-B\,, \tag{11}$$

$$\phi_2^{S(A)}=\phi_3^{S(A)}\,,\quad x=-B\,,\quad -h\le z\le -T\,, \tag{12}$$

$$\phi_1^{S(A)}=\phi_2^{S(A)}\,,\quad -h\le z\le 0\,,\quad x=-\left(B+W\right), \tag{13}$$

$$\partial\phi_1^{S(A)}/\partial x=\partial\phi_2^{S(A)}/\partial x\,,\quad -h\le z\le 0\,,\quad x=-\left(B+W\right), \tag{14}$$

以上控制方程和边界条件描述了关于对称速度势和反对称速度势的完整边值问题，可以通过匹配特征函数展开法对其进行求解。

3 解析分析

对于对称问题，可利用分离变量法得到满足拉普拉斯方程和边界条件（3）至条件（9）的速度势表达式，具体形式如下：

$$\phi_1^S\left(x,z\right)=-\frac{\mathrm{i}gH}{2\omega}\left[\mathrm{e}^{\mathrm{i}k_0(x+W+B)}Z_0\left(z\right)+A_0^S\,\mathrm{e}^{-\mathrm{i}k_0(x+W+B)}Z_0\left(z\right)+\sum_{m=1}^{\infty}A_m^S\,\mathrm{e}^{k_m(x+W+B)}Z_m\left(z\right)\right] \tag{15}$$

$$\phi_2^S(x,z)=-\frac{\mathrm{i}gH}{2\omega}\sum_{m=0}^{\infty}\left[B_m^S\frac{\cos\lambda_m\left(x+\dfrac{2B+W}{2}\right)}{\cos\dfrac{\lambda_m W}{2}}X_m(z)+C_m^S\frac{\sin\lambda_m\left(x+\dfrac{2B+W}{2}\right)}{\cos\dfrac{\lambda_m W}{2}}X_m(z)\right]\quad(16)$$

$$\phi_3^S(x,z)=-\frac{\mathrm{i}gH}{2\omega}\left[D_0^S Y_0(z)+\sum_{m=1}^{\infty}D_m^S\frac{\cosh\beta_m x}{\cosh\beta_m B}Y_m(z)\right]\quad(17)$$

其中：A_m^S、B_m^S、C_m^S、D_m^S（$m=0,1,2,...$）是待定的速度势展开系数；$Z_m(z)$、$X_m(z)$、$Y_m(z)$（$m=0,1,2,\cdots$）是垂向特征函数系，具体形式为：

$$Z_0(z)=\cosh k_0(z+h)/\cosh(k_0 h)\quad(18)$$

$$Z_m(z)=\cos k_m(z+h)/\cos(k_m h),\quad m=1,2,3,...\quad(19)$$

$$X_m(z)=\cosh\lambda_m(z+h)/\cosh\lambda_m h,\ m=0,1,2,...\quad(20)$$

$$Y_0(z)=\sqrt{2}/2\quad(21)$$

$$Y_m(z)=\cos\beta_m(z+h),\quad m=1,2,3,...\quad(22)$$

在以上垂向特征函数系中，特征值 k_0、k_m 是下面色散方程的正实根：

$$\omega^2=gk_0\tanh k_0 h=-gk_m\tan k_m h\quad(23)$$

特征值 λ_m 满足如下复色散方程：

$$\lambda_m\tanh\lambda_m h=\mathrm{i}k_0 G\Big/\left(1+\frac{\mathrm{i}k_0 G}{\nu}\right),\ (m=0,1,2,...)\quad(24)$$

λ_m 是波浪在区域 Ω_2 传播的复波数，其实部表示波长，虚部表示波浪在开孔板上的衰减幅值。值得注意的是，λ_m 需要在复数域中求解，因此在迭代计算中，难以给出合理的迭代初值。在本文中，采用了摄动法[10]和牛顿下山法对复波数进行求解。

特征值 β_m 满足：

$$\beta_m=\frac{m\pi}{S},\ (m=0,1,2,...)\quad(25)$$

将速度势的表达式（15）至式（17）代入边界条件（11）至条件（14）中，基于垂向特征函数的正交性，利用匹配特征函数展开法，即可建立线性代数方程组。然后利用高斯消元法即可得到待定系数 A_m^S、B_m^S、C_m^S、D_m^S 的值。

对于反对称问题，利用分离变量法得到其速度势表达式的具体形式为：

$$\phi_1^A(x,z)=-\frac{\mathrm{i}gH}{2\omega}\left[\mathrm{e}^{\mathrm{i}k_0(x+W+B)}Z_0(z)+A_0^A\mathrm{e}^{-\mathrm{i}k_0(x+W+B)}Z_0(z)+\sum_{m=1}^{\infty}A_m^A\mathrm{e}^{k_m(x+W+B)}Z_m(z)\right] \tag{26}$$

$$\phi_2^A(x,z)=-\frac{\mathrm{i}gH}{2\omega}\sum_{m=0}^{\infty}\left[B_m^A\frac{\cos\lambda_m\left(x+\dfrac{2B+W}{2}\right)}{\cos\dfrac{\lambda_m W}{2}}X_m(z)+C_m^A\frac{\sin\lambda_m\left(x+\dfrac{2B+W}{2}\right)}{\cos\dfrac{\lambda_m W}{2}}X_m(z)\right] \tag{27}$$

$$\phi_3^A(x,z)=-\frac{\mathrm{i}gH}{2\omega}\left[D_0^A\frac{x}{B}Y_0(z)+\sum_{m=1}^{\infty}D_m^A\frac{\sinh\beta_m x}{\sinh\beta_m B}Y_m(z)\right] \tag{28}$$

其中，A_m^A、B_m^A、C_m^A、D_m^A（$m=0,1,2,\ldots$）为待定系数，各垂向特征函数的表达式可见式（18）至式（22）。未知系数 A_m^A、B_m^A、C_m^A、D_m^A 的求解方法与对称解相同。

求解得到对称势和反对称势的待定系数后，便可通过以下公式计算得到带水平开孔板浮箱式防波堤的反射系数、透射系数和能量耗散系数：

$$C_R=(A_0^S+A_0^A)/2 \tag{29}$$

$$C_T=(A_0^S-A_0^A)/2 \tag{30}$$

$$C_L=1-C_R^2-C_T^2 \tag{31}$$

4 理论模型验证

4.1 收敛性验证

由于解析解为无穷多项的级数解，因此必须保证计算结果随截断数 M 的增加而趋于收敛，才能得到合理的计算结果。表 1 给出了典型工况下反射系数和透射系数随着截断数 M 的变化情况。计算中用到的基本参数为：$B/h=0.5$，$W/h=0.5$，$T/h=0.3$，$G=5$。从表 1 中可以看出，随着截断数的增大，解析解的结果趋于收敛，当 M=40 时，其计算结果可以满足工程分析的需要。在后文的计算中，均取 M=40。

表 1 反射系数和透射系数随着截断数 M 的变化：$B/h=0.5$，$W/h=0.5$，$T/h=0.3$，$G=5$

M	k_0h=0.5		k_0h=1.0		k_0h=2.0		k_0h=4.0		k_0h=6.0	
	C_R	C_T	C_R	C_T	C_R	C_T	C_R	C_T	C_R	C_T
5	0.379	0.892	0.593	0.601	0.533	0.175	0.517	0.020	0.378	0.002
10	0.381	0.891	0.595	0.599	0.534	0.174	0.517	0.020	0.378	0.002
20	0.381	0.891	0.595	0.598	0.534	0.173	0.518	0.020	0.378	0.002
40	0.381	0.891	0.596	0.598	0.534	0.173	0.518	0.020	0.378	0.002
60	0.381	0.891	0.596	0.598	0.534	0.173	0.518	0.020	0.378	0.002

4.2 理论解与边界元数值解对比

除了本文解析解之外，利用分区边界元方法[11-12]，计算了带水平开孔板浮箱式防波堤的反射系数和透射系数，并与本文解析计算结果进行了对比。图 2 给出了两种方法计算结果的对比，其计算条件为：$B/h=0.5$，$W/h=0.5$，$T/h=0.3$，$G=5$。从图 2 可以看出，两种方法的计算结果一致，说明解析解的求解过程是正确的。

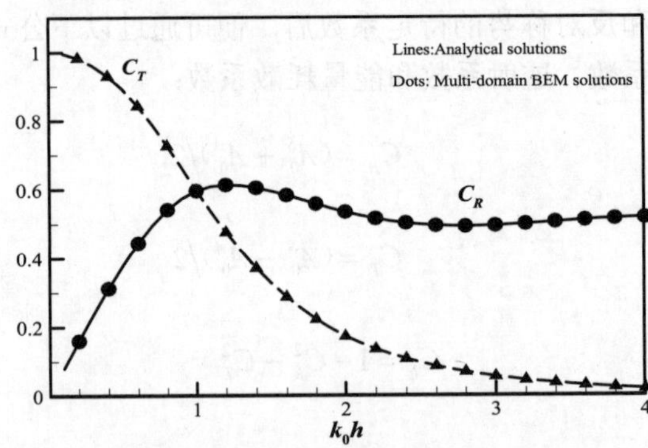

图 2 理论解（线）和分区边界元解（点）对比

5 算例与讨论

图 3 至图 5 分别给出了在不同的无因次开孔板宽度下，带水平开孔板浮箱式防波堤的反射系数、透射系数和能量耗散系数随 k_0h 的变化规律。在计算中，无因次水平开孔板的宽度 W/h 的取值分别为 0（单浮箱防波堤）、0.25、0.5 和 1。其他的计算条件为：$B/h=0.5$，$T/h=0.3$，G=1。

从图 3 中可以看出，对于单浮箱防波堤，随着无因次波数的增大，反射系数逐渐增大，而在 $k_0h=2.5$ 之后，其反射系数逐渐趋近于 1，这说明浮箱结构对于短周期波有着更好的反射作用。对于带水平开孔板浮箱式防波堤，当 W/h 为 0.25 和 0.5 时，其反射系数随着无因次波数的增加，呈现先增大、后减小的趋势；而当 W/h=1 时，防波堤的反射系数先增大，在 k_0h= 0.6 时达到极大值，后减小，在 k_0h= 1.6 时达到极小值，而后逐渐增大，这与水平开孔板对波浪能量的耗散作用有关。此外，单浮箱防波堤的反射系数明显大于带水平开孔板浮箱式防波堤的反射系数。

图 4 中，随着无因次波数的增加，带水平开孔板浮箱式防波堤的透射系数不断减小，这说明对于短周期波来说，该防波堤可以较好的掩护后方水域，但对于长周期波的掩护效果一般。整体而言，防波堤的透射系数随着无因次开孔板宽度的增加而减小。因此，在实际工程中，可以通过增加水平开孔板的宽度，来减小防波堤的透射系数，改善防波堤的掩护作用。

图 5 中，当 W/h 为 0.25 和 0.5 时，防波堤的能量耗散系数随着无因次波数的增加而增加，说明此时防波堤对于短周期波的能量耗散作用更为显著。而当 $W/h=1$ 时，防波堤的能量耗散系数先增大，后减小，在 k_0h= 1.6 附近达到极大值，此时对应着防波堤反射系数的极小值。并且，当 k_0h>2.4 时，$W/h=1$ 的能量耗系数低于 $W/h=0.5$；当 k_0h>3.4 时，$W/h=1$ 的能量耗散效果低于 $W/h=0.25$。而通过与图 3 中不同开孔板宽度的防波堤反射系数对比后可以看出，其变化规律与能量耗散系数正好相反。以上分析可以看出，开孔板的能量耗散作用对于防波堤的掩护性能（透射系数）有着显著的影响。

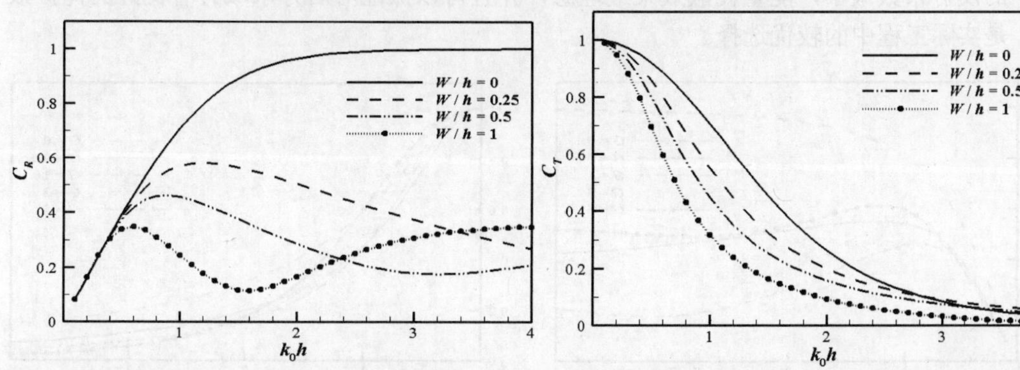

图 3 无因次开孔板宽度对带水平开孔板浮箱式防波堤反射系数的影响：$B/h=0.5$，$T/h=0.3$，G=1

图 4 无因次开孔板宽度对带水平开孔板浮箱式防波堤反射系数的影响：$B/h=0.5$，$T/h=0.3$，G=1

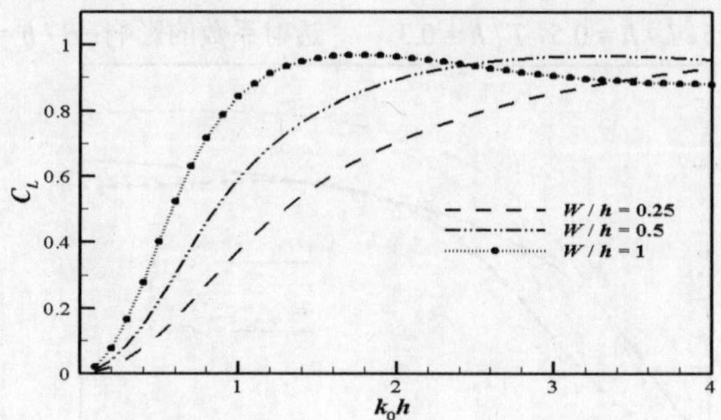

图 5 无因次开孔板宽度对带水平开孔板浮箱式防波堤能量耗散系数的影响：$B/h=0.5$，T/h=0.3，G=1

图 6 至图 8 分别给出了对于不同的水平多孔板孔隙影响系数 G，带水平开孔板浮箱式防波堤的反射系数、透射系数和能量耗散系数随着无因次波数 k_0h 的变化规律。水平多孔板孔隙影响系数 G 取值分别为 0（实体板），0.5，1，3，5，其他的计算条件为：$B/h=0.5$，$W/h=0.5$，$T/h=0.3$。

从图 6 中可以看出，当水平板为实体板时，防波堤的反射系数大于开孔板的情况，且随着波数的增大，反射系数逐渐增大并且逐渐趋近于 1；对于 $k_0h>1$ 的情况，当 $G=1$ 时，带水平开孔板浮箱式防波堤的反射系数最小；而 $G=5$ 时，防波堤的反射系数较大。从图 7 中可知，整体而言，开孔板比实体板更有利于降低防波堤的透射系数；对于较长周期波（$k_0h<1$）而言，当 $G=0.5$ 时，带水平开孔板防波堤对后方水域的掩护效果最优；对于短周期波（$k_0h>3$），防波堤的透射系数随着 G 的增加而减小。在实际工程中，需要合理设计开孔板的开孔率（孔隙影响系数），以达到最优的掩护效果。从图 8 可以看出中，当 $G=5$ 时，带水平开孔板浮箱式防波堤的能量耗散系数相对最小；整体而言，当 $G=1$ 时，防波堤的能量耗散效果最好。

综上所述，孔隙影响系数（开孔率）对于防波堤的水动力性能，特别是反射系数和能量耗散系数，有着显著的影响。当孔隙影响系数 $G=1$ 时，带水平开孔板浮箱式防波堤具有较小的反射系数最小，能量耗散效果最理想，并且可以保证对后方水域有着良好的掩护效果，是实际工程中的较优选择。

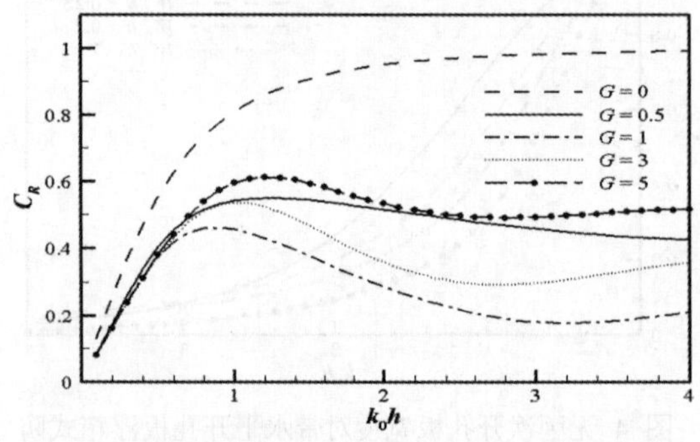

图 6 孔隙影响系数对带水平开孔板浮箱式防波堤反射系数的影响：$B/h=0.5$，$L/h=0.5$，$T/h=0.3$

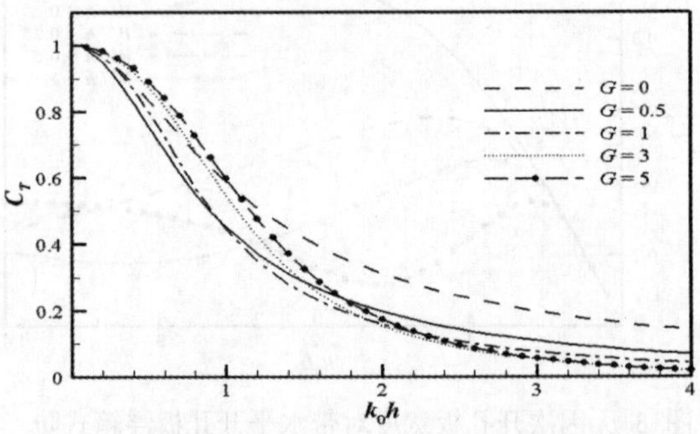

图 7 孔隙影响系数对带水平开孔板浮箱式防波堤透射系数的影响：$B/h=0.5$，$L/h=0.5$，$T/h=0.3$

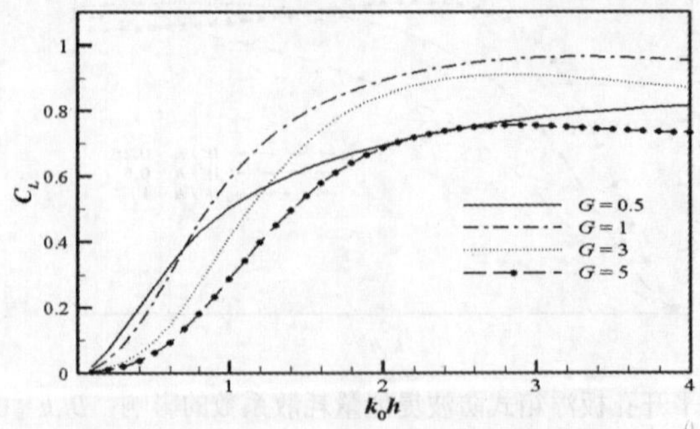

图 8 孔隙影响系数对带水平开孔板浮箱式防波堤能量耗散系数的影响：$B/h=0.5$，$L/h=0.5$，$T/h=0.3$

6 结论

本文提出了一种带水平开孔板的浮箱式防波堤结构，基于线性势流理论，建立了波浪与带水平开孔板浮箱式防波堤相互作用的解析模型。该解析模型具有良好的收敛性，并且与分区边界元的数值计算结果一致。基于典型算例，分析了防波堤的反射系数、透射系数和能量耗散系数的主要影响因素和变化规律，分析结果表明：①带水平开孔板浮箱防波堤的反射系数明显小于单浮箱防波堤的反射系数；开孔板的能量耗散作用对于防波堤的掩护性能有着显著的影响。②防波堤的透射系数随着开孔板宽度的增加而减小；在实际工程中，可以通过增加水平开孔板的宽度，来降低防波堤的透射系数，提高防波堤的掩护作用。③选择合理的孔隙影响系数 G，可以增加带水平开孔板浮箱式防波堤的能量耗散效果，并且降低防波堤的反射系数、透射系数，使防波堤达到最优的掩护效果。

参 考 文 献

1 王永学,董华洋,郑坤,刘冲,侯勇.垂直导桩锚固方箱-水平板式浮堤消浪性能试验研究[J].大连理工大学学报,2009,49(03):432-437.

2 高鑫，贺大川，王科. 水下板式-浮筒型防波堤反射系数与透射系数研究[C]// 第十六届中国海洋（岸）工程学术讨论会论文集（上册）. 2013.

3 杨彪,陈智杰,王国玉,等.双浮箱-双水平板式浮式防波堤试验研究[J].水动力学研究与进展 A辑,2014,29(01):40-49.

4 杨朕. 带水平外突底板的方箱浮式防波堤消波性能研究[D].哈尔滨工程大学,2015.

5 Zhang X, Ma S, Duan W. A new L type floating breakwater derived from vortex dissipation simulation[J]. Ocean Engineering, 2018, 164: 455-464.

6 Ikesue S, Tamura K, Sugi Y, et al. Study on the performance of a floating breakwater with two boxes[C]//The Twelfth International Offshore and Polar Engineering Conference. International Society of Offshore and Polar Engineers, 2002.

7 李玉成, 滕斌. 波浪对海上建筑物的作用[M]. 2002.

8 Zhao F, Bao W, Kinoshita T, et al. Interaction of waves and a porous cylinder with an inner horizontal porous plate[J]. Applied Ocean Research, 2010, 32(2): 252-259.

9 Yu X P. Diffraction of water waves by porous breakwaters. Journal of Waterway, Port, Coastal, and Ocean Engineering, 1995, 121(6), 275–282.

10 Mendez F J, Losada I J. A perturbation method to solve dispersion equations for water waves over dissipative media[J]. Coastal engineering, 2004, 51(1): 81-89.

11 Liu Y, Li H J. Iterative multi-domain BEM solution for water wave reflection by perforated caisson breakwaters[J]. Engineering Analysis with Boundary Elements, 2017, 77: 70-80.

12 Ijima T, Chou C R, Yoshida A. Method of analyses for two-dimensional water wave problems[J]. Coastal Engineering Proceedings, 1976, 1(15).

Wave diffraction though a floating box breakwater with horizontal perforated plates

HE Shu-yue，LIU Yong

(Institute of Coastal and Ocean Engineering, Ocean University of China, Qingdao,266100,

Email：sue1992.2@163.com)

Abstract: The floating box breakwater with horizontal perforated plates is proposed in this paper. This kind of break water can effectively dissipate wave energy, reduce the wave force on the structure and the transmission coefficient. Based on the linear potential theory, an analytical model on wave interaction with floating box breakwater with horizontal perforated plates is developed by using the matched eigen function expansion method. In the analytical analysis, the problem is decomposed into symmetric and antisymmetric solutions. Velocity potentials are determined by matching the velocity and pressure continuity conditions between different flow fields. Then the reflection coefficient, transmission coefficient and energy dissipation coefficient are calculated. It is found that the analytical solution is in good agreement with the numerical solution of the multi-domain boundary element method. The basic characteristics for reflection coefficient, transmission coefficient and energy dissipation coefficient of floating box breakwater with horizontal perforated plates are discussed by cases study. It is found that the reasonable design of porosity and relative plate width can effectively improve the sheltering performance of the floating box breakwater. And the research results in this paper can provide important reference for practical engineering design and further physical model test research.

Key words: Floating box breakwater; Horizontal perforated plate; Matched eigen function expansion method; Reflection coefficient; Transmission coefficient; Energy dissipation coefficient.

近岸反射对波浪能装置水动力特性影响的解析研究

张洋，李明伟，赵玄烈，耿敬

（哈尔滨工程大学 船舶工程学院，哈尔滨，150001, E-mail: zhyangchanges@hrbeu.edu.cn）

摘要：本研究通过解析方法分析近岸反射对浮式防波堤-波浪能转化装置集成系统的水动力性能和能量俘获特性的影响。基于线性势流理论，建立频域内水动力参数和波能俘获效率的表达式，利用波能流守恒定律验证解析模型的正确性。通过分析直墙与方箱间不同间距，重点探讨小间距窄缝下和大间距情况下，近岸反射对集成系统反射系数、透射系数、波能俘获效率的影响，并揭示其影响机理，为实际工程应用提供参考。

关键词：波浪能转化装置；解析方法；近岸反射；波能俘获效率

1 引言

波浪能具有可再生、无污染、储量大等优点，转化装置主要包括：振荡水柱式、点吸式、越浪式。但是高造价和运维成本、可靠性差、低转化效率和发电稳定性差等缺点一直阻碍了装置的推广与应用。防波堤作为海岸建筑物，具有消波防浪效果，将波浪能装置集成到已有海工建筑物，可实现二者成本共享，增强装置的生存能力，为波能装置的工程化应用提供途径。

Hsu 和 Zheng[1-2]利用解析方法和边界元方法分析近岸全反射下方箱绕射和辐射问题；Elchahal 等[3]开展了近岸局部反射下不同间距下锚固方箱的透射波高变化趋势，发现在特殊间距发生共振现象；Evans 和 Porter[4] 探讨了直墙前横摇薄板的水动力特性，发现 $kl\approx n\pi$ 出现晃荡共振模式，但是未深入分析直墙反射对装置的水动力性能影响。Michele 与 Sarkar 等 [56] 分析了直墙前单摇板式和阵列摇板式波浪能发电装置的水动力特性和能量输出特性，发现特定距离下产生不同共振模态，并产生不利或有利影响，但是在近岸反射条件下可以获得更高的波能俘获效率。

上文提到的工作主要是研究近岸反射下运动响应或横摇模式下波能装置性能，但是关于近岸反射对浮式防波堤—振荡浮子波能转化装置理论研究尚未见报道。本文基于线性势流理论，开展近岸全反射对垂荡运动下浮式防波堤—振荡浮子波能转化装置集成系统的水动力特性和能量输出特性。

2 数学模型

近岸反射下波浪和与浮式防波堤—波能转化装置相互作用的理想化示意图见图 1，选取二维笛卡尔坐标系，原点位于方箱中心轴与静水面交点处，x 轴沿水平面，指向岸线，z 轴垂直向上，水深 h_1，方箱与直墙间距离 D，方箱宽度 $2a$，吃水 d_1。方箱假设仅在垂荡方向运动，质量项 $M=2\rho ad_1$，刚度项 $K=2\rho ga$，其中 ρ、g 为水密度和重力加速度。波浪沿 x 轴方向正向入射，入射波高为 H，波长为 L，波幅为 A（$H=2A$）。

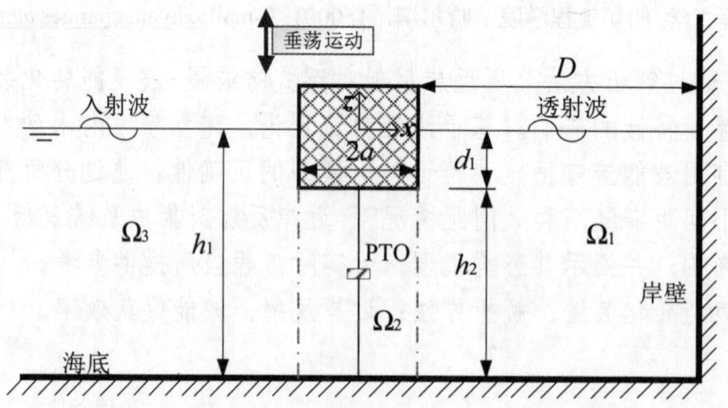

图 1 近岸反射下波浪和与浮式防波堤—波能转化装置相互作用示意图

流域分成 3 个子流域 Ω_1、Ω_2、Ω_3，考虑简谐波，将空间速度势中时间因子分离：

$$\phi(x,z,t)=\mathrm{Re}\left[\Phi(x,z)\exp(-\mathrm{i}\omega t)\right] \tag{1}$$

式中：Re 表示对变量取实部；ω 为波浪运动角频率；$\Phi(x, z)$为复速度势，满足二维拉普拉斯方程。

$$\frac{\partial^2\Phi}{\partial x^2}+\frac{\partial^2\Phi}{\partial z^2}=0 \tag{2}$$

对于垂荡运动下空间速度势 Φ，由入射势 Φ_I、绕射势 Φ_D、辐射势 Φ_R 组成，其中 Φ_I 可表示为：

$$\Phi_\mathrm{I}=-\frac{\mathrm{i}gA}{\omega}\frac{\cosh[k(z+h_1)]}{\cosh(kh_1)}\exp(\mathrm{i}kx) \tag{3}$$

对于集成系统辐射问题，假设方箱垂荡响应幅值 ζ 较小，辐射势表示 $\Phi_\mathrm{R}=-\mathrm{i}\omega\zeta\varphi_\mathrm{R}(x,z)$。空间速度势 $\varphi_\mathrm{R}(x, z)$满足边界条件：

$$
\begin{aligned}
&\frac{\partial \varphi_{\mathrm{R}}}{\partial z}-\frac{\omega^2}{g}\varphi_{\mathrm{R}}=0\ \ (z=0,x<-a \text{ or } a<x<D+a)\\
&\frac{\partial \varphi_{\mathrm{R}}}{\partial z}=0\ \ (z=-h_1)\\
&\frac{\partial \varphi_{\mathrm{R}}}{\partial z}=1\ \ (z=-d_1,|x|\le a)\\
&\frac{\partial \varphi_{\mathrm{R}}}{\partial x}=0\ \ (-d_1<z<0,x=\pm a)\\
&\frac{\partial \varphi_{\mathrm{R}}}{\partial x}=0\ \ (-h_1<z<0,x=D+a)\\
&\varphi_{\mathrm{R}}\ \text{outgoing; fininte value},\ x\to-\infty
\end{aligned}
\tag{4}
$$

对于集成系统绕射问题，满足以下边界条件：

$$
\begin{aligned}
&\frac{\partial \Phi_{\mathrm{D}}}{\partial z}-\frac{\omega^2}{g}\Phi_{\mathrm{D}}=0\ \ (z=0,x<-a \text{ or } a<x<D+a)\\
&\frac{\partial \Phi_{\mathrm{D}}}{\partial z}=0\ \ (z=-h_1)\\
&\frac{\partial \Phi_{\mathrm{D}}}{\partial z}=-\frac{\partial \Phi_{\mathrm{I}}}{\partial z}\ \ (z=-d_1,|x|\le a)\\
&\frac{\partial \Phi_{\mathrm{D}}}{\partial x}=-\frac{\partial \Phi_{\mathrm{I}}}{\partial x}\ \ (-d_1\le z\le 0,x=\pm a)\\
&\frac{\partial \Phi_{\mathrm{D}}}{\partial x}=-\frac{\partial \Phi_{\mathrm{I}}}{\partial x}\ \ (-h_1\le z\le 0,x=a+D)\\
&\Phi_{\mathrm{D}}\ \text{outgoing; finite value},\ x\to-\infty
\end{aligned}
\tag{5}
$$

各流域下绕射势和速度势的频域表达式、附加质量 μ、阻尼系数 λ、波浪激振力 F_Z 可由文献 2 中得出。根据浮体运动方程，PTO 阻尼 λ_{PTO} 下垂荡响应幅值 ζ 表示为：

$$\zeta=F_z/\left(-\omega^2(M+\mu)-\mathrm{i}\omega(\lambda+\lambda_{\mathrm{PTO}})+K\right) \tag{6}$$

波能俘获效率 η 是衡量波浪能转化装置的性能指标，为 $\eta=P_{\mathrm{capture}}/P_{\mathrm{incident}}$，其中 P_{incident} 为入射波功率，P_{capture} 为最佳 PTO 阻尼 $\lambda_{\mathrm{optimal}}$ 下波能转化装置的吸收功率。反射系数 K_{r} 及小间距下窄缝内相对波高为 A_{g}/A 表示：

$$K_{\mathrm{r}}=\left|(\Phi_{\mathrm{D}}-\mathrm{i}\omega\zeta\varphi_{\mathrm{R}})/\Phi_{\mathrm{I}}\big|_{x=-\infty}\right| \tag{10}$$

$$A_{\mathrm{g}}/A=\left|(\Phi_{\mathrm{I}}+\Phi_{\mathrm{D}}-\mathrm{i}\omega\zeta\varphi_{\mathrm{R}})/\Phi_{\mathrm{I}}\big|_{x=a+D/2}\right| \tag{11}$$

3 解析模型验证

基于势流理论框架下波能流守恒定律，假设结构尺寸 B=6.0 m，h_1=10 m，d_1=3.0 m，D=5.0 m，振荡浮子波能转化装置的 PTO 阻尼为最佳阻尼值（图 2）。在理论求解中，选取

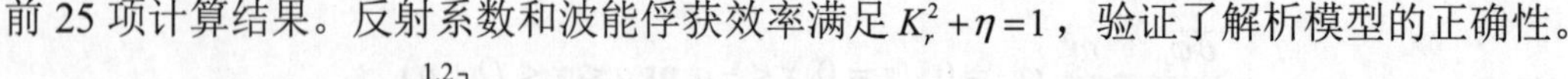
前 25 项计算结果。反射系数和波能俘获效率满足 $K_r^2+\eta=1$，验证了解析模型的正确性。

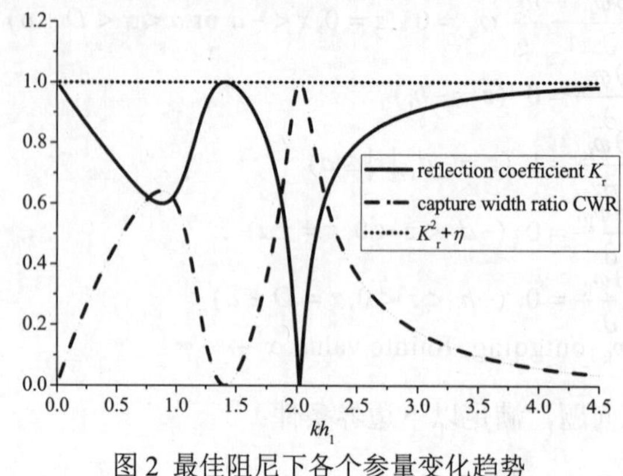

图 2 最佳阻尼下各个参量变化趋势

4 结果分析与讨论

4.1 小间距下水动力特性

分别设置不同间距 D=2.0 m、3.0 m、4.0 m，PTO 阻尼为最佳阻尼值。如图 3 和图 4 所示，在窄缝条件下，发生波浪共振，即活塞共振，并随着间距的增大，进入窄缝间水体质量增加，共振频率向低频区移动，共振波高减小，与文献 7 中的物模试验的变化规律基本一致；在活塞共振模式下，提高了波能俘获效率；当入射波下使方箱处于入射波与反射波叠加的波节位置，方箱保持静止不动，发生全反射现象。同时波能俘获效率存在尖锐的峰值，即入射波与方箱运动发生共振（$\omega_{\text{incident}}=\sqrt{K/(M+\mu)}$）。

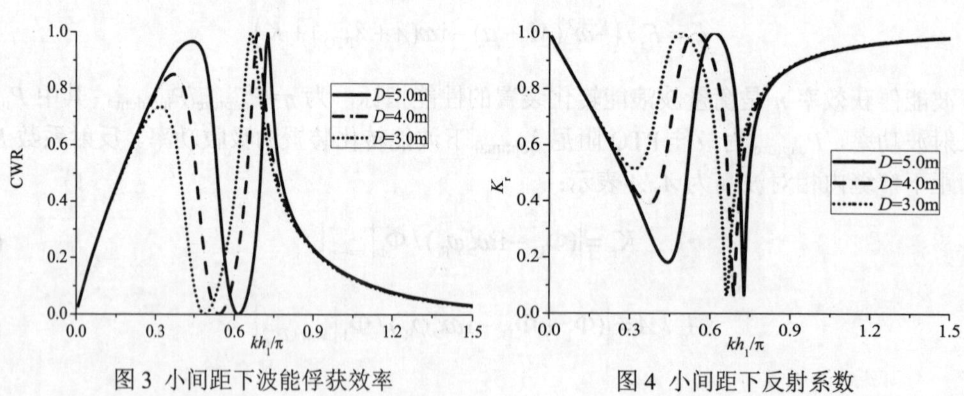

图 3 小间距下波能俘获效率　　　　图 4 小间距下反射系数

4.2 大间距下水动力特性

设置大间距下透射系数 $K_t=|H_s/H|$，H_s 为靠近直墙前波高。假定入射波要素不变，设置间距 10 ~90 m。如图 5 至图 8 可知，各个参量出现周期性振荡，峰谷值存在原因与之前分析一致。近岸建筑物前的波面变化幅值与入射波差别不大，但方箱与直墙之间距离满足 $kD\approx(n+0.5)\pi$ (n=0，1,...)附近处会发生剧烈变化，共振波高可达到入射波高的 2.5 倍，并

随着入射频率的增大而增大。

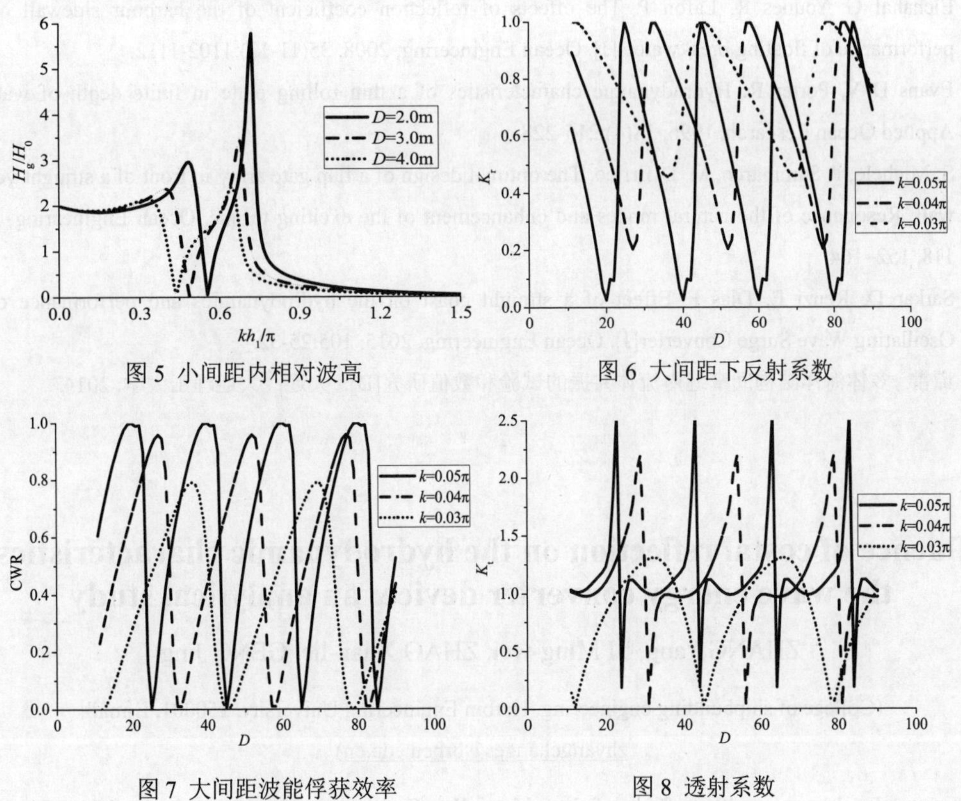

图 5 小间距内相对波高

图 6 大间距下反射系数

图 7 大间距波能俘获效率

图 8 透射系数

5 结论

（1）小间距下，集成系统与直墙间水面变化和窄缝共振现象相似，并在活塞共振模式下，波浪能转化效率达到峰值；由于振荡浮子的捕能效果，窄缝内共振波高较小。

（2）大间距下，俘获宽度比随间距增加呈现周期性变化，在 $kD \approx n\pi$ 附近出现多阶晃荡模式，波能俘获效率接近于 1.0；在 $kD \approx (n+0.5)\pi$ 附近透射系数变化剧烈，波能俘获效率为 0，应在实际工程中有效规避该现象发生。

参考文献

1 Hsu H H., Wu Y C. The hydrodynamic coefficients for an oscillating rectangular structure on a free surface with sidewall[J]. Ocean Engineering, 1997, 24(2):177-199.

2 Zheng Y H, Shen Y M, Tang J. Radiation and diffraction of linear water waves by an infinitely long

submerged rectangular structure parallel to a vertical wall[J]. Ocean Engineering, 2007, 34(1):69-82.

3 Elchahal G, Younes R, Lafon P. The effects of reflection coefficient of the harbour sidewall on the performance of floating breakwaters[J]. Ocean Engineering, 2008, 35(11-12):1102-1112.

4 Evans D V, Porter R. Hydrodynamic characteristics of a thin rolling plate in finite depth of water[J]. Applied Ocean Research, 1996, 18(4):215-228.

5 S. Michele, P. Sammarco, M. D'Errico, The optimal design of a flap gate array in front of a straight vertical wall: Resonance of the natural modes and enhancement of the exciting torque. Ocean Engineering, 2016, 118, 152–164.

6 Sarkar D, Renzi E, Dias F. Effect of a straight coast on the hydrodynamics and performance of the Oscillating Wave Surge Converter[J]. Ocean Engineering, 2015, 105:25-32.

7 谭雷. 多体海洋结构间窄缝内流体共振的试验和数值研究[D]. 大连：大连理工大学, 2014.

Influence of costal reflection on the hydrodynamic characteristics of the wave energy converter device: an analytical study

ZHANG Yang, LI Ming-wei, ZHAO Xuan-lie, GENG Jing

(College of shipbuilding engineering, Harbin Engineering University, 150001, E-mail: zhyangchanges@hrbeu.edu.cn)

Abstracts: In this paper, the effect of the sidewall reflection on the hydrodynamic performance and energy conversion efficiency of a floating breakwater-WEC system is evaluated theoretically. The hydrodynamic characteristics and the energy conversion performance of the floating system is modelled in frequency domain based on linear potential flow theory. The validation is conducted using the rule of energy conservation. By analyzing different clearances between the straight wall and the WEC, the influence of costal reflection on the reflection coefficient, transmission coefficient and wave energy conversion efficiency of the integrated system is discussed in close proximity and the long distance. The influence mechanism is revealed, which provides a reference for engineering application.

Key words: wave energy converter device analytical solution; coastal reflection; wave energy extraction

三模块半潜平台水动力分析及系泊设计

俞俊，程小明，路振，张凯，倪歆韵

（中国船舶科学研究中心，江苏无锡，214082，E-mail: yyj@cssrc.com.cn）

摘要：本文研究的三模块半潜平台在艏艉部端面通过凸伸下楔形块和与之相配合的楔形槽连接，在生存工况下释放自由度呈铰接方式，在作业工况下通过锁定销呈刚性连接。基于水动力计算软件 AQWA，在生存工况时，建立三模块半潜平台铰接水动力模型，在水动力分析的基础上进行系泊系统设计，创造性地设计了 60° 张角 X 布局的复合系泊系统，赋予整体在横浪方向较小的刚度，进而给予平台一定的运动幅度，使得平台所受到的水动力在多根锚链上较为均匀的分布，最终有效地降低了极个别缆绳张力峰值。在作业工况时，建立刚性连接平台-靠泊船只-波浪水动力耦合计算模型，设计出可行的靠泊方案，对运动情况以及系泊缆张力进行了分析，满足作业工况时的要求。

关键词：半潜平台；水动力分析；系泊系统设计；靠泊方案

1 前言

全面发展海洋经济、维护海洋权益、保护海洋环境是海洋强国建设的重要内容。近年来我国开放型经济体系不断完善，国际海洋合作日益深化，尤其是 21 世纪海上丝绸之路建设全面启动，一带一路倡议得到广泛认可，为我国南海的开放发展创造了有利环境。虽然我国南海管辖海域广阔，但是岛礁列布，陆域面积狭小，建设发展空间不足，需要通过浮式结构物来提高南海的综合开发保护水平[1]。为了保证浮式结构物的稳定性和安全性，需要性能良好的系泊系统来限制平台的运动响应。悬链式系泊[2-4]呈悬链状形态，通过自重提供回复力，锚链在平台导缆孔处的悬挂角度因重力影响较大，提供的水平恢复力有限，需要平台出现较大的位移后提供恢复力。但是在岛礁附近的浅水海域[5-6]，随着水深的减少，悬链长度将会大大缩减，导致锚链易于绷紧而失去悬链形态，或将使得锚固基础所受拉力含垂向分量。结合悬链式系泊系统已有特征[7-9]，本文针对三模块半潜平台设计的浅水系泊系统将主要具备以下特点：①锚链耐磨，可以直接与海床面接触。②悬链的密度大于海水，需要平台主体采用额外的附体来平衡自重，但在浅水海域该状况不是很明显。③悬链式系泊系统对锚固基础抗拔性能要求不苛刻，适用于浅水不易承载垂向力的地形。④浅水情况下，悬链式系泊系统的系泊半径更小，相应的系泊系统占用的海床面投影也更小，降低了三模块半潜平台和附近其他海洋结构物相碰撞的概率。所有分析设计都要保证整个系泊系统在潜水海域的有效运作。

2 计算方法

2.1 计算理论

对三模块半潜平台的水动力计算采用基于三维势流理论的软件 AQWA。在三维势流理论中，假定流体为理想状态，假定流体无黏性和不可压缩，流动无旋，所以存在势函数。根据线性势流理论，可将流场中总的速度势 Φ 分解为入射势 Φ^I、绕射势 Φ^D 和辐射势 Φ^R。

$$\Phi(x,y,z,t)=\Phi^I(x,y,z,t)+\Phi^D(x,y,z,t)+\Phi^R(x,y,z,t) \tag{1}$$

由于假定浮式结构物在平衡位置周围作微幅的简谐振荡，可将速度势分解成空间速度势和时间因子的乘积，这样便可以转化为定常的求解问题。

2.2 三模块半潜平台基本参数

三模块半潜平台主体结构由三个模块构成(图 1)，各模块通过可调连接器连接[10]，单个模块的长 100m，型宽 40m，型深 22m，含 8 个 10m×10 m 立柱。考虑三模块半潜平台布放在较浅海域，受波浪力影响较大。为了提高三模块半潜平台的稳定性和承载能力，需针对其设计合适的系泊系统。

表 1 三模块半潜平台物理参数

	作业工况			自存工况		
名称	模块一	模块二	模块三	模块一	模块二	模块三
吃水（m）	9	9	9	7	7	7
重心距基线（m）	11.03	10.78	11.33	11.13	11.27	11.70
重心距艉垂线（m）	49.87	50.00	50.11	49.85	50.00	50.12
排水量（t）	13082.0	13043.3	13088.5	11344.3	11307.7	11351.3
横摇惯性矩（kg·m^2）	2.979e09	2.88e09	2.901e09	2.51e09	2.465e09	2.54e09
纵摇惯性矩（kg·m^2）	1.004e10	1.06e10	1.033e10	9.56e09	9.511e09	9.04e09
艏摇惯性矩（kg·m^2）	1.213e10	1.27e10	1.230e10	1.12e10	1.126e10	1.066e10

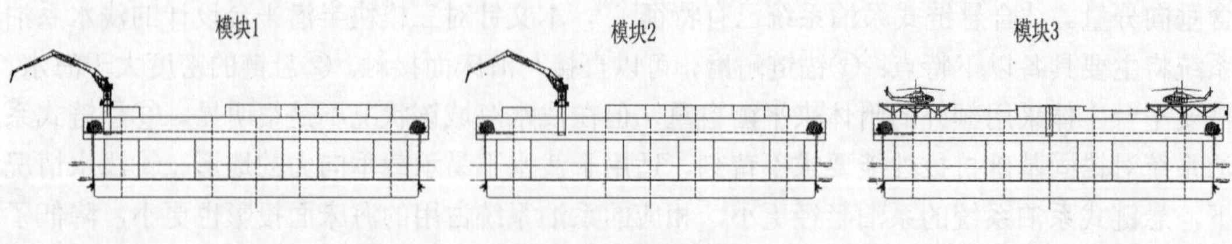

图 1 三模块半潜平台

2.3 海洋环境

三模块半潜平台在自存工况下[11]平台吃水 7 米，承受最大风速 51.5m/s，浪高 7.3 米。浪向、流向、风向涵盖 0°，45°，60°，90°四个方向，具体视系泊系统而定，三模块半潜平台在作业工况下平台吃水 9m，承受最大风速 23.3m/s，浪高 3.05m。浪向、流向、风向涵盖 0°，45°，60°，90°四个方向，具体视系泊系统而定。JONSWAP 谱被用来模拟随机波浪，谱峰提升因子采用 2.0。谱峰周期(Tp)选取按照规范[12]约束于有义波高(Hs)，详细海洋环境条件见表 2。

表 2　三模块半潜平台海洋环境条件

模型	水深 (m)	有义波高 Hs(m)	谱峰周期 Tp(s)	流速 (m/s)	风速 (m/s)
自存	50	7.3	12	1.0	51.5
作业	50	3.05	7.2	0.5	23.3

3 系泊设计

3.1 系泊系统设计

三模块半潜平台水动力模型如图 2 所示。在水动力分析的基础上设计相应的系泊系统，锚固点位置平面示意见图 3，对所有的系泊缆绳从第一象限开始按照逆时针方向标号，考虑到靠泊作业需求，平台上系泊点设置在距离下浮体底部 1 米处的艏艉模块上。整个系泊系统共 24 根缆绳呈对称式分布，每 6 根缆绳为一组，组内缆绳平行均匀间隔 12.5m 布置，系泊在同一模块上的缆绳组间夹角为 60°，整个系泊系统呈 X 构型。缆绳在水平面的投影距离为 320m，每根缆绳总长 340m，由两段锚链组成，与三模块半潜平台相连段长 30 米，采用 171mm 锚链，与海底相连段长 310m，采用双股 180mm 锚链。171mm 锚链参数为：湿重 $505\,\mathrm{kg/m}$，刚度 $2.5\times10^9\,\mathrm{N/m}$，破断力 $1.8\times10^7\,\mathrm{N}$。双股 180mm 锚链参数为：湿重 $1120\,\mathrm{kg/m}$，刚度 $5.5\times10^9\,\mathrm{N/m}$，破断力 $3.8\times10^7\,\mathrm{N}$。0°方向表示风浪流来自负 X 轴方向，90°方向表示风浪流来自负 Y 轴。

3.2 靠泊船只评估

三模块半潜平台在作业时会有长度不超过 100m 的船只靠泊。典型靠泊船只的主要参数如表 3 所示。考虑到三模块半潜平台的掩蔽作用，并且本文计算浪向为 0°、45°、60°、90°，靠泊船只将布放在平台的正 Y 方向(图 4)。平台和船只之间设有 4 个防撞水鼓，并由 8 根缆绳交叉系缆。

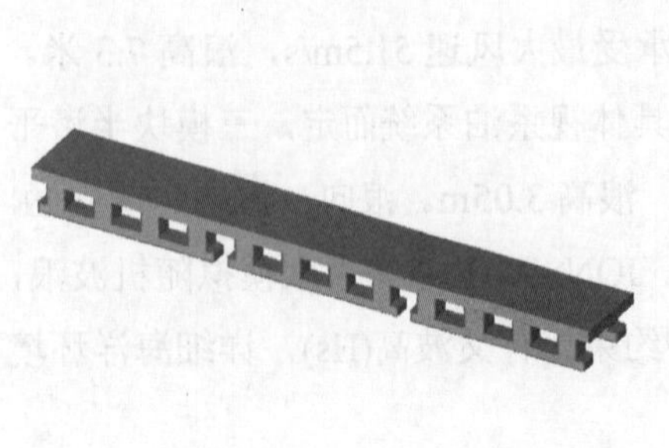

图 2 三模块半潜平台水动力模型

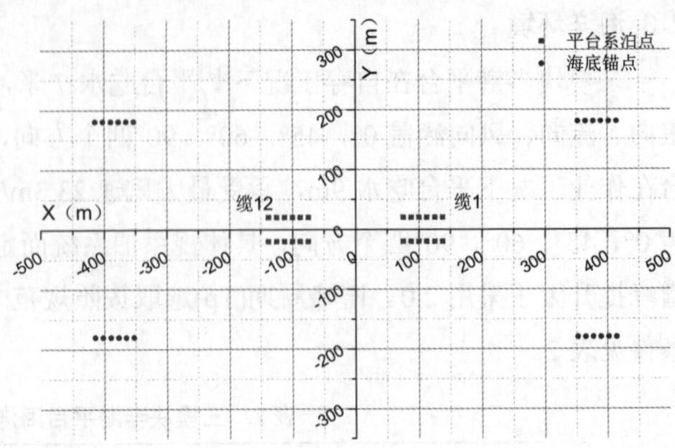

图 3 系泊系统平面布置

表 3 靠泊船只主要参数

总长（m）	98.3
总宽（m）	22.5
型深（m）	6.3
吃水（m）	4.03
排水量（t）	6157
重心位置（m）（X：距艉垂线、Y：距中轴线、Z：距基线）	X=40.3、Y=0.0、Z=4.6
转动惯量（kg·m^2）（Ixx：横摇、Iyy：纵摇、Izz：艏摇）	Ixx=3.83E8，Iyy=4.70E9，Izz=5.00E9

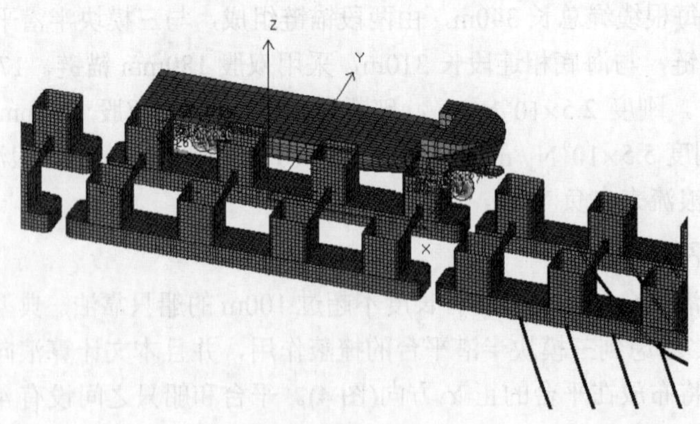

图 4 靠泊工况示意图

4 计算结果与分析

4.1 系泊系统水动力分析

频域分析中假定各模块为自由浮体，忽略连接器的影响，但考虑了模块间的水动力干扰。这一假定不影响入射波浪力、绕射波浪力、附加质量和辐射阻尼系数的计算结果，但会影响运动 RAO 的结果并因此对二阶波浪力产生影响。由于系泊系统分析在时域中进行，平台运动通过直接解运动方程得到，频域计算得到的运动 RAO 在时域运动分析中并未应用，因此对结果不产生影响。至于由忽略铰接效应导致的运动 RAO 的误差对二阶波浪力的影响，一般认为对最终二阶运动及系泊系统分析结果的影响在工程上是可接受的。系泊计算中采用准静态方法计算系泊张力，按相关规范系泊张力的安全系数取 2.0。

系泊系统数值分析通过在时域中进行平台和锚链的运动方程求解。4 种不同浪向下的锚链最大张力值结果如图 5 所示，其示意位置与实际模型中系泊缆排序方式一致，从缆 1 到缆 24 按照逆时针方向排列，但为了便于显示，具体角度没有按照实际布置显示。可以清楚地看出环境载荷方向对最大张力值的影响。时域计算的最大张力值在 60°浪向下获得 703 吨，该系泊缆张力的 3h 时域数值模拟如图 6 所示。整个系泊系统的保险系数为 2.6。

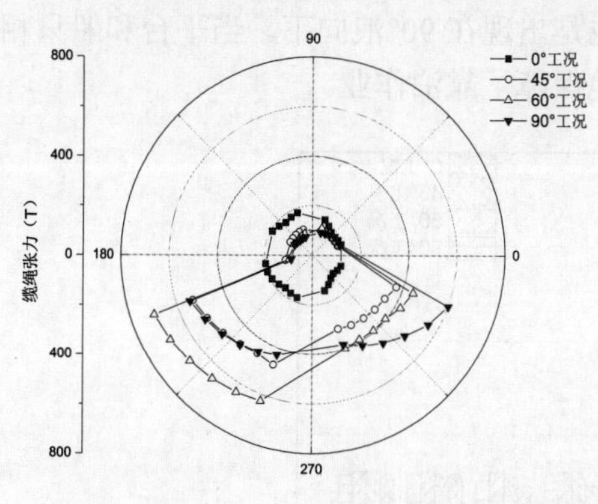

图 5 生存工况系泊缆绳张力最大值

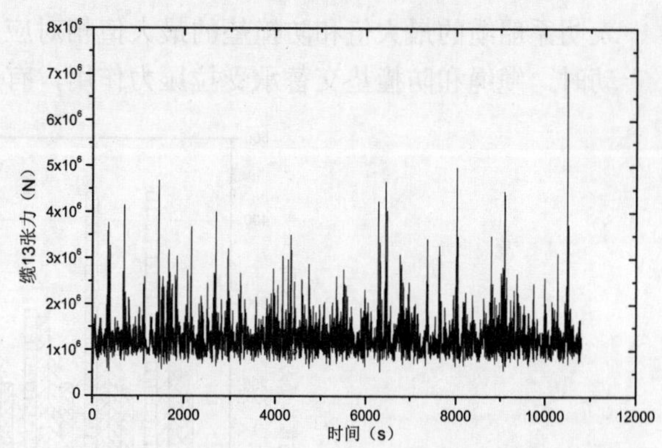

图 6 缆 13 张力时历曲线

4.2 靠泊分析

刚性连接平台-靠泊船只-波浪水动力耦合计算模型的数值分析在时域中进行。通过计算得到图 7 所示的 4 种不同浪向下的锚链最大张力值结果，图 8 和图 9 分别是靠船水鼓和系船缆受力最大值结果。

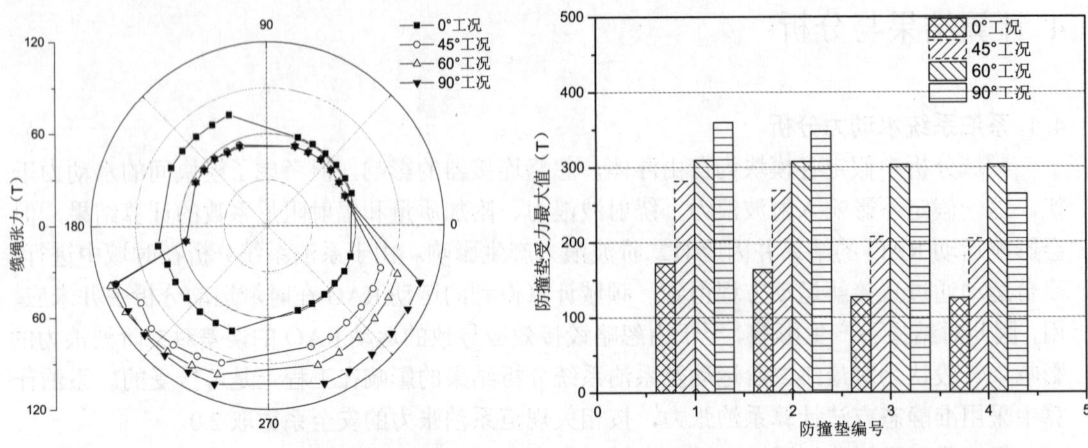

图 7 作业工况系泊缆绳张力最大值　　图 8 作业工况防撞垫受力最大值

在作业工况下也可以清楚地看出环境载荷方向对最大张力值的影响，总体说来顶浪一侧的锚链受力较大。此时时域计算的最大张力值在 90°浪向下出现 105t，该值远小于生存工况出现的极值，表明了整个系泊系统在作业工况的安全有效性。从图 8 可以看出，防撞垫所受压力最大值也出现在 90°浪向下，这是由于该浪向下平台与船只的相对运动幅值较大。图 9 进一步表明系船缆的最大值和防撞垫的最大值相对应，也是出现在 90°浪向下。当平台和船只相对运动时，缆绳和防撞垫交替承受拉压力作用，有效地保障了靠泊作业。

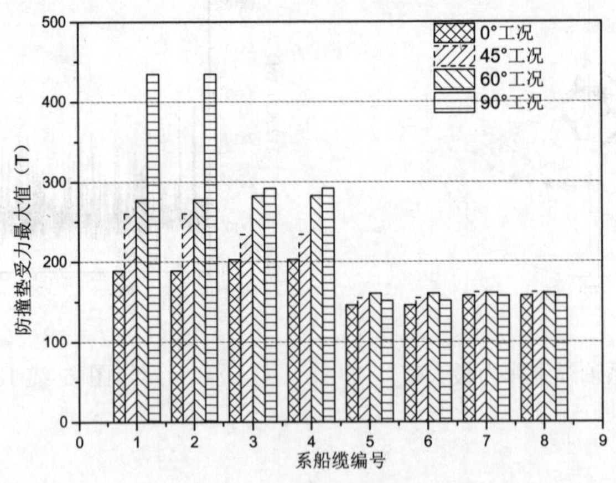

图 9 作业工况系船缆受力最大值

5　结语

本文分析了浅水悬链式系泊的主要特点，结合文中涉及的浅水海域三模块半潜平台，设计了 60°张角 X 布局的复合系泊系统方案并进行了性能分析，探索了一种浅水系泊使用模式，验证了其满足不同工况下的使用需求。本文研究的三模块半潜平台在艏艉部端面通过凸伸下楔形块和与之相配合的楔形槽连接，在生存工况下释放自由度呈铰接方式，在作业工况下通过锁定销呈刚性连接。设计的系泊系统赋予整体在横浪方向较小的刚度，进而给予平台一定的运动幅度，使得平台所受到的水动力在多根锚链上较为均匀的分布，最终有效地降低了生存工况个别缆绳出现的张力峰值，使得整个系泊系统的保险系数为2.6，留有足够的锚链腐蚀量，同时该系泊系统保证了足够的躺底段长度，有效消除了锚固基础的上拔力。在作业工况时，通过刚性连接平台-靠泊船只-波浪水动力耦合计算模型的分析，设计出可行的靠泊方案，对多个浪向下的系泊缆张力进行了分析，满足作业工况时要求。这些工作为三模块半潜平台水动力分析及其浅水系泊系统设计、靠泊方案设计和进一步优化提供了参考。

参考文献

1. 丁军，程小明,等. 近岛礁浅水环境下浮式平台系泊系统设计研究[J]. 船舶力学, 2015, 19(7) : 782-790.
2. Hooker J G, Bosman R L M. Recent investigation into physical properties of superline polyester ropes. Moorings and Anchor for Deep and Ultra Deepwater Fields, Aberdeen, 1999.
3. Harris R E, Johanning L, Wolfram J. Mooring systems for wave energy converters: A review of design issues and choices[J]. Marec2004, 2004.
4. Arcandra, Tahar, Kim M H. Coupled-dynamic analysis of floating structures with polyester mooring lines[J]. Ocean Engineering, 2008, 38(35): 1676-1685.
5. 肖龙飞，杨建民，范模，等. 160kDWT FPSO 在极浅水中运动安全性研究[J]. 船舶力学, 2006, 10(1): 7-14.
6. 史琪琪，杨建民. 半潜式平台运动及系泊系统特性研究[J]. 海洋工程, 2010, 28(4):1-8.
7. Pecher A, Foglia A, Kofoed J. Comparison and sensitivity investigations of a CALM and SALM type mooring system for wave energy converters[J]. Journal of Marine Science and Engineering, 2014, 2(1): 93-122.
8. Pecher, Arthur, and Jens Peter Kofoed, eds. Handbook of ocean wave energy.[M] London: Springer, 2017.
9. Hsu W Y, Chuang T C, Yang R Y, et al. An Experimental Study of Mooring Line Damping and Snap Load in Shallow Water[J]. Journal of Offshore Mechanics and Arctic Engineering, 2019, 141(5): 051603.
10. 陈彧超，路振. 维权执法平台连接器性能评估[R]. 中国船舶科学研究中心科技报告, 2018.
11. 刘小龙，陈文伟,等. 近岛礁平台部署区域一年波浪实测结果分析[R]. 无锡：中国船舶科学研究中心科技报告, 2015.
12. DNV-RP-C205, Environmental Conditions and Environmental Loads, (2010).

Hydrodynamic analysis of three connected semi-submersible modules and their mooring design

YU Jun, CHENG Xiao-ming, LU Zhen, ZHANG Kai, NI Xin-yun

(China Ship Scientific Research Center, Wuxi, 214082, E-mail: yyj@cssrc.com.cn)

Abstract: The three connected semi-submersible modules studied here joint together by convex wedge block and a matching groove end to end. During the survival condition, each module is connected with each other using hinged joint while in the working condition, each module is linked with rigid joint by changing the locking device. The hydrodynamic software AQWA with three-dimensional potential flow theory is used to analyze models of three hinged connected semi-submersible modules in the survival condition. Furthermore, a specially designed mooring system with the shape of X and the angle of 60° is designed based on the hydrodynamic results, which offers the platform a smaller stiffness in the direction of beam sea to motion certainly, so that the hydrodynamic forces are distributed comparatively even within multi mooring lines to reduce the extreme tension value effectively and avoid the collisions between the three modules. What's more, the coupled hydrodynamic models containing rigid platform, mooring system, berthing ship and hydrodynamic forces are established to analyze the feasible berthing scheme in the working condition, which meets the relative movement requirement.

Key words: semi-submersible modules, hydrodynamic analysis, mooring design, berthing arrangement

水平细长椭球潜体迎面遭遇内孤立波时的运动响应

刘孟奇[1]，魏岗[2]，孙志伟[1]，王若愚[3]，勾莹[1]

(1.大连理工大学 海岸和近海工程国家重点实验室，大连，116024

2.国防科技大学 气象海洋学院，南京，211101

3.中交第一航务工程勘察设计院有限公司，天津，300222)

摘要：本文选取两层流体中内孤立波的 KDV 理论解，采用 Morison 公式计算细长潜体上的内孤立波力，建立了潜体结构在内孤立波作用下发生大幅平动的时域数值模型。利用已有文献中采用 CFD 模拟方法的数值结果对本文计算模型的可行性进行了验证。选取我国南海附近深水海域中典型的流体分层参数及下凹型内孤立波特征参数，参考常规潜艇外形尺寸选取简化水平细长椭球潜体模型，近似模拟了椭球型潜体所受的内孤立波载荷及其运动响应。数值结果表明，潜体穿越内孤立波时，密度变化导致潜体受到较大向下的垂向力，使其不断加速向下运动，进而短时间内产生大幅度掉深；进一步研究发现垂向掉深的加速运动还取决于潜体在下凹型内孤立波内的时间。

关键词：内孤立波；KDV 理论；潜体；运动响应

1 引言

内孤立波是海洋中的一种普遍现象，发生在密度稳定层化的海水内部，是一种特征波长很长的非线性大振幅波动。内孤立波的稳定传播是非线性效应和频散效应动力学平衡的结果，可以用 KDV、EKDV、MKDV 和 MCC 等理论来描述[1]。这种波不仅能携带巨大的能量，而且在其传播过程中还会产生突发性强流，很可能会使跨越密跃层的潜体操纵失控，从而使运动姿态发生突变，对潜体安全性产生重大影响。

目前的研究主要集中于内孤立波作用下一些简单形式结构物的受力分析。沈国光[2]和蔡树群[3]等基于 KDV 理论将小尺度结构物受力的 Morison 公式应用到研究内孤立波作用在小尺度垂直圆柱型杆件上的水平载荷特性中；殷文明等[4] 同样采用 Morison 公式基于 MKDV 理论建立了两层流体中考虑浮力变化的内孤立波对顺流向放置潜体的垂向力及力矩的计算方法。此外，CFD 方法也被广泛应用，付东明等[5]对两层流体中内孤立波与潜体的相互作用进行了数值模拟，分析了不同潜深下潜体所受的内孤立波载荷特性；关晖[6]和陈杰等[7]建立了内孤立波数值水槽，研究了匀速航行的潜艇在海洋中遭遇内孤立波时的荷载特性。

一些学者还开展了内孤立波作用下结构物的运动响应研究。郭海燕等[8]基于MKDV 理论研究了内孤立波作用下顶张力立管的极值响应；尤云祥等[9]基于MKDV理论并结合Morison公式研究了内孤立波作用下张力腿和半潜式平台的载荷与动力响应问题；Song 等[10]基于KDV 理论并结合 Morison 公式研究了在内孤立波作用下 SPAR 平台的运动响应；杜辉等[11]借助大型重力式分层流试验水槽实现了对内孤立波作用下细长潜体运动特性的定量测量与分析。

本文在上述研究的基础上，建立潜体平动运动响应模型，采用近似方法模拟潜体在内孤立波作用下的垂向运动，旨在初步了解内孤立波对潜体运动响应的影响机制。

2　运动响应模型

为描述内孤立波特性，建立如图 1 所示直角坐标系 $o\text{-}xyz$，设 oxy 平面位于流体的静水面，内孤立波沿 ox 轴正方向传播。ρ_1、ρ_2 是上、下层流体的密度，h_1 和 h_2 是上、下层流体的水深，$h=h_1+h_2$ 为总水深。本文的潜体模型取细长椭球体（图 2），即把 xoz 面上的椭圆 $x^2/a^2+z^2/c^2=1$ 绕 x 轴旋转一周所得,其椭球面方程为 $x^2/a^2+(y^2+z^2)/c^2=1$，式中：a 为潜体的长度，c 为潜体的中截面半径。

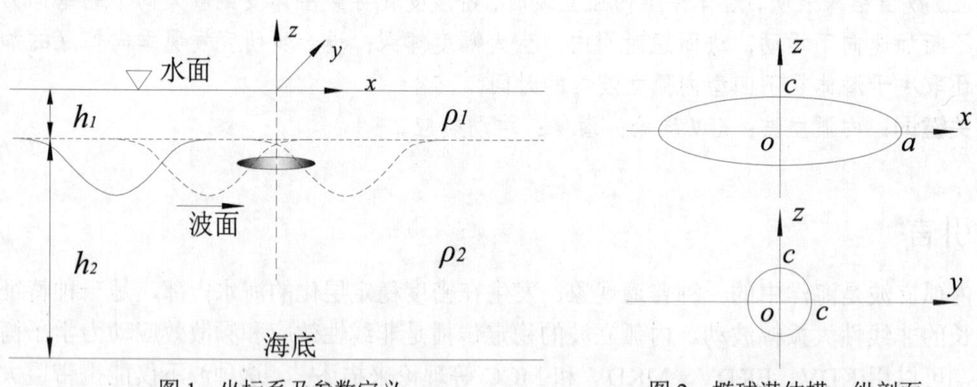

图 1　坐标系及参数定义　　　　图 2　椭球潜体横、纵剖面

水平细长椭球潜体的长轴与 ox 轴平行，即内孤立波的传播方向与潜体纵轴平行，本研究中不考虑潜体的转动，只计算内孤立波作用下潜体的垂向运动。潜体受到的作用力包括内孤立波力和浮重力，假设潜体一直保持水平姿态航行，潜体垂向运动的方程可写为：

$$mz^{\cdot\cdot}(t)=F_d(t)+F_m(t)+\Delta F_f(t) \tag{1}$$

式中：F_d、F_m 为 Morison 公式计算的内孤立波作用下的拖曳力和惯性力，ΔF_f 为浮重力。

由于内孤立波的等效波长远大于本文所研究的潜体的特征长度，可以忽略该结构物对流场的影响，故采用 Morison 公式[12]近似计算内孤立波对顺流放置的潜体的垂向作用力。根据 Morison 公式计算的内孤立波力 $F_{ij}(t)$由拖曳力 $F_{dj}(t)$和惯性力 $F_{mj}(t)$两部分组成，可写为：

$$\begin{aligned}&\overrightarrow{F_{ij}(t)}=\overrightarrow{F_{dj}(t)}+\overrightarrow{F_{mj}(t)}\\&\overrightarrow{F_{dj}(t)}=\frac{1}{2}\rho_j C_d D\left(w_j-z^{'}(t)\right)\cdot\left|\overrightarrow{w_j-z^{'}(t)}\right|\cdot L.........j=1,2\\&\overrightarrow{F_{mj}(t)}=\rho_j C_m\frac{\pi D^2}{4}\partial w_j/\partial t\cdot L-\rho_j\left(C_m-1\right)\frac{\pi D^2}{4}z^{''}(t)\cdot L.........j=1,2\end{aligned}\tag{2}$$

式中：j=1 为上层流体，j=2 为下层流体。w_j、$\partial w_j/\partial t$ 分别代表(t)水质点垂向速度与垂向加速度。$z^{'}(t)$、$z^{''}(t)$分别代表结构物的垂向速度与垂向加速度。D 为潜体的横截面直径，L 为结构的长度。C_d 为速度力系数，C_m 为惯性力系数。一般工程中，柱体的附加质量系数 C_m' 取 1.0，$C_m=1+C_m'$，本文中 C_{m} 取为 2.0。速度力系数 C_d 与雷诺数 RE 有关[12]，本文由内孤立波与结构物的相对速度及潜体直径确定雷诺数的大小。即：

$$C_d=\begin{cases}1.2 & \mathrm{Re}<2.0\times10^5\\0.7+\dfrac{5.0\times10^5-\mathrm{Re}}{6.0\times10^5} & 2.0\times10^5<\mathrm{Re}<5.0\times10^5\\0.7 & \mathrm{Re}>5.0\times10^5\end{cases}\tag{3}$$

将浮力和重力一起考虑，定义为浮重力 $\Delta F_j(t)$，假定潜体的重力与初始时刻潜体所处分层流体提供的浮力相等，通过实时计算波面与潜体的相对位置计算浮力的变化。以初始时刻潜体在下层且处在内孤立波波动范围内为例。初始时刻潜体处于平衡状态，其重力与下层提供的浮力相等，即 $G=F_f=\rho_2 gV$，式中 V 表示潜体体积。在内孤立波穿越潜体的过程中，设 $V_1(t)$和 $V-V_1(t)$分别为潜体在密度为 ρ_1 和 ρ_2 的流体中的体积，潜体的浮重力变化为 $\Delta F_j(t)=(\rho_1-\rho_2)g\,V_1(t)$ 。

根据蔡树群[13]对南海附近深水海域中内孤立波及所在环境假设的特征参数，$|\eta_0/h|<0.1$[14]符合 KDV 理论的适用范围，所以采用 KDV 理论来模拟内孤立波波浪场。两层分层流体中，KDV 型内孤立波引起的水平速度的表达式为：

$$u_j(x,t)=(-1)^j\cdot\frac{C_0\eta_0}{h_j}\sec h^2\left(\frac{x-C_p t}{l}\right).........j=1,2\tag{4}$$

由连续方程可推导出垂向速度及相应水质点的垂向加速度为：

$$w=\begin{cases}-\dfrac{2C_0\eta_0 z}{h_1 l}\sec h^2\left(\dfrac{x-C_p t}{l}\right)\tanh\left(\dfrac{x-C_p t}{l}\right).........j=1\\\dfrac{2C_0\eta_0\left(z+h_1+h_2\right)}{h_2 l}\sec h^2\left(\dfrac{x-C_p t}{l}\right)\tanh\left(\dfrac{x-C_p t}{l}\right).........j=2\end{cases}\tag{5}$$

$$\frac{\partial w}{\partial t}=\begin{cases}-\dfrac{2C_0\eta_0 z}{h_1 L}\cdot\dfrac{C_p}{L}\cdot\left(3\operatorname{sech}^2\left(\dfrac{x-C_p t}{L}\right)\cdot\tanh^2\left(\dfrac{x-C_p t}{L}\right)-\operatorname{sech}^2\left(\dfrac{x-C_p t}{L}\right)\right)\text{.........}j=1\\ \dfrac{2C_0\eta_0\left(z+h_1+h_2\right)}{h_2 L}\cdot\dfrac{C_p}{L}\cdot\left(3\operatorname{sech}^2\left(\dfrac{x-C_p t}{L}\right)\tanh^2\left(\dfrac{x-C_p t}{L}\right)\text{-}\operatorname{sech}^2\left(\dfrac{x-C_p t}{L}\right)\right)\text{.........}j=2\end{cases} \tag{6}$$

对该二阶微分方程本文应用四阶 Runge-Kutta 法求解[12]，得潜体的垂向运动响应为：

$$z^{''}(t)=\frac{\int\left(\frac{1}{2}\rho_j C_d D\left(w_j-z^{'}(t)\right)\cdot\left|w_j-z^{'}(t)\right|+C_m\rho_j\frac{\pi D^2}{4}\frac{\partial w_j}{\partial t}\right)dl+\Delta F_f(t)}{m+\left(C_m-1\right)\rho_j\frac{\pi D^2}{4}\int dl} \tag{7}$$

3 程序验证

为验证本文基于近似方法得到内孤立波力的精度，与 CFD 模拟方法得到的数值结果进行了对比。付东明等[5]研究了潜体处于分界层间的垂向力的变化，本文将文献[5]的 CFD 数值结果与本文结果绘成图 3 进行比较。文献[5]中采用 suboff 型潜体模型，总长度为 87.118 m，最大回转半径为 5.080m。本文的潜体模型取为简化的椭球体，总长度与上述模型一致，为保证排水体积基本相同，取中截面半径为 5.536m。采用付东明[5]文章中下凹型内孤立参数，见表 1。在初始时刻，内孤立波波谷距离潜体中心的水平距离为 1900m，模拟计算了 0-1000s 时间段内潜体受到的内孤立波力。

表 1 文献[5]中采用的内孤立波的特征参数

参数	数值
上层水深 h_1(m)	100.0
下层水深 h_2(m)	200.0
上层密度 ρ_1(kg/m^3)	998.0
下层密度 ρ_2(kg/m^3)	1024.0
波幅 η_0(m)	-40.0

表 2 南海附近海域的内孤立波的特征参数

参数	数值
上层水深 h_1(m)	200.0
下层水深 h_2(m)	3500.0
上层密度 ρ_1(kg/m^3)	1025.0
下层密度 ρ_2(kg/m^3)	1028.0
波幅 η_0(m)	-150.0

由对比图 3 可知，本文计算的垂向力的变化趋势与文献[5]的结果基本一致，且作用力变化的关键时刻基本一致。产生差异的原因一方面是由模型形状差异造成的，另一方面是由于采用 Morison 近似方法造成的，但从对比中可以看出是可以接受的。因此，采用经验的 Morison 公式计算内孤立波力的结果总体是可行的，可以用于后续潜体的运动响应趋势分析。

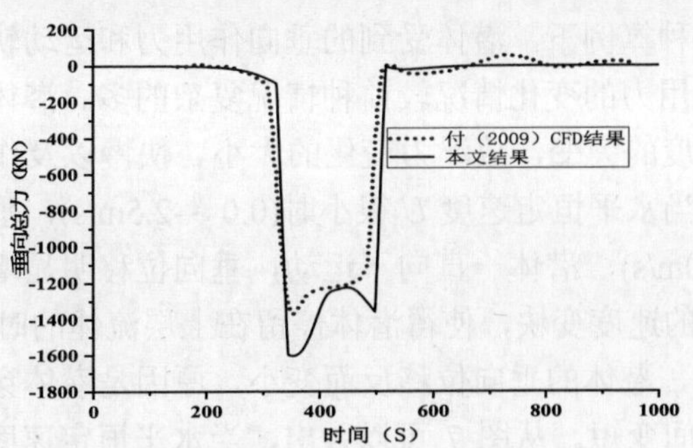

图 3 潜体固定在 z=-115m 时垂向总力时间历程对比

4 数值结果与分析

根据南海附近深水海域中内孤立波及所在环境假设的特征参数，下凹型内孤立波参数见表 2。潜体模型尺寸与上节一致。在计算的初始时刻，潜体垂向速度为零，内孤立波波谷离潜体中心点的水平距离为 5000m，模拟计算了 0-4000s 时间段潜体的垂向运动响应。

针对潜体不同的悬浮位置和航速，设计算例如下：（1）潜体无航速，潜体中心分别位于分界面上层 10m、50m 与 100m 处，即 x=0，z=-190m，z=-150m，z=-100m，潜体不会与波面相遇；(2)潜体以不同水平恒定速度沿 x 轴负向前进，令航速 U 分别为 0.0m/s、-0.5m/s、-2.5 m/s、-8.0 m/s、-12.0 m/s、-15.0 m/s、-18.0 m/s，潜体中心位于分界面下层 10m 处，即 x=0，z=-210m，潜体处于内孤立波波动范围内。

图4和图5分别是第一种算例下，潜体受到的垂向作用力和运动轨迹的时间历程曲线。从计算结果中得出，波面不会与潜体相交，潜体始终在上层流体中，浮重力不会发生变化，受到的作用力都是由内孤立波产生的，主要取决于内孤立波水质点速度和加速度。从图 4 可以看出垂向作用力很小，所以图 5 中的垂向位移变化比较缓和。垂向位移的时间变化曲线与所在位置处内界面的波动情况相似，同时可以看出，初始时刻潜体中心纵坐标越接近内界面，潜体的运动特征和作用力效果越显著。

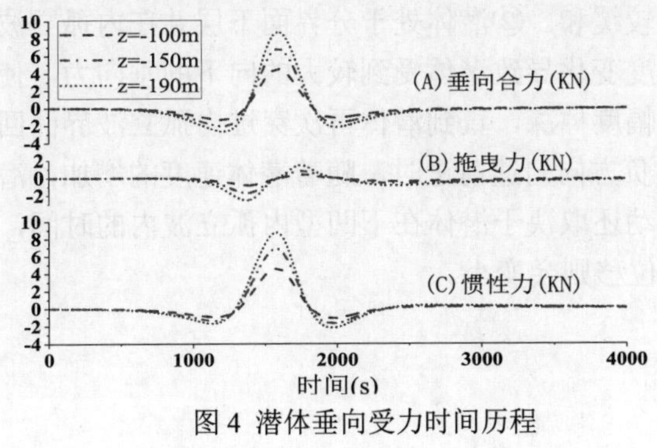

图 4 潜体垂向受力时间历程

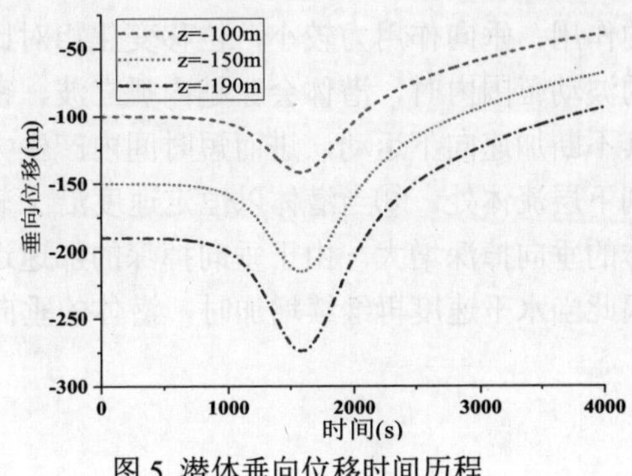

图 5 潜体垂向位移时间历程

图 6 和图 7 是第二种算例下，潜体受到的垂向作用力和运动轨迹的时间历程曲线。由图 6 可以看出，垂向作用力的变化情况较前种情况复杂的多。潜体两次穿越波面时，浮力的急剧变化造成垂向速度的突变，故浮力变化的大小、快慢以及作用时间长短对潜体的掉深影响是至关重要的。当水平恒定速度 U 很小时(0.0 ~-2.5m/s)，垂向位移随波动变化；随着 U 的增加(-2.5 ~-12.0m/s)，潜体一直向下运动，垂向位移明显增加，原因是随着航速增加，潜体进入上层流体的速度变快，使得潜体停留在上层流体的时间相对增加；如果 U 不断增加(-12.0 ~-18.0m/s)，潜体的垂向位移反而变小，原因是潜体穿越内孤立波返回到下层流体，浮重力作用的时间变短。从图 7 可以看出，当水平恒定速度 U 为-12.0m/s，潜体掉深速度最快，在不到 200 秒的时间向下运动了约 200m。

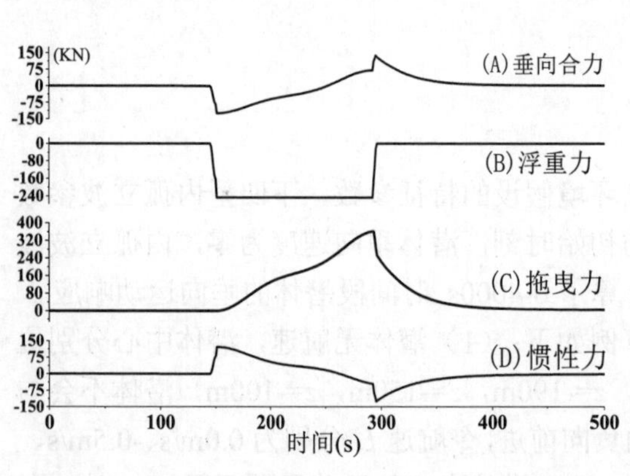

图 6 U=-15.0m/s 潜体的垂向受力时间历程图

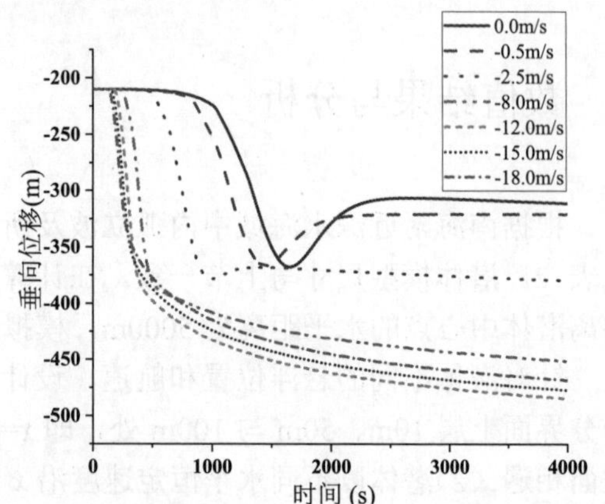

图 7 潜体以不同水平速度运动的垂向位移曲线

5 结论

文章建立了水平细长椭球潜体迎面遭遇内孤立波的时域数值模型，采用四阶 Runge-Kutta 法求解潜体运动方程，并应用数值模型计算了潜体在内孤立波作用下的运动响应。数值结果表明：①当潜体不会与下凹型的内孤立波波面相交时，仅受到内孤立波力的作用，垂向作用力较小，位移变化相对比较缓和。②潜体处于分界面下层并在内孤立波的波动范围内时，潜体会穿越内孤立波，密度变化导致潜体受到较大的向下的垂向力，使其不断加速向下运动，进而短时间内产生大幅度掉深，直到潜体再次穿过内孤立波界面回到下层流体处。③当潜体以恒定速度沿 x 轴负方向匀速前进时，随着潜体速度的增加，潜体的垂向掉深增大。由于垂向掉深的加速运动还取决于潜体在下凹型内孤立波内的时间，因此当水平速度再继续增加时，潜体的垂向位移则会变小。

参考文献

1 Helfrich K R, Melville W K 2006 Ann. Rev. Fluid Mech. 38 395

2 沈国光,叶春生.内波孤立子的非波导荷载计算[J].天津大学学报,2005,38(12):1046-1050.

3 Cai S Q, Long X M, Gan Z J. A method to estimate the forces exerted by internal solitons on cylinder piles[J]. Ocean Engineering.2003,30:673-689.

4 殷文明,郭海燕,吴凯锋,等.内孤立波对水平圆柱潜体作用力的计算[J].浙江大学学报:工学版,2016,50(7): 1252-1257.

5 付东明,尤云祥,李巍.两层流体中内孤立波与潜体相互作用数值模拟[J].海洋工程, 2009, 27(3): 38-44.

6 关晖,魏岗,杜辉.内孤立波与潜艇相互作用的水动力学特性[J].解放军理工大学学报:自然科学版,2012, 13(5): 577-582.

7 陈杰,尤云祥,刘晓东,等.内孤立波与有航速潜体相互作用数值模拟[J].水动力学研究与进展: A 辑,2010 (3): 344-351.

8 张莉,郭海燕,李效民. 南海内孤立波作用下顶张力立管极值响应研究[J].振动与冲击, 2013 (10): 100-104.

9 尤云祥,李巍,时忠民,等.海洋内孤立波中张力腿平台的水动力特性[J].上海交通大学学报, 2010 (1): 56-61.

10 Song Z J, Teng B, Gou Y, et al. Comparisons of internal solitary wave and surface wave actions on marine structures and their responses[J]. Applied Ocean Research, 2011, 33(2): 120-129.

11 杜辉,魏岗,曾文华,等.下凹型内孤立波对细长潜体运动特性影响的实验研究[J].船舶力学,2017,21(10): 1210-1217.

12 李玉成,滕斌.波浪对海上建筑物的作用[M].北京:海洋出版社, 2015.

13 蔡树群.内孤立波数值模式及其在南海区域的应用[M].北京: 海洋出版社, 2015.

14 黄文昊,尤云祥,王旭,等. 有限深两层流体中内孤立波造波实验及其理论模型[J].物理学报, 2013, 62(8): 084705.

Motion response of a horizontal slender submerged ellipsoid induced by head-on interfacial solitary waves

LIU Meng-qi[1], WEI Gang[2], SUI Zhi-wei[1], WANG Ruo-yu[3], GOU Ying[1]

(1. State Key Laboratory of Coastal and Offshore Engineering, Dalian University of Technology, Dalian, 116024

2. College of Meteorology and Oceanography, National University of Defense Technology, Nanjing, 211101

3. CCCC First Harbor Consultants Co., Ltd., Tianjin, 300222, China)

Abstract: Based on the typical Kdv equation in two-layer fluid, the Morison formula is used to calculate the internal solitary wave force on the slender body, and a time-domain numerical model of the large-scale translation of the submerged structure is established. The published CFD simulation result is used to verify the feasibility of the present calculation method. The parameters of interfacial solitary wave are chosen on the basis of observed data in South China Sea and the parameters of submerged ellipsoid model is selected by referring to the conventional submarine dimensions. The numerical results show that when the submerged body passes through the internal solitary wave, the density changes cause a large downward vertical force on the submerged body, which makes it accelerate the downward movement continuously, and then it will produce a large depth in a short time. Further research finds the vertically deepening acceleration motion also depends on the time of the submerged body in the concave internal solitary wave.

Key words: Interfacial Solitary Waves; KDV Equation; Submerged Body; Motion Response

船舶装货过程中加注管背压波动耦合效应

袁世杰，卢金树，邓佳佳，吴文锋，张建伟

（浙江海洋大学，浙江 舟山 316022，Email:YyuanSJ@163.com）

摘要： 船舶海上装货是船舶运营过程中的一个重要环节，装货引起的油品晃荡效应直接影响加注管的背压变化，影响船舶装货的安全以及效率。同时由于船舶易受到海上风浪的影响，加重舱内油品的晃荡效应。本文以 VLCC 型油船液舱为原型，针对不良海况下船舶装货过程，利用两相流模型研究船舶液舱加注管背压波动。通过监测加注管背压以及舱内油品速度变化特征，分析油船装货过程中舱内油品晃荡效应，探究船舶装货过程中油品装货与油品晃荡的耦合效应。研究发现：随着油品装货速率的增大，加注管背压增加明显，舱内油品速度却会出现下降的情况，同时随着舱内油品含量的增加，油品晃荡效应逐渐减弱。

关键词： 晃荡效应，油舱，装货速率，背压，耦合效应

1 引言

海上运输船舶具有宽度大、装载深度高的特点，在一定的频率范围内波浪力作用下船体运动会导致液舱剧烈的运动 [1]，而晃荡载荷对船体结构和运动都产生重大影响，降低运营效率和安全性。舱内油品的晃荡主要取决于液舱运动的性质、振幅、频率、油品性质以及油品含量[3-4]。在船舶装货作业过程中，油品受到加注泵的排出压力通过加注管从供油船输送到受油船，受油船液舱内油品自由面不断变化，液舱内加注管受加注泵的排出压力和液舱运动产生的脉冲压力、非冲击压力联合作用影响，液舱加注管成为应力集中的危险部位。当油船在大风浪环境中进行装货作业时，受油船液舱不稳定因子的提升，外部激励提供能量维持油品晃荡，造成舱内油品自由液面剧烈运动。油品晃荡受装货作业影响的同时又受到船舶运动的影响，两者产生的油品晃荡效应将会叠加，加剧液舱加注管背压波动，严重影响油品装货速率。

采用 CFD 模拟风浪环境下受油船液舱装货过程，基 VOF(volume-of-fluid)法展开数值模拟。针对船舶装货作业中受油船液舱加注管背压变化，研究油品晃荡对加注管背压变化的影响，结合装速率，研究船舶装货过程中油品装货与加注管背压的耦合效应。

基金项目：浙江省自然科学基金项目(LY18E090008)；国家自然科学基金项目(51079129)

作者简介：袁世杰(1993—)，男，硕士研究生，研究方向为船舶安全与防污染

2 模型建立

2.1 受油船加注油品动力学分析

实际油品装货过程中，油品受到加注泵的排出压力通过加注管从供油船输送到受油船，如图 1 所示。在装货过程中，不考虑温度变化等引起的能量损耗问题，根据伯努利方程：

$$U_1+Z_1+\frac{1}{2}u_1^2+\frac{p_1}{\rho_1}=U_2+Z_2+\frac{1}{2}u_2^2+\frac{p_2}{\rho_2} \tag{1}$$

式中：U_1 表示加注泵排出油品的内能；U_2 表示液舱加注管出口处油品的内能；Z_1 表示加注泵排出油品与舱底的距离；Z_2 表示液舱加注管出口处油品与舱底的距离；u_1 表示加注泵排出油品的速度；u_2 表示液舱加注管出口处油品的速度；P_1 表示加注泵排出油品的压强；P_2 表示液舱加注管出口处油品的压强；ρ_1 表示加注泵排出油品的密度；ρ_2 表示液舱加注管出口处油品的密度。

受油船装货过程中，流体密度以及管中流体距离舱底的高度不变，假定加注泵的排出压力在装货过程中保持一定。当装货速度改变时，即导致加注管背压发生变化，同时当舱内油品晃荡压力发生变化时，影响加注管出口背压波动，间接影响油品装货速率。

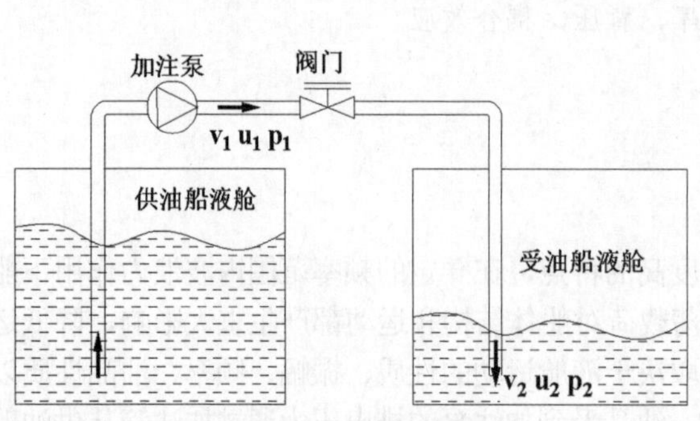

图 1 液舱装货系统图

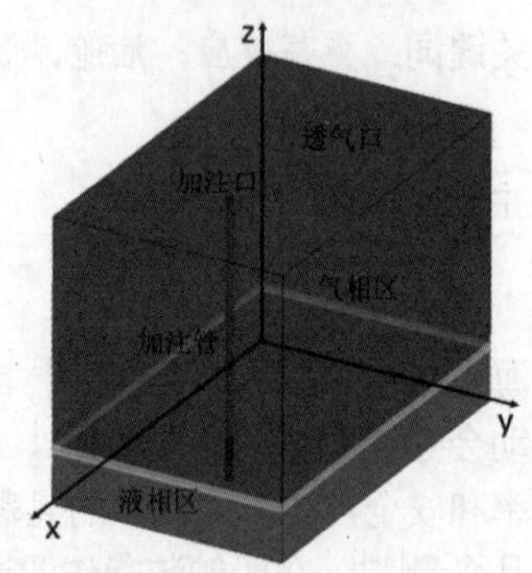

图 2 液货舱物理模型

2.2 物理模型

本文以具有代表性的 VLCC(Very Large Crude Carrier)型液舱为原型，同时考虑模型试验的验证，通过几何相似准则建立长方体的模型舱（图 2）。

液舱物理模型几何参数为 0.842m×0.737m×0.464m（长×宽×高），加注管直径为 0.012m，加注管长 0.46m，孔心位置（0.55,0.20,0.47）；透气口直径为 0.016m，孔心位置（0.25，0.20，0.47）。

2.3 数值模型

2.3.1 网格划分

为了开展装货过程中船舶运动情形下受油船液舱内加注管背压变化特性研究，基于模型假设，构建运动受油船液舱模型。采用 CFD 软件对受油船液货舱的物理模型建模并划分网格。划分的网格均为六面体结构性网格，加注管采用 O-gridBlock 处理以提高网格质量。

采用 ICEM 软件建立液舱的数值模型，经网格无关性验证，网格数量取为 317012，节点数为 332312。

2.3.2 数值计算设计

运动 CFD 软件模拟受油船三维液舱装货过程，这一过程可视为受油船液舱内油品的自然对流和强迫对流的混合过程，液舱内油品遵循质量守恒、动量守恒及能量守恒方程。

动网格设置：在定义初始网格、边界运动的方式及运动区域过程中，选择整个网格和边壁作为运动区域，动网格技术适合处理液体晃荡相关问题，针对液舱内油品晃荡展开研究，采用 UDF（用户自定义函数）来定义边界的运动方式。计算方法采用 Simple 算法的改进算法 PISO（Pressure Implicit Split Operator）。

边界条件：数值模型的边界是模型舱的内壁，定义为固壁边界(wall)；采用速度进口，油品占比为 1；透气口处为压力出口，压力为 0.101325MPA；迭代时间步长为 0.005s。

3 数值计算与结果讨论

3.1 计算工况

在实际的海洋环境中，海上波浪是多种不规则风浪混合浪，而海上波浪有效周期主要集中在 4~10s[5-6]。根据船舶安全运营要求以及船舶中船员的操作经验，正常海况下船舶安全运营时的横摇角度一般在 10° 左右，在恶劣条件下船舶的横摇角也不能超过 30°。因此为了能够尽可能地反映实际海况环境，确定试验工况液舱运动周期 T=10s、运动幅值 A=10°。

由于不同的装货速率代表着不同的液面上升速率，因此为了研究不同装货速率对加注管背压的影响，根据舟山海域保税燃油海上装货情况，共设计 4 种装货速率：0.23m/s、0.46m/s、0.69m/s、0.92m/s，考虑到受油船液舱装货过程几乎不出现空舱的情况，其初始装载率为 10%。

3.2 装货速度对加注管背压的影响

3.2.1 油品装货过程中液舱加注管背压变化

为进一步研究装货速度对加注管背压的影响，模拟 5 种装货速度对照试验进行研究。图 3 分别为是不同装货速度下，液舱进行装货时加注管背压时域图。

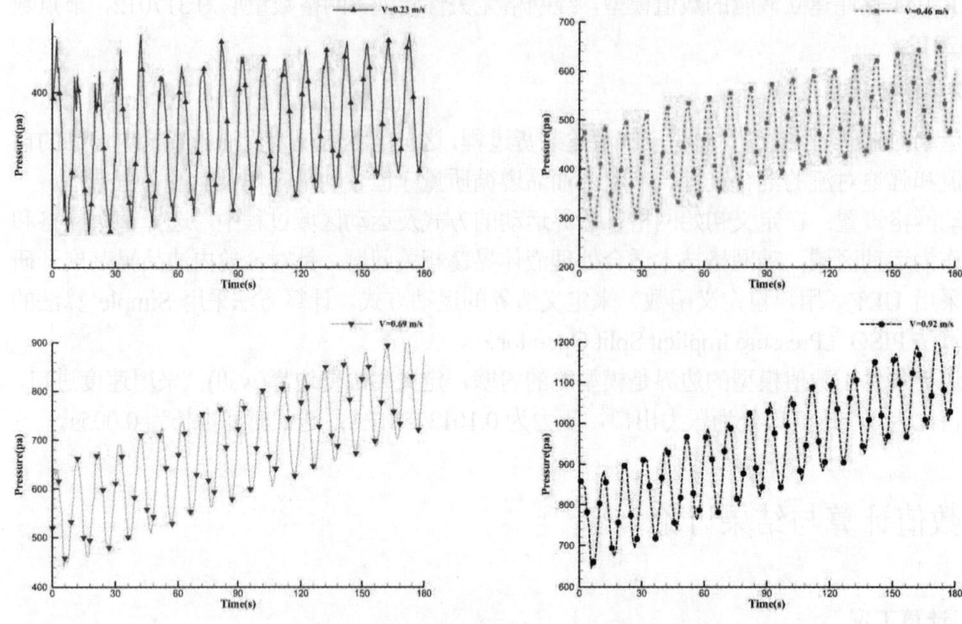

图3 不同装货速度下加注管背压时域

由图3可知，背压曲线每半周期交替增加和减少，同一装货速度下背压波动变化范围基本相同，但不同装货速度时背压曲线差异较大，装货速度越大背压初始值越高，波动越大，变化斜率越大。因为当油品从加注管进入到液舱内时，舱内油品的运动受到加注油品的冲击，造成冲击载荷，产生有压力波动，当加注速度越大时，加注管内油品流量越大，对舱内油品的冲击越大，压力波动越大。

从图3中还可以看出，随着装货的进行，压力变化范围略有减小。因为当舱内油品从一侧舱壁流向另一侧时，内部油品的流动速度比自由液面油品慢一些，同时更加稳定。自由液面在水平方向上的位移最大，同时在撞击舱壁时会发生水跃现象，对舱内油品造成冲击释放能量。因此，与内部油品相比，上部油品变化较大。在油品装货过程中，随着时间的推移，舱内油品不断增加，自由液面上移，油品冲击造成的压力波动对加注管背压的影响逐渐减小

3.2.2 油品装货过程中液舱自由液面和速度场

取一个运动周期内的3个相同时刻的 X=0.3m 截面上油品速度矢量图，V 表示油品装货速度，$\bar{v}$ 为该截面油品的平均速度（图4）。

如图4所示，当液舱发生运动时，自由液面会形成一系列的波，从而造成油品发生位移，舱内油品运动方向与液舱运动方向相反，并与舱壁发生碰撞，油品在垂直方向产生较大的位移，出现水跃现象，冲击自由液面，由于舱内油品液面的不规则性，造成背压变化不均匀。此外，根据速度矢量图可以发现，舱内油品内部速度远小于自由液面油品速度。同时发现装货速度较大时，舱内自由液面上升幅度较小，这是因为油品的自阻尼特性吸收了液舱运动产生的能量，装货速度越大导致舱内油品含量越多，油品上升幅度越小。

对比不同装货速度下 t=105s 时刻油品平均速度可以发现，当装货速度小于 0.92m./s 时，随着装货速度的增加，平均速度呈下降现象。这是因为在 t=105s 时刻，此时舱内油品相对稳定，舱内油品的横向流动占主导作用，加注管内喷射出的油品干扰舱内油品的横向流动，使横向流动发生弯曲，造成两股油品的合并，同时在有加注泵排出压力的作用下，在加注管附近产生高压区，这个高压区造成舱内油品的部分停滞，抑制了油品的流动。当装货速度增大时，舱内油品横向流动受到的干扰作用越大，油品平均速度越小。当装货速度增加至 1.15m/s 时，在较高的装货速度条件下，加注管喷射出的油品占主导位置，增强了舱内油品的流动，造成油品速度增加。

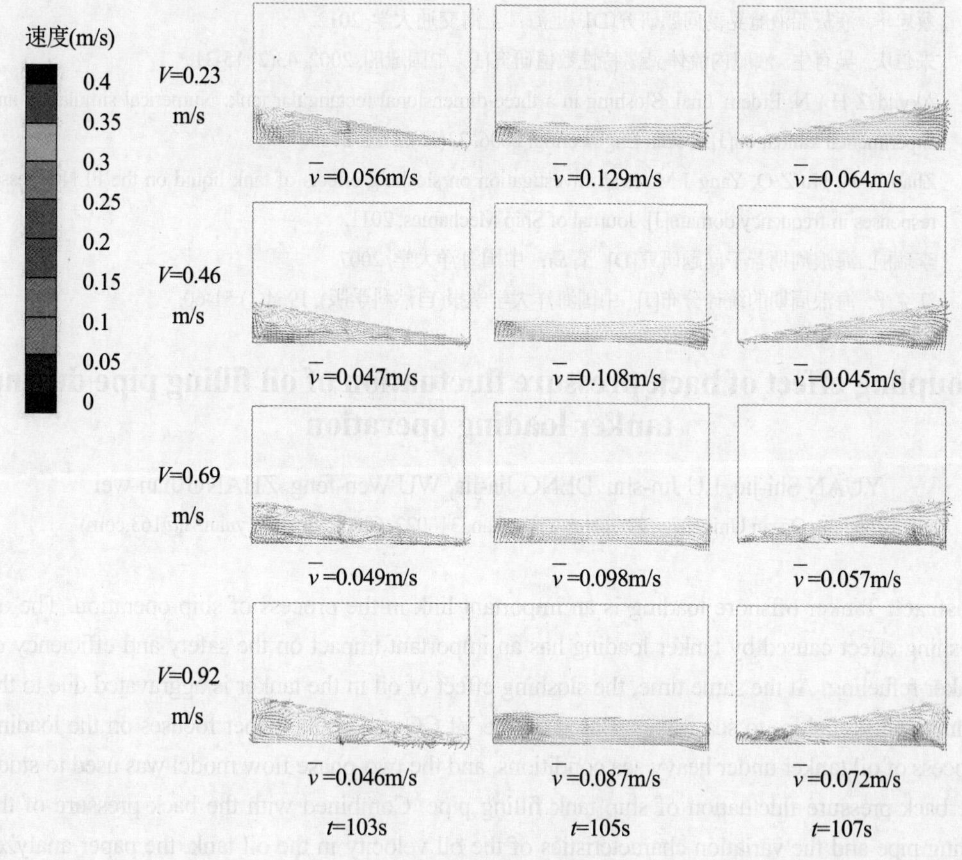

图 4 速度矢量变化

4 结论

本研究应用 VOF 法开展一系列模拟试验，针对装货过程中舱内油品流场，分析大风浪下受油船运动对加注管背压波动的耦合效应，主要结论总结如下。

(1) 加注管在油品自由表面附近相对于较深的位置背压有更明显的波动。

(2) 有油品的自阻尼特性，在一定的外部激励频率下，装货速度越大，舱内油品最大自由液面位移越小，同理随着装货的进行，舱内油品最大自由液面位移越来越小。

(3) 在一定装货速度范围内，油品的装货可以减小油品的运动速度，抑制油品的晃荡效应。

参考文献

1. 蔡忠华. 液货船液舱晃荡问题研究[D]. 上海：上海交通大学, 2012.
2. 朱仁庆, 吴有生. 液舱内流体晃荡特性数值研究[J]. 中国造船, 2002, 43(2):15-31.
3. Akyild?Z H , N. Erdem ünal. Sloshing in a three-dimensional rectangular tank: Numerical simulation and experimental validation[J]. Ocean Engineering, 2006, 33(16):2135-2149.
4. Zhao W H, Hu Z Q, Yang J M, et al. Investigation on sloshing effects of tank liquid on the FLNG vessel responses in frequency domain[J]. Journal of Ship Mechanics, 2011.
5. 李瑞丽. 海浪周期若干问题研究[D]. 青岛：中国海洋大学, 2007.
6. 江克平. 海浪周期的统计分布[J]. 中国海洋大学学报(自然科学版), 1964(1):51-60.

Coupling effect of back pressure fluctuation of oil filling pipe during tanker loading operation

YUAN Shi-jie, LU Jin-shu, DENG Jia-jia, WU Wen-feng, ZHANG Jian-wei

(Zhejiang Ocean University, Zhejiang, Zhoushan, 316022, China. Email:YyuanSJ@163.com)

Abstract: Tanker offshore loading is an important link in the process of ship operation. The oil sloshing effect caused by tanker loading has an important impact on the safety and efficiency of tanker refueling. At the same time, the sloshing effect of oil in the tanker is aggravated due to the vulnerability of ships to sea waves. Based on the VLCC tanker, the paper focuses on the loading process of oil tanker under heavy sea conditions, and the two-phase flow model was used to study the back pressure fluctuation of ship tank filling pipe. Combined with the back pressure of the filling pipe and the variation characteristics of the oil velocity in the oil tank, the paper analyzes the coupling effect of oil loading and back pressure of filling pipe during the loading process of the tanker, and explores the causes and laws of the sloshing pressure of the oil. The research shows that as the loading speed increases, the back pressure of the filling pipe increases obviously, but the speed of the oil in the tanker may decrease. At the same time, as the oil content in the tank increases, the sloshing effect of the oil gradually decreases.

Key words: sloshing effect; oil tank; loading speed; back pressure; coupling effect

基于 RANS 方法的球鼻艏型式对肥大型船舶绕流场影响分析

张艳云[1]，阚瑾瑜[1]，刘佳仑[2,3,4*]

1. 武汉理工大学交通学院，武汉 430063；2. 武汉理工大学智能交通系统研究中心，武汉 430063

3. 国家水运安全工程技术研究中心，武汉 430063；4。海洋工程国家重点实验室 上海交通大学，上海 200240

Email: jialunliu@whut.edu.cn

摘要： 球鼻艏是一种用来降低船舶总阻力的水面下球状艏部结构，虽然该设备被广泛应用于各类船型，但该结构对不同船型阻力的影响存在明显差异，且目前尚未有一种通用的减阻优化方案。为研究球鼻艏型式对船舶绕流场及黏性阻力的不同影响，本文基于计算流体力学理论建立了数值水池，以广岛大学基于 KVLCC2 标准船模提出的变种肥大型艏部变体系列船 S-Cb87 为对象，结合叠模实验方法对其黏性流场开展模拟研究。本文基于 RANS（Reynolds Averaged Navier-Stokes）方法，采用 STAR-CCM+作为非结构化网格生成器，使用 ANSYS Fluent 作为求解器对该系列船进行黏性阻力预报，并研究了不同船艏对黏性流场的影响，所用数值仿真方法能够捕捉船艉伴流场的"钩状"特征，结果显示不同球鼻艏型式对船舶黏压阻力系数有一定影响，但黏性总阻力系数和摩擦阻力系数作用不大。

关键词： RANS 方法；球鼻艏；绕流场；叠模实验；阻力预报

1 引言

球鼻艏已逐渐成为大部分商业远洋船的重要组成部分，但由于水池实验的昂贵性以及相关专项研究的匮乏，从水动力学角度优化球鼻艏结构设计仍然存在一定的困难[1]。对高速船，球鼻作为船首突出的部分，可以改变流场，削弱首波以减小兴波阻力[2]。但对于 VLCC 这类低速肥大型船来说，航行过程中黏性阻力占据主导地位[3]。理论上球鼻部分可以通过缓和艏部流场达到减小黏性阻力的目的，但这一点并未得到拖曳水池实验或计算流体力学（CFD）仿真的证实。依据 MOERI 提供的 KVLCC2 水池实验数据，当佛汝德数为 0.142 时，兴波阻力在数值上仅占黏性阻力的 2.7%[4]。基于以上内容，本文将研究重点放在黏性绕流与黏性阻力上。

基金项目：（国家自然科学基金资助项目（51709217），湖北省自然科学基金资助项目（2018CFB640），海洋工程国家重点实验室（上海交通大学）开放课题项目（1707），中央高校基本科研业务费专项 （WUT:2018IVA034, WUT:2018IVB079），武汉理工大学双一流项目资金资助）

随着 CFD 方法和高速计算机的发展，数值水池实验逐渐成为船体阻力预报的主要手段之一。与传统模型实验（EFD）相比，CFD 方法可以低成本、高效率地模拟出详细的流场。目前 CFD 方法已被应用于模拟 KVLCC2 等低速肥大型船舶的黏性绕流场[5,6,7]。本文针对一组装备不同型式球鼻艏的肥大型船舶进行了 RANS 仿真，研究了不同球鼻艏型式对船舶黏性绕流和阻力的影响。

2 船体几何与设计工况

本文的研究对象为国际标准船模 KVLCC2 的变体：系列 S-Cb87，包括三条装备不同型式球鼻艏的船舶，分别命名为 S-Cb87、S-Cb87A 和 S-Cb87B。系列 S-Cb87 与 KVLCC2 的主尺度如表 1 所示，艏部形状以及横剖线如图 1 所示。本文使用标准 KVLCC2 模型对所采取 RANS 方法进行了验证，并对 S-Cb87 系列船模在满载工况下选取了多个速度点进行了 CFD 仿真计算。具体的计算条件如表 2 所示。

表 1 KVLCC2 与系列 S-Cb87 船型主尺度

船名	KVLCC2	S-Cb87	S-Cb87A	S-Cb87B
L_{PP} (m)	320	178	178	178
B (m)	58	32.263	32.263	32.263
D (m)	30	14.463	14.463	14.463
λ	58	61.1875	61.1875	61.1875
T_m (m)	20.8	11.57	11.57	11.57
S (m²)	27194	8891	8897	8906

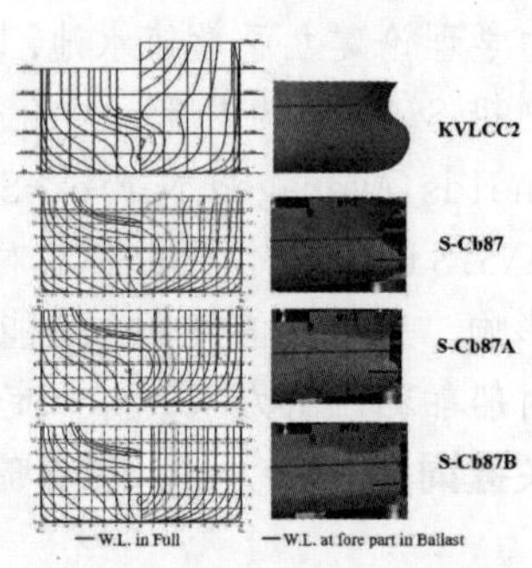

图 1 各船型艏部形状及横剖线

表 2 各船型的 CFD 计算条件

	λ	L_{PP}(m)	Fr	Re (×10^6)	V (ms^{-1})
KVLCC2 验证条件	58	5.5172	0.142	4.6	1.047
系列 S-Cb87 计算条件	61.1875	2.9091	0.0966	1.5061	0.5202
	61.1875	2.9091	0.1157	1.8038	0.6230
	61.1875	2.9091	0.1354	2.1110	0.7291
	61.1875	2.9091	0.1545	2.4087	0.8320
	61.1875	2.9091	0.1737	2.7108	0.9354

3 计算流体力学方法

计算域如图 2 所示。边界条件如下：船体表面为不可滑移壁面；水线面，中纵剖面和侧面为对称边界；进口与底部为速度进口；出口为压力出口。使用商业软件 Star CCM+生成非结构化六面体网格。网格总视图与艏艉局部加密网格如图 3 所示。

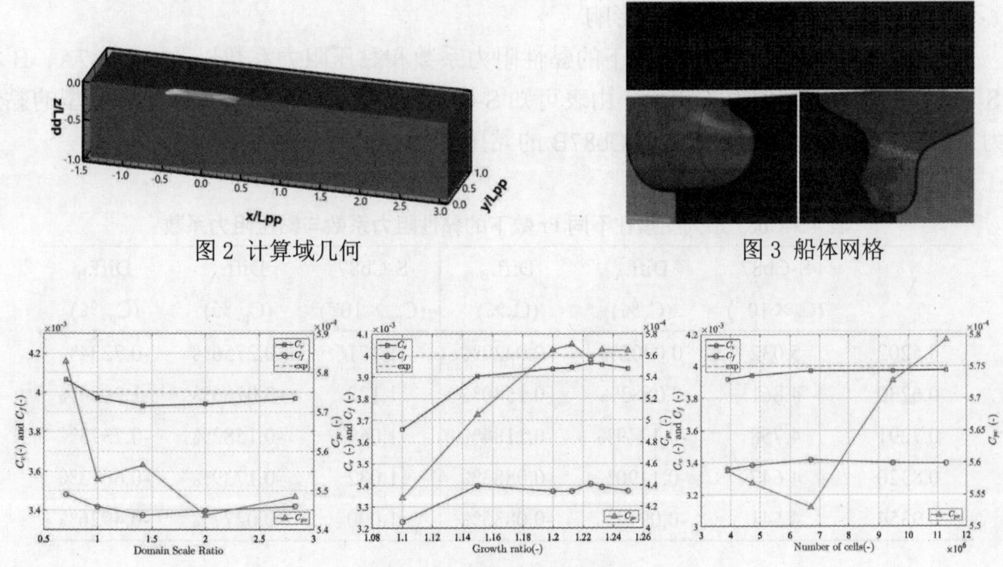

图 2 计算域几何

图 3 船体网格

图 4 网格独立性分析

表 3 阻力系数验证

方法	EFD	CFD
$C_v(\times10^{-3})$	4.002	3.971
$U(C_v\%)$		-0.780
$C_f(\times10^{-3})$	3.450	3.418
$U(C_f\%)$		-0.935
$C_{pv}(\times10^{-3})$	0.552	0.553
$U(C_{pv}\%)$		0.169

本研究使用商业 CFD 软件 ANSYS 18.2 进行了 RANS 仿真，使用 k-ω SST 湍流模型。RANS 方法的使用应该排除网格对结果的影响，因此需要进行网格独立性验证。本文以 $\sqrt{2}$ 为变化比例，分别针对计算域尺寸，边界层网格增长比例以及网格数量进行了网格独立性分析，分析结果见图 4。由图 4 可知，边界层增长率增加至 1.2 后，网格数量增长至 6.7×

10^6之后，自变量对计算结果的影响已经很小并且不再大幅变化。为了节省计算资源，提高收敛速度，本文选取计算域大小如图 2，边界层增长率 1.225 和网格数量 6.7×10^6 作为 RANS 方法验证的条件，验证数据如表 3。

4 结果与分析

4.1 不同型式球鼻艏对阻力系数的影响

系列 S-Cb87 模型在不同 Fr 数下的黏性阻力系数和黏压阻力系数以及 S-Cb87A、B 相对 S-Cb87 的阻力差异如表 4 所示。由表可知 S-Cb87 系列三个不同型式球鼻艏船型的黏性阻力系数差距并不是很大，但是 S-Cb87B 的黏压阻力相对另外两条船较小。

表 4 S-Cb87 系列船模在不同 Fr 数下的黏性阻力系数与黏压阻力系数

V	S-Cb87 ($C_v\times10^{-3}$)	$Diff._A$ (C_v%)	$Diff._B$ (C_v%)	S-Cb87 ($C_{pv}\times10^{-3}$)	$Diff._A$ (C_{pv}%)	$Diff._B$ (C_{pv}%)
0.5202	5.032	0.0402%	-0.0429%	1.171	-0.2756%	-0.7234%
0.6230	4.861	0.0583%	-0.1540%	1.122	-0.0766%	-1.2084%
0.7291	4.758	-0.1249%	-0.1184%	1.069	-0.1582%	-0.7373%
0.8320	4.647	-0.1190%	-0.0883%	1.032	-0.1739%	-0.6613%
0.9354	4.541	-0.0914%	-0.0835%	1.000	-0.0277%	-0.4926%

4.2 不同型式球鼻艏对螺旋桨盘面处轴向速度的影响

在 Fr=0.1354 条件下的 S-Cb87 系列船模型螺旋桨盘面处轴向速度云图如图 7 所示。由图 7 可知，S-Cb87 与 S-Cb87B 相对于 S-Cb87A，在螺旋桨下方有着更大的低速区，并且在螺旋桨附近有着更大的钩状低速区，这意味着 S-Cb87A 的速度变化梯度更为平缓。

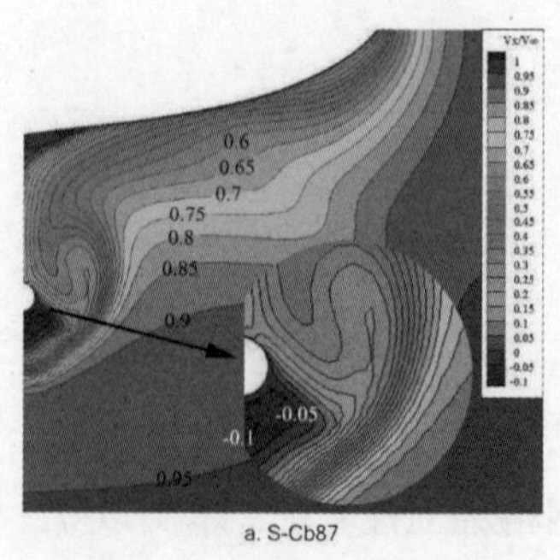

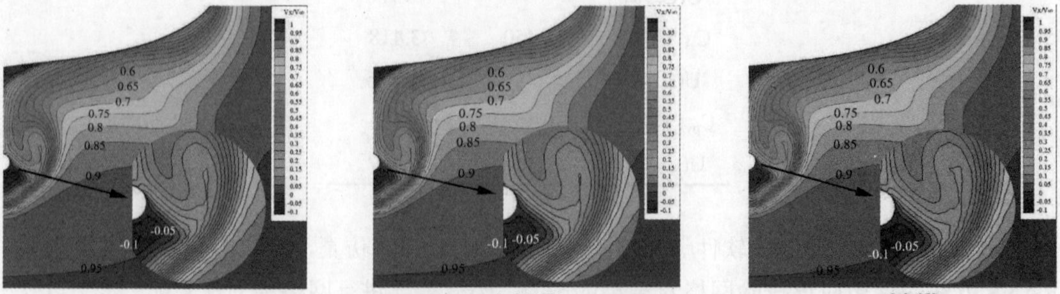

a. S-Cb87

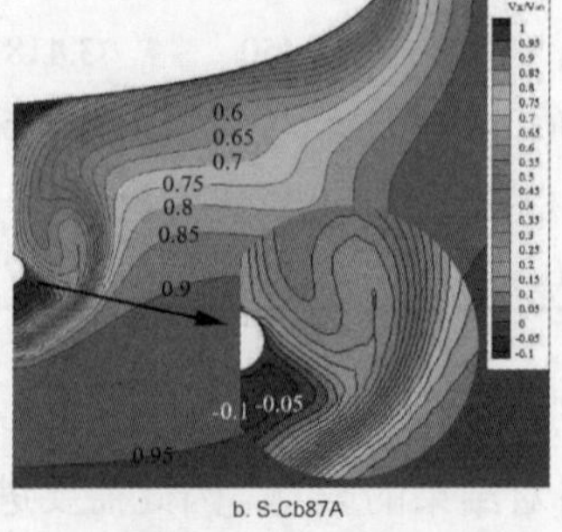

b. S-Cb87A

c. S-Cb87B

图 7 螺旋桨盘面处轴向速度

4.3 不同型式球鼻艏对压力场的影响

系列 S-Cb87 船艏部压力场如图 8 所示。由图 8 可知，S-Cb87 系列船的球鼻艏上方存在高压区，这意味着球鼻艏增加了艏部流场的压力，并且 S-Cb87 船艏部的高压区比其他两条船要大，表明它具有较大的黏压阻力。由于系列船船艉相同，因此艉部压力场几乎相同。

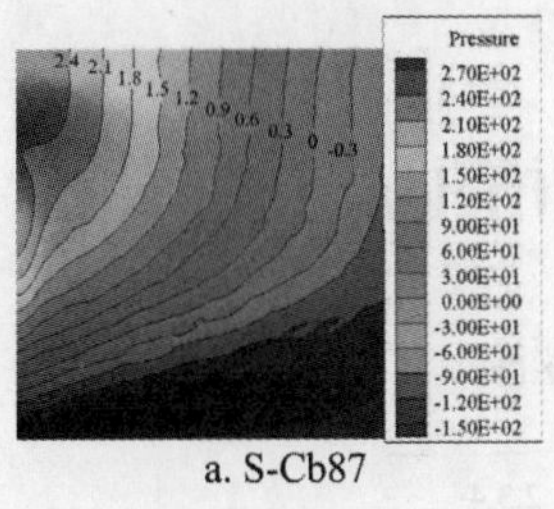

a. S-Cb87

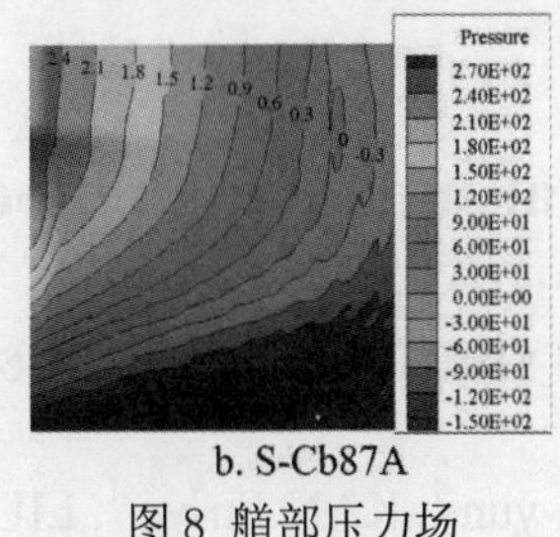

b. S-Cb87A

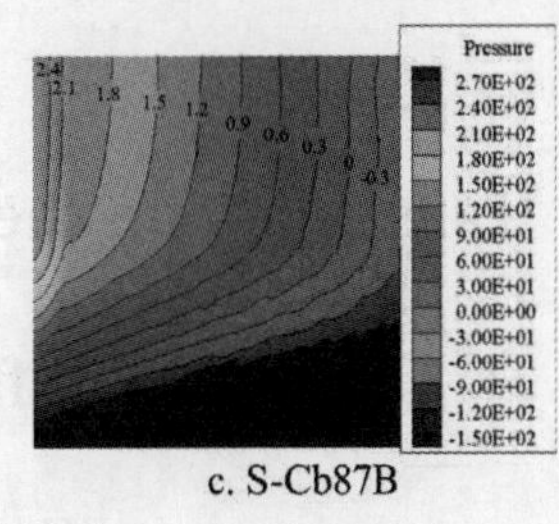

c. S-Cb87B

图 8 艏部压力场

5 结论

本研究基于 RANS 方法对 S-Cb87 系列船进了数值模拟计算，分析并得到以下结论：①由于 S-Cb87 系列船模的几何差异相对较小，黏性阻力系数的差距并不明显。本研究模拟出的系列船阻力系数可能受到 CFD 方法的不确定性影响。②S-Cb87 系列船在满载工况下对大多数 Fr 数具有相同的阻力性能，这意味着球鼻艏的设计并不能使船艏水的流动变得平滑从而减小黏性阻力。

参考文献

1 Sharma, R., and Sha, O. P., 2010. "Practical hydrodynamic design of bulbous bows for ships". Naval Engineers Journal, 117(1), pp.57–76.

2 Kracht, A. M., 1978. "Design of bulbous bows". SNAME Transactions, 86(1), pp.197–217.

3 Ahmed, Y., and Soares, C. G., 2009. "Simulation of free surface flow around a vlcc hull using viscous and potential flow methods". Ocean Engineering, 36(9), pp.691–696.

4 Sadat-Hosseini, H., Wu, P.-C., Carrica,P.M., Kim, H., Toda, Y., and Stern, F., 2013. "Cfd verification and validation of added resistance and motions of kvlcc2 with fixed and free surge in short and long head waves". Ocean Engineering, 59(1), pp.240–273.

5 Pereira, F. S., Ec,a, L., and Vaz, G., 2017. "Verification and validation exercises for the flow around the kvlcc2 tanker at model and full-scale reynolds numbers". Ocean Engineering, 129(1),pp.133–148.

6 Toxopeus, S., 2013. "Viscous-flow calculations for kvlcc2 in deep and shallow water". In International

Conference on Computational Methods in Marine Engineering, Springer Netherlands, pp.151–169.

7 Crepier, P., 2017. "Ship resistance prediction: verification and validation exercise on unstructured grids". In VII International Conference on Computational Methods in Marine Engineering.

8 Kim,W.J.,Van,S.H.,andKim,D.H.,2001. "Measurement of flows around modern commercial ship models". Experiments in Fluids, 31(5),pp.567–578.

Rans study on the flow around a high block coefficient ship with different shapes of bulbous BOWS

ZHANG Yan-yun [1], KAN Jin-yu [1], LIU Jia-lun [2,3,4]

1.School of Transportation Wuhan University of Technology Wuhan, 430063, P. R. China;

2.Intelligent Transportation Systems Research Center Wuhan University of Technology Wuhan, 430063, P. R. China; 3.National Engineering Research Center for Water Transport Safety, Ministry of Science and Technology, Wuhan, 430063, P. R. China;4.State Key Laboratory of Ocean Engineering, Shanghai Jiao Tong University, Shanghai, 200240, P. R. ChinaEmail: jialunliu@whut.edu.cn

Abstract: Bulbous bows have been applied to a large variety of ships to reduce resistance and fuel consumption. The mechanism of how to optimize the bulbous bow remains unsolved. Furthermore, the impacts of the bulbous shape on resistance deduction are commonly not available from the public. Three scaled models, which are modified from the standard KVLCC2 tanker, with different bulbous bows have been built and tested in the towing tank of Hiroshima University. Based on which, double-model tests are performed through Computational Fluid Dynamics (CFD)simulations and presented in this paper. Reynolds-Averaged Naiver-Stokes (RANS) simulations are carried out with unstructured hexahedral trimmed grids generated by the commercial code Star CCM+. The commercial solver ANSYS Fluent is used with a k-w SST turbulence model. Simulations are performed to show the relationship between performance and bulbous bow shapes and catch the "hook" shape at propeller plane. The results show that the different bow shapes have a certain effect on the C_{pv}, but have little effect on C_v and Cf.

Key words: RANS method, bulbous bow, double-model test, resistance prediction

基于RANS方法的片体间距对双体船静水阻力性能影响研究

卢苏立[1]，程细得[1*]，刘佳仑[2,3,4]，王绪明[1]

[1]（武汉理工大学交通学院，武汉,430063）

[2]（武汉理工大学智能交通系统研究中心，武汉,430063）

[3]（国家水运安全工程技术研究中心，武汉,430063）

[4]（海洋工程国家重点实验室（上海交通大学），上海,200240）

摘要：双体船因其优良的快速性、耐波性、操纵性等性能，在实际中得到了广泛的应用。在影响双体船设计的众多参数中，片体间距比具有十分重要的影响。随片体间距比的变化，两片体间互扰力大小及其影响相应发生改变，使得双体船的总阻力与单个片体总阻力的两倍之差，即干扰阻力，发生变化。为研究干扰阻力随片体间距比的变化规律，本研究依托于计算流体力学理论，应用 RANS（Reynolds Averaged Navier-Stokes）方法，首先对 Wigley 船型单体船与双体船进行阻力性能的数值计算，并将数值结果与实验数据比较，以验证数值方法的正确性。之后，以一艘双体客船为研究对象，对其在设计航速下不同片体间距比的双体船模型开展静水阻力预报。研究结果表明，随片体间距比的改变，由于兴波干扰和黏性干扰的存在，存在最佳间距比的范围使得双体船所受总阻力较小。通过 RANS 方法，可以确定设计航速下的最佳片体间距比范围，为双体船的设计提供指导。

关键词：RANS；双体船；片体间距比；阻力性能

1 引言

相比于单体船，双体船在快速性、耐波性、操纵性等方面具有更加优良的性能。对于观光客船，双体船除具有优良的性能外，还具有较大的甲板面积供游客观赏风景。因此，近年来，双体观光客船的需求不断增长，对双体船的研究也不断增多。

基金项目：国家自然科学基金资助项目（51709217），湖北省自然科学基金资助项目（2018CFB640），海洋工程国家重点实验室（上海交通大学）开放课题项目（1707），中央高校基本科研业务费专项 （WUT:2018IVA034, WUT:2018IVB079），武汉理工大学双一流项目资金资助双体船在航行过程中所受到的阻力，由于两片体间干扰效应的存在，与单个片体所受阻力的两倍并不相同。为此，研究者进行了大量的模型实验，理论研究与数值模拟，对片体间的干扰效应进行了探讨。

模型实验方面，Insel&Molland[1]对 Wigley 船型和 3 种由 NPL 船型改造所得 3 种船型分别在单体和双体配置下进行了船模阻力实验。实验在不同的傅汝德数和片体间距比下进行，采用波形分析法计算船模所受的兴波阻力，并分析了各阻力成分的变化规律。Souto-Iglesias[2]对系列 60 双体船型在自由和限制升沉与纵倾状态下的干扰阻力进行了研究，对测试状态与片体间距的影响进行了分析。

理论研究方面，Insel[3]使用线性波理论计算了一系列高速船的波形与兴波阻力。Zhang[4]使用 Neumann-Michell 理论对 Delft 和系列 60 双体船型进行了阻力计算，计算结果与实验结果匹配良好。

数值模拟方面，Broglia[5]使用 RANS 方法对 Delft 372 船型双体船两片体间的干扰效应及雷诺数的影响进行了研究。Farkas[6]使用 STAR CCM+网格生成工具，对系列 60 单个片体和双体船型进行了叠模和考虑自由面的数值模拟，将总阻力分为黏性阻力与兴波阻力成分，研究了每种阻力成分的干扰效应。

本文依托计算流体力学理论，使用 RANS 方法，研究了片体间距比对双体船静水阻力性能的研究。本研究分为以下几部分：下一部分介绍了所使用的数学模型。接下来，对 Wigley 船型单体船与双体船进行了阻力计算，将计算结果与实验结果进行比较，研究了数值方法的正确性。而后，对一艘双体客船在不同的片体间距比下进行阻力计算，确定使得总阻力最小的最佳片体间距比范围。

2 数学模型

基于 RANS 方法模拟了片体间距对双体船静水阻力的影响，控制方程为雷诺平均方程：

$$\frac{\partial\left(u_i u_j\right)}{\partial x_j}=-g_i-\frac{1}{\rho}\frac{\partial p}{\partial x_i}+\frac{\partial}{\partial x_i}\left[\nu\left(\frac{\partial u_i}{\partial x_j}+\frac{\partial u_j}{\partial x_i}\right)-\overline{u_i' u_j'}\right] \tag{1}$$

式中，u_i, u_j 分别是笛卡尔坐标 x_i, x_j 方向上的速度分量时均值，$i=j=1,2,3$；p 为压力时均值。

采用 *k-ω* SST 二方程湍流模型封闭 RANS 方程。*k-ω* SST 湍流模型可以预测流动分离，并准确预测边界层内的流动。

3 计算参数

3.1 船模参数

对 Wigley 双体船与一艘双体客船分别进行了数值模拟，片体如图 1 所示，两艘双体船片体的船型参数如表 1 所示。对于双体客船，为研究设计航速下最佳片体间距比的范围，取不同的片体间距比 λ 进行计算。λ 表示为片体间距与垂线间长的比值。

图 1 Wigley 双体船片体（上）与双体客船船模片体（下）

表 1 Wigley 双体船与双体客船船模片体的船型参数

模型	参数	符号	值
Wigley	垂线间长	Lpp_1(m)	1.8000
	船宽	B_1(m)	0.1800
	吃水	T_1(m)	0.1125
	湿表面积	A_1(m^2)	0.4820
双体客船船模	垂线间长	Lpp_2(m)	2.0000
	船宽	B_2(m)	0.2112
	吃水	T_2(m)	0.0846
	湿表面积	A_2(m^2)	0.50383

3.2 计算域参数

采用长方体计算域。由于所研究的双体船均相对于中线面对称，因此，为节约计算时间，将中线面设为对称面，取实际流域的一半进行计算。

4 RANS 模拟

4.1 数值方法验证

对 Wigley 单体船与片体间距比 $\lambda=0.2$ 的 Wigley 双体船在 Froud 数为 0.25～0.4kn 的航速范围进行静水阻力数值模拟，以验证数值方法的正确性。采用商用软件 STAR CCM+

对计算域进行离散，采用非结构化网格进行网格划分。在片体周围、自由液面等流动较为复杂的部分，为更好地捕捉流动特征，采取适当的加密。总阻力系数 Ct 计算结果如表 2 所示，与文献 1 中的实验结果吻合较好。

表 2 Wigley 船型计算结果

模型	Fr	Ct_CFD×10^3	Ct_EFD×10^3	Ct_Error
	0.25	5.30	5.50	-3.60%
Wigley 单体船	0.30	5.75	5.80	-0.92%
	0.40	6.28	6.50	-3.39%
	0.25	5.70	5.90	-3.38%
Wigley 双体船	0.27	5.64	5.75	-1.91%
	0.30	6.09	6.25	-2.60%

4.2 双体客船船模计算

双体客船船模在尾轴处曲率变化较大，其前倾型艏与来流间的作用相较于 Wigley 船的直立型艏也有所不同。因此，在 4.1 中网格划分策略的基础上，在船首与船尾附近进一步加密，并进行网格独立性分析。当网格数超过 200 万后，各阻力成分基本不随网格数发生变化。因此，在后续计算中，采用 230 万～290 万网格进行计算。

对片体间距比λ分别为 0.2-0.8 的双体船进行了数值模拟，λ=0.2,0.4,0.6,0.8 时的波形如图 2 所示，总阻力系数 Ct 随λ的变化如图 3 所示。可以看出，λ在 0.3 附近时，总阻力值较大，建议将片体间距比取在 0.2 附近。

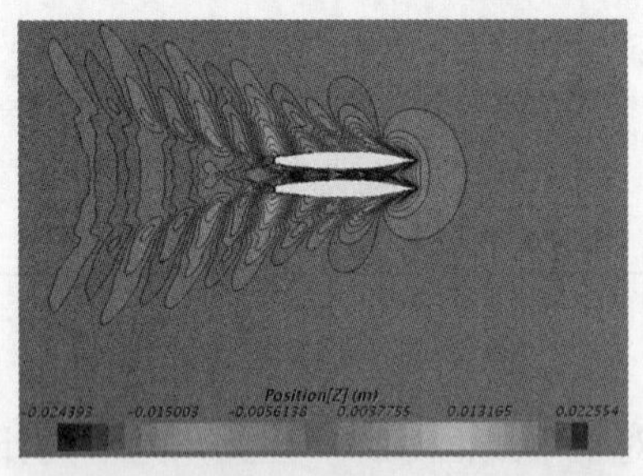

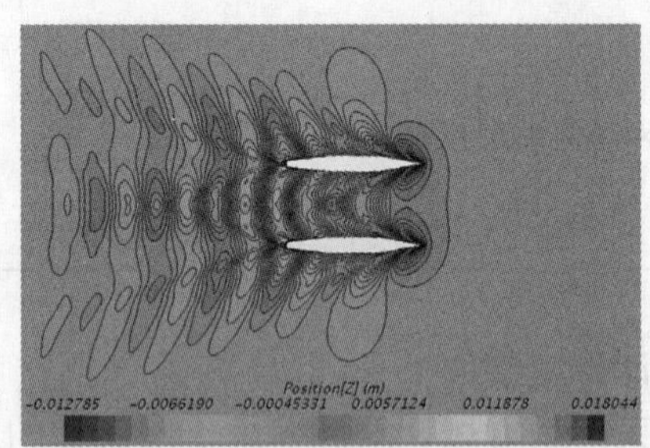

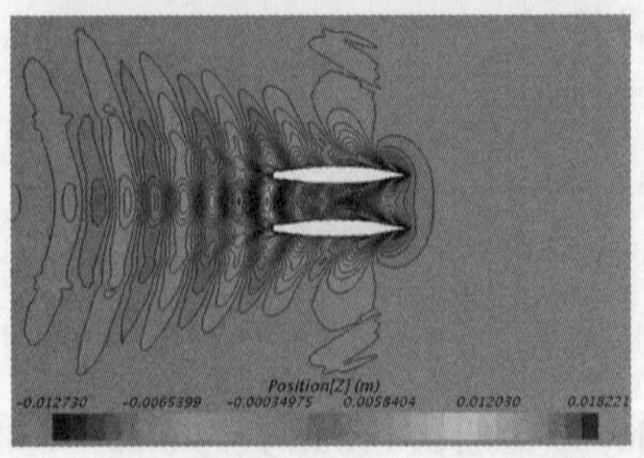

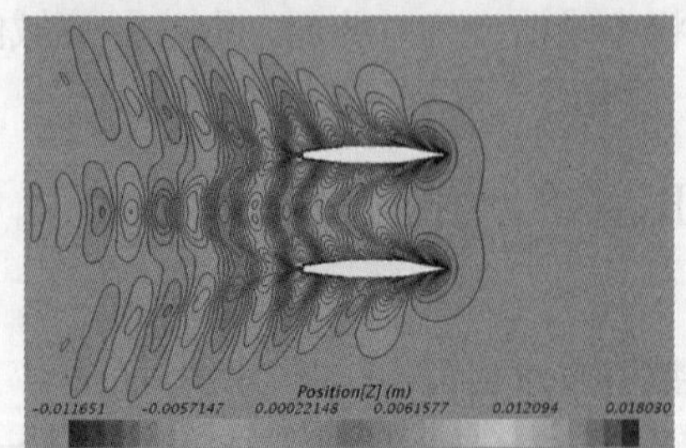

图 2 Fr=0.2（左上）,0.4（左下）,0.6（右上）,0.8（右下）时的波形

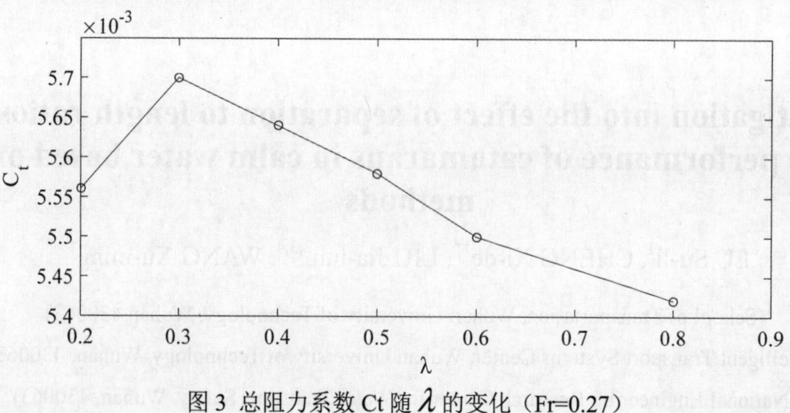

图 3 总阻力系数 Ct 随 λ 的变化（Fr=0.27）

5 结论

本研究在对 Wigley 单体与双体船型进行数值模拟的基础上，基于 RANS 方法对一艘双体客船设计航速下不同片体间距比时的静水阻力性能进行了计算，结合实际确定了最佳片体间距比的范围。后续将针对不同航速进一步探讨片体间距比的影响，为双体船的设计提供指导。

参考文献

1 Insel, Mustafa & Molland, A.F.. (1992). An investigation into the resistance components of high speed displacement catamarans. Trans. RINA. 134. 1-20.

2 Souto-Iglesias A , David Fernández-Gutiérrez, Luis Pérez-Rojas. Experimental assessment of interference resistance for a Series 60 catamaran in free and fixed trim-sinkage conditions[J]. Ocean Engineering, 2012, 53(none):38-47.

3 Insel, M., Molland, A. F., & Wellicome, J. F. (1970). Wave resistance prediction of a catamaran by linearised theory. WIT Transactions on The Built Environment, 5.

4 Zhang, C., He, J., Ma, C., Francis, N., Wan, D., Huang, F., & Yang, C. (2015, July). Validation of the Neumann-Michell theory for two catamarans. In The Twenty-fifth International Ocean and Polar Engineering Conference. International Society of Offshore and Polar Engineers.

5 Broglia, R., Zaghi, S., & Di Mascio, A. (2011). Numerical simulation of interference effects for a high-speed catamaran. Journal of marine science and technology, 16(3), 254-269.

6 Farkas, A., Degiuli, N., & Martić, I. (2017). Numerical investigation into the interaction of resistance

components for a series 60 catamaran. Ocean Engineering, 146, 151-169.

Investigation into the effect of separation to length ratios on resistance performance of catamarans in calm water based on RANS methods

LU Su-li[1], CHENG Xi-de[1*], LIU Jia-lun[2,3,4], WANG Xu-ming[1]

[1](School of Transportation, Wuhan University of Technology, Wuhan 430063)

[2](Intelligent Transport Systems Center, Wuhan University of Technology, Wuhan, 430063)

[3](National Engineering Research Center for Water Transport Safety, Wuhan, 430063)

[4](State Key Laboratory of Ocean Engineering, Shanghai Jiao Tong University, Shanghai, 200240)

Abstract: Catamarans are widely used because of their excellent performance with respect to speed and resistance, sea-keeping and manoeuvrability. Among various parameters influencing the design of catamarans, the effects of separation to length ratios are of vital importance. With separation to length ratios changing, values of interference forces and their effects vary, contributing to the difference of the total resistance of the catamaran and double resistance of the monohull, the interference resistance, changing as well. In order to investigate the change rules of the interference resistance with separation to length ratios, depending on related theories of Computational Fluid Dynamics, RANS (Reynolds Averaged Navier-Stokes) based methods are applied. Firstly, numerical calculations of Wigley hull on monohull and catamaran configurations are performed, and the results are compared with experimental data to validate applied numerical methods. After that, the resistance forecast in calm water on passenger catamarans with different separation to length ratios of design speed are performed. The results of investigations above indicate that with the change of separation to length ratios, due to viscous interference and wave interference, there are optimal ratios that make the total resistance relatively small. Based on RANS methods, the range of such ratios can be obtained, which may provide guidance for catamaran design.

Key words: RANS; Catamarans; Separation to length ratios; Resistance performance.

压浪板与阻流板对M型滑行艇迎浪运动的影响

曹亚龙，易文海，高志亮

武汉理工大学交通学院武汉 430063

摘要：船舶加装水动力附体以获得更优的快速性与耐波性是水动力学研究的热门方向。针对迎浪状态下M型滑行艇的减阻及减摇问题，提出了附加压浪板及阻流板的两种方案，采用基于黏流理论的CFD仿真软件STAR-CCM+，通过数值模拟方法研究了压浪板及阻流板对波浪增阻、纵摇及升沉幅度、航行姿态及垂向加速度的影响。结果显示，参数适宜的压浪板对阻力及纵摇和升沉幅值均有改善作用；位置合适的阻流板在不显著影响阻力性能的情况下可以改善航行姿态；对于垂向加速度，压浪板和阻流板均有减缓作用。与此同时，对压浪板与阻流板的水动力机理给出了合理的解释。

关键词：M型滑行艇；压浪板；阻流板；CFD；迎浪运动

1 引言

小型艇在高海况环境下的耐波性问题一直没有得到很好的解决[1]。国内外关于耐波性研究的热点集中在如何减小横摇上，为此发展出了舭龙骨、减摇鳍、减摇水舱等在实船上取得良好效果的减横摇措施，但关于如何减小纵摇和升沉运动（统称纵向运动）的研究却比较少见，专为减纵摇的半潜艏、T型翼、艏鳍等附体在实船上的应用还不常见。虽然船舶的纵向运动阻尼相对横摇运动阻尼来说很大，一般认为船舶的纵摇不会很严重，但对于小型艇，特别是小型的动力增升艇，在高海况环境中的纵向复原力矩未必很大，纵摇问题便成为制约小型艇性能发挥的突出问题。如何在不显著牺牲其他性能的情况下，减少小型艇的纵向运动量，是船舶界普遍关注的重要问题[2]。

M型滑行艇是近十几年来出现的新型动力增升艇，它本身就拥有着优良的快速性与耐波性[3]，在小型艇领域具有十分广阔的推广前景。M型滑行艇的纵向运动区别于其他滑行艇的最大不同在于升力涵道的设计，位于船舶中体两侧的升力涵道可以吸收波浪能量最大的船艏兴波，将之转化为船体动升力，与此同时压缩外界的空气进入升力涵道，在船底形成复杂的液—气两相混合流动，既通过减小湿表面积而减小了摩擦阻力，也通过泡沫水流的垫升作用减缓了船舶迎浪下的纵摇。在本身就具备较优纵摇特性的M型滑行艇之上，探讨通过增设水动力附体进一步减摇的可行性，在挖掘船型潜力的角度具有工程实践意义。

压浪板与阻流板是较为常见的改善船舶性能的水动力附属装置。压浪板的历史较早，可追溯到20世纪80年代，阻流板的历史较迟，发源于90年代末[4]。国内外对于这两者的研究都是工程实践先于理论解释，在广泛的实践中证明压浪板与阻流板的确对很多船型的阻力、耐波等性能都有改善[5-8]，排水型船舶、动力增升船舶等均有附加这两种附体的实际应用；但是对于压浪板与阻流板的研究却仍显不足，目前主要通过模型试验与数值计算的方法进行研究，尚无统一的理论进行全面概括，不同学者的研究在解释水动力机理方面有相互矛盾的地方。

本文基于计算流体动力学（CFD，computational fluid mechanics）软件 STAR-CCM+，首先对M型滑行艇光体情况下的迎浪运动进行数值模拟，与模型试验结果进行了对比验证。然后设计了一系列不同参数的压浪板与阻流板，使用相同的数值模拟方法，分别对比分析了附加这两种水动力附体后M型滑行艇在波浪中的阻力、纵摇与升沉幅值、航行姿态、垂向加速度等的变化，验证了压浪板与阻流板对M型滑行艇上述性能的改善效果，并得到了合适的参数。在此基础上，分析了压浪板与阻流板对M型滑行艇迎浪运动的影响，探讨了背后的水动力机理。

2 研究对象与计算模型

2.1 研究对象

研究对象为某M型滑行艇船模，该艇模型的主尺度见表1所示，在没有附加任何水动力附体的情况下，该艇的光体外观见图1。在物理水池中针对该M型滑行艇，在不同参数的规则波下进行了拖曳试验，测得了不同航速下的阻力、纵摇与升沉的时历数据。

表1　M型滑行艇的主尺度

船长（m）	吃水（m）	排水量（kg）
2.5	0.168	136.66

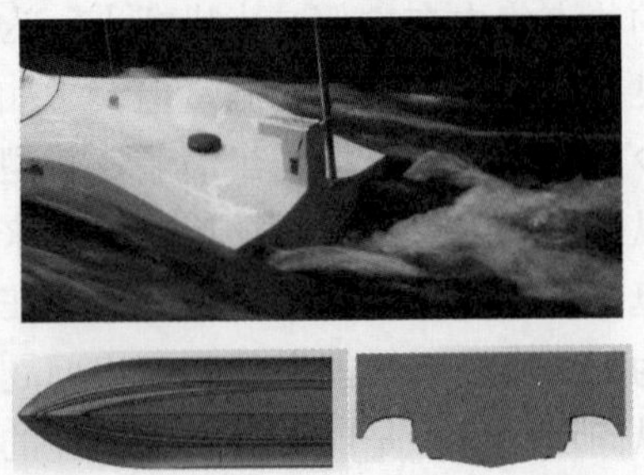

图1　M型滑行艇光体的外观示意

2.2 计算模型

2.2.1 数值方法

采用商业CFD软件STAR-CCM+，对M型滑行艇船模在设计工况下的纵向运动进行模拟计算。计算模型采用基于求解雷诺平均纳维-斯托克斯（RANS）方程的方法，选择SST k-w 湍流模型，建立数值波浪水池，用流体体积法（VOF）进行自由液面的捕捉。利用SIMPLEC压力修正算法对速度和压力场进行耦合，采用二阶隐式时间离散格式对瞬态项进行离散。

2.2.2 计算域与边界条件

由于流场关于船体中纵剖面对称，故只取一半计算域进行计算（即左舷）。进流边界采用速度进口条件，距船 3 倍波长（λ）；出流边界采用压力出口条件，距船 8λ；计算域上下表面采用壁面边界条件，分别距船 0.8 倍船长（L）和 2 倍船长；计算域左右边界采用对称平面条件，其中左边界距船 1.4L。计算域与边界条件如图 2 所示。

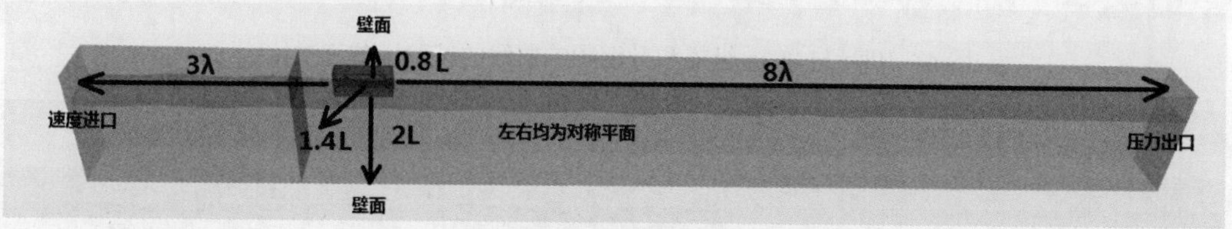

图 2 计算域与边界条件

为了消除计算域进口到船之间波浪的二次反射，在造波区域中设置了 2λ 的附加力源区；同时为了消除计算域出口的波浪反射，在压力出口前设置了 6λ 的阻尼区。

2.2.3 计算网格

计算采用动态重叠网格技术，应用 STAR-CCM+的 DFBI 六自由度运动模块，进行了 M 型滑行艇迎浪运动的模拟。船体表面的边界层采用棱柱层网格，由于边界层网格的大小对湍流精度影响很大，综合考虑计算成本与精度之间的取舍，将棱柱层网格定为 5 层，Y+值控制在 150 以下。计算域的其余网格采用切割体网格进行划分（图 3）。在重叠网格区域及四周进行网格加密，以满足重叠网格的插值精度要求；在远离重叠网格的区域，流场网格的尺寸逐渐增大；此外，在自由液面附近同样进行网格加密，以获得更精确的水动力结果。网格总数控制在 200 万以内。

图 3 网格划分

2.3 计算模型验证

对该艇开展 CFD 数值仿真，将计算得到的船体纵摇频响、升沉频响、阻力平均值与试验结果进行比较，两者吻合较好（图 4 和图 5）。可以看到，在体积佛汝德数为 1.366，对应航速为 10kn 的低速段，数值仿真的结果与试验值相比最大误差在 7%以内，而在体积佛汝德数为 2.737，对应航速为 20kn 的高速段，数值仿真的结果与试验值相比偏小 20%左右。这与其他文献中报道的滑行艇阻力 CFD 预报精度相符[9-10]。

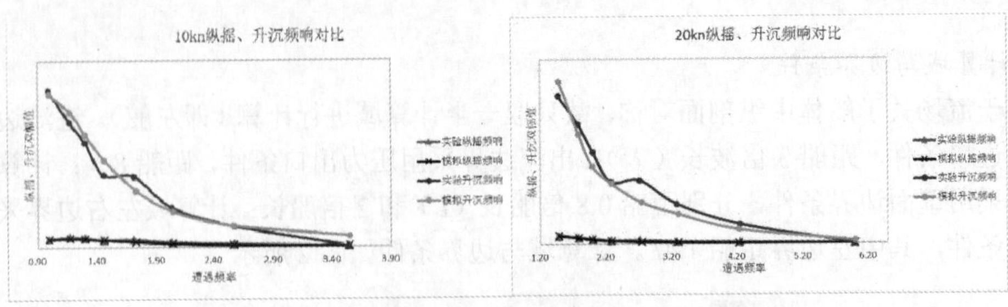

图 4　10kn 与 20kn 纵摇和升沉频响曲线的试验、仿真对比

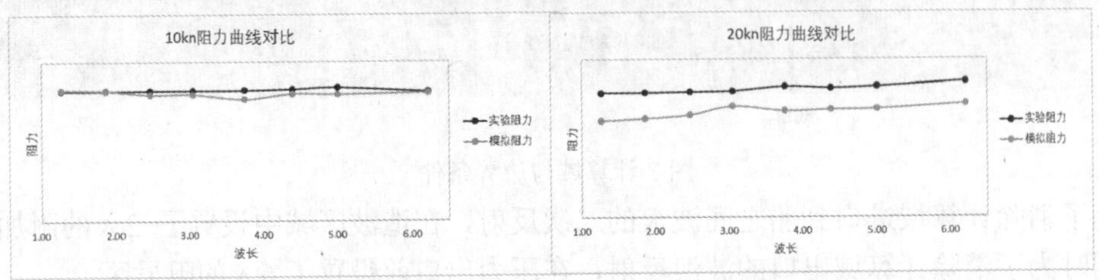

图 5　10kn 与 20kn 阻力曲线的试验、仿真对比

3　水动力附体设计

选取高速段波高、波长最大的工况为研究工况，在此基础上进行附加压浪板与阻流板的研究。由于在该工况下 M 型滑行艇的纵向运动频响最大，所以该工况下的减摇减阻更有意义。该研究工况如表 2 所示。

表 2　研究工况

	波高	波长	试验纵摇	试验升沉	模拟纵摇	模拟升沉
单位	（mm）	（m）	（°）	（mm）	（°）	（mm）
数据	124	6.21	7.94	143.162	8.306	152.8

M 型滑行艇的压浪板改变参数只考虑了长度 L 与安装角 α，其宽度覆盖了整个船底滑行面，厚度为 5mm,形状为普通矩形平板。其外形示意如图 6 所示，参数控制如表 3 所示。

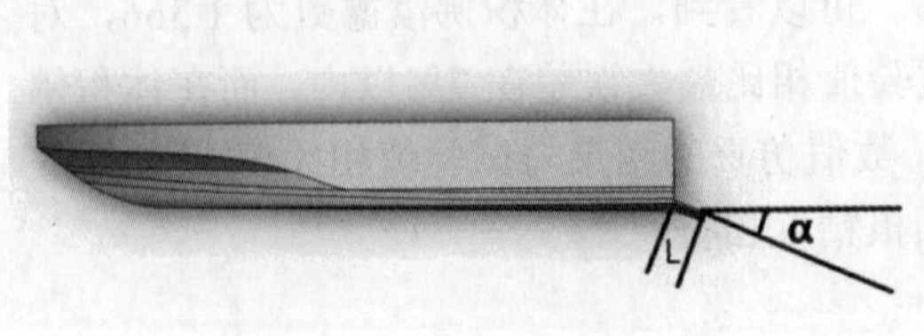

图 6 压浪板外形示意

表 3　压浪板的参数设置

L (mm)	α (°)
	0
	5
25/50/125	10
	15
	20

阻流板为垂直向下延伸的一块矩形平板，厚度为5mm。在艉封板处，改变的参数为阻流板的高度 H；之后选取一固定高度 H 的阻流板，控制其在船底的安装位置（距艉封板的距离为 x）进行研究。阻流板的外形示意如图7所示，参数控制如表4所示。

先前光体的仿真模拟已经验证了模拟计算方案的可行性，光体附加了压浪板与阻流板后，模拟计算不改动其他设置，仅导入修改后的船体模型，在压浪板与阻流板处进行网格加密，用同样的计算方案分别进行仿真计算。

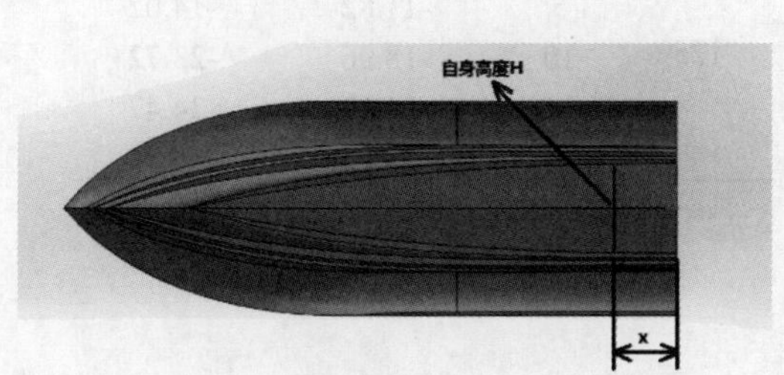

图7 阻流板外形示意

表4 阻流板参数设置

单位	x (mm)	H (mm)
只改变 H	0	5 10 15
只改变 x	25 50 100 125 250	10

4 计算结果分析

4.1 压浪板

4.1.1 纵摇与升沉量

模拟结果显示，不同长度 L 与安装角 α 的压浪板可以有效减小M型滑行艇迎浪运动中的纵摇与升沉幅值。在计算选取的参数内，随着 L 和 α 的增大，减小纵摇和升沉幅值的效果越来越好，但也需注意到，在 L 与 α 较小的情况下，纵摇幅值与升沉幅值产生了微弱的增加。计算结果如图8所示，减少的百分比如表5所示。

可以发现，若要达到相同的减缓纵摇与升沉幅值的效果，L 更大的压浪板所需的 α 越小；也即相同 α 的压浪板中，L 越大者效果越好。压浪板的设置改变了船底压力分布，将水动力作用中心前移（图9），缩小了水动力作用中心与船体重心之间的力臂长度，相当于减小了由波浪导致的浮力变化产生的水动力扰动，由此提高了M型滑行艇的耐波性。

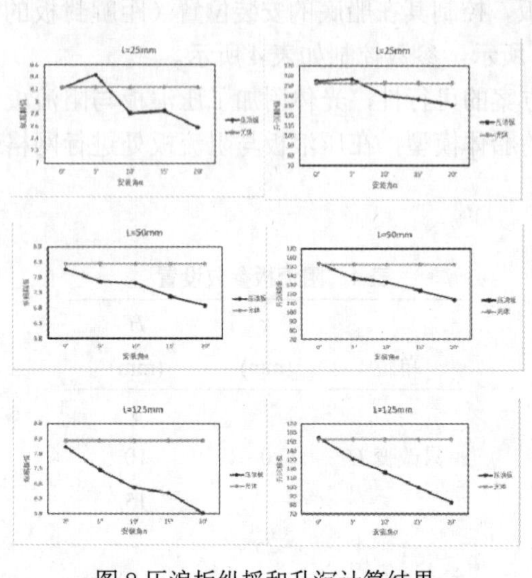

图 8 压浪板纵摇和升沉计算结果

表 5　纵摇和升沉减少的百分比

L (mm)	α (°)	纵摇减少 (%)	升沉减少 (%)
25	0	-0.11	1.11
	5	2.44	2.49
	10	-5.14	-8.32
	15	-4.64	-10.81
	20	-7.99	-14.35
50	0	-2.11	0.59
	5	-7.04	-9.83
	10	-7.60	-12.65
	15	-12.78	-18.81
	20	-16.47	-25.36
125	0	-2.53	1.38
	5	-11.82	-14.02
	10	-18.96	-23.72
	15	-21.13	-34.47
	20	-29.22	-45.74

图 9　*L*=50㎜ 的压浪板的水动力作用中心随 α 的增大而前移

4.1.2 阻力性能

对于相同 L 的压浪板，随着 α 的增加，总阻力呈现出先减少后增加的特点。也即存在某一安装角 α_0 使得总阻力最小，换言之压浪板确实可以减少 M 型滑行艇在波浪中的阻力。阻力减小的百分比如表 6 所示。

可以发现，随着 *L* 的增加，最佳安装角 α_0 变小。当 *L* 和 *α* 都较大时，阻力恶化很快，此时附加压浪板得不偿失。为了探讨阻力变化的机理，将总阻力分为剩余阻力（兴波阻力+黏压阻力）和摩擦阻力分别研究。结果如图 10 所示，变化的百分比如表 7 所示。

表 6 各压浪板总阻力减小的百分比

L（mm）	α（°）	总阻力减少幅度（N）	百分比（%）
25	0	-0.96	-0.90
	5	-2.43	-2.29
	10	-2.70	-2.55
	15	-0.94	-0.88
	20	1.15	1.08
50	0	-0.22	-0.21
	5	-2.70	-2.55
	10	-0.48	-0.45
	15	4.49	4.24
	20	12.50	11.80
125	0	-0.46	-0.44
	5	-0.80	-0.75
	10	8.86	8.36
	15	25.23	23.82
	20	51.17	48.31

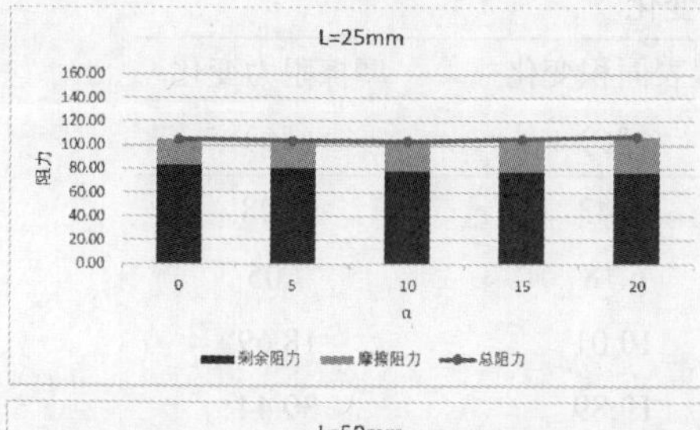

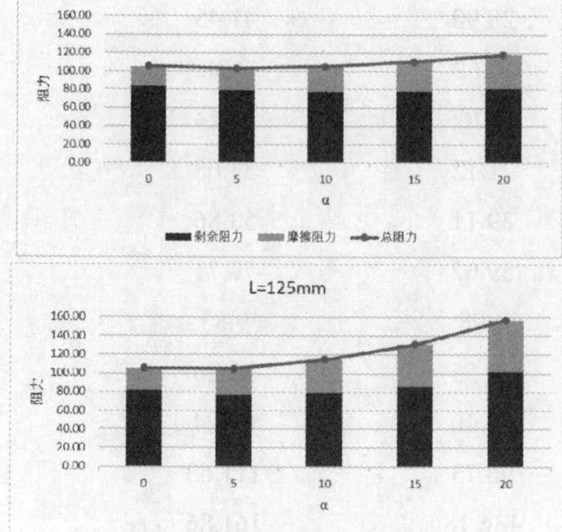

图 10 阻力成分的变化

表 7 阻力成分变化的百分比

L（mm）	α（°）	剩余阻力（%）	摩擦阻力（%）
25	0	-0.81	-1.08
	5	-4.58	7.05
	10	-7.61	18.69
	15	-8.47	30.44
	20	-8.78	41.45
50	0	-1.05	3.28
	5	-6.74	15.24
	10	-8.60	33.08
	15	-7.77	53.86
	20	-4.45	77.71
125	0	-3.04	9.83
	5	-9.02	33.26
	10	-6.56	68.94
	15	2.09	111.63
	20	20.18	161.86

结果表明剩余阻力整体上是减小的，随着 α 的增大，减小趋势减弱；在 L 较大的情况下，剩余阻力出现了增加。而摩擦阻力基本随着 L 与 α 的增大而不断增加，没有减小的趋势。由此可见，压浪板减阻主要是由于减小了剩余阻力，压浪板反而会增加摩擦阻力。由于剩余阻力占比较大，所以在整体上呈现出了阻力减少的效果；但是压浪板减阻效果不大，本文计算中不超过 3%。

剩余阻力的大小可以简单用 M 型滑行艇的兴波情况进行反映。如图 11 所示，为某一相同时刻压浪板 L=50mm，α 从 5° 增加到 20° 的 M 型滑行艇的兴波情况，可见最大兴波高度与剩余阻力大小的变化情况相一致。

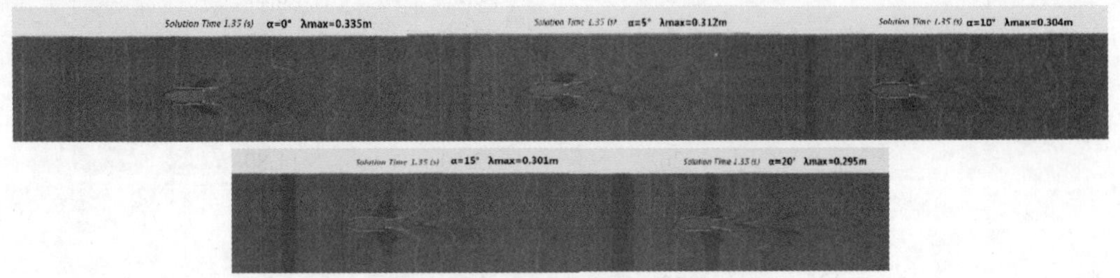

图 11 随着 α 的增加，最大兴波高度依次减小

摩擦阻力的大小可以由湿表面积的大小来反映。如表 8 所示，湿表面积的大小与摩擦阻力的大小变化趋势相一致，压浪板增加了湿表面积。

表 8 湿表面积的变化

L（mm）	α（°）	湿表面积（m^2）	湿表面积变化（%）	摩擦阻力变化（%）
25	0	0.46	-0.43	-1.08
	5	0.49	6.18	7.05
	10	0.51	10.01	18.69
	15	0.55	19.89	30.44
	20	0.59	28.90	41.45
50	0	0.46	-0.62	3.28
	5	0.49	7.26	15.24
	10	0.56	21.12	33.08
	15	0.64	39.11	53.86
	20	0.74	59.62	77.71
125	0	0.48	3.98	9.83
	5	0.56	20.55	33.26
	10	0.69	50.40	68.94
	15	0.88	90.73	111.63
	20	1.09	136.18	161.86

4.1.3 航行姿态

当水流流过压浪板时，由于压浪板的阻碍作用，产生了一个附加力矩 M，力矩 M 的存在改变了船舶的航行姿态，使得纵倾角减小。原理如图 12 所示。

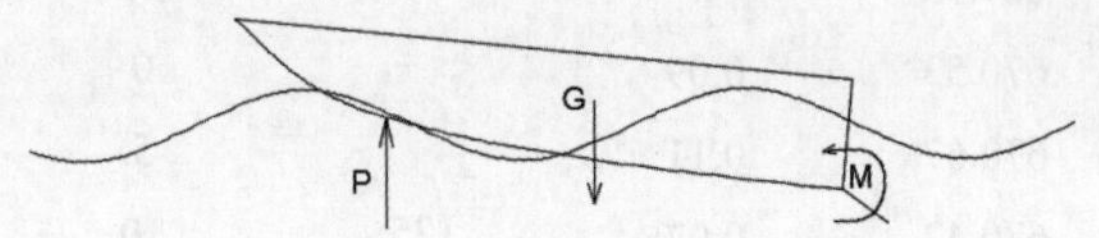

图 12 压浪板产生的附加力矩阻碍了艇体上抬

计算结果同样验证了这一点，表 9 给出纵摇均值与升沉均值的模拟结果。需注明的是，这两者均为曲线离散后求取算术平均的统计值。

可见纵摇的均值与升沉的均值随着压浪板 L 和 α 的增加而不断减小。特别是纵摇的均值在 L 和 α 很大的情况下减少幅度超过 100%，也即出现了首倾，这对于 M 型滑行艇的设计来说是不利的，会导致埋首，发生危险。

表 9 纵摇均值与升沉均值

L (mm)	α (°)	纵摇均值 (°)	升沉均值 (mm)
25	0	-4.688	111.9
	5	-4.095	110.8
	10	-4.097	101.8
	15	-3.508	96.8
	20	-2.982	90.6
50	0	-4.64	108.6
	5	-4.357	104.6
	10	-3.414	94.8
	15	-2.525	85.2
	20	-1.689	76.7
125	0	-4.375	105.5
	5	-3.645	95.6
	10	-2.172	79.9
	15	-0.462	66.8
	20	1.178	55.2

为了说明 M 型滑行艇航行姿态的变化，以光体和附加了 L=50mm，α=10°压浪板的 M 型滑行艇为例，展示一个波浪周期内 M 型滑行艇在最大抬升处的运动情况，如图 13 所示。可见压浪板使得纵倾角更小，纵向运动更为和缓。

图 13 压浪板减小了艇体上抬

压浪板除了产生附加力矩 M，可能还会增加全船的升力，进而影响全船航行姿态，因此对全船的升力进行了监测（表 10）。

表 10　升力的变化

L（mm）	α（°）	升力（N）	百分比（%）
光体		669.95	/
25	0	670.53	0.09
	5	670.67	0.11
	10	670.42	0.07
	15	670.43	0.07
	20	670.32	0.05
50	0	670.17	0.03
	5	670.27	0.05
	10	671.73	0.26
	15	670.34	0.06
	20	670.35	0.06
125	0	670.23	0.04
	5	670.30	0.05
	10	669.97	0.00
	15	669.75	-0.03
	20	670.20	0.04

结果显示升力有很微弱的增加，基本可以认为全船升力没有发生改变，也即航行姿态是由压浪板的附加力矩产生的。

4.1.4 垂向加速度

M 型滑行艇的垂向加速度与耐波性息息相关，垂向加速度越大，适航性越差，尤其是当向下的垂向加速度达到 1 个重力加速度时，全船便处于自由跌落状态，发生运动失稳。M 型滑行艇附加压浪板后，可以减小向上和向下的垂向加速度，但对向下的垂向加速度减小得不多。计算结果如图 14 所示。

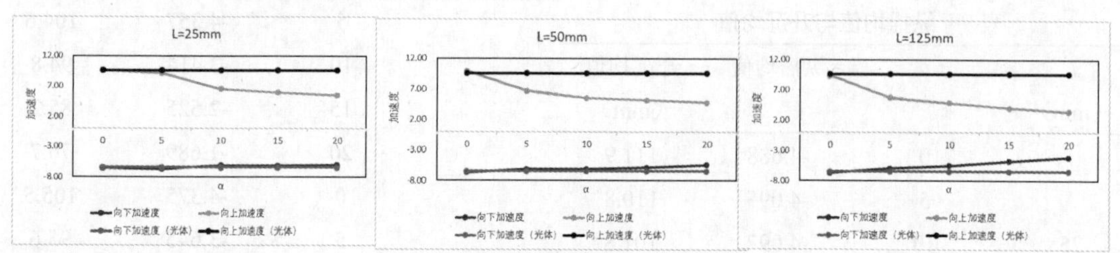

图 14　垂向加速度的变化

4.1.5 小结

综上所述，参数适宜的压浪板可以在阻力、耐波性能上都产生有利的改变。压浪板减阻的途径是减小了剩余阻力，对于摩擦阻力反而会增加。压浪板并未增加船体的升力，压浪板的附加力矩 M 减小了航行时的纵摇角，使得纵向运动更和缓，这也是增加了湿表面积的原因所在。同时，压浪板可以使水动力中心前移，缩短了力臂长度，减小了波浪扰动，进而提高了耐波性。计算模型中，长度为 125mm，安装角为 5° 的压浪板综合效果最好，减小纵摇 12%，减小升沉 15%，减小阻力 1%。

4.2 艉封板位置处的阻流板

安装位置均在艉封板处（x=0），控制参数为阻流板的高度 H。

4.2.1 纵摇与升沉量

计算结果显示，艉封板位置处的阻流板同样可以减小纵摇与升沉幅值，且减小的程度相对于压浪板来说更为剧烈（表 11）。

表 11 x=0 处的阻流板的纵摇和升沉结果

H (mm)	纵摇减少幅度 (°)	百分比 (%)	升沉减少幅度 (mm)	百分比 (%)
5	-0.021	-0.26	-15.1	-9.90
10	-0.762	-9.26	-31.2	-20.45
15	-0.901	-10.94	-44	-28.83

可见，随着 H 的增大，位于艉封板处的阻流板减摇效果趋势变缓，也即阻流板减摇效果随 H 的变化很敏感，较小的 H 即可产生很大的减摇效果，H 增加后，减摇的程度反而下降。

M 型滑行艇加装阻流板之后的水动力中心很难捕捉到，但可观察到在阻流板处的局部产生了高压区（图 15）。这样在也产生了类似于水动力中心前移的效果，原理与压浪板类似。

4.2.2 阻力性能

位于艉封板处的阻流板均使阻力产生了恶化效果，且随着 H 的增大，阻力恶化的程度越严重。对其进行阻力成分分析，发现在 H 较小时，剩余阻力相对光体是减小的，但随着 H 增大，剩余阻力很快增加；而摩擦阻力一直增加，H 越大增加越多（图 16）。

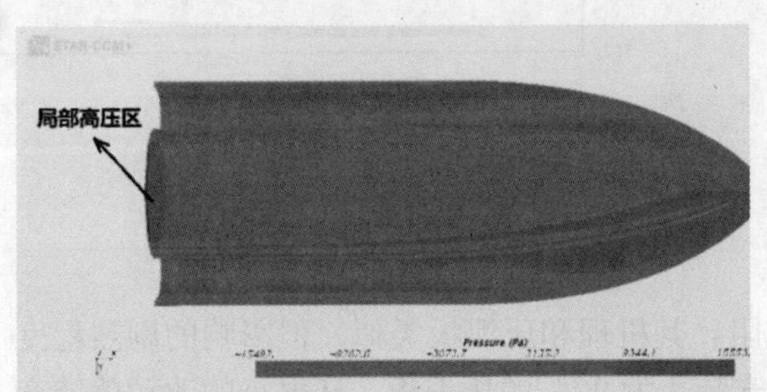

图 15 阻流板处产生高压区

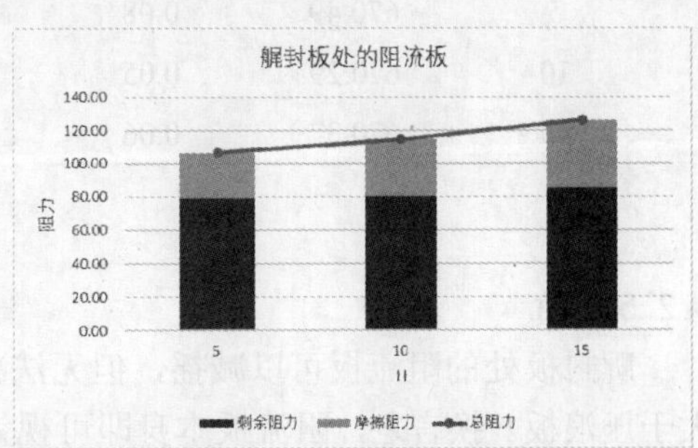

图 16 x=0 处阻流板的阻力成分

但在相同时刻监测船舶最大兴波高度，发现随着 H 的增加，兴波高度却在减小。由此得出剩余阻力的恶化是由黏压阻力的增加而引起的结论。船体湿表面积如表 12 所示，可见摩擦阻力和湿表面积的增加趋势一致。

4.2.3 航行姿态

由于阻流板是垂直于水流的一块平板，对水的阻碍作用比压浪板更强，因而产生的附加力矩 M 更大，对船舶姿态的调整作用更明显。如表 13 所示，阻流板减小了纵摇均值与升沉均值，H 越大，纵摇均值与升沉均值越小。

表 12 湿表面积的变化

H (mm)	湿表面积 (m^2)	百分比 (%)	摩擦阻力变化 (%)
5	0.56	22.22	30.98
10	0.68	46.76	60.59
15	0.81	76.49	93.43

表 13 x=0 处的阻流板对航行姿态的改变

H (mm)	纵摇均值 (°)	升沉均值 (mm)
5	-3.347	96.5
10	-1.924	81.8
15	-0.69	71.9

同样监测 M 型滑行艇附加阻流板后船底升力的变化，如表 14 所示。可见升力有微弱增加，基本可视为无变化。

4.2.4 垂向加速度

艉封板处的阻流板可减小向上和向下的垂向加速度，H 越大效果越好，向上的垂向加速度的减小效果比向下的垂向加速度的减小效果好（图 17）。

表 14 船底升力变化

H (mm)	升力 (N)	百分比 (%)
5	670.49	0.08
10	670.29	0.05
15	670.37	0.06

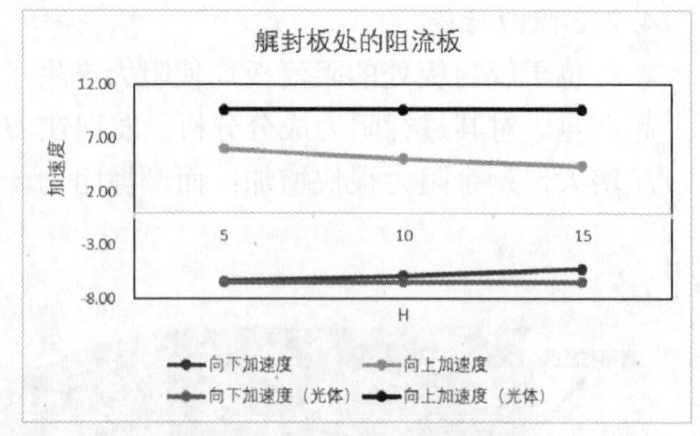

图 17 垂向加速度变化

4.2.5 小结

艉封板处的阻流板可以减摇，但无法减阻。其机理和压浪板类似，但影响的剧烈程度大于压浪板。换言之，阻流板本身即可视为安装角为 90° 的压浪板，H 很小的改动就能产生和压浪板 L 和 α 变化很大相同的效果。但牺牲阻力是安装在艉封板处的阻流板的缺点，如何进一步实现阻流板对 M 型滑行艇迎浪运动的减阻，是需要考虑的新问题。

4.3 安装在船底的阻流板

为了探索阻流板减阻的可行性，不将阻流板安装在艉封板处，而是前移到船底滑行面处，以距艉封板的距离 x 为变化参量进行研究。此时固定了阻流板的高度 H=10mm。

4.3.1 阻力性能

以 x 为变量的阻流板在阻力方面发生了很有趣的现象，随着 x 的增加，阻流板越远离船尾，M 型滑行艇的总阻力呈现出先减小后增大的现象（图 18）。

对其阻力成分进行分析，发现剩余阻力在 x 较小的时候相对光体是下降的，随着 x 的增加，剩余阻力缓慢增加，在 x 很大时，剩余阻力剧烈增加，相对光体增加很多；而摩擦阻力相对光体来说虽然是增加的，但随着 x 的增加却在不断下降，在 x 很大时，摩擦阻力相对光体出现了下降。结果如图 19 所示，变化的百分比如表 15 所示。

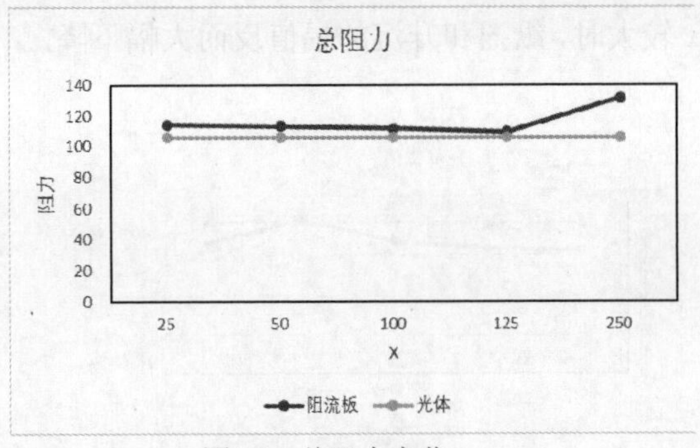

图 18　总阻力变化

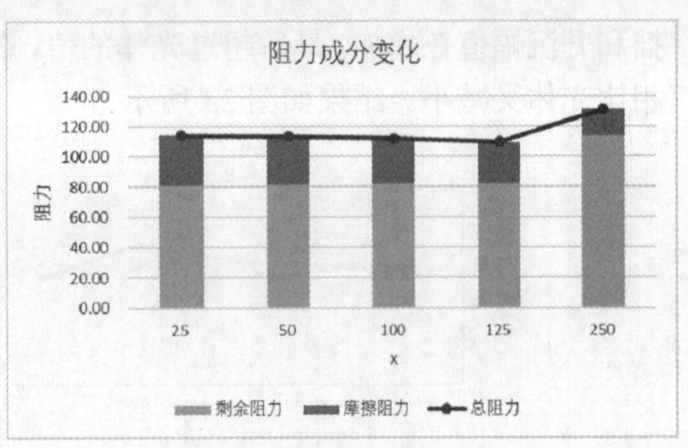

图 19 阻力成分变化

表 15　阻力成分变化的百分比

x（mm）	剩余阻力（%）	摩擦阻力（%）
25	-4.33	56.60
50	-3.99	52.22
100	-3.23	41.97
125	-3.17	31.36
250	34.45	-16.12

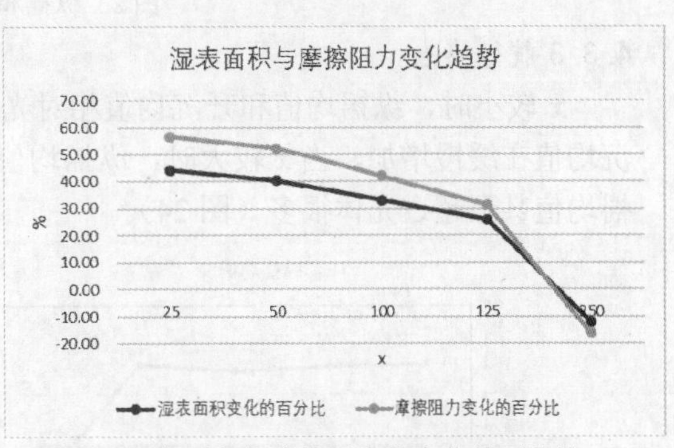

图 20　湿表面积与摩擦阻力的变化的百分比

与压浪板和艉封板处的阻流板相似，兴波情况同样验证了剩余阻力的变化情况。而湿表面积的变化趋势也验证了摩擦阻力的变化趋势（图 20）。

$x\neq0$ 处的阻流板后发现产生了空气层（图 21）。空气层在整个波浪周期都存在，这是湿表面积减小的原因。但是当 x 很大的情况下空气层反而消失（图 22）。此时的湿表面积减少是由下文所述的航行姿态变化所致。

图 21 阻流板后出现空气层

图 22 x 较大时空气层消失

将阻流板前移，虽然总阻力减小后相对于光体依旧是增加的，但如若在进一步考虑改变 H 的基础上，合理控制阻流板的 x 和 H，是否会使总阻力下降是个需要进一步探讨的问题，本文未进行深入研究。

4.3.2 纵摇和升沉量

计算结果显示，在 x 较小时，纵摇和升沉幅值相对光体均减小，但随着 x 的增加，纵摇和升沉幅值在增加，最后超过光体的值，在 x 较大时，纵摇和升沉的幅值反而大幅下降，相比光体又减小。结果如图 23 所示。

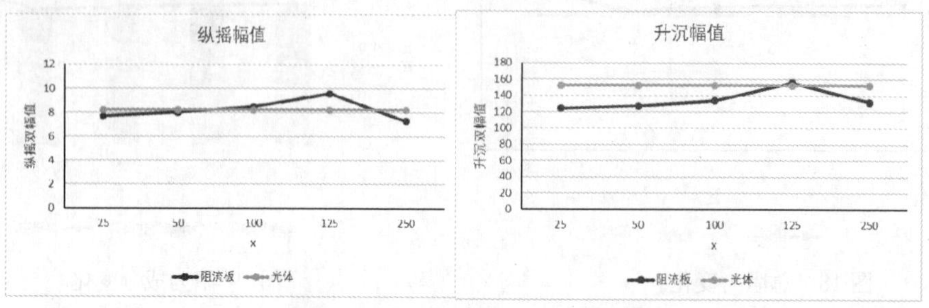

图 23 纵摇和升沉幅值的变化

4.3.3 航行姿态

x 较小时，纵摇均值和升沉均值相对光体下降很多，但随着 x 的增加，纵摇均值和升沉均值在缓慢增加，当 x 较大时，纵摇均值和升沉均值剧烈增长，升沉均值接近光体，纵摇均值甚至超过光体很多（图 24）。

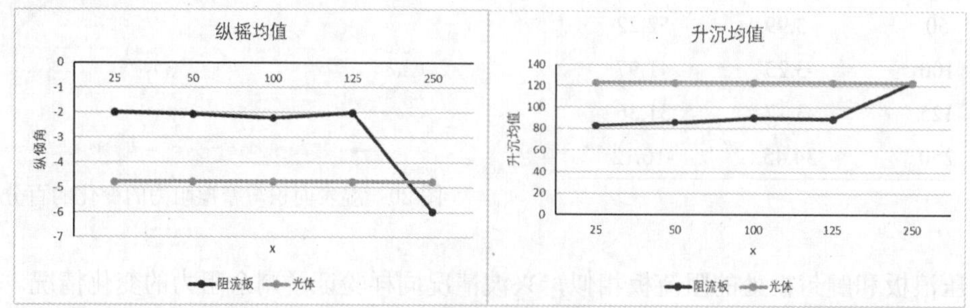

图 24 航行姿态变化

究其原因，M 型滑行艇在某一瞬时会绕着空间上的某一点 O 的轴线发生纵摇，O 称之为转动中心，O 点不与重心 G 点重合，位于船体靠后的部分。当遭遇波浪船体抬升时，位于 O 点后面的阻流板产生的附加力矩 M 阻碍了波浪扰动力矩，减小了纵倾角；而位于 O 点前面的阻流板产生的附加力矩 M 却增加了波浪扰动力矩，增大了纵倾角。原理如图 25 所示。

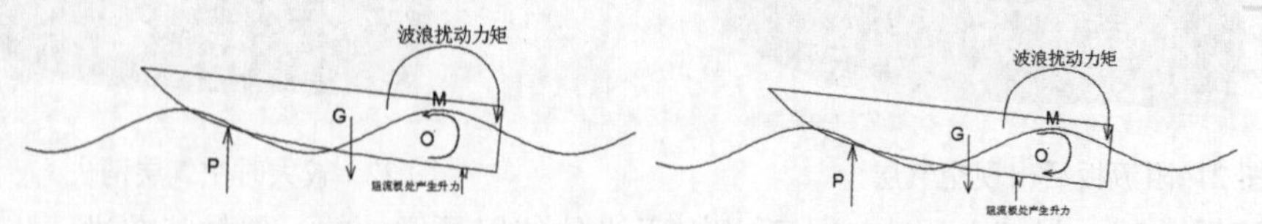

图 25 阻流板位置影响航行姿态的原理

由于 x 的增加，使得阻流板到 O 点的距离减小，阻流板的附加力矩也减小，这导致了纵摇均值和升沉均值的缓慢增加。而当 x 很大时，阻流板位置超过 O 点，使得纵摇均值相对光体增加，船体抬升更剧烈，导致前文 x 很大时船体湿表面积的减小。这也是导致前文所述 M 型滑行艇纵摇和升沉幅值随 x 变化的原因。

对 M 型滑行艇的升力进行监测（表 16），同样发现升力微弱增加，基本视为相对光体无变化。

表 16 升力变化

x（mm）	升力（N）	百分比（%）
25	670.34	0.06
50	670.37	0.06
100	670.47	0.08
125	670.38	0.06
250	670.22	0.04

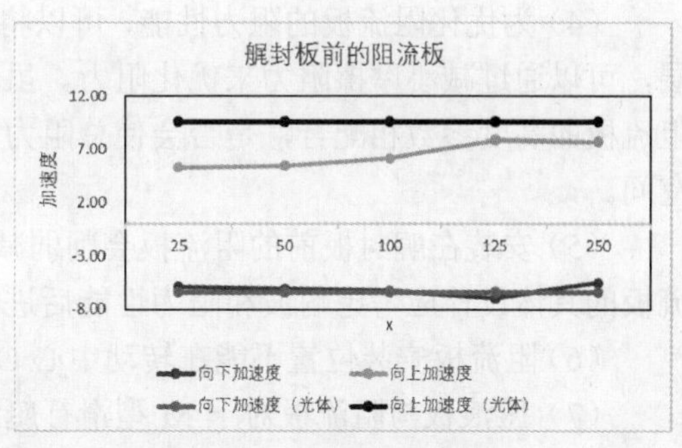

图 26　垂向加速度的变化

4.3.4 垂向加速度

结果如图 26 所示，随着 x 的增加，阻流板对垂向加速度的减小效果变弱，当 x 较大时，减小垂向加速度的效果又增加。

4.3.5 小结

阻流板的安装位置 x 变化时，发生了有趣的现象。当 x 在转动中心 O 之后时，阻流板后面产生空气层，通过减小湿表面积而减小了摩擦阻力，虽然最终的总阻力依旧比光体大，但若考虑此时变化 H，阻力能否减至光体之下值得进一步探究。但不幸的是 x 的增加使得减摇的效果却在下降，因此设计阻流板时必须综合考虑阻力和耐波两者的性能需求。与安装在艉封板位置的阻流板相比，前移的阻流板会改善阻力性能，降低一部分减摇性能（相对光体仍旧减摇），这在设计中值得参考借鉴。

当 x 在 O 点之前，虽然减摇效果会立刻变好，但姿态和阻力会急剧恶化，纵倾角增加得过大，因而不可行。

5 结论

本文基于 CFD 模拟方法，对 M 型滑行艇加装不同参数的压浪板与阻流板后的运动流场进行模拟计算，研究结论概括如下。

（1）压浪板和阻流板这两种水动力附体可显著影响 M 型滑行艇迎浪运动的阻力、耐波性能和航行姿态，在不改变船体线型的情况下，安装简单，成本低廉，对于性能优化有较大作用。

（2）压浪板在减小纵摇和升沉幅度、减小波浪中的阻力、改善航行姿态、减小垂向加速度方面均有改善作用。所有的计算模型均能减摇，且在某一长度 L 下，存在一最佳安装角 α_0（α_0<20°），使得阻力性能最好。L 越大，α_0 越小。使用该参数进行压浪板的设计

将取得最好的效果。

（3）阻流板对 M 型滑行艇迎浪运动的影响比压浪板更为剧烈，位于艉封板处的阻流板可以减摇，但无法减阻，会恶化阻力性能。

（4）为优化阻流板的阻力性能，可以将阻流板安装位置前移，此时阻流板后产生空气层，可以通过减小摩擦阻力来优化阻力。虽然本文的计算中总阻力依旧大于光体，但若与阻流板的高度参数相配合，是否会使总阻力比光体小还值得进一步研究，具有挖掘潜力的空间。

（5）安装在艉封板前的阻流板会削弱减摇的效果，但相比光体仍旧可以减摇。因而阻流板的具体设计应考虑耐波和阻力性能后进行综合选取。

（6）阻流板安装位置不能在转动中心 O 之前。此时虽能减摇，但阻力性能急剧恶化。

（7）压浪板与阻流板对于 M 型滑行艇迎浪运动的水动力机理相类似，均在于其产生的附加力矩改善了滑行艇的航行姿态后，滑行艇整体出现了一系列有利于阻力与耐波性能的变化所致。压浪板与阻流板可以在航行过程中使滑行艇维持较小的纵倾角，提升了阻力与耐波性能。

本研究是在光体 M 型滑行艇试验和数值模拟已经做完的基础上做的二次研究，目的是进一步挖掘 M 型滑行艇减摇减阻的空间。出于研究条件的限制，本文没有对附加压浪板和阻流板的 M 型滑行艇的迎浪运动进行试验，本文得到的结论还需要进一步验证。对于模拟中发现的阻流板后产生空气层的现象，下一步可以进行深入研究，讨论在 M 型滑行艇上设计断阶的可行性。

参 考 文 献

1 邱永吉. T 型翼和尾压浪板对深 V 船型减纵摇影响研究[D].哈尔滨工程大学,2018.

2 Dong Jin Kim,Sun Young Kim,Young Jun You,Key Pyo Rhee,Seong Hwan Kim,Yeon Gyu Kim. Design of high-speed planing hulls for the improvement of resistance and seakeeping performance[J]. International Journal of Naval Architecture and Ocean Engineering,2013,5(1).

3 黄武刚.M 型艇与槽道型艇的阻力和耐波性比较[J].船海工程,2015,44(1):56-59.

4 赵超. 阻流板和导流板对滑行艇阻力性能的影响研究[D].哈尔滨工程大学,2013.

5 董文才,姚朝帮.中高速深 V 型船阻力预报方法及尾板减阻机理[J].哈尔滨工程大学报,2011,32(7):848-852.

6 刘英和,吴启锐,许晟, 等.尾压浪板升力研究及其对 WPC 耐波性的影响[J].中国造船,2015,(2):56-63.

7 王许洁,孙树政,赵晓东, 等.加装艉板的深 V 单体复合船型水动力性能研究[J].哈尔滨工程大学学报,2012,33(1):15-19.

8 程明道,刘晓东,吴乘胜, 等.高速排水型舰船加装尾板的节能机理[J].船舶力学,2005,9(2):26-30.

9 De Marco, Agostino,Mancini, Simone,Miranda, Salvatore, et al.Experimental and numerical hydrodynamic analysis of a stepped planing hull[J].Applied Ocean Research,2017,64:135-154.

10 丁江明，江佳炳，秦江涛，等. 高速滑行艇阻力性能 RANS 计算中网格影响因素[J/OL]. 哈尔滨工程大学学报.

The influence of trimming flap and spoiler on the motion of the M-type planning craft in head waves

CAO Ya-long, YI Wen-hai, GAO Zhi-liang
Transportation College of Wuhan University of Technology, Wuhan 430063, China

Abstract: Loading hydrodynamic appendages on ship to obtain better resistance and seakeeping performance is a hot research direction in hydrodynamics. Aiming at the problem of resistance reduction and anti-pitching of M-type planning craft under the condition of up-waves, two schemes of adding trimming flap and spoiler are put forward. The CFD simulation software STAR-CCM+ based on viscous flow theory is adopted. And the effects of trimming flap and spoiler on added resistance in waves, pitching amplitude, navigation attitude and vertical acceleration are studied by numerical method. The results show that the trimming flap with appropriate parameters can reduce the resistance, the pitching and heaving amplitude. The proper position of the spoiler can improve the navigation attitude without significant deterioration of the resistance and pitch. As for vertical acceleration, both trimming flap and spoiler can mitigate it. At the same time, the hydrodynamic mechanism of trimming flap and spoiler is explained reasonably.

Key words：M-type planning craft; trimming flap; spoiler; CFD; motion in head waves

自适应攻角摆翼推进的水动力性能分析

潘小云，周军伟，李明阳，张国政

（哈尔滨工业大学（威海），威海，264200，Email:17862702201@163.com）

摘要：本文采用数值方法研究了自适应攻角摆翼在不同水平摆幅、摆动频率下的推力、效率特性，并对流场特征进行了分析。采用二维平板水翼，并在水翼前缘位置施加一个弹性力来模拟弹簧以实现自适应攻角。对不同水平摆幅情况下的分析发现，水平摆幅越大，峰值效率越高，最高可达 76.89%。对不同摆动频率情况下的分析发现，随着水翼摆动频率的增加，峰值推进效率也在增加。对比水翼不同水平摆幅下峰值效率和较低效率工作点的涡量场发现，水翼推进效率与其尾涡形状以及尾涡集散特性有关，尾迹涡越分散且形状越狭长，水翼的推进效率就越高。

关键词： 自适应攻角水翼；水动力性能；仿生推进；涡量场

1 引言

摆翼推进从生物学角度融合了鸟类飞行和鱼类游动两种运动特性，具有灵活性高、噪声低[1]、涡流利用率高、姿态控制独特等优点[2]。若能在生物原型基础上研究前肢水翼法摆翼推进的运动机理和操纵方式，对于研究水下机器人新型驱动方式，降低噪声，提高机动性和隐蔽性[3]，具有重要的研究意义[4]。

摆动水翼很早就有相关研究，其中一些水动力方面的研究例如，2003 年，Read[5]等设计了水翼主动摆动装置并进行了实验的模拟，分析了水翼的主动摆动和升沉运动对水翼水动力性能的影响；2005 年，在 MIT 的拖曳水池 Schouveiler 等[6]对水翼升沉运动和主动摆动运动进行了实验，得出了最佳推进效率时的斯特哈尔数范围；2014 年，Xie 等[7]采用二维的水翼数值计算模型，研究了水翼俯仰振幅和摆动频率对水翼能量提取效率的影响。发现摆动频率和俯仰振幅适当增大可以提高能量的获取效率。同时，Xie 等还分析了水翼运动参数对水翼前缘涡的影响；2016 年，Andersen 等[8]通过对比水翼主动摆动和主动垂荡两种运动模式下的流场，得出两种运动模式下水翼尾流场相似的结论。

但是这些研究者都是先预设了水翼最大攻角后做的一系列的性能分析，对于自适应攻角水翼的水动力性能研究很少。本文所研究的自适应攻角水翼机构是单自由度系统，只需控制水翼的升沉运动，与之相适应的水翼首摇通过施加的扭转弹簧实现运动且扭转弹簧可以在水翼运动过程中为水翼提供恢复力。水翼采用自适应攻角方式产生推力，使得水翼在运动过程中可根据所受的力时刻灵活改变水翼推进方向，方便的调整摆幅和摆动频率，因而具有广阔的应用前景。本文研究了自适应攻角水翼的水动力性能，鉴于几何相似和动力相似，分别对水平摆幅和摆动频率做了无量纲处理。

2 数值计算模型

2.1 参数定义

水翼进速系数、平均推力系数、推进效率、频率比分别定义如下，相关变量见表 1 与表 2。

$$J=\frac{V_A}{fH}\ K_T=\frac{\overline{F_x}}{\rho f^2H^2CB}\ \eta=\frac{\overline{F_x}\cdot V_A}{\int_0^T(F_y\cdot V_y+M_z\cdot\omega_z)dt}\ \tilde{f}=\frac{2\pi f}{\sqrt{K/I}}$$

表 1 水翼几何参数

V_A	水翼与来流的相对速度	f	水翼摆动频率	H	$H=2Y$
B	展长	C	弦长	Y	水平摆幅
t	水翼厚度	T	水翼运动周期	ρ	流体密度

表 2 水翼性能参数

$\bar{F}_x$	平均推力	V_y	水翼沿 y 方向的瞬时速度分量	K	弹簧扭转刚度系数
F_y	侧向力	I	水翼转动惯量	M_z	绕 Z 轴的扭矩
F_x	瞬时推力	ω_z	水翼绕 Z 轴的角速度		

2.2 几何模型

采用弦长$C=0.2$m，$C/t=10$ 的二维平板水翼模型，设置流场区域为边长$50C\times30C$的长方形区域，采用六面体非结构网格，水翼表面 Y+值取为 1。对水翼尾迹区域进行了网格的加密。水翼模型及其网格划分情况见图 1。

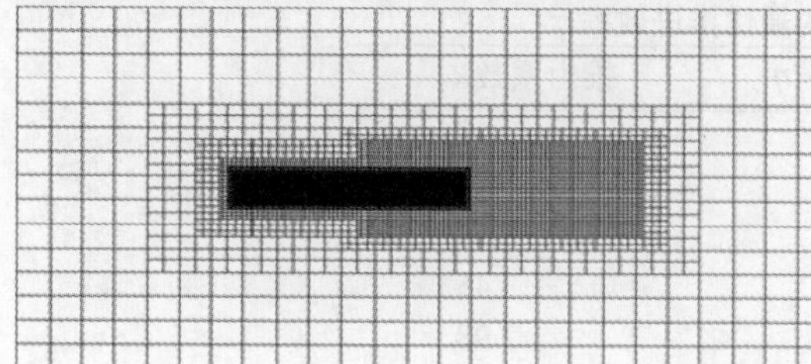
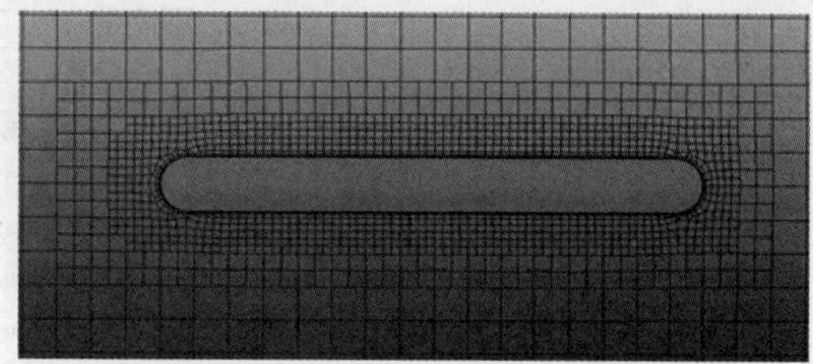

图 1 计算网格划分

计算采用 SST $k\text{-}\omega$ 湍流模型。水翼表面设为无滑移壁面条件，计算域：上下侧边界及后方边界均设置为零压力梯度条件，水翼运动前方边界设为速度远场条件，如图 2 所示。

以静态水翼 NACA0012 在不同攻角下的升力系数为验证对象，结果见图 3 所示。水翼的升力系数与公开的实验数据在 8 度攻角以下基本一致[9]。

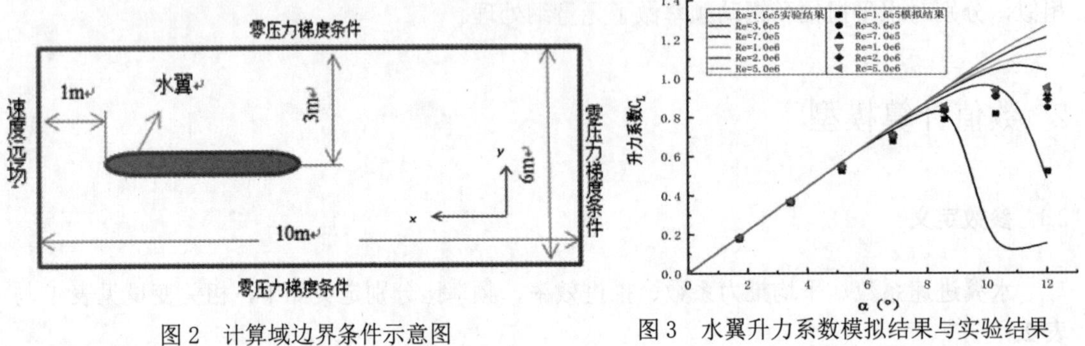

图 2 计算域边界条件示意图

图 3 水翼升力系数模拟结果与实验结果

3 结果与分析

3.1 水平摆幅对推进性能的影响

改变水平摆幅大小，得到了不同水平摆幅比 *Y/C* 下的摆翼性能，如图 4 和图 5 所示，分别为水翼推进效率随进速系数的变化曲线，以及水翼的平均推力系数随进速系数的变化曲线，此时水翼摆动频率比为 0.042。不同水平摆幅比 *Y/C* 下的最优推进效率和推力系数见表 3。

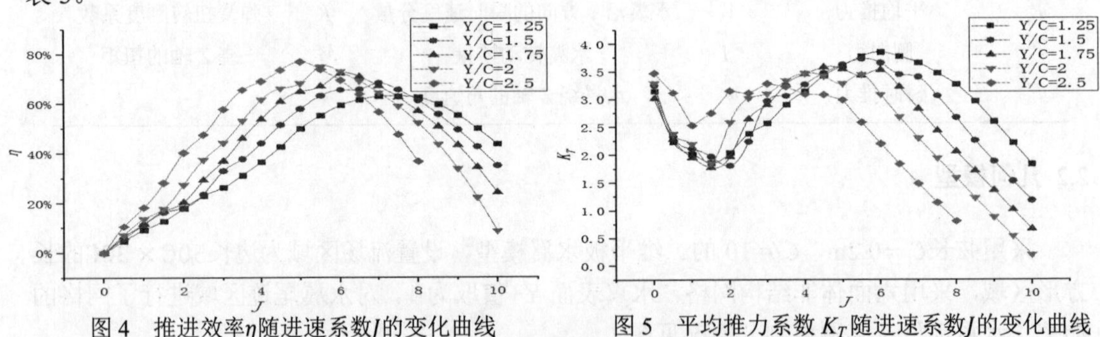

图 4 推进效率η随进速系数J的变化曲线

图 5 平均推力系数 K_T 随进速系数J的变化曲线

表 3 不同的 *Y/C* 下的最优推进效率η

Y/C	最优推进效率η	推力系数K_T
1.25	62.86%	3.47
1.5	68.25%	3.40
1.75	72.09%	3.53
2	74.77%	3.45
2.5	76.89%	2.98

从图 4 可以看出，水平摆幅的大小直接影响到水翼的推进效率，推进效率峰值随着水平摆幅比的增大而增大。当 *Y/C*=2.5 时，推进效率最高可达 76.89%。

随着进速系数的逐渐增加，水翼的推进效率整体趋势均为先增大后减小，且峰值效率出现的位置集中在 J=5 附近。当进速系数较低时，Y/C 较大的水翼取得的效率较大且对应的平均推力系数也较大。由于推进器通常工作在特性曲线的左半边，因此可以通过增大水平摆幅来适当提高水翼的推进效率和平均推力。

3.2 摆动频率对推进性能的影响

根据前面的分析，选取水翼水平摆幅比 Y/C=2.5 进行分析。水翼在不同频率比下的推进效率和平均推力系数如图 6 和图 7 所示。最大推进效率和所对应的平均推力系数见表 4。

如图 6 所示，水翼摆动频率对推进效率有较大影响。推进效率的峰值随着水翼摆动频率的增大而增大。水翼摆动频率越高，可以在相对较低的进速系数下取到较大的推进效率。由图 7 可得，水翼摆动频率越高，在较低的进速系数下得到的平均推力系数比较大。

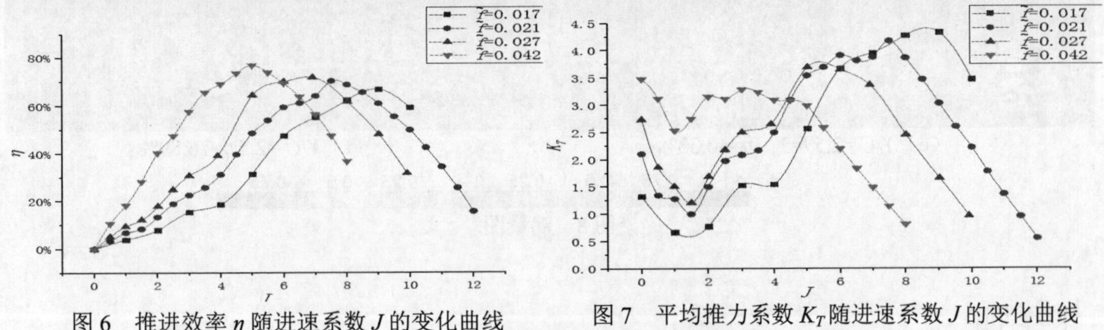

图 6　推进效率 η 随进速系数 J 的变化曲线　　图 7　平均推力系数 K_T 随进速系数 J 的变化曲线

表 4　不同频率比下的水翼推进性能

$\tilde{f}$	最大推进效率η	推力系数K_T
0.017	66.78%	4.33
0.021	70.26%	4.17
0.027	71.81%	3.36
0.042	76.89%	2.98

3.3 水翼尾涡对推进性能的影响

为了探究水翼在运动过程中尾涡的变化对于摆动水翼的推进性能的影响，初选频率比为 0.042，对 Y/C=1.75、Y/C=2、Y/C=2.5 三种情况下选取最高效率点和 J=2 的较低效率点进行涡量场的对比分析，涡量云图见图 8。

对比 J=2 下不同水平摆幅的涡量图，发现随着 Y/C 的增大，尾迹涡越分散，水翼的推进效率越高。说明水翼水平摆幅的增大会影响尾涡的集散特性，且尾涡越分散，推进性能越好；对比同一水平摆幅下的高低效率点涡量图，发现在低效率点水翼尾涡脱落均呈现出反卡门涡街形式，最高效率点的水翼尾涡形状明显变得狭长，均呈流线型。通过对比说明尾迹涡的狭长特征对水翼推进性能的提高有明显的影响。综合以上分析，调整水翼的运动参数以期获得最优推进效率从尾迹涡分析的角度看实质上是通过控制水翼尾迹涡的形状特征和集散程度来实现。

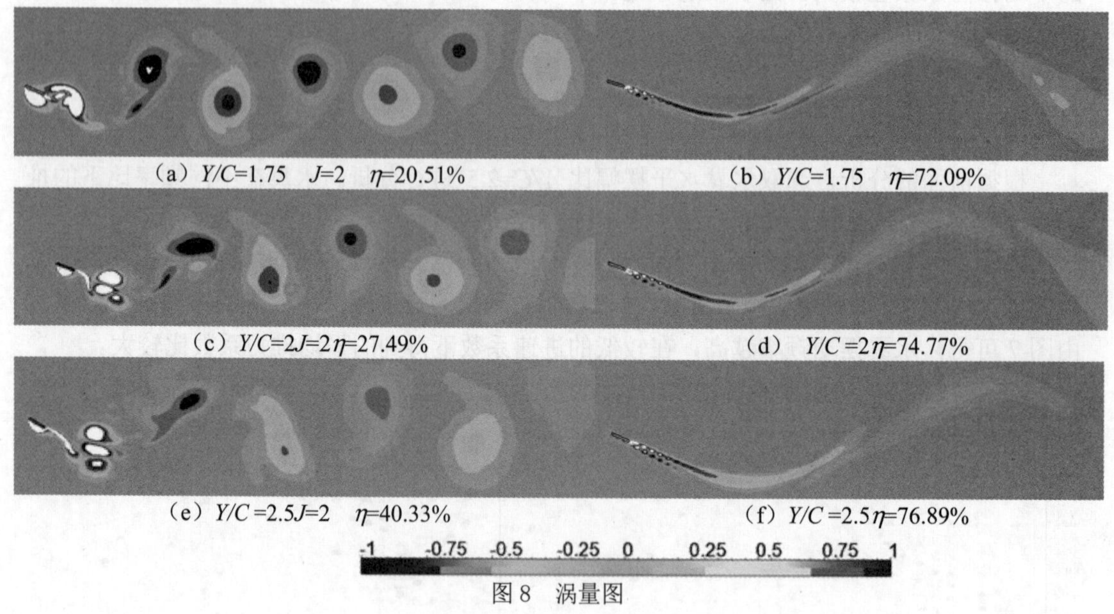

（a）Y/C=1.75　J=2　η=20.51%　　（b）Y/C=1.75　η=72.09%

（c）Y/C=2J=2η=27.49%　　（d）Y/C =2η=74.77%

（e）Y/C =2.5J=2　η=40.33%　　（f）Y/C =2.5η=76.89%

图 8　涡量图

4 结论

本文以自适应攻角水翼为研究对象，对水翼在不同工况下的水动力性能进行了计算分析，得到如下主要结论。

（1）利用 FINE/Marine 软件实现了对自适应攻角水翼在不同工况下的水动力模拟，弹性网格技术能够很好的适应翼型的大幅度运动，采用在水翼上施加弹性力来模拟弹簧是可行的，并能够使水翼实现自适应攻角工作，获得推力。

（2）通过分析计算结果得到水平摆幅越大，推进效率的峰值也越大，水翼推进效率最高可达 76.89%。在低进速区间，大的水平摆幅的水翼平均推力系数也较大。

（3）水翼摆动频率越高，最优推进效率也越大。高的摆动频率使得水翼可以在相对较低的进速系数下得到较大的推进效率和推力。

（4）通过分析涡量图可得：水平摆幅主要控制水翼尾迹涡集散特性。水平摆幅越大，尾迹涡越分散，推进效率越高；尾迹涡形状越狭长，推进效率也越高。

本文对自适应攻角摆翼的水动力性能做了初步的研究。摆动频率和摆动幅度的范围选取的不够大，一些参数的选取还有待于进一步深入探讨。除了本文所涉及的水翼水平摆幅和运动频率外，影响自适应攻角摆翼水动力性能的参数还有水翼旋转轴、水翼形状、摆动攻角以及弹性系数等。课题组接下来会针对这几个参数对自适应攻角摆翼水动力性能的影响做深入研究并将参数无量纲化，为将来自适应攻角水翼在工程应用中提供技术支持。

参考文献

1 .HYDRODYNAMICS OF A FLAPPING FOIL IN THE WAKE OF A D-SECTION CYLINDER[J].Journal of Hydrodynamics,2011,23(04):422-430.
2 张国政.二维刚性翼摆动推进的水动力分析与实验研究[D].哈尔滨工业大学,2018
3 张晓庆,王志东,张振山.二维摆动水翼仿生推进水动力性能研究[J].水动力学研究与进展(A辑),2006(05):632-639.
4 刘军考,陈在礼,陈维山,王力刚.水下机器人新型仿鱼鳍推进器[J].机器人,2000,22(5):427-432.
5 D.A. Read,F.S. Hover,M.S. Triantafyllou. Forces on oscillating foils for propulsion and maneuvering[J]. Journal of Fluids and Structures,2003,17(1).
6 L. Schouveiler,F.S. Hover,M.S. Triantafyllou. Performance of flapping foil propulsion[J]. Journal of Fluids and Structures,2005,20(7).
7 YonghuiXie,KunLu,Di Zhang. Investigation on energy extraction performance of an oscillating foil with modified flapping motion[J]. Renewable Energy,2014,63.
8 A. Andersen,T. Bohr,T. Schnipper,J. H. Walther. Wake structure and thrust generation of a flapping foil in two-dimensional flow[J]. Journal of Fluid Mechanics,2016,812.
9 Shi G, Zhenpeng L I. Effects of Reynolds Number on Low Speed Symmetrical Airfoil Aerodynamic Performance[J]. New Technology & New Process, 2013.

Hydrodynamic performance analysis of adaptive angle of attack swing propulsion

PAN Xiao-yun, ZHOU Jun-wei, LI Ming-yang, ZHANG Guo-zheng
(Harbin Institute of Technology, Weihai, Weihai, 264200, Email: 17862702201@163.com)

Abstract: In this paper, the thrust and efficiency characteristics of the adaptive angle of attack pendulum wing at different horizontal swings and swing frequencies are studied numerically, and the flow field characteristics are analyzed. A two-dimensional flat hydrofoil is used and an elastic force is applied at the leading edge of the hydrofoil to simulate the spring to achieve an adaptive angle of attack. The analysis of different horizontal swings shows that the higher the horizontal swing is, the higher the peak efficiency is, and the maximum is 76.89%. The analysis of different swing frequencies shows that the peak propulsion efficiency increases with the increase of the swing frequency of the hydrofoil. Comparing the vorticity fields of peak efficiency and low efficiency working points under different horizontal swings, it is found that the propulsion efficiency of hydrofoil is related to its wake shape and wake distribution characteristics. The more dispersed and narrow the wake vortex is, the higher the propulsion efficiency of hydrofoil is.

Key words: adaptive angle of attack hydrofoil; hydrodynamic performance; bionic propulsion; vorticity field

浮式风机平台与多波浪能转换装置混合系统的设计与水动力性能分析

胡俭俭，周斌珍*，刘品，解光慈，孙科，耿敬

(哈尔滨工程大学船舶工程学院，哈尔滨，150001, Email: zhoubinzhen@hrbeu.edu.cn)

摘要：基于势流理论，建立了浮式风机平台—波浪能浮子的混合系统耦合运动频域数值模型，其中浮子与平台之间通过能量输出系统（power take off (PTO)）连接。采用高阶边界元方法计算耦合水动力系数，并对浮子辐射阻尼进行黏性修正；根据某一典型海况，对柱形波能装置的尺寸及布置方式进行优化设计；考虑最优 PTO 阻尼，研究不同设计的混合系统发电功率及功率体积比的变化规律。结果表明：势流无黏性修正结果与黏性修正后的结果在共振频率处差别较大，且随着圆柱直径吃水比的减小而增加，证明了黏性对垂荡式波浪能浮子的重要性；整个混合系统的最优发电功率随着圆柱形波浪能浮子直径吃水比的增大而增大，而功率体积比差别较小。

关键词：浮式风机平台；波浪能转换器；最佳 PTO 阻尼；混合系统；黏性修正

1 引言

风能和波浪能的深海技术仅处于发展的早期阶段，特别是由于设计、安装、运行和维护费用高昂而面临巨大的挑战。将海上风机平台与波浪能装置结合具有多种益处：可以提高每平方米的能量产出；共享系泊系统、电力基础设施等，可以降低项目的整体经济成本；稳定的波浪能发电可以补偿海上风电的间歇性[1-2]。

基于势流频域理论，对波浪能浮子进行黏性修正，研究了多浮体垂荡式波浪能装置的耦合水动力及能量转换特性。采用无量纲方法根据给定的海洋风浪环境设置波能浮子的固有频率，然后以混合系统总波浪功率及整体经济效益作为标准对 PTO 阻尼、物体尺寸等方面进行优化。

2 浮式平台和波浪能装置混合系统

本文将 Marine Innovation & Technology 公司设计的 Windfloat 半潜式三角形浮式风机平

基金项目：国家自然科学基金-中英国际合作重点项目(51761135013)；国家自然科学青年基金(51409066)；工信部高技术船舶专项第二期(201622)

台[3]作为案例进行研究，选用典型的圆柱形浮子作为波浪能浮子；图 1 为具有 PTO 系统的浮式风机平台和多个垂荡型波浪能浮子的混合发电系统的示意图。圆柱形浮子的半径和吃水分别为 r 和 d，两个相邻浮子之间的距离为 L_1，平台柱形浮筒与相邻浮子之间的距离是 L_2。为减小参数，初步设计时，L_1 设置为 $4r$， L_2 需要大于（$R+2r$）；因此，桁架一侧的浮子最大数量 NL 取整数（L-$2R$）/ $4r$。

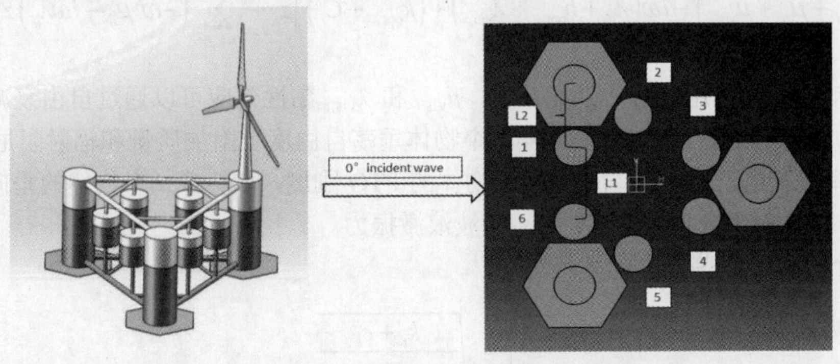

图 1　浮动风风机平台和多个垂荡 WEC 的混合系统

通过实地研究，得到了中国山东省海域的波浪环境，波高 H_i 和波周期 T_i 的联合概率分布 S_i 在表 1 中给出。平均波周期为 T = 4.94s（ω= 1.27rad / s），平均波高为 H = 0.84m，将用于 WEC 的初始设计。

表 1　山东海域波高 H_i 和波周期 T_i 的联合概率分布 S_i　　%

H(m)\\T(s)	2	3	4	5	6	7	8	9	10	11	12	13	14	sum
0.25	0.00	0.03	0.16	0.00	0.00	0.00	0.00	0.00	0.00	0.00	0.00	0.00	0.00	0.20
0.5	0.00	3.43	12.27	4.91	0.43	0.00	0.00	0.00	0.00	0.03	0.00	0.00	0.00	21.07
1	0.00	1.93	14.88	21.85	11.22	2.36	0.43	0.33	0.10	0.03	0.00	0.00	0.00	53.12
1.5	0.00	0.03	0.56	3.50	5.53	3.73	0.88	0.39	0.26	0.20	0.00	0.00	0.00	15.08
2	0.00	0.00	0.03	0.43	2.03	2.29	0.88	0.16	0.46	0.10	0.00	0.07	0.00	6.44
2.5	0.00	0.00	0.00	0.00	0.36	0.88	0.92	0.23	0.00	0.10	0.07	0.00	0.00	2.55
3	0.00	0.00	0.00	0.00	0.00	0.39	0.36	0.20	0.03	0.00	0.00	0.00	0.07	1.05
3.5	0.00	0.00	0.00	0.00	0.00	0.00	0.13	0.20	0.00	0.00	0.00	0.00	0.00	0.33
4	0.00	0.00	0.00	0.00	0.00	0.00	0.03	0.07	0.03	0.00	0.03	0.00	0.00	0.16
4.5	0.00	0.00	0.00	0.00	0.00	0.00	0.00	0.00	0.00	0.00	0.00	0.00	0.00	0.00
5	0.00	0.00	0.00	0.00	0.00	0.00	0.00	0.00	0.00	0.00	0.00	0.00	0.00	0.00
5.5	0.00	0.00	0.00	0.00	0.00	0.00	0.00	0.00	0.00	0.00	0.00	0.00	0.00	0.00
6	0.00	0.00	0.00	0.00	0.00	0.00	0.00	0.00	0.00	0.00	0.00	0.00	0.00	0.00
6.5	0.00	0.00	0.00	0.00	0.00	0.00	0.00	0.00	0.00	0.00	0.00	0.00	0.00	0.00
7	0.00	0.00	0.00	0.00	0.00	0.00	0.00	0.00	0.00	0.00	0.00	0.00	0.00	0.00
sum	0.00	5.43	27.90	30.68	19.56	9.65	3.63	1.57	0.88	0.46	0.10	0.07	0.07	100

3 数学模型

与波浪能浮子相比，平台的运动相对较小，为了减少初始设计的变量，假设平台固定。由于每个浮子仅做垂荡自由度方向的运动，第 i 个浮子的运动方程为：

$$\left[-\omega^2\left(m_i+\mu_{ii}+\mu_{\mathrm{vis},i}\right)-i\omega\left(\lambda_{ii}+b_{\mathrm{opt},i}+\lambda_{\mathrm{vis},i}\right)+\left(k_{\mathrm{opt},i}+C_i\right)\right]z_i+\sum_{j=1,j\neq i}^{N}\left(-\omega^2\mu_{ij}-i\omega\lambda_{ij}\right)z_j=F_{\mathrm{ex},i} \quad (1)$$

式中，水动力系数采用高阶边界元计算，$\mu_{\mathrm{vis},i}$ 和 $\lambda_{\mathrm{vis},i}$ 黏性效应可以通过自由衰减实验进行修正[4]。m 为质量，μ_{ii} 和 λ_{ii} 分别为第 i 个物体垂荡自由度上附加质量和辐射阻尼，$b_{\mathrm{opt},i}$ 为第 i 个物体的发电阻尼，$k_{\mathrm{opt},i}$ 为第 i 个物体的 PTO 刚度，C_i 为第 i 个物体的垂向恢复力，z_i 为第 i 个物体与平台相对位移，$F_{\mathrm{ex},i}$ 为波浪激振力。

第 i 个物体的垂荡固有频率可写为[5]：

$$\omega_{n,i}=\sqrt{\frac{k_i+c_i}{m_i+\mu_{ii}(\omega_{n,i})}} \quad (2)$$

对于仅具有单一运动自由度的单体，第 i 个物体的最佳阻尼系数 $b_{\mathrm{opt},i}$ 可写为[5]：

$$b_{\mathrm{opt},i}=\sqrt{\frac{((m_i+\mu_{ii})\omega^2-(k_{\mathrm{pto},i}+c_i)^2}{\omega^2}+\lambda_{ii}^2} \quad (3)$$

由第 i 个浮子产生的功率 $P_i(\omega)$ 和浮子阵列的总功率 $P_{\mathrm{total}}(\omega)$ 为：

$$P_i(\omega)=\frac{1}{2}\omega^2 b_{\mathrm{pto}}\left|z_i\right|^2;\quad P_{\mathrm{total}}(\omega)=\sum_{i=1}^{N}P_i(\omega) \quad (4)$$

本文考虑浮子质量等于排开水的重量，引入年总波浪功率 $P_{\mathrm{total}}(\mathrm{year})$ 和年单位体积发电功率 $P_{\mathrm{av}}(\mathrm{year})$ 来评估目标海域波浪能浮子的能量捕获性能，：

$$P_{\mathrm{total(year)}}=\sum_{j=1}^{M}(\frac{H_j}{2})^2\times P_{\mathrm{total}}(T_j,H_j)\times S_j;\quad P_{\mathrm{av(year)}}=\frac{P_{\mathrm{total(year)}}}{V_{\mathrm{total}}} \quad (5)$$

采用浮子的吃水 d 作为无量纲典型参数，对下列参数进行无量纲化有

$$\bar{r}=\frac{r}{d};\ \bar{m}_i=\frac{m_i}{\rho g\pi r^2 d}=1;\ \bar{c}_i=\frac{c_i}{\rho g\pi r^2}=1$$

$$\bar{\lambda}_{ij}=\frac{\lambda_{ij}}{\rho\pi r^2\sqrt{gd}};\ \bar{\mu}_{ij}=\frac{\mu_{ij}}{\rho\pi r^2 d};\ \bar{\omega}=\frac{\omega}{\sqrt{g/d}} \quad (6)$$

给定 $2r/d$ 的无量纲固有频率可以通过该情况下的无量纲附加质量确定：

$$\bar{\omega}_{n,i}(2r/d)=\sqrt{\frac{1}{1+\bar{\mu}_{ii}\left(\bar{\omega}_{n,i}(2r/d)\right)}} \tag{7}$$

根据无量纲固有频率与有量纲固有频率的关系，可得：

$$d=g\left(\frac{\bar{\omega}_n(2r/d)}{\omega_p}\right)^2 \tag{8}$$

因此，对于给定的波浪环境 ω_p，可以根据式(8)，获得圆柱形浮子的一系列吃水深度 d 和半径 r。接着根据总功率 P_{total} 和单位体积发电功率 P_{av} 对浮子的尺寸做进一步优化选择。

4 数值结果与讨论

根据上述浮子设计与布置原则，计算黏性修正前后的发电功率及功率体积比，得到图3。图3表明对于较细长的浮子，修正后的总功率 P_{total} 在共振频率处的峰值显著降低，对于扁胖型的浮子，在考虑黏性校正之后共振频率处峰值略微降低。随着 $2r/d$ 的增加，总波浪发电功率 P_{total} 几乎在所有波浪频率处增加。

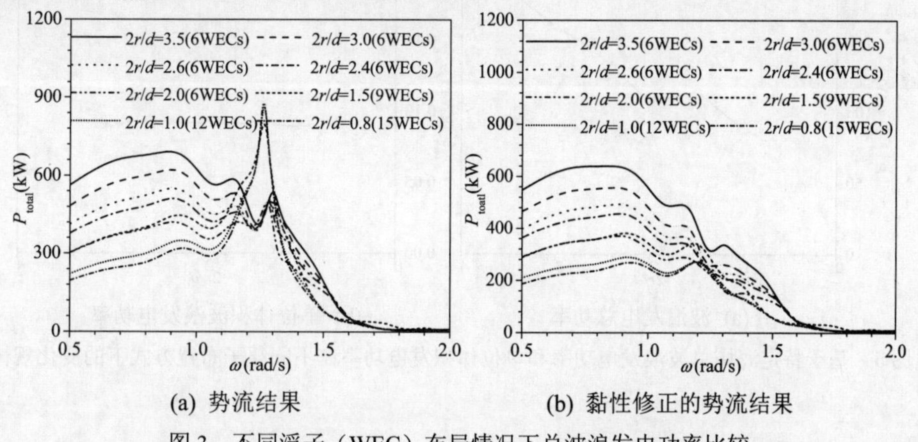

(a) 势流结果 (b) 黏性修正的势流结果

图3 不同浮子（WEC）布局情况下总波浪发电功率比较

式(6)中单位体积波浪发电功率 P_{av} 被引入作为经济效率的标准。较小的 P_{av} 代表更高的经济效率。每单位体积波浪发电功率 P_{av} 在图4(a)和(b)中给出。如图4(a)所示，基于势流理论计算的单位体积发电功率 P_{av} 的变化与图3(a)中的总发电功率 P_{total} 相似。在考虑黏性校正之后，随着 $2r/d$ 增加，P_{av} 的峰值在共振频率处较小，而在低频区域中较大。

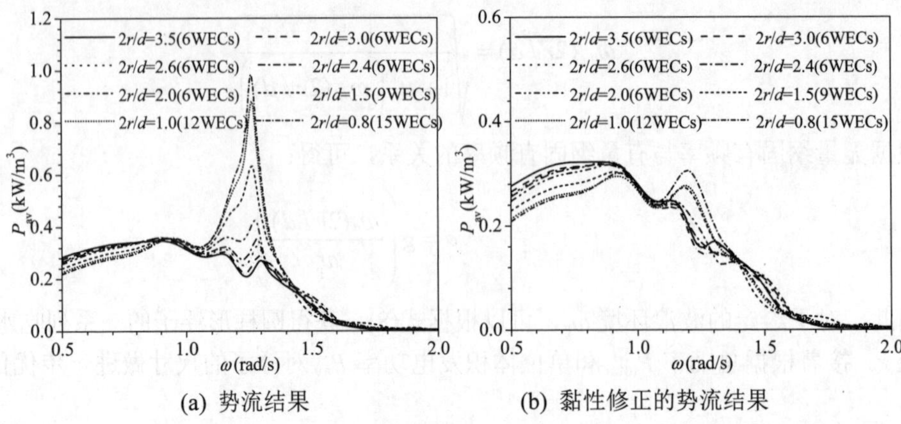

(a) 势流结果　　(b) 黏性修正的势流结果

图 4　不同浮子(WEC)布局情况下总波浪发电功率体积比比较

图 5 表示了一年中波浪发电总功率 $P_{\text{total}}(\text{year})$和每单位体积发电功率 $P_{\text{av}}(\text{year})$黏性校正的势流理论结果。可以看出，随着 $2r / d$ 的增加，波浪发电总功率 $P_{\text{total}}(\text{year})$显著增加，而单位体积发电功率 $P_{\text{av}}(\text{year})$非常接近。这意味着浮子的不同布局之间的差异在经济效率方面非常小，而较扁胖型的浮子在该海况下可以获得更高的总波浪能量 $P_{\text{total}}(\text{year})$。

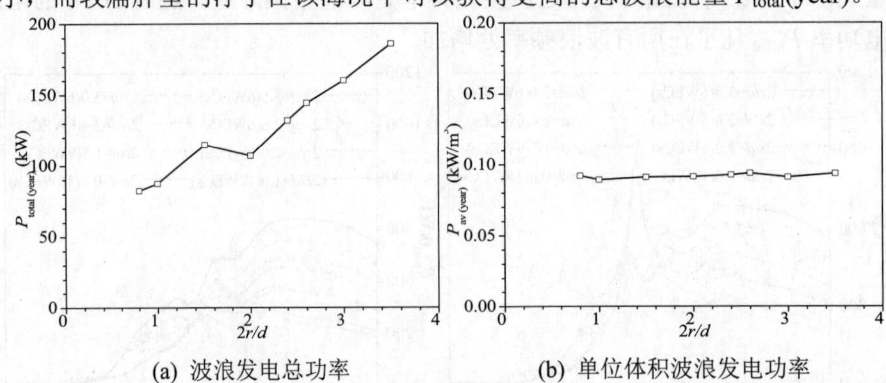

(a) 波浪发电总功率　　(b) 单位体积波浪发电功率

图 5　基于特定海域总波浪发电功率和单位体积发电功率在不同浮子布置方式下的变化规律

5 结论

(1) 势流无黏性修正结果与黏性修正后的结果在共振频率处差别较大，且随着圆柱直径吃水比的减小而增加，证明了黏性对垂荡式波浪能浮子的重要性。

(2) 整个混合系统的最优发电功率随着圆柱形波浪能浮子直径吃水比的增大而增大，而功率体积比差别较小。

本文基于给定的工作海况，建立了一整套波能装置设计与选型优化的计算流程，对混合系统的设计具有重要指导作用。

参 考 文 献

1 Astariz S, Perez-collazo C, Abanades J, Iglesias G. Co-located wave-wind farms: Economic assessment as a function of layout. Renew. Energy, 2015, 83: 837-849.

2 Cradden L, Kalogeri C, Barrios IM, Galanis G, Ingram D, Kallos G, Multicriteria site selection for offshore renewable energy platforms. Renew. Energy, 2016, 87: 791-806.

3 Roddier D, Cermelli C, Aubault A,Weinstein A. WindFloat: A floating foundation for offshore wind turbines. Journal of Renewable & Sustainable Energy, 2010, 2(3):53.

4 Lee H, Poguluri S K, Bae Y H. Performance analysis of multiple wave energy converters placed on a floating platform in the frequency domain. Energies, 2018, 11, 406.

5 Journee J M J, Massie W W. Offshore hydromechanics. First Edition. Delft University of Technology, 2001.

6 Sun S Y, Sun S L, Wu G X. Fully nonlinear time domain analysis for Hydrodynamic performance of an oscillating wave surge converter. China Ocean Eng, 2018, 32(5): 582-592.

Optimal design and performance analysis of a hybrid system of floating wind platform and multiple wave energy converters

HU Jian-jian, ZHOU Bin-zhen*, LIU Pin, XIE Guang-ci, SUN Ke, GENG Jing

(College of Shipbuilding Engineering, Harbin Engineering University, Harbin ,150001 Email: zhoubinzhen@hrbeu.edu.cn)

Abstract: Based on the potential flow theory, this paper establishes a frequency domain numerical model of the coupled system of a floating wind platform and several floating wave energy converters, in which the floats and the platform are connected by the power take off. The high order boundary element method is used to calculate the coupled hydrodynamic coefficient, and the viscous radiation damping is corrected. According to a typical sea condition, the size and layout of the cylindrical wave energy converters are optimized. Considering the optimal PTO damping, the variation of power generation and power to volume ratio of the hybrid system with different designs are studied. The results show that the non-viscous correction of the potential flow and the results of the viscous correction are different at the resonance frequency, and increase with the decrease of the ratio of the draft diameter of the cylinder, which proves the importance of the viscosity to the heave wave energy float. The optimal power generation of the entire hybrid system increases with the increase of the ratio of the diameter of the cylindrical wave energy float, and the variation of wave power to volume ratio is small.

Key words Floating wind platform; Wave energy converter; Optimal PTO damping; Hybrid system; Viscous correction.

振荡浮子式波能发电装置的水动力响应分析

栾政晓，何广华，刘朝纲，黄欣

（哈尔滨工业大学（威海），船舶与海洋工程学院，威海，264209，Email:ghhe@hitwh.edu.cn）

摘要：近年来能源枯竭和环境污染情况日益严重，可再生能源的发展与利用越来越受到重视，其中海洋可再生能源，特别是波浪能的开发与利用，对海洋工程等具有重要意义。针对这一问题，本文利用 CFD 软件 STAR-CCM+建立了一个三维黏性数值波浪水池，并进行了网格收敛性和时间步收敛性验证，之后对单浮子在不同波浪中的水动力性能进行了时域模拟，研究发现当波长大于共振波长时，随着波长的减小，浮子的速度、受力在不断增大，位移保持不变；当波长小于共振波长时，随着波长的减小，浮子的速度、受力在不断减小，位移也开始减小；共振时，只做垂荡运动的浮子的速度、位移和受到的垂直力与水平力幅值要比垂荡加纵摇运动的浮子大。

关键词：振荡浮子；波浪能；水动力性能；CFD；共振

1 引言

能源和环境是限制人类发展的关键问题，由于能源消耗和环境污染问题，可再生能源的开发和利用逐渐受到各国的关注[1-2]。其中波浪能由于储量大、密度高、安全无污染等优点，得到了广泛的关注。值得注意的是，全球总波浪能源与世界用电量具有相同的数量级[3]。

波浪能发电装置（Wave Energy Converter）主要由波浪能捕获系统、能量传递系统以及发电系统组成，而波浪能捕获系统作为波浪能发电装置的核心系统有着至关重要的作用。波浪能发电装置按能量传递方式可分为振荡水柱式、振荡浮子式、筏式、越浪式、点吸式、鸭式、摆式等方式。其中，振荡浮子式主要是由直接与海水接触的浮体随着波浪做垂荡运动，将波浪能转换为浮体所持有的机械能，再通过机械传动装置转换为电能[4]。因此，浮子在波浪中的运动响应及其水动力性能分析尤为重要。

势流理论是研究波浪与结构相互作用的常用方法。然而，由于实际问题中的黏性效应，忽略黏性效应的势流求解器会影响计算结果的精确性[5]。最近，CFD(Computational Fluid Dynamics)方法已被广泛应用于模拟复杂强非线性海况与浮体之间的相互作用，包括几种典型的 WEC 系统的流体动力学分析[6-7]。本文基于黏性流体假设，利用 STAR-CCM+建立了一个三维黏性数值波浪水池，并进行了系统的网格收敛性和时间步长收敛性验证，之后对单浮子在不同海况中不同运动状态下的水动力性能进行了时域模拟。

2 数学模型

2.1 控制方程

假设流体不可压缩，其控制方程为连续性方程和 Navier-Stokes 方程：

$$\frac{\partial \rho}{\partial t} + \nabla \cdot \left(\rho \vec{V}\right) = 0 \tag{1}$$

$$\frac{\partial (\rho u)}{\partial t} + \nabla \cdot \left(\rho u \vec{V}\right) = -\frac{\partial p}{\partial x} + \frac{\partial \tau_{xx}}{\partial x} + \frac{\partial \tau_{xy}}{\partial y} + \frac{\partial \tau_{xz}}{\partial z} + \rho f_x \tag{2}$$

$$\frac{\partial (\rho v)}{\partial t} + \nabla \cdot \left(\rho v \vec{V}\right) = -\frac{\partial p}{\partial y} + \frac{\partial \tau_{xy}}{\partial x} + \frac{\partial \tau_{yy}}{\partial y} + \frac{\partial \tau_{yz}}{\partial z} + \rho f_y \tag{3}$$

$$\frac{\partial (\rho w)}{\partial t} + \nabla \cdot \left(\rho w \vec{V}\right) = -\frac{\partial p}{\partial z} + \frac{\partial \tau_{xz}}{\partial x} + \frac{\partial \tau_{yz}}{\partial y} + \frac{\partial \tau_{zz}}{\partial z} + \rho f_z \tag{4}$$

式中，ρ 是流体密度，u, v 和 w 分别是 x, y, z 三个方向的速度分量，p 是压力 ρf_x, ρf_y, ρf_z 分别是 x, y, z 三个方向的质量力，τ 是剪切力。

2.2 数值模型

STAR-CCM +可用于解决有限体积网格上 Navier-Stokes（RANS）方程的可压缩和不可压缩流体。在网格连续体模型中，采用了棱柱层网格，来模拟湍流中物体表面的边界层。在物理连续体模型中，使用隐式非定常模型来进行时间上的离散；湍流模型采用 k-epsilon 湍流模型和两层全 y +壁面处理，时间离散精度采用二阶；利用 VOF 法（Volume of Fluid）来捕获自由表面，梯度法采用的是 Hybrid Gauss-LSQ 方法。具体的流域尺寸如图 1 所示，其中右侧和顶部边界条件是速度入口，左侧是压力出口，浮子表面为无滑移壁面条件[8]。

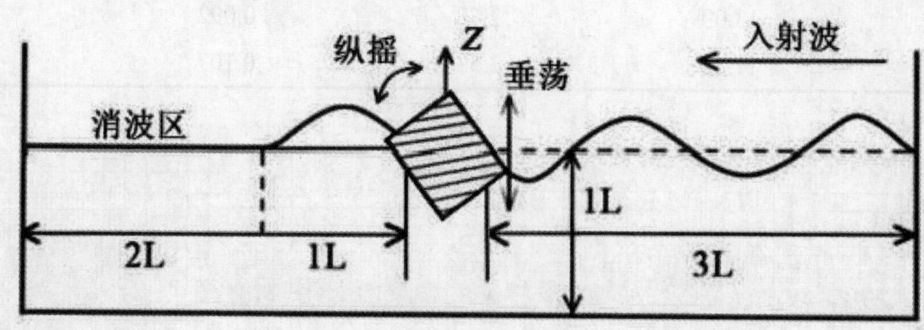

图 1 数值水池模型

3 数值模拟和结果分析

3.1 基本参数与网格划分

本文中所用的浮子参数如表 1 所示，入射波海况如表 2 所示。在长波海况（L/D=9.5）下的模型布置以及网格划分如图 1 和图 2 所示，经过系统的网格收敛性验证，最终确定的网格尺寸如下：波长方向最小网格尺寸$\delta x= L/85$；波高方向最小网格尺寸$\delta z=H/20$。浮子在波浪中运动时，其垂荡固有周期可由下式算得：

$$T_z = 2\pi\sqrt{\frac{m+m_w}{\rho g A_{wp}}} \tag{5}$$

式中，m 是浮子质量，mw 是浮子附加质量，A_{wp} 是浮子水线面面积。

本文中所研究的浮子 T_z= 3.05 s，因此当 kr=1.02 时，入射波的周期与浮子垂荡固有周期相等，即发生共振时的海况。

表 1 浮子基本参数

吃水（m）	半径 r（m）	直径 D（m）	密度（kg/m^3）	质量（kg）	附加质量（kg）
1.217	2.5	5	512.5	25157.28	21354.17

表 2 入射波海况

kr	波高 H=1.2m			
	波长 L(m)	周期 T(s)	波陡 H/L	L/D
0.21	76.5	7	0.016	15.3
0.33	47.5	5.5	0.025	9.5
0.42	37.5	4.88	0.032	7.5
1.02	15.4	3.05	0.078	3.1
1.2	13.09	2.78	0.092	2.6
1.4	11.22	2.53	0.107	2.2

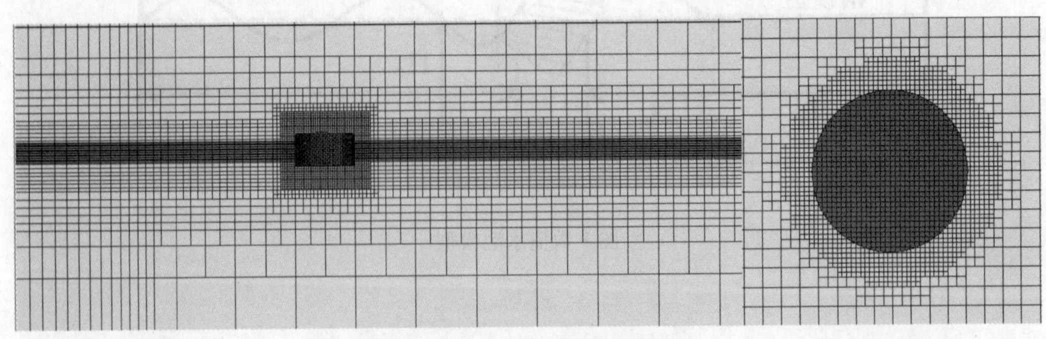

图 2 流域及浮子表面网格

3.2 不同海况下浮子的运动响应及受力分析

图 3 是浮子在不同入射波下的受力以及运动响应。从图 3 可以看出：①当波长大于共振海况波长时，浮子的速度、垂直力、水平力幅值都随着波长的减小在不断增大，位移幅值基本不变；②速度、垂直力、水平力幅值在共振时达到峰值，其中速度达到了 1.15m/s；③当波长小于共振海况波长时，浮子的速度、垂直力、水平力幅值开始随着波长的减小在不断减小，并且位移幅值也开始降低。这是由于当波长大于共振海况波长时，此时的波长相对于浮子特征长度来说是长波，因此浮子的垂向位移始终与波幅保持一致，而浮子受力随着波长的减小在增大，从能量角度来说，浮子的势能不变，动能在增大，因此速度在不断增大。而当波长从共振波长开始减小后，一方面波浪所具有的能量减小；另一方面此时波长相对于浮子特征长度来说是短波，表现为当波峰经过浮子后，浮子的垂向位移还未达到波幅时，下一个波峰就已经经过浮子，这导致浮子的垂向位移迅速降低。从图 3 可以看出，当 kr= 1.4 时，浮子的垂向位移仅为波幅的 1 / 3。

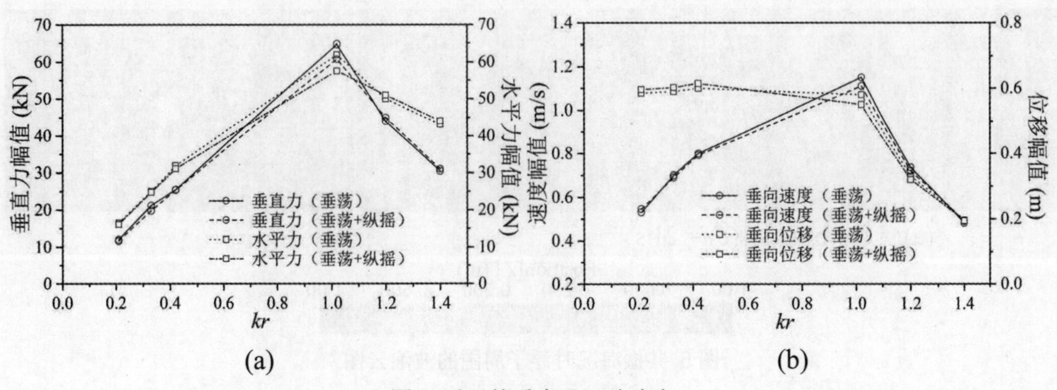

图 3 浮子的受力及运动响应

从图 3 还可以看出：在共振时，只做垂荡运动的浮子的速度、位移和受到的垂直力与水平力幅值要比垂荡加纵摇运动的浮子大；由于振荡浮子式波浪能发电装置捕获波浪能的主要方式就是利用浮子的垂向位移，浮子的运动幅度越大，捕获的能量越大，转换效率就越高。因此，在设计振荡浮子式波浪能发电装置的时候要尽量避免浮子产生纵摇运动，并且依据当地海况来设计浮子的尺寸使其发生共振。

3.3 共振海况下浮子的受力分析

图 4 是在共振海况下浮子受到的波浪水平力时历曲线，可以发现浮子只做垂荡运动时，在波谷处的受力变缓（图 4 中 AB 段）。为了分析这种变化，在浮子迎浪侧和背浪侧设置浪高仪。水平力以波浪传播方向为正，在 A 点时刻（t = 19s）浮子迎浪侧与背浪侧的波浪爬升差值为-0.72m，在 B 点时刻（t = 20s）浮子迎浪侧与背浪侧的波浪爬升差值为-1.81m，此过程中水平力均为负值；而在 C 点时刻（t = 20s）浮子迎浪侧与背浪侧的波浪爬升差值为 2.02m，Δt_{AB}=Δt_{BC}= 1s。也就是说在相同的时间间隔内，由 A 时刻到 B 时刻浮子迎浪侧与

背浪侧的波浪爬升相对变化为-1.09m；而由 B 时刻到 C 时刻相对变化达到了 3.83m，这就导致了水平力在波谷处变缓，由图 5 的波浪云图可以更直观的看出这种变化。

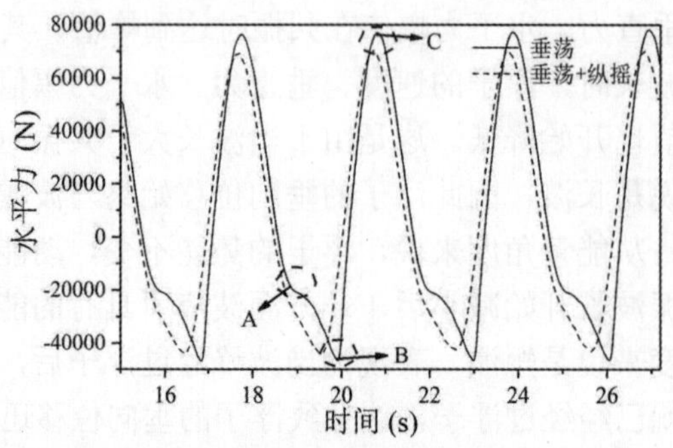

图 4 共振时浮子受到的波浪水平力

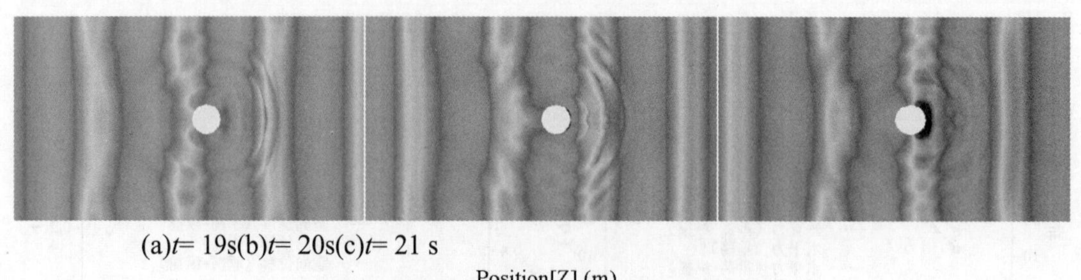

(a)t= 19s(b)t= 20s(c)t= 21 s

Position[Z] (m)
-1.00 -0.600 -0.200 0.200 0.600 1.00

图 5 共振海况时浮子周围的波浪云图

4 结论

本文建立了分析不同海况下浮子运动响应及受力变化的三维黏性数值模型。研究发现：①当波长大于共振海况波长时，随着波长的减小，浮子的速度、受力在不断增大，位移保持不变；②当波长小于共振海况波长时，随着波长的减小，浮子的速度、受力在不断减小，位移也开始减小；③共振海况时，只做垂荡运动的浮子的速度、位移和受到的垂直力与水平力幅值要比垂荡加纵摇运动的浮子大；④共振海况时，浮子受到的波浪水平力在波谷处产生的变缓现象可归因于这段期间内浮子迎浪侧和背浪侧波面抬升差值的变化。

致谢

本工作得到了国家自然科学基金（51579058），2018 年海洋可再生能源资金项目/高可靠海洋能供能装备应用示范（GHME2018SF02）的资助，在此表示感谢。

参 考 文 献

1 Najam, Adil, and C. J. Cleveland. Energy and Sustainable Development at Global Environmental Summits: An Evolving Agenda. Environment Development and Sustainability, 2003, 5.1-2:117-138.

2 Dincer I., Rosen M. A.A worldwide perspective on energy, environment and sustainable development. International Journal of Energy Research, 1998.

3 Barstow S., Gunnar Mørk, Mollison D. et al. he Wave Energy Resource. Ocean Wave Energy, Springer Berlin Heidelberg. 2008.

4 Muetze A., Vining J. G. Ocean Wave Energy Conversion - A Survey. Conference Record of the 2006 IEEE Industry Applications Conference Forty-First IAS Annual Meeting, IEEE, 2006.

5 Lu L., Chen X.B. Dissipation in the gap resonance between two bodies. Proceedings of 27th international workshop on water waves and floating bodies, 2012.

6 AIAA. Application of fluid-structure interaction simulation of an ocean wave energy extraction device - 44th aiaa aerospace sciences meeting and exhibit (aiaa). Renewable Energy, 2008, 33(4), 748-757.

7 Westphalen J., Greaves D.M., Hunt-Raby A., Williams CJK., Taylor PH., Hu ZZ., et al. Numerical simulation of wave energy converters using Eulerian and Lagrangian CFD methods. 20th international offshore (Ocean) and polar engineering conference, ISOPE, 2010.

8 CD – adapco. User Guide STAR-CCM+ Version 10.04.009, 2014.

Hydrodynamic response analysis of an oscillating float type wave energy converter

LUAN Zheng-xiao, HE Guang-hua, LIU Chao-gang, HUANG Xin

(School of Naval Architecture and Ocean Engineering, Harbin Institute of Technology, Weihai, Shandong, 264209, Email:ghhe@hitwh.edu.cn)

Abstract: The development and utilization of marine renewable energy, especially wave energy, is of great significance to marine engineering.The CFD software STAR-CCM+ is used to establish a three-dimensional viscous numerical wave tank. After convergence study, the time domain simulation of the hydrodynamic performance of single float in different waves was then carried out.It is found that when the wavelength is larger than the resonance wavelength, the velocity and force of the float increase continuouslyas the wavelength decreases. When the wavelength is less than the resonance wavelength, the speed and force of the float decrease as the wavelength decreases.

Key words: Oscillating float; Wave energy; Hydrodynamic performance; CFD; Resonance.

圆柱附加刚性分离盘涡激振动数值模拟

陈雯煜，王嘉松*

(上海交通大学工程力学系水动力学教育部重点实验室，上海，200240，Email: chenwenyu@sjtu.edu.cn)

摘要：涡激振动是一种典型的流固耦合问题，附加刚性分离盘是一种典型的流动控制方法。本文通过对 OpenFOAM 开源流体力学计算库嵌入自编写流固耦合程序，开发了可用于求解低质量比网格大变形的求解器。本文验证了单圆柱 VIV 经典算例。采用 k-omega 湍流模型计算了 *Re*=2250 和 8250 下的 1 倍圆柱直径分离盘长的流致振动案例。通过对振动幅值及其涡脱模式并经由 FFT 变换对其频域的分析，可以看出圆柱附加刚性分离盘的振动特性不同于经典 VIV，呈现出大振幅低频驰振，适用于振动能量回收

关键词：涡激振动;刚性分离盘;驰振;能量回收

1 引言

在海洋工程应用中，圆柱结构的涡激振动十分常见。随着对海洋新能源的不断探索和水力发电电网控制技术的成熟，流致振动能量回收成为水动力回收的一种新方法。为了增强涡激振动，需要采取一些流动控制策略。

工程上，涡激振动的控制策略主要有两种：主动方式和被动方式。主动控制的方式是引入外部能量，如表面加热和吸吹方式；被动控制的方式是在圆柱表面附加各种抑制装置，如整流罩（fairing），分离盘（splitter plate），螺旋导板（strakes）等[1]。

分离盘是一种有效的抑制旋涡脱落的装置。王嘉松等[2]、钟庆等[3]通过数值模拟的方式深水隔水管附加分离盘后流动控制的效果。Unal 等[4]、Texier 等[5]、Akilli 等[6]以及谷斐[7]采用实验手段对圆柱后附加分离盘后流动形态进行了研究。梁盛平[8-9]采用实验手段对圆柱后加有间隙的固定刚性分离盘,圆柱后固加柔性分离盘流动形态进行了研究并发现了驰振现象。

基金项目：国家自然科学基金（No. 11872250）

通讯作者：王嘉松，E-mail：jswang@sjtu.edu.cn

从流动控制的角度，分离盘的确能很大程度上抑制旋涡脱落，减小结构所受的流体力但在某些情况下，又会导致振动加强。Assi 等[10]进行了一系列的水洞实验，结果表明，圆柱上附加分离盘不仅没能降低振动，反而使振动大大加强。Assi 等[11]发现，附加分离盘后，升力与位移之间相位差不会突然跳跃，PIV 实验发现，剪切层会附着在分离盘上。Assi 等[10]把此时的结构响应归为驰振(galloping)。

对于圆柱附加刚性分离盘的涡激振动，以往多采用实验手段进行研究，对于圆柱附加刚性分离盘的数值研究尤其是湍流下的数值研究极为少见，但实际海洋状况复杂，圆柱附加刚性分离盘的数值模拟仍需要进一步研究。本文基于 OpenFOAM 开源库，嵌入结构动力学求解及耦合模块，成功模拟了湍流状态下的圆柱附加刚性分离盘的流动特性。并与 Assi[13]实验结果对比吻合良好。

2 数值模型及其验证

流场控制方程采用雷诺平均 N-S 方程，结合 k-omega 湍流模型。由于刚性结构物振动时，变形对结构物及贴体网格的影响不大，本文处理流固耦合界面采用弱耦合。流场求解采用 PIMPLE 算法，振动方程求解采用 Lax-Wendroff 算法。

验证算例根据 Khalak 等[12]的实验模型给出，其结构参数如表 1 所示，网格量 3-5 万，u 为来流速度，约化速度 Ur 根据 $Ur=u/(fnD)$ 得到。

表 1 结构模型参数

项目	(质量比)m^*	(阻尼比)ζ（%）	(圆柱直径)D（m）	(固有频率)fn（Hz）
单圆柱	2.4	0.59	0.04	0.5
圆柱附加分离盘	2.7	0.7	0.05	0.3

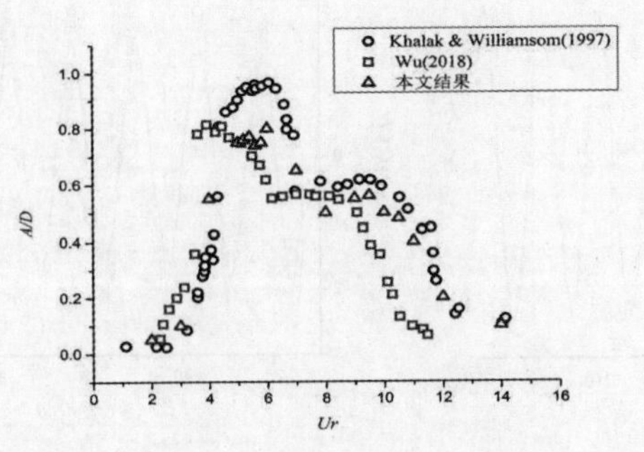

图 1 单圆柱横向 VIV 响应振幅

图 1 对比了 Khalak 等[12]经典实验数据与 Wu[13]数值模拟结果中圆柱在不同约化速度下的横流向 VIV 响应振幅。结果表明当前数值模型可以很好地模拟不同来流速度下的圆柱 VIV 响应。在 Ur=6 附近的约化速度区间内，VIV 响应最为强烈。最大振动幅值 A/D 约为

0.8，同样的模型参数，本文的数值模型相对于 Wu 能更好的捕捉下端分支及共振区间。

3 圆柱附加刚性分离盘

3.1 绕流模型参数及结果分析

模型参数根据 Assi[14]的实验模型给出(表 1)所示。为了提高计算效率，本文采取先单独计算流场等到流场稳定续算流固耦合程序，由表 2 可知，对于固定圆柱的圆柱附加分离盘，其阻力系数和升力系数明显小于单圆柱。

表 2 绕流计算所得力系数

项目	*Cl*	*Cd*		*Cl*	*Cd*
单圆柱 *Re*=2250	0.78	1.2	单圆柱 *Re=8250*	0.59	1.1
圆柱附加分离盘 *Re*=2250	0.07	0.9	圆柱附加分离盘 *Re=8250*	0.15	0.8

3.2 振动模型参数及结果分析

3.2.1 幅值响应

如图 2 所示（a）为 *Re*=2250，*Ur*=3 的振动幅值与升力系数的历时曲线图，此时振动不强，但升力系数较之固定绕流分离盘显著增大，达到近 3.0。此时 *A/D* 约为 0.15,振动不强烈，从幅值来看类似经典 VIV 初始分支。但是对于 *Re*=8250，*Ur*=11 的圆柱附加分离盘较之单圆柱呈现显著差别，此时 *A/D* 约为 1.84，是同约化速度单圆柱无量纲振幅的近 4 倍。不论是 *Ur*=3.0 还是 *Ur*=11.0，升力与振动都是同相的，不同于经典 VIV 在约化速度锁定区会有一次相位跳跃，这使得升力一直对振动幅值起到正向作用，使得振动越来越强烈。

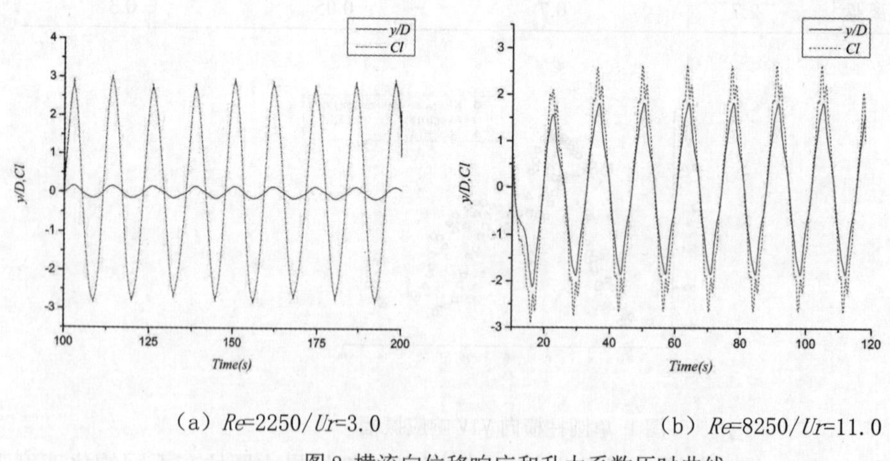

（a）*Re*=2250/*Ur*=3.0　　（b）*Re*=8250/*Ur*=11.0

图 2 横流向位移响应和升力系数历时曲线

表 3 幅值及振动频率对比

	（Ur=3.0）A/D	（Ur=11.0）A/D	（Ur=3.0）fo/fn	（Ur=11.0）fo/fn
Assi（2009）	0.17	1.80	0.2	0.28
本文	0.15	1.84	0.25	0.254

3.2.2 频域分析

如图 3 和图 4 是对圆柱附加分离盘的位移和升力进行 FFT 得到的结果，并将其与同雷诺数的单圆柱振动比较。其中 Lsp 指的是附加分离盘的长度。可以看出，相较于单圆柱，附加分离盘的无因次振动频率明显远远小于 1，Ur=3.0 和 Ur=11.0 时的附加分离盘的圆柱结构振动频率都约等于 0.25，如表 3 所示，这与 Assi[14]的实验结果也是十分吻合的。由图 4 可以看出在振动很强的时候升力也出现了多倍频，图 3 中此时在 0.5～1.0 中间出现了小的突起，结合图 5 可知每侧同时涡脱会出现一个大涡和一个小涡，由幅值响应可以看出小涡对振动激励可能不大，应此升力此处未出现明显多倍频。

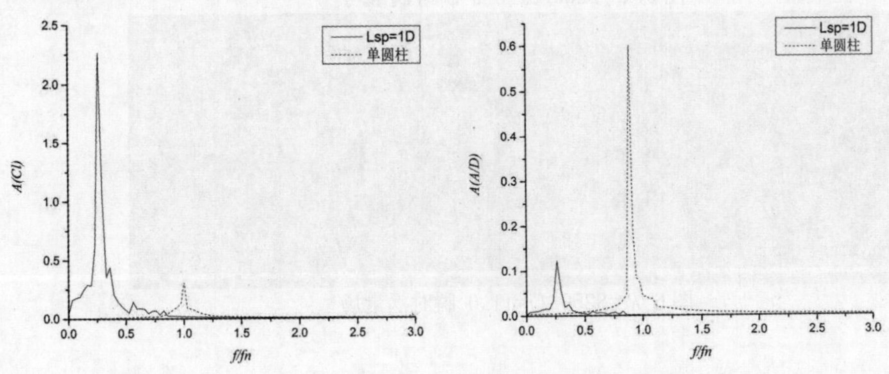

图 3 Re=2250/Ur=3.0 升力系数及结构横流向振动位移 FFT 结果

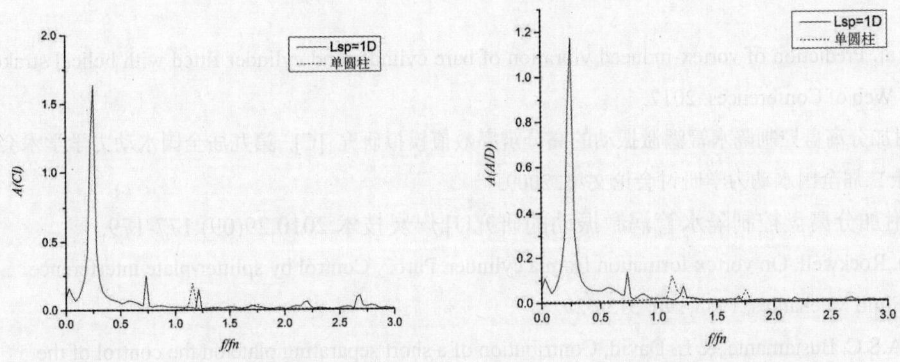

图 4 Re=8250/Ur=11.0 升力系数及结构横流向振动位移 FFT 结果

3.2.3 涡脱模式

图 5 和图 6 是两种雷诺数下的一周期内选取的前半周期的瞬态涡量场云图。可以看出边界层在整个振动过程中一直黏附在分离盘上下两侧。当雷诺数较小时，每次涡从圆柱上脱

落刚好结构物的振动带动分离盘使得涡被分离盘“掐”断成一个大涡和一个小涡然后同时脱落，此时一个周期脱落 2 个大涡 2 个小涡。当 *Ur*=11.0 时，可以看出随着流速增大，由于振动响应幅值大，涡脱频率幅值大，其尾部涡分布会出现偏斜和 S 型，一个周期共脱落 22 个涡，每侧会以 S+5P 模式涡脱。

综上，圆柱附加刚性分离盘改变了圆柱涡激振动的涡脱模式，其边界层黏附到分离盘使得产生低频高幅驰振，这种增强振动的流动控制方法可用于振动能量回收利用，将后续深入研究。

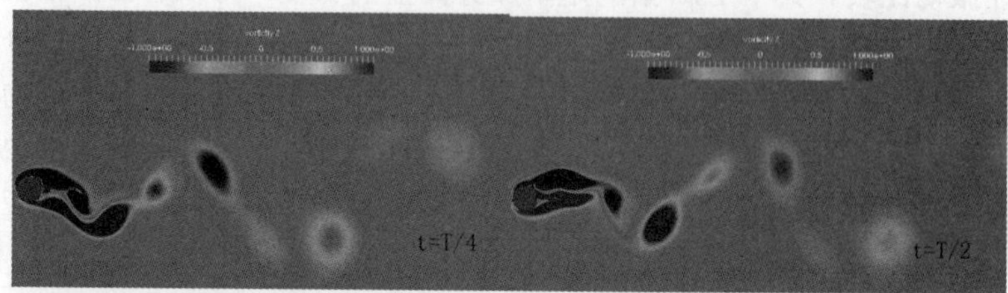

图 5 *Re*=2250/*Ur*=3.0 瞬时涡量场

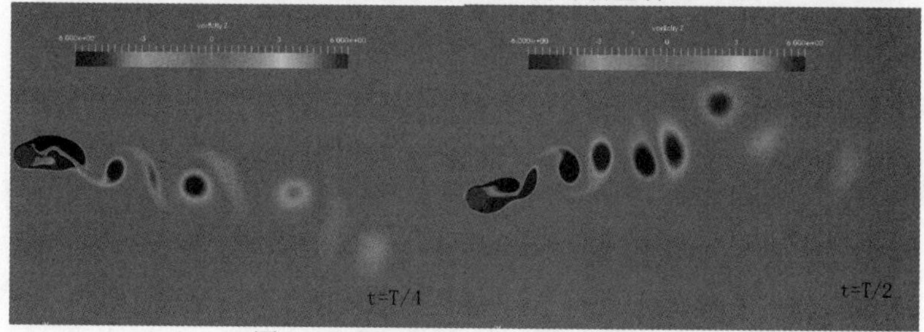

图 6 *Re*=8250/*Ur*=11.0 瞬时涡量场

参 考 文 献

1 Lee, K., et al. Prediction of vortex-induced vibration of bare cylinder and cylinder fitted with helical strakes. in MATEC Web of Conferences. 2017.

2 王嘉松. 附加分离盘控制隔水管涡激振动的高分辨率数值模拟研究 [C]. 第九届全国水动力学学术会议暨第二十二届全国水动力学研讨会论文集. 2009.

3 钟庆,等.附加分离盘控制隔水管涡激振动的研究[J].煤炭技术,2010,29(09):177-179.

4 Unal, M.,D. Rockwell. On vortex formation from a cylinder. Part 2. Control by splitter-plate interference . Journal of Fluid Mechanics, 1988,190: 513-529.

5 Texier, A., A.S.C. Bustamante, & L. David, Contribution of a short separating plate on the control of the swirling process downstream a half-cylinder. Experimental thermal and fluid science, 2002. 26(5): 565-572.

6 Akilli, H., B. Sahin, & N.F. Tumen, Suppression of vortex shedding of circular cylinder in shallow water by a splitter plate. Flow Measurement and Instrumentation, 2005. 16(4): 211-219.

7 谷斐, 等. 利用分离盘抑制隔水管涡激振动的风洞实验研究 [C]. in 第九届全国水动力学学术会议暨第二十二届全国水动力学研讨会论文集, 2009.

8 Liang, S.，et al.VIV and galloping response of a circular cylinder with rigid detached splitter plates. Ocean Engineering, 2018 ,162:176-186.

9 Liang, S., et al. Vortex-induced vibration and structure instability for a circular cylinder with flexible splitter plates. Journal of Wind Engineering and Industrial Aerodynamics, 2018,174: 200-209.

10 Assi, G.R., P. Bearman, & N. Kitney, Low drag solutions for suppressing vortex-induced vibration of circular cylinders. J. Fluids Struct., 2009,25(4): 666-675.

11 Assi, G.R. &P.W. Bearman, Transverse galloping of circular cylinders fitted with solid and slotted splitter plates. J. Fluids Struct., 2015. 54: 263-280.

12 Khalak, A. and Williamson, C.H.K. Fluid forces and dynamics of a hydroelastic structure with very low mass and damping. Journal of Fluids and Structures, 1997,11(8): 973-982.

13 吴文波 海洋结构中多圆柱流动干涉与涡激振动特征研究[D].2017.

14 Gustavo R. S. Assi Mechanisms for flow-induced vibration of interfering bluff bodies[D].2009.

Numerical Simulation of vibration response for the circular cylinder with attached splitter plates

CHEN Wen-yu, WANG Jia-song

(MOE Key Laboratory of Hydrodynamics,ShanghaiJiaoTongUniversity,Shanghai200240

Email:chenwenyu@sjtu.edu.cn)

Abstract: Vortex-induced vibration is a typical fluid-structure interaction problem. An additional rigid splitter plate is a typical flow control method. This paper develops a solver that can be used to solve large deformation of mesh for low-mass ratio circumstances by embedding a self-written fluid-structure interaction program into the OpenFOAM. This paper verifies the classic example of a single cylinder VIV. The k-omega turbulence model was used to calculate the flow-induced vibration of the cylinder fixed with rigid splitter plate of one diameter length under Reynolds number of 2250 and 8250. Through the analysis of the vibration amplitude and its vortex shedding mode through FFT transformation, it can be seen that the vibration characteristics of the circular cylinder with attached splitter plates are different from the classical VIV, and it exhibits the large-amplitude low-frequency galloping characteristics of the vibration, and it may be used for the vibration energy harvesting.

Key words：vortex induced vibration，rigid splitter plate，galloping，energy harvesting

振荡翼潮流能发电装置的水动力性能研究

王舰，何广华，莫惟杰

（哈尔滨工业大学（威海）船舶与海洋工程学院，威海，264209，Email: ghhe@hitwh.edu.cn）

摘要：潮流能作为一种清洁的可再生能源，有着很大的开发和利用价值。振荡翼潮流能发电装置是主要通过来流作用在水翼上使其做升沉和俯仰运动来获取潮流能进而进行发电的装置。本文主要研究利用两个平行对称水翼之间的地面效应来提高系统的获能效率，借助CFD软件STAR CCM+对单摆翼和双摆翼在均匀来流中的水动力性能分别进行数值模拟，分析流场的变化及水翼的受力情况，研究地面效应产生的机理，计算并对比单摆翼和双摆翼获的能效率。研究发现在两水翼接近时产生了地面效应，使得水翼受到的升力和力矩系数相较于单翼时变大，使系统的获能效率有一定的提升，对地效翼潮流能发电装置的开发有一定的帮助。

关键词：潮流能；双摆翼；地面效应

1 引言

能源是社会发展进步的重要因素之一，然而对化石能源的过度开采导致环境污染问题和能源短缺问题日益严重，开发可再生能源是解决能源问题的主要研究方向。潮流能作为一种可再生能源，具有资源储量丰富，开发价值很高的优势[1]。目前潮流能发电装置按照工作原理大体可分为水平轴式水轮机、竖直轴式水轮机、振荡水翼式和其他形式[2]。振荡水翼式潮流能发电机具有启动速度小、受潮流不均匀性影响小，对周围环境影响小等优点。McKinney 和 Delaurier[3]最早在 1981 年对摆动翼式风车进行了实验研究，他们提出俯仰运动和升沉运动间的相位差在90°左右效率最高。Kinsey 和 Dumas[4-5]对低雷诺数下的振荡翼型进行了系统地参数化研究，结果表明：当俯仰运动的振幅约为 75°，折减频率频 f^*在 0.15 左右时，系统获得了最佳的获能效率。Lu 等[6]指出非正弦轨迹可以提高振动翼的能量捕获效率。Liu[7]研究指出通过利用平行对称两个振荡水翼间的地面效应可以提高获能效率。

本研究主要对利用两个平行对称水翼之间的地面效应对系统获能效率的提升情况进行研究。借助 CFD 软件 STAR CCM+，利用重叠网格技术和 S-A 湍流模型对单摆翼和双摆翼在均匀来流中的水动力性能分别进行数值模拟，计算并对比单摆翼和双摆翼的获能效率。通过流场的变化及水翼的受力情况来分析地面效应对系统获能效率的影响。

2 数学模型

水翼的形式包括俯仰运动和升沉运动，俯仰运动的转动中心在距水翼前缘 1/3*c* 处，*c* 为水翼的弦长，本文中取为 0.25m。两个运动形式间的相位差 φ 为 π/2。上面水翼的升沉运动和俯仰运动方程分别如下：

$$H(t) = H_0 \sin(2\pi ft + \varphi) \tag{1}$$

$$\theta(t) = \theta_0 \sin(2\pi ft) \tag{2}$$

其中，H_0 和 θ_0 分别是升沉和俯仰运动振幅，f 是运动频率，本研究取为 1.12 Hz。下面翼的运动方程与上述方程的符号相反。

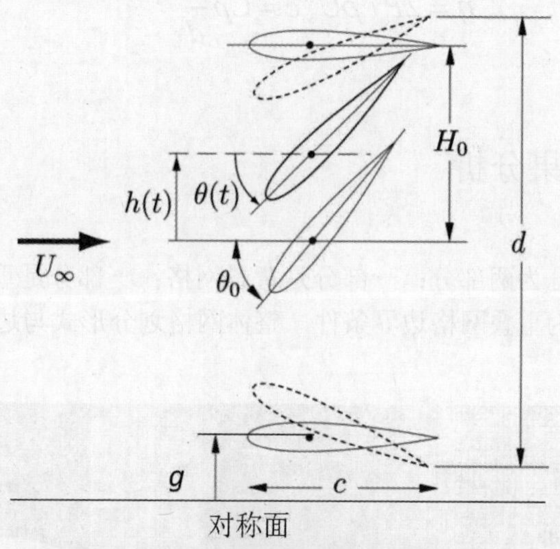

图 1　上水翼的运动模型示意图

上水翼运动示意图如图 1 所示，图 1 中底线为对称面，g 为水翼水平接近对称面时俯仰轴与对称面之间的距离，本研究中计算选取 g 等于 0.3c 来保证上下水翼不发生碰撞；U_∞ 为均匀来流速度，d 为水翼的扫掠高度。本文中求得的水翼的水动力性能参数是无量纲化的升力系数 $Cl(t)$、阻力系数 $Cd(t)$和俯仰力矩系数 $Cm(t)$。表达式如下：

$$Cl(t) = 2L(t) / \rho U_\infty^2 c$$
$$Cd(t) = 2D(t) / \rho U_\infty^2 c$$
$$Cm(t) = 2M(t) / \rho U_\infty^2 c^2 \tag{3}$$

其中，ρ 为水体的密度，取为 1000kN/m^3，$L(t)$、$D(t)$、$M(t)$为水翼上所受到的升力、阻力和力矩；在计算中升力方向与来流方向垂直，阻力方向与来流方向相同，力矩方向顺时针为负，逆时针为正。

振荡水翼捕获能量的功率系数 Cp 定义为：

$$Cp(t)=2P(t)/\rho U_{\infty}^{3}c=\frac{1}{U_{\infty}}[Cl(t)\frac{dh(t)}{dt}+Cm(t)c\frac{d\theta(t)}{dt}] \tag{5}$$

其中 $P(t)$为水翼获取能量的瞬时功率，平均功率系数定义为：

$$\overline{Cp}=\frac{1}{T}\int_{0}^{T}Cp(t)dt=2\overline{P}/\rho U_{\infty}^{3}c \tag{6}$$

系统获能的效率为：

$$\eta=2\overline{P}/\rho U_{\infty}^{3}c=\overline{Cp}\frac{c}{d} \tag{7}$$

3 数值模拟与结果分析

计算所用的网格分为两部分：一部分是背景网格；一部分是重叠网格，背景网格与重叠网格间的边界条件为重叠网格边界条件，整体网格划分形式与边界条件如图 2 所示。

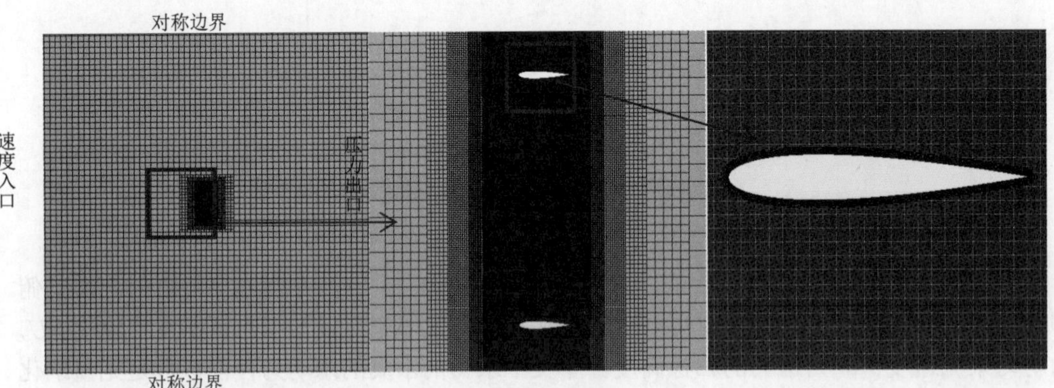

图 2 网格划分情况与边界条件

计算选取的来流速度 U_{∞}为 2m/s，对应的雷诺数 Re=500,000。计算选取的水翼翼型为 NACA0015 对称翼型，振荡水翼的升沉运动幅值 H_0 选取为一倍弦长，俯仰运动幅值 α_0=60°。

对网格和时间步长做了收敛性验证，并对单摆翼的计算结果与 Kinsey & Dumas[5]的结果进行对比，对比的情况如表 1 所示。计算的结果很接近，各参数的误差只有 4%左右。

表 1　俯仰角度幅值分别为 60°，运动频率为 1.12Hz 时单摆翼的计算结果

	Cl_{max}	Cm_{max}	Cd_{ave}	Cp_{ave}	η
参考文献[5]的结果	2.032	0.384	0.850	0.608	24.43%
本文的结果	2.082	0.387	0.871	0.586	25.39%

研究双摆翼的计算结果如表 2 所示。与单摆翼相比，双摆翼的最大升力系数与最大力矩系数有所提高；系统的获能效率也提高了 7%左右。

表 2　俯仰角度为 60°，运动频率为 1.12Hz 时单摆翼与双摆翼的对比结果

项目	Cl_{max}	Cm_{max}	Cd_{ave}	Cp_{ave}	η
单摆翼	2.082	0.387	0.871	0.586	25.39%
双摆翼	2.647	0.421	0.893	0.651	27.12%

为进一步分析双摆翼的地面效应，下面给出一个周期内单摆翼与双摆翼的升力、阻力、力矩和功率系数的曲线图（图 3）。其中从升力系数和力矩系数曲线图中可以看到，在大约 1/2 T 附近时双摆翼的升力系数和力矩系数较单摆翼有明显提高，而阻力系数曲线基本差距不大，这说明双翼间产生了地面效应，从数值上看地面效应对系统的获能效率的提高产生了积极的作用。

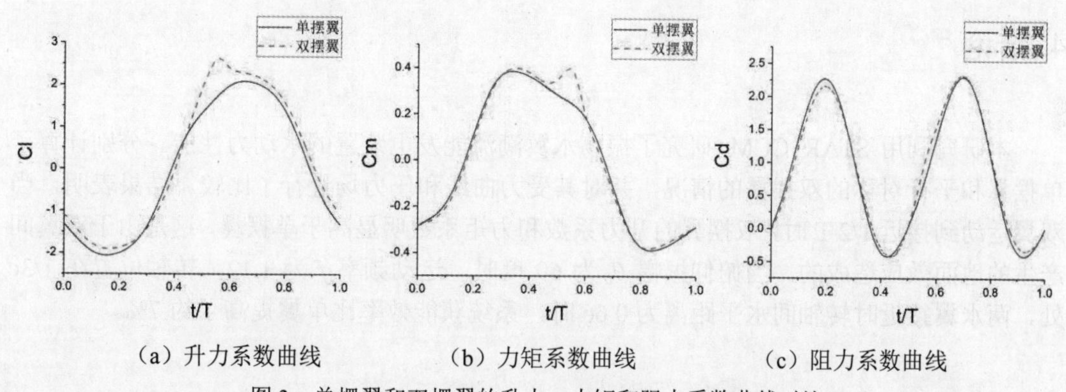

（a）升力系数曲线　　（b）力矩系数曲线　　（c）阻力系数曲线

图 3　单摆翼和双摆翼的升力、力矩和阻力系数曲线对比

再从压力云图上，来分析双摆翼升力系数和力矩系数曲线在 1/2 T 附近出现峰值的现象（图 4），上面为双摆翼，下面为单摆翼。在 0.4T 时水翼周围压力分布情况与单翼的分布情况基本相同；在 0.5T 时双翼后半段之间产生高压区使升力和力矩系数提高，已经产生了地面效应，在 0.6T 时水翼开始分离，但尾缘进一步靠近，地面效应依然有作用。

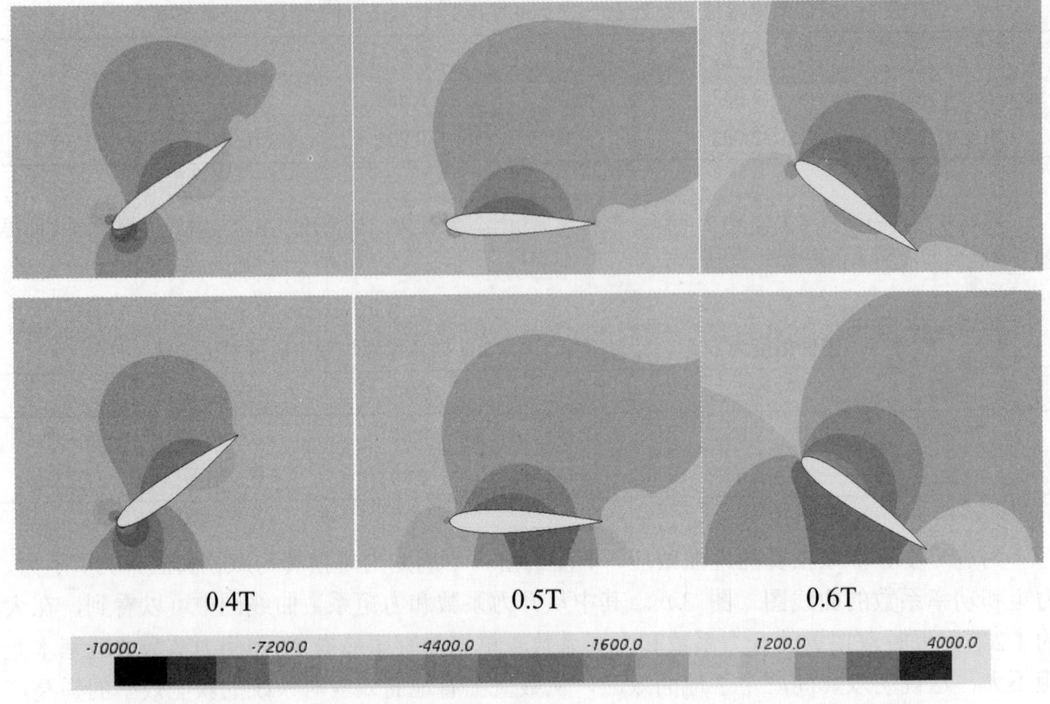

图 4　单摆翼（上图）和双摆翼（下图）在 0.4T、0.5T、0.6T 时的压力云图

4 结论

本研究利用 STAR CCM+研究了振荡水翼潮流能发电装置的水动力性能。分别计算了单摆翼和平行对称的双摆翼的情况，并对其受力曲线和压力场进行了比较。结果表明，当双翼运动到接近 1/2 T 时，双摆翼的升力系数和力矩系数明显高于单摆翼，这是由于双翼间产生的地面效应造成的。当俯仰振幅 θ_0 为 60 度时，运动频率 f 为 1.12，转轴位置在 1/3c 处，两水翼接近时转轴间水平距离为 0.6c 时，系统获能效率比单翼提高了约 7%。

致谢

本工作得到了国家自然科学基金资助项目(51579058)的资助，在此表示感谢。

参 考 文 献

1　吕新刚, 乔方利. 海洋潮流能资源估算方法研究进展[J]. 海洋科学进展, 2008, 26(1).

2 白杨, 杜敏, 周庆伟, 等. 潮流能发电装置现状分析[J]. 海洋开发与管理, 2016, 33(3):57-63.

3 Mckinney W , Delaurier J . The Wingmill: An Oscillating-Wing Windmill[J]. Journal of Energy, 1981, -1(2):80-87.

4 Kinsey T , Dumas G . Parametric Study of an Oscillating Airfoil in a Power-Extraction Regime[J]. AIAA Journal, 2008, 46(6):1318-1330.

5 Kinsey T , Dumas G . Computational Fluid Dynamics Analysis of a Hydrokinetic Turbine Based on Oscillating Hydrofoils[J]. Journal of Fluids Engineering, 2012, 134(2):021104.

6 Lu K , Xie Y , Zhang D . Nonsinusoidal motion effects on energy extraction performance of a flapping foil[J]. Renewable Energy, 2014, 64:283-293.

7 Liu, Pengfei. WIG (wing-in-ground) effect dual-foil turbine for high renewable energy performance[J]. Energy, 2015, 83:366-378.

Hydrodynamic performance of a current energy generator based on Oscillating Wings

WANG Jian, HE Guang-hua, MO Wei-jie

(School of Naval Architectureand Ocean Engineering, Harbin Institute of Technology (Weihai), Weihai,264209.
Email: ghhe@hitwh.edu.cn)

Abstract: As a clean and renewable energy, the development of tidal current energy is a potential way. The power is generated by the hydrofoils oscillates in heave and pitch direction in tidal current. In this paper, the wing in ground effect between two parallel symmetrical hydrofoils is introduced to improve the efficiency of energy. The hydrodynamic performance of single oscillating wing and double oscillating wings in uniform inflow is numerically simulated by CFD software STAR CCM+. The energy efficiency of the single oscillating wing and double oscillating wingsare calculated and compared. It is found that the wing in ground effect occurs when two hydrofoils approach, which makes the lift and moment coefficients of the hydrofoils larger than those of the single hydrofoil, correspondingly improves the energy efficiency of the system.

Key words: Tidal current energy; Double oscillating wings; Wing in ground effect

流道形式对舰艇用消声风洞流场和声学特性的影响研究

金哲民，方斌，李瀚钦

(海军工程大学 舰船与海洋学院，武汉，430033，Email:jzm_kim@163.com)

摘要：消声风洞可用于舰艇流体动力设计和声隐身技术研究，其性能在很大程度上取决于实验段流场特性和消音室背景噪声水平，而流道形式将对其产生重要影响。采用分离涡（DES）方法和声类比 FW-H 方程，对消声风洞两种不同流道设计方案进行了数值模拟研究。结果表明，拐角流道形式会降低流场的均匀性，但是对实验段中心区域影响不大；拐角流道可降低消音室低频段（<200Hz）背景噪声，并且随着速度的增加，拐角流道使高频段（>1000Hz）背景噪声也有所降低。此外，由于拐角流道形式在声传播途径上对消声风洞动力段噪声源有一定的抑制作用，因此，为使消声风洞总体性能更优，应选取有拐角的流道形式。

关键词：消声风洞；流道；拐角段；流场特性；背景噪声

1 引言

声隐身性能是潜艇发挥作战效能和保持水下生存的重要能力，一直受到各国海军的高度重视，其中噪声水平是衡量潜艇声隐身性能的重要指标。一般而言，潜艇噪声主要来自水动力噪声、螺旋桨噪声和艇体机械噪声[1]。由壁面上的脉动压力以及艇体周围湍流边界层内的扰动共同引起的噪声，通常称为流噪声，是水动力噪声的主要组成部分。潜艇低速航行时，机械噪声占主导，流噪声在总噪声中所占比例较小，但是由于水的低可压缩性，很小的声功率便能产生较大的声压[2]。在高频段，声功率谱密度与来流速度的 6 次方成正比[3]，航速增加一倍，流噪声级将增加 15～18dB[4]。在中高航速（大于 12kn 左右）下，流噪声将会在水下辐射噪声中占据较大比例，并且随着机械噪声以及螺旋桨噪声得到有效的控制，潜艇流噪声问题将日益凸显，甚至会成为主要噪声源[2]，如图 1 所示。准确预测流噪声，研究流噪声的产生控制技术，对潜艇声隐身性能的提升具有重要的工程实际意义。

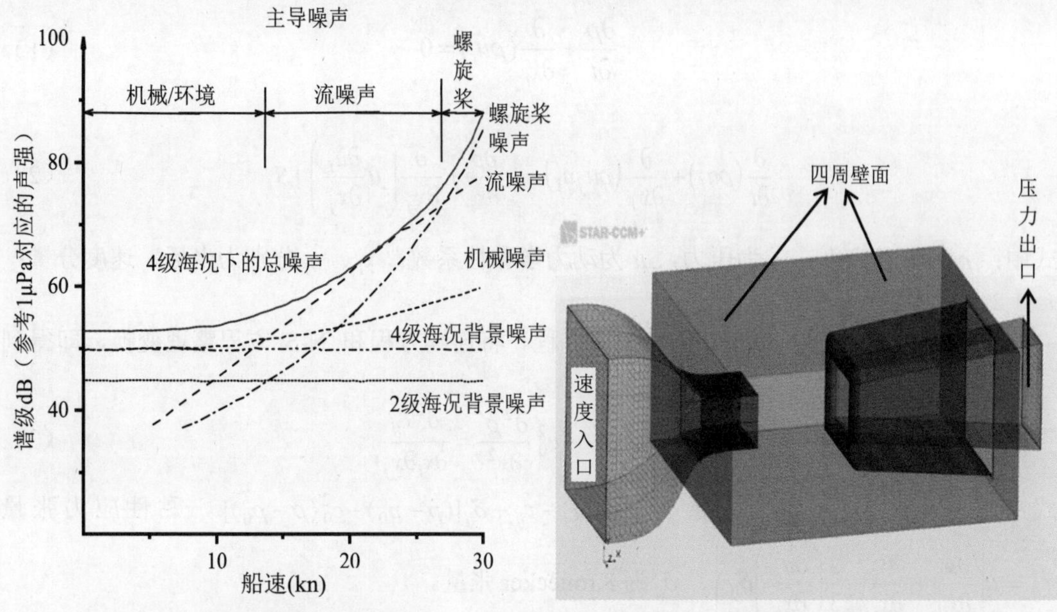

图 1　自噪声随航速的变化　　　　图 2　佛罗里达大学消声风洞网格

提高航速的同时，保持优良的声隐身性能已成为舰艇设计研究技术领域的研究重点。由于舰艇周围流场复杂，并且难以从舰艇总噪声中分离出流噪声和螺旋桨噪声，因此直接在水中开展相关研究存在很大的困难[5]。根据空气中消声比水中容易的特点，借鉴气动声学领域的研究成果，拟设计建造舰艇用消声风洞，在空气中开展舰艇流噪声和螺旋桨噪声的研究[6]。由于消声风洞涉及流场和声学问题，为了保证设计目标的实现，需要在设计阶段开展流场和声学特性仿真分析。

本文主要研究不同流道形式消声风洞实验段的流场和背景噪声特性。利用 SATR CCM+软件，对不同流道形式的消声风洞进行流场仿真，采用分离涡模拟（Detached Eddy Simulation，DES）方法和 FW-H 声学模块进行声场模拟。首先依据与设计方案相近的佛罗里达大学消声风洞（计算模型如图 2 所示）实验结果，验证计算方法的准确性。然后对舰艇用消声风洞不同流道设计方案（如图 3 所示）进行数值仿真研究，比较实验段流场和消音室背景噪声特性。

2　计算理论与方法

2.1 控制方程

由于风洞设计风速在 60m/s 以下，所以流场流动可看做是不可压缩流动，采用连续方程和雷诺平均 Navier-Stokes 方程作为流场的控制方程：

$$\frac{\partial \rho}{\partial t}+\frac{\partial}{\partial x_i}(\rho u_i)=0 \tag{1}$$

$$\frac{\partial}{\partial t}(\rho u_i)+\frac{\partial}{\partial x_j}(\rho u_j u_i)=-\frac{\partial p}{\partial x_i}+\frac{\partial}{\partial x_j}\left(\mu\frac{\partial u_i}{\partial x_j}\right)+S_i \tag{2}$$

式中：ρ 为流体密度；p 为压力，μ 为动力学黏性系数；x_i、u_i 分别为坐标、速度分量；i=1,2,3；S_i 为广义源项。

声场控制方程采用 Lighthill 声类比方程。将连续方程和 N-S 方程整理变换，即得到 Lighthill 声类比方程：

$$\frac{\partial^2 \rho'}{\partial t^2}-c_0^2\frac{\partial^2 \rho'}{\partial x_i^2}=\frac{\partial^2 T_{ij}}{\partial x_i \partial x_j} \tag{3}$$

式中：$\rho'=\rho-\rho_0$，应力张量 $T_{ij}=\rho u_i u_j-\tau_{ij}+\delta_{ij}[(p-p_0)-c_0^2(\rho-\rho_0)]$，黏性应力张量 $\tau_{ij}=\mu\left[\frac{\partial u_i}{\partial x_j}+\frac{\partial u_j}{\partial x_i}-\frac{2}{3}\left(\frac{\partial u_k}{\partial x_k}\right)\delta_{ij}\right]$，$\delta_{ij}$ 为 Kronecker 张量。

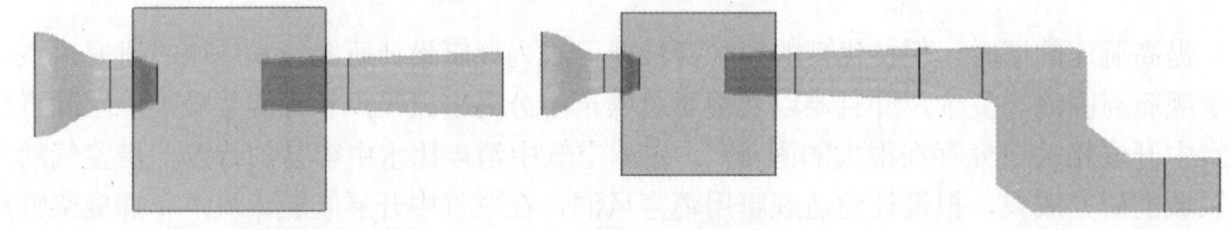

(a) 无拐角流道　　(b) 有拐角流道

图 3 消声风洞两种流道形式

2.2 湍流模型

SST $k-\omega$ 湍流模型使用标准 $k-\omega$ 湍流模型求解近壁面区域，使用 $k-\varepsilon$ 湍流模型求解湍流区域，并且能在两者之间平滑过渡，所得结果更为准确，因此选用 SST $k-\omega$ 湍流模型。由 RANS 计算得到定常流场后，将结果作为 DES 模拟的初始值进行非定常计算。

Menter[7]提出的 SST $k-\omega$ 湍流模型输运方程为：

$$\frac{\partial}{\partial t}(\rho k)+u_i\frac{\partial(\rho k)}{\partial x_i}=P_k-\frac{\rho k^{3/2}}{l_{k-\omega}}+\frac{\partial}{\partial x_i}\left[\left(\mu_l+\frac{\mu_l}{\sigma_k}\right)\frac{\partial k}{\partial x_i}\right] \tag{4}$$

$$\begin{aligned}\frac{\partial(\rho\omega)}{\partial t}+u_i\frac{\partial(\rho\omega)}{\partial x_i}&=C_\omega P_\omega-\beta_\omega\rho\omega^2\\&+\frac{\partial}{\partial x_i}\left[\left(\mu_l+\frac{\mu_l}{\sigma_k}\right)\frac{\partial k}{\partial x_i}\right]+2\rho(1-F_1)\frac{1}{\omega}\sigma_{\omega^2}\frac{\partial k}{\partial x_i}\frac{\partial \omega}{\partial x_i}\end{aligned} \tag{5}$$

式中：k 为湍动能；ω 为比耗散率，涡黏系数 $\mu_l=\min\left[\frac{\rho k}{\omega},\frac{a_1\rho k}{\Omega F_2}\right]$，湍流长度尺度 $l_{k-\omega}=\frac{k^{1/2}}{\beta_k\omega}$，$F_1$ 和 F_2 为混合函数，C_ω、σ_k、σ_{ω^2} 和 β_ω 为模式参数；P_k,P_ω 为湍流生成项，依据文献[7]定义具体参数。使用 DES 方法模拟时，$l=\min(l_{k-\omega},\Delta C_{DES})$，网格单元最大边长 $\Delta=\max(\Delta x,\Delta y,\Delta z)$，$C_{DES}=0.65$。

2.3 FW-H 方程

消声风洞实验段声场的声学计算采用 FW-H 方程。FW-H 方程是直接推导连续方程与 N-S 方程得到非齐次波动方程：

$$\frac{1}{a_0^2}\frac{\partial^2 p'}{\partial t^2}-\nabla^2 p'=\frac{\partial^2}{\partial x_i\partial x_j}\left\{T_{ij}H(f)\right\}-\frac{\partial}{\partial x_i}\left\{\left[P_{ij}n_j+\rho u_i(u_n-\upsilon_n)\right]\delta(f)\right\} \tag{6}$$

$$+\frac{\partial}{\partial t}\left\{\left[\rho_0\upsilon_n+\rho(u_n-\upsilon_n)\right]\delta(f)\right\}$$

式中：$P_{ij}=p\delta_{ij}-\mu\left[\frac{\partial u_i}{\partial x_j}+\frac{\partial u_j}{\partial x_i}-\frac{2}{3}\frac{\partial u_k}{\partial x_k}\delta_{ij}\right]$ 为压应力张量，p' 为远场声压；u_n 为 $f=0$ 面上的流体法向速度分量，υ_i 为 x_i 方向上的表面速度分量，υ_n 为 $f=0$ 面上的法向表面分量；$\delta(f)$ 为狄拉克函数；$H(f)$ 为 Heaviside 函数；n_i 为表面指向外部区域的单位法向量；a_0 为远场声速。对式（6）积分之后，可得到分别代表单极子噪声、偶极子噪声和四极子噪声的表达形式。

3 计算方法验证

针对舰艇用消声风洞实验段的流场和背景噪声问题，由于设计的消声风洞的结构尺寸与美国佛罗里达大学的消声风洞[8,9]相近，因此引用其相关实验结果验证本文所采用的流场和声场模拟方法的准确性。主要对影响流场和背景噪声的收缩段、消声室和扩散段三部分，建立图 2 所示的模型。

在风速为 17.0m/s、18.1m/s 和 24.4m/s 三种工况下，在距离收缩段出口 *X/Xe*=3%、43% 及 83%的实验段位置，测量流场沿风洞高度方向的速度分布情况，其中 *X* 为测点与收缩段出口的轴向距离，*Xe* 为收缩段出口与扩散段入口距离。图 4 为仿真值与佛罗里达消声风洞实验值的对比结果，横坐标代表位于实验段纵向对称面上的高度坐标 *He*，纵坐标代表测点速度与实验段中心参考点速度比 V/V_T。流场结果表明：实验段前后的速度变化不太均匀；实验段中心附近（*X/Xe*=43%）仿真结果与实验值基本吻合。

图 5 给出了 3 种风速下 100~5000Hz 范围内的声压级频谱对比情况。结果表明，仿真值与实验值具有相对应的变化趋势；1000Hz 以下的仿真值基本大于实验值。误差产生的原因主要在于：消声风洞的声学优化措施复杂，计算模型未精确模拟实际情况。

综合流场与声场的结果，采用上述数值模拟方法可以较为准确地模拟消声风洞的流场，以及定性分析消声风洞的不同流道形式下消声室内声场的特性，为最终确立流道形式提供依据。

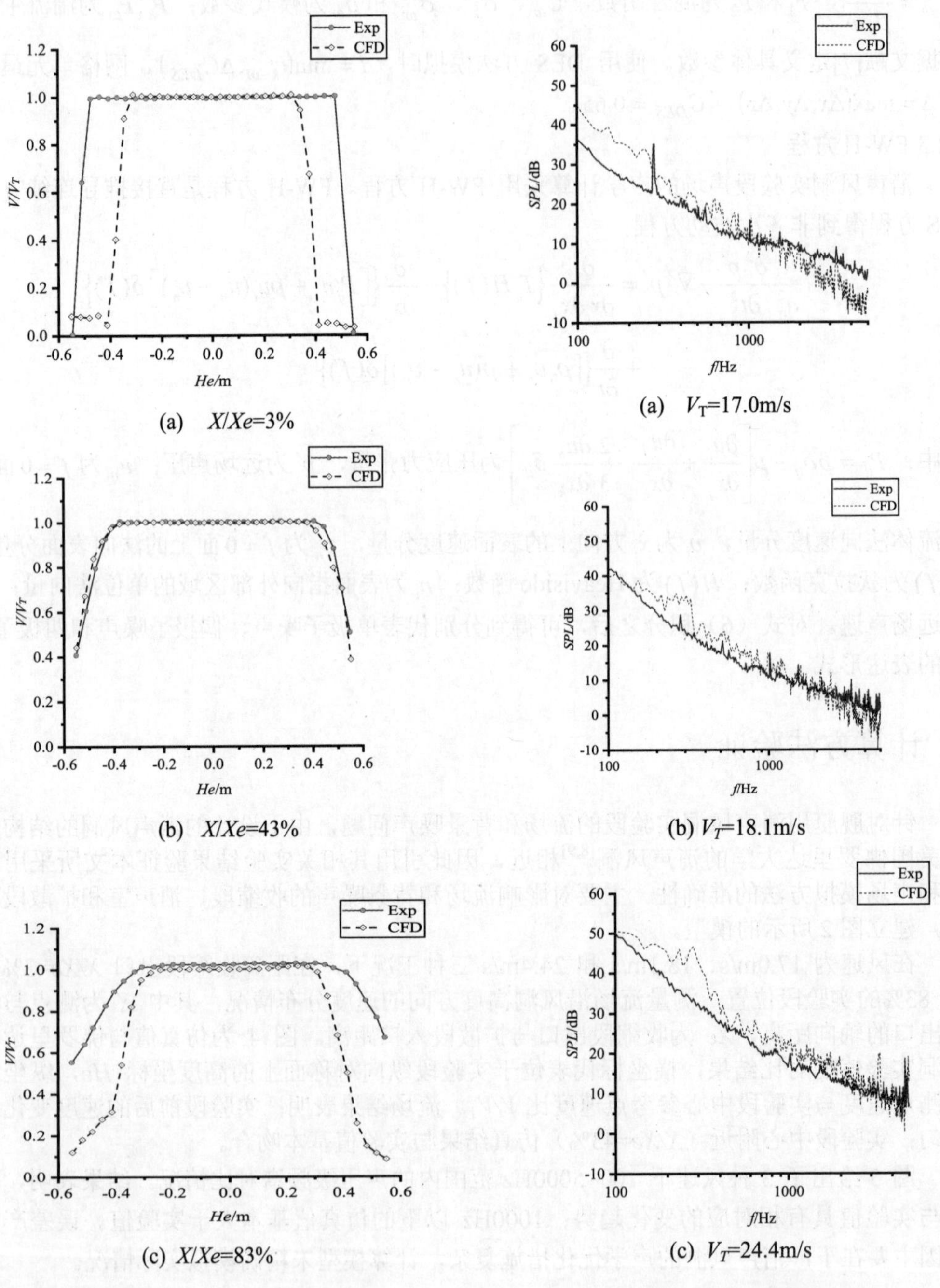

图 4 收缩段出口不同位置处速度均匀性

图 5 不同风速下声压级曲线

4 结果与分析

使用上述数值模拟方法，从实验段流场和消声室声场特性两个方面，仿真比较了舰艇用消声风洞不同的设计方案，其中包括: (1) 无拐角流道形式; (2) 有拐角流道形式。

4.1 实验段流场特性

不同流道形式下，在距离收缩段出口 1m 的剖面位置设置流速监测点，将各测点的速度值 V 除以该剖面中心轴线处参考点的速度值 V_T，得到归一化速度 V/V_T。整理得到如图 6 所示的不同速度下有无拐角流道的速度均匀性对比图。可以看出，在不同速度下有无拐角流道的归一化速度几乎没有差别。

4.2 消声室声场特性

进一步比较不同方案下消声风洞背景噪声。图 7 声压级频谱曲线图表明：流速较低时，拐角流道会降低消声风洞低频段（<200Hz）背景噪声；并且随着速度的增加，拐角流道使高频段（>1000Hz）背景噪声也有所降低。

5 结论

针对舰艇流体动力与声隐身技术实验室消声风洞，本文采用了 DES 方法和 FW-H 方程对消声风洞两种不同流道形式的设计方案进行了数值研究。

（1）拐角流道会降低实验段流场品质，对实验段中心区域流场均匀性影响不大。

（2）拐角流道可降低消音室低频段（<200Hz）背景噪声，并且随着速度的增加，拐角流道使高频段（>1000Hz）背景噪声也有所降低。

（3）由于拐角流道形式在声传播途径上对消声风洞动力段噪声源有一定的抑制作用，因此，消声风洞选取有拐角流道形式的。

（4）为了更为精确地掌握消声风洞内部流场与声场特性，需要建立更为完善的模型，进一步开展深入研究。

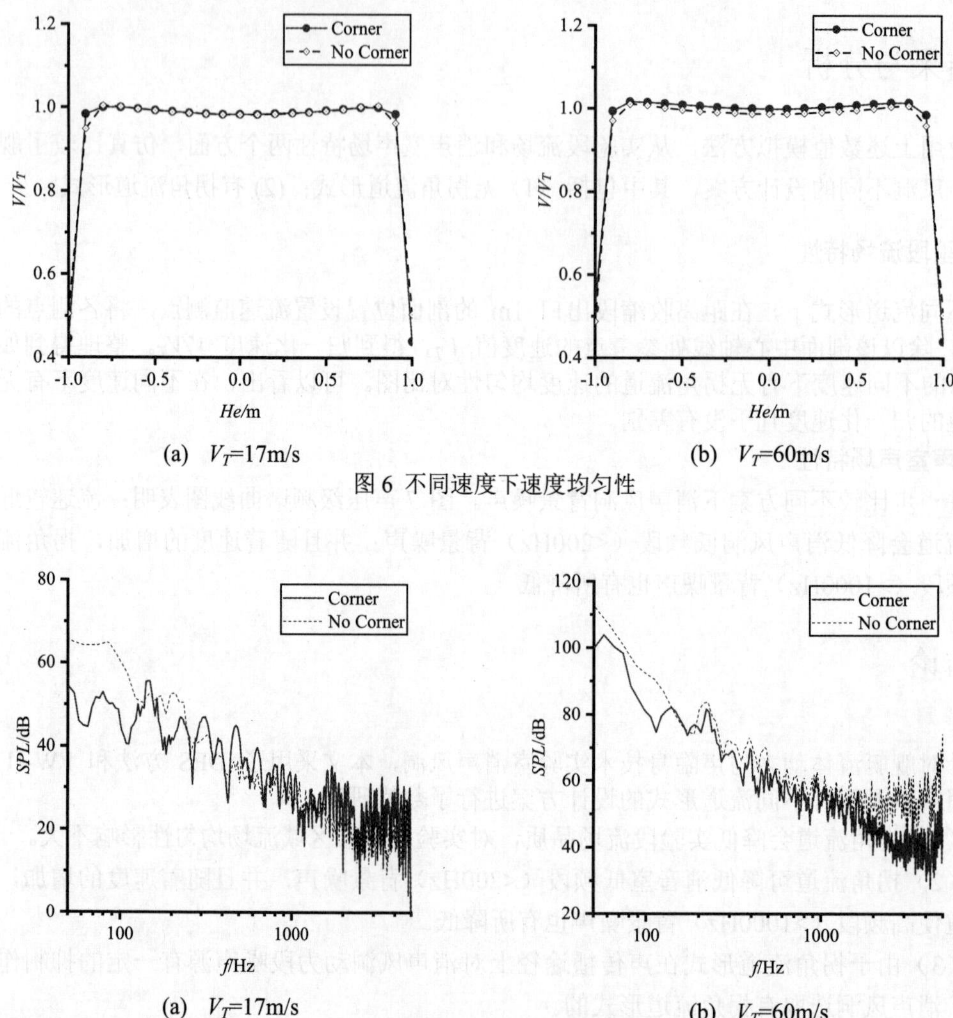

(a) V_T=17m/s (b) V_T=60m/s

图 6 不同速度下速度均匀性

(a) V_T=17m/s (b) V_T=60m/s

图 7 不同速度下有无拐角流道背景噪声

参 考 文 献

1 俞孟萨, 吴有生, 庞业珍. 国外舰船水动力噪声研究进展概述[J]. 船舶力学, 2007, 11(1): 152-158.

2 WAITE A D. 王德石译.实用声呐工程.第三版[M].北京：电子工业出版社,2004.

3 周连第. 船舶与海洋工程计算流体力学的研究进展与应用[J]. 空气动力学学报, 1998(1):122-131.

4 李东升, 吕世金, 俞孟萨. 水面舰船水动力辐射噪声工程估算[J]. 水下噪声学术论文选集 (1985-2005),2005.

5 孟庆昌, 周其斗, 方斌, 等. 用于声学测量的消声风洞研究综述[J]. 舰船科学技术, 2013, 35(9):9-15.

6 方斌, 周其斗, 李瀚钦. 军队院校实验室建设中军民融合问题探究[J]. 中国现代教育装备, 2017(9):13-16.

7 Menter F. Zonal two equation k-w turbulence models for aerodynamic flows[C]//23rd fluid dynamics, plasmadynamics, and lasers conference. 1993: 2906.

8 Mathew J, Bahr C, Carroll B, et al. Design, fabrication, and characterization of an anechoic wind tunnel facility[C]//11th AIAA/CEAS Aeroacoustics Conference. 2005: 3052.

9 Mathew J, Bahr C, Sheplak M, et al. Characterization of an anechoic wind tunnel facility[C]//ASME 2005 International Mechanical Engineering Congress and Exposition. American Society of Mechanical Engineers, 2005: 281-285.

Study on the influence of flow channel form on the flow field and acoustic characteristics of the anechoic wind tunnel for vessels

JIN Zhe-min, FANG Bin, LI Han-qin

(College of Naval Architecture and Ocean Engineering, Naval University of Engineering, Wuhan, 430033，Email：jzm_kim@163.com)

Abstract：Anechoic wind tunnel can be used for the research of vessel fluid dynamic design and acoustic stealth technology. The performance of the anechoic wind tunnel depends largely on the flow field characteristic of its experimental zone and the background noise level, and flow channel layout will have an important impact on it. DES method and FW-H equation are used on numerical simulation study of two different flow channel schemes for the anechoic wind tunnel. The results show that the flow channel with corner will reduce the uniformity of the flow field, but has little effect on the central area of the experimental section. The flow channel with corner will reduce the background noise of the low frequency bands (<200Hz) of the anechoic chamber. With the increase of flow velocity, it also reduces the background noise of high frequency bands (>1000Hz). In addition, considering the flow channel with corner has a certain inhibitory effect on the noise source of the anechoic wind tunnel power section on the sound propagation path, the anechoic wind tunnel with corner channel should be selected for better performance.

Key words：anechoic wind tunnel; flow channel; corner section; flow field characteristics; background noise.

涵洞式直立堤涵管内振荡流特性研究

般铭简，赵西增*

（浙江大学海洋学院，浙江舟山 316021；Email:xizengzhao@zju.edu.cn）

摘要：涵洞式防波堤可借助波浪及潮流实现港池内外水体交换，因而近年来逐渐应用于我国港口工程建设之中。本研究基于由 OpenFOAM 二次开发的 CFD 求解器，用流体体积法（volume of fluid, VOF）捕捉自由液面，标记港池内外水体并统计涵口平均流速时程变化，研究规则波作用于直立堤时的涵管内水流特性。结果表明，波浪在直立堤前发生反射，并在两个涵口处交替形成涡旋，将涵口附近水体卷吸到涵管内并引起周期性振荡流；随着涵洞长度缩短与深度减小，涵口处涡旋现象加剧、水体交换范围扩大。

关键词：涵洞式直立堤；振荡流；规则波；水体交换；数值计算

1 引言

港池水质与冲淤情况是港口工程设计的重要指标。在重力式防波堤环绕的半封闭港区内，由于港池内外水体的自然循环受到阻碍，常出现污染物滞留与航道淤积等问题。为加强掩蔽水域与外海之间的联系、改善港区生态环境，可在重力式防波堤上开设涵洞，通过波浪与水流的驱动作用促进水质更新，即涵洞式防波堤。因其结构简单有效，尤其适用于海床土层较浅而不宜修建桩基透空堤的海域，故而在港口工程建设中逐渐得到应用[1]。

已有国内外学者针对涵洞式防波堤的水动力特性与水体交换效率开展了一定研究。在大尺度（港区整体）层面，Loncar 等[2]基于浅水方程，结合实地观测数据，模拟了港内水体更新范围，并对涵洞水平布置进行了优化。Belibassakis[3]基于势流理论，模拟了波浪衍射的影响范围。而在小尺度（涵口局部）层面，Tsoukala[1,4]、Carevic [5]等试验测定了规则波作用下的斜坡堤内外波高，并拟合了透射系数 K_t 的经验式。结果表明，当涵洞开设于水面附近时，K_t 随着入射波周期延长、波陡增大、入射角趋于垂直、涵洞长度减小、截面变宽而增大，同时透、反射波的谐振现象加剧。黄慧等[6]针对水下涵洞直立堤开展了类似的水槽试验，且得到了与水面涵洞斜坡堤[1][4][7]相一致的透射系数变化趋势。Bujak[7]试验研究了不规则波引起的涵管内部水流特性，结果表明，当涵洞位于水面、波浪未接触顶壁时，涵管内流速极值较大，且方向以流入港池为主；而当涵洞完全浸没于水下时，涵管内呈往

基金项目：国家自然科学基金(51679212)；浙江省杰出青年基金项目(LR16E090002)；中央高校基本科研业务费专项资金资助(2018QNA4041)

复振荡流动，且涵口流速极值与净流量均极小。

总体而言，当前对涵洞堤透浪性的讨论已较为详尽，但在水质更新效率方面，已有的试验研究均未对港池内外水体进行区分标记、不能直观表征波浪作用下的交换范围；而大尺度数值模拟则忽略了涵洞附近的流场细节，因此无法解释波浪透射与水体交换机理。为此，本研究用 CFD 方法模拟规则波作用下的涵洞式直立堤透浪过程，标记港池内外水体，研究了不同涵洞位置及涵管长度下的涵管水流特性及水体交换范围，并结合局部流场阐释透射机理。

2 数值模型及工况设置

采用不可压缩的气-液两相流二维模型，用有限体积法离散求解 N-S 方程，并通过 VOF 方法捕捉自由液面。为避免造成额外的数值误差，引入一独立的、不参与自由液面计算的标量场 α 如式(4)，用以标记港池内水体。初始时港内水体 α 为 0、计算域其余网格 α 为 1，则港池内 α 值即为外部水体的输运量。控制方程组如下：

$$\nabla \cdot \vec{u} = 0 \tag{1}$$

$$\frac{\partial \vec{u}}{\partial t} + (\vec{u} \cdot \nabla)\vec{u} = -\frac{1}{\rho}\nabla p + \frac{\mu}{\rho}\nabla^2 \vec{u} + \vec{F} \tag{2}$$

$$\frac{\partial \phi}{\partial t} + \vec{u} \cdot \nabla \phi = 0 \tag{3}$$

$$\frac{\partial \alpha}{\partial t} + \vec{u} \cdot \nabla \alpha = 0 \tag{4}$$

各式中对流项均为混合格式、扩散项均为中心差分格式。对于式(3)，采用 FCT 通量修正方法提高计算精度并确保体积分数的有界性。首先进行 PISO 迭代修正求得速度及压力场，之后代入求解液相体积分数 ϕ 及标量场 α，最后显式更新非稳态项。

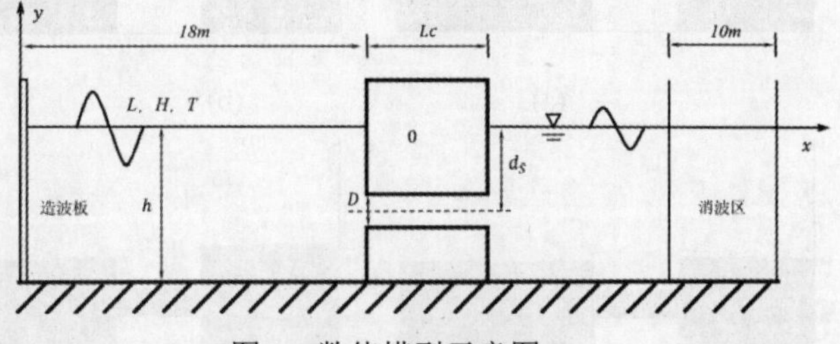

图 1　数值模型示意图

以舟山市衢山岛某防波堤为原型，忽略海底地形变化，建立 1:5 缩尺数值模型如图 1 所示，共划分结构化贴体网格约 41 万个，竖向波高范围内包含约 30 个网格。静水深 h=0.6m；涵洞直径 D=0.1m；d_s 为涵洞轴线到静水面距离；L_c 为涵管长度（即直立堤宽度）。在计算域左端通过推板生成线性波，波浪参数及对应涵洞参数如表 1 所示，且不考虑越浪情况；

计算域右端起 10m 范围内为阻尼消波区。

表 1 模拟工况

序号	涵洞深度 d_s/m	涵管长度 L_c /m	波长 L /m	波周期 T /s	波高 H /m
1	0.10	0.3		2.0518	
2	0.15	0.3		2.0518	
3	0.15	0.6	4.5	2.0518	0.04
4	0.25	0.3		2.0518	
5	0.45	0.3		2.0518	

3 结果与讨论

3.1 涵管内流动机理分析

图 4 为波浪运动呈现稳定的周期性之后，几个典型相位下的水面位置及流场矢量图（以工况 2 为例）。由图 4 可见，自入射波峰到达堤前起的半个周期内（图 4a），水流持续流入港池。当入射波谷到达堤前时（图 4b），由于线性波水质点近似闭合椭圆的轨迹，在防波堤的限制及诱导作用下，涵洞口产生涡旋并引起涵管内的次生涡，使涵管内水流方向改变。随后，水流持续流出港池，直到入射波峰到达堤前、再次在涵口附近引起涡旋并使其重新流向港池内（图 4c 和图 4d）。总体而言，涵管内发生周期与入射波一致的往复振荡流动。

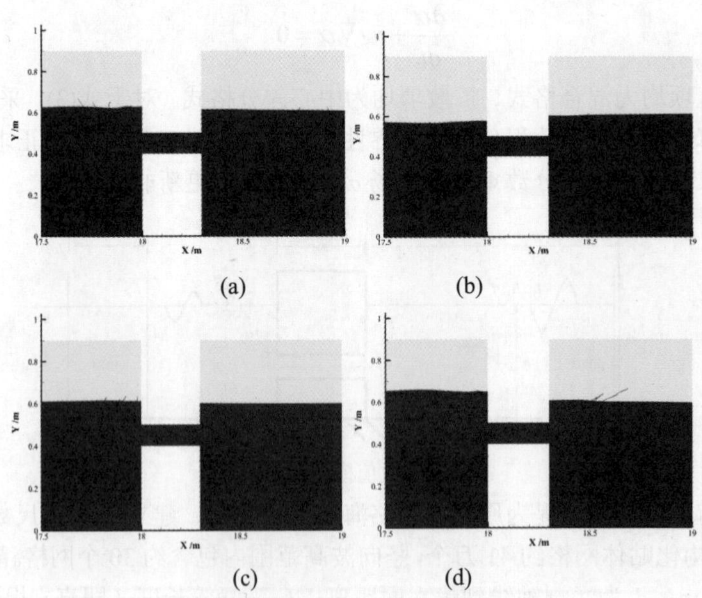

图 4 典型相位下的自由液面位置及流线图

图 5a 与图 5b 分别为入射波谷初次传播至堤前时起，15 个周期后与 40 个周期后的新、

老水体分布情况及流线图。可见，当水流方向发生改变时，随着旋涡的发生与脱落，部分外来水体滞留在港池内，同时涵口附近原有水体被卷吸并携带到港池外部。随着波浪作用时间的累积，水体交换范围逐渐扩大。因此，虽然在单纯波浪作用下，水下涵管内振荡流动的净流量极小[8]，但仍能达到一定程度的水体交换效果。

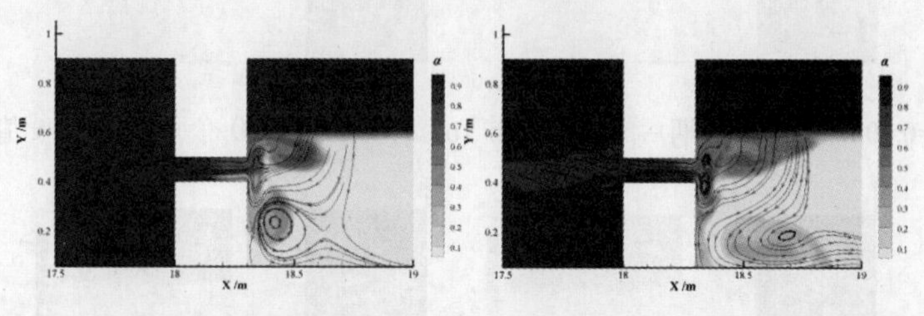

(a) 15 个周期后的 α 值分布　　(b) 40 个周期后的 α 值分布

图 5 港池内外来水体的体积分数及流线

3.2 涵洞参数对水体交换范围的影响

图 6 为不同涵洞深度下的涵管内平均流速（d_s=0.10m、0.15m、0.25m、0.45m，即工况 1、2、4、5），图 7 为 40 个周期后的外来水体分布范围。由图可见，由于波浪能主要集中于水面 3 倍波高处，当涵洞完全浸没水下时，涵洞深度对涵管内流速极值影响不大。此外，由于涵洞至水面及水底的空间决定了涵口涡旋的形态，因此不同深度下，外来水体的分布范围存在一定差异。当涵洞位置较浅时，上方的外来水体可在惯性作用下，扩散到较远的距离（类似于周期性入射的射流），而下方的水体更新则主要通过涡脱落实现。当涵洞位置较深时，外来水体的分布趋势与之相反。

图 8 为不同涵管长度下的涵管内平均流速（L_c=0.3m、0.6m，即工况 2、3），图 9 为 40 个周期后的水体分布范围。由图可见，当涵管长度增大时，管内流速极值减小、外来水体的分布范围也随之减小。这是由于在较长的涵管内，流动方向改变的过程中，次生涡引起的能量耗散更严重，使振荡水流受到削弱。

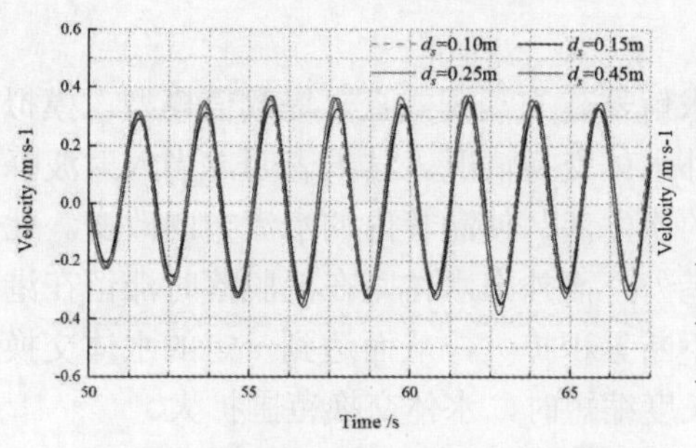

图 6 涵洞深度对涵管内水流的影响

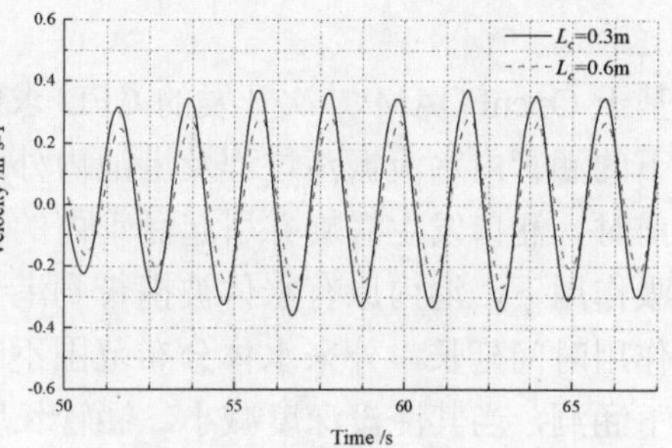

图 8 涵管长度对涵管内水流的影响

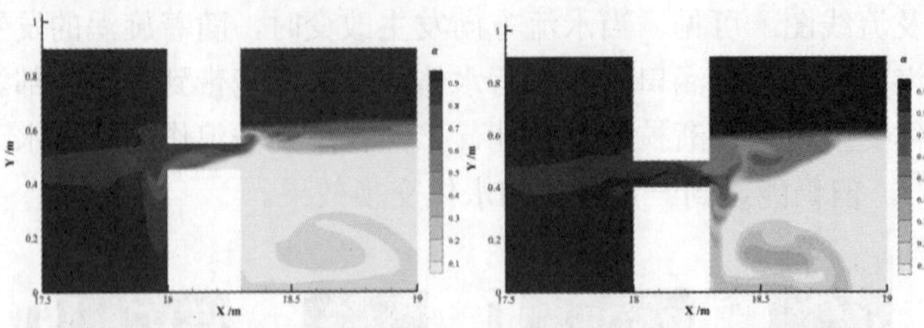

(a) d_s=0.10m 时 40 个周期后的 α 值分布 (b) d_s=0.15m 时 40 个周期后的 α 值分布

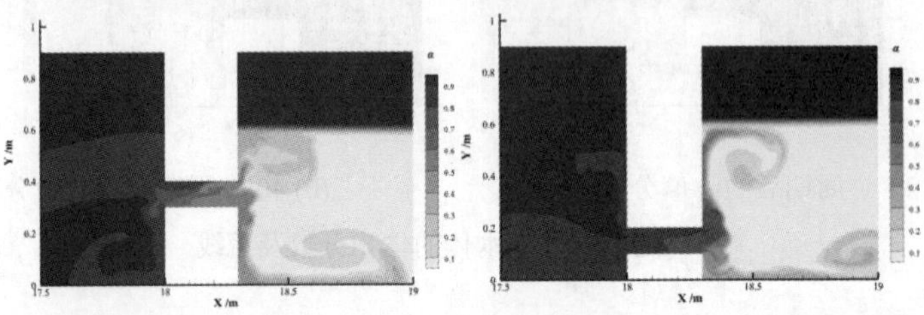

(c) d_s=0.25m 时 40 个周期后的 α 值分布 (d) d_s=0.45m 时 40 个周期后的 α 值分布

图 7 涵洞深度对水体交换效果的影响

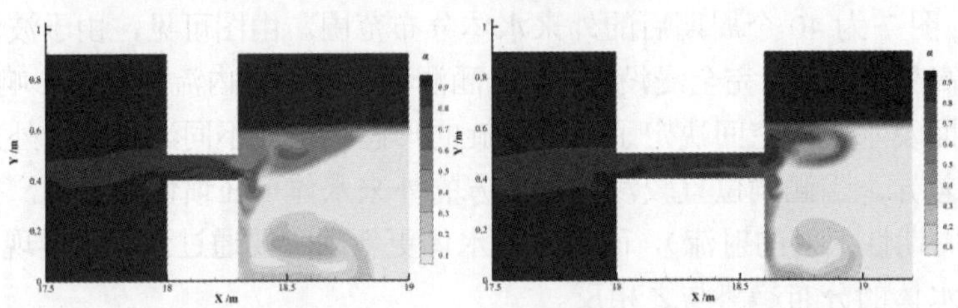

(a) L_c=0.3m 时 40 个周期后的 α 值分布 (b) L_c=0.6m 时 40 个周期后的 α 值分布

图 9 涵管长度对水体交换效果的影响

4 结论

用基于 OpenFOAM 二次开发的 CFD 求解器建立涵洞式直立堤数值模型，模拟了规则波作用下的涵管内水流振荡过程及港池内外水体交换情况。结果表明，当入射波峰或波谷到达堤前时，涵口发生涡旋并引起涵管内的次生涡，使涵管内的水流方向改变。此时在涡旋的卷吸作用下，港内原有水体被携带到港外，而外来水体则在涡脱落时滞留在港内，且随波浪作用时间延长，外来水体分布范围不断累积扩大，从而达到一定的水体交换效果。对于水下涵洞，当其淹没深度减小、涵管长度缩短时，水体交换范围扩大。

参 考 文 献

1 Tsoukala V K, Moutzouris C I. Wave transmission in harbors through flushing culverts[J]. Ocean Engineering, 2009, 36(6-7):434-445.

2 Lončar, Goran , et al. Contribution of Wind and Waves in Exchange of Seawater through Flushing Culverts in Marinas[J]. Tehničkivjesnik : znanstveno-stručničasopistehničkihfakultetaSveučilišta u Osijeku, 2018.

3 Belibassakis K A , Tsoukala V K , Katsardi V . Three-dimensional wave diffraction in the vicinity of openings in coastal structures[J]. Applied Ocean Research, 2014, 45:40-54.

4 Tsoukala V K, Katsardi V, Belibassakis K A. Wave transformation through flushing culverts operating at seawater level in coastal structures[J]. Ocean Engineering, 2014, 89: 211-229.

5 Carevic D, Mostecak H, Bujak D, et al. Influence of Water-Level Variations on Wave Transmission through Flushing Culverts Positioned in a Breakwater Body[J]. Journal of Waterway, Port, Coastal, and Ocean Engineering, 2018, 144(5): 04018012.

6 黄蕙,马舒文,王定略. 涵洞式直立堤透浪特性研究[J]. 水运工程, 2013(12):25-29.

7 Bujak D, Carević D, Mostečak H. Velocities inside flushing culverts induced by waves[C]//Proceedings of the Institution of Civil Engineers-Maritime Engineering. Thomas Telford Ltd, 2017, 170(3+ 4): 112-121.

Study on the characteristics of oscillating flow in the culvert pipe on a vertical breakwater

YIN Ming-jian, ZHAO Xi-zeng

(Ocean College, Zhejiang University, Zhoushan 316021,Zhejiang, China, Email: xizengzhao@zju.edu.cn)

Abstract：Culverts on breakwaters promote water exchange in harbor basins under the actions of waves and flows, which has been gradually put into engineering applications in China. Based on a CFD solver developed from OpenFOAM using volume of fluid (VOF) method, studies are conducted on characteristics of flows in a vertical breakwater with culverts induced by regular waves. Internal and external water are marked respectively, and history of mean flow rate is measured. It's shown that, waves reflect in front of the vertical breakwater and generate vortexes over the portals of the culvert, entraining water parcels and inducing oscillatory flow inside the culvert pipe. As the length and depth of the culvert decreases, the vortexes near the portals get intensified, and the range of exchanged water extends.

Key words：Vertical breakwater with culverts; Oscillating flow; Regular wave; Water exchange; Numerical simulation.

NREL5MW 风机的气动性能和流场特征研究

孔荷林，范菊，王立志，朱仁传

(上海交通大学高新船舶与深海开发装备协同创新中心 上海交通大学海洋工程国家重点实验室，上海，200240，Email: helinK@sjtu.edu.cn)

摘要：本研究采用数值模拟的方法求解 RANS 方程，分别利用 MRFs 多重参考系和滑移网格，基于 STAR－CCM+软件的隐式求解器对大型海上浮式风机 NREL 5MW 的风轮模型和带塔架模型进行了数值模拟。首先计算无塔架时额定工况下风机的气动性能参数并与 NREL 实验论文结果[6]对比，验证网格和计算模型的可靠性，随后计算了带塔架模型额定工况下叶片受到的推力和扭矩及塔架升阻力变化曲线，并与无塔架情况对比，结合极值时刻流场的速度、压力分布详细分析了塔架与风轮的相互影响及载荷突变的原因。最后分析了距离桨毂中心平面不同距离的截面速度场，分析了塔影效应沿竖直方向的分布规律及风轮对流场的偏转作用。为今后的模型试验和海上风力发电机结构优化提供了一定的参考。

关键词：数值模拟；NREL5MW；塔影效应；流场偏转

1 前言

自工业革命以来，石油和煤炭加速消耗的趋势越来越显著，化石燃料的过度使用导致全球气温迅速攀升，大力发展清洁能源的利用技术也成为现代社会的必然需求。由于海上风能储量丰富且较之陆地风能有风速高，风切变小且风力稳定的突出优势，国内外许多学者对海上风力发电机的基础类型、环境载荷动力响应、叶片设计、气动性能等方面进行多方面研究。Suzuki 等首先结合他们的设计经验提出了海上风力发机 TLP 浮式基础的概念设计 [1];Liang Z 设计半潜式海上风机浮式基础并对该平台的稳性进行了计算和探讨[2]；李成良等使用有限元方法对 750KW 的风机叶片进行了结构动力学和静力学分析，并对叶片的结构做了进一步优化[3]；左薇等忽略风轮仰角和锥角及塔架影响对 NREL 5MW 风机进行数值模拟，讨论了风力机叶片展向的压力分布和速度分布规律[4]；王杨等则将叶轮和塔架分别简化为二维的平板和圆柱，针对 DTU10MW RWT 型风力发电机的塔影效应进行了简化模型试验，分析了不同平板位置下圆柱表面的受力情况[5]；本文基于 NREL5MW 标准风力机模型，采用 CFD 方法模拟了定常风速下风轮叶片和塔架的受力情况，分析了塔架与风轮之间的相互影响以及尾流的偏转情况，并对不同位置的流场的速度剖面和压力剖面进行分析，探究了塔影效应沿竖直方向的分布规律和叶轮偏转效应在流场的具体表现。

2 风机建模

本文选取目前研究领域中应用相对广泛的 NREL 5MW 风力机作为研究对象，该风机为典型的三叶片上风向型变速为桨风力发电机，参考美国可再生能源实验室（NREL）发布的风机剖面翼型数据及其它必要参数（表 1），对机舱外形的细节做了一定程度的简化，在 CATIA 软件中建立相应的风机转子和轮毂模型如图 1 所示，相应的翼型剖面如图 2 所示。

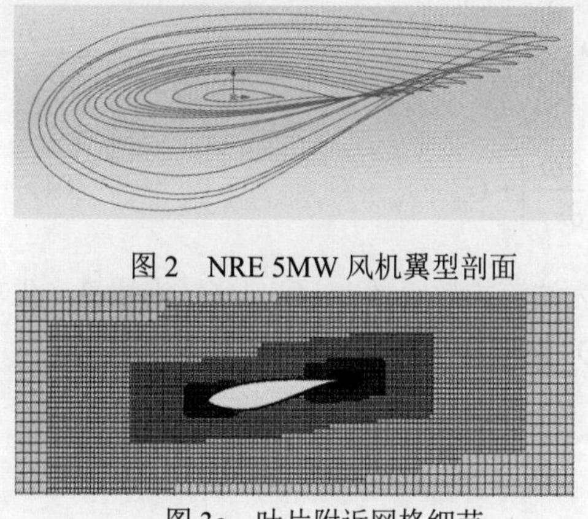

图 2　NRE 5MW 风机翼型剖面

图 3c　叶片附近网格细节

图 1　NREL 5MW 风机模型

表 1 NREL5MW 模型风机及其塔架主要参数[6]

项目	参数	项目	参数
额定功率	5MW	轮毂直径	3m
风机叶片、类型	3、上风向	轮毂高度	90m
叶片展向长度	62.9m	悬垂长度	5m
切入、切出风速	3m/s、25m/s	重心高度	38m
额定工况	11.4m/s;12.1r/min	塔底、塔顶直径	6m、3.9m

3 控制方程

用雷诺平均的方法对不可压 NS 方程进行时间平均得到以下控制方程：

$$\frac{\partial \overline{u_i}}{\partial x_i}=0 \quad i=1,2,3 \tag{1}$$

$$\frac{\partial \rho \overline{u_i}}{\partial t}+\frac{\partial(\rho \overline{u_i}\,\overline{u_j})}{\partial x_j}=\frac{\partial}{\partial x_j}\left[\mu\frac{\partial \overline{u_i}}{\partial x_j}-\rho\overline{u_i^{'}u_j^{'}}\right]-\frac{\partial \overline{p}}{\partial x_i} \qquad i,j=1,2,3 \tag{2}$$

ρ：空气密度取1.225kg/m^3； μ：动力黏度取$1.7894\times10^{-5}\text{kg/(m}\cdot\text{s)}$；$\overline{u_i}$：$i$方向速度时均项； $u_i^{'}$：i方向速度脉动项；$\overline{p}$：流场平均压力；$-\rho\overline{u_i^{'}u_j^{'}}$为雷诺应力项。选择$SST$ $k-\omega$模型封闭上述控制方程：

$$\frac{\partial \rho k}{\partial t}+\frac{\partial(\rho k\overline{u_i})}{\partial x_i}=\frac{\partial}{\partial x_j}\left(\Gamma_k\frac{\partial k}{\partial x_j}\right)+G_k-Y_k+S_k \tag{3}$$

$$\frac{\partial \rho \omega}{\partial t}+\frac{\partial(\rho \omega\overline{u_i})}{\partial x_i}=\frac{\partial}{\partial x_j}\left(\Gamma_\omega\frac{\partial \omega}{\partial x_j}\right)+G_\omega-Y_\omega+D_\omega \tag{4}$$

k、ω为湍动能和湍流耗散率； Γ_k、Γ_ω为湍流扩散系数； G_k、G_ω为湍流产生项；Y_k、Y_ω为湍流耗散项；S_k、S_ω为源项；D_ω为横向耗散导数；

4 网格划分与计算域设置

本文采用非结构化网格进行计算，首先使用单独的风轮模型在标准工况下的计算结果验证网格的可靠性和CFD方法的可行性。在STARCCM+软件中设置合适的计算域，整体网格剖面和细节如图3a.3b.3c所示。全文均采用实尺模型计算，采用笛卡尔坐标系描述空间方位，坐标原点为桨毂中心，顺风向为Y轴正向，竖直向上为Z轴正向，右手定则确定X轴正向。采用的背景网格尺寸为2m，采用尺寸稍大于风轮扫略体积的圆柱体区域作为滑移区，对此区域网格相应加密。叶片表面网格基础尺寸为0.1m，最小尺寸为0.01m，塔架网格尺寸与叶轮一致，物面边界网格层数为12层，总厚度设为0.08m。

图3a　整体网格剖面　图3b　塔架附近网格细节

使用 MRF（Multiple Reference Frame）法为非定常的计算提供初始流场，非定常计算采用滑移网格法（Sliding Mesh Approach）,在旋转区域和外部流场之间设置滑移界面，在叶片转动时整个旋转区域的网格整体跟随叶片一起转动，流场各个物理信息通过交界面传递。非定常计算的时间步长设为叶片旋转 2° 所需的时间。

图 4a 和图 4b 分别为风速 11.4m/s,转速 12.1r/min 的额定工况下风轮推力与转矩的时历曲线。从图中可以看出 7.5s 之后风轮的推力和转矩的计算结果基本收敛，推力结果的波动极差仅为 0.25%，而转矩的波动极差仅为 0.2%，该工况下 NREL 设计的推力值为 800000N，输出功率为 5.3MW[7]，本文算得推力均值为 778000N，误差为−2.75%，转矩均值为 $5.0\times10^6\,\mathrm{N\cdot m}$，将转矩换算成输出功率 6.3MW，误差为 18.9%。通常将 20%视为可接受的误差范围。在此误差范围内网格的可靠性的 CFD 方法的可行性得到验证。

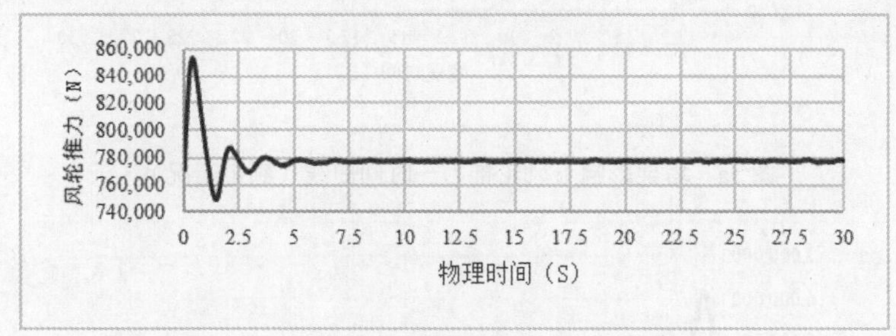

图 4a 额定工况下风轮推力－时间曲线

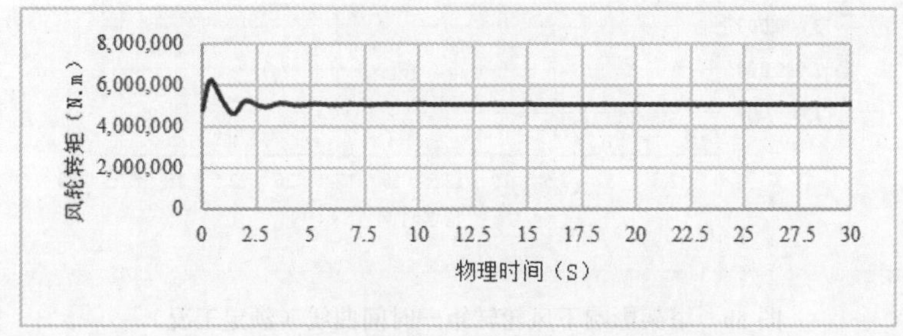

图 4b 额定工况下风轮转矩－时间曲线

5 数值结果与分析

图 5a～5b 分别为额定工况时塔架影响下的风轮推力和转矩随时间的变化情况。与无塔架情况相比，可以明显观察到 5s 之后推力与转矩均发生了周期性波动，推力的波动幅值约为 1.1%，扭矩的波动幅值约为 2.3%；5～30s 之间出现 15 个波谷，推力和转矩到达波谷的时间一致且数值增减波动趋势大体相同。12.1r/min 的转速下，风轮在 25s 内转动 5 圈回到原来位置，3 个叶轮依次经过塔架共计 15 次，恰好与 15 个波谷对应。由此可见，风轮转动的周期与波谷的产生周期存在一个倍数关系，这个倍数正好是风轮叶片数。单独考查时刻 7.5s，时此每个叶片转动 544.5° ，将初始位置叶片展向与 Z 轴正向重合的位置定义为 0

相位，顺时针为转动正向，且规定相位角范围为 0°-360°，则可知 7.5s 时刻叶片转动相位为 184.5°，即叶片位于塔架正前方区域。此时到达推力和转矩极小值，说明塔架对来流的阻挡作用不可忽视，它的存在使风轮叶片每一次经过它推力和扭矩都有明显下降，由此带来输出功率的不稳定性和叶片结构的疲劳损伤，工程上应给予足够重视。

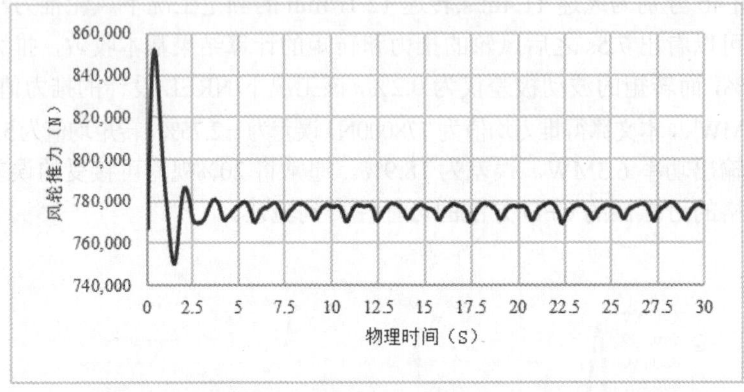

图 5a　塔架影响下风轮推力－时间曲线（额定工况）

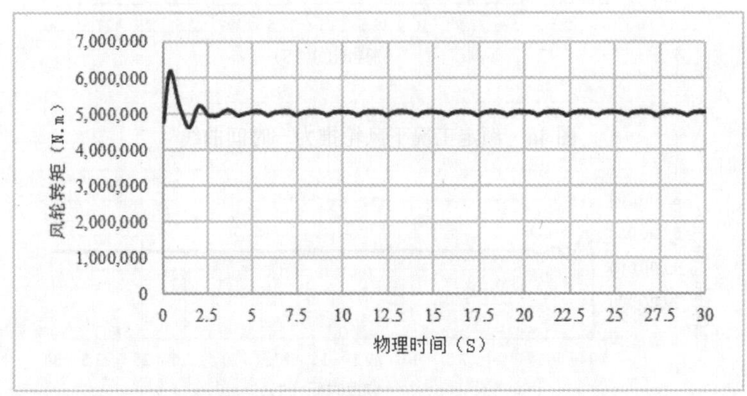

图 5b　塔架影响下风轮转矩－时间曲线（额定工况）

图 6a～6b 为额定工况下塔架 X 方向和 Y 方向的的受力随时间的变化曲线。机翼理论中又称此 Y 方向的受力为阻力，X 方向的受力则为升力。观察图 6a～6b 可知同样是在 7.5s 时刻，风轮叶片运动到塔架正前方时，塔架的升力大小和方向均发生了突变，阻力出现显著下降，幅度高达 66.7%，且每一次塔架受力极小值时刻均与图 5a～5b 中风轮推力与转矩极小值时刻吻合。这说明风轮叶片运动到塔架正前方，受到塔架阻碍的同时，也对经过塔架的来流造成了不可忽视的影响。与经典的圆柱绕流模型相比，二者相同之处在于升阻力曲线极值点附近的波动都是由于物面的脱涡引起，不同之处在于绕流圆柱的升力曲线是一条振荡曲线且正负向振幅基本对称，而风轮转动影响下的塔架升力曲线正负向的振幅明显不对称且 X 正向受力较大，这是由于风轮的旋转作用导致流场出现了一定程度偏转，从而引起的塔架 X 方向两侧受力不均，建议对结构进行相应加强。这种流场的偏转在图 9 中可

以很清析地观察到。图 7a～7b 为叶片转动到塔架正前方时的速度和压力纵剖图，图 8a～8c 为单独塔架模型在流场中的压力横纵剖面和速度纵剖面，通过对比可以观察到竖直方向越靠近叶片尖端，塔架尾流的速度损失越小，且相对于单独塔架模型而言，带风轮模型的塔架尾流区速度梯度明显减小，进一步说明风轮对塔架来流的阻挡作用显著，且越接近 XOY 平面阻挡作用越强；与此同时，塔架也造成风轮尾涡的破碎，详见图 7c。正负压力分别分布在风机叶片迎风面和背风面，最大压力值出现在距桨毂中心约 0.7R 处，塔架前端原有的的正压区已经叶片背风面的负压融合抵消，且叶片影响下塔架后端的压力梯度大大减小。

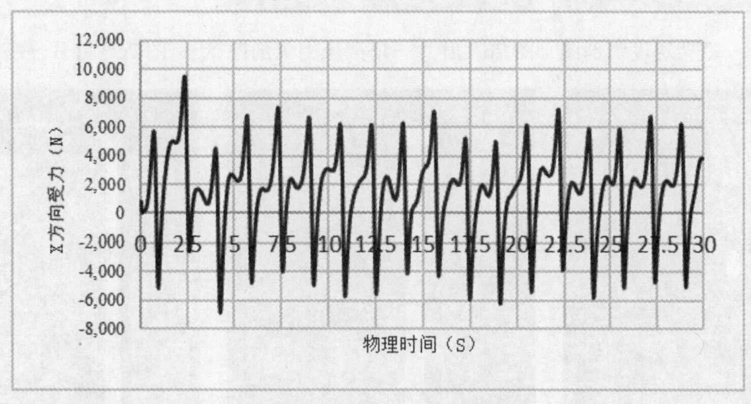

图 6a 风轮影响下塔架升力－时间曲线（额定工况）

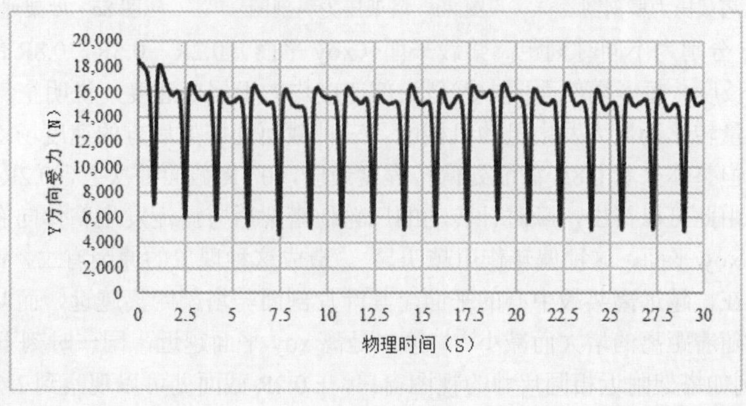

图 6a 风轮影响下塔架阻力－时间曲线（额定工况）

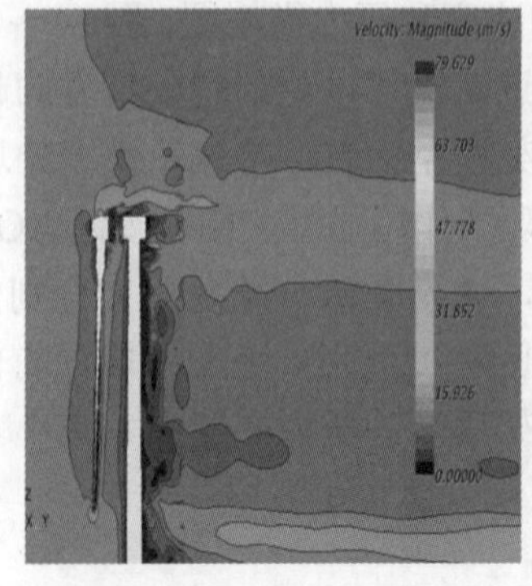

图 7a　叶片－塔架速度纵剖图

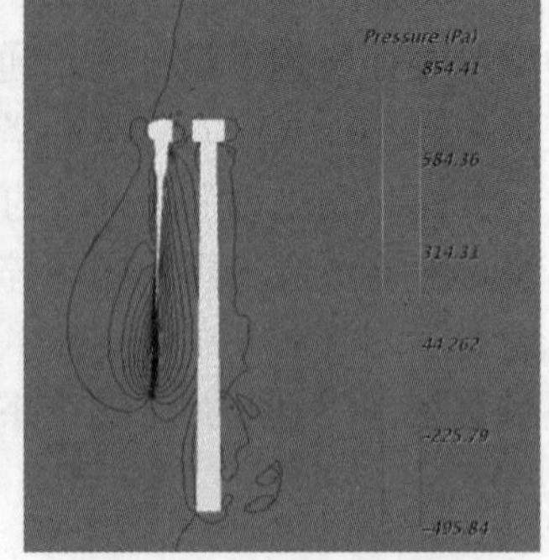

图 7b　叶片－塔架压力纵剖图

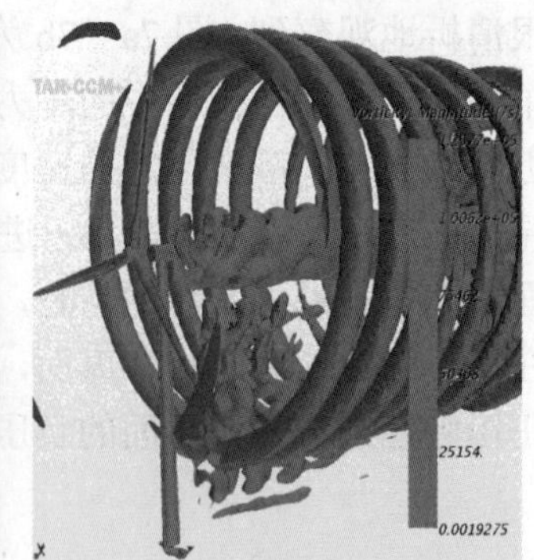

图 7c　叶片－塔架涡量图

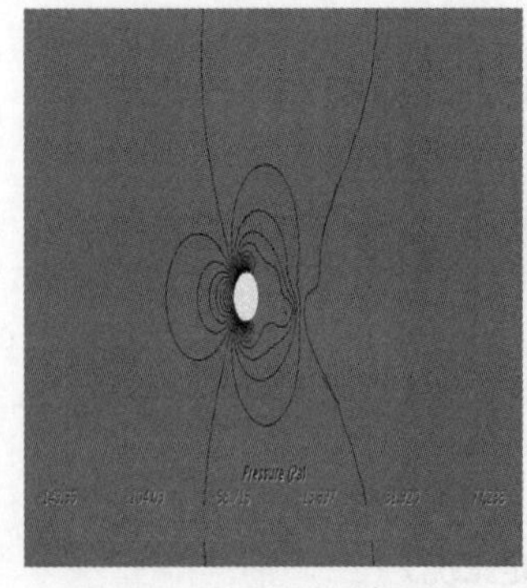

图 8a　塔架压力横剖图

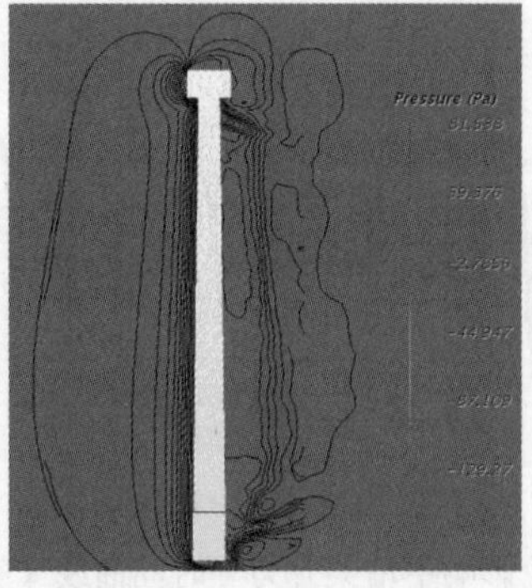

图 8b　塔架压力纵剖图

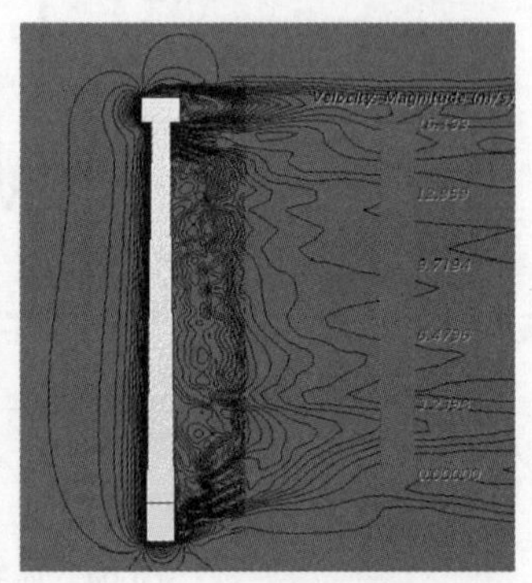

图 8c　叶架速度纵剖图

图 9a～9c 分别为不同时刻距离桨毂平面（xoy 平面）0.2R，0.5R，0.8R 的速度截面，R 为风轮叶片长度。每一幅剖面图中翼型头部速度均大于尾部速度，说明空气流经翼面后动能减少，能量转化为风力发电机的机械能。三种截面处塔架后方的速度场均有一定程度的向右偏转，但整体来看 0.8R 截面处偏转程度最弱，0.5R 截面处次之，0.2R 截面处的偏转程度最强，由此可以得出，顺时针转动的风轮使塔架后方尾流发生整体向右的不对称偏转，且越接近 xoy 平面，这种偏转作用越明显 。造成这种现象的原因有二，第一是由于锥角和仰角的存在，越远离桨毂中心的平面，其叶片剖面与塔架距离越远，而叶片与塔架之间的相互影响随着距离的增大而减小[8]。第二是离 xoy 平面越近，同一时刻下叶片和塔架作用越密集。例如塔架附近相同尺寸的视图窗口，在 0.2R 截面处可以观察到 2 个叶片剖面 ，而 0.5R 与 0.8R 截面处却只可以观察到单个叶片剖面，这意味着同一时刻，0.2R 截面处的塔架受到附近两个叶片剖面带来的流场干扰，而 0.5R 和 0.8R 处只受到单个叶片剖面带来的干扰。观察翼型与塔架的相互作用，一开始时，翼型周围的速度场与塔架周围速度场相互独立，随着叶片的顺时针转动，各剖面翼型向左移动并且与塔架距离越来越近，翼型头部最外层速度等值线与塔架右侧速度等值线开始融合，直至运动到塔架正前方，翼型头部速度与塔架速度完全融合，只保留各自物面边界附近的速度，此时尾部速度的最外层等值线也开始与塔架融合。翼型继续向左移动，头部与塔架速度场开始剥离，而翼型尾部与塔

架速度等值线完全融合，只保留各自物面附近的速度。随着叶片继续转动，翼型尾部速度也开始脱离塔架，在 0.5R 与 0.8R 截面处可以观察到速度场恢复稳定，而在 0.2R 截面处，下一个叶片的翼型已经到达，并开始接近塔架剖面的速度场，开始新一轮的融合与剥离。

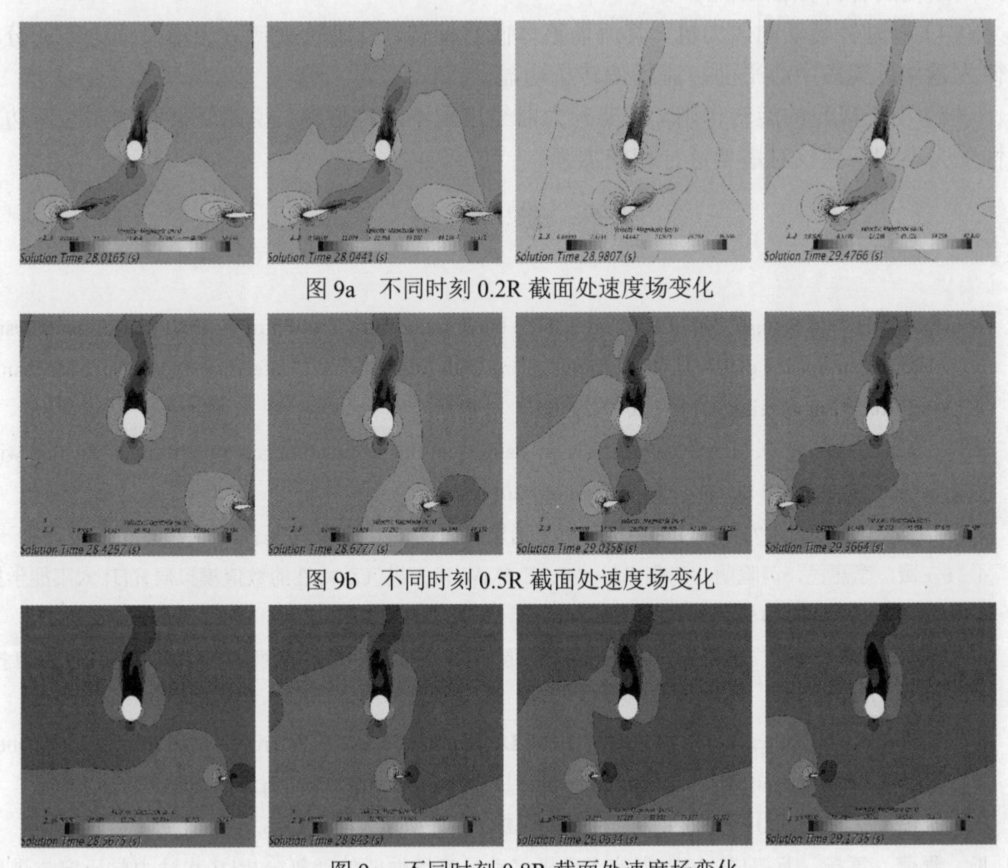

图 9a　不同时刻 0.2R 截面处速度场变化

图 9b　不同时刻 0.5R 截面处速度场变化

图 9c　不同时刻 0.8R 截面处速度场变化

6　结论

本文通过对 NREL 5MW 风力发电机的数值模拟，得到风轮与塔架相互影响下的风机推力和转矩曲线、塔架的升阻力曲线，和风轮偏转作用下的速度场和压力场，通过一系列分析，得到以下结论。

（1）通过与 NREL 实验文献[8]的结果相比误差在可接受范围，说明 CFD 方法及本文的网格划分对风力机的载荷预测有一定的可行性与可靠性。

（2）风轮的推力和转矩曲线及塔架的升阻力曲线均在叶片运动到塔架正前方时出现周期性大幅突降，产生极值。对于三叶片风机，突降周期是叶轮转动周期的 1/3，对于 N 叶片风机，应是叶轮转动周期的 1/N.

（3）风轮的叶片运动到塔架正前方时，塔架与叶片之间的相互影响作用由叶根到叶梢逐渐变弱，表现为速度场之间的融合越来越弱，由此推之压力场之间的相互影响也随之减弱，两结构的各部分独立性渐增。

（4）顺时针转动的风力机，其流场整体向右偏转，且风轮旋转效应沿竖直方向的分布规律为越靠近桨毂中心平面，流场偏转越明显。

（5）由于风轮的旋转作用，塔架升力曲线出现不对称振荡，说明塔架结构左右两边周期性受力不均，建议对塔架进行相应加强。

参 考 文 献

1 Suzuki,H. and Sato,A, 2007. Load on turbine blade induced by motion of floating platformand design requirement for the platform. Proceedings of the 26th International Conference on Offshore Mechanics and Arctic Engineering, OMAE2007-29500.

2 Liang Z, Huijing D. Numerical analysis on stability of the semi-submersible platform of floating wind turbines[J]. Applied Science and Technology,2011.

3 李成良，陈淳. 风力机叶片的结构分析与铺层优化设计[J].玻璃钢/复合材料,2009,6：50－53.

4 左薇，李惠民，芮晓明，王晓东等. NREL 5MW 风力机气动特性的数值模拟研究[J].太阳能学报, 2018,39(9):2446-2452.

5 王扬，李学敏，Dimitris Mathioulakis. 塔影效应简化模型试验[J].河南科技大学学报, 2016,37(4):26-33.

6 Jonkman J M, Butterfield S, Musial W, et al. Definition of a 5-MW reference wind turbine for offshore system development[M]. National Renewable Energy Laboratory Golden, CO, 2009.

7 吴俊.海上浮式风力机气动性能的数值模拟[D]. 上海交通大学，2016.

8 程萍，黄扬，万德成. 塔影影响下风机气动尾流场性能的计算分析[J].水动力学研究与进展, 2018,33(5):545-551.

A study of the aerodynamic performance and flow-field characteristics of NREL 5MW wind turbine

KONG He-lin, FAN Ju, WANG Li-zhi, ZHU Ren-chuan

(Collaborative Innovation Center for Advanced Ship and Deep-Sea Exploration, National Key Laboratory of ocean engineering, Shanghai Jiao Tong University, Shanghai, 200240. Email: helinK@sjtu.edu.cn)

Abstract: This paper aims to study the aerodynamic performances and the flow-field characteristics of NREL 5MW wind turbine with and without a wind turbine tower. Numerical simulation approach is used to solve RANS equations of the field. Meanwhile, with the adoption of MRFs and sliding mesh method in STAR-CCM+, which is a common software in numerical simulation, we firstly verified the reliability of the calculation rotor-model and the mesh scheme employed by comparing the results with NREL Report. Then with the addition of the tower, forces on the rotor blades and tower were being monitored correspondingly, during which the velocity field and pressure distribution of different sections were captured and analyzed. This paper discovered the regularity of the vertical distribution of tower shadow effect and the flow-field deflection caused by the rotation of the wind turbine rotor, thus provides some references for further experiment and optimum structural design.

Key words: Numerical simulation; NREL 5MW; Tower shadow effect; Flow-field deflection

深远海渔业养殖平台水动力特性时域分析[1]

苗玉基[1,2]，田超[1]，周怡心[1]，俞俊[1]

(1. 中国船舶科学研究中心，江苏 无锡 214082；2. 陆军工程大学 野战工程学院，江苏 南京 210007，Email: miaoyuji@cssc.com.cn)

摘要：深远海渔业养殖已受到很多国家的关注，国内外已成功建造并安装了多座深远海渔业养殖平台，而水动力特性对该类型平台的正常使用至关重要。本文将在传统三维水弹性力学分析理论的基础上，进一步考虑杆件和网帘的作用，采用波浪绕射/辐射理论分析

件和网帘水动力载荷的时域分析方法，并对典型新型智能化渔业养殖平台进行计算分析，并和水池试验结果进行对比，对比结果显示上述计算方法能够较为准确地对渔业养殖平台的运动响应进行预报分析。本文的研究将对新型智能化渔业养殖平台的波浪载荷计算和运动分析奠定基础。

关键词：深远海渔业养殖平台；运动响应；数值模拟；模型试验；势流理论

1 引言

深远海渔业养殖平台是由大型浮体、细长杆件与网帘组成的浮式结构物。2017 年 9 月，挪威顺利安装了世界首座、规模最大的半潜式深海渔场“海洋渔场 1 号”，如图 1（a）所示；2018 年 7 月我国正式启用首座深海渔场“深蓝 1 号”，如图 1（b）所示，这些深远海渔业养殖平台高几十米、直径可达上百米，在风浪和海流作用下的水动力特性对其安全使用至关重要。

目前有大量学者对传统网箱开展了研究，传统渔业养殖装备一般由浮架系统、网帘系统和配重系统组成，浮架通常由细长结构物组成，采用 Morison 公式可计算其受到的水流力[1]，该公式提出了惯性力系数和阻力系数，随后大量学者[2,3]针对细长结构物进行了系列化试验，研究了佛汝德数、结构物截面尺度、波浪要素等对惯性力系数和阻力系数的影响规律。对于由细长杆件组成的空间框架，在计算其水流和波浪载荷时需要考虑杆件之间的遮蔽效应和水流阻塞效应[4,5]；圆杆组成的框架结构的水槽试验[6]表明纯波浪作用下的阻塞效应较小，波流联合作用下产生的阻塞效应更强；细长结构物的布置形式[7]也会影响遮蔽

[1]基金项目：工信部高性能船舶科研资助项目（工业和信息化部和财政部[2016]22 号文）；中国船舶科学研究中心青年创新基金项目（J1872）

系数。深远海渔业养殖平台中的网帘是由网线纵横编织形成的，其具有数万、甚至几十万个网孔，实际计算中不可能对每一个网孔进行模拟计算。因此发展了针对网帘结构水动力特性的简化处理方法，如网目合并技术[8]、弹簧-集中质量法[9]、屏模型（screen model）[10]和多孔介质模型[11]等。水池模型试验表明屏模型对平面网帘的计算与试验吻合较好，圆柱形网帘需要考虑流速的衰减，否则数值计算结果偏大[12]。屏模型可用于纯水流[10,13]、波流联合 14 作用下单个网帘和多个网帘的受力计算分析。

自 20 世纪七八十年代，考虑惯性力、水动力和弹性力之间相互作用的水弹性力学逐渐兴起。经过数十年的发展，水弹性力学从二维到三维[15,16]，从线性到非线性[17]，能够对任意形状的三维浮式结构物进行计算分析。但对于深远海渔业养殖平台这类组合式浮体，其不是简单由大型浮体组成，其普遍由浮体提供浮力、细长杆件形成框架、网帘实现其特定功能。因此本文将在传统三维水弹性力学分析理论的基础上，进一步考虑杆件和网帘的作用，建立深远海渔业养殖平台的时域运动方程，发展一种可计及大型浮体、杆件和网帘水动力载荷的时域分析方法，对典型深远海渔业养殖平台进行计算分析。

(a)海洋渔场 1 号

(b)深蓝 1 号

图 1 典型深远海渔业养殖平台

2 基本原理

为了快速计算出这类复杂结构物受到的流体载荷和运动响应，我们需要一种简单快捷的方法。为此，我们对这类问题提出几条基本假定：①特定杆的来流条件不受相邻杆的扰动，因此，遮蔽效应是可以被忽略的；②沿杆件轴向的摩擦力采用同一摩擦系数进行计算；③假定浮体所处流场中的流体是无黏、不可压缩流体，流场的运动是无旋的，自由表面波为微幅的，则流场的运动可以采用三维势流理论来描述[16]，且浮体为微幅运动；④网帘由网线纵横编制而成，不考虑网线的粗糙度。

在上述假定下，采用势流理论来描述平台周围的流场，采用有限元法对细长结构物进行离散，进而计算每一微段处的当地相对速度和相对加速度，进而采用 Morison 公式计算其流体载荷。采用 Screen Model 对网帘进行简化处理，计算网帘上的受力。从而构建深远海渔业养殖平台的水动力时域运动方程：

$$\begin{aligned}&\left[\boldsymbol{a}+\boldsymbol{A}_{\mathrm{p}}+\boldsymbol{A}_{\mathrm{tube}}\right]\{\ddot{\boldsymbol{x}}(t)\}+[\boldsymbol{b}]\{\dot{\boldsymbol{x}}(t)\}+[\boldsymbol{c}+\boldsymbol{c}_{\mathrm{tube}}]\boldsymbol{x}(t)+\int_0^t h(t-\tau)\{\ddot{\boldsymbol{x}}(t)\}\mathrm{d}\tau\\&=\{\boldsymbol{F}(t)\}+\{\boldsymbol{F}_{\mathrm{tube}}(t)\}+\{\boldsymbol{F}_{\mathrm{net}}(t)\}\end{aligned} \tag{1}$$

式中，$\boldsymbol{a}$ 为结构质量矩阵，$\boldsymbol{A}_{\mathrm{p}}$ 为浮筒附加质量矩阵，$\boldsymbol{A}_{\mathrm{tube}}$ 为杆件的附加质量，$\boldsymbol{c}$ 为浮筒回复力矩阵，$\boldsymbol{c}_{\mathrm{tube}}$ 为杆件的回复力矩阵，$\boldsymbol{F}(t)$ 为浮筒受到的波浪激励力，$\boldsymbol{F}_{\mathrm{tube}}$ 为杆件受到的波浪力，包括波浪入射力、波浪惯性力和黏性力；$\boldsymbol{F}_{\mathrm{net}}$ 为网衣受到的力，包括网帘受到的升力和阻力。

在高海况条件下，杆件出入水差异较大，浮力变化明显。为了进一步考虑瞬时湿表面的影响，可计算每一时刻浮力与重力的差值，此时则不再需要静水恢复力矩阵项，因此时域运动方程可写为：

$$\begin{aligned}&\left[\boldsymbol{a}+\boldsymbol{A}_{\mathrm{p}}+\boldsymbol{A}_{\mathrm{tube}}\right]\{\ddot{\boldsymbol{x}}(t)\}+[\boldsymbol{b}]\{\dot{\boldsymbol{x}}(t)\}+\int_0^t h(t-\tau)\{\ddot{\boldsymbol{x}}(t)\}\mathrm{d}\tau\\&=\{\boldsymbol{F}(t)\}+\{\boldsymbol{F}_{\mathrm{b}}(t)\}+\{\boldsymbol{G}\}+\{\boldsymbol{F}_{\mathrm{tube}}(t)\}+\{\boldsymbol{F}_{\mathrm{net}}(t)\}\end{aligned} \tag{2}$$

式中，$\boldsymbol{F}_{\mathrm{b}}$ 为每一瞬时的浮力，$\boldsymbol{G}$ 为平台的重力。

对于受规则波作用下的浮体来说，可省略系统延时函数一项，运动方程简化为：

$$\left[\boldsymbol{a}+\boldsymbol{A}_{\mathrm{p}}+\boldsymbol{A}_{\mathrm{tube}}\right]\{\ddot{\boldsymbol{x}}(t)\}+[\boldsymbol{b}]\{\dot{\boldsymbol{x}}(t)\}=\{\boldsymbol{F}(t)\}+\{\boldsymbol{F}_{\mathrm{b}}(t)\}+\{\boldsymbol{G}\}+\{\boldsymbol{F}_{\mathrm{tube}}(t)\}+\{\boldsymbol{F}_{\mathrm{net}}(t)\} \tag{3}$$

细长杆件受到的流体载荷通常采用 Morison 公式进行计算：

$$F_{\mathrm{M}}=\frac{1}{2}\rho DC_{\mathrm{d}}|u_{\mathrm{f}}-u_{\mathrm{s}}|(u_{\mathrm{f}}-u_{\mathrm{s}})+\rho AC_{\mathrm{m}}\dot{u}_{\mathrm{f}}-\rho A(C_{\mathrm{m}}-1)\dot{u}_{\mathrm{s}} \tag{4}$$

式中，ρ 为流体密度，D 为杆件直径，C_{d} 为杆件阻力系数，u_{f} 为流体质点速度，u_{s} 为杆件速度，A 为杆件横截面积，C_{m} 为杆件惯性系数，$\dot{u}_{\mathrm{f}}$ 为流体质点加速度，$\dot{u}_{\mathrm{s}}$ 为结构物加速度。其中 C_{d} 和 C_{m} 受雷诺数 Re 和卡彭特数 $\mathrm{K_C}$ 影响。

网帘受到的阻力 $\boldsymbol{F}_{\mathrm{D}}$ 和升力 $\boldsymbol{F}_{\mathrm{L}}$ 可采用 Screen 模型法计算，计算公式如下：

$$\boldsymbol{F}_{\mathrm{D}}=\frac{1}{2}\rho C_{\mathrm{D}}A|U_{\mathrm{rel}}|^2\boldsymbol{n}_{\mathrm{D}} \tag{5}$$

$$\boldsymbol{F}_{\mathrm{L}}=\frac{1}{2}\rho C_{\mathrm{L}}A|U_{\mathrm{rel}}|^2\boldsymbol{n}_{\mathrm{L}} \tag{6}$$

式中，C_{D} 和 C_{L} 分别为网帘的阻力系数和升力系数，其与实体率、雷诺数等有关；A 为网帘等效面积，U_{rel} 为网帘和流体质点相对运动速度，$\boldsymbol{n}_{\mathrm{D}}$ 和 $\boldsymbol{n}_{\mathrm{L}}$ 为阻力和升力的方向，其中阻力平行于流向，升力垂直于流向，其可由下式确定：

$$\boldsymbol{n}_{\mathrm{D}}=\frac{\boldsymbol{U}_{\mathrm{rel}}}{|\boldsymbol{U}_{\mathrm{rel}}|} \tag{7}$$

$$\boldsymbol{n}_{\mathrm{L}}=\frac{(\boldsymbol{U}_{\mathrm{rel}}\times\boldsymbol{n}_{\mathrm{en}})\times\boldsymbol{U}_{\mathrm{rel}}}{|(\boldsymbol{U}_{\mathrm{rel}}\times\boldsymbol{n}_{\mathrm{en}})\times\boldsymbol{U}_{\mathrm{rel}}|} \tag{8}$$

在计算中求解每一时间步下浮筒、杆件和网帘受到的流体载荷，进而求解运动方程（3）可获得不同周期规则波作用下平台的运动响应，采用四阶龙格库塔法求解运动方程。

3　试验验证

深远海渔业养殖平台的模型试验在中国船舶重工集团公司第七〇二研究所的综合水池完成，水池主尺度为69m×46m×4m，在水池相邻的两边布置了先进的三维摇板式造波机，可模拟规则波、长峰不规则波和短峰波。渔业养殖平台底部圆柱形浮筒直径 40m，周围框架杆件的直径为 1.0~4.0m，试验中浪向定义如图 2 所示，平台的主要力学参数如表 1 所示，渔业养殖平台模型缩尺比为 1:27.78。网帘网线直径为 3.0mm，网帘的网孔尺度为 23.5mm，试验中采用的是原型网帘。水池试验中对平台的作业工况和生存工况均进行了白噪声试验，获得了各自由度运动响应传递函数（Response amplitude operators, RAO）。水池试验中的渔业养殖平台运动如图 3 所示。试验时通过设置假底来模拟设计水深，试验中水深为 0.8m（对应实际水深为 50.0m）。

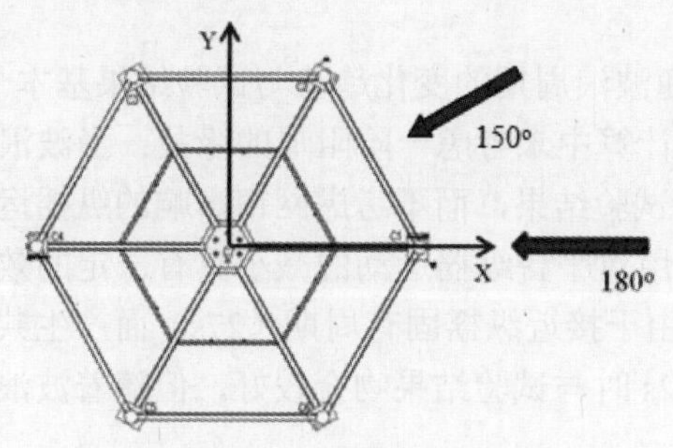

a. 深远海渔业养殖平台浪向定义

b. 作业工况试验

图 2 深远海渔业养殖平台浪向定义及作业工况试验

表 1　渔业养殖平台参数

项目	单位	作业工况		项目	单位	作业工况	
		原型	模型			原型	模型
排水量	吨	11792.60	0.5366	纵向惯性半径	m	20.085	0.7230
吃水	m	37.00	1.3319	横向惯性半径	m	20.03	0.7210
重心纵向位置	m	-0.05	-0.0018	艏摇惯性半径	m	21.043	0.7575
重心横向位置	m	0.06	0.0022	初稳性高	m	4.20	0.1512
重心垂向位置	m	9.08	0.3269				

采用 ANSYS 建立平台的数值模型，浮筒采用绕射单元，共 5132 个绕射单元；杆件组成的框架采用杆单元，网格尺度为 0.5m，共 4204 个杆单元；网帘采用 Screen 模型计算。

由于在进行规则波计算时上部建造不受波浪影响，因此在数值计算中未考虑上部建筑。

4 计算结果和讨论

基于三维水弹性理论，考虑杆件和网帘受到的流体载荷的影响，根据第 2 章基本原理编制了计算程序，求解得到了不同周期规则波作用下渔业平台的运动响应时程曲线，得到了不同周期下的运动幅值响应算子，图 3 展示了数值计算结果和模型试验及 AQWA 计算结果的对比曲线。

图 3 中“Test”表示有网帘的模型试验结果，“No Net”表示考虑杆件但不考虑网帘影响的数值计算结果，“With Net”表示考虑杆件和网帘影响的数值计算结果，“AQWA-Net”表示考虑杆件和网帘影响的 AQWA 计算结果。由图 3（a）可知，当波浪周期小于 11s 时数值计算得到的垂荡运动和模型试验结果基本一致，随之周期的增大垂荡数值计算结果与模型试验结果差距先增大后缩小；有无网帘时垂荡运动响应的计算结果基本相同，可见网帘对平台垂荡运动响应的影响较小；当波浪周期大于 12s 后 AQWA 计算结果与试验结果的偏离程度大于数值计算结果。

由图 3（b）可知数值计算得到的纵摇运动随波浪周期的变化趋势与试验结果基本一致，但幅值较试验结果略大，这可能是由于在数值计算中未考虑一阶阻尼的缘故；当波浪周期大于 12s 后考虑网帘影响的纵摇运动更为接近试验结果，而不考虑网帘影响的纵摇运动随波浪周期增大而剧烈增大，可见网帘的阻尼作用对平台纵摇运动的减小具有一定的效果；在周期为 25s 左右纵摇运动出现了峰值，这是由于接近纵摇固有周期（27s）而产生共振效应的缘故；AQWA 纵摇计算结果在周期小于 12s 时与试验结果吻合较好，但随着波浪周期的增大两者之间的差距有所增大。

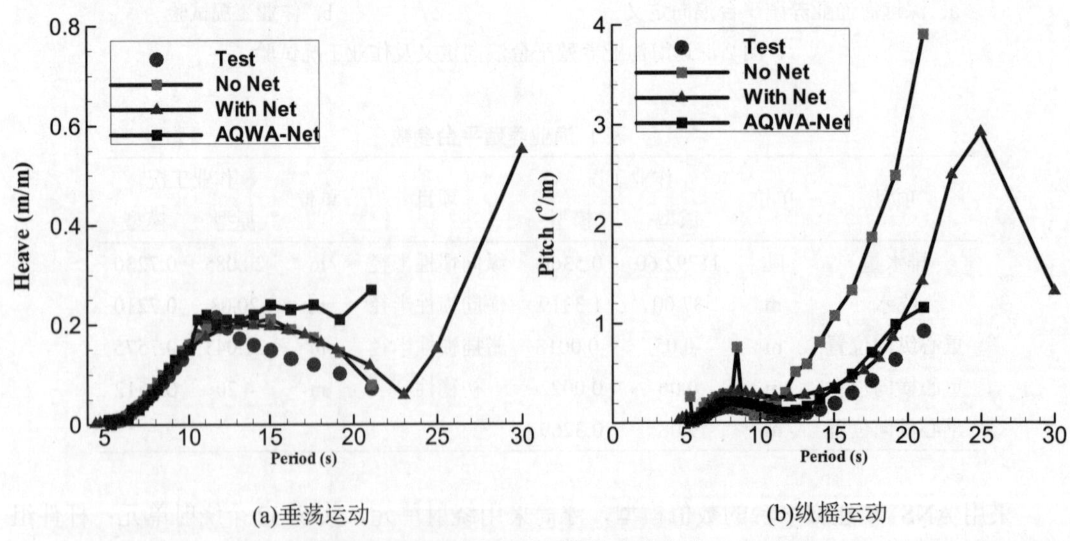

(a)垂荡运动　　　　(b)纵摇运动

图 3 渔业平台运动响应岁波浪周期的变化曲线（180°浪向）

5 结论

本文提出的基于三维水弹性理论，采用波浪绕射/辐射理论分析大型浮体的波浪载荷，莫力森方程计算杆件框架受到的波浪载荷，屏模型计算网帘受到的波浪载荷，从而建立的时域求解方法可用于深远海渔业养殖平台的计算分析。通过计算结果发现，该方法得到的平台垂荡和纵摇运动曲线与试验结果变化趋势基本一致，在小周期下能够较好吻合；网帘对垂荡运动影响较小，对纵摇运动影响较大，因此在计算该类结构时不能将网帘忽略；此外后续研究中需考虑一阶阻尼对平台运动的影响。

参考文献

1 Morison J R, O'Brien M P, Johnson, J W, et al. The force exerted by surface waves on piles [J]. Journal of Petroleum Technology, 1950, 2(5): 149-154.

2 Vengatesan V, Varyani K S, Barltrop N. An experimental investigation of hydrodynamic coefficients for a vertical truncated rectangular cylinder due to regular and random waves [J]. Ocean Engineering, 2000, 27(3):291-313.

3 Yuan Z D, Huang Z H. An experimental study of inertia and drag coefficients for a truncated circular cylinder in regular waves [J]. Journal of Hydrodynamics (Series B), 2010, 22(5):318-323.

4 Taylor P H, Santo H, Choo Y S. Current blockage: Reduced Morison forces on space frame structures with high hydrodynamic area, and in regular waves and current [J]. Ocean Engineering, 2013, 57: 11-24.

5 Santo H, Taylor P H, Bai W, et al. Current blockage in a numerical wave tank: 3D simulations of regular waves and current through a porous tower[J]. Computers & Fluids, 2015, 115:256-269.

6 Santo H, Stagonas D, Buldakov E, et al. Current blockage in sheared flow: Experiments and numerical modelling of regular waves and strongly sheared current through a space-frame structure [J]. Journal of Fluids and Structures, 2017, 70:374-389.

7 Bonakdar L, Oumeraci H, Etemad-Shahidi A. Wave load formulae for prediction of wave-induced forces on a slender pile within pile groups [J]. Coastal Engineering, 2015, 102:49-68.

8 詹杰民，苏炜. 浮式养殖网箱系统的数值模拟[J]. 中山大学学报（自然科学版）, 2006, 45(6):1-6.

9 赵云鹏，李玉成，董国海. 深水抗风浪网箱水动力学特性研究[J]. 渔业现代化, 2011, 38(2):10-16.

10 Løland G. Current forces on, and water flow through and around, floating fish farms [J]. Aquaculture International, 1993, 1(1):72-89.

11 Chen H, Christensen E D. Investigations on the porous resistance coefficients for fishing net structures [J]. Journal of Fluids & Structures, 2016, 65:76-107.

12 Zhan J M, Jia X P, Li Y S, et al. Analytical and experimental investigation of drag on nets of fish cages [J]. Aquacultural Engineering, 2006, 35(1):91-101.

13 Kristiansen T, Faltinsen O M. Modelling of current loads on aquaculture net cages [J]. Journal of Fluids and Structures, 2012, 34(Complete):218-235.

14 Lader P F, Fredheim A. Dynamic properties of a flexible net sheet in waves and current—A numerical approach [J]. Aquacultural Engineering, 2006, 35(3):228-238.

15 Price W G, Wu Y S. Structural responses of a SWATH of multi-hulled vessel travelling in waves [A]. International Conference on SWATH ships and Advanced Multi-hulled Vessel, RINA, London, 1985.

16 Wu Y S. Hydroelasticity of floating bodies [D]. Brunel University, U.K, 1984.

17 Tian C, WU YS. The second-order hydroelastic analysis of a SWATH ship moving in large-amplitude waves [J]. Journal of Hydrodynamics, 2006, 18(6): 631-639.

Analysis of hydrodynamic properties of the offshore aquaculture fish platform in time domain

MIAO Yu-ji[1,2], TIAN Chao[1], ZHOU Yi-xin[1], YU Jun[1]

(1.China Ship Scientific Research Center, Wuxi, 214082; 2. Field Engineering College, PLA Army Engineering University，Nanjing, 210007. Email: miaoyuji@cssrc.com.cn)

Abstract: Many countries have paid attention to offshore aquaculture fish platform. Many offshore aquaculture fish platform have been successfully built and installed at home and abroad. The hydrodynamic characteristics are important to the normal use of this type of platform. The time-domain motion equation of the offshore aquaculture fish platform is built and calculated Based on the traditional three-dimensional hydroelastic theory. This paper will further consider the influence of bar and net on the motion response of the platform, and the wave diffraction/radiation theory is used to calculate wave load of large floating body, and Morrison equation to calculate the wave load of bar frame, screen model to calculate the wave load of net. The time-domain analysis method can take into account the hydrodynamic load of large floating body, bar and net. The calculation and analysis of a typical offshore aquaculture fish platform are carried out and compared with the results of model tests. The comparison results show that the above calculation method can predict the motion response of the fish platform. The research in this paper will lay a foundation for load calculation and motion analysis of the new type fish platform.

Key words: offshore aquaculture fish platform; motion response; numerical simulation; model test; potential theory.

上浪冲洗对浮冰摇荡运动影响特性研究

张曦，朱仁庆，李志富*

(江苏科技大学 船舶与海洋工程学院，镇江，212003，Email: 2351230383@qq.com

Email: zhifu.li@hotmail.com)

摘要： 冰缘区是海冰与开阔水域交界的区域，也是受波浪影响最直接的区域，该区域处的海冰主要以碎冰状态存在。本研究基于计算流体力学技术，采用速度入口造波方式建立三维数值波浪水池。在给定波高的情况下，研究了浮冰在不同波长规则波中垂荡和纵摇运动响应。在数值水池中模拟了波浪冲洗冰体表面的现象，并且研究了波浪冲洗冰体表面对浮冰运动的影响，对比分析了浮冰在有/无波浪冲洗冰体表面工况下的运动响应。计算结果表明，在小波长的情况下，波浪冲洗冰体表面现象较明显，它们对浮冰运动具有较强的抑制作用。

关键词： 浮冰；冰缘区；波浪冲洗；运动响应

1 引言

北极拥有丰富的自然资源，其资源的开发利用对世界经济的可持续发展具有重要的战略意义。随着全球变暖的加剧，北极海冰覆盖面积的季节性减少使得北极资源大规模的开发成为可能。因此，冰缘区成为人们研究的主要区域。波浪对海冰的影响主要发生在冰缘区，是决定冰缘区形态结构的主要因素[1]。

对于浮冰在波浪里的运动，人们开展了大量的理论与试验研究。郭春雨[2]在试验研究中关注到了冰体上浪现象，并且考虑到该现象对浮冰运动造成的非线性影响。对于大波长工况下浮冰运动，Meylan[3]提出了基于改进的莫里森方程建立的理论模型来预测浮冰的纵荡运动。同时，Meylan[4]建立了海冰弯曲运动的理论模型，与试验数据对比，发现波浪冲洗现象对海冰弯曲运动没有影响。在小波长的条件下，Skene[5]提出了利用非线性浅水方程模拟冲洗过程，利用线性势流理论和线性薄板模型迫使产生冲洗现象，并与试验进行对比。此外，该文对冲洗造成的薄板上表面堆积的水的高度进行了研究。Yiew[6]分别基于斜坡滑动理论和线性势流-薄板理论建立理论模型，其中线性势流-薄板模型未考虑波浪冲洗浮体表面的现象，使得其预测值与试验值存在误差。

随着计算流体力学的发展，越来越多学者利用数值模拟的方法。Huang[7]特别关注了波浪冲洗冰体表面和波浪散射现象。Bai[8]利用势流软件和黏流软件对浮冰在波浪中的运动响应进行数值模拟并与试验结果作对比，验证了黏流软件更适合于模拟浮冰运动。

因此，本研究采用考虑黏性数值模拟的方法模拟有/无护栏浮冰在波浪中的运动。考虑不同波长波浪冲洗冰体表面现象对浮冰垂荡、纵摇运动幅值的影响。

2　数值计算方法

在求解浮冰在波浪中的运动的问题时需要求解流动控制方程。同时考虑到实际工程问题中的湍流流动，需要将控制方程中的各项分解为时间平均值和相对于这些平均值的脉动值两部分，因此得到湍流时均量所满足的方程组，即雷诺时均方程组，其表达如下

$$\nabla\cdot\overline{\boldsymbol{v}}=0 \tag{1}$$

$$\frac{\partial\rho\overline{\boldsymbol{v}}}{\partial t}+\nabla\cdot(\rho\overline{\boldsymbol{v}\boldsymbol{v}})=-\nabla\overline{p}+\nabla\cdot(\overline{\tau}-\rho\overline{\boldsymbol{v}'\boldsymbol{v}'})+\rho g \tag{2}$$

式中，$\overline{\boldsymbol{v}}$ 为时均速度，$\overline{p}$ 为压力，v' 为时均速度的脉动值，$\overline{\tau}$ 为黏性应力，$\rho\overline{\boldsymbol{v}'\boldsymbol{v}'}$ 为雷诺应力，它是湍流涨落所引起的时均效应。在随浮体进行平移和旋转的运动坐标系中，浮体的运动方程为

$$m\left(\frac{\mathrm{d}\boldsymbol{V}}{\mathrm{d}t}+\boldsymbol{\Omega}\times\boldsymbol{V}\right)=\boldsymbol{f} \tag{3}$$

$$\boldsymbol{I}\cdot\frac{\mathrm{d}\boldsymbol{\Omega}}{\mathrm{d}t}+\boldsymbol{\Omega}\times(\boldsymbol{I}\cdot\boldsymbol{\Omega})=\boldsymbol{m} \tag{4}$$

式中，m 为浮体质量；$\boldsymbol{I}$ 为浮体转动惯量；$\boldsymbol{f}$ 为流体施加于浮体的合外力；$\boldsymbol{m}$ 为浮体受到的合外力矩。

3　算例设置

选用 RKE 2L 湍流模型[9]来对控制方程进行封闭求解。离散方法选用有限体积法，采用 PIMPLE 算法将压力速度进行耦合。采用 VOF 法对自由液面进行捕捉。如图 1 所示，计算区域为$4.5\mathrm{m}\times2\mathrm{m}\times0.8\mathrm{m}$，其中水深为 0.5m。水池左边界、上边界以及下边界设置为速度

入口条件；前后两侧边界设置为对称边界条件；右侧边界设置为压力出口条件。入口消波区和出口消波区长度分别取为一个波长长度。在水池中加入浮冰模型，如图 2 所示，浮冰模型采用了两种模型，一个为圆柱体，另一个为加护栏的圆柱体，放置于距离入口 1.5m 处。圆柱直径 0.5m，高度 0.05m，入水深度为 0.03m。其中为了防止流体冲洗冰体表面，在圆柱上表面增加了一圈薄护栏，护栏高度为 0.05m，厚度尺寸很小可忽略不计。

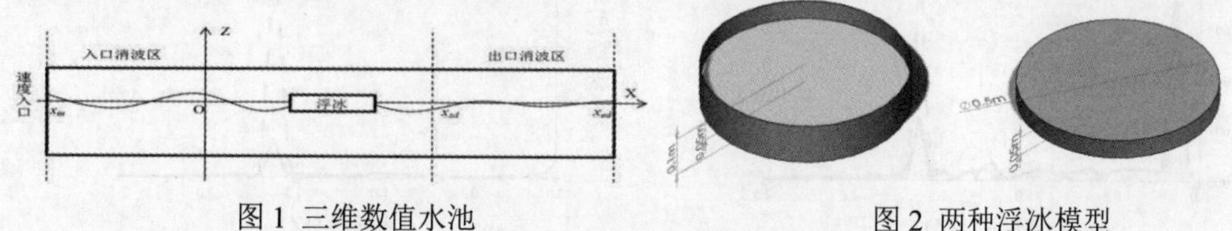

图 1 三维数值水池　　　　　　　　图 2 两种浮冰模型

本研究采用重叠网格技术来模拟浮冰运动，在背景网格中对自由液面区域进行加密，并且对浮体运动区域也进行了网格加密。网格纵剖图如图 3 所示。

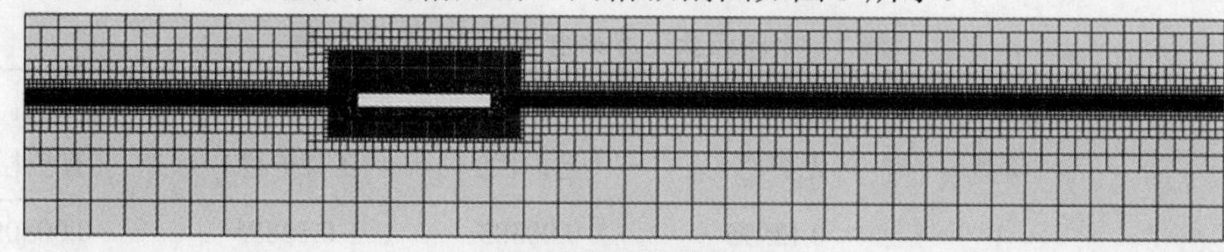

图 3 重叠网格纵剖图

4 计算结果及分析

为了探索浮冰与不同波长（0.6～1.0m）入射波相互作用，对浮冰垂荡、纵摇运动响应进行了频谱分析。

海冰受到波浪的作用会发生剧烈的运动，大量的水会涌上冰体表面。通过数值模拟发现，随着波长增加，波浪冲洗冰体现象逐渐变弱。

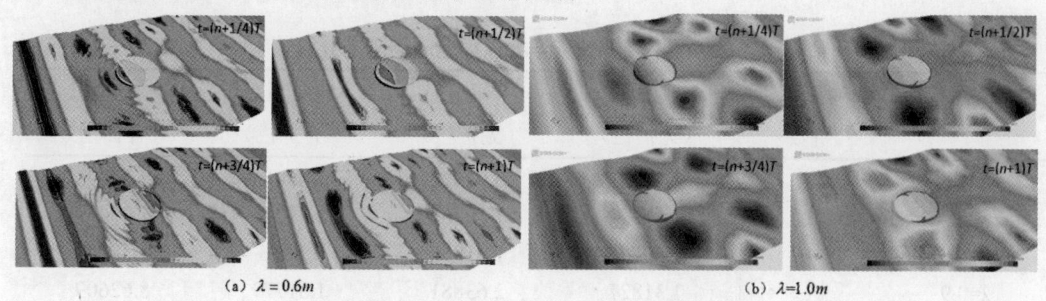

(a) $\lambda=0.6m$　　　　(b) $\lambda=1.0m$

图 4 不同波长的波浪冲洗冰体表面过程

图 4 中描述了不同波长的波浪中无护栏海冰表面所受到的冲洗现象。图 4（a）对应波

长为 0.6m，浮冰上表面被水体完全覆盖，表现出较强的波浪冲洗现象；图 4（b）对应波长为 1.0m，浮冰上表面没有被水体完全覆盖，相较于前者，其所受的波浪冲洗现象较弱。

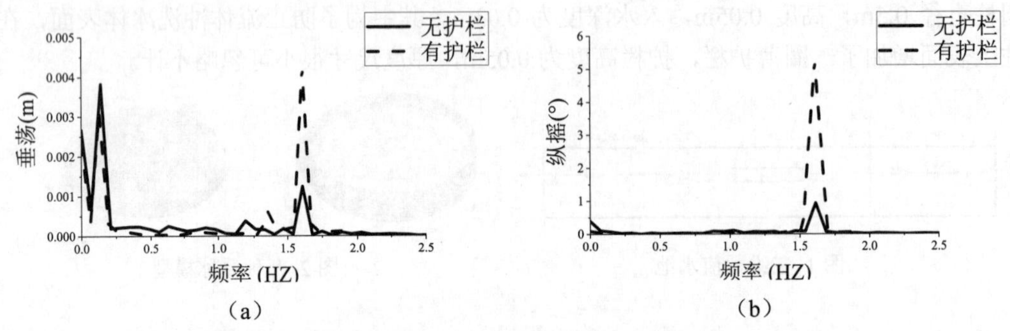

图 5 波长 λ=0.6m 的浮冰运动响应谱分析

表 1 不同波长下浮冰垂荡运动响应谱分析

波长	响应频率阶数	响应频率（无护栏）	幅值（无护栏）	响应频率（有护栏）	幅值（有护栏）
λ=0.6	1	0.13995	0.00383	0.12875	0.00309
	2	1.6094	0.00124	1.60937	0.00422
λ=0.7	1	0.13548	0.00407	0.1354	0.00248
	2	1.49031	0.00227	1.4894	0.00767
λ=0.8	1	0.12723	0.00384	0.12664	0.00262
	2	1.39949	0.00275	1.39302	0.01055
λ=0.9	1	0.13148	0.00373	0.13212	0.00173
	2	1.31484	0.00261	1.3188	0.01202
λ=1.0	1	0.12974	0.00288	0.13061	0.00276
	2	1.23257	0.00416	1.24078	0.01469

表 2 不同波长下浮冰纵摇运动响应谱分析

波长	响应频率阶数	响应频率（无护栏）	幅值（无护栏）	响应频率（有护栏）	幅值（有护栏）
λ=0.6	1	1.61267	0.93522	1.60915	5.24093
λ=0.7	1	1.49031	1.19767	1.49048	7.05449
λ=0.8	1	1.39746	1.91958	1.3973	9.38222
λ=0.9	1	1.31827	2.63881	1.31779	8.62609
λ=1.0	1	1.24026	3.05963	1.24037	6.06502

图 5 中给出了 λ=0.6 的浮冰垂荡、纵摇的频谱分析图。可以发现在浮冰垂荡固有频率

处，冰体表面上浪对该处频率以及振动幅值大小没有影响，有护栏浮冰与无护栏浮冰的振动幅值差异不大。波浪激励频率下，无护栏浮冰的垂荡运动幅值一般小于有护栏浮冰垂荡运动幅值。在纵摇运动响应中，无护栏浮冰在波浪激励处的运动幅值也远远小于有护栏浮冰。表 1 和表 2 整理出了不同工况下浮冰垂荡、纵摇运动，与图 5 中给出的趋势相同，无护栏浮冰在波浪激励频率下的的垂荡，纵摇运动幅值远远低于有护栏浮冰的幅值。造成幅值差异的原因主要是波浪冲洗冰体表面，堆积在冰体表面的水阻碍了浮冰的运动。

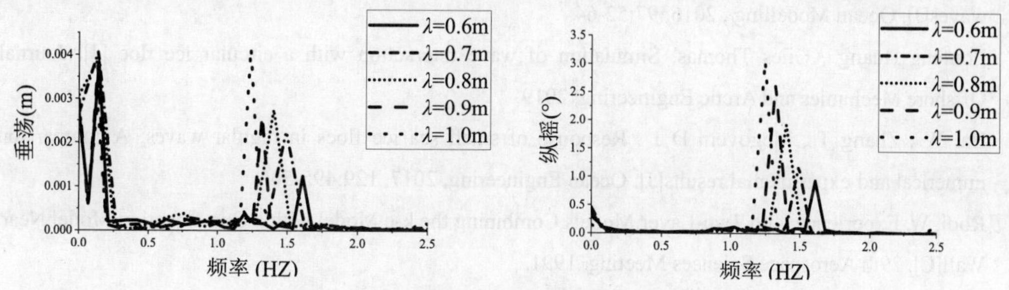

图 6 不同波长对浮冰的运动响应影响

图 6 给出了不同波长下，即不同波浪激励频率下的波浪冲洗现象对浮冰运动的影响，随着波长减小，浮冰的垂荡运动幅值与纵摇运动幅值也减小。在短波长时，波陡较大，波浪与浮冰的相互作用较强。因此，导致波浪冲洗冰体表面现象较严重，堆积在冰体表面的水比较多，对浮冰运动产生比较大的抑制作用，从而导致了浮冰运动幅值的减小。在浮冰垂荡固有频率处，波长的增加或减少对浮冰运动幅值没有影响。

5　结论

本研究通过数值模拟两种浮冰模型（带护栏/无护栏）在波浪中的运动来分析有/无上浪现象对浮冰垂荡与纵摇运动的影响。研究发现：①波浪冲洗冰体表面现象对垂荡运动的固有频率以及该处振动幅值几乎没有影响；②在波浪激励频率处，短波长时，波浪冲洗冰体表面现象更严重；③波浪冲洗冰体表面现象对浮冰垂荡，纵摇运动幅值有明显的抑制作用；④随着冲洗现象变强，其对浮冰运动抑制作用越强。

参 考 文 献

1　骆婉珍，郭春雨，苏玉民. 冰缘区船舶与波浪及海冰耦合作用研究与进展[J]. 中国造船, 2017(2).

2　郭春雨，宋妙妍，骆婉珍. 海冰在波浪中纵向运动的试验研究[J]. 华中科技大学学报（自然科学版），2017(6).

3　Meylan M H , Yiew L J , Bennetts L G , et al. Surge motion of an ice floe in waves: comparison of a theoretical and an experimental model[J]. Annals of Glaciology, 2015, 56(69):46 - 52.

4 Meylan M H , Bennetts L G , Cavaliere C , et al. Experimental and theoretical models of wave-induced flexure of a sea ice floe[J]. Physics of Fluids, 2015, 27(4):041704.

5 Skene D M , Bennetts L G , Meylan M H , et al. Modelling water wave overwash of a thin floating plate[J]. Journal of Fluid Mechanics, 2015.

6 Yiew L J , Meylan M H, Bennetts L G , et al. Hydrodynamic responses of a thin floating disk to regular waves[J]. Ocean Modelling , 2016, 97:52-64.

7 Loufeng Huang , Giles Thomas. Simulation of wave interaction with a circular ice floe [J]. Journal of Offshore Mechanics and Arctic Engineering, 2019.

8 Bai W , Zhang T , Mcgovern D J . Response of small sea ice floes in regular waves: A comparison of numerical and experimental results[J]. Ocean Engineering, 2017, 129:495-506.

9 Rodi, W. Experience with Two-Layer Models Combining the k-e Model with a One-Equation Model Near the Wall[C]. 29th Aerospace Sciences Meeting, 1991.

The influence of overwash on the motion response of ice floe

ZHANG Xi, ZHU Ren-qing, LI Zhi-fu*

(Jiangsu University of Science and Technology, Zhenjiang, 212003, Email:2351230383@qq.com

Correspondence: Jiangsu University of Science and Technology, Zhenjiang, 212003,

Email:zhifu.li@hotmail.com)

Abstract: A transition between open sea and ice covered water is known as the marginal ice zone (MIZ). The sea ice in the MIZ mainly exists in form of comprised ice floes, which is more sensitive to waves. In this paper, a three-dimensional numerical wave tank (NWT) is established based on computational fluid dynamics (CFD) technology. The wave is generated by imposing a specified velocity condition on the inlet boundary. The heave and pitch motion responses of an ice floe in regular waves are studied, with several wavelengths and a fixed wave height. The overwash phenomenon, as well as its impact on the ice floe motion, are investigated. This is obtained through the comparison of motion response for ice floes with and without the barrier. The result shows that in the case of small wavelength, the effect of overwash phenomenon is more prominent, i.e. the ice motion will be suppressed significantly.

Key words: Ice floes; Marginal ice zone; Overwash; Motion response

海冰对水中悬浮隧道非线性水动力载荷影响特性研究

李志富[1]，赵桥生[2]，邵飞[3]

(1.江苏科技大学 船舶与海洋工程学院，镇江，212003，Email：zhifu.li@hotmail.com

2.中国船舶科学研究中心 水动力学重点实验室，无锡，214000，Email：zhaocssrc@163.com

3.陆军工程大学 野战工程学院，南京，210000，Email：shaofei@seu.edu.cn)

摘要：海冰覆盖水域中浸没物体非线性水动力载荷特性研究，对水中悬浮结构物的设计建造具有十分重要的指导意义，如：峡湾水域中悬浮隧道等。本研究基于流体匀质、无黏、不可压缩、流动无旋假定下的势流理论对流场进行描述，并将海冰等效为力学特性相似的弹性薄板覆盖于流体表面，进而建立速度势在流场上表面应满足的边界条件。为了精确描述浸没物体大幅运动扰动流场特性，引入固定于结构物的非惯性极坐标系，并在该坐标系下建立速度势的多极子展开式，从而推导得出浸没结构物做任意简谐大幅周期运动的物面非线性解析解。在此基础上，系统研究了悬浮隧道各阶水动力分量，随海冰厚度、浸没深度、振荡频率及幅值的变化规律，并与自由表面水域中的情形进行了对比研究，揭示了水中悬浮隧道与水波的相互作用机理，总结了高阶水动力分量的变化特征，为水中悬浮隧道的有关水动力特性分析提供了重要的基础理论支撑和有效的分析手段。

关键词：海冰覆盖；悬浮隧道；大幅运动；非线性水动力；解析解

1 引言

悬浮隧道是一种悬浮在水中利用浮力承载的新型结构，由于具有对周围环境影响小、布线方便、跨越深水时的经济性等优点，为大跨水域的交通建设提供了新的思路。当计算悬浮隧道水动力载荷时，通常可以将其近似处理为浸没圆柱体。对于开敞水域情形，已有较多学者进行了研究，如：Wu[1]给出了自由表面条件下，浸没圆柱做大幅强迫运动时的解析表达式。然而，当流体上表面覆盖一层海冰时，如：连续冰层、碎冰等，相关的流体载荷特性还少有研究，特别是对于相关载荷的非线性分量特征，还尚不明晰。

近年来，对于冰区流场结构物的线性流体载荷已有较多学者开展了相关研究，如：Das 和 Mandal[2]对浸没圆柱体的线性波浪激励力进行了解析研究；Sturova[3]对浸没于冰间湖或有限尺度浮冰下细长体的辐射问题进行了数值模拟；Li 等[4]给出了含裂缝无限延展冰层下脉动源扰动流场的显示积分解和相应的多极函数，并在随后的工作中，进一步推导了含多道任意分布裂缝冰层下的脉动源格林函数[5]，同时，基于边界元方法，开发了相应的数值分析程序。此外，对于漂浮在冰间湖内的结构物，Ren 等[6]采用本征函数展开匹配法，给出了矩形截面柱体扰动流场的解析解；Li 等[7]采用混合本征函数展开和边界元方法，建立了任意截面形状柱体的数值分析方法，以及大尺度冰间湖的近似分析方法[8]。

基于国内外研究现状，本研究将以水中悬浮隧道流体载荷特性分析的应用为背景，在作者已经建立的连续冰层下浸没结构物扰动流场分析方法基础上[9]，对水中悬浮隧道的流体载荷特性展开研究，重点探究不同环境参数下，水动力高阶分量随频率的变化特征。

2 控制方程

假定半径为a的圆柱体，在无限延展冰层下，做频率为ω的周期性振荡运动，同时认为水深趋于无穷。为了对流场展开分析，引入正交直角坐标系oxz，其中，ox轴与静止流场上表面重合，oz轴垂直向上。同时，引入固结于浸没圆柱体的极坐标系$o'r\theta$，其中，o'与圆柱体中心重合。在oxz坐标系下，o'的平均位置可以表示为$(0,-h)$。空间中的任意一点，在两个坐标系下可以按如下关系式进行转换

$$x = r\sin\theta + \eta_1\cos\alpha_1 \tag{1}$$

$$z = r\cos\theta - (h - \eta_3\cos\alpha_3) \tag{2}$$

$$\alpha_j = \omega t + \gamma_j \tag{3}$$

其中，η_1和η_3分别为水平和垂向振荡运动幅值，γ_1和γ_3为初相位。

引入势流理论基本假定，即：流体匀质、无黏、不可压缩、流动无旋，则流体运动可以通过标量函数速度势Φ来表征，并满足拉普拉斯方程

$$\nabla^2\Phi=0 \tag{4}$$

在物体扰动流场过程中，将海冰处理成为无限延展弹性薄板覆盖在流体上表面，且认为海冰下表面始终与流体接触，忽略其吃水的影响，则流体上表面条件可以写为

$$\left(D\frac{\partial^4}{\partial x^4} + K\frac{1}{g}\frac{\partial^2}{\partial t^2} + 1\right)\frac{\partial\Phi}{\partial z} + \frac{1}{g}\frac{\partial^2\Phi}{\partial t^2} = 0 \tag{5}$$

其中，$D = Eh_1^3/12\rho g(1-\nu^2)$，$K = h_1\rho_1/\rho$，$E$为弹性模量，$\nu$为泊松比，$h_1$为海冰厚度，$\rho_1$为海冰密度，$\rho$为流体密度。在物体表面，满足不可穿透条件

$$\frac{\partial\Phi}{\partial n} = -\omega(n_1\eta_1\sin\alpha_1 + n_3\eta_3\sin\alpha_3) \tag{6}$$

其中，$\vec{n} = (n_1, n_3)$为物体表面的内法线矢量。同时，在无穷远$x \to \pm\infty$处，还应该满足波浪外传条件。参照[10]，可以将总的流体速度势Φ写成如下形式

$$\Phi = -\omega\eta_1 Re(\phi_1 \mathrm{e}^{\mathrm{i}\gamma_1}) - \omega\eta_3 Re(\phi_3 \mathrm{e}^{\mathrm{i}\gamma_3}) \tag{7}$$

其中，ϕ_1 和 ϕ_3 满足如下物面边界条件

$$\frac{\partial \phi_1}{\partial r} = -\frac{1}{2}(\mathrm{e}^{\mathrm{i}(\omega t+\theta)} - \mathrm{e}^{\mathrm{i}(\omega t-\theta)})\text{；}\ \frac{\partial \phi_3}{\partial r} = -\frac{\mathrm{i}}{2}(\mathrm{e}^{\mathrm{i}(\omega t+\theta)} + \mathrm{e}^{\mathrm{i}(\omega t-\theta)}) \tag{8}$$

3 分析方法

对于上节所述边值问题，可以采用多极展开式进行解析求解[9]，即

$$\begin{aligned}
\phi_j = &\sum_{m=1}^{\infty}\sum_{s=-\infty}^{\infty} A_m^s a^m [\frac{e^{\mathrm{i}m\theta+\mathrm{i}s\omega t}}{r^m} + \frac{1}{(m-1)!}\sum_{p=-\infty}^{\infty}\sum_{q=-\infty}^{\infty}(-\mathrm{i})^q \mathrm{e}^{\mathrm{i}p\alpha_3+\mathrm{i}q\alpha_1+\mathrm{i}s\omega t} \\
&\times\int_0^\infty \frac{k(Dk^4 - K\upsilon(p+q+s)^2+1)+\upsilon(p+q+s)^2}{k(Dk^4 - K\upsilon(p+q+s)^2+1)-\upsilon(p+q+s)^2} k^{m-1}\mathrm{e}^{[k(z-h)+\mathrm{i}kx]} I_p(k\eta_3) J_q(k\eta_1)\mathrm{d}k] \\
&+\sum_{m=1}^{\infty}\sum_{s=-\infty}^{\infty} B_m^s a^m [\frac{e^{-\mathrm{i}m\theta+\mathrm{i}s\omega t}}{r^m} + \frac{1}{(m-1)!}\sum_{p=-\infty}^{\infty}\sum_{q=-\infty}^{\infty}(+\mathrm{i})^q \mathrm{e}^{\mathrm{i}p\alpha_3+\mathrm{i}q\alpha_1+\mathrm{i}s\omega t} \\
&\times\int_0^\infty \frac{k(Dk^4 - K\upsilon(p+q+s)^2+1)+\upsilon(p+q+s)^2}{k(Dk^4 - K\upsilon(p+q+s)^2+1)-\upsilon(p+q+s)^2} k^{m-1}\mathrm{e}^{[k(z-h)-\mathrm{i}kx]} I_p(k\eta_3) J_q(k\eta_1)\mathrm{d}k]
\end{aligned} \tag{9}$$

其中，$J_q(k\eta_1)$ 为第一类贝塞尔函数，$I_p(k\eta_3)$ 为第一类变形贝塞尔函数。为了满足波浪外传的辐射条件，当 $p+q+s>0$ 时，无穷积分上穿奇点 $k=\lambda$，当 $p+q+s<0$ 时，无穷积分下穿奇点 $k=\lambda$。此处，$k=\lambda$ 为如下色散方程的根

$$k[Dk^4 - K\upsilon(p+q+s)^2+1] - \upsilon(p+q+s)^2 = 0 \tag{10}$$

为了满足边界条件（8），将式（9）在固结于物体的极坐标系下写为

$$\begin{aligned}
\phi_j = &\sum_{m=1}^{\infty}\sum_{s=-\infty}^{\infty} A_m^s a^m [\frac{e^{\mathrm{i}m\theta+\mathrm{i}s\omega t}}{r^m} + \frac{1}{(m-1)!}\sum_{n=0}^{\infty}\frac{r^n e^{+\mathrm{i}n\theta}}{n!}\sum_{p=-\infty}^{\infty}\sum_{q=-\infty}^{\infty}\sum_{p_1=-\infty}^{\infty}\sum_{q_1=-\infty}^{\infty} \\
&\times(-\mathrm{i})^q(+\mathrm{i})^{q_1}\exp(\mathrm{i}p\alpha_3+\mathrm{i}q\alpha_1+\mathrm{i}s\omega t+\mathrm{i}q_1\alpha_1+\mathrm{i}p_1\alpha_3)F(m,n,p,q,p_1,q_1,p+q+s)] \\
&+\sum_{m=1}^{\infty}\sum_{s=-\infty}^{\infty} B_m^s a^m [\frac{e^{-\mathrm{i}m\theta+\mathrm{i}s\omega t}}{r^m} + \frac{1}{(m-1)!}\sum_{n=0}^{\infty}\frac{r^n e^{-\mathrm{i}n\theta}}{n!}\sum_{p=-\infty}^{\infty}\sum_{q=-\infty}^{\infty}\sum_{p_1=-\infty}^{\infty}\sum_{q_1=-\infty}^{\infty} \\
&\times(+\mathrm{i})^q(-\mathrm{i})^{q_1}\exp(\mathrm{i}p\alpha_3+\mathrm{i}q\alpha_1+\mathrm{i}s\omega t+\mathrm{i}q_1\alpha_1+\mathrm{i}p_1\alpha_3)F(m,n,p,q,p_1,q_1,p+q+s)]
\end{aligned} \tag{11}$$

其中，

$$F(m,n,p,q,p_1,q_1,s)=\int_0^\infty \frac{k(Dk^4-K\upsilon s^2+1)+\upsilon s^2}{k(Dk^4-K\upsilon s^2+1)-\upsilon s^2} \times k^{m+n-1}\mathrm{e}^{-2kh}I_{p_1}(k\eta_3)J_{q_1}(k\eta_1)I_p(k\eta_3)J_q(k\eta_1)\mathrm{d}k \tag{12}$$

利用三角函数的正交性，并结合边界条件（8），可以得到有关ϕ_1的方程组如下

$$\begin{aligned}
&-m\frac{A_m^s}{a}+\sum_{n=1}^{\infty}\frac{a^{n+m-1}}{(n-1)!(m-1)!}\sum_{p=-\infty}^{\infty}\sum_{q=-\infty}^{\infty}\sum_{p_1=-\infty}^{\infty}\sum_{u=-\infty}^{\infty} \\
&\qquad\times(-\mathrm{i})^q(+\mathrm{i})^{q_1}\mathrm{e}^{\mathrm{i}(q+q_1)\gamma_1+\mathrm{i}(p+p_1)\gamma_3}F(n,m,p,q,p_1,q_1,p+q+u)A_n^u=-\frac{1}{2}\delta(s-1)\delta(m-1) \\
&-m\frac{B_m^s}{a}+\sum_{n=1}^{\infty}\frac{a^{n+m-1}}{(n-1)!(m-1)!}\sum_{p=-\infty}^{\infty}\sum_{q=-\infty}^{\infty}\sum_{p_1=-\infty}^{\infty}\sum_{u=-\infty}^{\infty} \\
&\qquad\times(+\mathrm{i})^q(-\mathrm{i})^{q_1}\mathrm{e}^{\mathrm{i}(q+q_1)\gamma_1+\mathrm{i}(p+p_1)\gamma_3}F(n,m,p,q,p_1,q_1,p+q+u)B_n^u=\frac{1}{2}\delta(s-1)\delta(m-1)
\end{aligned} \tag{13}$$

同理，对于ϕ_3可以得到

$$\begin{aligned}
&-m\frac{A_m^s}{a}+\sum_{n=1}^{\infty}\frac{a^{n+m-1}}{(n-1)!(m-1)!}\sum_{p=-\infty}^{\infty}\sum_{q=-\infty}^{\infty}\sum_{p_1=-\infty}^{\infty}\sum_{u=-\infty}^{\infty} \\
&\qquad\times(-\mathrm{i})^q(+\mathrm{i})^{q_1}\mathrm{e}^{\mathrm{i}(q+q_1)\gamma_1+\mathrm{i}(p+p_1)\gamma_3}F(n,m,p,q,p_1,q_1,p+q+u)A_n^u=-\frac{\mathrm{i}}{2}\delta(s-1)\delta(m-1) \\
&-m\frac{B_m^s}{a}+\sum_{n=1}^{\infty}\frac{a^{n+m-1}}{(n-1)!(m-1)!}\sum_{p=-\infty}^{\infty}\sum_{q=-\infty}^{\infty}\sum_{p_1=-\infty}^{\infty}\sum_{u=-\infty}^{\infty} \\
&\qquad\times(+\mathrm{i})^q(-\mathrm{i})^{q_1}\mathrm{e}^{\mathrm{i}(q+q_1)\gamma_1+\mathrm{i}(p+p_1)\gamma_3}F(n,m,p,q,p_1,q_1,p+q+u)B_n^u=-\frac{\mathrm{i}}{2}\delta(s-1)\delta(m-1)
\end{aligned} \tag{14}$$

当求得流体速度势之后，通过伯努利方程便可以计算流场中任意一点的压力值，将其沿物体表面积分，便可得到作用于物体上的流体动力

$$F_j=Re[\sum_{s=-\infty}^{\infty}F_j(s)\mathrm{e}^{\mathrm{i}s\omega t}] \tag{15}$$

其中，

$$\begin{aligned}
F_1(s)=&-\frac{1}{2}\rho\pi\omega^2a^2\eta_1\mathrm{e}^{\mathrm{i}s\gamma_1}[\delta(s-1)+\delta(s+1)]+\rho\pi\{2as\omega(-C_1^s+D_1^s) \\
&+\frac{\mathrm{i}}{a}\sum_{m=1}^{\infty}\sum_{s_1=-\infty}^{\infty}[m(m+1)(C_{m+1}^{s-s_1}D_m^{s_1}-D_{m+1}^{s-s_1}C_m^{s_1}-C_m^{s-s_1}D_{m+1}^{s_1}+D_m^{s-s_1}C_{m+1}^{s_1} \\
&+C_{m+1}^{s+s_1}\bar{C}_m^{s_1}-D_{m+1}^{s+s_1}\bar{D}_m^{s_1}-C_m^{s+s_1}\bar{C}_{m+1}^{s_1}+D_m^{s+s_1}\bar{D}_{m+1}^{s_1})]\}
\end{aligned} \tag{16}$$

$$F_3(s)=-\frac{1}{2}\rho\pi\omega^2a^2\eta_3\mathrm{e}^{\mathrm{i}s\gamma_3}[\delta(s-1)+\delta(s+1)]+\rho\pi\{2ais\omega(C_1^s+D_1^s)$$

$$+\frac{1}{a}\sum_{m=1}^{\infty}\sum_{s_1=-\infty}^{\infty}[m(m+1)(C_{m+1}^{s-s_1}D_m^{s_1}+D_{m+1}^{s-s_1}C_m^{s_1}+C_m^{s-s_1}D_{m+1}^{s_1}+D_m^{s-s_1}C_{m+1}^{s_1} \tag{17}$$

$$+C_{m+1}^{s+s_1}\bar{C}_m^{s_1}+D_{m+1}^{s+s_1}\bar{D}_m^{s_1}+C_m^{s+s_1}\bar{C}_{m+1}^{s_1}+D_m^{s+s_1}\bar{D}_{m+1}^{s_1})]\}$$

$$C_m^s=-A_m^s(1)\omega\eta_1\mathrm{e}^{\mathrm{i}\gamma_1}-A_m^s(3)\omega\eta_3\mathrm{e}^{\mathrm{i}\gamma_3}=-\omega(\eta_1\mathrm{e}^{\mathrm{i}\gamma_1}+\mathrm{i}\eta_3\mathrm{e}^{\mathrm{i}\gamma_3})A_m^s(1) \tag{18}$$

$$D_m^s=-B_m^s(1)\omega\eta_1\mathrm{e}^{\mathrm{i}\gamma_1}-B_m^s(3)\omega\eta_3\mathrm{e}^{\mathrm{i}\gamma_3}=-\omega(\eta_1\mathrm{e}^{\mathrm{i}\gamma_1}-\mathrm{i}\eta_3\mathrm{e}^{\mathrm{i}\gamma_3})B_m^s(1) \tag{19}$$

通过运动学边界条件 $\partial W/\partial t=\partial\Phi/\partial z$，还可进一步得到冰层变形

$$W(x,t)=\sum_{u=-\infty}^{\infty}\frac{\mathrm{e}^{\mathrm{i}u\omega t}}{\mathrm{i}u\omega}\sum_{m=1}^{\infty}\frac{a^m}{(m-1)!}\sum_{s=-\infty}^{\infty}C_m^s$$

$$\times\sum_{p=-\infty}^{\infty}(-\mathrm{i})^q\mathrm{e}^{\mathrm{i}p\gamma_3+\mathrm{i}\gamma\alpha_1}\int_0^{\infty}[A(k)-1]\mathrm{e}^{-kh+\mathrm{i}kx}k^mI_p(k\eta_3)J_q(k\eta_1)\mathrm{d}k \tag{20}$$

$$+\sum_{u=-\infty}^{\infty}\frac{\mathrm{e}^{\mathrm{i}u\omega t}}{\mathrm{i}u\omega}\sum_{m=1}^{\infty}\frac{a^m}{(m-1)!}\sum_{s=-\infty}^{\infty}D_m^s$$

$$\times\sum_{p=-\infty}^{\infty}(+\mathrm{i})^q\mathrm{e}^{\mathrm{i}p\gamma_3+\mathrm{i}\gamma\alpha_1}\int_0^{\infty}[A(k)-1]\mathrm{e}^{-kh-\mathrm{i}kx}k^mI_p(k\eta_3)J_q(k\eta_1)\mathrm{d}k$$

4 结论

本研究以悬浮隧道水动力载荷分析应用为背景，重点探究海冰对悬浮隧道非线性水动力载荷的影响规律，在作者已经建立分析方法的基础上，给出了有关载荷计算的主要公式，以及冰层弯曲变形表达式，研讨会上将给出典型环境参数下的载荷变化特征。

参 考 文 献

1. Wu, G.X. Hydrodynamic forces on a submerged circular cylinder undergoing large-amplitude motion. Journal of Fluid Mechanics, 1993. 254(-1): 41-58.
2. Das, D. , B.N. Mandal. Oblique wave scattering by a circular cylinder submerged beneath an ice-cover. International Journal of Engineering Science, 2006. 44(3-4): 166-179.
3. Sturova, I.V. Radiation of waves by a cylinder submerged in water with ice floe or polynya. Journal of Fluid Mechanics, 2015. 784: 373-395.
4. Li, Z.F., G.X. Wu, C.Y. Ji. Wave radiation and diffraction by a circular cylinder submerged below an ice sheet

with a crack. Journal of Fluid Mechanics, 2018. 845: 682-712.

5. Li, Z.F., G.X. Wu, C.Y. Ji. Interaction of wave with a body submerged below an ice sheet with multiple arbitrarily spaced cracks. Physics of Fluids 2018. 30(5): 057107.
6. Ren, K., G.X. Wu, G.A. Thomas, Wave excited motion of a body floating on water confined between two semi-infinite ice sheets. Physics of Fluids, 2016. 28(12): 127101.
7. Li, Z.F., Y.Y. Shi, G.X. Wu. Interaction of waves with a body floating on polynya between two semi-infinite ice sheets. Journal of Fluids and Structures, 2018. 78: 86-108.
8. Li, Z.F., Y.Y. Shi, G.X. Wu. Interaction of wave with a body floating on a wide polynya. Physics of Fluids 2017. 29(9): 097104.
9. Li, Z.F., Y.Y. Shi, G.X. Wu. Large amplitude motions of a submerged circular cylinder in water with an ice cover. European Journal of Mechanics-B/Fluids, 2017. 65: 141-159.
10. Wu, G.X. Hydrodynamic forces on a submerged cylinder advancing in water waves of finite depth. Journal of Fluid Mechanics, 1991. 224(-1): 645-659.

The effect of ice sheet on hydrodynamic properties of a submerged floating tunnel

LI Zhi-Fu [1], ZHAO Qiao-sheng [2], SHAO Fei [3]

(1. School of Naval Architecture and Ocean Engineering, Jiangsu University of Science and Technology, Zhenjiang 212003, China. Email: zhifu.li@hotmail.com
2. Key laboratory of hydrodynamics, China ship scientific research center, Wuxi 214082, China. Email: zhaocssrc@163.com
3. College of Field Engineering, Army Engineering University of PLA, Nanjing 210007, China Email: shaofei@seu.edu.cn)

Abstract: The effect of ice sheet on the hydrodynamic properties of a submerged floating tunnel is considered. The linearized velocity potential theory is adopted for fluid flow, while the thin elastic plate model is used for ice sheet. The shape of cross section of the tunnel is assumed to be circular, indicating that the multipole expansion method can be used to obtain the analytical solution. To solve the problem, a body fixed polar coordinate system is introduced, in which the multipole expansions are derived. The expansion coefficients are then determined through imposing the boundary conditions on the body surface. Finally, the effects of ice properties on the higher order hydrodynamic load coefficients against oscillation frequency are investigated.

Key words: Ice sheet; Submerged floating tunnel; Large amplitude oscillation; Nonlinear hydrodynamic load; Analytical solution.

一种新型海上单柱浮式风电平台基础模型*

陆尚平，詹杰民，朱立峰，范庆

(中山大学应用力学与工程系，广州，510275，Email:lushp5@mail2.sysu.edu.cn)

摘要：本文已被广泛研究且有实际安装使用的经典 OC3-Hywind Spar 型浮式风电平台作为原型，在其基础上进行进一步的结构优化设计，提出了一种新型单海上柱浮式风电平台基础模型。为了进一步评估新型平台的优化效果，利用 Solidworks 软件建立了两者的精细模型。接着，使用 ANSYS Workbench 中的 Hydrodynamic Diffraction 模块计算了无系泊情况下两种模型的幅值响应算子（RAOs），并从其中估算出自由状态下模型的固有频率。然后，根据一般海上环境条件设定了系泊平台的系列工况，在 Hydrodynamic Response 模块中添加了系泊缆索，模拟了系泊后平台在风和规则波或相应不规则波组合作用下的响应。最后，通过 Matlab 软件对时域分析结果进行一系列的数学分析，总结出本文所提出的新型平台基础的稳定性明显优于经典平台基础。

关键词：浮式风电平台；ANSYS；结构优化；系泊分析；风浪荷载

1 引言

随着化石能源的日渐枯竭，寻找可持续发展的新能源成为世界关注的焦点。风能因其清洁、廉价而又丰富的优点逐渐受到大家的广泛关注。截至 2015 年底，全球风电装机容量较 2014 年增加 17%，达到了 433 GW[1]。但由于受到土地可利用空间有限，且风力资源丰富的地区往往地广人稀，距离耗电量高的经济发达区域较远，所以陆上风电可开发空间有限且开发潜力日渐降低，于是恰好避开的这些缺点的海洋便吸引了人们的注意力。

当今海上风力发电平台选址区域正在不断向对渔业、航运等人们生产活动影响较小，而且风力资源更加丰富、稳定的深海发展。考虑到可行性及经济成本，60 m 深度以上的海域，固定式基础的风电平台便不能适用，所以绝大部分深海海上风力发电机都采用浮式平台基础[2]。目前，常见的浮式平台基础包括驳船型、单柱型(Spar)、半潜式型 (Semi-sub) 和张力腿型 (TLP)。在深海海上风电领域，大家并没有对采用哪种基础型式最佳达成共识，但是无疑平台在复杂风浪海况条件下的运动稳定性是设计所关心的核心问题。

挪威的 Hydro Oil & Energy 公司研发了 Hywind Spar 型浮式风电平台[3]，并在深海区

* 基金项目：国家重点项目(41407010501)；中央高校基本科研业务费专项基金(No.17lgjc41)
通信作者：詹杰民，Email：stszjm@mail.sysu.edu.cn

域中里安装 1 台样机，这是世界上首座投入正式使用的浮式风力发电机。德国的 Denis 与 Matha 等[4]对之前美国学者开发的张力腿平台风力发电机进行了一定的改良，并根据相关的设计标准规范对改良后平台进行了验证评估，发现改良后的平台的运动性能更好。美国的 Lee[5]创造性地设计两种浮式风电平台，并对它们的运动响应性能进行了全面的评估分析。

国内张亮及其团队研究了在湍流状态风荷载作用下浮式风电平台的运动响应[6]。随后，他们开发了一套模拟计算风浪耦合作用下平台动力响应的程序，并利用该程序对自己所提出的新型海上浮式风电平台的工作性能进行了系统地评估分析[7]。Chen 等[8]使用经典 AQWA 软件对 Spar 型浮式风电平台在风浪流三种载荷耦合作用条件下的动力响应情况进行了仿真模拟，最后提出一种针对 Spar 型浮式风电平台的系泊系统进行优化的方案。

2 浮式风电平台建模

2.1 经典 OC3-Hywind Spar 型平台

2010 年，Jason Jonkman 创造性地提出了一种名为 OC3-Hywind Spar 型海上浮式风力发电机模型[9-10]，它凭借在风浪作用下稳定性较好、结构简单和建造安装比较方便等优点引起了大量学者的关注。其基本结构见图 1。

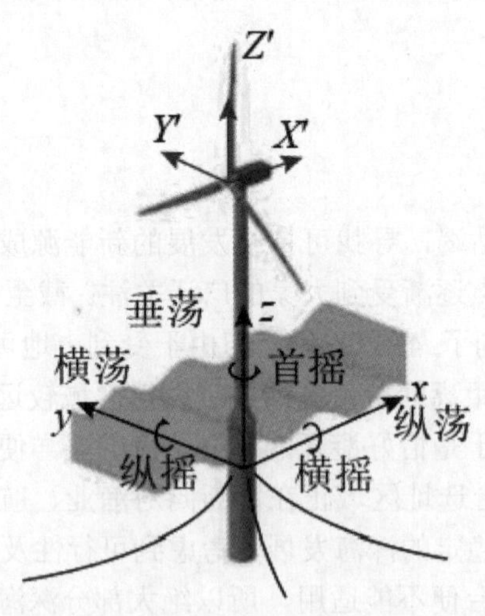

图 1 OC3-Hywind Spar 浮式风机结构示意图

5MW OC3-Hywind 浮式风电平台各部分相关参数如表 1 和表 2 所示。

利用 SolidWorks 软件对其进行三维建模，然后将模型导入到 ANSYS 软件中的 DM 模块，将其由三维实体转化面实体（Surface Body）并进行水线切割，然后将处理好的模型导入 Mesh 模块中进行网格划分，网格单元大小设置为 1m(图 2)。

表 1 风电平台参数（静水面为基准）

参数	数值	参数	数值
平台质量/kg	7, 466, 330	椎台以下直径/m	9.4
平台吃水/m	120	平台重心深度/m	89.9155
平台顶部高度/m	10	纵摇转动惯量/(kg · m^2)	4, 229, 230, 000
椎台顶部深度/m	4	横摇转动惯量/(kg · m^2)	4, 229, 230, 000
椎台底部深度/m	12	首摇转动惯量/(kg · m^2)	164, 230, 000
椎台以上直径/m	6.5	设计水深/ m	320

表 2 系泊系统参数（静水面为基准）

参数	数值	参数	数值
系泊缆数目	3	未张紧缆索长度/m	902.2
缆索夹角/(°)	120	缆索直径/m	0.09
锚点深度/m	320	缆索等效密度/(kg · m^{-1})	77.7066
缆孔深度/m	70	水中缆索重量/(N · m^{-1})	698.094
锚点相对中心线半径/m	853.87	缆索等效拉伸刚度/N	384, 243, 000
缆孔相对中心线半径/m	5.2	附加首摇刚度/(N · m · rad^{-1})	98, 340, 000

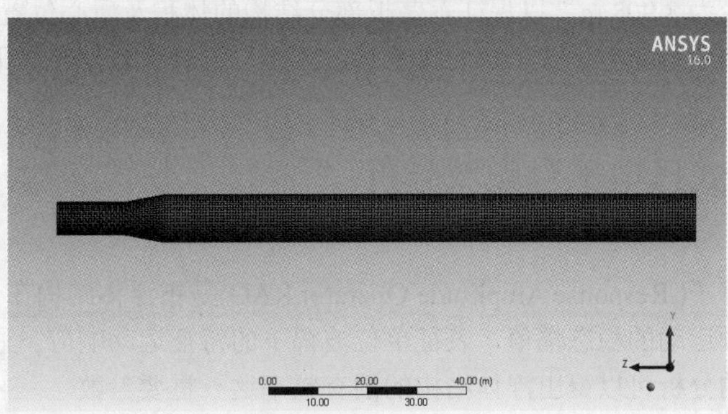

图 2　OC3-Hywind Spar 浮式平台模型及网格划分

2.2 新型单柱浮式风电平台基础模型

本文在上述经典 OC3-Hywind 浮式平台基础上，进行了特定的结构优化改造以提升其稳定性，设计了一种新型单柱浮式风电平台模型，其基本参数与 5MW OC3-Hywind 浮式平台相同。这种新型平台的具体几何参数参见图 3 和图 4，三维模型建模到网格划分（网格单元大小设置仍为 1 m）等流程与上述经典平台流程基本一致。

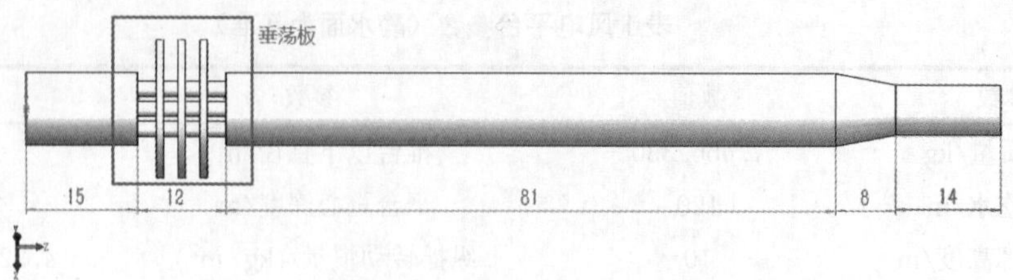

图 3 新型浮式风电平台几何示意图 1（单位：m）

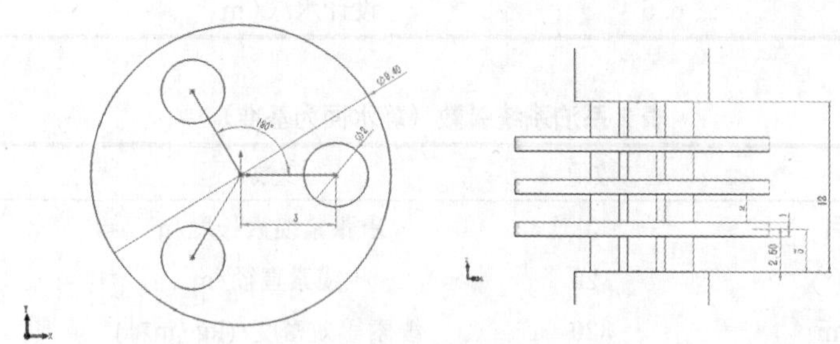

图 4 新型浮式风电平台几何示意图 2（单位：m）

为使原始平台在被切割替换入垂荡板后不会对其基本参数造成过大影响，图 4 中圆盘形垂荡板的半径为 8.908 m，以保证垂荡板部分结构的体积及质心位置与替换前的 12 m 高圆柱体相同从而使得新型浮式平台的排水量、浮心位置等参数与经典平台保持一致。

3 无系泊浮式风电平台频域分析

幅值响应算子(Response Amplitude Operator,RAO)是指浮体结构在一阶波浪力作用下各自自由度波频运动的稳态幅值，表征单位波幅下的特征运动响应。通过对幅值响应算子峰值分布情况的分析可以得出浮体结构的固有频率这一重要参数。

海洋环境中浮体结构的运动形式主要为摇荡运动，即所谓的平移与转动。具体到空间直角坐标系中便是在 x,y,z 3 个方向的平移与转动，共 6 个自由度，在海洋船舶工程领域对每个自由度有专门的代称（图 1）。对于 Spar 型浮式风电平台而言，最受关注的是垂荡、纵（横）摇运动，两者之间常常产生耦合运动，对平台工作影响最为明显，本文也主要着眼于平台在此两个自由度上的运动。

不考虑系泊系统的影响，利用 ANSYS Workbench 中的 Hydrodynamic Diffraction 模块计算两种平台在各种波浪频段下的幅值响应算子，进而推算出自由状态下平台的的固有频率。对计算结果进行处理，提取出两种平台的幅值响应算子数据并作图如下（入射波与 x 轴正方向夹角为 0°）

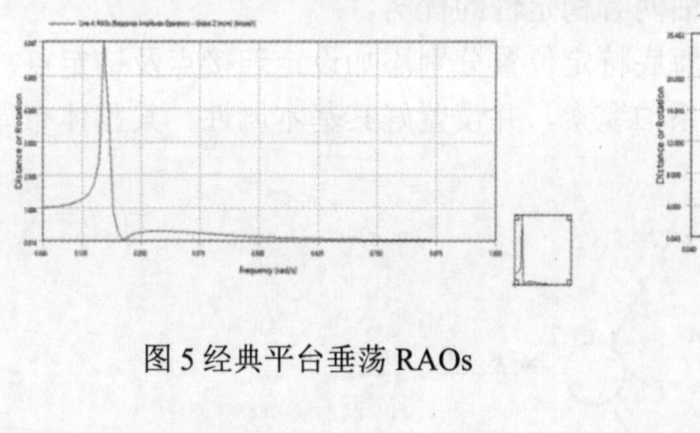

图 5 经典平台垂荡 RAOs

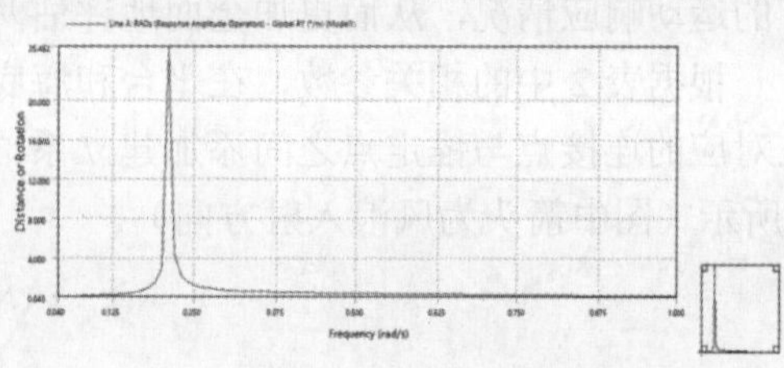

图 6 经典平台纵荡 RAOs

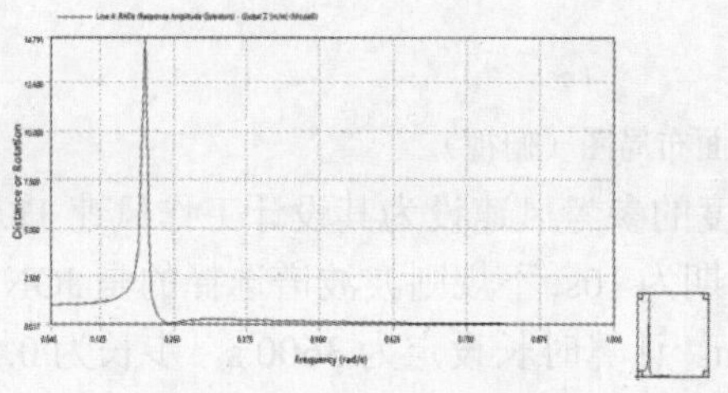

图 7 新型平台垂荡 RAOs

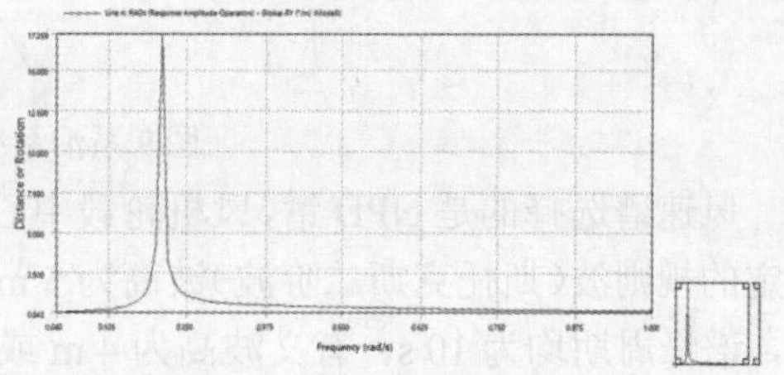

图 8 新型平台纵荡 RAOs

从上述图中可以推测出两种平台的纵摇固有频率（周期）均为 0.21 rad/s（29.92 s），经典平台的垂荡固有频率（周期）为 0.20 rad/s（31.416 s），而新型平台的垂荡固有频率（周期）为 0.17 rad/s（36.96 s）。可见本文提出的新型平台的垂荡固有频率更低，同环境荷载发生共振的几率更小，所以在一定程度上更加安全。

为验证上述仿真模拟的可靠性，本文选取了另外三位学者利用其它软件（如 SESAM、FSAT 等）针对同种浮式风电平台研究结果作为参考：

表 3 经典平台固有频率对比　　(rad/s)

自由度	本文	翟佳伟[11]	唐耀[12]	马钰[13]
垂荡	0.20	0.201	0.2	0.2007
纵摇	0.21	0.211	0.2	0.2199

如表 3 所示，本文经典平台仿真模拟所得结果同所在领域内已有研究成果基本一致，说明本文仿真模拟的相关设置及求解过程较为可靠，后续的其他仿真模拟基于此基础上应不会有很大的差错。

4　系泊浮式风电平台响应分析

在得到无系泊自由状态下两种平台的固有频率情况下，下面开始根据第二节中的相关参数加入系泊系统，并设定多个风浪共同作用的工况，探究系泊后的两种平台在工作状态下的运动响应情况，从而更加全面地评估两者稳定性的优劣。

根据表 2 中的相关参数，在平台和海底特定位置分别添加设定连接点及锚定点，然后在对应的连接点与锚定点之间添加建立系泊缆索，并设置好其基本属性。其整体布局如图 9 所示（图中箭头为风浪入射方向）。

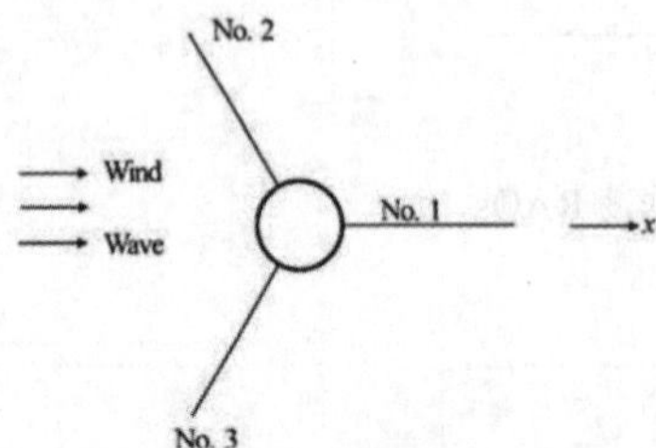

图 9 系泊系统平面布局图（俯视）

风速谱选择的是 NPD 谱，风机轮毂中心高度的参考风速设为其设计工作风速 11.4 m/s；选定的规则波（斯托克斯二阶波）波高为 5 m，周期为 10s；不规则波波谱选择的是 JONSWAP 谱，谱峰周期均为 10 s，有义波高为 4 m 或 6 m。计算时长设定为 3600 s，步长为 0.1s，总步数为 36001 步。总体工况安排如表 4 所示。

表 4 工况设定表

工况	风速/ m/s	波高/ m	周期/s
LC1	11.4	5	10
LC2	11.4	4	10
LC3	11.4	6	10

对于系泊后的平台，我们主要分析其纵荡、垂荡、纵摇以及系泊缆索的张力响应情况，着眼点在于各自由度上的固有频率及运动性能。

通过对平台各自由度运动信号的功率谱进行分析推测系泊后平台各个自由度上的固有频率，将各个工况下推测出的固有频率取平均值便可以得到系泊后两种平台在纵荡、垂荡和纵摇方向上的固有频率（表 5）。

表 5 系泊后平台固有频率 （mHz）

模型	纵荡	垂荡	纵摇
经典	11	32	35
新型	13	24	35

从表 5 可以看出，系泊后的经典平台与新型平台在纵荡和纵摇方向上的固有频率基本一致，但在垂荡方向上，新型平台的固有频率便大大低于经典平台，约有 25%幅度的下降。这就使得新型平台固有周期更大，与周边环境载荷发生共振的几率更低。

但是仅有固有频率的对比还不能较为全面地评估分析两种平台的稳定性优劣，还需对各自由度及缆索张力上时域响应信号进行统计学分析，以此来衡量运动响应的稳定程度及安全性。表 6 至表 8 给出了对两种平台在三种工况下纵荡、垂荡、纵摇的统计分析结果。

通过下面表格可以看出在各个自由度及缆索张力上两种模型的稳定性差异。

表 6 两种平台纵荡性能对比 (m)

工况	模型	平均值	最大值	最值差	标准差
LC1	经典	-1.036	1.326	4.825	0.893
	新型	-1.050	1.362	4.946	0.896
LC2	经典	-1.043	-0.393	1.361	0.216
	新型	-1.053	-0.441	1.380	0.267
LC3	经典	-1.016	-0.084	2.007	0.329
	新型	-1.027	-0.112	2.083	0.408

（1）纵荡：在工况 1 条件下，新型平台响应统计数据基本同经典平台极为相近；在工况 2、3 条件下，新型平台响应统计数据较经典平台稍微大一点，但差距仅停留在第二位小数的程度上。

表 7 两种平台垂荡性能对比 (m)

工况	模型	平均值	最大值	最值差	标准差
LC1	经典	-82.168	-81.827	0.679	0.136
	新型	-81.923	-81.653	0.543	0.113
LC2	经典	-82.190	-81.573	1.236	0.187
	新型	-81.944	-81.526	0.789	0.105
LC3	经典	-82.170	-80.917	2.487	0.387
	新型	-81.922	-81.099	1.556	0.211

（2）垂荡：在工况 1 条件下，新型平台响应幅度较经典平台下降约 20%，稳定性提高约 17%；在工况 2、3 条件下，新型平台响应幅度较经典平台下降约 37%，在稳定性上更是提高了约 45%。

表 8 两种平台纵摇性能对比 (°)

工况	模型	平均值	最大值	最值差	标准差
LC1	经典	0.00224	1.81	3.62	0.916
	新型	0.0153	1.82	3.61	0.910
LC2	经典	0.00388	0.977	2.037	0.313
	新型	0.02	0.925	1.755	0.274
LC3	经典	0.086	1.493	3.126	0.495
	新型	0.024	1.362	2.582	0.408

（3）纵摇：在工况 1 条件下，新型平台响应统计数据基本同经典平台极为相近；在工况 2、3 条件下，新型平台响应幅度较经典平台下降约 14%~17%，在稳定性上提高了约 12%~17%，且在最大值上下降了 5%~9%。虽然在平均值上，新型平台较大，但倾角仍在工作安全范围内。

综合来看，在三种工况条件下，新型平台在垂荡方向上的运动稳定性都较经典平台有大幅提高；在工况 2、3 条件下，新型平台在纵摇方向上的运动稳定性较经典平台有明显提高；在纵荡方向上，新型平台同经典平台稳定性基本一致。

5 结论

（1）无论是在无系泊自由状态下，还是在系泊状态下，新型平台的垂荡固有频率都较经典平台低许多，所以新型平台同周边环境载荷发生共振的几率更低，所以在一定程度上更加安全。在其它自由度上两者固有周期基本相同。

（2）新型平台在垂荡方向上的运动稳定性较经典平台有很大幅度的提高，且在纵摇方向上的运动稳定性较经典平台也有明显提高；而在纵荡方向上，新型平台同经典平台稳定性基本一致。

所以可以说明本文提出的新型单柱浮式风电平台基础模型较经典平台模型是有明显进步的，具有可观的继续深入开发研究前景，或可为后续海上浮式风电平台设计提供参考及灵感。

参考文献

1 Global Wind Energy Council (GWEC) (2016). Global wind energy outlook 2016[R].[S. l.]: GWEC,2016

2 黄维平, 刘建军, 赵战华. 海上风电基础结构研究现状及发展趋势[J]. 海洋工程, 2009, 27(2): 130–134

3 杨先碧.漂浮的风力发电机[J].发明与创新,2009(11)

4 DenisMatha, Tim Fischer, Martin Kuhn. Model Development and Loads Analysis of a Wind Turbine on a Floating Offshore Tension Leg Platform[P]. NREL/CP-500-46725. Golden, CO: National Renewable Energy Laboratory, 2010

5 Kwang Hyun Lee. Responses of Floating Wind Turbines to Wind and Wave Excitation[D]. Massachusetts, USA: Massachusetts Institute of Technology, 2005

6 Xiaorong Ye, Liang Zhang, Haitao Wu, Jing Zhao. Study to Motion Response of Floating Offshore Wind Turbine Under the Turbulent Wind[C]. Electrical and Control Engineering (ICECE) 2011 International Conference. Yichang, China, September 2011

7 Haitao Wu, Liang Zhang, Jing Zhao and Xiaorong Ye. Primary Design and Dynamic Analysis of an Articulated Floating Offshore Wind Turbine[J]. Advanced Materials Research, Vol. 347-353, 2012: 2191-2194

8 Chen D, Gao P, Huang S, et al. Dynamic response and mooring optimization of spar-typesubstructure under combined action of wind, wave, and current[J]. Journal of Renewable& Sustainable Energy, 2017, 9(6)

9 J.Jonkmanand S. Butterfield. Definition of a 5-MW Reference Wind Turbin for Offshore System Development[R]. Technical Report. NREL/TP-200-38060, February 2009

10 J.Jonkman. Definition of the Floating System for Phase IV of OC3[R]. Technical Report. NREL/TP-500-47535, May 2010

11 翟佳伟，唐友刚，李焱等. 风浪流中涡激共振对 Spar 型浮式风机运动响应的影响[J]. 海洋工程, 2018,36(04):39-49

12 唐耀. Spar 型浮式风机平台动力响应分析[D]. 上海交通大学, 2013

13 马钰，胡志强，肖龙飞. Wind-wave induced dynamic response analysis for motions and mooring loads of a spar-type offshore floating wind turbine[J]. Journal of Hydrodynamics, 2014,26(06):865-874

A new type of marine single-pillar floating wind power platform basic model

LU Shang-ping, ZHAN Jie-min, ZHU Li-feng, FAN Qing

(Department of Applied Mechanics and Engineering, Sun Yat-sen University, Guangzhou,510275,

Email: lushp5@mail2.sysu.edu.cn)

Abstract: Based on the classic OC3-Hywind Spar floating wind platform, which has been widely studied and actually installed and used, this paper makes further structure optimization , and proposes a new type of spar floating wind power platform. In order to further evaluate the optimization effect of the new platform, the fine models of both arefirst created by using Solidworks software. And then, the Hydrodynamic Diffraction module in ANSYS Workbench is used to calculate the amplitude response operator (RAOs) of the two models without mooring and the natural frequencies of the models in a free state are estimated. According to the general marine environmental conditions, the series of working conditions of the mooring platform are set, and a mooring cable system is added to the ANSYS Hydrodynamic Response module, which is used to simulate the response of the platform under the action of wind and regular or corresponding irregular waves. Finally, time domain analysis is performed in Matlab software, and it is found that the stability of the new platform foundation proposed in this paper is obviously better than the classical platform foundation.

Key words: floating wind power platform; ANSYS; structure optimization; mooring analysis; wind and wave load

载人潜水器空间运动仿真计算研究

赵桥生，何春荣，李德军，彭超

(中国船舶科学研究中心 水动力学重点实验室，无锡，214082，Email: 2541086522@qq.com)

摘要：基于空间六自由度运动模型，对载人潜水器的空间运动进行了仿真计算。完了两个空间运动算例。算例 1 水平面作用推力和力矩，但由于潜器上下不对称产生向上的水动力引起了垂直面运动，进而导致潜水器做空间运动；算例 2 水平面作用推力和力矩的基础上施加垂向推力，实现了潜水器快速螺旋下潜运动。对两个空间运动算例进行仿真，计算结果为该载人潜水器的空间运动特性分析提供了基础。

关键词：载人潜水器；模型；仿真；空间运动

1 引言

目前，载人潜水器在海洋探索等方面应用广泛，载人潜水器能够使科学家亲临海底现场，进行实地考察、取样和测绘等作业，同时操作机械手进行有效的水下作业 [1-2]。潜水器动力学方程是复杂的非线性微分方程组，主要是基于美国海军舰船研究与发展中心于 1967 年提出的潜艇六自由度运动模型发展而来[3]。孙晓芳[5]对潜水器的空间螺旋下潜的运动模拟，但并未对运动过程中水动力进行研究。

马岭[4]利用深海载人潜水器的三自由度的动力学模型对潜浮运动仿真计算，验证其潜浮性能。载人潜水器外形复杂，运动数学模型的非线性强。本研究基于六自由度运动数学模型，以某载人潜水器为研究对象，完成了空间运动两个算例的仿真计算，对仿真结果进行了分析，为全面掌握载人潜水器的空间运动性能提供基础和参考。

2 载人潜水器六自由度模型

研究载人潜水器的六自由度运动时，通过惯性坐标系与潜水器坐标系的转换，可得到载人潜水器的空间运动学模型[6]。把潜水器看作为一个刚体，对潜水器进行受力分析，采用刚体运动动量定理和动量矩定理[7]，可得到潜水器空间六自由度方程组：

$$m\left[\dot{u}-vr+wq-x_G\left(q^2+r^2\right)+y_G\left(pq-\dot{r}\right)+z_G\left(pr+\dot{q}\right)\right]=\sum_{\mathrm{i}}X_i \tag{1}$$

$$m\left[\dot{v}-wp+ur-y_G\left(r^2+p^2\right)+z_G\left(qr-\dot{p}\right)+x_G\left(qp+\dot{r}\right)\right]=\sum_{\mathrm{i}}Y_i \tag{2}$$

$$m\left[\dot{w}-uq+vp-z_G\left(p^2+q^2\right)+x_G\left(rp-\dot{q}\right)+y_G\left(rq+\dot{p}\right)\right]=\sum_{\mathrm{i}}Z_i \tag{3}$$

$$\begin{aligned}&I_x\dot{p}+\left(I_z-I_y\right)qr+m\left[y_G\left(\dot{w}+pv-qu\right)-z_G\left(\dot{v}+ru-pw\right)\right]-\\&\left(\dot{r}+pq\right)I_{xz}+\left(r^2-q^2\right)I_{yz}+\left(pr-\dot{q}\right)I_{xy}=\sum_{\mathrm{i}}K_i\end{aligned} \tag{4}$$

$$\begin{aligned}&I_y\dot{q}+\left(I_x-I_z\right)rp+m\left[z_G\left(\dot{u}+qw-rv\right)-x_G\left(\dot{w}+pv-qu\right)\right]-\\&\left(\dot{p}+qr\right)I_{xy}+\left(p^2-r^2\right)I_{xz}+\left(qp-\dot{r}\right)I_{yz}=\sum_{\mathrm{i}}M_i\end{aligned} \tag{5}$$

$$\begin{aligned}&I_z\dot{r}+\left(I_y-I_x\right)pq+m\left[x_G\left(\dot{v}+ru-pw\right)-y_G\left(\dot{u}+qw-rv\right)\right]-\\&\left(\dot{q}+rp\right)I_{yz}+\left(q^2-p^2\right)I_{xy}+\left(rq-\dot{p}\right)I_{xz}=\sum_{\mathrm{i}}N_i\end{aligned} \tag{6}$$

其中，外力和外力矩包括螺旋桨推力、水动力、重力和浮力及力矩等，而环境引起的干扰力可由具体的作业环境进行分析，对于外力和外力矩建模可参考文献[6]，其中六自由度外力模型如下：

$$\begin{aligned}\sum_{\mathrm{i}}X_i=&\frac{1}{2}\rho L^4\left[X'_{qq}q^2+X'_{rr}r^2+X'_{pr}pr\right]+\frac{1}{2}\rho L^3\left[X'_{\dot{u}}\dot{u}+X'_{vr}vr+X'_{wq}wq\right]+\\&\frac{1}{2}\rho L^2\left[X'_{uu}u^2+X'_{vv}v^2+X'_{ww}w^2+X'_{uw}uw\right]-(W-B)\sin\theta+X_T\end{aligned} \tag{7}$$

$$\begin{aligned}\sum_{\mathrm{i}}Y_i=&\frac{1}{2}\rho L^4\left[Y'_{\dot{r}}\dot{r}+Y'_{\dot{p}}\dot{p}+Y'_{r|r|}r|r|+Y'_{p|p|}p|p|+Y'_{pq}pq+Y'_{qr}qr\right]\\&+\frac{1}{2}\rho L^3\left[Y'_{\dot{v}}\dot{v}+Y'_{p}up+Y'_{r}ur+Y'_{vq}vq+Y'_{wp}wp+Y'_{wr}wr\right]+\\&\frac{1}{2}\rho L^3\left[Y'_{v|r|}\frac{v}{|v|}\left|\left(v^2+w^2\right)^{1/2}\right||r|+Y'_{vww}vw^2\right]+\frac{1}{2}\rho L^2\left[Y'_0u^2+Y'_vuv+Y'_{vw}vw\right]\\&+\frac{1}{2}\rho L^2Y'_{v|v|}v\left|\left(v^2+w^2\right)^{\frac{1}{2}}\right|+(W-B)\cos\theta\sin\phi+Y_T\end{aligned} \tag{8}$$

$$\begin{aligned}\sum_{\mathrm{i}}Z_i=&\frac{1}{2}\rho L^4\left[Z'_{\dot{q}}\dot{q}+Z'_{q|q|}q|q|+Z'_{pp}p^2+Z'_{rr}r^2+Z'_{rp}rp\right]+\frac{1}{2}\rho L^3\left[Z'_{\dot{w}}\dot{w}+Z'_{vr}vr+Z'_{vp}vp+Z'_{q}uq\right]\\&+\frac{1}{2}\rho L^3Z'_{w|q|}\frac{w}{|w|}\left|\left(v^2+w^2\right)^{1/2}\right||q|+\frac{1}{2}\rho L^2\left[Z'_0u^2+Z'_wuw+Z'_{|w|}u|w|+Z'_{vv}v^2+Z'_{|v|w}|v|w\right]\\&+\frac{1}{2}\rho L^2\left[Z'_{ww}\left|w\left(v^2+w^2\right)^{1/2}\right|+Z'_{w|w|}w\left|\left(v^2+w^2\right)^{1/2}\right|\right]+(W-B)\cos\theta\mathrm{s}\cos\phi+Z_T\end{aligned} \tag{9}$$

$$\begin{aligned}\sum_{i} K_i =& \frac{1}{2}\rho L^5\left[K'_{\dot{r}}\dot{r} + K'_{\dot{p}}\dot{p} + K'_{r|r|}r|r| + K'_{p|p|}p|p| + K'_{pq}pq + Z'_{qr}qr\right] \\ &+ \frac{1}{2}\rho L^4\left[K'_{\dot{v}}\dot{v} + K'_{vq}vq + K'_{wp}wp + K'_{wr}wr\right] + \frac{1}{2}\rho L^4\left[K'_r ur + K'_p up + K'_{vww}vw^2\right] + \\ &\frac{1}{2}\rho L^3\left[K'_0 u^2 + K'_v uv + K'_{v|v|}v\left|\left(v^2+w^2\right)^{1/2}\right| + K'_{vw}vw\right] + (y_G W - y_C B)\cos\theta\cos\phi \\ &-(z_G W - z_C B)\cos\theta\sin\phi + K_T\end{aligned} \tag{10}$$

$$\begin{aligned}\sum_{i} M_i =& \frac{1}{2}\rho L^5\left[M'_{\dot{q}}\dot{q} + M'_{q|q|}q|q| + M'_{pp}p^2 + M'_{rr}r^2 + M'_{rp}rp\right] \\ &+ \frac{1}{2}\rho L^4\left[M'_{\dot{w}}\dot{w} + M'_{vr}vr + M'_{vp}vp + M'_q uq + M'_{|w|q}\left(v^2+w^2\right)^{1/2}q\right] + \\ &\frac{1}{2}\rho L^3\left[M'_0 u^2 + M'_w uw + M'_{w|w|}w\left|\left(v^2+w^2\right)^{1/2}\right| + M'_{vv}v^2 + M'_{|w|}u|w|\right] + \\ &\frac{1}{2}\rho L^3 M'_{ww}\left|w\left(v^2+w^2\right)^{1/2}\right| - (x_G W - x_C B)\cos\theta\cos\phi - (z_G W - z_C B)\sin\theta + M_T\end{aligned} \tag{11}$$

$$\begin{aligned}\sum_{i} N_i =& \frac{1}{2}\rho L^5\left[N'_{\dot{r}}\dot{r} + N'_{\dot{p}}\dot{p} + N'_{pq}pq + N'_{qr}qr\right] + \frac{1}{2}\rho L^5\left[N'_{r|r|}r|r| + N'_{p|p|}p|p|\right] \\ &+ \frac{1}{2}\rho L^4\left[N'_{\dot{v}}\dot{v} + N'_{wr}wr + N'_{wp}wp + N'_{vq}vq + N'_{vww}vw^2 + N'_r ur + N'_p up\right] + \\ &\frac{1}{2}\rho L^4 N'_{|v|r}\left|\left(v^2+w^2\right)^{1/2}\right|r + \frac{1}{2}\rho L^3\left[N'_0 u^2 + N'_v uv + N'_{v|v|}v\left|\left(v^2+w^2\right)^{1/2}\right| + N'_{vw}vw\right] \\ &+ (x_G W - x_C B)\cos\theta\sin\phi + (y_G W - y_C B)\sin\theta + N_T\end{aligned} \tag{12}$$

本研究的潜水器对象为某载人潜水器，水动力系数的来源于中国船舶科学研究中的水池模型试验[7]，表 1 列出部分纵向运动的水动力系数，全部的水动力学系数见参考文献[7]。

表 1　部分水动力系数（$\times 10^{-3}$）

$X'_{\dot{u}}$	X'_{uu}	X'_{vv}	X'_{ww}	X'_{qq}	X'_{rr}	X'_{uw}	$Y'_{\dot{v}}$
-19.623	-37.700	-87.211	-69.597	-4.991	-33.400	37.548	…

3　空间运动仿真计算

载人潜水器的六自由度操纵运动方程是一个 12 个方程和 12 个变量的微分方程组[8]，该方程组是隐式的，进行变化，可得其显式形式，如果给定初始状态和推力大小，可对显式微分方程组进行求解，根据动力学模型和运动学模型，通过自编程序，实现对载人潜水器运动的模拟仿真，掌握载人潜水器的运动规律。

3．1　空间运动仿真算例 1

推进器的输入推力：$T = [520N, 392N, 0, 0, 0, 1112N\cdot m]^T$；初始航速为 1kn，深度在 6000m，潜水器进行空间运动，仿真结果如下：

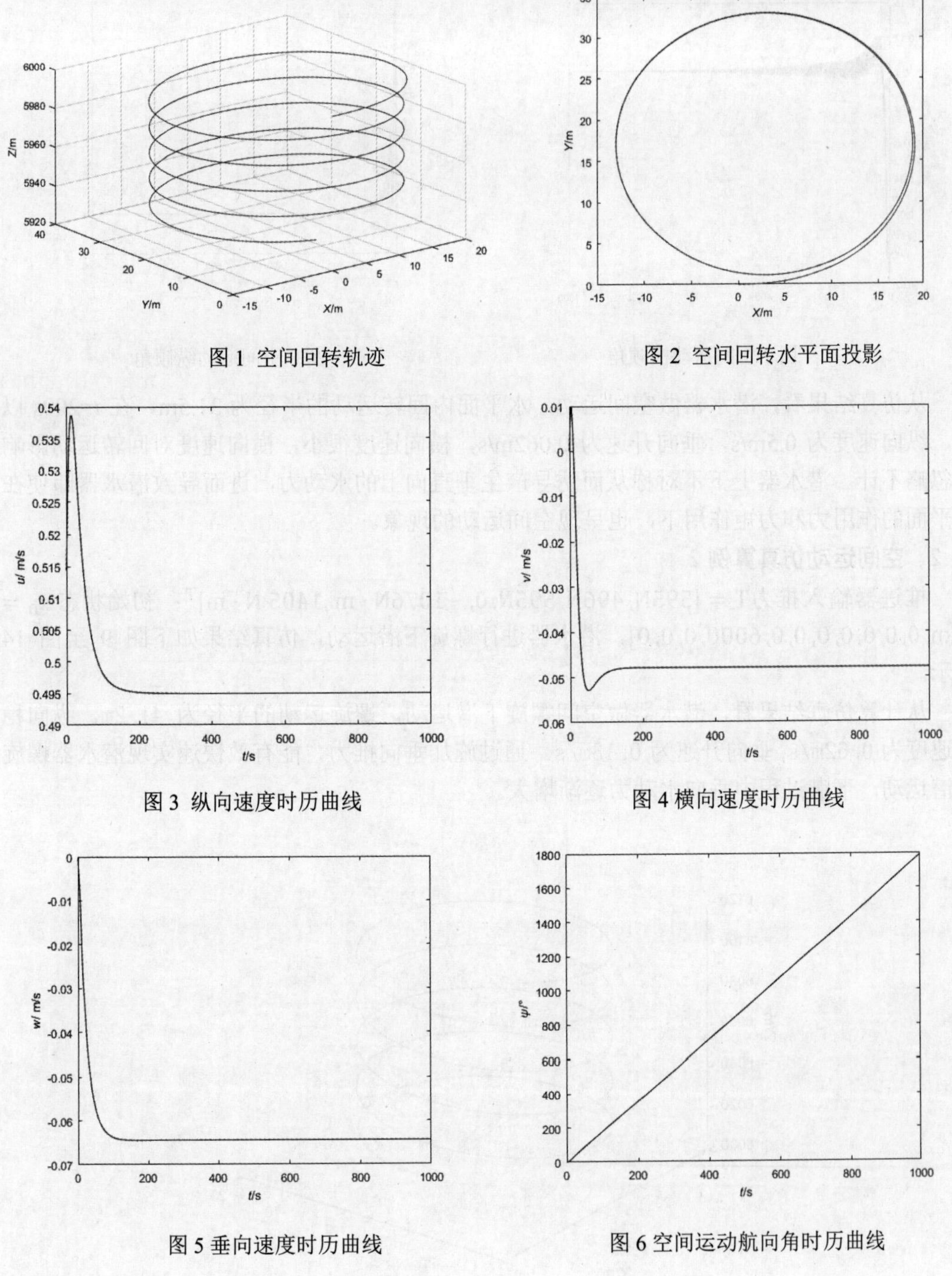

图 1 空间回转轨迹

图 2 空间回转水平面投影

图 3 纵向速度时历曲线

图 4 横向速度时历曲线

图 5 垂向速度时历曲线

图 6 空间运动航向角时历曲线

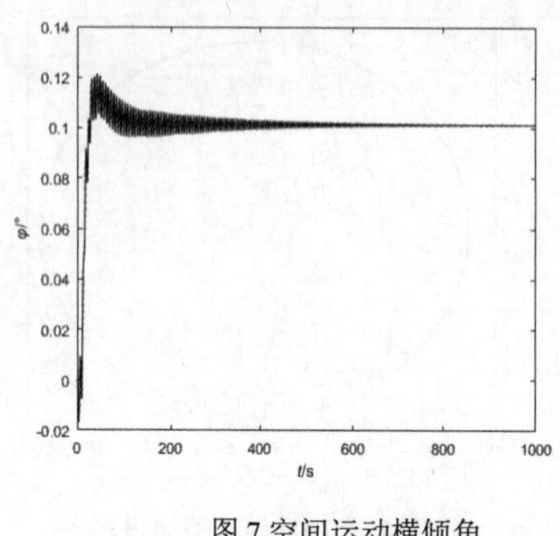

图 7 空间运动横倾角

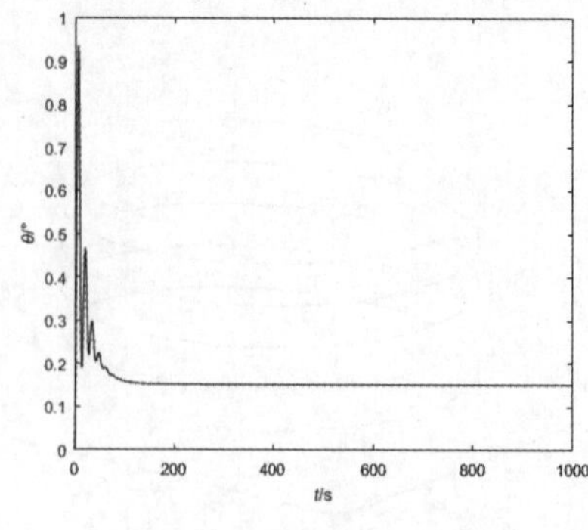

图 8 空间运动纵倾角

从仿真结果看，潜水器做空间运动，水平面内回转运动的半径为 31.5m，在 t=200s 以后，纵向速度为 0.5m/s，垂向升速为 0.062m/s，横向速度很小，横向速度对回转运动影响可忽略不计。潜水器上下不对称从而诱导产生垂直向上的水动力，进而导致潜水器即使在水平面的作用力和力矩作用下，也呈现空间运动的现象。

3．2 空间运动仿真算例 2

推进器输入推力$T = [595N, 496N, 595N, 0, -1076N\cdot m, 1405\ N\cdot m]^T$；初始状态 $x_0 = [1kn, 0, 0, 0, 0, 0, 0, 0, 6000, 0, 0, 0]$，潜水器进行螺旋下潜运动，仿真结果如下图 9 至图 14 所示。

从计算仿真结果看，潜水器做空间螺旋下潜运动，螺旋运动的半径为 41.2m。纵向稳定速度为 0.62m/s，垂向升速为 0.13m/s。通过施加垂向推力，能有效快速实现潜水器螺旋下潜运动，下潜过程中垂向水动力逐渐增大。

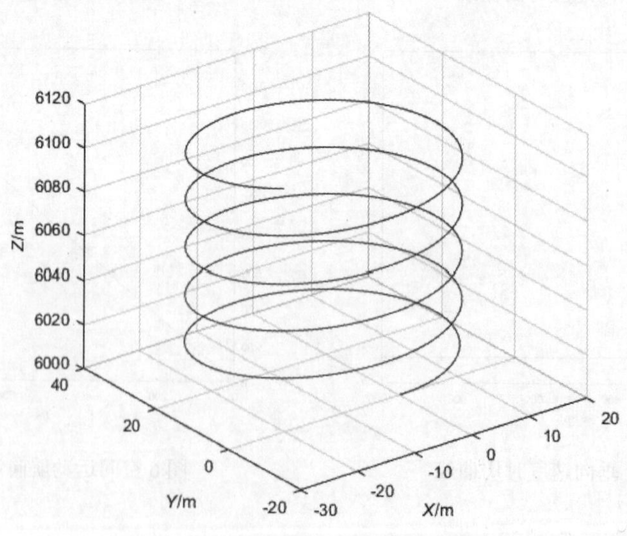

图 9 空间螺旋下潜运动轨迹

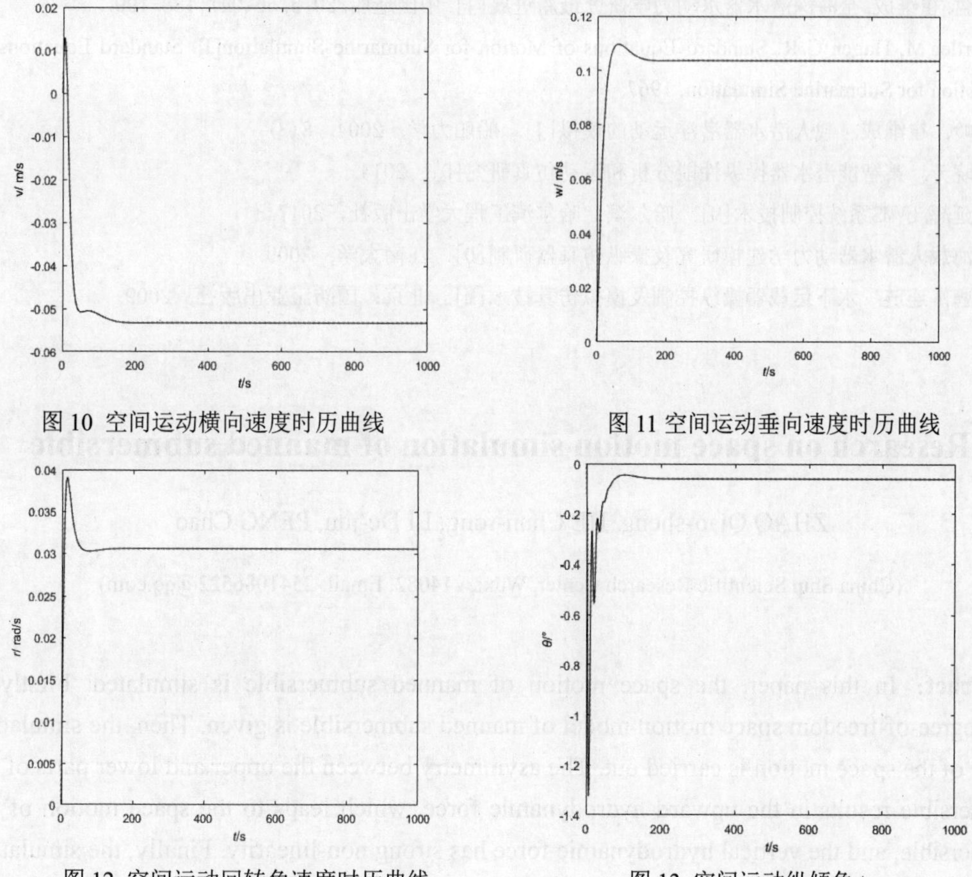

图 10 空间运动横向速度时历曲线　　图 11 空间运动垂向速度时历曲线

图 12 空间运动回转角速度时历曲线　　图 13 空间运动纵倾角 t

4 总结

论文基于载人潜水器六自由度模型，结合风洞和旋臂水池中的模型试验得到的水动力学系数，对载人潜水器空间运动进行仿真计算，给出了两个算例的仿真结果。从仿真结果看：回转运动半径不大，反映载人潜水器的机动性很好。潜器线型上下不对称，导致产生向上的水动力引起即使水平面的力和力矩作用于潜水器，运动轨迹也是空间运动，而且垂向水动力具有很强的非线性；两者在轨迹上看都为螺旋运动，前者无垂向推力，而后者通过施加垂向推力，实现潜水器快速螺旋下潜运动。相关仿真结果，为掌握载人潜水器的空间运动性能提供了基础。

参 考 文 献

1　刘涛, 王璇, 王帅, 等. 深海载人潜水器发展现状及技术进展[J]. 中国造船, 2012, 53(03):233-243.

2 姜哲, 崔维成. 全海深潜水器水动力学研究最新进展[J]. 中国造船, 2015, 56(04):188-199.

3 Gertler M, Hagen G R. Standard Equations of Motion for Submarine Simulation[J]. Standard Equations of Motion for Submarine Simulation, 1967.

4 马岭，崔维成．载人潜水器潜浮运动的模拟[J]．船舶力学，2004，8(3).

5 孙晓芳．某智能潜水器操纵性能分析和运动仿真研究[D]．2014.

6 魏延辉. UVMS系统控制技术[M]．哈尔滨：哈尔滨工程大学出版社，2017.

7 深海载人潜水器动力学建模研究及操纵仿真器研制[D]．江南大学，2009.

8 马骋，连琏．水下运载器操纵控制及模拟仿真技术[M]．北京：国防工业出版社，2009.

Research on space motion simulation of manned submersible

ZHAO Qiao-sheng, HE Chun-rong, LI De-jun, PENG Chao

(China Ship Scientific Research Center, Wuxi, 214082, Email: 2541086522@qq.com)

Abstract: In this paper, the space motion of manned submersible is simulated. Firstly, a six-degree-of-freedom space motion model of manned submersible is given. Then, the simulation study of the space motion is carried out. The asymmetry between the upper and lower parts of the submersible results in the upward hydrodynamic force, which leads to the space motion of the submersible, and the vertical hydrodynamic force has strong non-linearity. Finally, the simulation study of the space spiral motion is carried out, and the fast speed of the submersible is realized by applying vertical thrust.

Key words: Manned submersible; Model; Simulation; Space motion

某超大型集装箱船斜航数值模拟

吴琼[1,2]，熊小青[1,2]，李兆辉[1]

（1.中国船舶及海洋工程设计研究院，上海，200011 Email: chuan0627@163.com）

（2.上海市船舶工程重点实验室，上海，200011 Email: chuan0627@163.com ）

摘要：航向稳定性，是指船舶在水平面内的运动受到扰动而偏离平衡状态，当扰动完全消失后，保持原有航向运动的特性。判断船的航向稳定性有诸多横准系数。针对某超大型集装箱船，利用 CFD 手段对其斜航运动进行模拟，获取其在不同漂角下的纵向力、横向力和垂向力矩，并与试验结果进行对比，为船舶的航向稳定性研究提供参考。

关键词：航向稳定性；斜航；不同漂角；CFD

1 引言

在 EEDI、EEOI 等船舶能效法规强制执行、全球经济下行、航运业竞争日趋激烈的背景下，集装箱船大型化所具有的优势愈发明显，目前正朝着超大型箱的方向快速发展。在单纯追求快速性指标时，通常会导致船舶的航向稳定性变差，准确预报和评估超大型集装箱船航向稳定性，有利于增强我国在超大型集装箱船领域的设计能力和市场竞争力。本文针对某超大型集装箱船，利用 CFD 手段对其斜航运动进行模拟，仅对裸船体，不带舵和螺旋桨，计算采用商业软件 Numeca，考虑了船舶的纵倾、升沉和横摇，获取其重心在不同漂角下受到的纵向力、横向力和垂向力矩，并与试验结果进行对比，为船舶的航向稳定性研究提供参考。

2 计算工况

表 1 为某超大型集装箱船实船和船模的主参数。

表 1 实船与船模参数

项目	实船	模型
垂线间长 L_{pp}(m)	383.0	4.506
型宽 B (m)	58.6	0.689
首吃水 T_F(m)	14.0	0.165
尾吃水 T_A(m)	14.0	0.165
型排水体积 ∇(m³)	215284.4	0.351
航速 V	22.5kn	1.255m/s
佛汝德数 Fn	0.189	0.189
横向惯性半径/B	0.35	0.35
纵向惯性半径/L_{WL}	0.25	0.25
重心距基线高(m)	24.2	0.285
重心距尾垂线(m)	195.2	2.296
缩尺比	85	

3 斜航数值模拟

如图 1 所示，船的运动方向与它的中纵剖面存在一个夹角，称之为漂角，本文考察的漂角为 0°、2°、4°、6°、8°。在数值计算中，船身最初处于静水中，后给定船的运动速度和速度方向（漂角），获得船体重心处所受的纵向力（沿船长方向）、横向力（沿船宽方向）和垂向力矩（沿船深方向）。

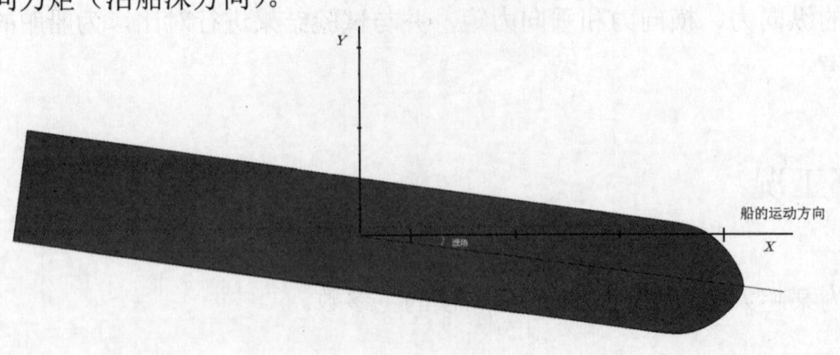

图 1　漂角示意

图 2 为计算域示意图，面 EFGH 为流场上游，距船首 $2L_{pp}$，面 ABCD 为流场下游，距船尾 3 L_{pp}，面 ABFE 为流场顶面，距船甲板 0.5 L_{pp}，面 DCGH 为流场底面，距船底 1 Lpp ；

面 ADHE 和面 BCDF 为流场的侧面，距船中纵剖面 3 L_{pp} 。

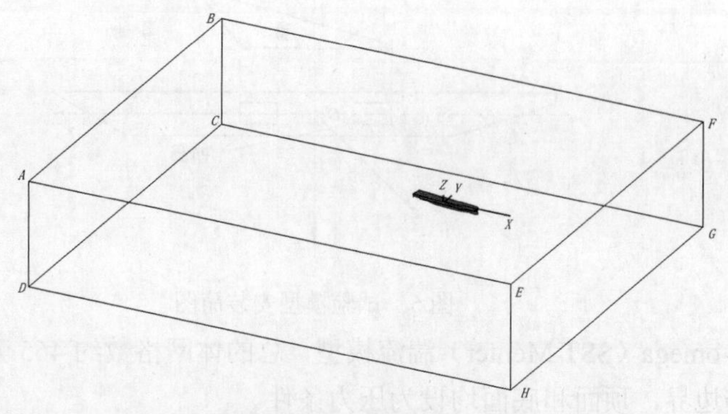

图 2　计算域示意

斜航数值模拟有两种船身放置方法：一种是将船和计算域二者的 Y 向中纵剖面重合，如图 3 所示，船速基于漂角，分解为 X 向和 Y 向两个方向的速度，计算采用绝对坐标系，力的方向与船长船宽方向一致；另一种是将船体按漂角旋转，计算域不动，如图 4 所示，船速沿 X 方向，计算仍采用绝对坐标系，但力的方向与船长船宽的方向有夹角（漂角），故计算结果需进行换算。

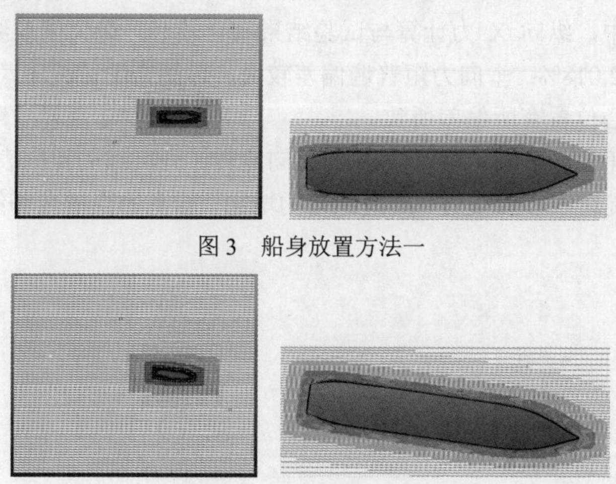

图 3　船身放置方法一

图 4　船身放置方法二

由图 3 和图 4 可知，图 3 中的船身附近的网格正交性较图 4 的好，但速度方向的网格正交性比图 4 稍差，通过计算发现两者的计算结果与试验结果的偏差相当。

图 5 为试验的模型安装简图，X 轴沿船长方向，正向指向船首；Y 轴沿船宽方向，正向指向船的右舷；Z 轴沿船深方向，正向指向船底，试验采用的时随动坐标系，而图 3 中的船身安置方式，坐标系与试验坐标系更加接近，计算结果可以直接和试验结果比较（仅横向力和垂向力矩方向不同），因此本文中计算采用图 3 的船身安置方式。

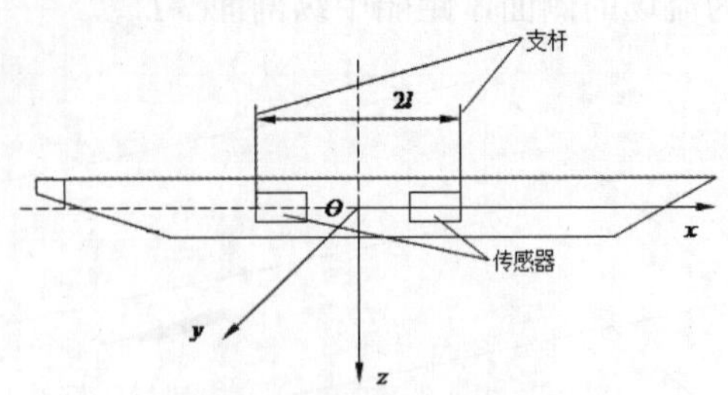

图 5　试验模型安装简图

计算采用 k-omega（SST-Menter）湍流模型，总的体网格数约 465 万。流场上游、下游和侧面均为远场边界，顶面和底面均设为压力条件。

4　计算结果与试验结果的比较

表 2 为计算结果与试验结果的对比。由于试验中，船模由前后两个支杆固定，漂角可能无法十分精确。漂角为 0° 时，横向力和垂向力矩均为小量，因此计算与试验结果的偏差很大。所有计算中，纵向 X 力计算与试验结果吻合较好，最大偏差约 1.756%，横向 Y 力，最大偏差约为 2.018%；垂向力矩普遍偏差较大，可能由于试验中，力矩中心在两根支杆中间，与船体重心位置有所偏差所致。

表 2 中，横摇角的正值表示船身绕 X 的负向旋转，升沉量的正值表示重心下沉，纵倾角正值表示首倾，旋转中心为重心。随着漂角的增加，船身的横摇角和纵倾角均逐渐加大，下沉量亦越来越大。

表 2 计算结果与试验结果的比较

	计算结果		
漂角（°）	Y（N）	N（N*m）	X（N）
0	0.010	0.000	-10.335
2	2.993	9.108	-10.420
4	5.350	19.524	-10.614
6	8.432	29.104	-10.930
8	13.395	36.372	-11.300
	试验结果		
	Y（N）	N（N*m）	X（N）
0	0.476	1.624	-10.337
2	2.991	8.610	-10.345
4	5.291	18.707	-10.646
6	8.280	27.338	-10.939
8	13.130	34.009	-11.105
	偏差(%)		
	Y（N）	N（N*m）	X（N）
0	-97.899	-100.000	-0.017
2	0.067	5.779	0.725
4	1.119	4.368	-0.301
6	1.836	6.459	-0.084
8	2.018	6.947	1.756
	横摇角(°）	升沉量（cm）	纵倾角（°）
0	0.000	0.430	0.089
2	0.366	0.440	0.090
4	0.684	0.470	0.094
6	1.043	0.520	0.103
8	1.523	0.580	0.115

5 流场分析

图 6 为各计算方案的自由面波形图，随着漂角的增加，首部迎流面处的波峰逐渐增高，而背流面处的波谷亦逐渐加深。

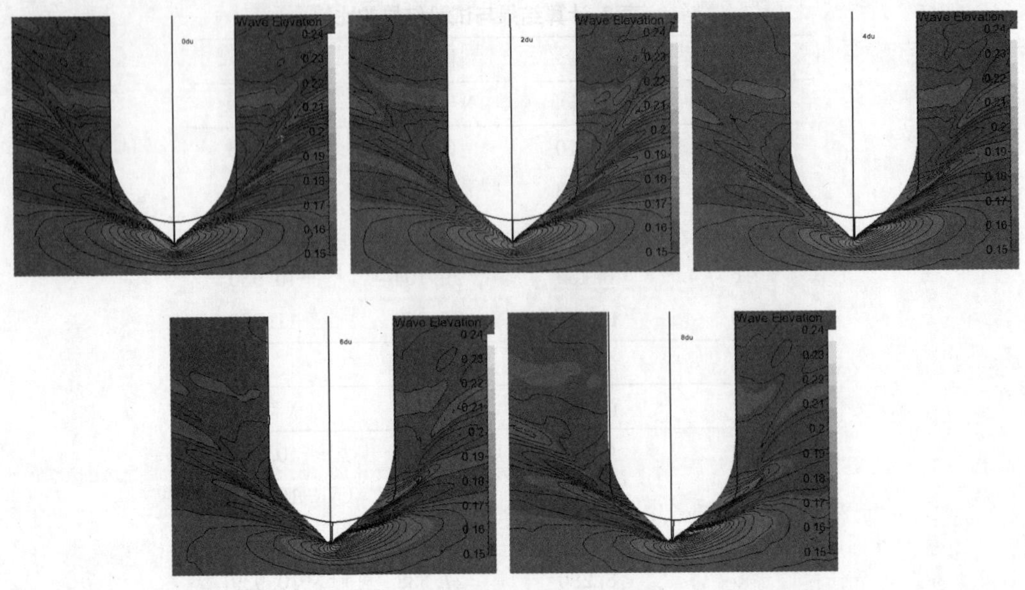

图 6　首部自由面波形

图 7 为船身首部压力图。随着漂角的增加，首部迎流面处的正压逐渐增高，而背流面处的负压亦逐渐增加。从图中，还可以看出横摇角亦逐渐增加。

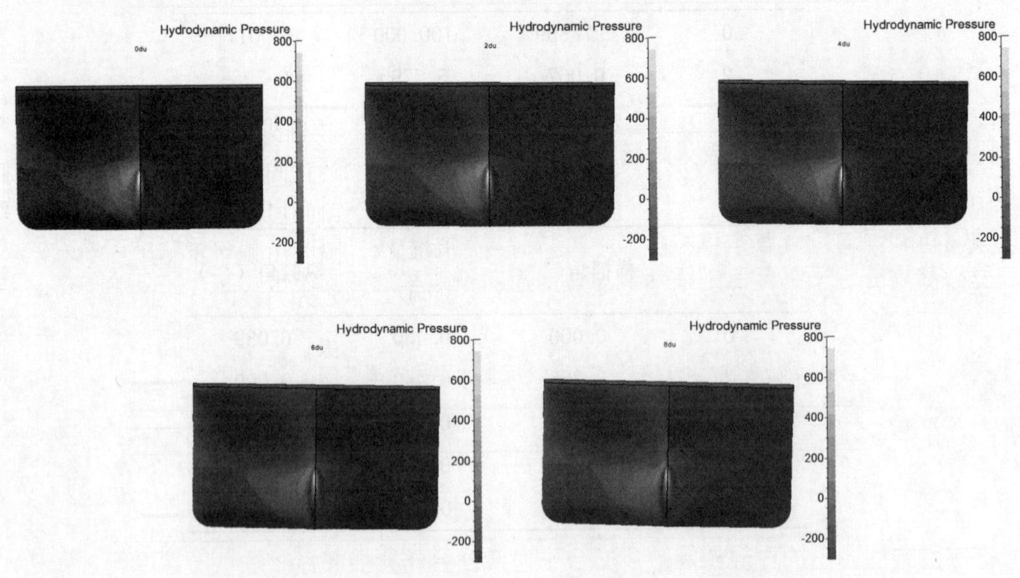

图 7　首部压力分布图

图 8 为船身尾部压力图。随着漂角的增加，尾部迎流面处的正压变化并不明显，但背流面处的负压亦逐渐增加的现象较为明显。

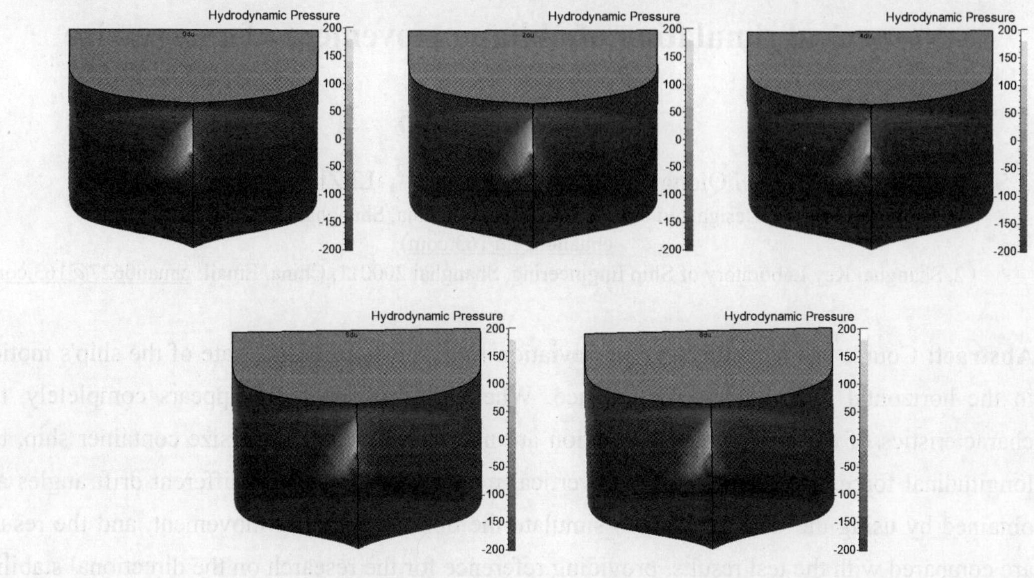

图 8　尾部压力分布图

6　结论

利用 CFD 手段，对某超大型集装箱船的斜航运动进行数值模拟，并将计算结果与试验结果进行了对比。通过对流场的分析，发现船首的自由面、首尾压力分布随漂角增加而变化的一些规律，为该船的航向稳定性研究提供参考。

参考文献

1　冯铁城. 船舶操纵与摇荡. 北京: 国防工业出版社.

2　Numeca help manual

Numerical simulation of oblique movement of an oversize container ship

WU Qiong[1,2], XIONG Xiao-qing[1,2], LI Zhao-hui[1]

（1. Marine Design and Research Institute of China, Shanghai, 200011, China, Email: chuan0627@163.com)

（2. Shanghai Key Laboratory of Ship Engineering, Shanghai 200011, China, Email: chuan0627@163.com）

Abstract: Course stability refers to the deviation from the equilibrium state of the ship's motion in the horizontal plane due to disturbance. When the disturbance disappears completely, the characteristics of the original course motion are maintained. For an oversize container ship, the longitudinal force, transverse force and vertical moment of the ship in different drift angles are obtained by using the CFD method to simulate the oblique shipping movement, and the results are compared with the test results, providing reference for the research on the directional stability of the ship.

Key words: course stability; oblique towing; different drift angles; CFD

泵喷推进器水动力性能的数值模拟及不确定度分析

孙明宇，董小倩，杨晨俊

(海洋工程国家重点实验室，上海交通大学，上海，200240，Email: cjyang@sjtu.edu.cn)

摘要：泵喷推进器具有辐射噪声低、临界航速高的优势，在舰船低噪声推进领域受到了广泛的关注。准确预报泵喷推进器的水动力性能，是开展设计的重要基础。本文通过求解雷诺平均的 Navier-Stokes（RANS）方程，对模型尺度的泵喷推进器进行准定常计算，应用第二十八届国际拖曳水池会议推荐的方法对计算结果进行数值不确定度分析，并将计算结果与上海交通大学空泡水筒的模型试验结果进行了对比。采用 SST k- ω两方程模型来模拟湍流，以及全 y+壁面处理来模拟近壁面流动。采用三组相同网格细化比的网格进行准定常计算并进行不确定度分析。计算结果产生了单调收敛的趋势，因此采用安全系数法计算数值不确定度。验证得到的数值不确定度在 3%以下，与实验数据的比较误差不超过 5.7%。

关键词：泵喷推进器；RANS；不确定度分析

1 引言

泵喷推进器是水下航行器的一种低噪声推进装置，其特点是采用了单转子推进，同时使用了减速型导管。而减速型导管的应用，使得推进器得以在较低的流速下运动，因此可以改善空泡性能；与此同时导管本身还可屏蔽部分辐射噪声；因此泵喷推进器具有高效性和安静性等显著特征，并且在舰船低噪声推进领域受到了广泛的关注。目前，关于泵喷推进器的公开资料比较稀少，主要研究集中在实验研究和 CFD 仿真计算方面。

而为了开展泵喷推进器的设计工作，首先需要建立能够准确预报泵喷推进器的方法。随着过去几十年计算机技术的飞跃式发展加上软件技术的不断进步，计算流体力学（Computational Fluid Dynamics, CFD）计算的相关技术已经逐渐成熟，并在流动相关的研究领域中得到日益广泛的应用。与此同时 CFD 计算结果的可信程度也越来越受到关注，因而 CFD 不确定度分析理论与方法也逐步发展起来。国际拖曳水池会议（International Towing Tank Conference, ITTC）借鉴不确定度分析在航空领域的应用，将其引入船舶领域。1999 年，第 22 届 ITTC[1-2]提出了 CFD 不确定度评估的初步规程，该规程基于 Stern 等[3]和 Coleman 等[4]的研究，利用广义理查森外推法（Richardson Extrapolation, RE）来评估数值模拟的误差及不确定度。2002 年，第 23 届 ITTC[5]对该规程进行了修订，引入了 Roache[6]提出的安全因子法。2017 年，第 28 届 ITTC[7]基于 Eça 等[8]和 Larsson 等[9]的研究，引入最小二乘根（Least Squares Root, LSR）方法进行误差估计。

本文选取一型 7 叶定子、5 叶转子的泵喷推进器来进行研究。通过求解雷诺平均的 Navier-Stokes（RANS）方程，对模型尺度的泵喷推进器进行准定常计算，应用第 28 届 ITTC 推荐的方法对计算结果进行数值不确定度分析，并将计算结果与上海交通大学空泡水筒的模型试验结果进行了对比，得到了精度较高的结果。

2 泵喷推进器数值模拟方法与不确定度分析方法

本文利用商业软件 STAR-CCM+对泵喷推进器开展准定常与非定常 RANS 模拟，并对结果进行了 CFD 不确定度分析。本部分将对 CFD 数值方法和不确定度分析方法分开介绍。

2.1 泵喷推进器数值模拟方法

本文的计算对象为一个泵喷推进器。本泵喷推进器有前置定子、转子、桨轴和导管组成。转子叶梢和导管内壁之间留有一定的间隙。该泵喷推进器的具体参数见表 1。

表 1 泵喷推进器参数

项目	值
定子	7 叶
转子	5 叶
转子直径 d	300mm
叶梢间隙 C_T	1mm
桨毂半径 R_H	37mm
转子试验转速 N_R	15rps

该泵喷推进器的整体几何模型以及定子和转子示意图分别见图 1。数值模拟在敞水条件下进行，其计算域划分及尺度见图 2。

计算域分为外域、内域、定子域和转子域四部分。外域尺度按照半径为 5 倍转子直径（即外域直径为 10d），外域上游和下游分别为 10 倍转子直径（即总长 20d）。4 个区域中只有转子域为旋转域，其他区域静止。

网格的划分在软件 ICEM16.0 中进行，使用结构化的六面体网格进行离散。对于转子，桨叶周围采用 C 网格进行布置，相邻桨叶间采用 L 网格；转子叶梢表面为 O 网格；定子叶片周围采用 C 网格。转子、桨叶与导管间隙及定子在径向均采用 H 网格。图 3 为转子所在区域的网格拓扑结构以及叶梢间隙的网格拓扑结构。

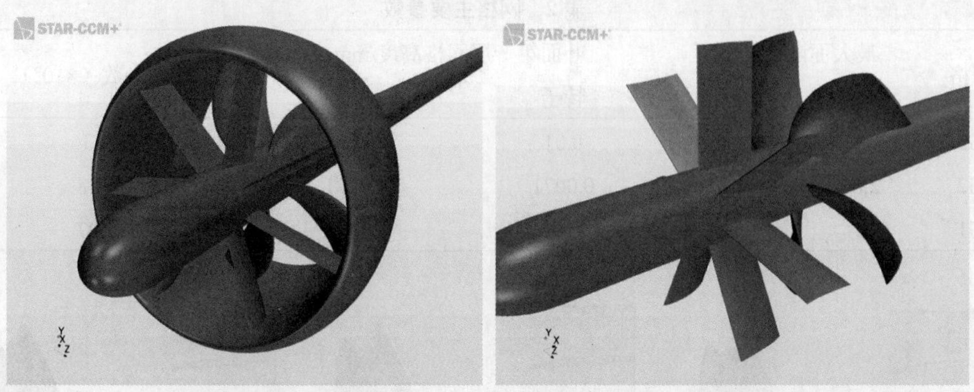

图 1　泵喷推进器的几何模型（左）以及定子、转子示意（右）

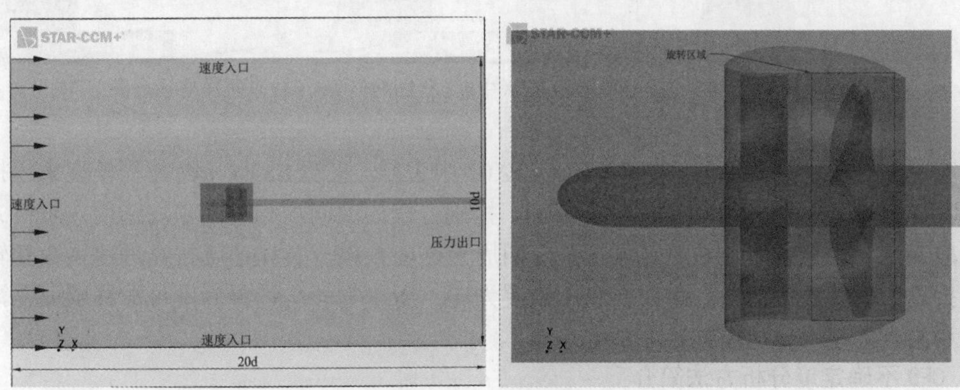

图 2　计算域布局与尺度（左）以及放大后内计算域示意（右）

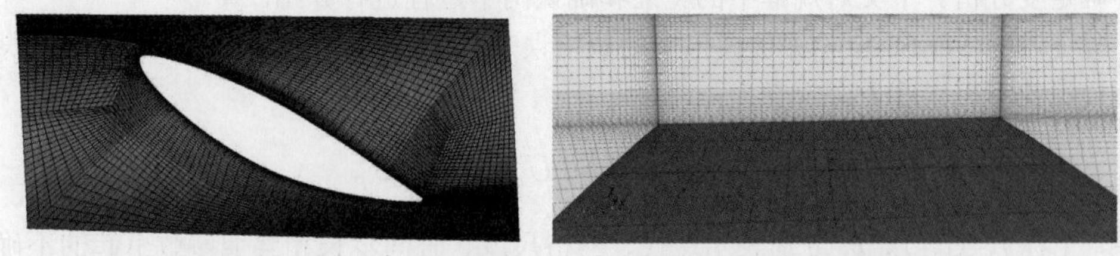

图 3　转子区域网格拓扑结构示意图（左）和叶梢间隙网格拓扑结构（右）

为满足不确定度分析的需求，采用同一网格细化比 $r_G = \frac{h_2}{h_1} = \frac{h_3}{h_2} = \sqrt{2}$ 生成了 3 套网格，其中 h_3、h_2 和 h_1 分别表示粗网格 G3、中网格 G2 和细网格 G1 的尺度。表 2 给出了三套网格的主要参数。

表 2　网格主要参数

网格	最大面网格/mm		叶面第一层网格高度/mm		总网格数（×10^6）
	转子	定子	转子	定子	
G3	4	3	0.01	0.01	6.43
G2	2.83	2.12	0.0071	0.0071	14.58
G1	2	1.5	0.005	0.005	37.07

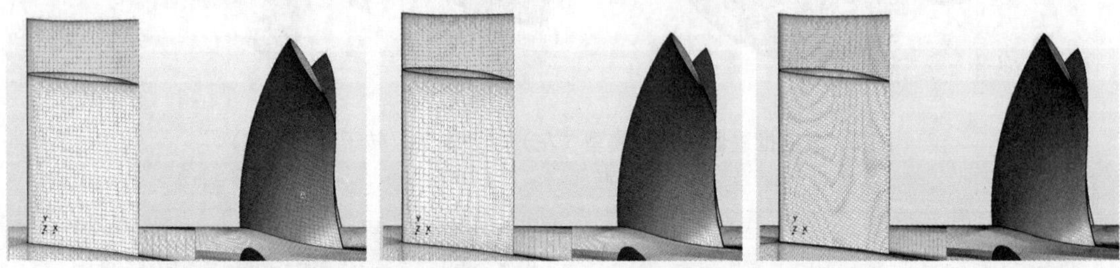

图 4　粗网格 G3（左）、中网格 G2（中） 和细网格 G1（右）面网格示意图

准定常与非定常计算在 STAR-CCM+ 12.02 中进行。采用 SST k-ω两方程模型来模拟湍流，以及全 y+壁面处理来模拟近壁面流动，控制方程的空间项和时间项均选用二阶格式进行离散。计算设置方面，外计算域上游及四周为速度入口，具体速度按照进速系数和转速进行折算；下游设置为压力出口，表压设置为 0；所有物面均设置为不可滑移壁面；湍流强度和湍流黏度比分别设置为 2%和 2。

2.2　CFD 不确定度分析方法简介

本文根据第 28 届国际拖曳水池会议(ITTC)推荐的不确定度分析规程对数值模拟结果进行不确定度分析。下文对规程中的验证和确认两个过程进行介绍。

验证过程(Verification)评估模拟中的数值误差和数值不确定度。根据 ITTC 推荐规程[7]，数值模拟的不确定度 U_{SN} 定义为：

$$U_{SN}^2 = U_I^2 + U_G^2 + U_T^2 + U_P^2 \tag{1}$$

式中，下标 I、G、T、P 分别表示迭代、网格尺度、时间步长和其他参数引起的不确定度。对于定常或准定常模拟，无需考虑 U_T；此外，本文不考虑其他参数引起的不确定度 U_{P}。因此，U_{SN} 可表示为：

$$U_{SN}^2 = U_I^2 + U_G^2 \tag{2}$$

迭代不确定度 U_{I} 定义为：

$$U_I = \frac{1}{2}\left(\widetilde{S}_{\max} - \widetilde{S}_{\min}\right) \tag{3}$$

式中，$\widetilde{S}_{\max}$ 和 $\widetilde{S}_{\min}$ 分别为迭代计算充分收敛时，所考察物理量最后两个波动周期内的最大值和最小值。一般 U_I 要比 U_G 至少小一个数量级，才能保证不确定度计算的有效性。采用三套网格进行数值不确定度分析时，仅能估计误差的首项。三套网格根据同一细化比 r_G 进行加细，以保证网格具有几何相似性。收敛因子 R 定义为中、细网格结果之差 ε_{21} 与粗、中网格结果之差 ε_{32} 的比值：

$$R = \frac{\varepsilon_{21}}{\varepsilon_{32}} = \frac{S_2 - S_1}{S_3 - S_2} \tag{4}$$

当 0<R<1 时，结果单调收敛；当-1< R<0 时，结果振荡收敛；当|R|>1 时，结果发散，无法根据理查德森外推法（Richardson Extrapolation, RE）估计不确定度。

当结果单调收敛时，利用 RE 方法估计网格不确定度 U_G，估计误差 δ^*_{RE} 按照下式进行计算：

$$\delta^*_{RE} = \frac{\varepsilon_{21}}{r_G^{p_0} - 1} \tag{5}$$

其中 p_0 为精度等级，按下式计算：

$$p_0 = \frac{\ln\left(\varepsilon_{32} / \varepsilon_{21}\right)}{\ln\left(r_G\right)} \tag{6}$$

使用安全因子法估算不确定度，用 RE 估算的误差乘以安全因子来包含模拟的误差：

$$U_G = F_S \left|\delta^*_{RE}\right| \tag{7}$$

安全因子的准确值是模糊的, 对于细致的网格研究, 建议 F_S 取 1.25 ；对于只使用两种网格且准确度的阶数是根据理论值 P_{th} 得到的情况, 建议 F_S 取 3。

确认过程(Validation)是估计模拟中建模不确定度 U_{SM} 的过程，条件允许时，可估计建模误差 δ_{SM} 本身。比较误差 E 定义为试验值 S 与模拟值 D 之差，即有如下定义：

$$E = S - D = T + \delta_{SM} + \delta_{SN} - \left(T + \delta_D\right) = \delta_{SM} + \delta_{SN} - \delta_D \tag{8}$$

确认不确定度 U_V 定义如下：

$$U_V^2 = U_D^2 + U_{SN}^2 \tag{9}$$

式中，U_D 为试验不确定度。通过将比较误差 E、确认不确定度 U_V 以及设定的需求不确定度 U_{reqd} 进行比较，判断确认是否完成。当这三者互不相等时，可能出现以下六种情况：

1）$|E| < U_V < U_{reqd}$ ；2）$|E| < U_{reqd} < U_V$；3）$U_{reqd} < |E| < U_V$；

4）$U_V < |E| < U_{reqd}$；5）$U_V < U_{reqd} < |E|$；6）$U_{reqd} < U_V < |E|$；

情况(1)至情况(3)均有$|E| < U_V$，确认达到U_V水平，但比较误差低于噪声水平，因此不能够从不确定度的角度来估计建模误差。对于情况 1），确认水平低于U_{reqd}，确认是成功的。情况(4)至情况(6)均有$|E| > U_V$，比较误差E高于噪声水平，这时可用E来估计建模误差。如果$|E| >> U_V$，可认为建模误差约为E。对于情况 4），确认达到$|E|$水平。

3 计算结果与分析

本文中计算选取了 0.337、0.518、0.75、0.937 四个进速系数的工况进行计算。对于高雷诺数流动，要求第一层网格高度非常小，才能直接求解黏性低层中的流动，壁面网格需满足 y+~1。表 3 给出了准定常计算中桨叶表面的 y+平均值。因此本文计算的网格满足求解粘性底层的 y+要求。

表 3　准定常计算中桨叶表面壁面 y+

J	0.337	0.518	0.75	0.937
G1	1.16	1.17	1.23	1.25
G2	1.63	1.64	1.72	1.74
G3	2.24	2.25	2.29	2.34

在准定常不确定度计算中，首先将推力无量纲化为推力系数，然后按照前述规程进行不确定度计算。表 4 给出了计算的过程与结果。　其中K_1、K_2、K_3分别表示网格 G1、G2、G3 的计算结果(推力系数与扭矩系数)。可以看到准定常计算中数值不确定度均在 3%以内。

表 4　准定常计算不确定度计算过程与结果

	J	K_1	K_2	K_3	ε_{21}	ε_{32}	R	p	δ^*_{RE}	F_S	U_G	$U_{SN}/(K_1\%)$
T	0.337	0.656	0.656	0.657	0.00066	0.00082	0.800	0.644	0.00264	1.25	0.0033	0.5
	0.518	0.587	0.586	0.585	-0.00077	-0.00110	0.700	1.029	-0.00180	1.25	0.0022	0.4
	0.75	0.481	0.477	0.472	-0.00390	-0.00555	0.703	1.017	-0.00924	1.25	0.0115	2.4
	0.937	0.402	0.398	0.394	-0.00324	-0.00440	0.737	0.879	-0.00911	1.25	0.0114	2.9
Q	0.337	0.102	0.102	0.103	0.00044	0.00062	0.708	0.998	0.00106	1.25	0.0013	1.3
	0.518	0.100	0.099	0.099	-0.00039	-0.00056	0.704	1.014	-0.00093	1.25	0.0012	1.2
	0.75	0.096	0.095	0.094	-0.00064	-0.00086	0.742	0.859	-0.00183	1.25	0.0023	2.4
	0.937	0.091	0.090	0.090	-0.00099	-0.00032	3.119	-3.282	0.00145	1.25	0.0018	2.0

同时考察数值计算结果与试验结果的比对，表 5 给出了准定常计算结果和试验值的对比结果。可以看到计算结果基本低于试验值，比较误差在 6%以内，且设计工况附近计算的比较误差较小。

表 5 准定常计算值与试验值比较

J	网格	计算值 S		试验值 D		比较误差 E=(D-S)/D(%)	
		推力 T/N	扭矩 Q/Nm	推力 T/N	扭矩 Q/Nm	T	Q
0.337	G1	1192.3	55.6			5.45	5.5
0.337	G2	1193.5	55.9	1261.0	58.9	5.35	5.1
0.337	G3	1195	56.2			5.23	4.5
0.518	G1	1068	54.3			5.50	4.9
0.518	G2	1066.6	54.1	1130.2	57.1	5.63	5.3
0.518	G3	1064.6	53.8			5.80	5.8
0.75	G1	875.6	52.2			2.75	4.5
0.75	G2	868.5	51.9	900.4	54.7	3.54	5.1
0.75	G3	858.4	51.4			4.66	6.0
0.937	G1	730.4	49.7			-1.63	2.8
0.937	G2	724.5	49.1	718.7	51.1	-0.81	3.9
0.937	G3	716.5	49.0			-0.31	4.2

参考文献

1 ITTC. Uncertainty Analysis in CFD, Guidelines for RANS Codes. ITTC–Recommended Procedures and Guidelines, 7.5-03-01-02. In Proceedings of the International Towing Tank Conference, Seoul, Korea; Shanghai, China, 5–11 September 1999.

2 ITTC. Uncertainty analysis in CFD, uncertainty assessment methodology. ITTC-Quality Manual, 4.9-04-01-01. In Proceedings of the International Towing Tank Conference, Shanghai, China, 5–11 September 1999.

3 Stern F, Wilson R V, Coleman H.W., et al. Verification and Validation of CFD Simulations; Report No. 407; Iowa Institute of Hydraulic Research: Iowa City, IA, USA, 1999.

4 Coleman H.W., Stern, F. Uncertainties and CFD Code Validation. J. Fluids Eng. 1997, 119:795–803.

5 ITTC. Uncertainty analysis in CFD, uncertainty assessment methodology and Procedures. ITTC-Quality Manual, 7.5-03-01-01. In Proceedings of the International Towing Tank Conference, Venice, Italy, 8–14 September 2002.

6 Roache P J. Verification of codes and calculations. AIAA J. 1998, 36: 696–702.

7 ITTC. Uncertainty Analysis in CFD, Verification and Validation Methodology and Procedures. ITTC-Recommended Procedures and Guidelines, 7.5-03-01-01. In Proceedings of the International Towing

Tank Conference, Wuxi, China, 18 Septembe,r 2017.

8 Eça L.; Vaz G, Hoekstra, M. Code verification, solution verification and validation in RANS solvers. In Proceedings of the ASME 2010 29th International Conference on Ocean, Offshore and Arctic Engineering, Shanghai, China, 6–11 June 2010: 597–605.

9 Larsson L., Stern F., Visonneau, M. Numerical Ship Hydrodynamics: An Assessment of the 6th Gothenburg 2010 Workshop; Springer Science and Business Media: Berlin, Germany, 2013.

Numerical simulation and uncertainty analysis of hydrodynamic performance of pump-jet propulsion

SUN Ming-yu, DONG Xiao-qian, YANG Chen-jun

(State Key Laboratory of Ocean Engineering, Shanghai Jiao Tong University, Shanghai, 200240)

Abstract: The pump-jet propeller has the advantages of low radiation noise and high critical speed, and has received increasing attention in the field of low noise propulsion. Accurately predicting the hydrodynamic performance of pump-jet propulsion is an important basis for design. In this paper, Reynolds-averaged Navier–Stokes simulations of a pump-jet propeller are carried out at model scale, and the numerical uncertainties are analyzed mainly according to the procedure recommended by the 28th International Towing Tank Conference. The calculation results were compared with the model test results of the Shanghai Jiao Tong University. The SST k-ω two-equation model is adopted for turbulence closure, and the flow in viscous sub-layer is resolved. For a pump-jet propeller consisting of a 5-bladed rotor and a 7-bladed stator, the uncertainty analysis is conducted by using three sets of successively refined grids and time steps.. The numerical uncertainty obtained by the verification is below 3%, and the comparison error with the experimental data does not exceed 6%.

Key words: Pump jet propeller; RANS; Uncertainty analysis.

块状冰对螺旋桨水动力性能的影响

杨建，董小倩，杨晨俊

(上海交通大学 海洋工程国家重点实验室，上海，200240，Email: cjyang@sjtu.edu.cn)

摘要：以 DTMB-4381 桨为对象，利用重叠网格方法，对块状冰的大小、位置及运动对螺旋桨水动力性能的影响进行了非定常 RANS 数值模拟。采用切割体网格和棱柱层网格，分别生成整个计算域的背景网格以及螺旋桨计算域和块状冰计算域的重叠网格，在计算过程中，背景网格区域与重叠网格区域通过两者的边界面进行数据交换。首先利用控制变量法，研究固定冰块参数对螺旋桨水动力性能的影响，数值模拟结果表明，在固定冰块的影响下，螺旋桨推力和扭矩以叶频周期性变化，其时间平均值主要与冰块在桨盘面内的投影面积、冰桨轴向距离及冰块水平位置有关；然后研究运动冰块对螺旋桨水动力性能的影响，数值模拟结果表明，在冰块沿轴向接近螺旋桨的过程中，推力和扭矩呈振荡式上升，且振荡频率和叶频相同。分析认为，这一现象是由冰桨轴向距离的逐渐减小以及冰块与桨叶周向相对位置的周期性变化两者共同作用造成的。

关键词：螺旋桨；冰；水动力性能；重叠网格；RANS

1 引言

当船舶在冰区航行时，一些冰块在船体艏部下沉并沿着船体向后移动，临近螺旋桨甚至与螺旋桨发生碰撞和切削，这将会对船舶推进系统带来一些不利的影响。当冰块临近螺旋桨时，由于冰块的存在导致尾流场发生变化，螺旋桨的进流发生改变，对螺旋桨的水动力性能影响较大，除此之外，冰区船舶螺旋桨大多在重载工况下工作，极易产生空泡，空泡不仅使得螺旋桨水动力性能恶化，还会引起振动、噪声及桨叶剥蚀等问题。因此研究冰对螺旋桨水动力性能的影响，对于破冰船和冰区航行船舶推进系统的设计有着极其重要的作用。

20 世纪 90 年代之后，国内外学者在冰桨相互作用方面取得了一系列研究成果。在冰桨未接触工况下研究方法主要有试验方法和数值计算方法。在试验研究方面，1991 年，Browne[1]在冰水池中对导管桨和普通螺旋桨与冰的相互作用载荷进行了试验研究，试验得到了螺旋桨水动力载荷变化的经验公式，并且证明了冰桨相互作用过程中螺旋桨水动力载荷的变化具有重要影响；2004—2006 年，Wang[2-3]等在冰水池中对吊舱推进器进行了一系列试验，研究了不同工况下吊舱推进器在预先锯开的块状冰的水池中工作时推力和扭矩的变化；王超等[4]利用循环水槽对非接触工况下的冰桨轴向间距对螺旋桨的水动力干扰进行了试验研究；郭春雨等[5]在拖曳水池中对模型冰位置对螺旋桨水动力性能的影响进行了试验研究；同年，武珅等[6]在空泡水筒中对冰阻塞参数对螺旋桨水动力性能的影响进行了试验研究。在数值计算方法方面，一些学者提出了二维边界元方法、三维边界元方法、面元法等计算冰桨相互作用的势流方法，除此之外，一些学者采用黏流方法对该问题进行了一系列研究，常欣等[7]运用重叠网格技术对桨前冰块位置对螺旋桨的水动力性能的影响进行了研究；王超等[8]利用重叠网格方法对非接触工况下切削型冰对螺旋桨水动力性能的影响进行了数值模拟；武珅等[9]采用滑移网格方法对冰阻塞环境下螺旋桨水动力性能和空泡形态进行了数值模拟。

迄今为止，对于未接触工况下冰桨相互作用的研究主要集中在冰块尺寸、位置对螺旋桨推力和扭矩大小的影响，但是对于冰块尺寸、位置对螺旋桨水动力性能影响规律的分析与总结较少；关于运动冰块的影响，对螺旋桨水动力性能随冰块运动速度的变化规律和速度变化对螺旋桨水动力性能的影响基本没有研究，所以针对以上两点，以 DTMB-4381 桨为对象，利用重叠网格方法，对块状冰的大小、位置及运动对螺旋桨水动力性能的影响进行了非定常 RANS 数值模拟。

2 数值模拟方法

根据相应的程序生成直径 D 为 0.25m 的 DTMB-4381 桨的模型几何，块状冰均为长方体。采用上述几何，利用重叠网格方法对不同工况下块状冰对螺旋桨的水动力性能的影响进行非定常 RANS 数值模拟。计算区域的划分和边界条件的设置如图 1 所示，整个计算区域为底面直径 $10D$、长 $15D$ 的圆柱体，包含螺旋桨的计算子区域为底面直径 $1.3D$，长 $2D$ 的圆柱体，包含块状冰的计算子区域为长方体，其尺寸随冰块尺寸变化；静止区域左端平面和四周圆柱面均设置为速度进口、右端平面设置为压力出口。

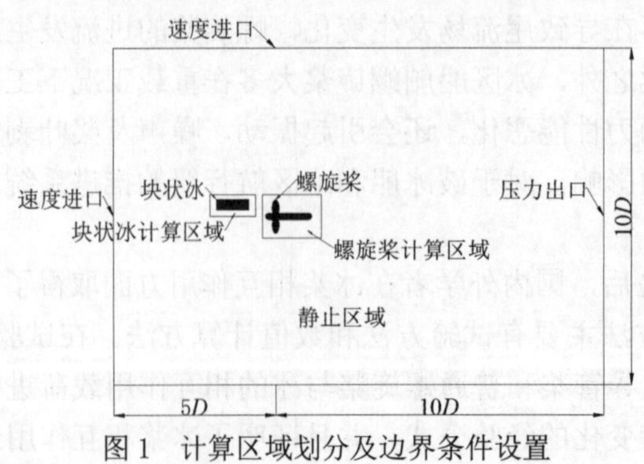

图 1　计算区域划分及边界条件设置

采用切割体网格和棱柱层网格分别生成整个计算域的背景网格以及螺旋桨计算域和块状冰计算域的重叠网格，网格总数为 849 万。分别为两个重叠网格计算区域给定不同的运动，计算过程中，每一个时间步内，背景网格中与螺旋桨计算域和块状冰计算域重叠部分的网格被挖掉，重叠网格与背景网格在两者边缘形成重叠网格交界面进行数据传递。不同计算区域的重叠网格之间的交互方式与背景网格和重叠网格之间相同。

在网格划分过程中，在桨叶及其附近进行加密，桨叶和冰块表面均设置 15 层边界层，调整第一层网格高度以确保桨叶表面 y^+ 值均小于 1，除此之外，对于重叠网格要保证不同区域重叠网格和背景网格两两之间在交界面的网格尺寸尽量一致，对于运动冰块，在其运动的路径上也要对背景网格进行加密，以保证重叠网格和背景网格之间数据的正确传递。本文计算采用 Two-layer Realizable $k\sim\varepsilon$ 湍流模型，时间离散格式为一阶，时间步长为 1/1800s。

3　数值模拟结果

3.1　参数定义

冰块长 L、宽 W、高 H 和冰桨轴向距离 X、水平距离 Y、径向距离 Z 的参数定义如图 2 所示。

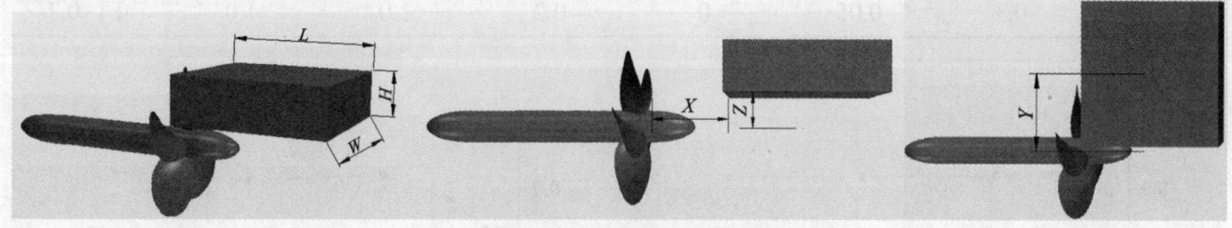

图 2　冰块尺寸及冰桨位置参数定义

3.2　DTMB-4381 桨敞水计算结果

利用重叠网格方法对 DTMB-4381 桨进行敞水数值计算的结果如图 3 所示。利用重叠网格方法得到的敞水性能计算结果与试验结果相比较，误差均小于 5%，表明本文的重叠网格模型具有合理的水动力计算精度。

3.3　固定冰块参数对螺旋桨水动力性能的影响

在研究冰块尺寸对螺旋桨水动力性能的影响的过程中，保证冰桨相对位置不变，利用控制变量法对冰块长、宽和高分别进行一系列的改变。具体计算工况如表 1 所示，冰块长、宽和高的变化对螺旋桨水动力性能的影响分别如图 4 至图 6 所示。

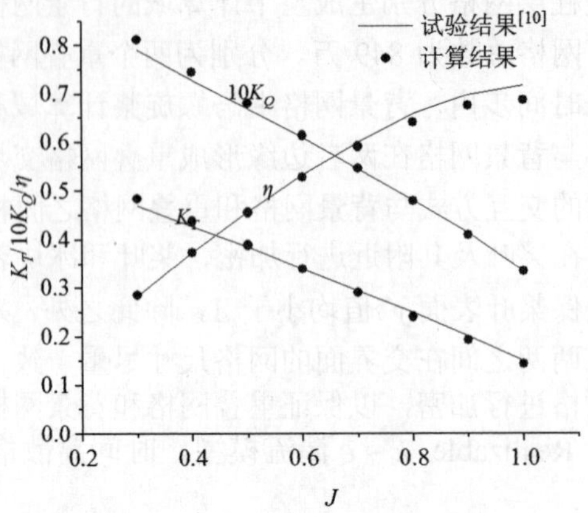

图 3　DTMB-4381 桨敞水数值模拟结果

表 1　固定冰块尺寸变化对螺旋桨水动力性能的影响的计算工况

项目	J	X/D	Y/D	Z/D	L/D	W/D	H/D
长度变化	0.3	0.05	0	0.2	0.25~3.0	1.0	0.3
宽度变化	0.3	0.05	0	0.2	1.0	0.25~3.0	0.3
高度变化	0.3	0.05	0	0.2	1.0	1.0	0.1~0.7

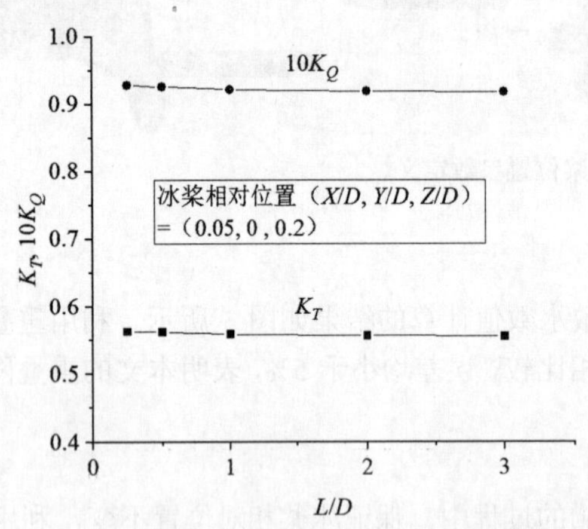

图 4　冰块长度对螺旋桨水动力性能的影响

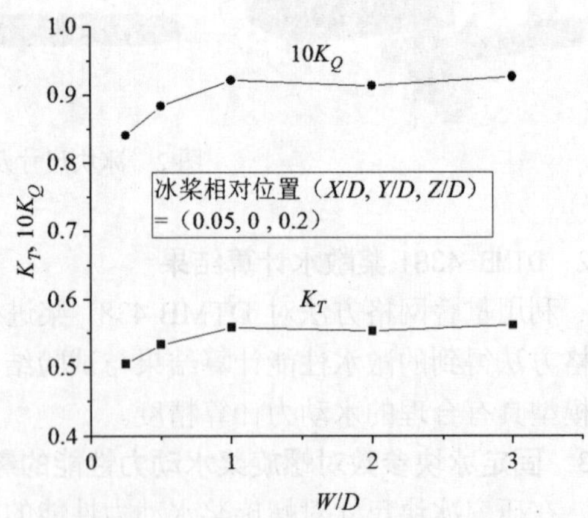

图 5　冰块宽度对螺旋桨水动力性能的影响

同理，保证冰块尺寸不变，分别改变冰桨轴向距离、水平距离和径向距离来研究固定冰块的位置对螺旋桨水动力性能的影响。具体计算工况如表 2 所示，冰桨轴向距离、水平距离和径向距离对螺旋桨水动力性能的影响分别如图 7 至图 9 所示。

从图 4 至图 9 可以看出，螺旋桨推力系数和扭矩系数与冰块长度关系不大，随着冰块宽度和高度的增加，推力系数和扭矩系数先增加之后基本不再变化；推力系数和扭矩系数均随着冰桨轴向距离和径向距离的减小而增大，当冰块位置在水平方向变化时，推力系数和扭矩系数先增大后减小但是并不对称，这和螺旋桨的旋转有关。当冰桨轴向距离和水平距离不变时，冰块尺寸的变化以及径向位置的变化本质上是冰块在螺旋桨盘面内投影面积的变化，因此将图 4~图 6 及图 9 的所有计算结果随冰块在螺旋桨盘面内投影面积的关系绘制成曲线，如图 10 所示，图中 S 表示冰块在螺旋桨盘面内投影面积与螺旋桨盘面面积的比值。

表 2 固定冰块的位置变化对螺旋桨水动力性能的影响的计算工况

项目	J	X/D	Y/D	Z/D	L/D	W/D	H/D
轴向距离变化	0.3	0.01-1.00	0	0.2	1.0	1.0	0.3
水平距离变化	0.3	0.05	-1~1	0.2	1.0	1.0	0.3
径向距离变化	0.3	0.05	0	0.2~0.6	1.0	1.0	0.3

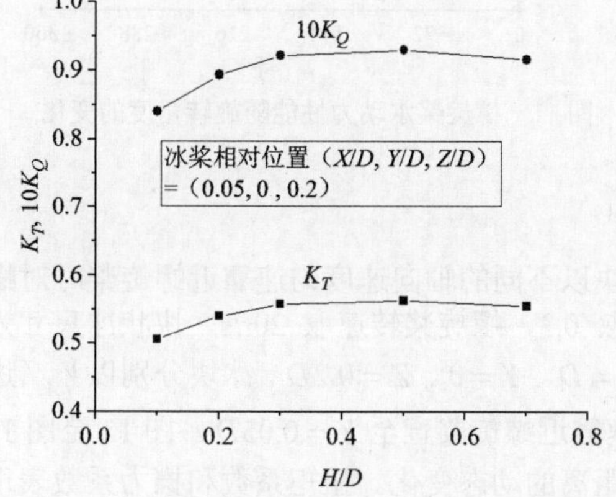

图 6 冰块高度对螺旋桨水动力性能的影响

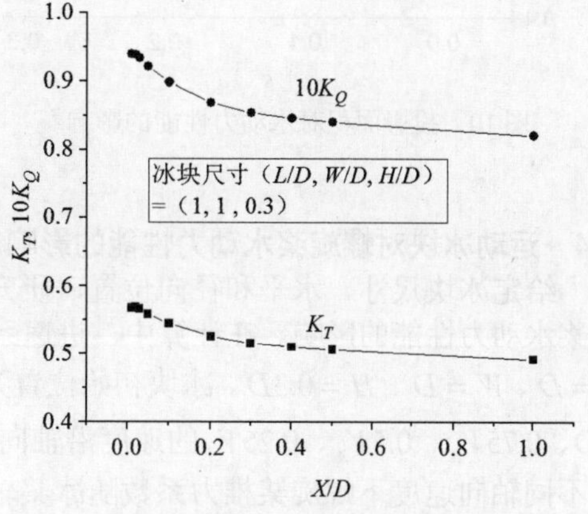

图 7 冰桨轴向距离对螺旋桨水动力性能的影响

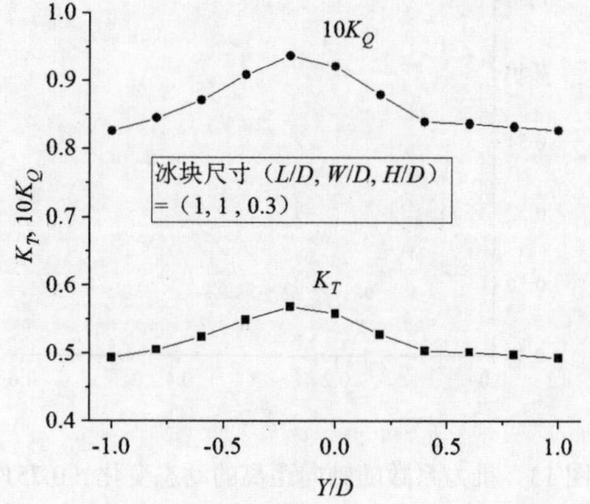

图 8 冰桨水平距离对螺旋桨水动力性能的影响

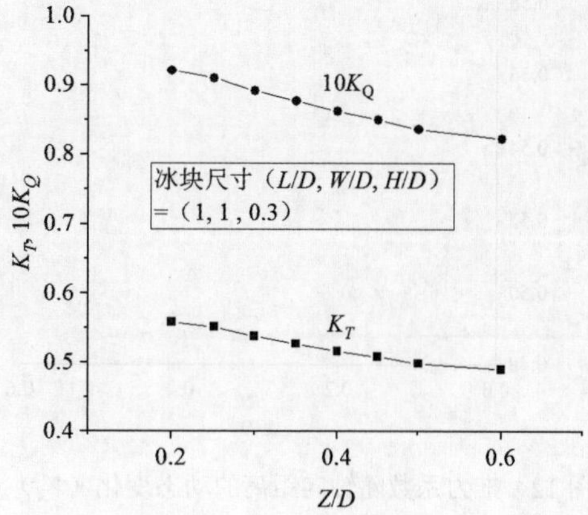

图 9 冰桨径向距离对螺旋桨水动力性能的影响

从图 10 可以看出，当冰块轴向位置和水平位置不变时，螺旋桨推力系数和扭矩系数与冰块在螺旋桨盘面内投影面积正相关。图 11 为螺旋桨在冰阻塞工况下旋转一周的过程中水动力性能随旋转角度θ的变化图，θ=0 时，一片桨叶位于冰块的正后方，结果显示，在螺旋桨旋转一周的过程中，推力系数和扭矩系数形成 5 个周期，其频率与叶频相同。

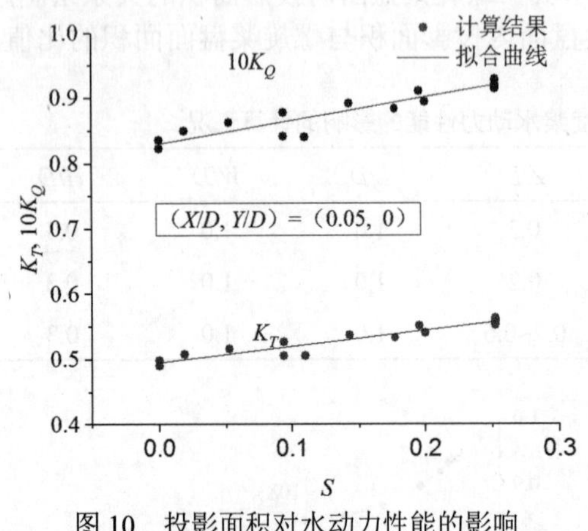

图 10　投影面积对水动力性能的影响

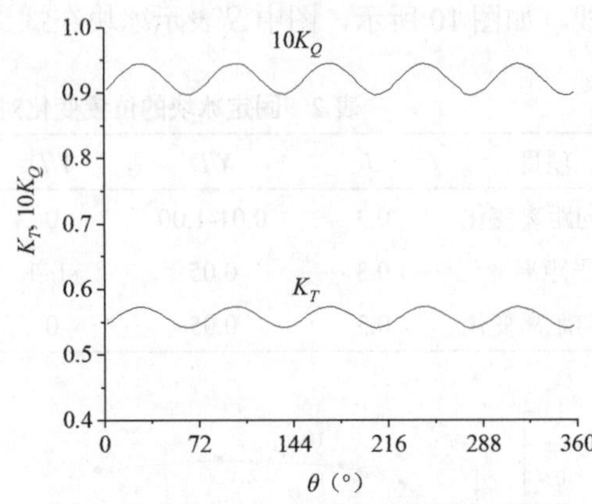

图 11　螺旋桨水动力性能随旋转角度的变化

3.4　运动冰块对螺旋桨水动力性能的影响

给定冰块尺寸、水平和径向位置，研究冰块以不同的轴向速度匀速靠近螺旋桨时对螺旋桨水动力性能的影响。在计算中，进速系数取 0.3，螺旋桨转速取 20r/s，块状冰尺寸为$L=D$、$W=D$、$H=0.3D$，冰块初始位置为$X=D$、$Y=0$、$Z=0.2D$，冰块分别以V_A（进速）、$0.75V_A$、$0.5V_A$、$0.25V_A$的速度沿轴向匀速靠近螺旋桨直至$X=0.05D$。图 12 至图 15 为不同轴向速度下螺旋桨推力系数随冰桨轴向距离的动态变化。扭矩系数和推力系数表现出同样的规律，这里不再赘述。

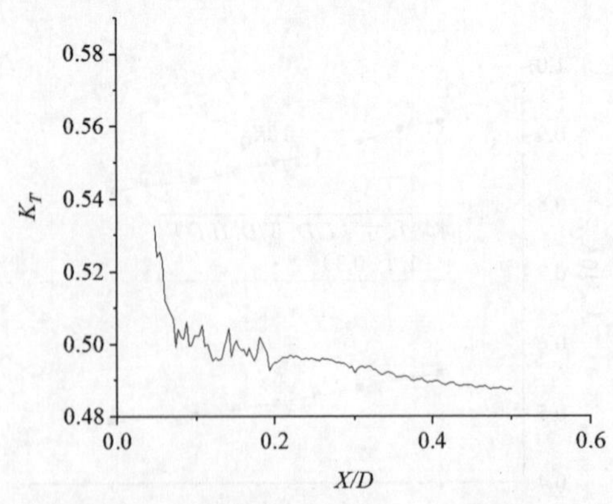

图 12　推力系数随轴向距离的动态变化（V_A）

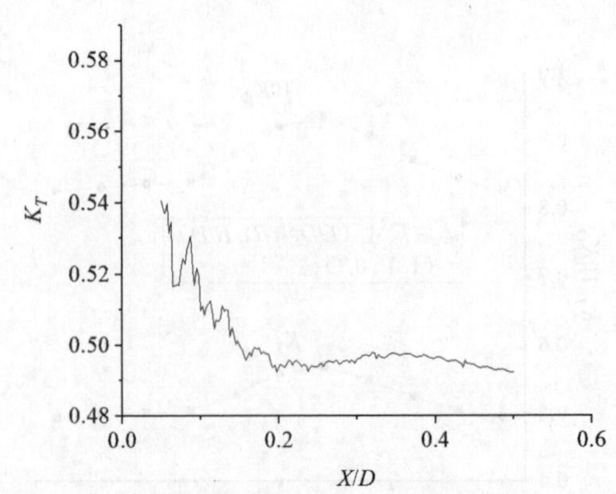

图 13　推力系数随轴向距离的动态变化（$0.75V_A$）

从图 12 至图 15 可以看出，在冰块沿轴向接近螺旋桨的过程中，推力和扭矩并非单调递增，而是呈振荡式上升，随着冰块运动速度的减小，振荡规律逐渐明显，且振荡频率和叶频相同。结合图 7 和图 11 分析认为，这一现象是由冰桨轴向距离的逐渐减小以及冰块与桨叶相对位置的周期性变化两者共同作用造成的。

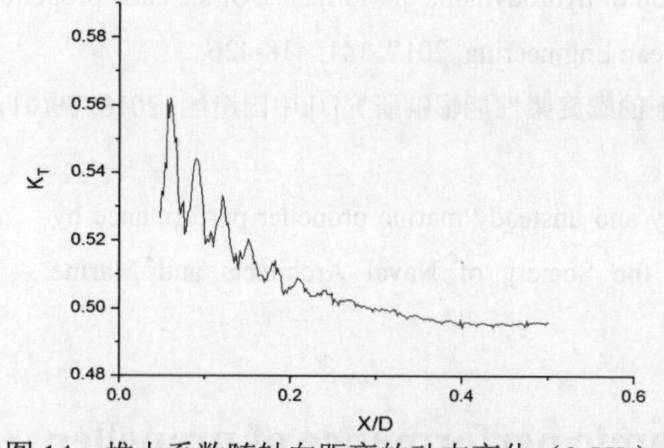

图 14　推力系数随轴向距离的动态变化（$0.5V_A$）

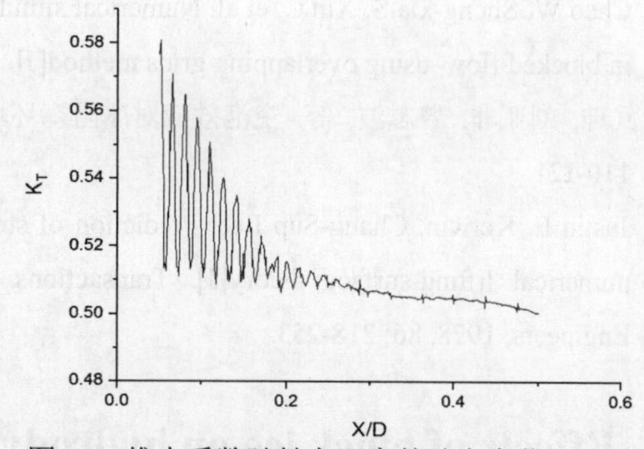

图 15　推力系数随轴向距离的动态变化（$0.25V_A$）

4　结论

本文以 DTMB-4381 桨为对象，利用重叠网格方法，对块状冰的大小、位置及运动对螺旋桨水动力性能的影响进行了非定常 RANS 数值模拟。数值模拟结果表明，在固定冰块的影响下，螺旋桨推力和扭矩以叶频周期性变化，其时间平均值主要与冰块在桨盘面内的投影面积、冰桨轴向距离及冰块水平位置有关；在冰块沿轴向接近螺旋桨的过程中，推力和扭矩并非单调递增，而是呈振荡式上升，随着冰块运动速度的减小，振荡规律逐渐明显，且振荡频率和叶频相同，这一现象是由冰桨轴向距离的持续减小以及冰块与桨叶相对位置的周期性变化两者共同作用造成的。

参 考 文 献

1　Robin P. Browne, Arno Keinonen, Pierre Semery. Ice loading on open and ducted propellers[C]//Proceedings of the first(1991) International Offshore and Polar Engineering Conference. Edinburgh, 1991: 562-570.

2　J. Wang, A. Akinturk, W. Foster, et al. An experimental model for ice performance of podded propellers[C]// 27th American Towing Tank Conference. Newfoundland and Labrador, 2004.

3　J. Wang, A. Akinturk, S J. Jones, et al. Ice loads acting on a model podded propeller blade [J]. Journal of Offshore Mechanics and Arctic Engineering, 2007, 129(3): 236-244.

4　王超，叶礼裕，常欣，等. 非接触工况下冰桨干扰水动力载荷试验[J]. 哈尔滨工程大学学报，2017, 38(08): 1190-1196.

5　郭春雨，徐佩，张海鹏. 冰对螺旋桨水动力性能影响的试验研究[J]. 船舶力学, 2018, 22(07): 797-806.

6　武珅，曾志波，张国平. 冰阻塞参数对螺旋桨水动力性能影响试验研究[J]. 船舶力学，2018, 22(02): 156-164.

7 常欣，封振，王超，等. 冰临近过程中螺旋桨的水动力性能计算分析[J]. 武汉理工大学学报, 2016, 38(9): 43-50.

8 Chao W, Sheng-xia S, Xin C, et al. Numerical simulation of hydrodynamic performance of ice class propeller in blocked flow–using overlapping grids method[J]. Ocean Engineering, 2017, 141: 418-426.

9 武珅，刘亚非，曾志波，等. 空泡效应对冰阻塞环境下的螺旋桨性能影响研究[J].中国造船, 2018, 59(01): 110-121.

10 Justin E. Kerwin, Chang-Sup Lee. Prediction of steady and unsteady marine propeller performance by numerical lifting-surface theory[J]. Transactions of the Society of Naval Architects and Marine Engineers, 1978, 86: 218-253.

Effects of block ice on hydrodynamic performance of propeller

YANG Jian, DONG Xiao-qian, YANG Chen-jun

(State Key Laboratory of Ocean Engineering, Shanghai Jiao Tong University, Shanghai, 200240. Email: cjyang@sjtu.edu.cn)

Abstract: Taking the DTMB-4381 propeller as the object, the unsteady RANS numerical simulation of effects of the size, position and motion of block ice on propeller hydrodynamic performance was carried out by using the overset meshes method. The trimmed mesher and prism layer mesher are used to generate background mesh of entire calculation domain and overset meshes of propeller calculation domain and block ice calculation domain. During the calculation process, the background mesh region and the overset mesh region exchange data through their overset mesh interface. Firstly, the influence of parameters of fixed block ice on propeller hydrodynamic performance is studied by using the control variable method. Numerical simulation results show that under the influence of fixed block ice, propeller thrust and torque change periodically with blade frequency, and their time average value is mainly related to the projected area of block ice in propeller plane, the axial and horizontal distance between block ice and propeller. Then the influence of moving block ice on propeller hydrodynamic performance is studied. The numerical simulation results show that the thrust and torque increase in an oscillating manner when the block ice approaches propeller along the axial direction, and the oscillation frequency is the same as the blade frequency. The analysis shows that this phenomenon is caused by the continuous decrease of the axial distance between block ice and propeller and the periodic change of the relative position of block ice and propeller blades.

Key words: Propeller; Ice; Hydrodynamic performance; Overset mesh; RANS.

仿生导管桨水动力性能研究

张正骞，李巍，杨晨俊

(上海交通大学海洋工程国家重点实验室，上海，200240，Email: cjyang@sjtu.edu.cn)

摘要：受座头鲸带有前缘凸起鳍的启发，将凹凸结节应用于桨叶导边，试图改善导管桨在系柱及小进速系数工况下的水动力和空泡性能。运用建模软件和自编程序，以 19A 导管+Ka4-70 螺旋桨作为原型桨，重点进行内凹设计：通过改变特定位置剖面弦长，设计出带有凹凸形导边的仿生导管螺旋桨。运用商业 CFD 软件开展其水动力性能与流动的模拟与分析，建立仿生导管桨性能分析的 CFD 数值仿真预报方法。开展了导边凹凸结构的变参数计算研究，选择效率提高最多的仿生桨进行了流场分析。基于 CFD 计算结果，初步发现：（1）导边凹凸结节的内凹程度越大，桨叶推力和扭矩相比原型桨降低越多，一定范围内效率提升越明显，但是叶梢附近导边布置凹凸结节不利于提高推进效率。（2）凹谷处切面的桨叶推力会有所提高以补偿因桨叶表面积减少造成的推力损失。

关键词：导管桨；座头鲸；仿生；凹凸结节

1 引言

在许多新型螺旋桨的设计中都用到了仿生学的原理，科学家发现座头鲸带有凸起结构的鳍状肢能够改善座头鲸的回转性能，同时可以降低阻力。自 20 世纪 70 年代起，国外即开始了对凹凸前缘结构的探索。1995 年，F E Fish[1]发现座头鲸鳍状肢的前缘结节高度占所在弦长的49%（鳍肢尖端）到19%（鳍肢中部）不等，不同鳍肢切面的展弦比范围约0.20~0.28，其前缘凸起可以提升鳍肢的升力并在高攻角下保持升力。近十几年来相关研究越来越多也愈发深入：D S Miklosovic[2]制作了带有凹凸结节的座头鲸鳍状肢模型，并在风洞中进行试验，表明在理想化的座头鲸鳍状肢的比例模型中增加前缘结节可使失速角延迟约 40%；Levshin 等[3]证明在 NACA63-021 翼型截面上采用正弦曲线的凹凸结构虽然降低了最大升力，但是将失速角延后了 9°，同时认为相对于前缘凹凸结构的波长，振幅对气动性能的影响占主要作用；Van Nierop 等[4]将凹凸结构的凸起程度增大，发现升力曲线更为平缓；Favier J 等[5]以 NACA0020 为对象研究了攻角为 20°时低雷诺数情况下前缘凹凸的减阻效果以及其对边界层分离现象的影响；张海鹏等[6]对仿生凹凸舵进行了实验和数值计算，发现在低攻角及过失速角时，前缘形状的改变对于升力的提升有较优良的表现；Shi Weichao等[7]将凹凸结构应用在潮汐涡轮机叶片的导边上，并建立了生成导边凹凸结节的数值方法，实验和数值研究表明该设计可以在较低的尖端速度比下提高叶片的升阻比，抑制了导边凹谷处的空化，因此改善了水下的噪声水平；文献[8-9]的试验均表明前缘凹凸翼型的水动力性能优于普通前缘翼型。

虽然以上研究得了一些深入成果，但是鲜有在导管桨上应用仿座头鲸翼型，本文研究的主要目的是基于座头鲸鳍（图 1）的独特构造，将凹凸结节应用于桨叶导边，研究改善导管桨在系柱及小进速系数工况下的水动力和空泡性能。

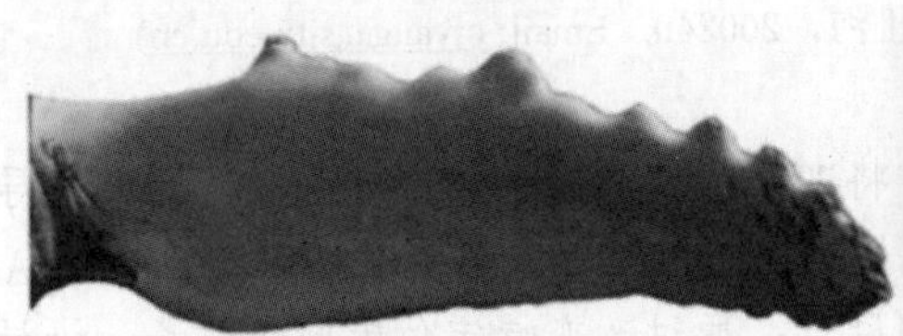

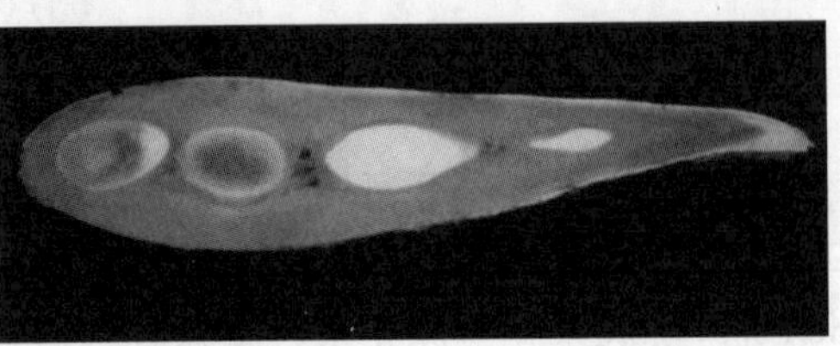

图 1　座头鲸鳍[10]和鳍状肢的切面[3]

2　仿生桨模型的建立

2.1 原型导管桨模型的建立

以导管剖面为荷兰 MARIN 设计的 NO.19A 导管+Ka4-70 螺旋桨作为原型桨进行研究，主要尺寸参数为：直径 D=250mm，螺距比 P/D=1.2，盘面比 A_E/A_0=0.7，无纵倾，桨叶数为 4 叶，导管剖面弦长为 125mm，叶梢与导管间隙Δ=1mm。

本文中将上述模型桨记为原型桨Ⅰ(图 2)。此外，通过查阅 19A 导管剖面型值和 Ka4-70 螺旋桨切面型值[11]，编写程序将已知桨叶的几何参数转换为三维空间点坐标，再采用点、线、面、体的顺序在 Gambit 软件中依次完成建模，得到的桨叶模型记为原型桨Ⅱ。生成原型桨Ⅱ主要是为了方便修改导边处的桨叶切面形状。由于接下来的仿生凹凸结节的设计分别在原型桨Ⅰ与原型桨Ⅱ的基础上实现，所以对两个不同方法得到的原型桨都进行敞水性能数值计算，以保证严谨性。

2.2 仿生导管桨模型设计方法

在进行凹凸结构的设计时，考虑到3种情况：“外凸”结构：即增加螺旋桨某半径处桨叶剖面弦长，增加桨叶剖面弦长对叶切面型线改变较大；“内凹”结构：减小螺旋桨某剖面半径处桨叶剖面弦长，减少桨叶剖面弦长会造成桨叶面积减小，进而推力减小；还有一种情况就是综合前面所述的两种方法，交替改变螺旋桨某半径处桨叶剖面弦长，形成“外凸内凹”的结构。本文主要采用内凹设计，得到导边不同位置设置不同数目、尺寸凹凸结构的仿生桨。同时也进行了少量的“外凸”结构和“外凸内凹”结构的研究。

仿生导管桨分为3个系列，分别命名为A系列、B系列、C系列。其中A系列仿生导管桨是在原型桨Ⅰ的基础上通过三维建模软件进行模型处理，根据不同切面处弦长改变量对桨叶导边进行内凹和外凸设计；B系列仿生导管桨是在原型桨Ⅱ的基础上，修改导边附近固定叶切面的型值点，使弦长按比例缩短或者增长（图3），然后在Gambit软件中生成桨叶几何，最大限度保持相邻凹凸结节之间过渡的光顺程度；C系列仿生导管桨是在原型桨Ⅱ的基础上，通过修改叶切面弦长、导边距离参考线距离、最大厚度处距导边距离以及叶切面上叶背和叶面的二维纵坐标，使桨叶切面在仍然是标准翼型剖面的情况下，达到生成凹凸导边螺旋桨的目的，这样做的优点是桨叶不同半径处的叶切面形状都是水动力性能很好的常用切面，但是对叶背和叶面的光滑程度造成不利影响。

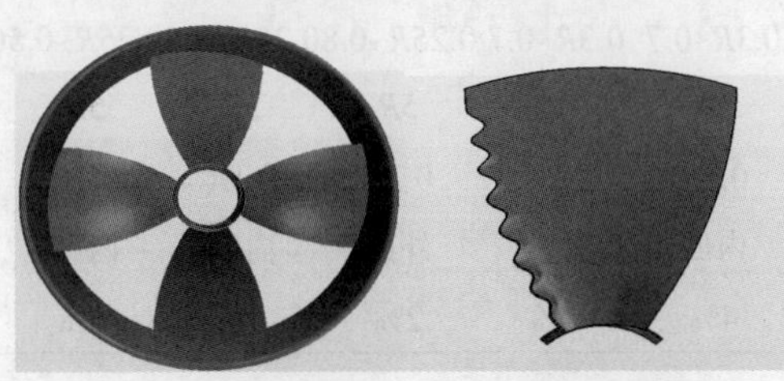

图2 原型桨Ⅰ和仿生导管桨A2

三个系列的仿生导管桨凹凸结节数目和分布情况有所不同，但三个系列仿生桨的凹凸设计均以等步长均匀分布，具体情况见表1至表3，其中R为桨叶半径，表示凹凸程度的百分数指的是凹凸程度占该处切面弦长的百分比。

表1 A系列仿生导管桨的几何要素

项目	A1	A2	A3	A4	A5	A6	A7	A8	A9
凹凸数目	7	7	7	6	6	5	5	6	6
凹凸位置	0.3R~0.9R	0.3R~0.9R	0.3R~0.9R	0.4R~0.9R	0.4R~0.9R	0.4R~0.8R	0.5R~0.9R	0.4R~0.9R	0.4R~0.9R
间隔步长	0.1R	0.1R	0.1R	0.1R	0.1R	0.1R	0.1R	0.1R	0.1R
凹凸情况	内凹	内凹	内凹	内凹	内凹	内凹	内凹	内凹	内凹
凹凸程度	4%	6%	7%	6%	4%	4%	4%	3mm	5mm

表2 B系列仿生导管桨的几何要素

项目	B1	B2	B3	B4	B5	B6	B7	B8	B9
凹凸数目	14	9	7	5	7	9	11	6	7
凹凸位置	0.25R~0.9R	0.25R~0.65R	0.25R~0.55R	0.25R~0.45R	0.6R~0.9R	0.25R~0.45R和0.75R~0.9R	0.3R~0.7R	0.3R~0.7R	0.25R~0.55R
间隔步长	0.05R	0.05R	0.05R	0.05R	0.05R	0.05R	0.04R	0.08R	0.05R
凹凸情况	内凹	内凹	内凹	内凹	内凹	内凹	内凹	内凹	内凹
凹凸程度	4%	4%	4%	4%	4%	4%	6%	6%	2%

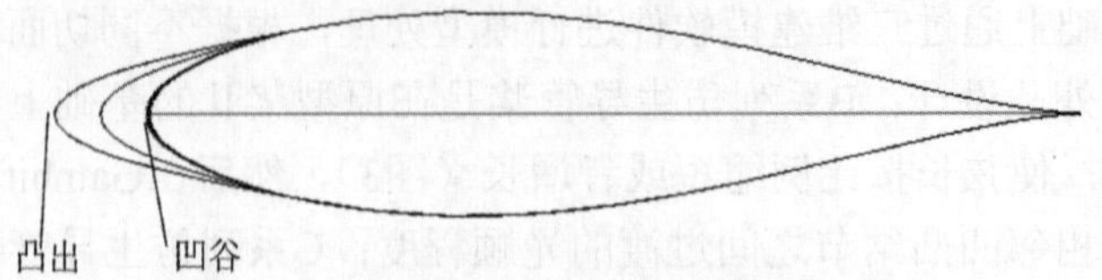

图 3　B 系列仿生导管桨叶切面处理示意图

表 3　C 系列仿生导管桨的几何要素

项目	C1	C2	C3	C4	C5	C6	C7	C8	C9	C10
凹凸数目	7	7	7	7	6	6	5	5	6	6
凹凸位置	0.25*R*~0.95*R*	0.35*R*~0.85*R*	0.3*R*~0.7*R*	0.3*R*~0.7*R*	0.25*R*~0.85*R*	0.25*R*~0.85*R*	0.25*R*~0.55*R*	0.25*R*~0.95*R*	0.35*R*~0.85*R*	0.35*R*~0.85*R*
间隔步长	0.1*R*	0.1*R*	0.2*R*	0.2*R*	0.1*R*	0.1*R*	0.1*R*	0.1*R*	0.1*R*	0.1*R*
凹凸情况	内凹	内凹	内凹	外凸	外凸	内凹	内凹	外凸	内凹	内凹
凹凸程度	4%	4%	4%	4%	2%	4%	4%	4%	4mm	2mm

3　网格划分和计算方法

本文采用单流道计算域进行网格划分和计算，计算域分为内域和外域两个计算域，其中内域为旋转域，绕 x 轴旋转，采用多面体网格填充；外域为静域，采用切割体网格填充。动域和静域之间的数据传递通过两对交接面（Interface）来实现。网格划分在 STAR-CCM+ 软件中进行，导管和螺旋桨表面均设置有边界层的棱柱层网格，共 20 层，第一层壁面网格高度 0.001mm，计算域截面网格见图 4。

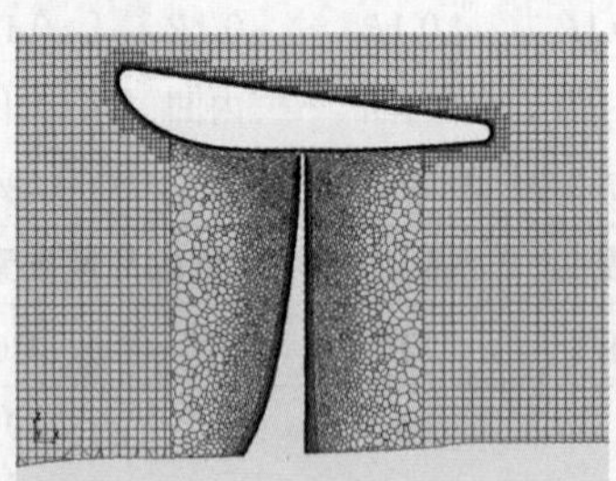

图 4　计算域截面网格

采用基于有限体积法的 STAR-CCM+软件求解 RANS 方程，湍流用 SST k-ω 模型模拟。所有控制方程的输运项采用二阶迎风格式离散，时间项采用一阶隐式格式离散，压力速度耦合采用 SIMPLE 法。采用准定常来模拟导管桨的水动力性能，本文的所有计算工况都选择桨叶转速 n=20r/min。计算域划分见图 5，入口 INLET 和计算域圆柱体表面外围远场设置为速度入口条件，给定均匀来流的速度值；出口 OUTLET 设置为压力出口，与参考点压力相等；单流道计算域两侧的切面定义为旋转周期性边界；桨叶、桨毂、桨轴和导管表面设为无滑移光滑壁面边界。

由于系柱工况下的数值计算收敛性较困难，所以须加大计算域的尺寸以保证计算稳定。系柱工况采用的是直径 100D，轴向长度 100D 的单流道计算域（D 为桨叶直径），该计算域尺寸已足够忽略入口和出口边界对计算结果的影响。

图 5 常规工况计算域示意图

4 数值计算结果和讨论

4.1 原型桨 I 和 II 的敞水性能计算结果

对原型桨 I 和 II 进行均匀流下的敞水数值模拟，对导管桨的推力系数 K_T、转矩系数 $10K_Q$ 以及效率 η 进行监测，并将推进系数与试验值进行比较，其中原型桨 I 的敞水计算结果见表 4。No.19A 导管+Ka4-70 系列原型桨的敞水性能试验数据来源于文献[12]中的敞水性能参数回归公式。

表 4 原型桨 I 敞水性能计算结果

进速系数	K_T			$10K_Q$			η		
J	计算值	试验值	误差	计算值	试验值	误差	计算值	试验值	误差
0	0.6978	0.6938	0.57%	0.6643	0.6683	-0.59%	0.0000	0.0000	0.00%
0.1	0.6300	0.6256	0.69%	0.6594	0.6638	-0.66%	0.1521	0.1500	1.37%
0.2	0.5641	0.5633	0.16%	0.6483	0.6521	-0.59%	0.2770	0.2749	0.76%
0.3	0.5041	0.5044	-0.07%	0.6312	0.6331	-0.30%	0.3813	0.3804	0.23%
0.4	0.4433	0.4467	-0.77%	0.6065	0.6063	0.04%	0.4653	0.4691	-0.81%
0.5	0.3846	0.3879	-0.85%	0.5739	0.5710	0.50%	0.5332	0.5405	-1.35%
0.6	0.3277	0.3255	0.69%	0.5343	0.5266	1.47%	0.5857	0.5902	-0.76%

4.2 仿生桨计算结果

由于不同系列的仿生桨类型较多，为方便比较不同桨的计算结果，将仿生导管桨与原型桨的总推力、桨叶转矩、推进效率进行对比，隐去了具体计算数值，只将相对改变量展示见图 6 和图 7。其中 A 系列仿生导管桨的计算工况涵盖了进速系数为 0、0.1、0.2、0.3

的设计工况，研究 B 系列和 C 系列仿生导管桨时为了节省计算时间，只重点考察大攻角工况下（J=0.2）的计算结果。

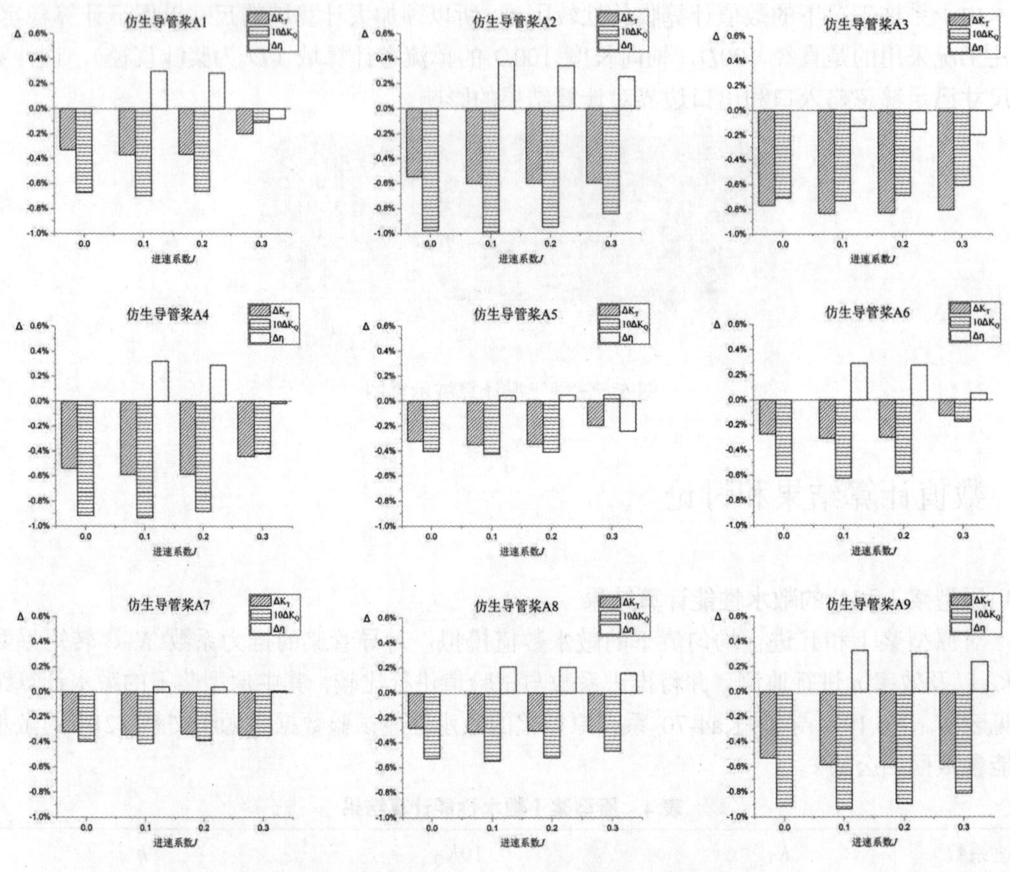

图 6　A 系列仿生导管桨与原型桨 I 的敞水性能参数对比（J=0.2）

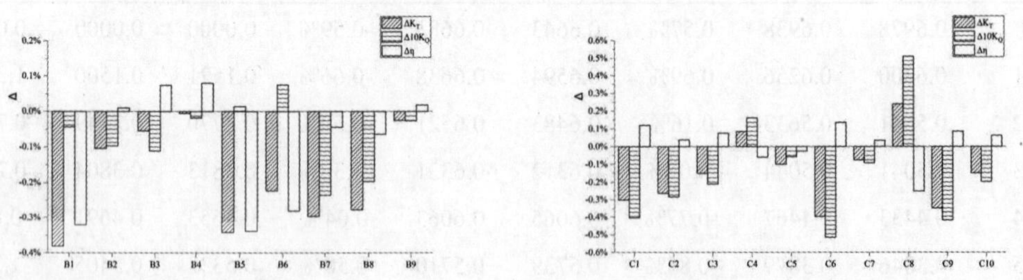

图 7　B 系列（左）和 C 系列（右）仿生导管桨与原型桨 II 的敞水性能参数对比（J=0.2）

4.3 敞水性能计算结果分析

对于内凹设计的导管桨，桨叶推力由于叶面积的减小造成一定程度降低，外凸设计的导管桨推力会有一定程度提高，但是总体提高和降低幅度都在 1%以内。从图 6 和图 7 中可以得出以下结论：

（1）导边内凹程度越大，桨叶推力和扭矩相比原型桨降低越多，当内凹程度为该处叶切面弦长的 6%时，扭矩降低接近 1%，此时 A2 导管桨效率提升较 A1 和 A2 略大，最大在 J=0.1 时，此时效率提升约 0.4%。

（2）内凹程度相同时，A2 相比 A4 在叶根附近多了一处内凹，A2 相比 A4 的效率提升幅度略大，但是并不明显，这一点也可以从 A1 相比 A5 的对比中得出。而 A5 相比 A6 在叶梢附近多了一处内凹，A6 的效率提升较多，由此可以说明在叶梢附近导边布置凹凸结节不利于提高推进效率。

（3）设计 A8 和 A9 两个仿生桨是为了研究导边凹凸形状近似正弦函数曲线的情况，内凹程度不随叶切面位置变化，一定范围内，内凹程度越大，效率提升越多。

（4）相邻凹谷之间的距离越大，对性能会有减弱；在导边中部设置凹凸结节对效率提高最有帮助，同时凹凸部分应该布置在连贯位置处，中间间断也会降低水动力性能。

（5）前文已经说明，C 系列导管桨的模型生成方式与另外两个系列有较大不同，同时还尝试了“外凸”和“内凹外凸”两种结节形式的研究，其中内凹设计所得到的结论与前面结论相似。虽然采用“外凸”设计可以增加桨叶面积，使推力同时增大，但是效率反而出现下降，没有达到节能的目的。

5　流场分析

从以上计算结果中发现，A2 在进速系数为 0.1 时的敞水效率提高最多，接下来的流场分析主要对 A2 进行。虽然桨叶面积较原型桨有所减少（约减少 1.2%），但是推力相比原型桨 I 的计算值只减少 0.60%，对比压力系数曲线图（图 8），可以看出在凹谷处的截面（0.5R 和 0.9R），压差并没有降低很多，0.9R 处的压差值甚至要大于原型桨，可以认为该处切面的推力没有损失过多，凹谷之后沿周向两者分布和压力值总体趋于相同。

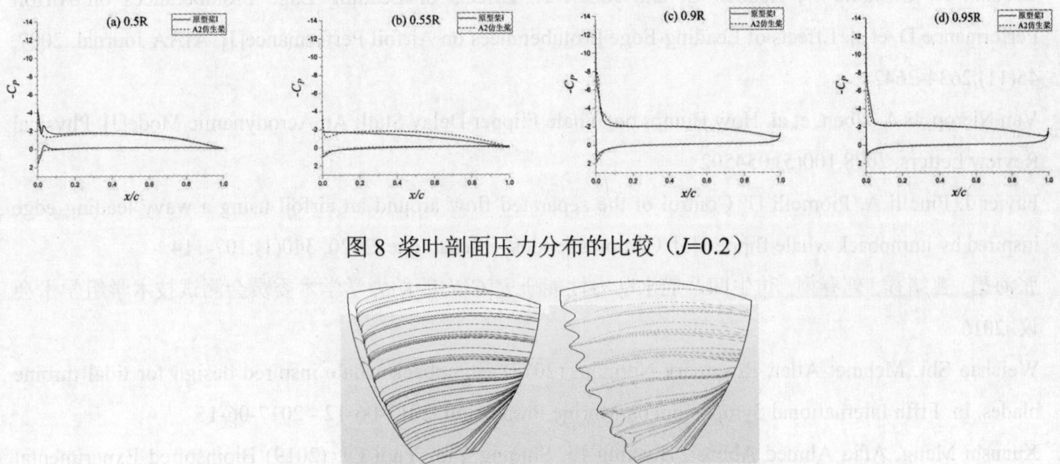

图 8 桨叶剖面压力分布的比较（J=0.2）

图 9　原型桨 I（左）和 A2 桨叶（右）叶背表面流线对比（J=0.2）

从图 9 可以看出，原型桨表面水流没有很好沿叶面周向平顺流动，出现沿导边流动及流线聚集，而仿生桨 A2 沿导边运动的水流一定程度减少，流线沿螺旋桨周向运动，最后从随边溢出，流向主要以凹谷和凸出部分为导向，较平顺的流过桨叶表面。

6 结论

本文研究了将导管桨导边形状改为类似座头鲸鳍状肢的凹凸结节形状时对敞水性能的影响，提出了形成凹凸结构的方法，开展了不同凹凸形状、位置的仿生导管桨变参数研究。从敞水性能的计算结果来看，仿生桨的效率相比较原型桨虽然没有大幅度的提升，甚至部分模型出现了效率降低的情况，没有达到节能的效果。但是得出了以下规律性结论。

（1）叶梢附近导边布置凹凸结节不利于提高推进效率，在导边中部设置凹凸结节对效率提高最有帮助，中间间断也会降低水动力性能；一定范围内相邻凹谷之间的距离越大，对性能的提高越不利；一定范围内，内凹程度越大，效率提升越多。

（2）仿导管桨的性能提升主要集中在系柱工况和小进速工况。

（3）进行内凹设计时，凹谷处切面的桨叶推力会有所提高以补偿因桨叶展开面积减少造成的推力损失，凹凸结节设计抑制了沿导边方向的水流流动，使水流沿周向平顺流动。

下一步会着重优化桨叶形状，形成一套有效的仿生桨数值生成方法，并研究凹凸结节对导管螺旋桨激振力、空泡性能的影响。

参考文献

1 F E Fish. Hydrodynamic design of the humpback whale flipper[J]. J Morph. 1995,225: 51-60

2 Miklosovic D S, Murray M M, Howle L E, et al. Leading-edge tubercles delay stall on humpback whale (Megaptera novaeangliae) flippers[J]. Physics of Fluids, 2004, 16(5):L39-L42

3 Levshin A, Custodio D, Henoch C, and Johari H. Effects of Leading Edge Protuberances on Airfoil Performance D, et al. Effects of Leading-Edge Protuberances on Airfoil Performance[J]. AIAA Journal, 2007, 45(11):2634-2642

4 Van Nierop, E A Alben, et al. How Bumps on Whale Flipper Delay Stall: An Aerodynamic Mode[J]. Physical Review Letters, 2008,100(5):054502

5 Favier J, Pinelli A, Piomelli U. Control of the separated flow around an airfoil using a wavy leading edge inspired by humpback whale flippers[J]. Comptes rendus - Mécanique, 2020, 340(1):107-114

6 张海鹏，曹绪祥，郭春雨．仿生凹凸舵水动力性能研究[C]// 船舶力学学术委员会测试技术学组学术会议. 2016

7 Weichao Shi, Mehmet Atlar, Rosemary Norman. (2017) Humpback whale inspired design for tidal turbine blades. In: Fifth International Symposium on Marine Propulsion, 2017-06-12 - 2017-06-15

8 Xuanshi Meng, Afaq Ahmed Abbasi, Huaxing Li, Shiqing Yin, Yuqi Qi. (2019) Bioinspired Experimental Study of Leading-Edge Plasma Tubercles on Wing. AIAA Journal 57:1, 462-466

9 Weichao Shi, Mehmet Atlar, Rosemary Norman. (2017) Detailed flow measurement of the field around tidal turbines with and without biomimetic leading-edge tubercles. Renewable Energy 111, 688-707. Online publication date: 1-Oct-2017

10 F E Fish, Weber P W, Murray M M, et al. The Tubercles on Humpback Whales's Flippers: Application of Bio-Inspired Technology[J]. Integrative and Comparative Biology, 2011, 51(1):203-213

11 盛振邦, 刘应中. 船舶原理[M]. 上海: 上海交大出版社, 2005: 181-182

12 Carlton J. Marine propellers and propulsion, 3ed ed; Kidlington, Elsevier Ltd, 2012: 110-112

Study on hydrodynamic performance of bionic ducted propeller

ZHANG Zheng-qian, LI Wei, YANG Chen-jun

(State Key Laboratory of Ocean Engineering, Shanghai Jiao Tong University, Shanghai, 200240.

Email: cjyang@sjtu.edu.cn)

Abstract: Inspired by the tubercles on the leading edges of humpback whale flippers, the leading edge tubercles was applied on the ducted propeller with an attempt to improve hydrodynamic and cavitation performance under the condition of the bollard and small advanced coefficient. Using modeling software and self-programming, the No.19A duct+Ka4-70 propeller was used as the prototype propeller to mainly focus on concave design. A set of bionic propellers with different numbers and sizes of tubercles at the leading edge was obtained by means of changing the mean chord length. Commercial CFD software was used to simulate and analyze its hydrodynamic performance and flow, and a CFD numerical simulation prediction method was established to analyze the performance of bionic duct impeller. The variable parameter calculation of the leading-edge tubercles was carried out to determine the parameter range of the tubercles. The bionic propellers with the most improved efficiency was selected for the study of the flow field. The results of CFD calculations showed that: (1) The thrust and torque of the blade are reduced compared to the prototype propeller, and the reduction is affected by the wave height of the protubercles. The leading-edge protubercles near the tip of the blade are not conducive to improve the propulsion efficiency. (2) The thrust of the blades in the concave is increased to compensate for the loss of thrust due to the reduction of blade surface area.

Key words: Ducted propellers; Humpback whale; Bionic; Leading-edge tubercle.

船型参数对船舶骑浪/横甩薄弱性衡准影响分析[1]

储纪龙，顾民，鲁江，王田华

(中国船舶科学研究中心 水动力学重点实验室，无锡，214082，Email: long8616767@163.com)

摘要：目前，国际海事组织（IMO）正在制定第二代完整稳性衡准，其中就包括骑浪/横甩薄弱性衡准，用以评估船舶在波浪中发生骑浪/横甩的概率，确保船舶在实际海况中安全航行。本研究首先以易于发生骑浪/横甩稳性失效的渔船为例，选取船型主尺度 L、B、D，船型系数 C_b、C_w 以及浮心垂向坐标 Z_b 为特征参数，利用 CAESES 软件进行船型变换生成系列新船型；然后根据最新骑浪/横甩薄弱性衡准方法，对新船型进行骑浪/横甩薄弱性衡准计算，分析各个特征参数的变化对船舶骑浪/横甩薄弱性的影响趋势，为 IMO 船舶第二代完整稳性衡准骑浪/横甩薄弱性衡准的制定提供技术支撑。

关键词：第二代完整稳性衡准；骑浪/横甩；船型参数；船型变换

1 引言

目前，国际海事组织（IMO）正在制定第二代完整稳性衡准，包括参数横摇、纯稳性丧失、瘫船稳性、过度加速度和骑浪/横甩 5 种稳性失效模式。每种失效模式衡准都由 3 个层次的评估方法组成，分别为第一层薄弱性衡准、第二层薄弱性衡准和直接稳性评估，3 层评估方法的计算复杂性依次递增，评估的准确性也依次提高[1-2]。

所谓骑浪，就是船舶在随浪或尾斜浪中高速航行时，被波浪捕获并以波速前进的现象。通常船舶在波浪的下坡段发生骑浪，处于骑浪状态下的船舶，多数会因航向的不稳定性而不可控制的转向，发生横甩，横甩产生的大幅横摇严重时可以导致船舶倾覆，严重威胁驱逐舰等高速舰艇，以及渡船、渔船等高速小型船舶的航行安全。

本研究以 IMO 最新骑浪/横甩薄弱性衡准方法为基础，基于自主开发的骑浪/横甩薄弱性衡准校核软件，以易于发生骑浪/横甩稳性失效的两艘渔船为研究对象，通过母型船改型，进行骑浪/横甩薄弱性衡准计算、比较和分析，开展船型参数对船舶骑浪/横甩薄弱性衡准的

[1] 基金项目：工业和信息化部和财政部高技术船舶项目([2017]614)

影响分析研究。

2 计算方法

2.1 骑浪/横甩薄弱性衡准

如果船舶满足条件（1），则认为该船舶满足第一层衡准校核，不易发生骑浪/横甩；对于不满足条件的船舶，需要进行第二层衡准校核。

$$L > 200\text{m} \quad \text{或} \quad Fr \le 0.3 \tag{1}$$

式中：L 为船长；Fr 为船舶静水服务航速对应的佛汝德数。

如果船舶静水服务航速对应的衡准值 C 小于标准值 0.005，则认为该船舶满足第二层衡准校核，不易发生骑浪/横甩。衡准值 C 计算公式：

$$C = \sum_{HS}\sum_{TZ}\left(W2(H_{\text{S}},T_{\text{Z}})\sum_{i=1}^{N_\lambda}\sum_{j=1}^{N_{\text{a}}}W_{ij}C2_{ij}\right) \tag{2}$$

式中：$W2(H_{\text{S}}, T_{\text{Z}})$为短期海况的权重因子，代表长期波浪统计数据中各个短期海况的发生概率，是有义波高 H_{S} 和平均跨零周期 T_{Z} 的函数，这里采用北大西洋波浪统计的散点图；W_{ij} 为短期海况中各个规则波的统计权重；$C2_{ij}$ 为判断规则波中是否发生骑浪的标准；N_λ=80，N_{a}=100[3-4]。

2.2 阻力预报方法

本文中采用 Holtrop 法估算船舶阻力，近似公式为

$$R = R_F(1+k_1) + R_{APP} + R_W + R_B + R_{TR} + R_A \tag{3}$$

式中：R 为总阻力；R_F 为摩擦阻力；R_{APP} 为附体阻力；R_W 为兴波阻力；R_B 为球鼻艏水线附近的黏压阻力；R_{TR} 为浸没方艉产生的黏压阻力；R_A 为船模修正阻力；1+k_1 为船体的形状因子。R_F, R_{APP}, R_W, R_B, R_{TR}, R_A 和 k_1 的详细计算公式以及 Holtrop 法对船舶骑浪/横甩薄弱性衡准的影响分析分别参见文献[5]和文献[6]。

2.3 船型变换

根据母型船型线图利用 NAPA 软件对母型船进行船体建模，并将模型以 IGS 文件形式导入 CAESES 软件，然后利用 CAESES 中的 Lackenby、Scale 及 Deltashift 方法对母型船进行船型变换得到变形后的光顺船体型线。在船型变换中，特征参数的选取直接影响了船体几何形状，本文主要研究船型主尺度和船型系数对船舶骑浪/横甩稳性失效的影响，所以选取了在实际设计中较为关注的几个特征参数：包括船长（垂线间长）L、船宽 B、型深 D、方形系数 C_b、水线面系数 C_w、浮心垂向坐标 Z_b。通过这些特征参数，进行船型变换得到系列船型。当仅改变 L、B、D 中某一主尺度参数时，其余主尺度参数保持不变；当改变

C_b、C_w、Z_b时，主尺度参数保持不变[7]。

3 实例分析

本文选择了两艘渔船分析船型参数对船舶骑浪/横甩稳性失效的影响。两艘渔船的主要参数如表 1 所示。

表 1 样船的主要参数

主要参数	渔船 1	渔船 2
船长（垂线间长）L/m	49.2	65.6
船宽 B/m	7.8	11.1
型深 D/m	3.9	7.0
吃水 d/m	3.187	4.447
服务航速对应的 Fn	0.40	0.56

首先设定船型参数变化系数=变形后船型的船型参数/母型船的船型参数，例如 L 变化系数=变形后船型船长/母型船船长。为了衡量船型特征参数对船舶骑浪/横甩稳性失效的影响，以变形后船型的衡准值 C 相对于母型船衡准值 C_o 的变化率$\Delta C/C_o=(C-C_o)/C_o$为判定标准。如果$\Delta C/C_o$ 大于 0，说明相对于母型船变形后船型的骑浪/横甩稳性失效概率增加，更易发生骑浪/横甩现象；如果$\Delta C/C_o$ 小于 0，说明相对于母型船变形后船型的骑浪/横甩稳性失效概率减小，不易发生骑浪/横甩现象。

船长变化系数取 0.95-1.05，根据母型船的船长 L 和服务航速对应的 Fn 可知，两艘渔船的母型船和系列变换船型都不满足骑浪/横甩第一层薄弱性衡准，需要进行骑浪/横甩第二层薄弱性衡准校核。进而根据船舶骑浪/横甩第二层薄弱性衡准计算，分析船型特征参数对两艘渔船系列变换船型骑浪/横甩稳性失效的影响。

3.1 船长对骑浪/横甩薄弱性衡准影响分析

图 1 和图 2 分别为船长对渔船 1 系列和渔船 2 系列在不同 Fn 条件下骑浪/横甩第二层薄弱性衡准 C 值的影响结果。

从图 1 中可以看出，对于渔船 1 系列，增大船长会增大船舶的骑浪/横甩稳性失效概率，使船舶更易发生骑浪/横甩稳性失效；且在 Fn 较小时，船长对船舶骑浪/横甩稳性失效概率影响较大，随着 Fn 的增大，船长对船舶骑浪/横甩稳性失效概率的影响逐渐减小。

从图 2 中可以看出，对于渔船 2 系列，在 Fn 相对较小约为 0.30～0.39 范围内时，船舶的骑浪/横甩稳性失效概率随着船长的增大而增大；而在 Fn 相对较大约为 0.40～0.47 范围内时，船舶的骑浪/横甩稳性失效概率随着船长的增大而减小；从整体上看，与渔船 1 相比，船长对渔船 2 的骑浪/横甩稳性失效概率影响相对较小。

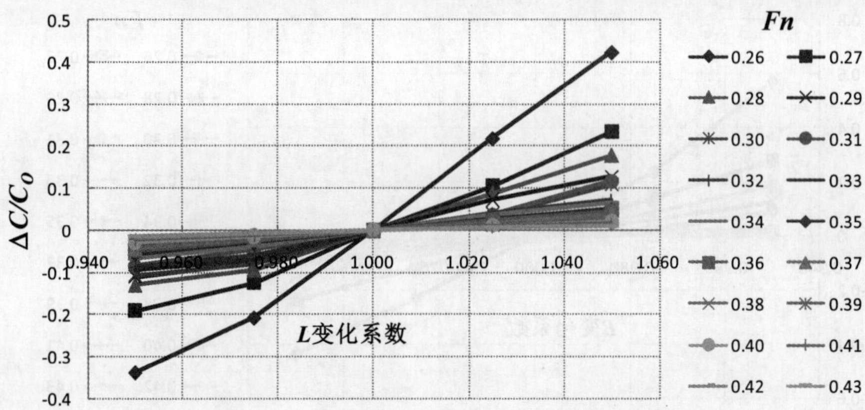

图 1 船长对渔船 1 系列骑浪/横甩薄弱性衡准影响

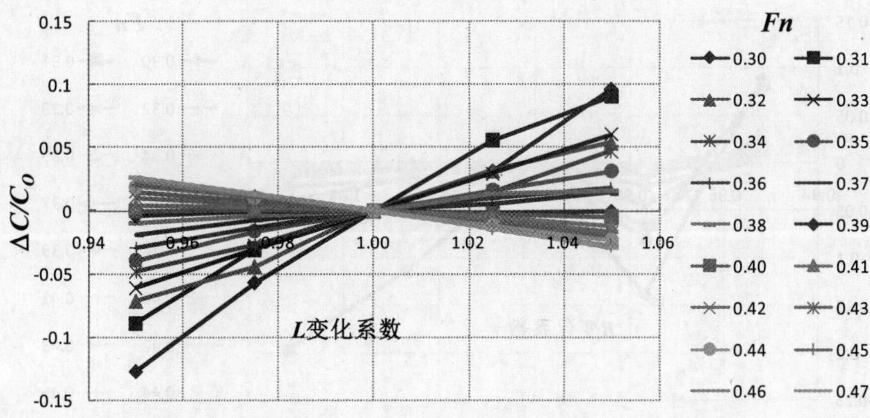

图 2 船长对渔船 2 系列骑浪/横甩薄弱性衡准影响

3.2 船宽对骑浪/横甩薄弱性衡准影响分析

图 3 和图 4 分别为船宽对渔船 1 系列和渔船 2 系列在不同 Fn 条件下骑浪/横甩第二层薄弱性衡准 C 值的影响结果。

从图 3 中可以看出，对于渔船 1 系列，增大船宽会降低船舶的骑浪/横甩稳性失效概率，使船舶不易发生骑浪/横甩稳性失效；在 Fn 较小时，船宽对船舶骑浪/横甩稳性失效概率影响较大，随着 Fn 的增大，船宽对船舶骑浪/横甩稳性失效概率的影响逐渐减小。

从图 4 中可以看出，对于渔船 2 系列，船宽对船舶的骑浪/横甩稳性失效概率影响相对较小，而且规律性不大。

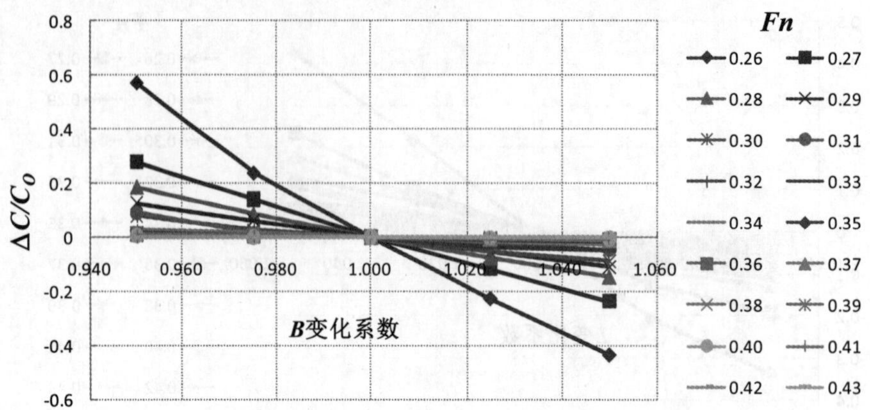

图 3 船宽对渔船 1 系列骑浪/横甩薄弱性衡准影响

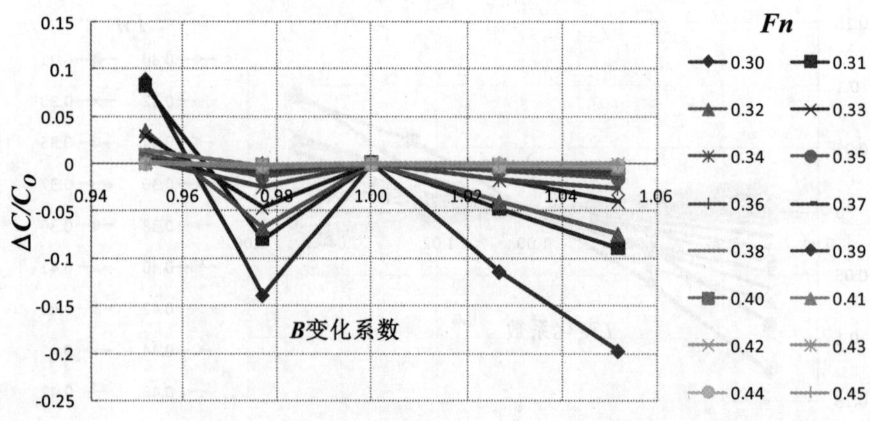

图 4 船宽对渔船 2 系列骑浪/横甩薄弱性衡准影响

3.3 型深对骑浪/横甩薄弱性衡准影响分析

图 5 和图 6 分别为型深对渔船 1 系列和渔船 2 系列在不同 Fn 条件下骑浪/横甩第二层薄弱性衡准 C 值的影响结果。

从图 5 和图 6 中可以看出，对于渔船 1 系列和渔船 2 系列，增大型深会增大船舶的骑浪/横甩稳性失效概率，使船舶更易发生骑浪/横甩稳性失效；Fn 较小时，型深对船舶骑浪/横甩稳性失效概率影响较大，随着 Fn 的增大，型深对船舶骑浪/横甩稳性失效概率的影响逐渐减小。

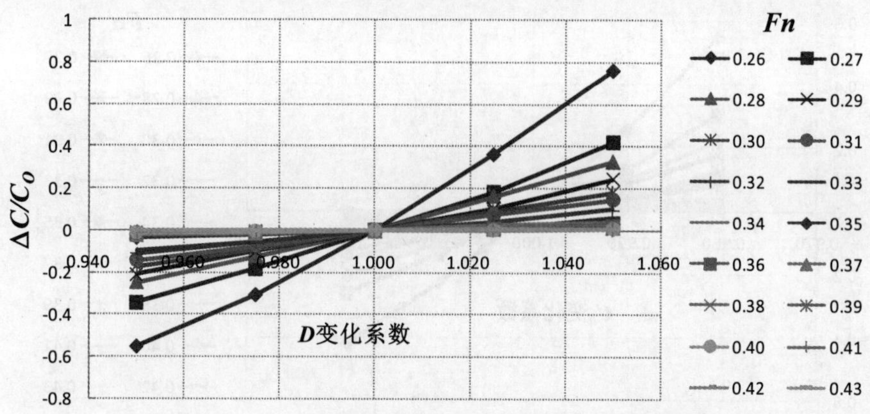

图 5 型深对渔船 1 系列骑浪/横甩薄弱性衡准影响

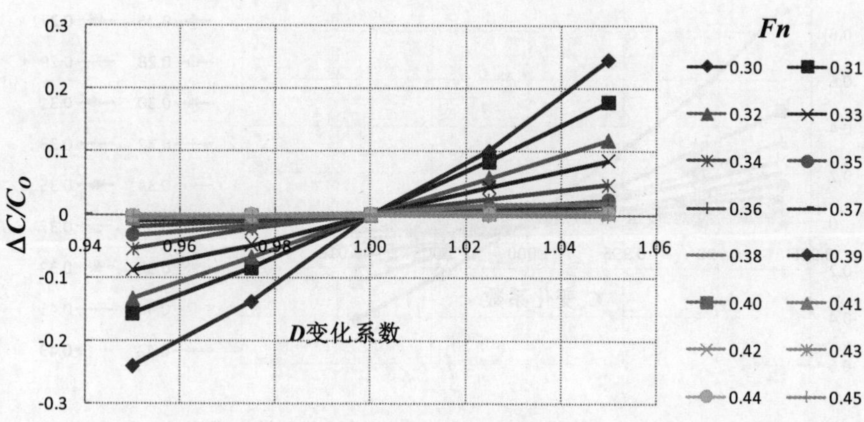

图 6 型深对渔船 2 系列骑浪/横甩薄弱性衡准影响

3.4 C_b、C_w和 Z_b对骑浪/横甩薄弱性衡准影响分析

图 7 至图 9 分别为方形系数 C_b、水线面系数 C_w和浮心垂向坐标 Z_b对渔船 1 系列在不同 Fn 条件下骑浪/横甩第二层薄弱性衡准 C 值的影响结果。

从图 7 至图 9 中可以看出，增大 C_b、C_w和 Z_b会降低船舶的骑浪/横甩稳性失效概率，使船舶不易发生骑浪/横甩稳性失效；Fn 较小时，C_b、C_w和 Z_b对船舶骑浪/横甩稳性失效概率影响较大，随着 Fn 的增大，C_b、C_w和 Z_b对船舶骑浪/横甩稳性失效概率的影响逐渐减小。

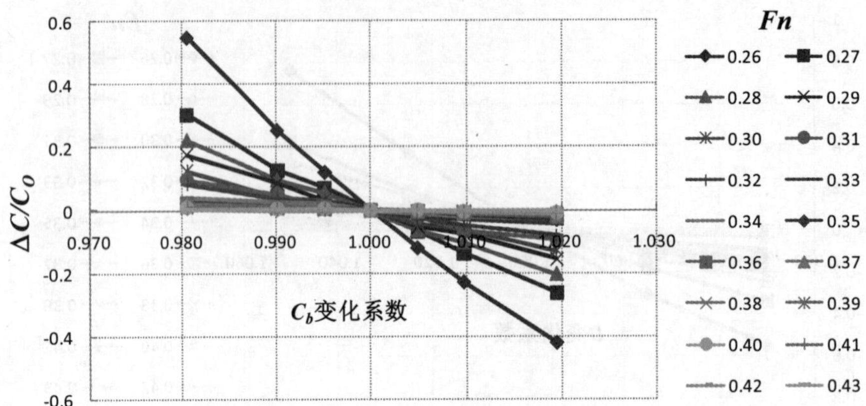

图 7 方形系数对渔船 1 系列骑浪/横甩薄弱性衡准影响

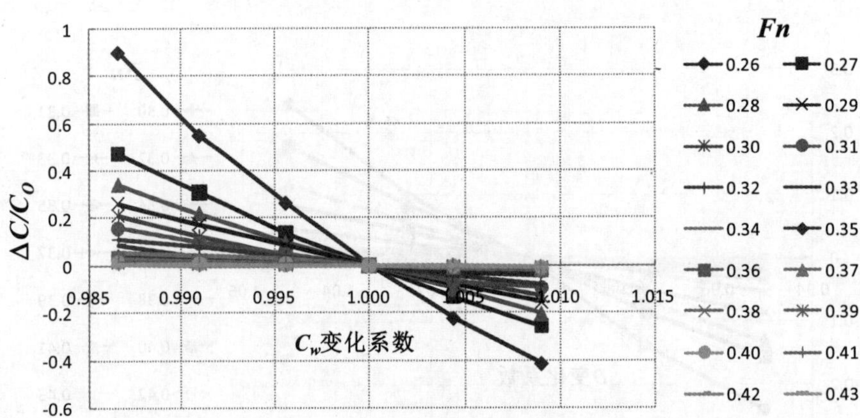

图 8 水线面系数对渔船 1 系列骑浪/横甩薄弱性衡准影响

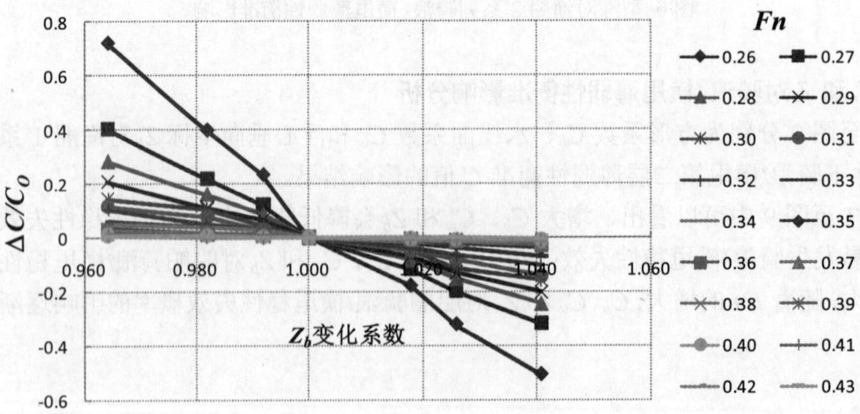

图 9 浮心垂向坐标对渔船 1 系列骑浪/横甩薄弱性衡准影响

4 结论

本研究以两艘渔船为例，基于最新骑浪/横甩薄弱性衡准方法，分析了船长、船宽、型深、方形系数、水线面系数和浮心垂向坐标等特征参数对船舶骑浪/横甩薄弱性衡准的影响。分析表明：①对于渔船 1 系列，船舶的骑浪/横甩稳性失效概率随着 B、C_b、C_w 和 Z_b 的增大而降低，使船舶不易发生骑浪/横甩稳性失效；船舶的骑浪/横甩稳性失效概率随着 L 和 D 的增大而增大，使船舶更易发生骑浪/横甩稳性失效。②对于渔船 2 系列，在 Fn 相对较低时，船舶的骑浪/横甩稳性失效概率随着船长的增大而增大；随着 Fn 的增大，船舶的骑浪/横甩稳性失效概率随着船长的增大而减小。船舶的骑浪/横甩稳性失效概率随着 D 的增大而增大，使船舶更易发生骑浪/横甩稳性失效。船宽对船舶的骑浪/横甩稳性失效概率影响相对较小，而且规律性不大。③随着 Fn 的增大，L、B、D、C_b、C_w 和 Z_b 对船舶骑浪/横甩稳性失效概率的影响逐渐减小。

参 考 文 献

1 Information collected by the correspondence group on intact stability[R]. IMO SLF 53/INF.10, 2011.

2 Development of second generation intact stability criteria, report of the working group (part 1)[R]. IMO SLF 53/WP.4, 2011.

3 Draft amendments to part B of the IS CODE with regard to vulnerability criteria of levels 1 and 2 for the surf-riding/broaching failure mode[R]. SDC 2/WP.4, Annex3, 2015.

4 Draft explanatory notes on the vulnerability of ships to the surf-riding/broaching stability failure mode[R]. SDC 3/WP.5 Annex 5, 2016.

5 Holtrop J. A Statistical Re-analysis of Resistance and Propulsion Data[J]. Intl Shipbuilding Progress, Vol.31, No363, 1984: 272-276.

6 储纪龙，顾民，鲁江，邱耿耀.阻力对船舶骑浪/横甩薄弱性衡准影响分析[C]. 第二届全国船舶稳性学术研讨会论文集, 2018: 260-271.

7 马坤，杨博，胡高源. 船型参数对纯稳性丧失薄弱性的影响[J]. 中国造船, 2018,59(3),: 81-88.

Influence of ship form parameters on the vulnerability criteria for surf-riding and broaching

CHU Ji-long, GU Min, LU Jiang, WANG Tian-hua

(China Ship Scientific Research Center, National Key Laboratory of Science and Technology on Hydrodynamics, Wuxi, 214082, Email: long8616767@163.com)

Abstract: The second generation intact stability criteria are under development by the International Maritime Organization (IMO), including the vulnerability criteria for surf-riding/broaching, which is used to evaluate the probability of surf-riding and broaching in waves to ensure the safety of ships in actual seaways. In this paper, taking the fishing boats as an example, new ships are produced by using the software CAESES with changing ship form parameters L, B, D, C_b, C_w and Z_b. Based on the approach of vulnerability criteria for surf-riding/broaching, the new ships are calculated to analyze the influence of ship form parameters on the vulnerability criteria of surf-riding and broaching. This study provides technical support for the development of vulnerability criteria for surf-riding/broaching in the second generation intact stability criteria.

Key words: second generation intact stability criteria; Surf-riding/Broaching; ship form parameters; ship transformation.

E7779A 螺旋桨斜流工况下的空泡数值模拟

赵旻晟，万德成*

(上海交通大学 船舶海洋与建筑工程学院 海洋工程国家重点实验室 高新船舶与深海开发装备协同创新中心，上海 200240，*通讯作者 Email: dcwan@sjtu.edu.cn)

摘要：本研究对 INSEAN E779A 螺旋桨在斜流工况下产生的非定常空泡进行模拟。空化流模拟的数值计算结果基于开源的 CFD 软件平台 OpenFOAM 中的 InterPhaseChangeDyMFoam 求解器与 Schnerr-Sauer 空化模型，并对 RANS 方法中的 SST k-Omega 湍流模型进行改造，预测了螺旋桨的非定常特性。本文考察并分析了空化流中的螺旋桨水动力性能，包括桨叶推力系数、机翼表面压力分布及其空泡形态。研究发现斜流工况会对螺旋桨产生的推力与转矩造成影响，这一影响会随着来流与螺旋桨首尾线夹角的变化而增强。进一步对比分析全湿流及空化流结果，可以发现空化的存在会在一定程度上减小螺旋桨桨叶两面的压力差，从而降低螺旋桨产生的推力。

关键词：OpenFOAM；E779A 螺旋桨；斜流；非定常空泡

1 引言

空化是一种当局部压力降低到液体饱和蒸气压之下时发生的剧烈汽化现象。该物理现象包含了许多流体力学中已知的复杂流动，直到今天人们对云空化的形成及空泡脱落动力学等的认知还有很大局限。水力机械发生空化后会产生振动、噪声、压力波动等，并影响运输工具的水动力性能。因此对空化现象和空泡流的非定常特性的研究仍是目前水动力学研究的前沿课题之一。

对水力机械表面空化现象的研究开始于 20 世纪 50 年代，借助实验积累了大量空化相关的数据，为之后的研究打下了基础。Crimi[1], Bark[2], Ihara 等[3]针对固定水翼表面空化进行了一系列的实验；Katz[4]利用高速摄像技术研究了剪切涡对分离区空化的影响；Leroux 等[5]测量了局部空化时的压力分布，讨论了空化的非定常特性。但同样试验方法所需的软硬件条件[6]也造成了局限性。

随着计算机技术的发展，CFD 数值模拟研究空化流成为一种趋势，近年来，基于黏性流理论的数值模拟技术越来重要，已经能很好地模拟螺旋尾流场速度和压力分布、水翼和水轮机等空化现象。

Shen 等 [7]利用有限体积法解决了圆柱及NACA0015水翼绕流的N-S方程；Marsden 等 [8]利用LES方法计算了NACA0012水翼在湍流中的噪声辐射.Li [9] 在RANS方法的基础上预报了一种大侧斜螺旋桨的敞水特性，与实验数据对比分析，推力系数 Kt 误差小于 3%，转矩系数 Kq 误差小于 5%，Zhu 等[10]采用了 RNG k-ε 湍流模型及全空泡模型来预测了 E779A 四叶桨与 P43811 五叶桨在三维空化流动中的表现；Bugalaski[11]使用 RANS 方法，并使用 VOF 模拟自由液面，进行了“船+桨+舵”的自航试验；陈铠杰[12]对 PPT 螺旋桨在全湿流和空化流条件下进行数值模拟，验证了利用 OpenFOAM 进行螺旋桨空化流模拟的可靠性。

本文基于 OpenFOAM 开源平台，使用 InterPhaseChangeDyMFoam 求解器及 Schnerr & Sauer 空化模型，对原有 SST k-Omega 湍流模型进行粘性修正，模拟了斜流工况下的 E779A 螺旋桨水动力性能。研究发现斜流工况会对螺旋桨产生的推力与转矩造成影响，这一影响会随着来流与螺旋桨首尾线夹角的变化而增强。进一步对比分析全湿流及空化流结果，可以发现空化的存在会在一定程度上减小螺旋桨桨叶两面的压力差，从而导致螺旋桨产生的推力降低。

2 数值方法

2.1 控制方程

根据单相均质假设，可得汽液两相物质的连续性方程（1）和动量方程（2）

$$\frac{\partial \rho_m}{\partial t}+\frac{\partial\left(\rho_m u_j\right)}{\partial x_j}=0 \tag{1}$$

$$\frac{\partial(\rho_m u_j)}{\partial t}+\frac{\partial(\rho_m u_i u_j)}{\partial x_j}=-\frac{\partial p}{\partial x_j}+\frac{\partial}{\partial x_j}[\mu(\frac{\partial u_i}{\partial x_j}+\frac{\partial u_j}{\partial x_i})]-\frac{\partial \tau_{ij}}{\partial x_j} \tag{2}$$

其中 ρ 为密度，μ 为粘性系数，并由下式确定：

$$\rho_m=\rho_l \alpha_l+\rho_v(1-\alpha_l) \tag{3}$$

$$\mu_m=\mu_l \alpha_l+\mu_v(1-\alpha_l) \tag{4}$$

式中，下标 l 和 v 分别代表液相和气相，α 为液相体积分数。

2.2 空泡模型

基于状态方程与输运方程的两种空泡模型是目前研究空化流问题的主要模型，后者由于更合理地模拟了液体的蒸发和水蒸气的凝结过程，所以能比较好的模拟出真实流动细节。Schnerr & Sauer 模型即为基于输运方程的空化模型，该模型将水、汽的混合物看做是包含大量球形蒸汽泡的混合物， 并直接基于汽液净质量传输率的表达式，对其中的体积分数项进行了计算，代入后得到相变率如下：

$$\dot{m}_c = C_c \frac{3\rho_v \rho_l \alpha_v (1-\alpha_v)}{\rho R} \mathrm{sgn}(P_v - P) \sqrt{\frac{2|P_v - P|}{3\rho_l}} \quad (5)$$

$$\dot{m}_v = C_v \frac{3\rho_v \rho_l \alpha_v (1-\alpha_v)}{\rho R} \mathrm{sgn}(P_v - P) \sqrt{\frac{2|P_v - P|}{3\rho_l}} \quad (6)$$

$$R = (\frac{\alpha_v}{1-\alpha_v} \cdot \frac{3}{4\pi n_0})^{1/3} \quad (7)$$

其中, R 为平均泡半径； n 为液相中的空泡数目； P_v 为对应温度的饱和蒸汽压力。

2.3 湍流模型及修正

空化区内的大量水蒸气使得水汽混合介质的影响不可忽略。考虑汽液两相混合密度的变化对湍流黏性系数的影响，对 SST k-Omega 模型进行修正——Reboud[13] 等在论文中介绍了可以在传统的不可压 k-Omega 模型中虚拟地添加可压缩性的影响。这种想法的目的在于避免数值模型中的高扩散系数的影响，可以通过添加虚拟的黏性 (μt) 来实现。这种模型是假设在多相介质中添加一个降低的、非线性的湍流黏度 $f(\rho)$，公式如下:

$$\mu_t = f(\rho) C_\mu \frac{k^2}{\varepsilon} \quad (8)$$

$$f(\rho) = \rho_v + (\frac{\rho_m - \rho_v}{\rho_l - \rho_v})^n (\rho_l - \rho_v); n \gg 1 \quad (9)$$

借助 Reboud 的思想，对 SST k-Omega 模型进行了修正，公式如下：

$$\mu_t = f(\rho) C_\omega \frac{k}{\omega} \quad (10)$$

$$f(\rho) = \rho_v + \frac{(\rho_m - \rho_v)^n}{(\rho_l - \rho_v)^{n-1}}; n \gg 1 \quad (11)$$

式中: k 为湍流动能; ω 为湍流耗散率; C_μ， C_ω 分别为常数; ρ 为流体密度。引入密度函数后，特别在水蒸汽含量较高的汽液混合区域，可以减少湍流场对空化流计算的影响。

2.4 计算模型

本文采用的螺旋桨为 E779A 桨，由于有着丰富的实验数据，因此该桨是螺旋桨空化研究中应用最多的两个螺旋桨之一。E779A 桨为四叶桨，桨模直径为 0.253m。盘面比，螺距比等参数如表 1 所示。

图 1 E779A 桨模型

表 1　E779A 桨模参数

项目	E779A	
直径（m）	D	0.253
毂径比	d/D	0.200
螺距比	$P_{0.7}/D$	1.100
盘面比	Ae/Ao	0.689
叶数	Z	4

2.5 网格划分

本文采用 OpenFOAM 中的 interPhaseChangeDyMFoam 求解器，该动网格求解器针对空化问题，需要动网格与之对应。由于螺旋桨几何形状复杂，结构化网格并不适用，因此采用非结构化网格。螺旋桨整体模型布局、滑移面以及螺旋桨面网格等布置如图 2 和图 3 所示，为保证足够的精度并尽量降低计算量，最终确定网格总量大约为 340 万。

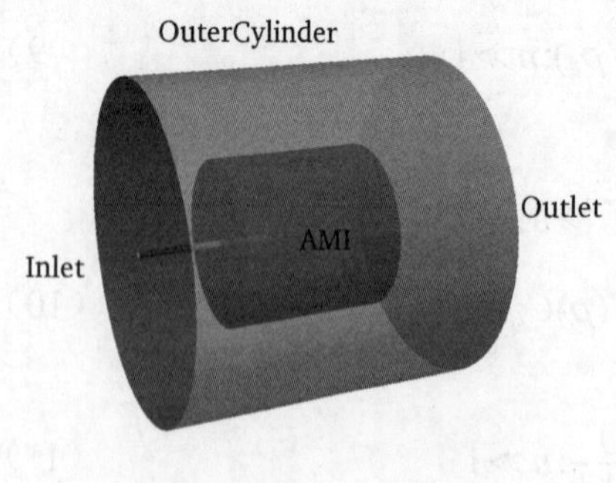

图 2 计算域及滑移面布局

图 3 螺旋桨面网格分布情况

3 模拟结果与分析

3.1 敞水性能计算

首先对 E779A 螺旋桨的敞水性能进行模拟，已验证数值方法的有效性，进而进行空化流模拟。敞水工况螺旋桨转速为 25r/s^{-1},进速系数分别为 0.4,0.6,0.71 及 0.83，均为法向正向来流。计算得到的推力系数曲线见表 2。

表 2 E779A 桨敞水性能模拟结果

J	K_T(实验)	K_T(模拟)	误差
0.4	0.391	0.382	2.30%
0.6	0.293	0.283	3.55%
0.71	0.247	0.235	4.81%
0.83	0.170	0.160	5.62%

由表 2 可以看出推力系数整体与实验数值比较接近，在进速系数较小的时候误差小于；但当进速系数升高后，误差略微增大，大约在 5%左右。可以认为敞水性能模拟结果良好，具有一定的准度及可靠性。

3.2 空化模拟

螺旋桨在斜流下的空化计算分别设定 3 种不同的工况进行模拟，来流与螺旋桨首尾线的夹角分别为 15°、30°及 45°。螺旋桨的空化计算分别在 3 种不同的工况下进行模拟。需要表明的是，本次模拟列出的 3 种工况，其法向来流速度相同，是通过改变切向速度调整来流与螺旋桨首尾线夹角，并非来流合速度相同。

实验值给出了这 3 种工况下有空化及无空化时的螺旋桨推力系数。在模拟空化的情况时，采用 OpenFOAM 中的 interPhaseChangeDyMfoam 求解器，可以依据螺旋桨转速及空化数求出需要设定的远场压力值，公式如下：

$$\sigma_n = \frac{p - p_v}{0.5\rho(nD)^2} \tag{12}$$

表 3 空化模拟参数设置

参数	Case1	Case2	Case3
转速(r/s)	24.98	24.98	24.98
进速系数	0.71	0.71	0.71
空化数	1.515	1.515	1.515
饱和蒸汽压(Pa)	2818	2818	2818
水的运动粘性(m^2/s)	9.34e-7	9.34e-7	9.34e-7
水的密度(kg/m^3)	997.44	997.44	997.44
来流夹角（°）	15	30	45

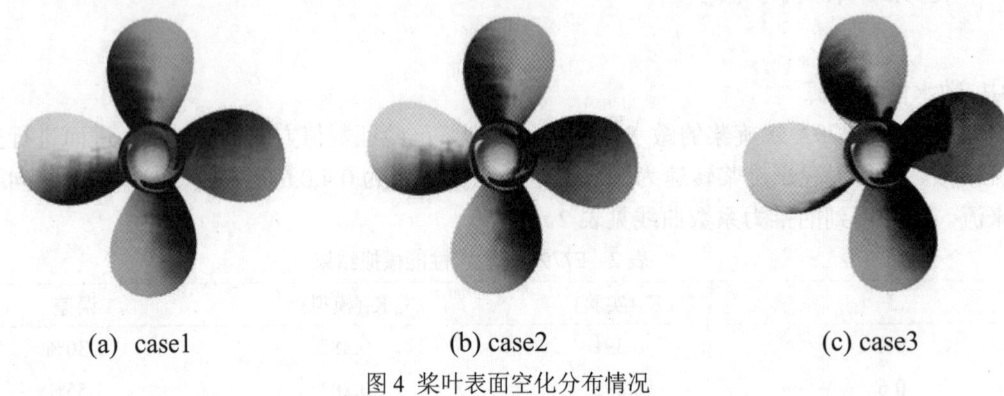

(a) case1　　(b) case2　　(c) case3

图 4 桨叶表面空化分布情况

图 4 给出的是这 3 个工况下的螺旋桨桨叶表面空化分布情况。从图中可以看到，对于 3 种工况，空化均主要出现在螺旋桨吸力面的导边处（阴影部分）。从面积上看，3 种工况下吸力面上的空泡面积大小逐渐减小，但是变化幅度并不明显。从空化位置分布上看，第一种工况下空化区域还是分布比较均匀，在四片桨叶上几乎一样；随着来流与螺旋桨首尾线夹角增大，空化区域的分布变得不均匀，在 case3 中，其中一片桨叶上几乎没有了空化出现，而在与之相对的桨叶吸力面上，空化区域面积变大，形状不规则。这种变化判断是由于来流速度与螺旋桨转速的夹角的改变。

空化的出现，主要对螺旋桨的水动力性能产生影响，同时也会对材料造成剥蚀作用，并发出振动和噪声。当来流角度增大，不对称现象将给船舶正常使用带来较大的干扰，同时对材料的损害也会有所提高。

3.3 螺旋桨推力系数对比

对比有空化及无空化情况下的推力系数，可以明显看到空化对于螺旋桨水动力性能的负面影响。敞水实验也给出了 E779A 桨在不同进速系数时的推力系数计算结果，可以用于与模拟结果进行比较。表 4 给出了模拟结果与实验结果的相对值，同时包含有无空化情况的差值对比，表中的推力系数为考虑斜流合速度后统一化的数值。

表 4 推力系数对比

项目	Case1	Case2	Case3
K_T(斜流模拟)	0.2078	0.1949	0.1818
K_T(敞水实验)	0.251	0.251	0.251
K_T(正流模拟)	0.2404	0.2404	0.2404
推力系数损失(EFD)	-17.18%	-22.32%	-27.55%
推力系数损失(CFD)	-13.63%	-18.99%	-24.45%

从表 4 可以看出，随着来流与螺旋桨首尾线夹角增大，推力系数明显降低。当来流与螺旋桨首尾线夹角为 15°时，推力损失在 15%左右；当夹角增加到 30 度时，与实验的推力系数误差已经超过 20%，和空化流模拟结果也有接近 1/5 的误差；当夹角继续增加到 45°时，推力系数误差已经达到 25%，和实验的差别达到 1/4，螺旋桨水动力性能已经明显有了变化。

本次数据对比是考虑到了来流合速度的影响，在实际海况中，合速度的干扰比数值计算结果要偏小，推力系数的误差也要相对降低一些。同时敞水试验与非斜流工况下空化流模拟结果的差别也可以看出，当空化发生时，螺旋桨推力系数将会随之下降，导致其水动力性能受到影响。在正流情况下该误差在 5%左右，比斜流工况下要低。

3.4 压力分布情况

螺旋桨背面（吸力面）有空化与无空化时的压力分布对比如图 5 所示。来流达到螺旋桨导边时，由于流动分离将会在吸力面上形成低压区，螺旋桨两面的压力差产生推力；然而当低压区压力降低至该温度下饱和蒸气压时，便会在局部出现空化，空化区内压力不再降低，保持在饱和蒸气压的大小。当气体在吸力面上远离导边后，便会重新液化，压力开始恢复到周围流场范围，也就是说空化的存在会对低压区的生成产生一定的抑制作用，这与陈铠杰[12]对 PPTC 螺旋桨的空化流模拟结果类似，验证了数值方法的可靠性。这种抑制作用导致螺旋桨压力差减小，进而推力系数减小。从图 5 也可以明显看到有空化情况时，低压区的范围明显小于无空化情况。

需要注意的是，螺旋桨低压区是相对而言的，实际由于桨叶所处的水深影响，螺旋桨周围流场的压力较高，因此空化脱离叶片后会很快溃灭，对二维水翼的空泡特性研究验证了这一点。

（a）无空化

（b）有空化

图 5 螺旋桨有空化及无空化情况下桨叶吸力面压力分布

4 结论

本文基于 CFD 平台 OpenFOAM 中滑移网格空化求解器 interPhaseChangeDyMFoam 对 E779A 螺旋桨的水动力性能及空化特性进行了数值模拟。通过与敞水试验数据对比，验证了该数值方法具有一定的可靠性。在较低进速系数的工况下，螺旋桨推力系数与实验结果接近，误差在 5%左右。

E779A 螺旋桨在斜流工况下的空化流模拟结果表明，在来流与螺旋桨首尾线夹角较小的工况下，空化区域分布较均匀，空化面积较小，螺旋桨推力系数降低较少；随着来流与螺旋桨首尾线夹角增大，桨叶吸力面上的空化区域分布不均匀，形状也不规则，对螺旋桨性能造成一定影响。进一步研究表明，空化的产生会抑制螺旋桨吸力面区域压力的降低，减小桨叶两边压力差，进而导致螺旋桨推力系数的减小。

致谢

本文得到国家自然科学基金（51879159，51490675，11432009，51579145）、长江学者奖励计划(T2014099)、上海高校特聘教授(东方学者)岗位跟踪计划(2013022)、上海市优秀学术带头人计划(17XD1402300)、工信部数值水池创新专项课题(2016-23/09)资助项目。在此一并表示感谢。

参考文献

1 Crimi, P. “Experimental study of the effects of sweep on hydrofoil loading and cavitation,” J. Hydraul. 1970,4:3-9.

2 Bark, G. “Development of violent collapses in propeller cavitation,” Proc. Intl Symp. on Cavitation and Multiphase Flow Noise, Anaheim, CA, USA. ASME-FED, 1986, 45: 65-75.

3 Ihara, A., Watanabe. H. & Shizukuishi, S. “Experimental research of the effects of sweep on unsteady hydrofoil loadings in cavitation. Trans,” ASME: J. Fluids Engng,1989,111:263-270.

4 Katz, J. “Cavitation phenomena within region of flow separation,” J. Fluid Mech., 1984,140:397–436.

5 Leroux, J.B., Astolfi, J.A., Billard, J.Y.. “An experimental study of unsteady partial cavitation,” J. Fluids Eng. ,2004,126: 94–101.

6 王蒙蒙，赵德有．螺旋桨诱导的船体表面力预报新方法．船舶力学，2006，10(4)：18-24.

7 Shen. W. Z, Michelsen. J. A, and Sørensen. J.N, “A collocated grid finite volume method for aeroacoustic computations of low-speed flows,” Journal of Computational Physics, 2004, 1969（1）：348–366.

8 Marsden. O, Bogey. C, and Bailly. C, “Direct noise computation of the turbulent flow around a zero-incidence airfoil,” AIAA Journal, 2008, 46(4): 874–883.

9 Li Da-Qing. Validation of RANS Prediction of Open Water Performance of A Highly Skewed Propeller with Experiments. Conference of Global Chinese Scholars on Hydrodynamics, China, 2006.

10 Zhu Z, Fang S.. Numerical investigation of cavitation performance of ship propellers. J Hydrodyn., 2012,24:347–353.

11 Tomasz Bugalaski, Pawel Hoffmann. Numerical Simulation of the Self-Propulsion Model Tests. Second International Symposium on Marine Propulsors, Germany, 2011.

12 陈铠杰，万德成，PPTC 螺旋桨空化流动的数值模拟，第二十九届全国水动力学研讨会论文集，江苏镇江，2018: 632-640.

13 Reboud, J. L, Stutz. B and Coutier-Delgosha. O. "Two Phase FlowStructure of Cavitation Experiment and Modeling of Unsteady Effects," Proc.3rd Int. Sym. Cavitation, Grenoble, France,1998.

Simulation of propeller cavitation in oblique flow based on OpenFOAM

ZHAO Min-sheng, WAN De-cheng

(State Key Laboratory of Ocean Engineering, School of Naval Architecture, Ocean and Civil Engineering, Shanghai Jiao Tong University, Collaborative Innovation Center for Advanced Ship and Deep-Sea Exploration, Shanghai 200240. Email: dcwan@sjtu.edu.cn)

Abstract: The present paper simulated the unsteady cavitation around the INSEAN E779A propeller in oblique flow. All the numerical results of cavitation flow simulation are solved by Inter Phase Change Dy MFoam in the open source CFD software platform OpenFOAM with Schnerr-Sauer cavitation model. The typical unsteady dynamics are predicted by the RANS method with a modified shear stress transport (SST) k-ω turbulence model. The numerical results such as cavitation shape, pressure distribution, the thrust coefficient Kt and the torque coefficient Kq are analyzed and compared with each other. The numerical results in of E779A propeller in uniform flow are basically in accordance with experimental data, indicating the reliability of the present method. It is found that the propeller operating in oblique flow outputs less thrust and torque, and the influence of the oblique flow on the cavitation and open water characteristics is also obvious. The disturbance of cavitation flow to pressure variation is also the reason for the reduction of propeller thrust coefficient. With the change of advance coefficient, this influence will be strengthened.

Key words: OpenFOAM; E779A propeller; oblique flow; unsteady cavitation.

基于 HOS 方法的 KCS 运动响应与波浪增阻数值研究

郭浩，万德成*

(上海交通大学 船舶海洋与建筑工程学院 海洋工程国家重点实验室 高新船舶与深海开发装备协同创新中心，上海 200240，*通讯作者 Email: dcwan@sjtu.edu.cn)

摘要：本研究将高阶谱（HOS）方法与自主开发的 CFD 求解器 naoeFOAM-os-SJTU 相结合，研究规则波中 KCS 的阻力增值和运动响应的特性。采用 HOS 方法生成 Stokes 一阶深水规则波作为无黏的外域波浪场，基于 naoeFOAM-os-SJTU 求解器采用重叠网格技术数值求解黏性的内域波浪场中 KCS 的运动，两区域交界处通过松弛区（relaxation zone）进行信息传递。通过对比 HOS 方法模拟的波浪场参数与 CFD 数值造波以及试验结果，验证了 HOS 方法的准确性并分析了其造波的高效率优势。然后研究了 Fr=0.261 的 KCS 船在 λ/L=1.15 的迎浪规则波中的阻力与运动，并采用快速傅里叶变换（FFT）对共振工况下的阻力与运动响应进行了频谱分析，验证了黏势流耦合方法对规则波中船舶运动研究的适用性。本文将远场的势流求解方法与黏性数值方法相结合，在保证计算准确性的同时提高了数值计算效率，可为船舶在波浪中的波浪增阻与运动响应研究提供重要参考。

关键词：HOS 方法；规则波；阻力增值；运动响应；KCS

1 引言

船舶共振工况下的波浪增阻与运动响应问题是船舶设计的重点关注领域。因为船舶在波浪中航行相较于静水所受到的阻力有一定增加的现象，为精确估算燃油消耗和主机功率等以满足 EEDI 和 EEOI 的要求[1]，需要在设计阶段考虑由于波浪和风的作用引起的船舶阻力增加值。此外，迎浪中船舶会发生显著的垂荡和纵摇运动，这不仅会影响船舶的操纵性和耐波性，还会对船舶阻力产生重要影响。特别是船舶与波浪处于共振状态时，显著的船舶运动会大幅增加波浪增阻系数，给船舶带来较大的燃油消耗，使船舶经济性大大降低。

在船舶所受的波浪力与波浪中船舶运动的预报问题中，船模试验是势流理论和 CFD 方法的基础，但由于试验设备的局限性，试验方法难以完整呈现出船体周围复杂的流场情况，且必须考虑高昂的试验设备和试验成本。基于势流理论的方法虽然计算效率高，但不能准确预报波浪破碎、大幅度运动等强非线性现象和短波情况下的黏性流场问题。近年来，CFD 技术在船舶水动力性能预报方面发挥着重要作用。大量科学研究[2-3]表明 CFD 方法可以较精确地预报波浪中船舶多自由度运动等非线性问题。Sadat-Hosseini 等[4]对 KVLCC2 固定和放开纵摇运动的情况进行了试验研究和 CFD 计算，CFD 计算结果与试验结果吻合较好，并且能够清晰地展现船体周围的流场以及尾流场状况。Guo 等[5]也预测了 KVLCC2 在迎浪规则波中的波浪增阻和运动响应，然后将 RANS 结果与势流结果[6-8]进行了比较，发现 RANS 方法较势流方法更为准确。此外，Castiglione 等[9]采用 RANS 方法研究了迎浪规则波中高速双体船的耐波性能。对于 KCS 船（KRISO 3600 TEU Container Ship），Simonsen 等[10]利用 URANS 方法和动网格方法研究了 KCS 船模以不同航速航行时纵摇、垂荡和阻力增加值的变化。然而，CFD 方法往往需要较长的计算时间，特别是船舶运动幅值较大时，动网格往往难以满足数值准确性要求，需要将重叠网格技术加入到数值求解中，这又会增加计算资源。因此黏势流耦合方法是一个合适的手段，它结合了势流的高效率优势，又能在船舶大幅运动问题中保证求解的准确性。

高阶谱（High Order Spectral，简称 HOS）方法是一种通过快速傅里叶变换求解无黏非线性问题模拟自由面波动的方法，用于生成波浪环境的外域波浪场，这为船舶运动问题中数值波浪场的产生提供了有利的工具。本文的黏势流耦合模型是基于 HOS-NWT 建立而来，采用 Waves2Foam 中的松弛区造波边界建立该模型。HOS-NWT 由法国南特理工 LHEEA 实验室于 2016 年开发并发布的开源求解器，可用于快速生成规则波和不规则波，且由于没有黏性，波浪不会因为长距离传播而衰减，采用 HOS 造波为波浪中船舶运动研究提供了准确可靠的波浪环境。而基于 CFD 方法的 naoeFOAM-os-SJTU 求解器可以真实模拟结构物附近的自由面非线性变形及黏性效应等现象，保证规则波中船舶运动的求解准确性，因此将其运用于船体附近的内域波浪场。目前几乎没有将 HOS 造波方法应用于波浪中船舶的运动响应研究领域的相关文献发表，因此本文对该问题的研究是对该数值求解方法的初步探索与验证，具有重要的研究意义。

本文将 HOS 方法与 CFD 方法相结合，采用 HOS 方法生成充分发展的外域波浪场，充分发挥其造波的高效率优势，采用 naoeFOAM-os-SJTU 求解器中的重叠网格技术求解船体附近黏性内域波浪场中 KCS 的的阻力增值和运动响应。两区域交界处通过松弛区（relaxation zone）进行信息交换，从而达到高效求解整个计算域的目的。为了验证 HOS 造波的准确性，将 HOS 方法模拟的波浪场与 CFD 数值造波结果以及试验结果进行了对比。然后研究了共振工况下 KCS 船的阻力与运动，并采用快速傅里叶变换（FFT）对数值结果进行了频谱分析。本文的数值方法证明了将高阶谱方法加入 CFD 模拟的可行性，在保证计算准确性的同时提高了数值计算效率，可为波浪中结构物运动的研究提供重要参考。

2 数值方法

2.1 HOS 方法

HOS 方法以伪谱方法和快速傅里叶变换（FFT）为基础，于 1987 年由 West[11]和 Dommermuth 等[12]提出，能够对完全非线性波浪演化进行高效准确模拟。该方法针对无黏不可压缩流体进行求解，流场是基于势流理论的无旋各向同性流场。流体速度势$\emptyset$ (x, y, z, t)满足 Laplace 方程，结合波面抬高 $z=\eta(x,y,t)$，波面速度势$\emptyset^s$ (x, y, t)可以表示为：

$$\emptyset^s(x,y,t)=\emptyset(x,y,\eta(x,y,t),t) \tag{1}$$

波面速度势$\emptyset^s$对时间和水平空间求导：

$$\emptyset^s{}_t(x,y,t)=\emptyset_t(x,y,\eta(x,y,t),t)+\emptyset_z(x,y,\eta(x,y,t),t)\eta_t(x,y,t) \tag{2}$$

$$\nabla\emptyset^s\ (x,y,t)=\nabla\emptyset(x,y,\eta(x,y,t),t)+\emptyset_z(x,y,\eta(x,y,t),t)\cdot\nabla\eta(x,y,t) \tag{3}$$

式中梯度算子∇表示在 x 和 y 方向的水平梯度。

考虑造波板造成的附加速度势$\emptyset_a$的影响，自由面运动学和动力学边界条件表示为：

$$\eta_t+\nabla(\emptyset^s+\emptyset_a)\cdot\nabla\eta-\partial_z\emptyset_a-(1+\nabla\eta\cdot\nabla\eta)\emptyset_z(x,y,\eta\ t)=0 \tag{4}$$

$$\emptyset^s{}_t+\eta+\frac{1}{2}\nabla\emptyset^s\cdot\nabla\emptyset^s-\frac{1}{2}(1+\nabla\eta\cdot\nabla\eta)\emptyset_z{}^2(x,y,\eta\ t)+\nabla\emptyset^s\cdot\nabla\emptyset_a+\frac{1}{2}\left|\tilde{\nabla}\emptyset_a\right|^2+\partial_t\emptyset_a=0 \tag{5}$$

式中$\partial_z\emptyset_a$表示附加速度势关于 z 的导数，$\partial_t\emptyset_a$和$\partial_t\eta$分别表示附加速度势和波面抬高关于时间 t 的导数，ν为造波板的水平速度，$\tilde{\nabla}\emptyset_a$为波面处附加速度势的水平梯度。结合以上边界条件与控制方程，一旦给定 t=0 初值时的波面速度势$\emptyset^s(x,y,0)$和波面抬高$\eta(x,y,0)$，就能一直计算。在 HOS 方法中，将速度势$\emptyset$摄动展开成 M 阶摄动级数，然后在波面处将每一阶分量$\emptyset^{(m)}$绕 z=0 进行泰勒展开，并保留 M 阶，由该时刻的$\emptyset^s$和η求解下一时刻的值，从而得到波面的演化结果。

2.2 黏势流耦合求解器

基于以上高阶谱方法理论，运用 HOS-NWT 可以演化出准确的外域波浪场。为了将该波浪场用于波浪中船舶运动的数值模型中，必须构建一个耦合波浪求解器。该耦合求解器基于 Jacobsen[13] 开发的 Waves2Foam 改进而来，它通过求解黏性的 Navier-Stokes 方程，并结合流体体积法[14]（Volume of Fluid，以下简称 VOF）对自由液面进行求解。黏性内域波浪场的控制方程为非定常不可压缩的雷诺平均 Navier-Stokes（RANS）方程：

$$\nabla\cdot\boldsymbol{U}=0 \tag{6}$$

$$\frac{\partial(\rho\boldsymbol{U})}{\partial t}+\nabla\cdot\left(\rho\left(\boldsymbol{U}-\boldsymbol{U}_g\right)\boldsymbol{U}\right)=-\nabla p_d-g\cdot x\nabla\rho+\nabla\cdot\left(\mu_d\nabla\boldsymbol{U}\right) \tag{7}$$

式中，$\boldsymbol{U}$ 为流场的速度场，$\boldsymbol{U}_g$为网格移动速度；p_d为动压力；ρ 和 g 分别为重力加速度和流体（气体或液体）密度，$\mu_{eff}=\rho(\nu+\nu_t)$ 为有效动力黏性系数，其中 ν 表示运动黏度，ν_t表示涡黏度；f_σ为表面张力项。

由于 RANS 方程是不封闭的，本文采用 Menter[15]提出的 SST k-ω 湍流模型封闭此方程。该模型是一种结合了 k-ω 模型和 k-ε 模型的优点的湍流模型，采用 k-ω 处理近壁面的边界层区域的流动，并采用 k-ε 求解自由剪切流区域的流动。

该耦合波浪求解器通过加入人工压缩项的 VOF 方法处理空气和水两相流自由面。VOF 方法实质上是通过定义流体在每个控制单元中的体积函数（公式 8），由网格单元中的流体体积量及网格体积决定体积函数的取值，从而实现对自由液面的捕捉。体积分数函数 α 定义为一个网格单元内液体所占的体积比例，该体积分数函数 α 满足的两相流的关系和带有人工压缩项的输运方程为：

$$\begin{cases}\alpha=0 & \text{空气}\\ \alpha=1 & \text{水}\\ 0<\alpha<1 & \text{交界面}\end{cases} \tag{8}$$

$$\frac{\partial \alpha}{\partial t}+\nabla\cdot\left(\rho\left(\boldsymbol{U}-\boldsymbol{U}_g\right)\alpha\right)+\nabla\cdot\left(\boldsymbol{U}_r\left(1-\alpha\right)\alpha\right)=0 \tag{9}$$

为了将 HOS 产生的外域波浪场参数加入内域波浪场，构建单向耦合的数值求解器，需要将 HOS 产生的波浪场数据通过 Waves2Foam 中的松弛区输入到黏性内域波浪场，而内域波浪场中对船舶运动的求解均不会对外域波浪场中波浪的演化产生影响，保证了波浪参数的准确性。松弛区的松弛格式为：

$$\boldsymbol{\alpha}=(1-\chi)\boldsymbol{\alpha}_c+\chi\boldsymbol{\alpha}_t \tag{10}$$

$$\boldsymbol{u}=(1-\chi)\boldsymbol{u}_c+\chi\boldsymbol{u}_t \tag{11}$$

式中$\boldsymbol{\alpha}_c$和$\boldsymbol{u}_c$是黏性求解器求得的体积分数和速度矢量，而$\boldsymbol{\alpha}_t$和$\boldsymbol{u}_t$是势流求解器求得的。χ为权重系数，它可以表示为：

$$\chi(\xi)=1-\frac{\exp(\xi^{\beta})-1}{e-1} \tag{12}$$

式中，β一般为 3.5，ξ在松弛区与外域波浪场交界处取 0，在松弛区与内域波浪场交界处取 1。

通过黏势流耦合模型准确生成了波浪场，而求解波浪中船体运动时，需要依靠重叠网格方法，保证共振工况下大幅度运动响应的数值求解准确性和稳定性。重叠网格方法是将物体的每个部件单独划分网格，再嵌入到背景网格当中。网格之间会有重叠部分。计算中首先按标记洞单元、活动单元、边界单元和贡献单元等，然后执行挖洞命令，去除物面内部的单元和多余的重叠单元，通过在重叠网格区域进行插值，使得每套网格可以在重叠区域的边界进行数据交换，以实现流场域的整体计算。在基于 OpenFOAM 的数值方法、数据存储方式以及非结构网格的特点上，利用插值程序 SUGGAR++生成重叠网格的插值信息 DCI，通过流场与 DCI 的信息交换，完成流场信息的求解。

3 数值模型

3.1 几何模型

本文以韩国海洋工程研究所（MOERI）提供的标准船型 KCS 为研究对象，船体主视图和主尺度见图 1 和表 1。

图 1 KCS 船主视图

表 1　KCS 船型主尺度

主尺度	单位	全尺度	模型尺度
缩尺比λ	-	-	37.9
垂线间长L_{pp}	m	232.5	6.0702
水线宽B_{WL}	m	32.2	0.8498
吃水T	m	19	0.2850
排水量∇	t	51958719	955.7888
湿表面积S	m2	9424	3.747
重心纵向位置LCB(%L_{pp})	-	-1.48	-1.48
重心垂向位置	m	-	0.093

3.2 计算域和网格

HOS 演化的外域波浪场和黏性内域波浪场均为长方体计算域，HOS 演化范围为 $0 < x < 50\lambda$ ，$0 < y < 30\lambda$ ，$0 < z < 3\lambda$ (λ 为波长，λ=6.981m)。自由面高度为 z=0m。由于 HOS 演化范围比较广，图 2 仅显示出内域波浪场的计算域，主要分为两个区域，分别划分背景网格和船体周围网格。坐标系满足右手定则，原点位于艏垂线和自由面交界处，x 轴正向指向船尾，y 轴正向为指向右舷，z 轴向上为正。背景网格的计算域尺寸为：$-\lambda < x < \lambda$ ，$0 < y < 1.5L_{pp}$ ，$-L_{pp} < z < 0.5L_{pp}$ ，船体周围网格的计算域尺寸为：$-0.2L_{pp} < x < 0.2L_{pp}$ ，$-0.2L_{pp} < y < 0.2L_{pp}$，$-0.1L_{pp} < z < 0.1L_{pp}$。两个区域采用重叠网格技术进行数据交换，因此船体周围网格允许发生大幅度运动。黏性内域波浪场在实际计算时需要水平偏移到外域波浪场内部，以便采用同一坐标系统。

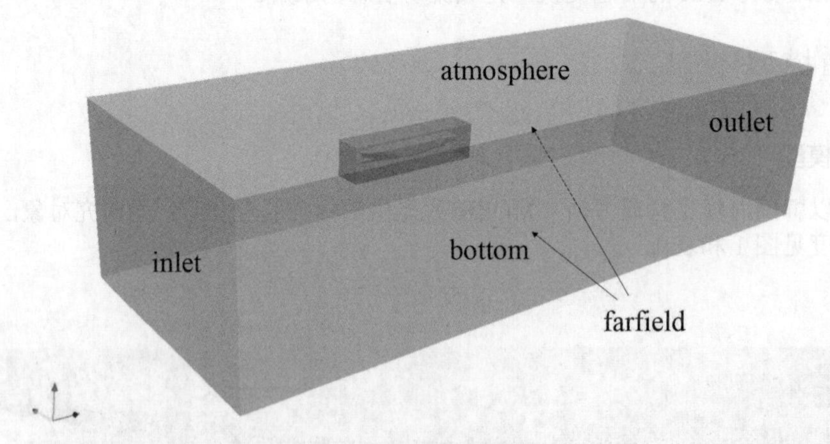

图 2　计算域示意图

为了精确地控制船体网格和自由面附近的网格尺寸，采用 HEXPRESS 对计算域划分六面体非结构网格（图 3）。网格划分主要考虑以下两点：①为了精确捕捉自由面的抬高，同时避免数值耗散引起波浪的沿程衰减，保证一个波高的范围至少有 20 个网格，且波高范围内网格的长细比最大为 4；②为了精确获取船体周围的流场信息，同时保证流场变化剧烈处（如船艏和船尾）各物理量的计算精度，需要进行相应的网格加密；船体壁面设置 7 层边界层网格（$y+=30$），同时为减少网格数量，甲板不设置边界层。通过空场造波的验证，本文所设置的网格可以保证波浪在演化过程中维持稳定的波浪参数，波高不会随波浪传播过程而衰减，为准确求解船舶运动提供了保障。

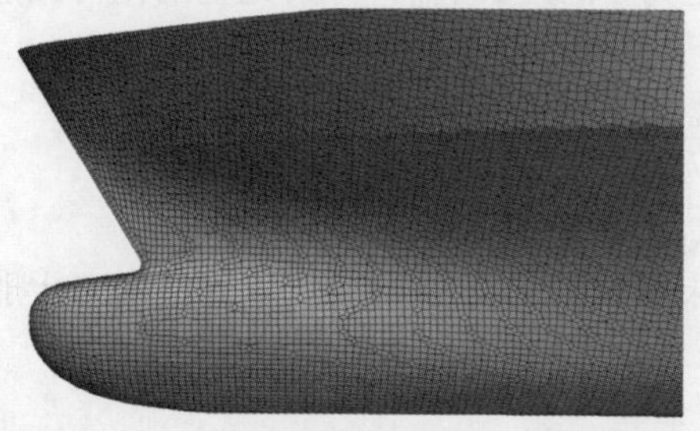

(a) 船艏网格

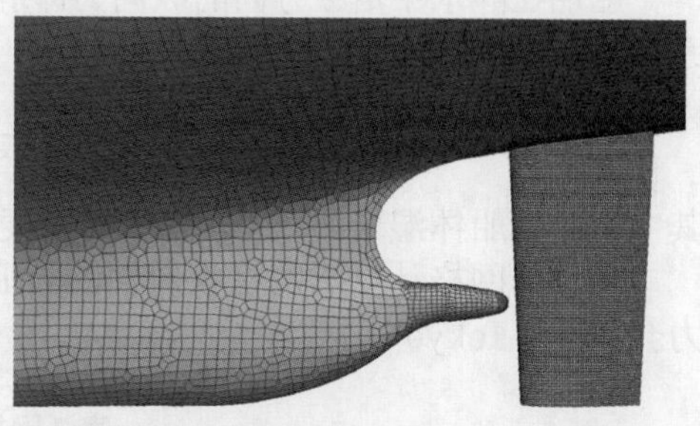

(b) 船尾网格

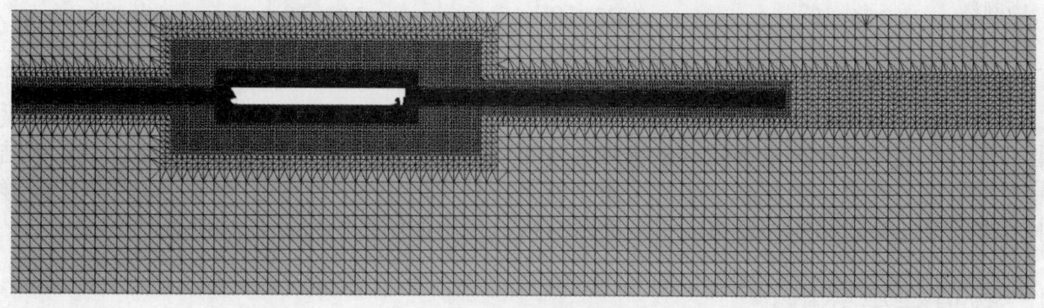

(c) 全局网格

图 3　船体表面与计算域的网格划分

采用耦合数值方法对 $Fr=0.261$ 的 KCS 船的波浪增阻和运动响应进行了研究，采用重叠网格求解波浪中船舶的运动。由于迎浪工况下垂荡和纵摇运动对阻力的影响最明显，而其他自由度上的运动可以忽略，因此本文仅放开垂荡和纵摇两个自由度，固定横荡、纵荡、横摇和首摇。我们知道波长与船长接近时容易发生共振，此时船舶发生显著的运动响应，并使船舶阻力大幅增加，该工况是波浪中船舶运动研究中重点关注的工况。为了研究共振工况下的船舶运动和阻力特性，本文集中研究入射波长为 6.981m 的迎浪规则波，即波长船长比 λ/L=1.15，波陡 H/λ 为 1/60，船舶航行时，波浪实际作用于船体上的频率为遭遇频率（ω_e），周期为遭遇周期（T_e），遭遇频率和遭遇周期按下面的公式计算：

$$\omega_e=\sqrt{g/(2\pi\lambda)}+U_{\text{ship}}/\lambda \tag{13}$$

$$T_e=1/\omega_e \tag{14}$$

其中，g 为重力加速度，U_{ship} 为船速。该工况下计算所得的遭遇频率为 0.762，遭遇周期为 1.312s。

3.3 网格收敛性

网格收敛性验证在静水工况下完成，其他工况的网格均由静水阻力工况的网格改进而来。为了减少计算结果的不确定性和避免不必要的计算量，采用了 ITTC 推荐的不确定性分析中关于网格收敛性的建议。采用 3 套不同加密等级的网格，网格沿 x，y，z3 个方向的缩放比例为$\sqrt{2}$。

船舶在静水中沿 x 方向的纵向力即静水阻力，记为 $R_{x,\mathrm{calm}}$，将其无量纲化得到静水阻力系数 C_T，按式（15）计算：

$$C_T = \frac{R_{x,\mathrm{calm}}}{0.5\rho S U_{\mathrm{ship}}^2} \tag{15}$$

其中，S 为船体湿表面积，ρ 为水的密度，U_{ship} 为船速。

将不同网格计算的网格收敛性的验证结果和试验值列于表 2。试验值来自于船舶水动力会议——Tokyo 2015。

表 2 网格收敛性验证结果

网格	网格数量	C_T（naoeFOAM-os-SJTU）	C_T（EFD）	误差
粗网格	1.43×10^6	3.792×10^{-3}	3.84×10^{-3}	-1.25%
中网格	2.36×10^6	3.827×10^{-3}	3.84×10^{-3}	-0.34%
细网格	3.21×10^6	3.828×10^{-3}	3.84×10^{-3}	-0.31%

由 3 套不同网格数量的计算结果可以看出，计算结果表现出一致收敛的趋势，因此采用中等网格密度的计算结果同网格依赖程度不高，在网格数量不多的情况下保证了数值结果的可靠性。因此，计算静水阻力采用中网格；计算波浪中的船舶阻力与运动时，根据静水阻力的中网格在船体和自由面附近加密网格，自由面附近网格满足波形捕捉要求。

4 数值结果分析

4.1 静水阻力

静水阻力计算是分析波浪增阻的基础，首先数值模拟了 Fr=0.261 的 KCS 船在静水中匀速航行，计算得到静水阻力系数、无量纲垂荡值和无量纲纵摇值（表 3）。从表 3 中可以看出，误差在 1.46%以内，naoeFOAM-os-SJTU 的数值模拟结果与 Tokyo 2015 的试验结果吻合良好。

表 3 静水工况的数值结果

	CFD	EFD	误差
静水阻力系数 C_T	3.824×10^{-3}	3.85×10^{-3}	0.34%
升沉值 z/Lpp	-2.067×10^{-3}	-2.074×10^{-3}	0.337%
纵倾 θ	-0.167	-0.1646	1.46%

自由面波形可以直观地展示数值方法对自由面地捕捉能力，这也决定了波浪场求解的准确性。图 4 展示了数值计算得到的沿船体的兴波高度曲线与 Kim 等 [16] 的试验的对比，水平轴和垂直轴分别为无量纲化的 x 坐标和 z 坐标，与试验的浪高仪测得的兴波高度对比可以发现，自由面捕捉良好。这进一步验证了基于 VOF 方法的 naoeFOAM-os-SJTU 求解器对自由面的准确计算能力，这为黏势流耦合模型的数值准确性奠定了基础。

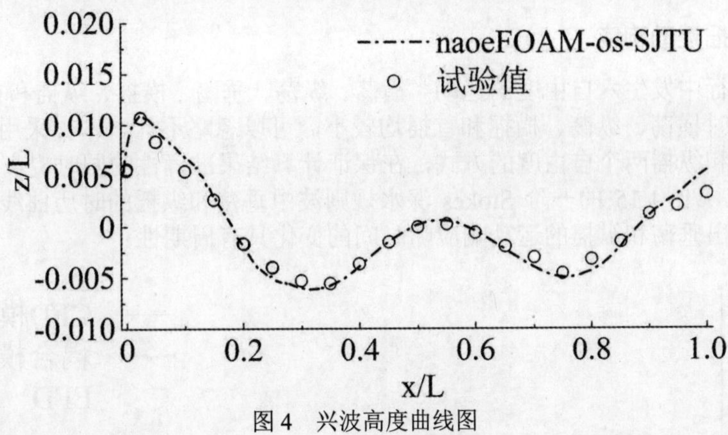

图 4　兴波高度曲线图

4.2 空场造波

为了验证基于 HOS 方法耦合模型的数值波浪水池的造波效果，不考虑船体，在单独生成的网格中进行造波验证。分别采用 waves2Foam 和 HOS-NWT 生成 λ/L=1.15 的一阶 Stokes 深水规则波，在船艏位置和船艉位置处各设置一个浪高仪，船艏位置处测波点的波高时历曲线如图 5 所示。横坐标为时间，纵坐标为浪高仪测得的自由面波形高度。

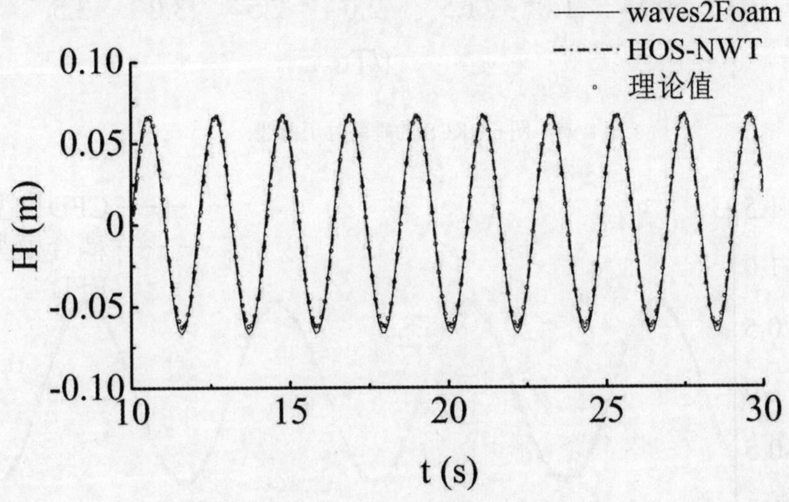

图 5　波高时历曲线

将 waves2Foam 和 HOS-NWT 的空场造波结果与理论波形对比可以看出，计算所得的波幅和波周期均与理论波形结果均十分接近。虽然 waves2Foam 和 HOS 方法均能对规则波进行准确模拟，但对于需要长时间演化和较大区域的波浪场，HOS 方法显示出显著的高效性优势。本文采用 HOS 进行外域波浪场的演化，波浪经过了长达 1000s 的演化，消耗的计算时间不到一小时，在保证波浪参数准确性和不衰减的情况下，表现出非常高效的计算性能。

4.3 垂荡和纵摇运动响应

船舶在航行中发生六自由度的运动（横荡、纵荡、垂荡、横摇、纵摇和首摇），由于船舶在迎浪行中时横荡、纵荡、横摇和首摇均较小，可以忽略不计。本文采用固定这四个自由度放开垂荡和纵摇两个自由度的方式，在保证计算结果准确性的同时提高了计算效率。

KCS 船在 $\lambda/L=1.15$ 的一阶 Stokes 深水规则波中垂荡和纵摇的时历曲线如图 6 和图 7 所示，可以看出垂荡和纵摇的运动响应随时间的变化具有周期性。

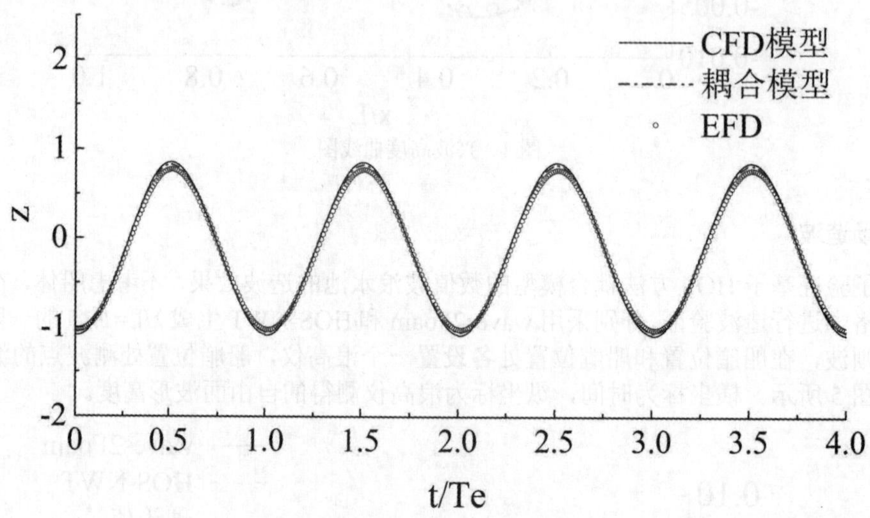

图 6　KCS 的垂荡时历曲线

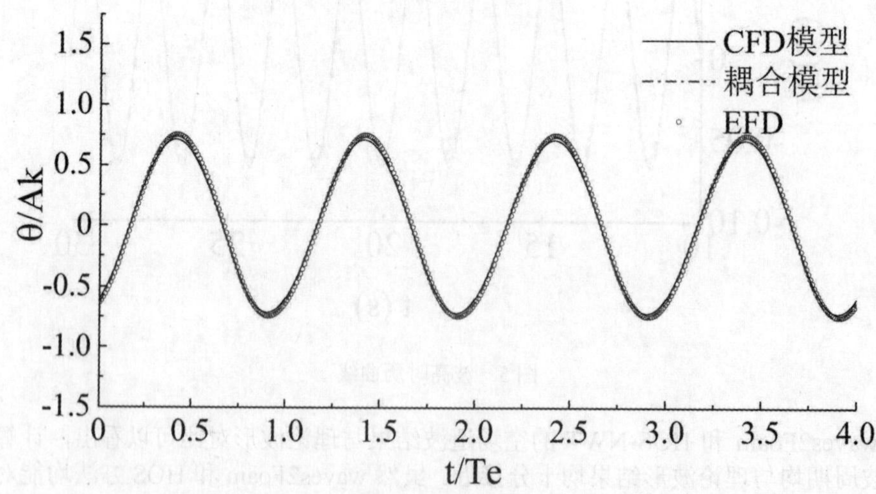

图 7　KCS 的纵摇时历曲线

通过傅里叶级数展开的方法分析了时历曲线，根据傅里叶级数展开的原理，将某个随时间变化的变量展开为傅里叶级数的形式为：

$$\varphi(t)=\frac{\varphi_0}{2}+\sum_{n=1}^{N}\varphi_n\cos(nw_e t+\gamma_n), n=1,2,\cdots \tag{16}$$

傅里叶级数展开的各阶级数中，0 阶幅值为时历曲线的时间平均值。0 阶幅值和 1 阶幅值代表了函数的线性项，2 阶及以上的幅值代表函数的非线性项。在线性问题中，0 阶和 1 阶幅值占主要成分，高阶幅值可以忽略不计。在非线性问题中，高阶幅值必须考虑在内。

分别对 KCS 船在波浪中运动的垂荡和纵摇的时历曲线进行傅里叶变换，图 8 和图 9 分别为采用 CFD 模型和耦合模型计算得到的垂荡和纵摇运动的频率曲线，采用 CFD 模型计算和耦合模型计算的运动响应经傅里叶变换得到的频率曲线图吻合较好，耦合模型的计算结果具有可靠性。可以看出，垂荡和纵摇运动以波浪的遭遇频率为基频，即 1 阶成分对应的频率 0.7019Hz 约为遭遇频率，2 阶和 3 阶成分对应的频率均为遭遇频率的整数倍。KCS 在迎浪航行时，垂荡和纵摇的 1 阶频率远大于 2 阶和 3 阶等高阶成分，故 1 阶成分是主要成分，即 KCS 运动的高阶幅值较小，线性成分占主导。

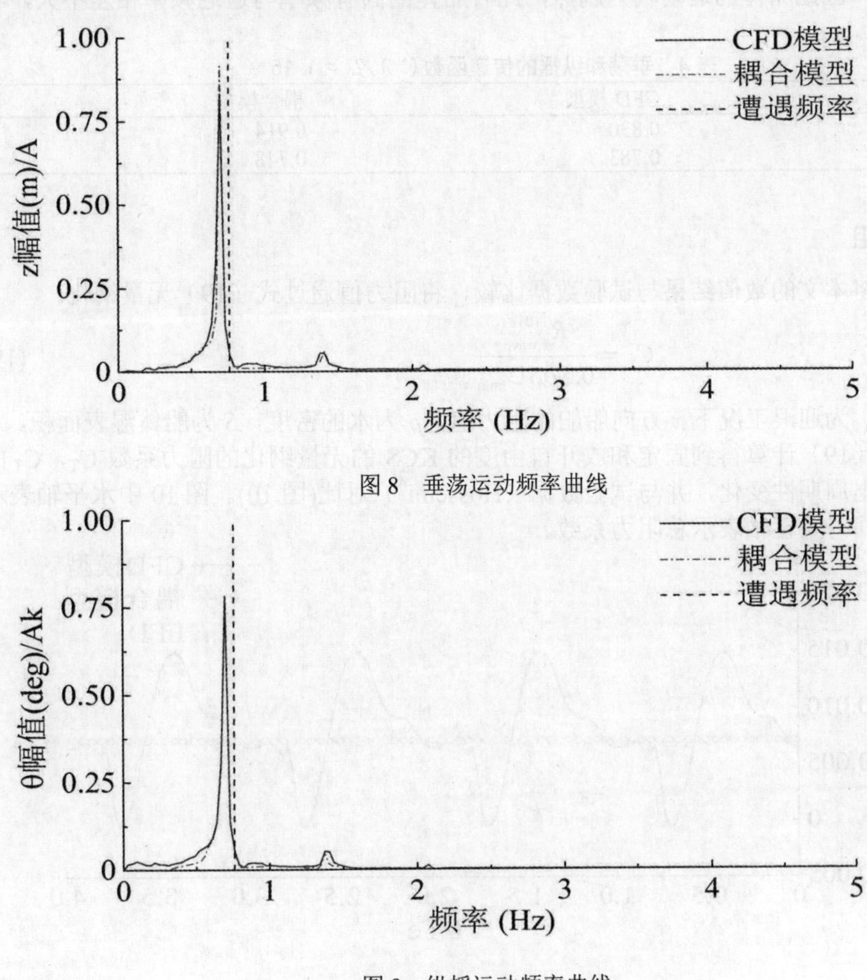

图 8　垂荡运动频率曲线

图 9　纵摇运动频率曲线

垂荡和纵摇频域曲线的 1 阶成分无量纲化后得到幅值响应算子（Response Amplitude Operator，RAO），即传递函数（Transfer Function，TF）。垂荡和纵摇幅值的响应幅值算子（RAO）按式(17)和(18)计算：

$$TF_3 = \frac{X_3^{(1)}}{A} \tag{17}$$

$$TF_5 = \frac{X_5^{(1)}}{Ak} \tag{18}$$

其中，X_3 和 X_5 的 n 阶频率成分幅值表示为 $X_3^{(n)}$ 和 $X_5^{(n)}$，$X_3^{(1)}$ 和 $X_5^{(1)}$ 分别表示垂荡和纵摇的一阶幅值。A 为入射波波幅，k 为入射波波数。

表 4 为 KCS 在 $\lambda/L = 1.15$ 的迎浪工况下航行时的垂荡和纵摇的传递函数。采用耦合模型计算的 TF3 较 CFD 模型计算结果 0.830 稍大，而 TF5 较 CFD 模型计算结果 0.783 较小。总体而言，耦合模型与 CFD 模型的计算结构几乎一致。垂荡和纵摇的传递函数均大于 0.75 且接近于 1，因此船体的运动较为剧烈，此时船体的固有频率与遭遇频率相差不大，与波浪发生共振。

表 4　垂荡和纵摇的传递函数（ $\lambda/L = 1.15$ ）

	CFD 模型	耦合模型
TF3	0.830	0.914
TF5	0.783	0.748

4.4 波浪增阻

为方便将本文的数值结果与试验数据比较，将阻力值通过式（19）无量纲化：

$$C_T = \frac{R_{x,\text{wave}}^{(0)}}{0.5\rho S U_{\text{ship}}^2} \tag{19}$$

其中，$R_{x,\text{wave}}$ 为迎浪工况下 x 方向船舶的阻力值，ρ 为水的密度，S 为船体湿表面积。

通过式（19）计算得到固定和放开自由度的 KCS 的无量纲化的阻力系数 C_T，C_T 的时历曲线呈现出周期性变化，并与试验数据（Hosseini[4]）对比(图 10)。图 10 中水平轴表示无量纲化的时间，垂直轴表示总阻力系数。

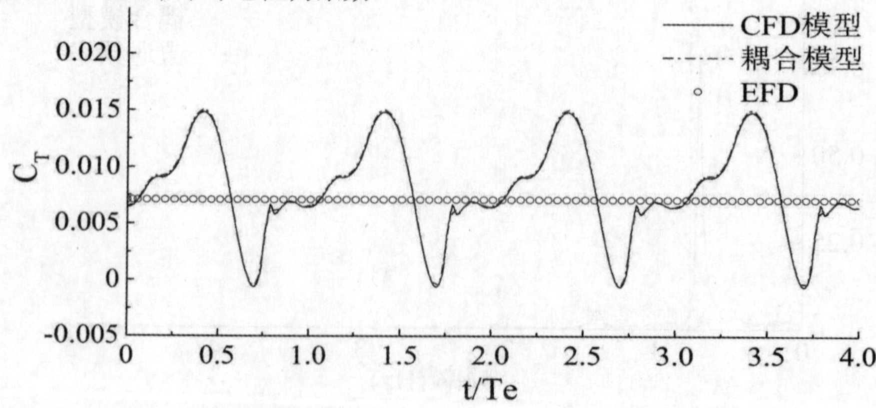

图 10　KCS 的总阻力系数时历曲线

波浪增阻系数 C_{aw} 定义为：

$$C_{aw}=\frac{R_{x,\text{calm}}-R_{x,\text{wave}}}{\rho g A^2 B_{WL}^2 / L_{PP}} \tag{20}$$

其中，A 为入射规则波的一阶谐波振幅对应的波幅，B_{WL} 为船体水线宽，L_{pp} 为垂线间长。表 5 为 CFD 模型和耦合模型计算得到的波浪增阻系数，二者较为接近。

表 5　波浪增阻系数（ λ/L = 1.15 ）

	CFD 模型	耦合模型
C_{aw}	10.912	10.664

通过对总阻力时历曲线进行傅里叶变换后，得到频率曲线图(图 11)。从图 11 中可以看出，阻力的 1 阶、2 阶及 3 阶成分分别为 0.91、0.60 和 0.18，2 阶和 3 阶的高阶成分较大，阻力呈现出非线性的现象。

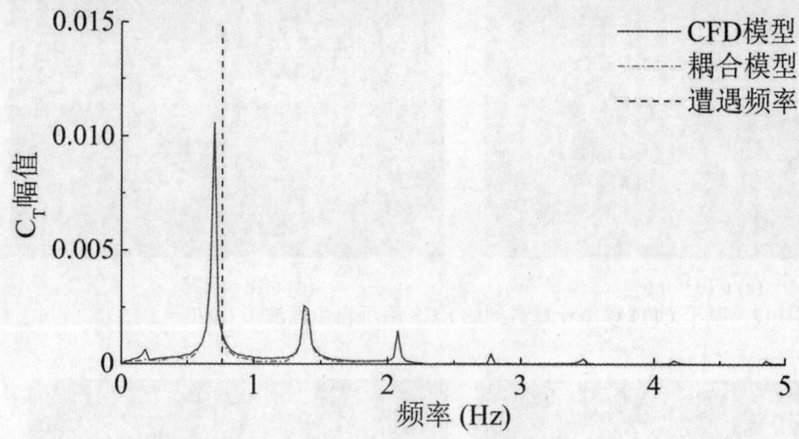

图 11　总阻力频率曲线

提取频率的峰值得到阻力中各阶频率成分，表 6 中列出了 n 阶幅值的大小。对于 λ/L = 1.15 的的工况，强非线性分量与线性项具有相同的数量级，2 阶成分与 1 阶成分的比值高达 24%，因此，不能忽略该工况的非线性部分。

表 6 各阶阻力幅值对比

	CFD 模型	耦合模型
0 阶	0.0079	0.0080
1 阶	0.0106	0.0100
2 阶	0.0026	0.0025
3 阶	0.0014	0.0014

4.5 自由面波形图

在相同波浪工况条件下，将 CFD 模拟结果与结合 HOS 方法后的耦合模型计算结果进行了对比。本文给出 λ/L = 1.15 工况下两个求解器计算所得的 4 个时刻的自由面波形图。规定规则波的波峰传播到船艏时，$t/T_e = 0$。

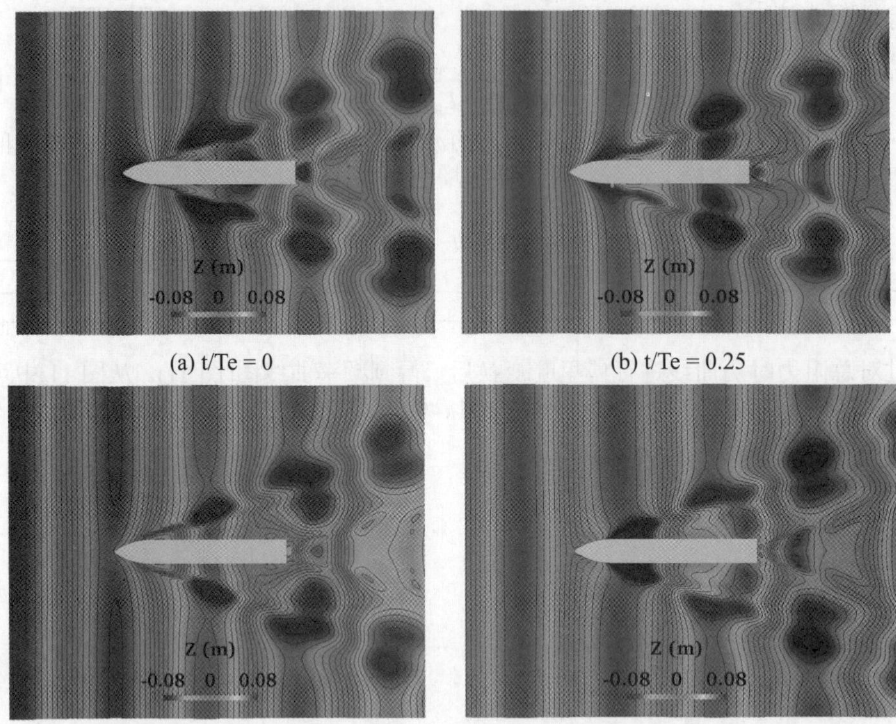

(a) t/Te = 0　　(b) t/Te = 0.25

(c) t/Te = 0.5　　(d) t/Te = 0.75

图 12　基于 CFD 模型计算得到的 KCS 附近自由面波形（λ/L = 1.15）

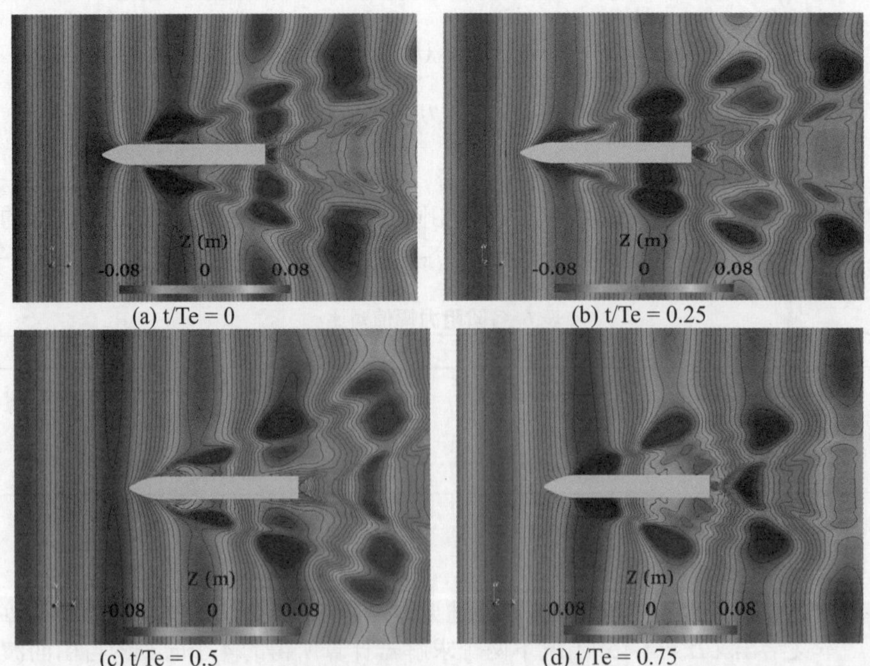

(a) t/Te = 0　　(b) t/Te = 0.25

(c) t/Te = 0.5　　(d) t/Te = 0.75

图 13　基于耦合模型计算得到的 KCS 附近自由面波形（λ/L = 1.15）

结合了 HOS 造波的耦合模型计算波形与 CFD 计算的波形十分接近。在 $t/T_e = 0$ 时刻，规则波的波峰达到船艏，甲板低于自由面，自由液面沿首部爬升，且波浪产生翻卷。由于此时船艏接近于最低位置，基本浸于波浪中。由于入射波和定常兴波的叠加，波峰较入射波波峰更高，波谷较入射波波谷更低。自由船体产生的辐射波使得放开船体自由度产生的的波幅大于固定船体自由度产生的波幅。在 $t/T_e = 0.25$ 时刻，船艏开始向上抬起，接近于正浮状态。沿艏尾波系的开尔文角的波峰线（放开船体）的长度较固定船体长。在 $t/T_e = 0.5$ 时刻，船艏接近于最高位置，此时的波形与 $t/T_e = 0$ 时刻的波形相反。在 $t/T_e = 0.75$ 时刻，波峰再次出现在船艏和船尾位置处。

从船艏的运动变化情况可以看出：随着波浪向船体后方传播，船体产生严重的纵摇运动变化，船艏处自由面变化较为剧烈，且会发生轻微的甲板上浪。

5 结论

本文将高阶谱（HOS）方法与自主开发的 CFD 求解器 naoeFOAM-os-SJTU 相结合，研究规则波中 KCS 的阻力增值和运动响应的特性。采用 HOS 方法生成 Stokes 一阶深水规则波作为无黏的外域波浪场，基于 naoeFOAM-os-SJTU 求解器采用重叠网格技术数值求解黏性的内域波浪场中 KCS 的运动，得出以下结论。

（1）通过 HOS 方法和 CFD 数值造波得到的波浪场参数与理论数据对比，验证了 HOS 方法的造波准确性，为黏势流耦合模型对船体运动的精确求解提供了较准确的波浪环境，并且因为 HOS 方法的势流特性，展现出独特的无耗散特点和造波高效性，在长时间长距离造波问题中具有良好的应用前景。

（2）采用 HOS 与 CFD 的耦合模型计算 KCS 在共振工况下的垂荡和纵摇运动及波浪增阻，并分析其频率分布情况，与 CFD 计算结果以及试验结果进行对比，验证了该耦合模型的求解准确性。在极值点附近存在微小的数值误差，主要是引入 HOS 造波后流体黏性的影响减小导致的。

（3）在船舶与波浪共振工况下，将 CFD 模拟与结合 HOS 方法后的耦合模型计算所得的自由面波形图进行了对比，在一个周期内 4 个时刻的波面高度分布均十分吻合，表明了耦合模型应用于波浪中船舶运动问题的适用性。本文的计算结果展示了 HOS 方法在船舶运动响应与波浪增阻研究领域的成功应用，提供了一种较新颖的数值解法，可为船舶运动响应研究提供方法的借鉴。

致谢

本文得到国家自然科学基金（51879159，51490675，11432009，51579145）、长江学者奖励计划(T2014099)、上海高校特聘教授(东方学者)岗位跟踪计划(2013022)、上海市优秀学术带头人计划(17XD1402300)、工信部数值水池创新专项课题(2016-23/09)资助项目。在此一并表示感谢。

参 考 文 献

1 MEPC 62/24/Add.1. Amendments to the annex of the Protocol of 1997 to amend the International Convention for the Prevention of Pollution from Ships, 1973, as modified by the Protocol of 1978 relating thereto. IMO, London,2011.

2 Orihara H., Miyata H. Evaluation of added resistance in regular incident waves by computational fluid dynamics motion simulation using an overlapping grid system. J Mar Sci Technol, 2003, 8(2):47–60.

3 Ley J., Sigmund S., El Moctar O. Numerical prediction of the added resistance of ships in waves. In: Proceedings of the ASME 2014 33rd International Conference on Ocean, Offshore and Arctic Engineering, San Francisco, USA, Paper OMAE2014-24216, 2014.

4 Sadat-Hosseini H, Wu P C, Carrica P M, et al. CFD verification and validation of added resistance and motions of KVLCC2 with fixed and free surge in short and long head waves. Ocean Engineering, 2013, 59(1):240-273.

5 Guo B.J., Steen S. Evaluation of added resistance of kvlcc2 in short waves. Journal of Hydrodynamics, Ser.B, 2011, 23(6):709-722.

6 Maruo H. Resistance in waves. In: Researches on seakeeping qualities of ships in Japan. The Society of Naval Architects of Japan, Tokyo, 1963, 67–102.

7 Gerritsma J. Beukelman W. Analysis of the resistance increase in waves of a fast cargo ship. Int Shipbuild Prog , 1972,.19(217):285–293.

8 Salvesen N. Added resistance of ships in waves. J Hydronaut,1978,12(1):24–34.

9 Castiglione T., Stern F., Bova S., et al. Numerical investigation of the seakeeping behavior of a catamaran advancing in regular head waves[J]. Ocean Engineering, 2011, 38(16):1806-1822.

10 Simonsen C.D., Otzen J.F., Joncquez S., et al. EFD and CFD for KCS heaving and pitching in regular head waves. Journal of Marine Science & Technology, 2013, 18(4):435-459.

11 West B., Brueckner K., Janda R., et al A new numerical method for surface hydrodynamics. Journal of Geophysical Research Oceans, 1987, 92: 11803-11824.

12 Dommermuth D.G., Yue D.K.P. A high-order spectral method for the study of nonlinear gravity waves. Journal Fluid Mechanics, 1987, 184: 267-288.

13 Jacobsen N.G., Fuhrman D.R., Fredson J. A wave generation toolbox for the open-source CFD library: OpenFoam. International Journal for Numerical Methods in Fluids, 2012, 70(9): 1073-1088.

14 Hirt C.W., Nichols B.D.. Volume of fluid (VOF) method for the dynamics of free boundaries. Journal of Computational Physics, 1981, 39(1):201-225.

15 Menter F.R. Two-equation eddy-viscosity turbulence models for engineering applications. AIAA J 1994, 32(8):1598–1605.

16 Kim W.J., Van S.H., Kim D.H. Measurement of flows around modern commercial ship models. Experiments in Fluids, 2001, 31(5):567-578.

Numerical study of added resistance and motions of KCS based on HOS Method

GUO Hao, WAN De-cheng*

State Key Laboratory of Ocean Engineering,
School of Naval Architecture, Ocean and Civil Engineering, Shanghai Jiao Tong University
Email: dcwan@sjtu.edu.cn

Abstract: The high-order spectrum (HOS) method is combined with the self-developed CFD solver naoeFOAM-os-SJTU to study the added resistance and motions of KCS. The 1st Stokes regular waves is generated as the non-viscous outer-domain by the HOS method. The KCS motions in the viscous inner-domain wave field is numerically solved by naoeFOAM-os-SJTU solver combining with overset grid technique. The relaxation zone is performed to transfer information for the two regions above. The accuracy of the HOS method is verified and its high efficiency advantage is analyzed by comparing the wave parameters simulated by HOS method, CFD and experimental results. Then the added resistance and motions of KCS in the waves of λ/L=1.15 at Fr=0.261 are studied, and the fast Fourier transform (FFT) is used in the frequency analysis of added resistance and motions. The present study could verify the applicability of the coupled viscous-potential flow method for the ship motion prediction. The coupled viscous-potential flow method could improve the computational efficiency while ensuring the numerical accuracy, which could provide an important reference for the numerical study of resistance and motions in waves.

Key words：HOS method; regular waves; added resistance; motion response; KCS

对转舵桨的水动力性能研究

王志勇[1,2]，范余明[1,2]，孙群[1,2]，吴琼[1,2]

（1. 中国船舶及海洋工程设计研究院，上海 200011；2. 上海市船舶工程重点实验室，上海 200011

Email: wzy_my@163.com）

摘要：对转舵桨具有良好的操纵性能和较高的推进效率，在渡轮、拖轮以及海洋平台上都具有广阔的应用前景。本文基于 OpenFOAM 软件平台，采用滑移网格方法结合 IDDES 模型，对对转舵桨在直航及舵角工况下的水动力性能进行数值计算。对比舵桨单元力系数的计算值与试验值，误差在 5%以内，证明了数值方法的准确性。得到对转舵桨各水动力系数随进速系数和舵角变化规律。

关键词：对转舵桨；数值计算；IDDES；水动力性能

1 引言

对转舵桨兼具对转桨和舵桨的优点：采用对转式的螺旋桨布置形式，能够提高推进器效率；推进器能够绕竖直轴 360°旋转，因此具有良好的操纵性能。目前对转舵桨主要应用于渡轮、拖轮等对操纵性要求高的船舶上[1]。对于海洋平台而言，风浪条件剧烈变化，不利于作业，因此海洋平台在作业时需要具有较强的定位能力。动力定位技术结合对转舵桨装置能够满足工程需要。对转舵桨具有广阔的工程应用前景，研究对转舵桨，对于船舶节能减排，提高船舶的操纵性都有着十分重要的现实意义和实用价值。

从几何外形上，对转舵桨主要由立柱、下齿轮箱体以及立柱前后各一且旋向相反的两个螺旋桨组成。从水动力外形上来看，下齿轮箱体与吊舱相似，因此舵桨装置与吊舱推进器有相似之处。由于专利保护的关系，关于对转舵桨的公开研究资料并不多。因此本文借鉴了对转桨、舵桨以及吊舱推进器的研究经验。近年来，国内外的许多学者，在对转桨、舵桨以及吊舱推进器方面做了很多研究工作。王展智等[2-3]采用滑移网格方法对对转桨进行了数值计算，考察了时间步长和不同湍流模型对敞水计算结果精度的影响。徐嘉启[4]采用重叠网格对不同偏转角度下的吊舱推进器水动力性能进行数值模拟。车霖源[5]计算了单独前桨、单独吊舱推进器以及混合式 CRP 的水动力性能。与单独前桨相比，混合式 CRP 前桨的推力扭矩增加；与单独吊舱推进器相比，混合式 CRP 后桨的推力扭矩减小。Islam 等[6-7]在其已有的面元法程序基础上，研究了桨毂锥角对推式和拖式吊舱推进器的水动力性能影响。

本文基于 OpenFOAM 软件对对转舵桨在直航及舵角工况下的水动力性能进行数值研究。

2 数值模拟

2.1 研究对象

选取某对转舵桨模型作为研究对象，主要参数见表 1。对转舵桨模型见图 1。

表 1 对转舵桨的主要几何参数

参数	前桨	后桨
叶数	5	4
直径/m	0.44	0.37
旋转方向	左旋	右旋

图 1 对转舵桨几何模型

2.2 控制方程

假定流体不可压，滤波后的质量方程和动量方程可以写为如下形式：

$$\nabla \cdot \overline{u} = 0 \tag{1}$$

$$\rho \frac{D\overline{u}}{Dt} = -\nabla p + (\mu + \mu_t)\nabla^2 \overline{u} \tag{2}$$

式中，ρ 为流体密度，t 为时间，μ 为流体的动力黏性系数，p 为静压。上划线代表空间滤波而非时间平均。本文采用的 IDDES（Improved Delayed Detached Eddy Simulation），其基准模式为 Spalart-Allmaras (S-A)模型。

2.3 网格划分

网格采用 ANSYS ICEM 软件进行划分。如图 2 所示，计算域被分为 4 个部分：包含前桨和后桨的两个旋转域，包含立柱和下齿轮箱体的静止域，以及远场静止域。计算域是一个长方体，其长、宽、高分别为 15 D_F（前桨直径）、10 D_F、10 D_F。坐标原点取为舵杆中心线与螺旋桨轴线的交点。原点距上游入口 5 D_F，距下游出口 10 D_F，距其余四侧边界

均为 $5D_F$。包含立柱和下轮箱的静止域为边长为 $4D_F$ 的正方体，其中心为坐标原点。为了方便安装，立柱部分在靠近船底板附近几何呈流线型扩大，并且前后桨距离立柱部分较近，所以前桨的叶梢和后桨的叶根与立柱之间的距离很近。螺旋桨所在旋转域的选取需要保证直径足够大，同时滑移面与立柱之间有足够的距离，以确保立柱部分网格的满足网格正交性要求。因此，前桨所在旋转域的直径取为 $1.27D_F$，后桨所在旋转域的直径取为 $1D_F$。

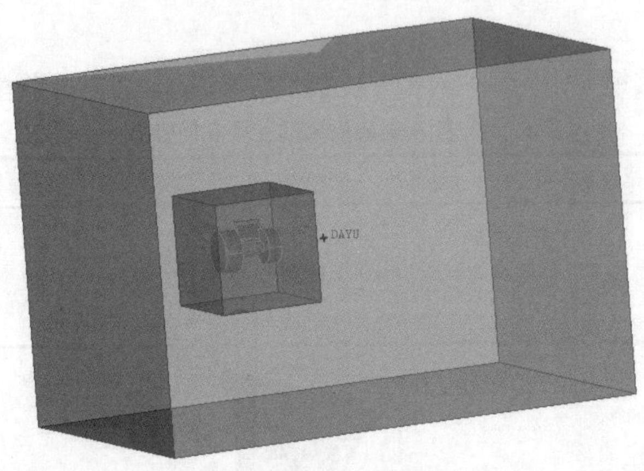

图 2 计算域

立柱和下齿轮箱体的网格如图 3（a）所示，桨叶表面网格如图 3（b）所示。对螺旋桨导边、随边和立柱前后等速度梯度变化较大区域的网格进行了适当加密。在物面附近，y+取 30，边界层网格为 10 层。每片桨叶所在区域网格在 100 万左右，立柱和下齿轮箱体所在的静止区域网格数目约为 200 万，远场静止域网格数量在 100 万左右，总网格数量为 1200 万左右。

(a) 立柱和下齿轮箱体　　(b) 桨叶表面

图 3 计算网格

边界条件类型分别为：入口类型为速度入口；出口类型为压力出口；远场边界设为对称性边界；桨叶、桨毂以及立柱和下齿轮箱体设为不可穿透壁面条件。立柱和下齿轮箱体所在静止域与远场静止域之间的交界面采用滑移面处理。前桨和后桨转速相同，均为

13.65r/s，时间步长取为 0.00010175s，对应前后桨旋转一周内 720 个时间步。

3　结果和分析

3.1 坐标系及水动力系数定义

定义两个坐标系，固定坐标系 O-ASZ 和随体坐标系 O-XYZ，如图 4 所示。A 轴正方向为船舶行进方向，S 轴以船身左舷为正方向；随体坐标系随吊舱转动，X 轴正方向为从后桨往前桨方向，Y 轴正方向为从后桨往前桨看，垂直于 X 轴向左，Z 轴依据右手定则确定，为垂直于 XOY 平面向上。

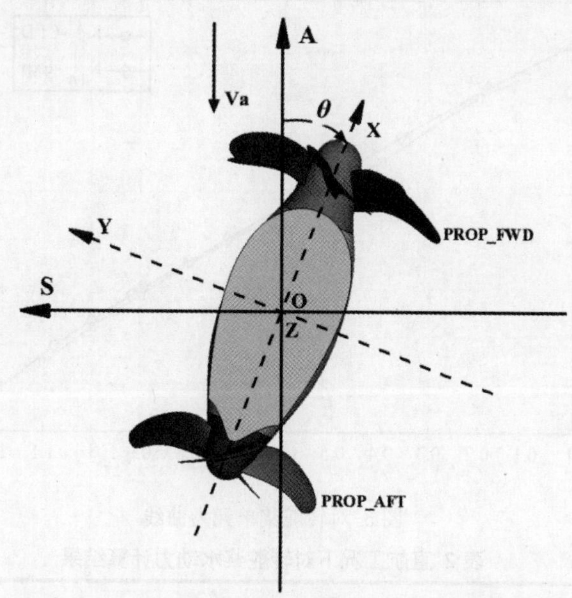

图 4 坐标系定义

对转舵桨各水动力系数定义如下：

进速系数：$J = V_A / nD_{FP}$；

前桨推力系数：$K_{TFP} = T_{FP} / \rho n^2 D_{FP}^4$；

前桨扭矩系数：$K_{QFP} = Q_{FP} / \rho n^2 D_{FP}^5$；

后桨推力系数：$K_{TAP} = T_{AP} / \rho n^2 D_{FP}^4$；

后桨扭矩系数：；$K_{QAP} = Q_{AP} / \rho n^2 D_{FP}^5$；

舵桨单元推力系数：$K_{TA} = T_A / \rho n^2 D_{FP}^4$；

舵桨单元横向力系数：$K_{TS} = T_S / \rho n^2 D_{FP}^4$；

转舵力矩系数：$K_{QZ} = Q_Z / \rho n^2 D_{FP}^5$；

推进器敞水效率：$\eta = JK_{TA} / [2\pi(K_{QFP} + K_{QAP})]$；

式中，下标 FP 、AP 分别代表对转舵桨的前桨和后桨，T_A 、T_S 表示推进器单元轴向力和横向力，Q_Z 表示整个对转舵桨单元绕 Z 轴转动的扭矩。

3.2 直航工况下对转舵桨水动力性能计算结果

直航计算时进速系数取值范围为 0.1~1.1，计算结果见表 2。舵桨单元力试验值与计算值误差在 5%以内，单元力计算值与试验值对比见图 5。由图 5 中可以看出，单元力计算值与试验值吻合良好。前后桨的推力和扭矩系数以及舵桨的单元力系数随着进速系数增加而减小。舵桨的推进效率随着进速系数增加先增大后减小，效率最大值在 J=0.9 附近。舵桨的横向力系数和转舵力矩系数在直航工况下都为小量。

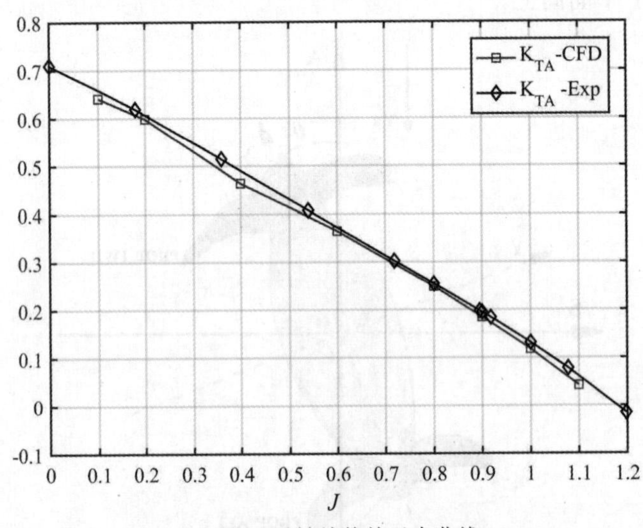

图 5 对转舵桨单元力曲线

表 2 直航工况下对转舵桨水动力计算结果

J	K_{TFP}	$10K_{QFP}$	K_{TAP}	$10K_{QAP}$	K_{TA}	η_0	K_{TS}	$10K_{QZ}$
0.1	0.4309	0.6431	0.2588	0.4498	0.6412	0.0934	0.0359	0.0691
0.2	0.4027	0.6064	0.2422	0.4244	0.5982	0.1847	0.0305	0.1006
0.4	0.3048	0.4886	0.2028	0.3664	0.4633	0.3450	0.0202	0.1415
0.6	0.2596	0.4386	0.1473	0.2789	0.3640	0.4844	-0.0006	0.1914
0.8	0.1868	0.3488	0.1013	0.2050	0.2486	0.5714	-0.0197	0.1874
0.9	0.1411	0.2878	0.0807	0.1713	0.1841	0.5743	-0.0255	0.1632
1.0	0.0932	0.2189	0.0591	0.1347	0.1175	0.5287	-0.0282	0.1260
1.1	0.0412	0.1395	0.0330	0.0891	0.0419	0.3210	-0.0196	0.0613

比较舵桨的单元力与前后桨的推力之和可以发现，两者之间存在差值。这部分力为立柱和下齿轮箱体所受的阻力。阻力值如表 3 所示，由于阻力数值较小，因此此处并未进行无量纲化。由表中可知，立柱和下齿轮箱体所受阻力随着进速系数增大而减小。

表 3 立柱和下齿轮箱体阻力

J	0.1	0.2	0.4	0.6	0.8	0.9	1.0	1.1
阻力（N）	32.24	31.02	29.45	28.51	26.26	25.06	23.08	21.47

3.3 舵角工况下对转舵桨水动力性能计算结果

舵角工况计算采用旋转推进器的方式进行设置。数值计算进速系数取 J=0.9，舵角取 0°、5°、10°、15°、-10°、-15°共 6 个舵角。图 6 为舵桨单元力计算值与试验值对比，二者吻合良好。数值计算结果如表 4 所示。在-15°~15°范围内，舵桨单元力随着舵角增加先增大随后基本不变；前桨推力系数和扭矩系数随舵角增加先减小后增大，但变化幅度不大；后桨的推力系数和扭矩系数随着舵角增加而增大；推进器效率随着舵角增加先增大后减小，效率最大值在 0°与 5°舵角之间；舵桨横向力系数和转舵力矩系数随着舵角增加而减小，随后反向增大，两者的最小值均在 0°附近。

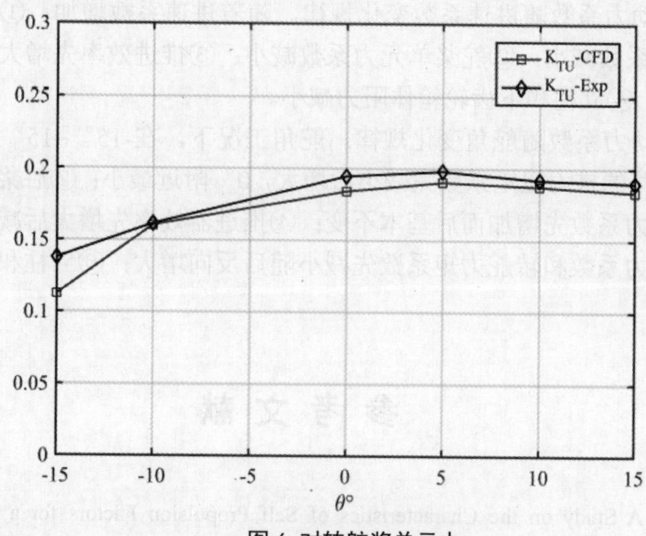

图 6 对转舵桨单元力

表 4 舵角工况数值计算结果

θ	K_{TFP}	$10K_{QFP}$	K_{TAP}	$10K_{QAP}$	K_{TA}	η_0	K_{TS}	$10K_{QZ}$
-15	0.1560	0.3443	0.0557	0.1850	0.1125	0.3045	0.2394	0.4160
-10	0.1461	0.3098	0.0576	0.1516	0.1604	0.4979	0.1551	0.4665
0	0.1411	0.2878	0.0807	0.1713	0.1841	0.5743	-0.0255	0.1632
5	0.1425	0.2982	0.0897	0.1914	0.1905	0.5572	-0.1107	-0.0049
10	0.1461	0.3224	0.0911	0.2096	0.1875	0.5048	-0.1796	-0.2163
15	0.1511	0.3594	0.0982	0.2485	0.1836	0.4326	-0.2706	-0.3855

立柱和下齿轮箱体阻力如表 5 所示，随着舵角增加，立柱和下齿轮箱体阻力逐渐减小，因此舵桨单元力系数才会出现先增加而后基本不变的现象。

表 5 立柱和下齿轮箱体阻力

θ	-15	-10	0	5	10	15
阻力（N）	32.24	31.02	29.45	28.51	26.26	25.06

4 结论

本文以对转舵桨为研究对象，采用滑移网格方法结合 IDDES 模型对对转舵桨在直航及舵角工况下的水动力性能进行数值计算，得出其推力系数、扭矩系数、横向力系数以及转舵力矩系数等。得出结论如下：

（1） 对比直航及舵角工况下舵桨单元力系数与试验值，二者吻合良好，证明了 IDDES 模型结合滑移网格方法预报对转舵桨水动力性能的准确性。

（2） 舵桨水动力系数随进速系数变化规律。随着进速系数增加：①对转舵桨前后桨的推力系数和扭矩系数减小；②舵桨单元力系数减小；③推进效率先增大后减小，效率最大值在 J=0.9 附近；④立柱和下齿轮箱体阻力减小。

（3） 舵桨水动力系数随舵角变化规律。舵角工况下，在-15°~15° 舵角范围内，随着舵角增加：①前桨的推力扭矩系数先减小后增大，0° 附近最小；②后桨的推力扭矩系数增大；③舵桨单元力系数先增加而后基本不变；④推进器效率先增大后减小，在 0° 附近效率最大；⑤横向力系数和转舵力矩系数先减小随后反向增大；⑥立柱和下齿轮箱体阻力减小。

参 考 文 献

1 Inukai Y, Ochi F: A Study on the Characteristics of Self Propulsion Factors for a Ship Equipped with Contra-Rotating Propeller[C]. The first International Symposium on Marine Propulsors, 2009:112-116

2 Zhan-zhi W, Ying X. Effect of time step size and turbulence model on the open water hydrodynamic performance prediction of contra-rotating propellers[J]. China Ocean Engineering, 2013, 27(2):193-204.

3 王展智，熊鹰，齐万江．对转螺旋桨敞水性能数值预报[J]. 华中科技大学学报(自然科学版),2012,40(11):77-80+88.

4 徐嘉启, 熊鹰, 时立攀. 基于重叠网格的吊舱推进器偏转工况水动力性能数值模拟[J]. 武汉理工大学学报（交通科学与工程版）, 2016, 40(2).

5 邢健. 吊舱推进器敞水推进性能研究[D]. 大连：大连理工大学, 2014.

6 Islam M , Veitch B , Bose N , et al. Numerical study of hub taper angle on podded propeller performance[J]. Marine Technology, 2006, 15(1):86-93.

7 Pengfei Liu , Mohammed Islam , Brian Veitch. Some Unsteady Propulsive Characteristics of a Podded Propeller Unit under Maneuvering Operation.[A] First International Symposium on Marine Propulsors Smp'

09, Trondheim, Norway, June 2009

Investigation on hydrodynamic performance of contra-rotating rudder propeller

WANG Zhi-yong[1,2], FAN She-ming[1,2], SUN Qun[1,2],WU Qiong[1]

(1. Marine Design & Research Institute of China, Shanghai 200011.

2. Shanghai Key Laboratory of Ship Engineering, Shanghai 200011

Email: wzy_my@163.com)

Abstract: Contra-Rotating rudder propeller has good maneuverability and high propulsion efficiency, and has broad applications on ferries, tugs and offshore platforms. Based on the OpenFOAM software platform, the sliding mesh method combined with the IDDES model are employed to simulate the hydrodynamic performance of contra-rotating propeller under conditions of straight navigation and different rudder angles. The errors of propulsor unit thrust coefficients are within 5%, verifying the accuracy of numerical method. The relationships among hydrodynamic coefficients of contra-rotating propeller, advanced coefficients and rudder angles are obtained.

Key words: Contra-Rotating rudder propeller; Numerical simulation; IDDES; hydrodynamic performance.

Research on the slamming effect of offshore platforms under extreme waves conditions

FU Li-ning [1,3], FENG Guo-qing [1,2], SUN Shi-li [1,2], LIU Peng-cheng [1,3], DU Shi-xin [1,3]

(1.College of Shipbuilding Engineering, Harbin Engineering University, Harbin, China

2.International Joint Laboratory of Naval Architecture and Offshore Technology between Harbin Engineering University and the University of Lisbon, 150001, Harbin, China.

3.HEU Qingdao Ship Science and Technology Co Ltd, Qingdao, China)

Abstract: With the booming of marine resources, it is vital to ensure the safety of offshore platforms under extreme waves. In the present study, the marine semi-submersible platform serves as the research target. The VOF method is employed for wave front tracking. In combination with the SST K-Omega model, the Navier-Stokes equation is solved to simulate the slamming effect under extreme waves. Mesh refinement is performed both on free surface and in fluid region around the platform. The wave conditions are selected following the DNV specification, and the rationality of the wave generation is proven by comparing the analytical wave height and the numerical wave height. Based on that, the slamming on fixed semi-submersible platform and freely moving semi-submersible platform under one-way regular wave is investigated. The deformation of the three dimensional free surface is simulated. The variation of impact pressure in time domain as well as its maximum magnitude are fully analyzed in every typical areas including the front and rear column, the lower deck and the front deck facing the wave flow. It is found that the slamming is most serious in the trapped area before the rear column and below the lower deck.

Key words: semi-submersible platform; regular wave; slamming effect; numerical simulation.

1 Introduction

The semi-submersible is considered as a major platform for exploiting marine resources. With the continuous development of marine resources, how to ensure the safety of semi-submersible platforms under extreme waves becomes increasingly important[1]. Wave slamming is a strong nonlinear

Contact author: Guoqing Feng, 15754516561@163.com

problem, which is a complicated coupling problem between the air, liquid and structure[2]. There exist three types of methods to study slamming problems. The first is the theoretical analysis, which usually simplifies the three-dimensional physical problem into a two-dimensional model which is solved based on the governing equations of fluid-structure and relevant theories subsequently[3]. The second is experimental research. The scale model, combined with a specific physical sensor, is built in line with a certain scale ratio, and the experimental research is conducted in the tank to analyze the relevant experimental phenomena[4]. The third one is numerical simulation, which selects the appropriate physical model, sets reasonable parameters, and solves related slamming problems using the current CFD software[5].

In this study, the extreme sea conditions are selected. The wave slamming effect of the semi-submersible platform is numerically simulated under the action of one-way incident wave. The slamming of waves on large-scale offshore structures can be generally simplified as that on platform decks and columns. By building a numerical tank model, the rationality of the wave is first verified. Subsequently, the wave slamming on a fixed platform is simulated without considering the structural response. Then, the platform is released with two degrees of freedom, that are pitch and heave motion activated by the incident wave. During the above slamming process, the emphasis is laid on the slamming effect on the platform's lower deck and column. Besides, the numerical simulation results are fully analyzed to draw relevant conclusions.

2 Theoretical basis

Marine structures are subjected to various forces during service in which wave load is considered here. After years of research by scholars, a mature theoretical basis has been developed for the simulation of the marine environment.

The mass conservation equation is written as:

$$\frac{\partial \rho}{\partial t}+\left[\frac{\partial(\rho u)}{\partial x}+\frac{\partial(\rho v)}{\partial y}+\frac{\partial(\rho w)}{\partial z}\right]=0 \tag{1}$$

The momentum conservation equations in directions of x, y and z have the following form:

$$\frac{\partial(\rho u)}{\partial t}+\frac{\partial(\rho uu)}{\partial x}+\frac{\partial(\rho uv)}{\partial y}+\frac{\partial(\rho uw)}{\partial z}=-\frac{\partial p}{\partial x}+\frac{\partial \tau_{xx}}{\partial x}+\frac{\partial \tau_{yx}}{\partial y}+\frac{\partial \tau_{zx}}{\partial z}+\rho f_x \tag{2}$$

$$\frac{\partial(\rho v)}{\partial t}+\frac{\partial(\rho vu)}{\partial x}+\frac{\partial(\rho vv)}{\partial y}+\frac{\partial(\rho vw)}{\partial z}=-\frac{\partial p}{\partial y}+\frac{\partial \tau_{xy}}{\partial x}+\frac{\partial \tau_{yy}}{\partial y}+\frac{\partial \tau_{zy}}{\partial z}+\rho f_y \tag{3}$$

$$\frac{\partial(\rho w)}{\partial t}+\frac{\partial(\rho wu)}{\partial x}+\frac{\partial(\rho wv)}{\partial y}+\frac{\partial(\rho ww)}{\partial z}=-\frac{\partial p}{\partial z}+\frac{\partial \tau_{xz}}{\partial x}+\frac{\partial \tau_{yz}}{\partial y}+\frac{\partial \tau_{zz}}{\partial z}+\rho f_z \tag{4}$$

where u, v, $w$denote the components of flow velocity in the x, y and z directions, respectively; τ_{xx},τ_{xy},τ_{xz}etc. refer to the components of the viscous stress; p is the pressure; f_x, $f_y$and $f_z$are components of the volume force[6].

For the boundary and initial conditions, the numerical wave tank here is considered as a transient problem of gas-liquid two-phase flow. At the initial moment, the water body is stationary. Thus, the velocity in the flow field is 0, and the pressure is consistent with the hydrostatic pressure distribution:

$$P = P_0 + \rho g h \tag{5}$$

The free surface is solved using the VOF (Volume of Fluid) method. The principle of the method is to trace the distortion of the free surface using the fluid and mesh volume ratio function $\alpha_q$in the grid unit.$\alpha_q$denotes a scalar representing the volume fraction of the qth phase fluid in the grid. $\alpha_q = 1$indicates that the grid cells are overall occupied by the specified phase fluid; $\alpha_q = 0$ means that no designated phase fluid exists in the grid unit; $0 < \alpha_q < 1$ reflects that there exists a part of the specified phase fluid in the grid unit. For the qth phase, the equation is written as:

$$\frac{\partial \alpha_q}{\partial t} + \frac{\partial (u_i \alpha_q)}{\partial x_i} = 0, (i = 1,2,3) \tag{6}$$

$$\sum_{q=0}^{1} \alpha_q = 1, (q = 0,1) \tag{7}$$

where $q = 0$denotes the air phase; $q = 1$is the aqueous phase[7].

3 Wave simulation

Following the *DNV* specifications, long term wave conditions are given as joint probabilities for significant wave height $H_s$and zero up-crossing period $T_z$or for H_s and spectrum peak period T_p. The most critical sea states for air gap of column stabilized units are the steep and high sea states. The steepness criterion is definedby a boundary$H_s = H_s(T_z)$given in terms of the average steepness of the sea state $S_s = 2\pi H_s/gT_z^2$ .The limiting values of S_s are taken as $S_s = 1/10$ for $T_z \leq 6$s and $S_s = 1/15$ for$T_z \geq 12$s and interpolatedlinearly between the boundaries. The steepness criterion curve is shown in Fig. 2.1. The design seastate should be searched along the steepness criterion curve for $H_s < H_{s,max} = 17.3$m[8].

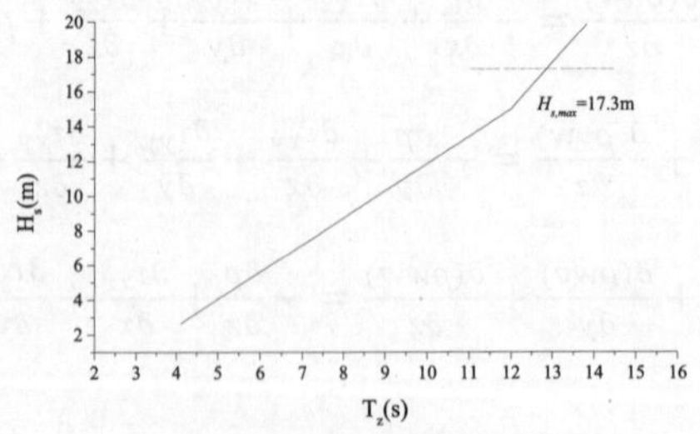

Fig. 1 (H_s, T_z) steepness criterion

Since irregular waves are largely uncertain, it is not conducive to systematic research. Accordingly, the Stokes fifth-order regular wave is applied here. The wave height of the sea state reaches 17.3m. According to the steep curve, the minimum wave period of this case is greater than 12s. Given this, the wave steepness is taken as 1/15, and the wave period is12.8s.

With the STAR CCM+ computing platform, in this example, a numerical tank is established with a length of 600m, a width of 300m, a water depth of 250m and an air layer height of 150m. The N-S equation is solved using a two-dimensional separation implicit transient method; the changes in free surface are monitored in accordance with VOF theory; the wave field information near the wall area is calculated using the wall function method; the discrete method of the center difference format is selected to discretely solve the governing equation of the wave field. At the beginning of the submission of the calculation, the first-order up-style can be selected for initial calculation and analysis, which is easier to converge. When the calculation of the wave field is stable, it can be transformed into a second-order up-style. The PISO pressure and velocity coupling method is adopted for the iterative calculation of discrete forms of momentum equations and continuous equations[9].

In terms of grid convergence verification, the accuracy of wave simulation varies with mesh density. Grid convergence study is required to determin the optimal mesh density. According to experience, at least 20 grids should be set in the unit wave height direction, and at least 80 grids should be set in the unit wavelength direction[10]. Therefore, 3 grids A, B and C are verified. In the unit wave height direction, Grid A contains 20 grids, Grid B contains 28 grids and Grid C includes 35 grids.

Table1 Grid size and quantity

	Min size in the X	Min size in the Y	Min size in the Z	Total number
A	0.875m	3.500m	3.500m	525192
B	0.625m	2.500m	2.500m	1267200
C	0.500m	2.000m	2.000m	2565736

For comparing the difference between the theoretical and the actual wave height, a virtual wave height instrument is arranged in the numerical tank to verify the accuracy of the wave. The position of the wave height instrument from the speed entrance is listed in Table 2.

Table2 Position of the wave height instrument

Point	1/2	3/4	5/6	7/8	9/10	11/12	13/14
Distance/m	1	100	200	300	400	500	599

It is noteworthy that this example refers to the Convective Courant Number as the reference standard for calculation to ensure the stable calculation of the flow field during the wave-making process. Moreover, the Convective Courant Number is ensured to be less than 0.1[11].

After calculation, the theoretical and actual values of each measuring point are obtained, and the effects of different mesh densities on the wave precision are selected by measuring point 6 and measuring point 8. The results are shown in Fig. 2 and Fig. 3, respectively.

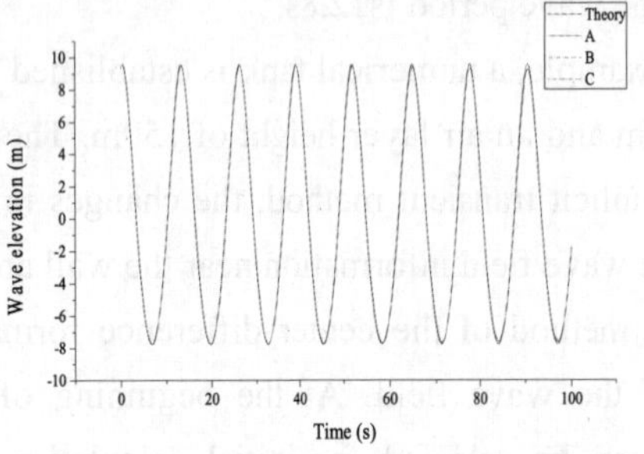

Fig. 2 measuring Point 6

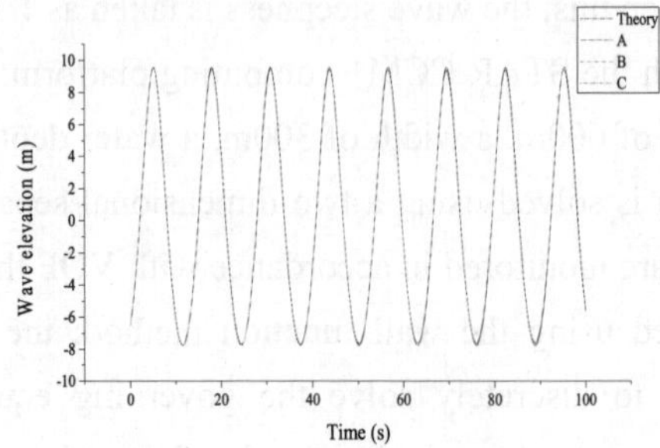

Fig. 3 measuring point 8

By comparing the theoretical wave shape with the actual wave shape at different grid densities, the accuracy in three cases meets requirements.

The detailed error analysis is conducted to clarify the effect of grid density in the wave simulation. The following is to briefly describe the error analysis method, and two methods are considered in this study. The first is the average error and the second is the maximum error.

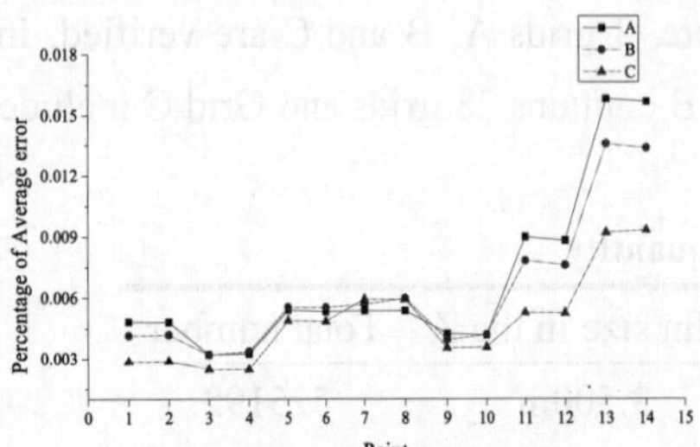

Fig.4 The percentage of average error

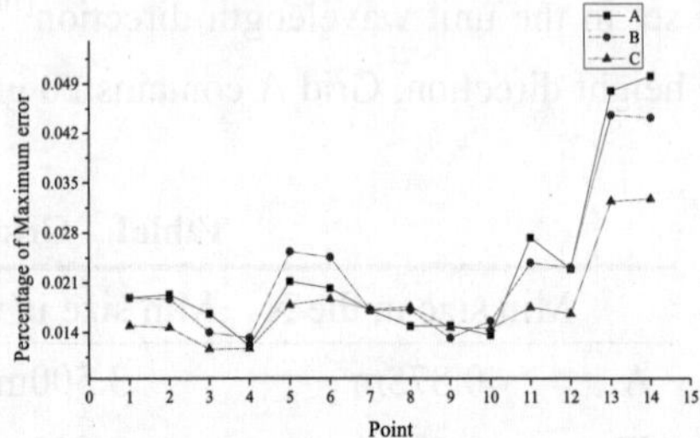

Fig. 5 The percentage of maximum error

It can be seen from the Fig.4 and Fig.5 that the accuracy of wave simulation under the three grid densities is very high, and all meet the requirements. Considering the limitation of computing resources and time, grid B is employed in the subsequent calculation of semi-submersible platform wave slamming.

4 Platform wave slamming simulation

4.1 The platform and main particulars

Based on the ensured wave accuracy, this study explores the slamming effect of extreme waves on semi-submersible platforms. The platform model is shown in Fig.6. The main scale parameters are shown in Table 3.

Table3 The main scale of Platform

Deck size	97.75m×87m×8.8m
Column size	19.25m×18.5m×25m
Attached body size	123.6m×20.5m×11.5m
Draught Depth	23m
Hydrostatic air gap	13.5m

Since the semi-submersible platform is affected by waves, there exists a coupling divided into one-way coupling and two-way coupling between the structure and the wave field in the marine engineering. One-way coupling considers the effect of fluid on structure, solving structural stress field must be based on solving flow field. Structural stress field analysis should be dependent on flow field analysis results, yet it does not affect flow field analysis. In two-way coupling, the analysis of the stress field in turn affects the state of the flow field. In this chapter, the one-way coupling example is first analyzed, and then the two-way coupling is explored[12].

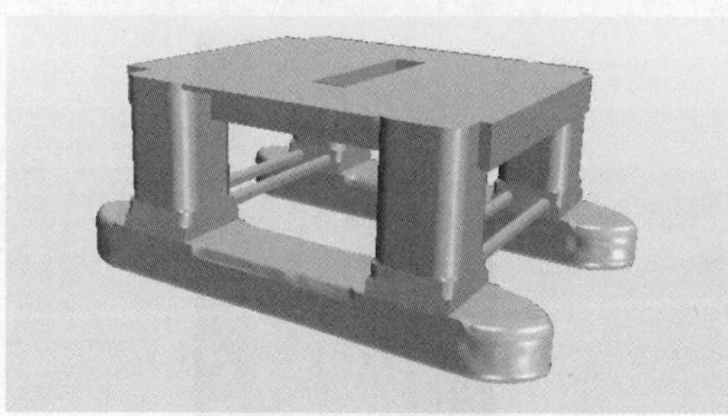

Fig. 6 Semi-submersible platform model

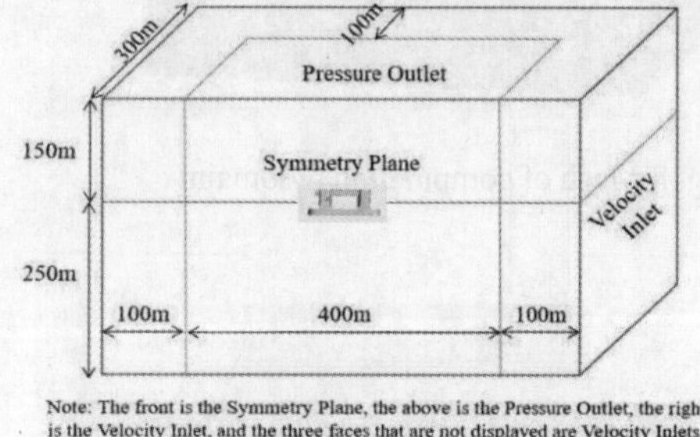

Fig. 7 The layout of computational domain

4.2 Wave slamming on fixed platform

For computational domain setting, given the symmetry of the platform and the consumption of computing resources, the example employs semi-domain calculation. The computational domain is 600m long, 300m wide and 250m deep, with air layer of 150m. For boundary conditions, the surface above the platform is set to pressure outlet. The center plane of the platform is set to symmetry plane, and the rest is set to velocity inlet, as shown in Fig.7. The wave conditions use the extreme waves of Section 2, with a wave height of 17.3 m and a wave period of 12.8 s.

The three-dimensional unsteady implicit method is adopted where the fluid is consumed to be incompressible. The governing equation is solved based on the finite volume method (FVM) by using the "collocated grid" to store the flow field parameters. The pressure and velocity are stored in the center of the control unit. The SST K-Omega turbulence model is employed. Since this problem belongs to the non-steadyinteraction between wave and structure in time domain, the pressure-velocity coupling method (PISO) is used to solve the discrete form of the momentum equation iteratively, yielding the convergent results of pressure and velocity. The VOF method is applied in the free surface treatment. EOM is employed and the wave forcing length is set to 100m. In the present case, the wave period is chosen as 12.8s , and considering that wave slamming is transient, the time step is set to 0.01s.

Mesh refinement is performed on free surface with at least 28 grids in one wave height and also required for the fluid around the platform as shown in Fig.8. The measuring points are placed on the front and rear columns, the lower deck and the deck facing the wave flow. The waterline is coincident with the 3rd line of measuring points as shown in Figs.9-11[13].

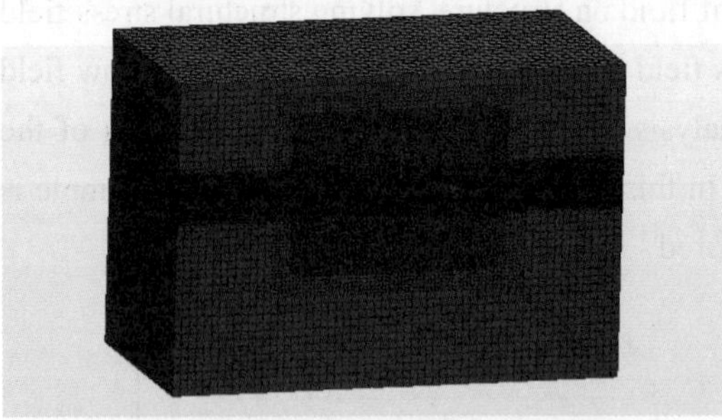

Fig. 8 Mesh of computational domain

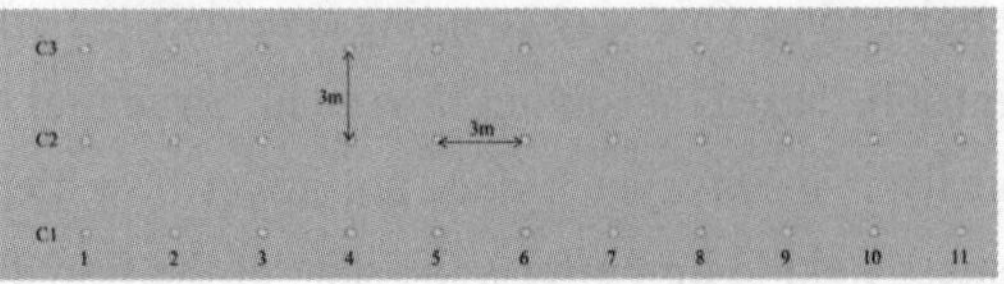

Fig. 9 Deck facing the wave flow

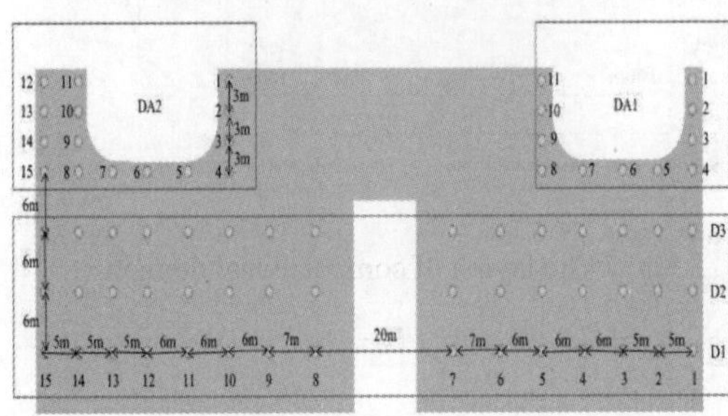

Fig.10 Lower deck

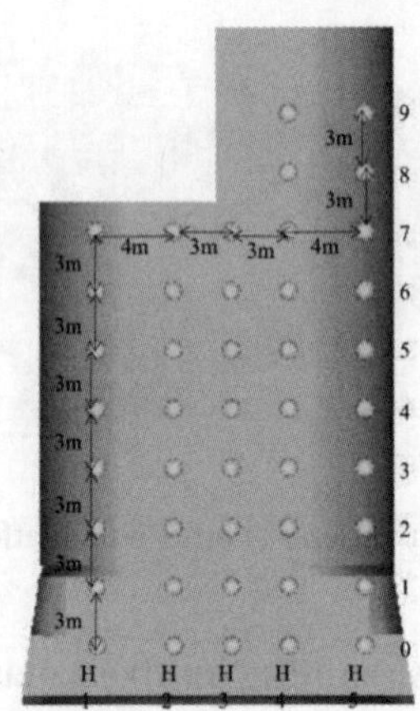

Fig.11 Front and rear column

By observing the calculation results, it was found that the wave slamming near the area connecting the rear column and the lower deck is very serious. When the wave propagates to that area, the space is confined to a small space, the velocity of the fluid particles will increase, the disturbed wave becomes larger, and thus the wave crashes on the rear column which leads to large impact pressure there. The change of pressures with time on measuring point DA2-2 and H2-7 is respectively shown in Figs 12-13.

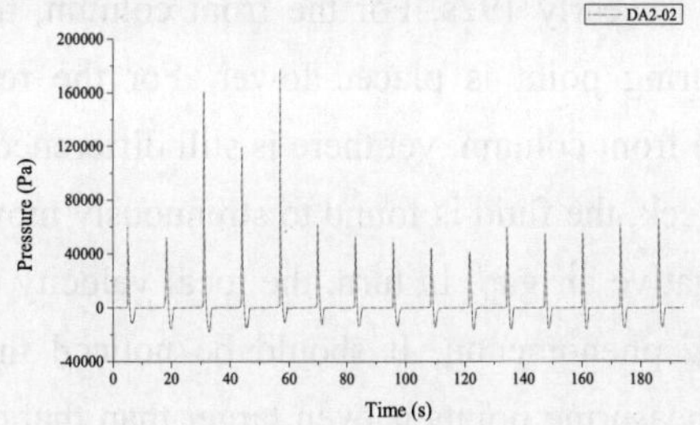

Fig.12 Pressure at measuring point DA2-2

Fig.13 Pressure at measuring point H2-7

The maximum value is picked from the above time history curves of the pressure and then plotted in Figs 14–18 for the measuring points in different regions.

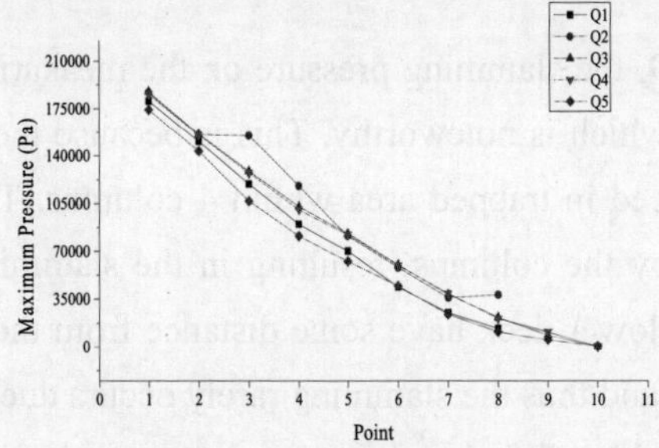

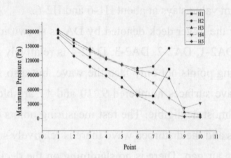

Fig.14 Max pressure at points of front column

Fig.15 Max pressure at points of rear column

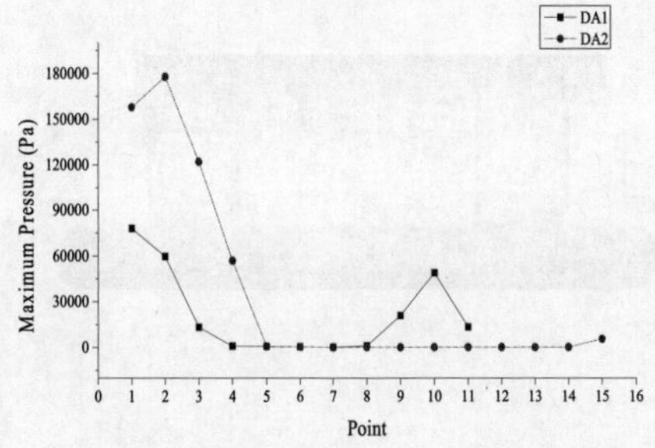

Fig.16 Max pressure at points of lower deck DA

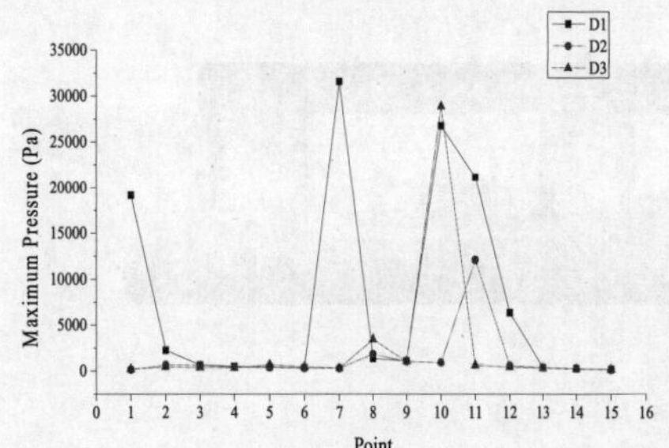

Fig.17 Max pressure at points of lower deck D

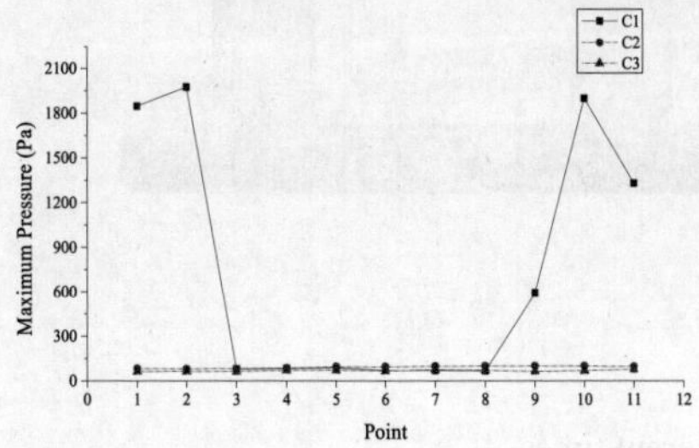

Fig.18 Max pressure at points of deck facing wave flow

The total simulation time is 15 wave periods, which is nearly 192s. For the front column, the maximum slamming pressure increases when the measuring point is placed lower. For the rear column, the slamming phenomenon is similar to that on the front column, yet there is still differences. Since the top of the rear column is confined by the lower deck, the fluid is found to strenuously move in a limited space, creating a small air gap and even a negative air gap. In turn, the local velocity of the wave suddenly increases, causing a severe slamming phenomenon. It should be noticed that sometimes the slamming pressure on the high positioned measuring points is even larger than that on the low positioned measuring points. For instance, the minimum pressure usually appears on the highest positioned measuring points H-8. But an exception is that the slamming pressure on the measuring points H1-8 and H2-8 is much larger than the minimum value within the same line, and the minimum value stays at about H1-6 and H2-6.

For the lower deck denoted by DA as shown in Fig.19, the slamming pressure on the measuring points DA2-1, DA2-2, DA2-3, DA2-4 is relatively large, which is noteworthy. This is because these measuring points not only face the wave, but also are placed in trapped area within 4 columns. The back-wave surfaces numbered 9, 10 and 11 are blocked by the columns, resulting in the slamming effect almost negligible. The rest measuring points on the lower deck have some distance from the 4 columns and the disturbed wave there is relatively smaller, and thus the slamming rarely occurs due to the large air gap. There is no slamming on the deck marked by C facing the wave flow, as it is high positioned and away from the wave surface.

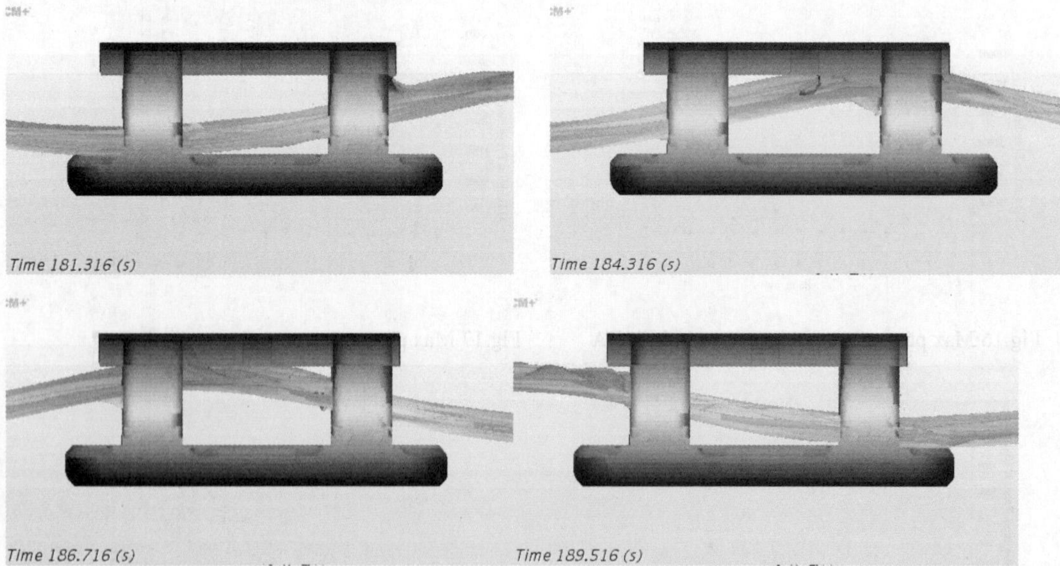

Fig.19 Wave surface at different times

4.3 Wave slamming on the platform in pitch and heave motions

The fixed platform is studied in Section 3.2. Based on that, the moving platform in wave is investigated in the present section. The two degrees of freedoms are released, namely pitch and heave. The parameter setting of the platform motion is briefly described[14].

Table4 The parameters of the moving platform

Body Mass	3.68E7 kg
Body Motion Option	Free Motion
└	Z motion / Y Rotation
Center of Mass	$[-1.11\text{m}, 0.0\text{m}, -0.37\text{m}]$
Moment of Inertia	$[7.675\text{E}9, 8.525\text{E}9, 1.3055\text{E}10]\text{kg}\cdot\text{m}^2$
Orientation	Laboratory

Overlapping meshes are applied here, and the size of the nested mesh is consistent with the background mesh in the three directions of X, Y, and Z. The initial mesh is illustrated in Fig. 3.15. After the calculation, the mesh changes and are shown in Fig. 3.16.

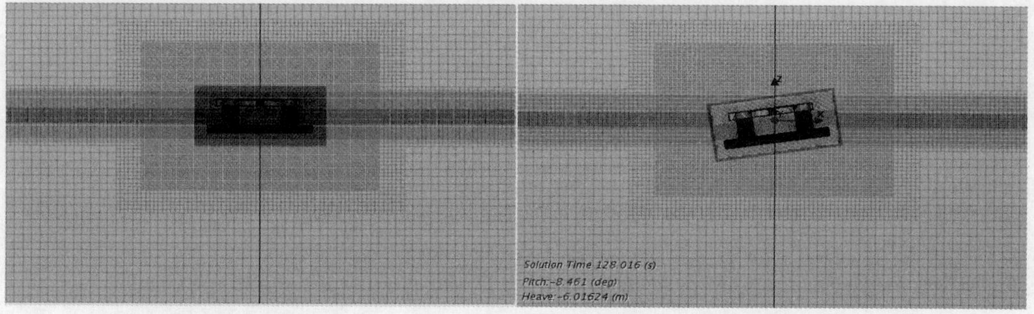

Fig.20 Initial grid

Fig.21 Grid after a while

The total simulation time is 10 wave periods, which is nearly 128s. The time history curve of heave and pitch under the action of the wave is obtained. They are respectively shown in Figs 22-23. It is shown that heave and pitch exhibit the similar periodicity to waves. In the initial stage of calculation, the moving amplitude is large and not regular due to the instability of the flow field. Gradually, heave and pitch becomes stabilized. In this case, only two degrees of freedoms are released, and the constraints are not considered. The largest pitch angle reached 20°, which exceeds the standard requirements [15], which requires special attention.

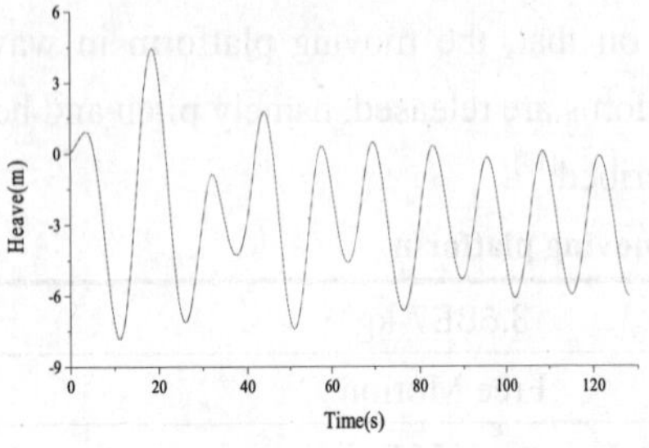

Fig.22 Heave

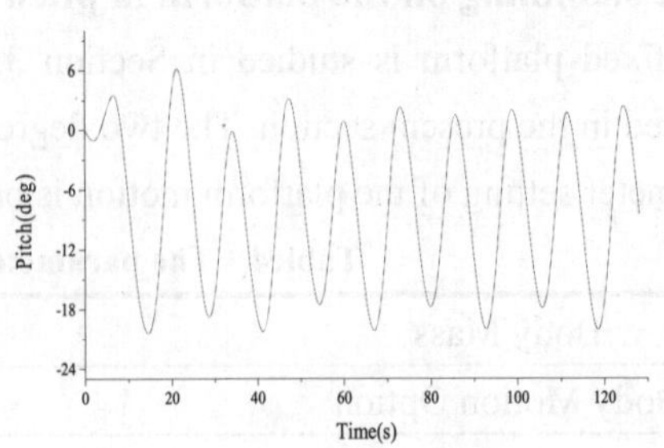

Fig.23 Pitch

Figs 24–28 show the maximum impact pressure in different regions. The overall variation trend for a moving platform case is similar to that for the fixed one. For example, the interaction area between the lower deck and the column is also most dangerous here.

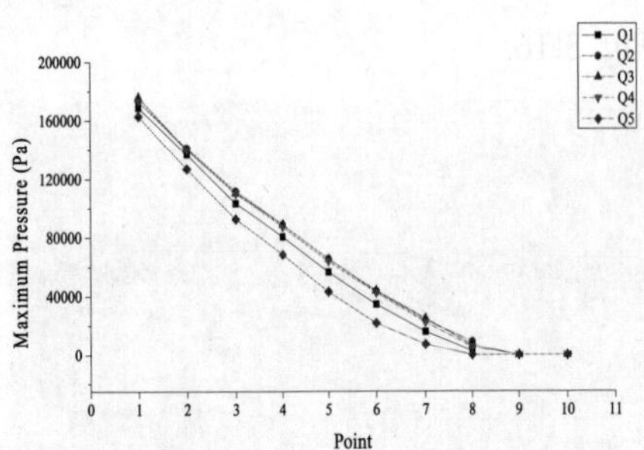

Fig.24 Max pressure at points of front column

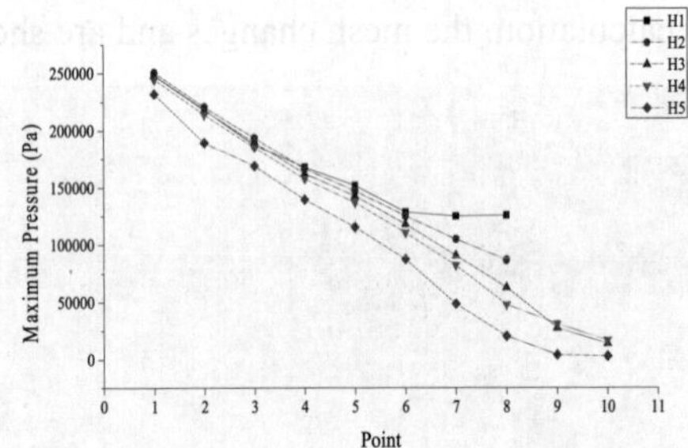

Fig.25 Max pressure at points of rear column

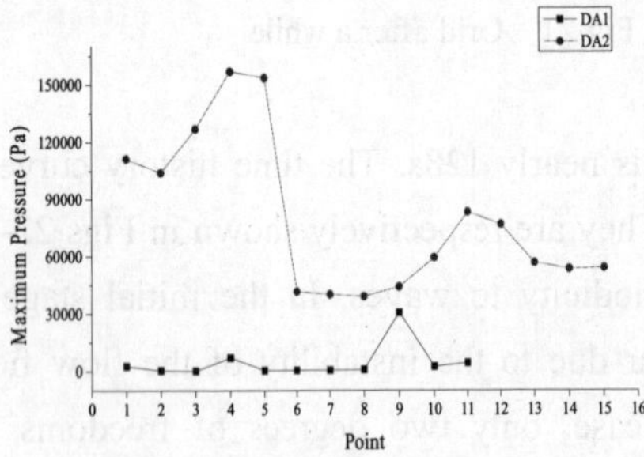

Fig. 26 Max pressure at points of lower deck DA

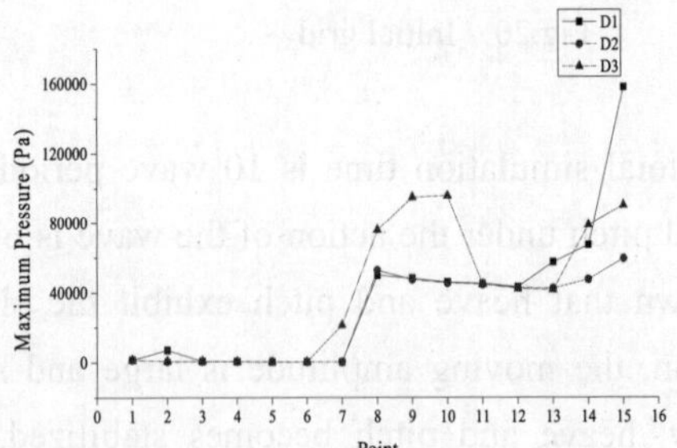

Fig.27 Max pressure at points of lower deck D

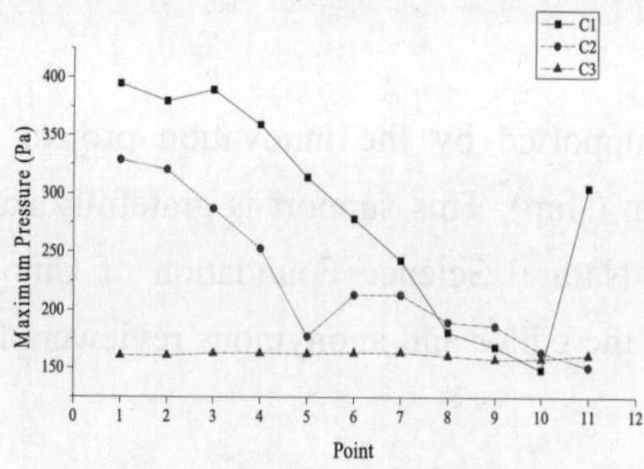

Fig.28 Max pressure at points of deck facing wave flow

The initial air gap between the lower deck and the undisturbed wave surface is 13.5 meters, and the wave height is 17.3 meters. The wave climbs along the column and crashes the lower deck, thereby generating a large slamming pressure. In such a case, the slamming pressure only affects the local structure without affecting the overall strength of the platform; the wave impact platform column can be considered as a huge fluid micelle against the column, thereby affecting the overall strength of the platform.

5 Conclusions

The problem of incident waves impacting on a platform is simulated. The incident wave is convergent with respect to mesh size and conforms with the analytical solution. The simulation covers slamming on a fixed platform and a freely moving one. At least 20 grids in the wave height direction is meshed to ensure the accuracy. The conclusions are drawn as follows:

The wave slamming near the area before the rear column and below the lower deck is very serious. When the wave propagates to that area, the space is confined to a small space, the velocity of the fluid particles will increase, the disturbed wave becomes larger, and thus the wave crashes on that region which leads to large impact pressure there. The maximum slamming pressure overall increases when the measuring point is placed lower both for front and rear column. But there may be an exception that the slamming pressure on the high positioned measuring points is larger than that on the low positioned points. The back-wave surface is blocked by the columns, resulting in the slamming effect almost negligible. For the measuring points on lower deck that have some distance from the 4 columns, the disturbed wave there is relatively smaller, and thus the slamming rarely occurs due to the large air gap. In the case of moving platform, only two degrees of freedoms are released, and the constraints are not considered. The largest pitch angle reached 20°, which exceeds the standard requirements, which requires special attention.

ACKNOWLEDGEMENTS

This work is financially supported by the innovation project of the seventh generation of ultra-deep water drilling platform (ship). This support is gratefully acknowledged. And this work is also supported by the National Natural Science Foundation of China (Grant No. 51679045). The authors would also like to thank the editor and anonymous reviewers for their comments which have led to a much improved paper.

REFERENCES

1 Ma Z. Wave slamming and its interaction effects with deepwater semi-submersible platforms under extreme wave conditions, 2014,10–16. PhD these, (in Chinese)

2 Nielsen F. G. Comparative study on air gap under floating platforms and run-up along platform columns, Marine Structures, 2003, 16(2): 97–134.

3 Sun S.L., Sun S.Y., Wu G.X. A three dimensional infinite wedge shaped solid block sliding into water along an inclined beach, Journal of Fluids and Structures, 2016, 669: 447–461.

4 Dong C.R., Sun S.L., Song H.X., et al. Numerical and experimental study on the impact between a free falling wedge and water. International Journal of Naval Architecture and Ocean Engineering, 2019, 11(1): 233–243.

5 Hu J., Lun Z.Q., Kan X.Y., et al. Numerical Simulation on Interface Evolution and impact of Flooding Flow. Shock and Vibration, 2015, 794069:1–12.

6 Dong Z., Zhan J.M. Numerical modeling ofwave evolution and run-up in shallow water, Journalof Hydrodynamics, 2009, 21(6):731-738.

7 Yang Q.X., Feng G.Q., The numerical analysis of the wave slamming load on deep-water platforms. Editorial Board of Ship Mechanics, China Ship Science Research Center: Editorial Department of Ship Mechanics, China Ship Science Research Center, 2017: 1 – 12. (in Chinese)

8 DET NORSKE VERITAS. DNVGL–OTG–13, Prediction of air gap for column stabilised units. 2016–09.

9 Shan T.B., Lu H.N., Yang J.M., et alNumerical experimental and full-scaled investigation on the current generation system of the new deep water offshore basin. Proceedings of the ASME 29th international conference on ocean, offshore and arctic engineering, 2010, 4:349–355.

10 Alexandre N.S. Experimental evaluation of the dynamic air gap ofa large-volume semi-submersible platform. 25th International Conference on Offshore Mechanics and Arctic Engineering(OMAE 2006). Hamburg, Germany. 2006, 1–7.

11 Shan T.B. Research on the mechanism of wave run-up and the key characteristics of air-gap response of semi-submersible, 2013, 53–59. PhD these, (in Chinese).

12 Zhu H. Studies on the motion performance of a semi-submersible platform and the heave motion damping system using moveable heave-plate, 2011, 80–94. PhD these, (in Chinese).
13 Zhou S.L., Nie W., Bai Y. Study on the Design of Mooring System for Deepwater Semi-submersible Platform, Journal of Ship Mechanics, 2010, 14(05): 495–502. (in Chinese).
14 Kazemi S., Incecik A. Theoretical and experimentalanalysis of air gap response and wave-on-deck impactof floating offshore structures, Proceedings of the26th International Conference on Offshore Mechanicsand Arctic Engineering(OMAE2007), San Diego, California,USA, 2007, 297–304.
15 Liu K., Ou J.P. A novel tuned heave plate system for heave motion suppression and energy harvesting on semi-submersible platforms. Science China(Technological Sciences), 2016, (06): 897–912.

实桨自航模拟及线型优化效果预报

陈骞，查晶晶，李嘉宁

（上海外高桥造船有限公司，上海 200137, Email: rd@chinasws.com）

摘要：本文选取一超大型油轮，对吃水设计航速点的自航进行 CFD 数值模拟。考虑船桨舵的相互作用，采用滑移网格模拟螺旋桨真实转动。为减少网格数量并尽量保证精度，对网格进行采用局部加密处理。通过与水池船模试验数据对比，本方法具有较高的数值精度。在此基础上，对优化后的线型后进行收到功率的预报，并再次进行试验对比。

关键词：CFD；自航模拟；实桨模拟；线型优化；实尺度功率预估

1 引言

当前船舶线型优化主要集中在阻力性能方面，对于推进性能的主要还是依靠船舶试验综合评判。船舶线型优化中，由各专业的协调等因素，需要进行前后多轮的优化，船舶试验存在成本高，周期长的缺点。利用计算流体力学进行自航的模拟能够在阻力优化的基础上，考虑船桨舵的相互作用，对线型的水动力性能进行综合评估。。

各研究人员对不同类型的船舶，采用不同的方式进行了计算流体力学（Computatioanl fluid dynamics，CFD）自航数值模拟。戴原星[1]对三体船进行了阻力与自航模拟，贾力平[2]采用激励盘方法模拟 JBC 标模船桨耦合，没有真实的螺旋桨，采用添加体积力方式实现桨对船的作用。孙文愈[3]采用黏流与势流结合的方法模拟一箱船船桨的相互作用，庄丽帆[4]分析了箱船船桨舵耦合时阻力、推力等的变化。各家对螺旋桨的处理方式等各有不同，精度也存在差异。

本文采用全黏流理论，对一肥大型 VLCC 进行船桨舵耦合的数值模拟，其中螺旋桨采用滑移网格的方式模拟真实转动。将 CFD 模拟数据与试验数据进行对比，根据 ITTC 推荐方法对模型尺度数据进行实尺度换算。并对优化后的线型，进行性能预报及验证。

2 船舶流体理论基础

在船舶的流场中，黏性起到主要作用，计算必须考虑到流体黏性。黏性流体运动满足质量守恒定律、动量守恒定律、动量矩守恒定律及能量守恒定律。当考虑流体为不可压缩时，密度ρ为常数，基本方程只剩下连续方程和动量方程，将本构方程代入得到雷诺方程。雷诺平均 N-S 方程应用较广[5]。

2.1 雷诺 Navier-stokes 方程

对于不可压缩的牛顿流体，N-S 方程为

$$\frac{Dv}{Dt}=f-\frac{1}{\rho}\nabla p+v\nabla^2 v \tag{1}$$

N-S 方程为一非线性的二阶偏微分方程，方程中的每一项都表示作用于单位质量流体上的某种力[5]。等式左边为惯性力，右边依次为质量力、压力合力和黏性力。其中黏性力又分为剪应力与附加法向应力。

虽然 N-S 方程能描述湍流的瞬时运动，但对湍流空间中每一点的物理量进行描述和预测是相当困难的。目前湍流的数值计算方法主要有 3 种：直接数值模拟方法、大涡模拟方法和雷诺平均 N-S 方程方法。其中的雷诺平均 N-S 方程方法是在工程计算中运用最广的[6]。雷诺认为湍流的瞬时速度场满足 N-S 方程，因而采用时间平均法建立了雷诺方程：

$$\rho\left(\frac{\partial\mu_i}{\partial t}+\frac{\partial\mu_i\mu_j}{\partial t}\right)=-\frac{\partial p}{\partial x_i}+\mu\nabla^2\mu_i+\frac{\partial}{\partial x_i}(-\rho\overline{\mu_i'\mu_j'}) \tag{2}$$

由雷诺方程看出，湍流中出了平均运动的黏性应力$\mathbf{\mu\nabla^2 u_i}$外，还多了与脉动速度相关的一项$\mathbf{-\rho\overline{u_i' u_j'}}$，称为雷诺应力，它是一个二阶张量。由于在原有 N-S 方程上增加了雷诺应力这一新变量，方程不再封闭，因此需要在湍流应力与平均速度之间建立补充关系，即所谓的湍流模式[7]。

2.2 湍流模式

研究表明采用 *k-ω* 湍流模型的仿真结果较好。SST *k-ω* 湍流模型是由 Menter 在 1994 年提出，该模型在近壁面处采用 *k-ω* 模型，在远处自由剪切流动采用 k-ε 模型，考虑了剪切力的影响，能够对强逆压梯度的流场进行较好的模拟，并对逆压梯度导致的流动分离进行准确预报，因此在计算船舶黏性绕流场时有很大的优势。

3 CFD 数值模拟

3.1 模拟对象

研究对象为一肥大型 VLCC，螺旋桨为 4 叶桨。主尺度见表 1 和表 2。

表 1 VLCC 主尺度参数

主尺度或参数	数值	单位
垂线间长	324.00	m
型宽	60.00	m
型深	30.00	m
设计吃水	20.50	m

表 2 螺旋桨几何参数

主尺度或参数	数值	单位
螺旋桨直径	10.6	m
螺距比	0.808	-
毂桨比	0.143	-
桨数	4	-
旋向	右	-

3.2 船体阻力计算

首先进行该 VLCC 船体模型尺度下的阻力计算,与试验报告数据对比见表 3。

表 3 阻力数值对比

佛汝德数 Fn	试验阻力值（N）	CFD 阻力值（N）
0.10	19.83	20.00
0.11	23.63	23.82
0.12	27.73	27.86
0.13	32.03	32.08
0.14	36.96	37.00
0.15	42.26	42.20
0.16	48.04	47.92

从表 3 阻力数据对比可以看出，该线型模型尺度下不同速度时，CFD 的阻力偏差在均 1%以内。说明当前网格与参数设置对于阻力具有较高的数值精度和稳定性。

3.3 自航模拟

采用滑移网格模拟螺旋桨转动。将计算域分为内外两个不同区域，并在每一个区域内建立不同的参考系与控制方程。针对螺旋桨的旋转，将包围螺旋桨的桨叶与桨毂部分建立圆柱形的子区域，并在这一区域内建立与螺旋桨的转速、转向相一致的旋转坐标系。如下图 1 所示，圆柱区域为包围螺旋桨的旋转区域，外部为整个计算域。

中纵剖面与水线面在 0 站处的交点为坐标原点，从船艉指向船首为 X 轴正向，从船舯指向左舷为 Y 轴正向，垂直向上为 Z 轴正向。选取的计算域为$-3L_{pp}<X<3L_{pp}$，$-3L_{pp}<Y<3L_{pp}$，

$-3L_{pp}<Z<L_{pp}$。为在网格设置中，各区域网格尺度均以基础尺寸为基准，这样可以快速对网格进行疏密的变化。一般来说，网格越细，所求得的精度越高，同时需要的计算资源就越多。在生成网格时，要平衡网格大小与计算时间。整个计算域无需全部加密，主要对螺旋桨特征局部加密，对船体首尾进行加密，并适当建立过渡的网格。船桨舵面网格见图 2。

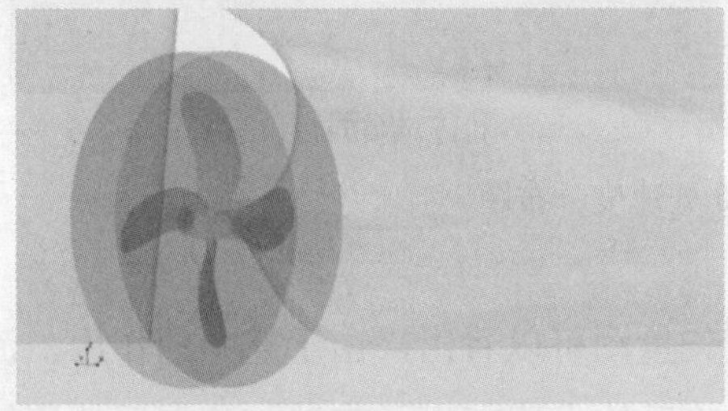

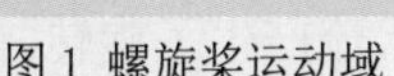

图 1 螺旋桨运动域

图 2 艉部船桨舵面网格

选取设计吃水 20.5m，设计航速 15kn 为模拟速度点。

在船模自航试验中,当满足傅氏数F_n及进速系数 J 相同的条件时,则模型与实船之间的各种力基本上是缩尺比的三次方关系,唯阻力之间不存在这种关系。为了使试验中各种力都存在缩尺比三次方的关系,需对阻力进行修正(实际上是对摩擦阻力修正)。在船模自航试验中,当船模速度为V_m时,我们设法预先对船模加一个拖曳力F_D,则螺旋桨模型发出的推力T_m仅需克服阻力(R_m-F_D),此点称为实船自航点,即相当于实际螺旋桨发出推力T_s克服实船的总阻力R_s[7]。在 CFD 模拟中，选取同样的F_D进行模拟。

3.3.1 船桨模拟

在船后增加螺旋桨，螺旋桨运动前后的流场对比见图 3。船体流场发生明显变化，特别是后体部分。左侧为增加螺旋桨但静止的流场，右侧为螺旋桨转动的流场。增加螺旋桨后，压力分布图 3 中看出，由于螺旋桨的运动使船尾表面的压力分布发生变化，从速度分布图 4 中看出由于螺旋桨的抽吸作用使螺旋桨附近的流速增加明显。且从阻力数值上看，船体总阻力增加明显，其中压差阻力增加显著，摩擦阻力变动不大。

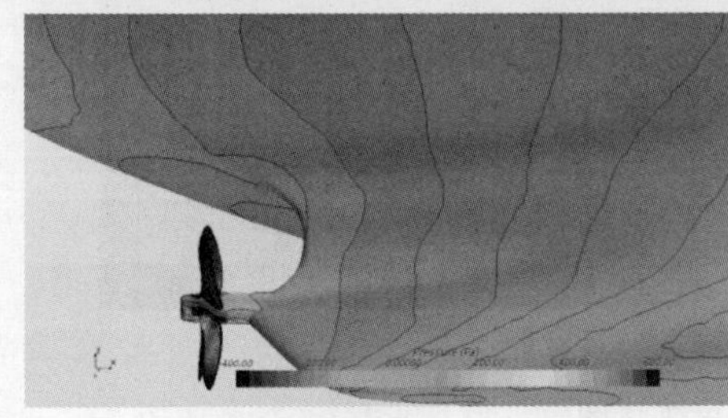

（a）桨静止

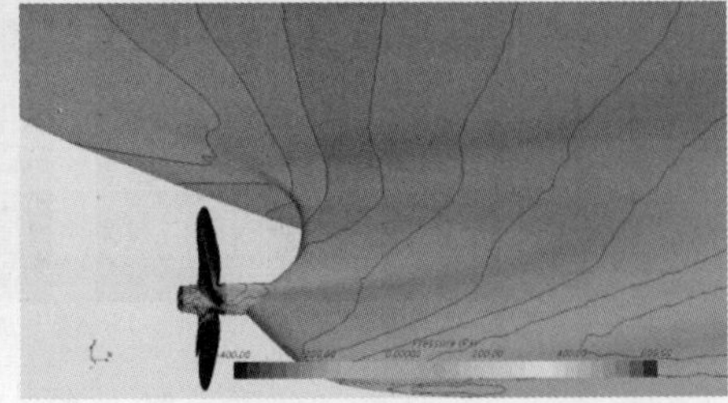

（b）桨转动

图 3 船桨压力分布图

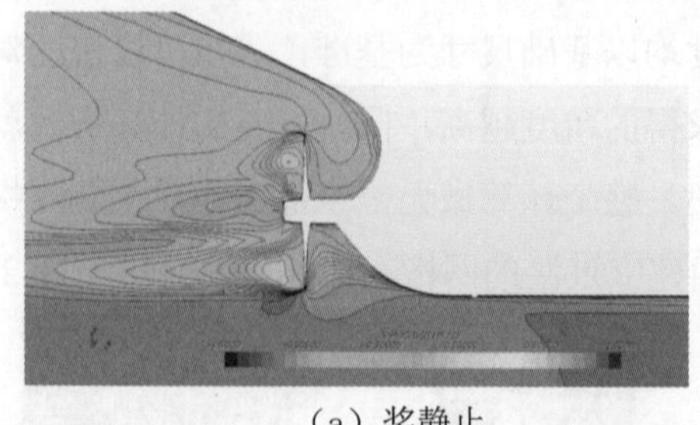

(a) 桨静止

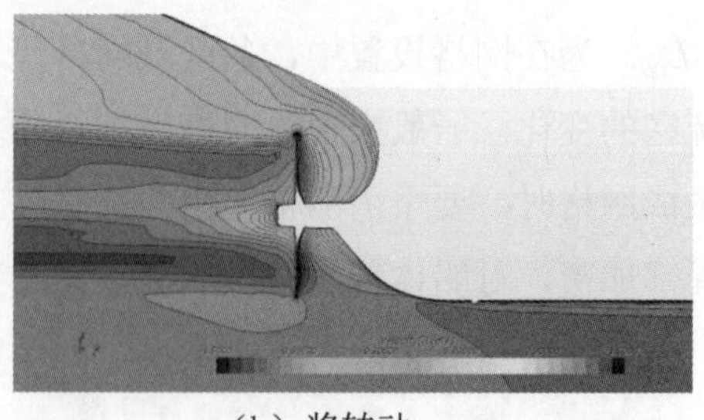

(b) 桨转动

图 4 Y=0 处速度分布图

3.3.2 船桨舵模拟

从图 5 舵中速度矢量图和图 6 舵后速度矢量图可以看出，由于舵叶的作用，流场的旋转得到减弱。从流线图可以看出，经过螺旋桨后的水流产生了旋转。桨帽后的流线旋转明显，结合压力分布图 7 看，桨帽后有一低压区域，这与试验中的毂涡现象一致。后续可以采取相应措施如舵球或消涡鳍，减轻桨帽后的低压区与周向诱导速度。从图 8 舵叶的压力分布图可以看出，在舵叶的上方和下方有明显的高低压区，由于该桨为右旋，上方的桨叶从左侧转向右侧，下方相反。高低压区域与实船中舵的腐蚀区域一致。

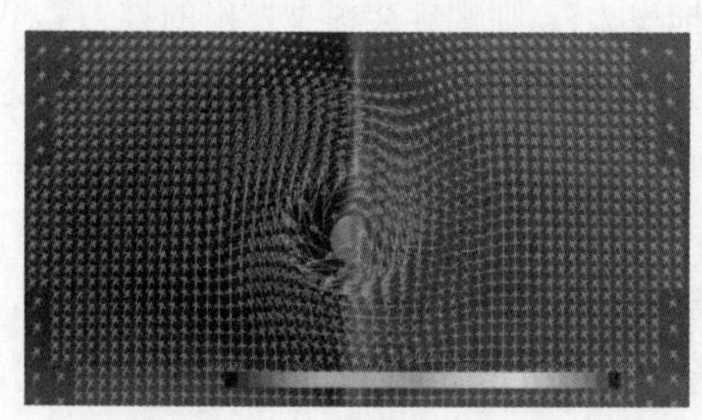

(a) 无舵

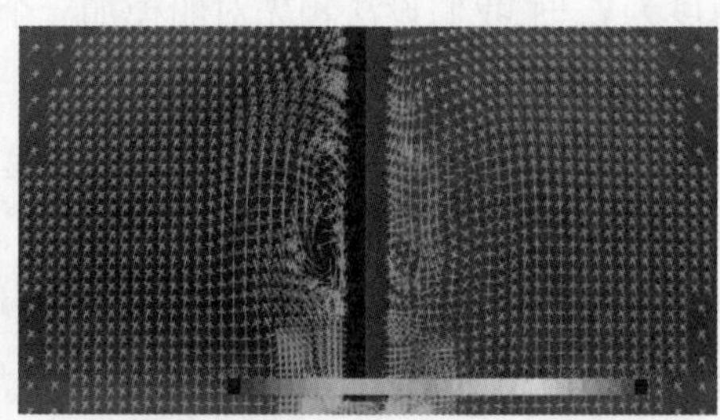

(b) 有舵

图 5 舵中速度矢量图

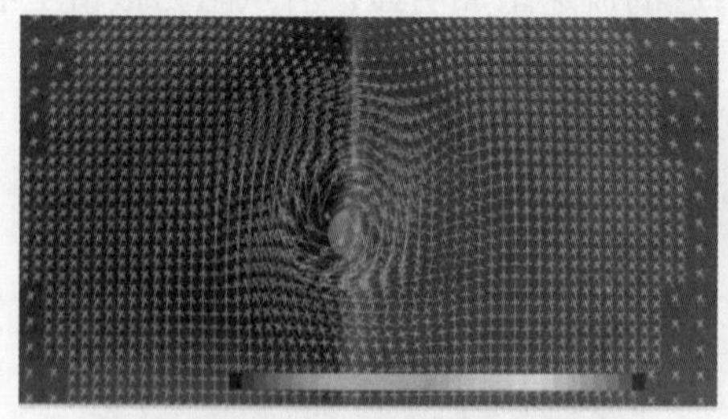

(a) 无舵

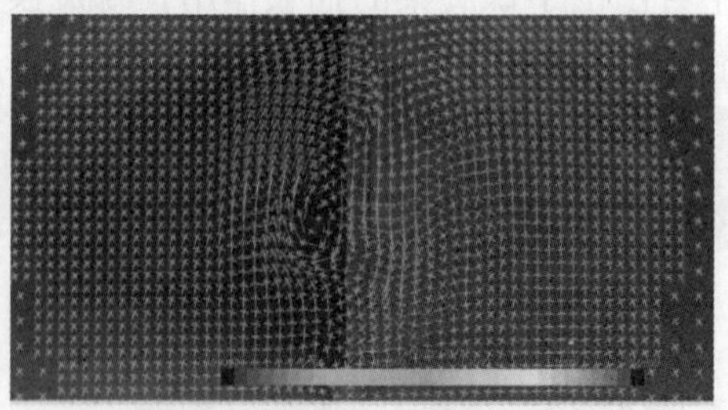

(b) 有舵

图 6 舵后速度矢量图

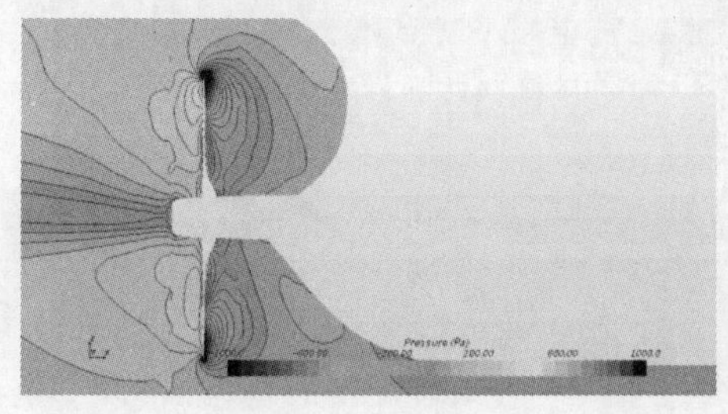

（a）无舵　　（b）有舵

图 7 Y=0 处压力分布

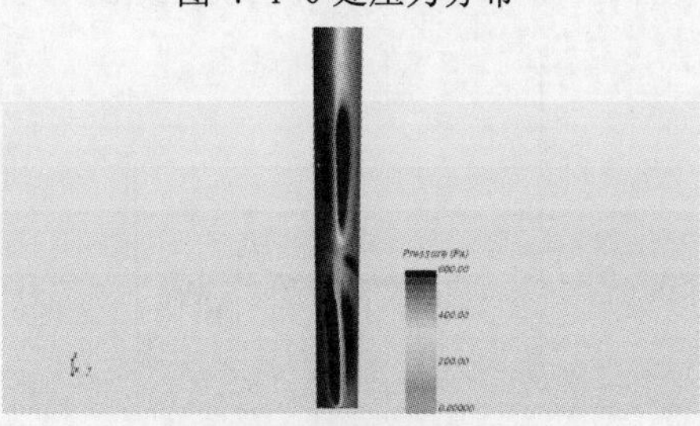

图 8 舵叶压力分布

该 VLCC 初始线型 CFD 自航数据与水池报告对比见表 4，经过实船换算后，15kn 时 PD 与试验报告数据偏差 1.4%，认为具有较高的数值精度。

表 4 实船收到功率对比

	VS(knt)	PDS(kW)	Delta
试验数据	15	17526	
CFD 数据	15	17275	-1.43%

4 线型优化效果预报

4.1 降阻预报

采用上述相同的网格设置与模型参数，进行优化线型的阻力对比，模型尺度下阻力数值见表 3。在 15kn 时，降低了 2.3%。

表 5 模型尺度船体阻力对比

	VS(kn)	VM(m/s)	RTM(kg・m/S2)	Delta
初始线型	15	1.091	27.63	
优化线型	15	1.091	27.00	-2.3%

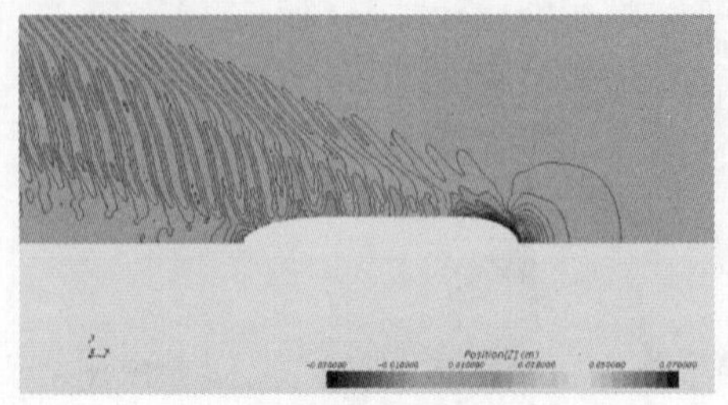

（a）初始线型波形　　　　（b）优化线型波形

图 9 不同线型波形

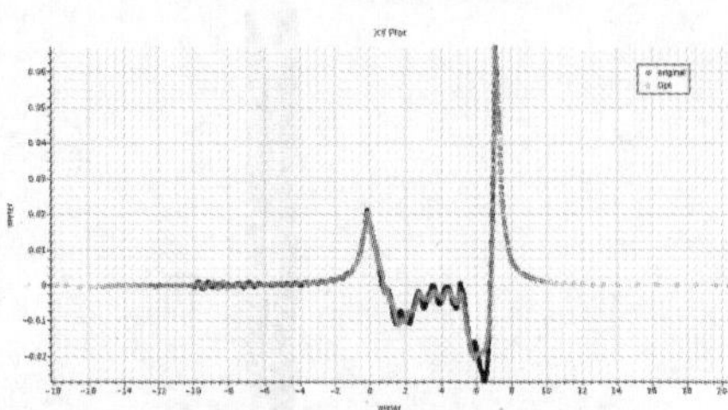

图 10 船侧波高图对比

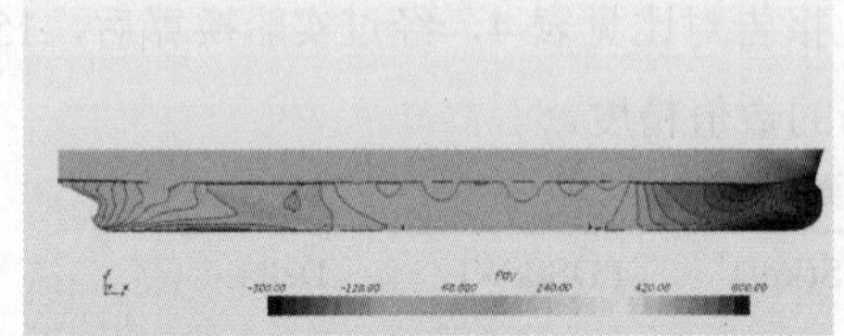

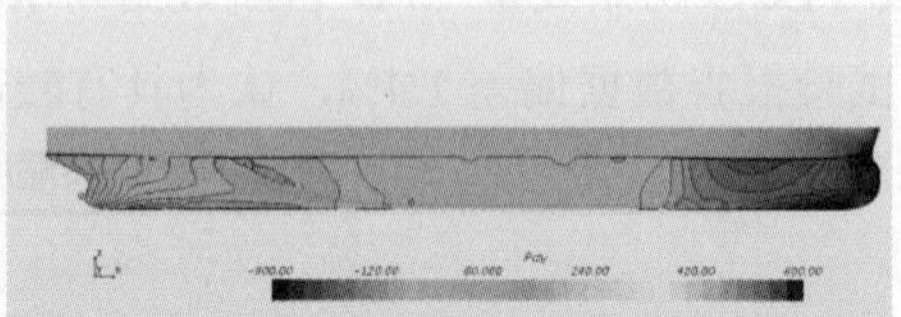

（a）初始线型　　　　（b）优化线型

图 11 船身压力分布

图 9 为 CFD 计算得到的兴波图，图 10 为船侧波高图。可以看处前体兴波下降，波谷区域减弱，兴波阻力降低。结合图 11 压力分布图看出，原型方案在艏部低压区明显，压力梯度较大，与波形图中较大的波谷对应。改型方案压力分布与波形情况均有所改善，压力梯度减缓，波谷变小。

4.2 自航对比

采用上述摩擦阻力修正值进行自航模拟，模型尺度 CFD 模拟数据经过实船尺度换算对比，自航收到功率 PD 对比见下表 6，收到功率降低了 2.5%。

表 6 实船收到功率对比

	VS(kn)	PDS(kW)	Delta
初始线型	15	17275	
优化线型	15	16838	-2.5%

4.3 试验验证

上述初始线型和优化线型，在同一家水池进行了对比试验。设计吃水设计航速下，换算到实船尺度，收到功率降低了3.5%。本文CFD仿真结果与试验结果一致，具有较高精度。

5 结论

本文采用黏流CFD软件，基于RANS理论和滑移网格方法对船桨舵进行自航模拟，通过与试验数据对比，具有较高的工程精度。综合评估船桨舵的相互作用，可以看出舵对流场有明显的影响，在自航中舵不能忽略。在线型优化中，对最终效果的评估需要综合考虑船桨舵之间的影响。在本文线型优化中，船桨舵CFD自航评估收到功率PD降低了2.5%，与试验结果趋势一致，该方法具有重要的工程意义和使用价值。

参考文献

1 戴原星，张志远，刘建国，等.喷水推进三体船阻力与自航数值模拟研究[J/OL].船舶，2019(01)，2019.03.

2 贾力平.基于敞水桨数据的船模自航数值仿真预报[A].第二十九届全国水动力学研讨会论文集[C].北京:海洋出版社，2018.

3 孙文愈.基于改进的螺旋桨体积力模型的船舶自航性能黏势耦合预报方法[A].第二十九届全国水动力学研讨会论文集[C].北京:海洋出版社，2018:7.

4 庄丽帆，王志东，凌宏杰，等.大型集装箱船船桨舵干扰特性数值模拟与分析[J].江苏科技大学学报(自然科学版)，2016,30(03):205-212.

5 张亮，李云波.流体力学[M].哈尔滨：哈尔滨工程大学出版社，2008.

6 董世汤，王国强，唐登海，等.船舶推进器水动力学[M].北京:国防工业出版社，2009：175-178

7 盛振邦，刘应中.船舶原理[M].上海：上海交通大学出版，2003.

Ship self-propulsion simulation with actual propeller and hull lines optimization

CHEN Qian, ZHA Jing-jing, LI Jia-ning

(Shanghai Waigaoqiao Shipbuilding Co. Ltd., Shanghai 200137, China. Email: rd@chinasws.com)

Abstract: The matching of the hull、propeller and Rudder has always been the focus of ship propulsion. In order to study the comprehensive performance, one VLCC was selected to carry out CFD simulation of self-propulsion at design draft and velocity. Considering the symmetry of the hull, use half model to simulate the resistance, and use local refinement domains to get the dense mesh. Compare the results of CFD and basin data following ITTC procedure, this method has good numerical accuracy. Use self-propulsion simulations to evaluate the optimized hull lines.

Key words: CFD ; self-propulsion; actual propeller; hull form optimization; ship scale performance prediction

冰水混合环境下冰区船冰水动力特性研究

赵桥生，国威，王习建，韩阳

(中国船舶科学研究中心，无锡，214082，Email: zhaocssrc@163.com)

摘要：冰区船舶在冰水混合环境中航行与操纵时，作用在船体的外力被称为冰水动力，包括水动力以及船-冰作用力等。冰区航行与操纵状态下船舶的外界作用力受冰的作用力影响较大，相互作用过程复杂。本研究基于计算流体力学(CFD)和离散元(DEM)相结合的数值模拟方法，对冰区船的斜航运动冰水动力开展了数值计算，获取了典型工况的冰水动力，冰水动力特性呈现非线性非定常的特征。

关键词：冰区船舶；船冰作用力；数值计算

1 引言

随着北极海冰的加速融化，北极地区的潜在价值越发受到关注。北方航道分为东北、西北两条航线。如若北方航道全面贯通，亚洲与欧洲间的航程将缩短3000km余。

随着极地航道的开通以及油气资源的开采，极地冰区船舶的需求也日益强烈，全球各主要国家也都在加紧对冰区船舶的研制和开发。对我国而言，北极海上通道和传统的航线相比，最多能减少50%的航程[1]。自2013年“永盛”轮首次完成北极东北航道航行以来，从2013－2017年间，共派出10艘船舶，累计完成14个北极东北航道航行，运输货物46.5万计费吨，缩短航行里程67396n mile。

船舶在冰区航行是很危险的，若是有可能应尽量绕过冰区，避免冰区航行[2]。船舶在北冰洋上航行遭遇的最大困难是冰区航行，处理不当可能会造成船毁人亡的海难事故[3]。船舶在冰区航行时，由于海冰的普遍存在，船冰作用力成为主要的环境载荷，船舶的综合航行性能也发生了改变。王超等[4]对破冰船在平整冰中的操纵性能进行初步简化预报，其中船冰作用力主要基于经验估算的方法进行了冰阻力估算。冰区航行船舶的冰阻力估算方法很多[5-14]，目前常用的有Lindqvist公式[10]、Keinonen公式[11]和Riska公式[12]。大部分的冰阻力估算公式的最大不足之处在于不能考虑具体的船体形状对冰阻力的影响。在冰区航行船舶船冰相互作用力研究方面，也逐渐出现了离散元(DEM)和FEM、SPH等耦合方法[6, 14-16]。季顺迎、李紫麟等[17-18]针对海冰与船体相互作用时的动力特性，建立海冰的离散单元模型，采用三角形单元构造船体结构，采用离散单元模型确定不同参数条件下的船冰作用力。

*基金项目：高技术船舶科研项目（2017[614]）

2 冰水动力数值计算方法

本研究采用计算流体力学（CFD）和离散元（DEM）方法相结合的数值方法模拟船舶在碎冰区中的操纵运动，CFD 方法中针对不可压缩流体，湍流模型采用 $k-\varepsilon$ 模型。离散元方法是 Cundall 于 1971 年提出，一种研究非连续介质问题的数值模型方法[6]。离散元方法中采用线性弹簧接触模型来模拟粒子间的接触，具体如下：

2.1 流体力学方法的基本理论

连续性方程：

$$\frac{\partial u_i}{\partial x_i}=0 \tag{1}$$

动量守恒方程：

$$\frac{\partial(\rho u_i)}{\partial t}+\frac{\partial(\rho u_i u_j)}{\partial x_j}=\frac{\partial}{\partial x_j}(\mu\frac{\partial u_i}{\partial x_j})-\frac{\partial p}{\partial x_i}+S_i \tag{2}$$

$k-\varepsilon$ 湍流模型：

$$\frac{\partial(\rho k)}{\partial t}+\frac{\partial(\rho k u_i)}{\partial x_i}=\frac{\partial}{\partial x_j}\left[\left(\mu+\frac{\mu_t}{\sigma_k}\right)\frac{\partial k}{\partial x_j}\right]+G_k-\rho\varepsilon$$

$$\frac{\partial(\rho \varepsilon)}{\partial t}+\frac{\partial(\rho \varepsilon u_i)}{\partial x_i}=\frac{\partial}{\partial x_j}\left[\left(\mu+\frac{\mu_t}{\sigma_\varepsilon}\right)\frac{\partial \varepsilon}{\partial x_j}\right]+\frac{\varepsilon}{k}C_{\varepsilon 1}G_k-C_{2\varepsilon}\rho\frac{\varepsilon^2}{k} \tag{3}$$

式中，ρ 为流体密度，u_i 为流体速度，p 表示微元体上的压力，S_i 是广义源项，k 为湍动能，ε 为湍流动能耗散率，μ_t 为湍动黏度，G_k 是由速度梯度引起的湍动能产生项，G_b 是由于浮力引起的湍动能产生项，Y_M 是可压缩湍流的脉动扩张项，σ_k 和 σ_ε 是湍动能和耗散率的普朗特数。

2.2 离散元方法

$$m_p\frac{\mathrm{d}\overrightarrow{v_p}}{\mathrm{d}t}=\overrightarrow{F_d}+\overrightarrow{F_p}+\overrightarrow{F_g}+\overrightarrow{F_c} \tag{4}$$

式中，m_p 为粒子质量，v_p 为粒子速度，F_d 为粒子拖曳力，F_p 为压力梯度力，F_g 为重力，F_c 为粒子接触力。

拖曳力：

$$\overrightarrow{F_d}=\frac{1}{2}C_d\rho A_p\left|\overrightarrow{v_s}\right|\overrightarrow{v_s} \tag{5}$$

压力梯度力：

$$\overrightarrow{F_p}=-V_p\nabla p_{\text{static}} \tag{6}$$

式中，V_p 为粒子体积，∇p_{static} 为连续流体静压梯度。

接触力：

$$\overrightarrow{F_c}=\sum\nolimits_{\text{neighbor particles}}\overrightarrow{F}_{\text{contact}}+\sum\nolimits_{\text{neighbor boundaries}}\overrightarrow{F}_{\text{contact}} \tag{7}$$

粒子间接触力：

$$\overrightarrow{F}_{\text{contact}}=\overrightarrow{F_n}+\overrightarrow{F_t} \tag{8}$$

式中，$\overrightarrow{F_n}$ 为接触力法向分量，$\overrightarrow{F_t}$ 为接触力切向分量。

$$\overrightarrow{F_n}=-K_n\overrightarrow{d_n}-N_n\overrightarrow{v_n} \tag{9}$$

$$\overrightarrow{F_t}=-K_t\overrightarrow{d_t}-N_t\overrightarrow{v_t} \quad \left(\left|K_t\overrightarrow{d_t}\right|<\left|K_n\overrightarrow{d_n}\right|C_{fs}\right)$$

$$\overrightarrow{F_t}=\frac{\left|K_n\overrightarrow{d_n}\right|C_{fs}d_t}{\left|d_t\right|} \quad \left(\left|K_t\overrightarrow{d_t}\right|\geq\left|K_n\overrightarrow{d_n}\right|C_{fs}\right) \tag{10}$$

式中，K_n 为法向弹簧系数，K_t 为切向弹簧系数，C_{fs} 为摩擦系数。

$$N_n=2N_{n\,\text{damp}}\sqrt{K_nM_{eq}}$$

$$N_t=2N_{t\,\text{damp}}\sqrt{K_tM_{eq}} \tag{11}$$

式中，$N_{n\,\text{damp}}$ 为法向阻尼系数，$N_{t\,\text{damp}}$ 为切向阻尼系数。

3 冰水动力特性计算与分析研究

选取一条破冰科考船为计算对象，采用上述数值方法，进行了开敞水域的水动力和碎冰区中航行的冰水动力数值计算。计算对象的船模主尺度参数如表 1 所示。

表 1 计算对象的船模主要参数

参数	符号	单位	船模
船长	L	m	4.175
型宽	B	m	0.565
设计吃水	T	m	0.200
排水体积	∇	m^3	0.276

由于本研究模拟的是船在碎冰航道的斜航运动，船体表面与冰接触的区域需要较细的网格，对于远离船体的区域，则可适当增大网格尺度。船模的冰水动力数值计算时，海冰的弹性模量取 5.0E+07，泊松比取 0.3。

图 1 计算域及边界条件

船舶在碎冰区航行与操纵运动数值计算时，碎冰厚度取 0.02m，航道内碎冰分布密集度为 75%，船模的初始速度为 0.4m/s，斜航运动工况取船的漂角为 3°。作用在船体上的水动力和总的冰水动力的时历曲线如图 2~图 4 所示。从图 2 至图 4 可以看出，与常见的水动力性能相比，作用在船模上的总的冰水动力呈现明显的非线性非定常的特征。

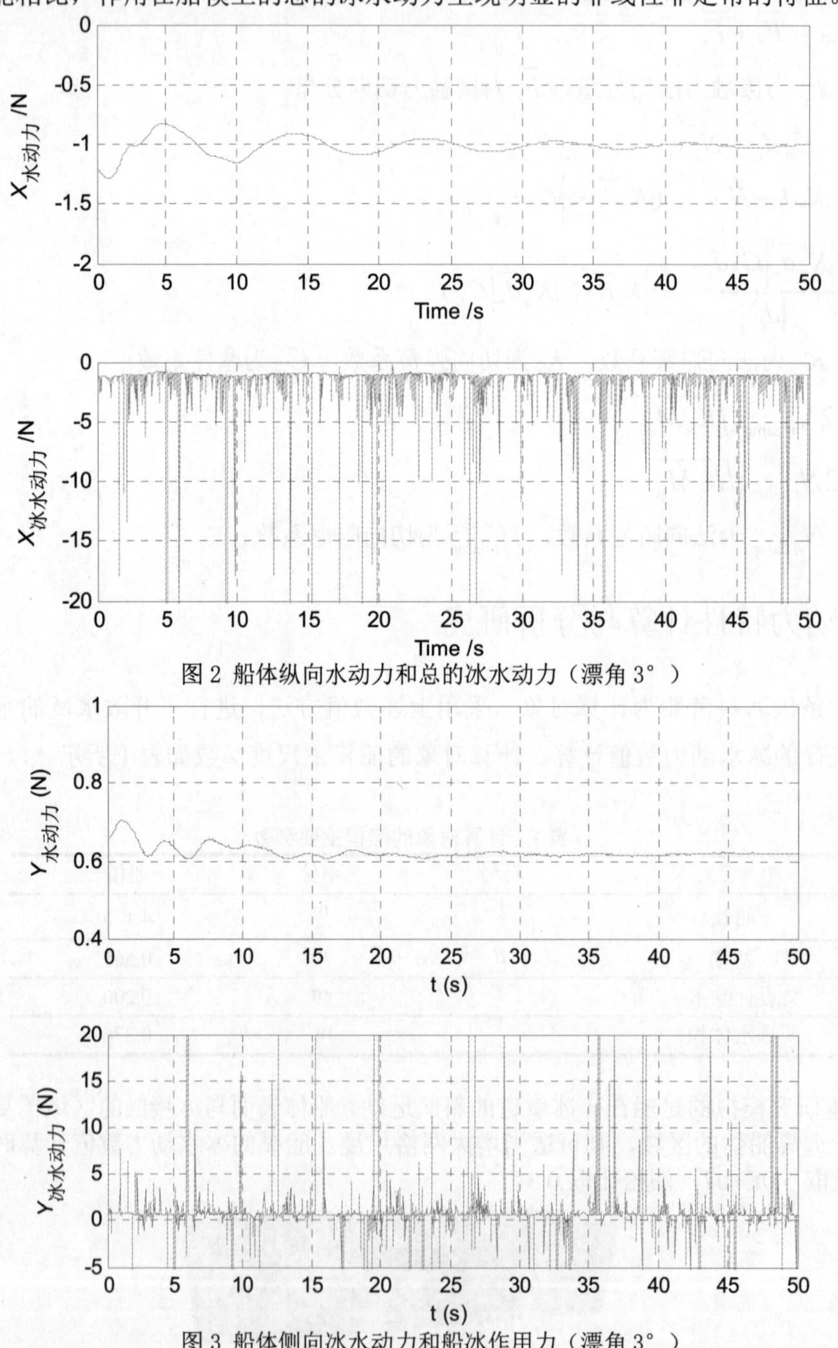

图 2 船体纵向水动力和总的冰水动力（漂角 3°）

图 3 船体侧向冰水动力和船冰作用力（漂角 3°）

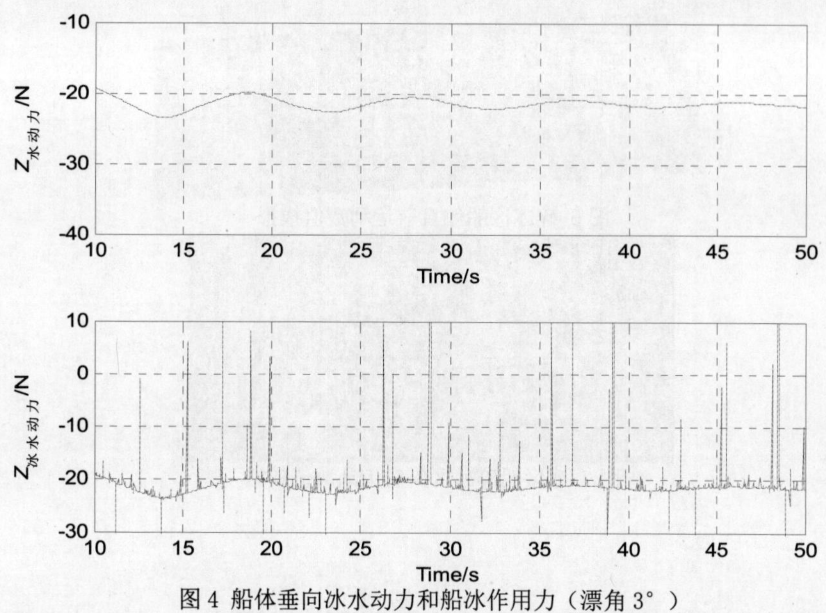

图 4 船体垂向冰水动力和船冰作用力（漂角 3°）

图 5 给出了作用在船体上的冰力，图 6 给出了冰区船在碎冰区直航运动状态下的冰水混合场，图 7 给出了冰区船在碎冰区直航和斜航操纵运动状态下的冰水混合场。从图 6 和图 7 中可以明显地看出，冰区船在碎冰区运动时，具有碎冰在船首翻转，碎冰沿船体滑动等现象。

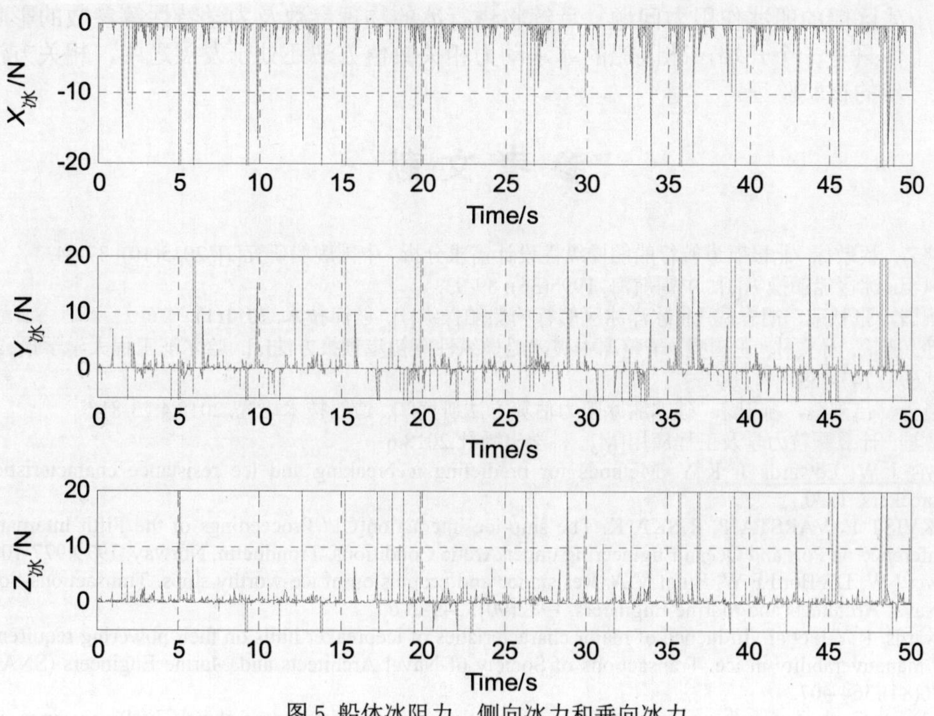

图 5 船体冰阻力、侧向冰力和垂向冰力

图 6 碎冰区船舶直航运动数值模拟

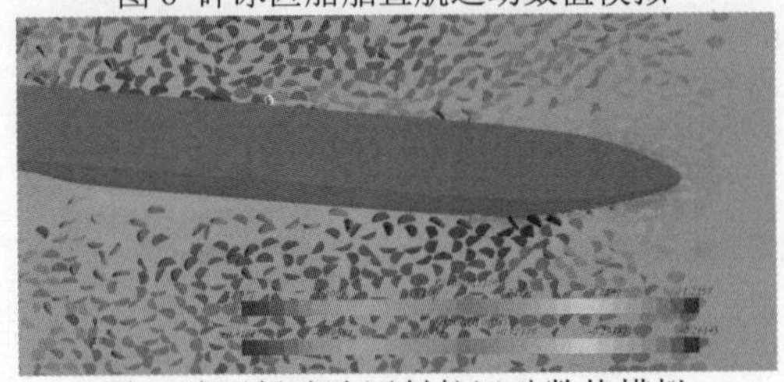

图 7 冰区船碎冰区斜航运动数值模拟

4 结论

冰区船的冰水动力学是船舶在冰区航行与操纵的基础问题之一。针对冰区船舶在碎冰区航行与操纵时的船冰作用力问题，本研究基于计算流体动力学和离散元相结合的冰水动力数值模拟方法，获取了船舶在碎冰区航行的冰水动力，并能分离出水动力和船冰作用力成分。该数值计算方法可以有效地模拟出碎冰在船首翻转，碎冰沿船体滑动等现象。本研究获得的斜航运动冰水动力结果，为该船在冰区的航行与操纵运动预报提供了基础。

对于冰区船的船冰作用力问题，后续将进行冰的物理参数及力学特性等参数的影响研究。本工作只是一个开端，冰区船的冰水动力相关数值方法还处于发展之中，相关方法有待于进一步的试验验证。

参考文献

1 胡晓芳，蔡敬标. 北极航道航行船舶操纵性设计需求分析. 中国舰船研究[J]. 2015(10): 37-44.

2 孙凤羽. 冰区船舶操纵[J]. 中国航海. 1995(36): 89-93.

3 顾维国，张秋荣，胡志武. 北冰洋冰区航行的船舶操纵[J]. 航海技术. 2011(1).

4 王超，康瑞，孙文林，王国亮. 平整冰中破冰船操纵性能初步预报方法[J]. 哈尔滨工程大学学报, 2016, 37（6）: 747-753.

5 于晨芳，吕烈彪，柳卫东. 破冰船冰阻力估算方法研究[J]. 造船技术研究. 2018.4:73-81.

6 季顺迎. 计算颗粒力学及工程应用[M]. 科学出版社.2018.6.

7 Lewis J W, Edwards Jr R Y. Methods for predicting icebreaking and ice resistance characteristics of icebreakers. 1970.

8 ENKVIST E, VARSTA P, RISKA K. The ship-ice interaction[C]// Proceedings of the Fifth International Conference on Port and Ocean Engineering under Arctic Conditions. Trondheim, Norway, 1979:977-1002.

9 Lewis J W, DE Bord F W, Bulat V A. Resistance and propulsion of ice-worthy ships. Transactions-Society of Naval Architects and Marine Engineers, 1982(90): 249-276.

10 Edwards, R.Y.J. et al., Influence of major characteristics of icebreaker hulls on their powering requirements and maneuverability in ice. Transactions of Society of Naval Architects and Marine Engineers (SNAME), 1976(84):364-407.

11 Lindqvist G. A straightforward method for calculation of ice resistance of ships[C]// Proceedings of the

Tenth International Conference on Port and Ocean Engineering under Arctic Conditions. Lulea, Sweden, 1989: 722-735.
12 KEINONEN A J, BROWNE R, REVILL C, REYNOLDS A. Icebreaker characteristics synthesis[R]. Ontario, Canada, 1996.
13 RISKA K, WILHELMSON M, ENGLUND K, LEIVISKA T. Performance of merchant vessels in the Baltic[R]. Winter Navigation Research Board. Helsinki, Finland, 1997.
14 SPENCER D, JONES S J. Model-scale/full-scale correlation in open water and ice for Canadian Coast Guard "R-Class" icebreakers [J]. Journal of Ship Research, 2001, 45(4):249-261
15 Robb D M, Gaskin S J, Marongiu J C. SPH-DEM model for free-surface flows containing solids applied to river ice jams[J]. Journal of Hydraulic Research, 2016, 54(1): 27-40.
16 Xue Yanzhuo, Lu Xikui, Wang Qing. Simulation of three-point bending test of ice based on peridynamic[J]. Journal of Harbin Engineering University, 2018, 39(4): 607-613.
17 Ji Shunying, Li Chunhua, Liu Yu. A review of advances in sea-ice discrete element models[J]. Chinese Journal of Polar Research, 2012, 24(4): 315-330.
18 Ji Shunying, Li Zilin, Li Chunhua, et al. The study of ice induced vibration on marine platforms by dynamic model test[J]. Chinese Journal of Applied Mechanics, 2013(4): 520-526.

Study on interaction forces of ships-ice-water

ZHAO Qiao-sheng, GUO Wei, WANG Xi-jian, HAN Yang

(China Ship Scientific Research Center, Wuxi 214082, China，Email: zhaocssrc@163.ccom))

Abstract: When a ship is navigating and maneuvering in the ice-water mixed environment, the external force acting on the hull is complicated, including hydrodynamics and ship-ice forces. The ship's external force is greatly affected by the ice when the ship is in the state of navigation and maneuvering, and the interaction process is complicated. Based on the numerical simulation method of computational fluid dynamics (CFD) and discrete element method (DEM), the oblique motion of ship in ice is carried out. The forces acting on the ship model is obtained, and the characteristics of nonlinear and unsteady are obvious. It can offer the reference to the researchers of ship maneuvering in ice.

Key words: Ship in ice; ice load; numerical simulation.

冰区船舶操纵性研究进展综述

韩阳，师超，赵桥生，王迎晖

(中国船舶科学研究中心 水动力学重点实验室，无锡，214000, Email: hanycssrc@163.com)

摘要：船舶在冰区航行时，操纵装置提供的操纵力/力矩需克服作用于船上的冰载荷，才能使得船舶在冰区航道航行或破冰时保持和改变航向，在设计阶段需要考虑船舶冰区中的操纵性能预报与评估。本文针对冰区航行船舶操纵性领域的研究进展，给出了船体与冰相互作用过程，及相应作用力的表达形式；冰区船舶操纵性数值预报的主要模型和方法；已开展的实船和模型试验的研究成果。通过归纳、总结，给出了冰区船舶操纵性的研究方向。

关键词：冰区船舶；操纵性；研究进展，综述

1 引言

极地地区蕴藏着大量能源。从南极地区已查明的资源分布来看，煤、铁和石油的储量为世界第一。北极被称为第二个中东，拥有全球13%的未探明石油储量，全球30%未开发的天然气储量以及9%的世界煤炭资源。除石油、天然气、煤炭资源外，北极地区还有富饶的渔业、淡水、生物以及各类稀有矿产资源。

另一方面，随着全球变暖，随着北极地区海冰的消融，进入北冰洋正变得越来越容易，北极冰层消融使得北极的战略地位日益凸显，围绕极地的开发和争夺更多地聚焦在北极。北极航道极大地缩短我国与西欧和北美之间的通航里程，促使世界航运和贸易格局发生深刻变更。所以，各国越来越关注冰区船舶与海洋平台的设计、性能预报与评估。

在冰区船舶航行性能研究方面，多数研究集中于冰区船舶的阻力与结构性能，关注点多在于单自由度船-冰作用力和局部载荷。但是，对于破冰船，操纵装置提供的操纵力/力矩需克服作用于船上的冰载荷，才能实现船舶在冰区航道航行或破冰时保持和改变航向；船舶在破冰航道或浮冰水域航行时需具有航向和航迹控制能力，才能保证船舶的航行安全。所以，对于冰区船舶，不仅需要掌握船舶的冰阻力和推进性能，还需要考虑保持和改变航向、航速和航迹的控制能力等与船舶操纵性能相关的运动性能。

为了解冰区船舶操纵性预报与评估的技术发展现状，本文从船舶与冰相互作用、冰区船舶操纵性数值预报和试验等几个方面进行归纳和总结。

2 船体-冰相互作用

了解并掌握船体与冰的相互作用过程，是研究船体与冰的相互作用力的必要前提。极地船舶在层冰区航行时，借助推进力的作用，利用特殊的艏部结构驶上冰面，利用船体本身的重量压碎冰面，船体与冰的相互作用过程主要包括 3 个阶段：层冰的断裂和破损、破碎冰翻转、破碎冰滑移和排开(图 1)。

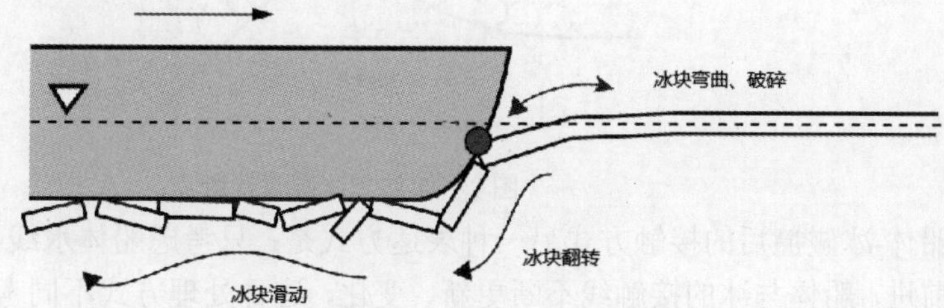

图 1　船体-冰相互作用过程

根据船体与冰相关作用的 3 个阶段，可以将船体与冰的相互作用力分解为：破冰力、碎冰浮力、以及由于碎冰滑动、翻转等运动产生的作用力等。可以采用以下表达形式。

$$F_{ice} = F_{br} + F_{cl} + F_{buoy} \tag{1}$$

其中，F_{ice} 为船舶在层冰区航行时，作用在船体上总的冰载荷；F_{br} 为破冰力，为冰破碎后发生翻转、沿船体滑动、加速等产生的作用力，F_{buoy} 为冰浮力产生的碎冰浮力。

冰区船舶操纵性研究方面，多数研究都集中在层冰区，这时大多数的研究重点都集中在求解破冰力 F_{br} 上。而对于碎冰浮力 F_{buoy} 和排开作用力 F_{cl} 大多采用经验公式。对于破冰力 F_{br} 满足以下式子。

$$F_{br} = P \cdot A \tag{2}$$

其中，P 是船体-冰接触面的平均压力，A 是船体-冰接触面的面积。所以，求解破冰力 F_{br} 的前提是，确定船体与冰接触面，然后求解作用在接触面上的载荷和面积。

确定船体与冰的接触点或接触面的方式主要有两种：一种是圆盘接触方法。这种方法假定船体和冰的边缘由圆盘组成，当船体和冰接触时，满足以下关系式：

$$(x_i - x_s)^2 + (\mathrm{y}_i - y_s)^2 = (r_\mathrm{i} + r_s)^2 \tag{3}$$

其中，（x_i，y_i）和（x_s，y_s）分别是冰和船圆盘模型的圆心坐标，r_i，r_s 为冰和船圆盘模型的半径，这种接触方式的示意图如图 2 所示。确定船-冰接触点以后，破冰区内的冰圆盘模型在冰盖上消失，船-冰的接触面不断更新。这种接触方式对于两个复杂结构物间的碰撞非常有效，可以很方便地确定两物体间的接触面。这种接触方式的的探测精度与圆盘半径有关，圆盘半径越小，接触点的位置精度越高。Sawamra 等（2010)通过研究，验证了这种接触方式的精度和有效性。

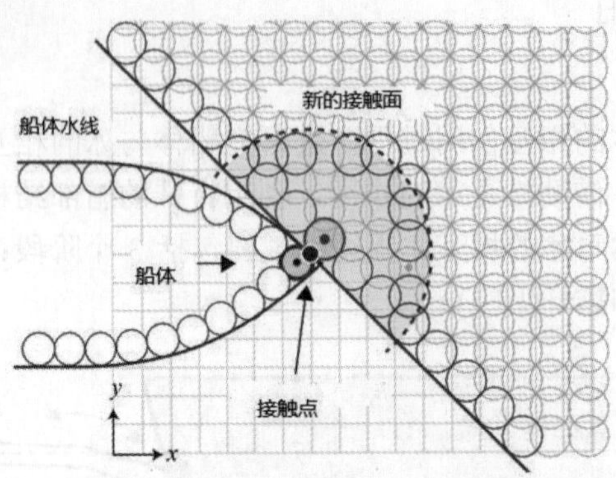

图 2　船体与冰圆盘接触点

船体-冰碰撞后的接触方式另一种表达方式是：只考虑船体水线与冰面的接触线，随着船舶前进，船体与冰的接触线不断更新、变化，这种处理方式不同考虑大面积的冰区特性，数据量更少，计算效率更高，示意图如图 3 所示。Biao Su（2010），Quan Zhou（2016）等人的研究工作采用此种方式，建立了水平面内的二维船体-冰相互作用模型，确定船体与冰的接触面，求解作用在船上的冰载荷。

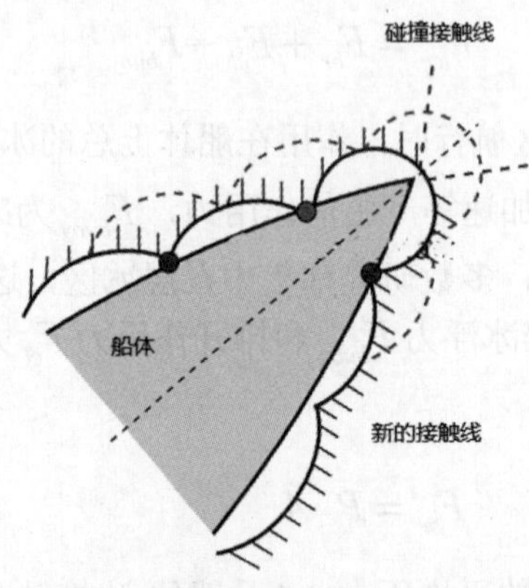

图 3　船体与冰边缘的接触线

3　冰区船舶操纵性数值预报研究进展

由于冰区船舶操纵性模型试验对于试验水池和试验条件要求非常高。相对来说，数值模拟方法需要的资源少，效率高，可以很方便地获得作用在船体上的冰载荷、局部和全局压力分布等重要信息。数值预报方法已经作为一种重要的研究手段，广泛应用于冰区船舶操纵性研究领域。冰区船舶操纵性研究主要有两方面：①船舶回转运动下的冰区航道预报，及作用在船体的冰载荷。②基于操纵运动数学模型，开展操纵运动仿真模拟。

Sawamura 等基于流固耦合有限元方法破冰力，假设船体与冰的接触面是圆弧面，得到了固定航速，不同回转半径下的冰航道的预报结果（图 4）。

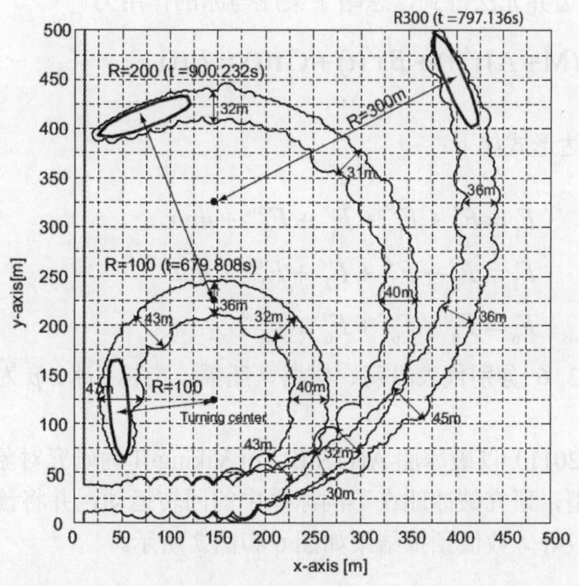

图 4　不同回转半径下的冰航道模拟结果

Lau.M 等应用加拿大海洋科技研究所(IOT)开发的，基于离散元方法的商业软件“DECICE”，研究破冰船“TERRY FOX”号在层冰中的作直航和回转运动时的破冰过程和相应的作用力，包括破冰阻力和作用在船体上的首摇力矩。直航和定常回转运动下的冰航道预报结果如图 5 所示。

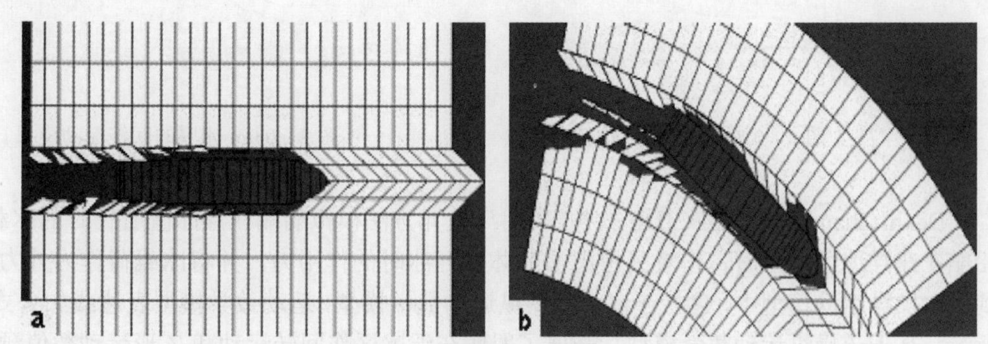

图 5　基于离散元方法的数值模拟结果

基于操纵运动数学模型，进行操纵运动仿真模拟的主要研究思路是：基于敞水 MMG 操纵运动数学模型，将冰载荷作为外力，直接加入数学运动方程的右端，形成 3 自由度冰区船舶操纵运动数学模型。

Biao Su 采用一般线性耦合微分控制方程：取代标准操纵运动方程，阻尼项和修正项取0，附加质量系数由边界元法得到，忽略了桨舵与冰的作用力。

$$(\mathrm{M}+\mathrm{A})\,\mathrm{r}'(\mathrm{t})+B\,\mathrm{r}'(\mathrm{t})+C\,\mathrm{r}(\mathrm{t})=F(\mathrm{t}) \tag{4}$$

其中，$F(\mathrm{t})$ 表达形式如下：

$$\begin{aligned} F_1 &= F_1^i + F_1^P + F_1^r + F_1^{ow} + mvr \\ F_2 &= F_2^i + F_2^P + F_2^r + F_2^{ow} - mur \\ F_6 &= F_6^i + F_6^P + F_6^r + F_6^{ow} \end{aligned} \tag{5}$$

其中，下标 1, 2, 6 分别代表纵荡、横荡、艏摇，上标 i 冰、p 为桨、r 为舵，ow 为敞水域水动力项。

Biao Su 等人（2011）以破冰船 AHTS/IB Tor Viking II 为研究对象，基于建立的 3 自由度操纵运动数学模型，研究破冰船在不同冰厚中的回转运动，并将预报结果与模型试验结果进行比对，吻合较好。数值预报结果如图 6 和图 7 所示。

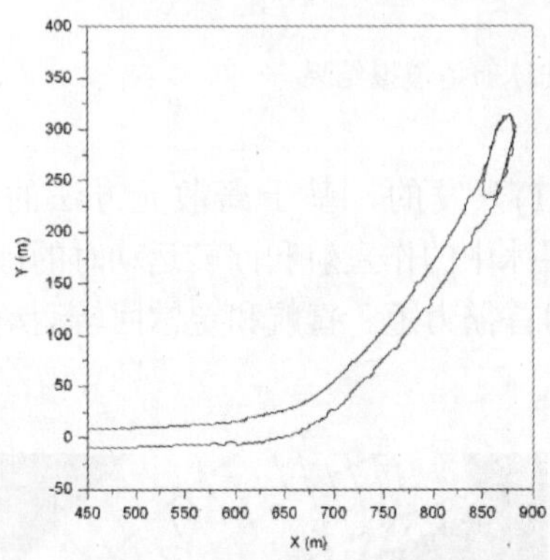

图 6　0.7m 冰厚的回转运动模拟

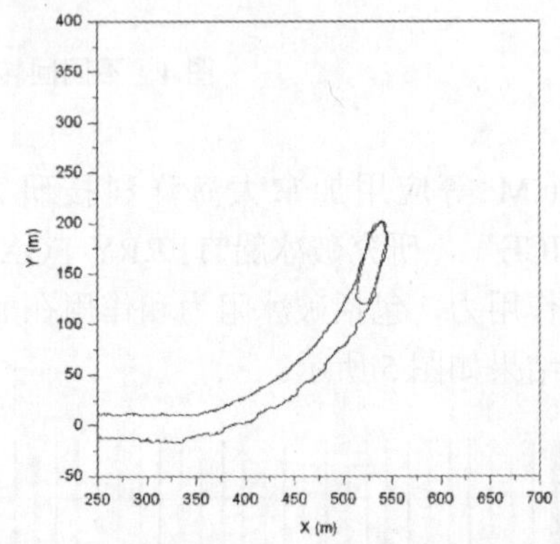

图 7　0.9m 冰厚的回转运动模拟

Dexin Zhan 等基于 DECIDE 软件，采用离散元方法模拟船舶在浮冰区航行时的冰载荷。船舶在在浮冰区航行时，作者只考虑了船体排开冰时的作用力，并将冰载荷作为外力叠加到敞水操纵运动模型中，建立 3 自由度操纵运动数学模型，运动数学模型表达式如公式（6）所示。基于该操纵运动数学模型，开展了船舶在浮冰区作回转运动和 Z 形运动数值预报，回转运动模拟结果如图 8 所示。

$$\frac{\mathrm{d}U}{\mathrm{d}t}=\frac{F_x+\sum F_x^I}{m+m_x}\cos\psi-\frac{F_y+\sum F_y^I}{m+m_y}\sin\psi-Vr$$
$$\frac{\mathrm{d}V}{\mathrm{d}t}=\frac{F_x+\sum F_x^I}{m+m_x}\sin\psi+\frac{F_y+\sum F_y^I}{m+m_y}\cos\psi+Ur \qquad (6)$$
$$\frac{\mathrm{d}r}{\mathrm{d}t}=\frac{N+\sum N^I}{I+I_z}$$

其中，（$\sum F_x^I$，$\sum F_y^I$，$\sum N^I$）为作用在船体上的冰力和力矩。

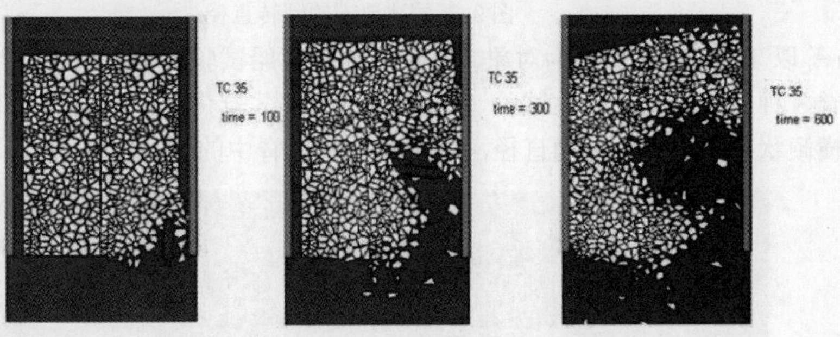

图 8　浮冰中船舶回转运动数值模拟结果

4　冰区船舶操纵性试验研究进展

4.1 实船试验

实船试验是研究船-冰相互作用、评估冰区船舶操纵性能最可靠的手段，并且为模型试验结果提供可靠的验证数据。但是，开展实船操纵性试验，需要大面积、满足试验要求的冰区，需做大量的测试和准备工作，所需的代价高昂。另外，实船试验很难测试船-冰间的相互作用载荷，不能深入分析船-冰相互作用机理。

Menon 等给出了 USCGC Polar Star 破冰船一系列实船试验结果。实船试验包括不同航速、冰厚、舵角、推进功率下的回转试验结果，并根据试验结果总结了不同冰厚、不同舵角、不同航速下的回转直径，没有得到很明显的规律。Devinder S.等以 USCGC Healy 为对象，在巴芬湾开展了不同航速、不同冰厚下的实船操纵性试验研究。由于冰区的限制，只完成了两组完整的回转试验，其他八组试验只完成部分回转试验，后期通过数据处理获得相应的回转运动参数。通过本次实船试验获得了 USCGC Healy 船在不同冰厚下的操纵运动特性。Göran Wilkman 等以油轮“MT Mastera”为对象，开展不同舵角，不同冰厚下的实船试验，通过实船试验，预报与评估了在不同冰厚下船舶的破冰和回转性能。

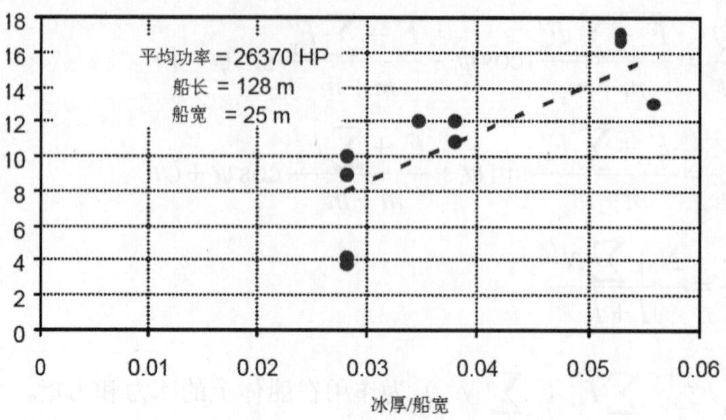

图 9 不同冰厚下的回转直径

Riska 等以 Tor Viking II 号为对象，开展了冰区实船试验。本次试验进行了层冰、碎冰航道和冰脊 3 种冰况下的操纵性试验（图 10）。通过试验获得了不同冰厚下的航速，正浮状态和带横倾状态下的回转运动直径，以及船舶在冰脊中的航行特性。

图 10 Tor Viking II 实船试验

4.2 模型试验

模型试验相对于实船试验，代价低、效率高，可以较为准确的测试船-冰间的相互作用力，精确地模拟船-冰相互作用过程，获得船-冰相互作用机理，为冰区操纵性能提供了有效研究手段。模型试验的缺点是对冰特性的模拟要求较高，以及模型/实船存在的尺度效应问题。对于模型/实船尺度效应问题，Jones 等给出了尺度效应修正。

冰区船舶模型试验可以分为两类：操纵性自航模试验和约束模试验。自航模试验可直接获得船模在冰区中航行时的操纵性能，但是对于水池的试验区域大小要求较高。约束试验可以按照预先设定的运动形式进行试验，通过试验，可以获得船模在冰区作操纵运动时的船-冰相互作用力，及相互作用机理。

Lau.M 等在加拿大海洋科技研究所(IOT)的冰水池，以加拿大海岸警卫队的破冰船“Terry Fox”号为对象，开展了层冰中船模作 PMM 试验。模拟的冰盖厚度为 40mm，目标抗弯强度 35kPA，试验过程中记录冰盖的弯曲、压缩和剪切强度，以及船模的运动和船-冰相互作用力/力矩。对于回转运动试验，开展了两种回转半径（10m 和 50m）下的定常回转试验，给出了不同回转半径下的船-冰相互作用力/力矩，模型试验结果可以为数值模拟结果提供宝贵的验证数据。Leiviska 等为了研究层冰中船舶操纵性能，在冰水池中开展了大量操纵性自航模试验。通过模型试验评估了船舶的破冰能力、破冰航道的形式、冰区中的倒航能力，以及不同冰厚下的回转性能。结合数值模拟方法，评估了模型尺度与实船尺度模拟结果存在的偏差。

5 结论

冰区船舶航行性能研究已经开展了很多研究工作。但是，在冰区船舶操纵性研究方面开展的研究工作较少，且多数研究都集中在操纵工况下船体与冰的局部载荷和全局载荷预报方面。在操纵运动预报、航向保持与控制等方面研究较少，尚未形成一套成熟的数值预报方面。

（1）实船试验或模型试验是预报与评估船舶操纵性能的最可靠方法，通过模型试验可以深入研究船体与冰相互作用机理，指导数值建模，并为数值预报提供可靠的验证数据。但是其成本高、准备周期长，对场地和环境要求较高，国际上只有少数水池可以开展相关的模型试验研究，需要更多的模型试验或实船试验数据，用于验证数值预报结果。

（2）船体与冰碰撞接触时的冰载荷呈现出离散性、不规则性，而且远大于水动力，所以，操纵运动模拟难度较大。现有研究，大多将冰载荷直接作为外载荷叠加到基于 MMG 方法的操纵运动数学模型中进行冰区船舶操纵运动预报。

（3）冰区航行船舶的航向、航迹控制，以及破冰船的航向保持与控制对于船舶的航行安全至关重要，但是相关研究较少。

参 考 文 献

1 Cai K, Shun-ying JI. Analysis of interaction between level ice and ship hull based on discrete element method[J].Naval Architecture & Ocean Engineering, 2016.

2 Derradji-Aouata,Wang J. Ship performance in broken ice floes - preliminary numerical simulations[J]. Aouat,2010.

3 Göran Wilkman., Kimmo Juurmaa.Full-scale experience of double acting tankers MASTERA and TEMPERA.17th International Symposium on Ice Saint Petersburg, Russia, 21 - 25 June 2004.

4 Izumiyama K, Wako D, Shimada H, Uto S. Ice load measurement on a model ship hull[C]// Proceedings of the 16th International Conference on Port and Ocean Engineering under Arctic Conditions, Potsdam, USA, 2005, Vol. 2: 635-646.

5 Jones, J., and Lau, M. Propulsion and manoeuvring model tests of the USCGC Healy in ice and correlation with full-scale. International Conference and Exhibition on Performance of Ships and Structures in Ice (ICETECH'06), Banff, Canada ,2006.

6 Liu J, LAU M, WILLIAMS F M. Mathematical modeling of ice-hull interaction for ship maneuvering in ice simulations[R]. 2006.

7 Liu J. Mathematical modeling ice-hull interaction for real time simulations of ship manoeuvring in level ice[J]. 2009.

8 Lau.M, DERRADJI-AOUAT A. Preliminary modeling of ship maneuvering in ice[C]// 25th Symposium on NavalHydrodynamics, St. John' s, CANADA, 2004.

9 Lau M. Discrete element modeling of ship manoeuvring in ice[J]. 2006.

10 Lau M. Ship manoeuvring-in-ice modeling software OSIS-IHI[R]. 2011.

11 Lau M, LAWRENCE K P, ROTHENBURG L. Discrete element analysis of ice loads on ships and structures[J]. Shipsand Offshore Structures, 2011, 6(3): 211-221.

12 Leiviska, T. Performance and dp tests in ice with civarctic vessel. Technical report AARC Report A454, Aker Arctic, 2011.

13 Lubbad R, LØSET S. A numerical model for real-time simulation of ship－ice interaction[J]. Cold Regions Science &Technology, 2011, 65(2):111-127.

14 Michael Lau.,Jian Chen Liu.,Ahmed Derradji-Aouat.F.,Mary Williams.Preliminary results of ship maneuvering in ice experiments using a planar motion mechanism.17th International Symposium on Ice Saint Petersburg, Russia, 21 - 25 June 2004.

15 Menon.B, Edgecombe M, Tue-feek, Glen I. Maneuvering tests in ice aboard USCGC Polar Star in Antarctica. Arctec Canada Limited, 1986, FR1723C-2.

16 Martio J. Numerical simulation of vessel' s maneuvering performance in uniform ice[R]. Report No. M-301, Ship Laboratory, Helsinki University of Technology, Finland. 2007.

17 Nguyen D T, SØRBØ A H, SØRENSENA J. Modeling and control for dynamic positioned vessels in level ice[C]// Proceedings of 8th Conference on Manoeuvring and Control of Marine Craft, Guarujá, Brazil, 2009.

18 Quinton B, Lau M. Manoeuvring in ice - test/trial database[R]. 2005.

19 Quinton B. DECICE implementation of ship performance in ice: a summary report[R]. Student Report, 2006.

20 Riska K. Ship-ice interaction in ship design: theory and practice[M].Developed under the Auspices of the UNESCO, Eolss Publishers, Oxford, UK,2010b.

21 Riska K, LEIVISKÄ T, NYMAN T, FRANSSON L, LEHTONEN J, ERONEN H, BACKMAN A. Ice performance ofthe Swedish multi-purpose icebreaker Tor Viking II[C]// Proceedings of 16th International

Conference on Port and Ocean Engineering under Arctic Conditions (POAC), Ottawa, Canada, 2001.

22 Sawamura J, TSUCHIYA H, TACHIBANAT, OSAWA N. Numerical modeling for ship maneuvering in levelice[C]// Proceedings of 20th International Symposium on Ice (IAHR), Lahti, Finland, 2010.

23 Su B, RISKA K, MOAN T. Numerical simulation of ship turning in level ice[J]. AmerSoc Mechanical Engineers,2010:751-758.

24 Su B. Numerical predictions of global and local ice loads on ships[R]. Department of Marine Technology, 2011.

25 Su B, RISKA K, MOAN T. Numerical simulation of local ice loads in uniform and randomly varying ice conditions[J].Cold Regions Science and Technology, 2011 (65): 145-159.

26 Sodhi D S, Griggs D B, Tucker W B. Iceperformance tests of USCGC HEALY[C]// Proceedings of the 18thInternational Conference on Port and Ocean Engineering under Arctic Conditions,2001.

27 Zhou Q, PENG H, QIU W. Numerical investigations of ship－ice interaction and maneuvering performance in level ice[J].Cold Regions Science & Technology, 2016, 122:36-49.

28 Zhan D, AGAR D, HE M, et al. Numerical simulation of ship maneuvering in pack ice[C]// ASME 2010, International Conference on Ocean, Offshore and Arctic Engineering, 2010:855-862.

29 Zhan D, MOLYNEUX D. 3-Dimensional numerical simulation of ship motion in pack ice[C]// ASME 2012, International Conference on Ocean, Offshore and Arctic Engineering. 2012:407-414.

Review of ship maneuverability in ice

HAN Yang, SHi Chao, ZHAO Qiao-sheng,WANG Ying-hui

(China Ship Scientific Research Center, Wuxi, 214082.Email: hanycssrc@163.com)

Abstract: In this paper, Ship maneuverability in ice is reviewed. The ship-ice interaction progress was analyzed, and full-scale and model tests together with numerical methods for ship-ice interaction are reviewed. The validation for the numerical method need more realiable benchmark model test data. The course-keeping and station-keeping in ice need to be considered.

Key words: Ship maneuvering, Ship-ice interaction, Numerical and model tests, Review

掺气减蚀的小气泡保护作用及研究展望

陈先朴，邵东超

（安徽省～水利部淮河水利委员会水利科学研究院，蚌埠，233000，Email:cxp6769@163.com）

摘要： 根据近年在模型试验和原型观测中应用针式掺气流速仪测量高速水流掺气浓度场、流速场，气泡尺寸及其概率分布的研究成果，提出了掺气减蚀小气泡保护作用的新概念，主要为：原型流速高，水流韦伯数高，形成微小气泡能力强，微小气泡可以沿程挟带而不上浮逸出。与掺气保护作用关系最密切的是单位体积内的气泡数量，而不是掺气浓度。 0.2mm 以下的微小气泡在掺气减蚀中起主要作用。可能只要很小掺气浓度即可达到掺气减蚀保护的效果。掺气减蚀的小气泡保护作用研究，尚处在初步阶段，还需要进行大量的模型研究、专题研究、工程原型观测加以逐步完善。

关键词： 高速水流；掺气浓度；掺气减蚀；针式掺气流速仪；气泡尺寸；气泡韦伯数

1 前言

高速水流泄水建筑物，过流面常遭空蚀破坏。自 20 世纪 60 年代开始应用掺气减蚀措施，取得了很大成功。近年工程设计中认为掺气浓度达到 2%～3%，即可达到掺气减蚀的保护作用。在工程实践中，常有掺气浓度小于 2%～3%，而并未发现空蚀破坏的例子，如鲁布革水电站左岸泄洪洞距离上掺气坎下游较远处掺气浓度为 0.4%[1]。而在船舶螺旋桨的研究中[2]，只要很微小的空气含量 0.006%，即有明显的减蚀效果。在掺气坎的保护长度方面，在已建工程中，采用的保护长度从 60～560 m[3]，也是差别巨大。这说明，我们对掺气减蚀机理的认识很不完善，需要深入研究。通过利用近年开发的针式掺气流速仪测定高速水流的掺气浓度场和流速场，分析水流中的气泡尺寸及其概率分布，笔者提出了掺气减蚀小气泡保护作用的新概念[4-10]。

2 针式掺气流速仪简介

针式掺气流速仪的掺气探针为细铂金电极（图 1）。气泡通过针尖时信号为 1，水通过针尖时信号为 0。应用示踪法原理，测量气泡信号通过 2 个掺气探针的时间，可以得出流速[5]，并分析出掺气浓度、气泡尺寸及概率分布。适合于掺气水流运动规律、掺气减蚀机理的研究。

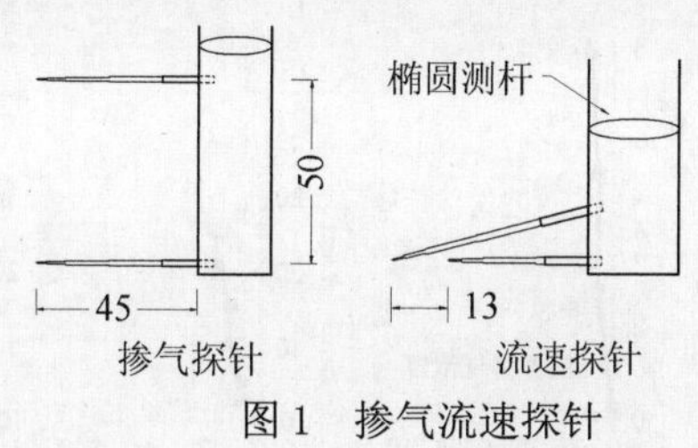

图 1　掺气流速探针

3　掺气水流的运动特性

3.1 掺气水流的分区[6]

泄洪洞出流掺气水流运动状况沿程可划分为 3 段（图 2）。空气掺入段,空气自挑流水舌的上下表面卷吸掺入水中，水中空气含量沿程增大；过渡段，空气掺入量少于逸出量，空气含量沿程减小；稳定段，掺入和逸出水中的空气平衡，空气含量沿程不变。在稳定段，模型中由于流速小、气泡大，上浮快，底部掺气浓度往往为 0；但是在原型，底部掺气浓度虽然较小，微小气泡的数量仍然巨大。

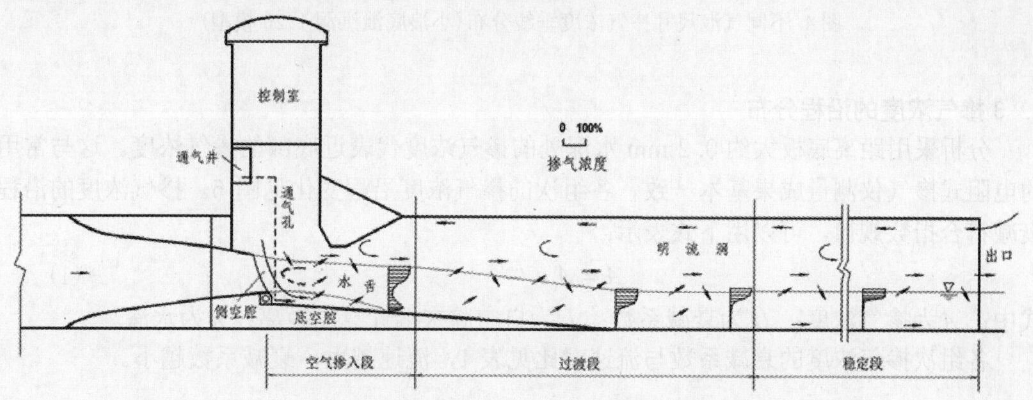

图 2　小浪底工程泄洪洞掺气水流流态示意图

3.2 垂线分布

图 3 为水槽末端[11]　掺气水流接近稳定段的流速 V、掺气浓度 A、气泡尺寸 d_{50}、概率 P、气泡密度 D_b的垂线分布。掺气浓度在底部边界处很小，向上逐渐增大。这与紊流研究成果，垂向紊动强度分布规律一致。边界以上流速分布与明渠一致，当掺气浓度开始快速增加时，流速达到最大值，然后向水面略有减小。气泡尺寸 d_{50} 也是从底部向上逐渐增大。靠近底板处虽然掺气浓度很小，但是气泡尺寸 d_{50} 也很小，小尺寸气泡概率大，因此气泡密度最大。

不同气泡尺寸的垂线分布见图 4，≤1mm 的气泡，掺气浓度向上逐渐增大，大约 0.2mm 水深以后不再变化。

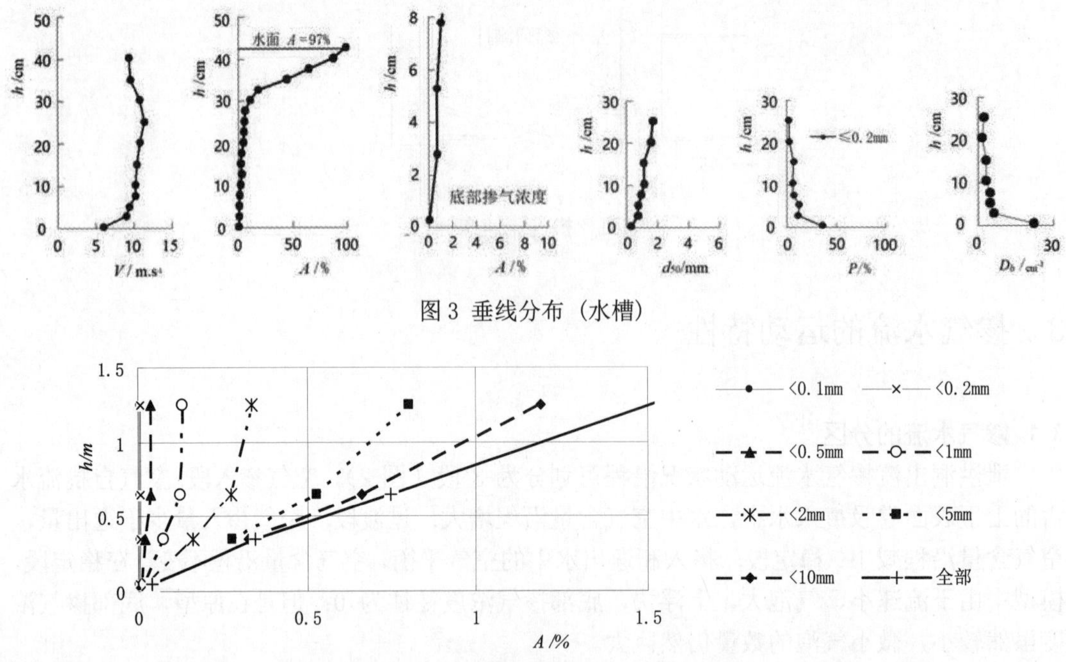

图 3 垂线分布（水槽）

图 4 不同气泡尺寸掺气浓度垂线分布(小浪底泄洪洞 1:20 模型)

3．3 掺气浓度的沿程分布

分析采用距离底板大约 0.2 mm 水深处的掺气浓度代表近底部的掺气浓度。这与常用的电阻式掺气仪测量成果基本一致。各组次的掺气浓度沿程变化见图 5。掺气浓度的沿程衰减符合指数规律，可以用下式表示；

$$A = A_0 e^{-\beta L / h} \tag{1}$$

式中：A 为掺气浓度；β 为衰减系数；L 为自空腔末端计算的距离；h 为水深。

各组次掺气浓度的衰减系数与流速对比见表 1，流速越大，衰减系数越小。

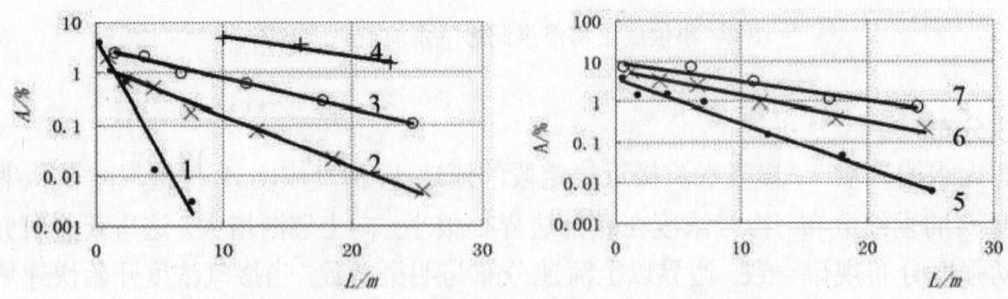

图 5 掺气浓度沿程变化（图中数字为试验组次）

掺气浓度的衰减系数可以表示为韦伯数 W_b、佛汝德数 Fr、雷诺数 R_e 等无量纲数的函数。

$$\beta = f(W_b, Fr, R_e) \tag{2}$$

$$W_b = \frac{V\sqrt{l}}{\sqrt{\dfrac{\sigma}{\rho}}} \tag{3}$$

$$Fr = \frac{V}{\sqrt{gh}} \tag{4}$$

$$R_e = \frac{Vh}{\nu} \tag{5}$$

式中：V 为流速；l为特征长度；σ为表面张力系数；ρ为水的密度；ν为水的黏性系数；g为重力加速度。

经过分析得到如下公式：

$$\beta = 6.82 W_b^{-0.263} Fr^{-1.90} \tag{6}$$

式(6)表明，掺气浓度的衰减系数随韦伯数、弗汝德数的增大而减小。说明模型试验成果不能简单的按照重力相似原理引伸到原型。以第6组的模型（1：20），如果按照重力相似引伸到原型，则掺气浓度从5% 衰减到1%的流程是228m。而按照式(6) 的计算，由于原型韦伯数比模型大20倍，掺气浓度的衰减系数小，掺气浓度从 5% 衰减到 1%的流程为455m。

表1　掺气浓度的衰减系数与流速

组 次	1	2	3	4	5	6	7
V(m/s)	4.72	6.64	8.83	12.32	6.51	9.03	11.28
β	0.129	0.0289	0.0171	0.0112	0.0626	0.0353	0.0274

3.4　小气泡掺气浓度的沿程分布

图6为3组不同流速的小气泡掺气浓度的沿程分布情况。随着流速增大到11.28 m/s，尺寸为0.2 mm及0.5 mm以下的小气泡的沿程衰减明显减小。预计在原型流速大于30 m/s的情况下，应该存在尺寸小于0.2 mm的微小气泡沿程不衰减的情况。就象在河道中的细颗粒泥沙可以长距离输送入海，而不沉淀一样。

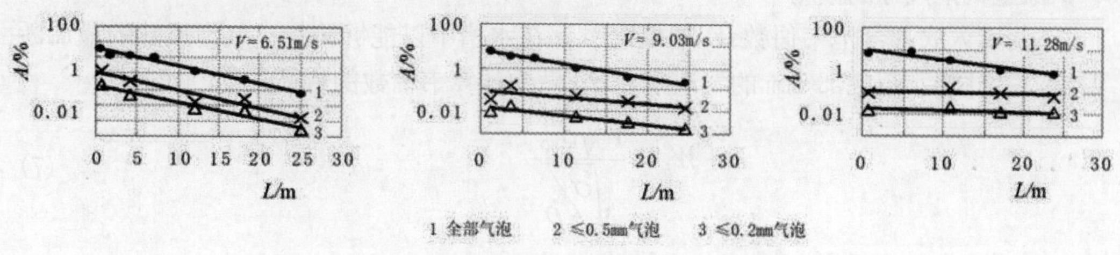

图6 小气泡掺气浓度的沿程分布

3.5 模型与原型掺气浓度对比

从垂线分布看，模型与原型针式掺气仪的测量成果完全一致。原型在底部，电阻式测量的掺气浓度明显大于针式。这是由于，虽然电阻式传感器贴于地板上，但是其感应域为上半域空间（图 7）。从沿程分布看（图 8）。模型中针式与电阻式测量的掺气浓度沿程分布规律一致，电阻式测量值略大，大约相当于 0.2 mm 水深处针式掺气仪的测量成果[12]。原型针式距离底板只有 0.7 cm，测量成果小于模型大约 0.2 mm 水深处针式和电阻式测量的掺气浓度是合理的。

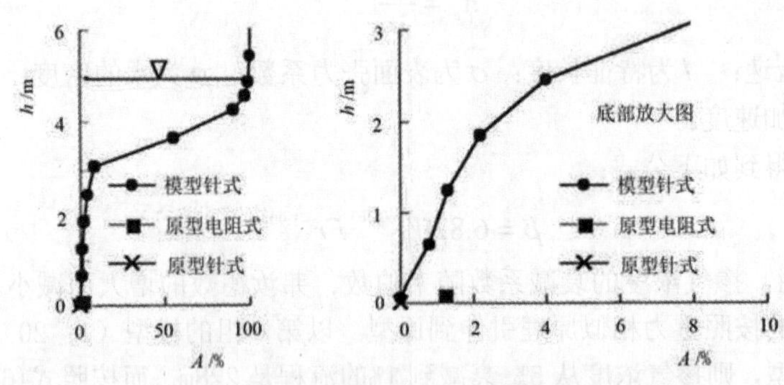

图 7 掺气浓度的垂线分布（小浪底泄洪洞）

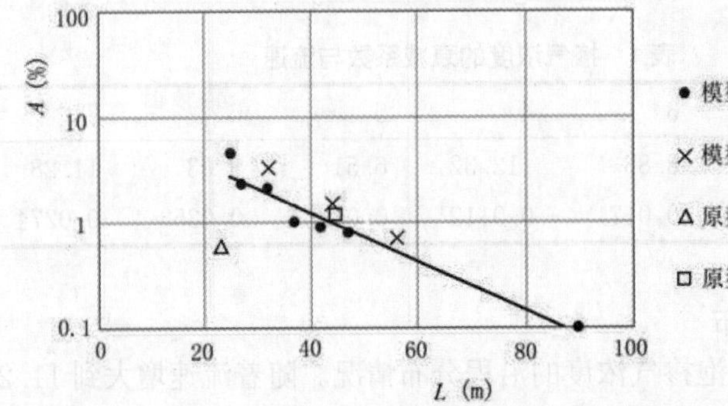

图 8 掺气浓度的沿程分布（小浪底泄洪洞）

3．6 原型气泡尺寸的预测

在此引入底部气泡韦伯数 W_b 的概念[13]，在水槽中以能够测量出气泡尺寸的最后断面（接近稳定段），距底部 3mm 的气泡尺寸 d_{50} 做为计算韦伯数的特征长度，如式 7。

$$W_b = \frac{V\sqrt{d_{50}}}{\sqrt{\sigma/\rho}} \tag{7}$$

气泡韦伯数与流速关系见图 9，气泡韦伯数随流速变化不大。其中第 1 组的气泡韦伯数偏小，其余各组的可以用下式表示：

$$W_b = 13.17V^{0.244} \tag{8}$$

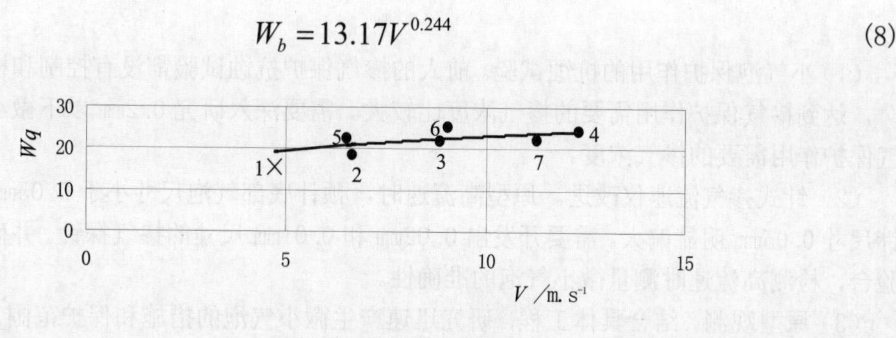

图 9 气泡韦伯数与流速

以此推算，在原型 40m/s 流速时，气泡韦伯数为 32.4，底部气泡尺寸 d_{50} 为 0.048mm。以上试验成果与分析表明，在原型接近底板处，气泡尺寸很小，掺气减蚀主要依靠大量微小气泡。

4 掺气减蚀的小气泡保护作用

壁面不平整引起的空蚀破坏作用域仅仅限于距离壁面数厘米的空间。在金属构件上，空蚀破坏呈针眼状，说明破坏是空泡在距离壁面数毫米的空间内溃灭造成的。掺气坎下游的掺气水流在此空间内大尺寸气泡很少，掺气浓度也很小，但是微小气泡的数量很多，掺气减蚀主要依靠小尺寸气泡的保护作用。笔者认为，与掺气保护作用关系最密的是单位体积内的气泡数量，而不是掺气浓度。对气泡尺寸、气泡密度、气泡间距、掺气浓度及保护作用进行了分析，如表 2。目前预测原型 40m/s 流速时，底部气泡尺寸<0.05mm。按照表 2，气泡密度达到 10000 个/cm³，掺气浓度也不到 0.1%。因此用 0.2mm 以下小气泡的掺气浓度，作为判断掺气减蚀作用的指标将更为准确。

表 2 气泡尺寸、气泡密度、气泡间距、掺气浓度(%)及保护作用

气泡密度 个/cm³	气泡间距 /mm	预计保护作用	掺气浓度 A/% 气泡尺寸 d_{50} mm 0.02	0.05	0.1	0.2	0.5	1	2
1	10	弱	<0.001	<0.001	<0.001	<0.001	0.0065	0.0524	0.42
100	2.15	较强	<0.001	<0.001	0.0052	0.042	0.654	5.24	41.9
10000	0.464	强	0.0042	0.065	0.524	4.2	65.4		

5 研究展望

（1）小气泡保护作用的抗蚀试验。前人的掺气保护抗蚀试验都没有控制和检测气泡尺寸[14]，达到掺气保护作用需要的掺气浓度比较大。需要深入研究 0.2mm 以下微小气泡达到掺气保护作用需要的掺气浓度。

（2）针式掺气流速仪改进。原型高流速时，预计底部气泡尺寸小于 0.05mm，现有的探针尺寸 0.05mm 明显偏大。需要开发出 0.02mm 和 0.01mm 尺寸的掺气探针。并研制专用的试验台，检测高流速时测量微小气泡的准确性。

（3）原型观测。结合具体工程，研究迅速产生微小气泡的措施和保护范围。在工程的设计和施工时及时介入原型观测的设计与布置。特别是在掺气坎的保护的末端设置突体和各项观测设备。验证掺气减蚀小气泡保护原理的应用效果。

（4）建立掺气试验水槽。流速范围 6～26m/s，使用 0.01mm、0.02mm、0.05mm 直径的探针，重点测量水槽末端掺气稳定区底部掺气浓度和气泡尺寸。以确定掺气坎的保护长。

6 结语

原型流速高，形成微小气泡能力强，微小气泡可以沿程挟带而不上浮逸出。与掺气保护作用关系最密切的是单位体积内的气泡数量，而不是掺气浓度。预计 0.2mm 以下的微小气泡在掺气减蚀中起主要作用。可能只要很小掺气浓度即可达到掺气减蚀保护作用。

进一步研究，需要进行 0.2mm 以下微小气泡保护作用的抗蚀试验，验证小气泡保护所需要的掺气浓度。改进针式掺气流速仪。建立流速 6～26m/s 的系列掺气试验水槽，系统研究掺气水流的运动规律。结合具体工程，应用研究取得的成果进行设计。工程实施后，组织原型观测，验证掺气减蚀小气泡保护原理的应用效果。

研究工作得到柴恭纯教授的大力推动。

参 考 文 献

1 李文欣，等.鲁布革水电站左岸泄洪洞水力学原型观测[C].昆明勘测设计研究院科研所，泄水工程与高速水流论文集，1994:45-48.

2 H. Kato, T. Meada, A. Magaino, 空蚀的机理与模拟[M].高速水流译文选集.水利电力部西北勘测设计院，1984.

3 常银兵，等，掺气保护长度研究进展[J]，水利科技与经济，2012(10):1-5.

4 陈先朴，柴恭纯，梁斌.泄水建筑物安全监测模拟试验报告[R].安徽省～水利部淮委水利科学研究院，2005.

5 陈先朴,柴恭纯,等.针式掺气流速仪[C].水利量测技术论文选集第四集，2005:37-42.

6 陈先朴,邵东超,等.黄河小浪底工程3号泄洪洞中闸室掺气水工模型试验报告[R].安徽省～水利部淮委水利科学研究院，2000.

7 陈先朴,梁斌,等.黄河小浪底工程1号泄洪洞中闸室水力学原型观测报告[R].安徽省～水利部淮委水利科学研究院，2000.

8 邵东超,陈先朴,等 .泄洪洞掺气水水流型试验[J].水利水电技术，2001(10):29-31.

9 陈先朴,柴恭纯,等.掺气减蚀研究的新方向[J].水利水电技术，2001（10）：13-16.

10 陈先朴,西汝泽,等.掺气减蚀保护作用的新概念[J].水利学报 2003(8):70-74.

11 陈先朴,邵东超,等.掺气水流特性水槽试验研究[R].安徽省～水利部淮委水利科学研究院,2005.

12 王有欢,张元良,夏煜.小浪底水利枢纽工程 3 号孔板泄洪洞中闸室水工模型试验研究报告[R].长江科学院，2000.

13 陈先朴,邵東超,等. 掺氣減蝕的小氣泡保護作用[C].第十三屆海峽兩岸水利科技交流研討會，2009.

14 董志勇,等,减免空蚀掺气浓度的试验研究[J].水力发电学报，2006(3):106-109.

The protect effect of micro bubbles in entrain air to reduce cavitation damage and its research prospects

CHEN Xian-pu, SHAO Dong-chao

Anhui & Huaihe River Water Resources Research Institute, HefeiI,230000, China.

Abstract: Air concentration, velocity field, size and probability distribution of bubble are studied by using needle-type air concentration probes both at model and prototype in recent year. It is found that the micro bubbles play important role in entrain air to reduce cavitation damage. In prototype, the velocity, Weber number, and the capability of producing micro bubble is higher than model. The micro bubbles can be holding along flow, and don't float out of water surface. In entrain air to reduce cavitation damage, the protect effect mainly depend on bubble quantity in unit cubage, but not the air concentration. Air bubbles in aerated flow with diameter below then 0.2mm plays important role in reduce cavitation damage. May be very little air concentration can protect construction free from cavitation erosion. This paper is a preliminary study on micro bubbles protect effect in entrain air to reduce cavitation damage. It is need doing a great deal study in laboratory and prototype in future.

Key words: high velocity hydraulics, air concentration, entrain air to reduce cavitation damage, velocimeter by using air concentration probe of needle-type, air bubble size, Weber number of bubble.

完全非线性波浪与结构物相互作用模型
—基于 HOSNWT 理论模拟入射波浪

刘佳旺，滕斌

（大连理工大学海岸和近海工程国家重点实验室，大连，116024，Email：bteng@dlut.edu.cn）

摘要：本文利用完全非线性时域理论求解波浪与结构物相互作用问题。以往类似的研究需要理论解或通过完全非线性数值水槽给定入射条件，但前者受限于摄动理论，无法计算强非线性波浪，而且对于不规则波只能计算到二阶；后者进行数值离散，需要大量的计算时间和存储空间。采用高阶谱数值波浪水槽更加高效、准确地生成非线性波浪，解决入射问题。以截断圆柱绕射为例，给出了规则波作用下波浪爬高、结构受力的计算结果，与实验结果、传统数值模拟结果对比，验证了模型的准确性。对于不规则波与截断圆柱相互作用问题，模型计算出的结构受力呈现出高阶成分。目前的数值模拟结果表明，本文模型有很高的精确性和很广的适用性。

关键词：非线性波浪力；高阶谱数值波浪水槽；波浪与结构物相互作用；时域模拟

1 引言

近年来，由于强非线性波浪荷载作用导致船只失事、海洋结构物被毁事件屡有发生。因此，准确计算非线性波浪与结构物相互作用具有重要的工程意义。传统的分析方法假定波浪非线性较弱，可以采用基于摄动展开的线性或二阶理论来描述波浪与结构物相互作用问题，但是对于强非线性波浪问题，就需要用完全非线性理论来描述。对于波浪与结构物相互作用问题，当物体大幅运动、波浪非线性较强时，物面条件和自由水面条件都必须在瞬时物体表面和瞬时自由表面上满足，这样就发展出了完全非线性理论,Longuet-Higgins 和 Cokelet[1]于 1976 年最早提出了该理论。目前，国内外很多专家通过数值波浪水槽研究完全非线性波浪与结构物相互作用，但同物理水槽一样，数值水槽在模拟实际开敞水域中波浪与结构物相互作用问题时存在一定的局限性，如水槽侧壁反射、横向立波共振以及入射边界的二次反射等问题。为了更准确地模拟实际海洋环境中波浪与结构物相互作用问题，Ferrant[2]采用完全非线性时域理论，提出了入、散射波分离的方法，入射波直接给定，在开敞水域求解散射波。但由于其采用半混合欧拉—拉格朗日方法追踪自由水面质点，只允许水质点在垂直方向上运动，无法直接模拟物体运动问题。周斌珍[3]在研究中作了改进，利用完全混合欧拉—拉格朗日方法，可直接求解浮体任意运动问题。上述学者入射波均采用理论方法给定的单色波，但对于不规则波，理论方法只能计算到二阶，无法研究强非线性不规则波与结构物相互作用问题，因此需要一种更好的入射波输入方法。通过高阶谱数值波浪水槽模型（High-Order Spectral Method Numerical Wave Tank，HOSNWT）生成非线性入射波浪，提出了一种入射波数值输入方法。

高阶谱方法（High-Order Spectral Method, HOS）是由 Dommernuth 和 Yue[4]以及 West 等[5]提出的一个模拟非线性波浪传播变形的数值方法。利用势流理论，高阶谱方法将速度势函数展开为满足控制方程和周期性边界条件的傅里叶级数形式，运用拟谱方法和快速傅里叶变换（Fast Fourier Transformation,FFT）方法对物理量在空间域和频数域进行求解。由于 FFT 计算量为 O(NlogN)量级，高阶谱方法具有计算高效的优势，受到众多学者青睐。对于非周期性边界造波问题，Bonnefoy 等和 Ducrozet 等[6-8]引入 Agnon[9]提出的附加速度势来模拟造波机运动从而建立了数值水槽，但由于其造波边界条件采用摄动展开描述，无法模拟大幅造波情况。唐军军[10]在此基础上进行改进，其应用 Rienecker 和 Fenton[11]的流函数理论计算规则波在水槽入口断面处的速度，并应用二阶斯托克斯波理论计算不规则波水槽入口断面处的速度，提供严格的造波边界条件。本文采用唐军军[10]改进后的高阶谱数值水槽模型更加高效地生成非线性波浪。

利用入、散射波分离方法，建立完全非线性数值模型。入射波相关参数通过 HOSNWT 计算得到，瞬时总波面满足完全非线性自由水面边界条件，由此建立了只关于散射波的定解问题。在圆形求解域内设置环形阻尼区实现消波过程，便于长时间模拟，并且由于散射波沿计算圆域径向逐渐衰减至 0，因此径向网格逐渐变疏，大大减少了网格数量，提高了计算效率。在每一时间步，利用四阶 Runge-Kutta 法和混合欧拉-拉格朗日法更新瞬时水面，通过引进虚拟函数间接求解非线性波浪荷载。自由水面网格仅在初始时刻生成一次，随后通过弹簧近似法在不改变网格节点排列的情况下对瞬时水面进行网格重构。本文利用建立的完全非线性数值模型对截断圆柱绕射问题进行研究。

2 数值模型

2.1 高阶谱数值水槽模型

在 HOS 的基础上，引入附加速度势函数 ϕ_{add} 并使其满足造波边界条件，此时，计算域内的速度势函数可表示为两部分 $\phi=\phi_{\text{add}}+\phi_{\text{spec}}$，$\phi_{\text{spec}}$ 在造波边界满足齐次 Neumann 边界条件。数值波浪水槽的自由表面边界条件可写为：

$$\partial_t \eta = \left(1+\left|\nabla_2 \eta\right|^2\right) W - \nabla_2(\phi^s + \phi_{\text{add}})\cdot \nabla_2 \eta + \partial_z \phi_{\text{add}} \tag{1}$$

$$\partial_t\phi^s=-g\eta-\frac{1}{2}\left|\nabla_2\phi^s\right|^2+\frac{1}{2}\left(1+\left|\nabla_2\eta\right|^2\right)W^2 \\ -\nabla_2\phi^s\cdot\nabla_2\phi_{add}-\frac{1}{2}\left|\nabla_2\phi_{add}\right|^2-\frac{1}{2}\left(\partial_z\phi_{add}\right)^2-\partial_t\phi_{add} \tag{2}$$

式中：$W=\partial_z\phi_{spec}\mid_{z=\eta}$，$\phi^s=\phi_{spec}\mid_{z=\eta}$。在计算域内，将 ϕ_{spec} 展开成傅里叶级数的形式：

$$\phi_{spec}\left(x,z,t\right)=\sum_{m=0}^{N_x}A_m\left(t\right)\psi_m\left(x,z\right) \tag{3}$$

式中：

$$\psi_m\left(x,z\right)=\cos\left(k_m x\right)\frac{\cosh\left[k_m\left(z+d\right)\right]}{\cosh\left[k_m d\right]};\ k_m=m\pi/L_x \tag{4}$$

为了能够将附加速度势同样表示为傅里叶级数的形式并利用 FFT 方法对其进行计算，并保证计算域内质量守恒，需将原计算区域沿竖直方向扩展为 D_{add}（图 1）。

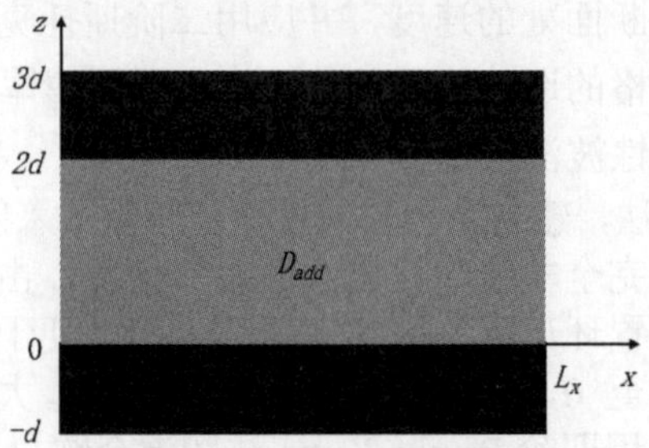

图 1 附加速度势计算域

原始的计算区域 D，从 $z=-h$ 到 $z=0$，造波断面速度为 u；$z=2h$ 到 $z=3h$，断面速度为 $-u$；将 $z=0$ 到 $z=2h$ 的断面速度采用多项式拟合的方法得到。在新的计算域内，附加速度势函数展开成：

$$\phi_{add}\left(x,z,t\right)=\sum_{n=0}^{N_z}B_n\left(t\right)\chi_n\left(x,z\right) \tag{5}$$

式中：

$$\chi_n\left(x,z\right)=\cos\left[k_n\left(z+d\right)\right]\frac{\cosh\left[k_n\left(L_x-x\right)\right]}{\cosh\left[k_n L_x\right]};\ k_n=n\pi/\left(3d+d\right) \tag{6}$$

波浪水槽造波边界条件表示为：

$$\partial_x\phi_{add}=u \tag{7}$$

$$\partial_{xt}\phi_{add}=\partial_t u \tag{8}$$

对于规则波，造波断面处的边界速度 u，可以通过 Rienecker 和 Fenton[11]的流函数理论进行计算。对于不规则波，造波断面处的边界速度 u，利用二阶 Stokes 波浪理论[12]进行计算。具体数值计算过程可参考唐军军[10]论文。这样就完成了利用高阶谱数值波浪水槽生成入射浪的过程。

2.2 完全非线性波浪与结构物相互作用时域理论

根据混合欧拉-拉格朗日（Mixed Euler-Lagrange , MEL）方法的定义，令自由水面水质点的速度 $\boldsymbol{u}=\nabla\phi$，此时上述自由水面条件转化为:

$$\frac{DX}{Dt}=\nabla\phi \tag{9}$$

$$\frac{D\phi}{Dt}=-g\eta+\frac{1}{2}\nabla\phi\cdot\nabla\phi \tag{10}$$

式中， $\boldsymbol{X}=(x,y,z)$ 为瞬时自由表面上任意流体质点的位置矢量； $\frac{D}{Dt}=\frac{\partial}{\partial t}+\boldsymbol{u}\cdot\nabla$ 为物质导数算子。

对于不可渗透的固体边界 S_N（包括物面 S_B、水底 S_D、其他固体边界），流体质点的运动不会脱离固体表面而形成空隙，这样在固体表面的法线方向，流体质点的速度始终等于刚体运动的速度，即：

$$\frac{\partial\phi}{\partial n}=\boldsymbol{V}\cdot\boldsymbol{n} \tag{11}$$

式中，$\boldsymbol{V}$ 为刚体的运动速度。对于水底 S_D，以及本文研究的固定截断圆柱的波浪爬高问题，$\boldsymbol{V}=\boldsymbol{0}$ ，此时固体边界条件简化为 $\frac{\partial\phi}{\partial n}=0$ 。

根据 Ferrant[2]提出的入散射波分离技术，可将总的速度势和波面进行分解，(ϕ_i,η_i) 为入射速度势和入射波面；(ϕ_s,η_s) 为散射速度势和散射波面，总的速度势和总波面可以写为:

$$\phi=\phi_i+\phi_s;\eta=\eta_i+\eta_s \tag{12}$$

将上式代入到完全非线性自由水面边界条件中，同时在自由水面布置人工阻尼层来消除散射浪，此时自由水面条件可改写为:

$$\frac{Dx}{Dt}=\frac{\partial\phi_s}{\partial x}+\frac{\partial\phi_i}{\partial x}-\mu(r)(x-x_0) \tag{13}$$

$$\frac{Dy}{Dt}=\frac{\partial\phi_{\mathrm{s}}}{\partial y}+\frac{\partial\phi_{\mathrm{i}}}{\partial y}-\mu(r)(y-y_0) \tag{14}$$

$$\frac{D\eta_{\mathrm{s}}}{Dt}=\frac{\partial\phi_{\mathrm{s}}}{\partial z}+\frac{\partial\phi_{\mathrm{i}}}{\partial z}-\frac{\partial\eta_{\mathrm{i}}}{\partial t}-\nabla\phi_{\mathrm{i}}\cdot\nabla\eta_{\mathrm{i}}-\nabla\phi_{\mathrm{s}}\cdot\nabla\eta_{\mathrm{i}}-\mu(r)\eta_{\mathrm{s}} \tag{15}$$

$$\frac{D\phi_{\mathrm{s}}}{Dt}=-g(\eta_{\mathrm{i}}+\eta_{\mathrm{s}})-\frac{\partial\phi_{\mathrm{i}}}{\partial t}+\frac{1}{2}\left|\nabla\phi_{\mathrm{s}}\right|^2-\frac{1}{2}\left|\nabla\phi_{\mathrm{i}}\right|^2-\mu(r)\phi_{\mathrm{s}} \tag{16}$$

式中：

$$\mu(r)=\begin{cases}\alpha_0\omega(\dfrac{r-r_0}{\beta_0\lambda}) & r_0<r<r_1=r_0+\beta_0\lambda\\ 0 & r<r_0\end{cases} \tag{17}$$

为了避免产生初始效应，需要将与入射浪相关的物理量以及与物体运动相关的物理量乘以如下缓冲函数:

$$R_{\mathrm{m}}=\begin{cases}\dfrac{1}{2}(1-\cos(\dfrac{\pi t}{T_{\mathrm{m}}})) & t\le T_{\mathrm{m}}\\ 1 & t>T_{\mathrm{m}}\end{cases} \tag{18}$$

式中，T_{m} 为缓冲时间，一般取为周期的整数倍，本文取为 2 倍入射浪周期。

除上述边界条件外，还必须满足初始时刻散射势与散射波面为 0 的初始条件。本文选用四阶龙格—库塔（Fourth-Order Runge-Kutta，4RK）法对自由水面条件进行时间积分完成时间步进。4RK 方法计算精度高，可以允许较大的时间步长，具有良好的数值稳定性，可以获取准确而稳定的解。

2.3 高阶边界元方法（HOBEM）求解边界积分方程

选取 Rankine 源和它关于海底对称的像作为格林函数。格林函数如下：

$$G(p,q)=-\frac{1}{4\pi}\left(\frac{1}{R_1}+\frac{1}{R_2}\right) \tag{19}$$

式中：

$$\begin{cases}R_1=\sqrt{(x-x_0)^2+(y-y_0)^2+(z-z_0)^2}\\ R_2=\sqrt{(x-x_0)^2+(y-y_0)^2+(z+z_0+2d)^2}\end{cases} \tag{20}$$

$p=(x_0,y_0,z_0)$ 为源点，$q=(x,y,z)$ 为场点。由于本文只求解散射势，故在整个流域 Ω 内对散射速度势ϕ_s应用格林第二定理，将边值问题转化为如下的边界积分方程：

$$\alpha(p)\phi_s(p)=\iint_s\left[\phi_s(q)\frac{\partial G(p,q)}{\partial n}-G(p,q)\frac{\partial \phi_s(q)}{\partial n}\right]\mathrm{d}s \tag{21}$$

边界S包括自由水面S_F和固体边界面S_N（包括物面S_B和水底S_D），α为固角系数，其值按源点的位置不同取不同的值：

$$\alpha=\begin{cases}1 & p\text{在域内}\\ 0 & p\text{在域外}\\ 1-\text{固角}/4\pi & p\text{在边界上}\end{cases} \tag{22}$$

计算中认为当前时刻物面上的速度势法向导数和自由水面上的速度势已知，根据积分方程计算下一时刻物面上的速度势和自由水面上的速度势法向导数。将式（21）按未知量重新整理，分两种情况进行表达。当源点在物体表面时，将式（21）写为

$$\alpha\phi_s-\iint_{S_B}\phi_s\frac{\partial G}{\partial n}\mathrm{d}s+\iint_{S_F}G\frac{\partial \phi_s}{\partial n}\mathrm{d}s=\iint_{S_F}\phi_s\frac{\partial G}{\partial n}\mathrm{d}s-\iint_{S_B}G\frac{\partial \phi_s}{\partial n}\mathrm{d}s \tag{23}$$

当源点在自由水面上时，将式（21）写为

$$-\iint_{S_B}\phi_s\frac{\partial G}{\partial n}\mathrm{d}s+\iint_{S_F}G\frac{\partial \phi_s}{\partial n}\mathrm{d}s=\iint_{S_F}\phi_s\frac{\partial G}{\partial n}\mathrm{d}s-\iint_{S_B}G\frac{\partial \phi_s}{\partial n}\mathrm{d}s-\alpha\phi_s \tag{24}$$

上述两个表达式中，方程左端均为未知量，右端均为已知量。

本文采用 8 节点四边形、6 节点三角形高阶边界单元将计算域离散成一些曲面单元，通过数学变换，利用配点法离散积分方程并求解，具体离散求解过程可参考滕斌等[14]。计算示意图见图 2 和图 3。

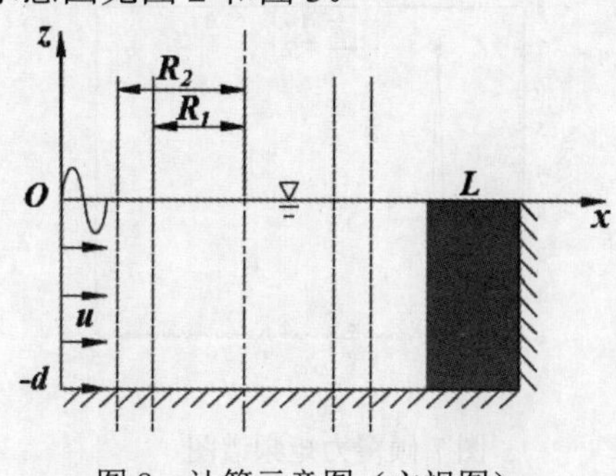

图 2 计算示意图（主视图）

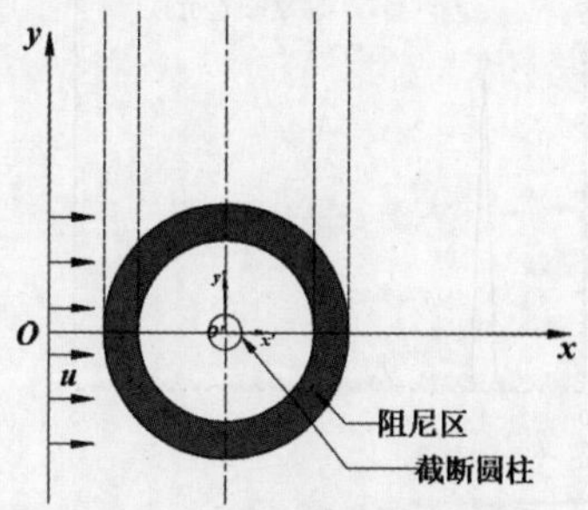

图 3 计算示意图（俯视图）

2.4 计算流程

具体计算流程如下：对于开敞水域截断圆柱绕射问题，任意时刻已知自由水面的散射势(ϕ_s)和散射波面(η_s)，以及物面上散射势的法向导数($\frac{\partial \phi_s}{\partial n}=-\frac{\partial \phi_I}{\partial n}$)；利用边界积分方程可以

求出自由水面处的$\frac{\partial \phi_s}{\partial n}$，进而求出$\frac{\partial \phi_s}{\partial z}$。与此同时，根据高阶谱数值水槽模型计算入射波浪的相关物理量，可以对式（13）至式（16）进行时间积分计算下一时刻的η_s、ϕ_s以及自由水面水质点的位置，重新划分自由水面网格。最后，根据 Wu[13]提出的虚拟函数方法求解波浪力。这样周而复始直到计算结束。

3 数值验证

为了验证本文数值模型的准确性，与已发表的数值及实验结果进行对比。选取的对比对象为 Le Noac'h 等[15]、Ferrant[2]和周斌珍[3]分别开展的波浪对截断圆柱绕射作用的物理模型和数值模型实验。本节选取与三者相同的算例进行研究。波浪数值水槽水深为 d=10.0m，圆柱的半径为 R=0.25m，吃水深度为 B=1.25m，波浪周期为 T=2.582s，波幅为 A=0.15m。图 4 和图 5 给出了截断圆柱迎浪点（$-R$,0）和背浪点（R,0）的无量纲波浪爬高结果，图 6 和图 7 给出了截断圆柱受力的频谱分析结果。通过观察可以看出本文与已发表的结果吻合较好，验证了本文模型的正确性。

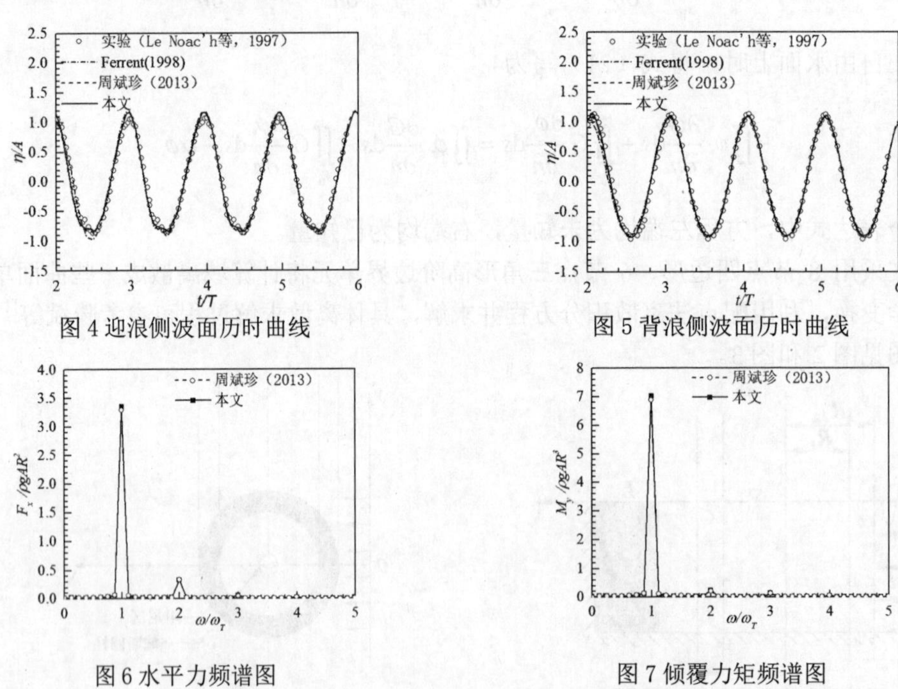

图 4 迎浪侧波面历时曲线

图 5 背浪侧波面历时曲线

图 6 水平力频谱图

图 7 倾覆力矩频谱图

利用本文模型计算双色波与截断圆柱相互作用问题。波浪数值水槽水深为 d=5.0m，圆柱的半径为 R=0.25m，吃水深度为 B=1.25m。选取的不规则波为双色波，T_1=1.50s 和 T_2=2.0s，A_1=0.03m 和 A_2=0.03m。图 8 和图 9 分别给出了圆柱受力历时曲线，对历时曲线进行傅里叶变换，可得到相应频谱图（图 10 和图 11）。从频谱图可以看出，圆柱受力除了两个基频项贡献外，还有许多高阶项的贡献，譬如和频项 f_1+f_2、差频项 f_1-f_2、倍频项 $2f_1$、甚至三阶项 $3f_1$ 等。因此，利用本文模型可以计算出不规则波与结构物相互作用产生的高阶力。当波浪非线性较强，高倍频贡献较大时，如果只考虑一阶力，将会引起很大误差。

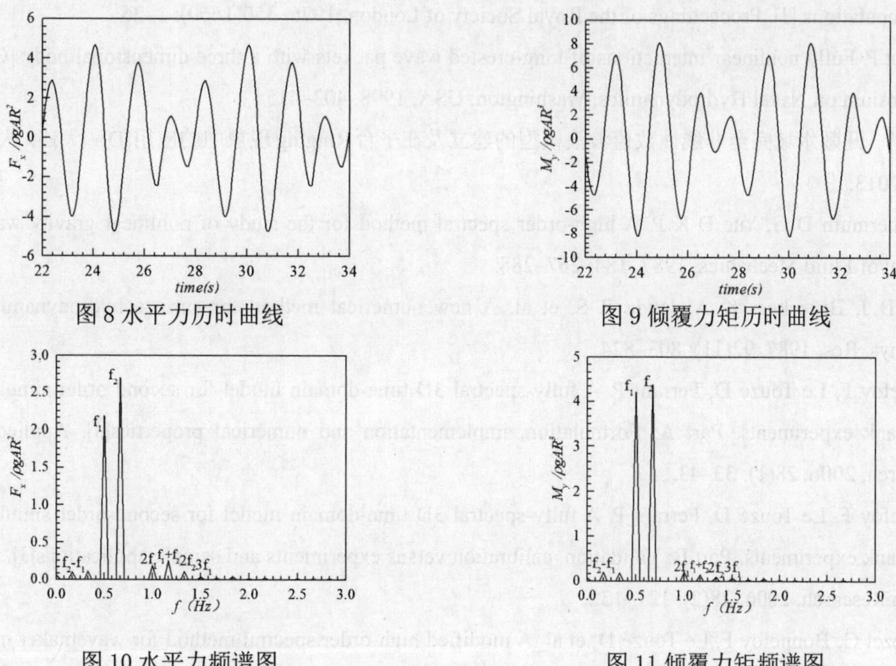

图 8 水平力历时曲线　　图 9 倾覆力矩历时曲线

图 10 水平力频谱图　　图 11 倾覆力矩频谱图

4 结论

利用高阶谱数值水槽模型，更加高效地生成非线性波浪，作为入射浪。基于完全非线性时域理论，利用入、散射分离技术求解波浪与结构物相互作用问题。利用规则波与截断圆柱相互作用问题，验证了本文模型的准确性。求解双色波与截断圆柱相互作用问题，计算了圆柱受力，发现本文模型可以计算出不规则波与结构物相互作用产生的高阶力。当波浪非线性较强，圆柱受力中高阶项的贡献就相当可观，不能忽略。综上，本文数值模型可以应用于非线性波浪与结构物相互作用的数值模拟中，对于需要求解更高阶的问题,计算结果有很高的精度，理论上更接近实际海况，有很强的工程应用意义。

致谢

本研究工作得到了国家自然科学基金（51879039,51490672）的资助。

参考文献

1 Longuet-Higgins M S, Cokelet E D. The deformation of steep surface waves on water. I. A numerical method of computations [J]. Proceedings of the Royal Society of London ,1976, 350(1660): 1–26

2 Ferrant P. Fully nonlinear interactions of long-crested wave packets with a three dimensional body [C]. 22nd Symposium on Naval Hydrodynamics, Washington, USA, 1998: 403–415

3 周斌珍. 开敞水域完全非线性数值波浪模型的建立及在平台Ringing现象中的应用[D]. 大连: 大连理工大学,2013.

4 Dommermuth D G, Yue D K P. A high-order spectral method for the study of nonlinear gravity waves [J]. Journal of Fluid Mechanics, 1987, 184: 267–288.

5 West B J, Brueckner K A, Janda R S, et al. A new numerical method for surface hydrodynamics[J]. J. Geophys. Res, 1987, 92(11): 803–824.

6 Bonnefoy F, Le Touzé D, Ferrant P. A fully-spectral 3D time-domain model for second-order simulation of wavetank experiments. Part A: Formulation, implementation and numerical properties[J]. Applied Ocean Research, 2006, 28(1): 33–43.

7 Bonnefoy F, Le Touzé D, Ferrant P. A fully-spectral 3D time-domain model for second-order simulation of wavetank experiments. Part B: Validation, calibration versus experiments and sample applications[J]. Applied Ocean Research, 2006, 28(2): 121–132.

8 Ducrozet G, Bonnefoy F, Le Touzé D, et al. A modified high-order spectral method for wavemaker modeling in a numerical wave tank[J]. European Journal of Mechanics-B/Fluids, 2012, 34: 19–34.

9 Agnon Y, Bingham H B. A non-periodic spectral method with application to nonlinear water waves[J]. European Journal of Mechanics-B/Fluids, 1999, 18(3): 527–534.

10 唐军军. 非线性波浪造波在高阶谱方法数值波浪水槽中的实现及应用[D]. 大连: 大连理工大学, 2017.

11 Rienecker M M, Fenton J D. A Fourier approximation method for steady water waves[J]. Journal of Fluid Mechanics, 1981, 104(104):119-137.

12 Dalzell J F. A note on finite depth second-order wave–wave interactions [J]. Applied Ocean Research, 1999, 21(3): 105–111

13 Wu G X. Transient motion of a floating body in steep water waves [C]. 11th International Workshop on Water Waves and Floating Bodies, Hamburg, Germany, 1996.

14 Teng B, Eatock Taylor R. New higher order boundary method for wave diffraction/radiation [J].Applied Ocean Research, 1995, 17: 71–77.

15 Le Noac'h A, Buisine D, Le Boulluec M. Surlvations de la houle autour d'un cylinder [R].Ifremer Report DITI/GO/HA R11HA97, 1997.

Fully nonlinear wave-structure interaction model -- Simulation of incident waves based on HOSNWT theory

LIU Jia-wang, TENG Bin

(State Key laboratory of Costal and Offshore Engineering, Dalian University of Technology, Dalian, 116024. Email: bteng@dlut.edu.cn)

Abstract: In this paper, we describe a fully nonlinear time domain simulation method for wave-body interactions. We separate the incident and scattering nonlinear waves, based on the availability of explicit models for the incoming waves. Some scholars get the incident wave by theoretical solutions, which is limited by the perturbation theory and impossible to calculate strong nonlinear waves. And the irregular wave can only be calculated to the second order.Some scholars use fully nonlinear numerical wave tank model to get the incident wave, which is numerically discrete, requiring a large amount of calculation time and storage space. However, we use theHigh-order Spectral Numerical Wave Tank (HOSNWT) to generate the nonlinear incident waves more efficiently and accurately. For the case of regular wave, we calculate the wave run-up and the force on structure. We compare results to experimentsand traditional numerical simulation results, which confirms the accuracy and flexibility of the present model. For the case of irregular wave, the force is analyzed. The current numerical simulation results show that the proposed method has high accuracy and wide applicability.

Key words: Nonlinear wave force, High-order spectral method numerical wave tank, Wave interaction with structure, Time domain simulation.

引航道与泄洪河道交汇区流速及通航条件研究

杨升耀[1]，秦杰[1]，杜志水[2]，洪坤辉[1]

（1.河海大学海岸灾害及防护教育部重点实验室，江苏南京 210098；

2.中国电建集团西北勘测设计研究院有限公司，710065）

摘要：引航道与泄洪河道交汇区水流条件复杂，极容易产生横向水流。本研究以成子河航道为例，建立数学模型，分析不同整治方案下交汇区域的流速条件，并确定优化的导流墙布置方案。在此基础上，针对优化方案，开展极端条件下的通航条件研究。结果表明：当废黄河来流206m³/s和308m³/s，成子河船闸瞬时最大下泄流量69.5m³/s，下游为低水位12.5m的时候，交汇区最大表面横向流速大于0.3m/s，不满足通航条件。若遇到该极端条件，建议成子河船闸停航。

关键词：船闸；引航道；数学模型；横向流速

1 引言

成子河航道及船闸位于宿迁市泗阳县境内，涉及淮河流域的淮河、沂沭泗水系，跨洪泽湖周边及以上地区、废黄河独立排水区，与沂沭泗地区的骆南中运河相交，是洪泽湖北航线的重要组成部分，所处水系十分复杂。由于成子河下游引航道与废黄河几乎为90°交角，汇入水流使航行安全受到影响。针对改善引航道交汇区域的河流流态，国内外学者进行了大量研究，并提出多种实用措施，例如对岸线进行拓宽、改变岸线平滑程度、改变导航墙的形式、设置丁坝群、进行航道疏浚工作、设置导流堤等[1]。也有学者通过数值模拟方法对正交河流交汇处所产生的分离区水流特征进行了研究，提出了可以改善交汇区的泥沙淤堵和水位雍高、减小或消除分离区的优化堤线整流方案[2]。导堤应该是目前解决交汇区域水流问题的最为重要的方法，许多学者都对导堤进行了研究，包括：淹没式长隔流导航墙的研究[3]、短丁坝方案的研究[4]、增加直长导堤和弧形短导堤的研究[5]等。此外，也有从水下疏浚与管理宣传相配合的角度来维护其引航道口门段枯水问题的解决方案[6]。针对成子河引航道与泄洪河道交汇区通航安全问题，有学者通过构建数学模型，分析计算区域内表面横向流速与纵向流速[7]；为进一步的研究成子河引航道与泄洪河道交汇区通航水流条件的改善措施，应用数学模型分析比较了在废黄河20年一遇与10年一遇两种计算条件下，无导流堤和两种导流堤改进方案区域流态，发现在废黄河出口布置一道导流堤，能够有效改善交汇区的流态和航道内的通航水流条件[8-9]。但上述研究并未考虑下游遇枯水，并且成子河船闸开闸泄流时的通航条件，此时为通航的极端不利条件，影响航行安全。故本文将采用数学模型计算在极端不利条件下，设置优化弧形导流堤时交汇区域的流场，探究在该极端条件下航道安全通航问题。

2　数学模型的建立与验证

二维数学模型计算区域划分为 7962 个网格，网格尺度控制在 0.5～5m 间，满足计算精度要求。采用 2011 年江苏省水利工程科技咨询有限公司的《成子河船闸工程水文分析报告》中的数据进行验证。表 1 为二维数学模型的验证结果，计算值与理论分析的数值较为接近，模型能反映水流变化。

表 1 二维数学模型验证[7]

工况	模型下游边界水位(m)	上游流量(m^3/s)	排水标准	理论分析流速(m/s)	数模计算航道断面平均流速(m/s)
a	13.92	308	20 年一遇	1.10	1.01
b	15.11	308	20 年一遇	0.83	0.87
c	16.28	308	20 年一遇	0.63	0.65
d	13.23	206	10 年一遇	0.89	0.81
e	13.54	206	10 年一遇	0.83	0.78
f	16.16	206	10 年一遇	0.43	0.41

3　导流堤方案

考虑到该区域存在三汊，采用的导流堤方案一为废黄河与引航道交界处布置一道弧形导流堤，导流堤尾端向下游延伸，尾端角度稍大，使得水流得以调向下游，导流堤布置方案如图 1 所示；导流堤方案二为在交汇区域布置三角导堤。此时从废黄河来流因为被导流堤所阻挡，主流的流向倾向和下游引航道相平行方向而往下游流去；而导流堤左侧水流则比较平顺；该方案下导流堤下游的航道内水流受导流堤阻挡横向流速迅速减小，导流堤布置方案如图 2 所示。

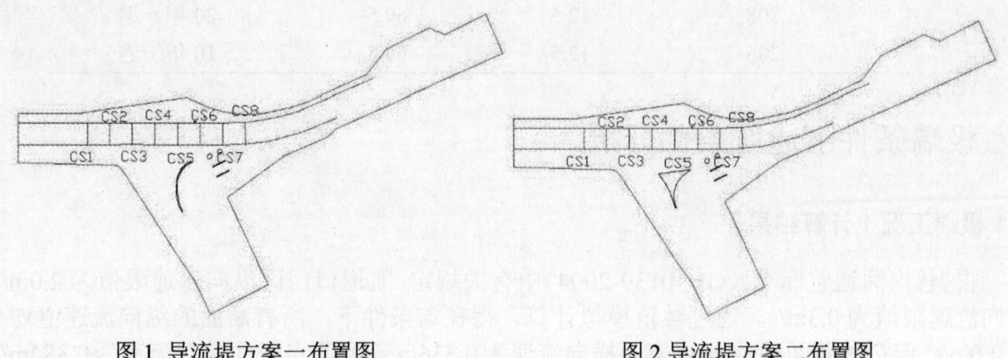

图 1 导流堤方案一布置图　　图 2 导流堤方案二布置图

考虑成子河分洪时给出了不同的上下游水位，选取最不利的条件：废黄河 20 年一遇分洪流量为 308 m^3/s，闸下最低洪水位为 14.09m，湖口处的水位为 11.5m；10 年一遇的分洪流量为 206m^3/s，闸下最低洪水位为 13.37m，湖口水位为 11.5m。通过数学模型计算得到上述条件下两种导流堤方案在 CS4、CS5、CS6 三个断面的横向流速。图 3 和图 4 分别为导流堤方案一和方案二不同测点的表面横向流速值。由计算结果可知，方案一和方案二均能满足要求，方案一的最大横向流速小于方案二。并且方案二是在交汇区域修建三角洲工程，相对而言工程量较方案一大，故导流堤方案一为较优方案。下文将针对导流堤方案一作为极端不利条件下的通航条件分析。

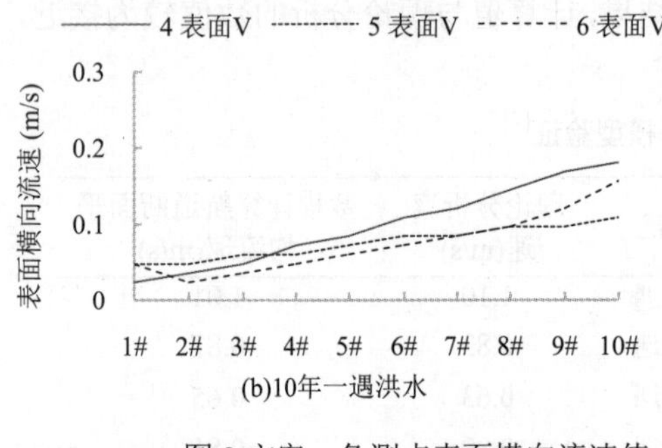

图 3 方案一各测点表面横向流速值

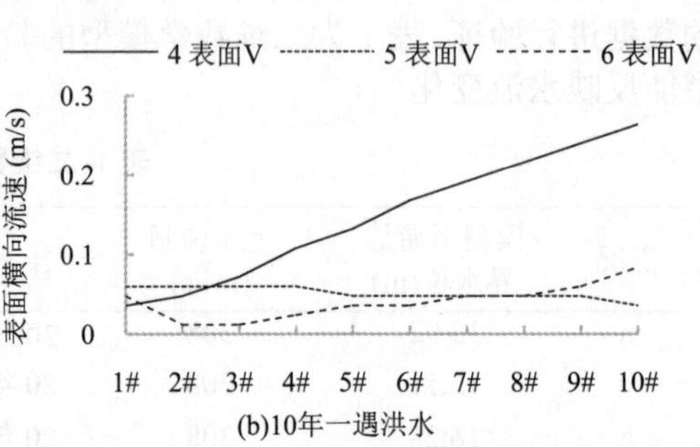

图 4 方案二各测点表面横向流速值

4　极端情况水流条件

由前文的数值分析可知，20 年遇和 10 年遇洪水条件下导流堤方案一航道交汇区域横向流速能满足要求。但在两种频率洪水条件下，若下游湖泊水位较低，则此时成子河船闸开闸泄流时通航条件最为不利。本研究采用数学模型进一步计算该条件下交汇区域的通航条件。表 2 为极端不利条件下的计算条件。

表 2 极端不利工况计算条件

工况	节制闸下泄流量（m^3/s）	模型边界水位(m)	成子河船闸泄流量（m^3/s）	备注
1	308	12.5	69.5	20 年一遇
2	206	12.5	69.5	10 年一遇

5　极端条件下通航条件分析

5.1 极端工况 1 计算结果

根据《内河通航标准》(GB50139-2004)中有关规定，航道口门区纵向流速限值为 2.0m/s，横向流速限值为 0.3m/s。通过数值模拟计算，得在该条件下，所有断面的纵向流速值均小于 2.0m/s，但 CS6 断面的 8#测点表面横向流速为 0.336m/s，9#测点表面横向流速为 0.384m/s，10#测点表面横向流速为 0.432m/s，三测点处表面横向流速均大 0.3m/s，故不能满足通航要求。图 5 为极端不利工况 1 航道交汇区各测点纵向流速图，图 6 为极端不利工况 1 航道交汇区各测点横向流速图。该工况下综合流速最大出现在断面 6 上下游区域，尤其以上游段最大。

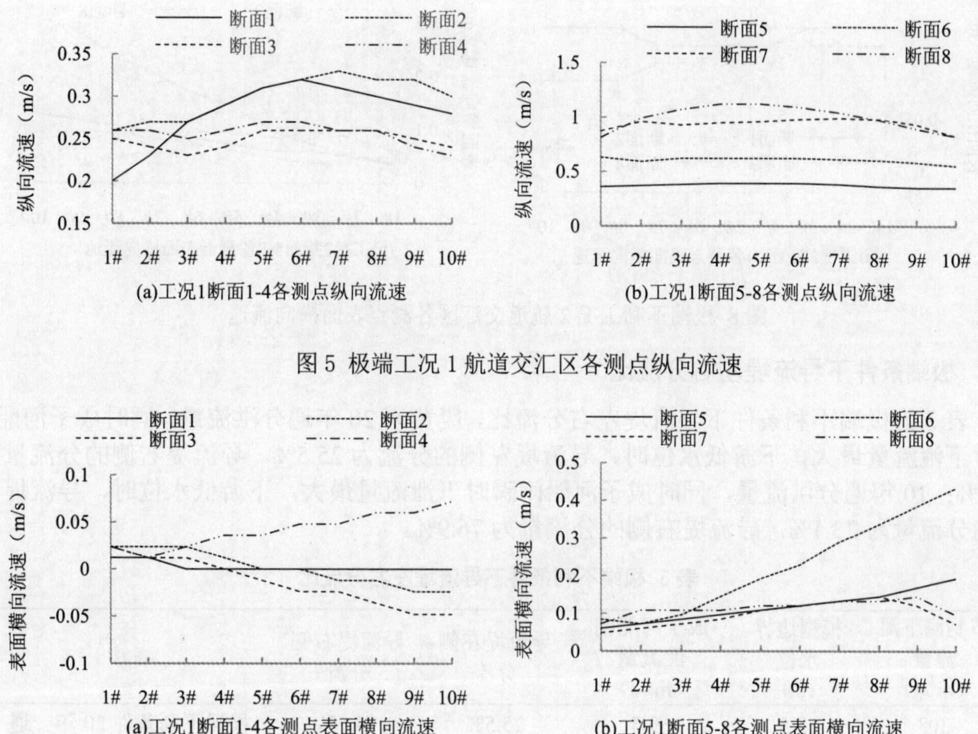

图 5 极端工况 1 航道交汇区各测点纵向流速

图 6 极端工况 1 航道交汇区各测点表面横向流速

5.2 极端不利工况 2 计算结果

通过数值模拟计算，可知该条件下，所有断面的纵向流速均小于 2.0m/s，但 CS6 断面 10#测点处表面横向流速为 0.312m/s，大于 0.3m/s 限定值，故也不能满足通航要求。图 7 为极端不利工况 2 航道交汇区各测点纵向流速图，图 8 为极端不利工况 2 航道交汇区各测点横向流速图。

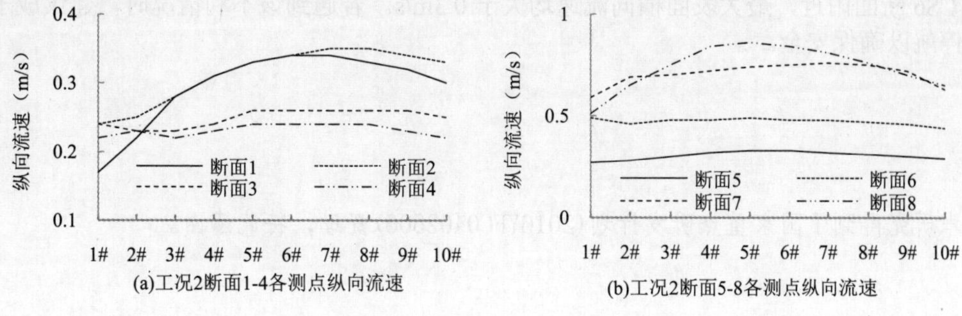

图 7 极端不利工况 2 航道交汇区各测点纵向流速

(a)工况2断面1-4各测点表面横向流速

(b)工况2断面5-8各测点表面横向流速

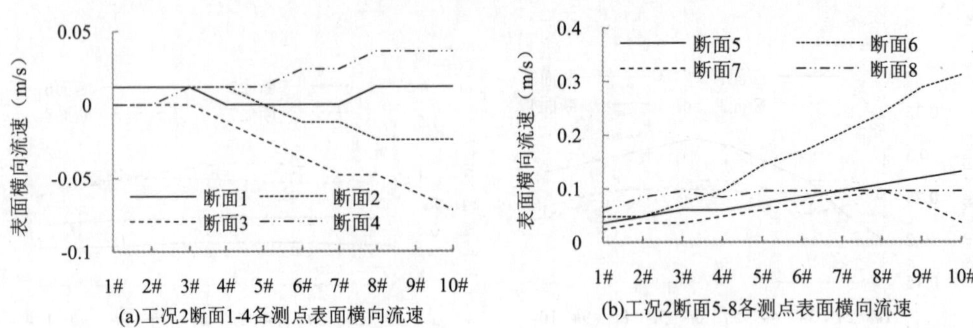

图 8 极端不利工况 2 航道交汇区各测点表面横向流速

5.3 极端条件下导流堤左右分流比

表 3 为极端不利条件下导流堤左右分流比，废黄河 20 年遇分洪流量，同时成子河船闸瞬时下泄流量最大，下游低水位时，导流堤左侧的分流为 25.5%，导流堤右侧的分流量为 74.5%；10 年遇分洪流量，同时成子河船闸瞬时下泄流量最大，下游低水位时，导流堤左侧的分流量为 23.1%，导流堤右侧的分流量为 76.9%。

表 3 极端不利条件下导流堤左右分流比

节制闸下泄流量（m^3/s）	模型边界水位(m)	成子河船闸泄流量（m^3/s）	导流堤左侧分流	导流堤右侧分流	备注
308	12.5	69.5	25.5%	74.5%	极端不利条件 20 年一遇
206	12.5	69.5	23.1%	76.9%	极端不利条件 10 年一遇

6 结论

数学模型计算，结果表明：引航道与泄洪河道交汇区横向流速较大，需要修建导流墙才能减小横流，文中提出了两种导流墙的布置方案，其中方案一为较优方案。当废黄河来流为 20 年一遇洪水条件和 10 年一遇洪水条件，成子河船闸瞬时最大下泄流量 $69.5m^3/s$，下游为低水位 12.5m 的时候，在导流堤方案一的布置形式下，成子河航道与泄洪河道交汇区的 CS6 断面附近，最大表面横向流速均大于 0.3m/s。若遇到该不利情况时，建议成子河船闸停航以确保安全。

致谢

本研究得到了国家重点研发计划(2016YFC0402506)资助，特此感谢。

参考文献

1 符蔚, 王能, 李志威, 等. 分汊河段船闸引航道整治试验研究[J]. 长江科学院院报, 2019:1-8.

2 王冰洁, 周苏芬, 王海周, 等. 明渠干支河流直角交汇区整流方法探讨[J]. 四川大学学报(工程科学版), 2015(S1):7-12.

3 王晓刚, 王小东, 宣国祥, 等. 五里亭船闸下游引航道综合整治[J]. 水利水运工程学报, 2017(04):1-7.

4 敖大光, 曾志诚, 李波, 等. 西北江交汇区航道整治试验研究[J]. 中国工程科学, 2002(05):67-70.

5 杨校礼, 李昱, 孙永明, 等. 弧形短导墙对船闸引航道水流结构影响的研究: 第二十七届全国水动力学研讨会, 中国江苏南京, 2015[C].

6 朱鹏, 章昆仑, 朱年龙. 引航道枯水期船舶通航问题分析及对策[J]. 中国水运, 2018(09):66-67.

7 吴腾, 秦杰, 丁坚. 引航道与泄洪河道交汇区安全通航研究: 第二十七届全国水动力学研讨会, 中国江苏南京, 2015[C].

8 丁坚, 吴腾, 邵雨辰, 等. 成子河船闸引航道与泄洪河道交汇区域通航水流条件与改善措施研究[J]. 水道港口, 2016(02):166-169.

9 吴腾, 秦杰, 王东英. 引航道与泄洪河道交汇区流态及航道安全措施研究: 第十七届中国海洋（岸）工程学术讨论会, 中国广西南宁, 2015[C].

Study on flow velocity and navigation conditions at the intersection area of approach channel and flood discharge channel

YANG Sheng-yao，QIN Jie, DU Zhi-shui，HONG Kun-hui

（Key Laboratory of Coastal Disaster and Defence, Ministry of Education, Hohai University, Nanjing 210098,China.）

Abstract: The water flow conditions at the intersection of the approach channel and the flood discharge channel are complex, and it is easy to generate lateral water flow. Taking the Chengzi River channel as an example, this paper establishes a mathematical model, analyzes the flow velocity conditions in the intersection area under different regulation schemes, and determines the optimal diversion wall layout scheme. On this basis, navigation conditions under extreme conditions is carried out for the optimization scheme. The results show that when the inlet flows at 206m^3/s or 308m^3/s, the instantaneous maximum discharge flow of the Chengzihe ship lock is 69.5m^3/s, and the downstream is low water level 12.5m, the maximum surface lateral velocity of the intersection is greater than 0.3m/s. If this extreme condition is encountered, it is recommended that the Chengzihe ship lock be not running.

Key words: Ship lock, approach channel, mathematical model, lateral flow rate

弱流下四柱结构波浪爬高的求解

王硕，滕斌

(大连理工大学海岸和近海工程国家重点实验室，大连，116024，Email: bteng@dlut.edu.cn)

摘要：波流相互作用是一种十分普遍的自然现象，本文采用高阶边界元方法对波浪、水流与结构物相互作用问题进行了理论研究和数值模拟，该方法基于小流速下速度势和格林函数摄动展开，采用积分方程，改进积分中某些柯西主值积分的计算，并将未知量限制在物体表面上，使计算速度大为提高。对水流和波浪共同作用下某四柱结构的波浪爬高进行了详细的数值模拟研究，对水流参数的引入和单纯波浪结构物相互作用模拟结果的影响进行了对比。

关键词：波浪；水流；四柱结构；波浪爬高；高阶边界元法

1 引言

对于波浪、水流与海洋工程结构物的相互作用问题，学者们进行了大量的研究，许多学者已经开发出有效的算法来单独评估波浪和水流对结构的作用。然而自然状态下波浪和水流一般是同时存在的，或者物体在行进的过程中还受到波浪的影响。波流共存时，它们间的相互作用将影响各自的传播特性，综合而形成的波流场并不是纯波浪场与纯水流场的简单叠加，而是一个比较复杂的组合过程。由于定常流的存在，物面上波动势的边界条件受到改变，波浪对结构物的绕射发生变化，相应地波浪对物体的作用力及在物体上的爬高也将受到水流的影响。而波浪爬高是决定海洋平台甲板高度的主要因素。低估的高度不能保证平台的安全正常运行，而平台的高度越高，成本越高，平台的稳定性就越低。

在计算物体周围的绕射和辐射问题时，积分方程法在工程上得到了广泛的应用。对于波流共存问题，利用满足自由水面和远场条件的格林函数[1]，积分域可以限制在物体表面和自由水面上的一个有限区域。然而与纯波浪的情况相比，格林函数的计算是十分耗时的，该方法的效率大大降低。在船舶水动力学中，船舶被假定是“细长”的，从而引入切片理论。将三维细长物体根据切片理论简化为二维物体与波流相互作用。而对于张力腿平台等“粗钝”的结构，“细长”假设将不再适用。然而与波浪速度相比，结构物向前的行进速度或水流速度一般是很小的。在小流速的假定下，应用摄动理论求解积分方程的[2-6]，其中积分方程和格林函数按流速展开。通过摄动展开，原来复杂的波流共同作用问题可以分解为两个相对简单的问题：一个是纯波浪与结构物的作用；另一个为水流对上述问题的修正。对于第一个问题，在有效计算静水中格林函数[7-9]的基础上，发展了高阶边界元方法[10-11]。对于第二个问题，可以用零速度格林函数及其导数导出格林函数及其导数的一阶项[2-3]。

本文采用高阶边界元法研究了定常流对规则波与四柱结构作用的波面升高的影响。在小流速假定下，将速度势和格林函数按与波陡有关的参数ε和与水流有关的参数τ进行摄动展开，其中ε和τ都为小参数。并且采用积分方程，改进积分中某些柯西主值积分的计算，从而使方程更为简化，计算更为迅速。

2 数值模型

2.1 边值问题

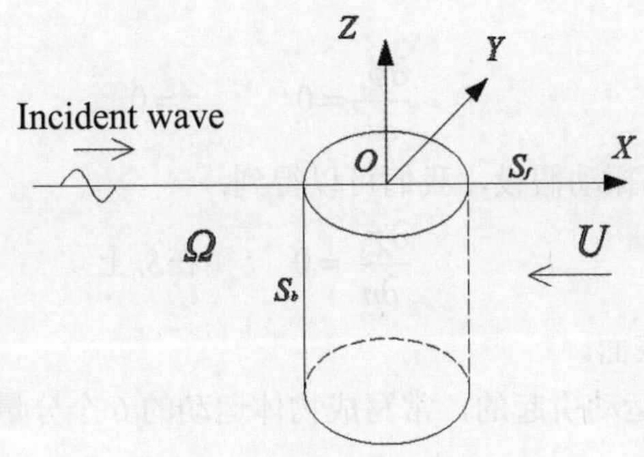

图1 坐标系和计算域定义

如图1所示，定义一个右手坐标系，$x=(x,y,z)$代表任一点坐标，原点设在静水面上，z轴垂直向上为正。规则波沿x轴正向传播，均匀水流流向x轴的负方向，或者物体以U的速度向x轴正向运动。假定流体为无旋和不可压缩的，且忽略表面张力。这样有一速度势满足Laplace方程和下列边界条件：

$$\nabla^2\Phi=0 \tag{1}$$

$$\Phi_{tt}+2\nabla\Phi\cdot\nabla\Phi_t+\frac{1}{2}\nabla\Phi\cdot\nabla(\nabla\Phi\cdot\nabla\Phi)+g\Phi_z=0 \qquad z=\eta \tag{2}$$

$$\frac{\partial\Phi}{\partial n}=V_s\cdot\vec{n} \qquad 在S_0上 \tag{3}$$

式中，g为重力加速度；η为瞬时波面；S_0为瞬时物面；$\vec{n}$为物面处单位法向量，指出流场外侧为正；V_s是物面上该点的运动速度。式（2）为自由水面条件，式（3）为物面条件。除以上条件外，势函数还需满足无穷远处的远场条件。

由于自由面边界条件的非线性，上述方程的求解是非常困难的。实际计算中常常引入某些假设。在小波高的假设下，速度势可以分解为时间无关的稳定势ϕ_s、随时间振荡的绕射势Φ_D和辐射势Φ_R：

$$\Phi(x,t)=\phi_s(x)+\Phi_D(x,t)+\Phi_R(x,t) \tag{4}$$

稳定势可以表达为均匀入流势和绕流势之和的形式：

$$\phi_s(x)=U\chi_s=U(\chi-x) \tag{5}$$

由于水流的存在，规则波的遭遇频率为：

$$\sigma=\left|\omega-Uk\cos\beta\right| \tag{6}$$

式中，k为波数；β为波浪的入射角；ω为波浪频率；$\omega=\sqrt{gk\tanh kh}$；h为静水深。

在时域内对式（5）取平均值，并近似到$\tau=\sigma/g$的一阶项，我们可以得到x的"刚性"水面条件:

$$\frac{\partial\phi_s}{\partial z}=0 \qquad z=0 \tag{7}$$

进一步作物体小振幅振动假设，我们可以得到:

$$\frac{\partial\chi_s}{\partial n}=0 \qquad \text{在}S_0\text{上} \tag{8}$$

式中，S_b为物体的平均表面。

辐射势Φ_r是由物体运动引起的，常写成物体运动的6个分量形式:

$$\Phi_R(x,t)=\mathrm{Re}\left[i\sigma\sum_{j=1}^{6}\xi_j\phi_j(x)e^{i\sigma t}\right] \tag{9}$$

式中，ξ_j为物体在第j个模态下的运动幅值。总的绕射势Φ_d可以写成:

$$\Phi_D(x,t)=A\,\mathrm{Re}\left[\phi_D(x)e^{i\sigma t}\right]=A\,\mathrm{Re}\left[\{\phi_0(x)+\phi_7(x)\}e^{i\sigma t}\right] \tag{10}$$

式中，A为入射波幅值，入射势ϕ_0具有下述形式:

$$\phi_0(x,y,z)=\frac{gA}{\omega}\cdot\frac{\cosh k(z+h)}{\cosh kh}\sin(kx\cos\beta+ky\sin\beta-\omega t) \tag{11}$$

ϕ_s、$\phi_j(j=1,\ldots,6)$和ϕ_d满足 Laplace 方程。近似到一阶波浪高度$\varepsilon=kA$和一阶水流速度参数τ，$\phi_j(j=1,\ldots,6)$和ϕ_d在$z=0$平面上满足:

$$-v\phi_j+2i\tau\nabla_2\phi_j\cdot\nabla_2\chi_s+i\tau\phi_j\nabla_2^2\chi+\frac{\partial\phi_j}{\partial z}=0 \tag{12}$$

式中，∇_2为水平面内的二维梯度算子，$v=\sigma^2/g$。在远离物体处上述方程近似为:

$$-\nu\phi_j - 2i\tau\frac{\partial\phi_j}{\partial x} + \frac{\partial\phi_j}{\partial z} = 0 \tag{12a}$$

在物体的平均表面 S_b 上，$\phi_j(j=1,...,6)$ 和 ϕ_d 满足：

$$\begin{aligned}&\frac{\partial\phi_j}{\partial n} = n_j + \frac{U}{i\sigma}m_j, \qquad j=1,...,6\\&\frac{\partial\phi_D}{\partial n} = 0\end{aligned} \tag{13}$$

其中：

$$\begin{aligned}(m_1,m_2,m_3) &= -(n\cdot\nabla)\nabla\chi_s\\(m_4,m_5,m_6) &= -(n\cdot\nabla)(x\times\nabla\chi_s)\end{aligned}$$

2.2 数值方法

对自由表面条件[式（12a）]和波浪向外传播的无限远条件，我们可以求得其基本解为：

$$4\pi G(x,x_0) = -\frac{1}{r} - \frac{1}{r'} + \int_0^\infty\int_0^{2\pi}\frac{(\lambda\Lambda-k)2\tau\cos\theta-k}{\pi(\lambda\Lambda-k)\Lambda}e^{\lambda w}d\lambda d\theta \tag{14}$$

其中：

$$r=\sqrt{R^2+(z-z_0)^2} \qquad r=\sqrt{R^2+(z+z_0)^2} \qquad R=\sqrt{(x-x_0)^2+(y-y_0)^2}$$

$$W=(z+z_0)+i[(x-x_0)\cos\theta+(y-y_0)\sin\theta] \qquad \Lambda=1+2\tau\cos\theta$$

在计算域 Ω 上，对稳定绕流势应用一满足“刚性”水面条件的简单格林函数：

$$G_0(x,x_0) = -\frac{1}{4\pi}(\frac{1}{r}+\frac{1}{r'}) \tag{15}$$

可以得到其积分方程：

$$\alpha\chi(x_0) - \int_{S_B}\frac{\partial G_0(x,x_0)}{\partial n}\chi(x)ds = -\int_{S_B}n_1G_0(x,x_0)ds \tag{16}$$

为了适于高阶边界元的计算，我们采用 Noblesse[7]和 Eatock Taylor 和 Chau[10]的方法，将上述方程与物体内部的积分方程：

$$(1-\alpha)\chi(x_0) + \int_{S_B}\frac{\partial G_0(x,x_0)}{\partial n}\chi(x_0)ds = 0 \tag{17}$$

相加，可以得到一无自由项 α、无柯西主值积分的积分方程：

$$\chi(x_0) + \int_{S_B}\frac{\partial G_0(x,x_0)}{\partial n}[\chi(x_0)-\chi(x)]ds = -\int_{S_B}n_1G(x,x_0)ds \tag{18}$$

对随时间变动的辐射势和绕射势，在流域 Ω 中应用第二格林定理，我们可以得到下述积分方程：

$$\alpha\phi(x_0)=\iint_{S_f+S_b+S_\infty}\left[\frac{\partial G_0(x,x_0)}{\partial n}\phi_j(x)-\frac{\partial\phi_j(x)}{\partial n}G(x,x_0)\right]dS \tag{19}$$

应用一逆流等强度的移动脉动源[式（12）]和 Tuck 定理[12]，方程可以简化为：

$$\alpha\phi(x_0)-\iint_{S_B}\phi(x)\frac{\partial G}{\partial n}dS+2i\tau\iint_{S_F}\phi(x)\left(\nabla_2 G\cdot\nabla_2\chi+\frac{1}{2}G\nabla_2^2\chi\right)dS$$
$$=\begin{cases}\phi_0 & for\ \phi_D\\ -\iint_{S_B}\left(G+\dfrac{i\tau}{v}\nabla G\cdot\nabla\chi_s\right)n_j ds & for\ \phi_j(j=1,...,6)\end{cases} \tag{20}$$

上述方程中包含一自由水面积分，由于远离物体时稳定绕流势χ衰减为零，其积分只需在物体周围有限的范围内进行。

将方程（16）中$\chi(x_0)$换成$\phi(x_0)$并与式（20）相加，我们可以得到一个新的积分方程：

$$\phi(x_0)+\iint_{S_B}[\phi(x_0)\frac{\partial G_0}{\partial n}-\phi(x)\frac{\partial G}{\partial n}]ds+2i\tau\iint_{S_F}\phi(x)\left(\nabla_2 G\cdot\nabla_2\chi+\frac{1}{2}G\nabla_2^2\chi\right)ds$$
$$=\begin{cases}\phi_0 & for\ \phi_D\\ -\iint_{S_B}\left(G+\dfrac{i\tau}{v}\nabla G\cdot\nabla\chi_s\right)n_j ds & for\ \phi_j(j=1,...,6)\end{cases} \tag{21}$$

在上述方程中，未知量既在物面上又在自由水面上，求解时需要联立很大的方程组。应用摄动展开的方法，将格林函数和速度势分别展开成流速参数τ的函数：

$$\phi=\phi^{(0)}+\tau\phi^{(1)}+0(\tau^2)$$
$$G=G^{(0)}+\tau G^{(1)}+0(\tau^2) \tag{22}$$

其中：

$$G^0=\left[-\frac{1}{r}-\frac{1}{r'}-2v\int_0^\infty\frac{e^{\lambda(z-z_0)}}{\lambda-v}J_0(\lambda R)d\lambda\right]/4\pi$$

$$G^{(1)}=-2i\frac{\partial^2 G^{(0)}}{\partial v\partial x}$$

将式（22）代入积分方程（21），并按τ的量级重新整理，可以得到τ的零阶项的积分方程：

$$\phi(x_0)+\iint_{S_B}\left[\phi^{(0)}(x_0)\frac{\partial G_0}{\partial n}-\phi^{(0)}(x)\frac{\partial G^{(0)}}{\partial n}\right]ds=\begin{cases}\phi_0 & for\ \phi_D\\ -\iint_{S_B}G^{(0)}n_j ds & for\ \phi_j(j=1,...,6)\end{cases} \tag{23}$$

τ的一阶项的积分方程为：

$$
\begin{aligned}
&\phi^{(1)}(x_0)+\iint_{S_B}\left[\phi^{(1)}(x_0)\frac{\partial G_0}{\partial n}-\phi^{(1)}(x)\frac{\partial G^{(0)}}{\partial n}\right]ds \\
&=\iint_{S_B}\frac{\partial G^{(1)}}{\partial n}\phi^{(0)}(x)ds-2i\iint_{S_F}\phi^{0}(x)\left(\nabla_2 G^{(0)}\cdot\nabla_2\chi+\frac{1}{2}G^{(0)}\nabla_2^2\chi\right)ds \\
&+\begin{cases} 0 & for\ \phi_D \\ -\iint_{S_B}\left(G^{(1)}+\frac{i}{v}\nabla G^{(0)}\cdot\nabla\chi_s\right)n_j ds & for\ \phi_j\ (j=1,\ldots,6)\end{cases}
\end{aligned} \tag{24}
$$

在水面上当源点与场点接近时，$\partial G^{(1)}/\partial n$ 中包含一复杂的奇异核。为了避免它的直接积分，我们在上式中分别减去和加上下面等式的两侧：

$$
\iint_{S_B}\frac{\partial G^{(1)}}{\partial n}\phi^{(0)}(x_0)ds=-\iint_{S_w}\left[vG^{(1)}-2iG_x^{(0)}\right]\phi^{(0)}(x_0)ds \tag{25}
$$

可以得到一新的积分方程:

$$
\begin{aligned}
&\phi^{(1)}(x_0)+\iint_{S_B}\left[\phi^{(1)}(x_0)\frac{\partial G_0}{\partial n}-\phi^{(1)}(x)\frac{\partial G^{(0)}}{\partial n}\right]ds \\
&=\iint_{S_B}\frac{\partial G^{(1)}}{\partial n}\left\{\phi^{(0)}(x)-\phi^{(0)}(x_0)\right\}ds-2i\iint_{S_F}\phi^{0}(x)\left(\nabla_2 G^{(0)}\cdot\nabla_2\chi\right. \\
&\left.+\frac{1}{2}G^{(0)}\nabla_2^2\chi\right)ds-\iint_{S_w}\left(vG^{(1)}-2iG_x^{(0)}\right)\phi^{(0)}(x_0)ds \\
&+\begin{cases} 0 & for\ \phi_D \\ -\iint_{S_B}\left(G^{(1)}+\frac{i}{v}\nabla G^{(0)}\cdot\nabla\chi_s\right)n_j ds & for\ \phi_j\ (j=1,\ldots,6)\end{cases}
\end{aligned} \tag{26}
$$

虽然经过上述处理，自由项 α 被消除了，部分奇异积分被抵消了，但上述积分方程的右端第二、三和六项中仍存在着 $G^{(0)}$ 的一阶空间导数，其中包含着 $1/r^2$ 和 $1/r'^2$ 量级的奇异核。对于这些积分我们利用 Guiggiani 和 Gigante[13]的直接数值方法，分离出奇异核，只计算剩余的非奇异部分，由于奇异核在源点周围各单元的积分之和为零，奇异核在各单元的柯西主值积分可以避而不算。

在等参元内引入形状函数 $h(\xi,\eta)$，对式（23）和式（26）离散，可建立两组联立的代数方程组为:

$$
\begin{aligned}
[A]\left\{\phi_j^{(0)}\right\}&=\left\{B_j^{(0)}\right\} \\
[A]\left\{\phi_j^{(1)}\right\}&=\left\{B_j^{(1)}\right\}
\end{aligned} \tag{27}
$$

在上述方程中对于零阶和一阶的 14 个辐射和绕射势右端矩阵[A]是相同的，求解时采用 IU 分解的方法，对矩阵[A]分解一次，然后回代 14 次可求得全部的未知量。

2.3 弱流状态下波浪爬高的求解

通过求解方程组（27）得到物面速度势等未知量后，就可以计算出结构物上的波浪爬高。对于自由表面上的 Bernoulli 方程近似到一阶波高和一阶流速，波流共同作用下的波面高度可表达为：

$$\eta = \frac{1}{g}\left\{\frac{\partial}{\partial t}\left[\Phi_d^{(0)} + \Phi_r^{(1)} + \tau\left(\Phi_d^{(1)} + \Phi_r^{(1)}\right)\right] + \nabla\phi_s \cdot \nabla\left(\Phi_d^{(0)} + \Phi_r^{(0)}\right)\right\} \tag{28}$$

将波面按佛汝德数 $Fr = U / \sqrt{ga}$ 展开可得：

$$\eta = \eta^{(0)} + Fr\eta^{(1)}(\sigma, \tau) \tag{29}$$

其中：a 为结构的断面尺度参数，

$$\eta^{(0)} = -\frac{1}{g}\frac{\partial}{\partial t}\left[\Phi_D^{(0)} + \Phi_R^{(0)}\right] \tag{30}$$

$$\eta^{(1)} = -\sqrt{\frac{a}{g}}\left\{\frac{\sigma}{g}\frac{\partial}{\partial t}\left(\Phi_D^{(1)} + \Phi_R^{(1)}\right) + \nabla\chi_s \cdot \nabla\left(\Phi_D^{(0)} + \Phi_R^{(0)}\right)\right\} \tag{31}$$

3 数值结果与讨论

为了验证本文方法的可行性和准确性，以一水深 $h = 0.5$ m 中坐底四柱结构为例，计算波流同向、波流反向和单位纯波浪下的波浪爬高。圆柱的半径为 $a = 0.2$ m，各圆柱圆心处的坐标分别为 $(\pm 0.4\text{m}, \pm 0.4\text{m})$。

计算过程中整体坐标系坐标原点选取在自由水面结构中心位置处，同时以各圆柱圆心为坐标原点分别在各个象限内建立局部坐标系，局部坐标系的坐标轴方向与整体坐标系坐标轴方向平行。图 2 描述了整体坐标系以及局部坐标系的定义。

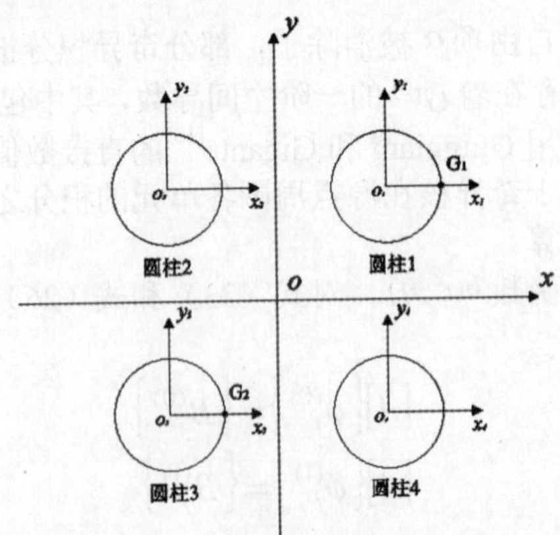

图 2 局部坐标系和整体坐标系的定义

考虑模型的对称性，计算中只在 1/4 物面以及近场自由水面离散网格。物面沿圆周方向划分 16 个网格，吃水方向划分 4 个网格，自由水面是大小较均匀的非结构化网格，波浪波幅取单位值。

图 3（a, b）是波浪沿 x 轴负向入射、不同波浪周期下各位置处一阶无因次波浪爬高幅值及与 Cong[14]的结果对比。从图 3 中可以看出，G_1 在上游圆柱迎浪侧附近，在短周期范围内结果变化较为剧烈。随着入射波浪周期的增大，结果逐渐趋于稳定。G_2 在下游圆柱迎浪侧附近，当入射波周期相对较短时波高增大明显，并在短周期范围内形成了一个峰。本文计算结果与 Cong[14]的结果吻合良好。

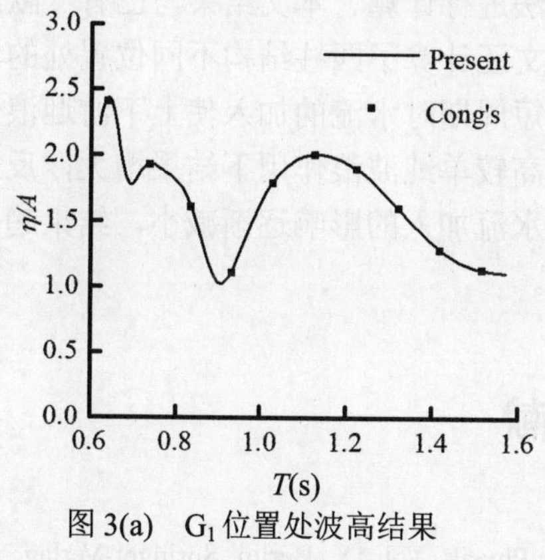

图 3(a)　G_1 位置处波高结果

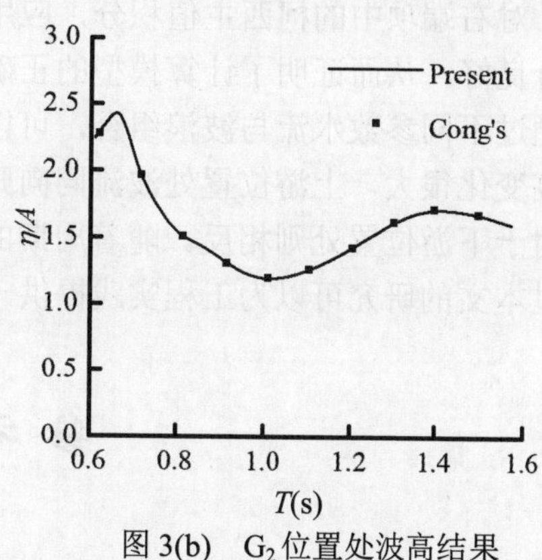

图 3(b)　G_2 位置处波高结果

图 4（a, b）是波流同向及反向 $(Fr=\pm 0.04)$ 和纯波浪作用 $(Fr=0.0)$ 时各位置的波高在不同周期下的一阶无因次波浪爬高幅值。由于规则波的遭遇频率 $\sigma=|\omega-Uk\cos\beta|$，所以当水流参数 U 不同时，周期 $T=2\pi/\sigma$ 也相应的发生变化。从图 4 中可以看出，G_1 在上游圆柱迎浪侧附近，在短周期范围内结果变化较为剧烈，波浪与水流同向时波浪爬高幅值较单纯波浪作用下的结果增大,而反向时则减小。随着周期的增大，波流同向、反向和纯波浪作用的结果逐渐一致。G_2 在下游圆柱迎浪侧附近，当入射波周期相对较短时波高增大明显，波浪与水流同向时波浪爬高幅值较单纯波浪作用下的结果减小,而反向时则增大。随着周期的增大，波流同向、反向和纯波浪作用的结果逐渐一致。

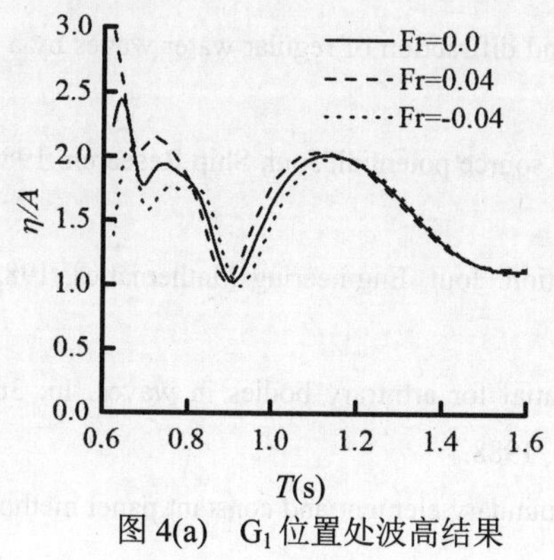

图 4(a)　G_1 位置处波高结果

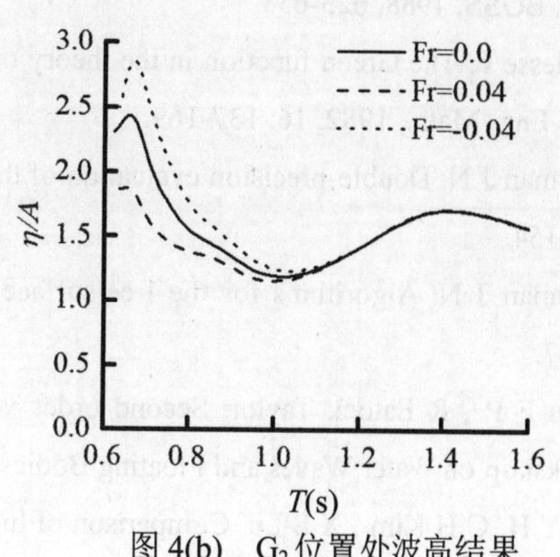

图 4(b)　G_2 位置处波高结果

4 结论

对波浪、弱流对四柱结构的作用问题，应用摄动展开法按水流参数对速度势和格林函数做了展开，从而避免了格林函数的直接计算。本文应用一个左端项无奇异积分的积分方程求解。对右端项中的柯西主值积分，应用直接方法进行计算。本文结果与已有文献结果对比吻合良好，从而证明了计算模型的正确性。本文还计算了四柱结构不同位置处的波浪爬高，通过不同参数水流与波浪组合，可以看出在短周期时水流的加入使上下游迎浪侧的最大波高变化很大，上游位置处波流同向则波浪爬高较单纯波浪作用下结果增大，反之则减小，对于下游位置处则相反。随着周期的增大，水流加入的影响逐渐减小，结果趋向一致。通过本文的研究可以为工程实践提供一些参考。

参考文献

1 R'ehausen J V, E V Laitone. Surface wave. Handbuch der Physik, Vol. IX, Berlin, Springer-Verlag., 1960, 468-521

2 Nossen J, J Grue and E Palm. Wave forces on three-dimensional floating bodies with small forward speed. J. Fluid Mech., 1991, 227: 135-160.

3 Eatock Taylor R , B Teng. The effect of corners on diffraction/radiation forces and wave drift damping. OTC 7178,Houston, USA, 1993.

4 Grue J , E Palm. Wave loading on ships and platforms at a small forward speed. In: Proc. of OMAE, Volume 1-A, 255-263.

5 Huijsmans R H M , A J Hermans. The effect of the steady perturbation potential on the motions of a ship sailing inrandom seas. In: Proc. 5th Numerical Ship Hydrodynamic Conf., Horishima. Japan, 1989.

6 Zhao R, O M Faltinsen, J R Krokstad , et al. Wave-current interaction effects on large-volume structures. Porc. BOSS, 1988, 623-638.

7 Noblesse F. The Green function in the theory of radiation and diffraction of regular water waves by a body. Jour. Eng. Math., 1982, 16: 137-169.

8 Newman J N. Double-precision evaluation of the oscillatory source potential. Jour. Ship Research, 1984, 28: 151-154.

9 Newman J N. Algorithms for the free-surface Green function. Jour. Engineering Mathematics, 1985, 19: 57-67.

10 Chau F P , R Eatock Taylor. Second order velocity potential for arbitrary bodies in waves. In: 3rd Int. Workshop on Water Waves and Floating Bodies, Wood Hole, 1988.

11 Liu Y H, C H Kim , X S Lu. Comparison of higher order boundary element and constant panel methods for

hydro-dynamic loadings. Int. Jour. of Offshore and Polar Eng., 1991, 1(1):8-17

12 Ogilvie T F , E O Tuck. A rational strip theory of ship motions; Part I. Rep. 013. The Department of Naval Architecture and Marine Engineering, The University of Michigan College of Engineering, 1969

13 Guiggiani M , A Gigante. A general algorithm for multidimensional Cauchy principal value integrals in the boundary element method. Journal of Applied Mechanics, Transaction of the ASME, 1990, 57, 906-915

14 Cong P, Gou Y, Teng B, et al. Model experiments on wave elevation around a four-cylinder structure[J]. Ocean Engineering. 2015, 96: 40-55.

Solution of wave run-up on a four-cylinder structure with small forward speed

WANG Shuo, TENG Bin

(State Key Laboratory of Coastal and Offshore Engineering，Dalian University of Technology，Dalian 116024. Email: bteng@dlut.edu.cn)

Abstract: Process of wave propagation is usually accompanied by currents. In the essay, a higher-order boundary element method (HOBEM) is developed to simulate wave-current interaction with 3D bodies. Based on the perturbation procedure of the velocity potential and Green's function with weak current, the integral equation is used to improve the calculation of Cauchy principal value integrals, and the unknown quantity is limited on the surface of the structure, which greatly improve the computational efficiency. The wave run-up of wave-current interaction with a four-cylinder structures are investigated. The emphasis is focused on the influence of the current on the results for wave-body interaction.

Key words: Wave, Current; Four-cylinder structure, Wave run-up, High order boundary element method

凸起型阶梯对阶梯溢流坝面压强特性影响

陈卫星，董丽艳，郭莹莹，杨具瑞

(昆明理工大学 现代农业工程学院，昆明，650500，Email: baymaxcwx@163.com)

摘要：对于高水头、大单宽流量的泄水建筑物泄洪，阶梯溢流坝上传统的均匀阶梯容易发生空蚀空化破坏。为此，将传统的均匀阶梯设计为局部凸起的过渡式阶梯，从而更好地掺气，避免空蚀空化破坏的发生。通过水工模型试验将传统的均匀阶梯与 6 种凸起型阶梯做对比，研究发现：当首级阶梯为凸起型阶梯时，第一台阶被水流充满，负压出现在第二台阶；当首级阶梯为大阶梯时，掺气空腔体积较大，负压较小；阶梯的局部凸起可以增大水流的紊动程度，可提高空腔吸卷空气的能力；水流与坝面分离时，阶梯处的压强基本为 0 kPa，下跌水舌与阶梯面接触，压强迅速增大。

关键词：凸起型阶梯；阶梯溢流坝；负压；时均压强

1 引言

近几十年来，百米级以上的大坝越来越多，单宽泄洪流量也愈来愈大。单一的消能方式已经满足不了这类工程的高效地消能。为此，在许多学者的潜心研究下，“宽尾墩+阶梯溢流坝+消力池”一体化消能方式脱颖而出。但是，阶梯面可能会发生空蚀空化破坏。为了研究如何降低甚至避免空蚀空化破坏，许多学者做了很多工作。比如：张洛等[1]通过数值模拟发现，出闸室水流受宽尾墩的挤压，在宽尾墩迎水面尖角处有一范围较大的高压区，水流与壁面发生分离，导致宽尾墩底部斜面出口处存在局部负压；后小霞[2]发现宽尾墩收缩比减小，空腔最大负压值减少，但负压分布范围增大；张挺等[3]通过数值模拟发现，一定的负压有利于宽尾墩墩后空腔在阶梯面上吸卷空气，提高掺气效果，但负压较大，会导致水流产生空化；不仅如此，增加掺气坎的角度[4]，有利于阶梯面掺气，可以防止阶梯面被破坏；增加掺气坎的高度[5]，也会改善阶梯的掺气效果，避免台阶竖直和水平壁面的空化空蚀；但郭莹莹等[6]在模型试验中发现，在增大掺气坎相对高度的同时，增加过渡台阶尺寸，可明显减少台阶立面负压的产生；王强[7]发现，若阶梯空腔内不能充分掺气，阶梯内会产生较大的负压，容易发生空蚀空化破坏；张志昌等[8]发现，台阶式溢洪道的压强呈波浪式分布，在相邻台阶上出现波峰和波谷，当台阶上的时均压强增大，相对应负压值逐渐减小。

以上对消能工的压强均有研究，但阶梯仅仅局限于传统的内凹式阶梯。为此，本文采用模型试验的方法，选取 6 种不同形状的凸起型阶梯，与传统的内凹式阶梯作对比，研究凸起型阶梯对阶梯溢流坝面压强的影响，其结果对实际工程有一定的指导意义。

2 物理模型与试验方案

2.1 物理模型

本文模拟的试验是以坝高为 138 m 的阿海水电站为原型，在昆明勘察设计院水工模型试验场地完成。整个水工模型呈正态整体形态，几何材料采用有机玻璃制作。在模型设计中，严格按照阿海水电站原型按照比尺设计，WES 曲面与阶梯溢流坝的衔接过渡段采用分段制作。从上游至下游依次为 WES 曲面、过渡阶梯段（由均匀阶梯前六阶改造而成）、1m ×0.75m（高×宽）的均匀阶梯段、反弧段以及消力池段。模型根据重力相似准则设计。其主要设计比尺关系见表 1。

表 1　模型主要比尺关系

名称	几何比尺 λ_L	流量比尺 λ_Q	流速比尺 λ_v	压力比尺 λ_p	糙率比尺 λ_n	时间比尺 λ_t
关系	λ_L	λ_L^2.5	λ_L^0.5	λ_L	λ_L^(1/6)	λ_L^0.5
数值	60	27885.48	7.746	60	1.979	7.746

2.2 试验方案

在无掺气坎的条件下，将均匀阶梯段的前六阶设计为过渡阶梯，为方案一。将均匀阶梯的前六阶设计为 3 个尺寸为 1.5m×0.75m（高×宽）的凸起型阶梯，为方案二。将均匀阶梯的前六阶设计为 3 个尺寸为 1m×1.125m（高×宽）的凸起型阶梯，为方案三。将均匀阶梯的前六阶设计为 3 个尺寸为 1.5m×1.125m（高×宽）的凸起型阶梯，为方案四。在方案二的基础上，将前两级阶梯设计成 2m×1.5m（高×宽）的大阶梯，为方案五。在方案三的基础上，将前两级阶梯设计成 2m×1.5m（高×宽）的大阶梯，为方案六。在方案四的基础上，将前两级阶梯设计成 2m×1.5m（高×宽）的大阶梯，为方案七。各方案阶梯见图 1。

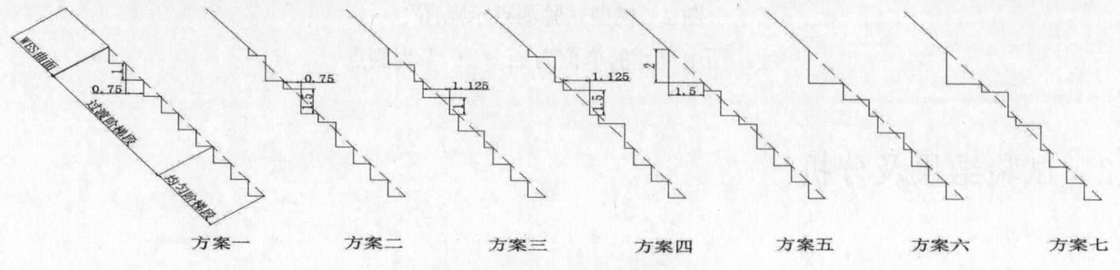

图 1　各方案阶梯示意图

注：上图各方案的阶梯尺寸均为 m

本次试验在一体化消能工共布置 36 个断面测点，测点桩号 0+2.18m～0+256.97m。其中，桩号 0+2.18m～0+36.01m 为 WES 曲面段，共 8 个测点；桩号 0+44.53m～0+60.28m 为阶梯段，共 8 个测点；0+64.14m～0+97.80m 为反弧段，共 6 个测点；0+105.76m～0+256.97m 为消力池段及消力坎，共 14 个测点。

本文对一体化消能工的压强特性进行研究，负压采用综合精度 0.1%的 CY202 数字压力传感器测量，测点位于第一台阶的立面、平面以及第二台阶的立面；时均压强采用内径 12 mm、精度 1 mm 的玻璃管测量，测点分布在 0+2.18m～0+245.00m，共 34 个。测点位置如图 2 所示。

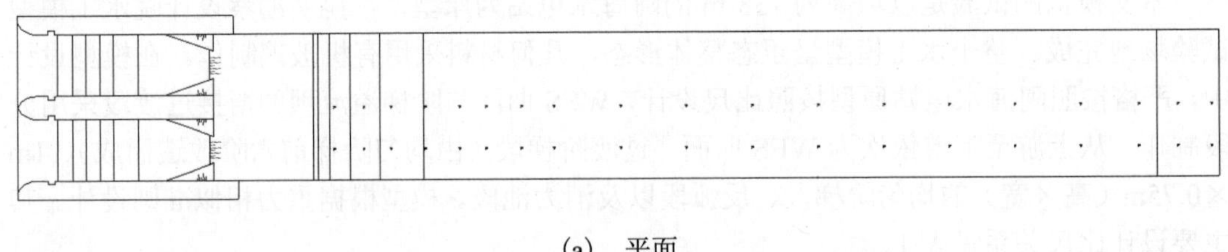

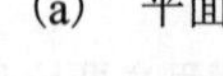

(a) 平面

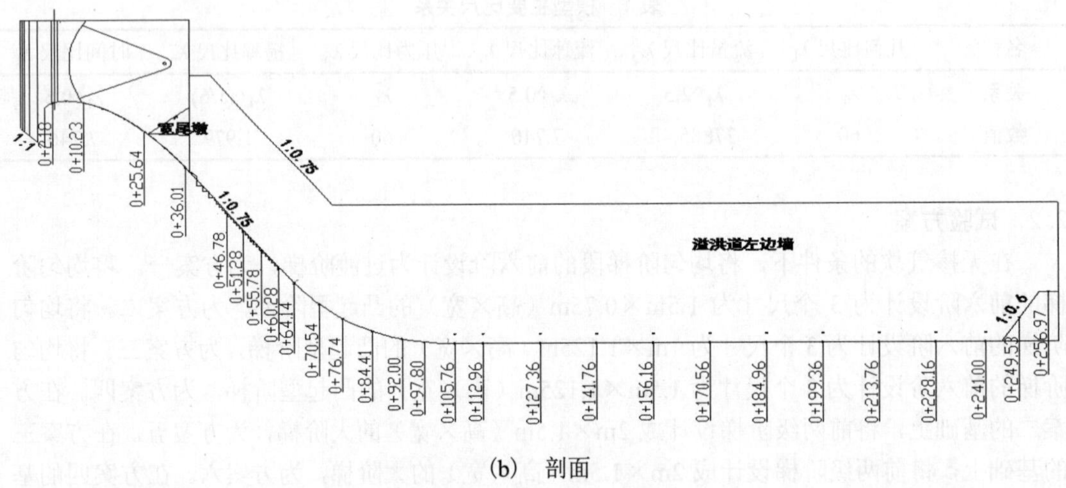

(b) 剖面

图 2 模型试验测点示意图

注：图中尺寸的单位为 m；“ • ”为测点

3 试验结果及分析

3.1 负压分布

水流在下泄过程中，受宽尾墩的横向收缩和纵向拉伸作用，在阶梯溢流坝段与阶梯分离，形成掺气空腔，若掺气空腔内掺气量不足，则会导致负压的形成。较小的负压可有利于空腔吸卷空气，有利于掺气。但负压较大，则会对阶梯壁面造成破坏。本试验对第一台阶立面、平面以及第二阶梯立面进行负压测量，各方案负压分布如表 2 所示。

由表 2 可知，方案一阶梯内无负压，其余方案在前两级阶梯内均存在局部负压，相对比而言，方案一阶梯内无负压，不能很好地掺气，不利于消能。对比方案二至方案七，在第一台阶立面和平面，方案二至方案四均为正压，台阶不受水流空蚀空化破坏。主要原因是方案二到四首级阶梯为凸起型阶梯，下泄水流经过宽尾墩的收缩作用后，部分水体跌落在首级阶梯平面上，在首级阶梯内形成旋滚水流，逐渐充满整个阶梯，再汇入主流水体，所以方案二至方案四的首级阶梯均为正压；而方案五至方案七在第一台阶内局部出现负压，且最大负压出现在第一台阶立面（上），分别为-24.46kPa、-20.60kPa、-23.58kPa。主要是由于方案五至方案七的首级阶梯为大阶梯，水流在下泄过程中，与阶梯溢流坝面产生分离，形成掺气空腔，进而产生负压。水体在空中与空气接触、碰撞以及掺混，将部分空气带入空腔体内。加之方案五至方案七的第二阶梯为凸起型阶梯，阶梯局部的凸起加大了对水流的扰动，增强了水流的紊动程度，致使空腔吸卷入更多的空气，扩散至首级阶梯，因此首级阶梯负压有所降低。由此可以发现，首级阶梯为大阶梯，有利于阶梯面的掺气。

在第二台阶立面，方案二至方案四开始出现负压，且在第二台阶立面（上）出现最大负压，最大负压分别-50.34kPa、-48.10kPa、-55.12kPa。主要原因有以下两点：方案二至方案四的首级阶梯为凸起型阶梯，下泄水流溅落到首级阶梯平面上，形成不完整的通道，水流无法更好地掺气，导致负压较大；再者，方案二至方案四的前几级阶梯均为凸起型阶梯，有效地掺气空腔体积较大，掺气不充分，负压较大。在二者联合作用下，负压增大较为明显。方案五至方案七仅在第二台阶立面（上）出现负压，且负压相对第一台阶最大负压较小。

表2　各方案阶梯负压分布值　　　　kPa

测点位置	方案一	方案二	方案三	方案四	方案五	方案六	方案七
第一台阶立面（上）	10.77	42.56	42.79	41.68	-24.46	-20.60	-23.58
第一台阶立面（中）	11.42	48.64	53.86	48.34	-23.89	-17.38	-22.36
第一台阶立面（下）	13.54	52.64	61.60	50.22	-20.65	-15.24	-19.28
第一台阶平面（上）	27.82	34.58	42.14	27.18	-17.29	-14.36	-16.18
第一台阶平面（中）	28.38	36.78	48.92	32.15	-14.97	-9.70	-12.62
第一台阶平面（下）	32.26	40.26	47.16	44.24	24.06	26.18	25.92
第二台阶立面（上）	32.22	-50.34	-48.10	-55.12	-21.68	-19.68	-24.68
第二台阶立面（中）	46.18	-49.70	-43.32	-52.18	32.78	41.78	37.78
第二台阶立面（下）	51.32	-45.76	-41.40	-47.24	45.46	55.46	52.62

3.2 时均压强分布

3.2.1 WES 曲面—阶梯段压强分布

各方案下的 WES 曲面—阶梯段的时均压强如图 3 所示。从图 3 中可以看出，从桩号 0+2.18m 到桩号 0+5.73m，各方案压强有所减小，主要由于在水流进口断面附近，水头高，流速小，压强较大；水流沿 WES 曲面下泄，水头减小，流速变大。此时，部分势能转化成动能，压强减小。从桩号 0+5.73m 到桩号 0+30.82m，水流受到宽尾墩的横向收缩作用，水位被抬高，压强增大。从桩号 0+30.82m 到桩号 0+36.01m，宽尾墩墩尾逐渐扩宽，迫使水流在闸室内横向收缩、纵向扩散产生射流，形成纵向拉伸的水舌，势能迅速转化成动能，将下泄水流挑射在空中，与阶梯溢流坝面分离，压强减小[9]。

各方案在阶梯段的桩号 0+44.53m 到桩号 0+53.53m 之间的压强值接近于 0kPa，主要是下泄水流由于宽尾墩的收缩作用，经过挑坎的挑射，在空中与试验模型壁面发生分离，水舌底部和台阶之间先是产生无水空腔，而后被水充满，形成过渡水流[10]，而且由于水流掺气后在阶梯面形成水垫塘，并逐级跌落消能，削弱水流对阶梯的冲击，使得阶梯段的压强很小，且有些许波动。从桩号 0+53.53m 到桩号 0+60.28m，各方案压强增大，且在桩号 0+60.28m 处压强达到最大，其中方案四的压强最大，为 74.87kPa；方案六的压强最小，为 48.40kPa。这是因为下泄水流与坝面分离后，水舌跌落在桩号 0+53.53m 附近，在此处既有前段空腔内的气体，又有下跌水舌冲击水面带入的空气，两种气体交汇在一起，水流底部产生较多气泡，时均压强随之增大。方案六的可掺气空腔体积较大，掺气较为充分，加之阶梯的凸起增大了水流的紊动性，水流在空中与空气相互接触、碰撞，逐步消耗能量，压强较小；方案四的凸起型阶梯数量较多且尺寸较大，使其可掺气空腔体积较小，掺气效果较差，掺气空腔后的水体剪切能力较差，水流在与空气接触、碰撞后相互混合产生的剧烈程度较弱，因此方案四的压强较大。

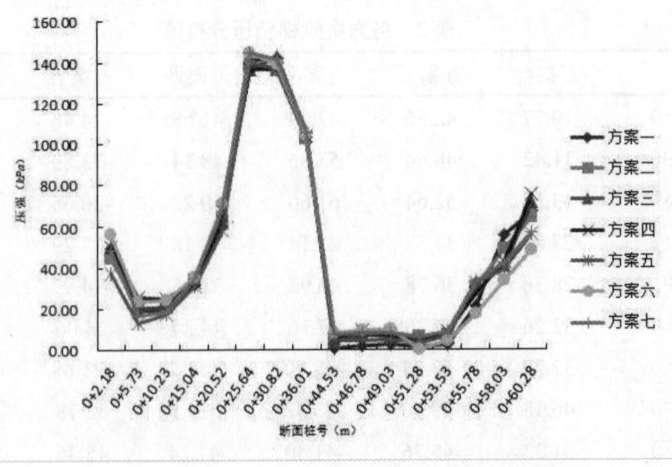

图 3 WES 曲面—阶梯段时均压强分布情况

3.2.2 反弧—消力池段压强分布

图 4 表示的是各方案下的反弧—消力池段的时均压强分布情况。由图 4 可知，各方案在反弧段至桩号 0+105.76m 的压强逐渐增大，主要原因是下泄水流流经阶梯面后，继续对反弧段进行冲击，压强增大。在桩号 0+105.76m 处，压强达到峰值，各方案的压强分别为：414.54kPa、421.60kPa、441.00kPa、415.72kPa、436.30kPa、429.24kPa 及 450.15kPa。从桩号 0+105.76m 到桩号 0+141.76m，由于水流受宽尾墩收缩的影响，分成上缘水流与下缘水流，两股水体在消力池前端汇合，产生剧烈地碰撞形成淹没式水跃，同时出现回流现象，致使压强减小。自桩号 0+141.76m 后，压强持续上升，主要是由于回流现象消失，以及在消力坎前发生壅水作用，提升水面线，流速减小，压强增大。各方案在消力池的时均压强相差不大，说明改变阶梯的形状，对消力池内时均压强影响不大。这与文献[11]所提出的观点基本一致。

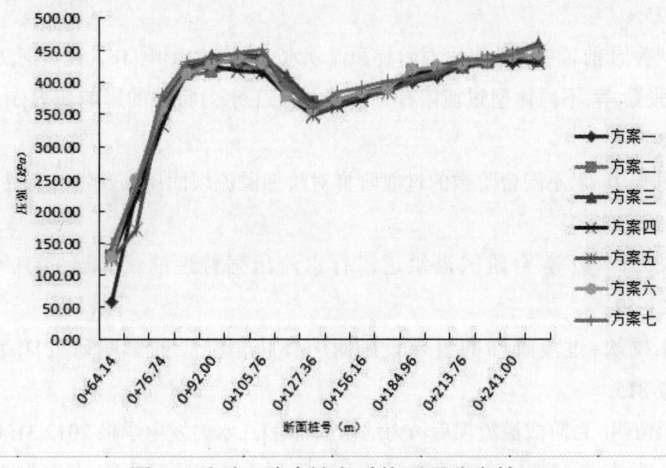

图 4 反弧—消力池段时均压强分布情况

4 结论

在无掺气坎的条件下，对上述 7 种方案进行了宽尾墩+阶梯溢流坝+消力池的一体化消能方式的水工模型试验，并对各方案过渡阶梯段的阶梯进行负压及时均压强的对比、分析，得出以下结论：①当首级阶梯为凸起型阶梯时，下泄水流易跌落在首级阶梯上，进而充满整个阶梯，此时，首级阶梯内无负压。方案二至方案四首级阶梯内均无负压，负压出现在第二台阶，且负压较大；②首级阶梯为大阶梯，有助于阶梯面掺气，加之后几级阶梯的凸起，增大了水流的紊动程度，增大空腔吸卷空气的能力，空腔掺气越多，负压越小。方案五至方案七的最大负压出现在第一台阶立面，最大负压分别为-24.46kPa、-20.60kPa、-23.58kPa，方案六负压最小。③水流与坝面分离后，跌落在若干级阶梯上，压强迅速增大，在阶梯段末端压强达到最大。其中方案四的压强最大，为 74.87kPa；方案六的压强最小，为 48.40kPa。

参 考 文 献

1 张洛,后小霞,杨具瑞.边宽尾墩体型对边墙区域水流水力特性的影响研究[J].水力发电学报,2015,34(1):85-92.

2 后小霞,杨具瑞,甄建树.宽尾墩体型对宽尾墩+阶梯溢流坝+消力池消能方式中阶梯掺气空腔长度及负压影响研究[J].水力发电学报,2014,33(3):203-209.

3 张挺,伍超,卢红,等.X 型宽尾墩与阶梯溢流坝联合消能的三维流场数值模拟[J]. 水利学报,2004,8(6):15-20.

4 张靓, 杨具瑞,陈玉壮.前置掺气坎角度对溢流坝阶梯面消能特性的影响[J].水利水运工程学报,2016(4):118-125.

5 朱利, 张法星, 刘善均.前置掺气坎高度对阶梯溢流坝水力特性的影响[J].人民黄河,2014,36 (6):110-112.

6 郭莹莹,杨具瑞,张勤,等.不同体型过渡阶梯对联合消能工水力特性的影响研究[J].水动力学研究与进展,2018,33(5):658-665.

7 王强, 杨具瑞, 武振中,等.不同台阶数的过渡阶梯对阶梯溢流坝面压强及消能特性的影响研究[J].水力发电学报,2016,35(5):84-93.

8 张志昌,曾东洋,郑阿漫,等.台阶式溢洪道滑行水流压强特性的试验研究[J].水动力学研究与进展,2003,18(5):652-659.

9 董丽艳,杨具瑞.挑坎+过渡阶梯的组合设施对一体化消能工的影响研究[J].水动力学研究与进展,2018,33(6):807-815.

10 田嘉宁, 赵庆, 范留明. 台阶式溢流坝后消力池压强特性[J].水力发电学报,2012,31(4)：113-118.

11 赵相航, 解宏伟, 顾声龙, 等.台阶式溢流坝消力池压强特性试验研究[J].南水北调与水利科技, 2017, 15(3) : 171-176.

Influence of raised ladder on pressure characteristics of stepped spillway dam

CHEN Wei-xing, DONG Li-yan, GUO Ying-ying, YANG Ju-rui

(Faculty of Modern Agricultural Engineering, Huazhong Kunming University of Science and Technology, Kunming, 650500. Email: baymaxcwx@163.com)

Abstract: For high-head, large single-drainage discharge structures, the traditional uniform step on the stepped overflow dam is prone to cavitation cavitation damage. To this end, the traditional uniform step is designed as a partially raised transition ladder to better aerate and avoid cavitation cavitation damage. In this paper, the traditional uniform step is compared with six kinds of convex steps through the hydraulic model test. It is found that when the first step is a convex step, the first step is filled with water flow and the negative pressure appears at the second step; When the first step is a large step, the aeration cavity has a large volume and a small negative pressure; the partial protrusion of the step can increase the turbulence of the water flow, and can improve the ability of the cavity to absorb air; the water flow and the dam surface When separating, the pressure at the step is basically zero, and the falling water tongue is in contact with the step surface, and the pressure increases rapidly.

Key words：Raised ladder, Stepped spillway dam, Negative pressure, Time-average pressure.

动水条件下起动底泥中污染物释放数值模拟

程鹏达[1]，朱心广[1,2]，冯春[1]，王晓亮[3*]

(1 中国科学院力学研究所，北京，100190，Email: pdcheng@imech.ac.cn)

(2 中国科学院大学工程科学学院，北京，100049)

(3 北京理工大学，北京，100081, Email: wangxiaoliang36@bit.edu.cn)

摘要：环境水动力学中，湖库底泥污染物释放是人们研究的主要问题之一。本文基于水槽实验研究提供的大量实验数据，建立上覆水体-起动底泥-污染物的耦合力学模型。在上覆水体不同流速条件下，数值模拟底泥起动悬浮过程以及污染物释放过程。分析流场特性和污染物浓度分布关系，得到速度、颗粒体积分数、污染物浓度、湍动能以及时间等参数之间的定量关系。研究表明，污染物伴随底泥颗粒悬浮释放迅速，并很快达到平衡。流场特性（Re）改变时，对流和湍流扩散作用在污染物输运过程贡献不同。建立水动力学条件与底泥污染物释放规律的定量化关系，可为构建湖库区域水污染模型提供支撑。

关键词：底泥污染物；流速；湍动能；颗粒体积分数；浓度

1 引言

水体被认为是由水、溶解性物质、悬浮性物质、水生生物和底泥组成的自然综合体[1]。污染物质进入水体后会沉积到底泥中并逐渐富集，使得底泥成为污染物质的蓄积库。在水力条件比较复杂的河口地区，受污染底泥的内源释放效应越来越明显，泥沙随水流的运动非常复杂，具有很大的随机性，而与泥沙结合的污染物伴随着泥沙在水体中的运动而迁移。一方面，水体中悬浮泥沙的运动、输移直接影响着污染物时空分布；另一方面，污染物随泥沙沉积到底床中，沉积底泥成为潜在的重要污染“源”或“汇”，而在一定的水动力扰动和环境条件下会发生“源”、“汇”机制的转换[2-4]。水动力作用是影响底泥-水界面污染物扩散迁移的重要物理因素，动态水流一方面增强了泥水界面附近的扩散和混合能力；另一方面泥水界面水流的剪应力和紊动强度会导致表层受污染底泥颗粒的再悬浮，进而造成污染物向上覆水体大量释放。以往底泥污染物释放研究主要集中在湖泊等相对静止的水体当中，且已有了系统而深入的分析和研究。然而针对动水中的底泥污染物释放规律研究较少，且大多是一些定性的研究，缺少定量的分析，容易造成对底泥污染物再悬浮释放的夸大或低估。为了了解水体底泥污染物再悬浮释放的物理过程和影响因素，本文建立考虑上覆水体-底泥

-污染物的耦合力学模型，研究不同水动力学条件下，流速、湍动能与再悬浮泥沙浓度、污染物浓度垂向分布的关系，得到污染物释放通量与流体流动特性（雷诺数）的关系，并得到对流和湍流扩散两种作用对上覆水体污染物浓度的影响。

2 数学模型和算法

2.1 控制方程

在上覆水体-底泥-污染物模型中，悬浮底泥被视为一种悬浮液，基于大量实验数据分析[5-7]，该类悬浮液黏度可以表示为颗粒体积分数的函数。因此，认为该类悬浮液（流体-颗粒）具有宏观性质（例如密度和黏度）的单一流动连续体。模型假设如下：①每相的密度大致恒定。②共享相同的压力场。③与宏观流动的时间尺度相比，颗粒弛豫时间较短。悬浮液的密度和黏度分别由下式给出：

$$\rho=(1-\varphi)\rho_1+\varphi\rho_2\text{；}\qquad \mu=(1-\varphi)\mu_1+\varphi\mu_2 \tag{1}$$

式中，ρ_1，ρ_2 和 μ_1,μ_2 分别是流体和颗粒的密度和黏度，φ 是颗粒的体积分数。

考虑到悬浮液可以作为连续介质处理，流场由不可压缩质量和动量守恒方程控制。

$$\nabla\cdot(\rho u)=0\text{；}\qquad \rho\left(\frac{\partial u}{\partial t}+u\cdot\nabla u\right)=-\nabla p+\nabla\cdot\tau+\rho g \tag{2}$$

式中，u 是速度，ρ 是悬浮液密度，t 是时间，p 是压力，τ 是黏性应力和雷诺应力总和，g 是重力加速度。$\tau=\mu\gamma$，其中 μ 是悬浮液黏度，$\gamma=\nabla u+\nabla u^{\mathrm{T}}$。为了使控制方程封闭，本文采用 k-ε 双方程湍流模型，$\sigma_k=1.0$，$\sigma_\varepsilon=1.3$，$C_{\varepsilon1}=1.44$，$C_{\varepsilon2}=1.92$。

底泥颗粒的输运方程由下式决定：

$$\frac{\partial\varphi}{\partial t}+u\cdot\nabla\varphi=-\nabla\cdot N_\varphi \tag{3}$$

式中，N_φ 是粒子的总扩散通量。

污染物浓度的输运方程由下式决定：

$$\frac{\partial c}{\partial t}+u\cdot\nabla c=-\nabla\cdot N+R \tag{4}$$

式中，c 是相对浓度，为无量纲参数，N 是浓度的总扩散通量，R 是源和汇项。

底泥颗粒悬浮液的黏度通常写为颗粒体积分数的函数[7-12]。本文采用 MPQ 模型[9-10]。

$$\mu=\mu_1\left(1-\frac{\varphi}{\varphi_m}\right)^{-2} \tag{5}$$

式中，φ_m 是固相颗粒最大填充浓度，取值为 0.62。

2.2 几何模型、力学参数、边界条件和初始条件

在前期实验中，水槽宽为 0.25 m，水深为 0.1 m，底泥深度为 0.08 m。数值模拟中使用的几何模型与实验尺寸一致如图 1，并将上覆水体-底泥界面的左侧设置为坐标原点。在数值模拟中，上覆水和底泥的密度分别为 997 kg / m^3 和 2650 kg / m^3。上覆水的黏度设定为 1×10^{-3}Pa·s。底泥颗粒粒径（D_{50}）为 0.03mm，含水量为 57.5%。

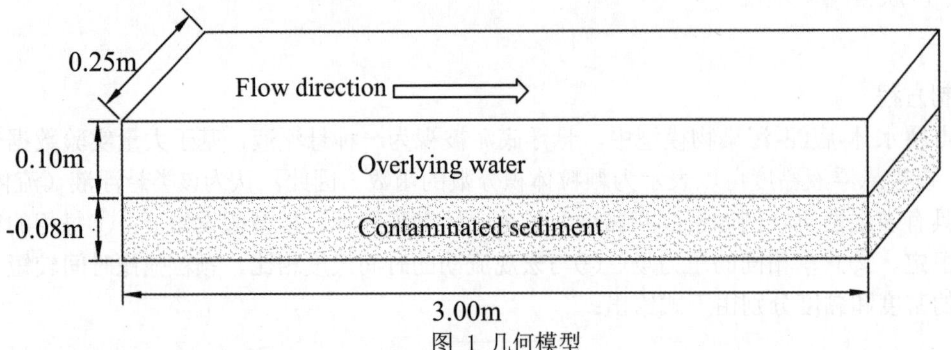

图 1 几何模型

2.3 边界条件和初始条件

假设水槽壁面为无滑移边界，顶部表面为对称边界。污染物浓度场计算中，水槽壁面和顶面设置为无通量边界条件。左右边界采用周期性边界条件，即等速度，等污染物浓度，等颗粒体积分数，相等的湍流动能和相等的湍流耗散率。对于初始条件，初始压力设定为与重力相关，初始速度设定为 0。污染底泥中颗粒体积分数设定为 42.5%，上覆水体中颗粒体积分数为 0。污染底泥中污染物相对浓度为 1，上覆水体中相对浓度设定为 0。

3 结果和讨论

在本文采用标准 Galerkin 有限元离散化方法求解流场和污染物浓度场 [13]，特别是，动量和湍流输运方程采用标准 Galerkin 离散化可能导致解的振荡。因此，需要某种迎风格式来抑制这些非物理振荡，本文采用 Hughes 等[14-15]提出的 Galerkin 最小二乘法。数值计算采用 82800 个单元的结构化网格，该网格是在一系列网格独立性测试之后选择的。

底泥颗粒随水流的运动非常复杂，具有很大的随机性，为了定量分析，我们引入平均速度、平均体积分数、相对平均浓度和平均湍流动能的概念如下：

$$C=\frac{\int_0^\infty uc\mathrm{d}s}{UH};\ \Phi=\frac{\int_0^\infty u\varphi\mathrm{d}s}{UH};\ U=\frac{\int_0^\infty u^2\mathrm{d}s}{\int_0^\infty u\mathrm{d}z};K=\frac{\int_0^\infty uk\mathrm{d}s}{UH};\tag{6}$$

式中，C 为相对平均浓度，为无量纲值，U 为平均速度（单位：m/s），K 为平均湍动能（m^2/s^2），Φ 为平均体积分数，u 为流场速度（单位：m/s），k 为湍流动能（m^2/s^2）。

选取几何模型中上覆水体中心垂面作为研究对象，底泥起动过程中上覆水体平均速度随时间的变化如图 2 所示。其中 Case1-6 中平均速度分别为 0.03m/s，0.08 m/s，0.13 m/s，0.23 m/s，0.35 m/s 和 0.50 m/s。底泥起动初期，不同工况的水体平均速度均很小，随时间增加，水体平均速度迅速增加并在短时间内达到稳定。

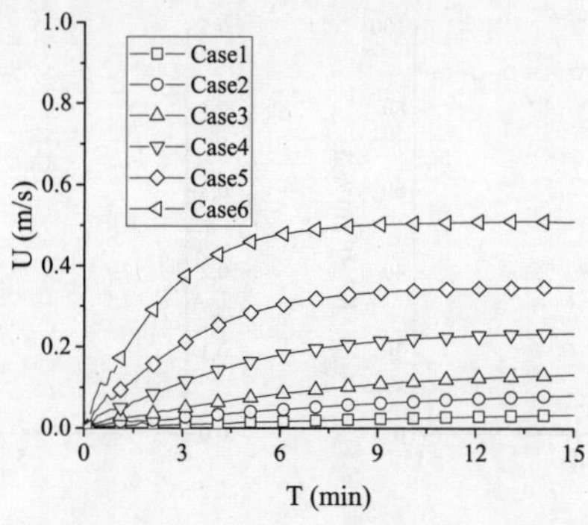

图 2 底泥起动过程中速度随时间变化

选取Case3和Case4数据，分析不同时间底泥颗粒体积分数在垂直方向的分布，如图3。底泥再悬浮初期，不同流速条件下的颗粒体积分数均分布相似。随着时间增加，流速越快上覆水体中颗粒体积分数迅速增加，并均在2分钟内达到同一个稳定值，这与实验现象一致。泥沙垂向浓度的分布因其性质不同其物理过程也不一样。对于细颗粒底泥（D50=0.03mm），其空间结构分布均匀，颗粒向上的悬浮和向下的沉降运动之间的平衡导致了颗粒体积分数分布的平衡。当水动力条件恒定时，这种平衡不会打破。考虑细颗粒泥沙的沉降速度是体积分数的函数，与粗颗粒泥沙相比，沉降较小，因此颗粒体积分数沿水深分布更加均匀。

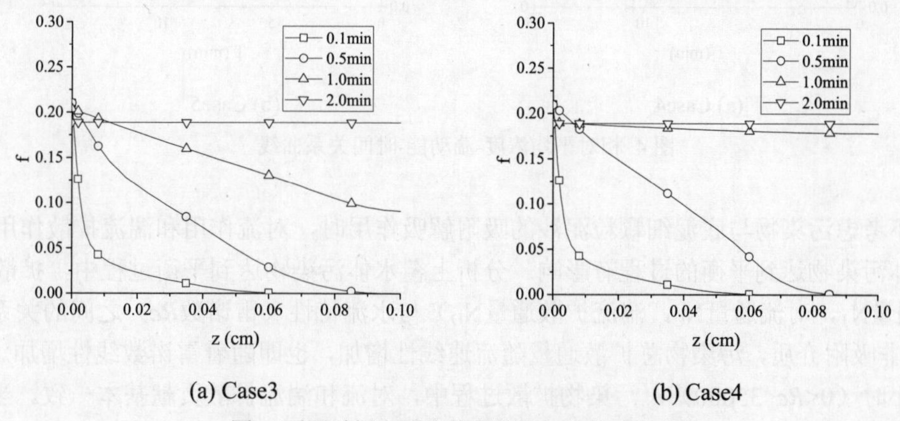

(a) Case3 (b) Case4

图 3 不同时间上覆水体颗粒体积分数垂向分布

迅速进入上覆水体的底泥颗粒，对上覆水体流动特性有影响，进而影响到污染物的释放。选取Case1、Case3、Case4和Case5的数据，分析不同流速时，平均湍动能和污染物相对平均浓度与时间的关系。由于细颗粒泥沙沉降速度较小，进入上覆水体后，颗粒体积分数很快达到平衡，并保持稳定。存在于细颗粒泥沙孔隙水中的污染物也迅速进入到上覆水体，并很快达到同一个平衡浓度。值得注意的是，平均湍动能在底泥细颗粒泥沙起动后达到峰值，然后迅速降低，并随时间逐渐达到稳定。流速增加，湍动能随之增加，上覆水体中污染物达到平衡的时间也越短。上覆水体污染物达到平衡的过程中，对流作用和湍流扩散作用分别做出了各自的贡献。

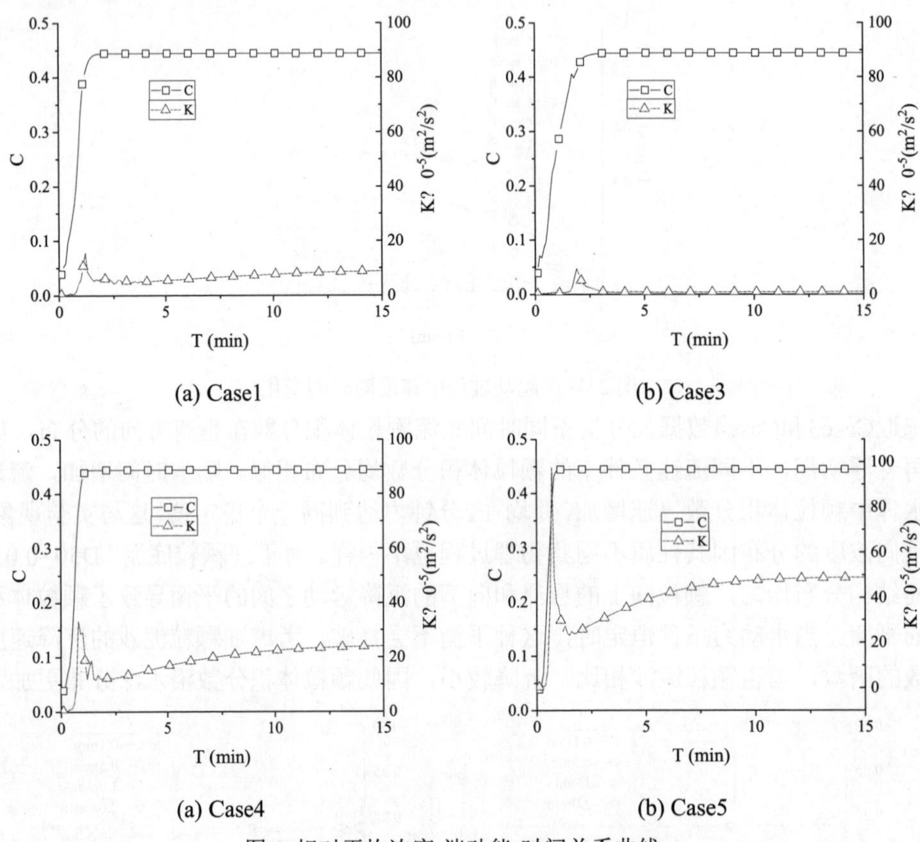

图 4 相对平均浓度-湍动能-时间关系曲线

在不考虑污染物与底泥细颗粒泥沙的吸附解吸作用时，对流作用和湍流扩散作用均对上覆水体污染物达到平衡的过程有影响。分析上覆水体污染物达到平衡过程中，扩散通量N（总通量N_T，对流通量N_C，湍流扩散通量N_D）与水流特性（雷诺数Re）之间的关系如图5。对于非吸附介质，污染物总扩散通量随流速线性增加，也即随着雷诺数线性增加。当雷诺数较小时（$0<Re<35000$），污染物扩散过程中，对流和湍流扩散贡献基本一致。当雷诺数较大时（$Re>35000$），湍流扩散贡献迅速下降，污染物扩散主要由对流作用主导。

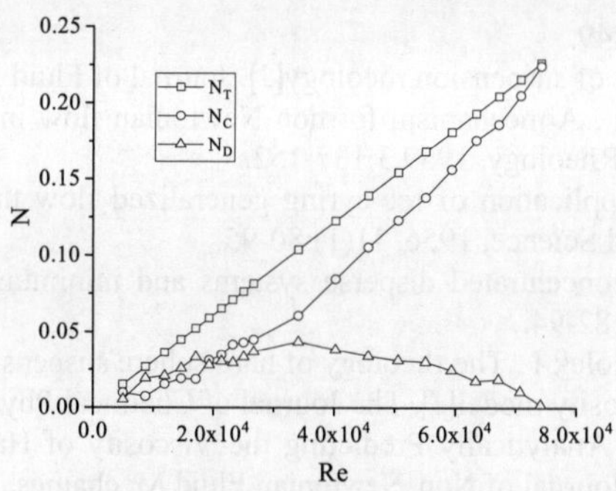

图 5 污染物释放通量与雷诺数关系曲线

4 结论

底泥污染物再悬浮释放过程，是由上覆水体-底泥-污染物构成的相互耦合过程，底泥起动后复杂的流场特性是底泥再悬浮释放污染物的主要影响因素。细颗粒底泥易受到水流作用的影响，由于其空间结构相对均匀，沉降速度较小，再悬浮时上覆水体中泥沙颗粒在很短时间内（<2min）就能达到平衡，并保持稳定。迅速进入上覆水体的底泥颗粒，影响了上覆水体流动特性，进而影响到污染物的释放。平均湍动能在底泥细颗粒泥沙起动后达到峰值，然后迅速降低，并随时间逐渐达到稳定。流速增加，湍动能随之增加，上覆水体中污染物达到平衡的时间也越短。对流作用和湍流扩散作用均对上覆水体污染物达到平衡的过程有影响。对于非吸附介质，当雷诺数较小时（$0<Re<35000$），污染物扩散过程中对流和湍流扩散贡献基本一致。当雷诺数较大时（$Re>35000$），湍流扩散贡献迅速下降，污染物扩散主要由对流作用主导。

致谢

本研究得到了自然科学基金（11602278、11432015、11802313）和“北京理工大学青年教师学术启动计划”的支持，在此表示感谢。

参 考 文 献

1 Zhang C , Yu Z G , Zeng G M , et al. Effects of sediment geochemical properties on heavy metal bioavailability.[J]. Environment International, 2014, 73(4):270-281.

2 CHENG Pengda，ZHU Hongwei，FAN Jingyu，FEI Minrui，WANG Daozeng. Numerical Research for Contaminant Release from Un-suspended Bottom Sediment under Different Hydrodynamic Conditions [J]. Journal of Hydrodynamics,2013,25(4):620-627

3 CHENG Pengda, Zhu Hong-wei, Zhong Bao-chang, Fei Minrui, Wang Dao-zeng . Sediment rarefaction resuspension and contaminant release under tidal currents[J]. Journal of ydrodynamics,2014,26(5):827-834.

4 Zhu H W, Cheng P D*, Li W, et al. Empirical model for estimating vertical concentration profiles of re-suspended, sediment-associated contaminants[J]. Acta Mechanica Sinica, 2017, 33(5): 846–854.

5 王兆印, 钱宁. 高浓度泥沙悬浮液物理特性的实验研究[J]. 水利学报, 1984(4):3-12.

6 J.J. Stickel , R.L. Powell , Fluid mechanics and rheology of dense suspensions [J]. Annual Review of Fluid

Mechanics, 2005, 37(1):129-149.
7 E.J. Hinch , The measurement of suspension rheology[J]. Journal of Fluid Mechanics, 2011, 686:1-4.
8 I.M. Krieger , T.J. Dougherty , A mechanism for non-Newtonian flow in suspensions of rigid spheres [J]. Transaction of the Society of Rheology, 1959,3:137-152.
9 Maron S H , Pierce P E . Application of ree-eyring generalized flow theory to suspensions of spherical particles[J]. Journal of Colloid Science, 1956, 11(1):80-95.
10 Quemada D . Rheology of concentrated disperse systems and minimum energy dissipation principle[J]. Rheologica Acta, 1977, 16(1):82-94.
11 Mendoza C I , Santamari A-Holek I . The rheology of hard sphere suspensions at arbitrary volume fractions: An improved differential viscosity model[J]. The Journal of Chemical Physics, 2009, 130(4):044904.
12 Shewan H M , Stokes J R . Analytically Predicting the Viscosity of Hard Sphere Suspensions from the Particle Size Distribution[J]. Journal of Non-Newtonian Fluid Mechanics, 2015, 222:72-81.
13 Ignat L , Pelletier D , Ilinca F . A universal formulation of two-equation models for adaptive computation of turbulent flows[J]. Computer Methods in Applied Mechanics and Engineering, 2000, 189(4):1119-1139.
14 Franca L P , Sérgio L. Frey. Stabilized finite element methods: II. The incompressible Navier-Stokes equations[J]. Computer Methods in Applied Mechanics and Engineering, 1992, 99(2-3):209-233.
15 Hughes T J R , Franca L P , Hulbert G M . A new finite element formulation for computational fluid dynamics: VIII. The galerkin/least-squares method for advective-diffusive equations[J]. Computer Methods in Applied Mechanics and Engineering, 1989, 73(2):173-189.

Numerical simulation of pollutant release during sediment starting in dynamic water environment

CHENG Peng-da[1], ZHU Xin-guang[1,2], FENG Chun[1], WANG Xiao-liang[3*]

(1 Institute of Mechanics Chinese Academy of Sciences, Beijing, 100190, pdcheng@imech.ac.cn)

(2 University of Chinese Academy of sciences, Beijing 100049, China)

(3 Beijing Institute of Technology, Beijing, 100081, wangxiaoliang36@bit.edu.cn)

Abstract: In environmental hydrodynamics, the release of pollutants from sediments is one of the main problems. Based on a large number of experimental data provided by water channel experiments, a coupled mechanical model of overlying water body, sediment and pollutants is established in this paper. The process of sediment starting and pollutant release are numerically simulated under different velocity conditions of overlying water. The quantitative relationships among velocity, particle volume fraction, pollutant concentration, turbulent kinetic energy and time are obtained by analyzing the relationship between flow field characteristics and pollutant concentration distribution. The results show that contaminants are released rapidly with the suspension of sediment particles and quickly reach equilibrium concentrations. When the flow field characteristics (Re) change, the contribution of convection and turbulent diffusion to pollutant release process is different. Establishing a quantitative relationship between hydrodynamic conditions and pollutant release can provide support for constructing water pollution model in Lake and reservoir areas.

Key words: Sediment pollutants; Velocity; Turbulence kinetic energy; Particle volume fraction; Concentration;

白垢枢纽新建二线船闸通航条件研究

洪坤辉，吴腾，刘磊

（河海大学海岸灾害及防护教育部重点实验室，江苏南京 210098，Email:hongkunhui@hhu.edu.cn）

摘要：引航道内流态稳定性是船只能否安全、快捷过闸的重要因素之一，其流态极易受到上游河道水流和发电站泄水的影响，产生横向水流。本研究通过建立二维数学模型，计算在洪枯时期上游来水和发电站泄水的 5 种工况下，新建白垢船闸引航道内水流流态的变化，并对比同等工况下旧船闸水流流态，分析论证新船闸设计的合理性，以及最佳通航水流条件，并指出设计的不足之处。结果表明：对比于旧船闸，新船闸在水流稳定性、过闸效率、安全等都有稳定的提升。当上游来水和发电站泄水量超过 1000 m^3/s 时，部分航道纵流速超过 0.3m/s，不满足通航条件，建议白垢枢纽船闸停止通航，当流量较小时，引航道 4 断面处横向流速处于较大数值范围，对通航产生不利影响，建议 4 断面附近引航道进一步设计改进。

关键词：船闸；数学模型；引航道；横向流速

1 引言

随着经济和船舶技术的飞速发展，水运量大幅度增加，应时代潮流发展，出现了一批大型货轮，而一些早年间修建的枢纽，由于技术、经济、建造标准等原因，原有船闸不能满足当下船舶过闸要求，在原有船闸的基础上改建船闸的情况大量出现，改建船闸的设计与布置通常会受各种因素制约，使得引航道内水流条件相对较为复杂，其内水流条件好坏直接关系到船舶是否能安全过闸，因此对改建后船闸引航道内水流的流态都必须进行专题的研究。新白垢枢纽就是在原有船闸基础上改建的工程，白垢枢纽位于山区峡谷段，距离西江河口 45km，由于船闸上游引航道发电站第一车间和第二车间机组泄水发电影响，致使引航道内横流严重，船舶不能正常通航，运河进口处左侧存在凸嘴，更加恶化了白垢枢纽船闸的通行条件，使得白垢船闸基本处于报废状态。根据规划，新建白垢船闸位于桂坑运河下游端，上游引航道布置连接于桂坑运河，设计引航道宽 40m，船闸有效尺度为 180m×23m×3.5m。同时在桂坑运河进口切除左侧凸嘴，减小与上游来流方向交角，使桂坑运河与上游航道平顺连接，并加大桂坑运河的弯曲半径，拓宽航道底宽达 40m，使得桂坑运河最小弯曲半径为 270m。

新船闸设计是否合理，引航道内流态如何变化，船只最佳安全通航流量范围又是多少呢？学者们提出了不同的解决方法，整体定床模型实验[1]和二维、三维水流模型实验[2]是分析引航道内流态的重要研究手段。如徐进超、宣国祥[3]的船闸模实物模型实验，通过实验监测引航道内的流态变化，崔冬、刘新成等[4]在水利枢纽中运用一二维数学模型来计算分析引航道内流态变化，叶海桃[5]数学模型和物理模型一起验证船闸区域水流流态变化，但上述只分析了最大来流量时，引航道内流态变化，并未就洪枯水期间上游来流量和水电站的泄流量的共同影响下，对引航道内流态的影响及整段航道内的流态变化，因此本文通过建立白垢枢纽局部河段二维数学模型，采用有限元网格剖分的形式，计算航道在洪枯水期间电站泄流情况下五种工况时新船闸航道内横、纵水流变化，并通过对比新旧白垢船闸上下游引航道内流场变化，从流态的稳定性、水流通航条件等方面研究新建白垢船闸布置的合理性。同时探究航道安全通航范围和某些工况下航道内出现的极端水流位置，为船只安全过闸和白垢枢纽的优化提供一定的促进作用。

2 模型的建立及验证

2.1 基本方程[6]

水流连续方程：

$$\frac{\partial Z}{\partial t}+\frac{\partial (HU)}{\partial x}+\frac{\partial (HV)}{\partial y}=0 \tag{1}$$

水流运动方程：

$$\frac{\partial U}{\partial t}+U\frac{\partial U}{\partial x}+V\frac{\partial U}{\partial y}=fV-g\frac{\partial Z}{\partial x}-\frac{\tau_x}{\rho}+\nu_t\left(\frac{\partial^2 U}{\partial x^2}+\frac{\partial^2 U}{\partial y^2}\right) \tag{2}$$

$$\frac{\partial V}{\partial t}+U\frac{\partial V}{\partial x}+V\frac{\partial V}{\partial y}=-fU-g\frac{\partial Z}{\partial x}-\frac{\tau_y}{\rho}+\nu_t\left(\frac{\partial^2 V}{\partial x^2}+\frac{\partial^2 V}{\partial y^2}\right) \tag{3}$$

式中：U、V 分别为垂线平均流速在 x、y 方向上的分量；Z 为水位；H、ρ 分别为垂线水深和水密度；ν_t 为紊流黏滞性系数；τ_x、τ_y 分别为底部切应力在 x、y 方向上的分量；f 为柯氏力系数，$f=2W\sin\Phi$，W 为地球自转角速度，Φ 为地理纬度。

2.2 平面二维水流运动数学模型验证

本模型采用三角形网格剖分计算域，上游段三角形网格节点数为 3734 个，三角形个数为 6774 个，相邻网格节点最大间距为 20m，最小间距为 10m，下游段三角形网格节点数为 3704 个，三角形个数为 6797 个，相邻网格节点间距为 20m，为此将整个模型沿大冲大坝、白垢（桂坑）电站以及原有船闸分为上下游两段分开模拟计算。全段模型选取 6 个测流断面，其中上游段 4 个测流验证断面（1 断面、2 断面、3 断面、6 断面），下游段 2 个测流验证断面（4 断面、5 断面）。各测流验证断面位置见图 1。模型计算边界条件上游给定流量，下游给定水位，河床糙率初步选为 0.01～0.10。

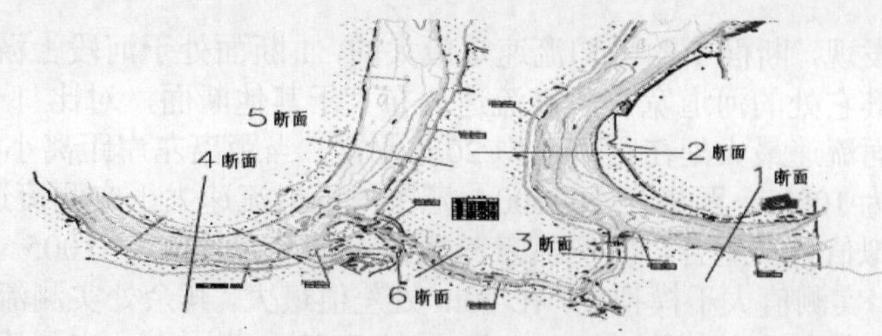

图 1 白垢枢纽河段测流断面验证位置

2.2.1. 水位验证

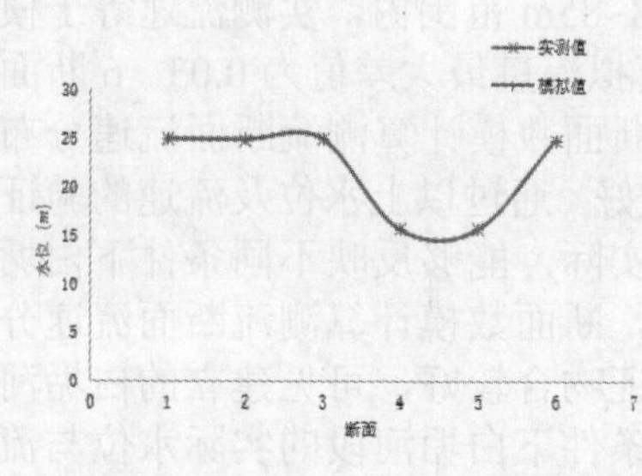

图 2 测流断面实测水位与计算水位对比

根据 2011 年 12 月 24—25 日进行的白垢河段水文测验，分别得到上文中 6 个河道断面处的实际水深，并利用建立的二维水流运动数学模型计算出相应点处的水位值，具体对比结果如图 2 所示.可以发现，实测值与计算值所绘曲线基本重合，其中 1、6 断面实测值和计算值相同 2、3、4、5 断面实测值与计算值误差在 0.09 以内，说明此二维模型拟合准确度较高，因此二维水流模型可适用于白垢枢纽模拟。

2.2.2 流速流向验证

根据 2011 年 12 月 24—25 日水文测验同步进行的 6 个断面流速测量资料，分别把 6 个测量断面等均分，以测点与左岸的距离为横坐标，相应点处的水流流速为纵坐标绘制直角坐标系，根据资料利用建立的二维流速运动数学模型算出对应位置的水流流速，为了便于对比，将同一断面的实测值与模拟值绘制在同一坐标系中，结果见图 3。

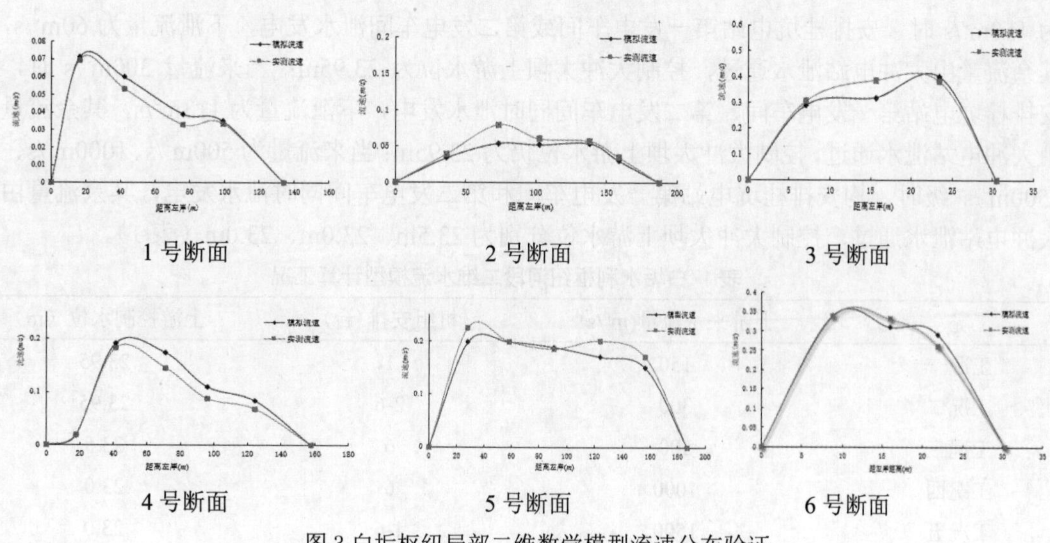

图 3 白垢枢纽局部二维数学模型流速分布验证

由图3可以发现，断面1的平均流速是最大的，1断面处于河段上游弯曲段，同时此处的河道宽略小于其它处的河道宽，所以流速分布大于其他断面，对比1断面实测值和模拟值可以发现，断面流速最大处在距离左岸20m位置，当距离左岸距离小于20m时，实测值与模拟值吻合度为100%，距离在20~100m范围内模拟流速大于实测流速，距离大于100m时，实测值与模拟值再次重合，实测流量与模拟流量最大差值为0.005。2断面在距离左岸40~130m范围内，实测值大于模拟值，在70m处差值最大，其余处实测流速等于模拟流速，实测流量与模拟流量最大差值为0.05。3断面在7~23m范围内，实测流速大于模拟流速，其它位置差值较小可以忽略，实测流量与模拟流量最大差值为0.1。4断面48m之前实测流速等于模拟流速，大于48m时，实测流速小于模拟流速，实测流量与模拟流量最大差值为0.03。5断面0~53m范围内，实测流速大于模拟流速，53~85m范围内，实测流速等于模拟流速，85m以后，实测流速大于模拟流速，实测流量与模拟流量最大差值为0.03。6断面实测流速与模拟流速重合度较高，基本吻合。过水文站的断面数模计算测流断面流速分布与实测流速分布一致，流速大小变化相符，流速验证吻合较好。通过以上水位及流速的验证，可见建立的白垢河段二维数学模型符合局部河段的流场实际，能够反映不同条件下白垢河段的实际水位与流速变化情况。通过以上分析可以发现，断面数模计算测流断面流速分布与实测流速分布基本一致，流速大小变化相符，流速验证吻合较好，可见建立的白垢河段二维数学模型符合局部河段的流场实际，能够反映不同条件下白垢河段的实际水位与流速变化情况。

3 不同工况下新旧枢纽对比研究

3.1 不同工况水流条件

白垢水利枢纽河段二维水流模型，其边界控制条件由水库调节及运行方式决定。根据上游来水流量的洪中枯变化，选择白垢水电站的5种运行工况，具体运行如下：当来流量为150m^3/s时，安排桂坑电站第一发电车间或第二发电车间泄水发电，下泄流量为60m^3/s，其余流量由大冲电站泄水通过，控制大冲大坝上游水位为23.95m；当来流量300m^3/s时，安排桂坑电站第一发电车间、第二发电车间同时泄水发电，下泄流量为113m^3/s，其余流量由大冲电站泄水通过，控制大冲大坝上游水位仍为23.95m；当来流量为500m^3/s、1000m^3/s、1500m^3/s级时，均安排桂坑电站第一发电车间和第二发电车间同时泄水发电，其余流量由大冲电站泄水通过，控制大冲大坝上游水位分别为23.5m、23.0m、23.0m（表1）。

表1 白垢水利枢纽河段二维水流模型计算工况

工况	上游来水流量(m^3/s)	机组安排(台)	上游控制水位（m）
工况一	150	1	23.95
工况二	300	2-6	23.95
工况三	500	6	23.5
工况四	1000	6	23.0
工况五	1500	1-6	23.0

白垢枢纽二线船闸规划航道上选取 5 个特征断面进行测量，分别在上游航道新开运河进口选择 1 断面、原运河进口过渡段选择 2、3 断面、上游引航道进口段选择 4 断面、下游引航道出口段选择 5 断面，断面等间距选择六个测点，点间距为 6m，从右岸起依次编号 1~6，测流断面布置位置见图 4。

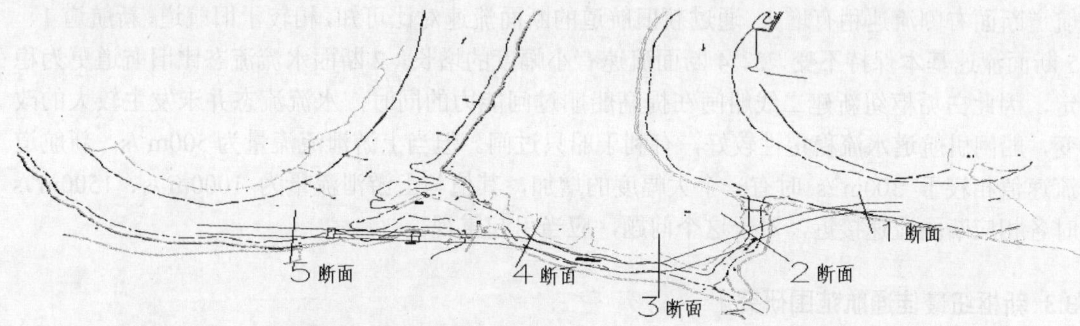

图 4 白垢枢纽二线船闸上下游引航道沿线测流断面布置

3.2 验证新旧枢纽的流态变化

根据文中建立的平面二维水流运动数学模型，计算出不同工况下，新建二线船闸航道内 5 个测量断面上水流流速模拟值。图 5 折线分别表示在 5 种不同的工况下，5 个监测断面上新船闸的流速模拟值和旧船闸的流速实测值对比情况。

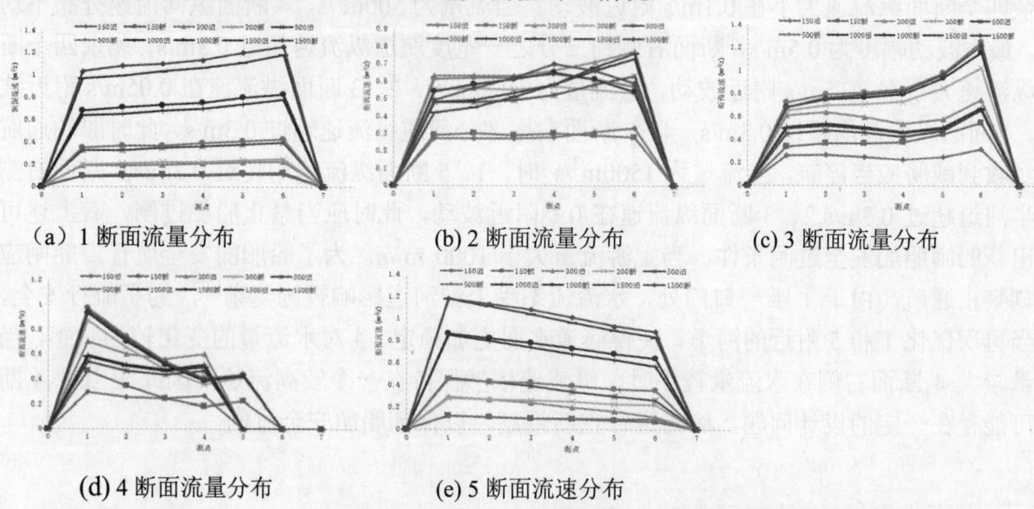

(a) 1 断面流量分布　(b) 2 断面流量分布　(c) 3 断面流量分布

(d) 4 断面流量分布　(e) 5 断面流速分布

图 5 不同下泄流量下新旧船闸五个测量断面的流速分布

由图 5 可知，航道内水流速随着上游来流量的增大而增大，特别是当上游泄流量增大到 $500m^3/s$ 时，航道内流速有一个较大幅度的增加，对于 1 断面，当来流量为 150～$1500m^3/s$ 时，新航道流速由 0.11m/s 增加到 1.10m/s 左右，同时可以发现新旧航道 1 断面上流速折线图较为接近，因此新旧枢纽航道在 1 断面水流流态基本一致。在同等流量条件下，对比新旧枢纽引航道 2 断面，新航道左岸流速要小于旧航道同位置水流流速，表明新航道在 2

断面附近水流流态较旧航道更加稳定。在 3 断面上，新航道左岸水流流速与旧航道最大差值仅为 0.48m^3/s，这是由于新航道在此处有一个微弯，4 断面新旧航道流速分布最大差值也仅为 0.43m^3/s，变化值在合理范围内。船闸下游引航道出口的 5 断面，位于贺江弯道主流位置，新旧航道流速变化基本同 1＃断面一致，断面流速由 0.11m/s 增加到 1.10m/s 左右，新航道断面右侧流速稍有增大。通过新旧航道的断面流速对比可知，相较于旧航道，新航道 1、5 断面流速基本保持不变，3、4 断面流速有小幅度的增长，2 断面水流流态比旧航道更为稳定，因此白垢枢纽新建二线船闸在提高船舶过闸能力的同时，水流流态并未发生较大的改变，船闸引航道水流稳定性较好，有利于船只过闸。但当上游泄流流量为 500m^3/s，新航道流速值相较于 300m^3/s 时有一个大幅度的增加，其值与上游泄流量为 1000m^3/s、1500m^3/s 时各相应断面流速接近，对于这个问题，应当引起重视。

3.3 新枢纽最佳通航范围研究

将断面上各测点的流速折算成垂直于新航道轴线的流速（图 6），可以发现随着流量的增大，新航道内横向水流的波动也越大，由于航道内横向水流对船舶安全航行有较大的影响且航道内纵水流不能超过 0.3 m/s 时[7-8]，当来流量为 150m^3/s 时，1、2、3、5 断面纵向流速在 0.15m/s 附近波动，波动值为 0.04m/s，4 号断面纵流速波动较大，最大纵流速为 0.24m/s，最小为 0m/s，纵流速由右岸向左岸依次递减，当来流量为 300m^3/s 时，4 断面纵向流速分布极为不均匀，最大波动幅度为 0.45m/s，断面右侧约五分之一宽度航道纵流速超过 0.3m/s，剩余四个断面纵流速大小在 0.1m/s 附近波动，当流量为 500m^3/s，4 断面纵向流速分布不均匀，最大波动幅度为 0.5m/s，断面右侧约二分之一宽度航道纵流速超过 0.3m/s，剩余四个断面纵流速大小在 0.15m/s 附近波动，当流量为 1000m^3/s，2、3 断面纵流速在 0.05m/s 附近波动，1 断面纵流速均超过 0.3m/s，4、5 断面右岸部分河道纵流速超过 0.3m/s，此时船舶通航已经收到威胁应当停航，当流量为 1500m^3/s 时，1、5 断面纵流速均超过 0.3m/s,4 断面右侧一半河道超过 0.3m/s,2、3 断面纵流速在 0.1 附近波动，此时应当禁止船舶过闸，有上述可得出新船闸船舶安全过闸条件，当上游流量大于 1000 m^3/s，为了船舶的安全航行，船闸应立刻禁止通航，由于 1 唯一口门处，水流流态受上游河道影响较为复杂[9]，为了航行安全，应当再次优化 1 和 5 附近的河道，使得河道水面更加稳定。4 对水流量的变化较为敏感，当流量较大 4 断面右侧在水流量较小时，纵流速依然保持在一个较高流速，因此应当对 4 断面可能存在一定的设计问题，应当进行重新规划，以保证船舶安全过闸。

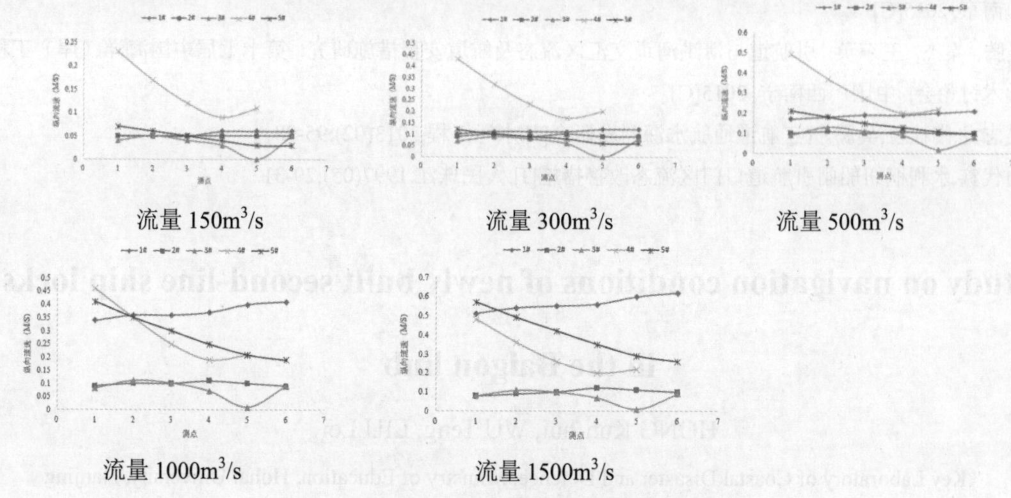

图 6 工程后航道内不同泄流量各断面横向流速

4 结语

通过数学模型计算对比表明，新枢纽在提高船舶通航能力、效率、稳定性的同时，新航道内水流流态依然保持在一个较为安全的范围内，在五种不同泄流量的工况下，当泄流量超过 1000 m^3/s 时，部分航道纵流速超过 0.3m/s，因此为了船舶的安全，当上游流量超过 1000 m^3/s 时建议白垢船闸停航。在计算过程中，无论上游泄流量为多少，4 断面的纵流速波动均较大，其中最大波动出现泄流量为 500 m^3/s 时，大小为 0.5m/s，为了船舶的航行安全，建议对该断面附近航道进行重新规划。

致谢

本研究得到了国家重点研发计划(2016YFC0402506)，特此感谢。

参考文献

1 苏特爱兰,罗佩金.水工建筑与河流工程的物理模型试验[J].水利水电快报,1998(03):5-8.

2 Leedertes J J. A Water Quality Simulation Model for Well-Mixed Estuaries and Coastal Seas［M］. Santa Monica:Rand，1970

3 徐进超,宣国祥,刘本芹,黄岳,祝龙.贵港二线船闸下引航道物理模型试验研究[J].水利水运工程学报,2017(06):9-13.

4 崔冬,刘新成,潘丽红.一、二维耦合数学模型在水利枢纽通航水流条件研究中的应用[J].水利水电科技进展,2009,29(01):35-39.

5 叶海桃. 船闸引航道口门区流态的模型研究[D].南京:河海大学,2007

6 吴腾，秦杰，丁坚. 引航道与泄洪河道交汇区安全通航研究：第二十七届全国水动力学研讨会，中国江苏南京, 2015[C].

7 吴腾, 秦杰, 王东英. 引航道与泄洪河道交汇区流态及航道安全措施研究: 第十七届中国海洋（岸）工程学术讨论会, 中国广西南宁, 2015[C]

8 吴志龙,陶桂兰,吴腾.贺江航道通航水深问题研究[J].水运工程,2013(02):95-98

9 周代鑫.水利枢纽船闸引航道口门区流态改善措施[J].人民珠江,1997(05):29-31.

Study on navigation conditions of newly built second-line ship locks in the Baigou hub

HONG Kun-hui, WU Teng, LIU Lei

（Key Laboratory of Coastal Disaster and Defence, Ministry of Education, Hohai University, Nanjing 210098,China. Email:hongkunhui@hhu.edu.cn）

Abstract：The stability of fluid pattern in the approach channel is one of the important factors for the safe and fast crossing of the lock. The flow pattern is easily affected by the upstream river flow and the discharge of the power station, resulting in cross flow. This paper establishes a mathematical model to calculate the changes of water flow conditions in the new channel under the five conditions of the upstream water and power station discharge in the flood season, and compares with the flow pattern of the old ship lock under the same working conditions, and analyzes and demonstrates the new channel. Rationality and propose corresponding measures. The results show that compared with the old ship lock, there is a steady improvement in water flow stability, gate efficiency and safety. When the upstream water supply and power station discharge exceeds 1000 m^3/s, the cross flow ' s velocity of some channels exceeds 0.3 m/s, which does not meet the navigation conditions. It is recommended that the Baigou ' s ship locks stop sailing. When the flow rate is small, the cross flow ' s velocity of the 4 section of the approach channel is in a large range. It is recommended to further improve the approach channel near the 4 section.

Key words: Ship lock; mathematical model; approach channel; lateral flow rate

基于 CFD 的船舶回转运动水动力数值预报

高行[1]，邹早建[1,2]，袁帅[1]

(1. 上海交通大学 船舶海洋与建筑工程学院，上海，200240;

2. 上海交通大学 海洋工程国家重点实验室，上海，200240)

摘要：本文以集装箱船 KCS 标模为研究对象，应用 CFD 软件 STAR-CCM+，采用基于 RANS 方程求解的黏性流方法，对船舶在不同漂角和横倾角下回转运动时的船体水动力进行了数值预报，通过与试验数据进行比较，对所建立的数值模型和所采用的数值方法进行了验证，并研究了兴波与横倾角对船舶水动力的影响。计算结果表明，兴波对船体横向力及转艏力矩影响较小，而对纵向力及横倾力矩影响较大；横倾角对纵向力、横向力及转艏力矩影响较小，而对横倾力矩影响较大。研究结果验证了利用 CFD 对船舶回转操纵水动力进行预报的可行性，对认知船舶回转过程中出现的回转横倾等问题具有一定的指导意义。

关键词：计算流体动力学；回转运动；船舶水动力；兴波；横倾

1 引言

在船舶进行回转操纵时，会出现一些伴随现象，例如回转横倾等[1]。这些伴随现象会对船舶适航性及使用性能等造成很大影响，甚至会导致船舶倾覆[2-3]。为了提高船舶航行的安全性，减少以至避免因海难事故造成的生命财产损失和海洋环境污染[4]，有必要加强对船舶回转运动的衡准和预报工作，以保证设计、建造的船舶具有可靠的回转安全性。研究船舶在静水中的操纵运动是研究船舶在波浪中的操纵运动问题的基础[5]，将应用 CFD 方法对船舶在静水中定常回转时的水动力特性进行一定的探讨。

本文以 KCS 船模为研究对象，应用 CFD 软件 STAR-CCM+，采用基于 RANS 方程求解的黏性流方法，在忽略兴波和考虑兴波影响两种情况下，对船模在不同漂角和横倾角下回转运动时的船体水动力进行了数值计算，并分析了兴波与横倾角对船体水动力的影响。

2 基本方程

2.1 控制方程

对于连续性方程和动量方程，将方程中的变量分解为时均变量和脉动变量两部分，然后对方程两边求平均，得到雷诺平均的连续性方程与雷诺平均 N-S 方程（RANS 方程）。将其写成采用求和约定的笛卡尔张量形式如下：

$$\frac{\partial \overline{u}_i}{\partial x_i}=0 \tag{1}$$

$$\rho\left[\frac{\partial \overline{u}_i}{\partial t}+\frac{\partial}{\partial x_j}\left(\overline{u}_i\overline{u}_j\right)\right]=\rho f_i-\frac{\partial \overline{P}}{\partial x_i}+\frac{\partial}{\partial x_j}\left(\mu\frac{\partial \overline{u}_i}{\partial x_j}-\rho\overline{u_i'u_j'}\right) \quad (i=1,2,3) \tag{2}$$

式中：ρ为流体质量密度；μ 为流体动力黏性系数；$\overline{u_i}$为流体时均速度分量；$\overline{P}$为时均流体压力；u_i'为流体相对于时均速度的湍流脉动分量；$\rho\overline{u_i'u_j'}$为雷诺应力项；f_i为体积力。

2.2 湍流模型

采用 SST $k-\omega$湍流模型封闭控制方程。该湍流模型引入了混合函数，在近壁区域采用 Standard $k-\omega$模型，在远场区域采用变形的$k-\varepsilon$模型。因此 SST $k-\omega$模型结合了$k-\omega$模型在近壁区域的准确性及$k-\varepsilon$模型在远场的自由流动特点，适用广泛，准确可靠。大量研究表明，SST $k-\omega$模型是一种适合计算船舶流场的湍流模型[6]。

3 数值计算

3.1 计算对象

选择集装箱船 KCS 船模为研究对象，其几何模型取自 SIMMAN2014[7]，缩尺比为 1:105.023。该船模主尺度参数见表 1。船模舵面积为 0.0042 m^2。

表 1 KCS 船模主尺度

船长 L_{PP} (m)	船宽 B (m)	吃水 d (m)	排水体积▽ (m^3)	方形系数 C_B	重心纵向位置 LCG (m)	重心垂向位置 KG (m)
2.190	0.307	0.103	0.0412	0.651	1.063	0.130

3.2 计算域及边界条件

采用长方体计算域，其尺寸为船前 1.5L_{PP}、船后 3.0L_{PP}、船两侧 2.0L_{PP}、静水面上下分别为 1.0 L_{PP}和 1.5L_{PP}。考虑兴波影响时，计算域边界均设置为速度入口；忽略兴波影响时，不考虑静水面上方的部分，并将无扰动自由面设置为对称边界。

3.3 网格划分

采用切割体网格生成器生成非结构化网格，并对船艏、船艉、舵表面和船体附近网格进行局部加密。控制船体表面第一层网格尺寸，使得 Y+值在 30～60 之间，以便能正确地应用壁面函数。考虑兴波时，对自由面附近和船后兴波区域进行局部加密。图 1 给出了计算域网格。

(a) 船体表面网格

(b) 自由面网格

图 1 计算域网格

3.4 数值方法

应用 CFD 商业软件 STAR-CCM+对该问题进行数值计算，采用基于 SIMPLE 算法的分离式求解器求解速度压力耦合方程。对流项采用二阶迎风格式进行离散；扩散项采用中心差分格式进行离散；时间离散采用一阶欧拉隐式格式。采用 VOF（Volume of Fluid）方法捕捉自由面。

4 计算结果及分析

计算中选取船模速度为 U= 1m/s，对应的佛汝德数为$Fr = 0.216$。考虑带漂角定常回转的船模以数值模拟 CMT（圆周运动试验，试验中舵角为零）[7]，设置回转角速度为 0.195 rad/s，对应的回转半径为 5.128 m；船模横倾角分别为外倾 10.2°、0°、内倾 10.2°；漂角分别为-11.6°、0.3°、3.4°、6.4°、9.4°、12.4°。将纵向力 X、横向力 Y、转艏力矩 N 及横倾力矩 K 无因次化：

$$X'=\frac{X}{0.5\rho L_{pp}dU^2},\quad Y'=\frac{Y}{0.5\rho L_{pp}dU^2},\quad N'=\frac{N}{0.5\rho L_{pp}^2dU^2},\quad K'=\frac{K}{0.5\rho L_{pp}d^2U^2} \tag{3}$$

4.1 不确定度分析

在进行后续计算之前，采用 GCI 方法对由网格尺寸及时间步长导致的空间和时间离散误差进行不确定度分析[8]。采用以$\sqrt{2}$为增长率的 3 套不同密度的网格尺寸（0.0177m、0.0250m、0.0354m）和 3 种不同的时间步长（0.0113s、0.0160s、0.0226s）进行不确定度分析，结果见表 2。其中 R 和GCI_{fine}^{21}分别为收敛比和收敛指数。对发散的情况（$|R| > 1$）不进行不确定度分析。

表 2 不确定度分析结果

项目		X'	Y'	N'	K'
网格尺寸	R	0.3498	3.0352	0.8122	-0.1437
	GCI_{fine}^{21}	0.225%	-	2.562%	0.003%
时间步长	R	-0.6012	0.7860	1.2686	0.2772
	GCI_{fine}^{21}	0.489%	16.950%	-	0.061%

由表 2 可知，对于由网格尺寸导致的空间离散误差，除Y'外，X'、N'和K'均收敛，且其空间离散不确定度均很小；对于由时间步长导致的时间离散误差，除N'外，X'、Y'和K'均收敛，且X'和K'的时间离散不确定度均很小，但Y'的时间离散不确定度较大。综合考虑计算精度和成本，后续的数值计算采用中等网格尺寸和中等时间步长。

4.2 船舶水动力计算结果

图 2 至图 4 分别给出船模定常回转时，外倾 10.2°、无横倾角和内倾 10.2°时的无因次化船舶纵向力、横向力、转艏力矩和横倾力矩，以及和相关试验数据[7]的对比。

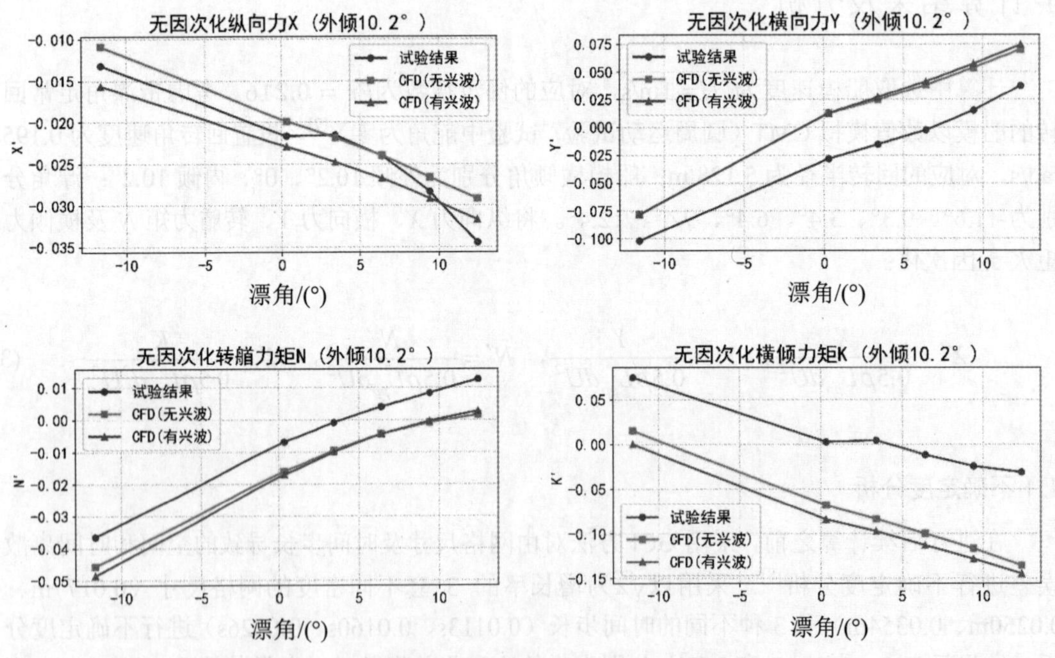

图 2 外倾 10.2°时的水动力计算结果

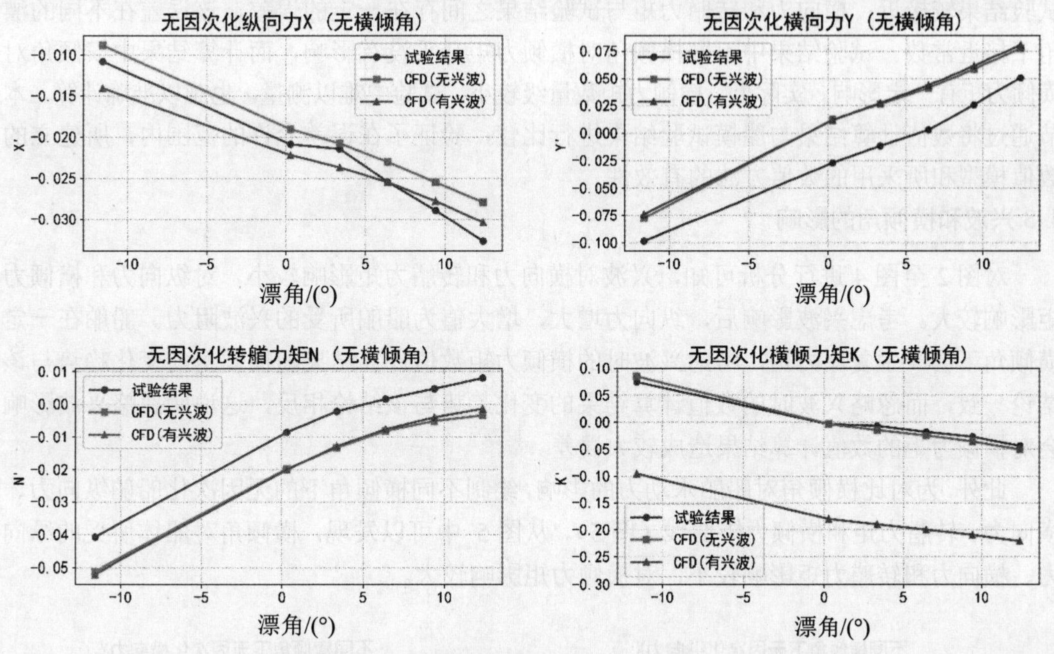

图 3 无横倾角时的水动力计算结果

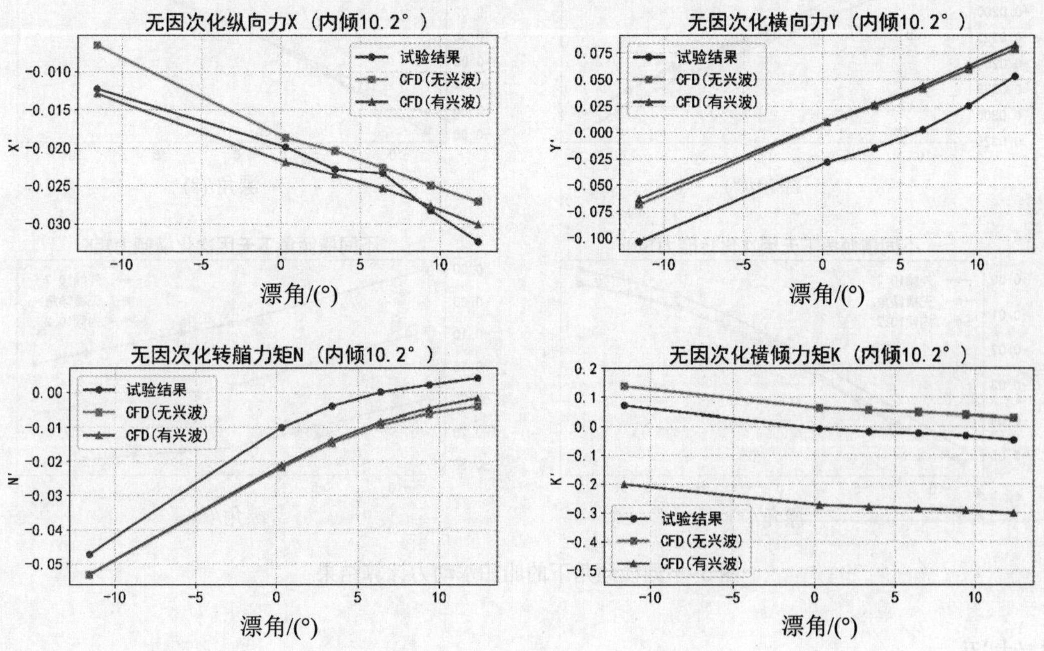

图 4 内倾 10.2°时的水动力计算结果

由图 3 和图 4 可知，船模在不同漂角和横倾角下回转运动时纵向力的数值计算结果与试验结果较接近；横向力和转艏力矩与试验结果之间存在一定的误差，该误差在不同的漂角下接近常数。试验结果中不同横倾角对横倾力矩几乎没有影响，而计算结果中横倾角对横倾力矩有一定影响。实际上，横倾力矩数量级较小，试验中难以测量，也难以准确计算。本节通过将数值计算结果与船模试验结果进行比较，验证了在误差允许的范围内，所建立的数值模型和所采用的数值方法的有效性。

4.3 兴波和横倾角的影响

对图 2 至图 4 进行分析可知，兴波对横向力和转艏力矩影响较小，对纵向力和横倾力矩影响较大。考虑兴波影响后，纵向力增大，增大值为船舶所受的兴波阻力。船舶在一定横倾角下会产生复原力矩，考虑兴波时的横倾力矩数值计算结果随横倾角的变化趋势与该结论一致，而忽略兴波时的数值计算结果的变化趋势与该结论相反，这说明忽略兴波影响会对横倾力矩的数值计算结果造成较大误差。

此外，为对比横倾角对船舶水动力的影响，绘制不同横倾角下的无因次化船舶纵向力、横向力、转艏力矩和横倾力矩曲线（图 5）。从图 5 中可以发现，横倾角对船体所受的纵向力、横向力和转艏力矩影响较小，对横倾力矩影响较大。

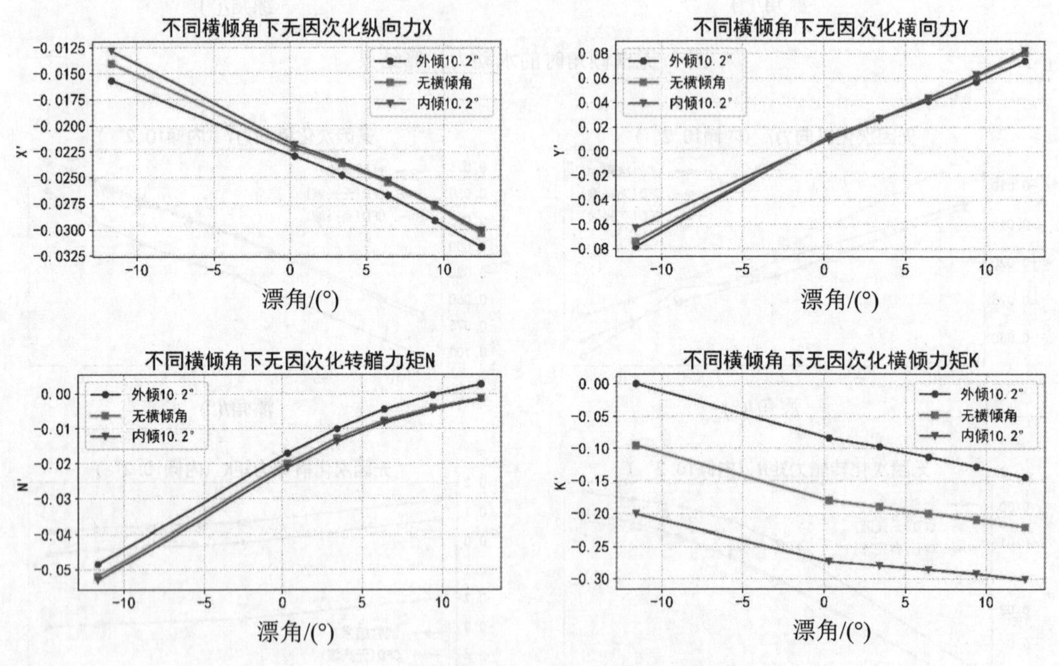

图 5 不同横倾角下的船舶水动力计算结果

5 结语

本文以集装箱船 KCS 标模为研究对象，应用 CFD 软件 STAR-CCM+，采用基于 RANS

方程求解的黏性流方法，在忽略兴波和考虑兴波影响两种情况下，对船模在不同漂角和横倾角下回转运动时的船体水动力进行了数值计算，采用 GCI 方法对由网格尺寸及时间步长导致的空间和时间离散误差进行了不确定度分析，并研究了兴波与横倾角对船体水动力的影响。计算结果表明，兴波对船体横向力及转艏力矩影响较小，而对纵向力及横倾力矩影响较大；横倾角对纵向力、横向力及转艏力矩影响较小，而对横倾力矩影响较大。

在不确定度分析中，部分物理量存在发散的情况，需要采用其他方法进行分析。另外，本文侧重对船舶定常回转时的水动力进行定性分析，计算结果与试验结果相比还存在一定误差，还需要进行进一步的验证。

致谢

本文工作得到国家自然科学基金项目（批准号：51779140）资助。

参考文献

1 姜彭. 客滚船纯稳性丧失及回转安全性研究[D]. 大连:大连理工大学. 2016.

2 徐静，顾解忡，马宁. 波浪中回转船舶横摇运动研究[J]. 中国造船, 2014(4):1-10.

3 刘正江，吴兆麟，李桢. 国际海事组织海事安全类公约的最新发展[J]. 中国航海, 2012(1):61-65.

4 邹早建. 船舶操纵性研究进展[C]. 第六届船舶力学学术委员会全体会议专集. 2006.

5 徐静，顾解忡，马宁. 规则波六自由度回转运动预报[J]. 中国舰船研究, 2014(3):20-27.

6 张志荣，李百齐，赵峰. 全附体水面船模型尾流场数值预报[C]. 2004 年船舶水动力学学术会议论文集. 2004.

7 SIMMAN2014. http://www.simman2014.dk

8 CELIK I B, GHIA U, ROACHE P J. Procedure for estimation and reporting of uncertainty due to discretization in CFD applications[J]. Journal of Fluids Engineering, Transactions of the ASME, 2008, 130(7).

CFD-based numerical prediction of ship hydrodynamics during turning motion

GAO Hang[1], ZOU Zao-jian[1,2], YUAN Shuai[1]

1. School of Naval Architecture, Ocean and Civil Engineering, Shanghai Jiao Tong University, Shanghai 200240, China;

2. State Key Laboratory of Ocean Engineering, Shanghai Jiao Tong University, Shanghai 200240, China

Abstract: Taking the containership KCS model as the study object, numerical prediction of ship hydrodynamics during turning motions under different drift angles and heeling angles is carried out by using the CFD software STAR-CCM+ to solve the RANS equations for the viscous flow. The numerical results are compared with the model test data to validate the numerical model and method, and the effects of the wave-making and the heeling angle on the ship hydrodynamics are investigated. The numerical results show that the effect of the wave-making on the lateral force and the yaw moment is small but significant on the longitudinal force and the heeling moment; the effect of the heeling angle on the longitudinal force, lateral force and yaw moment is small but significant on the heeling moment. The results indicate the feasibility of the CFDmethod for the numerical prediction of the ship hydrodynamics during turning motions, and the results have a certain guiding significance for understanding the phenomenon of ship heeling etc. during turning motions.

Key words: CFD; turning motion; ship hydrodynamics; wave-making; heeling

土石坝逐渐溃决溃口流量计算方法研究[1]

陈思翰，田忠*

(四川大学水力学与山区河流开发保护国家重点实验室，四川成都 610065 Email: 939923808@qq.com)

摘要：大坝溃决会造成巨大的生命财产损失，溃口流量过程是进行溃坝分析的重要参数。本文通过理论分析，建立了土石坝逐渐溃决过程中，溃口瞬时流量的计算方法；采用本研究提出的方法对某实际工程溃口流量进行了计算，并与 HEC-RAS 软件计算的成果进行了对比，两者吻合良好，且本文提出的计算方法更为简便快捷；对某实际工程溃坝洪水演进进行了计算分析，讨论了主、副坝同时溃决与单独溃决情况下，溃口流量及洪水演进过程的差异。

关键词：溃口流量过程；理论分析；数值模拟；HEC-RAS；主、副坝同时溃决

1 前言

大坝一旦溃决，将给下游带来巨大的灾害。解家毕，孙东亚[1]对我国 1954－2006 年之间的溃坝数据进行了统计，我国共有 3498 座水库垮坝，平均年垮坝数约为 64 座，其中土石坝 3253 座，占据了 93%，过去的数据表明，漫顶和管涌是土石坝溃决的主要原因。就目前而言，溃坝洪水演进的计算主要采用先求出溃口的流量过程作为边界条件再通过数值模型进行下游的洪水演进计算的方法，因此，溃口的流量过程对洪水的演进过程起着重要作用。自 20 世纪后期开始，世界开始关注溃坝安全问题。美国国家大坝安全计划项目、美国土石坝洪水研究课题[2]、中国科学院的室内试验、欧共体的 CADAM 和 IMPACT 项目、美国国家大坝安全计划两家研究单位，经过近几十年的研究，提出了多个数学模型，这些模型一般分为两类：第一类模型是以观测、试验、经验得到溃决的总历时、溃口的最终底高程、底宽以及溃口的坡度，假设溃口匀速发展并通过线性插值的方法模拟中间各个时刻的溃口形状；第二类模型从力学的角度分析，根据上游水库蓄水容积、大坝结构、泥沙动力冲刷等因素通过迭代计算解出溃口侵蚀过程，如 BEED、BREACH、HW、OSMAN 等模型[3-5]，但由于周边环境因素等一系列条件的限制，难以获取准确的初始参数，因此在第一类代表模型 DAMBRK[6]的基础上，通过理论分析，建立了土石坝逐渐溃决过程中，溃口流量的计算方法。

基金项目：四川省科技计划资助（2019JDTD0007）

作者：陈思翰，男，硕士研究生，研究方向为水工水力学，E-mail：939923808@qq.com

*通讯作者：田忠，男，博士，副研究员，研究方向为水工水力学，E-mail：tianzhong@scu.edu.cn

2 溃口流量计算方法的建立

2.1 计算原理及基本方程

一般认为土石坝漫顶破坏溃口发展机理为水流冲刷导致底部和侧侵蚀，然后发生黏性土石坝的失稳、溃决[7]。在本研究的方法中，作者假定溃口形状为倒梯形，初始溃口底宽为 b_1、高为 h_1，溃口分别以速率 v_1、v_2 由上至下以及由中间向两侧匀速发展，溃决的总历时为 t、溃口的最终高为 hm、最终底宽为 bm（图 1）。计算基本方程包括堰流流量计算方程式（1）及水量平衡方程式（2）。

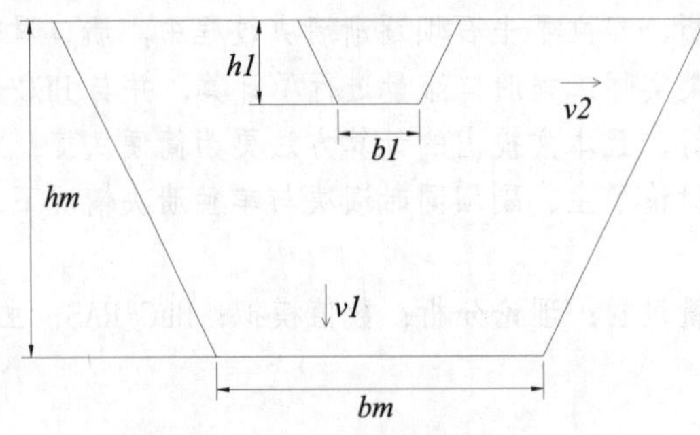

图 1　溃口基本形状假设

$$\begin{cases} Q_o(t) = m \cdot b(t) \cdot \sqrt{2g} \cdot H(t)^{\frac{3}{2}} & (1) \\ V_t + \int_t^{t+\Delta t} Q_i(t)\mathrm{d}t = V_{t+\Delta t} + \int_t^{t+\Delta t} Q_o(t)\mathrm{d}t & (2) \end{cases}$$

式中，不同时刻的计算参数分别为：$Q_o(t)$—溃口出流流量；m—溃口流量系数；$b(t)$—溃口宽度；$H(t)$—溃口水头；$Q_i(t)$—入库流量；V_t—时间 t 时的库容；$V_{t+\Delta t}$—时间 $t+\Delta t$ 时的库容。

2.2 计算步骤

图 2 为计算流程图，具体计算步骤为：①考虑到土石坝溃决之后溃口宽度一般数倍于堰上水头，即（$2.5<\delta/H<10$），可以认为在逐渐溃决过程中溃口出流皆为宽顶堰出流，采用式（1）计算溃口流量。②得到溃口流量之后，即可算出 Δt 时间内的出库水量，根据水量平衡方程公式（2）得到水库库容。③根据水位—库容曲线拟合得到库水位，根据库水位及溃口参数得到溃口水头，重复迭代进行计算直至出库流量等于入库流量。

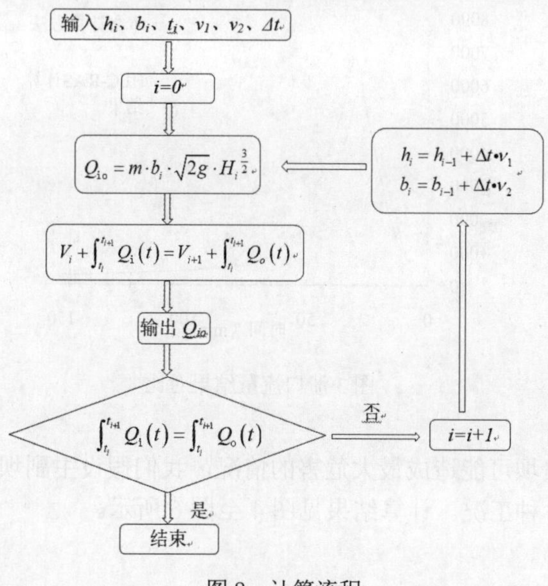

图 2　计算流程

3　计算方法的对比验证

3.1 计算实例

某实际工程已知库容为 2355 万 m³，共设有主副坝各一座，主坝最大坝高 29.2m，坝长 192m，副坝最大坝高 19.2m，坝长 91m。以主坝为例，结合黄河水利委员会经验公式和铁道部科学研究院经验公式，设定溃口初始底宽为 0.7m，纵、恒向侵蚀速率分别为 0.0108m/s 及 0.0185m/s，左岸边坡系数 6.3，右岸边坡系数 2.2，溃决总历时 0.5h，溃口最终底高程 19.5m，最终底宽 34m。

采用本文提出的简易迭代方法和 HEC-RAS 软件对溃口流量过程分别进行计算，计算结果见图 3，从图中可以看出：根据本文提出的简易迭代计算方法进行计算得出在溃决 28min 后，溃口流量达到最大值（6790.8m^3/s）；通过 HEC-RAS 计算，在大坝溃决之后 24min 溃口流量达到最大值（6403m^3/s）。两者洪峰流量差 5.7%，峰现时间差 14.3%，两者吻合良好。出现差异的原因可能为，HEC-RAS 软件设置的边界条件（库容、河道断面）是通过 30m×30m 的 DEM 数字高程数据提取的，所提取的断面数据与实测数据存在一定的差异，导致 HEC-RAS 计算的溃口洪峰到达时间提前。在相同的计算参数情况下，本研究方法只需库容曲线就能进行计算，且计算过程简便快捷。

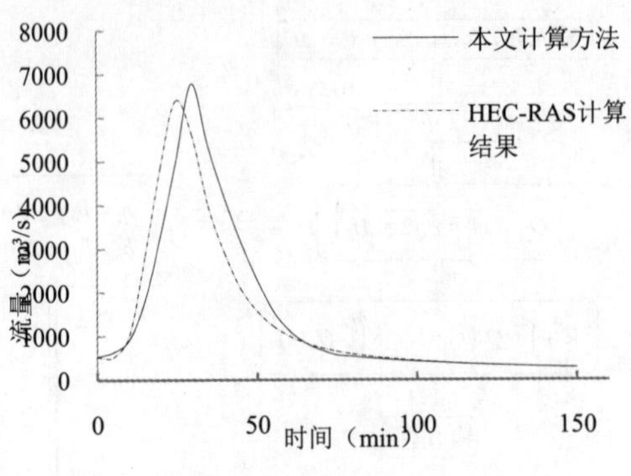

图 3 溃口流量结果对比

3.2 主副坝溃决差异

为了研究该工程溃坝可能造成最大危害的情况，我们假设主副坝同时溃决、主坝单独溃决、副坝单独溃决 3 种工况。计算结果见图 4 至图 6 所示。

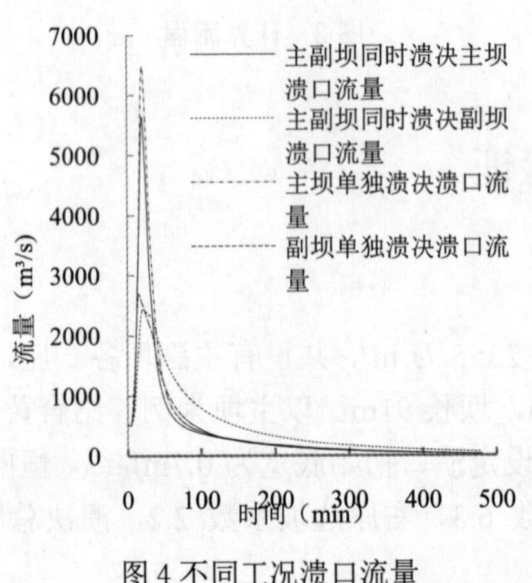

图 4 不同工况溃口流量

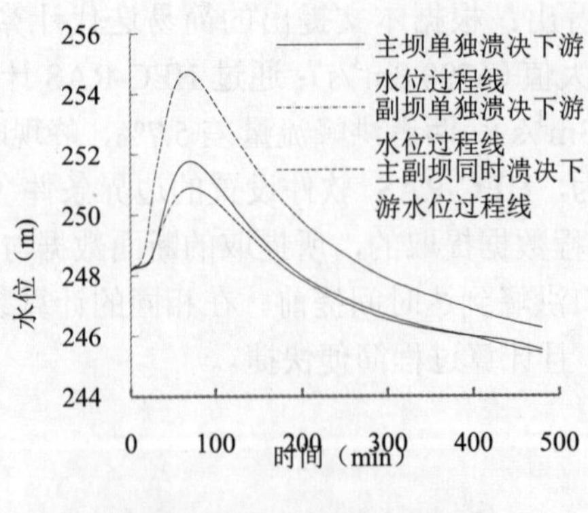

图 5 下游 10km 断面水位过程

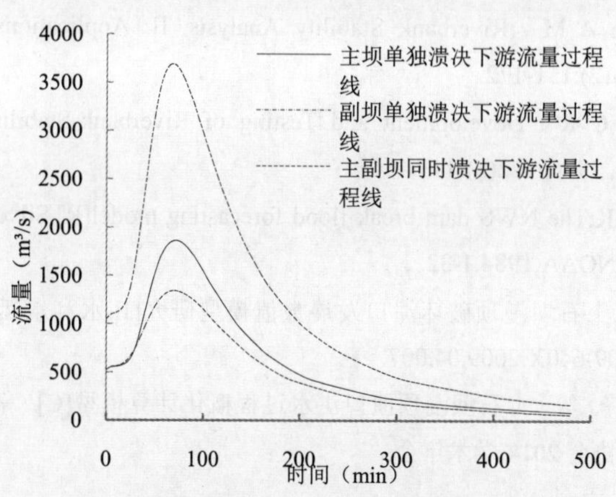

图 6 下游 10km 断面流量过程

由计算结果可知：①主副坝同时溃决，水库库容由于分流会对单个溃口流量过程产生一定的滞缓作用，但是洪峰削减作用不明显，且对峰现时间几乎无影响；②在下游 10km 断面处，由于溃坝洪水的叠加效应，主副坝同时溃决时远远超过单独溃决时的洪水流量；③不同溃口大小、形状导致了流量过程线的差异，在溃决时间一致的情况下，副坝的最终溃口更小、形状更狭窄，峰现时间基本一致，但在达到洪峰之后，副坝的流量过程线更为平缓

4 结论

本研究以宽顶堰流计算公式及水量平衡方程为基础，建立了土石坝漫顶逐渐溃决时，溃口流量过程的简易迭代计算方法。结合实际工程，采用本研究方法和 HEC-RAS 软件对溃口流量过程分别进行了计算，结果表明两者的计算结果吻合良好，计算过程更为简便快捷。又对主副坝同时溃决进行了计算，结果表明同时溃决对溃口流量有一定的滞缓，但会对下游造成更大的影响。

参考文献

1 解家毕，孙东亚.全国水库溃坝统计及溃坝原因分析[J].水利水电技术，2009，40(12):124-128.

2 郭军．欧美国家近期溃坝研究及发展动向[J].中国水利,2005,(4):23-26,29. DOI:10.3969/j.issn.1000-1123.2005.04.007.

3 Osman A M , Thorne C R . Riverbank Stability Analysis. I: Theory[J]. Journal of Hydraulic Engineering, 1988, 114(2):134-140.

4 Thorne C R , Osman A M . Riverbank Stability Analysis. II: Applications[J]. Journal of Hydraulic Engineering, 1988, 114(2):151-172.

5 Darby S E , Thorne C R . Development and Testing of Riverbank-Stability Analysis[J]. Journal of Hydraulic Engineering, 1996, 122(8):443-454.

6 FREAD D L.DAMBRK:The NWS dam break flood forecasting model[R].Silver Spring:National Weather Service(NWS) Report,NOAA,1984.1-32.

7 陈生水,钟启明,任强.土石坝漫顶破坏溃口发展数值模型研究[J].水利水运工程学报,2009,(4):53-58. DOI:10.3969/j.issn.1009-640X.2009.04.007.

8 邓刚, 赵博超, 温彦锋, 等. 土石坝漫顶溃口洪水过程概化计算模型[C]// 高坝建设与运行管理的技术进展——中国大坝协会 2014 学术年会.

Study on calculation method of discharge at gradual breach of earth-rock dam

CHEN Si-han, TIAN Zhong

(State Key Laboratory of Hydraulics and Mountain River EngineeringlSichuan University Chengdu 610065
Email:939923808@qq.com)

Abstract: Dam outburst is dangerous and can cause huge loss of property, and the flow process of broken mouth is an important parameter for dam break analysis.In this paper, through theoretical analysis, the calculation method of instantaneous flow of the broken mouth in the process of gradual outburst of Earth-Rock Dam is established. The method proposed in this paper is used to calculate the flow rate of a real project, and compared with the results calculated by the HEC-RAS, the two are in good agreement, and the former is more brief.This paper calculates and analyzes the evolution of a dam break in a practical project, and discusses the difference of the flow rate and the evolution process of the flood under the condition of simultaneous outburst and individual outburst of the main and secondary dams.

Key words: flow process of broken mouth; theoretical analysis; numerical simulation; HEC-RAS; simultaneous outburst outburst of the main and secondary dams.

海床运动兴波的数值模拟

房克照[1*]，范浩煦[1]，刘忠波[2]，孙家文[1, 3]

(1. 大连理工大学海岸和近海工程国家重点实验室，大连，116000, Email: kfang@dlut.edu.cn; 2. 大连海事大学 交通运输工程学院， 大连 116026； 3. 国家海洋环境监测中心 海域管理技术重点实验室， 大连 116023)

摘要：对新型双层 Boussinesq 水波方程进行扩展使其能够考虑海床运动。针对扩展后的高精度方程，建立了有限差分方法求解的立面二维数值模型。利用数值模型对由局部海床垂向运动和沿斜坡海岸加减速运动诱发的兴波进行了数值模拟，计算结果与解析解、物理模型实验数据及其他类模型结果进行对比并进行了分析。

关键词：海床运动；Boussinesq 方程；色散性；非线性

1 引言

水下地震和海底滑坡引起的海底变形是海啸最常见的发生机制，如 Fuhrman 和 Madsen[1]，Dutykh 和 Kalisch 等[2]的研究。由于海啸的直接冲击、径流、漫顶和随后的洪水，海啸可能在沿海地区引发毁灭性的灾害。在过去的几十年中，人们经过大量的研究开发出用于评估、控制和减轻海啸灾害的数值模型。地震或滑坡产生的滑坡体在演化过程中是可变形的，通常为固体物质和水混合而成的泥石流，因此对底部运动的精确建模相当具有挑战性。为了简化，可将滑坡体视为具有预设形状和运动条件的刚性块体，然后将其轻松地集成到适合的波浪模型中，来模拟海啸的生成和传播过程。许多研究采用了这种方法，并取得了相当好的模拟结果，如 Grilli 和 Watts [3]，Fuhrman 和 Madsen [1]，Sue 等 [4]，Tjandra 和 Pudjaprasetya [5]，Whittaker 等[6]，Lynett 和 Liu [7]的研究。

Boussinesq 类数值模型由于具有较好的非线性和色散性，被广泛应用于模拟海啸生成和传播。近年来，基于 Boussinesq 类方程的海床运动引起海啸的数值模型逐渐增多，如 Lynett 和 Liu [8]，Ataie-Ashtiani 和 Yavari-Ramshe [9]，Fuhrman 和 Madsen [1]，Zhao 等[10]，Dutykh 和 Kalisch [2]的研究。

本文重点讨论了 Liu 和 Fang [11]二维双层 Boussinesq 水波方程的推广，增加了随时间变化的水深项，并建立了一个立面二维模型（有限差分法），用于模拟水底变形产生非线性色散波的生成和传播。理论分析表明，双层模型展现了良好的线性和非线性性能，而且其对应的数值模型也能初步印证方程在深水时的色散性和变浅性等基本理论特性。Liu 和 Fang 最近于 2019 年发表了该模型模拟重力自由表面波时精度的研究。本文将介绍该模型应用于海床运动产生波浪的研究，介绍控制方程和数值方法，并进行了数值实验，将结果与理论解、实验结果和以往文献中的数值结果进行比较。

2 双层 Boussinesq 模型

2.1 水底随时间变化的双层 Boussinesq 方程

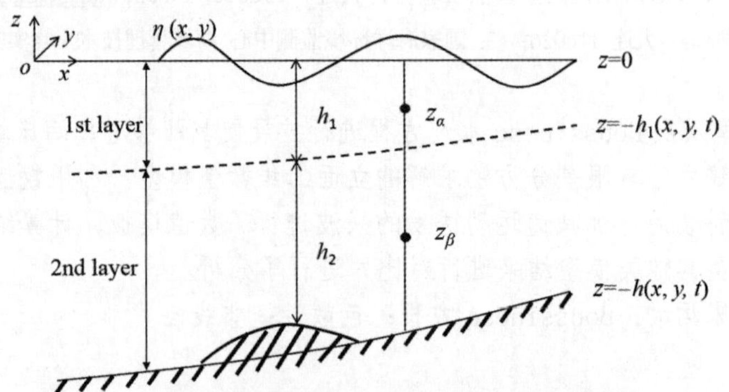

图 1 水底随时间变化的双层 Boussinesq 波模型示意图

虚线表示相邻两层之间的界面位置

在图 1 所示的笛卡尔坐标系下，推导出滑坡生成波的双层 Boussinesq 模型，其中 x 轴和 y 轴位于静水平面，z 轴垂直向上。在恒定密度、不可压缩和无旋的均质流体的假设下，忽略粘性和表面张力效应的影响，根据 Liu 和 Fang[11]的相同过程，可推导出滑坡生成波控制方程的立面二维形式，如下所示：

满足连续性条件及动力学边界条件的控制方程：

$$\frac{\partial \eta}{\partial t} = w_\eta - u_\eta \eta_x, \tag{1}$$

$$\frac{\partial u_\eta}{\partial t} = -g\eta_x - \frac{1}{2}(u_\eta{}^2 + 2u_\eta w_\eta \eta_x)_x - \eta_x \frac{\partial w_\eta}{\partial t} + w_\eta (u_\eta \eta_x)_x \tag{2}$$

自由表面上的速度分量：

$$u_\eta = u_{10} + \eta w_{10x} - \frac{1}{2}\eta^2 u_{10xx} - \frac{1}{6}\eta^3 w_{10xxx} \tag{3}$$

$$w_\eta = w_{10} - \eta u_{10x} - \frac{1}{2}\eta^2 w_{10xx} + \frac{1}{6}\eta^3 u_{10xxx} \tag{4}$$

静水面速度分量的计算公式：

$$u_{10} = u_1^* - \sigma_1 u_{1xx}^* + \sigma_2 w_{1x}^* - \sigma_3 w_{1xxx}^* - \sigma_4 u_{1x}^* + \sigma_5 u_{1xxx}^* - \sigma_6 w_{1xx}^* \tag{5}$$

$$w_\eta = w_{10} - \eta u_{10x} - \frac{1}{2}\eta^2 w_{10xx} + \frac{1}{6}\eta^3 u_{10xxx} \tag{6}$$

相邻两层界面上的速度匹配条件：

$$u_2^* - \sigma_7 u_{2xx}^* + \sigma_8 w_{2x}^* - \sigma_9 w_{2xxx}^* - \sigma_{10} u_{2x}^* + \sigma_{11} u_{2xxx}^*(1-c_1) - \sigma_{12}(1-\frac{1}{4}c_1) w_{2xx}^*$$
$$= u_1^* - \sigma_1 u_{1xx}^* - \sigma_2 w_{1x}^* + \sigma_3 w_{1xxx}^* + \sigma_4 u_{1x}^* - 3\sigma_5 u_{1xxx}^* - \frac{3}{2}\sigma_6 w_{1xx}^* \tag{7}$$

$$w_2^* - \sigma_7 w_{2xx}^* - \sigma_8 u_{2x}^* + \sigma_9 u_{2xxx}^* - \sigma_{10} w_{2x}^* + \sigma_{11}(1-c_1) w_{2xxx}^* + \sigma_{12}(1-\frac{1}{4}c_1) u_{2xx}^*$$
$$= w_1^* - \sigma_1 w_{1xx}^* + \sigma_2 u_{1x}^* - \sigma_3 u_{1xxx}^* + \sigma_4 w_{1x}^* - 3\beta_{13}\sigma_5 w_{1xxx}^* + \frac{3}{2}\beta_{12}\sigma_6 u_{1xx}^* \tag{8}$$

水底处运动条件：

$$w_2^* - \sigma_7 w_{2xx}^* + \sigma_8 u_{2x}^* - \sigma_9 u_{2xxx}^* + \sigma_{10} w_{2x}^* - 3\beta_{N3}\sigma_{11}(1+\frac{1}{3}c_1) w_{2xxx}^*$$
$$+\frac{3}{2}\beta_{N2}\sigma_{12}(1+\frac{1}{6}c_1) u_{2xx}^* + h_x(u_2^* - \sigma_7 u_{2xx}^* - \sigma_8 w_{2x}^* + \sigma_9 w_{2xxx}^*) = -h_t \tag{9}$$

可以注意到在式（9）的右侧增加了随时间变化水深项$-\partial h/\partial t$。之前 Liu 和 Fang(2016)假设该项为零，这是本文研究中唯一的变化。在上述方程中，η 是从平均水位测得的波面高程，(u_η, w_η)和(u_{10}, w_{10})分别是自由水面和静止水面上的速度分量，(u_i^*, w_i^*)(i=1,2)是在两层中定义的计算速度分量；下标 x 表示关于 x 求导；g 是重力加速度。

$c_1 = -\frac{2\alpha_1}{2\alpha_1+\alpha_2}$，$\sigma_i\ (i=1, 2,\ldots, 12)$为：

$$\sigma_2 = \alpha_1 h,\ \sigma_8 = \alpha_2 h,\ \sigma_1 = \frac{2}{5}\sigma_2^2,\ \sigma_7 = \frac{2}{5}\sigma_8^2,\ \sigma_3 = \frac{1}{15}\sigma_2^3,\ \sigma_9 = \frac{1}{15}\sigma_8^3, \sigma_4 = \alpha_1^2 h h_x,$$
$$\sigma_5 = \frac{1}{5}\alpha_1^4 h^3 h_x, \sigma_6 = \frac{4}{5}\alpha_1^3 h^2 h_x, \sigma_{10} = (2\alpha_1 + \alpha_2)\ \sigma_8 h_x,\ \sigma_{11} = \frac{1}{5}\sigma_8^2\sigma_{10},\ \sigma_{12} = \frac{4}{5}\sigma_8\sigma_{10}. \tag{10}$$

系数取值为

$$(\alpha_1, \alpha_2, \beta_{12}, \beta_{13}, \beta_{22}, \beta_{23}) = (0.1053, 0.3947, 0.92, 0.85, 0.937, 0.607)$$

理论分析表明，该模型（方程（1）-（9））具有很好的线性、非线性、变浅性和传播特性（从极端深水到浅水）。关于双层 Boussinesq 方程的推导和分析的更多细节，请参阅 Liu 和 Fang[11]。值得注意的是，模型中暂时没有考虑波浪破碎和底部摩擦，本文中研究的所有滑坡模拟都是针对非破碎波浪，并且没有考虑摩擦效应。

2.2 数值格式

以上方程中的最高空间导数为 3，时间步进格式采用混合四阶预测-校正的 Adams-Bashforth-Moulton 格式。在预报阶段，利用三阶 Adams-Bashforth 格式求解方程（1）和（2），可以得到波面和波面处水平速度的预报值；进一步求解方程（3）、（5）、（7）分别得到水平速度u_0、u_1^*和u_2^*的预报值；进一步求解方程（9）、（8）、（6）、（4）可以分别得到垂向速度w_2^*、w_1^*、w_0和w_η的预报值。校正阶段利用四阶 Adams-Moulton 格式求解得到波面和波面处水平速度的校正值，其他过程类似。当所有变量的校正值与预报值在设定的误差 0.0001 内，进入下一时间步，否则更新校正值，重新校正过程。空间导数格式则完全采用与 FUNWAVE 类似的数值格式，这里不再赘述。

除以上边界条件外，本研究中还要模拟海岸上海啸的爬高，这对沿海地区海啸的模拟至关重要。双层 Boussinesq 模型使用 Lynett 等 [13]提出的线性外推法，设置最小水深为0.0001 m 识别计算域中的干湿边界。Lynett 等提到该方法在数值上是稳定的，本文的数值模拟也证实了这一点。

3 计算结果

3.1 局部海床凸起和凹陷

对本模型的第一次检验，模拟了Hammack [1212]于1973年进行的恒定水深局部海床凸起和凹陷的物理模型实验。对随时间变化水深的描述如下：

$$h(x,t) = d_0 - \varsigma_0(1-\mathrm{e}^{-\alpha t})H(b^2 - x^2) \tag{11}$$

式中H为阶跃函数，d_0=0.05 m为静水水深，b=0.61 m为水底凸起或凹陷部分的长度，$\zeta_0 = \pm 0.005$ m 为垂直运动幅度，正负分别表示凸起或凹陷。模拟中设定网格尺寸为0.0125 m，时间步长为0.005 s。

图2中给出了局部海床凸起的计算结果，与2009年Fuhrman和Madsen的高精度Boussinesq模型[1]的实验数据和数值模拟　　　结果进行了比较（在图中称为FM2009）。Fuhrman和Madsen使用的Boussinesq模型的高精度已经有了很好的验证，而且该Boussinesq模型的适用范围包含于本文的双层Boussinesq模型，所以该模型的模拟结果可以用作基准。如图2所示，两个Boussinesq模型具有几乎相同的数值性能。双层Boussinesq模型很好地再现了滑坡产生的波浪，如图2（(a）和（b)）所示。在远离生成位置（如图2（c）和（d)）的区域，波的形状仍然可以用Boussinesq模型很好地模拟，但是波幅和波速偏高。Hammack认为，这是实验中的能量耗散造成的，而两个数值模型都没有考虑。局部海床凹陷的计算结果如图3所示，并与Fuhrman和Madsen的高精度Boussinesq模型的实验数据和数值结果进行了比较。利用本文的双层Boussinesq模型对近场波进行了数值模拟，结果表明该模型在海床凹陷作用下产生了准确的近场波。由于数值模型中没有能量耗散机制，远场波与测量值存在明显的偏差。目前，Fuhrman和Madsen的高精度Boussinesq模型和双层Boussinesq模型在这种情况下几乎具有相同的表现。其中远场的可见差异可能是控制方程或数值方法的不同导致的。

Hammack还提出了相同情况下线性化欧拉方程的解析解[12]。将双层Boussinesq模型和FM2009线性模型模拟的计算结果，分别与图4中局部海床凸起和图5中局部海床凹陷的解析解进行比较。两种Boussinesq模型的差异可以忽略不计，模拟结果与解析解吻合较好，证明了数值模型的准确性。

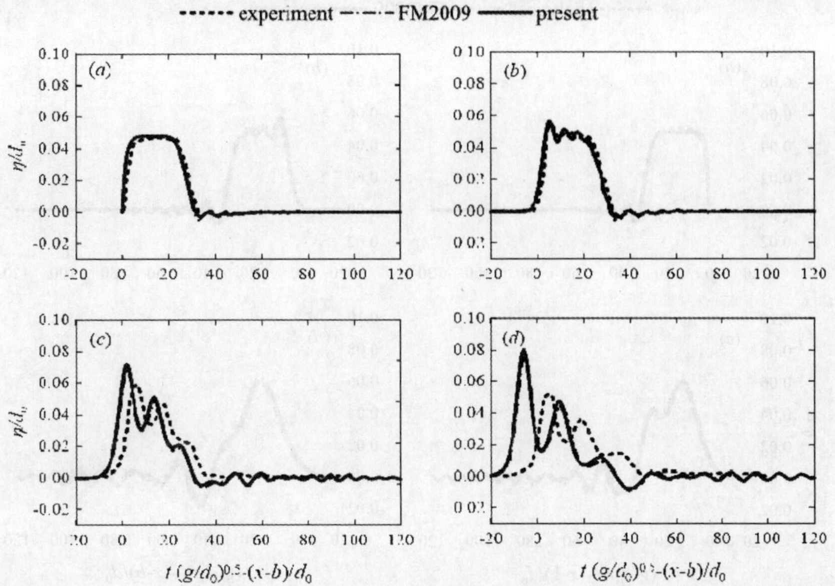

图 2 对(a) $(x-b)/h_0=0$, (b) 20, (c) 180 和(d) 400 位置处局部海床凸起生成波浪的模拟（实线：线性双层 Boussinesq 模型；点划线：FM2009 的高精度 Boussinesq 模型计算结果；虚线：Hammack 的实验结果）

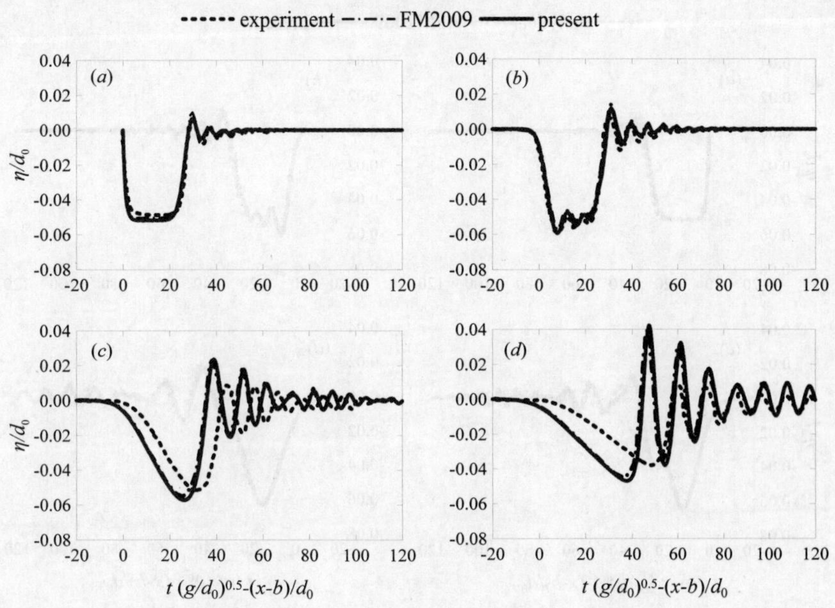

图 3 对(a) $(x-b)/h_0=0$, (b) 20, (c) 180 和(d) 400 位置处局部海床凹陷生成波浪的模拟（实线：线性双层 Boussinesq 模型；点划线：FM2009 的高精度 Boussinesq 模型计算结果；虚线：Hammack 的实验结果）

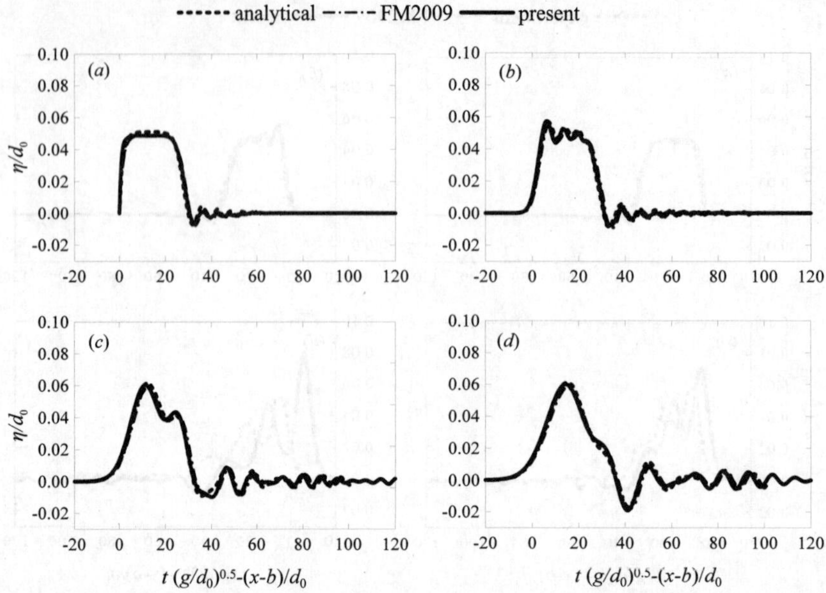

图 4 对(a)（$x-b$）/h_0=0，(b)20，(c)180 和(d)400 位置处局部海床凸起生成波浪的模拟（实线：线性双层 Boussinesq 模型；点划线：FM2009 的线性 Boussinesq 模型计算结果；虚线：Hammack 的解析解）

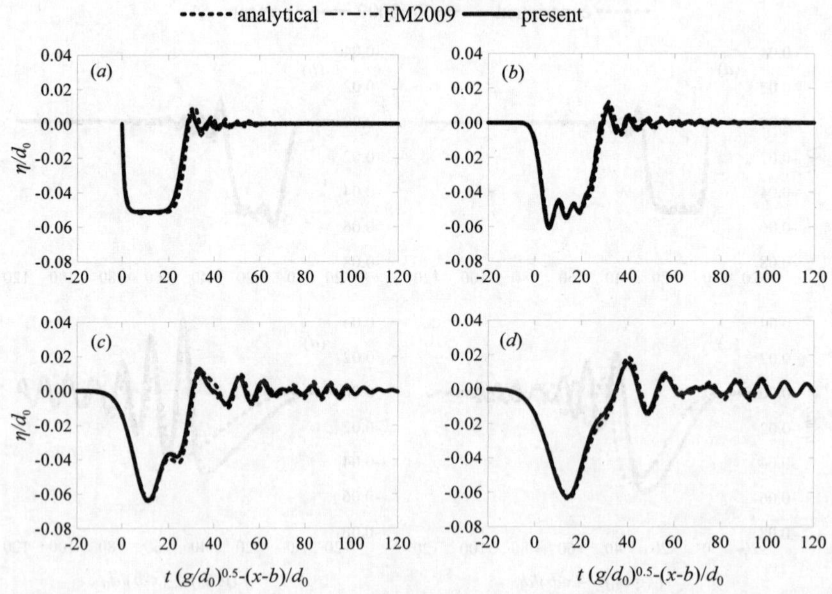

图 5 对(a)（$x-b$）/h_0=0，(b)20，(c)180 和(d)400 位置处局部海床凹陷生成波浪的模拟（实线：线性双层 Boussinesq 模型；点划线：FM2009 的线性 Boussinesq 模型计算结果；虚线：Hammack 的解析解）

3.2 均匀斜坡海滩上滑坡体运动兴波

本案例最初由 Lynett 和 Liu [13]利用数值方法模拟了均匀斜坡上滑坡体运动时产生的波浪，后来由 Fuhrman 和 Madsen [1]使用 Boussinesq 类模型进行了模拟。如图 6 所示，滑坡的时间历程描述如下：

$$h(x,t)=[\tan\theta]x-\frac{\Delta h}{4}\left\{1+\tanh\left[2\cos(x-x_l(\mathrm{t}))\right]\right\}\left\{1-\tanh\left[2\cos(x-x_r(\mathrm{t}))\right]\right\} \tag{12}$$

其中

$$x_l(\mathrm{t})=\mathrm{x}_0+s(\mathrm{t})\cos\theta-\frac{b}{2}\cos\theta,\ \ x_r(\mathrm{t})=\mathrm{x}_0+s(\mathrm{t})\cos\theta+\frac{b}{2}\cos\theta \tag{13}$$

式中θ为坡面角度，$\triangle h$ 为下滑的最大垂直高度，x_l为左侧拐点位置，x_r为右侧拐点位置，b 为 x_l 与 x_r 之间沿坡面的长度。式中 x_0 是滑动体的初始位置，

$$s(\mathrm{t})=S_0\ln\left(\cosh\left(\frac{t}{t_0}\right)\right) \tag{14}$$

此处使用的参数与 Fuhrman 和 Madsen [1]使用的参数相同，例如θ=6º, h_0=1.0 m, x_0=2.379 m, S_0=4.712 m 和 t_0=3.713 s。

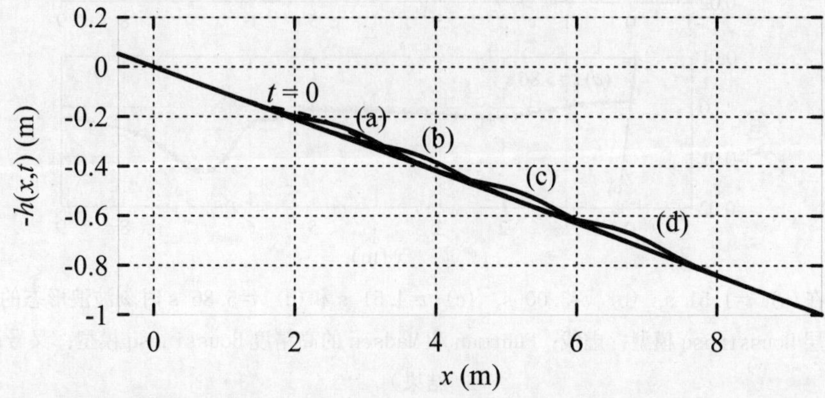

图 6 水下滑坡的滑动体在(a) t=1.51 s, (b) t=3.00 s, (c) t=4.51 s 和(d) t=5.86 s 时的形态[7]

选取计算域长 25 m，离散为 0.05 m 的均匀网格，设置时间步长为 0.005 s。将本文双层 Boussinesq 模型与 Fuhrman 和 Madsen [1]的 Boussinesq 模型的计算结果在图 7 中的四个时刻进行对比，此外还增加了 Lynett 和 Liu [13]的边界积分方程模型（BIEM）结果作为参考。BIEM 模型基于完全非线性势理论，它在模拟波浪传播方面的精度已经得到了很好的验[14-15]。从图 7 可以看出，3 个模型的模拟结果同一性很好，这验证了双层 Boussinesq 模型在模拟滑坡体运动兴波的生成、传播甚至爬高方面的准确性。

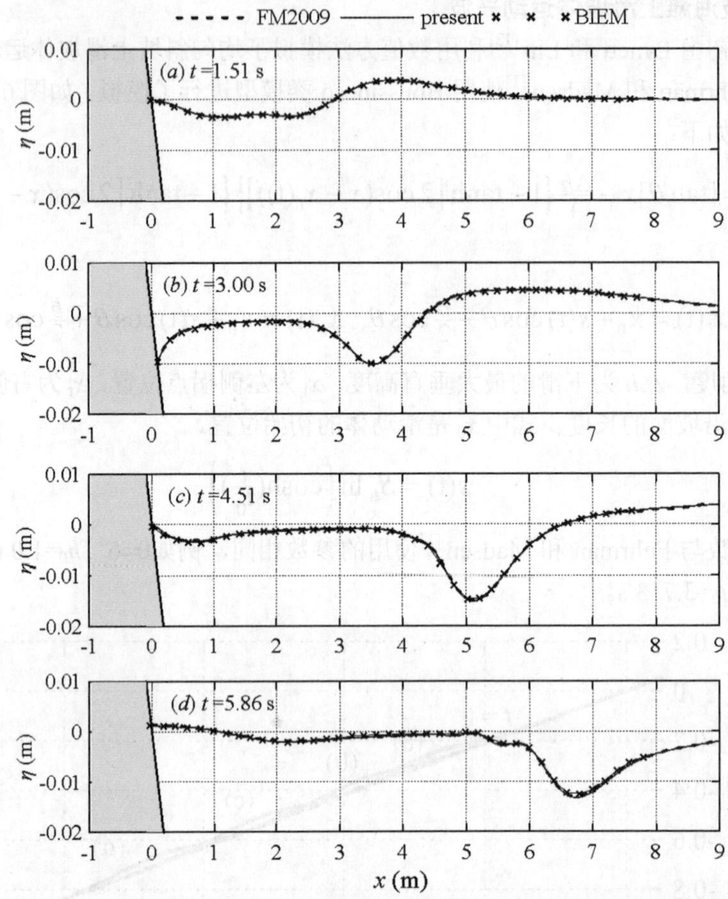

图 7 在(a) t=1.51 s，(b) t=3.00 s，(c) t=4.51 s 和(d) t=5.86 s 时刻波浪形态的比较

（实线：双层 Boussinesq 模型；虚线：Fuhrman 和 Madsen 的高精度 Boussinesq 模型；叉号：BIEM 模型结果）

4 结论

作者最近开发的双层 Boussinesq 模型[11]被扩展到地震和滑坡产生波浪的生成、传播和爬高研究，只需在运动方程中添加一个水深随时间变化项即可成立。本模型的计算结果也与文献中的其他模拟结果进行了比较，验证了局部海床垂向运动和沿斜坡海岸加减速运动生成波浪的精确性，与解析解和实验数据的一致性。对于本文中的案例，双层 Boussinesq 模型与 Fuhrman 和 Madsen 的高精度 Boussinesq 模型 [1]非常吻合，与 BIEM 结果 [16]吻合良好。该模型还较准确地捕捉到了移动的海岸线，但还需要进一步的实验验证。值得一提的是，只要滑坡的初始形状和变形已知，并且可以输入波浪模型，本模型也适用于模拟可变形滑坡体运动诱发的波浪模拟。

参考文献

1 Fuhrman, D.R., Madsen, P.A., 2009. Tsunami generation, propagation, and run-up with a high-order Boussinesq model. Coastal Engineering 56 (7), 747-758.

2 Dutykh, D., Kalisch, H., 2013. Boussinesq modeling of surface waves due to underwater landslides. Nonlin. Processes Geophys. 20 (3), 267-285.

3 Grilli, S.T., Watts, P., 1999. Modeling of waves generated by a moving submerged body. Applications to underwater landslides. Eng. Anal. Bound. Elem 23, 645-656.

4 Sue, L.P., Nokes, R.I., Davidson, M.J., 2011. Tsunami generation by submarine landslides: comparison of physical and numerical models. Environ Fluid Mech 11 (2), 133-165.

5 Tjandra, S.S., Pudjaprasetya, S.R., 2015. A non-hydrostatic numerical scheme for dispersive waves generated by bottom motion. Wave Motion 57 (0), 245-256.

6 Whittaker, C.N., Nokes, R.I., Lo, H.Y., L.-F. Liu, P., Davidson, M.J., 2017. Physical and numerical modelling of tsunami generation by a moving obstacle at the bottom boundary. Environ Fluid Mech 17 (5), 929-958.

7 Lynett, P., Liu, P.L.F., 2005. A numerical study of the run-up generated by three-dimensional landslides JOURNAL OF GEOPHYSICAL RESEARCH 110,

8 LYNETT P, LIU P L F. A numerical study of submarine–landslide–generated waves and run–up//Proceedings of the Royal Society of London A: Mathematical, Physical and Engineering Sciences. The Royal Society, 2002[C], 458(2028): 2885-2910.

9 Ataie-Ashtiani, B., Yavari-Ramshe, S., 2011. Numerical simulation of wave generated by landslide incidents in dam reservoirs. Landslides 8 (4), 417-432.

10 Zhao, X., Wang, B., Liu, H., 2009. Modelling the submarine mass failure induced Tsunamis by Boussinesq equations. Journal of Asian Earth Sciences 36 (1), 47-55.

11 Liu, Z.B., Fang, K.Z., 2016. A new two-layer Boussinesq model for coastal waves from deep to shallow water: Derivation and analysis. Wave Motion 67, 1-14.

12 Hammack, J.L., 1973. A note on tsunamis: their generation and propagation in an ocean of uniform depth. J Fluid Mech 60 (4), 769-799.

13 Lynett, P.J., Liu, P.L.F., 2002. A numerical study of submarine-landslide-generated waves and run-up. Proc. R. Soc. Lond. A 458, 2885-2910.

14 Gobbi, M.F., Kirby, J.T., 1999. Wave evolution over submerged sills: tests of a high-order Boussinesq model. Coastal Engineering 37 (1), 57-96.

15 Grilli, S.T., Vogelmann, S., Watts, P., 2002. Development of a 3D numerical wave tank for modeling tsunami geneartion by underwater landslides. Eng. Anal. Bound. Elem 26, 301-313.

16 Grilli, S.T., Watts, P., 2005. Tsunami Generation by Submarine Mass Failure. I: Modeling, Experimental Validation, and Sensitivity Analyses. Journal of Waterway, Port, Coastal, and Ocean Engineering 131 (6),

283-297.

17 房克照，尹晶，孙家文，2017. 基于二维浅水方程的滑坡体兴波数值模型. 28(1), 96-105.

A numerical simulation of waves generated by bottom movement

FANG Ke-zhao[1*] , FAN Hao-xun[1] , LIU Zhong-bo[2] , SUN Jia-wen[1,3]

(1.The State Key Laboratory of Coastal and Offshore Engineering, Dalian University of Technology, Dalian 116000, Liaoning, Email: kfang@dlut.edu.cn; 2. Transportation Engineering College, Dalian Maritime University, Dalian, 116026, Liaoning; 3.National Marine Environmental Monitoring Center, State Oceanic Administration, Key Laboratory of Marine Management Technology, Dalian 116023, Liaoning)

Abstract: In this work a recently proposed multi-layer Boussinesq water wave equation is extended to include the seabed movement. The vertical two-dimensional model solved by the finite difference method is established for the extended highly-accurate equation. For the typical waves generated by vertical sea bottom motion and sliding along a slope, the numerical simulations are carried out. The results are compared with various analytical, experiments and other numerical simulations in literature, with reasonable agreements are found.

Key words: Bottom movement; Boussinesq wave equations; Dispersion; Nonlinearity

望谟河流域河网分级阈值对径流推求影响

孙桐[1]，杨胜梅[2]，任洪玉[2]，王协康[1*]

（1. 四川大学水力学与山区河流开发保护国家重点实验室，成都，610065；2. 长江水利委员会长江科学院，武汉 430010）

摘要：研究山洪地质灾害过程，需进行水文分析研究，而利用 DEM 数据提取河网已经成为水文分析研究中重要组成部分。同一流域采取不同集水面积阈值，会得到不同的河网密度，从而影响水文过程的模拟结果。本文将以山洪地质灾害频发的贵州省望谟河流域为研究区，基于 ArcGIS 平台对望谟河流域进行不同集水面积阈值下的河网进行提取，结合水文模拟方法，分析不同条件下的水文过程变化规律。

关键词：望谟河；河网分级阈值；河网密度；水文模拟方法；径流推求

1 引言

河网是分布较密的交错纵横的河道所构成的水系。对于河网的提取始终是研究地形地貌与水文模拟的重要过程。模拟变量的参数的选择对模拟结果会产生不同的影响，在提取河网时，常常根据地形图勾绘出河网，该方法主观性较大，给数值模拟带来了不确定性。河网的提取主要依据为集水面积阈值[1]。在众多集水面积阈值中如何确定最优的集水面积阈值，目前研究方法中评价指标不同。在实际模拟中，仅考虑单一分维确定最优集水面积过于简单，实际流域地貌十分复杂,采用多重分形来刻画[2]。李丽[3]以水系分形维数等为评价指标引入的电子水系为实际水系的参考标准。河网密度作为一个地区水系的重要指标，河网密度越大，在一定程度上支流就越多，河网越密集。孔凡哲[4]将河网密度随着集水面积阈值变化趋于平缓时取为最优集水面积阈值。其中，河网密度推求最佳阈值计算较为简便，应用较广，且河网密度与推求区域内发生山洪灾害的可能性相关。因此，本研究采用集水面积阈值与河网密度关系，把河网密度变化趋于稳定时对应的值作为最佳集水面积阈值，探讨了不同阈值对推求径流过程的影响。

资助项目：国家重点研发计划（2017YFC1502504）；国家自然科学基金项目(51639007).

作者简介：孙桐（1997-），男，硕士研究生，研究方向：水力学及河流动力学.

*通讯联系人 E-mail：wangxiekang@scu.edu.cn

2 研究区概况

采用贵州省望谟县望谟河流域为研究区。望谟河发源于望谟县打易，主河流长 74km，主要支流为纳过河，纳坝河，纳朝河，松林河。整个望谟境内地势起伏较大，北部打易镇跑马坪为望谟县境内最高处，海拔高达 1718m，昂武镇打乐河口为海拔最低处，仅 275m。望谟属亚热带温湿季风气候，每年 6～8 月降雨量较多，年内降雨分配不均，汛期洪水流量大，再加上由于当地植被覆盖率较低，上游地质结构较差，造成当地山洪灾害频发。在 2006 年 6 月，2008 年 5 月及 2011 年 6 月发生过大规模洪水。其中 2011 年洪水根据实测资料，望谟河上游打易站实测最大 1h，6h，24h 降雨量高达 135.5mm，351.5mm，364.5mm，望谟县城洪水重现期超过 200 年。由于该年暴雨属于典型的短时强降雨案例，对于不同方案模拟进行比较可以呈现出较好的效果，本次研究选取该年暴雨进行模拟。

3 基础数据

水文降雨资料数据基于 2011 年打易站及望谟站洪水发生时实测降雨量，洪水调查分析报告[5]确定实际洪峰流量。地形数据为 DEM 数据，基于 Arcgis10.1 提取地理信息。由于在 DEM 生成时产生的数据错误以及一些真实凹陷地形的存在，会对后面水流流向计算产生不好的影响，事先对 DEM 数据进行填洼处理。最后通过 KW-GIUH 模型对于洪水流量过程进行模拟。

4 KW-GIUH 模型介绍

运动波—地貌瞬时单位线模型（KW-GIUH 模型）利用径流在河网中的运行机制，配合流域内各级序坡地流与渠流的径流运行时间，建立适用于无流量纪录地区的运动波—地貌瞬时单位线。KW-GIUW 模型结构简单、计算程序稳定、以及所需计算时间短。该模型在产流过程中没有考虑坡面产流过程，认为降落在坡面的雨滴全部为有效降雨，这对于本次望谟短时强降雨模拟结果影响不大。

应用 KW-GIUH 模型进行流域降雨径流模拟，其所需输入的模型参数包括有效降雨过程以及通过 ArcGIS 处理得到的流域地理信息如集水区平均面积(km^2)、河槽平均长度(km)、坡地平均坡度、河槽平均坡度等；而模型的输出则为流域的直接径流过程。其中流域地理信息通过 Arcgis10.1 提取得到，降雨资料依据实测数据推算。

5 集水面积阈值处理及选择

集水面积阈值（CSA）又称河道临界支撑面积，其一般定义为支撑一条河道永久性存在所需要的最小集水面积。随着集水面积阈值的改变，相应的水文特征发生变化。模拟通过改变集水面积阈值，改变河网分级和提取，使河网密度发生变化，影响最后影响模拟结果。本次阈值为1000～15000每隔1000选取一次阈值，共15组工况。将河网分级和河流总长度提取出来，计算河网密度，其河网密度的计算公式为：

$$V = L/A \tag{1}$$

式中：V 表示一定流域内的河网密度，L 表示该区域内所有的河流总长度，A 表示流域面积。

6 计算结果及分析

望谟河流域面积为190.077km^2，图1为不同阈值条件下的河网图，图中河流曲线粗细代表了河网的分级。由图可知随阈值不断增大，河网密集程度不断下降，分级级数也由四级逐渐降为二级。

在阈值1000-15000条件下等间隔提取河网，得到河流长度计算得出河网密度如表1所示。将河网密度与集水面积阈值拟合曲线如图2。

表1 河网密度成果

集水面积阈值（栅格数）	河流总长度（km）	河网密度（km^{-1}）	集水面积阈值（栅格数）	河流总长度（km）	河网密度（km^{-1}）
1000	197.82	1.04	9000	79.83	0.42
2000	148.87	0.78	10000	76.45	0.40
3000	121.76	0.64	11000	72.50	0.38
4000	107.66	0.57	12000	69.65	0.37
5000	99.60	0.52	13000	67.92	0.36
6000	92.76	0.49	14000	65.80	0.35
7000	87.43	0.46	15000	63.37	0.33
8000	83.60	0.44			

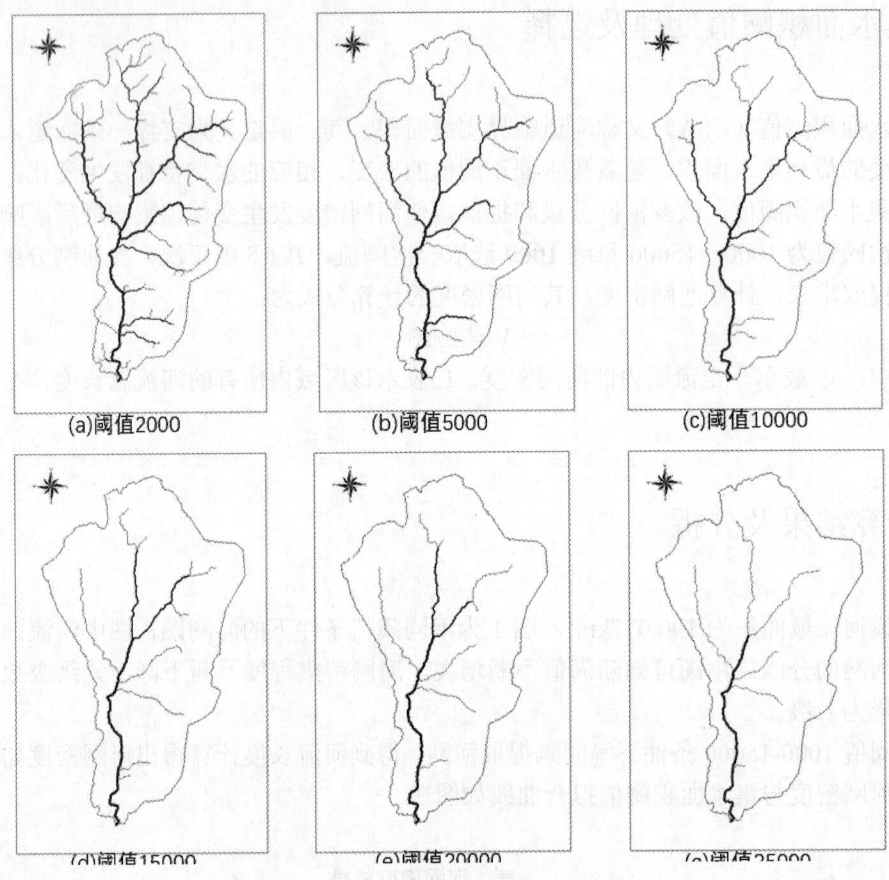

图 1 不同阈值下河网图

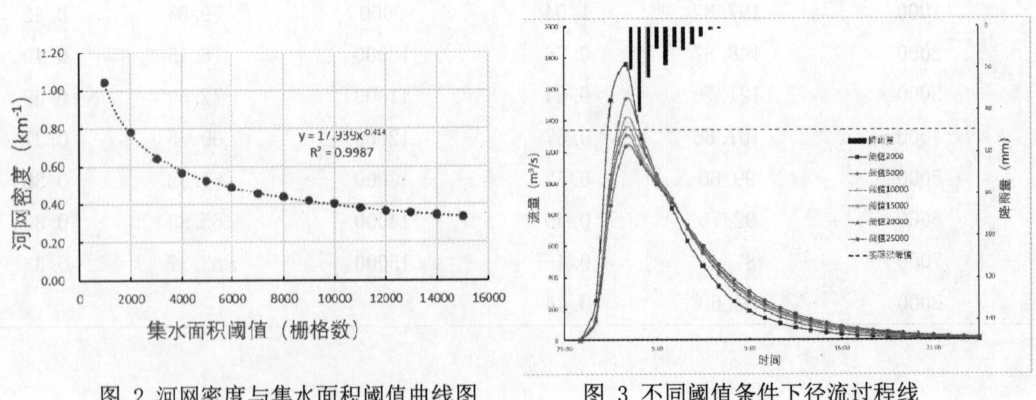

图 2 河网密度与集水面积阈值曲线图

图 3 不同阈值条件下径流过程线

通过河网密度与集水面积阈值拟合公式为：

$$y = 17.939x^{-0.414} \tag{2}$$

式中相关系数为 0.9987，表明河网密度与集水面积阈值拟合关系紧密。由图 2 直接确定河网密度稳定趋势稍显困难，相对误差较大。采用对式（2）进行一阶求导，即

$$y' = -7.426x^{-1.414} \tag{3}$$

寻找一阶导数值趋于 0 的值，作为流域最佳阈值。拟合曲线为幂函数，一阶导数的绝对值不存在极小值点，选取过程中不能得到一个准确的最佳阈值，即在用河网密度推求最佳阈值存在一定主观性。根据目测河网密度成果表认为在 5000 阈值时，河网密度变化已经趋于平缓，根据其一阶导数函数图像确定认为在 10000 阈值时趋于平缓。

进行水文模拟时，分别选取 2000，5000，10000，15000，20000，25000 六组不同阈值进行模拟，将模拟径流过程绘制曲线图后如图 3 所示。

根据洪水调查分析报告[5]得出洪峰为 1340m^3/s，本文认为其为实际洪峰。由图 3 可知，与实际洪峰最为接近时 15000 阈值条件下的模拟结果 1357m^3/s。5000 阈值条件下洪峰流量为 1538m^3/s，10000 阈值条件下洪峰流量为 1416m^3/s，相比之下误差较大。当阈值为 2000 时，模拟洪峰流量高达 1756m^3/s，与实际洪峰流量相差较大。在阈值较小时，起涨速度较快，洪峰峰值较高，且退水速度快；阈值较大时，起涨速度较慢，洪峰峰值较低，退水速度较慢。在模拟结果中洪峰峰值始终随径流过程进行相对规律性变化，认为洪峰的数值在一定程度上可作为一次径流模拟的准确性的评价指标。

通过观察各模拟结果中洪峰流量，发现在较小阈值与较大阈值洪峰流量均存在较大变化，在 15000 阈值左右洪峰流量变化趋于平缓。由于 2000 阈值条件下误差较大，舍去。将其余五组洪峰与阈值的曲线进行拟合分析，得到一个三次多项式。通过拟合公式为：

$$y=-6\times10^{-11}x^3+3\times10^{-6}x^2-0.0574x+1760 \tag{4}$$

对式（4）进行一阶求导得到：

$$y'=-1.8\times10^{-10}x^2+6\times10^{-6}x-0.0574 \tag{5}$$

式（5）有没有零点存在，当 x 取 16666 时，一阶导数绝对值取最小值，即洪峰流量变化率最小，洪峰流量趋于平缓，认为该点为最佳阈值点。

通过计算得出的最佳阈值点与之前方法预估的最佳阈值点相差较大。与该点接近的阈值 15000 模拟结果洪峰流量也更接近实际洪峰。

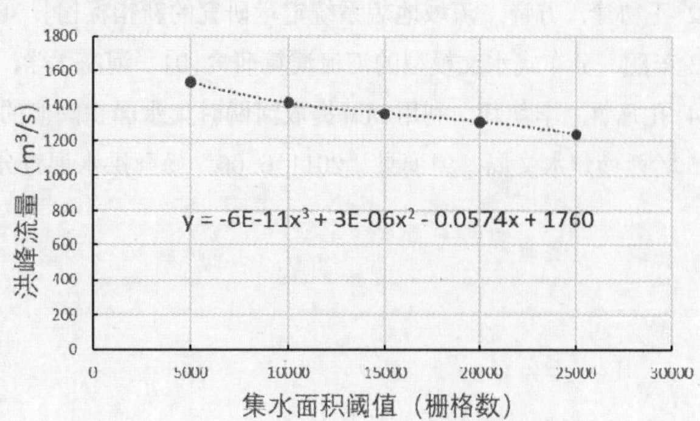

图 4 洪峰流量与集水面积阈值曲线

利用 KW-GIUH 模型进行本次洪水模拟过程中，通过集水阈值与河网密度关系，把河网密度变化趋于稳定时直接确定对应的值作为集水面积阈值的方法存在一定主观性，对径流模拟结果产生一定误差。

当阈值小于通过计算得出的最佳阈值时，会模拟出较大的洪峰流量，造成误差。尤其当阈值过小时，会与实际河网不符，河网密度过大，导致模拟过程中汇流时间缩短，与实际流量过程不符，对水文预报结果有不利影响。相比之下通过对不同阈值条件下模拟结果洪峰流量进行处理得到的最佳阈值更为准确。

7 小结

本文在进行山洪灾害模拟过程中，基于不同阈值条件下提取出来的河网运用KW-GIUH模型进行径流模拟，通过模拟分析可得结果。

(1)通过模拟结果发现，阈值较小时，起涨速度快，洪峰峰值高，退水速度快；阈值较大时，起涨速度慢，洪峰峰值低，退水速度慢。洪峰峰值随径流过程进行相对规律性变化，认为洪峰的数值在一定程度上可作为一次径流模拟的准确性的评价指标。

(2)当阈值在一定范围内，当河网密度发生改变时，相应模拟结果较为相似，洪峰流量趋于平缓，存在通过洪峰流量定量分析找到最优集水面积阈值的可能。

(3)通过对模拟结果中洪峰曲线的模拟，发现原有通过方法得出最佳阈值误差较大。本文对洪峰关于阈值的曲线进行拟合，得出变化率最小的点，认为该点为最佳阈值点。模拟结果中与该点最为接近的点也呈现了与实际流量最为接近的模拟结果。

参考文献

1 O'Callaghan J F . The Extraction of drainage networks from digital elevation data[J]. Computer Vision, Graphics, And Image Processing, 1984, 28(3):323-344.

2 王协康，方铎. 流域地貌系统定量研究的新指标[J]. 山地研究，1998(1):8-12.

3 李丽. 分布式水文模型的汇流演算研究[D]. 河海大学，2007.

4 孔凡哲，李莉莉. 利用DEM提取河网时集水面积阈值的确定[J]. 水电能源科学，2005(4):65-67.

5 黔西南州水文局. 望谟县“2011.6.06”暴雨洪水调查分析报告[R]. 2011.

Effect of the threshold of catchmentarea on runoff analysis in Wangmo River basin

SUN Tong[1]，YANG Sheng-mei[2]，REN Hong-yu[2]，WANG Xie-kang[1]

（1．State Key Lab. of Hydraulics and Mountain River Eng., College of Water Resource&Hydropower, Sichuan Uni., Chengdu, 610065；Email: wangxiekang@scu.edu.cn

2.Changjiang River Scientific Research Institute of Changjiang Water Resources Commission,Wuhan 430010,China）

Abstract: To study the process of mountain torrent geological hazards, hydrological analysis is needed. Extracting river network from DEM data has become an important part of hydrological analysis. Different catchment area thresholds in the same basin will result in different river network densities, which will affect the simulation results of hydrological processes. In this paper, Wangmo River Basin in Guizhou Province, where mountain torrents frequently occur, is taken as the research area. Based on ArcGIS platform, the river network of Wangmo River Basin is extracted under different catchment area thresholds, and the hydrological process variation law under different conditions is analyzed with hydrological simulation method.

Key words: Wangmo River; Threshold of catchmentare; River network density; Hydrological simulation method; Runoff analysis

官山河两河口河段暴雨洪水顶托效应研究

王以逵[1]，訾丽[2]，王协康[1*]

（1. 四川大学 水力学与山区河流开发保护国家重点实验室，成都，610065；
2. 长江水利委员会水文局，武汉 430010）

摘要：官山镇位于湖北十堰丹江口市，2012 年 8 月 5 日该地发生特大洪水灾害，导致官山镇及官亭村等地区受灾严重。经实地考察发现官山河干流与其支流吕家河交汇处河道交汇角接近于 180°，交汇处的顶托回水作用是上游官山镇产生淹没灾害的主要诱因。针对官山河暴雨洪水成灾特点，本研究采用 KW-GIUH 水文模型模拟交汇处的洪水过程，并结合 HEC-RAS 数值模型，分析了两河口区域受暴雨洪水顶托产生的淹没特征，探讨了官山河和吕家河干支交汇水流顶托作用的变化规律。

关键词：官山河；交汇河段；暴雨洪水；水流顶托；数值模拟

1 研究区域介绍

官山河位于湖北省十堰丹江口市官山镇境内，发源于房县马蹄山，经由官山镇、六里坪镇后汇入丹江口水库，河长 67.5km，流域面积 413km^2。地处丹江口市南部，官山河流域全年降雨量充沛，暴雨季节主要集中在 7－8 月份，且山洪灾害多发。2012 年 8 月 5 日，官山镇发生特大洪水灾害，对人民群众生命和财产安全造成严重影响。实地考察中发现官山镇和官亭村两处受灾点，都位于官山河主流与其支流吕家河的 180° 交汇口附近。

由于缺少历年详细水文资料，且只有下游水文站有不完全的水位流量实测资料，本研究采用降雨资料和分布式水文模型推求上游断面的洪水流量过程。目前较为常用的分布式水文模型有美国的 TOPMODEL 模型、SWAT 模型、欧洲的 SHE 模型、中国的新安江模型以及流溪河模型等。本研究采用运动波－地貌瞬时单位线模型（KW-GIUH 模型）[1]将下垫面的遥感资料融入到了分布式水文模型中。

在干支河流交汇区常发生水流顶托作用，顶托作用显著影响干支流的水位等特性[2]。本研究讨论在暴雨洪水的情况下，两河交汇处的顶托效应对上游水位的影响，采用了

资助项目：国家重点研发计划（2017YFC1502504）；国家自然科学基金项目(41771543).
作者简介：王以逵（1996-），男，硕士研究生，研究方向：水力学及河流动力学.
*通讯联系人 E-mail：wangxiekang@scu.edu.cn

HEC-RAS 软件进行一维数值模拟，以此分析吕家河和官山河交汇顶托的变化规律。

2 计算模型简介

2.1 运动波－地貌瞬时单位线模型

河网的特征集中反映了流域的水文情势，同时，水流汇集与运动又受河网的影响。因此，借助数学模型将地貌信息转化为水文信息，然后结合降雨特性，就能推求流域出口断面的流量过程。李光敦和严本琦依据流域的河网特性，将每一级的子流域以一个 V 形坡地流模型进行模拟，并将雨滴在此坡地流模型中的运行，划分为坡地流与渠流过程，而应用运动波理论以解析方式，直接求解径流时间概率密度函数的平均值，称为运动波－地貌瞬时单位线(KW-GIUH)。

2.2 HEC-RAS 模型及算法

河道水力分析模型(HEC-RAS)[3]是针对一维恒定/非恒定流的水力模型，主要用于明渠河道流动分析和洪泛平原区域的确定，模型主要有如下三大功能。

（1）恒定流水面线计算。可对单个河段、树枝状河系或河网的缓流、急流和临界流进行水面线计算，采用直接步进法逐断面推求水面线。计算原理基于一维能量方程：

$$Y_2 + Z_2 + \frac{\alpha_2 v_2^2}{2g} = Y_1 + Z_1 + \frac{\alpha_1 v_1^2}{2g} + h_e \tag{1}$$

式中，Y_1、Y_2 分别为断面 1 和断面 2 水深；Z_1、Z_2 分别为断面 1 和断面 2 主河道高程；α_1、α_2 分别为断面 1 和断面 2 流速系数；g 为重力加速度；h_e 为水头损失。

（2）非恒定流模拟。计算原理基于连续性方程和能量方程，分别为：

$$\partial / \partial t + \partial(\rho u_i) / \partial x_i = 0 \tag{2}$$

$$\frac{\partial u_i}{\partial t} + u_j \frac{\partial u_i}{\partial x_i} = f_i - \frac{1}{p}\frac{\partial p}{\partial x_i} + \lambda \frac{\partial^2 u_i}{\partial x_j \partial x_i} \tag{3}$$

（3）可动边界的泥沙输移计算。可对一维泥沙冲刷或沉积进行模拟，时间段可为代表年，也可为单个洪水事件。

目前在山区河流山洪预警上涉及的因素越来越多，需要处理的信息量也越来越多。HEC-GeoRAS 模块与 GIS 软件的结合有效地简化了前期的数据准备工作，快速生成河道几何信息，在模型计算后又可与 GIS 软件结合生成洪水淹没范围。将 HEC-RAS 的计算功能与 GIS 软件的数据处理与可视化相互结合起来，有效的对山洪灾害进行模拟[4]。

3 模型建立及计算工况设置

3.1 KW-GIUH 模型建立

经实地考察，发现官山河河段和吕家河河段交汇处（图 1）的顶托回水作用对两河口区域致灾有着主要影响，现以交汇处为出口，分别划分出官山河以及吕家河两个子流域（图 2），通过建立 KW-GIUH 模型模拟计算各子流域出口流量过程。

由于只有下游孤山水文站的实测资料，将孤山水文站降雨资料视为子流域平均降雨量，降雨时段选取 2012 年 8 月 4 日 10 时至 8 月 7 日 8 时，历时 70h 降雨资料代入 KW-GIUH 中计算。将官山河流域 DEM 图，导入 GIS 软件中，利用水文分析工具提取出两研究河段的基本地形地貌信息（表 1）。降雨资料和地理信息导入 KW-GIUH 模型求出口流量过程。

经过查表选取河道糙率为 0.03，坡面糙率为 0.6。官山河子流域出口河宽为 60 m，吕家河子流域出口河宽为 35 m。

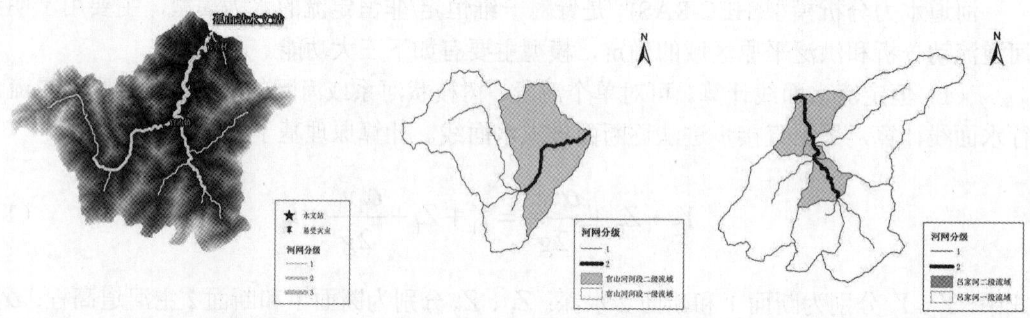

图 1 官山河流域水系分布　　　　图 2 两河口交汇区官山河和和吕家河子流域

表 1 两子流域地形地貌参数

河流	河流级别	集水区平均面积（km^2）	河槽平均长度（km）	占该子流域面积概率	坡地平均坡度	河槽平均坡度
官山河	1	36.31	7.62	0.5974	0.4047	0.0155
河段	2	48.94	8.9	0.4026	0.4074	0.0049
吕家河	1	25.88	5.16	0.8425	0.3771	0.0152
河段	2	6.45	3.1	0.1575	0.3506	0.006

3.2 河道模型建立及工况设置

选取河槽糙率为 0.03，漫滩糙率为 0.05。出口边界条件为比降为 0.003 的自由出流。结合实地考察，选取 CS1、CS2、CS3 三个典型断面（图 3）进行水位和工况 1 时最大淹没范围的分析。为了分析两河流交汇产生的顶托回水效应对淹没范围的

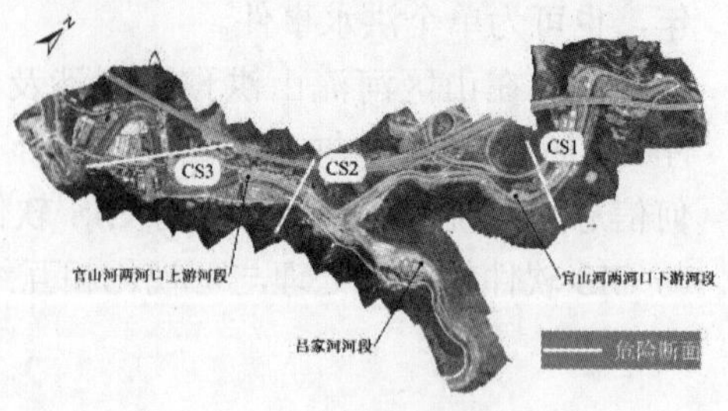

图 3 断面分布

影响，以主支流来流量为变量分别设置如下 4 个工况（表 2）。

表 2 各工况参数表

工况编号	主流洪峰流量 m^3/s	支流洪峰流量 m^3/s
1	430	435
2	430	242
3	232	435
4	232	242

4 计算结果与分析

4.1 洪水过程线

采用建立的 KW-GIUH 模型，可计算两个子流域的洪水过程，若采用孤山站降雨参数计算两子流域出流过程，官山河和吕家河两子流域的洪峰流量分别为 958.5m^3/s 和 1054m^3/s，其汇流峰量基本接近孤山实测洪峰流量 1032m^3/s 的 2 倍。由于两子流域缺乏实测降雨资料，暂假定上游平均降雨量视为孤山水文站实测资料的 0.5 倍（图 4a）和 0.3 倍（图 4b），使流量过程更符合实际。

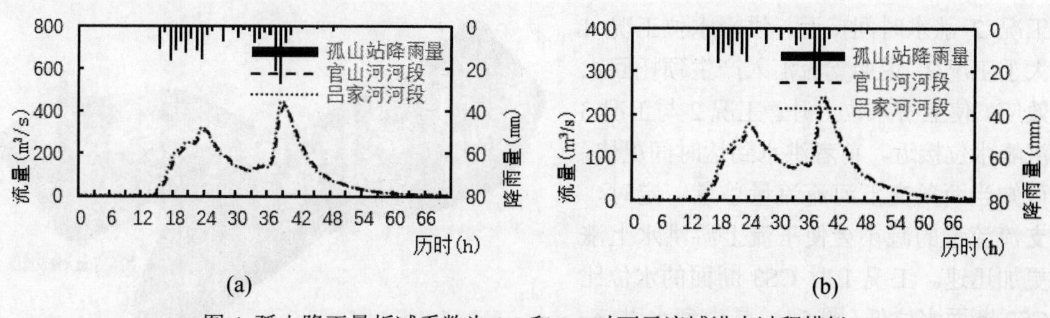

图 4 孤山降雨量折减系数为 0.5 和 0.3 时两子流域洪水过程模拟

4.2 典型断面水位变化

利用 HEC-RAS 水动力模型可计算典型断面水位(图 5)。典型断面 CS2 最高水位 199.8m 比左岸马路高 3.3m（图 5b），与实地调查洪水漫过左岸路边房屋一楼洪痕基本相同，说明模型符合计算要求。

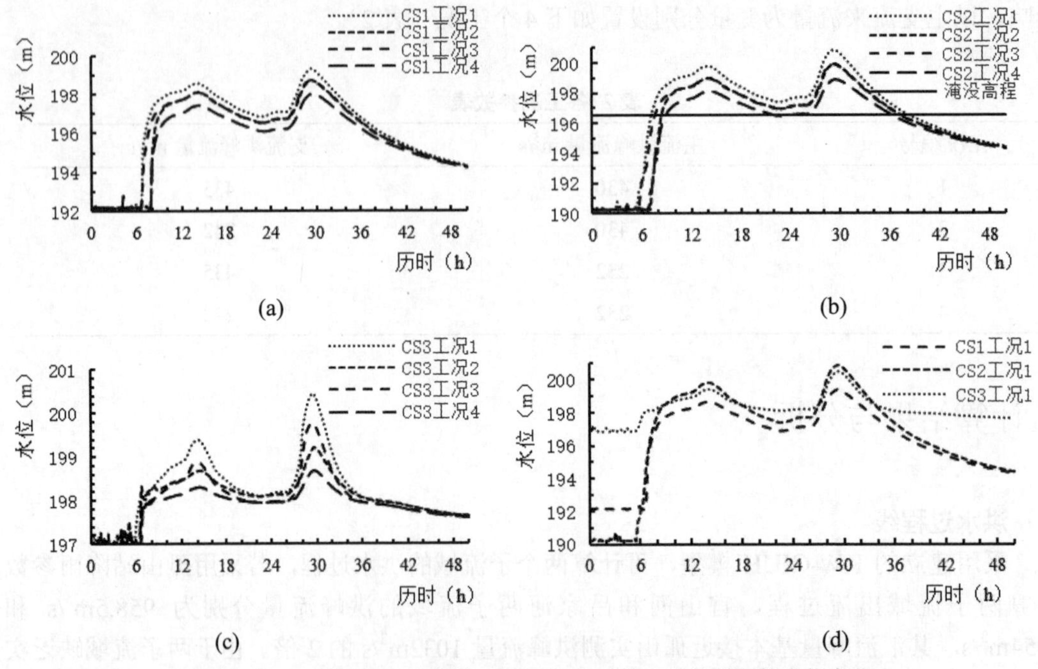

图5 CS1、CS2 和 CS3 四种工况下以及工况 1 时各断面的水位变化

计算表明：不同断面处，工况 1 与工况 2 涨水时间接近，洪峰水位工况 1 大于工况 2，说明支流汇入产生顶托回水效应，使上游水位上升。工况 2 与工况 3 洪峰水位接近，前者洪水到达时间更快，可知当两条交汇河流流量总量一定时，支流流量的减小会使干流上游洪水上涨更加迅速。工况 1 时 CS3 断面的水位比 CS2 断面水位低（图 5d），是由壅水引起。淹没范围（图 6）可以清晰的观察到受灾区域与实地考察相符。

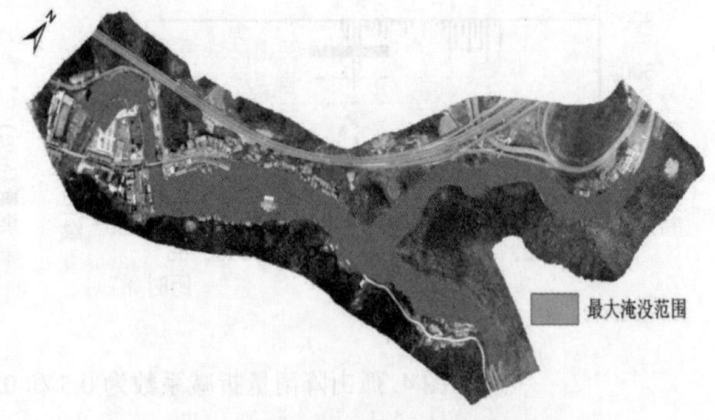

图 6 工况 1 下的最大淹没范围

5 小结

通过 GIS 软件提取流域地形地貌数据，类比缩小下游水文站的降雨资料，利用 KW-GIUH 模型模拟两交汇子流域出口的流量过程。接下来，利用 HEC-RAS 进行数值模拟，推求典型断面在不同来水条件下的水面高程变化与危险高程做比较。并将计算结果与 GIS 软件结合，进行可视化，得到该区域的淹没范围。得到的主要结论如下。

（1）通过 GIS 软件的对研究地区 DEM 资料处理和信息提取，再采用 KW-GIUH 模型模拟两河口的洪水流量过程，使无资料地区得出可参考的洪水流量过程。

（2）通过 HEC-RAS 计算模拟 3 个典型断面的洪水水位变化过程，发现随着支流来流的增加，顶托回水作用导致上游水位上升，增加了上游受灾面积。通过 GIS 软件可使淹没范围可视化，为洪水灾害预警提供依据。

参 考 文 献

1 Lee K T, Yen B C. Geomorphology and kinematic-wave-based hydrograph derivation[J]. Journal of Hydraulic Engineering, 1997, 123(1): 73-80.

2 周苏芬, 叶龙, 刘兴年, et al. 嘉陵江与长江交汇水流顶托效应特性研究[J]. 四川大学学报(工程科学版), 2014, 46(S1): 7-11.

3 Brunner G W. HEC-RAS River Analysis System User's Manual Version 5.0[M]. Davis, CA: US Army Corps of Engineers, 2016.

4 方园皓, 张行南, 夏达忠. HEC-RAS 系列模型在洪水演进模拟中的应用研究[J]. 三峡大学学报(自然科学版), 2011, 33(02): 12-15.

Numerical simulation on backwater effect of rainstorm flood at confluence zone in Guanshan River

WANG Yi-kui[1]，ZI Li[2]，WANG Xie-kang[1*]

（1．State Key Lab. of Hydraulics and Mountain River Eng., Sichuan Uni., Chengdu, 610065；

2．Bureau of Hydrology，Changjiang Water Resources Commission，Wuhan 430010）

Abstract：Guanshan town is located in hubei province. On August 5, 2012, a huge flood disaster occurred in this town, causing serious damage to downstream areas of guanshan town and guanting village. Field investigation shows that the intersection angle of the guanshan river main stream and its tributary is close to 180 degrees, and the backwater effect of the junction is the main inducement of the inundation disaster in the upstream. According to the characteristics of the heavy rain flood simulated by KW-GIUH hydrological model and HEC-RAS model, the backwater effect affected by heavy rains flood area has been analyzed and discussed at confluence zone.

Key words: Guanshan river; Confluence zone; Torrential rains and floods; Backwater; Numerical simulation.

岔巴沟三川口交汇河段洪水淹没致灾数值模拟

许泽星[1]，任洪玉[2]，丁文峰[2]，王协康[1]*

1. 四川大学 水力学与山区河流开发保护国家重点实验室，成都，610065；

2. 长江水利委员会长江科学院，武汉430010）

摘要：干支河流交汇区河段水流相互挤压、顶托作用，使得交汇区水流运动特性复杂多变。本文采用平面二维水动力数值模拟方法，对岔巴沟三川口交汇河段的洪水过程进行了模拟分析，讨论了在两条支流来水条件下交汇区洪水水位、流速场及淹没致灾特点。结果表明：受交汇水流影响，交汇口局部产生壅水，水面纵比降变缓，水位抬升导致河段淹没受灾；在双支流来流情况下，交汇区水流的相互掺混作用加剧，两河顶托作用增强，使得交汇区洪水位进一步抬升，受灾范围进一步扩大。通过分析岔巴沟三川口交汇河段洪水演进及淹没致灾的特点，可为岔巴沟及其他相似河段的防洪及河道治理提供理论依据。

关键词：岔巴沟；交汇河段；淹没致灾；数值模拟

1 引言

干支河流交汇是水系发育的重要地貌特征，也是城镇与工农业的重要聚集地，其独特的河床冲淤形态以及水流条件，给航运、农业等提供便利，也带来了诸多复杂的问题。尤其是山区河流，其河道比降大，汇流速度快，致使河流交汇区常发生泥沙淤堵、水位抬升、水流漫滩等水沙灾害。因此，河流交汇区水流结构特征、泥沙输移及灾害防治长期是水力学科研究的重点和难点。自 Taylor[1]于 1944 年通过水槽试验研究了 40° 和 135° 交汇水流的水深变化规律以来，许多学者就交汇区水流特性展开了系列研究。Best 等[2]通过概化水槽试验对交汇区的水流运动特性进行了系统分析并划分为多个水力特性区，为后续研究提供了便利；Biron 等[3]对干支流河床具有高程差的交汇形态展开了细致的研究，发现在交汇口附近的分离区消失并且下游加速区减弱；张琦等[4]采用数值模拟方法对明渠交汇区水流特性进行了研究，结果表明支流的平面形态是引起水流特性变化的的重要因素。然而，概

基金项目：国家重点研发计划（2017YFC1502504）；国家自然科学基金项目(41771543).
作者简介：许泽星（1994-），男，硕士研究生，研究方向：水力学及河流动力学.
*通信作者: E-mail：wangxiekang@scu.edu.cn

化水槽模型结构简单，形式单一，难以表征天然河道交汇的复杂性，越来越多的学者采用野外原型观测、模型试验和数值模拟结合的方式对天然交汇河流进行研究。Baranya 等[5]通过原型观测和 RANS 模型对天然交汇河道的水流结构进行了研究；周苏芬等[6]基于实测资料与数值模拟方法，分析了不同干支来流条件下嘉陵江与长江交汇区的水位、水面坡降及床面切应力的变化。本文针对三川口交汇段洪水演进特点，采用平面二维水动力模型对河段进行了数值模拟，探讨了洪水条件下该交汇河段洪水传播特征、流速变化及淹没致灾特点，为改善交汇段河道环境、提高防洪能力及防灾减灾提供理论依据。

2 研究河段概况

岔巴沟流域位于陕西省榆林市子洲县境内，为大理河的一级支流，流域控制面积 205km^2。流域内沟道发育，交汇口众多，三川口交汇段是其中一个典型的受交汇水流影响的易成灾河段，选其为研究典型。河道平面形态如图 1 所示，干流岔巴沟主河槽宽约 30m，左岸滩地宽约 110m，右岸滩地宽约 140m，支流刘家沟与干流岔巴沟交汇区有一心滩，其心滩以及边滩均被占用为农业耕地及居民住房，大洪水易满溢上滩，造成人员财产损失；距刘家沟与干流岔巴沟交汇口下游约 130m 处有支流米脂沟汇入，形成三川交汇，成灾风险加剧。据调查分析，河槽糙率为 0.028，滩地糙率为 0.035。

图 1 三川口河段平面形态

3 计算模型

3.1 模型的建立

在宽浅水域中，水深、流速等水力要素在垂向变化要远小于水平方向的变化，因此在计算过程中，本文采用沿水深方向平均的二维水动力模型对研究河段进行模拟。其基本控制方程如下式所示：

连续性方程：

$$\frac{\partial \xi}{\partial t}+\frac{\partial uH}{\partial x}+\frac{\partial vh}{\partial y}=0 \tag{1}$$

动量方程：

$$\frac{\partial uH}{\partial t}+\beta\frac{\partial uuH}{\partial x}+\beta\frac{\partial vuH}{\partial y}=-g\frac{u\sqrt{\left(u^2+v^2\right)}}{c^2}-gH\frac{\partial \xi}{\partial x}+v_t H\left(\frac{\partial^2 u}{\partial x^2}+\frac{\partial^2 u}{\partial y^2}\right) \tag{2}$$

$$\frac{\partial vH}{\partial t}+\beta\frac{\partial uvH}{\partial x}+\beta\frac{\partial vvH}{\partial y}=-g\frac{v\sqrt{\left(u^2+v^2\right)}}{c^2}-gH\frac{\partial \xi}{\partial y}+v_t H\left(\frac{\partial^2 v}{\partial x^2}+\frac{\partial^2 v}{\partial y^2}\right) \tag{3}$$

式中：ξ 是水位；H 是水深；u、v 分别是 x、y 方向的垂线平均流速；c 是谢齐系数；g 是重力加速度；v_t 是平均涡黏系数；β 是对流项修正系数。

根据研究河段河道地形及洪水特点，模拟河段包括交汇前岔巴沟干流与刘家沟、米脂沟两条支流、交汇区心滩以及交汇后的干流。计算区域共包含 4 个开边界：模型上边界位于岔巴沟上游顺直段，距交汇口约 1.8km；支流刘家沟边界距交汇口约 1.3km；支流米脂沟边界距交汇口约 0.6km；下边界距离交汇口约 1.3km。为较好模拟交汇区洪水演进情况，模型采用 5m×5m 的正方形网格剖分，纵向网格数 580 个，横向网格数为 300 个，共计网格数 522000 个。

2.2 模型的验证

山区河道交汇问题较为复杂，难以得到实测水文资料，为了验证计算方法的可行性与正确性，本文针对山区交汇河段的洪水演进过程进行了室内模型试验。试验在四川大学水力学与山区河流开发保护国家重点实验室进行，利用物理模型采样点的水位流速实测数据，与相同来流条件的数模计算成果进行对比，对模型参数予以校验。图 2 和图 3 分别为水位和流速的校验结果。可以看到试验与模拟结果保持较好的一致性，水位与流速误差在允许范围内。这表明平面二维水动力模型参数设置基本合理，模拟结果可信。

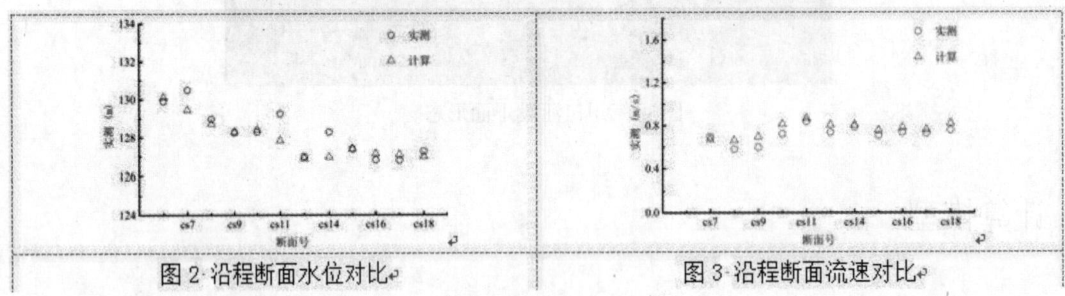

图 2 沿程断面水位对比　　图 3 沿程断面流速对比

4 计算结果与分析

根据三川口河段特殊的交汇形态和岔巴沟干流与两条支流的洪水组合效应，拟定了 3

种模拟工况(表 1)。由于研究河段缺乏实测资料，干流与支流来流均按曹坪站五十年一遇的设计洪峰流量面积比的一次方推求[7]。通过对比支流有无来流情况下洪水演进的形态变化，讨论山区复杂交汇河段淹没致灾的特点及支流的顶托效应。

表 1　各工况参数

工况编号	岔巴沟干流流量 Q_M（m^3/s）	刘家沟支流流量 Q_{T1}（m^3/s）	米脂沟支流流量 Q_{T2}（m^3/s）
1	310	0	0
2	310	116	0
3	310	116	78

受干支流两股水流相互顶托的影响，交汇区的水面形态较单一顺直河道更加复杂。从图 4 中可以发现，受支流入汇影响，在远离交汇口的上游段，水面比降较大，靠近交汇口的局部河段水面比降趋于变缓，在两处汇流交界面上出现局部水位抬升，呈中间高两边低的水面形态。这主要因为交汇区水流相互混掺，相互顶托、挤压，交汇口沿上游产生壅水，导致局部水位抬高，比降变缓。此外，受滩槽阻力以及支流水流强度的影响，单支流来流与双支流同时来流对干流水面纵比降的变化发展程度也不同。相对于单支流入汇，双支沟同时来流情况下，水面比降减缓趋势更为明显。

从图 5 岔巴沟深泓线沿程流速分布可以看出，支沟来流导致上游缓坡段流速大大降低，在汇口流速呈现出先减小后增大的特点；仅有刘家沟入汇时，汇口下游段流速相对无支流入汇时明显增加；当双支沟来流时，两支沟入汇口的中间段流速减小，下游段较远区域流速骤降。这主要由于两条支流入汇形式不同，刘家沟与岔巴沟交汇为 30° 的“Y”形交汇，而米脂沟入汇岔巴沟为 90° 的“T”形交汇。入汇角的变化会对入汇口附近及下游较远区域流速分布造成较大的影响。刘家沟入汇对干流的顶托挤压作用相对较弱，更易归顺主流方向，导致下游较远区域流速增强；米脂沟 90° 入汇时，对干流顶托、混掺作用增强，岔巴沟过流面束窄，导致汇口局部流速增大，水流高速区偏向右岸，下游段水流流速减小。

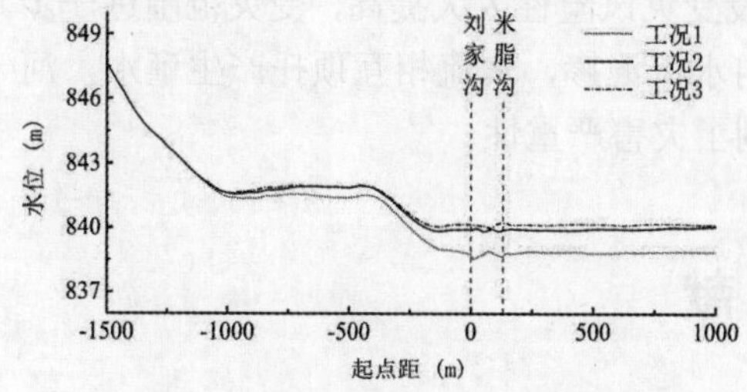

图 4 岔巴沟交汇区河段沿程水面线

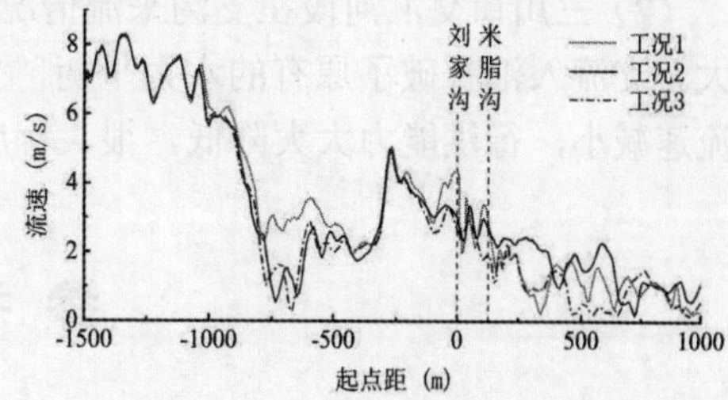

图 5 岔巴沟交汇区河段沿程流速

为进一步探究在洪水条件下研究河段交汇区淹没致灾特点，本文对交汇淹没范围及上下游特征断面横向水位展开研究，相应特征断面布置图见图 1。由图 6 可知，仅岔巴沟来流下，CS1~CS3 断面处的房屋及道路均未受灾，仅在下游的 CS4 处洪水漫过路面约 0.6m；当刘家沟支流入汇时，受灾风险性大大提高，交汇河段水位整体抬升约 1m，原本未成灾的地区转变为受灾对象，如CS1和CS3房屋，均受到支流入汇影响而受灾；当双支流来流时，受灾范围进一步扩大，主要影响河段为刘家沟入汇口至下游段。综上，说明干支流交汇是三川口河段淹没致灾的重要因素之一，刘家沟与米脂沟入汇岔巴沟极大的加剧了河段成灾的严重性。

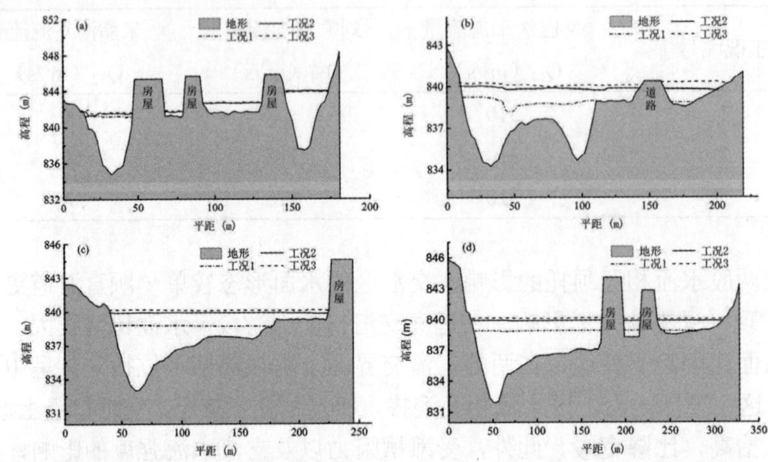

图6 特征断面水位横向分布（横向距离:河道左岸至右岸；(a) CS1 (b) CS2 (c) CS3 (d) CS4）

5 小结

三川口河段的水流交汇形式特别，受两条支流的相互顶托作用，交汇区水流特征变化更加复杂，受灾可能性激增。本文基于二维水动力模型对研究河段进行了模拟，分析了交汇区洪水条件下的流速、水面形态以及致灾特点，得出如下结论。

（1）受两条支流交错影响，三川口交汇区形成局部壅水，水面纵比降明显变缓。流量较大的刘家沟对交汇后的主流起主要作用，双支沟来流情况下水面比降减缓趋势更为明显。

（2）三川口交汇河段在支沟来流情况下，淹没受灾风险性大大提高，受灾范围进一步扩大。支流入汇打破了原有的水力平衡，交汇区内水流混掺，水流相互顶托产生壅水，河道流速减小，行洪能力大大降低，很大程度上加剧了灾害严重性。

参 考 文 献

1 TAYLOR E H. Flow Characteristics at Rectangular Open-Channel Junctions [J]. Transactions of the American Society of Civil Engineers, 1944, 109(1): 893-902.

2 BEST J L. Flow Dynamics at River Channel Confluences: Implications for Sediment Transport and Bed Morphology Recent Developments in Fluvial Sedimentology[M].Recent Developments in Fluvial

Sedimentology, 1987: 27-35.

3 BIRON P, BEST J L, ROY A G. Effects of bed discordance on flow dynamics at open channel confluences [J]. Journal of Hydraulic Engineering, 1996, 122(12): 676-682.

4 张琦, 丁全林, 钱乐乐, 等. 交汇口支流水动力特性数值模拟研究 [J].人民长江,2017,48(11): 101-106.

5 BARANYA S, OLSEN N, JóZSA J. Flow analysis of a river confluence with field measurements and RANS model with nested grid approach [J]. River Research and Applications, 2015, 31(1): 28-41.

6 周苏芬, 叶龙, 刘兴年, 等. 嘉陵江与长江交汇水流顶托效应特性研究 [J]. 四川大学学报(工程科学版), 2014, 46(S1): 7-11.

7 杨涛, 陈界仁, 周毅, 等. 黄土丘陵沟壑区小流域水沙侵蚀过程的情景模拟分析 [J]. 中国水土保持科学, 2008, (02): 8-14.

Numerical simulation of flood inundation at confluence zone in Sanchuankou of Chabagou

XU Ze-xing[1], REN Hong-yu[2], DING Wen-feng[2], WANG Xie-kang[1]

(1.State Key Lab. of Hydraulics and Mountain River Eng., Sichuan University, Chengdu, 610065;

2.Changjiang River Scientific Research Institute of Changjiang Water Resources Commission,Wuhan 430010,China)

Abstract: The flood characteristics at river confluence are very complicated resulted by flow interactions between main river and tributary river. In this paper, a two-dimensional hydrodynamics model is applied to simulate flood process at river confluence of Sanchuankou in Chabagou. The flood water level, flow velocity and disaster-causing characteristics under the inflow conditions of two tributaries are discussed. Results show that the backwater occurs near the confluence affected by the tibutaries. The vertical ratio of water surface decreases slowly, and the rise of water level leads to flooding disaster in the reach. In the case of another tributary downstream inflow, the mixing effect of water flow in the intersection area is increased, and the interaction between two rivers are intensified, which further increases the flood level and expends the backwater range in the confluence area. This study can provide a theoretical basis for flood control and river regulation of the chabagou reach or other similar areas by analyzing the characteristics of flood routing and disaster-causing at river confluence in Sanchuankou of Chabagou.

Key words: Chabagou; River Confluence; Flood Disaster; Numerical Simulation.

暴雨变化下马贵河小流域洪水特性研究

周湘航[1]，欧国强[2]，郭晓军[2]，潘华利[2]，王协康[1*]

（1. 四川大学 水力学与山区河流开发保护国家重点实验室，成都，610065；Email: wangxiekang@scu.edu.cn

2. 中国科学院、水利部成都山地灾害与环境研究所，成都，610041）

摘 要： 广东省高州市马贵镇频繁受台风影响，极易形成强对流暴雨，且这种暴雨具有突发性，短时间雨量大等特点，容易诱发山洪灾害。对流域洪水特性的研究有助于山洪灾害的预报及预警，以减少山洪灾害所造成的损失。以数字高程模型（DEM）为基础，对马贵河流域进行分析，利用 KW-GIUH 水文模型对洪水进行模拟，获得了典型断面在不同雨量下的流量变化过程，并探讨了马贵河流域流量陡涨率与累积降雨量陡增变化关系和 2010 年发生 9•21 特大洪水特性，可为该流域山洪灾害的防治提供科学依据。

关键词： 马贵河；暴雨洪水；水文模型；山洪灾害

马贵河流域处于粤西山区的丘林地带，其主要干流是鉴江的上游部分，受台风影响很大，暴雨天气十分频繁，容易引发山洪。山洪灾害具有突发性、水量集中、流速大等特点，且洪水中常常携带泥沙石块等冲刷物破坏力非常大。随着经济社会的不断发展，因降雨引发的山洪造成的灾害问题日益突出，因此山洪灾害的预警预报和灾害防御长期以来一直是我国防灾减灾的重要工作。2010 年 9 月 21 日，因为受 1011 号超强台风“凡亚比”残余环流影响，广东高州等地普降特大暴雨，导致山洪暴发，造成了严重的人员伤亡和经济财产损失。由于山洪灾害具有爆发突然的特点，而降雨又是山洪爆发的最大外力因素，因此利用 KW-GIUH 水文模型通过降雨推导流量预判山洪的发生对于启动相应的防洪减灾预案有很大的帮助，这样便可在一定程度上减少山洪灾害造成的损失。因此，

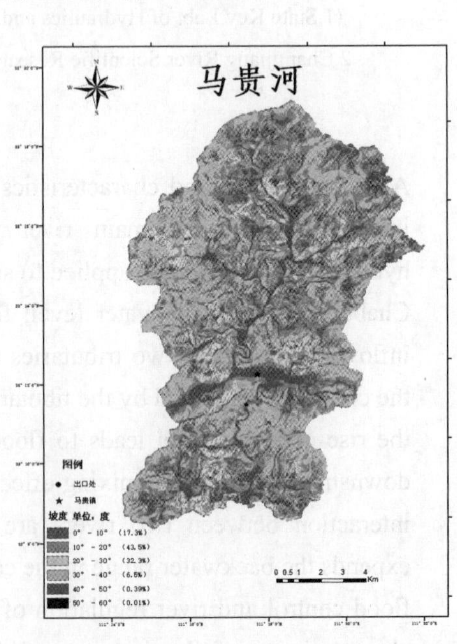

图 1 马贵河流域坡度

资金项目：国家重点研发计划（2017YFC1502504）；国家自然科学基金项目(51639007).

作者简介：周湘航（1994-），男，硕士研究生，研究方向：水力学及河流动力学.

*通讯联系人 E-mail：wangxiekang@scu.edu.cn

确定雨量与山洪流量之间的关系对于山洪灾害防治有着重要的意义。

1 计算过程

本研究利用 Arcgis 对马贵河流域进行分析，参考了高鑫磊的基于 DEM 的流域自动提取方法[1]，主要是水流路径的确定，水流网格和地形参数的提取。主要分为以下四步：DEM 数据预处理、水流方向的计算、河流网络的提取、流域地形参数的统计分析，包含流域面积、流域坡度、沟谷长度和沟谷坡度以及河网密度等。

表 1 马贵河流域参数

河流等级	河流级数数量	河流平均长度（km）	流域面积比例	流域平均坡度（m/s）	河道平均坡度（m/s）
1	34	3.68	0.694054	0.34638	0.0849
2	8	3.22	0.203911	0.30537	0.02105
3	2	11.71	0.092099	0.28264	0.0269
4	1	2.21	0.009936	0.31749	0.03378

提取完各项参数后，KW-GIUH 水文模型利用径流在河网中的运行机制，配合所推导出的流域内各级序坡地流与渠流的径流运行时间，即可建立适用于无流量纪录地区的运动波—地貌瞬时单位线[2]。此运动波—地貌瞬时单位线模型的应用公式，可归纳整理如下：

$$u(t)=\sum_{w\in W}[a_{oi}e^{(-\frac{t}{T_{x_{oi}}})}+a_i e^{(-\frac{t}{T_{xi}})}+a_j e^{(-\frac{t}{T_{xj}})}+\ldots+a_{\Omega}e^{(-\frac{t}{T_{x\Omega}})}]_w.P(w) \tag{1}$$

式中，

$$T_{x_{oi}}=(\frac{n_o\overline{L}_{o_i}}{\overline{S}_{o_i}^{1/2}\,i_e^{\,m-1}})^{1/m} \tag{2}$$

$$T_{x_i}=\frac{B_i}{2i_e\overline{L}_{o_i}}[(h_{co_i}^{m_c}+\frac{2i_e n_c\overline{L}_{o_i}\overline{L}_{c_i}}{\overline{S}_{c_i}^{1/2}B_i})^{1/m}-h_{co_i}] \tag{3}$$

$$h_{co_i}=\left[\frac{i_e n_c(N_i\overline{A_i}-AP_{OA_i})}{N_i B_i\overline{S}_{c_i}^{1/2}}\right]^{1/m} \tag{4}$$

应用上述运动波—地貌瞬时单位线模型进行流域降雨径流模拟，其所需输入的模型参数有流域的有效降雨 i_e、糙度系数 n_0 与 n_c，以及直接由 arcgis 处理地形图得到的流域地文因子；而模型的输出则为流域的直接径流曲线，本研究所用降雨数据为黄晓莹发表的台风“凡亚比”造成马贵镇致洪暴雨[3]所用数据，因为汇流面积以及暴雨中心的差异，所以将黄晓莹所的数据类比减小了 10%。

2 计算结果

通过四场暴雨对马贵河流域洪水的流量进行模拟，不同工况的累积降雨过程如图 2 所示，分别计算累积降雨陡增率（表 2）。根据不同雨量过程，采用建立的水文模型计算其流量过程，如图 3 所示，根据洪水陡涨过程，计算不同工况的流量陡涨率（表 2）。图 3（a）为最大小时降雨量 21mm，最大洪峰流量为 532m^3，最大洪峰比最大雨强约延迟一个小时，流量增长速率对应着早 1h 雨量的增长速率，呈现出陡涨陡落的状态。图 3（b）流量出现双峰过程，对应的洪峰比对应的最大降雨强度要晚一些，且流量的涨落情况对应着雨量的涨落情况。图 3（c）为模拟马贵河“9.21”特大洪水的流量过程，从图上可知最大洪峰流量已达 3400m³/m，且最大洪峰与最大雨量相比没有出现之前所示的滞后，流量的涨落速率也是依次对应着雨量的涨落速率情况。图 3（d）显示最大流量约为 1000m³/s，最大雨强之时的流量情况就已经接近最大洪峰的流量情况。基于表 2 的累积降雨量陡增和流量陡涨数据，点绘两者关系图 4，表明流量上涨率与累积降雨量陡增呈现较好的线性关系。

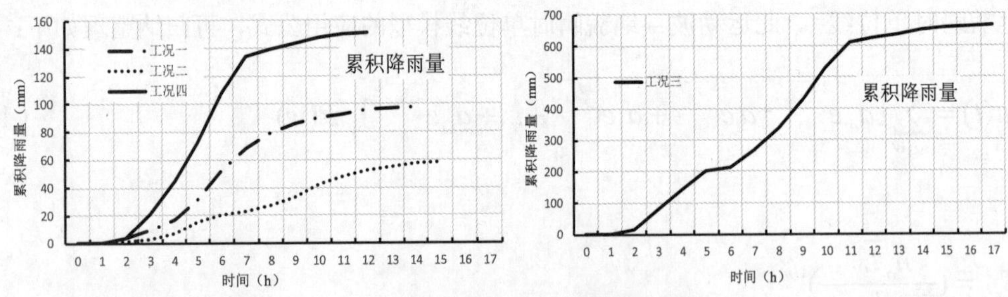

图 2 不同工况的累积降雨过程

表 2 累积降雨量陡增和流量陡涨统计表

降雨工况	累积时间（h）	累积降雨量陡增强度（mm/h）	流量陡涨率(m³/（s •h）)
一	7	13.5	126
二	11	5.3	266.4
三（峰 1）	7	57	655.2
三（峰 2）	12	78.7	1688.4
四	7	26.6	2412

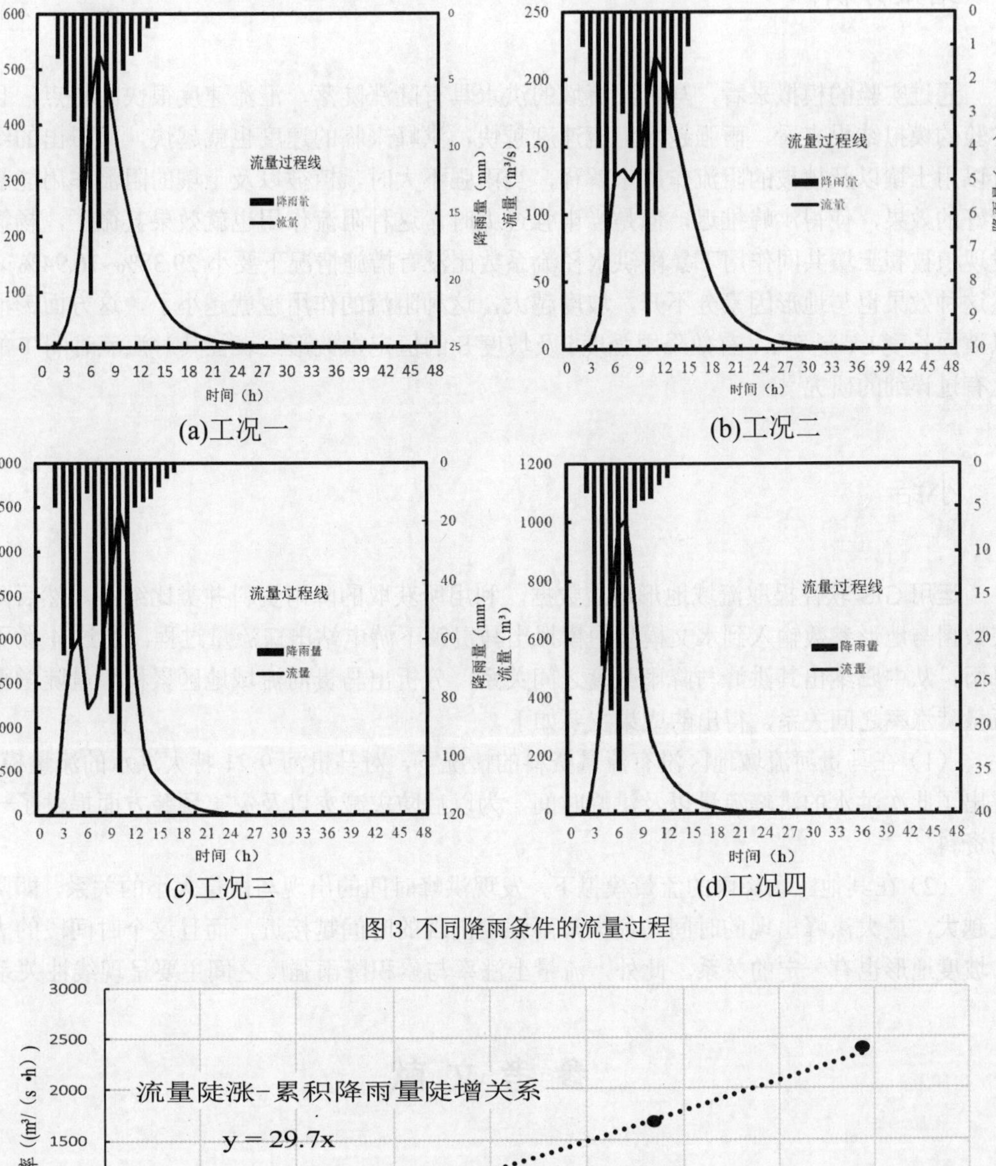

(a)工况一

(b)工况二

(c)工况三

(d)工况四

图 3 不同降雨条件的流量过程

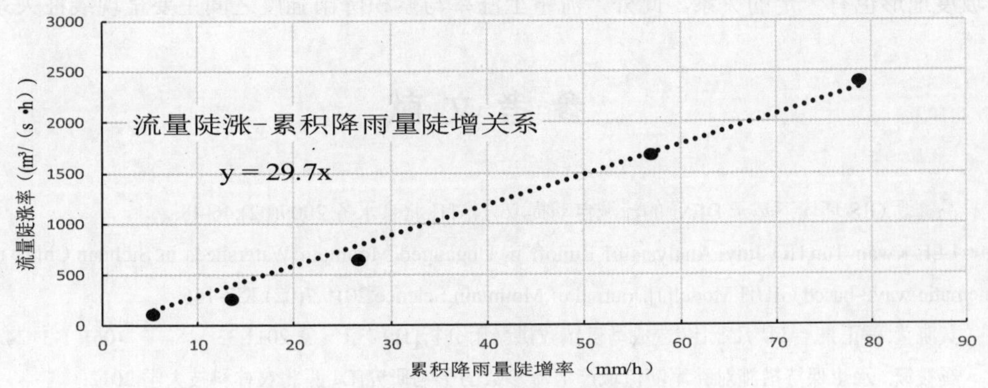

图 4 流量陡涨率与累积降雨量陡增变化关系

3 结果分析

通过实验的模拟来看，马贵河流域的洪水具有陡涨陡落，汇流速度很快的特点，且从实验的模拟结果来看，雨强越大汇流速度越快，洪峰来临的速度也就越快，模拟出的结果可以用土壤以及植被的阻流作用来解释，当雨强不大时，植被以及土壤的阻流作用能起到较好的效果，使得洪峰推迟，但是当雨强过大时，这种阻流作用也就效果甚微了，杨筱筱发现植被和土壤共同作用下暴雨洪水径流系数比没有措施情况下要小 29.38%~76.94%[4]，当然这种效果也与地形因素分不开，坡度越大，这种阻流的作用也就越小了，这方面彭清娥以坡面长度 L、糙率 n、有效降雨强度 i 及坡度 S 的恒定指数形式表征其对汇流时间 T 的变化有过详细的研究[5]。

4 小结

运用 GIS 软件提取流域地形地貌数据，利用所获取的降雨资料并类比缩小，然后降水文数据与地形参数输入到水文模型中模拟出马贵镇下游电站出口流量过程。通过 4 场不同降雨，从中归纳出其洪峰与降雨强度之间关系，分析出马贵河流域地区累积雨量陡增率与流量陡涨率之间关系，得出的成果主要如下。

（1）在马贵河流域地区没有流量资料的情况下，对马贵河 9·21 特大洪水的流量模拟，得出了此次洪水的洪峰流量以及洪峰时间，为以后防灾减灾以及灾害预警方面提供了一定的资料。

（2）在其他三场降雨的流量模拟下，发现洪峰时间的出现与雨量大小的关系，即降雨量越大，最大洪峰出现的时间与最大降雨强度出现的时间越接近，而且这个时间段的大小与坡度地形也有一定的关系。此外，流量上涨率与累积降雨强度之间主要呈现线性关系。

参 考 文 献

1 高鑫磊.GIS 环境下基于 DEM 的流域自动提取方法[J].北京水务,2009(02):46-48.

2 LEE Kwan Tun,HO Juiyi.Analysis of Runoff in Ungauged Mountain Watersheds in Sichuan,China using Kinematic-wave-based GIUH Model[J].Journal of Mountain Science,2010,7(02):157-166.

3 黄晓莹,程正泉.台风“凡亚比”造成马贵镇致洪暴雨分析[J].广东气象,2011,33 (06): 1-3+24.

4 杨筱筱. 水土保持措施对秃尾河流域产汇流参数的影响研究[D].西北农林科技大学,2012.

5 彭清娥,赵明辉,史学伟,黄尔.山区流域坡面汇流时间参数优化试验研究[J].工程科 学与技术,2018,50(05):64-70.

Research on flood characteristics with changed rainstorm in Magui river watershed

ZHOU Xiang-hang[1], OU Guo-qiang[2], GUO Xiao-jun[2], PAN Hua-li[2] , WANG Xie-kang[1*]

(1.State Key Lab. of Hydraulics and Mountain River Eng., College of Water Resource&Hydropower, Sichuan Uni., Chengdu, 610065. Email: wangxiekang@scu.edu.cn

2. Key Lab. of Mountain Hazards and Land Surface Processes/Inst. of Mountain Hazards and Environment, CAS, Chengdu 610041)

Abstract: Magui town is frequently affected by typhoons, and it is easy to form severe convective rainstorm, which has the characteristics of sudden occurrence, large rainfall in a short time, and easy to induce mountain flood disaster. The study on flood characteristics of river basin is helpful to the prediction and early warning of mountain flood disaster so as to reduce the loss caused by mountain flood disaster. Based on the digital elevation model (DEM), analysis of the river basin, using KW-GIUH model for simulating the flood, and flow rate under different rainfall, and discusses the Magui river basin in 9·21 flooding characteristics, to provide Mgui river on the basis of disaster prevention , and is contribute to the prevention of mountain flood disasters.

Key words: Magui river; Torrential rains and floods; Hydrological model; Mountain torrent disaster

苏禄海海啸风险的数值模拟研究

赵广生，牛小静

(清华大学水沙科学与水利水电工程国家重点实验室，北京，100084，Email: nxj@tsinghua.edu.cn)

摘要：苏禄海位于环太平洋地震带上，地震与地震引发的海啸是该区域常见的自然灾害。苏禄海沟、内格罗斯海沟等被认为是潜在的海啸源。在苏禄海东侧的班乃岛、吉马拉斯岛和内格罗斯岛处拟建的跨海大桥项目，有可能受到来自这些地震源区的海啸威胁。因此，研究该区域的海啸风险，对于跨海大桥的设计和建设具有重要的意义。本研究结合三维海洋动力模型 FVCOM 和经典地壳位移模型，建立了海啸生成和传播的数值模型。对来自 GCMT 等地震目录的区域和历史地震数据进行了统计分析，并结合前人对菲律宾周围俯冲带震源参数的研究，构建了苏禄海潜在海啸风险的情景集，分析了目标海域的海啸波到达时间、第一个大波波高与峰值等特征参数。结果表明，内格罗斯海沟产生的极端海啸可能对目标区域造成较大威胁，其首波波高可达 2 m，而苏禄海沟的极端海啸影响较小。

关键词：苏禄海；地震海啸；FVCOM；数值模型；风险评估

1 引言

菲律宾位于欧亚板块、菲律宾板块、印度洋板块及太平洋板块的交界处，构造运动复杂，地震活动频繁。在菲律宾中部的班乃岛、吉马拉斯岛和内格罗斯岛处拟建一个跨海大桥项目，该项目直接面临着来自苏禄海的海啸风险。Azis[1]的研究表明苏禄海沟和内格罗斯海沟是苏禄海地震海啸的潜在来源，可能对该海域周边造成较大威胁。因此，研究该跨海大桥面临的海啸风险，对其设计和建设具有重要的意义。

目前关于区域海啸风险的研究有很多，例如 Mohammad 等[2]评估了印度洋西北部的海啸风险，Xing 等[3]模拟了澳大利亚东海岸的潜在海啸灾害，Okumura 等[4]提出了一种海啸风险评估方法并应用于日本。但对于苏禄海海域的海啸风险分析还比较少，该海域周边岛屿众多，地形复杂，只有 Mardi 等[5]学者做了一些工作。

海啸模拟分析已经有许多成熟的软件，例如 Tohoku 大学的 TUNAMI 模型[6]、NOAA

基金项目：水沙科学与水利水电工程国家重点实验室自主科研课题（2018-KY-01）

的 MOST 模型[7]、Cornell 大学的 COMCOT 模型[8]和 Kirby 人开发的 FUNWAVE 模型[9]。本研究采用 FVCOM，该模型使用有限体积法计算，可以采用不规则三角形网格离散，能很好地适用于多岛屿的复杂地形环境。

本研究收集整理了苏禄海海域的历史地震资料，对震源参数进行了统计分析，构建了最不利条件下的海啸风险情景集。基于构建的海啸波生成演进模型，开展了多组典型情景模拟，并与已有的研究进行了对比，重点关注第一个大波的到时和波高等特征参数，对目标区域的海啸风险进行了评估。

2 苏禄海海域的历史地震

本研究的地震数据来源为全球质心矩张量项目（GCMT）和菲律宾火山与地震学研究所（PHIVOLCS）的历史地震目录。其中，PHIVOLCS 地震目录具有较长的时间序列，但缺少部分震源参数的记录。且 PHIVOLCS 提供的数据主要集中在苏禄海东部，内格罗斯海沟附近，缺少苏禄海沟附近的记录。GCMT 目录有较详细的震源参数资料，但时间序列较短，仅有 1976 年以后的地震记录。因此，本研究结合两个地震目录，对苏禄海海域地震的各震源参数进行了统计分析。图 1 为苏禄海海域地震记录的分布示意图。统计分析的结果将作为参考用于构建海啸风险情景集。

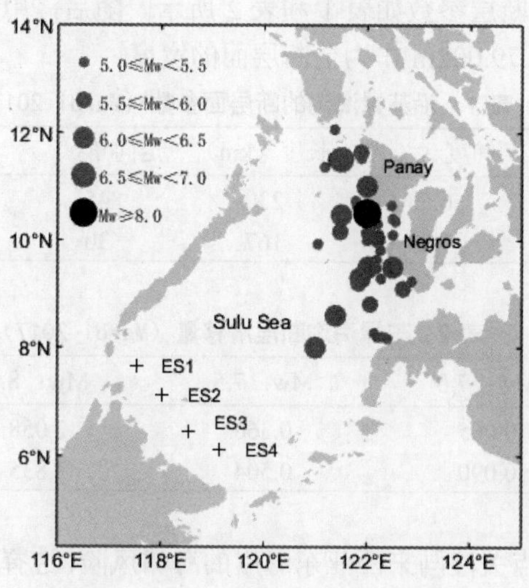

图 1 苏禄海海域历史地震分布

3 海啸生成演进模型的构建和验证

本研究采用 FVCOM 模型计算苏禄海海啸波的传播过程。FVCOM 是 Chen 等人开发的采用非结构化三角网格和有限体积法的三维海洋数值模型。FVCOM 的原始方程包括水体连续性方程和动量方程、温度、盐度、密度控制方程[10]。

FVCOM 模拟海啸波的传播需要初始水位条件。由于较大震级的地震发生时，地壳变形速度较快。假设地震引起的海床表面抬升是瞬间完成的，水体来不及变形，海面的水位变化等于海床表面的竖向位移，此时可利用 Okada（1985）的理论方程[11]计算海底的变形，从而获得初始水位条件。根据 Okada 地壳位移模型，计算海床表面的竖向位移需要的参数有震源深度、地震断层的走向角、倾角和滑移角、断层滑块的长度、宽度和滑移量。震级、震源深度、断层走向角、倾角和滑移角可以通过 GCMT 的历史地震数据获得，滑块长度、宽度、滑移量可根据 Geller[12]的计算模型，由震级估算获得。

在本研究中，以苏禄海为中心选择了 4.0°—20.0° N，115.0°—125,0° E 范围内的海域作为研究区域。模拟中使用的水深数据为 NOAA 提供的 ETOPO1 地形水深数据，精度为 1′，岸线采用 GSHHG 的岸线数据，精度为1′。

由于 FVCOM 并不是目前主流的用于模拟海啸的主要数值模型，因此本次研究参考 Mardi 等[5]在苏禄海使用 TUNA-M2 模型进行的海啸模拟研究，使用 FVCOM 对其中的算例进行了模拟并比较两种模型的模拟结果。Mardi 等[5]认为苏禄海沟为可能的震源，断层面沿苏禄海沟走向分为两段，断层参数如表 1 和表 2 所示。随后，用经验公式计算了苏禄海沟断层面的宽度，取平均值 79.00km 作为全断层面的宽度。

表 1 沿苏禄海沟的断层面参数（Mardi 2017）

分段	经度（°）	纬度（°）	长度（km）	走向角（°）	倾角（°）	滑移角（°）
S1	120.63	6.58	230	45	45	90
S2	121.72	7.95	167	30	45	90

表 2 苏禄海沟断层滑移量（Mardi 2017）

滑移量（m）	Mw：7.0	Mw：7.5	Mw：8.0	Mw：8.5
S1	0.065	0.366	2.058	11.575
S2	0.090	0.504	2.835	15.942

Mardi 等[5]的研究重点关注马来西亚东海岸的海啸风险，选择的观测点位置在图 1 中用十字符号标出，关注的参数为海啸波的到时和第一个大波的波高。表 3 和表 4 为使用本模型计算结果与文献中模拟结果的对比。可以看出，两模型模拟得到的海啸波到达时间基本一致，第一个大波的波高整体偏大，除了第二个观测点差异较大外，其余观测点文献结果与计算值大体吻合。计算值的这种差异可能与苏禄海沿岸的特殊地形有关，也可能与网格

划分方式和初始水位条件有关。总体来说，本研究使用的模型具有良好的可靠性。

表 3 海啸波到时 h

观测点	文献模拟结果	计算结果
ES1	1.33	1.35
ES2	1.11	1.12
ES3	0.55	0.55
ES4	0.35	0.32

表 4 海啸波第一个大波波高 m

震级	ES1		ES2		ES3		ES4	
	文献	计算值	文献	计算值	文献	计算值	文献	计算值
7.0	0.013	0.016	0.009	0.194	0.010	0.015	0.007	0.009
7.5	0.072	0.080	0.051	0.090	0.059	0.068	0.038	0.045
8.0	0.407	0.450	0.287	0.490	0.322	0.390	0.212	0.255
8.5	2.287	2.640	1.611	2.730	1.870	2.250	1.194	1.370

4 目标区域的海啸风险分析

本研究模拟海啸需要的初始参数有震源点位置、震级 M_w、震源深度 D、走向角 ϕ、倾角 δ、滑移角 λ。综合了对历史地震数据的统计分析和 Cruz[13]关于菲律宾地区最大可信地震的研究，并且考虑最不利条件下的海啸风险，对每种震源参数取值。最终，将各地震参数组合形成了苏禄海海啸风险的情景集，如表 5 所示。

由于工程所在位置海底地形复杂，水深变化较大，对沿岸区域准确的模拟需要更细致的建模和更准确的水深数据。因此，本研究中没有考虑海啸波的淹没阶段，选择了工程位置附近水深较深的地方作为观测点：观测点 1（10.60° N，122.46° E）、观测点 2（10.33° N，122.70° E）。

表 5 苏禄海潜在海啸风险的情景集

	经度（°）	纬度（°）	震级 M_w	震源深度 D（km）	走向角 ϕ（°）	倾角 δ（°）	滑移角 λ（°）
NT1	121.82	9.87	8.2	10	20	32	100
NT2	122.16	8.69	8.1	10	310	32	90
ST1	121.72	7.95	8.0	10	30	45	129
ST2	120.63	6.58	8.3	10	45	45	90

选择每个观测点处的开始波动时刻、第一个大波的波峰到时和波峰水位、第一个大波

的波高作为评估海啸风险的参数。开始波动时刻是指水位开始超过波动过程水位最大值的1/100，且相较于前一时刻，水位增长超过水位最大值的1/200的时刻。第一个大波的判定除了正向水位要超过整个波动过程水位最大绝对值的1/2外，还需要跨过零点，具有一定的负向水位。表6为每种情景下两个观测点处的海啸特征参数，图2为第一种情景下的海啸传播过程图，图3为第一种情景下观测点1处的水位波动过程。

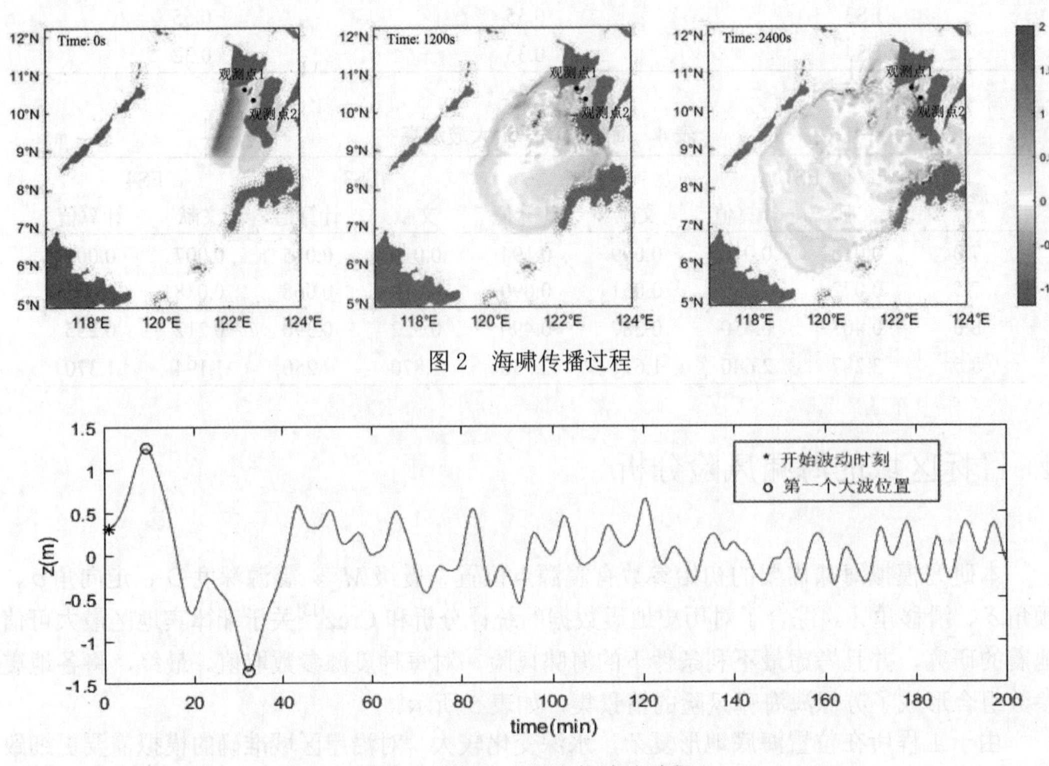

图2　海啸传播过程

图3　观测点1处水位波动过程

表6　模拟结果：不同情境下的海啸特征参数

震源位置	NT1		NT2		ST1		ST2	
观测点	1	2	1	2	1	2	1	2
开始波动时（min）	1.0	13.0	8.5	26.5	22.0	37.5	36.5	48.0
波峰到时（min）	9.5	26.5	24.5	40.0	36.5	51.5	47.5	63.0
波峰水位（m）	1.245	0.852	0.494	0.314	0.325	0.202	0.395	0.268
波高（m）	2.594	1.420	0.831	0.465	0.466	0.246	0.474	0.416

模拟结果表明，观测点1处的海啸峰值和波高要大于观测点2处，且海啸波会更早到达观测点1处。这是因为观测点2处水深比1处浅，影响了海啸波的传播速度。在四种情景中，内格罗斯海沟产生的海啸比苏禄海沟产生的海啸对目标区域的威胁更大，内格罗斯

海沟的海啸会更快到达工程区域，且会产生更大的波高。最不利的情况是在内格罗斯海沟的北段产生的海啸，会在10min内抵达工程所在位置，且会产生超过2m的波高。

5 总结

本研究基于三维海洋动力模型 FVCOM，模拟苏禄海区域的地震海啸的生成和传播，通过极端情景分析评估班乃岛、吉马拉斯岛和内格罗斯岛跨海大桥所在区域的海啸风险。根据对历史地震数据的统计分析和其他学者对菲律宾地区地震特性的研究，建立了最不利条件下的潜在海啸风险情景集，并进行了模拟计算。通过对海啸波的开始波动时刻、第一个大波的峰值到时、峰值水位和波高等特征参数的分析发现，内格罗斯海沟产生的极端海啸可能对目标区域造成较大威胁，而苏禄海沟的极端海啸影响较小。苏禄海沟海啸在工程区域产生的波高小于0.5m，且到达时间在30min以上。而内格罗斯海沟北段产生的极端海啸将在10min内到达目标区域，且波高超过2m。此外，班乃岛和吉马拉斯岛之间伊洛伊洛海峡面临的海啸风险高于吉马拉斯岛和内格罗斯岛之间的吉马拉斯海峡。本研究只给出了目标区域深水的海啸特征参数，研究结果可作为参考用于进一步研究海啸在工程位置的沿岸爬高和淹没问题。

参 考 文 献

1 Azis M. Tsunami numerical simulation around Sulu Sea and Celebes Sea. J. Bull. Int. Inst. Seismol. Earthq. Eng., 2012, 46: 109–114.

2 Mohammad H, Pirooz M D, Zaker N H, Synolakis C E. Evaluating tsunami hazard in the northwestern Indian Ocean. J. Pure and Applied Geophysics, 2008, 165: 2045–2058.

3 Xing H L, Ding R W, Yuen D A. Tsunami hazards along the eastern Australian coast from potential earthquakes: results from numerical simulations. J. Pure and Applied Geophysics, 2015, 172: 2087–2115.

4 Okumura N, Jonkman S N , Esteban M, Hofland B, Shibayama T. Amethod for tsunami risk assessment: a case study for Kamakura, Japan. J. Natural Hazards, 2017, 88(3): 1451–1472.

5 Mardi N H, Malek M A, Liew M S. Tsunami simulation due to seaquake at Manila Trench and Sulu Trench. J. Nat. Hazards, 2017, 85: 1723-1741.

6 Imamura F, Yalciner A C, Ozyurt G. Tsunami modelling manual (TUNAMI model). 2006.

7 Titov V, Gonzalez F I. Implementation and testing of the Method of Splitting Tsunami (MOST) Model. NOAA Technical Memorandum ERL PMEL-112. 1997.

8 Liu P L F, Woo S B, Cho Y S. Computer programs for tsunami propagation and inundation. Cornell University, 1998.

9 Kirby J T, Wei G, Chen Q, et al. FUNWAVE 1.0, fully nonlinear Boussinesq wave model documentation and user's manual. University of Delaware, 1998.

10 Chen C, Beardsley R C, Cowles G. An unstructured grid, finite-volume coastal ocean model: FVCOM user manual. SMAST/UMASSD, 2013, 10–13.

11 Okada Y. Surface deformation due to shear and tensile faults in a half-space. J. Bulletin of the seismological society of America, 1985, 75(4): 1135–1154.

12 Geller R J. Scaling relation for earthquake source parameters and magnitudes. J. Bulletin of the Seismological Society of America, 1976, 66(5): 1501–1523.

13 Cruz S J. Earthquake source parameters for subduction zone events causing tsunamis in and around the Philippines. J. Bull. Int. Inst. Seismol. Earthq. Eng., 2011, 45: 49–54.

Numerical simulation of tsunami risk in Sulu Sea

ZHAO Guang-sheng, NIU Xiao-jing

(State key laboratory of hydroscience and engineering, Tsinghua University, Beijing, 100084.

Email: nxj@tsinghua.edu.cn)

Abstract: Sulu Sea is located on the Pacific Rim seismic belt. Earthquakes and seismic tsunamis are common natural disasters in this region. Sulu Trench and Negros Trench are considered as potential sources of seismic tsunami. The proposed sea-crossing bridges connecting Panay Island, Guimaras Island and Negros Island are likely to be threatened by tsunamis from these trenches. Therefore, a study on tsunami risk in this region is of great significance for the design and construction of the sea-crossing bridges. A numerical model of tsunami generation and propagation is established by combining the 3D hydrodynamic model FVCOM and Okada's model on surface deformation due to shear and tensile faults. A set of potential tsunami scenarios in Sulu Sea is constructed based on the statistical analysis of the regional historical seismic data from the Global Centroid Moment Tensor Project and previous studies on the focal parameters of the subduction zone around the Philippines. The arrival time of tsunami wave, the wave height and peak value of the first large wave are provided. It is found that the extreme tsunami generated from the Negros Trench pose a greater threat to the area of concern, which can cause 2m tsunami in the west mouth of Iloilo Strait, and the risk from the Sulu Trench is much lower.

Key words: Seismic tsunami; Sulu Sea; FVCOM; Numerical model; Risk assessment.

涵洞式直立堤的消波性能研究

吕超凡，刘冲，赵西增*

（浙江大学海洋学院，浙江舟山 316021；Email:xizengzhao@zju.edu.cn）

摘要：涵洞式直立堤能够加强港域与外海之间的水体交换，近年来在逐渐出现在工程应用中，本文结合舟山大衢渔港工程，开展涵洞式直立堤消波特性的理论研究。应用对称法结合特征函数展开，使用匹配条件确定速度势的待定系数，计算得涵洞式直立堤的透射、反射系数。进一步研究发现涵洞式直立堤的透射系数随涵洞相对长度（B/h）的增加而减小、随着涵洞相对深度（d_S/h）的增加而减弱以及随着涵洞相对高度（S/h）的增大而增大，研究结果对涵洞式直立堤的优化布置有较高的参考意义。

关键词：涵洞式直立堤；波浪衰减；波浪透射

1 引言

重力式防波堤在阻挡波浪入射的同时也将港域和外海水体隔开，阻止两个水体的自然循环和交换[1]。舟山市衢山岛的大衢渔港便是由于上述原因，港域内泥沙大量淤积，每年花费大量的人力物力进行清淤，尽管如此，效果仍不理想，对此，相关规划把该防波堤改造为涵洞式防波堤，进而解决上述问题。涵洞式防波堤就是在重力堤的基础上，在水下一定深度开挖涵洞，由于波浪能量集中在水下三倍波高附近[2]，故其上部结构能够反射或衰减波浪，下部由于涵洞存在，允许水体通过，这样既可掩护港域，又可使得港域内具有良好的水质条件，与其他的水体交换方式相比该结构具有结构强度高、经济、易施工等优点[3]。

涵洞式防波堤的研究近年来逐渐增多，Fountoulis 等[4]使用 MIKE 开展了防波堤开口位置的空间布置对港域流场影响的研究；Tsoukala 等[1]首次在港池中开展了涵洞式斜坡堤与波浪作用的物理模型试验，分析了涵洞的长度、宽度、淹没深度以及入射波高对波浪透射的影响并得到透射系数经验公式；黄慧等[5]研究了涵洞式直立堤透浪特性并给出了经验公式计算透射系数；Bujak 和 Carević 的团队[6]针对工程实例，结合数学以及物理模型实验，分析了涵洞的大小、位置、水位等因素对透反射的影响。

目前对涵洞式防波堤研究集中在物理模型试验以及数值模拟两方面，并没有相关理论

基金项目：国家自然科学基金(51679212)；浙江省杰出青年基金项目(LR16E090002)；中央高校基本科研业务费专项资金资助(2018QNA4041)

推导分析衰减波浪的影响因素，但是针对波浪与结构物相互作用的理论求解问题，已有大量的研究成果[7-10]。本文基于线性波浪理论，应用对称法[0]，结合特征函数展开，根据相应匹配条件确定速度势展开式中的待定系数从而得到涵洞式防波堤对波浪作用的理论解，并进一步分析其不同结构形式对波浪透射的衰减效果。

2 控制方程和边界条件

考虑如图 1 所示的入射波高为 H_i=2A 的波浪与涵洞式直立堤作用问题，涵洞式直立堤位于均匀水深 h 中，其上部结构入水深度为 d_1，涵洞轴线距水面深度为 d_S，涵洞高度为 S，底部结构上表面距离水面为 d_2，堤宽度为 2B。波浪与涵洞式直立堤作用后会形成波高为 H_r 的反射波浪以及波高为 H_t 的透射波浪。

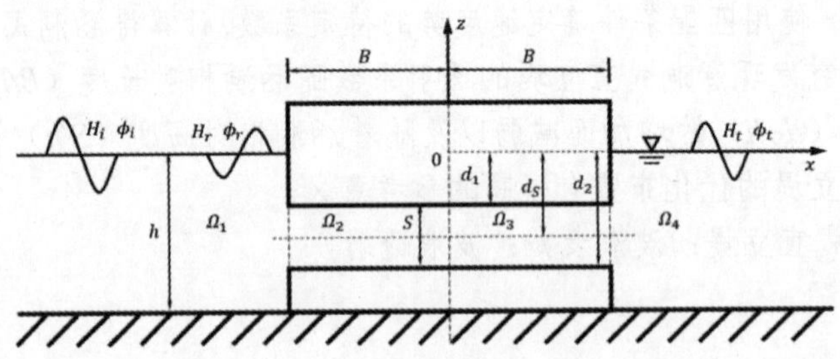

图 1 波浪对透空式直立堤作用示意图

在上述结构下，把整个求解区域分为四个部分：Ω_1、Ω_2、Ω_3、Ω_4，基于线性波浪理论水体在整个控制域内应满足连续性条件(1)，防波堤外部区域 Ω_1 以及 Ω_4 应满足条件 (2-5)，其中 (2)为自由表面边界条件，(3)为水底边界条件，(4)为物面边界条件，(5)为辐射边界条件，防波堤内部区域 Ω_2 以及 Ω_3 除连续性条件 (1)外还应满足物面边界条件 (6)。

$$\nabla^2\phi=0 \tag{1}$$

$$\frac{\partial\phi}{\partial z}=\frac{\sigma^2}{g}\phi \quad z=0 \tag{2}$$

$$\frac{\partial\phi}{\partial z}=0 \quad z=-h \tag{3}$$

$$\frac{\partial\phi}{\partial x}=0 \quad |x|=B,-d_1\le z\le 0\text{或}-h\le z\le -d_2 \tag{4}$$

$$\frac{\partial\phi_r}{\partial x}=-ik\phi_r \quad x\to-\infty,\quad \frac{\partial\phi_t}{\partial x}=ik\phi_t \quad x\to+\infty \tag{5}$$

$$\frac{\partial \phi}{\partial z}=0 \quad z=-d_1,|x|\le B, \quad \frac{\partial \phi}{\partial z}=0 \quad z=-d_2,|x|\le B \tag{6}$$

式中：g 为重力加速度，σ 为圆频率，k 为入射波波数，ϕ_r 表示 Ω_1 区域的反射速度势，ϕ_t 表示 Ω_4 区域的透射速度势，i 为虚数单位。

根据上述控制方程采用对称法求解，在 $|x|=B$ 的边界处应用速度与速度势的匹配条件，建立四组线性方程组即可求出待定系数，进而计算得到相应的透射、反射系数。

3 求解过程

对称法是把速度势分解为对称速度势以及反对称速度势，将对称速度势与反对称速度势叠加之后，能够将防波堤右侧的入射速度势抵消掉，从而简化求解。由前文所述的边界条件可得在Ω_1区域内的对称速度势ϕ_1^s以及反对称速度势ϕ_1^a展开式写为式（7）和式（8）：

$$\phi_1^s=-\frac{igA}{\sigma}\left[(e^{ik_0(x+B)}+A_0^s e^{-ik_0(x+B)})Z_0(k_0z)+\sum_{m=1}^{\infty}A_m^s e^{k_m(x+B)}Z_m(k_mz)\right] \tag{7}$$

$$\phi_1^a=-\frac{igA}{\sigma}\left[(e^{ik_0(x+B)}+A_0^a e^{-ik_0(x+B)})Z_0(k_0z)+\sum_{m=1}^{\infty}A_m^a e^{k_m(x+B)}Z_m(k_mz)\right] \tag{8}$$

式中：A_0^s，A_m^s，A_{a0}，A_m^a为待定系数，圆频率σ 满足如下等式 (9):

$$\sigma^2=gk_0\tanh k_0h, \quad \sigma^2=-gk_m\tan k_mh \quad m=1,2...M \tag{9}$$

$k_0=k$ 表示波数，垂向特征函数 $Z_0(k_0z)$ 以及 $Z_m(k_mz)$ 表示为 (10):

$$\begin{cases} Z_0(k_0z)=\cosh k_0(z+h)/\cosh k_0h \\ Z_m(k_mz)=\cos k_m(z+h)/\cos k_mh \quad m=1,2...M \end{cases} \tag{10}$$

同理在 Ω_2 区域内的对称速度势 ϕ_2^s以及反对称速度势 ϕ_2^a展开式写为式（11）和式（12）:

$$\phi_2^s=-\frac{igA}{\sigma}\left[B_0^sY_0(\lambda_0z)+\sum_{n=1}^{\infty}B_n^s\frac{\cosh\lambda_nx}{\cosh\lambda_nB}Y_n(\lambda_nz)\right] \tag{11}$$

$$\phi_2^a=-\frac{igA}{\sigma}\left[B_0^a\frac{x}{B}Y_0(\lambda_0z)+\sum_{n=1}^{\infty}B_n^a\frac{\sinh\lambda_nx}{\sinh\lambda_nB}Y_n(\lambda_nz)\right] \tag{12}$$

式中：B_{s0}，B_n^s，B_0^a，B_n^a为待定系数，垂向特征函数 $Y_0(\lambda_0z)$ 以及 $Y_n(\lambda_nz)$ 表示为(13):

$$Y_0(\lambda_0z)=\frac{\sqrt{2}}{2}, \ Y_n(\lambda_nz)=\cos\lambda_n(z+d_2) \ n=1,2...N, \quad \lambda_n=n\pi/S \ n=0,1,2...N \tag{13}$$

最后利用 $|x|=B$ 边界处的速度与速度势的匹配条件可得 4 个线性方程组，求解该方程组即可完成速度势的求解，透射系数 K_t 和反射系数 K_r 定义如下且满足能量守恒式(14)：

$$K_t=\frac{H_t}{H_i}, K_r=\frac{H_r}{H_i}, K_t^{\ 2}+K_r^{\ 2}=1 \tag{14}$$

4 涵洞式直立堤衰减波浪因素分析

为保证计算结果的可靠，需对结果进行收敛性验证以及与前人的研究成果进行对比。

4.1 结果收敛性分析及验证

由于速度势可以展开到无穷多项，故在求解线性方程组时有必要选取适当的截断项（M、N）在满足计算精度的同时减少计算量，经过验证最终截断项取为 $M=N=100$。

当涵洞式直立堤的 $d_2=h$ 时，简化为固定方箱结构，对此，图 2 给出随着相对宽度（B/d_1）不同，反射系数 K_r 随 kd_1 的变化曲线，与 Mei[9]的结果对比，吻合较好。

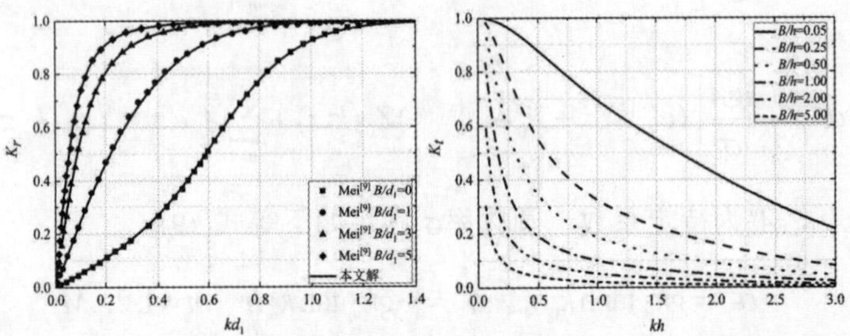

图 2 水平方箱波浪反射系数验证 图 3 涵洞相对长度对透射系数的影响

下面具体分析涵洞相对长度（B/h）、涵洞相对深度（d_S/h）、涵洞相对高度（S/h）等因素对消浪的影响，由于反射系数与透射系数的平方和等于 1，故本文仅绘制波浪透射图像。

4.2 涵洞相对长度对透射影响

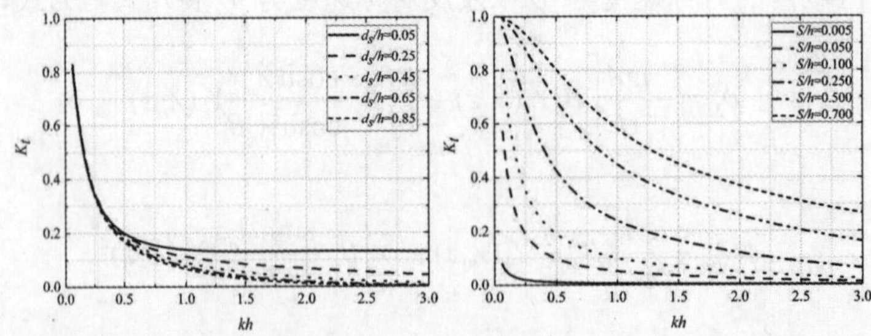

图 4 涵洞相对深度对透射系数的影响 图 5 涵洞相对大小对透射系数的影响

为分析涵洞相对长度（B/h）对波浪的影响，设定涵洞的 $S/h=0.1$、$d_S/h=0.35$。图 3 表示在 $B/h=0.05,0.25,0.5,1,2,5$ 的条件下，波浪透射系数（K_t）、随相对水深（kh）的变化曲线。

可看出，当 $B/h=1$， K_t 在 $kh>0.5$ 时小于 0.2，即周期在 13 秒以内的波浪 $K_t<0.2$。海洋中波浪周期主要集中在 4-11 秒. 就此而言，该条件下已可达到较好的消波效果；随着 B/h 的增大，虽然能够在进一步减小波浪透射的同时增大满足 $K_t<0.2$ 的波浪周期区间，但实际中长波出现的频率并不高，且增加涵洞相对长度意味着增加防波堤的宽度，将成倍的提高工程造价，故通过增大 B/h 来减小 K_t 是不经济的。

4.3 涵洞相对深度对透射影响

为分析涵洞相对深度 (d_S/h)对波浪的影响，设定涵洞的 $B/h=1, S/h=0.1$。图 4 是在 $d_S/h=0.05,0.25,0.45,0.65,0.85$ 的条件下，K_t 随 kh 的变化曲线。可看出，在该条件下，d_S/h 在浅水时(kh 较小)对 K_t 影响不大，深水时(kh 较大)影响较大，主要是由于 kh 较小时，整个水体垂向能量分布比较均匀；随 kh 的增大，水体能量逐渐向水面集中，此时随着 d_S/h 的增大，能透过的波能变少，导致 K_t 减小。几条曲线均表明当 $kh>0.5$ 时，$K_t<0.2$，且随着 kh 的增大，K_t 越来越小；虽然当 $kh>1.5$ 时可看出 d_S/h 对 K_t 有明显的影响，但由于其数值较小，波浪透射几乎可以忽略，可认为相对深度对透射影响不大。

4.4 涵洞相对高度对透射影响

为分析涵洞的相对高度 (S/h) 对波浪的影响，设定涵洞的 $B/h=1, d_S/h=0.35$。图 5 是在 $S/h=0.005,0.05,0.1,0.25,0.5,0.7$ 的条件下，K_t 随 kh 的变化曲线。在上述条件下，随着 S/h 的增大，K_t 明显增大，当 $S/h=0.005$ 时，基本没有波浪透射，当 $S/h=0.1$ 时，波浪透射相较于 $S/h=0.005$ 时已有明显增大，但透射值大小仍较小(当 $kh>0.5$ 时，波浪透射系数小于 0.2)。若 S/h 进一步增大，会发现 K_t 显著增大，不利于实际工程应用. 故涵洞相对大小取为 0.1 是较为合理的。

5 结论

使用对称法分解速度势，结合特征函数展开求解涵洞式直立堤附近的速度势，进而得透反射系数，所得结果与理论解对比吻合良好。进一步研究表明：涵洞式直立堤的透射系数随着涵洞相对长度 (B/h) 的增大而减小，涵洞相对高度 (S/h) 的增大而增大，而涵洞相对深度 (d_S/h) 对其影响不大；当涵洞相对长度大于 1 时，透射系数随着相对长度的增加衰减不大；涵洞相对高度小于 0.1 时，可产生明显的消浪效果，但进一步增加相对高度会显著增大透射系数。故在实际应用中，为加强港域内外水体交换，减少泥沙的淤积，可以适当增大涵洞相对高度以及减小涵洞相对长度，进而提高水流通过能力；但随着涵洞相对长度的减小，波浪透射会显著提高。本文结果表明在涵洞相对长度约为 1、涵洞相对高度约为 0.1 时，涵洞式直立堤结构较为科学，该结果对工程应用具有一定参考意义。

参考文献

1 Tsoukala V K, Moutzouris C I. Wave transmission in harbors through flushing culverts[J]. Ocean Engineering, 2009, 36(6-7):434-445.

2 邹志利．水波理论及其应用[M]．北京：科学出版社，2005．

3 Tsoukala V K, Katsardi V, Belibassakis K A. Wave transformation through flushing culverts operating at seawater level in coastal structures[J]. Ocean Engineering, 2014, 89: 211-229.

4 Fountoulis G, Memos C. Optimization of openings for water renewal in a harbor basin. Journal of Marine Environmental Engineering , 2005,7 (4):297-306

5 黄蕙,马舒文,王定略. 涵洞式直立堤透浪特性研究[J]. 水运工程, 2013(12):25-29.

6 Carevic D, Mostecak H, Bujak D, et al. Influence of Water-Level Variations on Wave Transmission through Flushing Culverts Positioned in a Breakwater Body[J]. Journal of Waterway, Port, Coastal, and Ocean Engineering, 2018, 144(5): 04018012.

7 王国玉，刘丹，任冰. 多层水平板衰减波浪的影响因素分析[J]. 水利水电科技进展, 2011, 31(1):33-36.

8 Yu X. Diffraction of water waves by porous breakwaters[J]. Journal of waterway, port, coastal, and ocean engineering, 1995, 121(6): 275-282.

9Mei C C, Black J L. Scattering of surface waves by rectangular obstacles in waters of finite depth[J]. Journal of Fluid Mechanics, 1969, 38(3):499-511.

Wave dissipation property of the culvert type vertical breakwater

LYU Chao-fan, LIU Chong, ZHAO Xi-zeng

(OceanCollege,ZhejiangUniversity,Zhoushan 316021,Zhejiang,China,Email:xizengzhao@zju.edu.cn)

Abstract:The culvert type vertical breakwater can enhance the exchange of water between the harbor and the sea. In recent years, it has gradually appeared in the engineering application. In this paper, with the example of DaquZhoushan fishing port engineering, the theoretical research on the wave dissipation property of the culvert type vertical breakwater was carried out. The undetermined coefficient of velocity potential was determined by the expansion of characteristic function. Further study shows that the transmission coefficient of culvert type vertical breakwater decreases with the increase of relative length (*B/h*) of culverts, decreases with the increase of relative depth of culvert (d_s/h), and increases with the increase of relative height of culvert (*S/h*).The results are of great reference value to the optimal layout of culvert type vertical breakwater.

Key words: Culvert type vertical breakwater; Wave attenuation; Wave transmission;

水平淹没射流流态变化规律的研究

冯彦彰，郝亚丰，袁浩

(四川大学水力学与山区河流开发保护国家重点实验室，成都，610065，Email: 943380021@qq.com)

摘要： 针对水平淹没射流中的射流上浮与下潜问题，设计了二维水平淹没射流的物理模型实验装置，研究了在二维情况下，矩形出口水平淹没射流流态随出口流速、跌坎高度和尾坎高度的变化情况，并分析了流场特征。研究表明，二维水平淹没射流在不同的出口流速、跌坎和尾坎高度条件下，会出现面流、淹没射流上浮和淹没射流下潜的流态，但在本文的实验条件下，未出现射流主流在消力池中始终居于水体中部的流态，反映出射流出口分隔立体布置对于保证射流主流始终居于水体中部，从而实现高消能率、低临底流速的水平淹没射流消能是非常必要的。

关键词： 水平淹没射流；流态；流速；消能

1 引言

随着我国水利工程开发的不断进行，高坝建设也迅速发展，其中高水头、大单宽流量的泄洪消能问题一直是水利工程界尤为关注的问题。以前在高山峡谷地区，最常用的的消能方式是挑流消能，其结构形式简单，消能效果显著，但是造成的雾化影响较为严重；传统的面流消能方式，由于其水流衔接情况较难控制，而且消力池表面流速高、波浪大，不利于下游的防冲保护，目前我国已经很少采用；传统的底流消能虽然雾化较小，但是水垫塘临底流速较大，对底板抗冲保护要求较高。针对向家坝工程的泄洪消能问题，国内学者提出了多股多层水平淹没射流的新型消能形式，并进行了相关研究[1-3]，发现该新型消能工具有雾化较低，消能率较高等特点，较好解决了向家坝工程的问题。但是在中孔淹没射流实验中，张建民，邓军等人[4-6]发现水平方向窄而垂直方向厚的水舌适应水位变化的稳定性较好，能始终保持淹没射流状态；宽而扁的水舌适应水位变化的稳定性较差，容易随下游水位的升高或降低而潜底或上浮。因此，针对这一特殊的水力现象，本文对水平淹没射流流态的变化规律进行了相关探究。

2 物理模型设计

本实验为二维有压水平淹没射流实验研究，如图 1 所示，供水设备为一水箱，可通过阀门控制进水量，使上游水头保持稳定，其中水头最大可达 3 米；射流管嘴部分为矩形出口，用光滑不锈钢制作，为了减小进口处对水流流态的影响，同时使水流出流更加平顺，管嘴部分长 L_1 为 2m，高 D 为 0.1m，且管嘴部分可以上下移动，用于调节射流出口跌坎高度 S；下游用一玻璃水槽模拟消力池，长 L_2 为 5m，深 H 为 0.8m，可以清晰的观察水流流态；水槽末端可安装不同高度的尾坎，用于模拟真实消力池的尾坎；射流管嘴部分与消力池等宽 B 为 50cm；模型下游装有矩形量堰，可较为准确的测量流量。

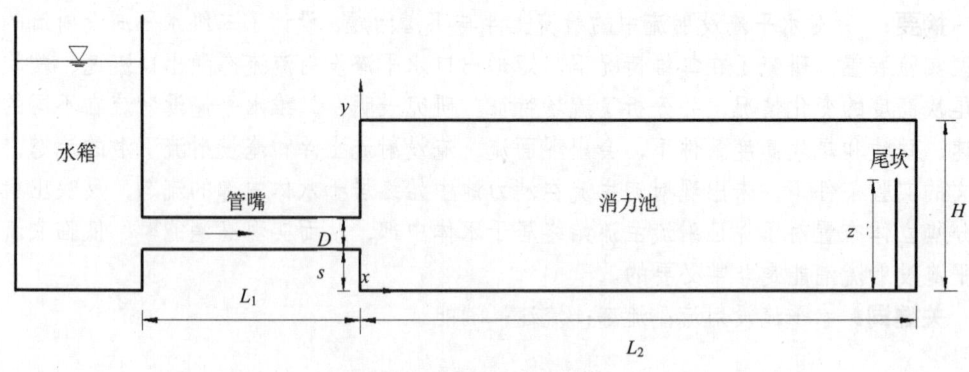

图 1　实验模型布置图

本次实验中，在每次固定好一组跌坎与尾坎后，逐渐由低到高调节水箱中水头，即控制出流流量使其逐渐增加，待流速稳定后，观察其出流流态，重点观察其出口水流的上浮或下潜状态。并选取中间流速，测量消力池内中轴线上的流速分布。测量断面为距出口 3cm，20cm，50cm，95cm，200cm 这五个断面，测量仪器为南京水科院生产的 LGY-II 型智能流速仪，精度为 1cm/s。其工况表如表 1 所示：

表 1　实验工况表

出口平均流速 U（m/s）	2.6	3.0	3.4	3.8	4.1
跌坎高度 S（cm）	8	10	12	16	20
尾坎高度 Z（cm）	23	25	27	29	31

3 射流流态分析

实验结果如表 2 所示。

表 2　实验结果统计表

序号	跌坎 S(cm)	尾坎 Z（cm）	出口平均流速 U（m/s）				
			2.6	3.0	3.4	3.8	4.1
1	8	23	↓	↓	↓	↓	↓
2		25	↓	↓	↓	↓	↓
3		27	↓	↓	↓	↓	↓
4		29	↓	↓	↓	↓	↓
5		31	↓	↓	↓	↓	↓
6	10	23	↑	↑	↓	↓	↓
7		25	↑	↑	↓	↓	↓
8		27	↑	↑	↑	↓	↓
9		29	↓	↓	↓	↓	↓
10		31	↓	↓	↓	↓	↓
11	12	23	↑	↓	↓	↓	↓
12		25	↑	↑	↓	↓	↓
13		27	↑	↑	↑	↓	↓
14		29	↑	↑	↑	↓	↓
15		31	↑	↑	↑	↑	↓
16	16	23	↑	↓	↓	↓	↓
17		25	↑	↑	↓	↓	↓
18		27	↑	↑	↓	↓	↓
19		29	↑	↑	↑	↓	↓
20		31	↑	↑	↑	↑	↓
21	20	23	↑	↓	↓	↓	↓
22		25	↑	↓	↓	↓	↓
23		27	↑	↑	↓	↓	↓
24		29	↑	↑	↓	↓	↓
25		31	↑	↑	↑	↓	↓

注：表中↓表示射流主流为下潜状态，↑表示射流主流为上浮状态

图 2 是跌坎 S 为 16cm，尾坎 Z 为 31cm 时，在不同射流出口流速下消力池内水流流态图。

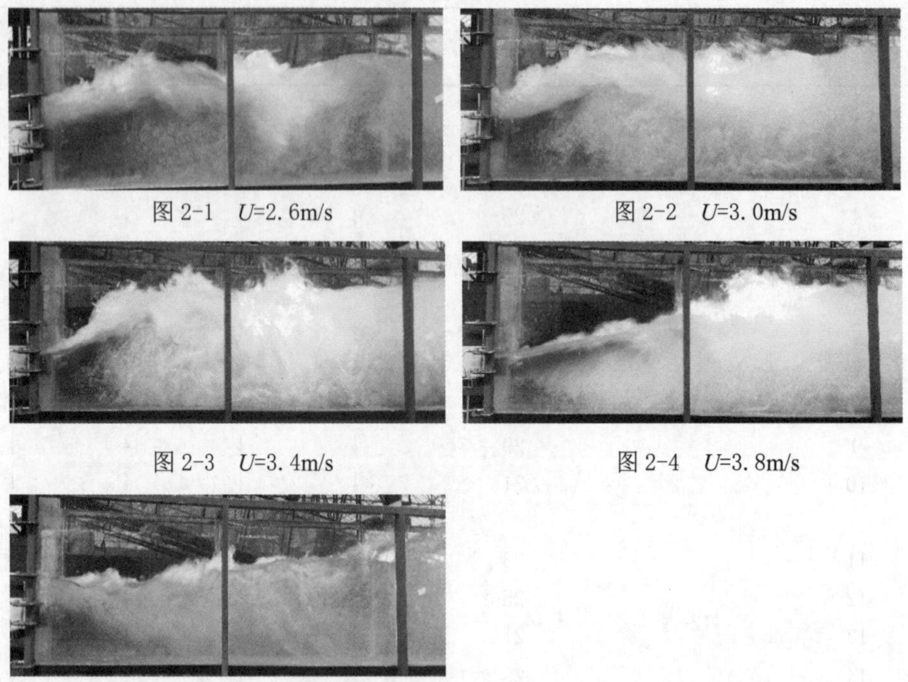

图 2-1　U=2.6m/s　　图 2-2　U=3.0m/s

图 2-3　U=3.4m/s　　图 2-4　U=3.8m/s

图 2-5　U=4.1m/s

图 2　S=16cm，Z=31cm 时不同出口流速下流态

由图 2 可观察矩形有压水平淹没射流出流的流态变化。在出口流速较小如图 2-1 时，水流容易发生上浮现象，此时出流状态处于淹没状态，主射流下部有较大的回旋旋滚区，水流形成向上的弯曲曲线，升高后由于重力作用以及后部水体的压迫，又略微降低之后冲入下游水体中；随着流速逐渐升高如图 2-2 所示，出流状态仍为淹没出流，射流下部的回旋旋滚更加明显，并主射流更加上浮，即主射流水体逐渐抬高，升高后由于重力作用及下游水体的挤压，降低后潜入消力池下游的水体中；流速继续升高如图 2-3 时，此时，由于射流流速较大，水体的惯性力较大，主射流出流后弯曲程度变小，主射流上部的水体逐渐被冲入下游，直至达到面流状态，射流下部回旋旋涡也更加靠前，射流主流与消力池下游水体发生激烈碰撞，水流紊动剧烈；流速继续增大如图 2-4，主射流的惯性力也逐渐增大，使得射流主体几乎呈直线并且上浮的角度逐渐减小，下侧的旋涡也被射流水体挤压的较扁；伴随流速的继续增大，水体上浮程度逐渐降低，导致射流后部的水体可逐渐向前涌动，当后部水体大量涌向射流出口处时，会压迫主射流下潜，此时水体呈淹没状态，主流潜底，下部与上部均出现回旋区，此后若流速继续增大，射流主体将仍然处于下潜状态，如图 2-5 所示。

在跌坎 S=12cm，16cm，20cm 其他工况下，随着流速的增大，均出现主射流由上浮转变为下潜的情况，其基本的转变形式与上述情况类似。

值得注意的是，在 S=10cm，尾坎 Z=29cm 与 31cm，以及 S=8cm 对应的所有工况时，并未出现射流主流上浮的情况，水流在出流后即下潜入水底。为此，在 S=8cm 时，我们降低尾坎，使 Z=19cm 及以下，发现在流速由低到高的过程中，仍然能够出现射流主流由上浮转变为下潜的情况（图 3）所示。说明过低的跌坎或者过高的尾坎造成淹没射流在初始状态下消力池内水深较深，流速较低时由于主射流上部的水体较大重力的压迫，水流在出流后即被下压从而下潜，此后随着流速的增大，淹没射流主流一直呈下潜状态。这也是在体型 1,2,3,4,5,9,10 对应的各工况下，淹没射流主流在出流后即产生下潜的主要原因。

图 3-1　*U*=2.6m/s 　　图 3-2　*U*=3.0m/s

图 3　*S*=8cm，*Z*=19cm 时不同出口流速下流态图

4　流速分布

下图 4 为在不同流速下，跌坎 16cm，尾坎 31cm 下实测的流场图

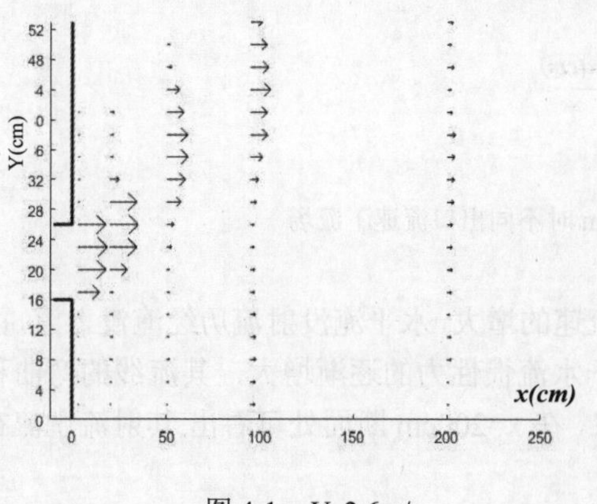

图 4-1　*U*=2.6m/s

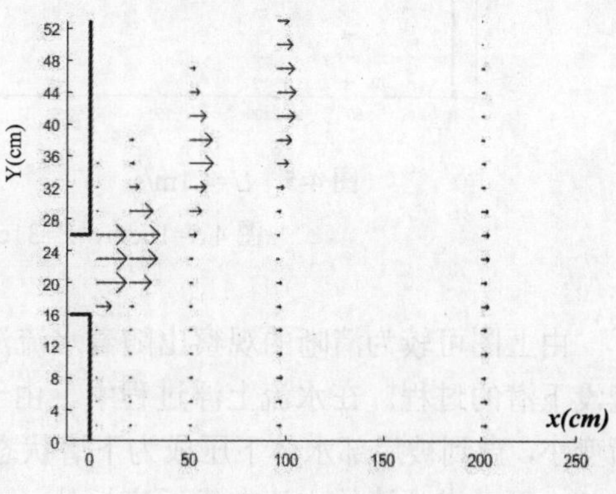

图 4-2　*U*=3.0m/s

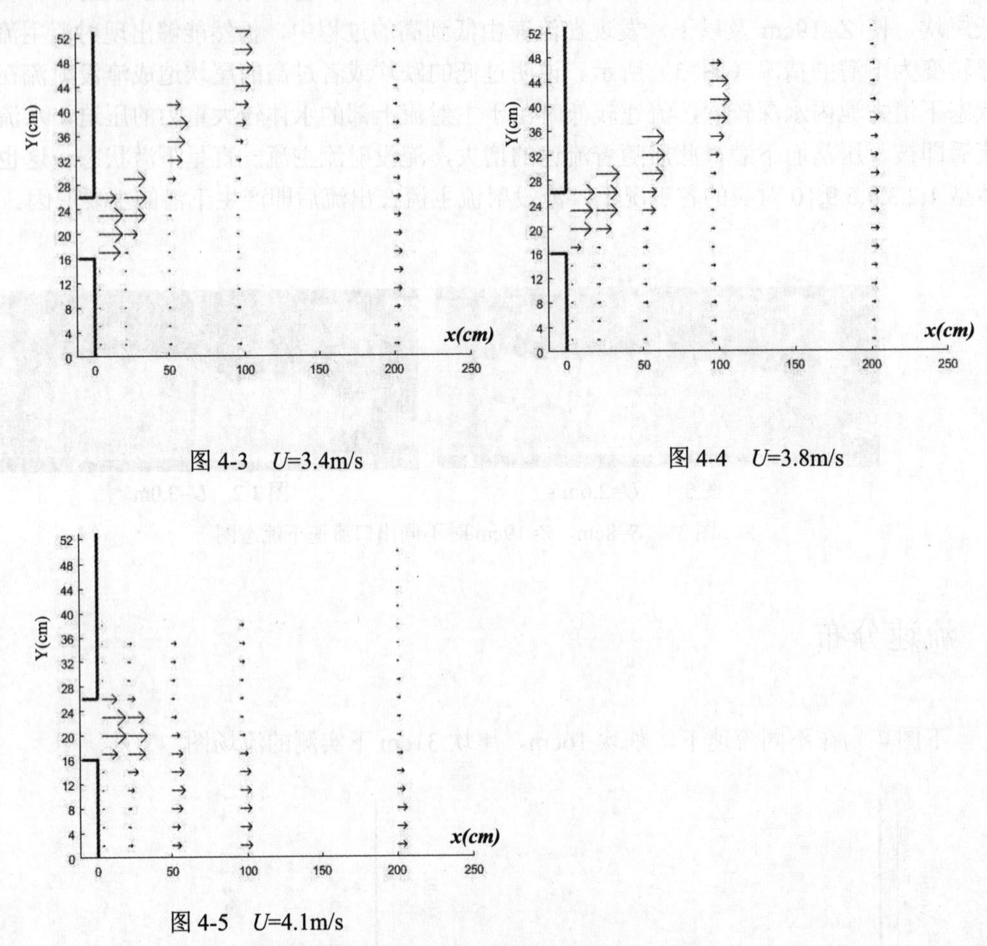

图 4-3 *U*=3.4m/s

图 4-4 *U*=3.8m/s

图 4-5 *U*=4.1m/s

图 4 *S*=16cm，*Z*=31cm 时不同出口流速下流场

由上图可较为清晰的观察出随着水流流速的增大，水平淹没射流历经淹没上浮，面流，淹没下潜的过程。在水流上浮过程中，由于水流惯性力的逐渐增大，其流线的弯曲程度逐渐变小，直到被后部水体下压成为下潜状态。在 x=200cm 断面处可看出,其射流主流在水体中部，而下潜水流的主流在靠近底板处。

5 水平淹没射流流态影响因素分析

在体型 S=12cm，S=16cm，S=20cm 时，对应各工况下的上浮与下潜情况如下图 5 所示：

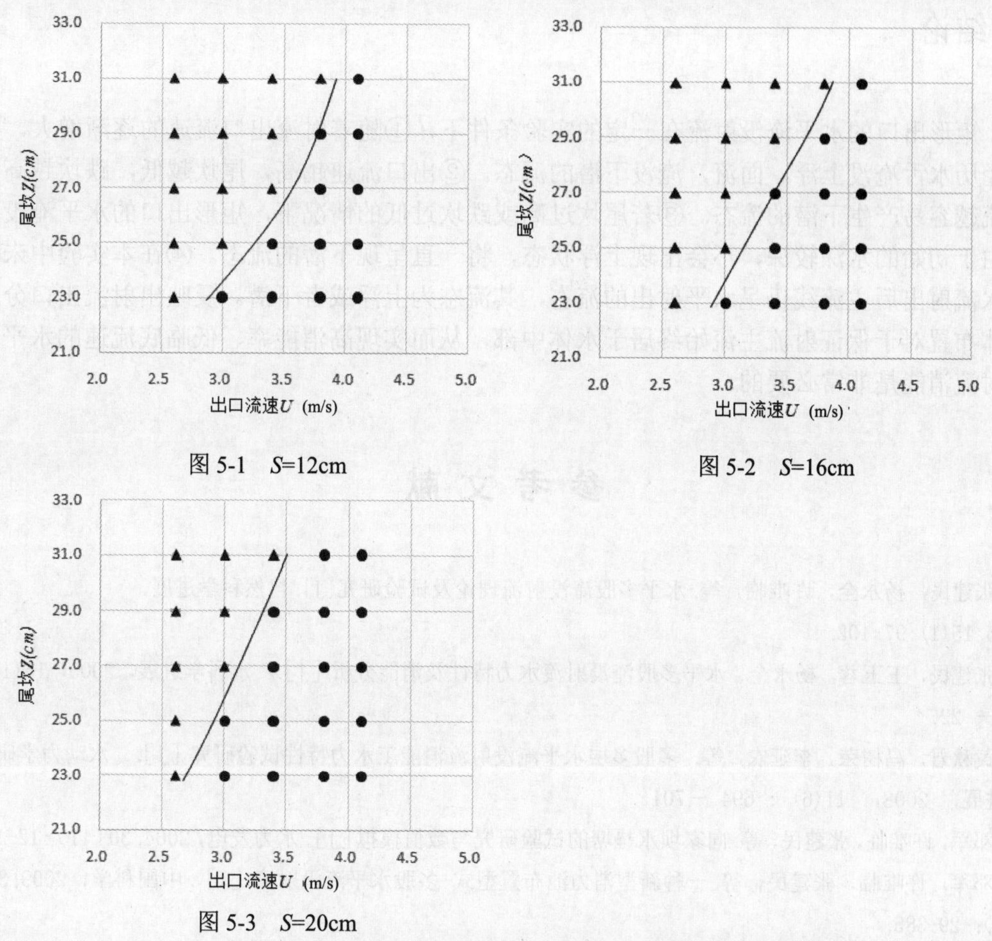

图 5-1　*S*=12cm

图 5-2　*S*=16cm

图 5-3　*S*=20cm

图 5 不同跌坎条件下水平淹没射流流态分区图

注：曲线上方的▲区域代表淹没射流出流后水流上浮的情况，曲线下方●的区域则代表主射流下潜的情况。

由图 5 中可以看出，在射流可以出现上浮的情况下，当出口流速与跌坎一定条件下，尾坎高度越高，水流越容易上浮；当出口流速与尾坎高度一定时，跌坎高度越低，水流越容易发生上浮；当尾坎高度与跌坎高度一定时，流速越小，水流越容易发生上浮的情况。在实验中可观察到，尾坎的加高，会导致消力池内水深的加深，水流由上浮转变为下潜时，需要更大的惯性力才能将下游水体冲开并使得出流水体上浮角度逐渐减小，从而使下游水体涌向射流出流的表面直至将射流由上浮状态挤压至下潜状态；同理，跌坎高度的降低，射流出流上方的水深相对增高，则水流由上浮转变为下潜的过程中，射流水流需要降低更多角度，则其他条件一定时，跌坎越低，越容易发生上浮现象；而射流出口流速越小，其惯性力也越小，射流水流不足冲开下游水流，则更容易发生上浮现象。

6 结论

矩形出口的水平淹没射流在一定的实验条件下，①随着射流出口流速的逐渐增大，射流经历水舌淹没上浮，面流，淹没下潜的流态。②出口流速越高，尾坎越低，跌坎越高，水流越容易产生下潜的流态。③若尾坎过高或跌坎过低的情况下，矩形出口的水平淹没射流由于初始的水深较深，不会出现上浮状态，将一直呈现下潜的流态。④在本实验中未发现水流射出后主流线仍呈水平射出的流态，其流态为上浮或者下潜。反映出射流出口分隔立体布置对于保证射流主流始终居于水体中部，从而实现高消能率、低临底流速的水平淹没射流消能是非常必要的。

参考文献

1　张建民，杨永全，许唯临，等.水平多股淹没射流理论及试验研究[J].自然科学进展，2005,15(1):97-102.

2　张建民，王玉蓉，杨永全. 水平多股淹没射流水力特性及消能分析［J］. 水科学进展，2005，16(1)：18 － 22.

3　黄秋君，冯树荣，李延农，等. 多股多层水平淹没射流消能工水力特性试验研究［J］. 水动力学研究与进展， 2008， 11(6) ： 694 －701.

4　邓军，许唯临，张建民，等.向家坝水垫塘的试验研究与数值模拟[J].水力发电，2004,30(11):12-15.

5　邓军，许唯临，张建民，等.一种新型消力池布置型式-多股水平淹没射流［J］.中国科学，2009,39（1)：29-385.

6　李艳玲，华国春，张建民,等.多股水平淹没射流水力特性的影响因素研究［J］.水科学进展，2006,17（11)：761-766.

Variation of flow pattern of horizontal submerged jet

FENG Yan-zhang, HAO Ya-feng, YUAN Hao

(State Key Laboratory of Hydraulics and Mountain River Engineering, Sichuan University, Chengdu, 610065.Email: 943380021@qq.com)

Abstract：In order to solve the problem of floating and diving of the horizontal submerged jet, a physical model experiment device of two-dimensional horizontal submerged jet was designed. In the two-dimensional case, the flow pattern of horizontal submerged jet flow at the rectangular outlet varies with the outlet velocity, the depth of the step-down floor and the end sill, and the flow field characteristics are analyzed. The research shows that under the conditions of different outlet velocity, the depth of the step-down floor and the end sill, surface flow, submerged jet upward flow and submerged jet downward flow will occur in the two-dimensional horizontal submerged jet. However, under the experimental conditions of this paper, there is no flow state in which the mainstream of the jet always resides in the middle of the water body in the stilling pool. It reflects that the separated stereoscopic arrangement of the jet outlet is very necessary to ensure that the main stream of the jet always resides in the middle of the water body, so as to realize the horizontal submerged jet energy dissipation with high energy dissipation rate and low bottom velocity.

Key words：Horizontal submerged jet; Flow pattern; Flow velocity; Energy dissipation

中高速水下航行体流动涡控机理研究

马国祯，黄伟希

(清华大学航天航空学院，北京，100084，Email: hwx@tsinghua.edu.cn)

摘要：潜艇桨盘面伴流作为螺旋桨的入流条件，流场的周向不均匀性与螺旋桨的振动和噪声有很重要的关系。本研究针对中高速水下航行体主附体交接部流动噪声的控制需求，选择全附体 SUBOFF 模型（包含艇体、指挥塔围壳、方向舵、稳定翼等）为计算模型，采用 DES 数值模拟方法，综合考虑计算精度和计算网格的影响，进行艇身流场数值模拟，精细捕捉突起物周围（主要是指挥台围壳）以及尾流区域的流场结构。进一步，提出一种被动控制方案，有效抑制了主附体交接部马蹄涡造成的桨盘面速度分量的周向不均匀性。

关键词：全附体潜艇；流动涡控；DES，周向不均匀

1 引言

中高速水下航行体噪声仍然是目前潜艇探测所依靠的主要信号特征，继续降低噪声仍然是目前水下航行体的重点发展方向之一。螺旋桨噪声是潜艇的主要噪声源之一。螺旋桨工作于潜艇的尾流区中，潜艇尾流品质与螺旋桨的噪声有直接的关系。由于潜艇尾流存在很大的周向不均匀性，使得该处工作的螺旋桨桨叶在旋转过程中受到的来流攻角和速率剧烈变化，导致叶剖面上产生的推力和扭矩也随之发生变化，从而产生了螺旋桨的转动噪声，并会激励艇尾壳体产生振动噪声，同时进流不均匀性还可能对螺旋桨空泡噪声特性有明显的影响，因此减小潜艇尾流的周向不均匀性是降低潜艇螺旋桨噪声的重要途径。

潜艇尾流的周向不均匀性是由于其几何外形特点决定的。典型的潜艇都是由主艇身与指挥台围壳、尾翼等附体组成，在主附体的接合部，由于形状的突变，潜艇表面湍流在生成与发展的过程中受到干扰，形成特殊的马蹄涡结构，马蹄涡具有强度高，耗散弱的特点，当传播至螺旋桨盘面处时，与主艇体尾流、附体尾流发生相互作用，使潜艇尾流成为以湍流脉动、黏性效应和漩涡运动为特征的复杂流场区域，导致潜艇尾流严重的不均匀性。近些年国内外在开展潜艇尾流形态特征研究的同时，也对潜艇尾流的控制方法进行了大规模的研究，并得到了一些潜艇尾流控制的具体技术措施。总的指导思想是在不改变潜艇艇体

和附体形状的条件下，通过设置附加装置来改善潜艇尾流形态，使得潜艇桨盘面处流场的均匀性提高，从而降低螺旋桨噪声[1]。

本研究首先分析了不同湍流模型对于潜艇流场在高雷诺数工况下的计算精度对比，然后运用分离涡（DES）计算方法，对指挥台围壳处增加侧面挡板的全附体潜艇流场进行了数值模拟计算，展现了该控制方案可以很好的改善潜艇尾流周向不均匀性、提高潜艇螺旋桨入流品质，有利于降低潜艇螺旋桨的噪声。

2 控制方程和数值方法

雷诺方程的笛卡尔张量形式为[2]：

$$\frac{\partial}{\partial t}(\rho u_i)+\frac{\partial}{\partial x_j}(\rho u_i u_j)=-\frac{\partial p}{\partial x_i}+\frac{\partial}{\partial x_j}\left[\mu\left(\frac{\partial u_i}{\partial x_j}+\frac{\partial u_j}{\partial x_i}-\frac{2}{3}\delta_{ij}\frac{\partial u_k}{\partial x_k}\right)\right]+\frac{\partial}{\partial x_j}\left(-\rho\overline{u_i' u_j'}\right)$$

式中,雷诺应力不封闭,需要模化。关于模化的湍流模式,选择RANS的 $k-\varepsilon$，$k-\omega\,SST$ [3] 和DES [4]3 种。

计算基于开源软件 OpenFOAM 平台，采用有限体积法（FVM）对控制方程进行离散，方程中的对流项采用二阶迎风差分格式离散；扩散项采用中心差分格式离散；时间项采用二阶隐式差分格式离散；压力速度耦合方程采用 PISO 法求解。数值离散后的代数方程组用 Gauss-Seidel 迭代法求解，并以多重网格技术加速迭代收敛。

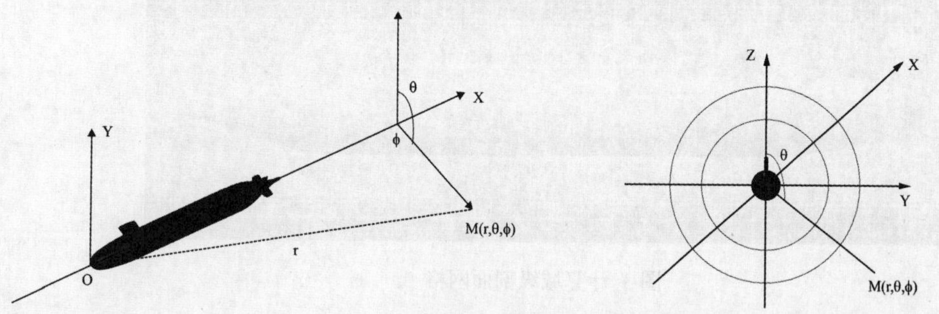

图 1 以潜艇为中心的坐标系

为了检验本方法的有效性，采用国际上开展潜艇流场计算研究的标准模型 SUBOFF AFF-8 模型进行流场数值模拟计算。SUBOFF AFF-8 模型为带指挥台围壳和稳定翼的轴对称体，其外形见图 1。艇体总长 L 为 4.356m，其中进流段长 1.016m，平行舯体长 2.229m，去流段长 1.111m（后体端部长 0.095m），最大直径 D 为 0.508m。指挥台围壳长 0.368m，高 0.460m，截面为椭圆形，其长短轴之比为 2：1，顶部为有外凸的椭圆盖。指挥台前缘位于 0.924m 处，后缘位于 1.923m 处。稳定翼为十字型布置，翼后缘位于 4.007m 处。

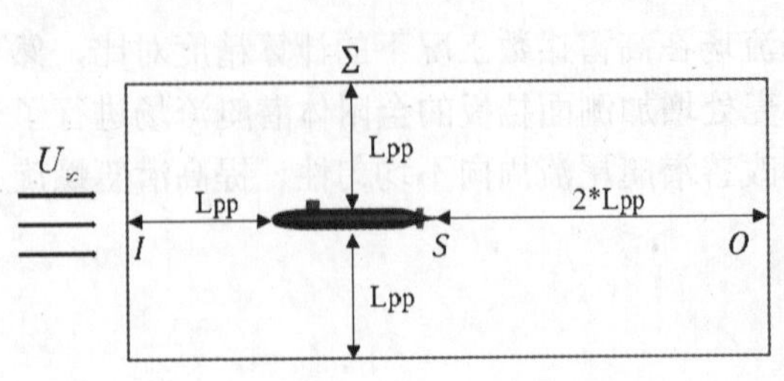

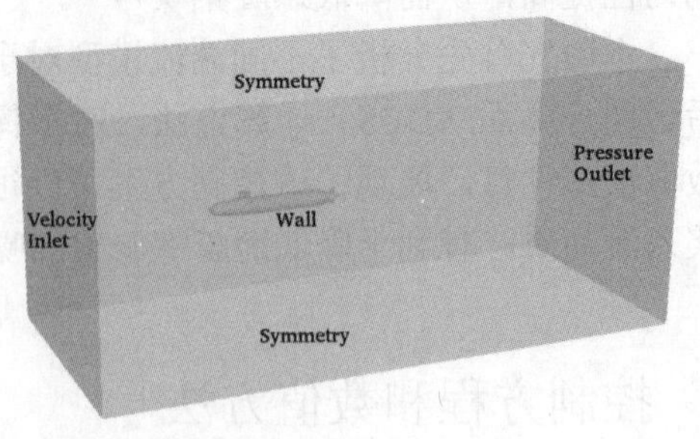

图 2 全附体潜艇计算区域及边界条件示意图

计算域及边界条件设置如图 2 所示，计算域为长 4L、宽高 2L 包围艇体的长方体（不包含艇体本身），其轴与艇模对称轴重合。进流边界面 I 为前端面，距模型艏端的距离为 L，出流边界面 O 是后端面，距模型尾端的距离为 2 L 潜艇表面 S，外边界 Σ 为圆柱体侧面。

进流面 I 的边界条件：采用速度进口边界条件，$u=U_0, v=w=0$。U_0 其中为来流速度，保证以潜艇总长为特征长度的雷诺数 $\mathrm{Re}_L=1.2\times10^7$。出流面 O 的边界条件：采用压力出口边界条件，参考压力取为潜艇潜航深度下的平均水压 P_A，因此相对压力取 $P=0$。物面 S 的边界条件：满足无滑移条件。近壁区域采用壁面模型处理。控制域 Σ 的边界条件：控制域边界采用无反射远场边界条件，速度取未受扰动的主流区速度。

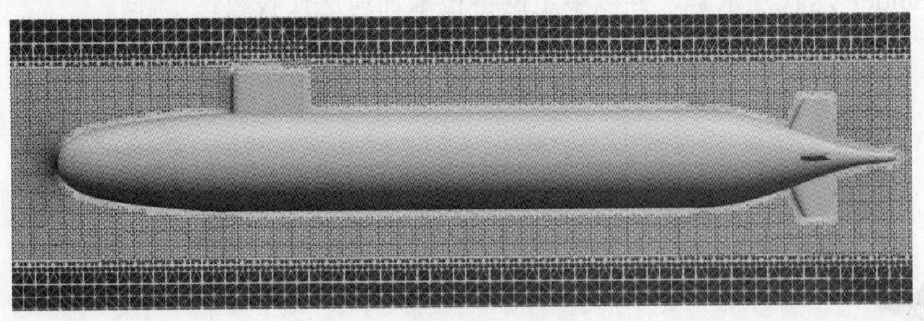

图 3 计算域纵剖面网格

为了能更好地捕捉受干扰的流场信息，对艇身附近、交接部附近及尾流场的网格进行加密。计算域的网格总数为 9.3×10^6。为了有效模拟近壁面处的流动，边界层区域内合理布置网格和选择适合的网格尺度。

3 结果与讨论

首先利用不同湍流模型进行潜艇艇身流场的数值模拟，验证计算方法的可靠性，进一步选择合适的湍流模型进行后面涡控设计的分析。

图 4 给出了不同湍流模型计算得到的潜艇纵中剖面线上半部分压力系数以及摩擦阻力系数的纵向分布，不同湍流模型的差别主要体现在几个峰值位置的捕捉，主要包括指挥台围壳和尾翼部位，但整体均与实验结果吻合较好。同时给出了 Huang [5]对 SUBOFF 裸艇体模型 AFF-1 的实测结果和本研究的计算结果，通过比较可以看出，除在非常靠近附体的区域外，附体对艇体所受的影响都很小。

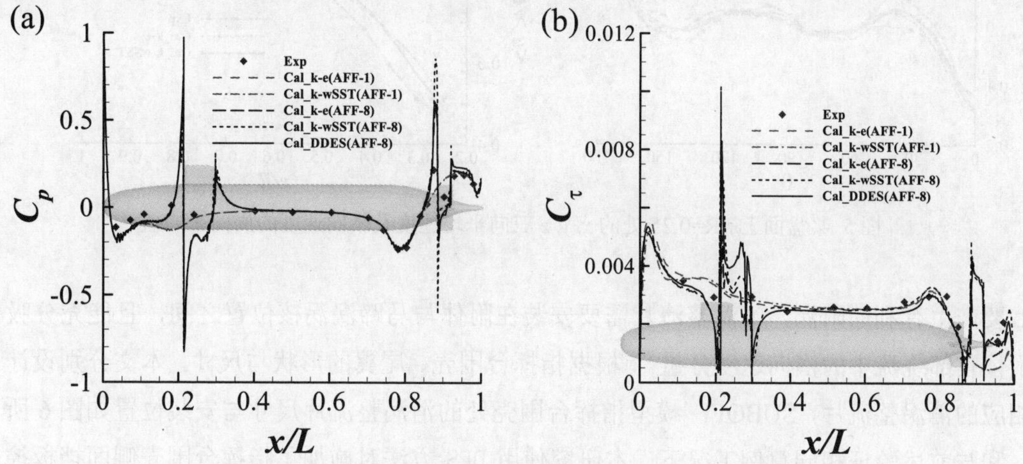

图 4 纵中剖面线上半部分的(a)压力系数和(b)摩擦阻力系数纵向分布

水下物体大多数的附体都会产生额外的阻力和引起湍流而产生纵向涡，这就是螺旋桨附近流场不均匀和瞬时脉动流存在的原因。本模型中桨盘面为 $x/L = 0.978$ 处。图 5(a-c)为流场速度周向分布曲线图。图中 θ 为从艇尾看过去的顺时针周向角，其中 0° 位于桨盘面对称面的正上方，180° 位于对称面的正下方，具体参见图 1。图 5(d)为桨盘面处轴向速度的周向平均值沿半径的分布。这里仅对桨盘面处半径 $r/R = 0.25$ 上的速度以及轴向速度的周向平均值的计算结果与 Huang 提供的测量值以及 Bull 提供的计算结果进行了对比。结果显示，本文计算结果分布趋势与测量值比较接近，虽然在数值上仍有一定的偏差，但较 Bull [6]提供的计算结果有很大的改进。

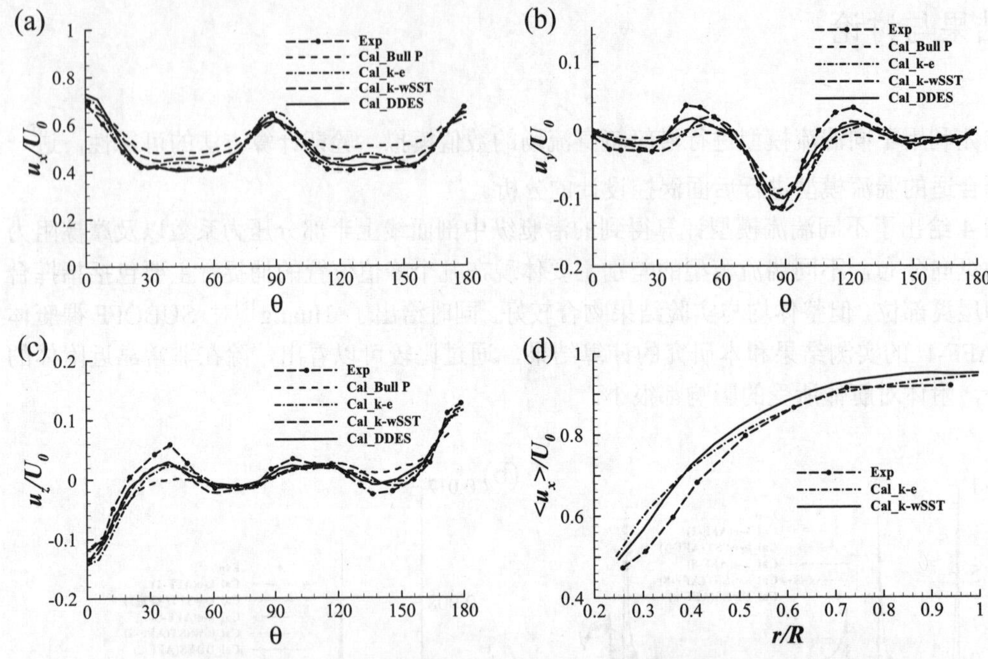

图 5 桨盘面上 r/R=0.25 处的 *x, y, z* 三向平均速度及轴向速度的周向平均值

要产生有利的附涡，消涡整流片需要安装在附体与马蹄涡涡核位置之间，且能充分吸收附体首部绕流中的横向速度分量。根据指挥台围壳、尾翼的形状与尺寸，本文分别设计了相应的消涡整流片，SUBOFF 模型指挥台围壳处的消涡整流片尺寸与安装位置如图 6 所示。和与前述验证相同算例工况下，本研究使用 DES 方法对施加了指挥台围壳侧面挡板控制的 SUBOFF 潜艇流场数值模拟，图 7 给出了 SUBOFF 桨盘面 r/R=0.25 处流体的轴向速度分量随周向角的变化曲线，可以看出，消涡整流片具有优良的减弱马蹄涡对尾部流场影响、并提高桨盘面周向均匀性的效果。

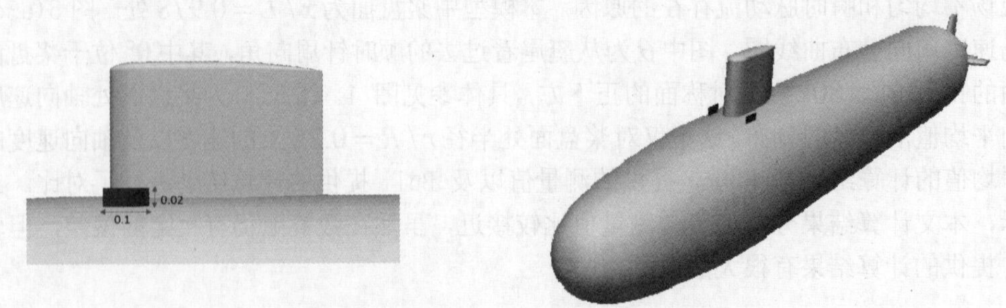

图 6 指挥台围壳侧面处增加挡板和整体模型

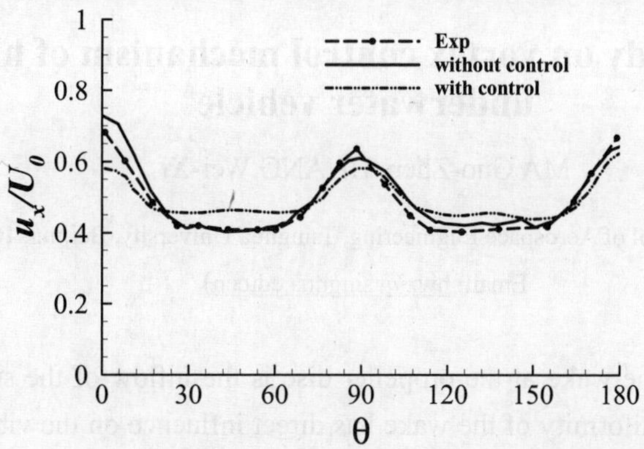

图 7 桨盘面上 r/R=0.25 处的 x 向平均速度周向分布

4 结论

通过不同湍流模型进行全附体 SUBOFF 潜艇艇身流场的数值模拟，并与艇身纵剖面分布压力、桨盘面速度周向分布等实验数据进行了比较，结果吻合较好，验证了方法的可靠性。在此基础上，设计了一种在指挥台围壳侧面添加挡板的被动控制方案，有效减弱了交接部产生的马蹄涡对尾部流场影响，改善了桨盘面周向流动的均匀性。

参 考 文 献

1 Zhi-Hua L , Ying X , Cheng-Xu T U . The method to control the submarine horseshoe vortex by breaking the vortex core[J]. Journal of Hydrodynamics, Ser.B, 2014, 26(4):637-645.

2 张兆顺，崔桂香，许春晓. 湍流理论与模拟[M]. 北京：清华大学出版社，2005.

3 DAVID C, WILCOX. Formulation of the k-ω Turbulence Model Revisited[C]. Reno: 45th AIAA Aerospace Sciences Meeting and Exhibit, 2007.

4 Spalart PR, Jou W-H, Strelets M, Allmaras SR. Comments on the feasibility of LES for wings, and on a hybrid RANS/LES approach. In: Liu C, Liu Z, editors. Advances in DNS/LES. Greyden Press; 1997.

5 Huang T, Liu H L, Groves N et al. Measurements of flows over an axisymmetric body with various appendages in a wind tunnel: the DARPA SUBOFF experimental program. In: Proceeding of 19th Symposium on Naval Hydrodynamics, Seoul, Korea.

6 Bull P. The validation of CFD predictions of nominal wake for the SUBOFF fully appended geometry. In: Proceedings of 21st Symposium on Naval Hydrodynamics, Trondheim, Norway, 1996.

Numerical study on vortex control mechanism of high-speed underwater vehicle

MA Guo-Zhen, HUANG Wei-Xi

(AML, School of Aerospace Engineering, Tsinghua University, Beijing, 100084.
Email: hwx@tsinghua.edu.cn)

Abstract: The submarine wake at the propeller disc is the inflow of the submarine propeller, and the circumferential uniformity of the wake has direct influence on the vibration and noise of submarine propeller. In this paper, we choose the full-appendage SUBOFF model (including hull body, sail, stern) as the calculation model. Using the DES method, numerical simulation of the flow-field around the SUBOFF model are carried out. The flow field structures are captured around the bumps and in the wake region. Then we design a kind of passive control scheme, in order to effectively restrain the main appendage handover of the horseshoe vortex and decrease non-uniformity of the circumferential velocity component at the propeller disc.

Key words: fully-appendage submarine; vortex control; DES; circumferential non-uniformity

海啸波对近岸结构物冲击作用数值模拟

魏学森[1]，戴孟祎[1]，周岱[1,2,3*]，韩兆龙[1,3]，包艳[1]，赵永生[1]

(1.上海交通大学船舶海洋与建筑工程学院，上海，200240；
2.上海交通大学水动力学教育部重点实验室，上海，200240；
3.上海交通大学海洋工程国家重点实验室，上海，200240；
Email: xuesen-wei@sjtu.edu.cn, zhoudai@sjtu.edu.cn)

摘要：沿海结构物设计中一般都会考虑大波的作用，例如：海啸波。其中，波浪力是沿海结构物设计中的一个重要参数。本文研究海啸波对近岸垂直墙的冲击作用，基于光滑粒子流体动力学方法，模拟了海啸波的传播过程以及对垂直墙的冲击作用力。采用Goring法计算得到造波板位移时程数据，生成海啸波。测量海啸波的沿程高度变化，并与已有实验数据进行对比，验证了本文数值模型的可靠性。针对不同波高的大小和不同静水深度下海啸波对垂直墙的冲击作用进行了数值模拟，结果表明：该模型能够准确模拟海啸波的传播过程，离岸波面抬升和近岸波面抬升的计算结果与实验数据吻合较好。本研究数值模型与计算结果可为沿海结构物的优化设计提供指导。

关键词：海啸波；垂直墙；波面抬升；波浪力；光滑粒子流体动力学方法

1 引言

海啸是一种灾难性的海浪，是具有强大破坏力的海洋灾害之一，通常由海底大规模的、突然的上下变动，包括海底火山喷发、海底或海岸滑坡、滑塌、崩塌、陨星或彗星的撞击以及海底地震等原因引发[1]。当海啸波传播至近岸时，其波长和波速逐渐减小，波高和波陡迅速增大。海啸波破碎产生的巨大能量会对近岸结构物（包括桥梁、房屋和其它基础设施）造成严重的破坏。因此，研究海啸波对近岸结构物的冲击作用至关重要。

国外学者对海啸波冲击近岸结构物进行了大量的实验研究。Roberson 等[2]通过实验研究了海啸波对垂直墙的冲击作用力，提出了预测海啸波浪力的经验公式。Oshnack 等[3]进行了一系列的大尺度实验，研究了海啸波对刚性垂直墙的冲击作用力，分析了海堤对海啸波的消减规律。Thomas and Cox[4]研究了海啸波对有海堤保护的垂直墙的冲击作用力，指出海堤的位置和高度对海啸波的消减作用有一定的影响。

为了进一步研究海啸波对近岸结构物的冲击作用特性，并验证用 SPH 方法数值模拟海啸波与结构物的相互作用的适用性与可靠性。本研究在 Linton 等[5]的实验基础上，运用 SPH 方法建立数值水槽，根据 Goring 法[6]计算得到造波板的位移时程数据，模拟了海啸波对近岸垂直墙的冲击作用过程，分析了不同波高大小和不同静水深度条件下海啸波的传播特性及其对垂直墙的冲击作用。

2 数值方法

光滑粒子流体动力学（Smoothed Particle Hydrodynamics）方法是一种拉格朗日无网格计算方法，其基本思想是将连续的流体（或固体）用粒子组进行离散，每个粒子点都承载各种物理量，包括位置、密度、速度和压力等。通过求解每个粒子点处的 Navier-Stokes 方程，计算更新各时间步粒子的物理特性，从而实现粒子间的相互作用。

在整个 SPH 模拟过程中，必须满足动量守恒和质量守恒，其控制方程如下：

$$\frac{\mathrm{d}\boldsymbol{v}}{\mathrm{d}t}=-\frac{1}{\rho}\nabla P+\boldsymbol{g}+\boldsymbol{\Gamma} \tag{1}$$

$$\frac{\mathrm{d}\rho}{\mathrm{d}t}=-\rho\nabla\boldsymbol{v} \tag{2}$$

其中，v 是速度，t 是时间，p 是密度，P 是压力，g 是重力加速度，T 是扩散项。

在 SPH 方法中，流体被看作是弱可压缩的，通常用状态方程来表示流体压力与粒子密度之间的关系：

$$P=b\left[(\frac{\rho}{\rho_0})^{\gamma}-1\right] \tag{3}$$

其中，$b=c_0^2\rho_0/\gamma$ 且 $\gamma=7$，$\rho_0=1000\text{kg/m}^3$ 是参考密度，$c_0=\sqrt{(\partial P/\partial\rho)}\big|_{\rho_0}$ 是当粒子密度为参考密度时的声速。

SPH 数值模型的精度与核函数的选取有关。本文采取 Quintic 核函数[7]进行模拟，其表达式如下：

$$W(r,h)=\alpha_D(1-\frac{q}{2})^4(2q+1) \qquad 0\le q\le 2 \tag{4}$$

其中，$q=r/h$，$r=r_a-r_b$，α_D 为常数：二维情况下取 $7/4\pi h^2$；三维情况下取 $21/16\pi h^3$。

3 数值模型的建立与验证

为了验证本文数值模型的适用性，对 Linton 等[5]的物理实验进行模拟，模型尺寸与实验完全一致。图 1 给出了数值水槽的示意图，近岸结构物简化为一个高 2.44m 的垂直墙，放置在离推波板 61.3m 处，波面抬升测点 Wave Gauge 2 和 Ultrasonic Wave Gauge 3（WG2 和 USWG3）分别放置在离推波板 28.6m 和 58.07m 处，分别测量离岸波面抬升和在岸波面抬升。本文研究不同波高大小和不同静水深度对海啸波传播特性的影响规律，无量纲化波高 H/d 分别设置为 0.1，0.2 和 0.3，静水深度 d 分别设置为 2.38 m，2.68 m 和 2.98m。

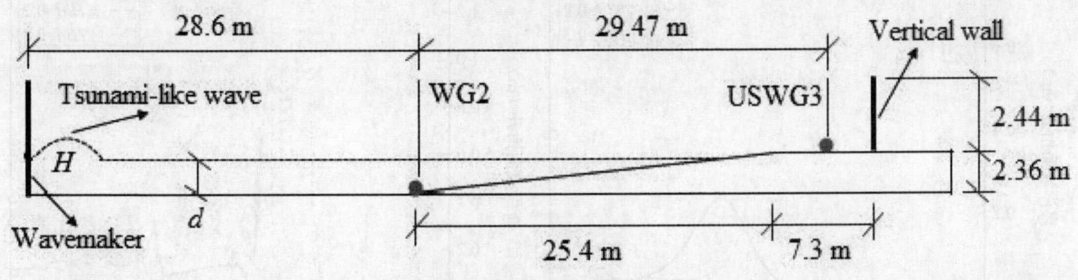

图 1 数值水槽示意图

图 2 为工况 H/d=0.1，d=2.38 m 时，波面抬升测点 WG2 和 USWG3 处测得的离岸波面抬升和在岸波面抬升与实验数据的对比。图 2 中，x 坐标为时间，y 坐标为波面抬升，虚线为数值模拟结果，点线为实验数据。可以发现，数值模拟结果与实验数据吻合良好。离岸波面抬升与实验数据一致说明本文的造波方法正确，海啸波形与实验数据一致。在岸波面抬升与实验数据变化趋势一致，入射波峰值和反射波峰值都与实验数据吻合良好，数值模拟结果在 18~22 s 有一个下降趋势，而实验数据相对变化不大，本文仅考虑海啸波峰值的影响，因此这部分差异可以忽略不计。

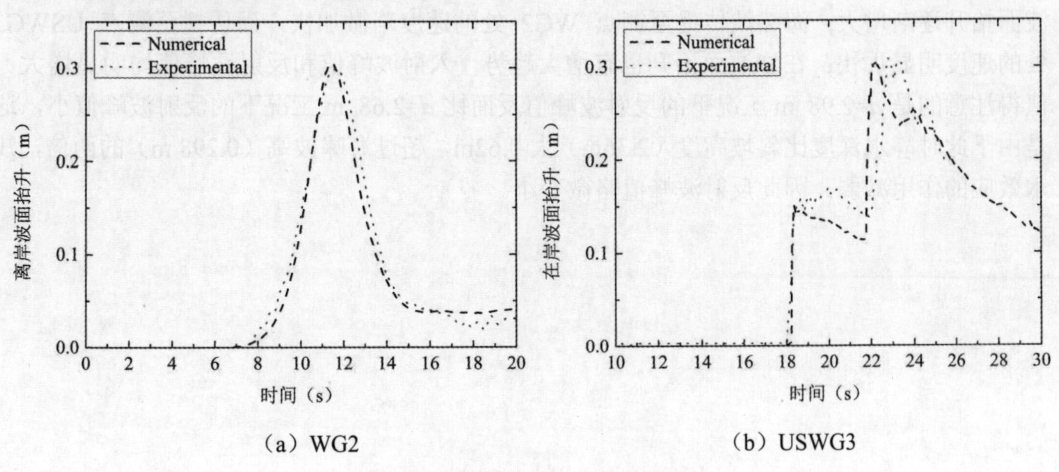

（a）WG2　　（b）USWG3

图 2 数值模拟结果与实验数据对比

4 结果分析

4.1 波高大小对海啸波传播特性的影响

图 3 为工况 d=2.38 m，H/d=0.1，0.2 和 0.3 时，波面抬升测点 WG2 和 USWG3 处测得的离岸波面抬升和在岸波面抬升变化规律。可以看出，随着无量纲化波高增大，离岸波面抬升逐渐增大；海啸波传播至测点 WG2 和 USWG3 处的速度加快；在岸波面抬升也逐渐增大，入射波峰值略微增大，反射波峰值约为离岸波面抬升峰值的两倍。

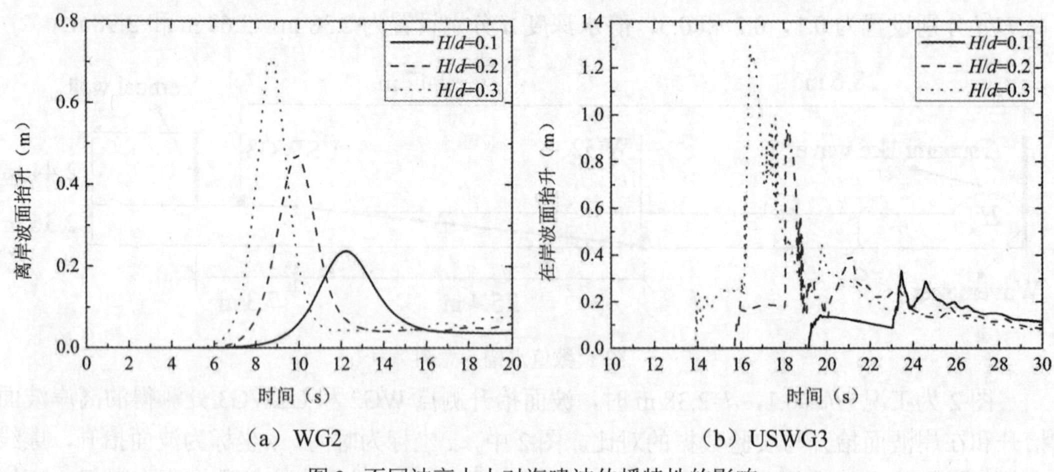

图 3. 不同波高大小对海啸波传播特性的影响

4.2 静水深度对海啸波传播特性的影响

图 4 为工况 H/d=0.1，d=2.38 m，2.68 m 和 2.98 m 时，波面抬升测点 WG2 和 USWG3 处测得的离岸波面抬升和在岸波面抬升变化规律。可以看出，随着静水深度的增大，离岸波面抬升逐渐增大；海啸波传播至测点 WG2 处的速度略微加快，而传播至测点 USWG3 处的速度明显加快；在岸波面抬升也有增大趋势，入射波峰值和反射波峰值均明显增大。值得注意的是 d=2.98 m 工况下的反射波峰值反而比 d=2.68 m 工况下的反射波峰值小，这是由于此时静水深度比斜坡高度（2.36m）大 0.62m，超过海啸波高（0.298 m）的两倍，浅水效应的作用减弱，因此反射波峰值略微变小。

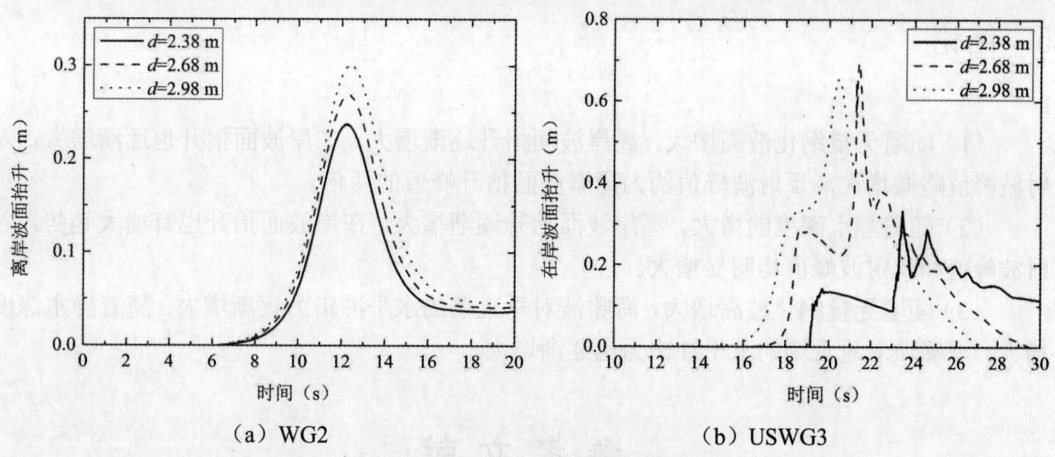

（a）WG2　　（b）USWG3

图 4 不同静水深度对海啸波的影响

4.3 海啸波对垂直墙的冲击作用

图 5 给出了不同波高大小和不同静水深度下，海啸波对近岸垂直墙的水平冲击力变化规律。图 5（a）为工况 d=2.38 m，H/d=0.1,0.2 和 0.3 时，海啸波对垂直墙的水平冲击力变化规律。可以看出，随着无量纲化波高增大，海啸波对垂直墙的水平冲击力逐渐增大，3 种工况下的水平冲击力峰值分别为 1.72kN，5.79 kN 和 11.00 kN。图 5（b）为工况 H/d=0.1，d=2.38 m，2.68 m 和 2.98 m 时，海啸波对垂直墙的水平冲击力变化规律。可以看出，随着静水深度增大，海啸波对垂直墙的水平冲击力逐渐增大，当静水深度超过斜坡高度后，垂直墙将受到静水压力的作用，工况 2.68 m 和工况 2.98 m 对应的静水压力分别为 0.52 kN 和 1.88 kN，水平冲击力峰值分别为 5.66 kN 和 8.55 kN。值得注意的是，当静水深度为 2.98 m 时，海啸波对垂直墙的水平冲击力曲线与孤立波波形一致，说明此时浅水效应基本消失，海啸波保持初始波形状态冲击到垂直墙上。

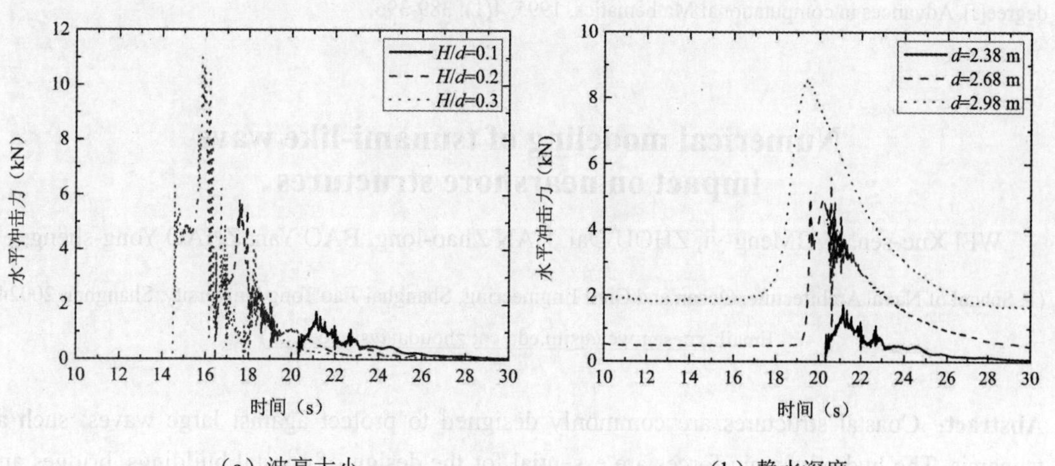

（a）波高大小　　（b）静水深度

图 5 海啸波对垂直墙的水平冲击力变化示意图

5 结论

（1）随着无量纲化波高增大，离岸波面抬升逐渐增大，在岸波面抬升也逐渐增大，入射波峰值略微增大，反射波峰值约为离岸波面抬升峰值的两倍。

（2）随着静水深度的增大，离岸波面抬升逐渐增大，在岸波面抬升也有增大趋势，入射波峰值和反射波峰值均明显增大。

（3）随着无量纲化波高增大，海啸波对垂直墙的水平冲击力逐渐增大；随着静水深度增大，海啸波对垂直墙的水平冲击力也逐渐增大。

参 考 文 献

1 陈运泰，杨智娴，许力生．海啸，地震海啸与海啸地震[J]．物理，2005, 34(12).

2 Robertson I N, Riggs H R, Mohamed A. Experimental results of tsunami bore forces on structures[C]//27th Int. Conf. Offshore Mechanics and Arctic Engineering. 2008, 135(2): 021601.

3 Oshnack M E, van de Lindt J, Gupta R, et al. Effectiveness of small onshore seawall in reducing forces induced by Tsunami bore: large scale experimental study[J]. 2009.

4 Thomas S, Cox D. Influence of finite-length seawalls for tsunami loading on coastal structures[J]. Journal of Waterway, Port, Coastal, and Ocean Engineering, 2011, 138(3): 203-214.

5 Linton D, Gupta R, Cox D, et al. Evaluation of tsunami loads on wood-frame walls at full scale[J]. Journal of Structural Engineering, 2012, 139(8): 1318-1325.

6 Goring D G. Tsunamis--the propagation of long waves onto a shelf[D]. 1978.

7 Wendland H. Piecewise polynomial, positive definite and compactly supported radial functions of minimal degree[J]. Advances in computational Mathematics, 1995, 4(1): 389-396.

Numerical modeling of tsunami-like wave impact on nearshore structures

WEI Xue-sen, DAIMeng-yi, ZHOU Dai, HAN Zhao-long, BAO Yan, ZHAO Yong-sheng

(1. School of Naval Architecture, Ocean and Civil Engineering, Shanghai Jiao Tong University, Shanghai, 200240

Email: xuesen-wei@sjtu.edu.cn; zhoudai@sjtu.edu.cn)

Abstract: Coastal structures are commonly designed to protect against large waves, such as tsunamis. The hydrodynamic forces are essential for the design of coastal buildings, bridges and other onshore structures. In this study, the interactions between tsunami wave and vertical wall are investigated using smoothed particle hydrodynamics method. The tsunami-like waves are generated by the numerical paddle wave-maker with Goring's method, which is similar to the method used in the experiments. Numerical wave gauges are positioned to measure the surface elevation, which is used to validate the numerical model by comparing with the experimental data. Different wave heights and different still water depths have been simulated. The numerical results show good agreement with the experimental data. Results of this study are helpful in optimizing the design of structures under tsunami loads.

Key words: Tsunami-like wave, Vertical wall, Surface elevation, Tsunami forces, Smoothed particle hydrodynamics method

倒 π 型防波堤构型垂荡水动力系数黏流分析研究

张益凡，马山*，段文洋，陈小波

(哈尔滨工程大学 船舶工程学院，哈尔滨，150001, Email: mashan0451@126.com , telephone: 13936462199)

摘要： 本研究基于 STAR-CCM+软件对倒π型结构防波堤进行强迫垂荡计算，将所得出的水动力系数同势流值进行比较，研究了该种结构防波堤的水动力黏性效应。结果表明，此种防波堤的水动力系数与其运动的频率及幅值相关。黏性对附加质量的影响只有在大幅运动时(振幅吃水比>3/20)才能体现出来，并且对频率的变化并不敏感；而黏性对阻尼系数的影响在小振幅时(振幅吃水比<1/20)就能体现出来，并且对频率的变化十分敏感，高频运动时(ω>12)体现的最为明显。

关键词： 浮式防波堤构型；垂荡水动力系数；黏性效应

1 引言

采用势流方法计算防波堤等带有尖角薄板的浮式结构物的运动时，忽略了流动分离和漩涡的影响，得出的运动往往与实际情况不符。为了研究倒π型防波堤结构水动力载荷的黏性效应，研究势流预报方法的适用性，同时为黏流水动力载荷系数对势流算法结果进行修正提供参考，便于采用势流方法进行浮式防波堤水动力性能的高效计算。本研究基于STAR-CCM+软件对该种结构的防波堤进行强迫垂荡计算，研究该种结构防波堤的水动力黏性效应。

2 验证算例

由于缺少倒π型防波堤水动力系数的试验值，在正式开始计算之前有必要对采用的数值模拟方法进行正确性验证。

基金项目：国家自然科学基金（51879058）

验证算例选自 Li[1]。选取文中如图 1 所示板进行验证，板的横截面为正方形，边长为 0.4m，板的边缘为长方形，厚度为 0.005m。将板放于自由面下 1m 处，进行强迫垂荡试验，试验工况可见表 1，试验装置布置示意图可见图 2。

表 1 强迫垂荡验证算例工况表

浸没深度(m)	振荡频率(Hz)	振荡幅值(mm)
1.0	0.6	13,25,32,38,51,64,76

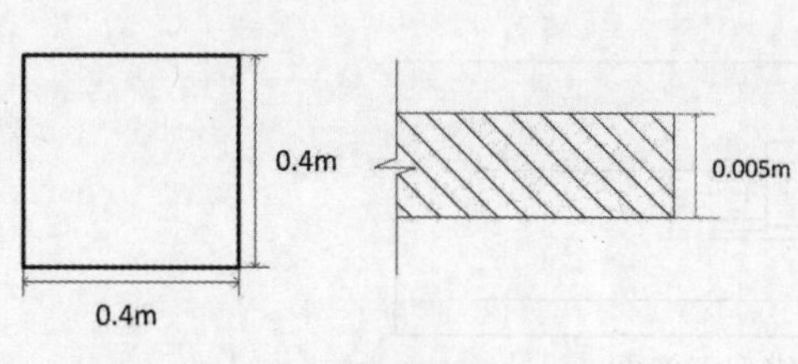

图 1 垂荡板尺寸示意图

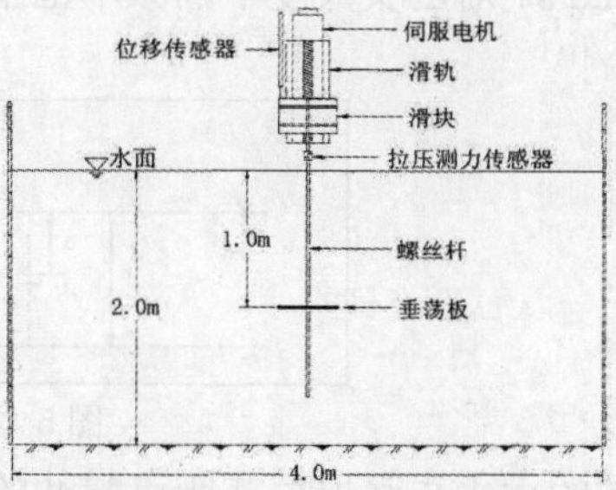

图 2 垂荡板试验装置示意图[1]

这里 KC 数的定义为：

$$KC = \frac{2\pi a}{L} \tag{1}$$

其中，L 表示板的边长，a 为板垂荡运动的振幅。

图 3 和图 4 为 Ca、Cd 系数模拟值与试验值对比图，其中 Ca 系数最大相对误差小于 5%，Cd 系数最大相对误差小于 6%，可以认为该数值模拟方法具有较高的精度。可以用来进行防波堤强迫垂荡运动的计算。

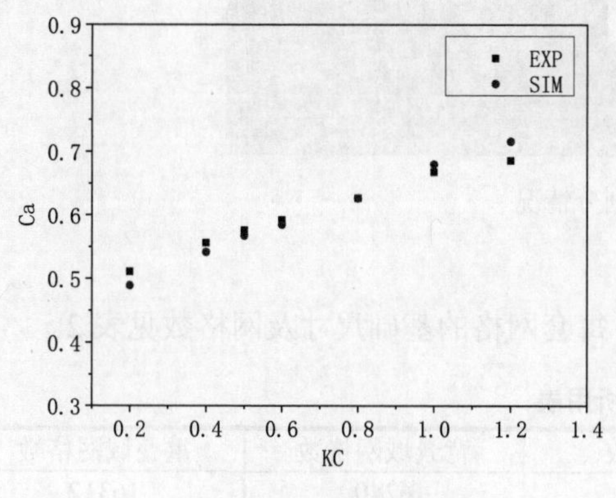

图 3 Ca 随 KC 数变化

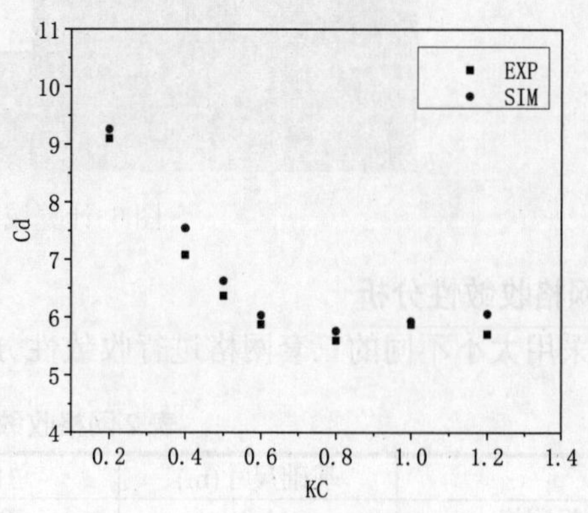

图 4 Cd 随 KC 数变化

3 防波堤水动力系数计算

3.1 模型介绍

此次计算采用的模型如图 5 所示。水深 h=0.6m，防波堤型宽 B=0.5m，吃水 d=0.12m 或 0.2m，板长 c=0.0625m 或 0.125m，板厚为 0.008m。为了后期能更好地验证自由运动状态下防波堤的防波性能，数值模拟采用的尺度同防波堤绕射试验[2]相一致。

在绕射实验[2]中，根据重力相似准则，模型比尺取 1：33。模型尺度下采用的频率 ω 范围取 2~14rad/s。对应实尺度下的频率范围为 0.348~2.437rad/s，基本包括了海浪谱的能量集中区。

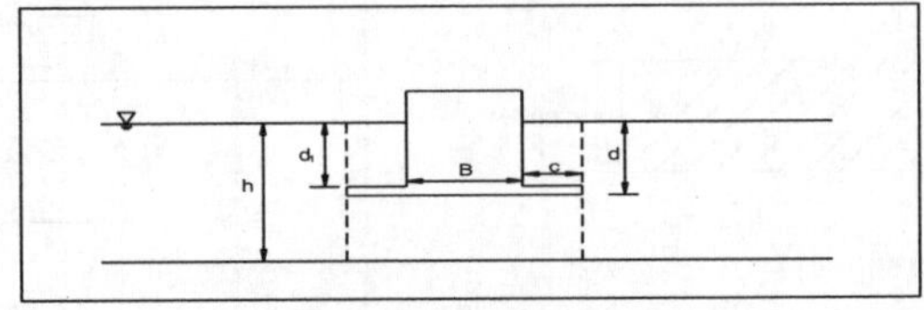

图 5 防波堤模型示意图

计算域的大小与强迫振荡所引起波的波长有关。通过尝试，计算域的长度取 16 倍的波长比较合适，左右两侧均设有消波区，消波阻尼区长度取 4 倍波长。选用重叠网格来进行防波堤强迫垂荡计算。背景域与重叠域网格划分情况如图 6 所示。计算第一层边界层厚度时所选取的 y+为 5。

此算例中计算域左右两端边界条件设为压力出口，前后两端边界条件设置为对称平面，上方边界条件设置为压力出口，底部边界条件设置为壁面。湍流模型选择 SST k-ω。选择全 y+壁面处理。此算例采用隐式非定常求解方式，根据库朗数小于 0.5 来确定时间步。

图 6 计算域网格划分情况

3.2 网格收敛性分析

采用大小不同的三套网格进行收敛性分析，每套网格的基础尺寸及网格数见表 2。

表 2 网格收敛性分析用表

	基础尺寸(m)	总网格数	背景域网格数	重叠域网格数
粗网格	1.0	22552	6240	16312
中等网格	0.5	125368	35016	90352
细网格	0.25	805940	236360	569580

比较三套网格得出的防波堤所受垂向力时历曲线可看出（图 7），防波堤受到的垂向力随着网格数的增加有明显的收敛趋势。为节省计算成本，下节的模拟全部基于中等网格进行。

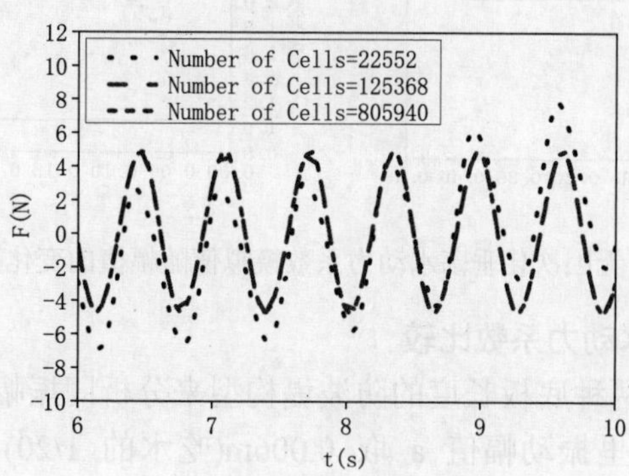

图 7 垂向力时历曲线不同网格下计算结果

3.3 水动力系数获取

在得到防波堤稳态水动力时历曲线后，采用最小二乘法，得出其水动力系数。本文中采用线性水动力假设。假设防波堤做强迫垂荡时受到的垂向力如下：

$$-M\ddot{X}-N\dot{X}-CX=f(t) \tag{8}$$

其中 $f(t)$ 为作用在防波堤上的水动力(矩)。

4 计算结果

4.1 同频率不同振幅下的水动力系数比较

选取吃水为 0.12m，板长为 0.125m 时的工况来分析同频率、不同振幅对防波堤垂荡水动力系数的影响。这里振动频率 ω 取 10 rad/s，振幅选取 0.001~0.048m 间的 17 个数，由公式(1)可知，对应的 KC 数范围在 0.008~0.4 之间。

由图 8 可知，$KC<0.1$ 时，附加质量系数模拟值在势流值附近振荡，最大相对误差小于 0.5%，可以认为此时势流得出的附加质量系数是相当准确的。$KC<0.2$ 时阻尼系数与振幅呈线性关系，考虑流体黏性效应的阻尼系数结果相比于势流结果差别明显。$KC>0.1$ 附加质量系数模拟值与势流值开始出现偏差。当 $KC>0.2$ 时阻尼系数不再随着幅值线性变化，漩涡阻尼的非线性效应可能是原因之一。

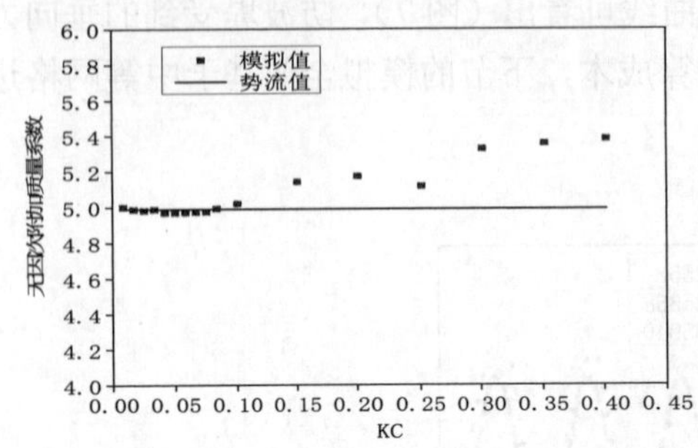

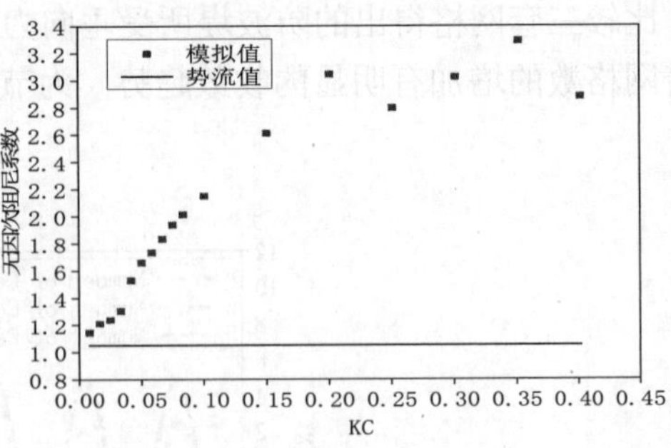

图 8 无因次化垂荡水动力系数模拟值随幅值的变化图

4.2 同振幅不同频率下的水动力系数比较

下面选取两种吃水，两种底板长度的防波堤构型来分析同振幅、不同频率对防波堤垂荡水动力系数的影响。这里振动幅值 a 取 0.006m(吃水的 1/20)，振动频率ω的范围在 2~14rad/s 之间。

计算工况表见表 3，根据板长及吃水的不同将工况依次进行编号，共分为 4 组。其中每组工况计算 13 个频率点。

图 9 中实线为势流值，离散点为黏流计算值。横轴为频率(rad/s)，纵轴为无因次附加质量系数和阻尼系数。其中 A、B、C、D 分别对应工况 1 至工况 4 时的无因次附加质量系数，E、F、G、H 分别对应工况 1、2、3、4 时的无因次阻尼系数。

表 3 同振幅不同频率强迫运动计算工况

工况序号	振荡频率ω（rad/s）	板长 c（m）	吃水 d（m）
1	2~14	0.125	0.12
2	2~14	0.0625	0.12
3	2~14	0.125	0.2
4	2~14	0.0625	0.2

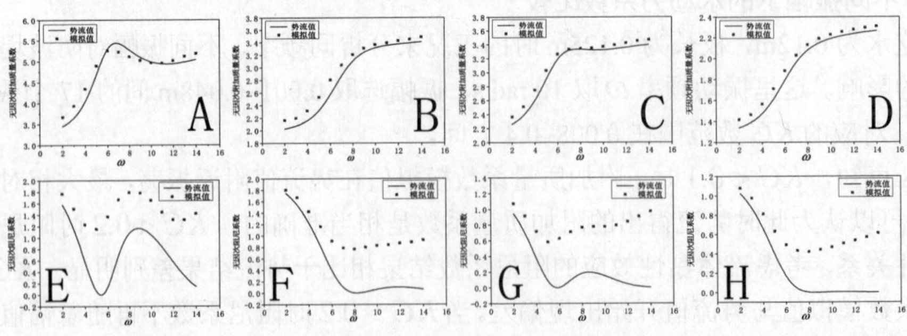

图 9 不同工况下强迫垂荡水动力系数

由图 9 可知，小振幅下 (振幅吃水比为 1/20)且振动频率ω在 2~14rad/s 范围内变化时，垂荡附加质量系数模拟值与势流值差距较小，相对差别最大值在 8.44%，说明小振幅下，黏性对附加质量影响较小。而垂荡阻尼系数模拟值与势流值差距较大，除工况二中极个别点外，两者间的相对误差在整个频率范围内都大于 10%，说明即使在小振幅下，黏性对阻尼仍有很大贡献。

5 结论

研究了高频运动时(ω=10)，垂荡水动力系数随运动幅值的变化规律以及小幅运动时(振幅吃水比<1/20)垂荡水动力系数随频率的变化规律。结果表明，倒π型防波堤的垂荡水动力系数与其运动的频率及幅值相关。可以看出，黏性对附加质量的影响只有在大幅运动时(振幅吃水比>3/20)才能体现出来，并且对频率的变化并不敏感；而黏性对阻尼系数的影响在小振幅时(振幅吃水比<1/20)就能体现出来，并且对频率的变化十分敏感，高频运动时(ω>12)体现的最为明显。

参考文献

1 Li J.X., Liu S.X., Zhao Min. Experimental investigation of the hydrodynamic characteristics of heave plates using forced oscillation[J]. Ocean Engineering, 2013,66:82-91.

2 杨朕. 带水平外突底板的方箱浮式防波堤消波性能研究[D]. 哈尔滨：哈尔滨工程大学船舶工程学院，2015.

Heaving hydrodynamic coefficient analysis of an inversed-π type breakwater based on CFD simulation

ZHANG Yi-fan, MA Shan*, DUAN Wen-yang, CHEN Xiao-bo

(College of Shipbuilding Engineering, Harbin Engineering University, Harbin,150001, Email:mashan0451@126.com)

Abstract: In order to study the hydrodynamic viscous effect of an inversed-π type breakwater , harmonic heaving motion was on it based on viscous flow commercial software STAR-CCM+. Results show that hydrodynamic coefficients of this breakwater were affected both by its motion frequency and amplitude. The influence of viscosity on added mass become relatively more evident when the motion amplitude is large, but it is not sensitive to the oscillation frequency. However, the influence of viscosity on damping coefficient is quite evident, even when motion amplitude is small, and it is sensitive to the oscillation frequency.

Key words: Floating breakwater structure; vertical hydrodynamic coefficient; viscous effect.

基于 NSGA2 算法与模型树的球鼻艏多航速阻力性能优化

张乔宇，金建海，陈京普

（中国船舶科学研究中心，无锡，214082，Email: 1520049868@qq.com.）

摘要：安装球鼻艏是船舶减少兴波阻力的一种有效方式。本文以标模 KCS 球鼻艏为例，采用 FFD 几何重构、均匀设计法和 SHIPFLOW 软件建立了球鼻艏几何参数每个样本的兴波阻力系数，采用模型树和 NSGA2 算法相结合的优化方法，考虑两种航速下的兴波阻力对球鼻艏参数进行优化，求解出了兴波阻力系数的 Pareto 最优解集。采用该方案对球鼻艏进行阻力优化同基于 CFD 技术的优化方法相比，提高了优化效率、缩短了优化周期，对球鼻艏参数和兴波阻力系数之间的非线性关系进行了描述，可为今后其他船型球鼻艏的进一步优化研究提供参考。

关键词：球鼻艏；兴波阻力；模型树；多航速优化

1 引言

近年来，许多学者对球鼻艏的阻力性能优化设计进行了研究，优化方法从多方案优选到 CFD 技术与优化技术的结合[1]，优化设计质量得到了明显的提升。然而，大多数优化设计仅考虑了单个航速下的优化，优化的本质在于优化过程中应综合考虑多个工况才能获得较优的设计方案[2]，为了解决多工况优化时计算周期长、工作量大等问题，近似模型方法在保证精度的前提下可起到提高优化效率，缩短优化周期的作用。

目前数据挖掘与机器学习技术中的许多非线性预测模型已得到应用，根据优化问题的特点选取合适的模型尤为重要。模型树作为一种处理回归任务的经典模型，在许多实例中预测效果满足要求，具有较好的泛化能力，同时该模型可根据样本集构造出分段多元线性回归模型，对各参数关系进行函数表达。

本文采用模型树方法建立船舶兴波阻力系数与浮心位置的预报模型，选取 4 组球鼻艏参数作为优化变量[3]，即相对突出长度 l_b/l_{pp}（l_b 是球鼻最前端至首柱的距离，l_{pp} 是两柱间长）、相对浸深 h_b/T（h_b 是球鼻最前端至静水面的距离，T 为船的吃水）、最大宽度比 b_{max}/B（b_{max}

是首柱处球鼻横剖面的最大宽度，B 为船宽）、相对排水体积变化 δ/▽（δ 是球鼻变化引起的全船排水体积改变量，▽是原船排水体积）。

2 模型树算法原理

M5 模型树算法由 Quinlan 在 1992 年提出[4]，其基本原理是根据分裂标准以二元切分的形式将数据集分割，在每个叶节点上包含了能预测数值的多元线性回归模型。对于分裂标准的确定，M5 是利用节点样本目标属性值的标准差减小准则，即

$$\Delta\mathrm{error} = sd(T) - \sum_i \frac{|T_i|}{|T|} \times sd(T_i) \tag{1}$$

其中,T是某节点的实例集合, T_i (i=1,2…)是根据所选属性分裂该节点产生的第 i 个子集，$sd(T)$是集合 T 中实例目标值的标准差,Δerror 很小时分裂终止。为了避免过拟合现象的出现，需通过误差分析及剪枝操作来降低树的复杂度,M5 利用每个节点下子树属性通过线性回归方法拟合出回归方程，并计算出预测的均方误差及每个节点到其子节点均方误差减小量，直到该减小量不再减少时生成叶子节点[5]，之后采用平滑算法避免相邻线性模型的突变，计算公式为

$$p'=(np+kq) / (n+k) \tag{2}$$

其中 p′ 是传输到上层节点的预测值，p 是下层节点传输上的预测值，q 是当前节点提供的预测值,n 是下层节点的训练实例数目，k 为平滑常量[6]。

3 NSGA2 算法原理

NSGA2(带有精英保留策略的快速非支配多目标优化遗传算法)是由 Deb 等提出的一种基于 Pareto 最优解的多目标优化算法，该算法有效克服了 NSGA(非支配排序遗传算法)计算效率低、收敛性差等问题，由于其具有不存在求导和函数连续性的限定、概率化自动获取和指导优化搜索空间、自适应调整搜索方向、内在隐并行性等优点，已广泛应用于机器学习、组合优化、自适应控制等诸多领域[7]。本文采用下式所示的罚函数法处理约束条件：

$$\mathbf{P(X)} = \sum_{i=1}^{m}\{max[0, g_i(X)]\}^2 \tag{3}$$

其中，$g_i(X)$为优化问题不等式约束条件，m 为不等式个数，P(X)为惩罚项(X 为设计变量集合)，即当个体满足约束条件时，P(X)=0，否则 P(X)对适应度进行惩罚。

4 球鼻艏阻力近似模型建立与优化

本文以 KCS 球鼻艏为初始原型，优化目标考虑 F_r=0.26、0.27，淡水温度为 11℃的两种工况下的兴波阻力系数，KCS 的模型主尺度如表 1 所示。

表 1 KCS 模型船型要素

船长 Lpp(m)	型宽 B(m)	型深 D(m)	吃水 T(m)	方形系数 C_b
7.2786	1.019	0.6013	0.3418	0.6505

本试验采用 FFD 自由变形方法对球鼻艏进行变换，球鼻艏 4 组参数的约束范围如表 2 所示。

表 2 参数约束范围

参数	原船	约束下限	约束上限
L_b/L_{pp}	0.031	0.024	0.035
h_b/T	0.462	0.372	0.55
b_{max}/B	0.147	0.122	0.184
δ/∇	0	-0.01	0.01

为了保证训练模型的鲁棒性，以均匀设计法在上述参数范围内选取 136 个样本点，采用基于非线性自由面势流理论和雷诺平均 N-S 方程的 SHIPFLOW 软件，对每个样本点进行三种工况下的兴波阻力系数数值计算，并利用 10 折交叉验证方式建立模型树近似模型。为了检验近似模型的准确度，选取相关系数、平均绝对误差(MAE)、均方根误差(RMSE)、相对平均误差(MRSE)作为评价指标来判断近似模型的可行性，船舶浮心位置变化与 3 种工况下兴波阻力系数预报模型具体情况如表 3 所示。

表 3 评价指标情况

预报目标	相关系数	MAE	RMSE	MRSE
浮心位置变化	0.995	0.0353	0.0418	0.987%
兴波阻力系数(Fr=0.26)	0.997	0.0012	0.0015	0.7%
兴波阻力系数(Fr=0.27)	0.998	0.0012	0.0017	0.4%

由此可见，模型树近似模型的预报效果符合该优化命题的精度要求，4 组预报目标的具体函数形式如下：

LM1: δ/∇<=-0.4%

$\Delta XCB=-7.74\times(l_b/l_{pp})+0.3\times(h_b/T)-6.61\times(b_{max}/B)+100.28\times(\delta/\nabla)+1.2$

LM2: -0.4%< δ/∇<=-0.3%, b_{max}/B<=0.177

$\Delta XCB=-9.39\times(l_b/l_{pp})+0.3\times(h_b/T)-7.9\times(b_{max}/B)+84.19\times(\delta/\nabla)+1.42$

LM3: -0.4%< δ/∇<=-0.3%, b_{max}/B>0.177

$$\Delta XCB=-11.09\times(l_b/l_{pp})-0.73\times(h_b/T)-9.27\times(b_{max}/B)+28.1\times(\delta/\nabla)+1.96 \qquad (4)$$

LM4: -0.3%< δ/∇<=0, b_{max}/B<=0.151

$\Delta XCB=-10.95\times(l_b/l_{pp})+0.29\times(h_b/T)-8.5\times(b_{max}/B)+83.55\times(\delta/\triangledown)+1.56$

LM5: $-0.3\%<\delta/\triangledown<=0$, $b_{max}/B>0.151$

$\Delta XCB=-19.81\times(l_b/l_{pp})+0.3\times(h_b/T)-15.82\times(b_{max}/B)+8.45\times(\delta/\triangledown)+2.84$

LM6: $\delta/\triangledown>0$

$\Delta XCB=-21.92\times(l_b/l_{pp})+0.05\times(h_b/T)-16.5\times(b_{max}/B)+2.86\times(\delta/\triangledown)+3.11$

其中，ΔXCB 表示浮心位置变化。

兴波阻力系数(F_r=0. 26)的预报情况为：

LM1: $b_{max}/B<=0.123$

$Cw=-0.39\times(l_b/l_{pp})-0.01\times(h_b/T)-0.79\times(b_{max}/B)+1.98\times(\delta/\triangledown)+0.65$

LM2: $0.123<b_{max}/B<=0.142$

$Cw=-0.03\times(l_b/l_{pp})-0.01\times(h_b/T)-0.63\times(b_{max}/B)+2.27\times(\delta/\triangledown)+0.62$

LM3: $0.142<b_{max}/B<=0.161$ （5）

$Cw=0.07\times(l_b/l_{pp})-0.004\times(h_b/T)-0.43\times(b_{max}/B)+2.15\times(\delta/\triangledown)+0.59$

LM4: $b_{max}/B>0.161$

$Cw=0.23\times(l_b/l_{pp})-0.004\times(h_b/T)-0.16\times(b_{max}/B)+2.66\times(\delta/\triangledown)+0.54$

兴波阻力系数(F_r=0.27)的预报情况为：

LM1: $b_{max}/B<=0.142$

$Cw=-1.59\times(l_b/l_{pp})-0.01\times(h_b/T)-1.32\times(b_{max}/B)+0.56\times(\delta/\triangledown)+1.1$

LM2: $0.142<b_{max}/B<=0.161$

$Cw=-1.43\times(l_b/l_{pp})-0.01\times(h_b/T)-0.94\times(b_{max}/B)+1.06\times(\delta/\triangledown)+1.04$

LM3: $0.161<b_{max}/B<=0.171$ （6）

$Cw=-1.25\times(l_b/l_{pp})-0.03\times(h_b/T)-0.44\times(b_{max}/B)+1.56\times(\delta/\triangledown)+0.97$

LM4: $b_{max}/B>0.171$

$Cw=-1.06\times(l_b/l_{pp})-0.02\times(h_b/T)-0.54\times(b_{max}/B)+2.4\times(\delta/\triangledown)+0.98$

本文的优化模型为

优化目标：使两种航速下的兴波阻力系数最小，即minC_w;

优化变量：l_b/lpp、h_b/T、b_{max}/B、$\delta/\triangledown$；

约束条件：排水量约束 $\varphi_1=\frac{|\Delta_{basis}-\Delta_{opti}|}{\Delta_{basis}}\leq 1\%$；浮心纵向位置约束 $\varphi_2=\frac{|L_{cbbasis}-L_{cb\,opti}|}{L_{cbbasis}}\leq 1\%$。

适应度函数为：

$$F=C_w(LM1,LM2,LM3,LM4)+\gamma P(X) \tag{7}$$

其中Δ_{basis}、$L_{cbbasis}$分别为原 KCS 船型的排水量、浮心纵向位置；Δ_{opti}、$L_{cb\,opti}$分别为优化船型的排水量、浮心纵向位置，γ为惩罚因子（本文取6）。

在采用 NSGA2 算法的优化过程中，选择实数编码法进行参数编码，初始种群大小为 200，选择算子采取锦标赛选择法，交叉概率为 0.8，变异概率为 0.06，交叉方式为 SBX(模拟二进制交叉)，变异方式为多项式变异，最大进化代数为 200 代，独立运行 10 次，最终搜索出 Pareto 前沿解集如下图所示，同原船型对应航速下的兴波阻力系数相比均下降明显（原船型数值模拟计算在 Fr 为 0.26,0.27 时的兴波阻力系数分别为 5.23×10^{-4},8.6×10^{-4}），可为考虑多航速下的优化方案确定提供依据。

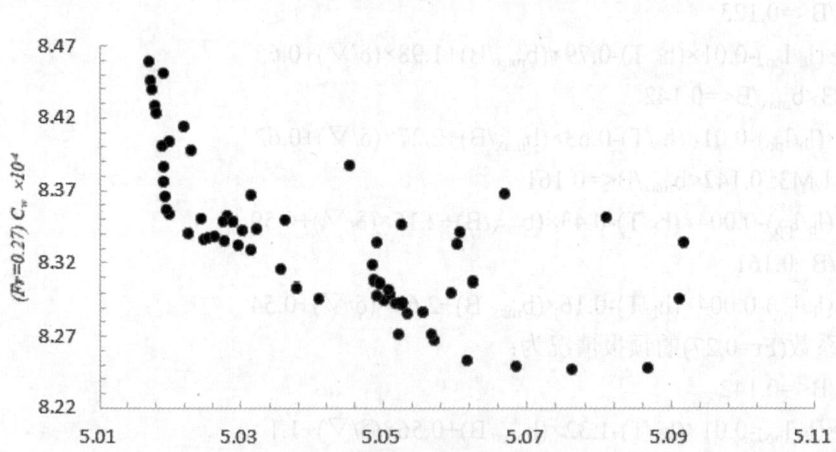

图 1 Pareto 前沿分布

5 总结

采用模型树近似模型与 NSGA2 算法相结合的方式，在球鼻艏多航速下阻力性能优化过程中，可以在保证精度的要求下显著降低计算成本，提高优化效率，得出一定数目的最优解。同时，模型树近似模型可以对优化变量和优化目标非线性关系之间建立较为清晰的函数关系，这对以后优化方案的选择提供了很好的参考。

参考文献

1 赵峰,李胜忠,杨磊,刘卉. 基于 CFD 的船型优化设计研究进展综述[J].船舶力学,2010,14(7):812-820.

2 刘祖源,冯佰威,詹成胜.船体型线多学科设计优化[M]北京:国防工业出版社,2010.

3 盛振邦,刘应中.船舶原理(上册)[M]上海:上海交通大学出版社,2003.

4 Quinlan J R. Learning with continuous classes[C]. Proceedings of the 5th Australian Joint Conference on Artificial Intelligence, Hobart, Australia, 1992: 343-348.

5 Breiman L, Friedman JH, Olshen R A, etal. Classification and regression trees[M]. Wadsworth, BelmontCA, 1984.

6 Li Chaoqun, Li Hongwei.A SVM and Model Tree Based Regression Model and Its Application in Predicting the Amount of Gas Emitted from Coalface[J].Journal of Basic Science and Engineering, 2011,19(3):370-378.

7 Franklin Y Cheng, Dan Li. Multiobjective optimization design with pareto genetic algorithm[J].Journal of Structure Engineering,1997;123(9):1252-1261.

Multi-speed resistance performance optimization of bulbous bow based on NSGA2 algorithm and model tree

ZhANG Qiao-yu, JIN Jian-hai, CHEN Jing-pu

(China Ship Scientific Research Center, Wuxi, 214082

Email: 1520049868@qq.com.)

Abstract: Installation of bulbous bow is an effective way to reduce wave-making resistance. In this paper, standard model-KCS bulbous bow is chosen as the example, the FFD geometry reconstruction, uniform design method is adopted and SHIPFLOW software established the wave making resistance coefficient of each sample about geometric parameters of bulbous bow. The model tree and NSGA2 algorithm is combined as an optimization method, considering two kinds of speed under the wave resistance of bulbous bow parameters optimization, solving the wave-making resistance coefficient under multi-speed of Pareto optimal solution set. Compared with the optimization method based on CFD technology, this scheme can improve the optimization efficiency and shorten the optimization period, and describe the nonlinear relationship between the parameters of the bulbous bow and the wave-making resistance coefficient, which can provide reference for further optimization research of other ship-type bulbous bow in the future.

Key words: Bulbous bow; Wave-making resistance; Model tree; Multi-speed optimization method.

植被影响下滞水区水流流场和平均滞留时间研究

向珂，杨中华*，刘建华，方浩泽

（武汉大学水资源与水电工程国家重点实验室，武汉，430072，Email: yzh@whu.edu.cn）

摘要： 无论是人工丁坝群形成的滞水区(groin fields)还是自然河岸内陷形成的河湾(embayment)，都与河道主流间存在混合交换层。明渠滞水区通常存在低速度环流结构，可以为水生生物提供有利的生存条件，是生物生长的重要区域。尽管前人对侧空腔区域的水动力学进行了深入研究，但植被条件下滞水区的相关研究相对较少。本研究采用大涡模拟（LES）研究了植被种群密度变化下矩形滞水区的紊动水流结构，用物理模型实验测得的时均流场对数值模型进行了验证。发现植被的存在影响了滞水区的环形结构，削弱了流速和湍动能，这种负面影响随着种群密度的增加而加强。伴随着交界面前缘诱导的脱落涡的发展，大尺度相干结构在混合层形成，这种拟序结构的发展几乎不受种群密度变化的影响。分析了植被化滞水区的水体滞留时间，发现随着种群密度增大，平均滞留时间先减小后增大，该现象是由大尺度相干结构、植株诱导的卡门涡街以及植被群阻滞效应3个因素共同作用的。

关键词： 明渠；滞水区；植被；大涡模拟；紊动水流

1 引言

自然河道中的滞水区一般是由自然河湾或是连续丁坝形成的，它可以为水生生物提供合适的生长条件，提高河流生态系统的生物多样性。滞水区水流速度相较于主渠比较小，这有助于悬移质泥沙的淤积（泥沙通常吸附着重金属）以及增加污染物在滞水区的滞留时间。这种污染拦截效应对河流生态是很有利的[1]。

由于细泥沙和有机物在滞水区的淤积，滞水区为水生植物提供了生长环境。反过来，植被的生长也会影响水流特性。Sukhodolov 等[2]对布置了丁坝群和模型植被的自然河道开展了研究，发现植被可以改变滞水区内的环流结构。Liu 等[3]对植被化河湾进行行了3D大涡模拟，发现植被会对交界面处的质量交换产生影响。尽管上述研究对植被化滞水区提供了一定的认识，但是许多方面还需要进一步探索。

基金项目: NSFC（grant nos. 51679170, 51439007, 51879199）

本研究旨在研究植被种群密度变化对滞水区水力特性的影响（植被类型：刚性挺水植被），采用大涡模拟方法，用模型试验成果对数值模型进行了验证。研究主要聚焦以下方面：①种群密度变化下，滞水区环流结构和紊动能的改变；②拟序结构的发展是否受种群密度变化影响；③植被种群密度对滞留时间的影响。

2 数学模型

通过对 3D 不可压缩 Navier–Stokes 方程过滤，可以得到 LES 的控制方程。方程中的亚格子应力项，反映了小尺度不可解物理量对水流运动的影响，可以通过涡黏性模型求解。采用 Smagorinsky 模型计算涡黏度。

2.1 模拟设置

试验概视图如图 1 所示。主渠宽 0.85 m，非淹没凹型滞水区（0.25 m 长，0.15 m 宽）布置在主渠左岸下游位置。主渠和滞水区底面齐平，试验水深 H 固定在 0.1 m。在滞水区内规则排列 1.5 mm 细铜丝近似水生刚性植被。

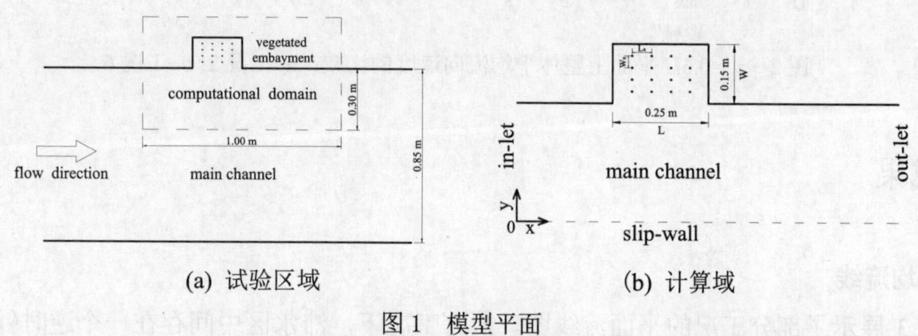

(a) 试验区域 (b) 计算域

图 1 模型平面

主渠水流的雷诺数为 9000，对应的平均流速 $U = 0.101$ m/s；佛汝德数 $F_r = 0.102$，自由水面可以采用刚盖假定[4]。为节省计算资源，只选取了 0.3 m = 2 W 的主渠宽度，可以保证侧空腔区域不会影响到右边界（沿水流方向）[5]，右边界采用自由滑移条件。上游边界以提前算好的瞬时速度场作为进口条件；该速度场通过对主渠段添加周期性条件而得到[6]。下游边界采用对流出口条件[7]。壁面和植被面设置为不可滑移条件。

植被种群密度定义为 $a = nS_v / S_{DWZ}$，n 代表植株数量，S_v 表示植株水平截面面积，S_{DWZ} 表示空腔水平界面面积。不同工况下的网格分布规律是近似的，这里只介绍工况 $a = 1.32\times10^{-3}$ 的网格分布情况。这个计算域采用结构化六面网格，近壁面网格间距 Y^+接近 1（相当于一个壁面单元），远离壁面处的网格间距在流向，展向，垂向分别为 17，10，10 个壁面单元，网格总数量为 1.5×10^7。

为研究植被种群密度变化对滞水区流场的影响，本研究选择了 6 种不同的种群密度，分别是 a = 0，1.32×10^{-3}，2.64×10^{-3}，3.96×10^{-3}，5.28×10^{-3}，6.27×10^{-3}；对应的网格数

量分别是 1.0×10^7，1.5×10^7，2.2×10^7，2.1×10^7，2.5×10^7，2.7×10^7；对应的时间步长分别是 0.005 H/U，0.004 H/U，0.0025 H/U，0.0025 H/U，0.002H/U，0.002 H/U。

2.2 模型验证

矩形明渠长 20 m，宽 1 m，深 0.5 m，坡降 1‰。顺着渠道左岸布置有机玻璃隔板来形成滞水区，滞水区距上游进口 10.5 m，能够保证来流到达滞水区时为充分发展紊流。PIV 系统采用双脉冲激光工作原理，采样频率 14.5 Hz（采集 320 幅照片组）。测试粒子是中空玻璃珠，直径 1 μm～5 μm，密度 1.05 g/cm^3。图 2（a）和（b）分别展示了工况 2 和工况 6 在 $z = 0.6H$ 水深平面整体平均流向速度 U 沿 y 轴的分布规律。两种工况下，数值模拟结果与模型实验成果吻合度较好，验证了 LES 的可靠度。

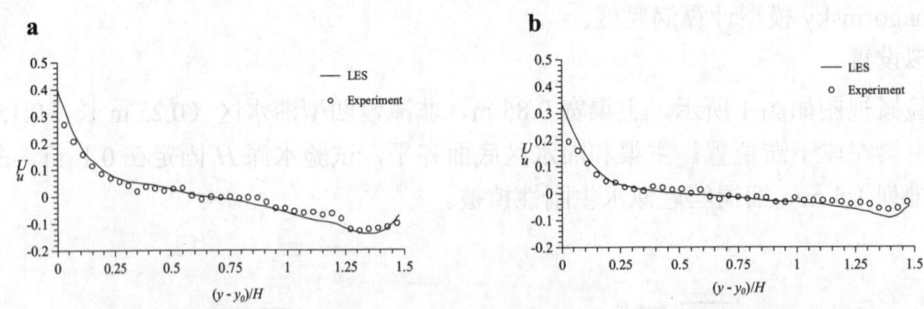

图 2　$z = 0.6H$ 平面上整体平均流向速度的比较：**a** 工况 2; **b** 工况 6

3　成果

3.1 时均流线

图 3 展示了部分工况的平面流线图。所有工况下，滞水区中间存在一个逆时针主环流结构，几乎占据滞水区 90%的区域。当植被种群密度逐渐增加时，由于植被群落阻滞，滞水区内 x 向时均流速逐渐降低。需要说明的是，当 $a < 2.64‰$时，滞水区上游角落存在一个次环流结构；当 $a > 2.64‰$时，次环流结构消失。

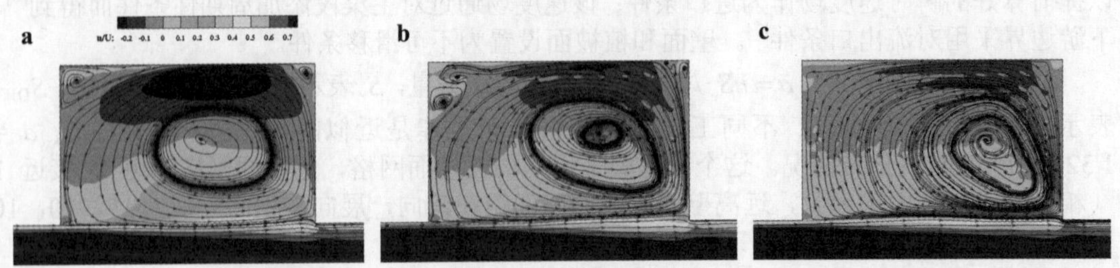

图 3　$z = 0.6H$ 平面时均流线图（水流从左向右）：**a** 工况 1；**b** 工况 3；**c** 工况 5

3.2 紊动能

图 4 $z = 0.6H$ 平面紊动能分布（水流从左向右）：**a** 工况 1；**b** 工况 3；**c** 工况 5

图 4 展示了部分工况下下 $z = 0.6H$ 平面上的紊动能分布（以 U^2 无量纲化）。所有工况下，高紊动能集中在主渠和滞水区的混合层。这是由交界面处的不稳定强剪切和脱落涡随流发展共同造成的。最大的紊动能出现在交界面后缘，是水流撞击的结果。

当种群密度增加时，滞水区内的紊动强度逐渐降低。一方面是由于植被拖曳力的增加会导致进流（进入滞水区）衰减，因而被进流携带到滞水区的高紊动涡量也会减少；另一方面，高种群密度植被会对水体紊动产生抑制作用[8]。

3.3 拟序结构

采用 Q 准则，对混合层拟序结构进行了可视化处理，如图 5 所示。与紊动能分布规律相似，夹带高涡量的拟序结构集中分布在交界面附近。当滞水区内存在植被时，混合层水流会撞击交界面附近的植被，形成圆柱绕流并产生卡门涡街。考虑到植被直径尺寸较小，经植株诱发的脱落涡尺度，相比于混合层拟序结构是较小的。

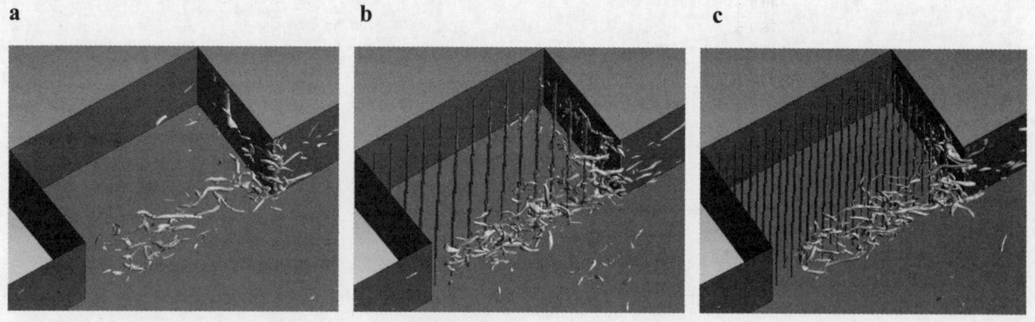

图 5 3D 拟序结构（水流从左向右）：**a** 工况 1；**b** 工况 3；**c** 工况 5

3.4 平均滞留时间

平均滞留时间 T_{DWZ} 是滞水区的重要参数，可以等效为替换整个滞水区水体所需要的时间。根据上述定义，将滞水区水体体积除以交界面面积和水流交换速度，可以得到 T_{DWZ}[9]：

$$T_{DWZ} = \frac{LWH_{DWZ}}{\overline{E}LH_E} = \frac{1}{K_{DWZ}} \tag{1}$$

式中，H_{DWZ} 和 H_E 别表示滞水区和交界面水深，本研究中等于水深 H。$\overline{E}$ 表示交界面的平均交换速度，通过对多组瞬时交换速度求平均值得到。K_{DWZ} 表示质量交换系数。

依据 Weitbrecht and Jirka[10]提出的公式，瞬时交换速度 E 等于：

$$E = \frac{1}{2A_{\text{int}}}\int_{A_{\text{int}}} |v| \tag{2}$$

式中，A_{int} 表示交界面的面积，v 表示交界面微小单元的瞬时横向速度，用微元网格中心点的横向速度近似替代。

图 6 展示了随着种群密度 a 增加，平均滞留时间 T_{DWZ} 的变化规律。当 a 增加时，T_{DWZ} 先降低后升高，在 $a = 3.96\times10^{-3}$ 降到最小值。本研究认为是 3 种因素共同作用导致了上述结果。①混合层的大尺度拟序结构：它控制着主渠和滞水区的质量交换，与滞留时间呈负相关，也就是拟序结构越强，滞留时间越小；②植株诱发的卡门涡街：它可以促进水体交换[11]，与滞留时间呈负相关；③搞种群密度植被的阻滞：它会抑制水体交换，与滞留时间呈正相关，也就是阻滞效应越强，滞留时间越大。

图 5 表明了所有工况下大尺度拟序结构基本是一致的，因而控制性因素不参与下述讨论。当 a 从 0 增加到 3.96×10^{-3}，植株诱发的卡门涡街的不规则震荡越来越强烈，加速了主渠和滞水区的水体交换。这种促进作用大于植被的阻滞作用，因而滞留时间 T_{DWZ} 逐渐降低。当 $a > 3.96\times10^{-3}$，随着种群密度增加，植被群落的拖曳力加强，同时植被间距缩减会阻碍主渠和滞水区之间的动量交换，植被对水体交换的抑制作用大于促进作用，因而滞留时间 T_{DWZ} 逐渐增大。

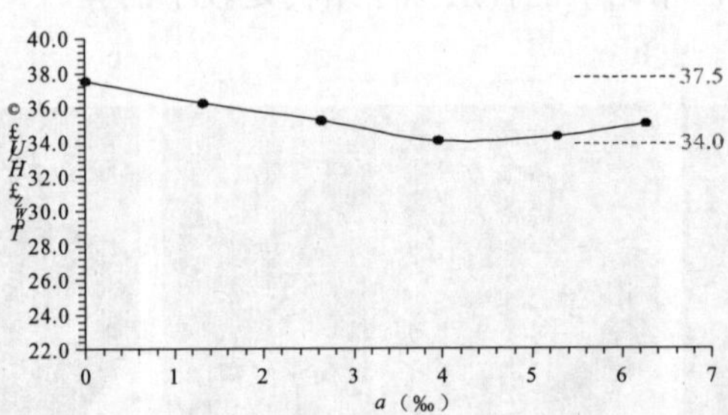

图 6 滞留时间 T_{DWZ} 随种群密度 a 的变化

4 结论

本文采用 LES 方法研究了植被种群密度变化对河湾滞水区紊流结构的影响，用模型试验成果验证了数学模型的可靠性。研究成果丰富了对植被化滞水区的认识，表明了植被可以有效地衰减滞水区环流速度和紊动能，从而促进泥沙和有机物的沉降，这有利于滞水区水生生物的生长。同时，植被种群密度变化可以调节滞水区水体滞留时间，该认识可以帮助河道治理者通过调整种群密度提高植被化滞水区对主渠水体的净化效率。

参 考 文 献

1 Huaixiang L, Yongjun L. Experiment of hydraulic structure s effect on pollutant transport and dispersion[C]//2013 the International Conference on Remote Sensing, Environment and Transportation Engineering (RSETE 2013). Atlantis Press, 2013.

2 Sukhodolov A N, Sukhodolova T A, Krick J. Effects of vegetation on turbulent flow structure in groyne fields[J]. Journal of Hydraulic Research, 2017, 55(1): 1-15.

3 Lu J, Dai H C. Large eddy simulation of flow and mass exchange in an embayment with or without vegetation[J]. Applied Mathematical Modelling, 2016, 40(17-18): 7751-7767.

4 Alfrink B J, Van Rijn L C. Two-equation turbulence model for flow in trenches[J]. Journal of Hydraulic Engineering, 1983, 109(7): 941-958.

5 Brevis W, Garcia-Villalba M, Niño Y. Experimental and large eddy simulation study of the flow developed by a sequence of lateral obstacles[J]. Environmental Fluid Mechanics, 2014, 14(4): 873-893.

6 Sanjou M, Akimoto T, Okamoto T. Three-dimensional turbulence structure of rectangular side-cavity zone in open-channel streams[J]. International journal of river basin management, 2012, 10(4): 293-305.

7 Constantinescu G, Sukhodolov A, McCoy A. Mass exchange in a shallow channel flow with a series of groynes: LES study and comparison with laboratory and field experiments[J]. Environmental fluid mechanics, 2009, 9(6): 587.

8 Nepf H M. Hydrodynamics of vegetated channels[J]. Journal of Hydraulic Research, 2012, 50(3): 262-279.

9 Weitbrecht V. Influence of dead-water zones on the dispersive mass transport in rivers[M]. Universität Karlsruhe, Institut für Hydromechnaik, 2004.

10 Weitbrecht V, Jirka G H. Flow patterns in dead zones of rivers and their effect on exchange processes[C]//Proceedings of the 2001 International Symposium on Environmental Hydraulics. 2001.

11 Sanjou M, Nezu I. Large eddy simulation of compound open-channel flows with emergent vegetation near the floodplain edge[J]. Journal of Hydrodynamics, 2010, 22(1): 565-569.

Study on turbulent flow field and mean retention time in a dead-water zone with or without vegetation

XIANG Ke, YANG Zhong-hua, LIU Jian-hua, FANG Hao-ze

(State Key Laboratory of Water Resources and Hydropower Engineering Science, Wuhan University, Wuhan 430072. Email: yzh@whu.edu.cn)

Abstract: Both the groin fields formed by the artificial consecutive groynes and the embayment formed by the natural indention of the river banks, have a mixing layer with the river mainstream, and there generally existing a circulation structure with a low level of velocity in the lateral cavity (called dead-water zone). Dead-water zones in the open channel can provide favorable growing conditions for aquatic organisms, and is an important area for biological growth. Although flow hydrodynamics in the lateral cavity have been well studied, the impact of vegetation on recirculating flow is rarely considered. This study adopts large eddy simulation (LES) to examine the turbulent flow structure in a rectangular embayment zone with different population densities of vegetation, and the numerical model is validated by the the physical experiment. Vegetation rearranges the circulation structure in the DWZ and weakens the velocity and turbulent kinetic energy. This negative effect increases with increasing population density. With the development of the shedding vortex induced in the front edge of the channel–embayment interface, the large-scale coherent structure forms in the mixing layer and is hardly affected by the variation of population density. As the vegetation density increases, the mean retention time first decreases and then increases as a result of the combined action of three factors, namely, the large-scale coherent structure, the plant-induced Karman vortex street, and the blocking effect of dense vegetation.

Key words: Open channel; Dead-water zone; Vegetation; Large eddy simulation; Turbulent flow.

基于 CFD 的槽道滑行艇阻力性能研究

邢晓鹏，邵文勃，马山，邵飞

(哈尔滨工程大学船舶工程学院，哈尔滨，150001，Email:mashan0451@126.com)

(陆军工程大学野战工程学院，南京，210042，Email:shaofei@seu.edu.cn)

摘要：滑行艇具有阻力小、航速高、成本低等优势，在军事民用方面应用广泛。近年来槽道滑行艇发展迅速，相对于普通滑行艇槽道滑行艇兴波阻力小，在高速时具有更好的阻力性能和优良的耐波性能。本研究基于 STAR-CCM+开展了单体滑行艇阻力预报，预报结果与已有的试验数据对比吻合较好。在此基础之上研究了某双体槽道滑行艇的静水阻力性能，探究了不同重心纵向位置、片体底部倾斜角度、槽道高度对双体槽道滑行艇静水阻力性能的影响，并分析各个影响因素对双体槽道滑行艇静水阻力性能的作用机理。

关键词：双体槽道滑行艇；静水阻力；CFD 技术

1 引言

同国外相比，我国现有的登陆艇要么航速较低，要么载重量偏低，导致我国在重载高速登陆艇（载重量大于 50t、航速大于 30kn）的船型设计、耐波性能、快速性能等方面与国外相比仍然有较大的差距。基于此研究开展了对双体槽道滑行艇相关船型设计和水动力性能研究。双体槽道滑行艇高速滑行时，槽道顶部会处于通气状态并形成空气润滑层，从而减少船体受到的摩擦阻力，此外空气润滑层还具有缓冲、减振的作用。双体槽道滑行艇可以利用甲板面积大，稳性也更好；两个片体的推进器间距较大，因此具有较好地操纵性能；艇体引起兴波更小，能量损耗更少。随着 CFD 技术的发展国内外很多学者利用 CFD 技术研究滑行艇的静水阻力性能，Subramanian 等[1]运用商业 CFD 软件 FLUENT 计算了槽道滑行艇与无槽道滑行艇在高速直航运动时的总阻力以及艇底压力分布情况，并将计算结果与模型试验结果进行了对比，证明了 CFD 技术的可行性；孙华伟[2]使用 STARCCM+探究了网格质量、湍流模型、时间步长对单体滑行艇阻力性能模拟精度的影响，将 CFD 模拟结果与模型试验结果以及 SIT 法估算结果进行了对比验证了数值模型的可靠性。

基金项目：陆军装备预研项目（30110030103）、国家自然科学基金（51879058）

2 CFD 模拟方案及验证

为总结 CFD 模型经验，首先开展了单体滑行艇静水航行阻力粘流模拟研究。选取的滑行艇模型来自于 Fridsma[3]于 1969 年进行的系列试验。试验中滑行艇模型的底部斜升角为 10°，长宽比为 4（船长 1.143m、船宽 0.2286m），型深 0.143m，由于滑行艇为直航运动，且滑行艇关于中纵剖面左右对称，因此可以取一半流域计算，从而大幅减少网格数目，提高计算的效率。计算域的范围如图 1 所示（L 为艇长）：

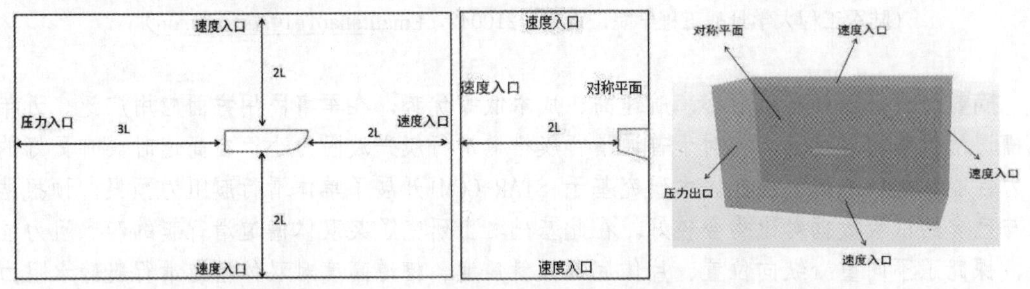

（a）计算域侧视图（b）计算域正视图（c）计算域三维图

图 1 计算域及边界条件

为了防止波浪在边界处发生反射，在上游入口、下游出口以及远离艇体一侧设置了消波区。高速滑行艇静水阻力模拟，船体表面网格尺寸选定为船长的 4‰～9‰，能够获得较好的模拟精度[4]，本研究取船体表面网格尺寸为船长的 7‰进行计算。为了清晰地捕捉流场，对自由面，特别是船行波区域进行了网格加密，考虑到船首曲率变化较大，船尾在高速状态下会产生空穴，因此在船首及船尾处也进行了加密。对近壁面的网格处理通常采用壁面函数法，将船体表面的网格节点设置为等比分布的六层，节点分布系数 $r^*=1.2$，y^+为无因次化后的第一层网格的厚度，此次模拟中 y^+取 100。按照上述方法生成的网格总数约 95 万，网格情况如图 2 所示。

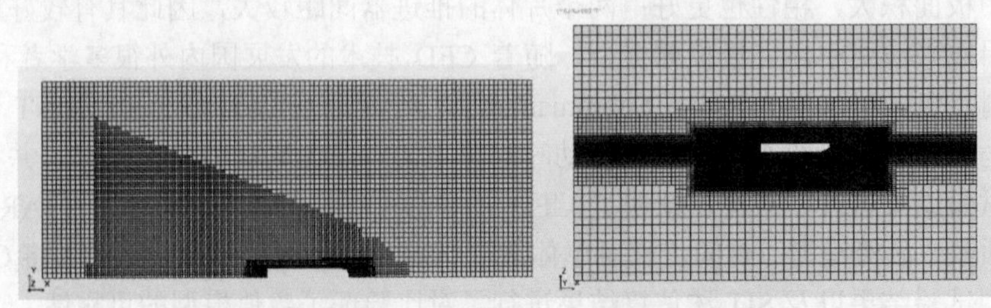

（a）网格划分俯视图（b）网格划分侧视图

图 2 流体域网格划分情况

对滑行艇静水阻力预报采用运动域方法开放垂荡和纵摇两个自由度，时间步长通常取为 0.005～0.01L/U，其中 L 为船长，本次验证时间步取为 0.005L/U。

如图 3 所示，在各个工况下计算得到的升沉值、纵倾角略小于试验值，但差距不大。各航速下的静水阻力结果除了个别工况的误差略大于 5%外，其他工况的误差均小于 5%，这说明该 CFD 模拟方案可较为精确地计算滑行艇的总阻力值。

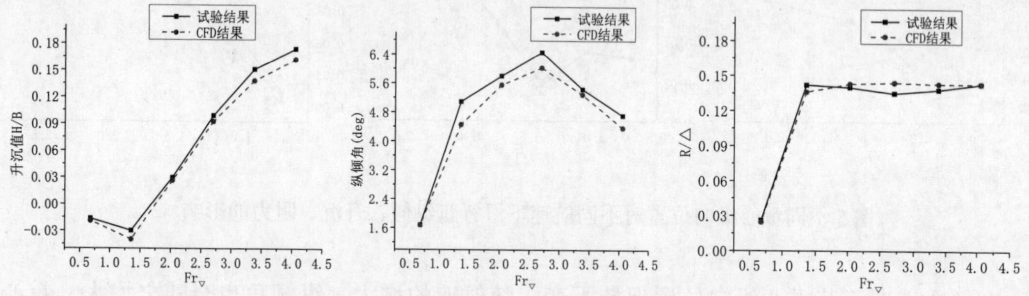

图 3 单体滑行艇重心升沉、纵倾、静水阻力 CFD 结果同试验结果对比

3 双体槽道滑行艇静水阻力性能模拟

针对设计的双体槽道滑行艇（横剖面示意图见图 4，折角线长 36m，型宽 8m，槽道宽度 3.4m，艏部成喇叭形开口，方艉），按照经验证后的 CFD 模拟方案进行了静水阻力性能的计算，并分析了重心不同纵向位置、片体底部倾斜角度、槽道高度对双体槽道滑行艇静水阻力性能的影响。滑行艇模型缩尺比为 10，实船的航速为 10 节～35 节（每隔 5 节取一个）六种工况，对应船模速度为 1.63m/s-5.69m/s，对应的体积傅汝德数为 0.705～2.466。大部分工况下滑行艇处于半滑行状态。

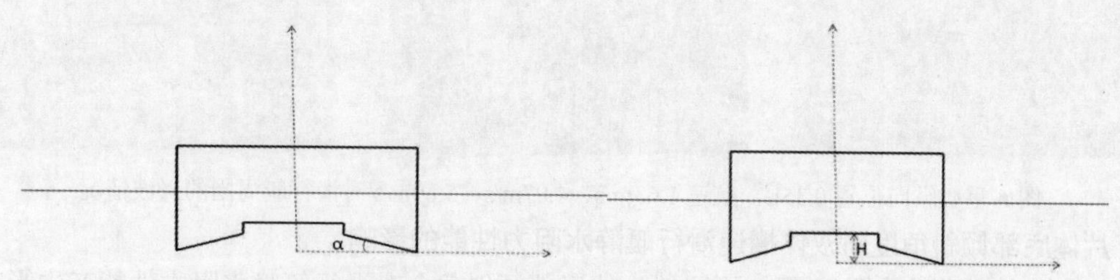

图 4 滑行艇片体底部倾斜角及槽道高度示意图

3.1 重心纵向位置对双体槽道滑行艇静水阻力性能的影响

重心纵向位置的不同会直接影响不同航速下滑行艇的浮态，从而影响其静水阻力性能。这里重心纵向位置用重心到尾封板的纵向距离占滑行艇总长的比重来表示。重心纵向位置取 0.45，0.4，0.35 三组，比较不同航速下滑行艇的静水阻力性能与浮态如下：

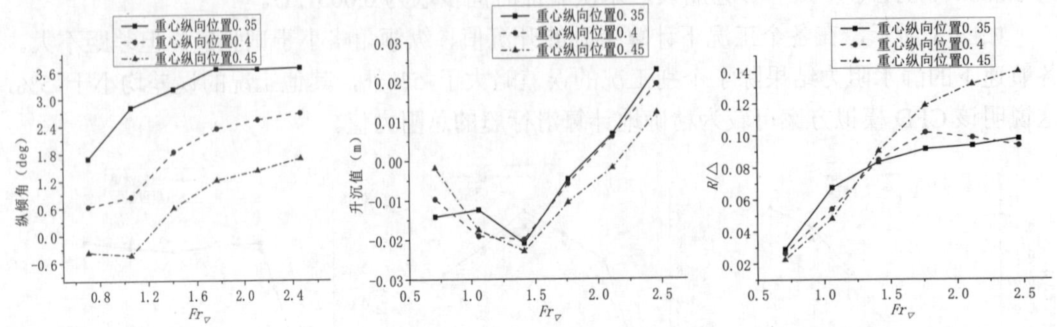

图 5 不同重心纵向位置对不同航速下滑行艇纵倾、升沉、阻力的影响

在各个工况下若重心纵向位置保持不变，随航速的增大，纵倾角也会随之增大。重心纵向越靠船艏纵倾角越小。重心纵向位置 0.45 一组在低航速时，滑行艇出现了小倾角的埋艏现象。三组不同的重心纵向位置计算得到的重心垂向位置几乎都是在体积傅汝德数为 1.4 时下沉到最低。航速继续增大，重心垂向位置随之上升。在高速状态下，重心位置 0.35、0.4 两组得到的升沉值比较接近。重心纵向位置越靠后，重心垂向位置上升越高。

重心纵向位置对槽道滑行艇的静水阻力性能有较大影响。当体积傅汝德数小于 1.3 低航速状态下，重心纵向位置越靠后，总阻力越大。当体积佛汝德数大于 1.3 时，重心纵向位置越靠前，总阻力越大。在高航速的工况下，重心纵向位置 0.35 一组的阻力性能最优。

如图 6 所示随航速增加，船行波越来越明显，其夹角越来越小。船行波发生的位置越来越靠后。因为随航速增加滑行艇纵倾和升沉增加，船艏水线向后方移动，尾部空穴变长。

图 6 重心纵向位置 0.35L，航速 1.63m/s、4.07m/s、5.69m/s 时滑行艇周围的兴波情况

3.2 片体底部倾斜角度对双体槽道滑行艇静水阻力性能的影响

片体底部形状呈倒 V 型，不同的片体底部倾斜角会对滑行艇静水阻力性能产生影响。这里取片体底部倾斜角度为 0°，5°，9° 3 种（图 4），重心纵向位置取距艉封板 0.35L，对滑行艇静水阻力性能进行对比分析。

模拟结果如下图 7 所示，改变片体底部倾斜角对双体槽道滑行艇的纵倾角基本没有影响；增大片体底部的倾斜角，会使得双体槽道滑行艇的水下部分变得尖瘦，方形系数减小，滑行艇重心的升沉值减小，吃水增大；从对阻力性能的影响来看，适当增大片体底部倾角有利于改善中高航速段的阻力性能。

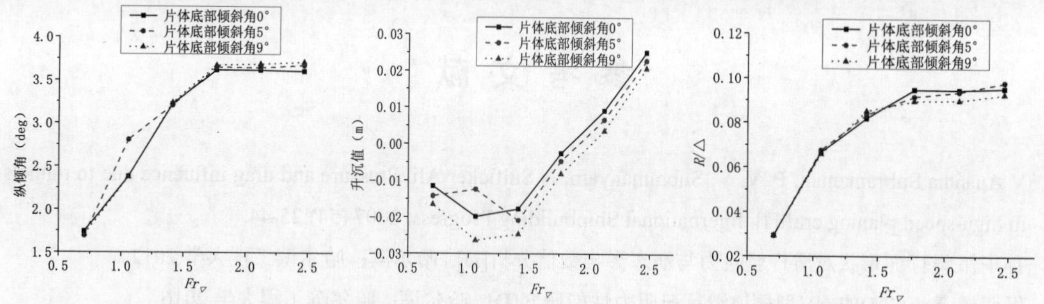

图 7 不同片体底部倾角对不同航速下滑行艇纵倾、升沉、阻力的影响

3.3 槽道高度对双体槽道滑行艇静水阻力性能的影响

取五组槽道高度（图 4）分别为 30mm、40mm、50mm、60mm、70mm。重心距尾封板 0.35L，片体底部倾斜角取 5°，对滑行艇静水阻力性能进行对比分析。

从结果可以看出具有不同槽道高度的滑行艇在相同工况下的纵倾角基本相等，可以认为槽道高度对滑行艇的纵倾角基本没有影响。而滑行艇的重心升沉随槽道高度的变化规律非常明显，槽道高度越低，会增大槽道内气体的压缩性，从而有利于艇体的抬升。从整个航速段的阻力结果来看，槽道越低越有利于降低滑行艇的阻力。

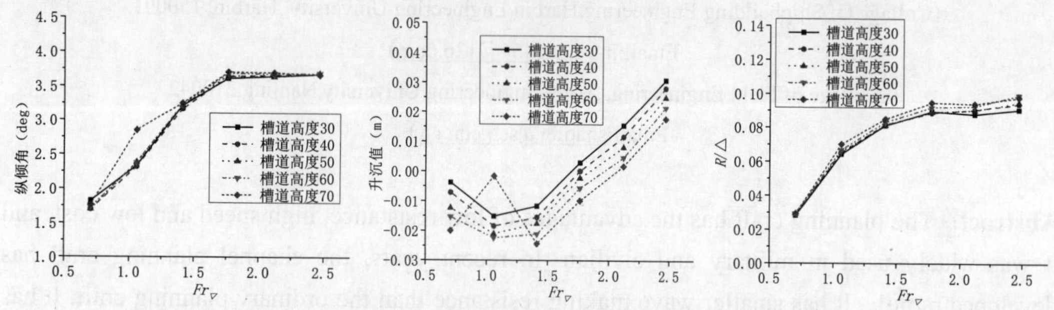

图 8 不同槽道高度对不同航速下滑行艇纵倾、升沉、阻力的影响

4 结论

本研究首先采用 CFD 方法对单体滑行艇静水阻力进行了数值预报，与模型试验结果吻合较好，验证了数值模型的可靠性。而后再模拟计算了双体槽道滑行艇静水阻力性能，得到以下结论：在过渡航速段，滑行艇重心纵向位置在 0.35L 时艇体抬升较高，阻力性能较好；适当提高滑行艇底部的横向斜升角有利于降低滑行艇的阻力；槽道高度较低时增大了槽道内气体的压缩性，有利于抬升艇体，从而降低了滑行艇静水阻力。

参 考 文 献

1 V Anantha Subramanian, P. V. V. Subramanyam, N Sulficker Ali. Pressure and drag influence due to tunnels in high-speed planing craft[J]. International Shipbuliding Progress, 2007 (54):25-44.

2 孙华伟.滑行面形状对滑行艇阻力与航态影响数值分析[D]. 哈尔滨：哈尔滨工程大学,2012.

3 姬朋辉.基于CFD的倒V型槽道滑行艇阻力性能研究[D]. 哈尔滨：哈尔滨工程大学,2016.

4 Gerard Fridsna. A systematic study of the rough-water performance of planing boats.

Research on the resistance performance of the channel pianningcrafe based on CFD

XING Xiao-peng, SHAO Wen-bo, MA Shan, SHAO Fei

（Collage Of Shipbuilding Engineering,Harbin Engineering University ,Harbin, 150001.

Email:mashan0451@126.com）

（College of Field Engineering, Army Engineering University,Nanjing,210042.

Email:shaofei@seu.edu.cn）

Abstract：The planning craft has the advantages of low resistance, high speed and low cost, and it was widely used in military and civilian. In recent years, the channel planning craft has developed rapidly. It has smaller wave making resistance than the ordinary planning craft. It has better resistance performance and excellent sea keeping performance at high speed. The resistance of the single planning craft was predicted by STAR-CCM+, and the results agree well with the result of the experiment. Based on this, the calm water resistance performance of the double-body channel planning craft and the influence of the different longitudinal position of the center of gravity, the inclination angle of the sheet in the bottom , the height of the channel on the resistance performance of planning craft were studied. The influence mechanism of each influencing factor on the clam water resistance performance of the double-body channel planning craft was analyzed.

Key words：Double-body channel planning boat; Calm water resistance; CFD technology

粗糙底床泥-水界面有效扩散系数的影响因素及其标度关系

陈春燕，赵亮，王道增，樊靖郁

(上海大学，上海市应用数学和力学研究所，上海，200072. *通讯作者，Email: jyfan@shu.edu.cn)

摘要：泥-水界面是河流、河口、湖泊、水库、湿地以及近海等自然水体中重要的环境边界。粗糙底床泥-水界面区域物质交换过程不仅与水动力作用和底床渗透率有关，还涉及颗粒/粗糙元尺度的床面粗糙度影响。本文通过实验室环形水槽实验，测量得到不同粒径模型沙粗糙底床条件下，界面物质交换通量的定量数据和变化特征，分析有效扩散系数与其主要影响参数之间的标度关系。实验结果表明，在本文实验参数范围内，粗糙底床条件下泥-水界面有效扩散系数与光滑底床相比有所增大，与其主要影响参数之间存在较为一致的标度关系。对于相对较高渗透率的粗糙底床情形，有效扩散系数与不同形式雷诺数之间大致呈 2 次方标度关系，其适用范围可采用合适的无量纲参数（如渗透率雷诺数）阈值来表征。与光滑底床相比，粗糙底床条件下的这一阈值由于粗糙床面湍流渗透影响增强而有一定程度的减小。

关键词：粗糙底床；泥-水界面；有效扩散系数；标度关系

1 引言

泥-水界面是河流、河口、湖泊、水库、湿地以及近海等自然水体中重要的环境边界。泥-水界面区域的物质交换过程对环境水体中溶解氧、氮/磷营养盐、重金属以及有机污染物的迁移转化起着控制和调节作用。界面物质交换通量及其影响因素的研究，受到环境流体力学以及水环境、水资源和水生态等相关领域国内外学者的共同关注[1-3]。

对于粗糙底床而言，泥-水界面区域的物质交换过程不仅受水动力作用的影响，床面粗糙度和渗透率的影响也不容忽视[4-5]。自然水体中底床通常由不同粒径的泥沙颗粒组成，底床表面受水流作用易形成不同尺度的沙纹和沙波等床面形态，即使对于平整底床，颗粒尺度粗糙床面也会使得水力光滑不再满足（即构成水力粗糙床面）。以往研究表明，在缺乏床面形态的情况下，粗糙床面附近区域存在上覆水/孔隙水耦合流动和湍流渗透，对界面物质交换特性产生重要作用[5]。但目前在粗糙底床界面物质交换特性及其影响因素方面还缺乏深入研究[6]，如在有效扩散系数的影响因素方面，一些研究者较少关注床面粗糙度的影响，仅作为一个与渗透率紧密相关的参数[7]，或是认为床面粗糙度的影响已通过摩阻流速得以体现[8]。有效扩散系数与其主要影响参数（如不同形式的雷诺数）之间的标度关系，不同研究者的结果并不一致[8-9]。

因此，本文主要通过实验室环形水槽实验和机理分析，测量得到不同粒径模型沙粗糙（平整）底床条件下，界面物质交换通量的定量数据和变化特征，分析有效扩散系数与其主要影响参数之间的标度关系。

2　实验装置和测量方法

实验在上海大学力学所自制的环形水槽中进行。环形水槽主体装置由有机玻璃制成，包括底槽、内外壁和上部的剪力环，内外壁直径分别为 0.6m 和 1m，构成宽度为 0.2m、高度为 0.4m 的环形槽道。上部剪力环由电机驱动，通过控制系统调节剪力环升降和转速（R）带动水体表面流动，在环形槽道内可按实验工况要求控制上覆水平均流速（U）和水深（H）。实验过程中保持水深不变（H=15cm），上覆水总体积（V_w）也保持不变。剪力环转速限制在避免底泥发生再悬浮的低速范围（$R\leq$20r/min），可近似忽略水槽内形成的二次流。

图 1　环形水槽实验装置

环形水槽实验底泥样品采用不同粒径（d_g）的模型沙，粒径范围分别为（0.2~0.45mm）、（0.6~1.0mm）和（1.0~2.0mm）。样品孔隙度（θ）采用水蒸发法测定，3种底泥样品孔隙度分别为0.42、0.44和0.45。样品渗透率（K）可根据Kozeny-Carmen公式估算[9]。实验过程中将厚度（h_s）为15cm的模型沙均匀铺设于水槽底部，底床表面积（A_s）和体积（$V_s=A_s\times h_s$）均保持不变。床面粗糙高度（k_s）和摩阻流速（u_*）可由经验公式给出[8]。

上述特征量可构成不同形式的无量纲影响参数，如上覆水雷诺数（$Re=UH/\nu$）、粗糙雷诺数（$Re_k=u_*k_s/\nu$）以及渗透率雷诺数（$Re_K=u_*K^{1/2}/\nu$）等不同形式的特征雷诺数。水槽实验参数和工况详见表1。由表1可见，通过改变平均流速和底床泥沙粒径，本文实验参数范围涵盖水力光滑区（$Re_k<5$）、过渡粗糙区（$5\leq Re_k\leq 70$）和完全粗糙区（$Re_k>70$）。

表 1 实验参数和工况

实验工况 Run	平均流速 U(cm/s)	水深 H(cm)	孔隙度 θ	渗透率 K(cm^2)	摩阻流速 u_*(cm/s)	粗糙雷诺数 Re_k	渗透率雷诺数 Re_K
1	5.65	15.0	0.42	2.21×10^{-6}	0.35	4.52	0.052
2	10.6	15.0	0.42	2.21×10^{-6}	0.66	8.48	0.098
3	15.34	15.0	0.42	2.21×10^{-6}	0.96	12.28	0.143
4	5.65	15.0	0.44	1.36×10^{-5}	0.38	10.94	0.141
5	10.6	15.0	0.44	1.36×10^{-5}	0.72	20.53	0.265
6	15.34	15.0	0.44	1.36×10^{-5}	1.04	29.72	0.384
7	10.6	15.0	0.45	6.69×10^{-5}	0.78	46.92	0.639
8	15.34	15.0	0.45	6.69×10^{-5}	1.13	67.9	0.925
9	20.92	15.0	0.45	6.69×10^{-5}	1.54	92.63	1.263

采用非吸附性氯化钠（NaCl）作为代表性溶质（上覆水中分子扩散系数为 D_m，孔隙水中为 D'_m），每个实验工况上覆水初始浓度（C_0）保持相同。在实验过程中，通过虹吸采样并测量得到上覆水 NaCl 浓度随时间的变化（C），即可确定不同工况的界面物质交换通量（J）和有效扩散系数（D_{eff}）[5,8]。

3 结果和分析

泥-水界面区域的垂向物质交换过程可由多种不同尺度且相互作用的水动力机制驱动，包括分子扩散、剪切离散、湍流渗透以及孔隙水对流等，有效扩散系数反映了多种机制的共同作用。典型工况（Run 5）和不同流速条件下的实验结果如图 2 和图 3 所示。

由图 2 可见，上覆水浓度（C/C_0）在初始交换阶段下降较快，随后交换速率逐渐减缓，直至达到交换平衡（平衡浓度约为 $C/C_0\approx0.7$）。初始交换阶段，界面物质交换速率正比于 $t^{1/2}$，通过浓度下降曲线的初始斜率可拟合得到 D_{eff} 的定量数据，这也说明采用有效扩散系数可以较好地描述多种机制共同作用的界面物质交换过程。由图 3 可见，对于相同的粗糙底床，随上覆水平均流速 U（或雷诺数 Re）的增大，界面物质交换通量显著增大。上覆水雷诺数 Re 对驱动界面物质交换的各种机制都有重要影响，尤其对上覆水/孔隙水耦合流动特性起着主要作用。

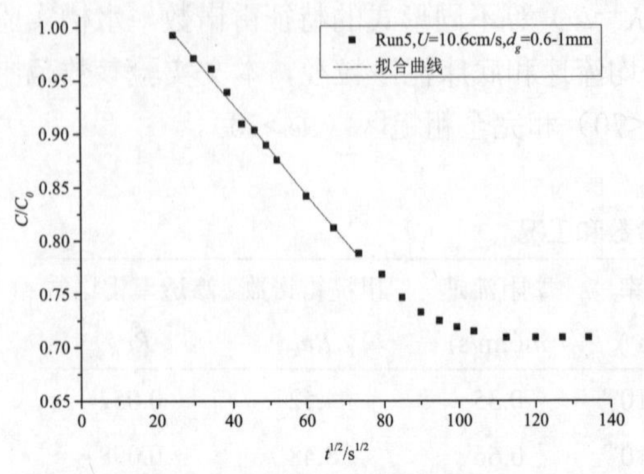

图 2　典型工况上覆水浓度随时间变化（Run 5）

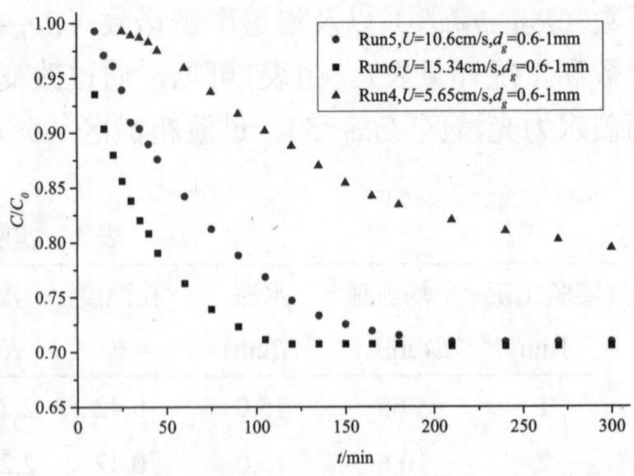

图 3　不同流速条件下上覆水浓度随时间变化

为进一步分析底床渗透率和床面粗糙度对界面物质交换特性的影响，图 4 和图 5 给出了不同粒径模型沙底床条件下的实验结果。由图 4 可见，底床渗透率和床面粗糙度对界面物质交换特性具有不可忽视的影响，在相同的平均流速条件下，随底床渗透率和床面粗糙度的增大，与光滑底床相比，粗糙底床条件下界面物质交换通量有所增大。由图 5 可见，在一定的参数范围内，有效扩散系数与主要影响因素（渗透率雷诺数 Re_K）之间存在较为一致的标度关系。对于具有较高渗透率的粗糙底床，完全粗糙区有效扩散系数与 Re_K 大致呈 2 次方标度关系，这一标度关系与更大粒径的粗沙和砾石底床条件下的文献结果一致[5,9]。过渡粗糙区有效扩散系数存在一定程度的增大趋势，与 Re_K 之间仍呈 2 次方标度关系，而水力光滑区有效扩散系数与 Re_K 之间的文献结果较为分散。

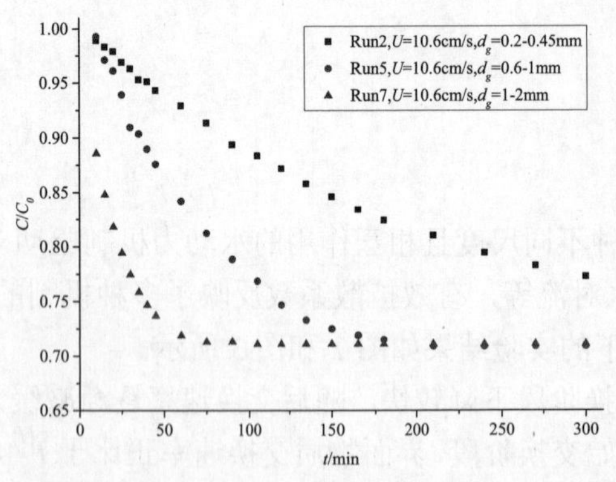

图 4　不同底床条件下上覆水浓度随时间变化

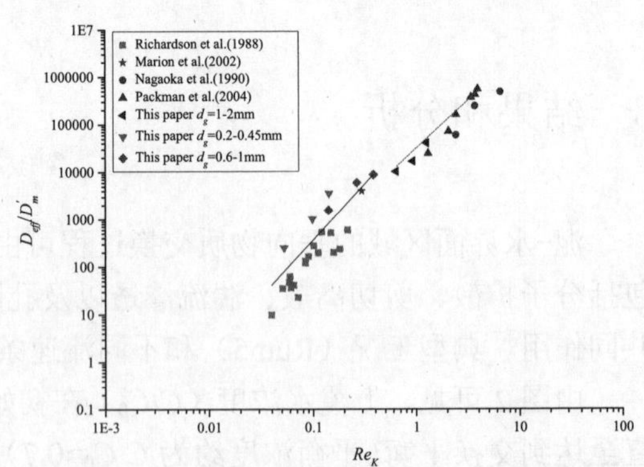

图 5　有效扩散系数和渗透率雷诺数的标度关系

综合上述结果可见，对于粗糙底床而言，在较大的无量纲影响参数范围内，底床渗透性和床面粗糙度对泥-水界面区域物质交换特性的影响程度存在差异。可采用合适的无量纲参数阈值来表征不同标度关系的适用范围，如采用渗透率雷诺数来表征，与光滑底床相比，粗糙底床条件下的这一阈值由于过渡区内湍流渗透影响增强而有一定程度的减小。

4 结论

粗糙底床泥-水界面区域的物质交换过程受到水动力作用、床面粗糙度和渗透性的综合影响。本文通过实验室环形水槽实验，在不同粒径模型沙粗糙床面条件下，分析界面物质交换通量的变化特征以及有效扩散系数与其主要影响参数之间的标度关系。实验结果表明，在本文实验参数范围内，不同粗糙底床条件下，与光滑底床相比，泥-水界面有效扩散系数有所增大，与其主要影响参数之间存在较为一致的标度关系。对于相对较高渗透率的粗糙底床，有效扩散系数与特征雷诺数大致呈 2 次方标度关系，其适用范围可采用合适的无量纲参数（如渗透率雷诺数）阈值来表征。与光滑底床相比，粗糙底床条件下这一阈值由于粗糙床面湍流渗透影响增强而有一定程度的减小。

致谢

国家自然科学基金（11472168）资助。

参考文献

1 雷沛，张洪，王超，等. 沉积物-水界面污染物迁移扩散的研究进展. 湖泊科学，2018，30(6): 1489-1508.

2 孙娇，袁德奎，冯桓，等. 沉积物-水界面营养盐交换通量的研究进展.海洋环境科学，2012，31(6): 933-938.

3 Feng ZG, Michaelides EE. Secondary flow within a river and contaminant transport, Environmental Fluid Mechanics, 2009, 9: 617-634.

4 Huettel M, Røy H, Precht E, Ehrenhauss S. Hydrodynamical impact on bigeochemical processes in aquatic sediments, Hydrobiologia, 2003, 494(1-3): 231-236.

5 Packman AI, Salehin M, Zaramella M. Hyporheic exchange with gravel beds: Basic hydrodynamic interactions and bedform-induced advective flows, Journal of Hydraulic Engineering, 2004, 130(7): 647-656.

6 Inoue T, Nakamura Y. Effects of hydrodynamic conditions on DO transfer at a rough sediment surface, Journal of Environmental Engineering, 2011, 137(1): 28-37.

7 Voermans JJ, Ghisalberti M, Ivey GN. The variation of flow and turbulence across the sediment-water interface, Journal of Fluid Mechanics, 2017, 824: 413-437.

8 Grant SB, Stewardson MJ, Marusic I. Effective diffusivity and mass flux across the sediment-water interface

in streams, Water Resources Research, 2012, 48(5): W05548.

9 Voermans JJ, Ghisalberti M, Ivey GN. A model for mass transport across the sediment-water interface, Water Resources Research, 2018, 54(4): 2799-2812.

Influencing parameters and scaling relationship of effective diffusion coefficient at sediment-water interface for rough bed

CHEN Chun-yan, ZHAO Liang, WANG Dao-zeng, FAN Jing-yu

(Shanghai Institute of Applied Mathematics and Mechanics, Shanghai University, Shanghai 200072, China.

*Corresponding author, Email: jyfan@shu.edu.cn)

Abstract: Sediment-water interface (SWI) is an important environmental boundary in natural aquatic systems, such as rivers, estuaries, lakes, reservoirs, wetlands and coastal waters. The mass exchange across the SWI for rough bed depends on not only the hydrodynamic feature and the sediment permeability, but also the bed roughness at grain size/roughness element scales. In this paper, by means of an annual flume experiment, the quantitative data and variation feature of the interfacial mass exchange flux have been measured under the conditions of the rough beds composed of different grain-sized model sands, and the scaling relationship between the effective diffusion coefficient and its main influencing parameters has been analyzed. The experimental results indicate that within the variation range of the present flow and sediment conditions, the rough bed shows the enhanced mass exchange rate across the SWI compared to smooth bed, and a consistent scaling relationship between the effective diffusion coefficient and its main influencing parameters occurs. The effective diffusion coefficient for the case of the rough bed with relatively high permeability is shown to be approximately proportional to the square of a variety of the Reynolds numbers, and an appropriate threshold value of dimensionless control parameters (such as the permeability Reynolds number) is likely to characterize the applicability of this scaling relationship. The corresponding threshold value of the permeability Reynolds number for the rough bed tends to decrease appreciably, due to the enhancement of turbulence penetration, compared to that for the smooth bed.

Key words: Rough bed; Sediment-water interface; Effective diffusion coefficient; Scaling relationship.

基于改进遗传算法的船舶阻力优化

查乐，朱仁传，周华伟

（上海交通大学，海洋工程国家重点实验室，高新船舶与深海开发装备协同创新中心，上海 200240）

摘要：对于工程实践中的单目标优化问题，简单遗传算法存在着二进制编码空间不能完全覆盖全部遗传空间、适宜的遗传算子难以确定、局部寻优能力差以及出现“早熟收敛”现象等一系列问题。为了改善上述问题，浮点数编码方式、隔离小生境技术、遗传算子确定的自适应方法、组合优化方法等一系列方法被提出。结合上述提及的改进方法，提出一种在寻优中后期保证种群多样性的方法，并建立起种群多样性对变异概率影响的反馈机制，从而来改善遗传算法跳出局部最佳的能力。最后使用测试函数对改进的遗传算法进行验证，并将改进的遗传算法应用于船舶阻力优化。

关键词：自适应遗传算法；种群多样性；组合优化

1 引言

遗传算法(genetic algorithm, GA)[1]是由 Golgberg 和 Holland 提出的一种基于自然选择和基因遗传学原理的全局寻优算法，该算法为一种不需要对目标函数进行求导的启发式算法。随着遗传算法的发展，在使用其处理一些复杂问题时会出现收敛速度慢、早熟收敛以及稳定性差等问题。这些问题出现的根本原因是遗传算法实质上属于一种通用的随机并行搜索算法，为了改善这些问题，一些研究者[2-5]开始提出许多方法对简单遗传算法进行改进，这些改进的算法包括小生境遗传算法、自适应遗传算法以及组合优化算法等。

在船舶的初步设计阶段，需要完成船舶主要要素的确定、主机选型、船体型线的生成、总布置等。传统的设计方法耗时较长、效率较低，仅仅得到一个满足各种约束性能较好的设计方案。为了改善传统设计的不足，许多船舶研究者开始将最优化技术与船型变换方法以及 CFD 数值评估技术相结合，以船舶的航行性能等为目标对船舶进行优化设计。本文针对简单遗传算法(SGA)在应用中存在的问题提出改进方法形成保证种群多样性的改进遗传算法(IGA)，并将这种改进的遗传算法运用到船舶优化设计过程中。

2 自适应遗传算法的改进

2.1 编码方式的选择

在使用遗传算法解决实际问题时，通常无法直接处理问题空间的参数，必须把问题空间的参数转化成可进行遗传操作的染色体或个体，这一过程被称作编码。目前常用的编码方式有二进制编码和浮点数编码两种编码方式，二进制编码指种群中个体由一系列二进制数组成的二进制字符串进行表示。二进制编码存在的最大问题是二进制编码空间的点为离散的点并不能完全覆盖问题空间中的所有点。而采用浮点数进行编码可以实现浮点编码空间中的点与问题空间中的点一一对应，同时采用浮点数进行编码可以省去编码、解码的时间。由于在船型优化过程中，一般选择的设计变量较多，且变量是连续变化的而不是一系列的离散值，故本文中改进的遗传算法采用浮点数编码方法。

2.2 自适应交叉概率的确定

设问题空间有 n 个参数，则使用 n 个依次排列的浮点数串 $X_i^T=\left(x_1^i,x_2^i,\cdots,x_n^i\right)$ 表示种群中的个体，其中 X_i^T 中的下标 i 表示种群中的第 i 个个体，上标 T 表示种群进化到了第 T 代。本次改进遗传算法采用均匀交叉算子，其交叉策略是对种群按照适应度选择的两个个体 X_i^T 和 X_j^T，对其每一个参数均按照交叉概率进行交叉操作，对第 k 个参数的具体交叉操作如下：

$$\begin{cases} x_k^{'}=\alpha x_k^i+(1-\alpha)x_k^j & \\ x_k^{''}=\alpha x_k^j+(1-\alpha)x_k^i & \raisebox{2ex}{$random\le P_C$} \\ x_k^{'}=x_k^i & \\ x_k^{''}=x_k^j & \raisebox{2ex}{$random>P_C$} \end{cases} \tag{1}$$

其中，α 表示 0～1 的随机数，交叉概率 P_C 的选择直接影响了遗传算法的收敛速度，当交叉概率过大时，新的个体产生的速度就过快；当交叉概率过小时，遗传算法收敛的速度将过慢。所以，如何选择合适的交叉概率是遗传算法的难题之一，针对不同的优化问题我们需要选择不同的交叉概率，本次 IGA 的交叉概率将按照如下的方法自适应确定：

$$P_C=\begin{cases} P_{C1} & f_i\ge f_{avg},f_j\ge f_{avg} \\ P_{C2} & else \end{cases} \tag{2}$$

其中，P_{C1} 和 P_{C2} 取为 0.4 和 0.8，f 为个体的适应度，f_{avg} 为种群的平均适应度，其实质为当两个被选择的个体的适应度均大于种群的平均适应度时，发生交叉操作的可能性将减小，其目的是为了保证适应度大的个体的存活率。

2.3 自适应变异概率的确定

本次改进的遗传算法采用 jump 和 creep 两种变异算子，对个体 X_i^T 的每个参数，两个算子的具体操作如下：

$$\begin{aligned} x_k^{'} &= x_k^i + 2(\alpha - 0.5)x_k^{\mathrm{interval}} \quad random \le P_{jump} \quad jump \\ x_k^{'} &= x_k^i + \beta x_k^{\mathrm{interval}} / M \quad random \le P_{creep} \quad creep \end{aligned} \tag{3}$$

其中，α 表示 0～1 的随机数，$x_k^{interval}$ 表示第 k 个参数的变化区间，β 为±1，M 为一个很大的正整数，在本次遗传算法中 M 取为 10000。两个遗传算子中 jump 表示参数大范围的跳动，而 creep 则表示参数小范围的移动。变异概率保证了种群跳出局部最优解的能力，当变异概率过小时，种群跳出局部最优解的能力差，当变异概率过大时，遗传算法的随机性则过大，当其大到一定程度时，遗传算法退化为随机搜索算法。在本次改进的遗传算法中变异概率根据种群进化的代数以及种群的多样性程度自适应确定，其确定方式如下：

$$P_{jump} = \frac{\alpha_1}{N_{pop} \times N_{param}} + \frac{\alpha_2 \times (I - I_{restart})}{N_{pop} \times MAX_{gen} \times N_{param}} + \frac{\alpha_3 \times \beta}{N_{pop} \times F_{diversity} \times N_{param}}; \; P_{creep} = \lambda \times P_{mutate} \tag{4}$$

其中，N_{pop} 表示种群的个体数；N_{param} 表示个体的参数个数；MAX_{gen} 表示设置的种群进化的最大代数；$F_{diversity}$ 为表征种群多样性的函数；$I_{restart}$ 为种群中部分个体重新赋值的代数，α_1、α_2、α_3 为三个待确定参数，本次取为 1.0、2.5、2.0，也可以按照具体的优化问题进行修改；β 为与设置的表征种群多样性最小值相关 $MIN_{diversity}$ 的参数，在本次改进的遗传算法中 $MIN_{diversity}$ 取为 0.01，β 取为 0.05；λ 为 creep 变异概率与 jump 变异概率的相关性参数，本次取为 2。下面介绍表征种群多样性函数的计算方法：

$$F_{diversity} = \sum_{i=1}^{N_{pop}} \left(\sqrt{\sum_{k=1}^{N_{param}} \left(\frac{x_k^i - x_k^{best}}{x_k^{\mathrm{interval}}} \right)^2} \right) \Bigg/ \left(N_{pop} \times N_{param} \right) \tag{5}$$

其中 x_k^{best} 为种群中最佳个体的第 k 个参数，该种群多样性表征函数的实质是种群中每个个体到最佳个体之间的距离之和除以种群个体数以及每个个体的参数个数，当 $F_{diversity}$ 越小我们认为种群多样性越差。通过种群多样性表征函数，本次改进的遗传算法建立起了种群多样性对变异概率的反馈机制，种群多样性越小则变异概率越大。

3 组合优化算法的改进

3.1 与粒子群算法相结合的组合优化算法

一些研究者[5]在遗传算法的改进策略中均提到了精英保留策略，其具体步骤为：如果进化的下一代群体的所有个体的适应值均小于当代记录的最佳个体适应值，则将当代记录的最佳个体直接复制到下一代。精英保留策略仅仅是将记录的最佳个体直接复制到下一代，而没有对下一代的种群个体产生其他任何影响。粒子群优化算法[6]的基本思想是粒子群中每一颗粒子随自身惯性向前移动的同时向粒子群中最佳个体移动一定的距离，并且向该粒子本身记录的最佳位置移动一定的距离。借鉴粒子群算法的思想，我们在选择、交叉以及变异的遗传操作结束后，将遗传算法下一代的部分个体以一定的概率向种群当前记录的最佳个体移动一定的距离，并保证移动的总个体数不超过设定的阈值，具体步骤如下：

$$x_k^{'} = x_k^i + \alpha(x_k^{best} - x_k^i) \qquad random \le P_{move}, N_{move} \le N_{MAX} \tag{6}$$
$$x_k^{'} = x_k^i \qquad else$$

其中 α 表示 0 到 1 的随机数，x_k^{best} 为种群中最佳个体的第 k 个参数，P_{move} 为个体向当前最佳个体移动的概率，本次改进遗传算法取为 0.5，N_{MAX} 为设置的个体向最佳个体移动的最大个数，本次设置为 $0.3N_{pop}$。通过对最佳个体的应用，将大大改善遗传算法本身的收敛速度，由于收敛速度过快必然导致种群多样性的快速丧失，为了保证在进化过程中的种群多样性，将采用以下的方法进行改善。

3.2 种群多样性的保证

本次改进的遗传算法为了保证算法在进化过程中种群的多样性，当种群多样性的表征函数 $F_{diversity}$ 小于事先设置的阈值 $MIN_{diversity}$ 后，将对种群中的部分个体进行重新赋值，我们将当前种群记录的最佳个体复制到重新赋值种群的第一个个体之中。具体步骤如下：

$$X_i^{'} = \begin{cases} X_{best}^T & i = 1 \\ X_i^T & 2 \le i \le N_N \\ new & i > N_N \end{cases} \tag{7}$$

其中 N_N 为设置的不重新赋值的个体数量，在本次改进的遗传算法中取为 $0.3N_{pop}$。此种改进方法的实质是当种群的多样性缺失到一定程度时，我们将种群中记录的最佳个体以及部分个体外的其它个体全部重新赋值，从而使种群的多样性瞬间得以增大。

4 改进遗传算法的验证

下面我们使用常用的测试函数 Schaffer 对改进的遗传算法进行验证，Schaffer 函数的公式见(8)，其中 D 为函数的维数，二维 Schaffer 函数图像如图 1。

$$f(x) = 0.5 + \left(\sin^2\left(\sqrt{\sum_{i=1}^{D} x_i^2} \right) - 0.5 \right) \Big/ \left(1.0 + 0.001 \left(\sum_{i=1}^{D} x_i^2 \right) \right)^2 \tag{8}$$

从图 2 可知 Schaffer 函数相反数在(0,0)处有最大函数值 0，下面我们取二维 Schaffer 函数的相反数作为适应度评估函数，自变量(x_1,x_2)的变化区间分别为(-10≤x1≤10，-10≤x2≤10)，简单遗传算法以及改进的遗传算法的寻优过程如图 3 以及图 4 所示。

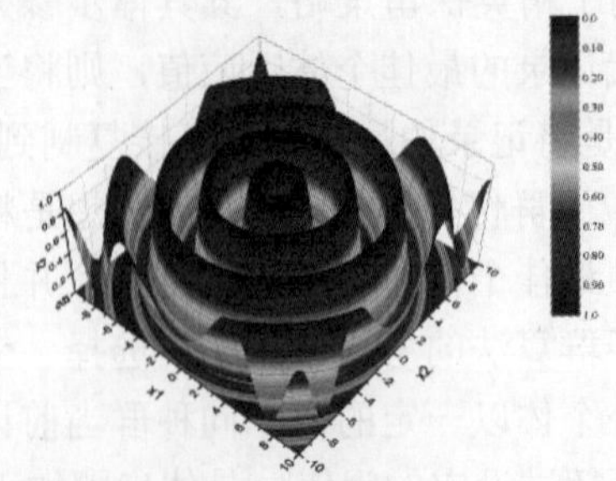

图 1　二维 Schaffer 函数

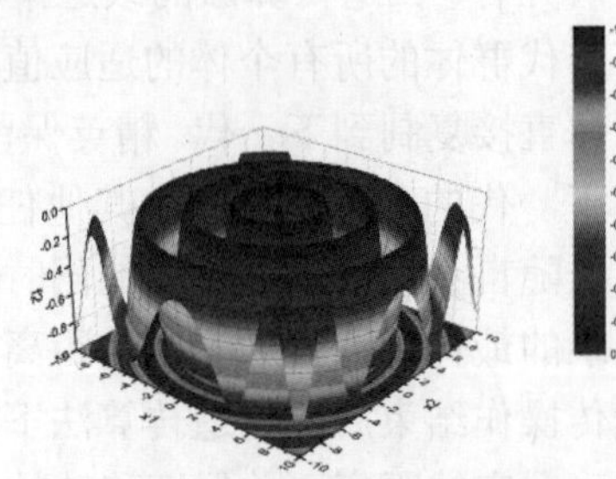

图 2 二维 Schaffer 函数相反数

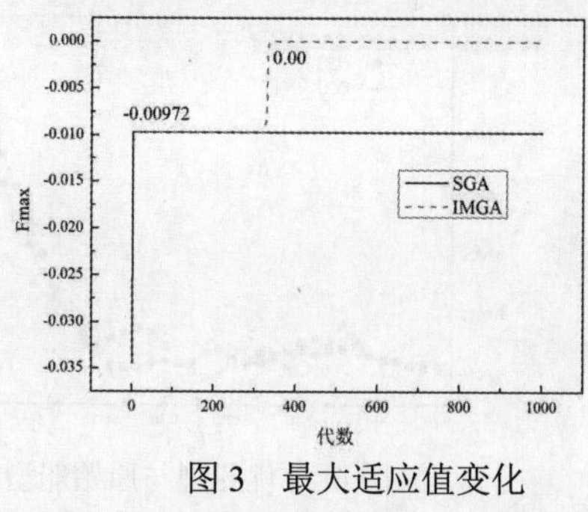

图 3　最大适应值变化

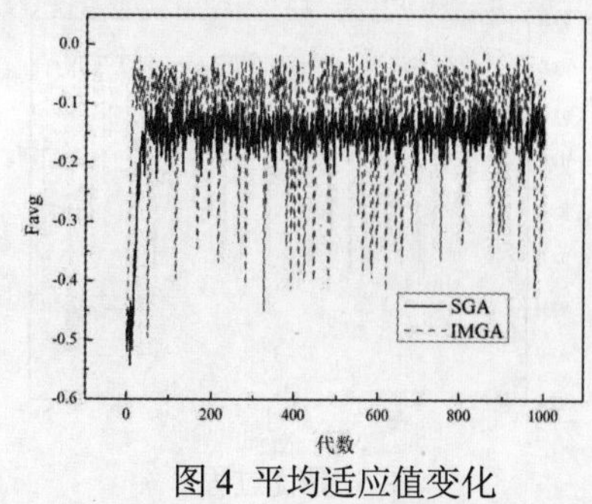

图 4 平均适应值变化

简单遗传算法的寻优结果为 f(1.86645,2.52318)=-0.009716，改进的遗传算法寻优结果为$f(0,0)=0$。从图 3 可知，简单遗传算法在刚进行几代后就收敛到某一局部最优解，并且在后续寻优过程中并未跳出该局部最优解，改进的遗传算法同样在几代后收敛到了某一局部最优解的范围，但是在第 340 代跳出了该局部最优解的范围并最终收敛到全局最优解。从图 4 可知，简单遗传算法在进行 30 代寻优后出现种群多样性过小的现象从而导致寻优无法跳出局部最优解，而改进的遗传算法则在整个寻优过程中一直保持着较好的多样性。

5　基于改进遗传算法的阻力优化

本次船舶阻力优化的对象选择 DTMB5415 船模，船型变换方法采用改进的 Lackenby 变换[7]，变换公式如(10)，其中 x 为归一化的船长，$g(x)$表示在 x 处船体横剖面向 x 方向移动的距离，该变换方法主要调整船舶在船长方向的变化趋势。取 4 个变量的变化范围为是 $-0.01 \leqslant \alpha_1 \leqslant 0.01$, $0.25 \leqslant \alpha_2 \leqslant 0.33$, $-0.005 \leqslant \alpha_3 \leqslant 0.0025$, $-0.31 \leqslant \alpha_4 \leqslant -0.27$，阻力计算通过 NM 理论[8]进行计算，目标函数根据傅汝德数等于 0.3 和 0.4 处的阻力以 0.6、0.4 的权重进行线性加权来确定。

$$g(x)=\begin{cases}\alpha_1\left[0.5\left(1-\cos 2\pi\dfrac{x-0.05}{\alpha_2-0.05}\right)\right]^1, & 0.05\le x\le\alpha_2\\ -\alpha_1\left[0.5\left(1-\cos 2\pi\dfrac{x-\alpha_2}{\alpha_2-0.48}\right)\right]^1, & 0.05\le x\le\alpha_2\\ \alpha_3\left[0.5\left(1-\cos 2\pi\dfrac{|x|-0.05}{|\alpha_4|-0.05}\right)\right]^1, & \alpha_4\le x\le -0.05\\ -\alpha_3\left[0.5\left(1-\cos 2\pi\dfrac{|x|-|\alpha_4|}{|\alpha_4|-0.48}\right)\right]^1, & -0.48\le x\le\alpha_4\end{cases} \tag{9}$$

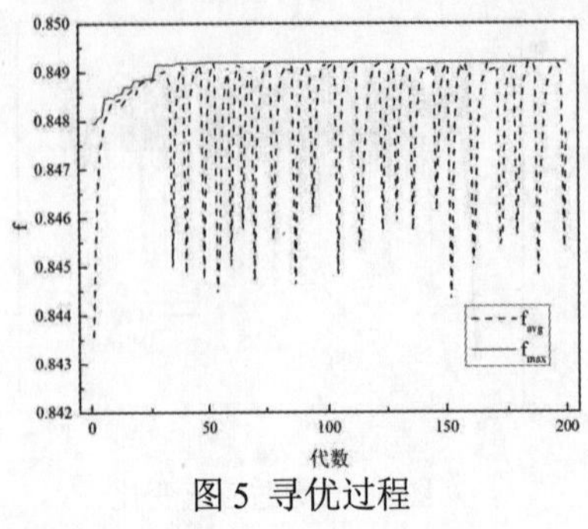

图 5 寻优过程

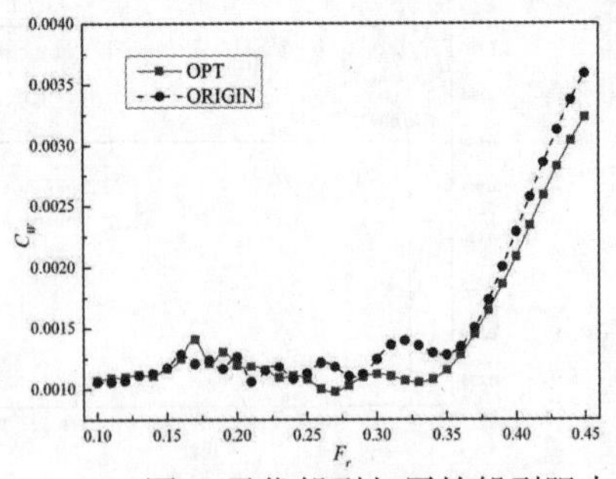

图 6 寻优船型与原始船型阻力对比

最终寻优结果为 α_1=0.01, α_2=0.25, α_3=0.0025, α_4=-0.31，寻优过程如图 5 所示，优化船和原始船的阻力对比如图 6 所示。从图 5 可知，在整个寻优过程中多样性保持良好，由于寻优结果收敛到了各变量变化范围的阈值，说明本次自变量变化范围较小，将变化范围设置较小的目的是为了保证曲面的光顺性。从图 6 可知，在参数较小的变化范围内寻优得到的优化船的阻力较原始船型的阻力在大部分航速时为低。

6 结语

本研究提出的改进遗传算法(IGA)采用浮点数进行编码，在确定交叉概率和变异概率时引入自适应的概念，建立了种群多样性对变异概率的反馈机制，借鉴粒子群算法中对种群最佳个体的应用提出了遗传算法和粒子群算法的组合优化算法，并提出一种策略保证了种群在整个优化过程中的多样性。最后使用改进的遗传算法对船舶进行了阻力优化，在自变量较小的变化范围内得到了较好的优化结果。

参 考 文 献

1 Goldberg D E, Holland J H. Genetic algorithms and machine learning[J]. Machine learning, 1988, 3(2): 95-99.

2 Zhang J, Chung H S H, Lo W L. Clustering-based adaptive crossover and mutation probabilities for genetic algorithms[J]. IEEE Transactions on Evolutionary Computation, 2007, 11(3): 326-335.

3 Vasconcelos J A, Ramirez J A, Takahashi R H C, et al. Improvements in genetic algorithms[J]. IEEE Transactions on magnetics, 2001, 37(5): 3414-3417.

4 Abdoun O, Abouchabaka J. A comparative study of adaptive crossover operators for genetic algorithms to resolve the traveling salesman problem[J]. arXiv preprint arXiv:1203.3097, 2012.

5 李欣. 自适应遗传算法的改进与研究[D].南京：南京信息工程大学,2008.

6 Eberhart R, Kennedy J. Particle swarm optimization[C]//Proceedings of the IEEE international conference on neural networks. 1995, 4: 1942-1948.

7 Kim H, Yang C, Noblesse F. Hull form optimization for reduced resistance and improved seakeeping via practical designed-oriented CFD tools[C]//Proceedings of the 2010 Conference on Grand Challenges in

Modeling & Simulation. Society for Modeling & Simulation International, 2010: 375-385.
8 Noblesse F, Huang F, Yang C. The Neumann–Michell theory of ship waves[J]. Journal of Engineering Mathematics, 2013, 79(1): 51-71.

Optimization of hull resistance based on improved genetic algorithm

ZHA Le, ZHU Ren-chuan, ZHOU Hua-wei

(State Key Laboratory of Ocean Engineering, Collaborative Innovation Center for Advanced Ship and Deep-Sea Exploration, Shanghai Jiao Tong University, Shanghai 200240, China)

Abstract: For the single-objective optimization problem in practical engineering, the simple genetic algorithm has a series of problems such as the binary coding space cannot completely cover the entire genetic space, the suitable genetic operators are difficult to determine, the local optimization ability is poor, and prone to premature convergence. In order to improve the above problems, the paper proposes a method to ensure population diversity in the middle and late stages of optimization, and establishes a feedback mechanism for the influence of population diversity on mutation probability, so as to improve the ability of the genetic algorithm to jump out of the local optimal solution. Finally, the improved genetic algorithm is verified by a test function, and the improved genetic algorithm is applied to the ship resistance optimization.

Key words: Adaptive Genetic Algorithm; Population diversity; combinatorial optimization.

S 型铺管船体-管线耦合运动数值模拟

黄山，朱仁传，顾晓帆

（上海交通大学 船舶海洋与建筑工程学院，上海，200240，Email:ouyedashan@sjtu.edu.cn）

摘要： S 型铺管因其铺管效率高、适应能力及持续作业能力强的特点而被广泛应用于海底管线铺设作业中。本文对 S 型铺管作业数值模拟进行了研究，采用三维势流理论计算波浪对作业状态下的铺管船体的作用；对于 S 形管线的垂弯段，将模型简化为细长杆模型，并采用有限元法实现张力响应的数值计算；建立了船体-管线在目标海域多种环境载荷作用下的动力响应数理模型。该模型为 S 型铺管船体-管线耦合运动响应的快速预报提供了理论参考和数值实现手段。

关键词： S 型铺管；三维势流理论；细长杆模型

1 引言

深水铺管船是深水油气田开发建设的主要施工装备,它担负着浮式生产平台的安装、海底管线的铺设以及立管系统安装任务。S 型铺管法是目前技术最成熟、应用也最为广泛的方法。该铺管方法通常在船体尾部增加一个圆弧形托管架，管道在托管架支撑作用下自然地弯曲成 S 型曲线[1]。S 型铺设对深水和浅水海域都适用,可铺设长、大直径的管线。随着铺设水深的增加,铺管船的动力性能标准越来越高[2]。

在铺设作业条件下，风、浪、流 3 种环境载荷相互影响；同时，铺管船、铺设管道、托管架三者作用力互为耦合，这给船体运动及管线张力预报带来了困难。研究表明，铺管船的 3 个自由度运动（横摇、纵摇以及垂荡）对铺管工况的影响最大，而垂荡对于船体尾部的托管架的影响最大。铺管时，横摇的幅度将会直接影响船内焊接等施工人员的正常工作。纵摇的幅度过大会导致铺管时管线受力过大而使管线屈曲甚至断裂。反过来，由于管道的跨度比较长，管道的自重、承受的波浪力、流力将通过托管架、张紧器传递给铺管船，从而影响船的运动。此外，托管架所受的载荷也通过与船体之间的铰接传递给铺管船。因而，对 S 型铺管船体-管线的耦合运动进行数值模拟，具有较高的工程意义。

2　作业船体、管线和工况参数

2.1 铺管船参数

某 S 型铺管船总布置图见图 1，主作业线布置在主甲板上右侧，一直到延长至艉部，在作业线上安装管段装配作业等铺管设备和设施，在船艉安装可转动固定式托管架。S 型铺管主作业线上中后部安装一套 2×250t 的组合式张紧系统，在主甲板工作区域前部甲板上安装有一台 500t A & R 收放绞车，船艉安装的可转动固定式托管架长度 90m，分为三段，曲率半径 76.2～365.8 m。

图 1　S 型铺管船总布置

该铺管船的主尺度见表 1。

表 1　铺管船主尺度　m

参数	L_{pp}	型宽 B	型深 D	吃水 T	惯性半径 K_{xx}	惯性半径 K_{yy}	惯性半径 K_{zz}
数值	165.00	35.00	12.00	9.50	12.25	48.46	48.34

2.2 管线参数

铺管作业所用管线材料为 X70 管线钢，管线的屈服强度为 482MPa，极限强度为 565MPa，管线外径为 6.0 英寸，壁厚为 15.875mm。

2.3 作业工况

铺管船的作业水深 2000m，管线与导管架的分离点在导管架长度末端。海浪的有义波高 3.0m，跨零周期 8.0s，浪向角为 180°迎浪；风速为 17.1 m/s，风向与浪向相同；流速为 2.0kn，流向与浪向相同。

3 数值模型

3.1 运动模型

忽略船体的弹性变形，考虑到管线作用力对船体系统影响后，铺管船的六自由度时域运动方程为：

$$\sum_{k=1}^{6} M_{jk}\ddot{x}_k(t) = F_j^M(t) + F_{jW}(t) + F_j^w + F_j^c \quad (j=1,2,\ldots,6) \tag{1}$$

其中：F_j^M 为第 j 个运动模态下的管线作用力，F_{jW}、F_j^w 和 F_j^c 分别为该运动模态对应的波浪、风、流作用力。

采用 Newmark-β 法对该运动方程进行求解。将每个时间步的解分解为估计值和修正值，当前时间步的初始结果通过上一时间步进行估计，通过反复迭代直至修正值为小量。

3.2 波浪力的计算模型

假设流体无黏、不可压，流动无旋，流场的速度可以用速度势的梯度表示。在微幅波假定下，将整个流场的速度势做线性化分解：

$$\mathbf{\Phi}_T = \mathbf{\Phi}^I + \mathbf{\Phi}^D + \sum_{j=1}^{6} \mathbf{\Phi}_j^R \tag{2}$$

式中，$\mathbf{\Phi}^I$ 为入射势；$\mathbf{\Phi}^D$ 为绕射势；$\mathbf{\Phi}_j^R$ 为船舶在第 j 模态运动下的辐射势。相应地，总的波浪力可以分解为入射力、绕射力和辐射力，即：

$$\mathbf{F}_W(t) = \mathbf{F}^I(t) + \mathbf{F}^D(t) + \mathbf{F}^R(t) \tag{3}$$

辐射力可以表达为：

$$F_j^R(t) = -\sum_{k=1}^{6}\left\{\mu_{jk}(\infty)\ddot{x}_k(t) + \int_{-\infty}^{t} K_{jk}(t-\tau)\dot{x}_k(\tau)\mathrm{d}\tau\right\} \quad (j=1,2,\ldots,6) \tag{4}$$

式中：$\mu_{jk}(\infty)$ 为时域附加质量；$K_{jk}(t)$ 是时延函数，表示自由表面记忆效应引起的势流阻尼项。

入射波浪力和绕射波浪力分别采用下式计算：

$$\mathbf{F}^I(t) = \int_{-\infty}^{\infty} \mathbf{K}^I(t-\tau)\zeta(\tau)\mathrm{d}\tau \quad ; \quad \mathbf{F}^D(t) = \int_{-\infty}^{\infty} \mathbf{K}^D(t-\tau)\zeta(\tau)\mathrm{d}\tau \tag{5}$$

其中：$\mathbf{K}^I(t)$、$\mathbf{K}^D(t)$ 分别表示入射力和绕射力的脉冲响应函数；$\zeta(t)$ 为波面升高时历。

3.3 管线的张力计算模型

S 型铺管管道几何形态通常被分为两段：从张紧器到升离点之间（拱弯段）；从升离点到海床接触点（垂弯段）。在垂弯段应力的计算中，相较弯矩和拉力，管线扭矩相对较小，忽略空间扭矩的影响，管线的动力学控制方程可简化为细长杆件，如下所示：

$$\mathbf{M}\ddot{r}+\left(B\mathbf{r}''\right)''-\left(\tilde{\lambda}\mathbf{r}'\right)'=\mathbf{q} \tag{7}$$

式中，$\mathbf{M}$ 为质量矩阵；B 为抗弯刚度；$\mathbf{q}$ 为管线单位长度上的外载荷，包括重力，水静力和水动力；$T\left(s,t\right)$ 为管线的位置矢量，是弧长 s（沿曲线测量）和时间 t 的导数；$\tilde{\lambda}\left(s,t\right)$ 是一个标量，$\tilde{\lambda}=T-B\mathbf{r}'\cdot\mathbf{r}'''$，$T$ 表示管线轴向张力。此外，$\mathbf{r}$ 需要满足拉升约束方程：

$$r'\cdot r'=\left(1+\varepsilon\right)^2 \tag{8}$$

其中 $\varepsilon=\dfrac{T}{EA}$，$EA$ 是管线的弹性模量。

方程（7）和方程（8）共同组成了细长杆模型的控制方程。将连续的管线离散为若干个单元，引入相应的形函数描述杆件位移和应力、载荷、质量矩阵，采用 Galerkin 法求残值平均将管线控制方程从偏微分方程转化为含有有限数量未知量的线性等式，并采用线弹性模型模拟海底的支持力，从而组装得到有限元方程对控制方程进行数值求解，得到管线的几何形态和相应的应力应变。

4 作业状态下船体-管线动态响应数值模拟

迎浪状态下，对 2.3 节所述的海况，采用 ITTC 双参数谱生成的船舶重心点处波面升高时间历程如下图 2 所示：

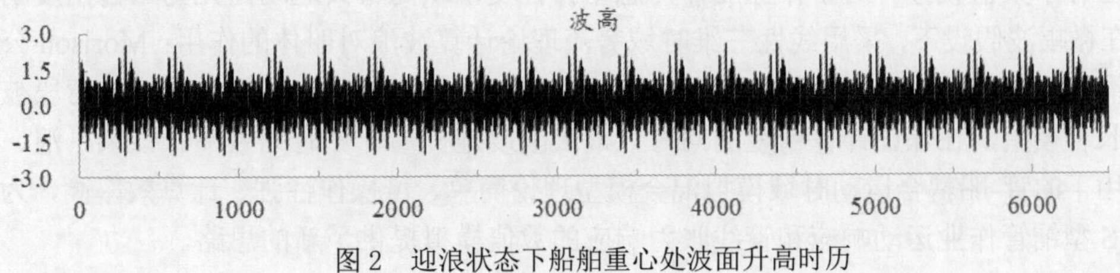

图 2 迎浪状态下船舶重心处波面升高时历

采用该波面升高时历作为输入，对船体—管线的耦合运动进行数值模拟。时间步长 Δt 取 0.025s，总的数值模拟时间为 6500s，铺管船垂荡、纵摇方向的运动响应以及管线的张力响应数值结果如图 3 至图 5 所示。

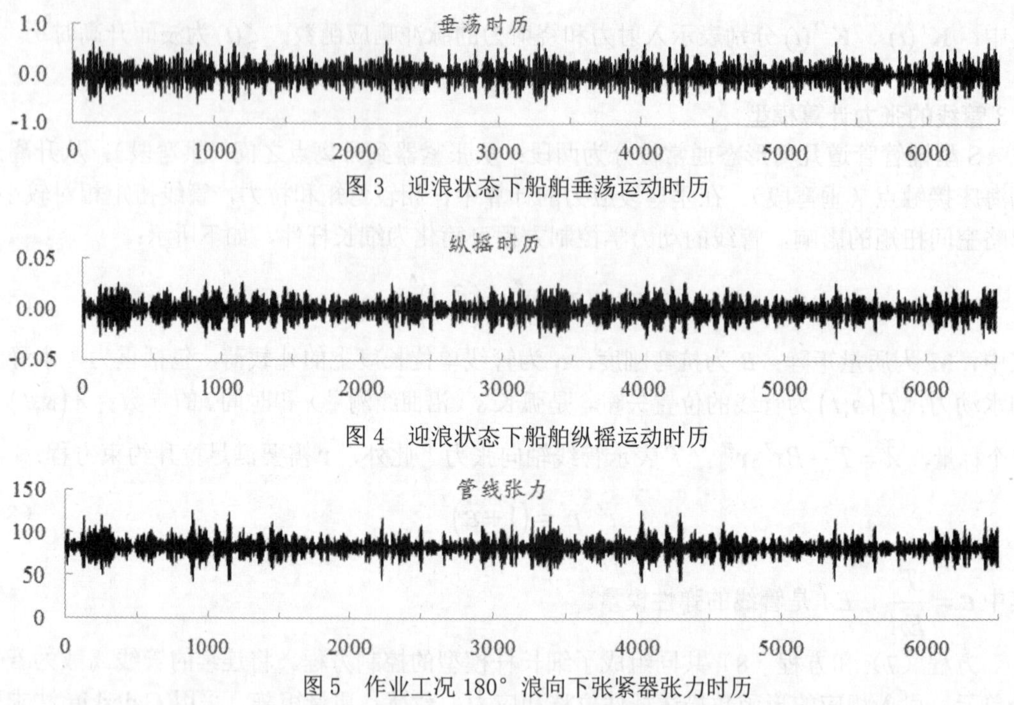

图 3　迎浪状态下船舶垂荡运动时历

图 4　迎浪状态下船舶纵摇运动时历

图 5　作业工况 180° 浪向下张紧器张力时历

计算结果表明，本文所构造的船体—管线耦合运动数值模拟模型，计算效率高，数个小时就可完成本次数值模拟共计 26 万个时间步的计算。为工程上快速预报 S 型铺管船体—管线耦合运动提供了新的方法。

5　结语

本文对 2000m 水深作业状态下风、浪、流联合作用的作业支持船运动响应和管线张力响应进行了数值模拟。对于作业船体，忽略弹性变形从而将其运动简化为六自由度刚体运动；在微幅波假设下，采用线性三维时域势流理论计算波浪对船体的作用；Morison 公式被用于海流对管线的作用力的数值模拟；忽略空间扭矩的影响，S 形管道曲线垂弯段被简化为细长杆模型，在保证计算精度的同时，最大限度地提高计算时间效率。该风、浪、流联合作用下的管-船耦合运动时域模拟混合模型理论简单、可操作性强、计算效率高，为工程上对 S 型铺管作业运动响应和管线张力响应的数值模拟提供了新的思路。

参考文献

1 马小燕.深水 S 型铺管作业中管线受力计算研究[D]. 哈尔滨: 哈尔滨工程大学,2012

2 王德军.S 型铺管船动力定位时域耦合分析[D]. 哈尔滨: 哈尔滨工程大学,2013

3 Specification A P I. 5L, Specification for Line Pipe[J]. Edition March, 2004.

4 朱仁传, 缪国平. 船舶在波浪上的运动理论[M]. 上海:上海交通大学出版社, 2019.

5 Veritas N. Environmental conditions and environmental loads[M]. Det Norske Veritas, 2000.

6 Faltinsen O M . 船舶与海洋工程环境载荷[M]. 上海: 上海交通大学出版社, 2008.

7 Chen X. Studies on dynamic interaction between deep-water floating structures and their mooring/tendon systems[D]. Texas A & M University, 2002.

8 袁梦. 深海浮式结构物系泊系统的非线性时域分析[D]. 上海: 上海交通大学, 2011.

9 W.克拉夫, J.彭兹恩. 结构动力学问题详解[M]. 1994.

Numerical simulation of dynamic coupling between vessel and pipeline in S-lay installation operations

HUANG Shan, ZHU Ren-chuan，GU Xiao-fan

(School of Naval Architecture, Ocean and Civil Engineering, Shanghai Jiao Tong University, Shanghai, 200240. Email: ouyedashan@sjtu.edu.cn)

Abstract: S-lay vessel is widely used in submarine pipeline laying because of its high efficiency, strong adaptability and sustainable operation ability. This work focuses on numerical model considering the dynamic coupling among pipeline, stinger and vessel. Wave Force on vessel is simulated by 3-D potential flow theory. Different numerical models are used in different positions of S-shaped pipelines. The over-bend segment is simulated by bending arc and sag-bend segment is simulated by slender rod model. The coupled dynamic response of vessel and pipeline is simulated under the combined action of wind, wave and current. Thus, present work provide guidance for dynamic coupling between vessel and pipeline in S-lay installation operations.

Key words: S-lay vessel; 3-D potential flow theory; Slender rod model.

基于 CFD 方法的全垫升气垫船兴波波形及阻力计算研究

陈熙，朱仁传，顾孟潇

(上海交通大学 船舶海洋与建筑工程学院海洋工程国家重点实验室，高新船舶与深海开发装备协同创新中心，上海，200240, chen.xi@sjtu.edu.cn)

摘要：全垫升气垫船的兴波主要由气垫自身所引起，是总阻力的主要成分。本研究基于 CFD 方法提出了气垫做匀速直线运动的兴波阻力计算方法，建立简化模拟气室，并采用质量源方法模拟风机供气以形成稳定的气垫，计算得到兴波波形及阻力。基于该方法讨论了气垫长宽比、佛汝德数等因素对气垫兴波阻力的影响。研究表明该方法可以得到气垫兴波引起的水表面变形及直航中的兴波阻力，是确定航行姿态、围裙变形的基础。

关键词：气垫船；兴波阻力；质量源；CFD

1 引言

全垫升气垫船是一种完全靠空气垫托在水面上航行的特种高性能船，具备优越的快速性和两栖性能。因此，全垫升气垫船军事、民用运输领域都有着广泛的应用[1]。兴波阻力是气垫船最主要的阻力成分，占总阻力的百分比相当大，揭示气垫兴波的实质，建立求解兴波阻力的方法，找出其与航速、主尺度、气垫压力等参数之间的关系，对于改善气垫船阻力性能以及后续确定航行姿态和围裙变形等问题起到关键作用。

目前国内外对气垫船兴波阻力研究的方法主要有线性势流理论、非线性理论及 CFD 方法。Newman 和 Poole [2]将气垫简化成一个压力均匀分布的矩形面，提出了气垫兴波阻力计算方法，并给出了相应工况下兴波阻力的系数图谱，该图谱是后续研究的参照。Nikseresht 等 [3]利用 VOF 模型模拟了全垫升气垫船在自由液面上的空气流动，以及流域内非线性自由面的黏性运动，结果表明全垫升气垫船的兴波阻力与波形明显依赖于气垫的压力分布、佛汝德数和气垫下方的气体流动。Bhushan 等 [4]利用基于线性理论的自由面波形和兴波阻力计算软件 ACVPER 和基于 URANS 的兴波阻力计算软件 CFD-Ship-IowaV.4 两种工具，研究了不同水深、压力分布和形状的气垫兴波阻力。Bhushan 等 [5]采用 URANS 水动力求解器对侧壁式气垫船（SES）进行了模拟。

运用 CFD 软件建立了气垫船气室的简化模型和数值水池，提出采用质量源模拟风机供气及计算其兴波阻力的方法，对两种气垫船的气垫在静水中航行的兴波问题进行计算，并对兴波波形进行了分析。

2 数值计算方法

本研究的数值模拟在一个三维数值水池中进行，在出口处和远离船体的边界处设有人工阻尼消波区。其以多相流理论为基础，自由面没有扰动时，其上部为空气，下部为水。

因气垫船系统复杂，各部分耦合影响较大，采用 CFD 方法计算气垫船的兴波问题时，对计算模型作如下简化假定。

（1）不考虑围裙变形影响，视为刚性边界，忽略围裙和气垫的耦合作用；简化气垫船船身结构，研究对象为对水面直接产生作用的类矩形气垫。

（2）不考虑船体姿态的变化对气垫垫压的影响，且垫升风机提供的气压足够大，气垫压力分布达到稳态。本研究中在气室部分加入质量源以模拟风机供气。

（3）气垫船模型不与水直接接触，摩擦阻力占比不大，且主要研究对象为兴波阻力，可假设流场不考虑黏性。Bhushan 等[4]中采用不考虑黏性的方法和 RANS 方法计算气垫船兴波阻力，结果较为吻合，因此该方法具有可行性，并能节约大量计算时间。

2.1 控制方程

根据前述讨论，假定流场是三维不可压缩理想流体，整个流场以连续性方程（1）和 Euler 方程（2）为控制方程：

$$\frac{\partial\rho}{\partial t}+\frac{\partial\rho u}{\partial x}+\frac{\partial\rho v}{\partial y}+\frac{\partial\rho w}{\partial z}=0 \tag{1}$$

$$\begin{aligned}
&\frac{\partial(\rho u)}{\partial t}+u\frac{\partial(\rho u)}{\partial x}+v\frac{\partial(\rho u)}{\partial y}+w\frac{\partial(\rho u)}{\partial z}=-\frac{\partial p}{\partial x}\\
&\frac{\partial(\rho v)}{\partial t}+u\frac{\partial(\rho v)}{\partial x}+v\frac{\partial(\rho v)}{\partial y}+w\frac{\partial(\rho v)}{\partial z}=-\frac{\partial p}{\partial y}\\
&\frac{\partial(\rho w)}{\partial t}+u\frac{\partial(\rho w)}{\partial x}+v\frac{\partial(\rho w)}{\partial y}+w\frac{\partial(\rho w)}{\partial z}=-\frac{\partial p}{\partial z}-\rho g
\end{aligned} \tag{2}$$

其中 (u,v,w) 为流体质点速度；g 为重力加速度；p 为流体的压力。流体密度定义为 $\rho=\sum_{q=1}^{2}a_q\rho_q$，其中体积分数 a_q 表示单元内第 q 相流体占的体积与总体积的比例，且有 $\sum_{q=1}^{2}a_q=1$，μ 为相体积分数平均的动力黏性系数，与密度定义的形式一致。

2.2 质量源模拟风机系统

为模拟出气垫施加于水面的效果，采用三维质量源方法[6]模拟风机不断给气室供气的情况。模拟气室区域内控制方程中的连续性方程为：

$$\frac{\partial \rho}{\partial t}+\frac{\partial \rho u}{\partial x}+\frac{\partial \rho v}{\partial y}+\frac{\partial \rho w}{\partial z}=q \tag{3}$$

因气室内均为空气，上述变量均为空气的密度与速度。该方程与原始的 N-S 方程相比，其后多了一个质量源项 q，其单位为 $/s$。通过在指定区域添加与速度有关的质量源项，以对水面产生压力效果。

以下介绍确定质量源项的方法，因已知气垫压长比，则可得目标气垫压强 p_c，单位 $\mathrm{N/m^3}$，其为气垫与水接触面上大于标准大气压的部分压强。Bhushan 等 [5]给出了由伯努利方程得到的流量公式：

$$Q=C_d A_i\sqrt{\frac{2p_c}{\rho_{\mathrm{air}}}} \tag{4}$$

式中，Q 为风机流量，单位为 $\mathrm{m^3/s}$，C_d 为泄漏系数，Faltinen 建议取为 0.6~1.0。A_i 为气室四周与水面的间隙总面积，ρ_{air} 为空气密度。质量源项可通过式 $q=Q/V_\Omega$ 求出。其中 V_Ω 为量源区域的体积。

2.3 兴波阻力计算方法

由于气垫船的特性，与水面接触的仅为气垫，因此无法通过对船体表面的压力分布进行积分求出阻力。本研究对气垫下方的内水面上的压力分布和波形进行处理得到兴波阻力。

内水面是指压力分布区域内的水面，区域外则称为外水面。考虑内水面上一矩形微元面，其长为 $\mathrm{d}L$，宽为 $\mathrm{d}B$（图1）。

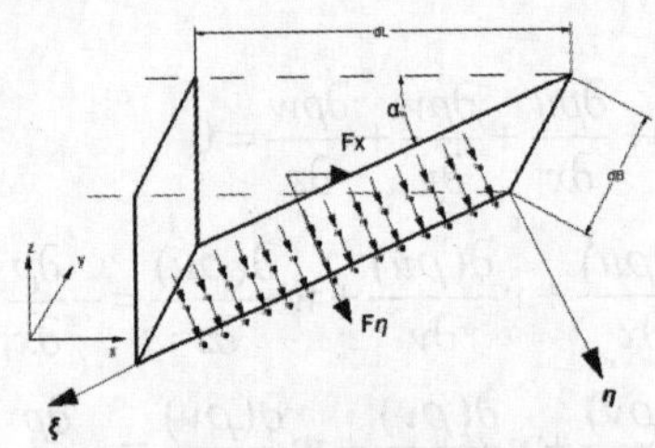

图1 矩形微元面

该微元体与水平面夹角为 α_w，取直角坐标系 $\xi O\eta$，其原点置于前端点 O，$O\xi$ 轴顺着航行方向向后，$O\eta$ 轴垂直于 $O\xi$ 轴，向下为正。则该微元面上的压力作用值为：

$$F_\eta = p_c(x,y)\mathrm{d}B\mathrm{d}L \tag{5}$$

则将该力沿水平方向和竖直方向分解，得到沿船舶方向航行的分力为：

$$F_x = F_\eta \sin\alpha_w = p_c(x,y)\frac{\mathrm{d}\xi_w(x,y)}{\mathrm{d}x}\mathrm{d}B\mathrm{d}L \tag{6}$$

其中，$d\xi_w$为该微元面的波高；dx为该微元面水平面投影的x方向距离，将沿船舶航行方向水面受到的分力在整个内水面上进行积分可得总分力：

$$F_X = \iint p_c(x,y)\frac{\partial \xi_w(x,y)}{\partial x}\mathrm{d}S \tag{9}$$

由牛顿第三定律可得，船体受到的兴波阻力即该分力的反作用力，可得兴波阻力为：

$$R_w = -F_X = -\iint p_c(x,y)\frac{\partial \xi_w(x,y)}{\partial x}\mathrm{d}S \tag{10}$$

3 气垫船的兴波阻力及波形计算

3.1 计算域及边界条件

许多学者对不同平面形状的压力分布在水面上运动的兴波阻力进行了广泛研究，其中较为广泛对照的是纽曼—波尔给出的图谱，其研究对象是不同长宽比的矩形平面上的均布压力的兴波阻力。本文将对两个不同长宽比的矩形气垫进行计算。气垫参数如表 1。

表 1 气垫参数

编号	气垫长 Lc/m	气垫宽 Bc/m	气垫平均压强
A	3	2	0.0127 ρ gLc
B	3	1.5	0.0127 ρ gLc

以下以气垫 A 为例详述。如图 2 左图所示，创建一个连续且封闭的虚拟拖曳试验池。计算域坐标原点位于气垫的纵向中心线和静水面的交点处，x轴正向指向船首，y轴为船宽方向，z轴向上为正。计算域的范围为：$-7L_C < x < 3L_C$，$-3L_C < y < 3L_C$。气室如图 2 右图所示，其为一个四周及顶部围合的区域，下底面为开口，且与静止的自由面有一定距离，图中阴影为质量源区域。

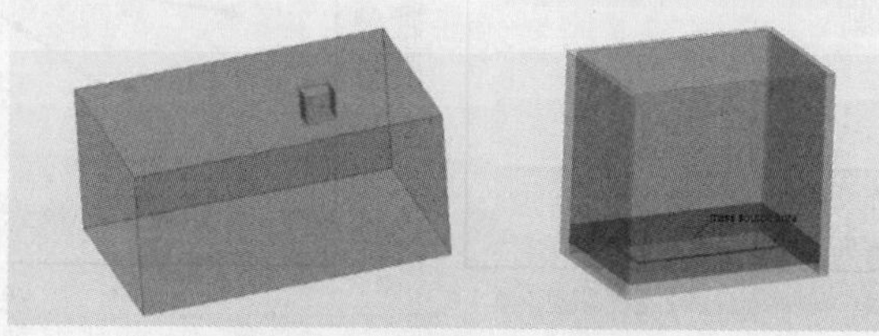

图 2 计算域区域及气室

计算域边界条件设定如下：前端及上下面均为速度入口条件，左右为对称边界条件，尾端为压力出口条件，气室除底面外均为壁面条件。为了消除边界造成的波反射，在出口处和远离船体的边界处设有人工阻尼消波区。

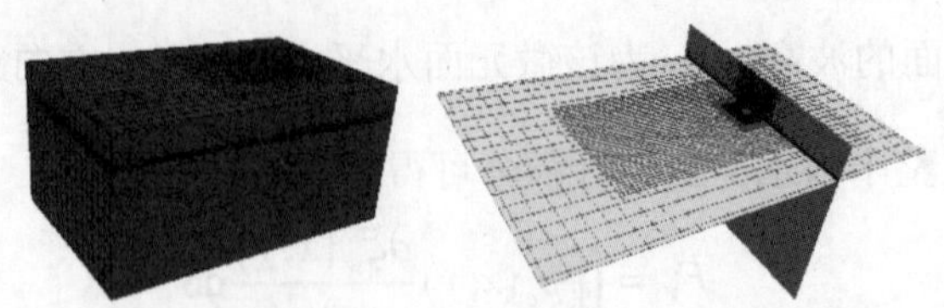

图 3 计算域网格划分

网格划分如图 3 所示，沿波浪船舶方向要保证足够数量的网格，以避免数值耗散引起的波浪幅值的衰减；自由面附近垂向方向进行加密，以精准捕捉自由面；为准确捕捉尾迹，在凯尔文波系范围内进行适当网格加密；在气室内部加密网格以确保气体流场信息精确。

3.2 结果与分析

对气垫 A、B 分别进行 5 个佛汝德数下的静水航行计算，得到稳定的兴波波形，应用 2.3 节中的方法计算各航速下的兴波阻力。纽曼-波尔气垫兴波阻力系数公式为：

$$C_w = R_w \frac{\rho_w g}{{p_c}^2 B_c} \tag{12}$$

气垫 A、B 计算得出的兴波阻力及系数如表 2 所示。并将表转化为曲线（图 4）。

表 2　两种气垫兴波阻力及系数

Fr	气垫 A		气垫 B	
	Rw/N	Cw	Rw/N	Cw
0.2	7.814	0.807	4.659	0.642
0.4	8.481	0.876	4.024	0.554
0.6	10.997	1.136	5.475	0.754
0.8	13.064	1.350	6.731	0.927
1.0	11.418	1.180	4.684	0.645

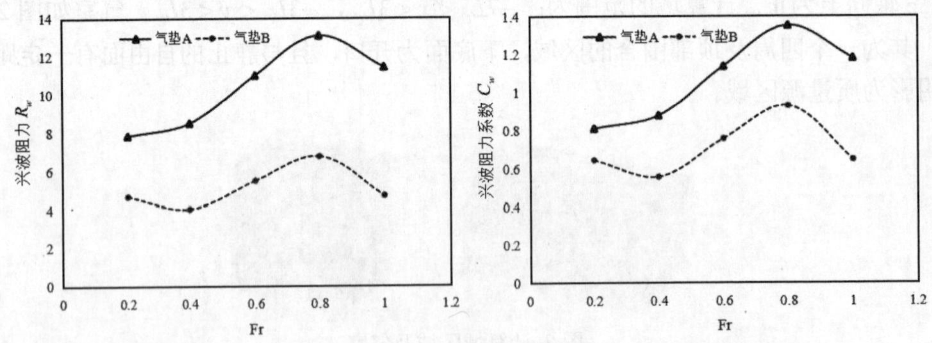

图 4 气垫 A、B 兴波阻力及兴波阻力系数随航速变化曲线

由图 4 可知，随着航速增加，两气垫兴波阻力及系数曲线变化趋势较为一致。长宽比为 3/2 的气垫 A，在 *Fr* 为 0.2~0.8 时兴波阻力随航速增加，而长宽比为 2 的气垫 B，在该速度期间兴波阻力先降后升，在 *Fr* 为 0.4 附近兴波阻力达到极小值。两种气垫均在 Fr 为

0.8 左右兴波阻力达到极大值，随后阻力会随着航速增加而下降。气垫 A 因其宽度更大，兴波阻力及其系数在各航速下都要大于气垫 B。

对于该现象的解释是，气垫船是以气垫，即气室内不高的压力分布作用于水面，该压力一般是指超出大气压力的相对压力，仅为大气压力的 2%~6%。所以气垫对于水面的作用较为微弱，这与排水型出船体运动产生的压力冲量有根本差异，即气垫压力的强度与航速关系不密切。因为不会出现随航速而急剧增加的兴波阻力，相反，兴波阻力甚至可能随航速的增加而减弱。这也是气垫船具有高速性能的基本原因之一。

图 6 展示了气垫 A 在静水中航行时的自由表面兴波图。从图 6 可以看出，随着航速增加，兴波波长逐渐增大，凯尔文波系角逐渐减小，且气垫压力中心逐渐后移。

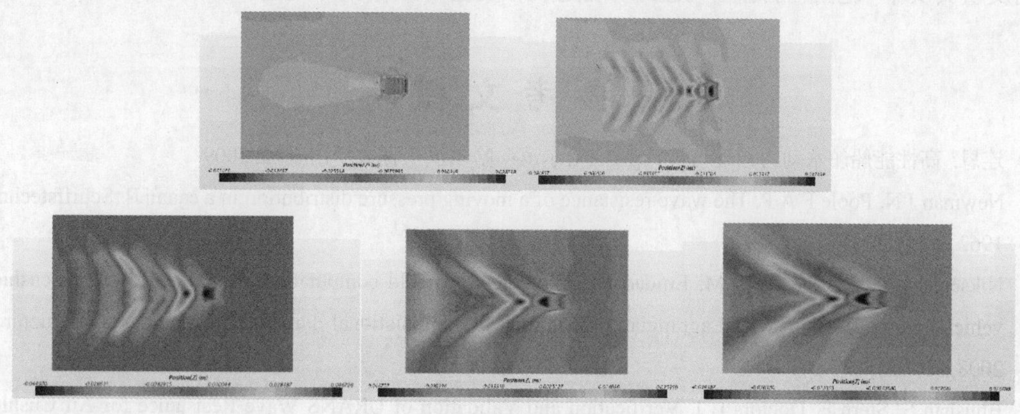

图 6　气垫 A 各航速下自由面兴波

图 7 给出了各航速下气垫船中纵剖面上的自由面升高曲线，其横坐标为纵向长度和气垫长的比值，可以看出，随着航速增大，气垫区域第一个波谷的位置，也可看做气垫区域水面的最低点，不断后移，当 Fr>0.6 时其位置已经处于船体范围之外。气垫深度在 Fr=0.4 左右最大，当航速越大或越小于该值，气垫深度有减小的趋势。

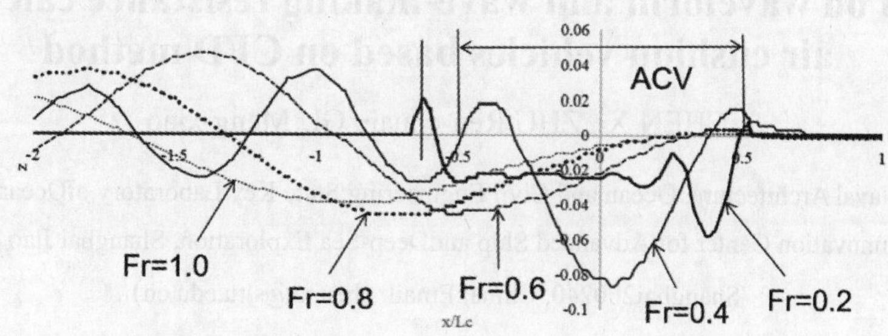

图 7 气垫 A 各航速下中纵剖面自由面升高曲线

4 结论

本文基于计算流体力学，提出了计算全垫升气垫船兴波阻力的一种方法，运用质量源模拟气室风机系统，基于理想流体理论求解 Euler 方程以获得兴波波形，进而根据波形计算求得兴波阻力。文中讨论了两种不同长宽比的气垫兴波阻力、波形随航速的变化情况，结果表明气垫船兴波阻力不会类似一般排水型船舶随航速而急剧增加，而甚至可能随航速增加而减弱。研究表明该方法可以得到气垫兴波引起的水表面变形及直航中的兴波阻力，能反映真实中气垫船的特性，是后续确定航行姿态、围裙变形的基础。

参 考 文 献

1 连恩. 高性能船舶水动力原理与设计[M]. 哈尔滨：哈尔滨工程大学出版社, 2009

2 Newman J N, Poole F A P. The wave resistance of a moving pressure distribution in a canal[J]. Schiffstechnik. 1962, 9(45): 21-26.

3 Nikseresht A H, Alishahi M M, Emdad H. Complete flow field computation around an ACV (air-cushion vehicle) using 3D VOF with Lagrangian propagation in computational domain[J]. Computers & Structures. 2008, 86(7-8): 627-641.

4 Bhushan S, Stern F, Doctors L J. Verification and Validation of URANS Wave Resistance for Air Cushion Vehicles, and Comparison With Linear Theory[J]. Journal of Ship Research. 2011, 55(4): 249-267.

5 Shanti Bhushan，Maysam Mousaviraad，Frederick Sternb. Assessment of URANS surface effect ship models for calm water and head waves[J].Applied Ocean Research,:,2017:248-262.

6 杨云涛,朱仁传,蒋银,等.三维无反射数值波浪水池及波浪与结构物相互作用的模拟[J].上海交通大学学报,2018,52(03):253-260.

Research on waveform and wave-making resistance calculation of air cushion vehicles based on CFD method

CHEN Xi, ZHU Ren-chuan, GU Meng-xiao

(School of Naval Architecture, Ocean and Civil Engineering;State Key Laboratory ofOcean Engineering; Collaborative Innovation Center for Advanced Ship andDeep-Sea Exploration, Shanghai Jiao Tong University, Shanghai200240, China. Email: chen.xi@sjtu.edu.cn)

Abstract: The wave induced by air-cushion vehicle is mainly caused by the air cushion itself and is the main component of the total resistance. The paper proposes the method of calculating wave-making resistance of air cushion in uniform linear motion based on CFD. The simplified simulation for air chamber is established. The mass source method is used to simulate the air supply of the fan to form a stable air cushion. The waveform and resistance are calculated. Based on this method, the influence of length-to-width ratio for air cushion and Froude number on the wave-making resistance are discussed. The research shows that the method can obtain the deformation of the water surface caused by the air cushion and the resistance in the direct navigation, which is the basis for determining the attitude of the navigation and the deformation of the apron.

Key words: Air cushion vehicle; Wave-making resistance; Mass source method; CFD

绕辐射水波格林函数的机器学习与预报

朱鹏远[1]，朱仁传[2]，黄山[2]

(1. 清华大学电子工程系，北京，100084；2上海交通大学船舶与海洋工程系，上海，200240)

摘要：针对深水绕射辐射问题的脉动点源格林函数，提出机器学习建模与预报方法。论文推导并给出无因次化的脉动点源格林函数表达，采用自适应积分计算获得格林函数库，通过机器学习训练形成了多层感知网络模型，研究表明网络模型预报的格林函数数值准确、计算效率高，是提高水动力问题求解效率的新手段，为解决传统计算难题带来了新思路。

关键词：格林函数；自由面；辐射绕射；机器学习

1 引言

在经典的线性势流理论范畴内，处理船舶与海洋工程结构物频域绕射辐射问题时，常用格林函数法计算附加质量和阻尼系数、运动和波浪载荷[1]。格林函数通常包括简单格林函数和复杂格林函数，简单格林函数亦被叫做 Rankine 源格林函数，由基本空间奇点构成；复杂格林函数一般指自由面格林函数，特指无限流域中满足线性自由面条件的波动格林函数，众所周知，它代表的是自由面下一个奇点处的点源运动所产生的速度势，是波浪绕辐射理论的基础[2]。格林函数法亦称边界元法、奇点分布法或源汇分布法。由于这种方法在应用上相当灵活，对边界的适应性很强，从 1964 年 Hess 和 Smith 引入源汇分布法以来[3]，被广泛地应用于求解波浪问题，是解决船舶阻力、运动与载荷等工程问题的重要方法。

三维自由面格林函数是个无穷积分，被积函数具有高频振荡和增幅的特性，对于该函数的计算非常困难[2]。精度和效率是格林函数法实施的基本要求，很多学者开展了频时域自由面格林函数准确快速计算的研究，目前自由面格林函数主要有如下三类计算方法：直接数值积分方法、级数/渐进展开方法和子域划分加多重切比雪夫多项式逼近方法。直接数值积分方法易于数值编程实现，计算耗时，但可以得到指定精度的格林函数及其导数值。级数/渐近展开方法即通过将自由面格林函数积分形式表达为级数和形式来改善数值计算效率。多项式逼近方法的计算效率最高，有全域逼近的，也有基于子域划分结合多重切比雪夫逼近的，此方法的研究者有 Newman[4-5]、Chen 等[6]，Francis 和 Wu 等[7-8]，Shan 等[9]，他们的算法有的已经成为商用程序的基础。解析逼近计算高效但有时也难以控制精度，为避免精度损失需要对区域进行有效划分。

机器学习属于人工智能科学的分支，是一种通用性的数据处理技术，包含了大量的学习算法，已成功地应用于无人驾驶、图像处理、医学诊断等多个领域。由于机器学习可以充分利用数据或经验自动改进优化计算程序[10]，本文结合格林函数计算并引入机器学习方法，以解决水动力问题求解中对格林函数高精度快速计算或预报的实践需求。机器学习算法主要分为监督算法、无/非监督算法和强化学习等多类算法，众所周知的神经网络算法就是监督学习中的典型算法之一。正如 Bishop 指出，带有非线性激活函数的感知器网络在非线性函数的拟合方面具有出色的性能，速度和精度都高于传统的迭代方法[11]。

近年来，尽管计算机技术发展飞速，三维自由面格林函数的快速计算仍然是个难题，是制约快速求解船海工程水动力问题和工程实现的“瓶颈”。本文以深水绕射辐射问题为例，推导了脉动点源格林函数及其导数的 θ 型积分表达，采用自适应积分计算获得高精度的格林函数，使用 MLP 方法进行训练学习，构建高精度快速获得格林函数的网络预报模型，并进行预报验证。研究表明机器学习预报模型具有高精度高效率的特性，能有效提高船海工程水动力问题的求解和工程实现，本文研究方法为传统力学计算的实现带来了新思路。

2 绕辐射水波格林函数及其无因次表达

2.1 绕辐射格林函数及其偏导数

为探索机器学习在绕辐射水波格林函数预报上的应用，本文以格林函数法求解浮体绕射辐射问题中的脉动点源为例，先给出满足自由面条件的格林函数及其偏导数的表达。若场点坐标为(x,y,z)，源点坐标为(ξ,η,ζ)，时间因子为$-i\omega t$，深水脉动源格林函数波动部分（简便起见，下称格林函数）可描述为：

$$G(x,y,z;\xi,\eta,\zeta)=\frac{k_0}{\pi}\int_0^{\infty}\int_{-\pi}^{\pi}\frac{1}{m-k_0}\mathrm{e}^{m(z+\zeta)+im[(x-\xi)\cos\theta+(y-\eta)\sin\theta]}\mathrm{d}\theta\mathrm{d}m \tag{1}$$

式中 k_0 为波数。该式为关于广义波数和广义浪向角的双重积分，沿实轴$(0,\infty)$积分时，在$m=k_0$上有奇点，根据无穷远处满足外传播波辐射条件，积分路径需从下面绕过奇点[1]。令$Z=z+\zeta$，$R=\sqrt{(x-\xi)^2+(y-\eta)^2}$，应用贝塞尔(Bessel)函数可得到 G 的 k 型单重积分，

$$G=2k_0\int_0^{\infty}\frac{1}{m-k_0}\mathrm{e}^{mZ}J_0(mR)\mathrm{d}m=2k_0 P.V.\int_0^{\infty}\frac{1}{m-k_0}\mathrm{e}^{mZ}J_0(mR)\mathrm{d}m+2k_0\pi i e^{k_0 Z}J_0(k_0R) \tag{2}$$

第二个等式来源于绕奇点 $m=k_0$ 的半个留数，$P.V.$ 是积分取柯西主值的意思。

分别求公式(2)对垂向 z 和水平方向 R 的偏导，整理可得:

$$\begin{cases} G_z=\dfrac{k_0}{\pi}\displaystyle\int_0^{\infty}\int_{-\pi}^{\pi}\frac{m}{m-k_0}\mathrm{e}^{mZ+imR\cos\theta}\mathrm{d}\theta\mathrm{d}m=k_0\left(\frac{2}{r_1}+G\right) \\ G_R=\dfrac{k_0}{\pi}\displaystyle\int_0^{\infty}\int_{-\pi}^{\pi}\frac{im\cos\theta}{m-k_0}\mathrm{e}^{mZ+imR\cos\theta}\mathrm{d}\theta\mathrm{d}m \end{cases} \tag{3}$$

2.2 格林函数 θ 型单重积分及无因次化

将积分中的广义波数 m 对 k_0 进行无因次化处理，得到的积分与原形式一致，

$$G=\frac{k_0}{\pi}\int_0^{\infty}\int_{-\pi}^{\pi}\frac{1}{\frac{m}{k_0}-1}\mathrm{e}^{\frac{m}{k_0}(k_0Z+ik_0R\cos\theta)}\mathrm{d}\theta\mathrm{d}\frac{m}{k_0}=\frac{k_0}{\pi}\int_0^{\infty}\int_{-\pi}^{\pi}\frac{1}{m-1}\mathrm{e}^{m(k_0Z+ik_0R\cos\theta)}\mathrm{d}\theta\mathrm{d}m$$

记 $X=k_0R$，$Y=k_0Z$，$M=Y+\mathrm{i}X\cos\theta$，交换积分次序，可得到 G 的 θ 型单重积分：

$$\frac{\pi G}{k_0}=\int_{-\pi}^{\pi}\mathrm{d}\theta\int_0^{\infty}\frac{1}{m-1}e^{m(Y+iX\cos\theta)}\mathrm{d}m=\int_{-\pi}^{\pi}\mathrm{e}^M\left[E_1(M)+i2\pi H(\cos\theta)\right]\mathrm{d}\theta$$

进一步可记，

$$F(X,Y)=\int_{-\pi}^{\pi}\mathrm{e}^M\left[E_1(M)+i2\pi H(\cos\theta)\right]\mathrm{d}\theta \tag{4}$$

式(4)是 θ 的单重积分，函数 $F(X,Y)$中的只有自变量 X、Y，可理解为是相对辐射波长的水平和垂向位置，是无因次化的距离。H 为阶跃函数，表达如下：$\cos\theta<0$ 时 H=0；$\cos\theta=0$ 时 H=0.5；$\cos\theta>0$ 时 H=1。E_1 可以写成：$E_1(M)=-\gamma-\ln M-\sum_{n=1}^{\infty}(-1)^n\mathrm{M}^n/nn!\quad(|\arg M|<\pi)$。

同理可得格林函数的水平方向偏导数

$$F_1(X,Y)=\frac{\lambda^2G_R^*}{4\pi}=\int_{-\pi}^{\pi}i\cos\theta\left\{-\frac{1}{\alpha}+\mathrm{e}^M\left[E_1(M)+i2\pi H(\cos\theta)\right]\right\}\mathrm{d}\theta \tag{5}$$

3 格林函数的机器学习与预报验证

3.1 格林函数计算与数据库

式(4)和式(5)中的复指数积分，通常可以用多项式、制表插值或者级数展开的方法计算，制表插值法的适用范围有限，文献[12]采用 Hess 等给出的分式多项式来计算时，效率高精度约 10^{-5} 量级，级数展开的方法效率较低但可以得到更高的精度。形式上 F 和 F_1 的积分核没有奇异点，比较有利于数值计算处理。但积分核函数高频振荡，目前较好的办法是采用自适应的求积计算，可以参看笔者对于有航速格林函数的处理[11]。

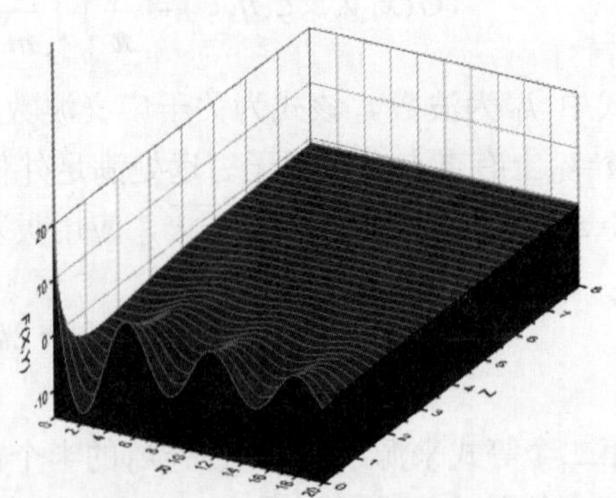

图 2 无因次化的格林函数库

由上可知格林函数对任何频率通用，实际应用时只需做 F 和 F_1 关于 X、Y 的统一的数据库就可以了。将船长、船宽和吃水因素考虑到 X 和 Y 里去，并结合性能评估的无因次频率范围，X 不小于 20，Y 的绝对值不小于 8 基本满足浮体的性能评估。图 2 为 X、Y 方向上的间隔分别取 0.05 和 0.01，矩形[0,20]×[0,-8]范围内的格林函数库。

3.2 机器学习监督算法 MLP 与建模

机器学习是一种通用性的数据处理技术，人工神经网络中的多层感知器（MLP），带有非线性激活函数的感知器网络，在非线性函数的拟合方面性能突出，能保持水波格林函数的高精度要求。多层感知器除了输入输出层，它中间可以有多个隐层，最简单的 MLP 只含一个隐层，即三层的结构（图 3）。从图 3 可以看到多层感知器层与层之间是全连接的。输入层可以是一个 n 维向量(即有 n 个神经元)。隐藏层的神经元由输入层神经元得到，假设输入层用向量 $\boldsymbol{x}$ 表示，则隐藏层即为 $f(W_1\boldsymbol{x}+\boldsymbol{b}_1)$，$W_1$ 是权重，b_1 是偏置；最后的输出层由隐藏层表达，预报模型函数可写为：$f(\boldsymbol{x}) = G\{b_2+W_2[s(b_1+W_1\boldsymbol{x})]\}$，$s$ 为 sigmoid 函数。MLP 所有的参数就是各个层之间的连接权重及偏置。具体确定这些参数是一个最优化问题。

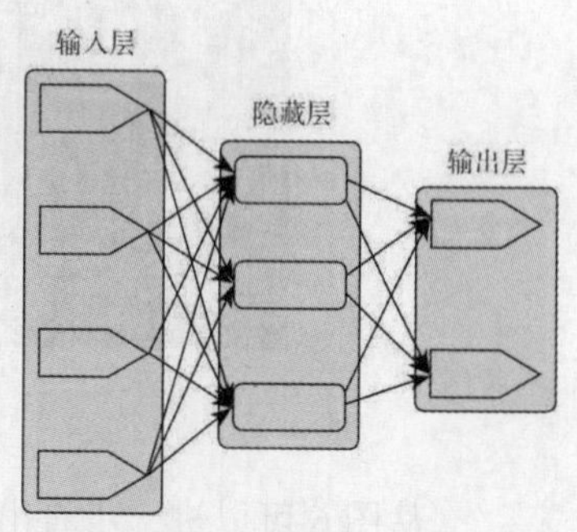

图3 监督算法 MLP 的结构示意图

此次格林函数的机器学习选用了三层的感知器网络，输入为位置(X,Y)和函数 F，矩形区域内横向纵向等距离散形成训练样本，隐藏层共设置 100 个节点，使用 sigmoid 激活函数，输出层使用线性激活函数。选用均方误差的损失函数，使用 Levenberg-Marquardt 算法进行迭代，该方法兼具快速收敛与最终收敛精度要求，有远超于基于梯度下降的常规优化器的性能。作为探索，本文对格林函数库中矩形[0,40]×[0,-0.8]平面离散的 800×80 个数据样本进行训练，实际上这是函数值波动最为剧烈的区域，较能反映神经网络方法的整体性能。由于网络不需要泛化能力，没有设置测试集与验证集，这使得网络能达到的最大精度大幅提升。经过 20 万次迭代之后得到最终的 MLP 网络模型。

3.3 格林函数 MLP 模型的预报精度与效率

图 4 为格林函数库数据和机器学习训练出来 MLP 网络模型预报出来的结果，可以观察到神经网络预报的数据与原始数据基本一致。在接近原点处函数值较大，其他区域函数为逐渐衰减的波动。图 5 为 MLP 网络预报数据的误差分布图，可以看出大部分区域误差都到 10^{-5} 量级。较大的误差主要集中在 X=0 附近，实际代表脉动源附近位置，或非常贴近水面，实际计算中这一部分的数据精度也需要特殊处理。

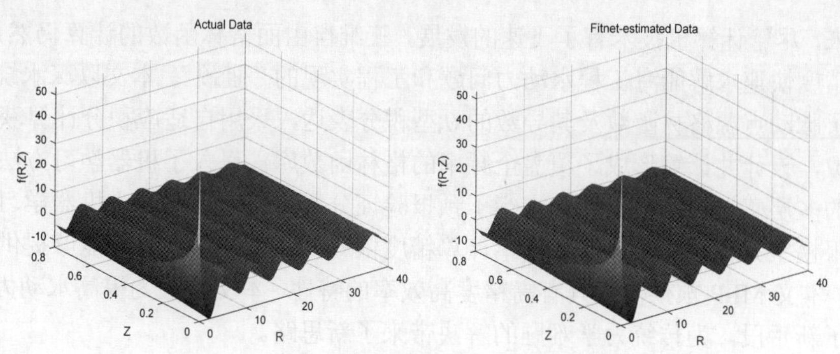

图 4 实际数据与神经网络预报数据

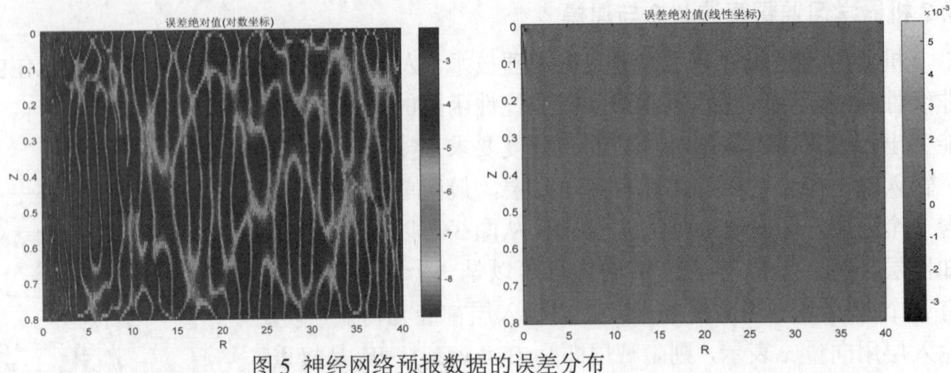

图 5 神经网络预报数据的误差分布

从图 6 可以进一步看出，数值上误差呈正态分布在 0 附近，99%的误差均在(-3~3)×10^{-4}之间，误差绝对值的均值为 4.24×10^{-5}，非常接近数值积分计算的精度，已经达到了实际工程应用的精度要求。

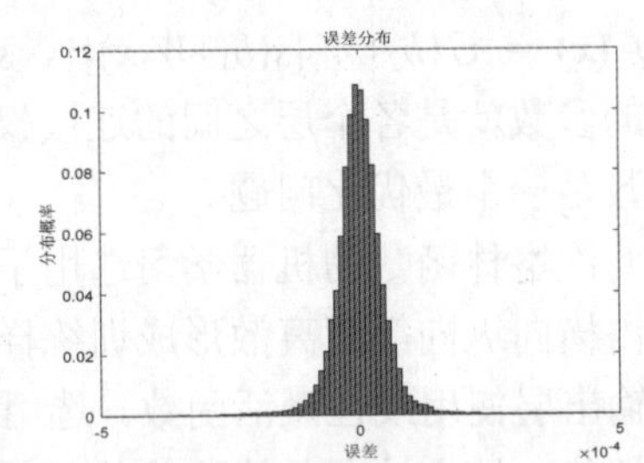

图 6 神经网络预报数据的误差分布概率

采用四核 2.4GHz 的 CPU 对数值算法与神经网络预报算法进行测试，得到结果如表 1。神经网络预报速度约为数值方法的百倍。注意到数据规模更大时，神经网络表现出了更好的性能，这是由于神经网络进行计算时，可以将全部输入看做一个大规模的输入矩阵同时进行运算，提高了运算的速度。

表 1 不同数据规模下单次计算的平均用时

方法\输入数据规模	65000	1050000
数值方法	392.6μs	387.2μs
神经网络方法	3.013μs	1.321μs

4 结语

近年来，尽管计算机技术有了飞速的发展，三维自由面格林函数的计算仍然是个难题，是制约高精度快速求解船海工程水动力问题和工程实现的“瓶颈”。本文以深水绕射辐射问题，推导了脉动点源格林函数及其导数的 θ 型积分表达，采用自适应积分计算获得高精度的格林函数，设计并计算形成了覆盖全频率的格林函数库，引入了机器学习方法，构建了格林函数的多层感知网络模型，并进行了预报验证分析。研究表明本文机器学习构建的格林函数预报模型具有较高的计算效率，计算精度依赖于训练数据，对于能够提供充分格林函数样本，本文 MLP 预报模型具有高精度高效率的特性，本文方法为提高水动力问题求解效率提供了新手段，为传统力学难题的解决带来了新思路。

参 考 文 献

1 朱仁传,缪国平.船舶在波浪上运动理论[M].上海:上海交通大学出版社，2019。

2 朱仁传,缪国平,洪亮,等. 自由面格林函数分类计算及船海水动力学中的应用[J]，水动力学研究与进展,A辑, 2014, 29(4):469-478.

3 Hess J L, Smith A M O. Calculation of non-lifting potential flow about arbitrary three-dimensional bodies [J]. Journal of Ship Research, 1964, 8(2):22-44.

4 NEWMAN J N. An expansion of the oscillatory source potential [J]. Applied Ocean Research, 1984, 6(2):116-117.

5 NEWMAN J N. Algorithms for the free-surface Green function [J]. Journal of Engineering Mathematics, 1985, 19: 57-67.

6 Chen, X.B. Free surface Green function and its approximation by polynomial series, Bureau Veritas' Research Report No. 641 DTO/XC, Bureau Veritas, France, 1991.

7 Noblesse F, Delhommeau G, Huang F, Yang C. Practical mathematical representation of the flow due to a distribution of sources on a steadily advancing ship hull, J. Engrg. Math. 71 (4) (2011) 367–392.

8 Wu H, Zhang C, Zhu Y, Li W, Wan D, Noblesse F. A global approximation to the Green function for diffraction radiation of water waves [J], European J mech. / B Fluids 65 (2017) 54-64.

9 Shan P, Zhu R, Wang F, Wu J. Efficient approximation of free-surface Green function and OpenMP parallelization in frequency-domain wave-body interactions[J], Journal of Marine Science and Technology, 2018 (1):1-11.

10 Alpaydin E. Introduction to machine learning (Adaptive computation and machine learning series) [M]. Cambridge: MIT Press, 2004.

11 Bishop C M, Roach C M. Fast curve fitting using neural networks [J]. Review of scientific instruments, 1992, 63(10): 4450-4456.

12 洪亮,朱仁传,缪国平,等. 三维频域有航速格林函数的数值计算与分析[J].水动力学研究与进展,A 辑, 2013，28(4):423-430.

Machine learning for radiation-diffraction Green's function and prediction

ZHU Peng-yuan[1], ZHU Ren-chuan[2], HUANG Shan[2]

1. Department of Electronic Engineering, Tsinghua University, Beijing,100084;2. Department of Naval Architecture and Ocean Engineering, Shanghai Jiao Tong University, Shanghai, 2000240, Email: renchuan@sjtu.edu.cn

Abstract: Multilayer perceptron (MLP) Green's function prediction model is proposed and established by machine learning. In this paper non-dimensional pulsation source Green's function of radiation-diffraction waves is derived. The samples of Green's function computed by numerical integration in advance are used for training MLP model. The MLP Green's function prediction model is validated by the precision comparisons. It is a new approach to improve hydrodynamic solution with high efficiency.

Key words: Green's function; Free surface; Radiation-diffraction waves; Machine learning

基于 OpenFOAM 的低长深比单丁坝绕流数值模拟*

方麟翔，詹杰民，李雨田，范庆

(中山大学应用力学与工程系，广州，510275，Email：fanglx5@mail2.sysu.edu.cn)

摘要：丁坝作为一种重要的水工建筑物，在保护河岸、保证通航及引流方面具有很高的水利价值。与此同时，丁坝也存在着一些缺点，如造成对河床泥沙的冲刷，下游泥沙的淤积等等。研究丁坝绕流的相干结构为进一步研究丁坝对河床底部的冲刷奠定了基础，也对设计丁坝具有指导意义。本文基于流体体积法（VOF）采用 Realizable k-ε 湍流模型，通过 OpenFOAM 对单丁坝绕流问题进行了数值模拟，并采用 Q 准则得到流场中的涡结构。通过与 Jeon 等人的实验对比，验证了在非淹没式直线型单丁坝绕流中，中层平面存在着回流涡与角涡，同时近底面处还存在着马蹄涡结构，本文的工作，为设计丁坝结构提供了参考方法。

关键词：丁坝；RANS；马蹄涡；剪切层

1 引言

丁坝绕流问题作为一个比较古老的水力学问题，对其的研究最早从实验开始。早期的实验受限于实验条件，只能对水流流动的一些大致的流动情况作出推断，通过对实验的总结发展出丁坝水力学的一系列经验公式从而用于设计丁坝的一些参考。随着实验设备和实验技术的提升，近期也有很多学者通过实验手段对丁坝绕流问题进行实验研究。2009 年，Ghodsian 等[1]通过声学多普勒测量速度仪(ADV)研究 90 度弯折明渠不同佛汝德数、不同丁坝长度及不同翼长 T 型丁坝对冲刷坑形态的影响；2013 年，杨石磊等[2]采用比尺模型实验研究了不同丁坝间距、长度和坝轴线方位角研究了丁坝群局部冲刷规律；2016 年，Akbar Safarzadeh 等[3]对直线型、及两种不同翼长的 T 型丁坝的单丁坝绕流进行了研究；2017 年，Jeongsook Jeon 等[4]使用 ADV 和微超声波距离传感器测量了流场速度及水面高度，研究了单丁坝绕流的三维流动结构。另外，随着数值模拟的发展，很多学者也开始采用数值模拟的方式对丁坝绕流问题进行了研究。2008 年，崔占峰等[5]通过 RNG 紊流模型，采用不平衡推移质输沙模型模拟了丁坝附近流场及冲刷坑形态；2010 年，Joongcheol Paik 等[6]运用 CSR

* 基金项目：国家重点项目(6140206040301)；中央高校基本科研业务费专项基金(No.171gjc41)
通信作者：詹杰民，Email：stszjm@mail.sysu.edu.cn

（coherent-structure-resolving）技术，采用经过优化的 DES 模型研究了来流流经翼型结构、安装在底部的圆柱型结构及高雷诺数下浅深渠中丁坝结构的马蹄涡系统；2014 年，Fang 等[7]采用动态亚格子格式、基于强迫力思想的浸没边界法，通过大涡模拟研究了丁坝长度与丁坝间距离比和丁坝长度对丁坝群周围流动模式等的影响；2016 年，李子龙等[8]通过 S-A 一方程湍流模型，采用非结构网格对单丁坝绕流在不同 *Fr* 数下的数值模拟。数值模拟方面的研究主要集中在丁坝长度、丁坝间距和弗洛德数方面的影响，本文基于 OpenFOAM 对低长深比丁坝绕流问题进行研究，重点主要放在坝头形状以及不同长度的丁字形丁坝的三维流动结构的研究。其中长深比是指丁坝的横向长度与水深的比，本文中该值为 1.4。

2 控制方程与湍流模型

丁坝绕流问题满足雷诺平均的连续性与守恒型动量方程

$$\nabla \cdot \boldsymbol{U} = 0 \tag{1}$$

$$\frac{\partial(\rho \boldsymbol{U})}{\partial t} + \nabla \cdot (\rho \boldsymbol{U}\boldsymbol{U}) - \nabla \cdot \left\{ (\mu + \mu_t) \left[\nabla \mathbf{U} + (\nabla \mathbf{U})^{\mathbf{T}} \right] \right\} = -\nabla P + \rho \boldsymbol{g} + \sigma \kappa \nabla \alpha \tag{2}$$

其中, ρ 为密度. μ 为动力黏性系数. μ_t 为涡黏系数，α为流体相分数，κ为曲率，σ为表面张力系数。α 是介于 0 到 1 的值，代表水分在两相中的占比，相分数方程

$$\frac{\partial \alpha_1}{\partial t} + \nabla \cdot (\alpha_1 \boldsymbol{U}) + \nabla \cdot \left[\alpha_1 (1 - \alpha_1) \boldsymbol{U_r} \right] = 0 \tag{3}$$

其中压缩速度 U_r 为定义于流动分界面处的速度。Realizable $k-\varepsilon$ 湍流模型的控制方程分别为

$$\frac{\partial \mathrm{k}}{\partial t} + \nabla \cdot (kU) = \nabla \cdot (\nu_{eff,k} \nabla k) + \mathrm{G_k} - \varepsilon \tag{4}$$

$$\frac{\partial \varepsilon}{\partial t} + \nabla \cdot (\varepsilon U) = \nabla \cdot (\nu_{eff,k} \nabla \varepsilon) + C_{1\varepsilon} \frac{\varepsilon}{k} \mathrm{G_k} - C_{2\varepsilon} \frac{\varepsilon^2}{k} \tag{5}$$

及

$$\frac{\partial \mathrm{k}}{\partial t} + \nabla \cdot (kU) = \nabla \cdot (\nu_{eff,k} \nabla k) + \mathrm{G_k} - \varepsilon \tag{6}$$

$$\frac{\partial \varepsilon}{\partial t} + \nabla \cdot (\varepsilon U) = \nabla \cdot (\nu_{eff,k} \nabla \varepsilon) + \frac{\sqrt{2}}{2} C_{1\varepsilon} \left[\nabla \bar{U} + (\nabla \bar{U})^T \right] \varepsilon - C_{2\varepsilon} \frac{\varepsilon^2}{k + \sqrt{\nu \varepsilon}} \tag{7}$$

其中, *k*. *ε* 分别为湍动能和湍动能耗散率，其他参数可参照 Launder[9] 和 Shih[10] 等的建议。

3 模型验证与讨论

对 Realizable $k-\varepsilon$ 湍流模型与 Jeon 等[4]的实验进行对比进行率定，结果如图 1 所示，可以看到在流动特征方面，表征来流与马蹄涡系统相互作用的流动会聚线 C1 和马蹄涡系统与回流区相互作用的流动发散线 D 的出现，流动发散线 D 位于回流区的外边沿，流动发散线 C3 没有出现。流向速度分布区图中，C1 位于流向速度发生扭曲的位置，D 位于流向速度发生急剧变化的位置，这两个区域的速度梯度的值发生急剧变化，由于流向速度在湍动能分布中主要起主导作用，这两条线分别界定了弱剪切层与强剪切层，直线型丁坝坝头位置具有横向流动速度高速区，并且在底层平面上具有更大的高速区，这也从侧面反映了马蹄涡结构在底部区域具有较强的旋转，中层平面上，坝头上游位置的竖向速度具有一块向下的流动的区域，这也与 Safarzadeh 等人[3]的实验一致，证实坝头上游下潜流的存在。

为了更好地验证数值模拟的准确性，分别对 x/L=-0.9, 1.67, 3.33, 6.67, 10, 13.33 六个平面的流动速度进行对比得到图 2，验证了 Realizable $k-\varepsilon$ 湍流模型的高准确性。底层平面上，流动速度基本一致，但在 y/L=2-2.5 的位置数值模拟的流向速度出现扭曲，而实验上的值却没有这个现象，与图 1 的(f)(h)图流向流动速度分布做对比，可以看出无论是数值模拟还是实验的结果，流动速度分布在 C1 线上都出现了扭曲，但这却没有在实验结果上反映出来，推测这是由于实验在测量速度的时候在横向上没有取到足够多的测点，在绘制的时候没有反映出来这一点。竖向速度方面由于缺乏实验数据不予比较。底层的横向速度可以看出在曲线的弯折上大致上还是符合的。

经过对实验与数值模拟的对比，Realizable $k-\varepsilon$ 模型在模拟直线型单丁坝绕流问题上具有较高的准确性。基于 Q 准则可以显示主要涡结构，在算出 Q 值后，对其进行单位化处理，取 Q=0.0001 等值面，并通过速度大小对其进行染色，结果如图 3 所示，结果表明在坝头下游处形成一系列涡结构，这一系列涡结构落在速度大小变化非常剧烈的位置，也即是强剪切层的位置，同时可以观察到在丁坝前端马蹄涡系统的形成并向着远离丁坝一侧发展。

4 结论

采用 Realizable $k-\varepsilon$ 模型，本文通过 OpenFOAM 对单丁坝绕流进行了数值模拟，结果表明该模型在丁坝绕流问题上具有较高的准确度。在中层平面上存在着回流区，同时坝基上下游存在着角涡；底层平面上可以观察到流动会聚线及发散线的存在，这从侧面反映出马蹄涡及剪切层等结构的存在；最后通过 Q 准则进行可视化，可以观察到马蹄涡的形成与发展趋势。

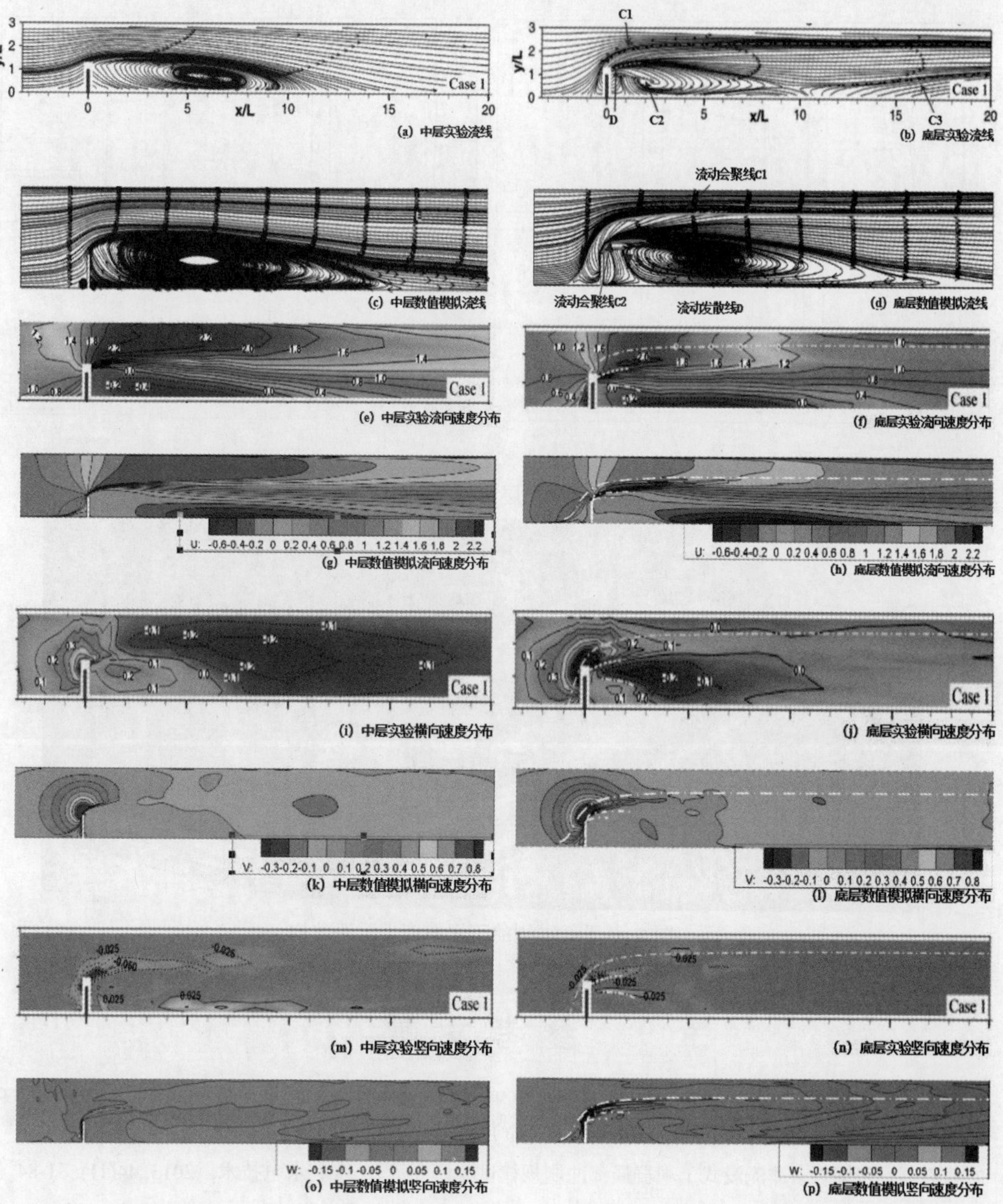

图 1 直线型中层（左）与底层平面（右）实验与 Realizable $k-\varepsilon$ 模型流线及速度分布对比

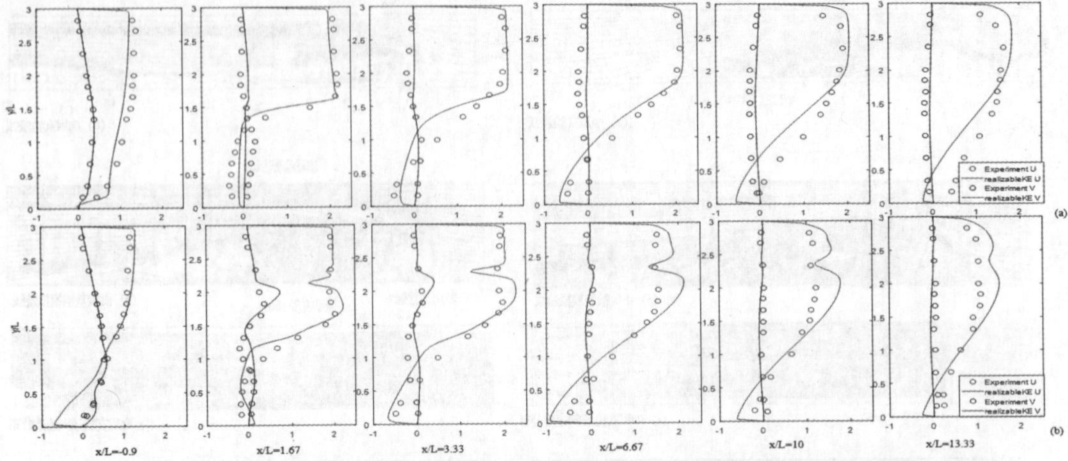

图 2 实验与 Realizable $k-\varepsilon$ 模型中层(a)与底层(b)流向、横向无量纲速度对比

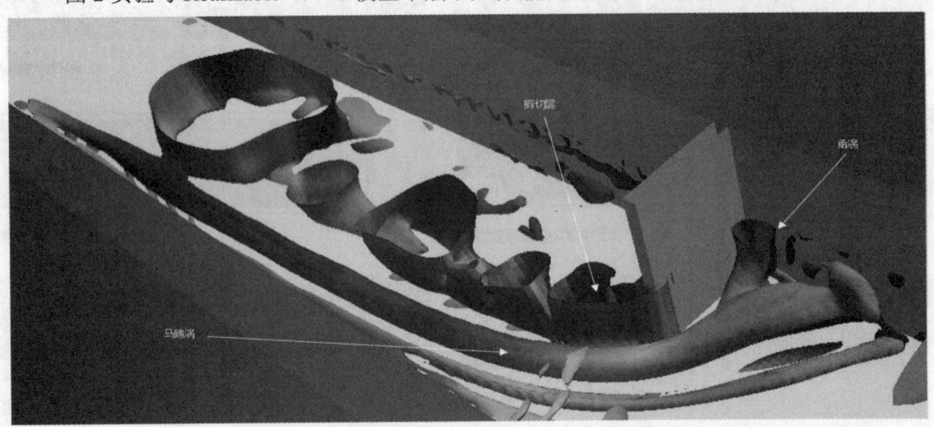

图 3 基于 Q 准则的丁坝绕流主要涡结构

参 考 文 献

1 Ghodsian M, Vaghefi M. Experimental study on scour and flow field in a scour hole around a T-shape spur dike in a 90° bend[J]. International Journal of Sediment Research, 2009, 24(2): 145-158.

2 杨石磊，张耀哲．非淹没式丁坝群局部冲刷规律试验研究［J］．水利水电技术，2013, 44(11): 81-84.

3 Safarzadeh A, Neyshabouri S a a S, Zarrati A R. Experimental Investigation on 3D Turbulent Flow around Straight and T-Shaped Groynes in a Flat Bed Channel[J]. Journal of Hydraulic Engineering, 2016, 142(8): 04016021.

4 Jeon J, Lee J Y, Kang S. Experimental Investigation of Three-Dimensional Flow Structure and Turbulent Flow Mechanisms Around a Nonsubmerged Spur Dike With a Low Length-to-Depth Ratio[J]. Water Resources Research, 2018, 54(5): 3530-3556.

5 崔占峰，张小峰，冯小香．丁坝冲刷的三维紊流模拟研究[J]．水动力学研究与进展 A 辑，2008, (01): 33-41.

6 Paik J, Escauriaza C, Sotiropoulos F. Coherent Structure Dynamics in Turbulent Flows Past In-Stream Structures: Some Insights Gained via Numerical Simulation[J]. Journal of Hydraulic Engineering, 2010, 136(12): 981-993.

7 Fang H, Bai J, He G, et al. Calculations of Nonsubmerged Groin Flow in a Shallow Open Channel by Large-Eddy Simulation[J]. Journal of Engineering Mechanics, 2014, 140(5): 04014016.

8 李子龙，寇军，张景新．明渠条件下单丁坝绕流特征的数值模拟[J]．计算力学学报，2016, 33(02): 245-251.

9 Launder B E, Spalding D B: The numerical computation of turbulent flows [J]. Computer Methods in Applied Mechanics and Engineering, 1974, 3(2):269-289.

10 Shih T-H, Zhu J, Lumley J L. A new Reynolds stress algebraic equation model[J]. Computer methods in applied mechanics and engineering, 1995, 125(1-4): 287-302

Numerical simulation of flow around a single spur dike with low aspect ratio based on OpenFOAM

FANG Lin-xiang, ZHAN Jie-min, LI Yu-tian, FAN Qing

(Department of Applied Mechanics and Engineering, Sun Yat-sen University, Guangzhou, 515000, Email: fanglx5@mail2.sysu.edu.cn)

Abstract: As an important hydraulic structure, spur dike has high hydraulic engineering value in protecting river banks, ensuring navigation and drainage. At the same time, spur dike also has some shortcomings, such as causing erosion of riverbed sediments, siltation of downstream sediments, and so on. Studies the coherent structure around the spur dike not only lay the foundation for further studies about the scouring of the riverbed around spur dike, but also have guiding significance for the design of the spur dike. In this paper, based on OpenFOAM, the fluid volume method (VOF) and the Realizable k-epsilon turbulence model are used to simulate the flow around a single spur dike . And the vortex structure in the flow field is illustrated by the Q criterion. Compared with the experimental results of Jeon et al., it is verified that in the flow around non-submerged straight single spur dike, there are recirculation vortices and angular eddies in the middle plane, and there are also horseshoe vortex structures near the bottom surface. The work in this paper provides a reference for the design of spur dike structures.

Key words: spur dikes; RANS; horseshoe vortex; shear layer

大单宽流量下阶梯消能工预掺气及消能研究

马飞，田然，吴建华

(河海大学 水利水电学院，南京，210098，Email: mafei921@163.com)

摘要：大单宽流量下，阶梯溢洪道掺气发生点下移，易引起阶梯发生空蚀破坏。本研究提出了一种新颖的阶梯溢洪道预掺气设施，即在阶梯末端设置突缩出口。水流经过突缩处时，在过流表面产生局部水跃和射流，二者卷吸了大量空气进入水流，达到掺气减蚀之目的。本文研究了突缩掺气设施的流态、掺气浓度分布和消能率等水力特性，给出了局部水跃的临界条件和消能率估算公式。研究结果表明，收缩比是决定突缩预掺气设施能否形成局部水跃的关键因素，在局部水跃和射流的组合流态下，大单宽流量下的阶梯溢洪道可有效减免空蚀破坏。另外，设置多级突缩掺气坎的阶梯溢洪道可显著提高其消能率。

关键词：阶梯消能工；预掺气；局部水跃；射流；大单宽流量

1 引言

近年来，随着碾压混凝土筑坝技术的普及，阶梯溢洪道应用日益广泛。有研究表明，阶梯溢洪道可使下游消力池长度减小约 1/3，从而节省大量的工程投资[1]。然而，大单宽流量下，阶梯溢洪道上掺气发生点将向下游移动，阶梯溢洪道的上游部分因未发生掺气而可能导致阶梯面发生空蚀破坏，从而限制了阶梯溢洪道更广泛的应用[2]。

为使阶梯溢洪道更早发生掺气，并提高其消能率，带尾坎的阶梯溢洪道被提出。然而，在大单宽流量下，这种带尾坎的阶梯溢洪道首部仍会因无掺气而导致空蚀破坏。有学者在溢洪道首级阶梯设置通气孔，或在溢洪道阶梯前设置掺气坎，采用人工强迫掺气的方式对阶梯溢洪道上的水流进行预掺气[3-5]。这两种方法在小流量情况下被证明是有效的，但在大单宽流量下，掺气坎的来流具有低佛氏数特点，易发生空腔淹没，且存在全断面掺气不足的问题。也有研究者在阶梯溢洪道上游设置宽尾墩，充分利用宽尾墩水流垂向扩散，减小阶梯过流单宽流量，加强挑流水舌两侧掺气和水舌入水掺气作用，从而达到增大单宽流量、提高水头应用范围的目的。但是，这种强迫掺气型式存在宽尾墩处水翅过高，下游水流流态较差等问题，这时阶梯仅仅作为一种辅助消能设施在小单宽流量水流不易起挑时发挥作用。

吴建华等提出了挑流掺气池和水跃掺气池两种阶梯预掺气结构型式，利用挑流冲击水垫和完整水跃为阶梯水流提供预掺气，为解决大单宽流量下的阶梯溢洪道空化空蚀问题提供了新思路[6-8]。目前，开发体型简单、便于施工的阶梯预掺气设施，为阶梯溢洪道提供防空蚀保护，仍是阶梯溢洪道亟待解决的问题之一。

本研究提出了一种新的阶梯溢洪道预掺气方法，采用结构简单的突缩结构型式，利用过流表面的局部水跃和收缩射流进行掺气，掺气在水流表面和底部同时发生，达到全断面掺气之目的，以解决大单宽流量下阶梯溢洪道的防空蚀问题。运用物理模型试验的研究方法对这种阶梯溢洪道上的突缩预掺气设施的水力特性进行了详细地研究。

2 试验装置与方法

物理模型试验装置如图 1 所示，包括钢板水箱、阶梯溢洪道、突缩掺气坎、量水堰和试验进出水系统等。阶梯溢洪道上游由一长为 50.0 cm 的宽顶堰与水箱连接，下游与排水渠连接。本试验研究中，阶梯溢洪道模型共 12 个阶梯，突缩掺气坎布置在第 3 级阶梯末端，以保证来流为急流，并尽可能地扩大阶梯防空化保护范围。另外，为了提高阶梯溢洪道消能，于第 10、12 号阶梯末端分别设置了突缩掺气坎。台阶高度 t 取为 9 cm，为利于形成局部水跃，突缩掺气坎所在台阶长取为 46.3 cm。突缩掺气坎下游的阶梯坡度可根据实际工程调整。

突缩掺气坎的结构体型如图 2 所示，即在收缩处的渠道两侧设置两道横向的墙，墙与渠道等高，墙厚取为 1.0 cm，实际工程中，墙厚可根据结构安全需要调整。渠道宽 $B = 15.0$ cm，经胸墙束窄后过流宽度为 b。本试验研究中，b 分别取为 8.5 cm，10.0 cm，11.5 cm 和 13.0 cm，相应的收缩比 γ（$\gamma = b/B$）为 0.867、0.767、0.667 和 0.567（M1-M4）。试验中，单宽流量 q 为 0.09～0.56 m^2/s。

图1 试验装置

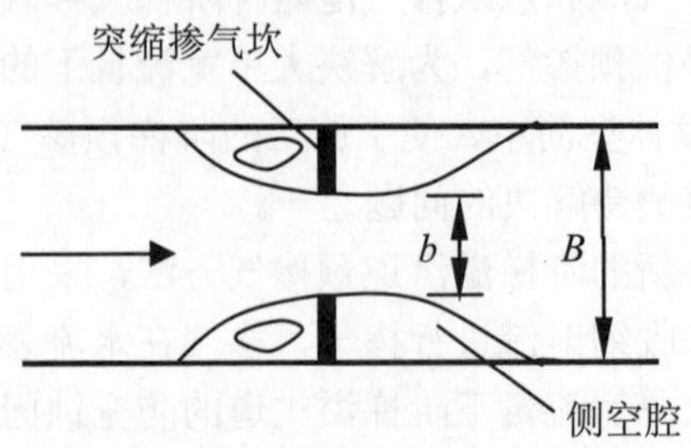

图2 突缩掺气坎结构示意图

用于为阶梯泄槽预掺气的掺气坎设置在第三级阶梯末端，底板掺气浓度测点布置在第5～11级阶梯底板中央，侧墙掺气浓度测点布置于第5级底板侧墙的中间，最低的测点距底板为3.0 cm，各测点间竖向距离为3.0 cm。掺气浓度用CQ6-2005电阻式掺气浓度仪测量，测量误差为±0.3%。为计算阶梯溢洪道消能率，计算断面1和断面2分别设置在宽顶堰和溢洪道的末端（图1）。消能率 $\eta=(E_1-E_2)/E_1, E_1=h_1+Z_1+\alpha_1 v_1^2/2g$ ； $E_2=h_2+Z_2+\alpha_2 v_2^2/2g$ 分别为1、2断面的总水头。h_1 和 h_2 为1、2断面水深，Z_1 和 Z_2 为位置水头，v_1 和 v_2 为1、2断面平均流速，动能修正系数 $\alpha_1=\alpha_2=1.0$. 选择阶梯溢洪道下游的水平渠道底板为基准面，有 $Z_2=0, Z_1=1.08\text{m}$。

3 试验结果与讨论

3.1 试验流态观察

图3所示为收缩比 γ 为0.667的突缩掺气坎流态。水流流至突缩掺气设施时，流动受到阻碍，水流表面发生局部水跃，随着流量增大，局部水跃随之增大。水流经过突缩掺气设施后被束窄，形成射流水舌，水舌下缘与台阶底板间形成底空腔。由图3可以明显观察出，在各来流情况下，阶梯溢洪道上的水流经过突缩处后发生了强烈的掺气现象。水流掺气的途径主要有3个方面。①水流表面的局部水跃卷吸了大量空气进入水流；②水舌上下缘表面与空气掺混，发生了较为强烈的掺气现象；③水舌撞击台阶底板处发生强烈掺气，由于底空腔和侧空腔与外界大气相连，空气可源源不断地得以补充。

根据窄缝式挑流鼻坎局部水跃的理论分析，局部水跃的发生主要受来流佛氏数和收缩结构参数影响[]。然而，在本试验研究范围内，结果表明局部水跃的发生仅与掺气坎的收缩比有关，即：当 $\gamma \leqslant 0.667$，局部水跃发生；当 $\gamma \geqslant 0.767$，局部水跃消失。

3.2 掺气浓度

图4为各模型底板掺气浓度沿程分布。对于M3和M4，局部水跃和射流同时发生，底板掺气浓度立即达到3.0%，并增加至4.5%，整个泄槽沿程底板掺气浓度大于2.7%；而对于M1和M2，由于局部水跃消失，底板掺气浓度显著降低，但仍大于1.0%。前人研究表

明：当掺气浓度大于 1.0%-2.0%时，可有效减免空蚀破坏[9]。因此，本研究提出的突缩掺气坎可以保护阶梯溢洪道底板免受空蚀破坏。图 5 为第 5 级台阶边墙掺气浓度的竖向分布。对于 M1 和 M2，某些侧墙掺气浓度值低于 1.0%，面临空化空蚀风险。而 M3 和 M4 由于局部水跃的产生，其侧墙掺气浓度均高于 1.0%，，试验结果表明：对于阶梯溢洪道上的突缩掺气坎，局部水跃与射流组合流态较优。

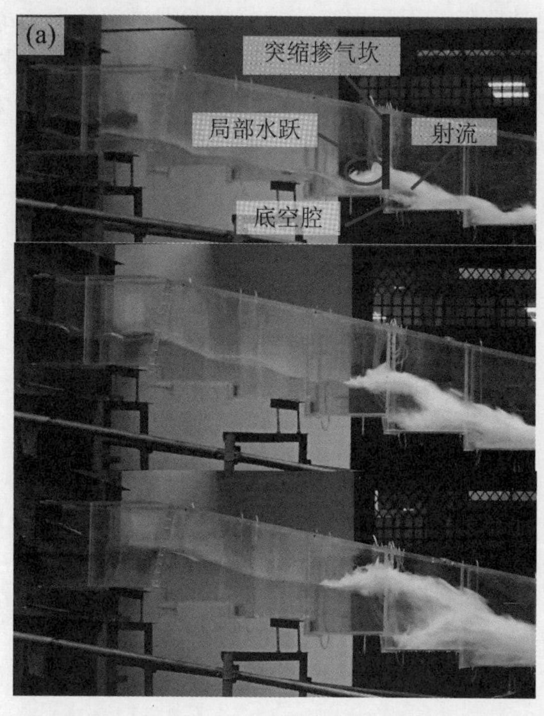

图3 突缩掺气坎流态（ $b/B = 0.667$, $q = 0.09, 0.24, 0.56\mathrm{m^2/s}$ ）

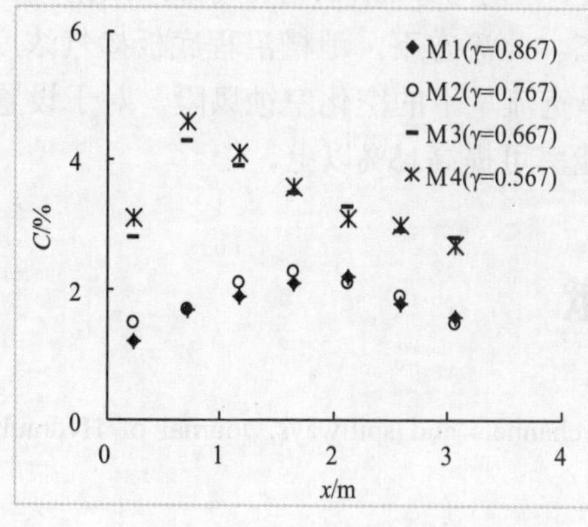

图4 底板掺气浓度沿程分布

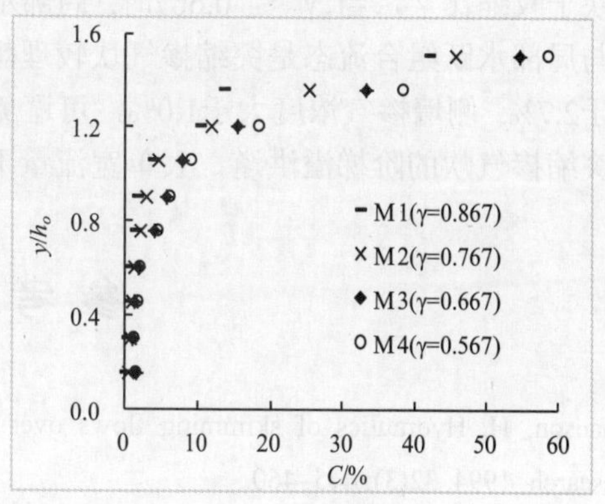

图5 侧墙掺气浓度竖向沿程分布

3.3 消能率

图6是消能率η与相对特征水深d_c/t的相互关系。$d_c = (q^2/g)^{1/3}$ 是阶梯溢洪道上的临界水深，其中$g = 9.81\text{ms}^{-2}$为重力加速度。q为单宽流量，$t = 9\text{cm}$ 为阶梯高度。图6中，带“○”的数据为传统阶梯溢洪道M0，其他设置突缩掺气坎的阶梯溢洪道M1 – M4。由图6可知，当$d_c/t < 1.5$, 各模型的消能率较高， $\eta > 80\%$。当单宽流量增大，$d_c/t > 1.5$, 对于传统阶梯泄槽，η随d_c/t的增大迅速降低，而配置突缩掺气坎的泄槽消能率随d_c/t的增大的下降速率较为平缓，二者在$d_c/t = 3$时最大差值约达15%。这说明在大单宽流量时，突缩掺气坎具有良好的消能效果。在本研究范围内，收缩比对消能率影响较小，故在设计用于消能的突缩掺气坎时，可适当取较大的收缩比更为经济。

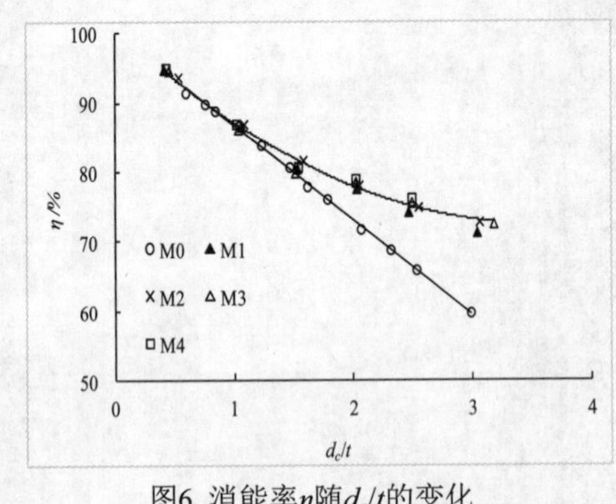

图6 消能率η随d_c/t的变化

4 结论

突缩掺气坎的流态可分为：射流流态，射流与局部水跃组合流态。局部水跃的发生主要取决于收缩比γ，当 γ ≤ 0.667时, 局部水跃发生；当γ ≥ 0.767时, 局部水跃消失。射流与局部水跃组合流态是突缩掺气坎较理想的流态。此流态下，泄槽沿程底板掺气浓度均大于2.7%, 侧墙掺气浓度大于1.0%，可避免了大单宽流量下的空化空蚀风险。对于设置多级突缩掺气坎的阶梯溢洪道，大单宽流量下的消能率可提高15%以上。

参 考 文 献

1 Chanson, H. Hydraulics of skimming flows over stepped channels and spillways. Journal of Hydraulic Research, 1994, 32(3): 445–460.

2 Chanson, H. A review of accidents and failures of stepped spillways and weirs. Proceedings of the Institution of Civil Engineers - Water and Maritime Engineering, 2000, 142(4): 177–188.

3 Pfister, M., Hager, W. H., Minor, H-E. Stepped spillways: pre-aeration and spray reduction. International Journal of Multiphase Flow, 2006, 32(2): 269–284.

4 Pfister, M., Hager, W. H., Minor, H-E. Bottom Aeration of Stepped Chutes. Journal of Hydraulic Engineering, 2006, 132(8): 850–853.

5 吴建华, 韩东旭, 周宇.水跃掺气池的掺气特性.水利水电科技进展, 2016, 36 (3): 31–35.

6 Qian, S. T., Wu, J. H., Ma, F. Hydraulic performance of ski-jump-step energy dissipater. Journal of Hydraulic Engineering, 2016, 142 (10): 05016004-1–7.

7 Wu, J. H., Qian, S. T., Ma, F. A new design of ski-jump-step spillway. Journal of Hydrodynamics, 2016, 28 (5): 914–917.

8 彭勇,张建民,许唯临,等. 前置掺气坎式阶梯溢洪道掺气水深及消能率的计算. 水科学进展，2009. 20(1): 63–68.

9 Peterka, A. J. The effect of entrained air on cavitation pitting. Proceedings of Minnesota International Hydraulics Convention. Minneapolis, Minnesota, 1953, 507–518.

Study on pre-aeration and energy dissipation on stepped chutes under large unit discharges

MA Fei, TIAN Ran, WU Jian-hua

(College of Water Conservancy and Hydropower Engineering, Hohai University, Nanging, 210098. Email: mafei921@163.com)

Abstract: Stepped chutes are prone to cavitation damage due to the absence of air entrainment during large unit discharge. The present study proposes a simple pre-aeration device, called an abrupt contraction aerator, for stepped chutes. This aerator can generate a local hydraulic jump or a jet, which entrains the air into the flow and thus provides aerated flow for the stepped chute. The hydraulic characteristics of this aerator are experimentally investigated, such as flow regime, air concentration and energy dissipation. The test results demonstrate that the contraction ratio is key parameter for occurrence of local hydraulic jump at the suddenly contraction aerators, and the aerator provides adequate aerated flow for the stepped chute when the flow regime is the combination of a local hydraulic jump and a jet. In addition, the present aerators also are effective with regard to energy dissipation.

Key words: Stepped spillway; Pre-aeration; Local hydraulic jump; Jet; Large unit discharge.

椭圆余弦波作用下沙纹底床近区流场及水体紊动特性数值模拟研究

刘诚[1,2]，刘晓建[1,2]，刘绪杰[3]

1. 珠江水利委员会珠江水利科学研究院， 广东 广州 510611，Email: jacklc2004@163.com；

2. 水利部珠江河口动力学及伴生过程调控重点实验室，广东 广州 510611；

3. 河海大学 港口海岸与近海工程学院， 江苏 南京 210098

摘要： 采用 OpenFOAM 建立波浪数值水槽，开展了椭圆余弦波作用下沙纹底床近区流场及水体紊动特性数值模拟研究工作。研究发现一个波周期内水流首先在沙纹峰后发生分离，并在背浪侧生成一个强度较大的涡流场，其中水平方向上存在明显的回流，竖直方向上有一个紧邻沙纹峰的上升流和远离沙纹峰的下降流；沙纹对近底水体的影响主要位于距离底床 $\lambda \sim 3\lambda$ 的范围内，其中竖直方向上较大的影响主要集中在底床表面和距离底床 2λ 的位置，水平方向上较大的影响主要集中在沙纹峰的两侧，且迎浪侧的影响范围远大于背浪侧；此外，一个波周期内强烈的紊动水体首先产生于沙纹背浪侧，并沿背水坡抬升至沙纹峰以上，继而向上游运动，其运动过程中，水体的紊动动能逐渐减小。

关键词： 沙纹；波浪；OpenFOAM；瞬时流场；紊动动能

1 引言

沙纹广泛存在于海岸带，是受近底动力过程制约的最小床面形态。一般而言，沙纹断面形态呈三角形，两侧的斜坡平缓且关于沙纹峰对称。与平坦底床相比，沙纹峰处的水流流动分离和背水坡的涡动脱落会对河床演变和泥沙运输产生较大影响 [1]。因此研究沙纹床面近区流场和水体紊动特性对于港口、航运以及海岸带的防护均具有重要意义。

目前，国内外学者针对沙纹床面近区流场和水体紊动特性开展了大量研究，多集中于雷诺应力[2]、波浪底摩阻[3]、底部切应力等方面[4-5]。除了上述直接作用力外，沙纹背浪侧的紊动水体引起的底层扫水（sweep）也会加速床面掀沙[6]。Aython [7]研究了波浪作用下沙纹床面附近的紊动，细致描述了水体紊动的形成、发展，及其与沙纹几何形态的关系；Liu 等[8]采用 DPTV 试验研究了紊动水体的发展过程；Shen 等[9]基于浸入边界法数值模拟了沙纹床面附近的紊动水体流动。此外，相关的研究内容也被 Earnshaw 等[10]和蒋昌波等[11-12]等多个学者报道。最近，Hamidouche 等[2]基于物理实验对固定单沙纹附近的水动力特性进行研究，指出紊动水体流态会显著改变床面剪切应力特征。然而由于侧重点不同，现有研究多集中于顺波向紊动水体的演化。而实际情况下，近岸区域多为波谷平缓、波峰尖锐的浅水非线性波，故波谷历时较波峰长，因此一个波周期内质量平均输运速度与规则波有所差异，会促使底沙存在一个逆水流方向的运动[13]。然而由于侧重点不同，现有研究较少全面阐述相关波况下的床面近区流场和水体紊动特性。

为了弥补现有研究的不足，本文基于三维不可压缩 Navier-Stokes 方程，利用 OpenFOAM 开源代码中两相流求解器 IHFOAM 建立了三维数值波浪水槽模型。OpenFOAM 作为 CFD 开源程序包，以其易扩展性、并行计算的稳定高效和先进的求解方法等特点在计算流体力学领域得到了广泛的应用，近年来也开始应用于波浪动力及流固耦合作用等问题。具体而言，本研究拟采用椭圆余弦波近似描述波浪在浅水中的运动形态及特征，使用 k-ε 两方程湍流模型捕捉湍流特性，并运用修正的流体体积函数输运方程（VOF, volume of fluid）追踪自由液面。通过数值模拟方法分析沙纹床面波浪水体瞬时流场特征和紊动动能变化，为进一步探究波浪作用沙纹演化及泥沙运输等问题提供相关理论依据。

2 数学模型介绍

2.1 控制方程

三维波浪数学模型基于三维连续不可压缩 RANS 方程求解 k-ε 湍流模型，模拟非定常不可压缩黏性流体的流动。其控制方程为

连续性方程：

$$\nabla \cdot \mathbf{u} = 0 \tag{1}$$

动量方程：

$$\frac{\partial \rho \mathbf{u}}{\partial t} + \nabla \cdot \left[\rho \mathbf{u} \mathbf{u}^T \right] = -\nabla p^* - \boldsymbol{g} \cdot \boldsymbol{x} \nabla \rho + \nabla \cdot \left[\mu \nabla \mathbf{u} + \rho \tau \right] + \sigma_T \kappa_\gamma \nabla \gamma \tag{2}$$

式中：$\mathbf{u}=(u,v,w)$ 为流速矢量；$\boldsymbol{x}=(x,y,z)$ 为笛卡尔坐标系位置矢量；∇ 为散度 $(\partial/\partial x, \partial/\partial y, \partial/\partial z)^T$；$\rho$ 为流体密度；p^* 为动水压强；$\boldsymbol{g}$ 为重力加速度；方程(2)右边最后一项为表面张力项，其中 σ_T 为表面张力系数，20°C 时为 $0.074\,\mathrm{kg/s^2}$，κ_γ 为表面曲率，γ 为跟踪流体的指标函数，τ 为湍流（雷诺）应力张量

$$\tau = \frac{2}{\rho} \mu_t \boldsymbol{S} - \frac{2}{3} k \boldsymbol{I} \tag{3}$$

式中：μ_t 为涡黏系数；$\boldsymbol{S} = \left(\nabla \mathbf{u} + (\nabla \mathbf{u})^T \right) / 2$ 为应变率张量，$\boldsymbol{I}$ 为克罗奈克（Kronecker）函数，k 为湍流动能

$$k = \frac{1}{2}\overline{\mathbf{u}\cdot\mathbf{u}^{T}} \tag{4}$$

$$\varepsilon = \frac{C_{\mu}^{0.75}k^{1.5}}{l} \tag{5}$$

式中：ε 为湍流动能耗散率，$C_{\mu}=0.09$ 为标准 k-ε 模型中的无量纲系数，l 为湍流长度尺度。湍动能 k 和湍流耗散率 ε 的输运方程：

$$\frac{\partial k}{\partial t} + \nabla(k\mathbf{u}) = \nabla(\frac{\nu_t}{\sigma_k}\nabla k) + 2\frac{\nu_t}{\rho}|\nabla\mathbf{u}|^2 - \varepsilon \tag{6}$$

$$\frac{\partial \varepsilon}{\partial t} + \nabla(\varepsilon\mathbf{u}) = \nabla(\frac{\nu_t}{\sigma_\varepsilon}\nabla \varepsilon) + 2C_{1\varepsilon}\nu_t|\nabla\mathbf{u}|^2\frac{\varepsilon}{k} - C_{2\varepsilon}\frac{\varepsilon^2}{k} \tag{7}$$

式中：ν_t 为湍流运动黏性系数，$C_{1\varepsilon}$、$C_{2\varepsilon}$、σ_k 和 σ_ε 均为经验系数，分别为 1.44、1.92、1 和 1.3。

2.2 液面捕捉方法

本文采用修正的流体体积函数（VOF 方法）捕捉自由液面运动，在自由面的处理上引入体积分数 α 描述流场中气相和液相的分布，定义 $\alpha=1$ 为液相，$\alpha=0$ 为气相，气液交界面处于 α 为 0~1 之间。为确保交界面附近方程解自动满足有界性，模型在传统体积输运方程中加入了人工压缩项，有效避免气液交界面模糊的问题，且对界面外部的流场不产生影响，具体方程为

$$\frac{\partial \alpha}{\partial t} + \nabla\cdot\mathbf{u}\alpha + \nabla\cdot\mathbf{u}_{\mathrm{r}}\alpha(1-\alpha) = 0 \tag{8}$$

式中：方程左边最后一项为人工压缩项，其中 $\mathbf{u}_{\mathrm{r}}$ ($|\mathbf{u}_{\mathrm{r}}| = \min[c_\alpha|\mathbf{u}|, \max|\mathbf{u}|]$)为压缩界面的速度场，根据界面过渡区流场对系数 c_α 进行调整，使压缩效果作用于界面的法向方向。

2.3 求解格式

控制方程中分别采用有限体积法和欧拉格式对空间和时间离散，运用运用PIMPLE算法对方程进行求解，其中动量方程对流项采用 Gauss linear Upwind 格式，压力梯度项采用 Gauss linear 离散格式，拉普拉斯项采用 Gauss linear corrected 离散格式。方程(8)中的对流项采用MUSCL(multidimensional universal limiter for explicit solution)格式，人工压缩项采用 Gauss interface Compression 格式。

2.4 边界条件

本研究采用 Higuera 等[14]提出的 IHFOAM 求解器，该求解器支持基于大多数波浪理论的数值波的生成，其中入口造波边界采用 Svendsen 等[15]提出的椭圆余弦波理论。波长 L 及椭圆参数 m 的关系为：

$$\frac{c^2}{gh}=1+\frac{H}{mh}\left(2-m-3\frac{E_m}{K_m}\right) \tag{9}$$

$$\frac{HL^2}{h^3}=\frac{16}{3}mK_m^2 \tag{10}$$

$$c=\frac{L}{T} \tag{11}$$

式中：K_m 和 E_m 分别为与 m 相关的第一类、第二类完全椭圆积分；方程(11)用于计算误差；c 为波速；h 为水深；H 为波高；T 为波周期。

波面高程 η：

$$\eta=H\left[\frac{1}{m}\left(1-\frac{E_m}{K_m}\right)-1+cn^2\left[2K_m\left(\frac{x}{L}-\frac{t}{T}\right)\right]_m\right] \tag{12}$$

流速水平分量 u 和垂直分量 w：

$$u=c\frac{\eta}{h}-c\left(\frac{\eta^2}{h^2}+\frac{\overline{\eta^2}}{h^2}\right)+\frac{1}{2}ch\left(\frac{1}{3}-\frac{z^2}{h^2}\right)\eta_{xx} \tag{13}$$

$$w=-cz\left[\frac{\eta_x}{h}\left(1-\frac{2\eta}{h}\right)+\frac{1}{6}h\left(1-\frac{z^2}{h^2}\right)\eta_{xxx}\right] \tag{14}$$

式中：cn 为雅可比椭圆函数，η_x、η_{xx}、η_{xxx} 分别表示波面高程 η 对 x 的一阶、二阶、三阶导数，$\overline{\eta^2}$ 表示一个波周期内波面高程平方的时均值。

此外，数值计算域两侧边界采用周期性边界，底面设置为固壁无滑移边界，顶面为自由进出流边界条件，出口处使用主动式消波法消波，该方法克服了传统消波法（如松弛区消波法）增大计算域的缺点，从而有效提高了计算效率。

3 模型验证

采用 Fredsøe 等[16]的试验对本研究中建立的三维数值波浪模型进行验证，模型布置具体如图 1a 所示：以波浪传播方向为 x 轴，水槽横断面为 y 轴，水深方向为 z 轴，其中 $x=0$ 为入口造波边界，$y=0$ 为水槽正面，$z=0$ 为水槽底面。波浪计算条件水深 $h=0.42\text{m}$，波高 $H=0.13\text{m}$，周期 $T=2.5\text{s}$，底层流速 $U_m=0.229\text{m/s}$。数值模型中沙纹尺寸与 Fredsøe 等[15]的试验中沙纹断面一致，该断面对实际沙纹特征具有一定的代表意义，具体断面尺寸见图 1b，其中沙纹长 λ 为 22cm，沙纹峰高 η 为 3.5cm。

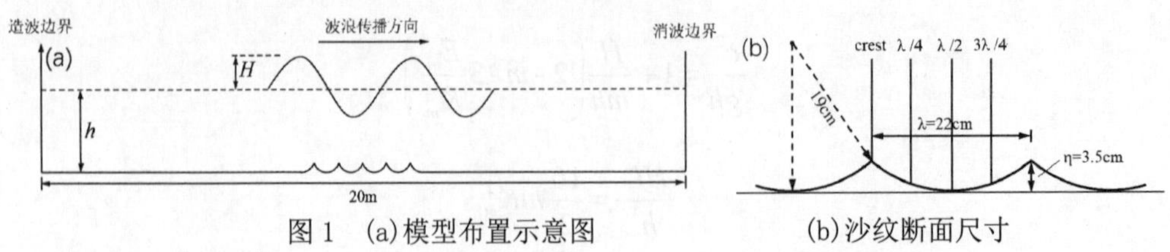

图 1 (a)模型布置示意图 (b)沙纹断面尺寸

图 2 给出了本模型的具体网格划分。模型采用结构化网格，在保证计算稳定和合理捕捉水动力参数的前提下，为了节省计算资源对 x 方向和 z 方向网格进行分段局部加密，其中沙纹、自由液面和沙纹峰等核心计算区域的最小网格尺寸分别达到了 1mm、2mm 和 1.5mm。沙纹两侧与平底水槽采用相同尺寸的网格均匀衔接（d_x = 5mm）。y 方向采用恒定网格尺度 d_y = 5mm，共设置了 10 层网格。模型的计算采用自适应时间步长，以保证克朗数 c_r（$c_r = \Delta t \times \max(|\Delta u|)/\min(|\Delta x|)$，其中 $\min(|\Delta x|)$ 和 $\max(|\Delta u|)$ 分别为最小网格尺寸和最大流速）小于 1。

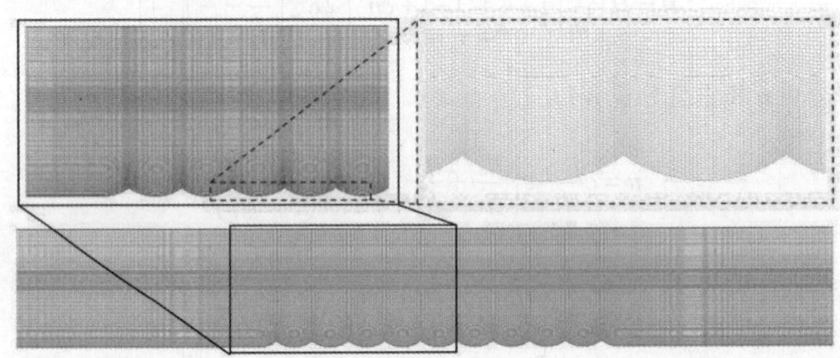

图 2 计算域网格划分

图 3 和图 4 分别给出了沙纹各断面处的流速验证结果和沙纹峰以上 1 cm 处流速历时过程验证结果，可以看出本研究的数值模拟结果与 Fredsøe 等[16]的试验数据吻合较好，表明该数值模型具有较好的精度和可靠性，可用于波浪作用下沙纹床面附近流动特性的研究。此外，进一步缩小模型网格尺度，计算结果并未有明显改善，故本研究采用当前网格设置进行后文的分析和讨论。

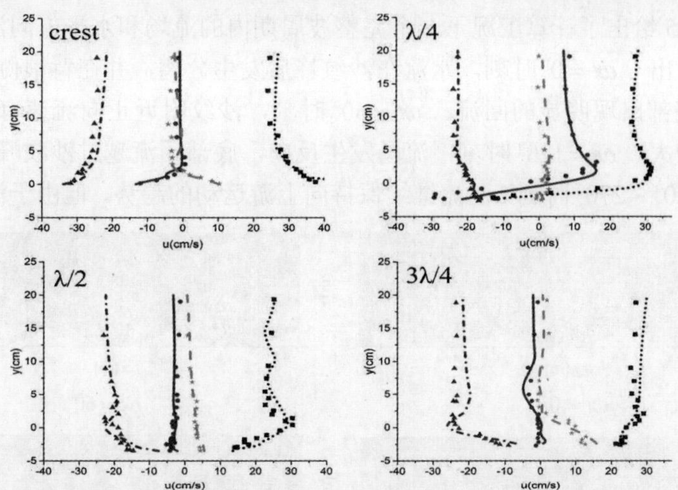

黑色点线及符号■、红色实线及符号●、蓝色点划线及符号▲、绿色虚线及符号★分别表示 $\omega t = 0^{\circ}$、$\omega t = 90^{\circ}$、$\omega t = 180^{\circ}$、$\omega t = 270^{\circ}$ 相位下的模拟值和试验值

图 3 沙纹各断面各相位时的流速验证

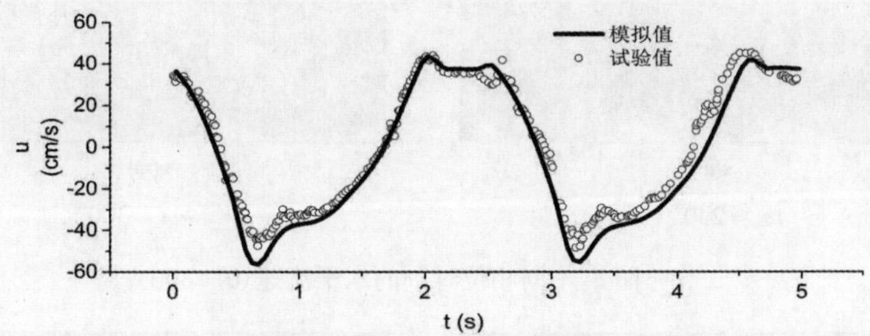

图 4 沙纹峰以上 1 cm 处流速历时

4 工况设置及结果分析

本研究中数值模型采用的沙纹断面尺度同验证工况相同，即沙纹长 λ 为 22cm，沙纹峰高 η 为 3.5cm。Nelson 等[17]归纳了前人现场尺度和实验室尺度的研究成果，指出实际情况下沙纹的形态特征与波况直接相关。根据其研究成果可知，现场尺度下波况的水深 h 为 0.2~1.1m、周期 T 为 2.2~12s、近底层水流流速 U_m 为 0.156~0.591m/s 时，可促使底床泥沙运动并形成本研究中的沙纹特征。结合 Nelson 等[17]的研究成果及当前沙纹尺度，本研究将波高设定为 0.13m，周期为 3.0s，水深为 0.4m。

4.1 流速分量瞬时特性

本研究将波浪波峰经过某一沙纹峰（即 x=9.89m）的时刻作为一个周期的起始时刻

（$\omega t=0^{o}$），图 5 给出了计算工况下一个完整波周期内的流场和水平方向流速的变化情况。从图 5 中可以看出，$\omega t=0^{o}$ 时刻，水流在沙纹峰后发生分离，并在背浪侧生成一个强度较大的涡流场，底部出现明显的回流；$\omega t=60^{o}$ 时刻，沙纹附近正向流速有所减小，而底部回流则进一步增大；$\omega t=120^{o}$ 时刻，流场发生反向，底部回流越过沙纹峰向上游运动；随后（约为 $\omega t=180^{o}\sim270^{o}$ 时刻）回流继续保持向上游运动的趋势，但由于波动能量的减弱，

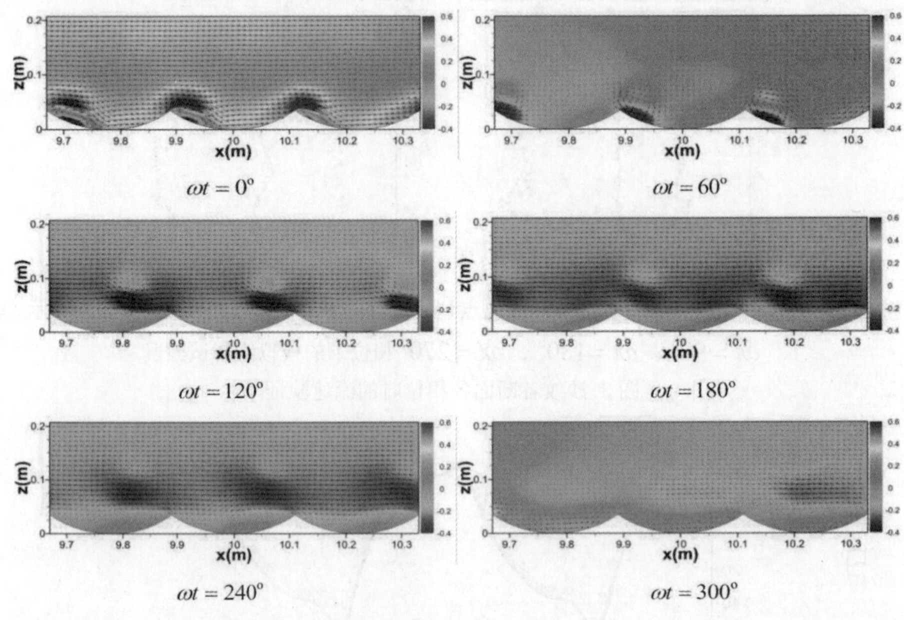

图 5 不同相位时刻的水平流速(u)

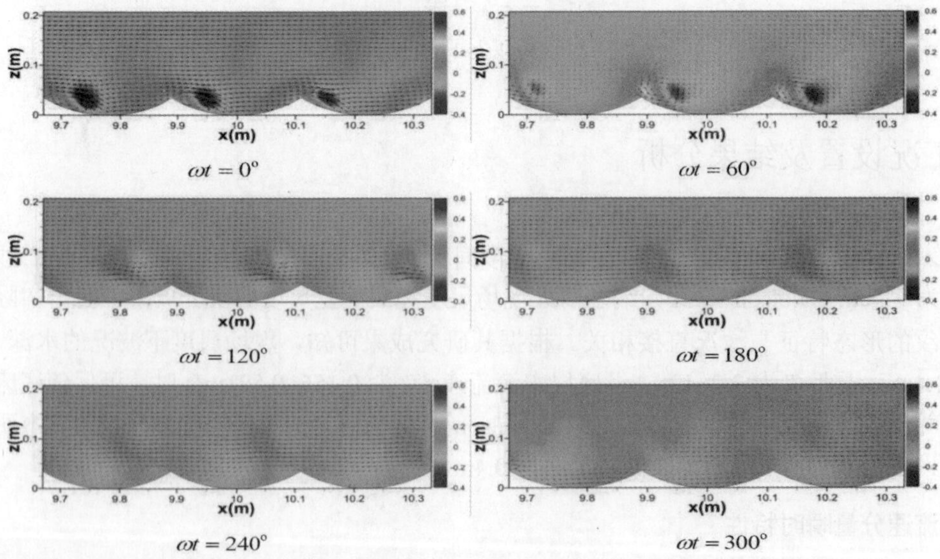

图 6 不同相位时刻的垂向流速(w)

回流流速有所减小；并在下一个波的影响下，回落流再次发生反向。

此外，本研究也给出了垂向流速的变化情况，从图中可以明显看出初始时刻（$\omega t=0^{\circ}$），沙纹峰背浪侧有一个显著的下降流；随后（在 $\omega t=60^{\circ}$ 时刻）由于旋涡的影响，背浪侧的下降流演化成一个紧邻沙纹峰的上升流和远离沙纹峰的下降流，此时复杂的垂向水体流速将会加速底床的泥沙扰动和起悬；此后（$\omega t=120^{\circ}\sim300^{\circ}$ 时刻），垂向流速的作用效果有所减弱。

4.2 合速度动力特性

为了凸显沙纹床面底部水动力作用，本研究给出了水体合速度瞬时特征。从图 7 中可以看出，初始时刻（$\omega t=0^{\circ}$）水体在沙纹峰处发生扰流，流速明显增大。同时，由于沙纹的阻流效应，沙纹峰背浪侧流速有所减小；$\omega t=60^{\circ}$ 时刻，沙纹背水坡处形成一个明显的旋涡，其中旋涡边缘附近流速明显增大，而旋涡中心点处流速较小；随后由于水体的反向（在 $\omega t=120^{\circ}\sim270^{\circ}$ 时刻），沙纹峰上游水体流速逐渐增大，该变化主要集中在 $\lambda\sim3\lambda$ 之间，而由于沙纹的阻挡作用，迎浪侧底部流速急剧减小；$\omega t=300^{\circ}$ 时刻，底部流速由逆波向转为顺波向，且流速值有所增大，这主要归因于下一个周期波的影响，此时较小的流速值集中在 λ 附近（即沙纹峰附近）。

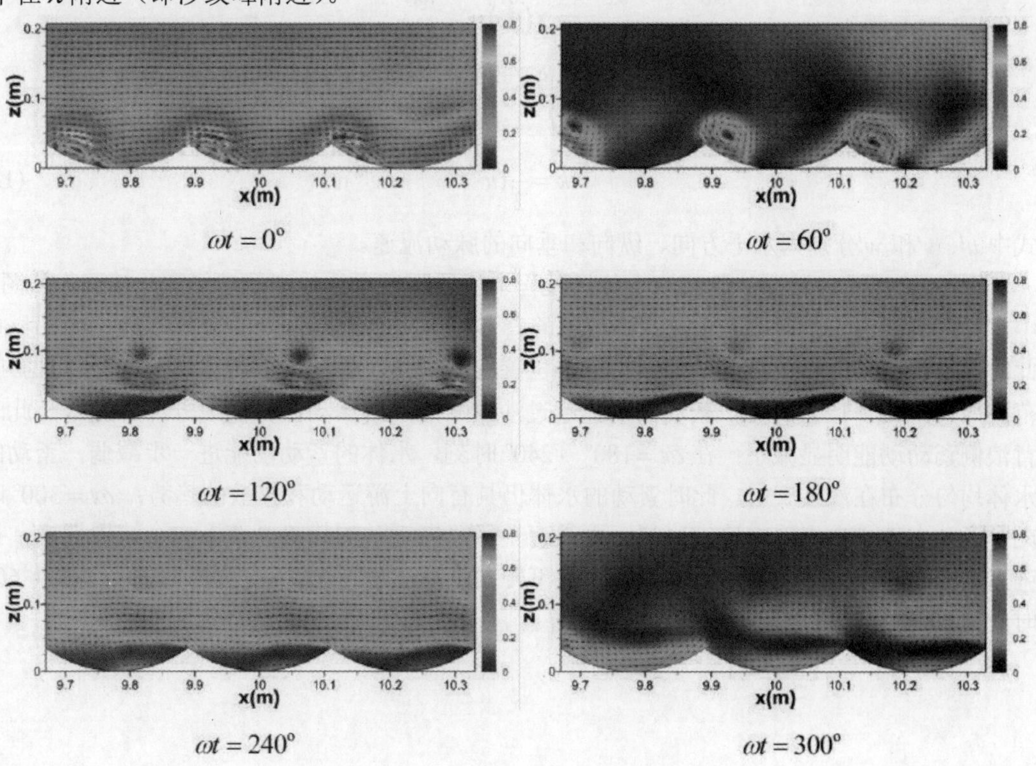

图 7 不同相位时刻的合速度

对一个波周期内的合速度进行平均，得到相位平均的合速度分布图（图8）。从图8中可以看出，椭圆余弦波对床面的作用范围在$\lambda \sim 3\lambda$之间，其中较大的影响主要集中在沙纹床面的迎浪侧和背浪侧，以及距离床面2λ的迎浪侧，且迎浪侧的影响范围要远大于背浪侧。整体而言，一个波周期内水体的逆波向流动强于顺波向。

4.3 紊动动能变化过程

波浪在沙纹底床上传播过程中，会耗散大量能量。为了给出瞬时能量耗散特征，本节对该过程中沙纹附近水体紊动动能分布特性进行分析。紊动动能k考虑了3个方向流速的脉动，表征紊流中脉动水流所携带的能量，其表达式为：

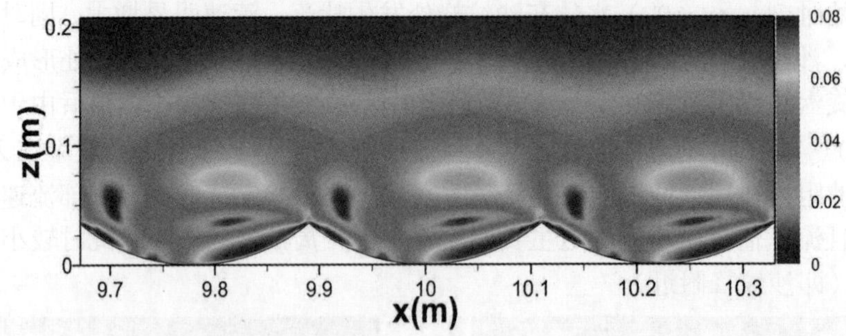

图8 相位平均的合速度

$$k = \frac{1}{2}(u'^2 + v'^2 + w'^2) \tag{15}$$

式中u'、v'和w'分别为水平方向、纵向和垂向的脉动流速。

图9给出了波浪在沙纹底床上传播过程中沙纹附近水体的紊动动能变化情况。从图9中可以看出，$\omega t = 0^\circ$时刻，水流在沙纹波峰背浪侧有一个强度较大的紊动；$\omega t = 60^\circ$时刻，此时水体紊动动能有所减弱，但紊动核心位置有所升高、呈现向上游运动的趋势，且影响范围增大；$\omega t = 120^\circ$时刻，紊动的水体越过沙纹峰向上游运动，并出现分离、脱落，此时背浪侧紊动动能明显减小；在$\omega t = 180^\circ \sim 240^\circ$时刻，水体的紊动动能进一步减弱，紊动的水体均匀分布在沙纹底层，此时紊动的水体仍具有向上游运动和扩散的趋势；$\omega t = 300^\circ$时刻，紊动水体不再局限于沙纹底层，而具有一个竖向运动的趋势。在下一个波周期内，该强度较弱的紊动水体将在初始强浪的影响下转向下游运动（约为下一波周期的$\omega t = 0^\circ \sim 60^\circ$时刻），直至完全耗散。

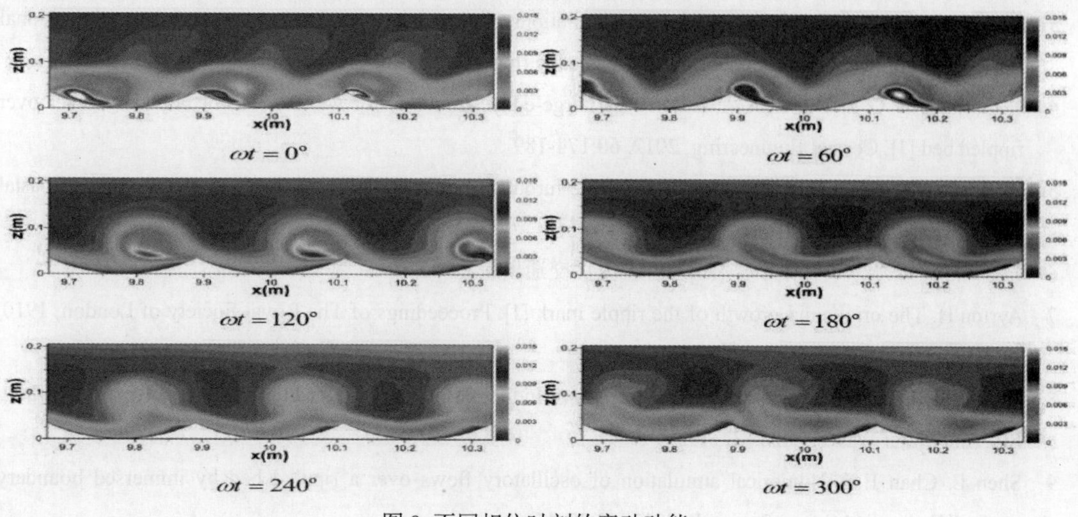

图 9 不同相位时刻的紊动动能

5 结论

本研究利用 OpenFOAM 开源程序包建立基于 k-ε 湍流模型的三维波浪水槽模型，采用 VOF 方法追踪自由液面，对波浪作用下沙纹床面近区流场和水体紊动特征进行模拟。模型采用结构化网格，其中底部边界处进行加密处理，并与外层网格均匀衔接，该模型能够合理捕捉沙纹床面附近的水流流动特征。主要结论如下：

(1) 一个波周期内水流首先在沙纹峰后发生分离，并在背浪侧生成一个强度较大的涡流场，其中水平方向上出现明显的回流，竖直方向上有一个紧邻沙纹峰的上升流和远离沙纹峰的下降流，将会加速底床泥沙的扰动和起悬。

(2) 水体对沙纹床面的作用主要位于距离底床的 $\lambda \sim 3\lambda$ 范围内，其中竖直方向上较大的影响主要集中在底床表面和距离床面 2λ 的位置，水平方向上较大的影响主要集中在沙纹峰的迎浪侧和背浪侧，且迎浪侧的影响范围要远大于背浪侧。

(3) 一个波周期内强烈的紊动水体首先产生于沙纹背浪侧，并沿背浪侧抬升至沙纹峰以上，继而向上游运动。其运动过程中，水体紊动动能逐渐减小，但具有显著的竖向运动趋势。可知，椭圆余弦波作用下，紊动水体将会促进沙纹床面悬移质和推移质向上游运动。

参 考 文 献

1 钱宁，万兆惠．泥沙运动力学 [M].北京：科学出版社, 1986.

2 Hamidouche S, Calluaud D, Pineau G. Study of instantaneous flow behind a single fixed ripple [J]. Journal of Hydro-environment Research, 2018, 19:117-127

3 Bhaganagar K, Hsu T J. Direct numerical simulations of flow over two-dimensional and three-dimensional ripples and implication to sediment transport: Steady flow [J]. Coastal Engineering, 2008, 56(3):320-331.

4 Grigoriadis D G E, Dimas A A, Balaras E. Large-eddy simulation of wave turbulent boundary layer over rippled bed [J]. Coastal Engineering, 2012, 60:174-189

5 Blondeaux P, Vittori G. RANS modelling of the turbulent boundary layer under a solitary wave [J]. Coastal Engineering, 2012, 60:1-10.

6 邹志利, 严以新. 海岸动力学 [M]. 北京:人民交通出版社, 2009.

7 Ayrton H. The origin and growth of the ripple mark [J]. Proceedings of The Royal Society of London, 1910, A84:285-310.

8 Liu P L F, Albanaa K A, Cowen E A. Water Wave Induced Boundary Layer Flows Above a Ripple Bed[M]// PIV And Water Waves, 2004:81-117.

9 Shen L, Chan E S. Numerical simulation of oscillatory flows over a rippled bed by immersed boundary method[J]. Applied Ocean Research, 2013, 43:27-36.

10 Earnshaw H C, Greated C A. Dynamics of ripple bed vortices[J]. Experiments in Fluids, 1998, 25(3):265-275.

11 蒋昌波,白玉川,赵子丹等. 沙纹床面上波流共同作用的数值模拟 [J].水利学报, 2005, 36(01):62-68.

12 蒋昌波,白玉川,赵子丹等.波浪作用下沙纹床面底层流动特性研究 [J].水科学进展, 2003, 14(03):333-340.

13 白玉川,许栋.明渠沙纹床面湍流结构实验研究 [J].水动力学研究与进展 A 辑, 2007, (03):278-285.

14 Higuera P, Lara J L, Losada I J. Realistic wave generation and active wave absorption for Navier–Stokes models: Application to OpenFOAM® [J]. Coastal Engineering, 2013, 71:102-118.

15 Svendsen I A. Introduction to Nearshore Hydrodynamics [M]. World Scientific, 2006.

16 Fredsøe J, Andersen K H, Sumer B M. Wave plus current over a ripple-covered bed [J]. Coastal Engineering, 1999, 38(4):177-221.

17 Nelson T R, Voulgaris G, Traykovski P. Predicting wave-induced ripple equilibrium geometry [J]. Journal of Geophysical Research Oceans, 2013, 118(6):3202-3220.

The Numerical investigation of flow field and turbulence near the rippled bed under cnoidal waves

LIU Cheng[1,2], LIU Xiao-jian[1,2], LIU Xu-jie[3]

1. Pearl River Hydraulic Research Institute, Pearl River Water Resources Commission of the Ministry of Water Resources, Guangzhou, Guangdong 510611, Email: jacklc2004@163.com;

2. Key Laboratory of the Pearl River Estuarine Dynamics and Associated Process Regulation, Ministry of the Water Resources, Guangzhou, Guangdong 510611;

3. College of Harbor, Coastal and Offshore Engineering, Hohai University, Nanjing, Jiangsu 210098.

Abstract: To improve our current understanding of the characteristic of flow field and turbulence near the rippled bed under cnoidal waves, a numerical wave tank based on the CFD tool

OpenFOAM was developed in this paper. The results show that the flow separation occurred on the leeside of the sand ripple in a wave period and then generated an intensive eddy field, in which there were remarkable backflow, as well as an upwelling close to the crest and a downwelling far from it. The effect of rippled bed on the bottom flow was concentrated on the range from η to 3η, in which the larger value was found near the location of 2η in the vertical direction, as well as the two sides of the crest in the horizontal direction and the scope of influence in the seaside is larger than that in the leeside. In addition, we also found that the highly turbulence flow generated on the leeside of the rippled bed in a wave period, subsequently raised above the crest along the downstream slope and then moved toward the upstream. In this process, the turbulent kinetic energy decreased gradually.

Key words: Rippled bed; Cnoidal wave; OpenFOAM; Instantaneous flow field; Turbulent kinetic energy

基于 GPU 加速 MPS 方法的三维急弯河道溃坝流动问题数值模拟

曾逸豪，陈翔，万德成*

(上海交通大学 船舶海洋与建筑工程学院 海洋工程国家重点实验室 高新船舶与深海开发装备协同创新中心，上海，20040，*通讯作者 Email: dcwan@sjtu.edu.cn)

摘要：溃坝流动是一种灾害性的复杂流动现象，本文将 GPU 加速技术与 MPS 方法相结合，采用本课题组自主开发的 MPSGPU-SJTU 求解器对三维急弯细长河道中的溃坝流动问题进行了数值模拟。监测河道中轴线处自由液面水位与速度场分布情况，数值模拟结果与实验数据结果吻合较好，另外本文对比了 CPU 与 GPU 的计算时间，验证了采用 GPU 并行技术可以大幅提高 MPS 方法计算效率。本文还改变了初始流场的水位高度，计算 3 种不同工况，同时在河道壁面布置压力监测点预报河道所受的砰击压力，评估溃坝流动的危害。

关键词：急弯河道溃坝流动；MPS 方法；GPU 加速技术；MPSGPU-SJTU 求解器

1 引言

在流体力学研究中，溃坝流动是一种较为复杂的流动现象，非线性特征较强。由于溃坝过程中水位落差大，水流流速大，流体自由面发生大变形的同时将伴有翻卷、破碎等现象。在防灾减灾工程及防护工程中，溃坝是一种典型的灾害性现象，坝体失效后，水流迅速流动至下游，对下游结构与建筑物产生较为剧烈的砰击，造成房屋与树木的损毁，同时对下游人员的安全带来极大威胁，因此研究溃坝流动现象对灾害预报较为重要。

溃坝问题的理论研究最早可追溯至1892年，Ritter [1]给出了溃坝流流动的理论解，Hunt 和Chanson [2-3]将理论解进行完善，推广至有限长蓄水池、有坡度河道的情况。同时对于溃坝流动的自由表面演化与速度分布情况也吸引了国内外学者开展相关实验研究，Soares[4]研究了溃坝流撞击下游建筑物后的演变情况，Bellos等 [5]研究了变截面巷道溃坝流的流动情况，Soares 等[6]研究了弯管中溃坝流流动情况。

溃坝流动的数值模拟主要分为网格类方法与无网格类方法。在网格类方法中，Fondelli [7]等讨论了自适应网格在模拟溃坝流动的应用，陶建华等[8]采用level set方法对自由表面进行处理，曹洪建等[9]采用VOF方法对溃坝流动进行模拟，得到了较为准确的预报结果。但是，溃坝流动伴随着自由液面的大变形，使用网格类方法需进行网格重构等特殊处理，计算过程较为繁琐，而无网格类方法由于空间上采用粒子进行离散，没有固定的拓扑关系，对自由面大变形问题的处理存在优势。无网格类方法主要有光滑粒子流体动力学方法（Smoothed Particle Hydrodynamics，SPH）和移动粒子半隐式方法（Moving Particle Semi-Implicit，MPS）。李婧文等[10]采用了SPH方法选用三次样条型和Wendland型两种光滑函数模拟了二维溃坝过程，田鑫[11]等采用MPS方法对二维、三维的逐渐溃坝过程进行数值模拟，张雨新等[12]研究了MPS方法在三维溃坝问题中的应用，运用改进的XMPS方法对粒子的移动方式进行修改，得到了更加优化的数值模拟结果，张驰等[13]分别采用了SPH与MPS方法对溃坝过程进行模拟，同时比较两种方法在粒子分布特点、收敛性与计算效率方面的差异。

本文采用了基于GPU并行运算MPS方法进行数值模拟研究，首先介绍了MPS数值方法的基本理论，接着简述了GPU并行运算的基本原理与CUDA平台的特点，最后采用课题组自主开发的MPSGPU-SJTU求解器进行数值模拟计算，对计算结果进行分析。

2 数值方法

MPS方法针对求解粘性不可压缩流体，控制方程包括连续性方程和Navier-Stokes方程，方程的粒子形式表示为:

$$\frac{D\rho}{Dt} = -\rho\nabla\cdot\boldsymbol{V} = 0 \tag{1}$$

$$\frac{D\boldsymbol{V}}{Dt} = -\frac{1}{\rho}\nabla P + \nu\nabla^2\boldsymbol{V} + \boldsymbol{g} \tag{2}$$

其中，ρ 和 ν 分别为流体密度和流体运动黏性系数, $\boldsymbol{V}$, P, $\boldsymbol{g}$ 分别为速度矢量、压力和重力矢量，t 为时间。

粒子间的相互作用通核函数实现，本文使用改进后的核函数，避免了函数中由于奇点导致计算结果的高频震荡，改进后的核函数[14]表达式如下：

$$W(r) = \begin{cases} \dfrac{r_e}{0.85r + 0.15r_e} - 1 & 0 \le r < r_e \\ 0 & r_e \le r \end{cases} \tag{3}$$

其中，$r = |\boldsymbol{r}_j - \boldsymbol{r}_i|$ 为粒子 i 和 j 的间距，r_e 是粒子的影响半径。在实际计算中，不同的粒子离散模型选取不同的影响半径。

粒子数密度定义为核函数作用半径内所有邻居粒子的核函数之和：

$$<n>_i = \sum_{j\neq i} W(|r_j - r_i|) \tag{4}$$

粒子数密度与流场中某一点的密度呈正比，通过保持粒子数密度不变来保持流体的不可压缩性。

对于控制方程中的散度项，采用散度模型离散，以方程（2）中的压力散度项为例：

$$<\nabla P>_i=\frac{D}{n^0}\sum_{j\neq i}\frac{P_j+P_i}{|\boldsymbol{r}_j-\boldsymbol{r}_i|^2}(\boldsymbol{r}_j-\boldsymbol{r}_i)\cdot W(|\boldsymbol{r}_j-\boldsymbol{r}_i|) \tag{5}$$

其中，D 代表维度，n^0 为初始粒子数密度。

对于方程（2）中的拉普拉斯项，采用 Koshizuka 等[15]给出的离散方法：

$$<\nabla^2\phi>_i=\frac{2D}{n^0\lambda_i}\sum_{j\neq i}(\phi_j-\phi_i)\cdot W(|\boldsymbol{r}_j-\boldsymbol{r}_i|) \tag{6}$$

其中，为使结果与扩散方程解析解相一致，引入 λ：

$$\lambda=\frac{\sum_{j\neq i}W\left(\left|\boldsymbol{r}_j-\boldsymbol{r}_i\right|\right)\left|\boldsymbol{r}_j-\boldsymbol{r}_i\right|^2}{\sum_{j\neq i}W\left(\left|\boldsymbol{r}_j-\boldsymbol{r}_i\right|\right)} \tag{7}$$

流体自由液面构成求解 Poisson 方程的零压力边界条件，由于自由面处粒子数密度偏小，最初根据这一特点判断自由表面粒子：

$$<n>_i^*\ <\ \beta\cdot n^0 \tag{8}$$

其中，β 为判断参数，一般情况下取 0.8~0.99。满足此条件的粒子被认定为自由表面粒子，压力设置为 0。但此判别式缺陷在于，部分粒子数密度较小的流体内部粒子将会发生误判。针对此问题，本文采用改进的自由表面判断方法[16]，满足 $n^*\le 0.8n^0$ 的粒子被判定为自由表面粒子，满足 $n^*\ge 0.97n^0$ 的粒子被判定为非自由表面粒子，对于 $0.8n^0<n^*<0.97n^0$ 的粒子，引入矢量函数表征邻居粒子不对称性：

$$<F>_i=\frac{D}{n^0}\sum_{j\neq i}\frac{1}{\left|r_i-r_j\right|}\left(r_i-r_j\right)W\left(r_{ij}\right) \tag{9}$$

当粒子满足：

$$<\left|F\right|>_i\ >\ \alpha \tag{10}$$

则被判定为自由面粒子，式中，取 $\alpha=0.9\left|F^0\right|$，$\left|F^0\right|$ 为初始时刻自由面粒子的 $\left|F\right|$。

MPS 方法采用预估-修正（半隐式）的方式来求解流体控制方程，单个时间步的求解流程如下：

（1）以粘性力和质量力为源项对速度进行显式修正，获得临时速度 V_{i}^* 与临时位置 r_{i}^*：

$$\boldsymbol{V}_{\mathrm{i}}^*=\boldsymbol{V}_{\mathrm{i}}^n+\Delta t(\nu\nabla^2\boldsymbol{V}+\boldsymbol{f}) \tag{11}$$

$$\boldsymbol{r}_{\mathrm{i}}^*=\boldsymbol{r}_{\mathrm{i}}^n+\Delta t\cdot\boldsymbol{V}_i^* \tag{12}$$

（2）计算粒子数密度 n^*。

（3）求解压力 Poisson 方程，获得下一时刻的压力 P^{n+1}，本文采用了 Tanaka 等[17]与 Lee 等[18]改进的引入混合源项的 Poisson 方程：

$$< \nabla^2 P^{n+1} >_i = (1-\gamma)\frac{\rho}{\Delta t}\nabla \cdot \boldsymbol{V}_i^* - \gamma \frac{\rho}{\Delta t^2}\frac{< n^* >_i - n^0}{n^0} \tag{2-13}$$

（4）根据求得的压力，对下一时刻的粒子速度 V_i^{n+1} 和粒子位置 r_i^{n+1} 进行隐式修正：

$$\boldsymbol{V}_i^{n+1} = \boldsymbol{V}_i^* - \frac{\Delta t}{\rho}\nabla P^{n+1} \tag{2-14}$$

$$\boldsymbol{r}_i^{n+1} = \boldsymbol{r}_i^n + \Delta t \cdot \boldsymbol{V}_i^{n+1} \tag{2-15}$$

3 GPU 加速技术

3.1 GPU 并行运算优势

在数值模拟过程中，往往需要划分大量网格或粒子，计算的过程中需进行大量的迭代求解，计算量较大，采用单核 CPU 求解往往需要耗时几天甚至数月。为了缩短数值模拟的计算时间，提高计算效率，本文采用了 GPU 并行运算技术进行计算求解。GPU 全称为 Graphics Processing Unit，是专门用来处理图形信息的处理器，如图 1 所示，一个 GPU 设备拥有成百上千个处理单元，同时 GPU 采用并行结构，可同时处理大量并行运算任务，相较 CPU 处理器的串行结构，计算效率大幅提升。

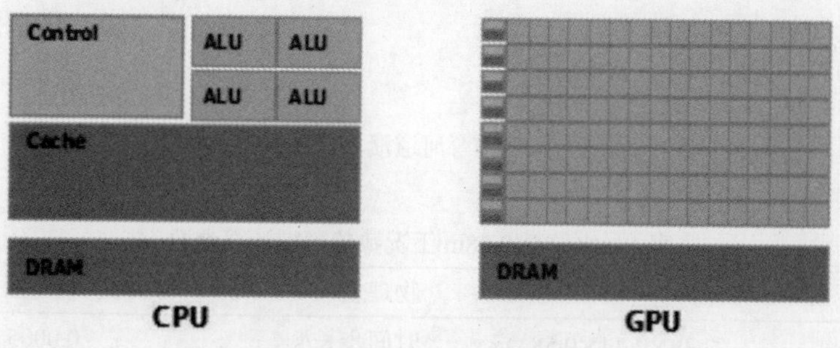

图 1　GPU 与 CPU 结构对比

3.2 CUDA 平台编程特征

CUDA 为 NVIDIA 公司 2007 年推出的 GPU 编程平台。在 CUDA 平台中，CPU 被称为主机（Host），GPU 被称为设备（Device），CPU 执行串行代码，GPU 调用 Kernel 函数执行并行代码。本次 MPSGPU-SJTU 采用 CUDA C/C++进行开发，CUDA C/C++是一种基于 C 语言的编程语言，通过代码库调用实现 GPU 端运算。MPSGPU-SJTU 求解器中 CPU 负责读取参数、输出数据等辅助性工作，GPU 负责实现 MPS 方法计算流程。计算过程中，CPU 将计算参数传输至 GPU，其次在 GPU 上执行 MPS 求解过程，计算完毕后 CPU 输出计算结果。

4 数值模拟

4.1 数值试验与验证

本文对三维溃坝流通过 90°急弯河道的流动过程进行了数值模拟，计算模型如图 2 所示。在初始时刻，流体存储在一个侧面开口，长宽高为 2.39×2.44×1.0m^3的方形蓄水池中，蓄水池开口处连接截面为方形的河道，河道宽 0.495m，底部高出蓄水池底 0.33m，沿长度方向呈"*L*"型弯曲。计算具体参数如表 2 所示。

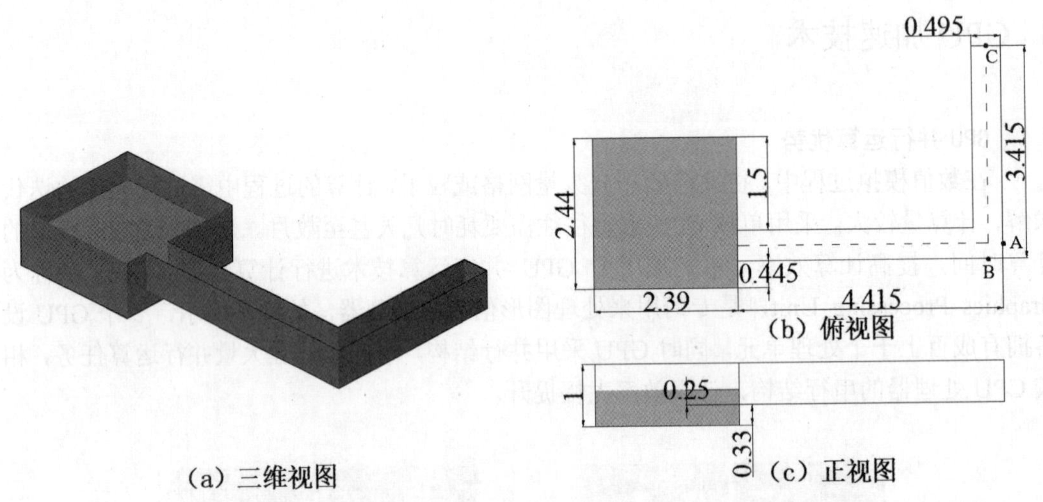

图 2 三维急弯河道溃坝流动的计算模型

表 1 水位高 0.58m 工况数值模拟计算参数

物理量	值	物理量	值
水体体积/m^3	2.39×2.44×0.58	时间步长/s	0.0005
河道中轴线总长/m	9.725	总时长/s	10
粒子间距/m	0.015	密度/kg·m^3	1000
流体粒子数	992082	运动黏度/ m^2·s^{-1}	1.01×10^{-6}
总粒子数	1386321	重力加速度/ m·s^{-2}	9.81

图 3 为 t=3,5,7s 时的溃坝流动演变情况，由图中所示，t=3s 时，流动通过河道急弯处，水流前端流动较为剧烈，流体撞击急弯处速度骤降；t=5s 时，在河道终端与急弯处均产生一定的回流现象；t=7s 时，河道终端与急弯处的回流进一步向上游发展，形成两个充分发展的低速流动区域。

(a)t=3s (b)t=5s (c)t=7s

图 3 水位高度 0.58m 工况下的流动情况与速度场分布

图 4 为本次数值模拟结果与实验结果在河道中线处测得的自由液面高度比较。当 t=3s 时，由于弯道的阻塞影响，溃坝流过弯道处产生一定的流动滞留，导致水位上升，在 x=6.7m 处左右形成自由液面最高点；当 t=5s 时，弯道处的水流堆积有所释放，分别在上游与下游形成两个水位高峰；当 t=7s 时，回流经过充分发展，在 x=5.7~7.2m 处形成高水位区间。MPSGPU-SJTU 数值模拟结果与实验结果较为接近。

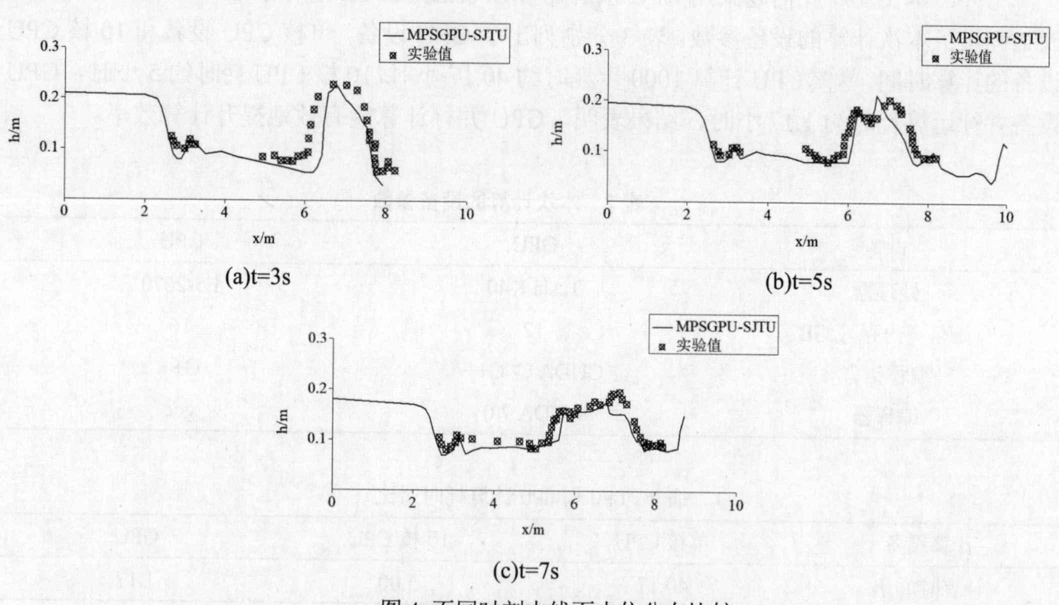

(a)t=3s (b)t=5s

(c)t=7s

图 4 不同时刻中线面水位分布比较

图 5 为 t=7s 弯道处自由液面速度分布情况，如图所示，在 x < 5.5m 时，自由表面速度受弯道影响较小，而在溃坝流进入弯道后，由于流体阻塞叠加回流效应导致流速大幅降低，在弯道前部形成低速区。弯道处流体在外弯道与内弯道处形成两个明显的低流速区域。MPSGPU-SJTU 数值模拟结果与实验结果较为接近。

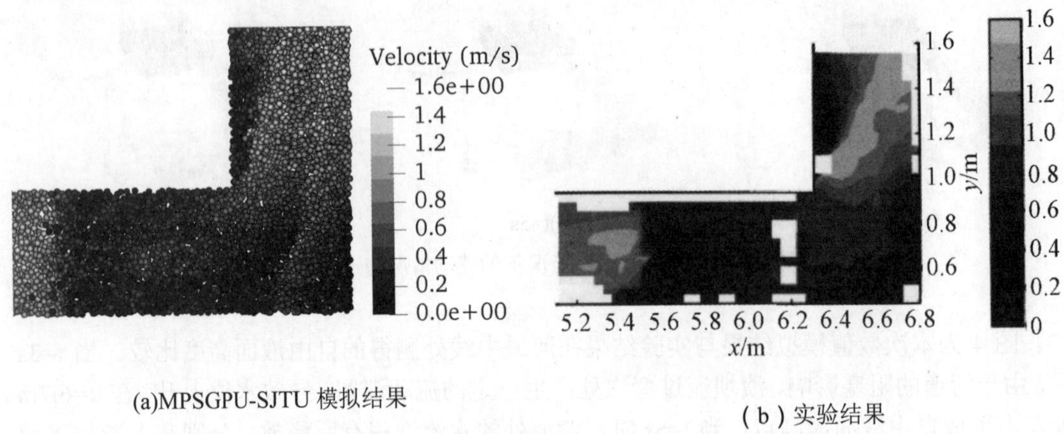

(a)MPSGPU-SJTU 模拟结果　　(b) 实验结果

图 5 弯道处自由液面速度分布

另外，本文还对此问题采用 CPU 求解器 MLParticle-SJTU 进行了 1000 步的数值模拟。表 2 列出了本次计算的设备参数。表 3 分别列出了 GPU 设备，单核 CPU 设备和 10 核 CPU 设备的计算时间。单核 CPU 计算 1000 步耗时约 40.17 小时，10 核 CPU 耗时约 5 小时，GPU 设备并行运算耗时约 1.17 小时，结果表明，GPU 并行计算能有效地提升计算效率。

表 2　本次计算的设备参数

设备	GPU	CPU
处理器	Tesla K40	E5-2670
显存（内存）/GB	12	16
编程语言	CUDA C/ C++	C++
编译器	CUDA 7.0	gcc

表 3　CPU 与 GPU 计算耗时对比

计算设备	单核 CPU	10 核 CPU	GPU
计算时间/*h*	40.17	5.00	1.17

4.2 不同水位高度溃坝流动对比

为了研究了不同水位高度对溃坝流动的影响，本文还计算了水位高度分别 0.68m、0.78m 的两个工况，其他计算参数保持不变，如表 1 所示。水位高度 0.68m 工况的流体粒子数为 1170148 个，总粒子数为 1564387 个；水位高度 0.78m 工况的流体粒子数为 1322776 个，总粒子数为 1717015 个。

图 6 展示了水位高度分别为 0.58m、0.68m、0.78m 工况下的流动情况。t=3s 时，如图 6(a)所示，水位 0.58m 工况下，溃坝流前端发展至弯道处，而水位 0.78m 工况下，由于水

位差大，流动发展较快，溃坝流前端已发展至河道尽头。t=5s 时，如图 6(b)所示，由于急弯的阻塞效应，3 种工况下溃坝流均在弯管处形成高水位区域，同时产生不同程度的回流现象。t=7s 时，如图 6(c)所示，河道后半段回流经过充分发展，与来流混合形成稳定的低速流动区域，弯管处回流进一步向上游发展。另外，MPSGPU-SJTU 在 3 种工况中均模拟出了回流的自由表面翻卷、破碎等现象，且呈现初始水位越高，溃坝流动速度越快，翻卷与破碎越剧烈的趋势。

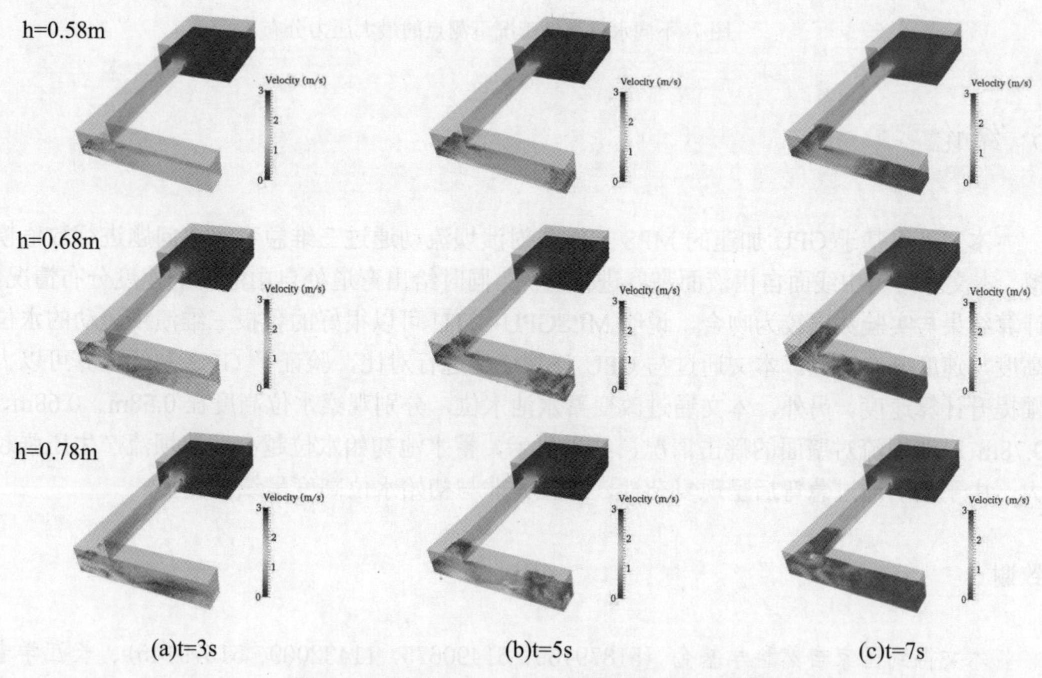

图 6 不同水位高度工况下的流动情况与速度场分布

图 7 为蓄水池水位 0.58m、0.68m、0.78m3 个工况下，关键点位的最大压力分布情况，本次数值模拟分别在中线面的 A、B、C 处距河道底部 0.05m、0.15m、0.25m、0.35m、0.45m 高度处监测了 15 个点的最大压力值，布置位置见图 2(b)。A 处为溃坝流动在弯道处正面砰击河道壁面的情况，B 处为溃坝流经过弯道后正面砰击河道尽头壁面的情况，C 处为弯道处流动阻塞在侧壁面产生压强的情况。监测结果显示，在同一点处，溃坝流对壁面的砰击压力随初始水位的升高而增大，同时由于弯道处流动阻塞影响，导致流动呈现出一定复杂性，各点处压强并非与初始水位高度呈线性变化。

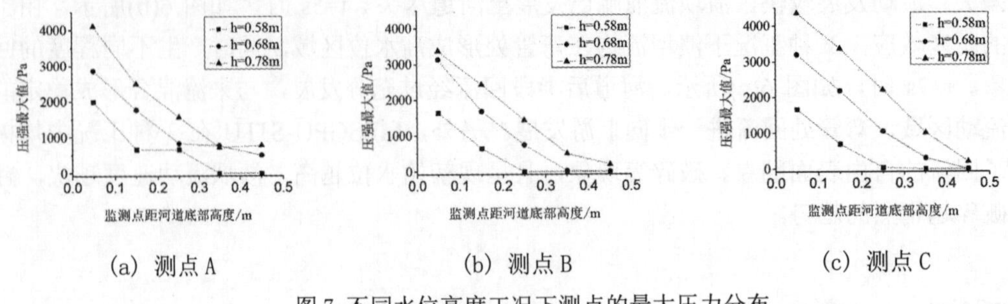

(a) 测点A　　(b) 测点B　　(c) 测点C

图7 不同水位高度工况下测点的最大压力分布

5 结论

本文采用基于 GPU 加速的 MPS 方法，对溃坝流动通过三维急弯河道问题进行数值模拟。本文对河道中线面自由液面高度进行监测，同时给出弯道处自由液面的速度分布情况，计算结果与实验数据较为吻合，说明 MPSGPU-SJTU 可以很好的预报三维溃坝流动的水位高度与速度分布情况。本文通过与 CPU 计算速度进行对比，验证了 GPU 并行运算可以大幅提升计算速度。另外，本文通过改变蓄水池水位，分别观察水位高度在 0.58m、0.68m、0.78m 时溃坝流对壁面的砰击情况，结果显示，蓄水池初始水位越高，溃坝流产生压强越大，由于流动通过急弯后呈现复杂性，压强并非与初始水位高度呈线性变化。

致谢

本文得到国家自然科学基金（51879159，51490675，11432009，51579145）、长江学者奖励计划(T2014099)、上海高校特聘教授(东方学者)岗位跟踪计划(2013022)、上海市优秀学术带头人计划(17XD1402300)、工信部数值水池创新专项课题(2016-23/09)资助项目。在此一并表示感谢。

参考文献

1 Ritter A . Die fortpflanzung de wasserwellen. Zeitschrift Verein Deutscher Ingenieure.

2 Hunt B . Dam-Break Solution. Journal of Hydraulic Engineering, 1984, 110(6):675-686.

3 Chanson H . Analytical Solutions of Laminar and Turbulent Dam Break Wave. Proc.intl Conf.fluvial Hydraulics River Flow, 2006, 1:465-474.

4 Soares-Frazao S , Zech Y . Experimental study of dam-break flow against an isolated obstacle. Journal of Hydraulic Research, 2007, 45(sup1):27-36.

5 Bellos C V , Soulis V , Sakkas J G . Experimental investigation of two-dimensional dam-break induced

flows. Journal of Hydraulic Research, 1992, 30(1):47-63.
6 Soares Frazao S , Zech Y . Dam break in channels with 90 degrees bend. Journal of Hydraulic Engineering, 2002, 128(11):956-968.
7 Fondelli T , Andreini A , Facchini B . Numerical Simulation of Dam-Break Problem Using an Adaptive Meshing Approach. Energy Procedia, 2015, 82:309-315.
8 陶建华, 谢伟松. 用LEVEL SET方法计算溃坝波的传播过程. 水利学报, 1999, 30(10):17-22.
9 曹洪建, 万德成, 杨驰. 三维溃坝波绕方柱剧烈流动的数值模拟. 水动力学研究与进展A辑, 2013, 28(4).
10 李婧文, 陈昌平, 孙家文, 等. 基于溃坝模型的SPH方法光滑函数模拟中国海洋平台, 2017(2).
11 田鑫, 陈翔, 万德成. MPS方法数值模拟逐渐溃坝问题. 第十四届全国水动力学学术会议暨第二十八届全国水动力学研讨会文集（下册）. 2017.
12 张雨新, 万德成. MPS方法在三维溃坝问题中的应用. 中国科学:物理学 力学 天文学, 2011(2):34-48.
13 张驰, 张雨新, 万德成. SPH方法和MPS方法模拟溃坝问题的比较分析. 水动力学研究与进展, 2011, 26(6):736-746.
14 ZHANG Y, WAN D. Apply MPS method to simulate motion of floating body interacting with solitary wave. Proceedings of the Seventh International Workshop on Ship Hydrodynamics, Shanghai, China, 2011.
15 Koshizuka S , Nobe A , Oka Y . Numerical analysis of breaking waves using the moving particle semi - implicit method. International Journal for Numerical Methods in Fluids, 2015, 26(7):751-769.
16 张雨新, 万德成. 改进的MPS方法在晃荡问题中的应用. 第二十三届全国水动力学研讨会暨第十届全国水动力学学术会议文集. 2011.
17 Tanaka M , Masunaga T . Stabilization and smoothing of pressure in MPS method by Quasi-Compressibility. Journal of Computational Physics, 2010, 229(11):4279-4290.
18 Lee B H , Park J C , Kim M H , et al. Step-by-step improvement of MPS method in simulating violent free-surface motions and impact-loads. Computer Methods in Applied Mechanics & Engineering, 2011, 200(9-12):1113-1125.

Numerical simulation of three-dimensional dam break flow in a channel with sharp bend based on GPU accelerated MPS method

LU Yi-hao, CHEN Xiang, WAN De-cheng

(Shanghai Jiao Tong University, School of Naval Architecture, Ocean and Civil Engineering, State Key Laboratory of Ocean Engineering, Collaborative Innovation Center for Advanced Ship and Deep-Sea Exploration, Shanghai, 200240. Email: dcwan@sjtu.edu.cn)

Abstract: Dam-breaking is a disastrous phenomenon with complicated fluid properties. In this paper, a numerical simulation of three-dimensional dam break flow in slender channel with a 90 degree bend is studied based on the in-house MPSGPU-SJTU solver. The free surface water level at the central axis and velocity field are in good agreement with the experimental data. Compared with the calculation time of CPU, the efficiency is highly improved with the help of GPU parallel calculation technology. Moreover, pressures on side walls are measured in cases of different initial water levels to evaluate the damage of dam-breaking.

Key words：dam break flow in sharp bend; MPS method; GPU; MPSGPU-SJTU solver.

阶梯式泄水道竖井流态特征研究

任炜辰，吴建华，马飞

(河海大学水利水电学院，南京，210098，Email: renweichen@hhu.edu.cn)

摘要：阶梯式泄水道竖井是近年来出现的一种新型竖井结构设计形式，目前对其研究还较少。为了充分了解其水力特性，以期对其设计和应用提供参考，本研究设计了阶梯式泄水道竖井物理模型并进行了系统性试验，对阶梯式泄水道竖井的泄流流态特征进行了观察研究。研究结果表明：整体上，阶梯式泄水道竖井泄流平稳顺畅；受离心力作用影响，竖井阶梯泄水道上水面外高内低，不同于传统阶梯泄水道上的二维流态，呈现出三维流态特征；随着泄流流量的变化，可分为跌落、跌落-滑行、滑行3种流态，每种流态均对应着不同的水流消能和掺气机理。

关键词：深隧排水系统；竖井；水力特性；阶梯；流态

1 引言

随着城市的发展速度逐渐加快，城市的基础服务配套设施也应该跟上发展脚步。近年来，受全球气候变化影响，暴雨等极端天气频发，导致很多城市面临着洪涝灾害的威胁，严重影响了人们正常的工作和生活，给社会发展和人民生命财产造成了巨大损失[1-2]。城市深层隧道排水系统，作为浅层排水管网的重要补充，可对降水径流起到分流、削峰和错峰等作用，有效地缓解了城市内涝。就世界其他国家和地区的发展情况来看，城市深层隧道排水系统已经成为城市暴雨内涝防治的重要手段，如以引流排放为主要目的的墨西哥城深层隧道排水系统、香港荔枝角雨水排放隧道，为了减少溢流污染的伦敦深层隧道工程、芝加哥隧道和水库方案以及用于污水输送的新加坡深层隧道系统[3-4]。

竖井结构是城市深层隧道排水系统中的重要组成结构，主要负责将地表或浅层管网内的雨洪水集中排入地下深层隧道中，同时深层隧道中的气体也可经由竖井结构排出。在多年的工程实践中，针对不同的工程需求，已经出现了多种竖井设计结构形式，主要包括跌落式竖井(Plunging dropshaft)[5]、旋流式竖井(Vortex dropshaft)[6-7]、螺旋滑道式竖井(Helicoidal-ramp dropshaft)[8]和折板式竖井(Baffle dropshaft)[9]。针对我国一些城市规划设计的竖井结构呈现出泄水落差高、泄流流量大，消能和防空蚀问题突出的特点，出现了一种阶梯式泄水道竖井的新型竖井结构设计形式[10]。通过对其基本水力性能的初步研究，阶梯式泄水道竖井设计的有效性和安全性得到了验证[11-12]。然而对这一新型结构形式的研究还很少，对其各项水力特性的理解还不够充分。

本研究设计并进行了系统的物理模型试验，对阶梯式泄水道竖井泄流时的水流流态进行了观察。根据观察到的三维流态特征，对竖井泄水道上的流态进行全新的定义和分类，并对各流态下消能和掺气的机理进行了初步讨论。

2 试验装置与方法

本试验在河海大学高速水流实验室进行。试验装置包括水泵电机、平水塔、进水管道、电磁流量计、引水渠、竖井物理模型、出流明渠和地下水库等。竖井模型系统水平长度约 10.0 m，高约 4.0 m。模型主要采用有机玻璃制作，材料透明，便于观察水流流态和测量水力参数，包括进水箱，来流渠道、竖井和深层隧道（图 1）。

进水箱的作用是为竖井提供稳定的水流。随后水流自由溢流进入一长为 2.5 m，宽为 0.15 m 的来流渠道后进入竖井。竖井模型的直径 $D = 0.5$ m，泄水道宽度为 $b = 0.15$ m，排气通道直径 $d_a = 0.2$ m。竖井泄水道共 6 层，每层 6 个台阶，共计 36 级台阶。每级台阶高度 $h = 0.0525$ m，层高 $H_1 = 6h = 0.315$ m，竖井泄水高度 $H = 6H_1 = 1.89$ m。

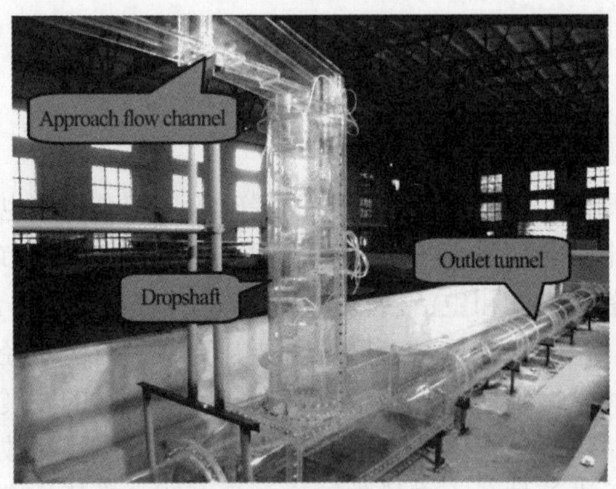

图 1 试验模型示意图

3 结果与讨论

3.1 整体流态观察

试验首先对阶梯式泄水道竖井的泄流过程进行了观察(图 2)。从整体而言，从小流量到大流量条件下，阶梯式泄水道竖井泄流是相似的。水流始终沿阶梯泄水道螺旋下泄，水流流速沿程未发生明显突变，确保了整个泄流过程平稳且顺畅。

图 2 不同泄流流量 Q 下阶梯泄水道竖井整体流态图 Q = (a) 5.0 l/s; (b) 10.0 l/s; (c) 14.0 l/s

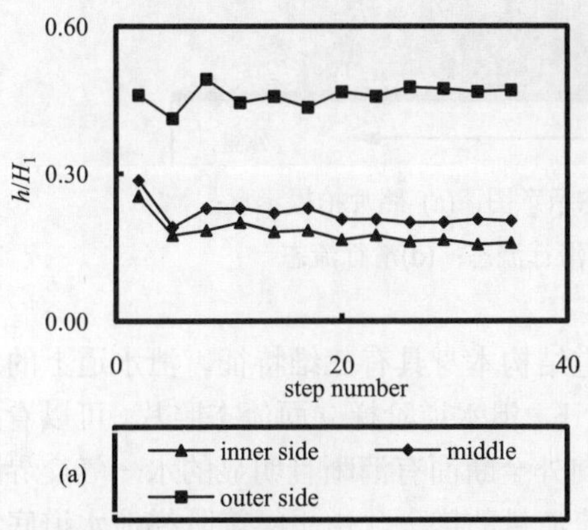

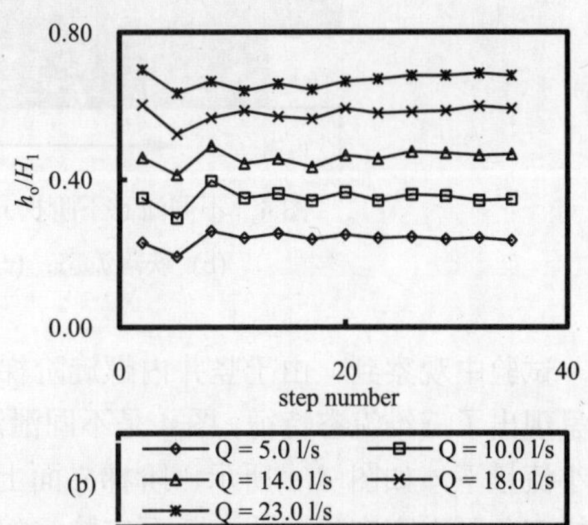

图 3 竖井内螺旋阶梯泄水道上的水深：(a) Q = 14.0 l/时的横断面分布；(b) 不同流量下泄水道外侧水深

图 3 展示的是竖井阶梯泄水道沿程水面线变化情况。理论上，由于离心力的存在，泄水道上的水流沿半径方向会出现外侧高内侧低的现象，试验中对各流量下水流的观察也验证了这一现象。以图 3(a)在 Q = 14.0 L/s 时全断面水面线测量的结果为例，泄水道中部和内侧的水深差距较小，而泄水道外侧水面线远高于中部及内侧的水面线。另一方面，从图 3(b)中各流量下外侧水面线的变化情况可以看出，随着流量的增加，泄水道外侧水面线平稳上升。从竖井进口起，由于进口水翅现象的存在，水面线波动较大。竖井进口的水翅特征及控制在另一文章中进行了系统性的研究讨论[15]。随着水流的继续下泄，水面线逐渐平稳。而且即使在试验最大流量 Q = 23.0 L/s 时，外侧水深 h_o 仍小于 $0.7H_1$，泄水道余幅充分。

3.2 流态分类与定义

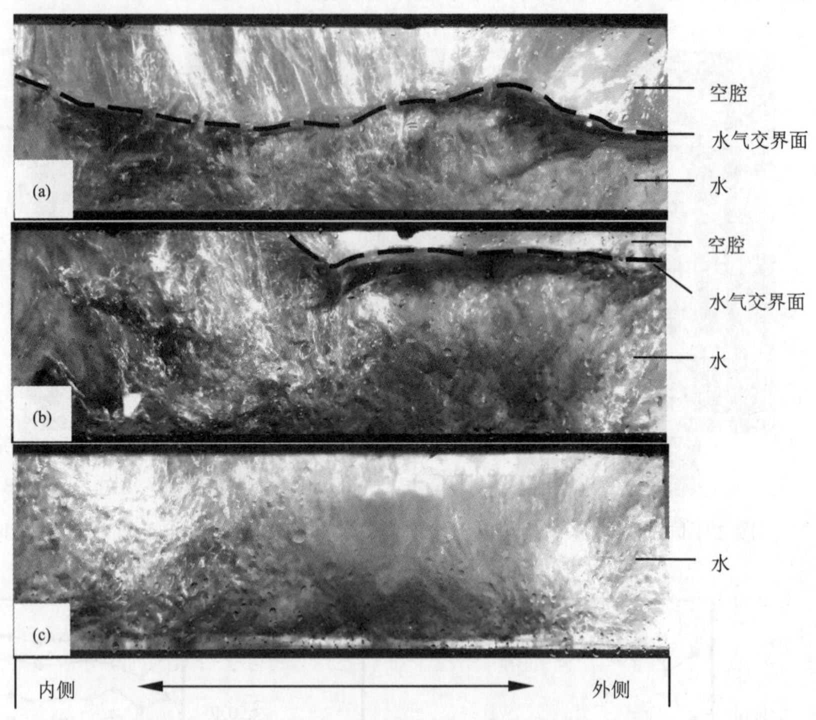

图 4　不同流态下阶梯立面流态示意图：(a) 照片拍摄示意；(b) 跌落流态；(c) 跌落-滑行流态；(d)滑行流态

试验中观察到，由于竖井内螺旋阶梯泄水道结构本身具有三维特征，泄水道上的水流也呈现出了三维流态特征。图 4 是不同泄流流量下，泄水道阶梯立面流态照片。可以看到，在小流量下，如图 4(a)所示，阶梯立面上由内向外全断面有清晰且明显的水—气交界面，阶梯三角区内存在稳定的全断面空腔。随着泄流流量的增大，由于螺旋阶梯泄水道底坡沿半径方向不同且水流受离心力影响沿半径方向呈不均匀分布，泄水道阶梯一侧的空腔首先被填满，而另一侧空腔仍然存在。此时如图 4(b)所示，阶梯立面上的水—气交界面与顶面相交于一点而消失。随着泄流流量的进一步增大，阶梯三角区内全断面空腔均被水填满，如图 4(c)所示，阶梯立面上无水—气交界面。

基于以上流态观察结果，可将螺旋阶梯泄水道上的水流流态分为 3 种，分别是：①跌落流态，其主要特征为：此时，水流在每一级阶梯全断面上末端弯曲形成水舌，自由跌落于下一级阶梯的水平面上，跌落水舌的内缘未填满回水，形成相对稳定的空腔；②跌落-滑行流态，其主要特征为：竖井泄水道阶梯内侧空腔完全被水充满而消失，支撑主流向下滑掠；而此时竖井泄水道阶梯外侧仍保持与原有的跌落流态，即每个台阶的跌落水舌内缘仍保持着稳定的空腔；③滑行流态，其主要特征为：泄水道各阶梯内外侧空腔均完全被水充满而消失，支撑主流向下滑掠。

参考传统阶梯泄水道的研究成果，可知竖井内螺旋阶梯泄水道上发生的上述 3 种流态均对应着不同的消能和掺气机理。

发生跌落流态时，在每一级阶梯上，跌落水流的能量主要通过自由跌落水舌在空中的裂散、与空气的掺混、水舌冲击阶梯水平面及水舌与水平面回水的掺混而消耗。同时，跌落水舌下游形成的完全及不完全发育的水跃也消耗了部分水流能量。掺气方面，在空气中自由跌落水舌的内外缘自由表面与空气的相互作用、阶梯水平面上水舌冲击溅射以及下游水越均促使空气掺入水体，形成掺气水流。发生滑行水流时，水流能量主要通过形成并维持阶梯三角区内的水流旋滚以及部分主流冲击阶梯水平面而沿程消耗。阶梯三角区内水流漩涡与主流的相互作用极大地促进了水流边界层的发展，加剧了水流紊动强度，紊流边界层发展到水流自由表面后，促使大量空气经自由表面卷吸进入水流，形成明显掺气水流。在跌落-滑行流态下，由于每个阶梯上实际兼具了水流跌落及滑行的水流流动特征，因此此种流态下水流消能和掺气同样兼具了上述两种流态下的消能和掺气机理。

4 结论

本文设计进行了阶梯式泄水道竖井物理模型试验，对阶梯式泄水道竖井整体流态及竖井内螺旋阶梯泄水道上的流态特征进行了观察和讨论。研究主要结论如下：

①整体上，阶梯式泄水道竖井泄流时水流沿泄水道螺旋下泄，水流流动沿程未发生明显突变，平稳且顺畅；②水流在螺旋下泄的过程中会受到离心力影响，泄水道上的水流沿半径方向呈现出外高内低的特点，呈现出三维流态特征；③随着泄流流量的增加，根据阶梯三角区内空腔的变化情况，竖井螺旋阶梯泄水道上水流可分为跌落、跌落—滑行和滑行三种流态。④每种流态均对应了不同的水流消能和掺气机理，其中跌落与滑行流态下的消能和掺气机理与传统阶梯泄水道上相似，而跌落-滑行流态下水流则兼具了上述两种流态的消能和掺气机理。

参考文献

1 张建云，王银堂，贺瑞敏，等. 中国城市洪涝问题及成因分析[J]. 水科学进展, 2016, 27(4): 485–491.

2 辛玉玲，张学强. 城市内涝的成因浅析[J]. 城镇供水. 2012(05): 92-93.

3 门绚，李冬，张杰. 国内外深隧排水系统建设状况及其启示[J]. 河北工业科技, 2015, 32(5): 438-442.

4 林忠军. 深层隧道排水系统在城市排水规划中的应用[J]. 城市道桥与防洪. 2014(5): 143-147.

5 Ma Y, Zhu D Z, Rajaratnam N. Air entrainment in a tall plunging flow dropshaft [J]. Journal of Hydraulic Engineering, ASCE, 2016, 142(10): 04016038.

6 Jain S C. Free-surface swirling flows in vertical dropshaft[J]. Journal of Hydraulic Engineering, ASCE, 1987, 113(10): 1277-1289.

7 Zhao C H , Zhu D Z , Sun S K , et al. Experimental Study of Flow in a Vortex Drop Shaft[J]. Journal of Hydraulic Engineering, ASCE, 2006, 132(1):61-68.

8 Kennedy J F, Jain S C, Quinones R R. Helicoidal-ramp dropshaft[J]. Journal of Hydraulic Engineering, ASCE, 1988, 114(3): 315-325.

9 Odgaard A J, Lyons T C, Craig A J. Baffle-drop structure design relationships[J]. Journal of Hydraulic Engineering, ASCE, 2013, 139(9): 995-1002.

10 吴建华, 任炜辰. 台阶旋转泄水道竖井 [P]. 中国专利, ZL201620104789.X, 2016-8-31.

11 吴建华, 杨涛, 沈洁艺, 任炜辰, 马飞. 大旋转角阶梯泄水道竖井水力特性研究[J]. 水动力学研究与进展(A 辑), 2018(2): 176-180.

12 Shen J Y , Wu J H , Ma F . Hydraulic characteristics of stepped spillway dropshafts[J]. Science China Technological Sciences, 2019:1-7.

13 Wu J H , Ren W C , Ma F . Standing wave at dropshaft inlets[J]. Journal of Hydrodynamics, Ser. B, 2017, 29(3):524-527.

Flow observation in helical-stepped spillway dropshafts

REN Wei-chen, WU Jian-hua, MA Fei

(College of Water Conservancy and Hydropower Engineering, HoHai University, Nanjing 210098, Email: renweichen@hhu.edu.cn)

Abstract: A helical-stepped spillway dropshaft is a flow conveyance structure that can be used for transport of urban storm water down to underground storage tunnels. To have a better understanding about hydraulic characteristics of helical-stepped spillway dropshaft, the dropshaft is physically modeled and experimented in this study and its flow regimes are observed and discussed. The results show that, in general, flow can be discharged smoothly and steadily by the dropshaft and there is a water surface difference observed in radial direction because of the present of the centrifugal force. With the increasing flow discharges, flow in the dropshaft is clarified as three different flow regimes, namely nappe flow, nappe-skimming flow and skimming flow. The corresponding mechanisms for energy dissipation and flow aeration are also discussed.

Key words: Deep tunnel drainage system; Dropshaft; Flow regimes; Hydraulics; Stepped spillway

椭圆余弦波作用下浮体运动响应的数值研究

刘勇男[1]，张俊生[1]，滕斌[2]，陈昌平[1]

(1. 大连海洋大学 海洋与土木工程学院，大连，116023，Email: zhangjunsheng@dlou.edu.cn)

(2. 大连理工大学 海岸和近海工程国家重点实验室，大连，116024，Email: bteng@dlut.edu.cn)

摘要：对于近岸、港口工程而言，椭圆余弦波对浮体的作用是关键问题之一。在水深的影响下，椭圆余弦波形成了波谷宽而平、波峰窄而尖的形态，其非线性与波陡完全无关。传统上依靠 Stokes 理论对波浪与浮体作用的研究于该问题并无有效意义。因此，需要对椭圆余弦波对浮体的作用进行单独的研究。本研究利用改进型 Boussinesq 方程建立了用于计算浅水波浪作用下浮体运动响应的全时域数值模型，并利用该模型对椭圆余弦波作用下漂浮方箱的运动响应进行了研究。发现不同非线性的椭圆余弦波引起的方箱运动响应规律相差很大，揭示了椭圆余弦波非线性影响的特性及与深水波情况的明显差异。

关键词：椭圆余弦波；浮体；运动响应；Boussinesq 方程

1 引言

浮体在波浪作用下的运动响应是海洋工程的核心问题之一，得到广泛的关注和研究。但以往的研究集中于深水和有限水深波浪的作用，对浅水波浪作用下浮体的运动影响研究甚少。作为浅水规则波的椭圆余弦波有着独特的特征形态，与深水及有限水深波不同，不能适用常用的 Stokes 理论进行计算和分析，而利用完全非线性方法，对于需要考虑地形及水体边界影响的近岸水域来说，也存在着计算效率和稳定性的问题。因此，利用 Boussinesq 方程构建浮体运动响应模型成为一个研究浅水波浪与浮体作用的有效方法。

Bingham[1]、Pinkster 等[2]、Wenneker 等[3]、Pinheiro 等[4]均利用 Boussinesq 方程建立了浅水波浪作用下浮体运动响应的计算模型。但是，都采用了 Cummins 方法，利用频域到时域的转换进行运动方程时域的求解。因此，需要计算附加质量、迟滞函数和卷积积分。利

基金资助：国家自然科学基金面上项目（51879039）；海岸和近海工程国家重点实验室开放基金项目（LP1826）

用建立的模型，以上学者对不规则波作用下的浮体运动进行了计算，但对计算准确性要求更高的规则波的作用，并没有进行计算、分析。

张俊生等[5]建立了直接时域求解浅水波浪作用下浮体运动响应的 Boussinesq 型方程模型。该模型以 Boussinesq 方程为基础，模拟入射波浪，用 Laplace 方程计算线性化处理的散射波，并通过时间积分直接进行运动方程的时域求解。同时，模型采用了完全非线性的造波方法和坐标变换的曲边界处理技术，从而使计算效率和准确性获得了保障。

2　浅水波浪与浮体作用的全时域模型

入射波浪的模拟采用 Beji 和 Nadaoka[6]的改进型方程：

$$\frac{\partial \eta_I}{\partial t}+\nabla_2\cdot\left[(d+\eta_I)\bar{\boldsymbol{u}}_I\right]=0 \tag{1a}$$

$$\begin{aligned}\frac{\partial \bar{\boldsymbol{u}}_I}{\partial t}+(\bar{\boldsymbol{u}}_I\cdot\nabla_2)\bar{\boldsymbol{u}}_I+g\nabla_2\eta_I=(1+\beta)\frac{d}{2}\nabla_2\left[\nabla_2\cdot\left(d\frac{\partial \bar{\boldsymbol{u}}_I}{\partial t}\right)\right]\\+\beta\frac{gd}{2}\nabla_2\left[\nabla_2\cdot(d\nabla_2\eta_I)\right]-(1+\beta)\frac{d^2}{6}\nabla_2\left(\nabla_2\cdot\frac{\partial \bar{\boldsymbol{u}}_I}{\partial t}\right)-\beta\frac{gd^2}{6}\nabla_2\left(\nabla_2^2\eta_I\right)\end{aligned} \tag{1b}$$

其中，$\nabla_2=(\partial/\partial x, \partial/\partial y)$为二维梯度算子，以区别散射波计算中的三维梯度算子，$\bar{\boldsymbol{u}}_I$、η_I分别为入射波浪的水深平均水平速度和波高。

在垂向上，入射波浪场中各点速度和压强依下列式子进行计算：

$$u_I=\bar{u}_I+\left(\frac{d^2}{6}-\frac{z^2}{2}\right)\left(\frac{\partial^2\bar{u}_I}{\partial x^2}+\frac{\partial^2\bar{v}_I}{\partial x\partial y}\right)-\left(\frac{d}{2}+z\right)\left(\frac{\partial^2(d\bar{u}_I)}{\partial x^2}+\frac{\partial^2(d\bar{v}_I)}{\partial x\partial y}\right) \tag{2a}$$

$$v_I=\bar{v}_I+\left(\frac{d^2}{6}-\frac{z^2}{2}\right)\left(\frac{\partial^2\bar{u}_I}{\partial x\partial y}+\frac{\partial^2\bar{v}_I}{\partial y^2}\right)-\left(\frac{d}{2}+z\right)\left(\frac{\partial^2(d\bar{u}_I)}{\partial x\partial y}+\frac{\partial^2(d\bar{v}_I)}{\partial y^2}\right) \tag{2b}$$

$$w_I=-\left(\frac{\partial(d\bar{u}_I)}{\partial x}+\frac{\partial(d\bar{v}_I)}{\partial y}\right)-z\left(\frac{\partial\bar{u}_I}{\partial x}+\frac{\partial\bar{v}_I}{\partial y}\right) \tag{2c}$$

$$p_I=-\rho g\eta_I+\rho\left[z\frac{\partial}{\partial t}\left(\frac{\partial(d\bar{u}_I)}{\partial x}+\frac{\partial(d\bar{v}_I)}{\partial y}\right)+\frac{z^2}{2}\frac{\partial}{\partial t}\left(\frac{\partial\bar{u}_I}{\partial x}+\frac{\partial\bar{v}_I}{\partial y}\right)\right] \tag{2d}$$

散射波浪（包括绕射波和辐射波）由 Laplace 方程计算：

$$\nabla^2\phi_s=0 \tag{3}$$

其中，$\nabla = (\partial/\partial x, \partial/\partial y, \partial/\partial z)$为三维梯度算子，$\phi_s$为散射势。

数值计算时，入射波采用有限元方法，散射波采用边界元方法。入射波和散射波的计算通过浮体的物面边界条件进行衔接。散射波的计算只需要在浮体周期一定范围内进行即可，通过布置阻尼层，吸收散射波，即认为散射波传播至远处已耗尽能量，不足以再反射回来。如果浮体近处有岸壁，通过 Rankine 源及其镜像的格林函数进行处理，便可简化计算。入射边界条件采用 Fenton[7]的完全非线性稳态波理论进行计算，并在全反射边界上进行坐标变换，以保证曲边界上计算的准确性。时间积分采用 Adams-Bashforth-Moulton 预报-校正方法。

浮体的运动方程形式为：

$$\mathbf{M}\ddot{\xi}(t) + \mathbf{B}\dot{\xi}(t) + \mathbf{C}\xi(t) = \boldsymbol{F}(t) + \boldsymbol{G}(t) \tag{4}$$

其中，**M**、**B**、**C** 分别为浮体运动质量阵、黏性阻尼系数阵、恢复力矩阵；$\boldsymbol{F}(t)$为六个分量的广义波浪激振力，包括入射波和散射波的共同作用；$\boldsymbol{\xi}(t)$为广义位移；$\boldsymbol{G}(t)$为系泊系统等其它外部作用力和力矩。当进行理论模型计算时，可在式中加入刚度阵$\mathbf{K}\xi(t)$项代替系泊系统。波浪激振力 $\boldsymbol{F}$ 按下式计算：

$$\boldsymbol{F} = \iint_{\Omega_b}\left\{\rho g\eta_I + \rho\left[z\frac{\partial}{\partial t}\nabla_2\cdot(d\overline{\boldsymbol{u}}_I) + \frac{z^2}{2}\frac{\partial}{\partial t}\nabla_2\cdot\overline{\boldsymbol{u}}_I\right] - \rho\frac{\partial\phi_s}{\partial t}\right\}\boldsymbol{N}\,\mathrm{d}s \tag{5}$$

其中，$\boldsymbol{N}$为物面广义单位法向量，Ω_b为浮体的平均湿表面。

该模型的计算准确性已被张俊生等[5]通过各方面算例进行了验证。

3 椭圆余弦波作用下浮体的运动响应

如图 1 所示，测试水深为 $d = 0.8$ m，测试浮体为边长 $B = 0.6$ m 的方箱，吃水 $d_r = 0.3$m。入射波浪周期 T 为 8 s，改变波高 H，具体五列测试波浪的参数如表 1 所示。

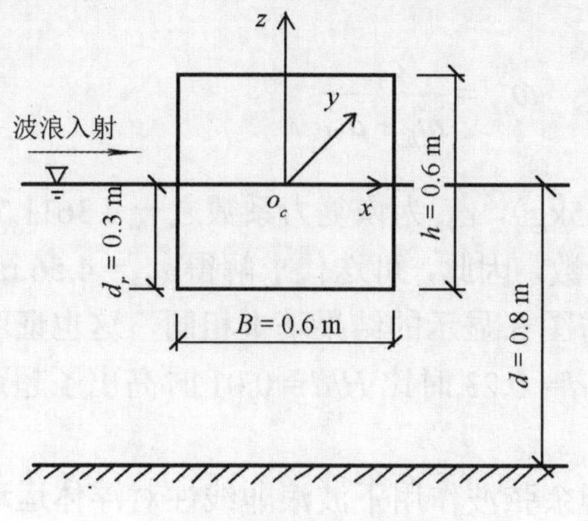

图 1 测试时相关尺寸

表 1　测试波浪参数

波高 H (m)	相对波高 H/d	周期 T (s)	波长 L (m)	Ursell 数 U_r
0.008	0.01		22.218	0.195
0.04	0.05		22.356	0.989
0.08	0.1	8	22.649	2.03
0.12	0.15		22.998	3.14
0.184	0.23		23.598	5.07

该 5 列测试波浪呈现出不同的非线性，$H/d = 0.01$ 时，波浪可以被看成线性波浪，随着波高的增加，波浪非线性不断增强，呈现出典型的椭圆余弦波特征。所有测试波浪的规范化波形如图 2 所示。测试中，加入刚度阵 **K** 和阻尼阵 **B**，二者数值上取值相同，对角线的 6 个元素分别取 1000、1000、0、200、200、200，其余元素均取 0。

浮箱所受波浪作用力和位移如图 3 所示。沿 y 轴的平移和绕 x、z 轴的转动均为 0，故图 3 只呈现 3 个维度上的波浪力和位移。可以明显地看到，在波高增加、椭圆余弦波特征越明显的情况下，浮体的运动响应规律越呈现出极强的非线性，且与深水、有限水深波浪作用的情况存在着明显的差异。

当 $H/d = 0.01$ 时，波浪近乎于线性波浪，波浪力和运动响应均接近于线性作用效果。当波高增加、波浪非线性增强时，波浪力 F_1、F_3 的峰值对应时刻更接近于波峰到来的时刻，即二者的相位差更小，相应地，其峰值也越大；而波谷作用时二者近乎于 0 的时间也越长。对应地，波浪非线性越强，ξ_1、ξ_5 位移最大值也在越接近波峰作用的时刻出现，其无量纲幅值也越大。例如，$H/d = 0.23$ 时，ξ_1、ξ_5 对应的最大幅值比 $H/d = 0.01$ 时分别高出 70%和 60%。此外，当波谷作用时，该两个方向的位移均有一段时间处于几乎静止的状态，直到波峰即将到来时，产生急剧变化的运动响应。

对于垂荡ξ_3而言，椭圆余弦波的作用更具特殊性。由图 3 可以看到，椭圆余弦波非线性越强，波谷越宽越平坦，越能引起浮体在波谷面上的自由振荡，并逐渐衰减。这个现象显然与椭圆余弦波显著的非线性形态相关。可以利用式（6）对自由振动的频率进行估算

$$\omega_{b3}^2 = \frac{c_{33}}{m_b + a_{33}} \tag{6}$$

其中，m_b 为浮箱质量（110.5kg），c_{33} 为恢复力系数之一（3611.7N/m），a_{33} 为 z 方向上的附加质量，且为振荡频率的函数，因此，可迭代求解得$\omega_{b3} = 4.56$ rad/s，即自振周期约为 1.38s（方箱运动周期的 1/6），与图 3 显示的结果基本相同，这也证明了所建模型计算正确。此外，在最大运动幅值上，$H/d = 0.23$ 时比 $H/d = 0.01$ 时高出了超过 80%，同样显现出椭圆余弦波非线性的显著影响。

综上，完全展现了椭圆余弦波作用下波浪非线性对浮体运动响应的显著影响，揭示了与 Stokes 波作用情况的明显差异。

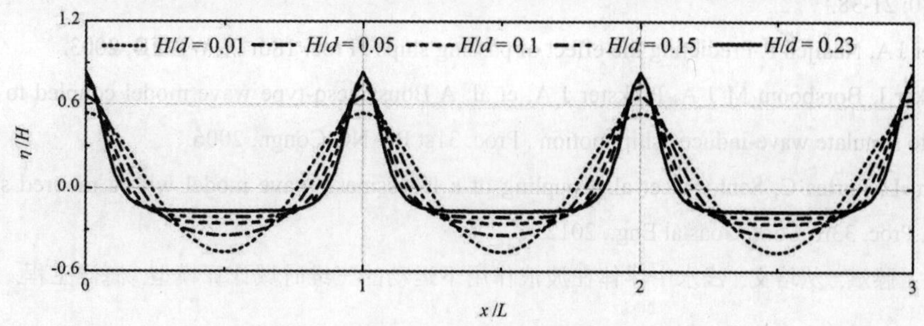

图 2 测试波浪的规范化波形

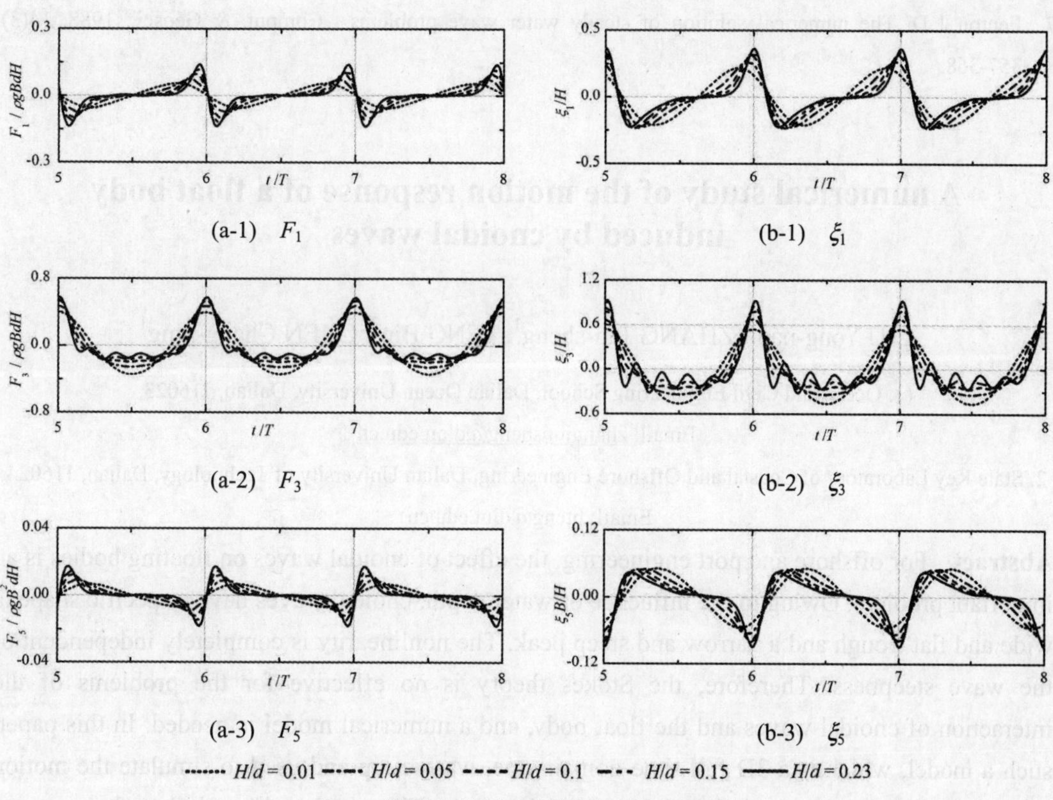

图 3 测试方箱所受波浪力及其运动响应

参考文献

1 Bingham H B. A hybrid Boussinesq-panel method for predicting the motion of a moored ship . Coastal Eng.,

2000, 40: 21-38.

2 Pinkster J A, Naaijen P. Predicting the effect of passing ships . Proc. 18th IWWWFB, 2003.

3 Wenneker I, Borsboom M J A, Pinkster J A, et al. A Boussinesq-type wave model coupled to a diffraction model to simulate wave-induced ship motion . Proc. 31st PIANG Congr., 2006.

4 Pinheiro L, Fortes C, Santos J, et al. Coupling of a Boussinesq wave model with a moored ship behavior model . Proc. 33rd Conf. Coastal Eng., 2012.

5 张俊生，滕斌，丛培文. 浅水中浮体在波浪作用下运动的三维时域计算模型. 海洋工程，2016, 34(1): 1-9.

6 Beji S, Nadaoka K. A formal derivation and numerical modeling of the improved Boussinesq equations for varying depth . Ocean Eng., 1996, 23: 691-704.

7 Fenton J D. The numerical solution of steady water wave problems . Comput. & Geosci., 1988, 14(3): 357-368.

A numerical study of the motion response of a float body induced by cnoidal waves

LIU Yong-nan[1], ZHANG Jun-sheng[1], TENG Bin[2], CHEN Chang-ping[1]

(1. Ocean and Civil Engineering School, Dalian Ocean University, Dalian, 116023,

Email: zhangjunsheng@dlou.edu.cn

2. State Key Laboratory of Coastal and Offshore Engineering, Dalian University of Technology, Dalian, 116024,

Email: bteng@dlut.edu.cn)

Abstract: For offshore and port engineering, the effect of cnoidal waves on floating bodies is an important problem. Owing to the influence of water depth, cnoidal waves have a specific shape, a wide and flat trough and a narrow and steep peak. The nonlinearity is completely independent of the wave steepness. Therefore, the Stokes theory is no effective for the problems of the interaction of cnoidal waves and the float body, and a numerical model is needed. In this paper, such a model, which is a 3D full time-domain one, was set up and used to simulate the motion response of a float body induced by cnoidal waves. The results showed that there was a significant difference between the responses induced by cnoidal waves and deep or finite depth water waves. Certainly, noticeable differences between cnoidal waves with different nonlinearity can also be presented.

Key words: Cnoidal wave; Float body; Motion response; Boussinesq equation.